我与水声七十年

——杨士莪院士九十华诞纪念文集

（下）

哈尔滨工程大学水声工程学院　编

内容简介

杨士莪院士从军从教近七十年，创建了中国首个理工结合、配套完整的水声工程专业，领导了国内最早水声定位系统研制，积极推动并指挥了中国首次独立大型海上考察，设计并建造了中国首个重力式低噪声水洞，引领了矢量水听器在国内的研制和推广应用，提出了探雷声呐目标识别的新途径，主持完成了中国国内借助地声手段对水中目标进行探测的研究，等等，开创了国内多个水声研究领域的第一。本书收录了杨士莪先生本人和学生们发表的文章，包括参与重要科研项目产生的文章，共130余篇，分成七个部分，集中体现了杨士莪先生在水声领域的成果和贡献。

本书可供从事水声理论研究的科技人员、研究生阅读，也可供声呐设计工程师参考。

图书在版编目(CIP)数据

我与水声七十年：杨士莪院士九十华诞纪念文集/哈尔滨工程大学水声工程学院编. —哈尔滨：哈尔滨工程大学出版社，2020.8

ISBN 978-7-5661-2733-4

Ⅰ.①我… Ⅱ.①哈… Ⅲ.①水声工程-文集 Ⅳ.①TB56-53

中国版本图书馆CIP数据核字(2020)第132050号

选题策划 张 玲
责任编辑 张 彦
封面设计 李海波

出版发行 哈尔滨工程大学出版社
社　　址 哈尔滨市南岗区南通大街145号
邮政编码 150001
发行电话 0451-82519328
传　　真 0451-82519699
经　　销 新华书店
印　　刷 哈尔滨市石桥印务有限公司
开　　本 787 mm×1 092 mm 1/16
印　　张 77.75
插　　页 8
字　　数 2014千字
版　　次 2020年8月第1版
印　　次 2020年8月第1次印刷
定　　价 900.00元(全2册)

http://www.hrbeupress.com
E-mail:heupress@hrbeu.edu.cn

目　　录

第五篇　目标探测与定位

便携式高精度水下高速运动体三维轨迹测量系统…………… 田坦，丁育中，姚兰（625）
声起伏对水声定位系统检测性能的影响……………………………… 张敬东，杨士莪（634）
界面反射对超短基线水声定位系统的影响——“跳象限”现象分析与克服 ………………
…………………………………………………………… 蔡平，梁国龙，惠俊英（641）
自组织人工神经元网络用于声图像识别的研究…………… 桑恩方，乔晓宇，李瑞（651）
瞬时频率序列及其低阶矩的应用研究………………………… 梁国龙，惠俊英，常明（657）
船载式远程高精度水声定位系统……………… 丁士圻，徐新盛，王智元，惠俊英（666）
一种基于高分辨率图像声呐的水下运动目标轨迹测量法 ……………………………
…………………………………………………… 席红艳，尤立夫，赵景义，张剑（672）
声压振速信息联合处理应用于声场的相干性分析 ……………………………………
…………………………………………………… 梁国龙，余华兵，刘宏，惠俊英（675）
双基阵纯方位目标运动分析研究……………………………… 王燕，岳剑平，冯海泓（679）
基于压差式矢量水听器的多目标分辨……………………………… 程彬彬，杨士莪（687）
多波束条带测深仪海底三维地形图图像增强初探……… 王向红，杨士莪，徐新盛（694）
基于最小二乘估计的虚拟阵元波束形成仿真………………… 胡鹏，杨士莪，杨益新（697）
基于遗传算法的单矢量水听器多目标方位估计 ………………………………………
…………………………………………………… 孟春霞，李秀坤，杨士莪，胡园（702）
矢量阵自初始化 MUSIC 算法的试验研究 ……………………… 张揽月，杨德森（707）
声透镜波束形成和目标成像仿真与试验……………………………… 卞红雨，吴菊（716）
矢量水听器阵列虚拟阵元波束形成…………………………… 孙超，杨士莪，杨益新（723）
基于波导不变量的目标运动参数估计及被动测距 ……………………………………
…………………………………………………… 余赟，惠俊英，殷敬伟，王自娟（730）
单观测通道船舶辐射噪声盲源分离……………… 刘佳，杨士莪，朴胜春，黄益旺（743）
多波束测深声呐技术研究新进展……………………………… 李海森，周天，徐超（752）
一种基于新型间歇混沌振子的舰船线谱检测方法………… 丛超，李秀坤，宋扬（765）
利用多角度海底反向散射信号进行地声参数估计 ……………………………………
…………………………………………………… 周天，李海森，朱建军，魏玉阔（784）

多波束合成孔径声呐技术研究新进展…………………… 李海森，魏波，杜伟东（792）
小尺寸矢量阵的多极子指向性低频测试与校正技术 ……………………………………………………………………… 郭俊媛，杨士莪，陈洪娟，朴胜春，李智（809）
利用宽带声场干涉结构特性对移动船只距离的连续估计 …………………………………………………………………… 任群言，朴胜春，郭圣明，马力，廖天俊（824）
水声定位导航技术的发展与展望…… 孙大军，郑翠娥，张居成，韩云峰，崔宏宇（833）

第六篇　水声换能器

考虑损耗时压电陶瓷复参数的获得…………………………………… 蒋楠祥，李东林（843）
对镶在圆柱障板上单块有限复合板散射近场的研究…… 张广荣，周福洪，王育生（848）
新型换能器的发展概况及应用前景……………………… 周福洪，郑士杰，姚青山（856）
硬盖板、外贴式圆管型 PVDF 水听器轴向加速度响应的理论分析 ……………………………………………………………………………… 蔡崇成，李东林，徐辰，时炳文（864）
铁磁流体的特性及其应用………………………………………………… 郑士杰，周福洪（874）
单模光纤水听器声压灵敏度的研究……………………… 崔三烈，周福洪，徐彦德（884）
宽带铁磁流体电动式声源………………………………………………… 周福洪，王文芝（890）
同振球型声压梯度水听器的研究………………………………………………… 贾志富（897）
Terfenol-D 鱼唇式弯张换能器 …………………………………………………… 莫喜平（904）
Ⅳ弯张换能器的有限元法应力分析……………… 蓝宇，王文芝，王智元，王伟（909）
三维同振球型矢量水听器的特性及其结构设计………………………………… 贾志富（914）
压电圆盘弯曲式矢量水听器的设计…………………………………… 陈洪娟，贾志富（920）
采用双迭片压电敏感元件的同振柱型矢量水听器………………… 陈洪娟，洪连进（924）
同振式矢量传感器设计方法的研究…………… 陈洪娟，杨士莪，王智元，洪连进（928）
压阻式新型矢量水听器设计…………………………………………… 陈丽洁，杨士莪（932）
全面感知水声信息的新传感器技术——矢量水听器及其应用……………… 贾志富（938）
单辅助源矢量阵相位误差校正方法…………………………………… 杨德森，时洁（958）
溢流式宽带圆管换能器的有限元分析……………………… 卢苇，杨士莪，蓝宇（962）
电磁式大功率水下超低频声源研究…………………………………… 卢苇，蓝宇（966）
中频三轴向矢量水听器的研究……………… 洪连进，杨德森，时胜国，邢世文（978）
圆柱阵声透明性研究………………… 葛骑岐，杨士莪，楼强华，李勤博，朱皓（986）
Helmholtz 水声换能器弹性壁液腔谐振频率研究 ………… 桑永杰，蓝宇，丁玥文（992）
压电矢量传感器的低噪声设计……………………………… 李智，杨士莪，陈洪娟（1001）

第七篇　水声通信与组网

高数据率远程水声通信技术产业化急待解决的几个问题………… 尤立夫，桑恩方（1021）

视频图像水下声传输试验研究 …………………… 桑恩芳，尤立夫，韩彦，卞红雨（1023）
Pattern——时延差编码水声通信研究 ……………… 惠俊英，刘丽，刘宏，冯海弘（1028）
水声语音通信中信源编码鲁棒性的研究……………………………… 桑恩方，叶松（1042）
基于矢量传感器的高速水声通信技术研究…………………………… 乔钢，桑恩方（1047）
基于矢量传感器的频率估计算法在水声通信中的应用……………… 乔钢，桑恩方（1052）
基于正交频分复用的高速水声通信技术……………………………… 朱彤，桑恩方（1059）
分组 M 元扩频 Pattern 时延差编码水声通信 ……………… 惠俊英，王蕾，殷敬伟（1064）
子载波间隔对广义多载波水声扩频性能的影响……………… 周锋，尹艳玲，乔钢（1069）
基于分数阶 Fourier 变换的正交多载波水声通信系统研究 ……………………………
……………………………………… 王逸林，陈韵，殷敬伟，蔡平，张艺朦（1079）
单矢量水听器 OFDM 水声通信技术实验 … 刘凇佐，周锋，孙宗鑫，李慧，乔钢（1091）
基于单矢量有源平均声强器的码分多址水声通信…… 殷敬伟，杨森，余赟，陈阳（1101）
基于差分 Pattern 时延差编码和海豚 Whistles 信号的仿生水声通信技术研究 …………
…………………………………………… 韩笑，殷敬伟，郭龙祥，张晓（1109）
多基地空时码探测信号设计及时反相关检测技术 ……………………………………
……………………………………… 生雪莉，芦嘉，凌青，徐江，董伟佳（1117）
基于海豚 Whistle 信号的仿生主动声呐隐蔽探测技术研究 …………………………
…………………………………… 殷敬伟，刘强，陈阳，朱广平，生雪莉（1130）
改进的多输入多输出正交频分复用水声通信判决反馈信道估计算法 …………
………………………………… 乔钢，王巍，刘凇佐，Rehan Khan，王玥（1142）
基于时反镜能量检测法的循环移位扩频水声通信 ………………………………
………………………………………… 杜鹏宇，殷敬伟，周焕玲，郭龙祥（1157）
基于单矢量差分能量检测器的扩频水声通信…… 殷敬伟，杜鹏宇，张晓，朱广平（1167）
猝发混合扩频水声隐蔽通信技术………………………… 周锋，尹艳玲，乔钢（1177）
参量阵差分 Pattern 时延差编码冰下水声通信方法 ……………………………
…………………………………… 殷敬伟，张晓，朱广平，唐胜雨，孙辉（1193）
单矢量时反自适应多通道误差反馈 DFE 均衡技术 ………………………………
………………………………………… 生雪莉，阮业武，殷敬伟，韩笑（1202）
海豚 Whistles 为信息载体的正交频分复用循环移位键控扩频伪装水声通信 ………………
………………………… 杨少凡，郭中源，贾宁，郭圣明，肖东，黄建纯，陈庚（1213）

第五篇

目标探测与定位

便携式高精度水下高速运动体三维轨迹测量系统

田　坦　丁育中　姚　兰

摘要　本文介绍一种便携式高精度水下高速运动体三维轨迹测量系统。文中叙述了定位解算数学模型、主要误差源、水下基阵校准及姿态修正方法。对距离模糊、多途干扰等问题亦做了分析。最后给出了部分湖上及海上试验结果。

1　引言

现有用于水下运动物体轨迹测量的系统,大体有两种类型:一种是以布设于海底的立方体短基线阵为基础的系统,另一种是以应答器长基线阵为基础的系统。前者可进行三维轨迹测量,但大多数是固定布设的系统。后者虽根据需要可临时布设,但工程作业量大,数据率亦较低,且通常不易实现三维定位测量。

本文介绍一种用于水面船只的便携式高精度水下高速运动体三维轨迹测量系统。它具有几个特点。系统的水下基阵部分是一个可拆卸的立体阵,使用时可方便地从水面船的舷侧悬挂于水下某一深度(达 300 m)。其次,为了对水下高速运动体的位置测量有满意的效果,采用了同步声信标工作方式,使数据率达 0.1 s。此外,在远距离可利用目标信号的深度信息实现三维轨迹测量。系统的另一特点是水下基阵姿态的修正采用了软件手段,避免了使用昂贵的稳定平台。

本文的第二部分叙述了定位解算的简化数学模型和主要误差源,第三部分介绍了基阵校准及姿态修正方法,第四部分对已研制成功并投入使用的系统作了简要描述,第五部分讨论了系统在使用时需要解决的距离模糊和多途干扰问题,最后介绍了本系统部分试验结果。

2　数学模型及误差源

2.1　数学模型

为获得较高的定位精度,应选用基阵中较合适的基元组对目标进行定位解算。利用声信标时,水下定位基本方程为

$$(X-x_i)^2+(Y-y_i)^2+(Z-z_i)^2=C^2(t_i-T)^2 \quad i=1,2,\cdots,N \tag{1}$$

式中 X,Y,Z 为目标在基阵坐标系中的位置坐标,x_i,y_i,z_i 为第 i 基元在该坐标系中的坐标,N 为基元数,C 为水中声速,t_i 为第 i 号基元收到声信标发射脉冲的时刻(以基阵时钟为准),T 为基阵时钟计时零点与声信标发射信号时刻的时差。若令 $CT=d$,$C\,t_i=d_i$,则(1)式成为

$$(X-x_i)^2+(Y-y_i)^2+(Z-z_i)^2=(d_i-d)^2 \tag{1a}$$

此时,d_i 为以基阵时钟计时求得的目标与 i 号基元间的距离,d_i-d 为目标与该基元的真

实距离。任取(1a)式中的四个方程组进行线性化后可得到

$$(x_{i+1}-x_i)X+(y_{i+1}-y_i)Y+(z_{i+1}-z_i)Z=[d_i^2-d_{i+1}^2+2d(d_{i+1}-d_i)+r_i^2-r_{i+1}]^2/2 \quad (2)$$

其中,$r_i^2=x_i^2+y_i^2+z_i^2$,$r_{i+1}^2=x_{i+1}^2+y_{i+1}^2+z_{i+1}^2$

若令

$$\mathbf{A}=\begin{bmatrix} x_{i+1}-x_i & y_{i+1}-y_i & z_{i+1}-z_i \\ x_{i+2}-x_i & y_{i+2}-y_i & z_{i+2}-z_i \\ x_{i+3}-x_i & y_{i+3}-y_i & z_{i+3}-z_i \end{bmatrix} \quad (2a)$$

$$\boldsymbol{b}^{\mathrm{T}}=[d_{i+1}-d_i \quad d_{i+2}-d_i \quad d_{i+3}-d_i] \quad (2b)$$

$$\boldsymbol{x}^{\mathrm{T}}=[X \quad Y \quad Z] \quad (2c)$$

$$\boldsymbol{c}^{\mathrm{T}}=[d_i^2-d_{i+1}^2+r_{i+1}^2-r_i^2 \quad d_i^2-d_{i+2}^2+r_{i+2}^2-r_i^2 \quad d_i^2-d_{i+3}^2+r_{i+3}^2-r_i^2]/2 \quad (2d)$$

(2)式可写为下列矩阵形式:

$$\boldsymbol{Ax}=d\boldsymbol{b}+\boldsymbol{c} \quad (3)$$

在已知 $\boldsymbol{A}$、$\boldsymbol{b}$、d、$\boldsymbol{c}$ 的情况下,可解得

$$\boldsymbol{x}=\boldsymbol{A}^{-1}\boldsymbol{b}d+\boldsymbol{A}^{-1}\boldsymbol{c}=\boldsymbol{f}d+\boldsymbol{h} \quad (4)$$

式中 $\boldsymbol{f}=\boldsymbol{A}^{-1}\boldsymbol{b}$,$\boldsymbol{h}=\boldsymbol{A}^{-1}\boldsymbol{c}$

(4)式中矩阵 $\boldsymbol{A}$ 取决于基阵诸基元的位置及测量精度。当所选基元在同一平面上时,$\boldsymbol{A}^{-1}$不存在。矢量 $\boldsymbol{b}$ 取决于两两基元间测得的时差。$\boldsymbol{c}$ 由各基元测得的信号到达时间及基阵尺寸所决定,而标量 d 则取决于被测运动体的时钟对时精确度。当 $d=0$,即目标与基阵的时钟精确对时,则有

$$\boldsymbol{x}=\boldsymbol{A}^{-1}\boldsymbol{c} \quad (4a)$$

(3)式的求解并不要求事先准确已知 d 的数值。在同步对时误差较大,或同步对时有困难的场合,可利用线性方程组(3)及非线性方程组(1a)解得 d 值。事实上,将(4)式代入(1a)式,并令(1a)式中 $i=l(l=1,2,3,4)$,整理后可得到标量方程

$$u\,d^2+md+p=0 \quad (5)$$

式中

$$u=\boldsymbol{f}^{\mathrm{T}}\boldsymbol{f}-1 \quad (5a)$$

$$m=2(\boldsymbol{f}^{\mathrm{T}}\boldsymbol{h}-\boldsymbol{f}^{\mathrm{T}}k+d_l) \quad (5b)$$

$$p=(\boldsymbol{h}^{\mathrm{T}}\boldsymbol{h}+\boldsymbol{k}^{\mathrm{T}}\boldsymbol{k}-2\,\boldsymbol{k}^{\mathrm{T}}\boldsymbol{h}-d_l^2) \quad (5c)$$

而

$$\boldsymbol{k}^{\mathrm{T}}=[x_l \quad y_l \quad z_l] \quad (5d)$$

利用(5)式解得 d,从而可在信标非同步发射信号时仍可由(4)式算出目标位置。

上述线性化的实质是将球面交会的非线性方程组退化为平面交会问题求解,亦即将两个球面相交时的解——圆,扩大至此圆所在平面上的所有点。因此,当所选基元在同一平面上时,球面交会有解,而平面交会则无解($\boldsymbol{A}^{-1}$不存在)。若所选基元位置在某一平面附近时,此种解法的误差传递关系将使误差急剧增大,而当使用立方体阵,即四基元处于立方体构成的直角坐标系的原点和三个轴上时,平面交会法可得到满意结果,因为此时三平面互相正交,从而使求解算法极为简单。

2.2　主要误差源

本系统引人误差的因素甚多,其中测距误差、基阵姿态测量误差、基阵尺寸误差虽是引

入定位解算误差的重要因素，但它们均可以控制。由于系统是便携式的，基阵尺寸受到限制，小尺寸基阵在远距离定位引入的交会误差不容忽视。现对其做简要分析。

交会误差与基阵尺寸、形状及交会数学模型有关，以直角坐标系中立方体阵为例，设基元位置为 $A(0,0,0)$，$B(L,0,0)$，$C(0,L,0)$，$D(0,0,L)$，并假定对时无误差，即 $d=0$，参看(2d)式，有

$$\boldsymbol{c}^{\mathrm{T}}=[r_A^2-r_B^2+L^2 \quad r_A^2-r_C^2+L^2 \quad r_A^2-r_D^2+L^2]/2$$

式中 r_A、r_B、r_C、r_D 分别为目标到 A、B、C、D 各点的距离，此时(4a)式中 $\boldsymbol{x}$ 的 X 分量成为

$$X=(r_A^2-r_B^2+L^2)/(2L) \tag{6}$$

若阵元位置无误差，则目标位置误差分量为

$$\mathrm{d}X=(r_At_A-r_Bt_B)\mathrm{d}C/L+(r_A\mathrm{d}t_A-r_B\mathrm{d}t_B)C/L \tag{7}$$

当同步对时或声速测量存在误差时，$\mathrm{d}r_A$、$\mathrm{d}r_B$、$\mathrm{d}r_C$、$\mathrm{d}r_D$ 有极强的相关性，其值十分接近，因而目标位置误差分量可表为

$$\begin{aligned}|\mathrm{d}X|&=|(r_A^2-r_B^2)\mathrm{d}C/(LC)+C(r_A-r_B)\mathrm{d}t/L|\\&\leqslant|2r(r_A-r_B)\mathrm{d}C/(LC)|+|C(r_A-r_B)\mathrm{d}t/L|\\&\leqslant 2r|\mathrm{d}C/C|+C|\mathrm{d}t|\end{aligned}$$

其中 r 为目标到各基元的平均距离。上式中后一项与前一项相较一般甚小。

现考虑测时误差引起的交会误差。设各基元有相互独立、数值相同的误差。由(6)式知测位误差矢量的 $\mathrm{d}X$ 分量为

$$\mathrm{d}X=(r_AC\,\mathrm{d}t_A-r_BC\,\mathrm{d}t_B)/L$$

其均方根误差为

$$\sigma X=C\sqrt{r_A^2\sigma_{tA}^2+r_B^2\sigma_{tB}^2}/L=C\,\sigma_t\sqrt{r_A^2+r_B^2}/L$$

若目标与基阵距离远大于阵尺寸，可以认为 $r_A\approx r_B\approx r$ 则有

$$\sigma X=\sqrt{2}Cr\,\sigma_t/L \tag{8}$$

其中 t 为目标至基阵各阵元的平均传播时间。可见，随机测时误差引起的交会误差比同步对时或声速测量误差引起的交会误差大。加大基阵尺寸可使前者明显减小。

3　基阵校准与水下姿态修正

3.1　基阵尺寸的校准

基阵的各接收阵元与基阵构架间虽是刚性连接，但由于可拆卸，难免有形变，致使实际阵元位置与设计位置有偏差，对最终定位解算结果产生误差。为提高轨迹测量结果精度，应在定位作业前进行基阵校准。本系统基阵架为正多边形，基阵结构如图1所示。

设各基元在基阵坐标系中的位置 (x_i,y_i,z_i)，它们之间的距离 r_{ij} 满足下列关系：

$$(x_i-x_j)^2+(y_i-y_j)^2+(z_i-z_j)^2=r_{ij}^2 \tag{9}$$

$$i,j=1,2,\cdots,N,i\neq j$$

可知共有 $M=N(N-1)/2$ 个距离和 $3N$ 个未知量。一般 $N\geqslant5$，方程可解。但事实上由于基阵中央安装有电子仪器罐。可测距离数往往小于 M。为使方程(9)可解，必须减少未知数个数。考虑到本系统的实际结构，各基元的 z 坐标可精确测量，视为已知数。再适当选取 y 轴使其通过某一基元在基准平面(xy 平面)上的投影点，从而可使未知数由 $3N$ 减为 $2N-1$

个。经这样处理后，方程数总是大于未知量数。本系统采用阻尼最小二乘法求解[2]。计算表明，该法具有收敛快、精度高的优点。

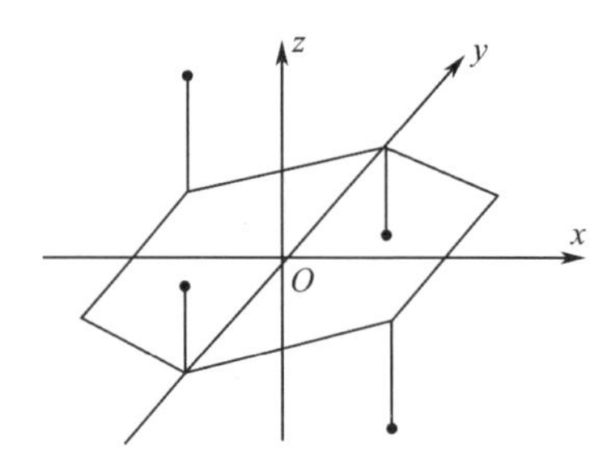

图 1　基阵结构示意图

3.2　基阵水下姿态的修正

由于系统的基阵用电缆悬挂于水下某一深度，受海洋环境及母船摇摆的影响，其水下姿态具有任意性。必须对姿态作某种修正，以便将测得的相对于基阵坐标系的目标轨迹转化为大地坐标系的轨迹。本系统没有采用机械稳定平台来稳定基阵，而是利用所谓软件修正的方法来达到这一目的。

设在测量过程中，基阵坐标原点相对于大地坐标是静止的，并认为两坐标系原点相同。考虑基阵只有围绕坐标轴的转动。设基阵未经转动的坐标系（即大地坐标）为 $Oxyz$，经转动后的坐标系为 $Ox'y'z'$。若基阵转动的次序为先绕 z 轴转 φ 角，再绕 x 轴转 α 角，最后绕 y 轴转 β 角。在原坐标系与转动后的坐标系中目标位置矢量分别为 $\boldsymbol{x}=[x\ y\ z]^{\mathrm{T}}$ 和 $\boldsymbol{x}'=[x'\ y'\ z']^{\mathrm{T}}$，它们之间的关系为

$$\boldsymbol{x}=\boldsymbol{MNQx}' \tag{10}$$

$$\boldsymbol{M}=\begin{bmatrix}\cos\varphi & -\sin\varphi & 0\\ \sin\varphi & \cos\varphi & 0\\ 0 & 0 & 1\end{bmatrix},\boldsymbol{N}=\begin{bmatrix}1 & 0 & 0\\ 0 & \cos\alpha & -\sin\alpha\\ 0 & \sin\alpha & \cos\alpha\end{bmatrix},\boldsymbol{Q}=\begin{bmatrix}\cos\beta & 0 & \sin\beta\\ 0 & 1 & 0\\ -\sin\beta & 0 & \cos\beta\end{bmatrix}$$

基阵在水平面的转角 φ 用航向磁方位传感器测量，其余两个角度分别用两个垂直设置的加速度计测量，但当测得 α 角后，另一加速度计测得的角度，并非坐标转换角 β。容易得知，它们之间的关系为[3]

$$\tan\beta=\tan\theta\cdot\cos\alpha \tag{11}$$

对每次解算的目标位置(x',y',z')进行上述运算，可得到目标在基阵中心为原点的大地坐标位置(x,y,z)。进一步利用深度传感器获得的深度信息，可得到以水面悬挂点为原点的目标三维坐标位置。

4　系统概况

已研制的系统包括多功能引导声源与水下定位系统两部分。水下基阵有六个阵元用于轨迹测量，它构成六角立体阵。图 2 为水下基阵照片。基阵架中心有一耐压密封仪器罐与其固连，内有前置放大器、深度传感器、姿态测量装置、发射机及相应的数据传输电路。采用可承重的多芯电缆吊放水下基阵，深度测量精度可达 1%。

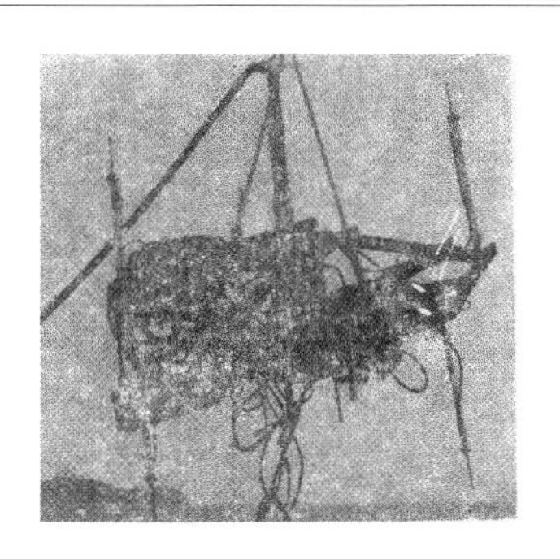

图2　水下基阵照片

船上舱室内设备包括一个显示控制台和两个机柜:一个是多功能引导声源,用于发射一定带宽的噪声或应答来自水下目标的声脉冲,以引导水下目标进行机动;另一个机柜是轨迹测量系统。图3为该系统舱室部分照片。

为保证测时精度,轨迹测量系统各路接收机具有足够带宽,且一致性良好。接收机中采用了自动增益控制、脉冲选宽及时间门[4]等抗干扰措施。数据测量及转换机中有一高稳定度时钟,对到达声信号计时并将数据送入IBM－PC/XT微计算机。在一个测时周期内,每一通道均可存储四个到达时刻,以保证存在干扰或水面反射时不致漏掉直达声。计算机对系统进行管理、信号预处理并实时在0.1 s周期内解算一个目标位置。配置的终端可实时显示被测目标的水平面 $x-y$ 及深度－距离(或深度－时间)曲线。系统亦配置了后置处理软件,以便事后对存储的原始数据进行重算、剔野点、插值以及后置平滑处理。

图3　系统舱室内部分照片(机柜及控制台)

5　距离模糊及多途传播问题

由于系统采用0.1 s为周期的同步声脉冲进行定位,因此非模糊距离为150 m。被测目标与基阵距离大于这一距离时,距离测量出现多值。原则上,相隔一个非模糊距离的两组信号,其总体结构上的差异是可以分辨的,但要求极高的测时精度,往往难以达到。克服这一困难的可行方法首先是加大发射信号周期,以扩大非模糊距离。其次,可在不同周期的发射信号上设置引导标志。此外,利用目标通过基阵附近时数据变化的连续性进行事后处理亦可收效。本系统则利用了目标上发出的另一频率较低、周期为1.6 s的信号作为辅助判别手段,使非模糊区扩大至300 m。即在每次解算目标位置时均利用由此信号测得之距离,若此距离值大于150 m,则取150 m至300 m内的解,否则取150 m以内的解。实践证明,此法十分有效。

除存在距离模糊之外，采用小周期发射同步声脉冲时，在某些距离上还会发生反射声先于下一“帧”直达声到达接收基元的现象，也会引起解算错误。

设目标深度为H_v，基阵深度为H_R，目标与基阵距离为R_d，在不考虑海底反射的情况下，由镜像反射原理（图4），不难推知，当

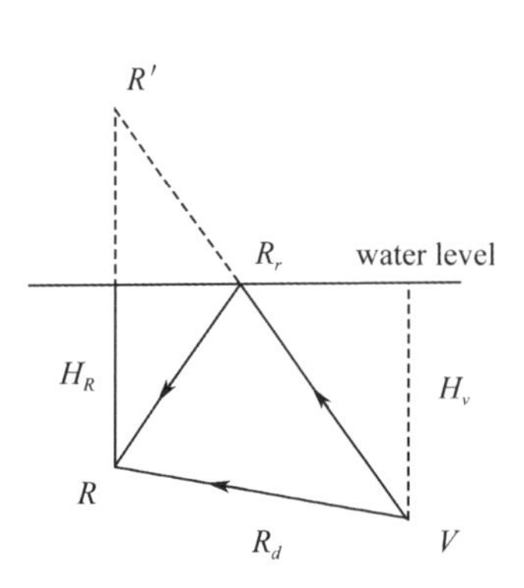

图4　水面镜像反射原理

$$(CT)^2/4 - R_d^2/4 \leqslant H_v H_R \leqslant (CT)^2/4 + CT\,R_d/2$$
$$(R_d \leqslant CT, R_r \geqslant CT, R_r - R_d \leqslant CT) \tag{12}$$

及

$$(CT)^2/4 - R_d^2/4 \leqslant H_v H_R \leqslant (CT)^2/4 + CT\,R_d/2$$
$$(R_2 \geqslant 2CT, CT \leqslant R_d \leqslant 2CT) \tag{13}$$

时，水面一次反射声先于下一“帧”直达声到达基阵（此处T为同步发射信号周期）。图5所示的阴影区即为（12）及（13）式给出的区域。

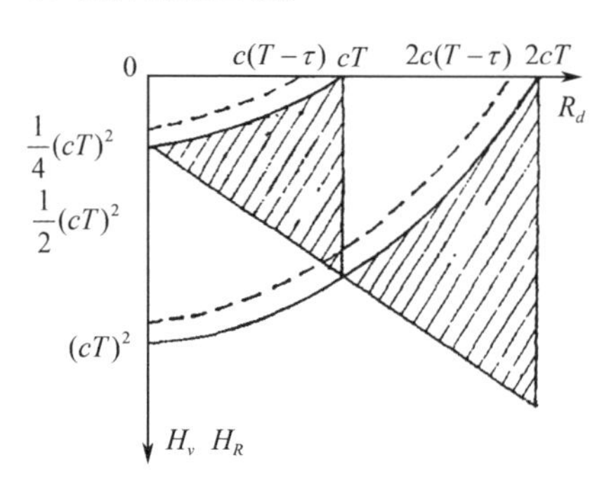

图5　水面反射声作用区（图中T为信号周期）

若记$H_R + \Delta D = H_v$，则由图5不难得到临界基阵深度

$$H_{R_1} = [-\Delta D + \sqrt{\Delta D^2 + (CT)^2}]/2 \tag{14a}$$

$$H_{R_2} = [-\Delta D + \sqrt{\Delta D^2 + 3(CT)^2}]/2 \tag{14b}$$

当基阵深度H_R满足$H_R < H_{R_1}$，或$H_R > H_{R_2}$，时，在非模糊距离内几乎不存在反射声的影响。在信标发射双脉冲（其间隔表示其他可资利用的信息，例如目标深度）时，图5中阴影部分将扩大至虚线所示区域。实际使用本系统时，可利用（12）和（13）式设置基阵深度，亦可据此

在解算预处理程序中对各通道记录的原始数据进行判别。

6　试验结果

本系统曾在试验水池、湖上及海上进行过多次试验,结果相当令人满意。在哈尔滨船舶工程学院试验水池用自制的同步声源发射信号进行定点测量时,其绝对测位精度达厘米量级。曾在我国大连附近 50～70 m 深的海区对系统进行了相对测位精度的实际测量,在 150 m 距离内各点相对测位精度均优于 2.5%。

图 6、图 7、图 8 为在云南省抚仙湖的试验结果。图 6 为自制同步声源沿抛锚驳船尾部慢速移动时测得的轨迹,其中水平线为目标声源的深度－时间曲线。水平面轨迹右上角凸起处表明此处有一救生圈。图 7、图 8 为水下高速运动目标在本系统引导声源引导下几次通过导引声源时测得的轨迹图,目标速度分别约为 8 m/s 和 17 m/s,上述各图均未经任何后置处理,为实时显示所得结果。图 9 和图 10 是在海上试验时获得的轨迹,其中图 9 为未经处理的实时解算结果,图 10 为经剔除野点、插值、卡尔曼滤波后所得的结果。

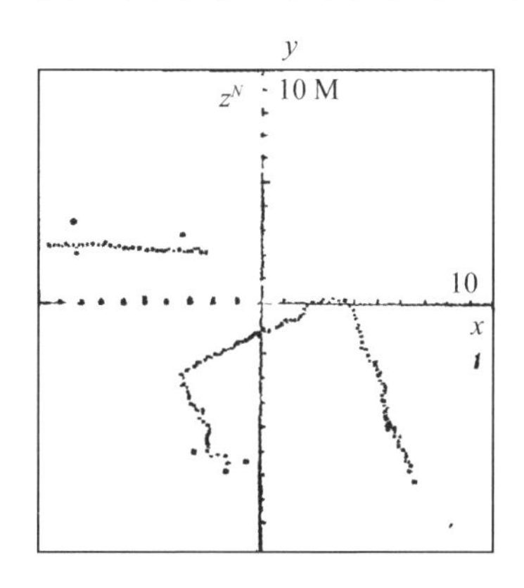

图 6　被测目标沿抛锚方驳尾部移动时测得之轨迹图左上部水平线为深度－时间曲线

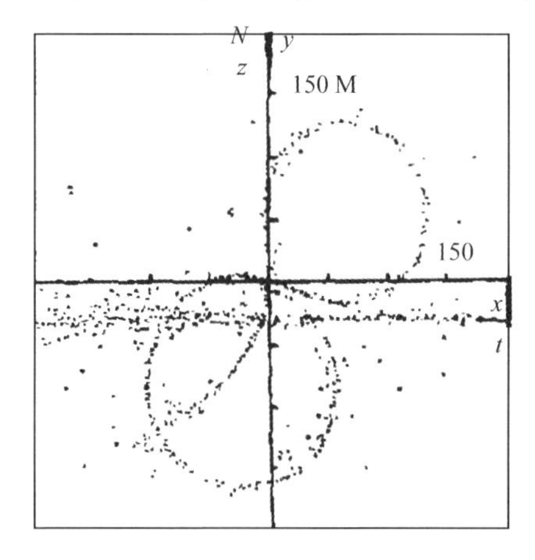

图 7　水下高速运动目标三维轨迹(一)图中水平线为深度－时间曲线,目标速度为 8 m/s

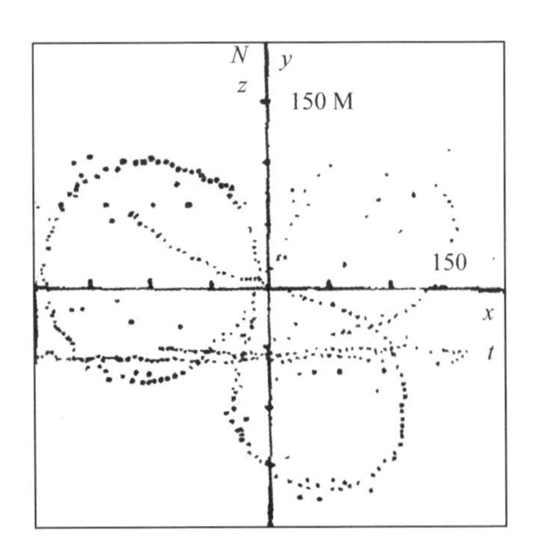

图 8　水下高速运动目标三维轨迹(二)
图中水平线为深度－时间曲线,目标速度为 17 m/s

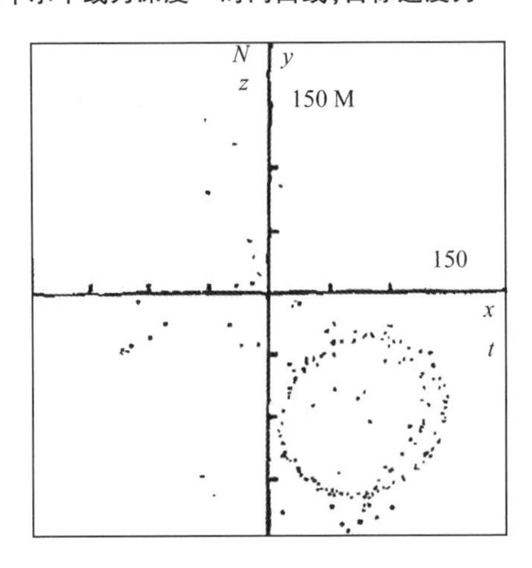

图 9　海上试验测得的水下高速运动目标
水平面内轨迹(未经后置处理)

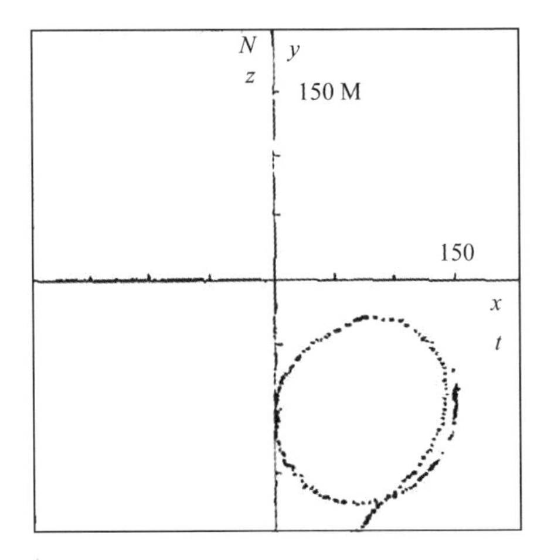

图 10　海上试验测得的水下高速运动目
标水平面内轨迹(经后置处理)

7 结论

所研制的轨迹测量系统在数次湖上及海上实际使用证明性能优良，数学模型简单，姿态修正方案简单可行，具有实时解算功能。系统水下部分还具有轻小、可拆卸、使用方便等特点。试验数据不经处理即可达到2.5%的相对精度，采用去野值、内插、卡尔曼滤波处理后，精度将进一步提高。本系统亦可用于一般目的定位与导航，例如潜水员定位、水下井口定位等。

本文所述的工作由作者及其同事刘国枝、丁坤芝、刘伯胜、徐新盛、王智元等共同完成，特此致谢。

参考文献

[1] 田坦，惠俊英．长基线水声应答器导航系统飞船工学报，1(1981)，41－51.

[2] 中科院沈阳计算技术研究所等，电子计算机常用算法飞(科学出版社，1976).

[3] Carey－Smith，C. M. and Griffiths，J. W. R.，"The Stabilization of Electronic Sector Scanning Sonars"，5th Int. Conf. Electron. Ocean Technol. Edinburgh，Scotland，24－26 Mar. 1987，93－99.

[4] 刘国枝，"短基线水下定位系统数据硬件预处理"，声学学报，15(1990)，No. 4，246－250.

声起伏对水声定位系统检测性能的影响

张敬东　杨士莪

摘要　本文从声波振幅起伏的广义瑞利分布出发,根据统计信号检测理论,研究声传播起伏对一个由窄带滤波器、平方检波器和积分器组成的典型声蚋接收机检测性能的影响,进而给出了一个常见的4元水声定位系统阵元间信号相关性,接收机检测概率与定位系统漏报概率的关系。通过数值计算,给出了一些对工程设计有用的图表。它们也可用于估算其他声呐系统在声起伏环境中的检测性能。

关键词　声起伏;水声定位系统;信号检测

1　引言

由于介质的不均匀性,海面海底的反射,多途传播等等效应的结果,使得海洋中声波的起伏是声呐系统收到的声信号的最明显特征之一。它对水声定位系统的工作性能有较大影响。在以往的现场实验中经常发现的定位信号成片丢失的现象就与声波振幅起伏有较大的关系。二次大战以来,美苏等国对声起伏的理论和实验研究方面做了大量的工作。但是,在声起伏对水声定位系统的检测性能的影响方面仍然没有给予很好地回答。为此,本文从声波振幅起伏的统计模型出发,根据信号统计检测理论,讨论了一个由窄带滤波、平方检波和积分器组成的典型声呐接收机在声起伏情况下的检测性能,并进一步分析了阵元间信号相关性对一个常见的4元水声定位系统检测性能的影响。

2　声波幅度起伏的统计模型

在海洋中声呐接收机收到的信号可认为是由一个稳定的相干分量和一个随机分量叠加而成[1-2]。这里,稳定的相干分量表征自声源到接收点的主要声传播路径上声波的贡献,而随机分量表征海洋中各种随机扰动,例如:不平整海面海底的散射声、海水温度盐度的微结构、内波等等的贡献之和。其结果是接收到的信号很可能是全部或局部地由许多随机时变振幅和相位的扰动组成。那么,常规声呐接收机输出信号幅度的概率密度函数就可用广义瑞利分布来描述。文献[1-2]分别给出了以信号随机度或直达声和散射声幅度为参量的声波幅度起伏概率密度函数。但是,这两种参量在实际中均不易确定。考虑到在以往声起伏的理论和实验研究中对描述起伏大小的物理量—声起伏率,给予了大量的研究,给出了许多理论和实验的结果,我们将声波幅度相对于其平均幅度的概率密度函数改写成以声起伏率 η 为参量的形式:

$$p(A_1)=A_1\gamma^2\exp\left(-\frac{\gamma^2}{2}(1+A_1^2)\right)I_0(A_1\gamma^2),0<A_1<\infty \tag{1}$$

式中,A_1为声波幅度 A 与稳态声幅度A_0的比值,$I_0(\,)$为零阶虚宗量贝塞尔函数,$\gamma^2/2$ 为稳态声信号能量与起伏信号能量之比,它与声起伏率,的关系可由下列方程来确定

$$1+\eta^2-\frac{4(1+\gamma^2/2)\exp(\gamma^2/2)}{\pi\left[(1+\gamma^2/2)I_0(\gamma^2/4)+\gamma^2/2\,I_1(\gamma^2/4)\right]^2}=0 \tag{2}$$

利用计算机数值求解上述超越方程,可给出起伏率 η 与$\gamma^2/2$ 的关系曲线(见图 1)。从中可见,当$\gamma^2/2=0$ 时,$\eta=52.25\%$;当$\gamma^2/2\to\infty$,$\eta=0$。它们分别对应于接收信号为完全起伏信号和纯有规信号这样两种极限情况。这时,声波幅度概率密度函数分别趋于瑞利分布和高斯分布。

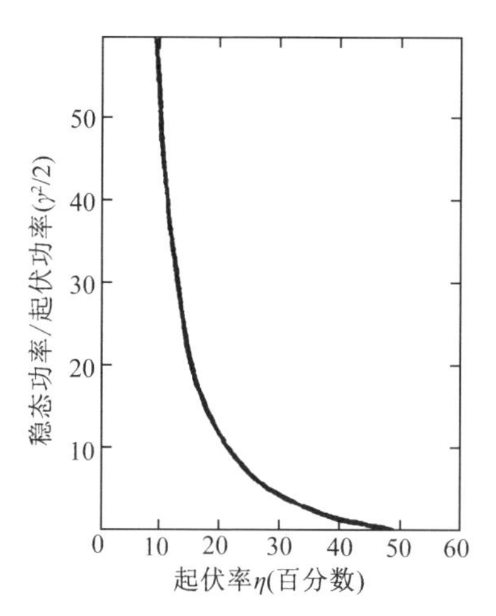

图 1　起伏率 η 与$\gamma^2/2$ 的依赖关系

3　声起伏对接收机检测性能的影响

考虑如下声呐系统中常见的接收机形式。它由窄带滤波器、平方检波器和积分器 3 部分组分,输入 $r(t)$为正弦信号加均值为零,方差为σ^2的高斯白噪声 $n(t)$,输出为 $q(t)$。假设接收机输入端有无信号分别对应

$$\begin{aligned} H_1:&\quad r(t)=A\cos(\omega t+\theta)+n(t)\\ H_0:&\quad r(t)=n(t)\end{aligned} \tag{3}$$

则输出为 $q(t)$的概率密度函数为[3]

$$p(q/H_0)=\frac{1}{\sigma^{2M}\cdot 2^M\cdot(M-1)!}q^{M-1}e^{-\frac{q}{2\sigma^2}} \tag{4}$$

$$p(q/H_1)=\frac{1}{2\sigma^2}\left(\frac{q}{\lambda}\right)^{(M-1)/2}\exp\left(-\frac{1}{2\sigma^2}(\lambda+q)\right)I_{M-1}\left(\frac{(q\lambda)^{\frac{1}{2}}}{\sigma^2}\right) \tag{5}$$

它们分别为 $2M$ 个自由度的中心x^2分布和 $2M$ 个自由度的非中心x^2分布,其中,$M=\omega t$ 滤波器带宽 ω 和积分时间 t 的乘积,$\lambda=MA^2$为非中心分布。

下面在奈曼皮尔逊准则下讨论上述接收机的检测物性,给定虚警概率由(4)式计算

$$P_{pa}=\int_{q_0}^{\infty}p(q\mid H_0)\mathrm{d}q=\int_{Q_0}^{\infty}\frac{Q^{M-1}}{2^M(M-1)!}e^{-\frac{Q}{2}}\mathrm{d}Q \tag{6}$$

(6)式是一个$Q_0=q/\sigma^2$的归一化中心x^2分布的累积概率式。在已知Pf_a情况下,可由x^2分布表或数值计算方法确定检测门限值Q_0。将其代入(5)式可得检测概率

$$
\begin{aligned}
P_D(A) &= \int_{q_0}^{\infty} p(q \mid H_1)\,\mathrm{d}q \\
&= \int_{Q_0}^{\infty} \frac{1}{2}\left(\frac{Q}{\wedge'}\right)^{(M-1)/2} \exp\left(-\frac{1}{2}(\wedge' + Q)\right) I_{M-1}((Q\wedge')^{1/2})\,\mathrm{d}Q
\end{aligned}
\tag{7}
$$

式中，$\wedge' = MA^2/\sigma^2$。

注意到(7)式中检测概率与输入信号幅度 A 有关。当 A 为恒定时，上式右端是一个广义的马克姆 Q 函数，等于 1 减去非中心x^2分布的累积概率。在声波有幅度起伏的情况，A 是一个服从广义瑞利分布的随机量，检测概率还需对 A 取平均。利用 Robertson[4] 提出的计算非中心x^2分布累积概率的展开式和零阶虚宗量贝塞尔函数的级数形式，考虑到贝塞尔函数级数是一致收敛的级数，逐项对 A 积分可得：

$$
\begin{aligned}
P_D &= \int_0^{\infty} P_D(A) p(A_1)\,\mathrm{d}A_1 \\
&= P_{f_a} + \frac{(Q_0/2)^{-M-1}\exp(-(Q_0 + r^2)/2)}{(M-1)!}\left\{\frac{Q_0/2}{M}\sum_{l=1}^{\infty}\sum_{m=0}^{\infty}\frac{(l+m)!}{(m!)^2 l!}\cdot\right. \\
&\quad \frac{\wedge^l \cdot \left(\frac{r^2}{2}\right)^m}{(1+\wedge)^{l+m+1}} + \frac{(Q_0/2)^2}{M(M+1)}\sum_{l=2}^{\infty}\sum_{m=0}^{\infty}\frac{(l+m)!}{(m!)^2 l!}\cdot\frac{\wedge^l\left(\frac{r^2}{2}\right)^m}{(1+\wedge)^{l+m+1}} + \\
&\quad \left.\frac{(Q_0/2)^3}{M(M+1)(M+2)}\sum_{l=3}^{\infty}\sum_{m=0}^{\infty}\frac{(l+m)!}{(m!)^2 l!}\cdot\frac{\wedge^l\cdot\left(\frac{r^2}{2}\right)^m}{(1+\wedge)^{l+m+1}} + \cdots\right\}
\end{aligned}
\tag{8}
$$

式中 $\wedge = MA^2/r^2\sigma^2$。

从(8)式可见，在声起伏情况下，接收机的检测概率与输入信噪比$A_0^2/2\sigma^2$、声起伏率 η、接收机带宽时间积 M 和虚警概率Pf_a有关。通过数值计算，可给出它们与检测概率的关系。以起伏率 η 分别为 0.5，0.35，0.2，0.0，虚警概率分别为 10^{-2}，10^{-4}，10^{-6} 和接收机带宽时间积分别为 8，16，32 作为参量，图 2 给出了检测概率与输入信噪比的关系曲线。从图中比较可见：

(1)声起伏使大信噪比时的检测概率下降。起伏率为 0.35 与 0.0 时相比，要达到 95% 的检测概率需要输入信噪比要大大约 5 dB。

(2)声起伏使小信噪比的检测概率上升。同样是起伏率为 0.35 与 0.0 相比，要达到 20% 的检测概率需要的输入信噪比要小大约 2 dB。

(3)在高信噪比端，检测概率随输入信噪比线性增加，声起伏大时，增加较慢，而声起伏小时，增加较快。

(4)如果要求检测概率在 70% 左右，所需输入信噪比与声起伏关系不大，增加信噪比小于 1.5 dB。

4　阵元间信号相关性的影响

声起伏对水声定位系统检测性能影响的另一个方面是接收基阵阵元间的接收信号相关性。常用的舰载水声定位系统的接收基阵是由 4 个水听器梯形间隔布设而成(见图 3)，其横纵向尺度与舰船的横纵向尺度相当。阵元 1，2 和 3，4 之间的间距往往小于其接收到的直达声或海面海底反射声的横向相关半径，而阵元 1，3 和阵元 2，4 的间距往往远远大于其接收信号的纵向相关半径[2]。如果4个水听器对应着4个独立的、相同的接收机工作通道，水听器间接收信号相关性对定位系统检测性能的影响可以用单个水听器通道的检测概率P_D和水听器间接收信号相关系数ξ来评价。设事件A、B、C、D分别对应于水听器1,2,3,4漏报的情况，事件$\overline{A}$、$\overline{B}$、$\overline{C}$、$\overline{D}$为检测到的情况。考虑到定位系统至少需要两个水听器的接收信号方能求解出目标的方位和距离和1,2与3,4水听器接收信号之间可认为是相互独立的，则定位系统的漏报事件为

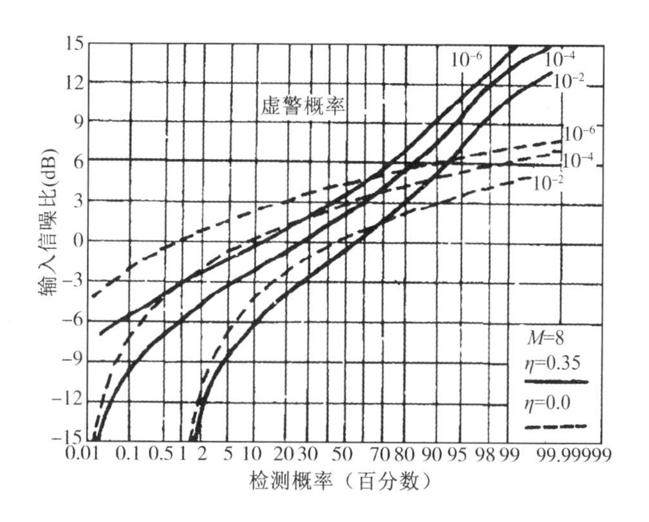

图2(1)　声起伏下接收机的检测性能

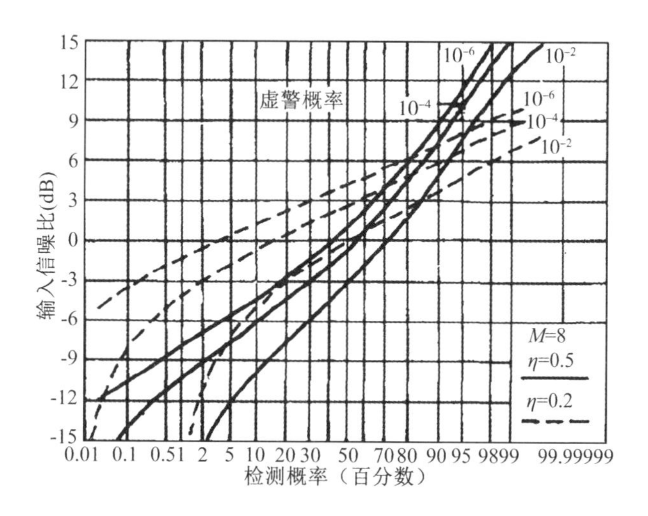

图2(2)　声起伏下接收机的检测性能

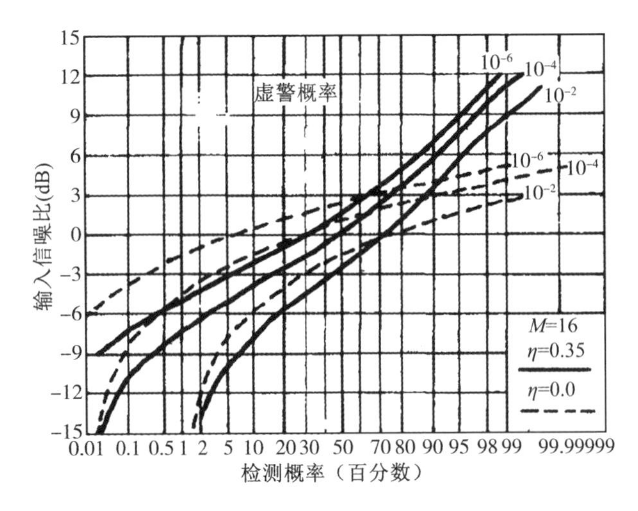

图 2(3)　声起伏下接收机的检测性能

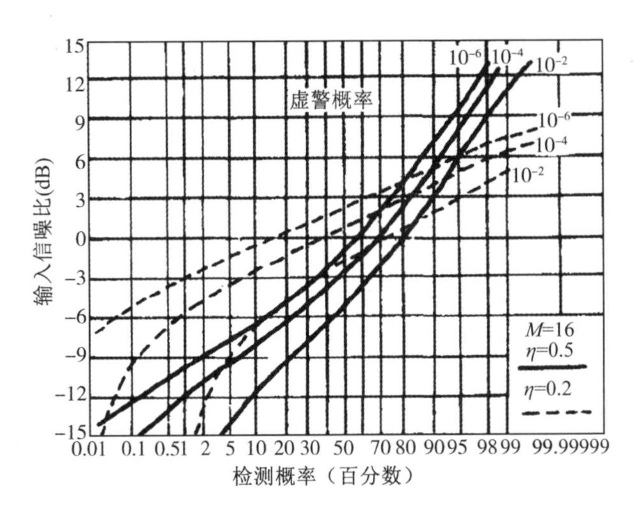

图 2(4)　声起伏下接收机的检测性能

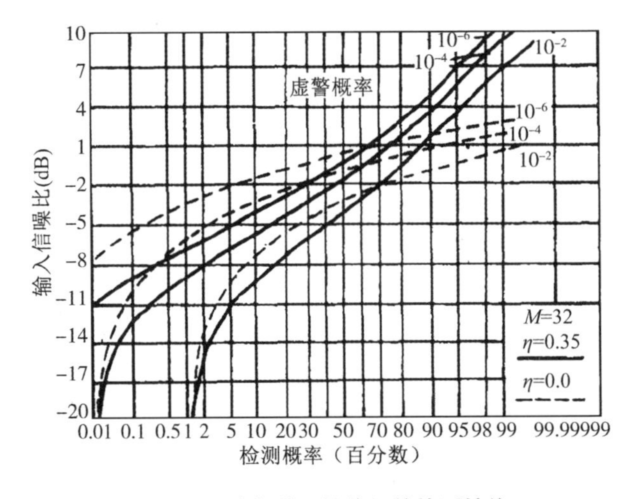

图 2(5)　声起伏下接收机的检测性能

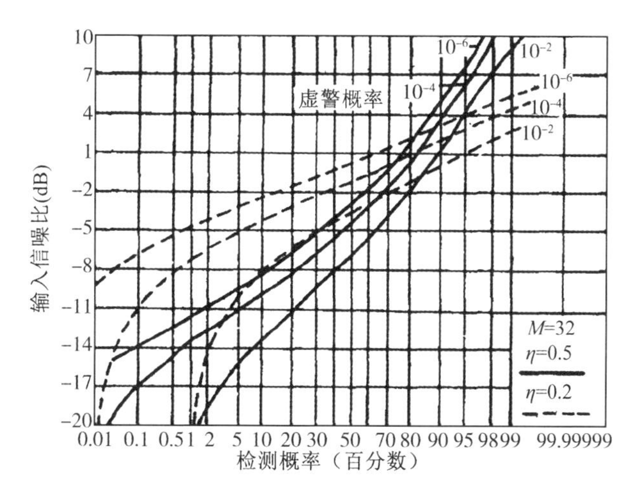

图 2(6)　声起伏下接收机的检测性能

$$(AB\cap CD)\cup(\bar{A}B\cap CD)\cup(A\bar{B}\cap CD)\cup(AB\cap\bar{C}D)\cup(AB\cap C\bar{D})$$

漏报概率为

$$P_{\text{漏报}}=P(AB)(P(AB)+P(\bar{A}B)) \tag{9}$$

这里，认为 1，2 和 3，4 水听器的接收状态是相同的。

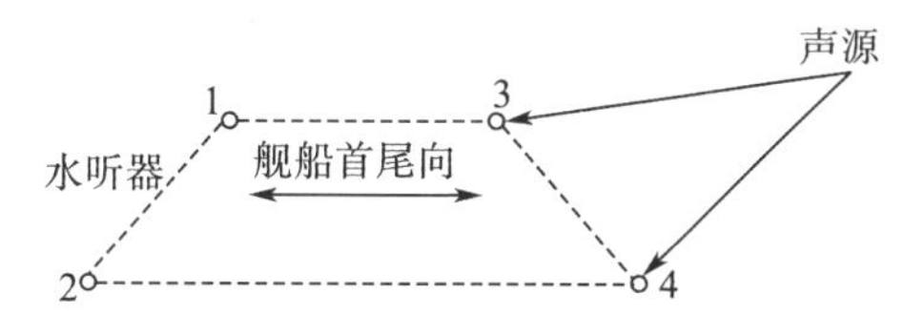

图 3　接收基阵布设示意图

事件 A 和 B 相当于具有相关系数 ξ 的两个贝努利试验，AB 事件的联合分布为

	A	$\bar{A}$	
B	$P(AB)$	$P(\bar{A}B)$	$1-P_D$
$\bar{B}$	$P(\overline{AB})$	$P(\overline{AB})$	P_D
	$1-P_D$	P_D	

从中可以得到两个独立的方程：

$$P(AB)+P(\bar{A}B)=1-P_D \tag{10}$$

$$P(\bar{A}B)+P(\overline{AB})=P_D \tag{11}$$

再利用 AB 事件的协方差关系，可得另一个独立的方程

$$(1-P_D)^2P(\overline{AB})-2(1-P_D)P_DP(\bar{A}B)+P_D^2P(AB)=\zeta P_D(1-P_D) \tag{12}$$

联合求解上述 3 个方程(10)，(11)和(12)，可得

$$P(AB)=(1-P_D)^2+\zeta P_D(1-P_D) \tag{13}$$

$$P(\bar{A}B) = (1-\zeta)P_D(1-P_D) \tag{14}$$

$$P(\overline{AB}) = P_D^2 + \zeta(1-P_D)P_D \tag{15}$$

所以,定位系统的漏报概率为

$$P_{漏报} = (1-P_D)^2(1-(1-\zeta)P_D)(1+3(1-\zeta)P_D) \tag{16}$$

图4 中分别以单路接收机检测概率$P_D = 95\%$,90%,80%和70%为参量,给出了定位系统漏报概率随接收信号横向相关系数变化的情况。从图中可见,当单路接收机具有较高的检测概率时,水听器间接收信号的横向相关大大增大了系统的漏报概率。例如,$P_D = 95\%$时,大约提高了一个数量级。而检测概率较低时,信号的横向相关对系统的漏报概率影响不大。并且当$\xi > 0.4$时,系统的漏报概率随相关系数的增加变化不大。

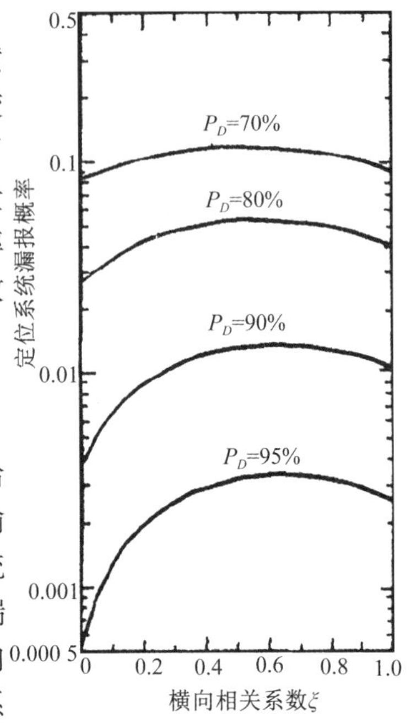

图4　信号相关性与定位系统漏报概率的关系

5　结论

本文讨论了声起伏对水声定位系统检测性能的影响,给出了不同声起伏率情况下典型声呐接收机的检测概率与输入信噪比关系曲线和水听器间信号横向相关性与定位系统漏报概率关系曲线。从计算结果可见,声起伏使高信噪比端检测概率下降,低信噪比端检测概率上升。接收信号的横向相关性对具有高检测概率接收机影响较大。但是,当相关系数变化不大于0.4时,系统的漏报概率随相关系数变化不大。值得指出,本文提供的结果也可用于估算其他声呐系统在声起伏情况下的检测性能。

参考文献

[1] Urick R J. Models for the amplitudefluctuations of narrow - band signals and noise in the sea. J. Acoust Am Soc 1977. (4):878 -887.

[2] 布列霍夫斯基 JIM. 海洋声学. 科学出版社,1983.

[3] 惠伦 A D. 噪声中的信号检测. 科学出版社,1977.

[4] Robertson G H. Computaton of the noncentral Chi - square distribution. Bell Sys Thch J 1969,48(1):201 -207.

界面反射对超短基线水声定位系统的影响
——“跳象限”现象分析与克服

蔡　平　梁国龙　惠俊英

摘要　本文通过界面反射对超短基线水声定位系统的影响进行理论分析和计算机仿真，指出了超短基线水声定位系统中存在“跳象展”现象的物理原因，给出了产生“跳象限”现象的必要条件，并提出了防止“跳象限”的具体措施和软件纠正方法。经湖上试验验证，本文进行的理论分析与实验结果相符，所提出的防止“跳象限”方法切实可行。

1　引言

由于超短基线水声定位系统具有体积小，质量轻，安装方便，造价低等优点，使之在水声导航定位技术领域中占有一席之地。但由于它的不足之处——“跳象限”现象的存在，使得超短基线定位系统的应用受到了一定的限制。本文通过理论分析，计算机仿真和实验研究，剖析了“跳象限”产生的原因，并提出了相应的克服方法。经吉林松花湖上试验验证，理论与试验结果合理地相符，所提出的解决方法也颇为有效。

2　超短基线定位系统的基本原理

超短基线水声定位系统依据从目标到基阵各基元的声波相位差计算目标的俯仰角和方位角，通过测量声波的传播时间计算目标的距离，从而确定了目标的位置。其原理如图 1 所示，测量基阵由排成等腰直角三角形的三个水听器组成，直角边长为 d 称之为基线长度，通常 $d<0.5\lambda$。测量基阵置于 xOy 平面中，设 x 轴指向为母船的船艏方向。目标在球坐标系中由 (R,θ,β) 表示，R 表示基阵到目标的距离，θ 为目标的方位，γ 为目标的俯仰角，则 $\beta=\pi/2-\gamma$。记 2 号基元和 1 号基元接收声波的相位差为 φ_{21}，2 号基元和 3 号基元接收声波的相位差为 φ_{23}，当目标在远距离处 $(d\ll R)$，在平面波模型下不难得：

$$\varphi_{21}=kd\cos\theta\cos\gamma \tag{1}$$

$$\varphi_{23}=kd\sin\theta\cos\gamma \tag{2}$$

上式中 k 为波数，由(1)和(2)式可知：

$$\theta=\tan^{-1}\frac{\varphi_{23}}{\varphi_{21}} \tag{3}$$

$$\gamma=\tan^{-1}\left(\frac{1}{kd}\sqrt{\varphi_{23}^2+\varphi_{21}^2}\right) \tag{4}$$

又

$$R=c\cdot t \tag{5}$$

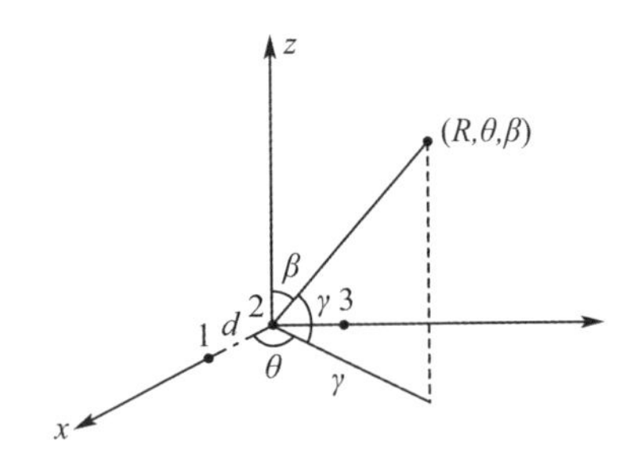

图 1　定位原理示意图

上述原理是建立在平面波模型基础上的，若存在界面反射声，公式(3)和(4)仍成立，只不过将反射声与直达声的合成声相位差例 ψ_{21}，ψ_{23} 分别代替(3)(4)式中的 φ_{21}、φ_{23}。

以往的海试和湖试均发现超短基线定位系统（包括美国的 4068 系统），在目标俯仰角 γ 小于 20°时会发生严重的定位错误，弄错目标的象限，我们称这种错误为"跳象限"现象。

为什么会产生"跳象限"现象？我们如何纠正这种错误呢？本文将讨论这个问题。

3　产生"跳象限"现象的物理原因

众所周知，水声信道是多途信道，它的复杂性首先是由于存在着界面，对信号处理来说它是万恶之源！各基元收到的信号除了含有直达声外还有来自海底和海面的反射声叠加在一起，将使测得的合成相位差 ψ_{21}，对于 φ_{21}、φ_{23} 有所改变。

由于测量基阵和声信标（或应答器）都有一定的垂直指向性，能抑制部分海面、海底的反射声，使反射声的幅度通常小于直达声幅度。不失一般性，仅考虑一个界面的反射声，则各基元的输出信号应为：

$$S_i(t)=\cos(\omega t-\varphi_i)+\alpha\cos(\omega t-\varphi_i')=A_i\cos(\omega t-\psi_i)\quad i=1,2,3 \tag{6}$$

其中 φ_i 和 φ'_i 分别为第 i 基元直达声和反射声的信号相位，而 A_i 和 ψ_i 分别为第 i 基元合成信号的幅度和相位。且有：

$$A_i=[1+\alpha^2+2\alpha\cos(\varphi_i-\varphi_i')]^{1/2} \tag{7}$$

$$\psi_i^*=tg^{-1}\frac{\sin\varphi_i+\alpha\sin\varphi_i'}{\cos\varphi_i+\alpha\cos\varphi_i'}\quad i=1,2,3 \tag{8}$$

那么 1 和 2 基元合成信号的相位差应为：

$$\psi_{21}=\psi_2-\psi_1=\tan^{-1}\frac{\tan\psi_2-\tan\psi_1}{1+\tan\psi_2\cdot\tan\varphi_1} \tag{9}$$

将(8)式代入(9)式得到：

$$\tan\psi_{21}=\frac{\sin\varphi_{21}+\alpha^2\sin\varphi_{21}'+2\alpha\sin\left(\frac{\varphi_{21}+\varphi_{21}'}{2}\right)\cos\left(\frac{\varphi_{22}'+\varphi_{11}'}{2}\right)}{\cos\varphi_{21}+\alpha^2\cos\varphi_{21}'+2\alpha\cos\left(\frac{\varphi_{21}+\varphi_{21}'}{2}\right)\cos\left(\frac{\varphi_{22}'+\varphi_{11}'}{2}\right)} \tag{10}$$

$$=\frac{\sin\psi_{21}}{\cos\psi_{21}}$$

其中：

$$\varphi_{21}=\varphi_2-\varphi_1,\quad \varphi_{22}'=\varphi_2-\varphi_2'$$

$$\varphi_{21}'=\varphi_2'-\varphi_1',\quad \varphi_{11}=\varphi_1-\varphi_1'$$

当存在反射声时(3)式改为：

$$\theta=\tan^{-1}\frac{\psi_{23}}{\psi_{21}} \tag{11}$$

(3)式和(11)式右边均为多值函数，因此它的取值应依据宗量分子与分母的符号来定。我们规定 x 轴的正方向为 $\theta=0°$，θ 的定义域为$[-\pi,\pi]$。(3)式和(11)式多值函数定义为：

$$\beta=\tan^{-1}\frac{\xi}{\eta}$$

$$\beta=\begin{cases}\arctan\dfrac{\xi}{\eta}, & \eta\geqslant 0\\ \arctan\dfrac{\xi}{\eta}+\delta\pi, & \eta<0\end{cases} \tag{12}$$

$$\delta=\begin{cases}1, & \xi\geqslant 0\\ -1, & \xi<0\end{cases}$$

上式中 arctan[·]表示取主值，主值的定义域为$[-\pi/2,\pi/2]$。

由(10)式可以看到，由于反射声的干扰，合成声的相位差 ψ_{21} 将与直达声相位差 φ_{21} 不相等，但通常这误差是可容忍的。某些情况下 $\sin\psi_{21}$ 和 $\sin\varphi_{21}$ 将具有不同的符号，亦即有 $\sin\varphi_{21}\cdot\sin\psi_{21}<0$，由(9)式和(12)式可知若同时满足条件 $\cos\psi_{21}<0$ 时，导致 ψ_{21} 和 φ_{21} 有严重的相位跳变。故反射声干扰导致“跳象限”现象出现的条件为：

$$\begin{cases}\sin\varphi_{21}\cdot\sin\psi_{21}<0\\ \cos\psi_{21}<0\end{cases} \tag{13}$$

上式中第一个条件即说 ψ_{21} 和 φ_{21} 位于不同的象限，若同时满足第二个条件时 ψ_{21} 与 φ_{21} 才会有严重的跳变性的差别。

将(13)式代入(10)式得到：

$$\sin\varphi_{21}\left(\sin\varphi_{21}+\alpha^2\sin\varphi'_{21}+2\alpha\sin\frac{\varphi_{21}+\varphi'_{21}}{2}\cos\frac{\varphi'_{22}+\varphi'_{11}}{2}\right)<0 \tag{14}$$

$$\cos\varphi_{21}+\alpha^2\cos\varphi'_{21}+2\alpha\cos\frac{\varphi_{21}+\varphi'_{21}}{2}\cos\frac{\varphi'_{22}+\varphi'_{11}}{2}<0 \tag{15}$$

显然当反射声与直达声接近反相时为最恶劣情况，这时 $\cos[(\varphi'_{22}+\varphi'_{11})/2]\approx-1$，(14)、(15)式可分别简化

$$\sin\varphi_{21}\left(\sin\varphi_{21}+\alpha^2\sin\varphi'_{21}-2\alpha\sin\frac{\varphi_{21}+\varphi'_{21}}{2}\right)<0 \tag{16}$$

$$\cos\varphi_{21}+\alpha^2\cos\varphi'_{21}-2\alpha\cos\frac{\varphi_{21}+\varphi_{21}}{2}<0 \tag{17}$$

考虑到：

$$\begin{gathered}\varphi_{21}=kd\cos\theta\cos\gamma\\ \varphi'_{21}=kd\cos\theta\cos\gamma'\end{gathered} \tag{18}$$

其中 γ' 为反射角的俯仰角，且 $|\gamma'|>\gamma$，因 γ 和 γ' 均为锐角，故有：

$$\cos\gamma'<\cos\gamma \tag{19}$$

$$\varphi'_{21}=\frac{\cos\gamma'}{\cos\gamma}\cdot\varphi_{21}=\left(1-\frac{\cos\gamma-\cos\gamma'}{\cos\gamma}\right)\cdot\varphi_{21} \tag{20}$$

记
$$\delta_{21}=\varphi_{21}-\varphi'_{21}=\frac{\cos\gamma-\cos\gamma'}{\cos\gamma}\varphi_{21} \tag{21}$$

因 γ 和 γ' 绝对值相近,所以 δ_{21} 为小量,且

$$\varphi'_{21}=\varphi_{21}-\delta_{21} \tag{22}$$

$$\frac{\varphi'_{21}+\varphi_{21}}{2}=\varphi_{21}-\frac{\delta_{21}}{2} \tag{23}$$

将(22)、(23)式代入(16)、(17)式得:

$$\begin{cases}\sin^2\varphi_{21}\left(1+\alpha^2\cos\delta_{21}-2\alpha\cos\dfrac{\delta_{21}}{2}\right)-\sin\varphi_{21}\cos\varphi_{21}\left(\alpha^2\sin\delta_{21}-2\alpha\sin\dfrac{\delta_{21}}{2}\right)<0 & (24)\\ \cos\varphi_{21}\left(1+\alpha^2\cos\delta_{21}-2\alpha\cos\dfrac{\delta_{21}}{2}\right)+\alpha^2\sin\varphi_{21}\sin\delta_{21}-2\alpha\sin\varphi_{21}\sin\dfrac{\delta_{21}}{2}<0 & (25)\end{cases}$$

因为 δ_{21} 是小量,所以(24)、(25)式可近似为:

$$\begin{cases}(1-\alpha)+\alpha\delta_{21}\cot\varphi_{21}<0 & (26)\\ \cos\varphi_{21}(1-\alpha)-\alpha\delta_{21}\sin\varphi_{21}<0 & (27)\end{cases}$$

若 $\varphi_{21}>0$ 则 $\delta_{21}>0$,(26)式可表示为:

$$\cot\varphi_{21}<\frac{\alpha-1}{\alpha\delta_{21}} \tag{28}$$

或 $\sin\varphi_{21}>0$,(27)式表示为:

$$\cot\varphi_{21}<\frac{\alpha\delta_{21}}{1-\alpha} \tag{29}$$

若 $\varphi_{21}<0$,则 $\delta_{21}<0$,(26)式表示为:

$$\cot\varphi_{21}>\frac{\alpha-1}{\alpha\delta_{21}} \tag{30}$$

或 $\sin\varphi_{21}<0$,(27)式表示为:

$$\cot\varphi_{21}>\frac{\alpha\delta_{21}}{1-\alpha} \tag{31}$$

综合(28)、(29)、(30)、(31)式解出:

$$\begin{cases}\dfrac{\cot\varphi_{21}}{\cot\varphi_{21}+\delta_{21}}>\alpha>\dfrac{1}{1-\delta_{21}\cot\varphi_{21}} & (32)\\ |\varphi_{21}|>90^\circ & (33)\end{cases}$$

同时也可解出:

$$\begin{cases}\dfrac{\cot_g\varphi_{23}}{\cot\varphi_{23}+\delta_{23}}>\alpha>\dfrac{1}{1-\delta_{23}\cot\varphi_{23}} & (34)\\ |\varphi_{23}|>90^\circ & (35)\end{cases}$$

因此,产生“跳象限”现象的前据为(32)和(33)式同时成立,或(34)和(35)式同时成立。

反射声对合成声相位差 ψ_{21} 的影响用矢量图分析更为直观。对于谐和声波,直达声和反射声均可表示为旋转矢量,它们与坐标轴 OQ 的夹角表示初相位。不失一般性,令 $\varphi_1=0$,则代表1号基元接收的直达声矢量 OA_1 位于坐标轴 OQ 上,它的长度为1;反射声矢量 A_1B_1 与坐标轴的夹角为反射声与直达声的相位差 $-\varphi'_{11}=\varphi'_1-\varphi_1$,反射声矢量长度为 α。根据矢量

合成规则,合成声矢量即为 OB_1。反射声与直达声的相位差可以在 0°~360°内任意取值,因此,合成声矢量的端点 B_1 的轨迹是以 A_1 为圆心,半径为 α 的一个圆。同理 2 号基元收到的直达声矢量为 OA_2,它与 OA_1 的夹角即为直达声的相位差 φ_{21},反射声矢量为 A_2B_2,OB_2 为 2 号基元合成矢量。矢量 OB_2 与 OB_1 的夹角为 φ_{21}。假如 $\varphi_{22}' - \varphi_{11}' = (\varphi_2 - \varphi_1) - (\varphi_2' - \varphi_1') = 0$,即 $\varphi_{21} = \varphi_{21}'$,参看图 2,由几何关系不难证明此时有 $\psi_{21} = \varphi_{21}$,但是实际上 $|\varphi_{21}'| < |\varphi_{21}|$,所以由图 2 可知除了特殊情况外,应有 $|\psi_{21}| = |\varphi_{21}|$,即通常反射声使得合成声的相位差略小于直达声的相位差。由于超短基线系统基阵与目标的相对几何位置的变化,或由于海面波浪产生的反射声相位起伏,使得直达声与反射声的相位差 φ_{22}'和 φ_{11}'可以在 -180°到 180°范围内任意变化。基 1 和 2 的间距很小,它们收到的反射声相位起伏相关性很强,这意味着矢量 OB_1 和 OB_2 将几乎同步旋转,在旋转过程中,大多数情况下 $|\psi_{21}|$略小于 $|\varphi_{21}|$,只有当φ_{22}'和 φ_{11}'接近 180°时(即直达声与反射声接近反相干涉的情况)才会发生特殊的情况。用A_1B_1'和 A_2B_2'表示反射声,可以看到合成声矢量 OB_1 和 OB_2 的夹角是负的,即由于反射声的影响合成声的相位差 ψ_{21}产生了符号的跳变,因而导致了用(11)式计算目标方位时产生了“跳象限”的现象。

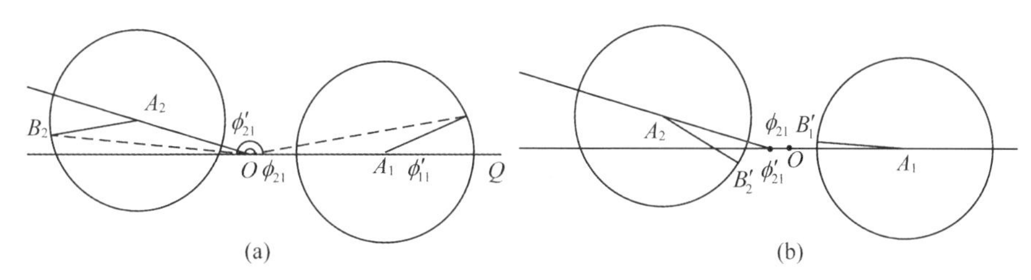

图 2　说明“跳象限”现象的矢量图

4　影响“跳象限”的因素

上面已分析了出现“跳象限”现象的物理原因,那么如何避免或减少这种错误的发生呢?发生了“跳象限”现象又如何修正呢?为解决这些问题,有必要首先分析一下影响这种错误发生的诸多因素。

“跳象限”现象的发生与下列因素有关:

(1)反射声与直达声的幅度比 α

从(32)、(34)式不难看出,α 过大或过小都不会产生“跳象限”的现象,仅当 α 趋近于 1,或直达声与反射声幅度比较接近的时候,才有可能产生“跳象限”的现象。

(2)直达声的相位差的绝对值 $|\varphi_{21}|$、$|\varphi_{23}|$

$|\varphi_{21}|$、$|\varphi_{23}|$越大,“跳象限”的可能性越大,反之亦然,当以指 $|\varphi_{21}| < 90°$,且 $|\varphi_{23}| < 90°$ 时,不会发生“跳象限”现象。由(1)式和(2)式可以看出,φ_{21} 和 φ_{23} 是 d 和 γ 的函数,是否“跳象限”和这两个因素有关。

①阵元间距 d。

根据(1)式、(2)式、$\varphi_{21} \propto d$,$\varphi_{23} \propto d$,在其他条件不变的前提下,d 越大,$|\varphi_{21}|$和 $|\varphi_{23}|$越大,“跳象限”的可能性就越大。如极限情况下 $\gamma = 0$,若取 $d = 0.5\lambda$,对任意的 $\alpha > 0$,即只要反射声的幅度不为 0,就有可能发生“跳象限”现象。若取 $d \leqslant 0.25\lambda$ 则对于任意的 $\alpha \geqslant 0$,都有 $|\varphi_{21}| \leqslant 90$,$|\varphi_{23}| \leqslant 90$,因此都不可能产生“跳象限”现象。

②目标的俯仰角 γ。

俯仰角 γ 影响 φ_{21},φ_{23} 与 α,γ 越小,$|\varphi_{21}|$ 和 $|\varphi_{23}|$ 越大,就容易“跳象限”,同时 γ 越小,反射声与直达声的幅度越接近,更易“跳象限”。

(3)各路自身的直达声与反射声的相位差

直达声与反射声同相干涉,或相位差很小,都不可能发生“跳象限”现象,因为这时 $|\psi_{21}| < |\varphi_{21}|$ 且符号相同,仅当同号基元反射声与直达声反相干涉或相位差很大时才有可能发生“跳象限”现象。

5 “跳象限”现象的计算机仿真分析

为了验证上述解析分析结果的正确性,及“跳象限”错误出现的统计特性,我们首先进行了计算机仿真研究,仿真程序框图如图 3,仿真条件为:

α 在 0 ~ 1 连续变化,θ 在 0 ~ 360°变化(每 2°变化一次),取 $\gamma = 0°$,$|\delta_{21}| = |\delta_{23}| = 3°$,在此条件下,$d$ 分别取 0.35λ、0.42λ、0.5λ 三种情况。

(1)$d = 0.35\lambda$,仿真结果:当 $\alpha \leqslant 0.95$ 时,不发生“跳象限”现象;$\alpha \geqslant 0.96$ 时,发生了“跳象限”现象,并且“跳象限”的扇面和概率随 α 增大而增大。

(2)$d = 0.42\lambda$,仿真结果:当 $\alpha \leqslant 0.91$ 时,不发生“跳象限”现象;$\alpha \geqslant 0.92$ 时,发生了“跳象限”现象,并且“跳象限”的扇面和概率也是随 α 增大而增大。

(3)$d = 0.5\lambda$,仿真结果:

对任意的 $\alpha > 0$,都会发生“跳象限”现象。

图 4 和图 5 分别给出了当 $\alpha = 0.96$,$d = 0.42\lambda$ 时“跳象限"现象的扇面和概率分布。

若把仿真条件代入公式(32)做比较:

(1)$d = 0.35\lambda$,$|\delta_{21}| = 3$,$\max\varphi_{21} = kd = 0.7\pi = 126°$,代入(32)式,解出可能“跳象限”的 $\alpha > 0.96$。

(2)$d = 0.42\lambda$,$|\delta_{21}| = 3$,$\max\varphi_{21} = kd = 0.84\pi = 151.2°$,代入(32)式,解出可能“跳象限”的 $\alpha > 0.913$。

(3)$d = 0.5\lambda$,$|\delta_{21}| = 3$ 度,$\max\varphi_{21} = kd = 180°$,代入(32)式,解出可能“跳象限”的 $\alpha > 0$。

可见,计算机仿真结果与解析分析结果相吻合。

6 防止“跳象限”现象发生的措施及软件修正

“跳象限”现象和诸多因素有关,但一般都不能随意控制,我们只能通过改善基阵的垂直指向性降低反射声与直达声的相对幅度比 α 和减小基阵长度 d。基阵长度取 0.35λ ~ 0.45λ 之间较为合适。这样既保证了有较好的定位精度,又可以通过抑制反射声的幅度来减少“跳象限”的概率。但对于远距离目标,因直达声的俯仰角 γ 和反射声的俯仰角 γ',都非常小,基阵的指向性对反射声的幅度不再能起足够的抑制作用,因此“跳象限”的条件仍可满足。这时就需软件进行修正了。

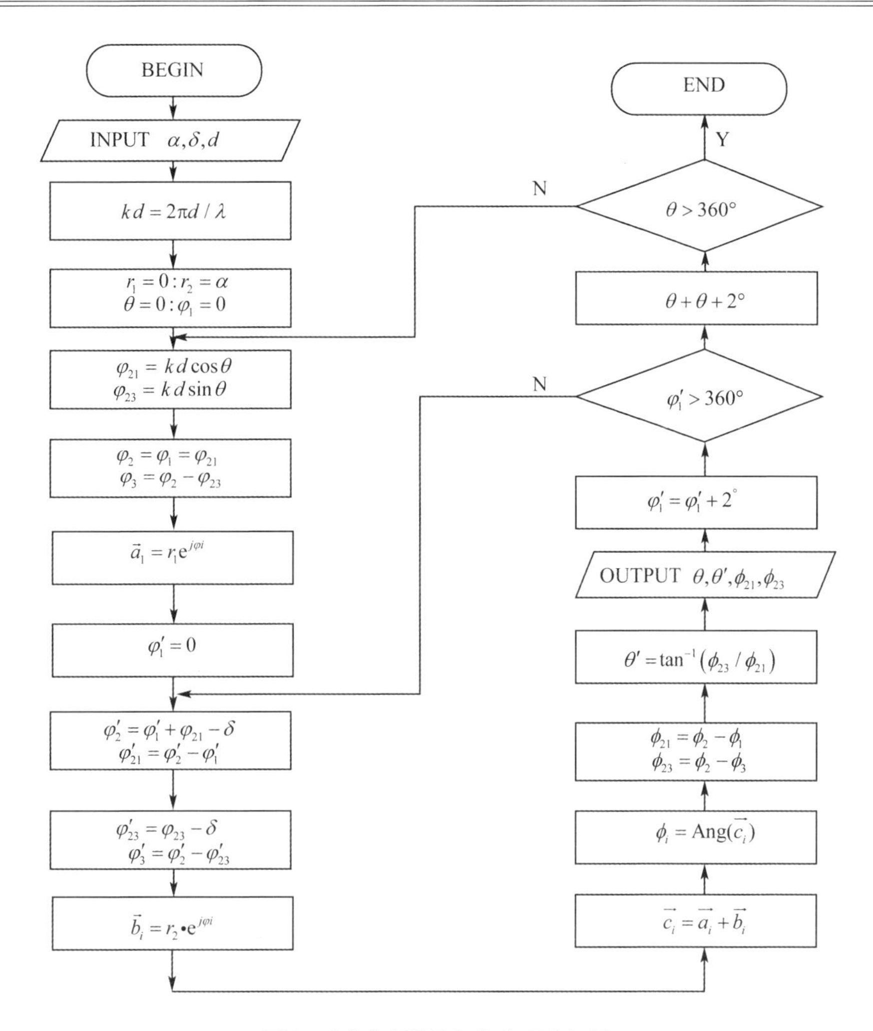

图 3　“跳象限”现象仿真研究框图

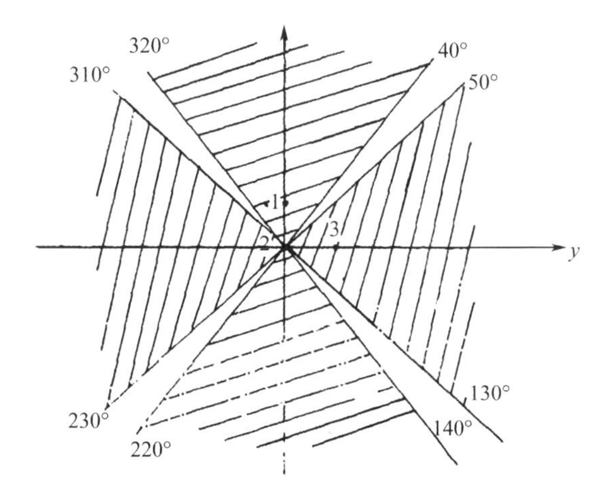

图 4　出现“跳象限”现象区域平面图

（图中阴影部分为“跳象限”区）

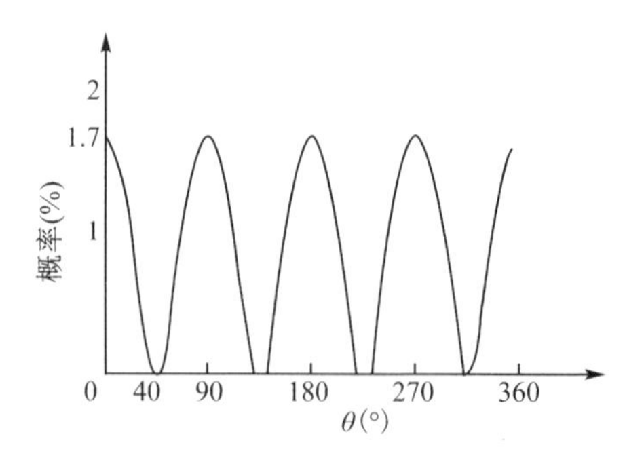

图 5 “跳象限”概率分布示意图

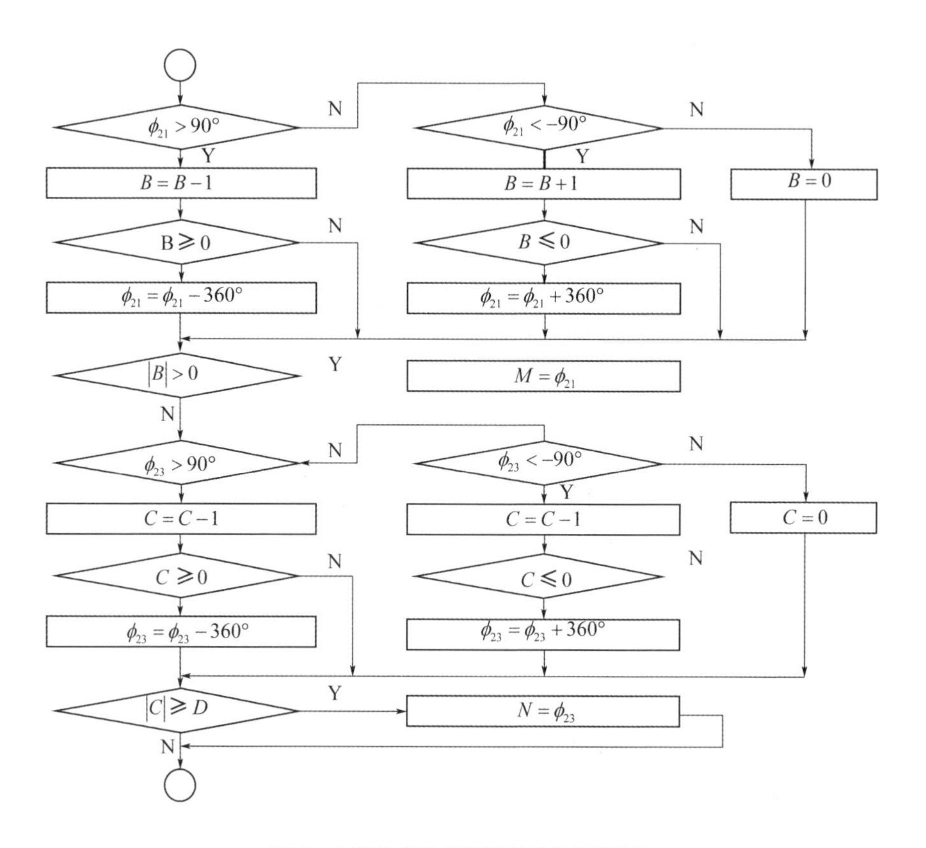

图 6 “举手表决”建档案软件流程图

根据前面分析得出的结论，当取 $d \leqslant 0.42\lambda$ 时，发生“跳象限”现象的条件即使能够满足，其概率也比较小，因此用“举手表决”的方式可把正确和错误的结果区分开，并对错误的结果加以修正。修正的方法非常简单：

若已知 $\psi_{21} > 90^{\circ}$，而测量结果为 $\psi_{21} < -90^{\circ}$。令：

$$\psi_{21} = \psi_{21} + 360^{\circ} \tag{36}$$

若已知 $\psi_{21} < 90^{\circ}$，而测量结果为 $\psi_{21} > 90^{\circ}$。令：

$$\psi_{21} = \psi_{21} - 360^{\circ} \tag{37}$$

模拟分析的结果表明，用这种方法修正后的效果彼好，和没有反射声叠加时相比，附加的方位估计误差不超过 0.3°。

由于采取一些措施,使正确测量值总是占多数,因此经过一段时间的测量之后,根据“举手表决”就可以建立起关于目标运动状况的可靠档案,根据可靠的历史档案就可以很容易地辨别出当前测量值的真伪,并进而按照(36)、(37)式对错误的测量值进行修正。用“举手表决”的方式区分真伪并建立历史档案的软件流程图如图 6 所示,根据历史档案对错误的测量值加以修正的软件如图 7 所示。

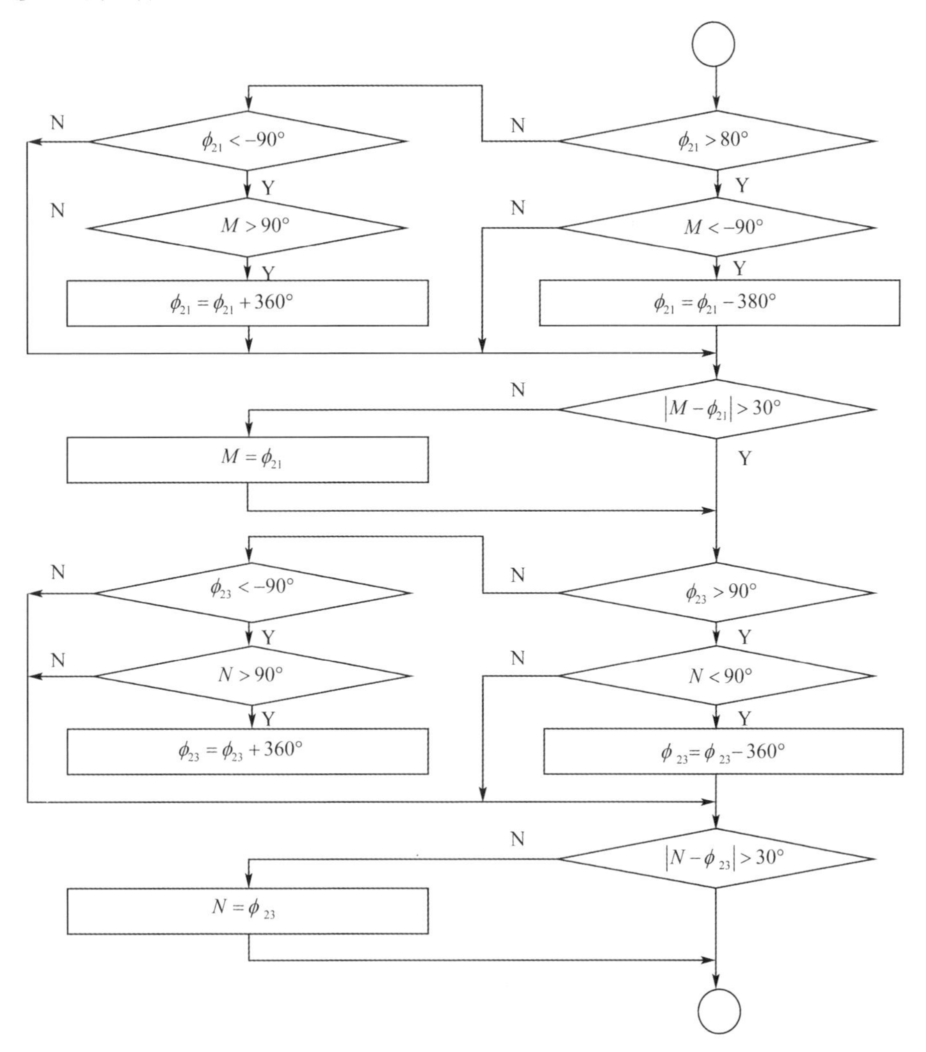

图 7　根据历史档案纠错软件流程图

图中 B 和 C 是两个计数器,$B>0$ 意味着目标在测量基阵的后方;$B<0$ 表示目标在基阵前方,$C>0$ 表示目标在基阵左方;$C<0$ 表示目标在基阵的右方。D 为建档门限,它的正确选取应尽量保证所建档案的可靠性,又不至于建档时间太长。M 和 N 分别为 ψ_{21} 和 ψ_{23} 的历史。为了保证程序的跟踪能力,历史档案必须不断更新,如图 7 所示。

7　松花湖试验结果

经过理论分析,计算机仿真研究和实验室模拟试验,我们为解决超短基线水声定位系统“跳象限”的问题做了大量的工作,采取了一系列的措施,究竟效果如何?还要靠海试或湖试来验证。

1991 年 10 月 30 日，超短基线在松花湖作了拉距试验。

松花湖试验区平均水深 60 m，应答器投放在水下 20 m 深处，基阵固定在船舰距水下 4 m处。信号工作频率为f = 17. 24 kHz，d = 27. 5 mm，拉距最远距离为 2 960 m。实验中，我们用两套软件同时运行，其一为传统的超短基线系统程序，实验结果如图 8 所示。另一套则增加如图 6、图 7 所示的修正软件，实验结果如图 9 所示。明显看出，图 8 有严重的“跳象限”现象，而图 9 却没有“跳象限”现象发生。

湖试结果表明，本文的分析与实际情况相符，所采取的克服“跳象限”错误的措施切实有效。

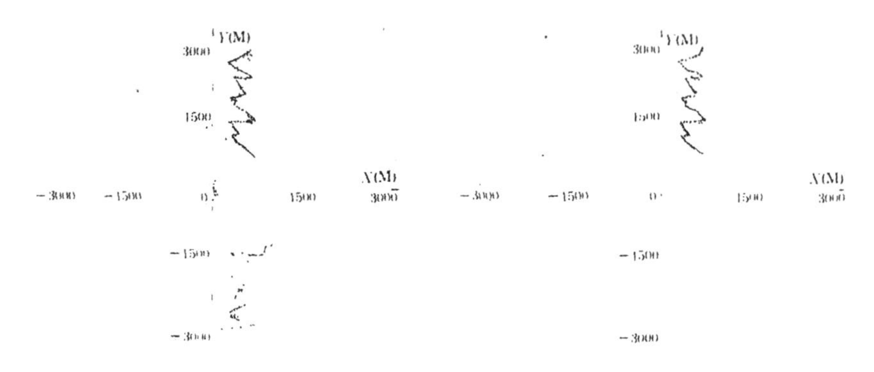

图 8　传统超短基线显示轨迹图　　　　**图 9　修正软件超短基线显示轨迹**

参 考 文 献

[1] R – J. Urick，洪申译. “水声原理”哈尔滨船舶工程学院出版社，1990.

[2] 孙仲康，陈辉煌. “导航、定位与制导”国防工业出版社，1987，92 – 98.

自组织人工神经元网络用于声图像识别的研究

桑恩方　乔晓宇　李　瑞

摘要　本文通过实验研究了自组织人工神经元网络用于声图像识别的步骤和方法，讨论了在水声、超声医学等声图像识别中所遇到的一些关键性技术问题。

1　引言

20世纪80年代以来，人工神经元网络的研究取得了新的重要进展。由于它们的并行性、分布式存储、自学习、自组织的结构特点，对传统人工智能有了较大突破。因而在许多领域已展现了广阔的应用前景。

在声学领域中，随着海洋开发、海底沉物探测、智能机器人声视觉及超声医学等事业的发展、人们已发展了多种二维和三维高分辨率声成像技术。随之必然地提出如何根据声图像进行被探测物体的自动识别和理解的任务要求。借助人工神经元网络来较好地完成这一任务，是本文研究的主要目的。

已有许多重要的神经网络模型被提出[1-3]。由Kohonen提出的自组织算法模型[4,7,8]是其中代表研究之一。由于它所模拟的是人脑神经对外界刺激具有自动排列和顺次响应的功能，因而具有很强的分类性. 已用这种模型设计出矢量量化器. 用于语音识别和图像编码。

完成计算机“识别”和“理解”的基础是实现一个自动分类器。本文主要研究如何根据声图像的几何特征进行自动分类，从而为目标的进一步识别和理解打下基础。

2　自组织人工神经元网络模型

以Kohonen网络算法为代表的自组织算法是一种无“教师”学习的方法。输出可看成是输入样本特征的一种表达。它是一个双层网络，其输出节点是在平面上按顺序排列的，其算法为：

若网络有N个输入节点，M个输出节点，给出一组初权向量W_{ij}后，对于在时刻t给定的一个样本$X_i(t)$，计算距离

$$d_i = \sum_{i=0}^{N-1} [X_i(t) - W_{ij}(t)]^2 \qquad (1)$$

$$0 \leqslant j \leqslant M-1, 0 \leqslant i \leqslant N-1$$

选择距离最小的输出节点为响应节点j^*，然后修正j^*及其领域内输出节点连接的权值：

$$W_{ij}(\mathrm{t}+1) = W_{ij}(t) + k(t)[X_i(t) - W_{ij}(t)] \qquad (2)$$

其中$0 \leqslant j < M^- - 1, 0 < i < N-1; 0 < k(t) < 1$是随时间降低的增益经过训练后，网络把输入映射为输出平面上的一个点. 对于相近的输入它的输出响应结点在输出平面上也是拓朴定

义下相近的。

在声图像识别中,我们把它分为两个主要过程,即学习过程和识别过程。前者是用大量图像特征样本进行训练学习的过程。后者则是利用学习过程得到的各类权值判断出某图像样本类别的过程。基本自组织网络模型及其学习训练过程和识别过程的流程图分别示于图1、图2、图3。

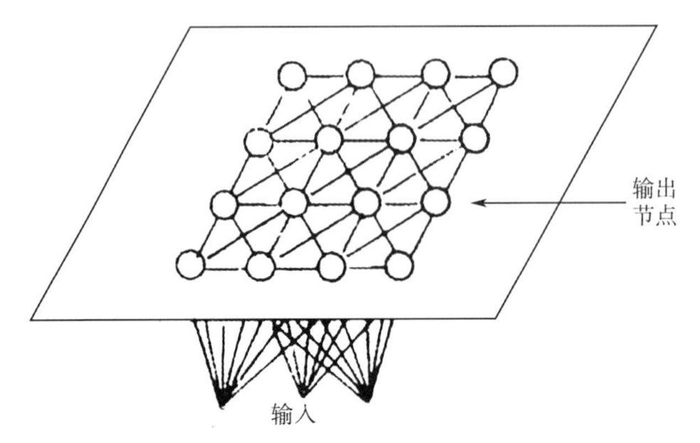

图1　自组织神经元网络的一般结构图

声图像识别的实验研究发现,用作为分类判据的特征集和特征量的选取是一个首要问题,是决定自组织算法分类成功与否的关键。

(1)数据处理技术

由于声成象孔径的限制和声学目标及环境复杂的散射规律,使声图像分辨率和对比度都很差,并存在较强的噪声和混响背景(可参见后面附图中的原始图像)这使得声图像特征集的提取要比一般光学或电视图像更困难。解决的办法是针对声图像的特点合理地选用和开发数字图像处理技术[5,6,7],卢血做好预处理。本研究有效地运用和开发了如下一些数字处理技术于声图像的预处理中:

①线性变换:$g(i,j)$,其中 $g(i,j)$ 为变换后的图像,$f(i,j)$ 为原图像. LNT 为视图像情况而定的线性函数。

②非线性变换:$g(i,j)=T[f(i,j)]$,T 为非线性变换函数。它往往产生更明显的增强效果但容易使相对较暗的图像信息受到抑制。本文采用求各点像素第 n 次(n 作一般取 2 或 3)幕的非线性变换法。变换后再进行归一化处理。

③平滑:除抑制点噪声,局部干扰和毛刺外,对图像的局部断裂和缺损有一定拟合作用。但平滑次数越多,窗口越大,图像变得越模糊。

④分割:本文采用按不同灰度特征的区域生成方法将目标和背景区分开来。其中较多地采用了门限化方法。由于声图像干扰背景严重,有时一次门限化处理还达不到所需的分割效果,需平滑和分割交替进行两次或多次,视图像具体情况而定。

⑤边缘检测:我们选用了抗干扰能力较强的 Sobel 算子法。但检出后的边缘较粗,还需要进行细化处理。

⑥细化:本文根据声图像特点开发了一个新的有效细化方法。它最后给出的是图像边缘的中心线和骨架形状,同时也保留了连通性和孤立的端点。该方法与一般细化方法的效果对比见附图1。在附图1中,左上角为原始图像。右上角和左下角为一般通用细化方法的结果,右下角为本文采用的新的细化方法结果。

⑦边界跟踪:采用了经典的数字图像边界跟踪方法[9],给出了细化后边界点的坐标。

在进行了这些预处理的基础上,进行了几何特征集的提取。开发了声图像中目标物体的面积、周长、形状因子、曲率、区域长度和宽度、内径等检测算法和程序限于篇幅,这些内容在此不做详细介绍。

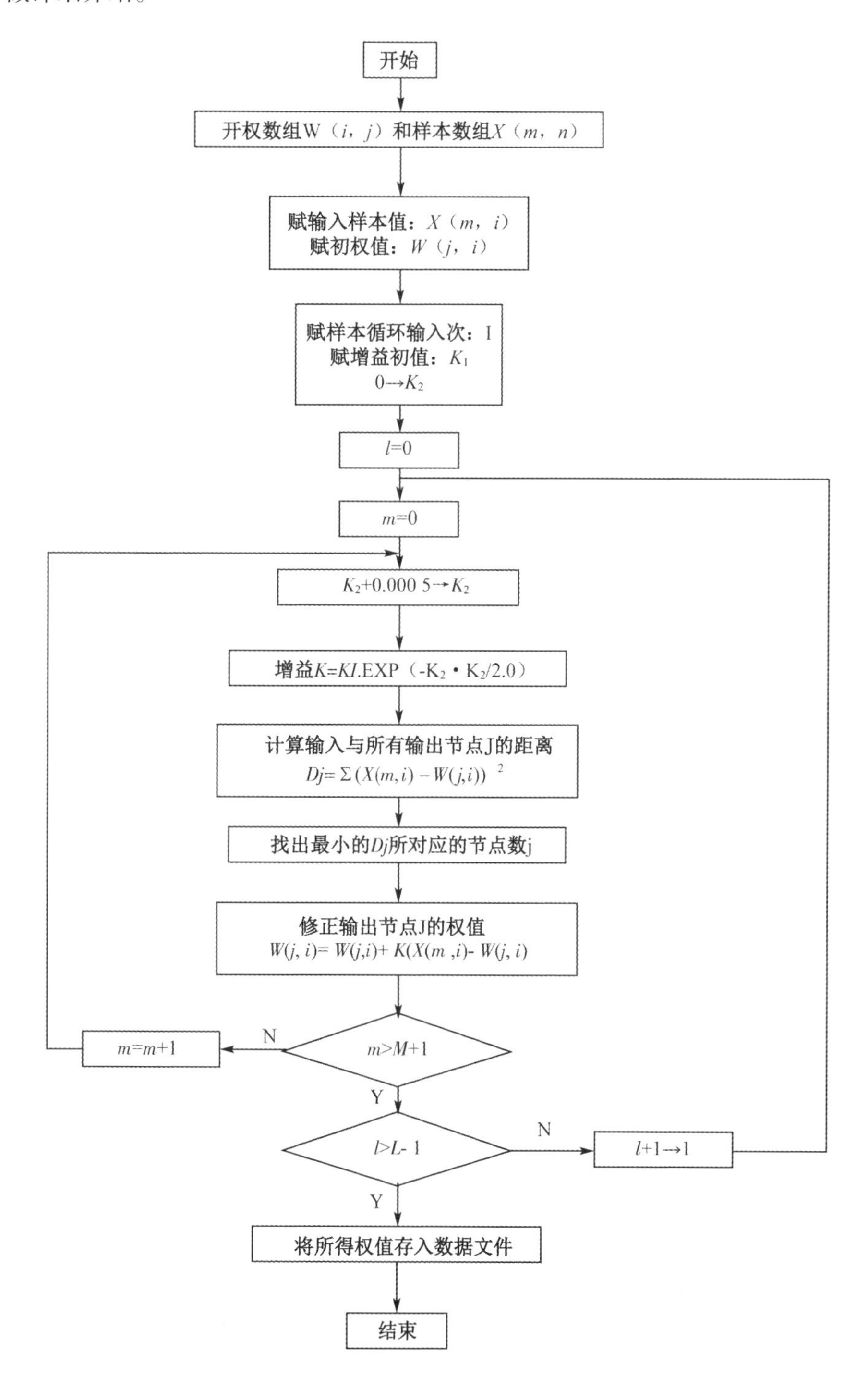

图2　自组织算法学习训练仿真流程图

显然,参加训练的各类特征集越多,收敛后的权值越能反映各类概率分布的中心,训练后网络结构越具有适应能力。然而工程中所能得到的训练样本总是有限的,我们在尽可能多地搜集训练样本的前提下,对所有样本采用循环输入的训练方法,收到了较好的效果。

(2)初始权值

当各类差别较大时,初始权值可设定为任意随机小数。而当各类差别不大时,初始权值应设定为参加训练样本的代数平均值或典型值,否则将出现并类情况。

(3)各类特征矢量(集)的距离

由于距离判据 $d_j = \sum_{i=0}^{N-1} (X_i(t) - W_{ij}(t))^2$ 是基于最小方差原理,因而各特征矢量维数的多少及各矢量之间的距离将对分类有决定性意义。可采用变换的方法,人为地增大这一距离。此外应注意各维样本值对 d_j 贡献的均衡。对于那些绝对数值较小而更具特征的样本应赋予大的权值。

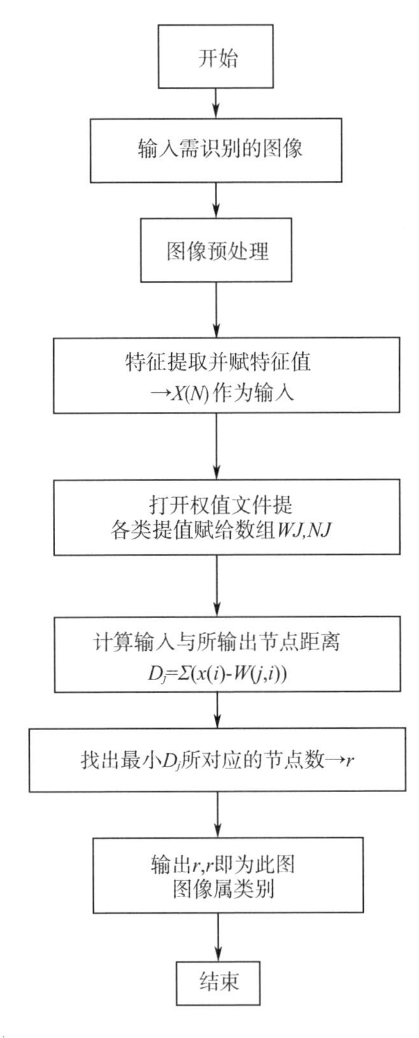

图3　自组织算法识别流程

(4)增益 k 的选择

增益 k 是一个时间递减函数。由于权值修正公式为：

$$W_{ij}(i+1)=W_j(t)+k(t)(X_i(t)-W_{ij}(t))$$

因而 $k(t)$ 的函数形式将影响收敛速度和收敛精度。本文根据实验结果选择了 $k(t)=k\exp(-\tau^2/2)$。

3　试验研究结果举例

(1)B 超图片的病理诊断研究

B 超图像是迄今分辨率最高的声图像,我们提取了 150 例患者腰椎 B 超图片,每个患者取四节腰椎。从中选取 36 例典型图片。医生对腰椎病人诊断的主要依据是腰椎骨胳的宽度特征来定某一节腰椎为正常或异常。我们按医生提供的特征判据,对腰椎 B 超图片病理的自动识别做了一定的研究,首先设自组织网络的输出节点个数为 16,每一输出节点代表骨骼情况中的一种,例如对某一患者而言,四节腰椎骨胳全部正常则为 1111,若第一节腰椎有病变为 0111。这样对每个病人可有 16 种情况。其次,把 B 超图片分为训练集和识别集两部分。开始经过较简草预处理后进行识别发现有 25% 左右的并类现象,后进行样本特征的非线性变换等相应的一系列图像预处理,那么对未参加训练的识别集中 B 超图片病理自动诊断结果与医生诊断结果相吻合,因此可说识别率为百分之百。B 超图片的处理过程见附图 2。

(2)水声图像目标识别研究

任取了两幅水雷水声图像见附图 3,和圆筒水声图像见附图 4。在对水雷声图像特征集的提取过程中注意选用了水雷目标亮区和阴影区的联合特征集提取。其中包括各自的面积、周长、圆度、长度、宽度等十个简单的几何特征。对于水下圆筒声图像的特征提取也结合其横断面和侧面的一系列根应的几何特征。以上的声图像软经过一系列的图像处理,诸如图像的线性变换、二值化、平滑、边缘提取、细化等,再进行特征集提取。由于可用的声图像种类很少,训练时增加了一些模拟样本,自组织测络经过对上述特征集的学习过后,能正确分出水雷、圆筒和模拟样本。

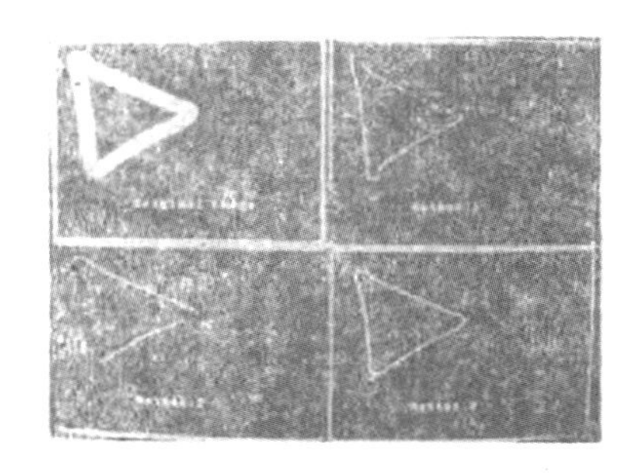

附图 1　左上角为原始图像,右上角及左下角为常用方法细化后的图像。右下角为本文所改进的细化方法生成的图像

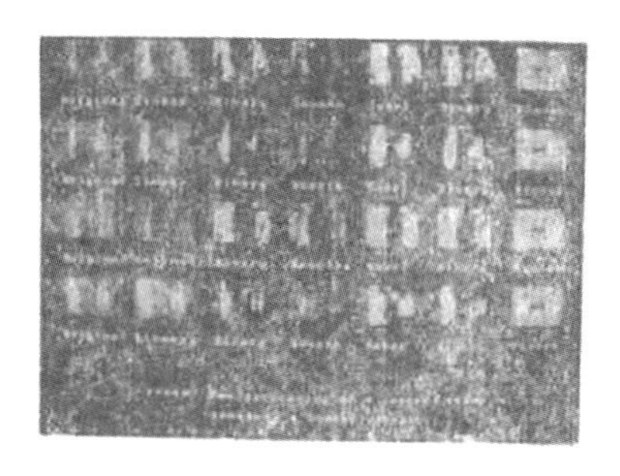

附图 2　以一个患者的四节腰肢 B 超图片为例,进行一系列图像处理(原始、线性变换、二值化、边缘提取,二值化、细化)后所得图像

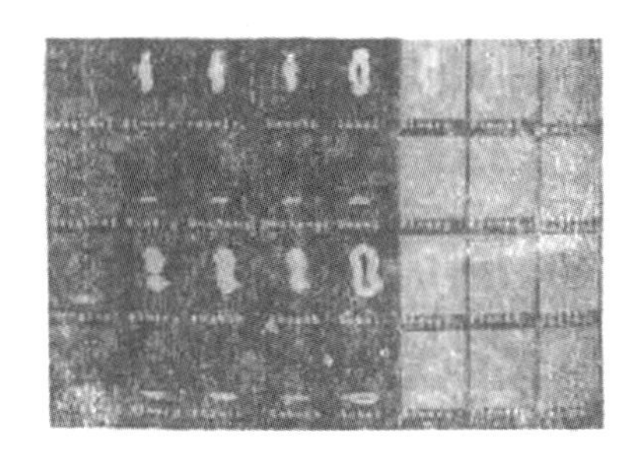

附图 3　两幅水雷声图像的图像处理过程
提取每幅水雷声图像的亮区部分及阴影部分的图像特征，进行相应处理

附图 4　水下圆筒声图像的图像处理及特征提取过程

4　结论

在针对声图取的特点进行数字预处理。正确地选取特征集并配以适当的变换和加权以后，采用自组织人工神经元网络算法对声图像进行分类识别是可行的。人工神经元网络的自组织方法具有较强的聚类功能，计算简单明确。易于实现，可在声呐图像、超声医学图像及其他声学图像分类识别中应用。

参考文献

[1] LIPPMANN R P. AN INTRODUCTION TO COMPUTING WITH NEURAL NETS[J]. IEEE ASSP MAGAZINE, 2003, 4(2): 4 – 22.

[2] P. D. WASSERMAN. NEURAL COMPUTING: THEORY AND PRACTICE [M]. VAN NOSTRAND REINHOLD, 1989.

[3] 严红风，戴汝为，模式识别与人工智能，13 – 3(1990)，3 – 10.

[4] PROFESSOR TEUVO KOHONEN. SELF – ORGANIZATION AND ASSOCIATIVE MEMORY [M]// SELF – ORGANIZATION AND ASSOCIATIVE MEMORY. SPRINGER – VERLAG, 1984.

[5] DAVIS L. S. A SURVEY OF EDGE DETECTION TECHNIQUES [J]. COMPUTER GRAPHICS & IMAGE PROCESSING, 1975.

[6] SAHOO P K, SOLTANI S, WONG A K C. A SURVEY OF THRESHOLDING TECHNIQUES [J]. COMPUTER VISION GRAPHICS & IMAGE PROCESSING, 1988, 41(2): 233 – 260.

[7] MALSBURG C V D. SELF – ORGANIZATION OF ORIENTATION SENSITIVE CELLS IN THE STRIATE CORTEX[J]. KYBERNETIK, 1973, 14(2): 85 – 100.

[8] KOHONEN T., ASSOCIATIVE MEMORY, SPRINGER 1977.

[9] 周新伦、柳建、刘志华编，数字图像处理，国防工业出版社，1986.

[10] A mari S., IEE Trams. om Compurer Vinion, Graphics and Image Procusting Vo1, 2(1986), 48 – 56.

瞬时频率序列及其低阶矩的应用研究

梁国龙　惠俊英　常　明

摘要　频谱分析已被广泛应用于信号处理技术中。本文介绍了瞬时频率序列分析方法,讨论了频谱分析与时间域瞬时频率分析之间的关系。重点介绍了瞬时频率序列及其低阶矩在水声信号处理中的应用。海试及湖试结果与理论分析和计算机仿真结果一致。本文提出的瞬时频率方差估计器用于窄 CW 脉冲的检测可显著提高抗脉冲干扰的能力。

1　引言

信号处理技术在广泛的科学领域中都有重要的应用。信号处理的基本任务是检测、参数估计及识别某个物理过程的信息寄托在它输出的信号波形中,由于存在噪声,信号是被噪声“污染”了的,甚至淹没在噪声背景中。对该样本进行分析尽可能去除噪声以便提取“干净”的信号并判别是否存在信号称之检测。在检测处理的基础上测量并估计过程的参数称之为参数估计,根据估计得到的参数对过程的物理特性做出判决和识别。传统的信号处理理论是将检测、估计、识别三项任务分割开来处理的。近代数字信号处理技术及微电子技术的发展使得有可能实现复杂的、性能更好的处理运算,因而检测、估计和识别往往是不可分割而联合进行的,从而提高了信号处理的效果。本文将给出这样的例子。

谱分析(频率域分析)是信号处理技术中最常用的重要方法之一。一个复杂的时间序列(波形)可以用时变谱或功率谱来表示它的特性,这是众所周知的。

一个窄带过程 $x(t)$ 可以表示为如下的复数表达式:

$$x(t) = A(t) \cdot e^{j}\psi(t) \tag{1}$$

其中 $A(t)$ 和 $\psi(t)$ 均为实函数,瞬时频率 $f(t)$ 为:

$$f(t) = \frac{1}{2\pi}\frac{d\psi(t)}{dt} \tag{2}$$

对于离散过程即有一个瞬时频率序列 f_k,其产生原理框图见图 1。瞬时频率序列亦应可反映过程的某些特性。对瞬时频率序列的分析我们称“时间域频率分析”。本文讨论时间域频率分析方法及其在水声中的应用,讨论频率域分析与时间域频率分析之间的关系。

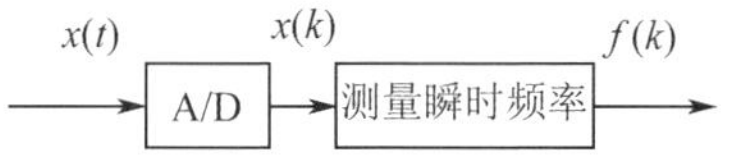

图 1　瞬时频率序列的产生原理框图

2　瞬时频率序列及其低阶矩

对于中心频率为 f_0 的窄带过程,首先以四倍中心频率的采样率进行离散采样,即采样频率 $f_s = 4f_0$。

$x(t)$的瞬时频率$f(k)$可根据相邻的四个或五个采样值进行计算：

$$f(k)=f_0+\Delta f(k) \tag{3}$$

$$\Delta f(k)=\frac{2}{\pi}f_0\beta(k) \tag{4}$$

$$\beta(k)=\frac{x(k)x(k-3)-x(k-1)x(k-2)}{x^2(k)+x^2(k-1)+x^2(k-2)+x^2(k-3)} \tag{5}$$

或

$$\beta(k)=\frac{8[x(k-1)x(k-4)-x(k-2)x(k-3)]}{4[x(k-1)-x(k-3)]^2+[2x(k-2)-x(k-4)-x(k)]^2} \tag{6}$$

(6)式的计算精度较(5)式高,(5)式比(6)式计算简单。对于窄带信号,上述测量瞬时频率的精度是令人满意的。

瞬时频率序列的短时均值和二阶中心矩 σ_f^2 为：

$$\bar{f}(k)=\frac{1}{N}\sum_{i=0}^{N-1}f(k+i) \tag{7}$$

$$\sigma_f^2(k)=\frac{1}{N}\sum_{i=0}^{N-1}[f(k+i)-\bar{f}(k)]^2 \tag{8}$$

N 称为积分长度,$N=T_0/\tau_s$,τ_s 为采样周期,T_0 为积分样本长度。瞬时频率序列的三阶中心距为：

$$\xi_f^3(k)=\frac{1}{N}\sum_{i=0}^{N-1}[f(k+i)-\bar{f}(k)]^3 \tag{9}$$

(7)、(8)、(9)式中所有的算术平均计算均可用一阶递归滤波器来代替,以便简化计算。例如对于$\bar{f}(k)$有：

$$\overset{\Delta}{f}(k)=\overset{\Delta}{f}(k-1)+\frac{1}{M}[f(k)-\overset{\Delta}{f}(k-1)] \tag{10}$$

对于二阶及三阶矩不难写出对应的计算式子。M 为积分时间常数,其所平均的样本积分长度约为

$$T_0\approx 3M\tau_s$$

3　频率域分析与时间域频率分析特征值之间的关系(对于窄带过程)

为了弄清频率域分析与时间域频率分析的关系,首先讨论窄带信号频谱中心频率(载频),有效带宽与瞬时频率序列均值、二阶中心矩的关系。

对于任意两个复函数 $u(t)$ 和 $v(t)$,它们的 Fourier 变换分别为 $U(f)$ 和 $V(f)$,则功率定理为：

$$\int_{-\infty}^{+\infty}u(t)v^*(t)\mathrm{d}t=\int_{-\infty}^{+\infty}U(f)V^*(f)\mathrm{d}f \tag{11}$$

取

$$u(t)=t^m\psi^*(t),v(t)=\frac{\mathrm{d}^n\psi(t)}{\mathrm{d}t^n} \tag{12}$$

注意到 Fourier 变换的性质：

$$F\left\{\frac{\mathrm{d}^n\psi(t)}{\mathrm{d}t^n}\right\}=(\mathrm{j}2\pi)^n\cdot f^n\Psi(f) \tag{13}$$

$$F^{-1}\left\{\frac{d^m\Psi(f)}{df^m}\right\}=-(j2\pi)^m\cdot t^m\cdot\psi(t) \tag{14}$$

其中 $\Psi(f)$ 为 $\psi(t)$ 的 Fourier 变换,将(13)和(14)式代入(11)式得到

$$\int t^m\psi^*(t)\frac{d^n\psi(t)}{dt^n}dt=(j2\pi)^{n-m}\int f^n\Psi(f)\frac{d^m\Psi(f)}{df^m}df \tag{15}$$

上式中取 $m=0$ 就得到:

$$(j2\pi)^n\int\Psi^*(f)f^n\Psi(f)df=\int\psi^*(t)\cdot\frac{d^n\psi(t)}{dt^n}dt \tag{16}$$

上式称之 Gabor 变换[2,3]。

(16)式中取 $n=1$ 得到:

$$j2\pi\int\Psi^*(f)f\Psi(f)df=\int\psi^*(t)\cdot\frac{d\psi(t)}{dt}dt \tag{17}$$

设 $\psi(t)=A(t)e^{j\varphi(t)}$,$A(t)$、$\varphi(t)$ 为实函数,代入(17)式得到:

$$j2\pi\int f|\Psi(f)|^2df=\int[A(t)A'(t)+j\omega(t)\ |\psi(t)|^2]dt \tag{18}$$

其中,$\omega(t)=2\pi f(t)=\frac{d\varphi(t)}{dt}$。由于 $A(t)$ 和 $\varphi(t)$ 以及 $|\psi(t)|^2$ 均为实函数,(18)式应为恒等式。

故应有:

$$\int A(t)A'(t)dt\equiv 0 \tag{19}$$

由(18)式和(19)式得到窄带信号的载频 $\hat{f}$ 为:

$$\hat{f}=\frac{1}{2E}\int f\ |\Psi(f)|^2df=\frac{1}{2E}\int f(t)\ |\psi(t)|^2dt \tag{20}$$

上式表明信号的频谱中心频率(载频)等于瞬时频率的加权平均值,其权函数为 $|\psi(t)|^2$,E 为信号的能量。

若窄带信号具有矩形包络,则(20)式变为:

$$\hat{f}=\bar{f}=\frac{1}{2E}\int f\ |\Psi(f)|^2df=\int f(t)dt \tag{21}$$

此时窄带信号的载频等于瞬时频率序列的均值。

(16)式中取 $n=2$,得到:

$$(j2\pi)^2\int\Psi^*(f)f^2\Psi(f)df=\int\psi^*(t)\cdot\frac{d^2\psi(t)}{dt^2}dt \tag{22}$$

对上式右边进行分部积分,并假定信号是包络慢变化的窄带脉冲,则得到:

$$4\pi^2\int f^2\ |\Psi(f)|^2df\approx\int\frac{d\psi^*(t)}{dt}\cdot\frac{d\psi(t)}{dt}dt \tag{23}$$

注意到 $\psi(t)$ 为窄带信号,上式经运算并简化后得到:

$$4\pi^2\int f^2\ |\Psi(f)|^2df\approx\int\{[A'(t)]^2+\omega^2(t)\cdot|\psi(t)|^2\}dt \tag{24}$$

由于 $A(t)$ 为窄带信号的包络函数,它是 t 的慢变化函数,故其导数很小,(24)式中右边可以忽略第一项积分,近似得到:

$$\frac{1}{2E}\int f^2\ |\Psi(f)|^2df\approx\frac{1}{2E}\int f^2(t)\ |\psi(t)|^2dt \tag{25}$$

与上式等效有：

$$B^2 = \frac{1}{2E}\int (f-\hat{f})^2 \ |\Psi(f)|^2 \mathrm{d}f \approx \frac{1}{2E}\int [f(t)-\bar{f}]^2 \cdot |\psi(t)|^2 \mathrm{d}t \tag{26}$$

其中 B 为信号的频谱有效带宽。

若窄带信号 $-\psi(t)$ 为具有矩形包络的方脉冲，则(26)式简化为：

$$B^2 = \frac{1}{2E}\int (f-\hat{f})^2 \ |\Psi(f)|^2 \mathrm{d}f = \int [f(t)-\bar{f}]^2 \mathrm{d}t = \sigma_f^2 \tag{27}$$

因为此时在信号有效的时间内，信号的包络函数为常数，故 $A'(t)=0$，(27)式取等号。

可见，当窄带信号具有矩形包络时，信号频谱的有效带宽等千瞬时频率序列的二阶中心矩。若窄带信号不具有矩形包络，则由(26)式可知，信号频谱的有效带宽 B 近似等于(略大于)瞬时频率序列按幅度平方函数加权的二阶中心矩。

4　瞬时频率序列分析用于窄 CW 脉冲低虚警率检测

在干扰背景中检测窄 CW 脉冲，所采用的传统的检测器是匹配滤波器，它是在白噪声背景中检测确知信号的最佳检测器。对于窄 CW 脉冲信号，带宽与信号相匹配的窄带滤波器加门限检测器的检测性能与最佳线性处理器相差不大，因其简单而常被采用。然而，这些处理器用于检测窄 CW 脉冲的效果并不令人满意，在脉冲干扰背景中尤其是如此。将信号检测与参数估计结合起来构成联合检测器可以显著改善在脉冲干扰背景中对窄 CW 脉冲的检测能力。

对于一个水声系统主要的脉冲干扰有宽带的冲击振动噪声和多频率通道系统的邻道强目标信号串漏脉冲干扰。某一频率的强目标信号将影响邻近频率通道的弱目标信号的检测，称之通道串漏。窄 CW 脉冲含有丰富的频谱，强信号的边带频谱将通过邻近频率通道，使之在邻近 CW 脉冲通道输出幅度大于门限，成为尖脉冲干扰，从而造成虚警。对输入序列(信号加干扰)进行瞬时频率序列分析并估计序列的瞬时频率方差可显著提高系统的检测性能，示于图 2。

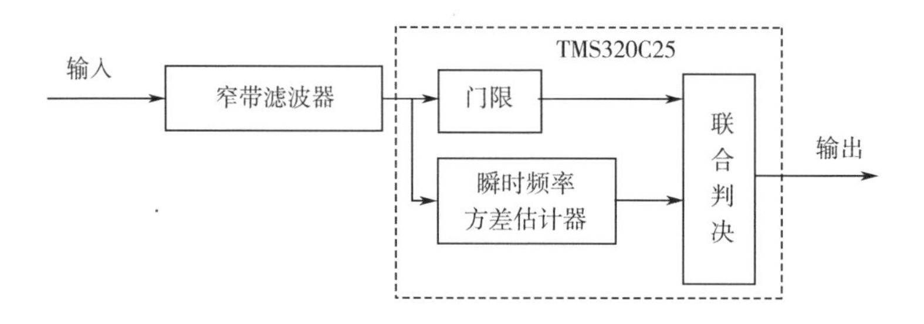

图 2　利用瞬时频率序列分析的窄 CW 脉冲检测器原理框图

信号脉冲与干扰脉冲幅度均可能超过门限，但是下面将证明只有中心频率落在滤波器通带内的 CW 脉冲信号的瞬时频率方差为最小，因而只需实时估计该脉冲的瞬时频率方差并设置一瞬时频率方差门限即可剔除各类脉冲干扰。

下面分析带限滤波器输出的 CW 脉冲及各类干扰的瞬时频率方差及有效带宽。

设输入仅有窄 CW 脉冲信号 $s(t)$(无噪声时)，为方便起见，采用复数信号表示为：

$$s(t)=\begin{cases}e^{j\omega_0 t} & -\frac{T}{2}<t<\frac{T}{2}\\ 0 & \text{其余}\end{cases} \tag{28}$$

上式中，不失一般性，取信号幅度为 I，初相位为 0。f_0 为信号填充频率（载频）。

滤波器 Φ 为理想的带限滤波器，其频率响应函数为 $H(f)$：

$$H(f)=\begin{cases}e^{-j(\omega-\omega_\varphi)t_d} & |f-f_\varphi|<W\\ 0 & \text{其余}\end{cases} \tag{29}$$

f_φ 为滤波器的中心频率，t_d 为滤波器的时延，滤波器的带宽为 $2W$。滤波器输出 $y(t)$ 的频谱为 $Y(f)$：

$$|Y(f)|^2=T^2\cdot\frac{\sin^2\pi(f-f_0)T}{[\pi(f-f_0)T]^2}\cdot \mathrm{Rect}(f-f_\varphi) \tag{30}$$

$\mathrm{Rect}(t)$ 为矩形函数，为：

$$\mathrm{Rect}(f-f_\varphi)=\begin{cases}1 & |f-f_\varphi|<W\\ 0 & \text{其余}\end{cases} \tag{31}$$

将(30)式代入(20)式和(26)式得到：

$$\hat{f}=\bar{f}=f_0-\frac{1}{4\pi^2 E}\sum_{k=1}^{\infty}(-1)^k\cdot\frac{(2\pi T)^{2k}[(\Delta f+W)^{2k}-(\Delta f-W)^{2k}]}{2k\cdot 2k!} \tag{32}$$

其中 $\Delta f=f_\varphi-f_0$，E 为信号的能量：

$$B^2=-(f_0-\hat{f})^2+\frac{1}{2TE\pi^3}\left\{\pi TW-\frac{1}{2}\sin(2\pi TW)\cos(2\pi T\Delta f)\right\} \tag{33}$$

根据上节的分析，$\sigma_f^2\approx B^2$，且 $\sigma_f^2\leqslant B^2$。

信号的能量 E 为：

$$E=\frac{1}{2\pi}\left\{\sum_{k=1}^{\infty}\frac{(-1)^{k+1}(2\pi T)^{2k-1}[(\Delta f+W)^{2k-1}-(\Delta f-W)^{2k-1}]}{(2k-1)(2k-1)!}\right\}-\frac{\sin^2\pi T(\Delta f+W)}{\pi T(\Delta f+W)}+\frac{\sin^2\pi T(\Delta f-W)}{\pi T(\Delta f-W)} \tag{34}$$

由(32)式和(33)式可知当信号载频 f_0 对准滤波器中心频率 f_φ 时，即 $\Delta f=0$ 时 B 及 σ_f^2 为最小，这意味着所有邻道串漏脉冲干扰的瞬时频率方差（平均样本长度为脉冲宽度 T）均显著大于本通道信号的瞬时频率方差。

图 3 给出了信号和通道串漏干扰的瞬时频率方差的理论数值计算结果。横轴为带限滤波器输入信号的中心频率 f_0（输入信号设定为 1.25 ms 的窄 CW 脉冲），横轴中心为滤波器的中心频率 $f_\varphi=13.5$ kHz，滤波器带宽为 2 kHz；纵轴为该脉冲信号通过滤波器后的瞬时频率方差。图 3 表明串漏干扰的瞬时频率方差显著大于滤波器带内信号的瞬时频率方差。

带限滤波器的输入信号若为白噪声或宽带冲击振动干扰，则可以假定它们的功率谱为常数，由(25)式容易指出此时干扰的瞬时频率方差为：

$$\sigma_{f,n}^2\approx B_n^2=\frac{1}{3}W^2 \tag{35}$$

上式中脚标 n 表示该量属于干扰的。上式也表明宽带噪声及冲击振动干扰的瞬时频率方差也显著大于信号的瞬时频率方差。

作者将利用瞬时频率方差估计器的窄 CW 脉冲检测器应用于多目标水声跟踪系统中，

经湖上和海上试验验证,该系统具有良好的抗通道串漏的能力。1992 年秋我们在吉林松花湖针对该检测器专门进行了抗串漏试验。试验过程中我们将目标声源挂在目标船上开到距测量船约 2 km远处就位,而将干扰声源挂在测量船旁,此时在接收信号的背景中可以看到很强的串漏脉冲干扰,采用传统的检测器(门限检测加鉴宽器)检测时产生大量的虚警,以致系统难以正常地对本通道目标进行定位和跟踪,而采用本文图 2 所示的检测器进行检测时几乎看不到虚警,系统工作正常。图 4 给出了该系统一九九三年夏在南海试验中测得的双目标运动轨迹。试验中两个目标的入水点距测量基阵中心的距离分别为约20 m和1 600 m,声源级均为192 dB,在远距离目标通道的接收信号背景中也含有很强的串漏脉冲干扰,由于采用了本文提出的新型检测器,便得该系统在强干扰背景中仍具有良好的检测性能,测得的目标轨迹是令人满意的。

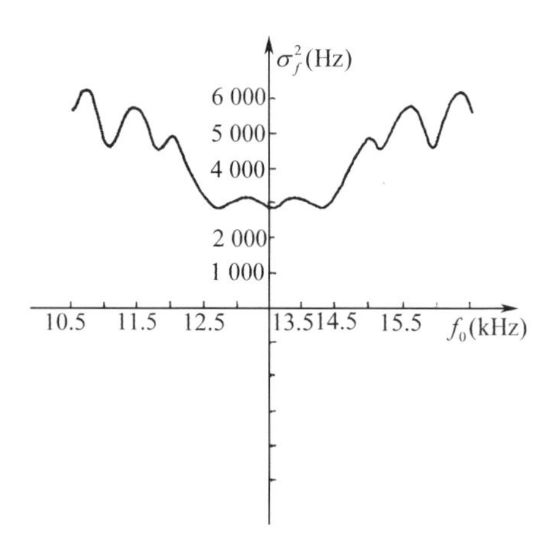

图 3　瞬时频率方差的理论计算结果

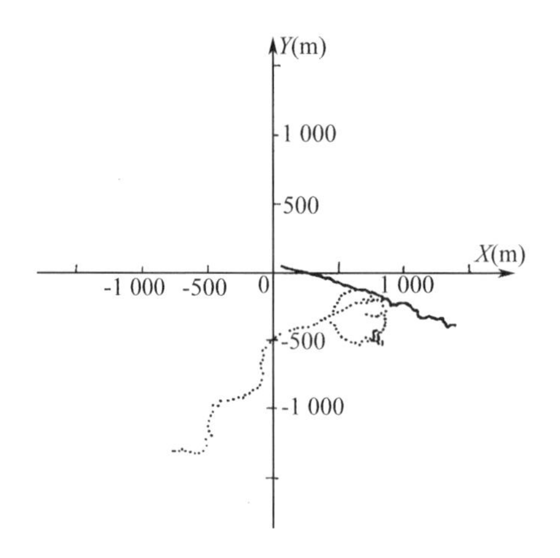

图 4　双目标运动轨迹

5　界面反射对接收信号瞬时频率均值的影响

在海洋信道中,界面反射声与直达声相重叠会改变其合成信号的瞬时频率均值,对窄脉冲尤其是如此。为什么会这样？请看图5和图6。

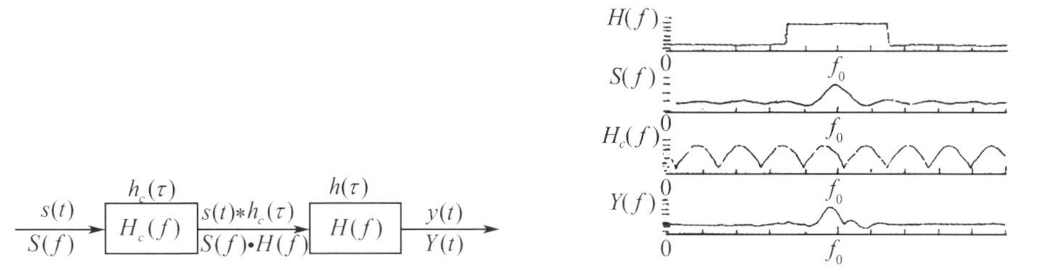

图5　多途信道对信号产生的频谱变换　　　　图6　信道对信号的频谱进行的变换示意图

接收点与声源之间的海洋被看作一个多途信道，其频率响应函数为 $H_c(f)$，接收机滤波器函数为 $H(f)$，假设它是矩形的理想窄带滤波器，中心频率为 f_0，通带为 $2W$。若声源辐射窄CW脉冲，载频对准滤波器中心频率，信号带宽为 $2B$，$B<W$。相干多途信道的频率响应函数 $H_c(f)$ 为梳状滤波器[4]，相间出现"子通带"和止带，图6说明了它对信号的频谱进行的变换。图中四个分图自上而下依次为：接收机滤波器的系统函数 $H(f)$，声源发射信号的频谱 $S(f)$，信道滤波器的频率响应函数 $H_c(f)$ 和接收机输出信号的频谱 $Y(f)$。可见，接收信号 $y(t)$ 的频谱中心频率将由于频谱变换而不同千信号的载频 f_0，(21)式已证明瞬时频率序列的均值等于频谱中心频率，所以接收信号瞬时频率的均值将不同于声源辐射信号的载频。

由于目标距离或深度的变动，海面反射声与直达声的干涉情况将不同，梳状滤波器的形状将发生变化，从而导致 y(t) 的频谱中心频率及瞬时频率均值发生变化，其变化量不会超过 $\pm B$。

不失一般性，为简单起见仅考虑海面反射声的影响（忽略了海底反射声及多次界面反射声）。

假定直达声与反射声脉冲相重叠，且二者的时延差 τ_{12} 显著小于脉冲宽度 $T=1/B$。接收机输出信号 $y(t)$ 为：

$$y(t)=s(t)*h_c(t)*h(t)=[s(t)-s(t+\tau_{12})]*h(t) \tag{36}$$

$$Y(f)=S(f)*H_c(f)*H(f)=S(f)\cdot H(f)\cdot(1-e^{-j2\pi f\tau_{12}}) \tag{37}$$

上式中 $*$ 表示卷积运算。海面假定为绝对软的声学反射面。则相关函 $\rho(\tau)$ 为：

$$\rho(\tau)=\frac{1}{2}\int_{-\infty}^{\infty}y(t)y^*(t-\tau)\mathrm{d}t=\frac{1}{2}\int_0^{\infty}|Y(f)|^2\cdot e^{j2\pi f\tau}\mathrm{d}f \tag{38}$$

将上式对 τ 求导数，且令 $\tau=0$，则得到：

$$\left.\frac{\mathrm{d}\rho(\tau)}{\mathrm{d}\tau}\right|_{\tau=0}=j2\pi\cdot\frac{1}{2}\int_0^{\infty}f|Y(f)|^2\mathrm{d}f=j2\pi\hat{f} \tag{39}$$

上式中假定信号能量 $E=1$。因而，令 $\rho(\tau)=\dfrac{\chi_\gamma(\tau)}{\chi_\gamma(0)}e^{j2\pi f_0\tau}$，代人上式得到：

$$\hat{f}=\bar{f}=f_0+\frac{1}{j2\pi}\cdot\frac{1}{\chi_\gamma(0)}\cdot\left.\frac{\mathrm{d}\chi_\gamma(\tau)}{\mathrm{d}\tau}\right|_{\tau=0} \tag{40}$$

上式中 $\chi_\gamma(\tau)/\chi_\gamma(0)$ 为归一化模糊函数的包络。

由于接收机滤波器 Φ 的带宽 W 大于信号的带宽 B，作为近似可以忽略滤波器 Φ 的窗效应，由文献[3]可知 CW 脉冲串（直达声加反射声）零多普勒的模糊度函数 $\chi_\gamma(\tau)$ 为：

$$\chi_\gamma(\tau)=\frac{1}{2}[-\chi_s(\tau+\tau_{12})e^{-j2\pi f_0\tau_{12}}+2\chi_s(\tau)-\chi_s(\tau-\tau_{12})e^{j2\pi f_0\tau_{12}}] \tag{41}$$

对于矩形包络的 CW 脉冲有：

$$\chi_\gamma(\tau)=1-|\tau|/T \qquad |\tau|\leqslant T$$

且它的导数定义为[3]

$$\left.\frac{\mathrm{d}\chi_s(\tau)}{\mathrm{d}\tau}\right|_{\tau=0}=\left(\left.\frac{\mathrm{d}\chi_s(\tau)}{\mathrm{d}\tau}\right|_{\tau=0^+}+\left.\frac{\mathrm{d}\chi_s(\tau)}{\mathrm{d}\tau}\right|_{\tau=0^-}\right)/2=0$$

$$\left.\frac{\mathrm{d}\chi_s(\tau)}{\mathrm{d}\tau}\right|_{\tau=\tau_{12}}=-\frac{1}{T},\qquad \left.\frac{\mathrm{d}\chi_s(\tau)}{\mathrm{d}\tau}\right|_{\tau=-\tau_{12}}=\frac{1}{T} \tag{42}$$

将(42)式代入(41)式得到：

$$\left.\frac{\mathrm{d}\chi_\gamma(\tau)}{\mathrm{d}\tau}\right|_{\tau=0}=\frac{1}{2T}(\mathrm{e}^{\mathrm{j}2\pi f_0\tau_{12}}-\mathrm{e}^{-\mathrm{j}2\pi f_0\tau_{12}}) \tag{43}$$

将(43)式代入(40)式得到：

$$\hat{f}=\bar{f}=f_0+\frac{B}{2\pi\chi_\gamma(0)}\cdot\sin 2\pi f_0\tau_{12} \tag{44}$$

$$\chi_\gamma(0)=1-(1-\tau_{12}/T)\cos 2\pi f_0\tau_{12} \tag{45}$$

将(45)式代入(44)式得到

$$\hat{f}=\bar{f}=f_0+\frac{B\sin 2\pi f_0\tau_{12}}{2\pi[1-(1-\tau_{12}/T)\cos 2\pi f_0\tau_{12}]} \tag{46}$$

由上式可知，界面反射将在一定距离范围内影响接收合成波形的瞬时频率均值。这与湖上试验结果相符。图 7 给出了目标径向准匀速运动时瞬时频率序列的均值与目标到测量系统之间的距离的关系曲线。横轴为目标到接收水听器的距离，单位为米；纵轴为测得的瞬时频率序列的均值与发射信号载频的差值，单位为 Hz。

因此，对于采用窄 CW 脉冲信号的主动式声呐系统，测量由于目标运动所产生的多普勒频移进而估计目标的运动速度时应慎重，必须考虑到多途信道对信号产生的频谱变换，即界面反射对接收信号瞬时频率均值的影响。

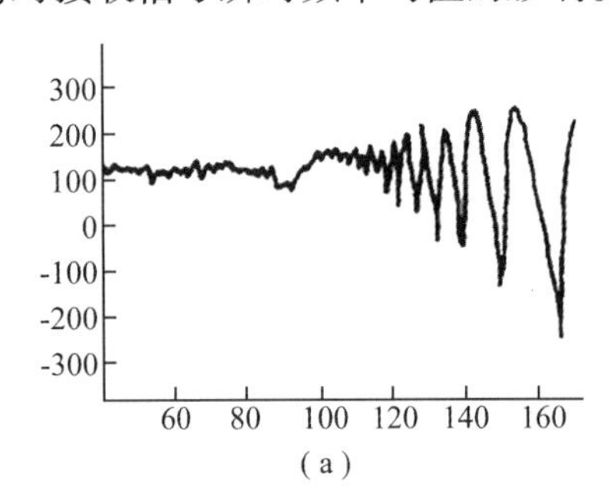

(a)

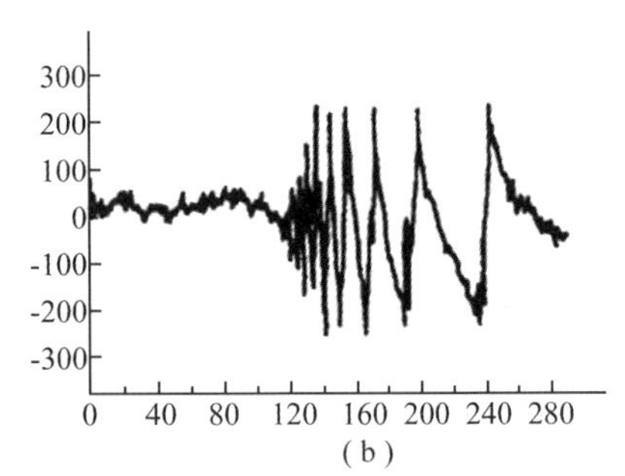

(b)

图 7　界面反射对信号瞬时频率均值的影响

附录

对于矩形包络 CW 脉冲，它的模糊度函数的包络为：

$$\chi_\gamma(\tau)=1-|\tau|/T \qquad |\tau|\leqslant T \tag{42a}$$

且它的导数定义为：

$$\left.\frac{\mathrm{d}\chi_s(\tau)}{\mathrm{d}\tau}\right|_{\tau=0}=0 \tag{42b}$$

(42a)式所示的函数在 $\tau=0$ 处在数学上不存在导数。模糊度函数是一类特殊的函数,(42a)和(42b)式联合起来才能正确定义它,这一定义的合理性和正确性证明如下:

从物理上说,任意一个窄带信号客观上存在一个载频,因而由正文中(40)和(41)式可断言导数

$\left.\frac{\mathrm{d}\chi_s(\tau)}{\mathrm{d}\tau}\right|_{\tau=0}$ 存在,可以给予定义一个确定的值,下面证明它为零。

对 CW 脉冲信号:

$$s(t)=A(t)\mathrm{e}^{\mathrm{j}2\pi f_0 t} \tag{47}$$

它的模糊度函数 $\chi(\tau)$ 为:

$$\chi(\tau)=\chi_s(\tau)\mathrm{e}^{\mathrm{j}2\pi f_0 t} \tag{48}$$

则 $\chi_s(\tau)$ 为[3]

$$\chi_s(\tau)=\int_{-\infty}^{+\infty}A(t)A(t-\tau)\mathrm{e}^{\mathrm{j}2\pi\nu t}\mathrm{d}t \tag{49}$$

其中 ν 为多普勒频率。

对上式求导:

$$\frac{\mathrm{d}\chi_s(\tau)}{\mathrm{d}\tau}=-\int_{-\infty}^{+\infty}A(t)A'(t-\tau)\mathrm{e}^{\mathrm{j}2\pi\nu t}\mathrm{d}t \tag{50}$$

$$\left.\frac{\mathrm{d}\chi_s(\tau)}{\mathrm{d}\tau}\right|_{\tau=0,\nu=0}=-\int_{-\infty}^{+\infty}A(t)A'(t)\mathrm{d}t \tag{51}$$

由正文中(19)式可知:

$$\int_{-\infty}^{+\infty}A(t)A'(t)\mathrm{d}t=0 \tag{52}$$

故有:

$$\chi_s(\tau)\big|_{\tau=0,\nu=0}=0 \tag{53}$$

参 考 文 献

[1] 蒋晖. 用 Transputer 实现的视频图像水声通讯,哈尔滨船舶工程学院硕士学位论文,1992 年.

[2] Gabor D. Theory of Communication, J. Inst. Elec. Engrs, 1946, 93:42 - 451.

[3] Richacxek A W. 雷达分辨理论,科学出版社,1973,35:190,121.

[4] 惠俊英. 水下声信道,国防工业出版社,1992,5.

船载式远程高精度水声定位系统

丁士圻　徐新盛　王智元　惠俊英

摘要　本文比较了各种水声定位跟踪系统的特点，由此可明显看出长基线模式的船载式水声定位跟踪系统将兼有使用方便、适用性强、定位精度高、作用距离远的优点，仔细分析了要实现这类系统的关键技术难题，介绍了我国自行研制的一个船载式远程高精度水声定位系统的组成和工作原理，该系统还率先突破了主动式水声定位系统中非模糊距离 $R_{max}=CT$ 的原理性限制，使系统可进行远程，高数据率跟踪定位。

关键词　水声定位；导航；船载式系统

1　引言

1.1　综述

在海洋开发、海洋工程及海军技术领域广泛使用各种水声定位跟踪系统来确定水下目标的位置及运动轨迹。按照测量基阵的基线尺度，尤其是相应的定位解算模型，把定位系统区分为超短基线模式（USBL），短基线模式（SBL）和长基线线模式（LBL）；按照基阵布放位置可区分为固定式系统和船载式系统，由于船体尺寸的局限，传统的船载式系统一般采用超基线模式，有时也采用短基线模式。表1给出了各类系统的简要比较。

1.2　船载式长基线系统的建立及其技术难题

由表1可见，船载式系统由于船体尺寸的限制和基阵结构的限制，只能采用USBL和SBL系统，但定位精度差，作用距离近是其严重不足。由于广泛的需求背景，它实际上在海洋工程、海洋石油工程中被广泛采用，成为水声定位系统的一个重要门类，市场占有率很高。而传统的长基线系统虽然定位精度高，作用距离远，但因其庞大的基阵系统无法实现船载，严重限制了其使用范围。

建立一套先进的船载式长基线水声定位系统显然是具有吸引力的，它将综合具有使用灵活广泛，技术性能高的优点为此应解决四项技术难题：

（1）船载基阵：须保证布放、回收的易操纵性，安全性，适航性及水声工程性能；

（2）船体运动修正：高精度地获取船体摇摆和运动参数，对定位结果进行修正；

（3）高精度信号传播时间测量。

众所周知，长基线模式，球面交汇定位跟踪是基于求解下列方程组：

$$(x_i - X_{jk})^2 + (y_i - Y_{jk})^2 + (z_i - Z_{jk})^2 = R_{ijk}^2 \tag{1}$$

式中(X_{jk}, Y_{jk}, Z_{jk})是第j号目标在第k次测量中的位置坐标，待求量，是跟踪定位系统的任务；

表 1　水声定位系统比较(λ 为信号波长,L 为基线长度)

类型	定义和属性	固定式/船载式	优缺点	应用范围
超短基线(USBL)	▲$L<\frac{\lambda}{2}$ ▲利用目标信号在各基元上的相位差定位	船载式	▲小巧灵活,使用方便,成本低; ▲定位精度差; $\Delta x,\Delta y>2\%$ $\Delta\alpha,\Delta\theta>1^\circ$ ▲作用距离近,约 1 km; ▲方向测量不稳定	海洋工程,海洋石油工程,ROV 跟踪定位
短基线(SBL)	▲$L=1\sim2$ m ▲利用目标信号到达各基元的时间差定位	船载式	▲安装使用尚为方便,尚允许装船使用,成本较低; ▲定位精度差,但较 USBL 略有改善,作用距离≈1 km	同上,但不及 USBL 使用广泛
长基线(LBL)	▲$L>>\lambda$,L一般达数百米至1 000 m ▲利用目标信号到达各基元的传播时间(斜距)定位(球面交汇)	固定化海底基阵式	▲定位精度高;$\Delta x,\Delta y<3.5‰$ ▲只能依托岛域和海岸建立; ▲可多个基阵接力进行远程测量; ▲系统庞大,建立和维护成本巨大	海军水中兵器靶场
		可布放回收海底基阵(应答器式)	▲定位精度较差,因为基元位置测量误差大; ▲可灵活使用于多种海域; ▲跟踪半径较大,但有限,难以接力; ▲应答器丢失概率较大	海军靶场 ROV 导航
		可布放回收海面浮体基阵式	▲定位精度高;$\Delta x,\Delta y<3.5‰$ ▲海域限制;水深小于 300 m; ▲跟踪半径较大,但有限,难以接力; ▲基阵布放回收极为困难; ▲使用受海况,气象限制; ▲设备庞大,成本高	海军深水靶场
	▲$L=15\sim50$ m ▲球面交汇定位	船载式	本文介绍内容	可广泛使用

(x_i,y_i,z_i)是第 i 号基元坐标位置;$i=1,2,3$,不必超过 4,为测量已知量;

C 为工作海区声速，为测量已知量；

$R_{ijk}=Ct_{ijk}$ 为相应的斜距，t_{ijk} 为第 k 次测量时第 j 号目标的信号到达第 i 号基元的传播时间，是系统面临的主要测量任务。

简单的分析推导，可以得到下列定位精度的估算公式：

$$\Delta X,\Delta Y=\frac{R}{L\cos\theta}\cdot C\Delta t \tag{2}$$

式中 $\Delta X,\Delta Y$ 为目标坐标的定位误差，R 为目标斜距，L 为基线长度，θ 为目标方向视角，Δt 为(1)式中成的测量误差。

式(2)指出一个重要事实，由于船载系统的基线长度 L 仅为 15～50 m，为了保证与固定式系统($L=1\ 000$ m)同样的定位精度，时间测量精度应提高约 2 个数量级；在 10 km 跟踪范围内 Δt 应为 10～20 μs 对水声测量来说是一个极高的指标。

(4)克服“距离模糊”，保证大的可测距离

t_{ijk} 一般用同步方式或应答方式测量，以同步方式为例，目标上的声信标以时钟周期 T 不断地发射定位声信号，该时钟与测量时钟同步，所以发射时刻已知，即当前同步脉冲时刻；接收信号序列与发射信号序列脉冲在每个同步周期内一一对应，则传播时延为：

$$t_{ijk}=t(\text{当前同步脉冲时刻})-t_{ijk}(\text{信号接收时刻})$$

于是最大可测时延 $(t_{ijk})_{\max}=T$，最大可测距离 $R_{\max}=C\cdot T$；当 $t_{ijk}>T$ 时，实际的传播时间为：

$$t_{ijk}=NT+\Delta t_{ijk}$$

或者

$$\Delta t_{ijk}=(t_{ijk})_{\mathrm{mod}}T$$

Δt_{ijk} 是接收时刻以当前同步脉冲为参考的视在时延，N 元法确知，于是测距产生了模糊。

这一问题是限制水声定位系统数据率的瓶颈效应之所在，而且是由于声速 C 太低这一物理本质造成的，似乎无法解决。固定式海底基阵系统采用高成本，拼设备的办法解决远程和高数据率跟踪问题，即表 1 中指出的多阵接力方式工作，其他的长基线系统拼设备都不现实，所以，在远程跟踪时只能忍受很低的轨迹采样率，例如英国 EMI 公司的 PATS，$T_{\max}$ 高达 6.4″，这对运动目标特别是高速目标跟踪是极为不利的。对短基线和超短基线系统这一问题同样存在。只不过由于它们根本没有远程能力因而这一矛盾不突出罢了。总之距离模糊问题是长期困扰水声跟踪系统的一个难题。

进入 20 世纪 90 年代，随着生产技术的发展，特别是电子技术、计算机技术的飞速发展，以及高速 DSP(Digital Signal Processing)器件的工业化，使一系列近代信号处理技术得以实用化具备了解决这些问题的可能性哈尔滨工程大学水声研究所和英国 EMI 公司不约而同地各自独立地投入了新一代船载式水声定位跟踪系统的开发工作。后来发现，可能是当时的需求背景和具备的条件不同，他们各自采用了不同的技术道路，简而言之，EMI 公司采用将其原有的海面阵系统 PATS 略做改进，而在基阵杆系上下功夫的办法，采用了三根斜伸的液压操纵杆，斜伸是为了尽可能增大基阵的最小边长船宽。所以其最终的系统指标较低也没有解决距离模糊问题。而哈尔滨工程大学水声所则完全走具有我国自己特色的技术道路，在信号处理理论及其实现上下功夫，采用了一系列新的技术；杆系则采用四根垂直下伸的机电操作杆，且较短(18 m)，以控制经费总量。系统最终达到了很高的技术指标，且在该技术领域首创性地解决了抗距离模糊问题，使之成为当前国际上最先进的系统，并于 1993 年投

入使用。按英文意译,取名 MATS,表2给出 MATS 与国外同类设备的性能对比。

表2　国内外同类设备性能对比

项目	中国哈尔滨工程大学 MATS	国外同类设备
基阵和杆系	四元阵,机-电操作杆系	三元阵,液压操作杆系
跟踪半径	6 km/0.4″帧率	2.3 km/1.6″帧率　4.7 km/3.2″帧率
非模糊距离	9.6 km/0.4″	帧率同上
跟踪定位精度	3.5‰/全程,测深10‰	(4.5‰~6‰)/每2 km,测深10‰
最高帧率	0.4 s	1.6 s
同时跟踪目标数量	5个	3个
三维跟踪能力	强	弱
高速目标跟踪能力	强	差

2　MATS 的工作原理

本节介绍我国的 MATS 系统的组成,工维原理,着重介绍如何解决上一节提出的一系技术难题。

2.1　MATS 系统组成

图1给出了 MATS 系统的设备框图。

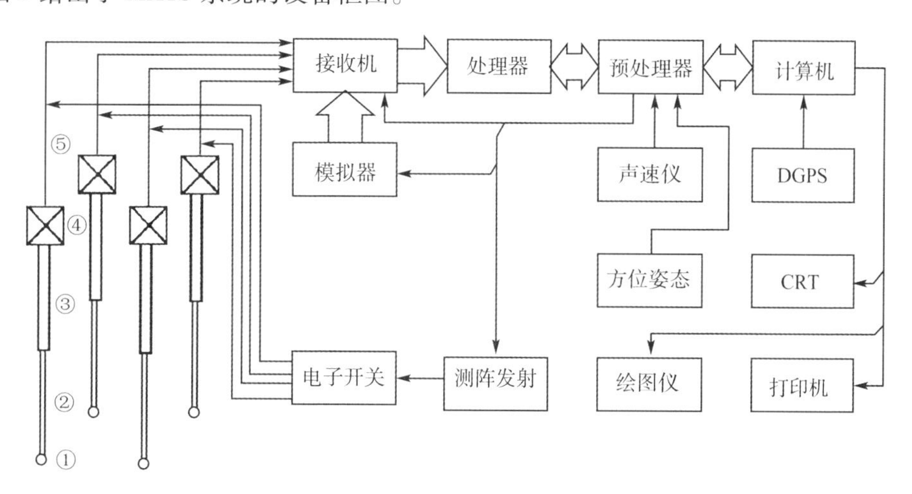

图1　MATS 系统设备框图

(1)基阵杆系

基阵标系共4根。在图1中①为水听器基元;②为细杆,长约9 m;③为粗杆,H150 mm,长约9 m,②可收缩在③之内,因此非工作状态时杆长仅9 m;④为固定在主甲板上的基座绞车钢索、滑轮系、紧固系统等,完成对杆的布放和回收操作以回收为例,释放紧固系统,提升细杆②套入粗管③内,然后让其整体按一般舰船舷梯式的动作方式,回收到船舷之内并可靠固定之。布放过程则相反。每根杆的操作时间不超过 15 min，工作状态下允许船速3 kn航行。

(2)电子设备

电子设备由七个 400 mm×200 mm×300 mm 的积木式机箱及若干附件组成。

按收机接收经电缆⑤传送来的四个水听器收到的来自五个目标的微弱信号(频分制)因此具有 20 路接收通道，良好的低噪声设计使之具有很高的灵敏度，特别是每一路都采用单片机控制的数字式 AGC 新技术，可灵活地实现各种归一化处理，以适应变动的海洋环境。

信号处理器是大量新技术的集中体现。它是一个由 21 片 TMS320C25 构成的大规模 DSP 器件并行处理系统，总运算速度高达每秒 2×10^8 次乘——累加运算，由于该处理器的巨大运算能力，实现了一系列近代信号处理新技术：门限检测和脉冲能量修正时延估计，脉冲信号瞬时频率及短时间平均方差估计[2]；自适应相干累加处理和精确频率估计[3]；拷贝相关时延估计[4]；互相关时延差估计[5]。由于这些新技术的实现，完成了上节提出的时延测量精度达到 20 μs 的要求，并提供足够的测频精度及其他一系列算法信息，解决“距离模糊”问题。

计算机完成定位解算，数据处理和抗距离模糊处理，一个专家系统在其中运行，使之计算智能化地使用处理器提供的大量信息，高质量地完成系统任务。

方位姿态仪：高精度(纵、横摇：5″，航各 0.5°/h)小型化设备，对基阵摇摆和转向进行修正。

DGPS(差分卫导系统)：修正船漂和航程，因此 MATS 可在大地坐标中给出目标轨迹。

测阵发射机：方程组(1)指出，基元坐标(x_i, y_i, z_i)精度对定位精度同样至关重要，测阵发射机完成基元间隔的声学测量，精度为 3 cm。

(3)抗距离模糊原理：

MATS 采用图 2 所示的信号波形，并采用帧同步和游标技术，在整个系统硬件和软件支持下完成抗距离模糊处理。图 2 表明，系统每周期发射两个信号：CW1/CW2 正弦填充脉冲)和 LMF(线性调频脉冲)，其间隔 t_H 受目标深度的调制，检测 t_H 以弥补方程(1)Z_j 的解算精度；CW 脉冲有两种频率：

$$f_{CW1}=f_j+\Delta f_1$$

$$f_{CW2}=f_j-\Delta f_2$$

式中 f_j 为第 j 号目标的中心频率信号处理器精确测频以检测和区分 CW1 或 CW2 的接收，对 LFM 脉冲进行 COPY 相关检测，是高精度时延测量的基础；CW2 的周期为 0.4″，CW1 的周期为 6.4″，即每 15 个 CW2 之后发射一个 CW1；CW2 决定系统的轨迹采样率，CW1 决定系统的模糊距离：

$$R_{max}=6.4''\times1\ 500\ \text{m/s}=9\ 600\ \text{m}$$

可以推算出，对 t_{ijk} 的抗模糊处理的原理性公式

$$t_{ijk}=\langle\frac{t_{CW1}}{0.4''}\rangle\times0.4''+\Delta t_{ijk} \tag{4}$$

式中〈 • 〉是取整运算，t_{CW1} 是 CW1 脉冲的时延测量值，它在 9.6 km 范围内是模糊的；Δt_{ijk} 是每一个 CW2 脉冲以当前同步时刻为参考的传播时延。由此系统可实现 0.4″帧率下的 9.6 km 非模糊区。

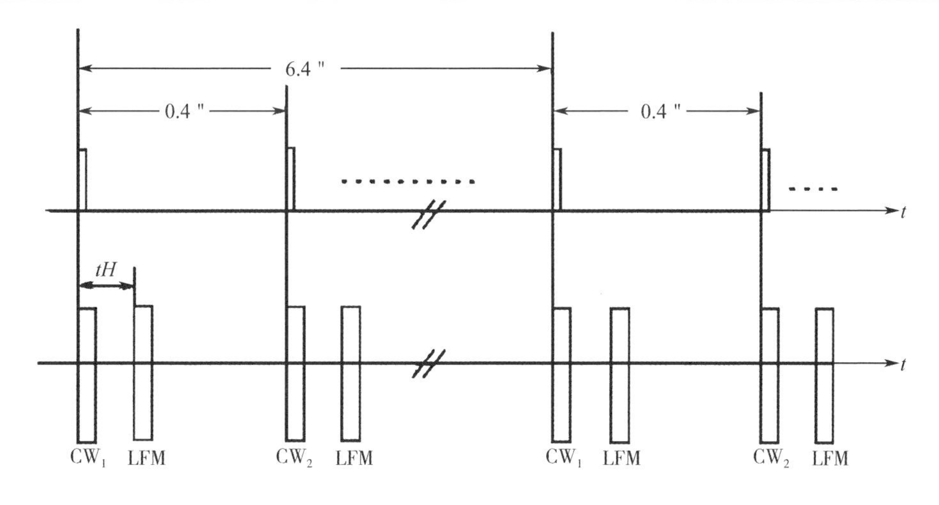

图2　发射信号波形

3　实验结果

图3给出了MATS执行任务时,获得的一条双目标轨迹(未经后置平滑,局部轨迹),图中显示了几千米范围内的双目标跟踪。

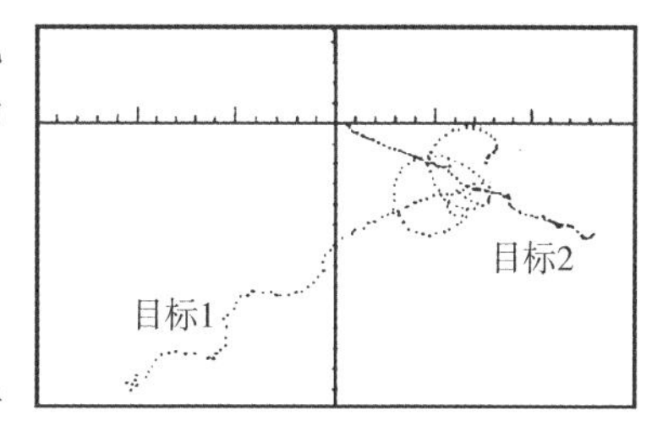

图3　测量结果实例

4　结语

本文综述了水声定位跟踪系统的若干主要技术问题并借此说明我国水声工程者研制的船载式远程高精度水声跟踪定位系统的意义和地位。本文简要地介绍了系统的组成杆系、信号处理器、抗距离模糊原理等关键技术,以说明如何突破系统难题,笔者认为本刊读者会更多地关心系统概貌、性能和使用状况,可能较少关心其中的水声技术和电子技术细节,因此,未对系统作更详细的介绍,该系统1993年投入使用,出色地完成重要测量任务。

参考文献

[1] 孙仲康,等,“定位导航与制导”,国防工业出版社,1987,12.

[2] 梁国龙,等,“水声信道中窄CW脉冲的低虚警率检测”,1993,全国水声学术会议论文集,241.

[3] 候宝春等,“用相干累加法改进ALE的性能”,声学学报,第16卷第一期,1991.14 蔡平等,“脉冲自相关时延估计”,哈尔滨船舶学院水声研究所研究报告,1991,1.

[4] G. C. Cater,“Time delay estimation for passive signal processing”,IEEE Trans speech Signal processing,Vol. Assp -29 No.3 pp463 -469.

一种基于高分辨率图像声呐的水下运动目标轨迹测量法

席红艳　尤立夫　赵景义　张　剑

摘要　针对水下运动目标轨迹测量的实际问题,提出了利用声信号,通过高分辨率图像声呐获取目标的水声图像,进而利用计算机图像与数据处理技术合成目标运动轨迹的实现方法。该方法的可行性和可靠性已在相关应用中得到很好的证实,并取得满意的结果。

关键词　水声;高分辨率图像声呐;轨迹测量

1　引言

在空中和陆地上,运动目标的轨迹是很容易测量到的。人们可以用诸如光学等手段给出它的精确结果,并对此做出分析判断。但在水下,尤其是海洋和湖泊中,无论是光波还是电磁波,传播衰减都非常大,传播距离十分有限,远不能满足测量需要。相比之下,在迄今所熟知的各种能量形式中,在水中以声波的传播性能为最好。另外,水中兵器对声波来说是绝对硬介质,声波在遇到这些物体后,反射较大,容易获取物体信息。这使得声波成为水下运动目标轨迹测量的首选信息载体。

2　基本理论

以往的轨迹测量是采用在待测目标上加装声信标的方式,声信标把待测参数编码为声信号,接收换能器基阵再把声信号解码,从而获得目标的运动轨迹。但这种做法的缺点是需要在待测目标上加装设备,这势必会改变待测目标的某些结构设计,对于多条次测量无疑会带来设备成本和工作复杂度的增加,而且对于小尺寸、高速度的运动目标,还会给声信号发射增加较大难度。经过全面分析考察,最后选用美国 RESON 公司生产的 Seabat6012 图像声呐来实现水下运动目标的轨迹测量。

Seabat6012 为多波速前视声呐系统,水平放置时可显示 90°扇面开角范围内的海底二维图像,其最大作用距离可达 200 m。该系统由主处理器、彩色监视器、鼠标和声呐头(在水下与主处理器间通过专用电缆相连)4 部分组成,可外接计算机和录像机。

图像声呐工作时,声呐头内的发射机向水中发出声波,声波在传播过程中遇到海底和其他物体时即发生反射,反射信号由 60 个独立波束同时接收和处理,并根据强度的不同进行彩色编码,此外,由发射脉冲往返时间的一半乘以声速即可求出海底(或目标)距换能器的距离。以上这些目标反射声波信息在彩色监视器上显示出来,就可以很直观地对目标做出判断。

Seabat6012 与常规扫描式图像声呐的区别在于,它可以在一个脉冲周期内实时给出一幅完整的多波束探测图像,由于成像速度极快,不会因声呐头载体与目标间的相对运动而造成图像畸变。

3　测量系统设计

本系统利用现有的 Seabat6012 图像声呐，将其旋转 90°放置，采用垂直面内预成多波束的工作方式，这样可以方便地测量运动目标轨迹的铅直面投影，同时，减小了混响干扰区。另外，通过改变声呐头的倾角，使得受混响干扰较弱的区域尽可能地覆盖运动目标所在区域。系统的水下布置如图 1 所示。

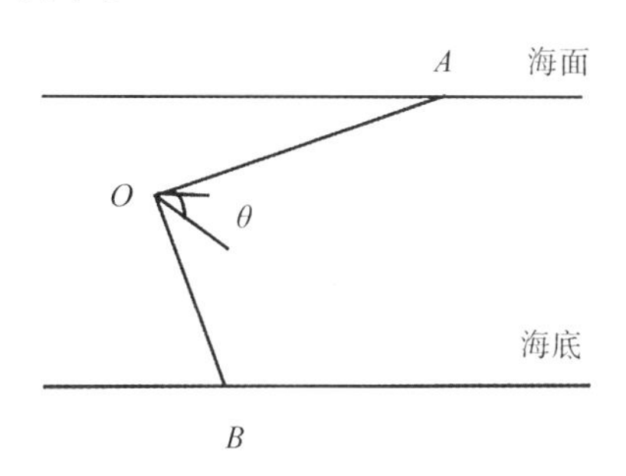

图 1　水下布置示意图

测量时，声呐头要固定在载体上，相对载体是静止的，载体可以运动也可以静止，但状态必须是可知的。这样，声呐显示的运动目标相对于声呐头的轨迹再叠加上载体的运动即可得到目标的真实轨迹。

由测量系统的布置示意图可以看到，声呐的可视范围为 *AOB* 折线的右侧部分。这样，在设计系统时，就特别要注意到载体与待测目标的相对位置，系统设计得好，量程选得恰当，运动目标的轨迹就恰好能在声呐所能捕捉的范围内，反之，就得不到预期的效果。

设计安装好的系统可以实时获取运动目标的图像，为便于进行轨迹计算及测量结果回放分析，把图像以视频形式存贮在录像机内。测量完成后，利用一套基于微机的图像采集处理系统，对每幅图像进行处理计算。整个系统的原理如图 2 所示。

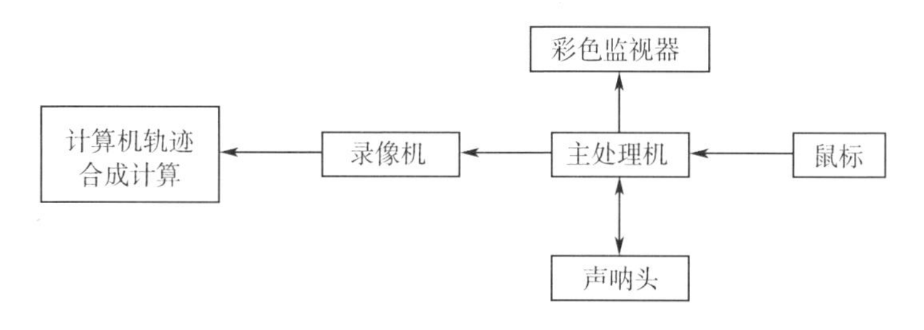

图 2　原理框图

采用序列图像综合分析的方法对图像卡采集到的数据进行处理，以每秒 n 个采样点（n 为与所选的距离量程相对应的显示更新速率）给出目标的完整运动轨迹。

图 3 为声呐显示的目标图像示意图。设轨迹上任一点的屏幕坐标为(x,y)，声呐头原点的屏幕坐标(x_0,y_0)，屏幕上 1 个像素对应的实际距离 t = 距离量程/对应的屏幕像素数。由于屏幕坐标原点在左上角，先进行坐标变换，有

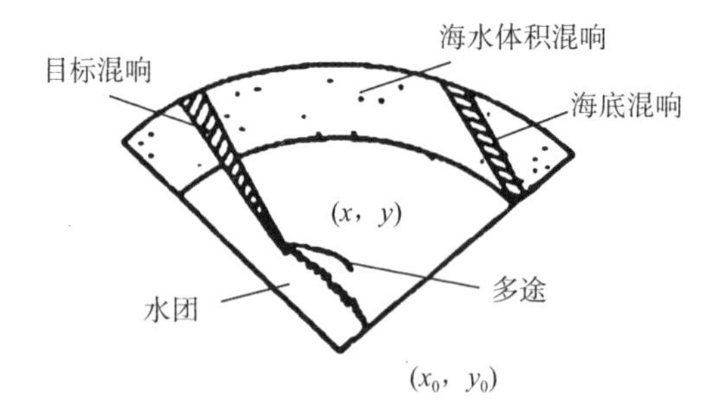

图 3　目标图像示意图

$$x = (x - x_0)t \tag{1}$$

$$y = (y_0 - y)t \tag{2}$$

由于声呐头在水中是有一定倾角的,还需对(x,y)进行变换,得

$$H(t) = x(t)\cos\theta + y(t)\sin\theta \tag{3}$$

$$v(t) = y(t)\cos\theta - x(t)\sin\theta \tag{4}$$

式中,θ 为声呐间的倾角,$H(t)$、$v(t)$ 分别为水平方向和垂直方向分量,声呐头所在位置即为原点。由 $H(t)$、$v(t)$方程即可绘出轨迹曲线。这里,假设载体是静止的。需要注意的是,系统零点时刻一定要统一。图 4 给出了利用 Seabat6012 获取的某水下运动目标经处理后得到的目标轨迹。根据绘出的曲线,就可以分析待测目标的各种运动参数。

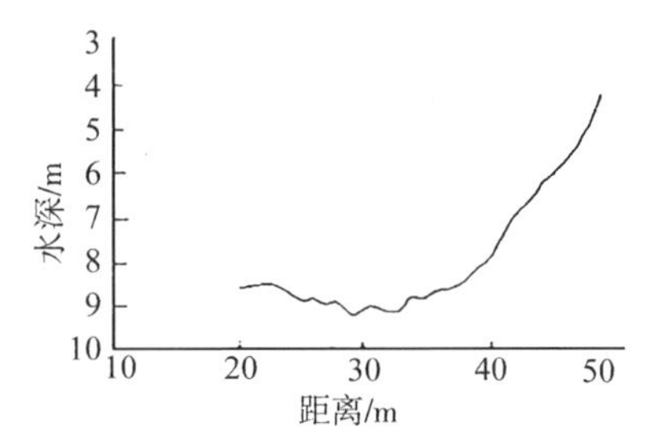

图 4　处理后的目标轨迹

声压振速信息联合处理应用于声场的相干性分析

梁国龙　余华兵　刘　宏　惠俊英

摘要　声场声压与振速的相干性是声压、振速信息联合处理的重要物理基础之一,本文对其进行了初步的分析。在新型组合传感器湖试的基础上,把环境噪声场分解为不相干的各向同性分量和相干的各向异性分量,初步分析环境噪声场的构成;同时对点源声场的相干性也进行了验证性的分析。

关键词　声压和振速;声场;非相干;各向同性;相干;各向异性

1　引言

声波有矢量场(振速)和标量场(声压),但传统的水声设备只用水听器或水听器阵拾取声压信息进行处理。声压是标量,所以单个小尺度水听器是无指向性的,单个声压接收器不能提供目标和环境的方位信息。质点振速是矢量,振速方向与传播方向一致,单个振速传感器就能提供声场的方位信息。振速传感器响应振速在它轴上的投影分量,因而具有 $\cos(\theta)$ 形式的指向性,并且该指向性与频率无关,这意味着甚低频时它也有指向性。

新型的组合传感器能同时拾取声压和振速的信息,并可以对它们进行联合处理。由于联合利用了声压和振速信息的关联和差别,这使得联合信息处理系统较传统单纯声压信息处理系统有更多的途径和方法来实现信号处理,具有很好的抗各向同性干扰的能力。

声场声压与振速的相干性是声压振速信息联合处理的物理基础之一,本文将在组合传感器湖试的基础上探讨环境噪声场和点源声场的声压与振速的相干性,并将环境噪声场分解为不相干的各向同性分量和相干的各向异性分量,可初步分析环境噪声场的构成。

2　湖试

组合传感器的应用试验于 1998 年 9 月在哈尔滨工程大学的吉林省松花湖试验基地进行,试验中采集了各种声场数据,并进行了分析。

试验地点为吉林松花湖渔场附近的小湾。水深 30 ~ 40 m,湖底地势起伏不大。试验一号船靠岸停泊,组合传感器在前方 270 m 处,该处水深 35 m 左右。湖试布局如图 1 所示。组合传感器安装于一金属框架并置于湖底,接收的数据通过电缆传送到试验船,其布局如图 2 所示。

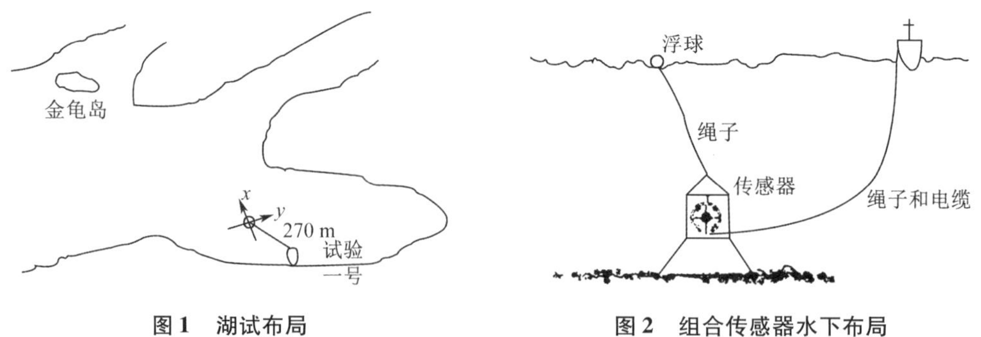

图 1　湖试布局　　　　图 2　组合传感器水下布局

3　相干性分析

3.1　非相干声场和相干声场

环境噪声场能够分解为不相干的各向同性分量和相干的各向异性分量。这样划分是基于当估计时间足够长时,各向同性噪声的能量流谱为零。将环境噪声场分解为上述两种分量,可以估计各种源在实际声场中的贡献并研究其性能。

相干研究可用来分析环境噪声中各向同性噪声与非各向同性噪声分量的关系。环境噪声的功率谱由两部分组成,即

$$S(\approx)=S_\alpha(\approx)+S_i(\approx) \tag{1}$$

$$S(\approx)=S_p2(\approx)+S_v2(\approx) \tag{2}$$

式中:S(≈)是声场的总的功率谱密度,它由声场的势能(声压)$S_p2(\approx)$和动能(振速)$S_v2(\approx)$两部分组成;$S\alpha(\approx)$为环境噪声中的非各向同性(相干)噪声功率谱密度;$S_i(\approx)$为各向同性噪声功率谱密度。通过试验已证明它们都是频率的函数。

声压与振速间的相干函数为

$$\gamma^2_{pV_i}(\approx)=|S_{pv_i}|2/\{S^2_p(\approx)\cdot S_{V2}(\approx)\},(i=x,y,z) \tag{3}$$

相干函数的物理意义为在各个频率分量上归一化的互谱密度。非各向同性噪声$S\alpha(\approx)$可由相干函数与环境噪声总的功率谱函数得到,即

$$S_\alpha(\approx)=\gamma^2_{pV}(\approx)S(\approx) \tag{4}$$

把式(4)代入(1)得到各向同性噪声 $S_i(\approx)$:

$$S_i(\approx)=S(\approx)-S_\alpha(\approx)=S(\approx)[1-\gamma^2_{pV}(\approx)] \tag{5}$$

这样,就可以将环境噪声分解为非各向同性的相干分量和各向同性的非相干分量。

3.2　环境噪声场的相干性分析

下面为湖试中夜间采集的环境噪声数据相干性分析,结果示于图 3。图 3 中各图的含义如下:第 1 个图中为声场总功率谱和相干分量功率谱的比较。横坐标为频率,单位为 Hz,纵坐标单位为 dB。其中曲线 1 为声场总功率谱 $S(\approx)$,它包括声场势能(声压)和动能(振速)。曲线 2 为相干的非各向同性噪声谱图。第 2 个图为声场总功率谱和非相干分量功率谱的比较。图中的两条曲线 3,4 分别为声场总功率谱与各向同性噪声谱。从以上两个图中可以看出,在 150 Hz 及 420 Hz 以上,除个别频率点外,环境噪声中各向同性分量占主要的。150 Hz 及 420 Hz 之间环境噪声相干分量 $S_\alpha(\approx)$ 较非相干分量 $S_i(\approx)$ 有优势,这是由于交

通干扰主要存在于此频段，环境噪声中相干分量很大。

第3～第5图分别为声压 p 与振速 v_x、v_y、v_z的相干系数。由式(3)计算所得，相干函数 H_{pv}、H_{pv}、H_{pv}之和最大值为1，从这3条曲线也可说明在总的声场功率中，各方向上各向同性噪声和非各向噪声所占的比例。

3.3　点源噪声场的相干性分析

在试验船尾部发射的粉红噪声。粉红噪声的频带2 Hz～2 kHz，由于发射换能器低频特性不理想，小于250 Hz频带信号发不出来，所以在250 Hz以上信号都是相干的，计算结果示于图4。

在250 Hz以下，主要以环境噪声为主，且各向同性的非相干分量占绝对优势，而在250 Hz以上，相干分量几乎与总功率谱重合，这充分地说明，定点发射的粉红噪声是相干的。

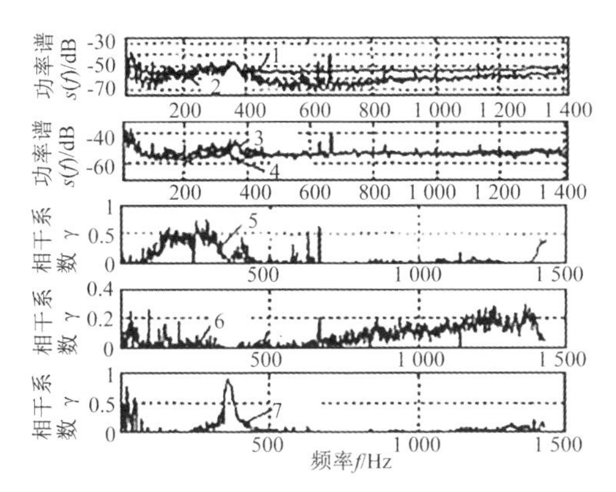

1,3—总功率谱；2—非各向同性分量功率谱；4—各向同性分量功率谱；
5,6,7—分别为声压 p 与振速 v_x,v_y,v_z的相干函数。

图3　环境噪声声压与振速相干系数及

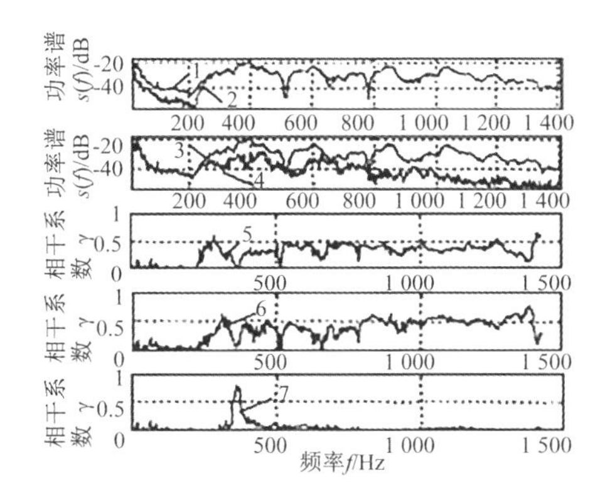

1,3—总功率谱；2—非各向同性分量功率谱；4—各向同性分量功率谱；
5,6,7—分别为声压 p 与振速 v_x,v_y,v_z的相干函数。

图4　粉红噪声相干性分析声场相干与非相干分量分析

4 结束语

组合传感器系统同时接收声压和振速的信息,提供了更多的途径和方法来实现联合信号处理。通过理论和湖试数据分析可知,声压振速信息联合处理应用于环境噪声分析,将环境噪声场分解为不相干的各向同性分量和相干的各向异性分量,可分析环境噪声场的构成及各组成分量的特性;同时验证了定点发射的粉红噪声具有很好的相干性。

虽然本文得到的结论是基于湖试结果的,但所介绍的方法同样适用于海上环境噪声的研究。声压和振速信息联合处理技术还可应用于水声技术其他领域,如:航空吊放声呐,海岸预警系统低噪声测量技术,水雷声引信,鱼雷声自导,海洋监测及海洋环境信息获取技术等方面。

参考文献

[1] 钱秋珊,陆根源. 水声信号处理基础[M]. 北京:国防工业出版社,1982.

[2] Shchurov V A. The interaction of energy flow of underwater noise and a local source [J]. J Acoust Soc Am,1991,90(2):1002 - 1004.

双基阵纯方位目标运动分析研究

王　燕　岳剑平　冯海泓

摘要　研究了双基阵纯方位目标运动分析的基本原理和方法,提出了方位数据关联的迭代算法,进行了仿真实验。仿真结果表明,双基阵纯方位TMA及数据关联方法不仅克服了单基阵纯方位TMA需要本舰机动的限制,而且提高了参数估计算法的稳定性和精度,具有较好的工程应用前景。

1　引言

无源被动式水下目标运动轨迹及其参数测量称为TMA(Target Motion Analysis)。纯方位被动跟踪技术是TMA的重要研究领域之一,已得到深入的研究,其所要解决的是如何利用被无源动声呐观测到的目标方位信息来估计目标的运动参数,如距离、航速、航向等参数。测量方位数据的非同步性以及测量方程的非线性是纯方位TMA的两个难点,本文将予以讨论。

当利用单基阵进行纯方位目标运动参数估计时,如果基阵所在平台在运动参数估计期间做匀速直线运动,则目标的运动参数是不可观测的[1,2],所以一般要求声呐平台沿折线航行,并且需要数十分钟的观察时间方能对目标距离做出有价值的估计。于是,双基阵纯方位TMA方法得到了进一步的研究[3,4,5]。

双基阵纯方位TMA方法可用于浮标,也可用于大中型舰艇的声呐系统。本文从这两种配置出发,介绍了组合传感器的测向原理,提出了对两声呐基阵所测量的同一目标的方位数据进行关联的迭代算法,讨论了卡尔曼滤波器在TMA中的应用,最后进行了仿真实验。

2　双基阵纯方位TMA的基本原理

2.1　系统配置方式

双基阵纯方位TMA声呐系统的第一种配置方式是组合传感器浮标。两个浮标均装有声压、振速组合传感器和DGPS(差分式全球定位系统)。DGPS用来测定浮标的大地坐标并得到基线长度L(两个浮标之间的距离),DGPS的精度约为2 m,因此基线长度的测量误差只有几米。这种配置的优点来源于组合传感器及其信号处理技术[6]。传统的水声探测系统利用水听器或水听器阵拾取声场信息,对其分析,从而判定是否存在目标、目标方位及目标运动参数。对低频线谱,必须用大基阵形成尖锐的指向性,才能精确测定目标方位。而单个组合传感器有很好的抗干扰能力,可在低频较精确地测定目标方位,精确测定目标方位能探测远程线谱目标。

另一种双基阵是配置于舰艇上的艏端阵和拖曳线列阵。艏端阵的测向误差较小,拖曳线列阵的误差较大。基线长度为艏端阵声学中心到拖曳线列阵声学中心的水平距离,它可分成 A 和 B 两段分别测量，如图 1 所示。A 段为艏端阵声学中心到缆车中心线的水平距离，它的测量误差为几十厘米；B 段为缆车中心线到拖线阵声学中心的水平距离，在拖线阵上装有阻尼器，它可对 B 段长度进行标定和补偿，使得 B 段的测量误差为几米，因此基线长度的测量误差也只有几米。

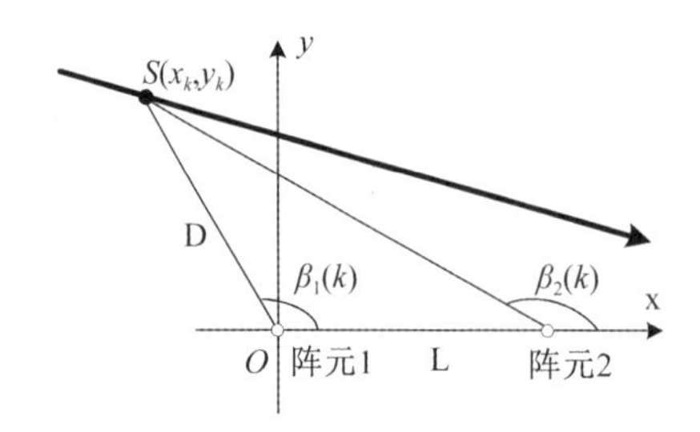

图 1　双基阵纯方位 TMA 定位解算原理图

2.2　组合传感器浮标的测向原理[6]

每个浮标上都装有一个组合传感器，用来测定目标方位。组合传感器由一个声压水听器和三个分量振速传感器组成，分别测量声场中的声压 p 和相互正交的三个振速分量 v_x、v_y 和 v_z。

$$\begin{cases} p(t)=x(t) \\ v_x(t)=x(t)\cos\theta_s\cos\alpha_z \\ v_y(t)=x(t)\sin\theta_z\cos\alpha_z \\ v_z(t)=x(t)\sin\alpha_s \end{cases} \tag{1}$$

上式中 $x(t)$ 为声压波形，θ_s 为声波传播的水平方位角，α_s 为俯仰角。

不考虑相干干扰，有：

$$\begin{cases} \overline{I_x(t)}=\overline{p(t)v_x(t)}\approx\overline{x^2(t)}\cos\theta_s\cos\alpha_s \\ \overline{I_y(t)}=\overline{p(t)v_y(t)}\approx\overline{x^2(t)}\sin\theta_s\cos\alpha_s \\ \overline{I_z(t)}=\overline{p(t)v_z(t)}\approx\overline{x^2(t)}\sin\alpha_s \end{cases} \tag{2}$$

这样，就得到目标方位测量公式：

$$\begin{cases} \theta_s\approx\tan^{-1}\left(\dfrac{\overline{I_y(t)}}{\overline{I_x(t)}}\right) \\ \alpha_s\approx\tan^{-1}\left(\dfrac{\overline{I_z(t)}}{\sqrt{(\overline{I_x(t)})^2+(\overline{I_y(t)})^2}}\right) \end{cases} \tag{3}$$

2.3　定位解算原理

双基阵纯方位被动定位是根据两个阵元测得的目标方位，用三角交汇的方法计算目标位置。考察平面问题。被动定位的基本原理示意于图 1。设测量阵坐标系的坐标原点位于阵元 1，X 轴正向由阵元 1 指向阵元 2，目标位于 S 处。假定目标辐射的是按球面波扩展的线谱噪声，两个阵元分别输出目标方位序列 $\beta_1(k)$ 和 $\beta_2(k)$（k 表示时刻），则目标 S 的位置 (x_k,y_k) 可计算为：

$$\begin{cases} x_k = \dfrac{-L \cdot \cos\beta_1(k) \cdot \sin\beta_2(k)}{\sin(\beta_1(k)-\beta_2(k))} \\ y_k = \dfrac{-L \cdot \sin\beta_1(k) \cdot \sin\beta_2(k)}{\sin(\beta_1(k)-\beta_2(k))} \end{cases} \tag{4}$$

对于定点目标，按上面的公式来解算即可。而对于运动目标，由于各阵元在同一时刻测得的目标方位角并不是目标在同一位置（时刻）形成的，因此用各阵元在各相同时刻测得的目标方位角算出的目标轨迹与真实轨迹相比是有重大偏差的。因此，在进行定位解算时，还需进行两列数据的时间关联，即找到目标同一时刻发出的信息在两数据序列中的位置。在本算法中，采用对方位角序列进行迭代运算来进行时间关联，再用关联后的方位数据计算目标轨迹的方法。仿真计算证明，这种迭代算法是收敛的[10]。

迭代过程为（以 k 时刻为例）：

①由测量方位角 $\beta_1(k)$、$\beta_2(k)$ 按(4)式计算出一个坐标点 $(\hat{x},\hat{y})$；

②计算信号从 $(\hat{x},\hat{y})$ 到两个阵元的时延量 $d_i(k)$，$i=1,2$，设 $\Delta \mathrm{d}(k)=\mathrm{d}_2(k)-\mathrm{d}_1(k)$，取方位数据 $\beta_1(k)$ 和 $\beta_2(k+\Delta \mathrm{d}(k))$ 按(4)式计算新的目标位置 $(\hat{x},\hat{y})$；

③重复执行②，直到相邻两次迭代出的坐标点距离小于阈值（例如 1 m），将此时的位置 $(\hat{x},\hat{y})$ 作为最后的定位结果。

对各个时刻的方位数据均执行以上操作，便得到最后的定位轨迹。

2.4　卡尔曼滤波器用于 TMA

2.4.1　数学模型

卡尔曼滤波的基本出发点是建立恰当的数学模型，即描述动态过程的状态方程和量测方程。所以，这里先给出所用的卡尔曼滤波器的数学模型。

状态方程和量测方程[7]分别为：

$$\boldsymbol{X}_{\mathrm{k}} = \boldsymbol{\varphi}\boldsymbol{X}_{k-1} + \boldsymbol{\Gamma}\boldsymbol{W}_{k-1} \tag{5}$$

$$\boldsymbol{Z}_k = \boldsymbol{H}\boldsymbol{X}_k + V_k \tag{6}$$

其中：$\boldsymbol{X}_k=[x_k\ \dot{x}_k\ \ddot{x}_k]^{\mathrm{T}}$ 为 k 时刻的状态变量矢量；$\boldsymbol{Z}_k=[x_k']^{\mathrm{T}}$ 为 k 时刻的观测矢量；$\boldsymbol{\varphi}=\begin{bmatrix}1 & T & T^2/2\\0 & 1 & T\\0 & 0 & 1\end{bmatrix}$ 为状态转移矩阵；$\boldsymbol{\Gamma}=[T^2/2\quad T\quad 1]^{\mathrm{T}}$ 为随机扰动加速度状态转移矩阵；$\boldsymbol{H}=[1\quad 0\quad 0]$ 为测量矩阵；状态噪声 W_k 和观测噪声 V_k 是互不相关的零均值白噪声。

滤波方程：

$$\begin{cases} \hat{\boldsymbol{X}}_{k/k-1} = \boldsymbol{\varphi}\hat{\boldsymbol{X}}_{k-1/k-1} \\ P_{k/k-1} = \boldsymbol{\varphi}P_{k-1}\boldsymbol{\varphi}^{\mathrm{T}} + \boldsymbol{\Gamma}Q_k\boldsymbol{\Gamma}^{\mathrm{T}} \\ K_k = P_{k/k-1}\boldsymbol{H}^{\mathrm{T}}(\boldsymbol{H}P_{k/k-1}\boldsymbol{H}^{\mathrm{T}}+R_k)^{-1} \\ \hat{\boldsymbol{X}}_{k/k} = \hat{\boldsymbol{X}}_{k/k-1} + K_k(\boldsymbol{Z}_k - \boldsymbol{H}\hat{\boldsymbol{X}}_{k/k-1}) \\ P_{k/k} = (\boldsymbol{I}-K_k\boldsymbol{H})P_{k/k-1} \end{cases} \tag{7}$$

2.4.2　状态变量的选取

状态变量的选取在很大程度上取决于系统模型所描述的物理现象。例如,若选择目标距离 D 为状态变量,则系统模型描述的状态方程是线性的,但量测方程的误差是非线性的。但卡尔曼滤波器作为线性系统最佳估计理论的应用,当观测量与状态变量间存在非线性关系时滤波效果较差[8]。而选取 $1/D$ 为状态变量,当 D 线性变化时,有[9]:

$$\dot{\frac{1}{D_k}} = \frac{1}{D_{k-1}} + T\left[\dot{\frac{1}{D_k}}\right] \tag{8}$$

这里,$\left[\dot{\frac{1}{D_k}}\right] = \left[\frac{1}{D_k} - \frac{1}{D_{k-1}}\right]/T$ 表示距离的倒数 $1/D$ 在 k 时刻的变化率。这表明,当 D 线性慢变化时,$1/D$ 也可视为是近似线性变化的,因此可选择 $1/D$ 作为状态变量,此时,量测方程的误差也近似是线性的。

除了状态变量外,还需要考虑滤波初值的选取及防止滤波器发散的措施。在这里,采用三点法得到初值,用限定下限法抑制滤波器发散。

3　仿真计算

对上面分析的双基阵纯方位 TMA 方法进行了仿真计算,试验的条件是:1 号基阵与 2 号基阵的间距 L 为 1 000m。两声呐方位测量误差为高斯随机的,均值为 0,1 号声呐测量方差 δ_1 取 0.5°和 1°两种,2 号声呐测量方差 δ_2 取 2°和 1°两种。采样间隔为 1 s,目标航速40 kn。仿真结果见图 2、图 3。

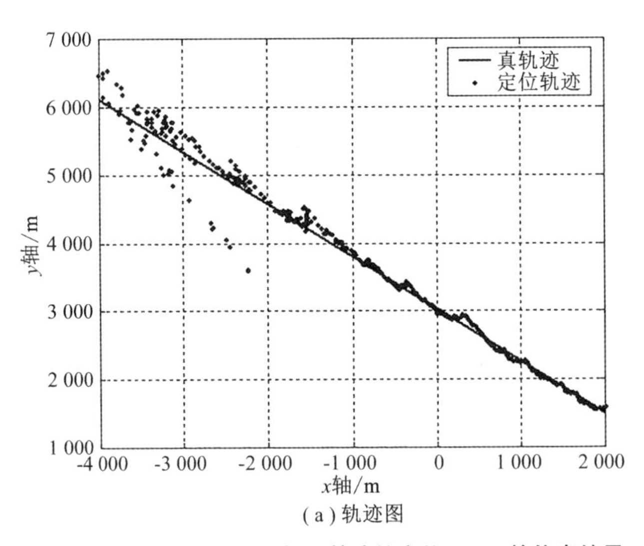

(a) 轨迹图

图 2　当 $\delta_1 = 1°$,$\delta_2 = 1°$时,双基阵纯方位 TMA 的仿真结果

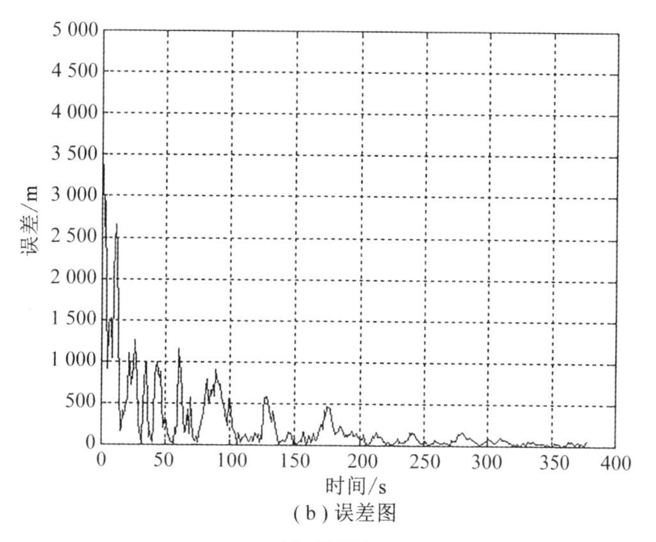

(b) 误差图

图 2(续)

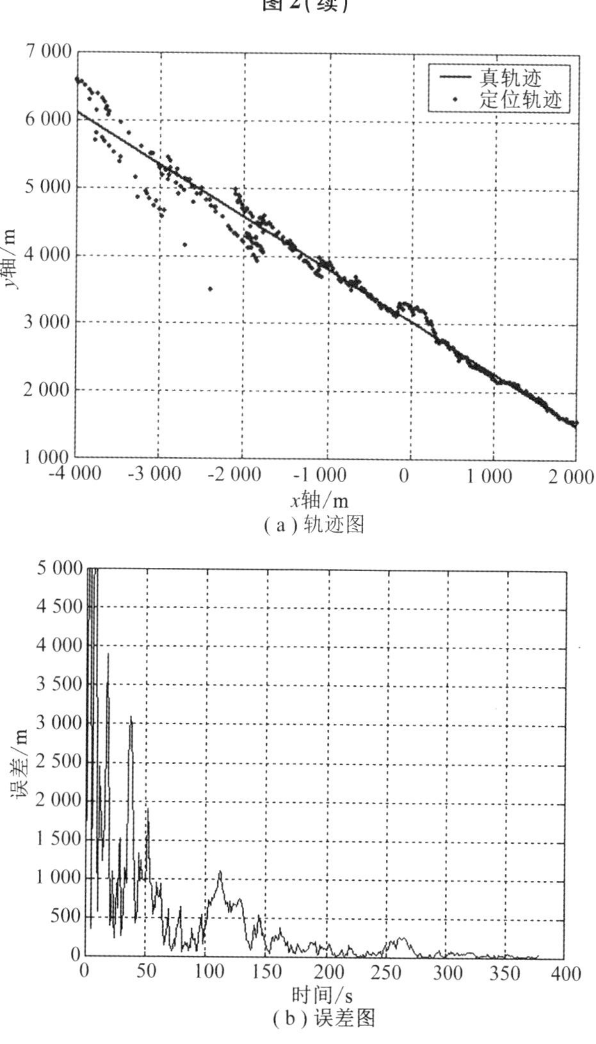

(a) 轨迹图

(b) 误差图

图 3　当 $\delta_1 = 0.5°$,$\delta_2 = 2°$ 时,双基阵纯方位 TMA 的仿真结果

为验证卡尔曼滤波器对机动目标的跟踪能力，特作另一组仿真。设目标的航迹为曲线，测向误差 $\delta_1 = 1°$，$\delta_2 = 1°$，其他条件同上。仿真结果见图 4。

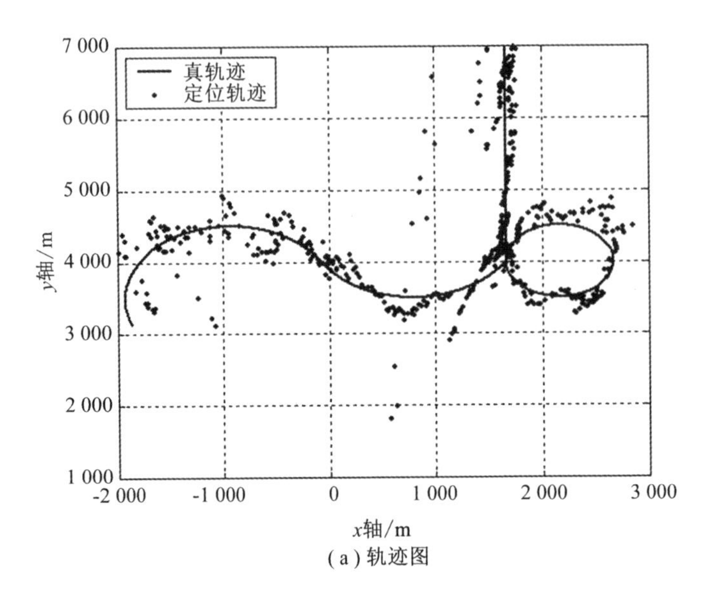

(a) 轨迹图

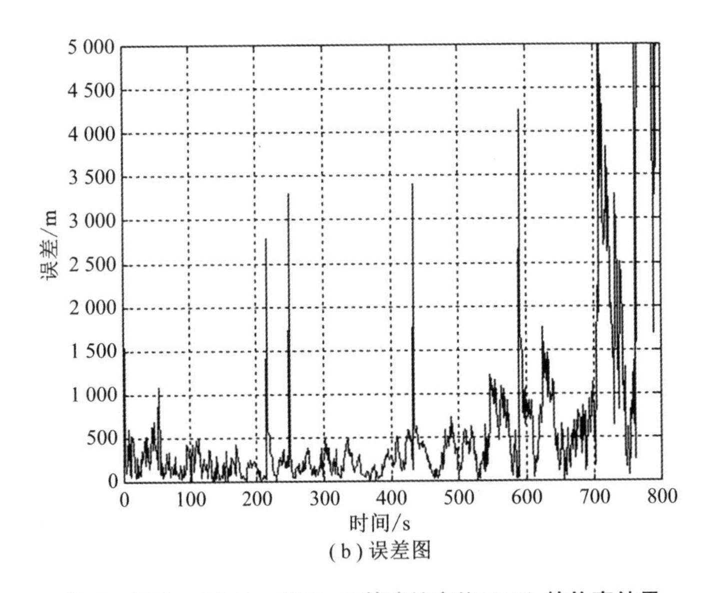

(b) 误差图

图 4　当 $\delta_1 = 1°$，$\delta_2 = 1°$ 时，双基阵纯方位 TMA 的仿真结果

下面考察阵元位置测量误差 δ 对定位精度的影响，仿真结果见图 5。

通过仿真计算可以看出，在定位解算中采用的迭代算法是收敛的，阵元位置的测量误差通常是不重要的，所得到的定位精度可以满足实际应用的要求。这表明，双基阵纯方位 TMA 将是一种原理上可以适合于工程应用的目标运动参数估计方法，它比单基阵纯方位 TMA 具有更好的可观测性，并且克服了单基阵纯方位 TMA 需要本舰机动的限制。特别是对浮标阵和水面舰艇来说，配置这种双声呐结构是很适用的。

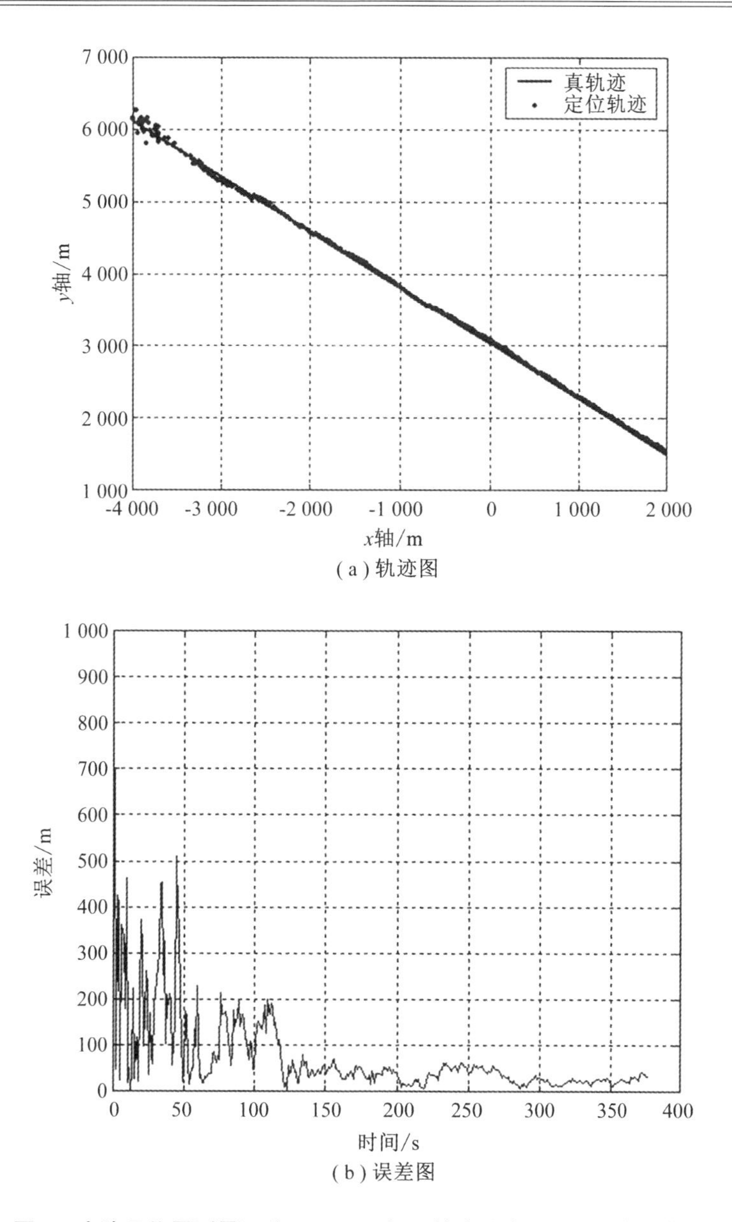

(a) 轨迹图

(b) 误差图

图5 当阵元位置测量误差 δ =5 m 时,双基阵纯方位 TMA 的仿真结果

本文的一些有关讨论是初步的,希望这些讨论结果能够通过我国被动跟踪技术的发展而得到检验。在进行本文有关工作的过程中,得到了惠俊英教授和梁国龙副教授的热情帮助与具体指导,谨在此致以衷心的谢意。

参 考 文 献

[1] Fawcett J A. Effect of course maneuvers on bearings - only range estimation. IEEE Transactions on Acoustics,Speech and Signal Processing,1988;36(8):1 193 - 1 199.

[2] Jauffret C, Pillon D. Observability in passive target motion analysis. Ieee Transactions on Aerospace and Electronic Systems,1996;32(4):1 290 - 1 300.

[3] 杜选民,姚蓝. 多基阵联合的无源纯方位目标运动分析研究. 声学学报,1999;24(6):

604 – 610.
[4] Tremois O, Le Cadre J P. Target motion analysis with multiple arrays: performance analysis. Ieee Transactions on Aerospace and Electronic Systems, 1996; 32(3): 1030 – 1045.
[5] Lindgren A G, Gong K F. Position and velocity estimation via bearing observation. IEEE Transactions on Aerospace and Electronic Systems, 1978; 14(4): 564 – 577
[6] 惠俊英等. 声压振速联合信息处理及其物理基础初探. 声学学报, 2000; 25(4): 303 – 307
[7] 项楚琪, 田坦. 离散估计导论. 哈尔滨船舶工程学院出版社. 1989; 155 – 157.
[8] 〔美〕许瓦兹, L. 肖(中译本), 信号处理: 离散频谱分析、检测和估计. 科学出版社. 1982; 211 – 213.
[9] 樊羚珂. 卡尔曼滤波在被动测距声呐中的应用. 哈尔滨船舶工程学院学报. 1986; 7(2): 58 – 69.
[10] 王燕. 水下目标被动定位仿真研究. 哈尔滨工程大学硕士学位论文. 2000; 31 – 33.

基于压差式矢量水听器的多目标分辨

程彬彬　杨士莪

摘要　矢量水听器是一种既能测量声场中的声压信息，又能测量声场中的振速信息的换能器。矢量特性使得单个矢量水听器就可以实现信号的方位估计，但是传统的矢量水听器处理方法只是利用了信息量增加这一优点，因而提出了一种利用单个压差式矢量水听器进行非相关目标方位估计方法，该方法有效利用声场中声压和质点间振速之间的互相关性，仿真和测试结果表明该方法能有效地进行双目标分辨。

关键词　压差式矢量水听器；相关方程；方位估计

1　引言

多目标分辨一直是水声信号处理研究的重要课题。传统的声压水听器利用增加其阵列孔径来实现这一目的，但阵列孔径的增大会带来一系列的工程和技术问题。如线列阵，孔径的增大会使得成本增大，而且后续计算量也会增大，另有在某些特定环境中阵型是固定的情况下，就无法通过增大孔径来实现多目标的分辨。矢量水听器的出现为这一问题的解决带来了一个全新的空间。矢量水听器能够同时测量声场中的声压和振速信息，由于振速为矢量，所以单个的矢量水听器就具备指向性。众所周知，在平面波声场中，某一信号的声压和质点振速是完全相关的，因此，可以利用这一特性来进行目标的方位估计，当目标信号之间不相关时，就可以利用这一特性来进行多目标的分辨。

矢量水听器一般可分为两种类型，一种为同振型矢量水听器，另一种为压差式矢量水听器。同振型矢量水听器通过与声场中介质一起振动从而实现对其振速的测量，而压差式矢量水听器则不能直接测量声场中的振速。压差式矢量水听器由 2 组或 3 组相互垂直的偶极子对组成，它通过对声场中相邻两点的声压测量来获取其声压梯度，然后利用声场中振速与声压梯度的关系来间接获取声场中的质点振速，因此压差式矢量水听器输出信号需进行预处理才能得到所需要的振速和声压信息。本研究提出一种基于二维压差式矢量水听器在平面波声场中的多目标分辨算法。

2　压差式矢量水听器信号模型

压差式矢量水听器由几组相互垂直的偶极子组成，一般由 2 组偶极子对组成的矢量水听器称为二维压差式矢量水听器，由 3 组偶极对组成的矢量水听器称为三维压差式矢量水听器。本研究为二维压差式矢量水听器，即由两组相互垂直的偶极子对组成。如图 1 所示，二维压差式矢量水听器可以看为一个 4 元离散圆阵。在远场平面波假设条件下，介质为均匀理想条件海水，有 n 个窄带信号入射到水听器上，其方位角分别为 $\boldsymbol{\theta}=[\theta_1,\theta_2,\cdots\theta_n]$ 则二维压差式矢量水听器接收信号为

$$\boldsymbol{y}(t)=\boldsymbol{a}^{\mathrm{T}}(\boldsymbol{\theta})\boldsymbol{s}(t)+\boldsymbol{n}(t) \tag{1}$$

其中，T 为转置符号，$\boldsymbol{s}(t)=[s_1(t),s(t),\cdots,s_n(t)]$ 为信号向量，$\boldsymbol{a}(\theta)=[a(\theta_1),a(\theta_2),\cdots,a(\theta_n)]^{\mathrm{T}}$，$a(\theta_i)=[\mathrm{e}^{\mathrm{j}kr\cos(\theta_i-\gamma_0)},\ \mathrm{e}^{\mathrm{j}kr\cos(\theta_i-\gamma_1)},\ \mathrm{e}^{\mathrm{j}kr\cos(\theta_i-\gamma_2)},\ \mathrm{e}^{\mathrm{j}kr\cos(\theta_i-\gamma_3)}]^{\mathrm{T}}$，$\boldsymbol{n}(t)=[n_1(t),n_2(t),n_3(t),n_4(t)]^{\mathrm{T}}$ 为噪声，$\gamma_i=i\pi/2(i=0,1,2,3)$。

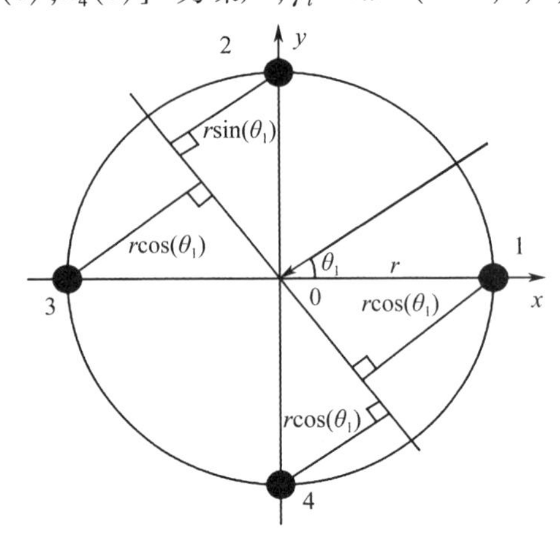

图 1　压差式矢量水听器结构图

3　窄带信号下的多目标分辨

假设在远场平面波条件下存在一个窄带信号，其表达式为

$$s(t)=a(t)\mathrm{e}^{\mathrm{j}(\omega t+u(t))}$$

其中 $a(t)$ 为幅度调制信号；$u(t)$ 为相位调制信号。介质为理想均匀海水，将公式(1)展开，可得二维压差式矢量水听器的输出信号

$$y(t)=\begin{bmatrix}p_1(t)\\p_2(t)\\p_3(t)\\p_4(t)\end{bmatrix}=\begin{bmatrix}a(t)\mathrm{e}^{\mathrm{j}[\omega_0t+u(t)]}\mathrm{e}^{\mathrm{j}kr\cos(\theta-\gamma_0)}+n_1(t)\\a(t)\mathrm{e}^{\mathrm{j}[\omega_0t+tu(t)]}\mathrm{e}^{\mathrm{j}kr\cos(\theta-\gamma_1)}+n_2(t)\\a(t)\mathrm{e}^{\mathrm{j}(\omega_0t+u(t)]}\mathrm{e}^{\mathrm{j}kr\cos(\theta-\gamma_2)}+n_3(t)\\a(t)\mathrm{e}^{\mathrm{j}[\omega_0t+u(t)]}\mathrm{e}^{\mathrm{j}kr\cos(\theta-\gamma_3)}+n_4(t)\end{bmatrix}\tag{2}$$

式中，$p_j(t)(j=1,2,3,4)$ 分别表示矢量水听器上输出；ω 为信号角频率；$k=\omega/c$ 为波数；r 为矢量水听器的半径；θ 为信号源到达水听器方位角。为了分析方便，将噪声项忽略，且假设水听器 4 个通道具有完全相同的响应，如此可将信号幅度调制 $a(t)=1$，相位调制 $u(t)=0$，则矢量水听器中心点的声压可以由 4 路声压信号平均得到

$$\begin{aligned}p(t)&=\frac{1}{4}[p_1(t)+p_2(t)+p_3(t)+p_4(t)]\\&=\frac{1}{4}\mathrm{e}^{\mathrm{j}wt}[2\cos(kr\cos\theta)+2\cos(kr\sin\theta)]\end{aligned}\tag{3}$$

若 kr 远小于 1，则 $\cos(kr\cos\theta)\approx1$，$\cos(kr\sin\theta)\approx1$，那么就有

$$p(t)\approx\mathrm{e}^{\mathrm{j}wt}\tag{4}$$

这与矢量水听器中心点的声压信号一致，因此可将其视为中心点实际声压输出。由于中心点的振速可由相互垂直偶极子对声压梯度得到，将水听器上相对的两个阵元所接收的信号相减

$$v_{x1}(t)=p_1(t)-p_3(t)=\mathrm{j}2\sin(kr\cos\theta)\mathrm{e}^{\mathrm{j}wt}\tag{5}$$

$$v_{y1}(t)=p_2(t)-p_4(t)=\mathrm{j}2\sin(kr\sin\theta)\mathrm{e}^{\mathrm{j}wt}\tag{6}$$

同样在 kr 远小于 1 的条件下，$\sin(kr\sin\theta)\approx kr\sin\theta$，同时对其做一个 90°的相移处理，则可得到

$$v_x(t)=v_{x1}(t)\mathrm{e}^{-\mathrm{j}\pi/2}=2kr\cos\theta\mathrm{e}^{\mathrm{j}wt} \tag{7}$$

$$v_y(t)=v_{y1}(t)\mathrm{e}^{-\mathrm{j}\pi/2}=2kr\sin\theta\mathrm{e}^{\mathrm{j}wt} \tag{8}$$

观察式(7)和式(8)可以得到，矢量水听器中心点实际振速与质点振速在这一点的两个分量只是在幅度上有差别，而且其方位信息包含在幅度里面。对比声压和振速信号，不难发现它们是完全相关的，因此可以对其做相关得到声能流。假设在远场平面波条件下，存在两个不相关 CW 信号，可以得到水听器中心点的声压和振速分别为

$$p(t)\approx\mathrm{e}^{\mathrm{j}w_1t}+\mathrm{e}^{\mathrm{j}w_2t} \tag{9}$$

$$v_x(t)=2k_1r\cos\theta_1\mathrm{e}^{\mathrm{j}w_1t}+2k_2r\cos\theta_2\mathrm{e}^{\mathrm{j}w_2t} \tag{10}$$

$$v_y(t)=2k_1r\sin\theta_1\mathrm{e}^{\mathrm{j}w_1t}+2k_2r\sin\theta_2\mathrm{e}^{\mathrm{j}w_2t} \tag{11}$$

对其声压和振速做相关处理可以得到如下方程

$$\langle p(t),v_x(t)\rangle=2A_1^2k_1r\cos\theta_1+2A_2^2k_2r\cos\theta_2 \tag{12}$$

$$\langle p(t),v_y(t)\rangle=2A_1^2k_1r\sin\theta_1+2A_2^2k_2r\sin\theta_2 \tag{13}$$

$$\langle v_x(t),v_y(t)\rangle=4A_1^2k_1^2r^2\sin\theta_1\cos\theta_1+4A_2^2k_2^2r^2\sin\theta_2\cos\theta_2 \tag{14}$$

$$\langle v_x(t),v_x(t)\rangle=4A_1^2k_1^2r^2\cos^2\theta_1+4A_2^2k_2^2r^2\cos^2\theta_2 \tag{15}$$

$$\langle v_x(t),v_x(t)\rangle=4A_1^2k_1^2r^2\sin^2\theta_1+4A_2^2k_2^2r^2\sin^2\theta_2 \tag{16}$$

式中，A_1，A_2 分别为水听器上接收到的两个信号的声压幅值；$k_1=\omega_1/c$，$k_2=\omega_2/c$ 分别为两信号的波数；θ_1，θ_2 分别为两个目标源到达水听器的方位角〈 〉表示两个向量求相关。要对信号的方位进行估计，只需求解出满足式(12)～式(16)所组成方程组的最优解。对于这些非线性方程，其中未知变量为(θ_1,θ_2)和(A_1,A_2)，观察这些方程，未知数个数少于方程个数，因此必存在一个能满足方程左右两边相等的最优解。由于遗传算法具有很好的非线性优点，可以利用遗传算法来对其进行求解。

4　算法改进

一般情况下，随着信号频率的增加，条件波数 k 就会越来越大，从而使得条件 $kr\ll1$ 能满足。如当信号频率为 2 kHz 时，水听器半径为 0.07 m，kr 就会达到 0.59，而显然不能满足条件 $kr\ll1$，这时仍然使用简化条件下的方程来进行信号方位估计，就会出现很大的误差，因此在信号频率较大的情况下，不能继续进行式(4)、式(7)和式(8)的简化处理。在相同的假设条件下，可以得到此时水听器中心的声压和振速信号

$$\begin{aligned}p(t)=1/4)\mathrm{e}^{\mathrm{j}w_1t}[2\cos(k_1r\cos\theta_1)+2\cos(k_1r\sin\theta_1)]+\\(1/4)\mathrm{e}^{\mathrm{j}w_2t}[2\cos(k_2r\cos\theta_2)+2\cos(k_2r\sin\theta_2)]\end{aligned} \tag{17}$$

$$v_x(t)=2\sin(k_1r\cos\theta_1)\mathrm{e}^{\mathrm{j}w_1t}+2\sin(k_2r\cos\theta_2)\mathrm{e}^{\mathrm{j}w_2t} \tag{18}$$

$$v_y(t)=2\sin(k_1r\sin\theta_1)\mathrm{e}^{\mathrm{j}w_1t}+2\sin(k_2r\sin\theta_2)\mathrm{e}^{\mathrm{j}w_2t} \tag{19}$$

因此对声压和振速做相关可以得到如下方程组

$$\begin{aligned}\langle p(t),v_x(t)\rangle=A_1^2\sin(k_1r\cos\theta_1)[\cos(k_1r\cos\theta_1)+\cos(k_1r\sin\theta_1)]+\\A_2^2\sin(k_2r\cos\theta_2)[\cos(k_2r\cos\theta_2)+\cos(k_2r\sin\theta_2)]\end{aligned} \tag{20}$$

$$\begin{aligned}\langle p(t),v_y(t)\rangle=A_1^2\sin(k_1r\sin\theta_1)[\cos(k_1r\cos\theta_1)+\cos(k_1r\sin\theta_1)]+\\A_2^2\sin(k_2r\sin\theta_2)[\cos(k_2r\cos\theta_2)+\cos(k_2r\sin\theta_2)]\end{aligned} \tag{21}$$

$$\langle v_x(t), v_y(t)\rangle = 4A_1^2\sin(k_1r\cos\theta_1)\sin(k_1r\sin\theta_1) + 4A_2^2\sin(k_2r\cos\theta_2)\sin(k_2r\sin\theta_2) \quad (22)$$

$$\langle v_x(t),)v_x(t)\rangle = 4A_1^2\sin^2(k_1r\cos\theta_1) + 4A_2^2\sin^2(k_2r\cos\theta_2) \quad (23)$$

$$\langle v_y(t), v_y(t)\rangle = 4A_1^2\sin^2(k_1r\sin\theta_1) + 4A_2^2\sin^2(k_2r\sin\theta_2) \quad (24)$$

同样,其中未知数为信号的方位(θ_1,θ_2)和强度(A_1^2,A_2^2)。求解方程(16)至方程(20)所组成的方程组最优解,就可以达到方位估计的目的。

5　仿真结果分析

在远场平面波假设条件下,介质为均匀理想条件下的海水,两个不相关 CW 信号分别以 30°和 60°方位到达水听器,运用解简化方程组和解改进后的方程组方法,分别对两信号源做了方位估计。为了便于两种方法的比较,仿真都是在相同条件下进行,两信号之间频率相差 200 Hz,频率变化范围为 100 ~ 5 000 Hz,两信号强度相同,且均从 0 dB 变化到 20 dB,噪声均值为 0,方差为 1 的高斯白噪声。图 2 和图 3 分别为简化条件下对两信号方位的估计结果,图 4 为简化条件下对两信号方位估计的误差结果。图 5 和图 6 分别为改进后对两信号的方位估计结果,图 7 为改进后对两信号估计误差。

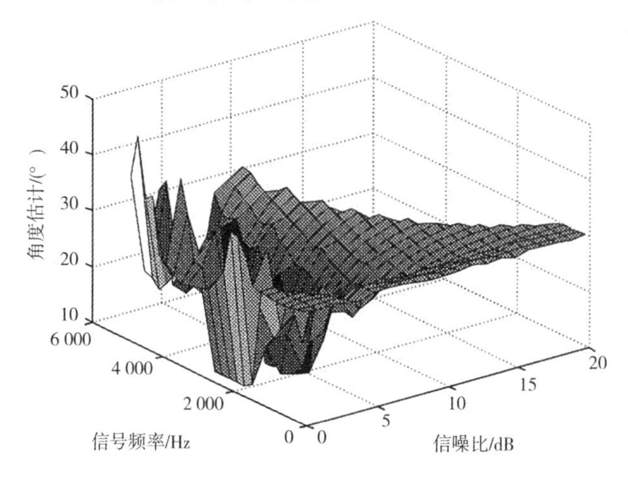

图 2　简化条件下 30°信号方位估计

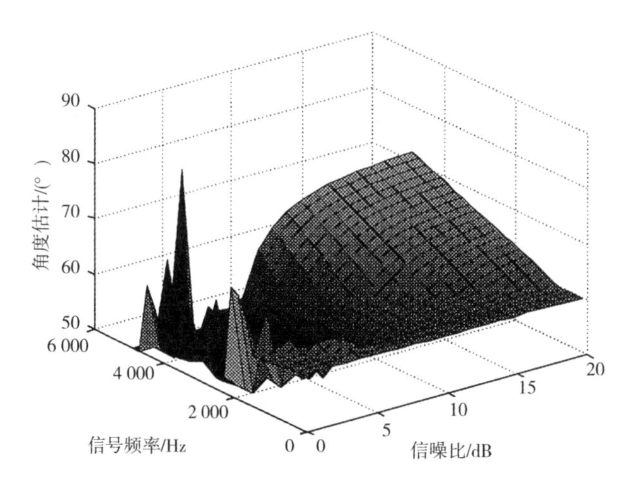

图 3　简化条件下 60°信号方位估计

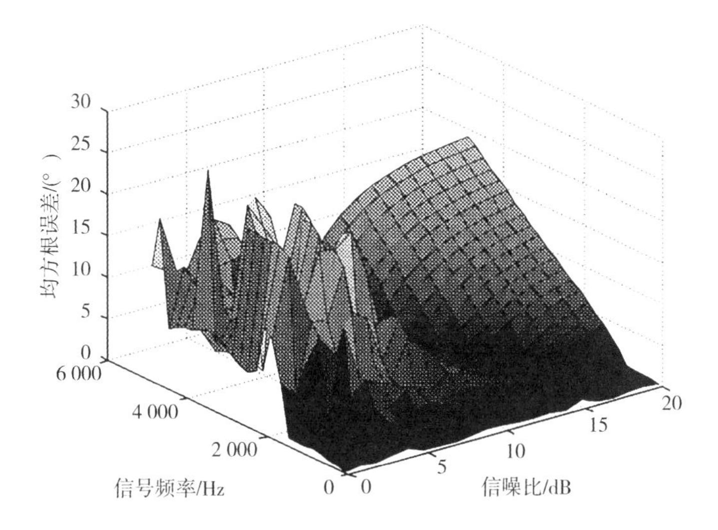

图4　简化条件下估计误差

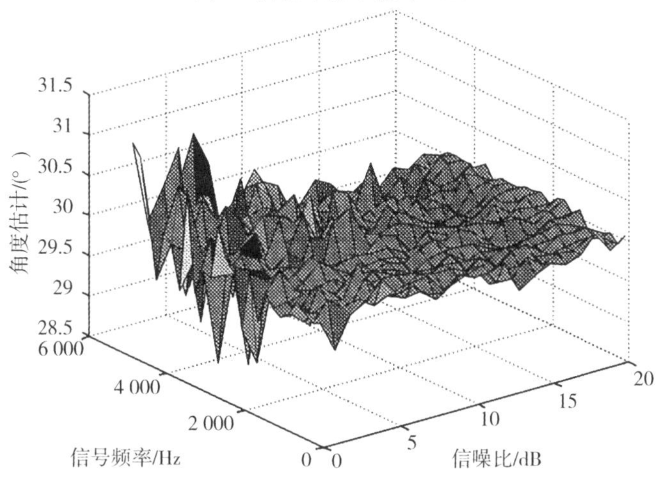

图5　改进后50°信号方位估计

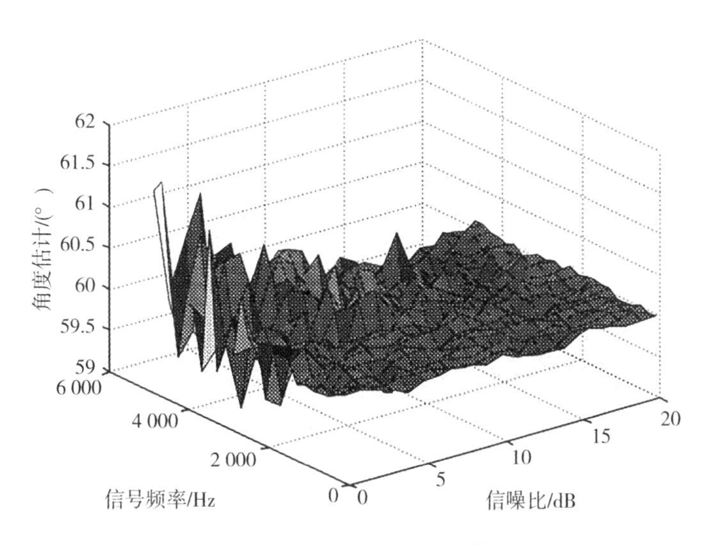

图6　改进后60°信号方位估计

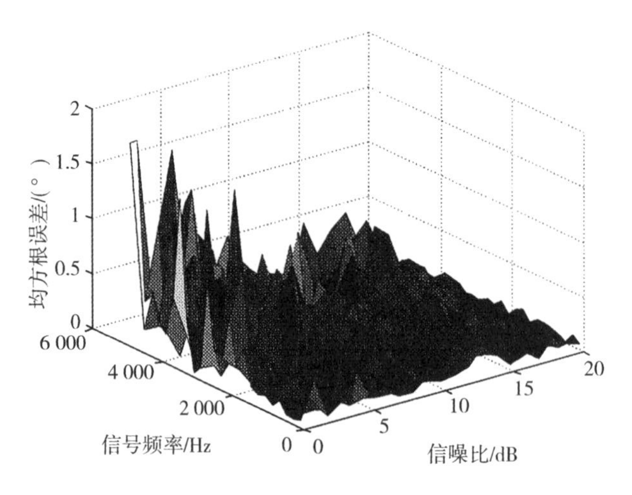

图7　改进后估计误差

从以上仿真可以看出,改进后的方法具有更好的频率应用范围。图2和图3表明在信噪比较低和频率较高的情况下,就会出现较大的估计误差,而改进后的方法只是在信噪比较低情况才会出现较大的误差,且无论在什么情况下改进后方法估计误差都低于简化条件下的估计误差。随着信号频率的增大,简化算法由于简化而产生的误差也会越来越大,因此对信号方位估计的误差也会随之增大。从仿真中可以看出当信号频率高于2 kHz时,运用简化方法,就会出现较大误差,且随着信号频率的增大,误差也越来越大,当信号频率超过4 kHz后,由简化方法估计出的信号方位已经由于误差太大而不可信,而此时运用改进后算法对两信号方位进行估计,仍能准确估计两信号方位。

为验证仿真结果,作者于2004年9月在冯家山水库进行了水下试验。用于接收的压差式矢量水听器位于离岸20 m的趸船上,水深为10 m,水听器位于水下3 m,两声源位于水听器右前方约100 m处,处于水听器43°和76°方位上,水深为20 m左右。声源分别发射两信号频率为3 072 Hz和4 100 Hz两脉冲正弦波。图8为水听器上接收到的两声源信号,其中由于发射两正弦填充的脉冲信号,未能更好捕捉两信号叠加情况,发射脉冲长度不一样,图中前0~0.04 s为两信号叠加图形。

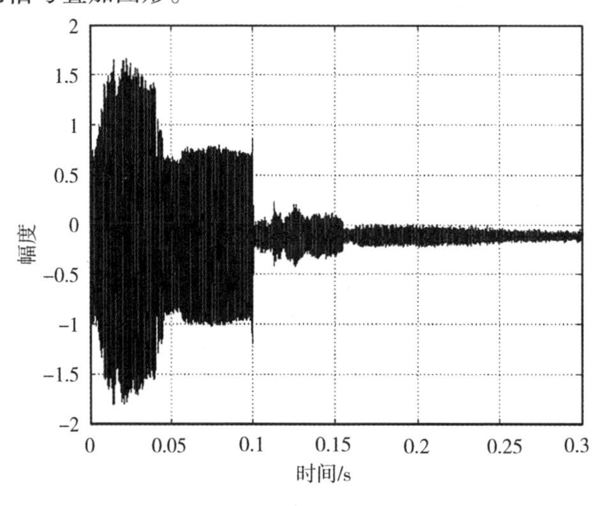

图8　水听器上接收的测试数据

图9为运用简化算法和改进后算法对叠加信号进行分辨的结果。从分辨结果可以看出,改进后的算法能更准确地进行目标分辨。

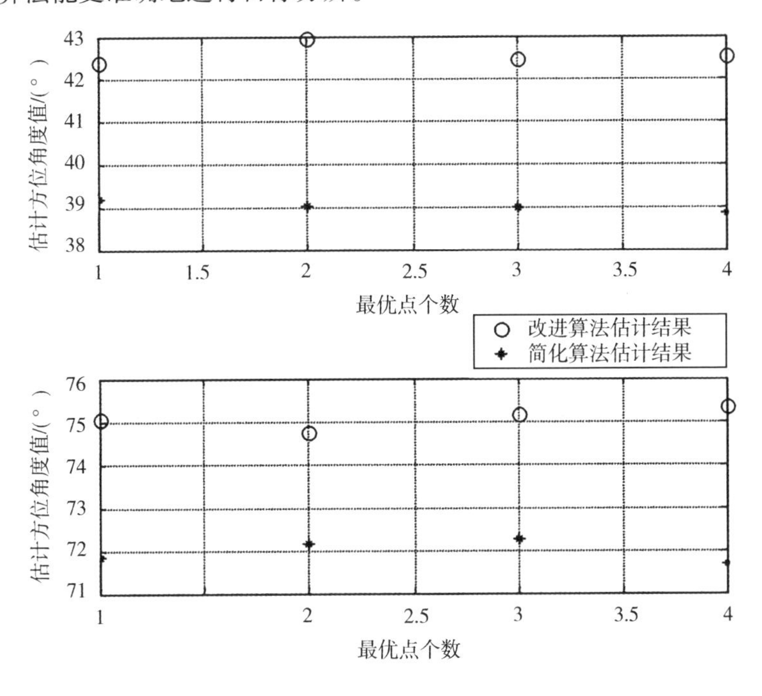

图9 两种算法比较

6　结束语

提出了一种针对单个压差式矢量水听器的双目标估计及其改进算法,仿真和测试结果表明,单个压差式矢量水听器可以有效地进行不相关双目标分辨。两信号在信噪比高于0 dB,频率低于2 kHz的情况下,两种方法均能准确估计其方位,在信号频率高于2 kHz情况下运用简化方法就会产生较大误差,而改进后算法仍能准确估计出信号方位。但改进后算法方程比简化算法方程复杂,运用遗传算法进行求解时需要更大的计算量。

参考文献

[1] 杨士莪.单矢量传感器多目标分辨的一种方法[J].哈尔滨工程大学学报,2003,(6).
[2] 时胜国,杨德森.矢量水听器的源定向理论及其定向误差分析[J].哈尔滨工程大学学报,2003,(2).

多波束条带测深仪海底三维地形图图像增强初探

王向红　杨士莪　徐新盛

摘要　多波束条带测深仪是一种先进的海底地形测量设备。经过一系列预处理方法，生成了真实感彩色三维地形图。为了更好地看清图像的细节，本文采用的海底三维地形图图像增强方法，使三维地形图更加清晰。

关键词　图像处理；图像增强；小波分析

1　引言

多波束条带测深系统是一种具有高效率、高精度、高分辨率的海底地形测量先进设备。多波束数据经过一系列预处理方法，生成了真实感地形图，为了更好地看清图像的细节，采用图像增强技术，将使三维地形图更加清晰。

图像增强的实质就是图像对比度的增强，其主要目的是改善图像的外观，使处理后的图像比原始图像更适合于人眼的视觉特性或机器的识别。一个理想的图像增强技术，应该是既能增强图像的局部对比度，又能增强图像的整体对比度。前者可加强图像的边缘或轮廓信息，突出图像的内部细节；后者可调节图像的动态范围，改善图像的视觉效果。本文基于此目的，针对海底三维地形图，进行了图像增强，包括图像去噪和图像均衡处理，得到细节突出、对比度均衡的图像。

2　图像增强方法的实现

2.1　基于小波分析的图像去噪处理

图像去噪的原理是利用噪声和信号在频域上分布的不同进行的。信号主要分布在低频区域，而噪声主要分布在高频区域，但同时图像的细节也分布在高频区域。传统的低通滤波方法将图像的高频成分滤除，虽然能够达到降低噪声的效果，但破坏了图像的细节。而利用小波分析的理论，可以构造一种既能够降低图像噪声，又能够保持图像细节信息的方法。

设 $\phi(x)$ 是一维小波分析中的尺度函数，$\psi(x)$ 是其对应的小波函数。则有

$$\begin{cases} \phi(x,y) = \phi(x)\cdot\phi(y) \\ \Psi^1(x,y) = \varphi(x)\cdot\Psi(y) \\ \Psi^2(x,y) = \Psi(x)\cdot\phi(y) \\ \Psi^3(x,y) = \Psi(x)\cdot\Psi(y) \end{cases} \tag{1}$$

式中：$\phi(x,y)$ 为二维尺度函数，ψ^1、ψ^2、ψ^3 为三个二维小波函数。

二维多尺度离散小波分析定义为：

$$
\begin{cases}
S_j f(n,m) = \iint_{R^t} f(x,y) 2^{2j} \varphi_j (x - 2^{-j}n, y - 2^{-j}m) \mathrm{d}x\mathrm{d}y \\
W_j^1 f(n,m) = \iint_{R^t} f(x,y) 2^{2j} \Psi_j^1 (x - 2^{-j}n, y - 2^{-j}m) \mathrm{d}x\mathrm{d}y \\
W_j^2 f(n,m) = \iint_{R^t} f(x,y) 2^{2j} \Psi_j^2 (x - 2^{-j}n, y - 2^{-j}m) \mathrm{d}x\mathrm{d}y \\
W_j^3 f(n,m) = \iint_{R^t} f(x,y) 2^{2j} \Psi_j^3 (x - 2^{-j}n, y - 2^{-j}m) \mathrm{d}x\mathrm{d}y
\end{cases} \tag{2}
$$

式中：$f(x,y)$为图像信号；$S_jf(n,m)$所谓低频分量；$f(x,y)$、$W_j^1(n,m)$、$W_j^2(n,m)$、$W_j^3(n,m)$分别代表的垂直、对角和水平高频分量。

彩色图像在电脑中是以三维矩阵的方式存储的，小波分解函数一般只能对二维矩阵进行分解和重构；根据彩色图像成像的原理，把彩色图像的 RGB3 个分量先提出来，对这 3 个分量分别使用小波分析方法降噪，然后再加起来，就得到降噪后的彩色图像。

2.2　直方图修正及均衡

直方图修正及均衡是通过改变直方图的分布达到增强图像整体对比度和亮度的效果。对于彩色图像，首先要进行彩色空间变换。

彩色空间是以数值方式描述色彩的模型，其中应用最为普遍的是 RGB（红、绿、蓝）模型，我们前面生成的三维地形图就是基于 RGB 空间的。它的最大优点就是简单，从而其他表色系统最后必须转化成 RGB 系统才能在显示器上显示。RGB 系统的缺点是：(1) RGB 空间用红绿蓝三原色的混合比例定义不同的色彩，使不同的色彩难以用准确的数值来表示和进行定量分析；(2) 在 RGB 系统中，由于彩色合成图像通道之间相关性很高，使合成图像的饱和度偏低，色调变化不大，图像视觉效果差；(3) 人眼只能感知颜色的亮度、色调以及饱和度来区分物体，不能直接感觉红绿蓝三色的比例。

另一些彩色空间，例如 CY 空间和 HIS 空间，定义了颜色属性的色度、亮度和饱和度，RGB 空间向 CY 空间或 HIS 空间变换，就会得到色度、亮度和饱和度。RGB 空间到 CY 空间的变换相对简单，所以常被采用。CY 色空间与 RGB 色空间的关系如下：

$$
\begin{bmatrix} \boldsymbol{Y} \\ \boldsymbol{R\_Y} \\ \boldsymbol{B\_Y} \end{bmatrix} = \begin{bmatrix} 0.299 & 0.587 & 0.114 \\ 0.701 & -0.587 & -0.114 \\ -0.299 & -0.587 & -0.866 \end{bmatrix} \cdot \begin{bmatrix} \boldsymbol{R} \\ \boldsymbol{G} \\ \boldsymbol{B} \end{bmatrix} \tag{3}
$$

式中：$\boldsymbol{Y}$是亮度分量，$\boldsymbol{R_Y}$和$\boldsymbol{B_Y}$是色差分量。

在 CY 色空间内定义的饱和度 S 和色调表示为：

$$
\boldsymbol{S} = [(\boldsymbol{R} - \boldsymbol{Y})^2 + (\boldsymbol{B} + \boldsymbol{Y})^2]^{1/2} \tag{4}
$$

θ 在转换过程中还要考虑象限及坐标轴的分布。

在 CY 空间对彩色三维地形图进行饱和度均衡化处理和亮度修正，其中亮度修正有两种方案：亮度直方图的线性拉伸和非线性拉伸。最后再将其转化到 RGB 空间，从而得到增强后的彩色图像。从 CY 空间到 RGB 空间的转换公式。

$$
\begin{gathered}
\boldsymbol{R} = \boldsymbol{S} \cdot \sin\theta + \boldsymbol{Y} \\
\boldsymbol{B} = \boldsymbol{S} \cdot \cos\theta + \boldsymbol{Y} \\
\boldsymbol{G} = (\boldsymbol{Y} - 0.299\boldsymbol{R} - 0.114\boldsymbol{B})/0.587
\end{gathered} \tag{5}
$$

比较图 1 和图 2，可以看出，通过图像增强的一系列算法处理后，海底三维地形图更加清晰逼真。

图 1　原始三维地形图

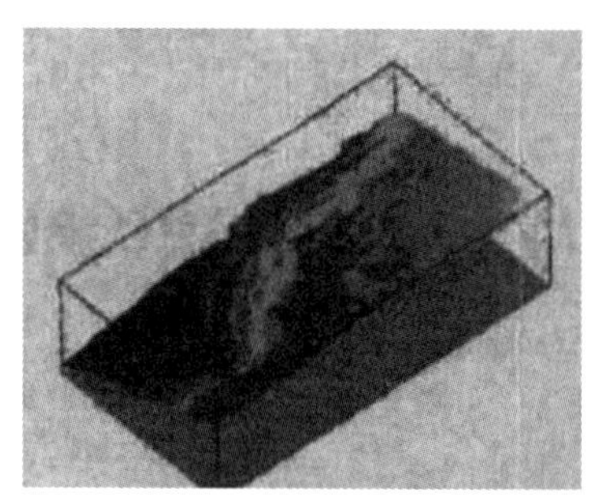

图 2　图像增强后的三维地形图

3　结论

多波束数据经过一系列预处理，生成了真实感地形图。本文采用的海底三维地形图图像增强方法，即基于小波变换的去噪处理以及彩色空间变换技术，使三维地形图更加清晰。实验证明该图像增强方案是一种简便易行、灵活有效的方法。

参 考 文 献

[1] 孙兆林. MATLAB 6. X 图像处理[M]. 北京：清华大学出版社，2002.
[2] 王兴伟，沈兰荪，刘党辉. 一种新的彩色医学图像增强算法[J]. 中国生物医学工程学报，2004(1).
[3] 金红，刘榴娣. 彩色空间变换变换法在图像融合中的应用[J]. 光学技术，1997(4).

基于最小二乘估计的虚拟阵元波束形成仿真

胡　鹏　杨士莪　杨益新

摘要　在混响干扰为主的浅海探测背景下,通常希望能得到主瓣宽度比较窄的波束。常规的波束形成方法中,对于一定频率的基阵,一般只有通过增加孔径长度来提高基阵分辨率。而这种方法又往往会受到实际工程的限制。因此提出了一种基于最小二乘估计理论的虚拟阵元波束形成算法。该方法针对有限尺度基阵,根据实际已知阵元的接收数据,运用最小二乘估计方法,估计虚拟阵元上的接收数据,使实际基阵的孔径在虚拟的意义上得到了扩大,从而实现了高指向性窄波束,提高了基阵的指向性指数。仿真实验结果也表明了该方法的有效性。

关键词　最小二乘估计;虚拟阵元;波束形成

1　引言

波束形成是阵列信号处理中的一个重要组成部分,它主要是对特定方向的有用信号形成波束,使之输出最大并衰减其他方向的干扰信号。波束形成器可以看作是一个空间域的滤波器[1]。它的作用,一方面是进行空间处理以获取抗噪声和混响干扰的空间增益,提高输出信噪比;另一方面是为了得到高精度的目标分辨能力,用以测定目标的方位。在浅海探测的应用背景下,主要是混响的干扰比较严重,这就要求我们设计主瓣宽度比较窄的波束进行探测。常规的波束形成方法的分辨能力受到瑞利准则的限制[2-4],当频率一定时,为提高基阵的分辨率,一般需采用增大孔径长度的方法,而这种方法又受到了实际工程应用的限制。目前提出的大部分高分辨算法(如 MUSIC、ESPRIT)都是对信号的非线性处理,破坏了信号本身的一些特点,这将直接给诸如目标识别、波形分析等后续处理带来影响,而且这些方法对各阵元间的不一致性和信号源的相干性很敏感,难于应用于实际工程中。本文引入一种基于最小二乘估计的虚拟阵元波束形成方法,其基本思想是在有限的基阵孔径情况下,运用最小二乘估计的方法[5],根据已知阵元的接收数据,估计出虚拟阵元的接收数据,使基阵孔径在虚拟意义上得到了扩大,解决低频高指向性问题,提高了指向性指数,同时有效地保护输出信号的时间波形,为后续的声呐信号处理提供实时的无失真的数据。

2　最小二乘估计的基本原理

最小二乘估计是一种不需要任何先验知识的参数估计方法。假设观测模型是线性的,即观测数据 y 与参量 $\theta_1,\theta_2,\cdots,\theta_p$ 之间服从如下的线性关系[6]

$$y=c_1\theta_1+c_2\theta_2+\cdots+c_p\theta_p+\varepsilon \tag{1}$$

其中 $c_1,c_2,\cdots,c_p$ 是已知的常系数,ε 是观测噪声。若作了 q 次观测,则可以得到 N 个类似的线性方程,用向量及矩阵表示,可写成

$$\boldsymbol{y}=\boldsymbol{C\theta}+\boldsymbol{\varepsilon} \tag{2}$$

式中，

$$\boldsymbol{y}=[y_1,y_2,\cdots,y_q]^{\mathrm{T}} \tag{3}$$

$$\boldsymbol{\theta}=[\theta_1,\theta_2,\cdots,\theta_q]^{\mathrm{T}} \tag{4}$$

$$\boldsymbol{\varepsilon}=[\varepsilon_1,\varepsilon_2,\cdots,\varepsilon_q]^{\mathrm{T}} \tag{5}$$

$$\boldsymbol{C}=\begin{bmatrix} c_{11} & c_{12} & \cdots & c_{1P} \\ c_{21} & c_{22} & \cdots & c_{2p} \\ \vdots & \vdots & & \vdots \\ c_{q1} & c_{q2} & \cdots & c_{qp} \end{bmatrix} \tag{6}$$

当 $N \geqslant M$ 时，方程个数多于未知参数个数，矩阵方程(2)称为超定方程，此时我们可以根据 $\boldsymbol{y}$ 来估计 $\boldsymbol{\theta}$。假定 $\boldsymbol{\theta}$ 的估计为 $\hat{\boldsymbol{\theta}}$，为确定参数估计向量 $\hat{\boldsymbol{\theta}}$，选择这样一种准则：使误差的平方和

$$R(\hat{\boldsymbol{\theta}})=(\boldsymbol{y}-\boldsymbol{C}\hat{\boldsymbol{\theta}})^{\mathrm{T}}(\boldsymbol{y}-\boldsymbol{C}\hat{\boldsymbol{\theta}}) \tag{7}$$

达到最小。所求得的估计称为最小二乘估计，记作 $\hat{\theta}_{\mathrm{LS}}$。代价函数 $R(\hat{\theta})$ 可展开为

$$R(\hat{\boldsymbol{\theta}})=\boldsymbol{y}^{\mathrm{T}}\boldsymbol{y}+\hat{\boldsymbol{\theta}}^{\mathrm{T}}\boldsymbol{C}^{\mathrm{T}}\boldsymbol{C}\hat{\boldsymbol{\theta}}-\boldsymbol{y}^{\mathrm{T}}\boldsymbol{C}\hat{\boldsymbol{\theta}}-\hat{\boldsymbol{\theta}}^{\mathrm{T}}\boldsymbol{C}^{\mathrm{T}}\boldsymbol{y} \tag{8}$$

求 $R(\hat{\boldsymbol{\theta}})$ 关于 $\hat{\boldsymbol{\theta}}$ 的导数，并令结果等于零，则有

$$\frac{\partial \mathrm{R}(\hat{\boldsymbol{\theta}})}{\partial \hat{\boldsymbol{\theta}}}=2\boldsymbol{C}^{\mathrm{T}}\boldsymbol{C}\hat{\boldsymbol{\theta}}-2\boldsymbol{C}^{\mathrm{T}}\boldsymbol{y}=0 \tag{9}$$

当 $\boldsymbol{C}^{\mathrm{T}}\boldsymbol{C}$ 为非奇异时。最小二乘估计为

$$\hat{\theta}_{\mathrm{LS}}=(\boldsymbol{C}^{\mathrm{T}}\boldsymbol{C})^{-1}\boldsymbol{C}^{\mathrm{T}}\boldsymbol{y} \tag{10}$$

3　虚拟阵元波束形成的构建

在远场平面波假设条件下，以阵元数为 N，阵元间距为 d 的等间距均匀线列阵为例，如图1所示。在加性噪声背景下，假设入射信号为频率为 ω_0 的窄带信号 $s(t)$，入射方向为 α，利用最小二乘估计的方法，把 N 个阵元向外扩展，得到虚拟意义上的阵元接收信号。图1中，实际存在的阵元的编号为 $j=1,2,\cdots,N$，虚拟阵元的编号为 $l=-M+1,-M+2,\cdots,0$ 或 $N+1,N+2,\cdots,L$。以第1个阵元为参考阵元，则第1个实阵元的测量输出量可表示为

$$x_j(t)=s(t-\tau_j)+n_j(t) \tag{11}$$

式中，$\tau_j=-(j-1)d\sin\dfrac{\alpha}{c}$ 为信号到达阵元的时延，$n_j(t)$ 为加性噪声。对于窄带信号，用解析形式代替(7)式中的原始信号[7]，阵元之间的延迟可以用相移来等效地表示，所以可得采样信号的解析表示为

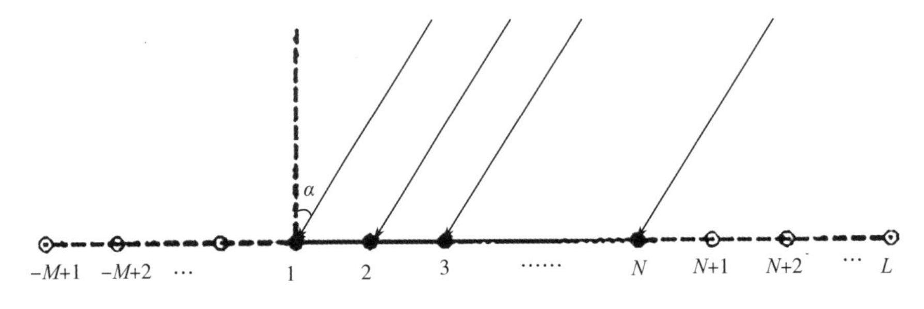

图1　虚拟阵接收远场平面波示意图

$$\tilde{\boldsymbol{x}}(t)=\left[\tilde{x}_1(t)\quad \tilde{x}_2(t)\quad \cdots\quad \tilde{x}_N(t)\right]^{\mathrm{T}}=\boldsymbol{a}(\alpha)\tilde{\boldsymbol{s}}(t)+\boldsymbol{n}(t) \tag{12}$$

式中

$$\boldsymbol{a}(\alpha)=[a_1(\alpha)\quad a_2(\alpha)\quad \cdots\quad a_N(\alpha)]^{\mathrm{T}}=[1\quad \mathrm{e}^{-\mathrm{j}\omega_0\tau_2}\quad \cdots\quad \mathrm{e}^{-\mathrm{j}(N-1)\tau_N}]^{\mathrm{T}} \tag{13}$$

是均匀线列阵对 α 方向的响应向量。$\boldsymbol{n}(t)=[n_1(t)\quad n_2(t)\quad \cdots\quad n_N(t)]^{\mathrm{T}}$ 为加性噪声。假定观测模型是线性的,即使参量 $\boldsymbol{\theta}^{f1}=[\theta_1^{f1}\ \theta_2^{f1}\quad \cdots\quad \theta_N^{f1}]^{\mathrm{T}}$ 满足

$$\mathrm{e}^{-\mathrm{j}\omega_0\tau_N}=a_1(\alpha)\theta_1^{f1}+a_2(\alpha)\theta_2^{f1}+\cdots+a_N(\alpha)\theta_N^{f1}+\varepsilon \tag{14}$$

根据最小二乘理论,可以求出满足(14)式的最小二乘估计量 $\hat{\boldsymbol{\theta}}_{LS}^{f1}$。则第 $N+1$ 个阵元上接收的数据为

$$\tilde{\boldsymbol{x}}_{N+1}(t)=\tilde{\boldsymbol{x}}(t)^{\mathrm{T}}\hat{\boldsymbol{\theta}}_{LS}^{f1} \tag{15}$$

同理,可继续分别求出第 $N+2,N+3,\cdots,L$ 和第 $0,-1,\cdots,-M+1$ 个阵元上的接收数据。这样就实现了通过已有阵元的接收数据,进而求出各相应时刻虚拟阵元的接收信号,使基阵孔径在虚拟意义上得到扩大,基阵波束图的主瓣变窄,提高了分辨率。对于宽带信号,可以把信号频带分为若干子带,对于每个子带可以做类似的处理,因此对宽带信号也同样适用。

4　计算机仿真

在本仿真实验中,假设均匀线列阵由 14 个各向同性的相同阵元组成,阵元间距为 $d=0.07$ m,假定入射信号为频率 $f=12$ kHz 的窄带信号,波束定向于 $-5°$方向。根据前面给出的方法,仿真获得如图 2 ~ 图 5 所示的波束图。

图 2 是使用均匀加权的延迟求和波束形成方法所得的指向 $-5°$方向的 14 元阵波束图,图 3 是把 14 元基阵向左虚拟 8 个阵元的波束图,图 4 是把 14 元基阵向右虚拟 8 个阵元的波束图,图 5 是把 14 元基阵向两边各虚拟 8 个阵元的波束图。从图可知,阵元向左或向右虚拟所得的波束没有很大的差别,其主波束宽度比实际阵元本身的主波束宽度要窄;向阵元两侧虚拟比只向单侧虚拟所得的波束效果要好。

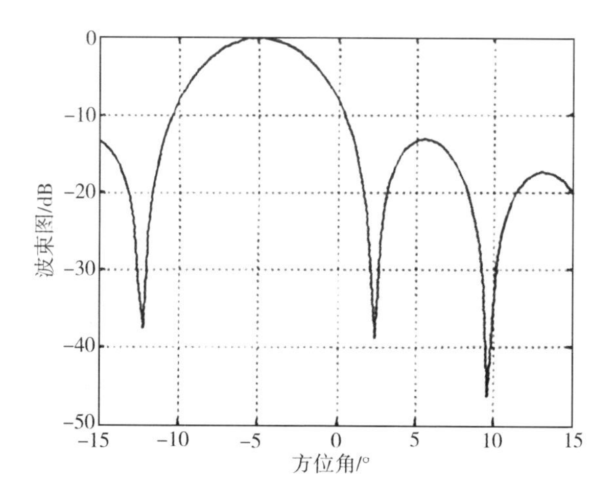

图 2　14 元均匀线列阵波束图

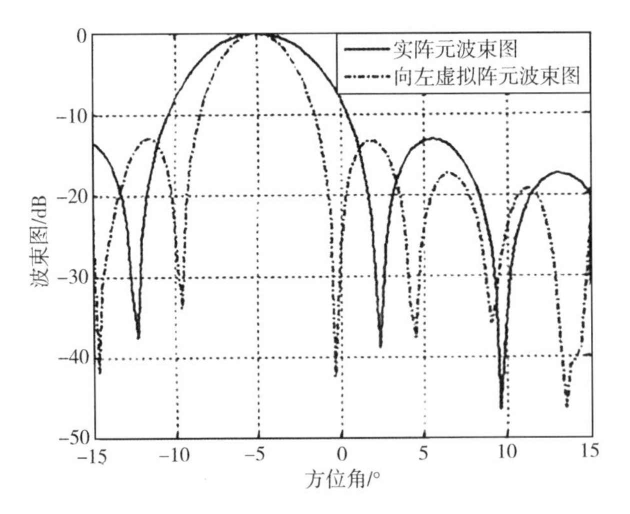

图 3　向左虚拟阵元波束图

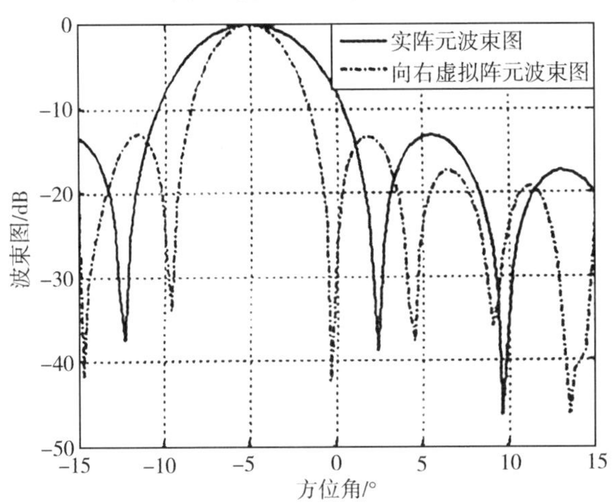

图 4　向右虚拟阵元波束图

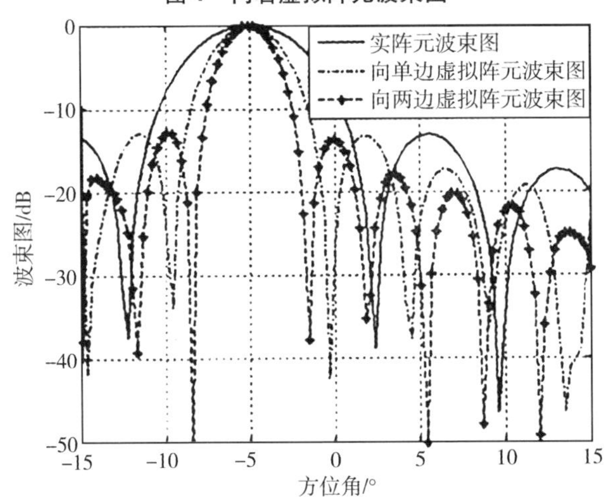

图 5　双边虚拟阵元波束图

由此可以看出，通过最小二乘估计的方法实现虚拟阵元波束形成使波束图主瓣变窄，旁瓣级也有所降低。仿真实验的结果表明了方法是可行的。

5　结论

基于最小二乘估计技术提出的虚拟阵元波束形成方法，可以形成比较窄的波束，提高基阵指向性指数，并且该方法主要是在时域进行的，可有效地保护输入信号的时间波形，为后续的声呐信号处理提供实时的无失真数据。仿真实验表明这种方法是可行的。同时注意到，最小二乘估计方法本身的误差及实际存在的噪声，所以不能无止境的虚拟阵元。

参考文献

[1] B D Van Veen and K M Buckley. Beamforming: a versatile approach to spatial filtering[J]. IEEE ASSP Magazine, April 1988. 4 - 24.

[2] Wolfgang H Kummer. Basic Array Theory[C]. Proceedings of The IEEE, 1992. 80(1): 127 - 140.

[3] D H Johson and D E Dudgeon. Array Signal Processing: concepts and techniques[M]. Prentice Hall, 1994.

[4] 李贵斌. 声呐基阵设计原理[M]. 海洋出版社, 1995.

[5] 张贤达. 现代信号处理[M]. 清华大学出版社, 2003.

[6] 许树声. 信号检测与估计[M]. 国防工业出版社, 1987.

[7] 孙超, 李斌. 加权子空间拟和算法理论与应用[M]. 西北工业大学出版社, 1994.

基于遗传算法的单矢量水听器多目标方位估计

孟春霞　李秀坤　杨士莪　胡　园

摘要　矢量水听器能同时获得声场中某一点的声压标量和质点振速矢量,获得了比常规声压水听器更多的信息。矢量水听器自身是一个空间共点阵,具有一定的空间指向性,这些特点使矢量信号处理技术与声压信号处理技术具有重大差异。根据单个矢量水听器多目标分辨的数学模型,即声压和振速的偶次阶矩组成的非线性联立方程组,研究了该方程的解算方法,给出了可以使用遗传算法求解该非线性方程组的结论和计算精度。

关键词　矢量水听器;方位估计;遗传算法

1　引言

矢量水听器测量的是目标信号的声能流矢量,当存在多个相互独立的信号源时,获得的将是各目标声能流的矢量和,此时若要分辨各目标的方位,最有效的方法是使用多个矢量传感器按一定规则形成空间多波束接收基阵[1,2]。但若只能用单只矢量水听器进行测量时,可考虑通过求解单个矢量水听器接收到的声压和质点振速信号的偶次矩所形成的非线性方程组来确定目标方位[3]。

得到准确的目标方位,需要找到一种能够求解该方程的计算方法。传统的方法往往是从解空间中的一个初始点开始求最优解的迭代搜索过程,对一些非线性、多模型、多目标的函数优化问题,难以得到其最优解[4]。下面将讨论利用单个矢量水听器测向和遗传算法来求解以目标的方位信息为未知数的非线性方程组的一些问题。

2　矢量水听器接收信号模型

声波在各向同性的水下均匀声场中传播,投射到一个三维矢量水听器上。第 k 个声源信号的平面波从$\boldsymbol{u}_k(\varphi_k,\theta_k)$方向入射为

$$\boldsymbol{u}_k = [\cos(\varphi_k)\sin(\theta_k) \quad \sin(\varphi_k)\sin(\theta_k) \quad \cos(\theta_k)]^{\mathrm{T}} \tag{1}$$

则在单个矢量水听器上的单位幅度响应为

$$\boldsymbol{h}_k = [1 \quad \boldsymbol{u}_k]^{\mathrm{T}} = [1 \quad \cos(f_k)\sin(\theta_k) \quad \sin(f_k)\sin(\theta_k) \quad \cos(\theta_k)]^{\mathrm{T}} \tag{2}$$

其中,第一项为声压水听器输出量,第二、三、四项分别为沿 x 轴、y 轴、z 轴方向放置的振速水听器输出分量,$\varphi_k(0\leqslant\varphi_k\leqslant 2\pi)$是水平方位角,$\theta_k(0\leqslant\theta_k\leqslant\pi)$是俯仰角。设 $v_k(r,t)$是第 k 个声源信号在位置 r 处和时刻 t 的振速,$p_k(r,t)$是声压,则有

$$v_k(r,t) = -\frac{p_k(r,t)}{\rho_0 c}u_k \tag{3}$$

其中,ρ_0 为介质密度,c 为声波在介质中的传播速度。除了一个常数以外,三个振速分量与声压分量同相。为书写方便,略去介质阻抗 $\rho_0 c$,相当于在测量记录中对声压与质点振速选取相同的计量单位。因此单个矢量水听器可视为四元共点阵,各路输出之间没有延时

相位差;而且无论源参数如何,单位幅度响应向量 h_k 的后三项的 Frobennius 范数等于它的第一项。对于二维矢量水听器式(2)简化为

$$\boldsymbol{h}_k = [1 \quad u_k]^{\mathrm{T}} = [1 \quad \cos(\varphi_k) \quad \sin(\varphi_k)]^{\mathrm{T}} \tag{4}$$

若有 k 个声源入射到矢量水听器上,单位幅度响应向量为:

$$\boldsymbol{H} = [\boldsymbol{h}_1, \boldsymbol{h}_2, \cdots, \boldsymbol{h}_k] \tag{5}$$

3　单矢量水听器多目标方位估计方程组

若海洋环境条件可认为属于准分层介质,自声源发出的声波在传播过程中虽然存在多途效应,但其水平方位角偏转很小,可以忽略不计。这时利用二维矢量传感器进行接收,对较远距离的目标来说,沿不同途径到达接收点信号的合成,可近似认为来自目标所在水平方位的平面波,其声压与质点振速同相,两者的互相关,等于该目标信号到达接收点的声能流在质点振速测量方向上的分量。相互独立的信号源的声压或质点振速的互相关将等于零。

设有三个相互独立的噪声源,到达接收点处的信号强度分别为 I_1、I_2、I_3,声压和质点振速分别为 p_1、p_2、p_3,v_1、v_2、v_3 水平方位角分别为 θ_1、θ_2、θ_3,则接收点处测得的结果将分别为:

$$P = \sum p_i \tag{6}$$

$$V_x = \sum v_i \cos\varphi_1 \tag{7}$$

$$V_y = \sum v_i \sin\varphi_1 \tag{8}$$

$$I_i = p_i \cdot v_i \tag{9}$$

其中,P 为接收到的声压值,V_x 为 x 轴振速分量,V_y 为 y 轴振速分量。在未考虑噪声项时,计算测量量的二阶矩和四阶矩,依次可得到 14 个独立的方程。其中方程右边的系数见文献[3]。由于每个声源有两个未知数 I 和 θ,因此最多可解 7 个未知目标。

4　遗传算法

4.1　遗传算法概念

遗传算法是模拟生物在自然环境中的遗传和进化过程而形成的一种自适应全局优化概率搜索算法。它的基本框架如图 1 所示。

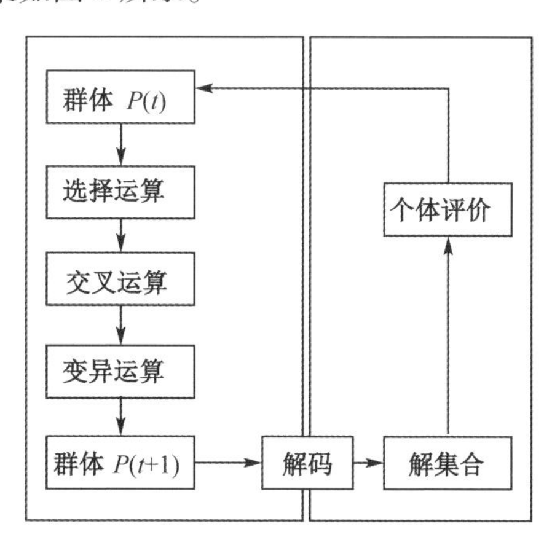

图 1　遗传算法的基本流程

4.2 编码及初始种群的选取

本文选取 14 个独立方程中的 8 个作为目标方程,通过遗传算法来解算三个信号源的声强和方位信息。用随机产生的浮点数表示决策变量 I_1、I_2、I_3,θ_1、θ_2、θ_3。其中 I_i 和 θ_i 分别是三个信号源的声强和方位信息。因此个体的基因型可以表示为 X:[I_1、I_2、I_3,θ_1、θ_2、θ_3]。这里 I 和 θ 的变化范围根据要求适时选取,在浮点数编码方法中,必须保证基因值在给定的区间限制范围内,遗传算法中所使用的交叉,变异等遗传算子也必须保证其运算结果所产生的基因值也在这个区间限制范围内。种群数可以根据函数的复杂性确定其大小。

4.3 适应度函数

目标适应度函数取为 $1/(\sum |y[i]-\alpha[i]|)$,其中 $y[i]$ 为以上 8 个方程由遗传算法算出的仿真值;$\alpha[i]$ 为给定声强和方位值代入方程得到的理论值。由此可以得知误差越大,个体的适应度值就越小。

4.4 基本运算

选择运算采用比例选择,设群体大小为 M,个体 i 的适应度为 f_i,则 i 被选中的概率 P_i:

$$P_i = f_i / \sum_{j=1}^{M} f_i \tag{10}$$

交叉运算采用了浮点数编码的非均匀算术交叉,通过线性组合运算产生两个新的个体。设两个母代个体 $X_A^t X_b^t$ 产生[0,1]间的随机数 r,则交叉运算后所产生的两个子代是:

$$\begin{cases} X_A^{t+1} = rX_B^t + (1-r)X_A^t \\ X_B^{t+1} = rX_A^t + (1-r)X_B^t \end{cases} \tag{11}$$

变异是算法获得全局最优解的不可缺少的重要环节,一般变异可能在个体的任一个基因发生。为了能使得最优解的搜索过程更加集中在某一最有希望的重点区域中,本文采用的是非均匀变异。取系统参数 $k=0.4$,产生[0,1]间的随机数 y。变异点 X^k 处的基因值取值范围为[L,R],则产生的子个体为:

$$X^k = X^k + k(R - X^k) \text{或} X^k = X^k - (k(X^k - L)) \tag{12}$$

仿真过程中,取种群数为 300,交叉概率为 0.83,变异概率为 0.001,迭代次数为 1 000。

5 仿真结果

5.1 窄带信号实验仿真

选取三个相互独立的目标信号,环境噪声设为均值为 0,方差为 1 的高斯白噪声。设它们的信噪比均为 20 dB,方位到达角分别是 30°,85°和 165°。图 2 和图 3 分别给出这三个目标的声强和方位的最佳估计值随进化代数的增加而变化的关系曲线,表 1 给出不同信噪比条件下参数的相对均方根误差。

5.2 宽带信号实验仿真

选取三个相互独立的信号,它们的带宽分别为:1 000 ~ 2 000 Hz,2 000 ~ 3 000 Hz 和

3 000 ~ 4 000 Hz。信号方位到达角分别为 30°,85°和 165°。三个信号的信噪比取值均为 20 dB。图 4 和图 5 分别给出这三个目标的声强和方位的最佳估计值随进化代数增加而变化的关系曲线。表 2 给出不同信噪比条件下的参数相对均方根误差。

当三个目标信号的带宽相同时,在不同信噪比条件下进行仿真。从仿真结果能够得到相同的规律,即未知数的个数固定时,估计精度仅与信噪比有关,信噪比越大,估计结果的偏差越小,估计值越接近真实值。这是由于信噪比低时,噪声的干扰强,遗传算法对微弱信号的搜索能力就差。

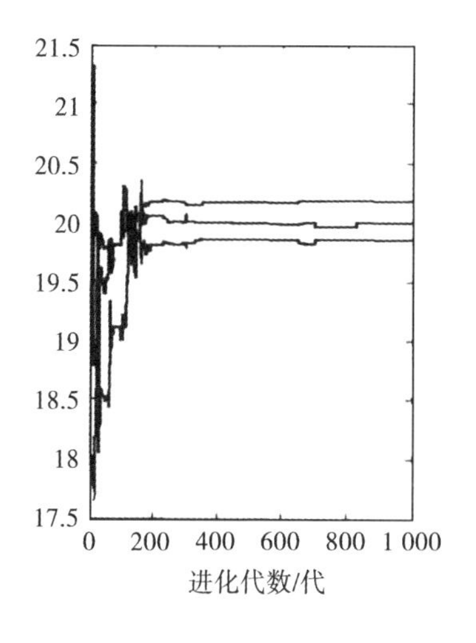

图 2 声强估计

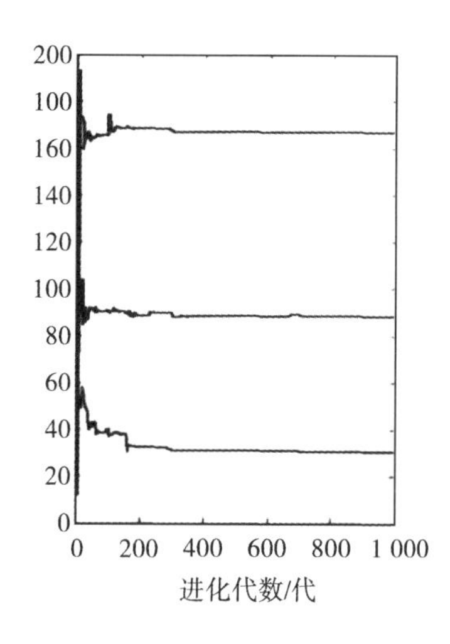

图 3 方位估计

表 1 窄带信号在不同信噪比时相对均方根误差对照

相对均方根误差	I_1	I_2	I_3	θ_1	θ_1	θ_1
不加噪声	0.009 0	0.017 9	0.027 8	0.002 8	0.020 9	0.002 3
SNR 20 dB	0.026 4	0.028 4	0.029 8	0.002 9	0.017 7	0.003 1
SNR 10 dB	0.119 3	0.069 4	0.032 5	0.014 5	0.181 3	0.004 7
SNR 5 dB	0.695 5	0.639 1	0.679 2	0.262 4	0.034 0	0.006 3
SNR 0 dB	1.539 1	2.273 4	1.452 4	0.978 0	0.373 1	0.370 9

表 2 宽带信号在不同信噪比时相对均方根误差对照

相对均方根误差	I_1	I_2	I_3	θ_1	θ_1	θ_1
不加噪声	0.017 2	0.018 9	0.009 5	0.020 1	0.003 0	0.002 0
SNR 20 dB	0.030 7	0.024 4	0.025 9	0.019 3	0.002 2	0.002 9
SNR 10 dB	0.139 6	0.289 1	0.180 2	0.146 7	0.007 0	0.003 7
SNR 5 dB	0.542 4	0.761 1	0.608 9	0.202 7	0.021 8	0.007 6
SNR 0 dB	1.504 7	3.081 2	1.599 8	0.669 8	0.048 4	0.052 0

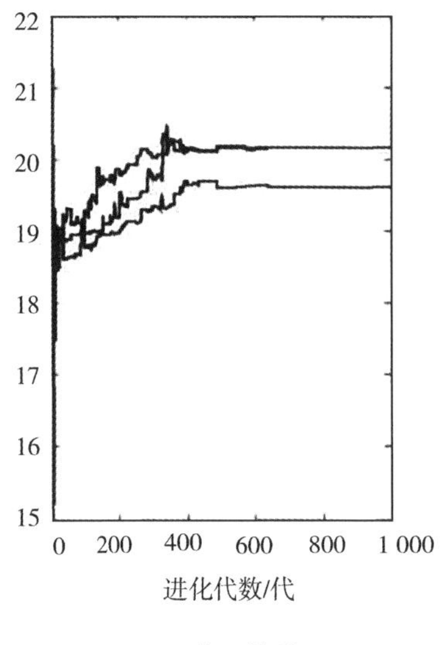

图 4 声强估计

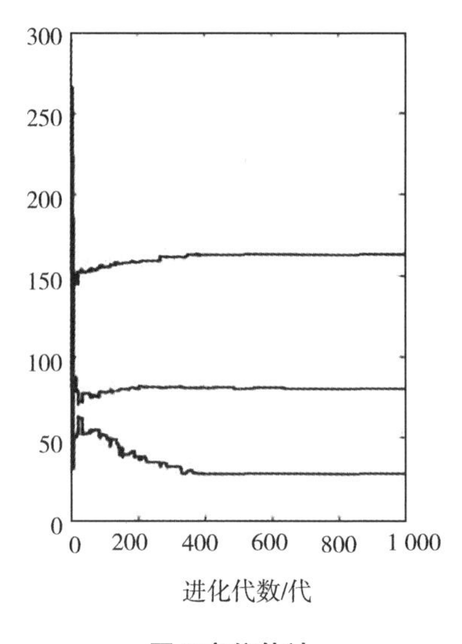

图 5 方位估计

6　结束语

从大量的仿真结果来看,当目标间隔大于 5°时,无论信号频率如何,目标的声强和方位的最佳估计值都随着进化代数的增加而逐渐趋近于理想值。可以得出结论:遗传算法克服了其他优化算法的缺点,能快速地找到含有 6 个变量的高阶非线性方程组的全局最优解。由于本文采用的非线性方程组的未知数较多,搜索过程复杂,使得估计值与目标的实际方位之间存在着一定的偏差,而且这个偏差随信噪比的降低而增大。在信噪比大于零时,得到的目标方位估计值的相对均方根误差很小,落在工程允许的范围内。遗传算法是一种有效的求解单个矢量水听器所接收的声压和质点振速偶次阶矩所组成的非线性方程组的工具。对于研究单矢量水听器多目标方位估计具有重要的意义。

参考文献

[1] Tichavsky PWONG K T,Zoltowski M D. Near - Field/Far - Field Azimuth & Elevation Angle Estimation Using a Single Vector - Hydrophone [J]. IEEE Transactions on Signal Processing,2001,49(11):2 498 - 2 510.

[2] Wong K T,Zoltowski M D. Self - Initiating MUSIC - Based Direction Finding in Underwater Acoustic Particle Velocity - Field Beam space [J]. IEEE J. of Oceanic Engineering,2000,25(2):262 - 273.

[3] 杨士莪. 单矢量传感器多目标分辨的一种方法[J]. 哈尔滨工程大学学报,2003,24(6):591 - 595. YANG Shie. Method of multi - sources distinguishing by single vector transducer. Journal of Harbin Engineering University[J]. 2003. 24(6):591 - 595.

[4] 王小平. 曹立明. 遗传算法 - 理论、应用与软件实现[M]. 西安:西安交通大学出版社,2002. 25 - 31.
WANG Xiaoping, CAO Liming. Genetic algorithm - theory、application and software implement[M]. Sian:Sian Communication University publishing company,2002. 25 - 31.

矢量阵自初始化 MUSIC 算法的试验研究

张揽月　杨德森

摘要　利用单个矢量阵元的阵簇估计提供的初始参数,对 MUSIC 噪声子空间谱进行迭代搜索谱峰,实现目标的方位估计。该方法减少了运算量,同时提高了目标方位估计的精度。为了检验算法的性能,进行了外场试验。利用 3 个矢量水听器组成了三元矢量阵,对比了矢量阵自初始化 MUSIC 算法和 MUSIC 空间谱估计以及常规波束形成的性能。试验结果表明,矢量阵常规波束形成的目标方位估计精度较差,MUSIC 空间谱的估计性能较好,而迭代搜索 MUSIC 谱峰方法的定向精度最高。当空间严重降采样时,常规波束图的栅瓣高度接近主瓣高度,MUSIC 空间谱表现出较强的栅瓣抑制能力,而自初始化 MUSIC 算法不受空间降采样的影响,总能给出正确的目标方位估计值。

关键词　矢量水听器阵;MUSIC 空间谱;方位估计

1　引言

MUSIC 算法利用子空间的正交性完成目标方位估计[1],矢量水听器同时获取了声场中的标量和矢量信息[2],有着不同于声压阵的一些特点。人们尝试将矢量阵和子空间分解技术相结合,探索新的提高目标参数估计性能的方法。K. T. Wong 研究了基于振速水听器求根 MUSIC 算法[3],并对自初始化加权信号子空间 MUSIC 谱估计技术进行了研究[4]。文献[5]中对 MUSIC 噪声子空间谱的性能进行分析,结果表明,矢量阵 MUSIC 算法的性能优于声压阵的性能。文献[6]对矢量阵基于噪声子空间的自初始化 MUSIC 算法进行了理论探讨和仿真研究,文献[7]中尝试在波束域实现矢量阵的 MUSIC 算法,文献[8]则将 MUSIC 算法推广到波束域宽带信号处理中。遗憾的是,上述工作均限于理论研究,对于 MUSIC 用于矢量阵的工程实用性缺少试验的检验。文献[9]中对 MUSIC 空间谱的性能进行了试验研究,证明了 MUISC 空间谱的工程实用性。

该文在 MUSIC 空间谱的基础上,探讨了自初始 MUISC 迭代搜索算法,设计了矢量三元阵并进行了外场试验,数据处理结果表明,自初始化 MUSIC 算法提高了对目标方位的估计精度,可对目标方位实现精确快速跟踪。

2　任意阵形矢量阵数据模型

假设有 M 个二维矢量水听器(同时测量声场中声压和质点振速的 2 个水平分量)组成任意阵形的矢量阵,共有 k 个相互独立的水下窄带声源入射到矢量阵上,第 k 个声源信号在单个两维矢量水听器上的单位幅度响应为

$$\boldsymbol{h}_k = [1 \quad u_k \quad v_k]^{\mathrm{T}} = [1 \quad \cos(\phi_k)\sin(\theta_k) \quad \sin(\phi_k)\sin(\theta_k)]^{\mathrm{T}} \tag{1}$$

式中:$u_k = \cos(\phi_k)\sin(\theta_k)$,$v_k = \sin(\phi_k)\sin(\theta_k)$,$\phi_k$ 和 θ_k 分别相应于第 k 个入射源的水平方位角与入射角和 z 轴的夹角,定义单个矢量水听器阵簇为 $\boldsymbol{H} = [h_2 \quad \cdots \quad h_k]$。

第 k 个声源到达原点与到达第 m 个矢量阵元(坐标为$\{x_m, y_m, z_m\}$)的信号间的相位差为

$$q^{(m)}(u_k, v_k, w_k) = \mathrm{e}^{\mathrm{j}2\pi(x_m u_k + y_m v_k + z_m w_k)/\lambda} \tag{2}$$

式中:$w_k = \cos(\theta_k)$。第 k 个声源信号在矢量阵上的空间相位延迟向量为$\boldsymbol{q}_k = [q^{(1)}(u_k, v_k, w_k) \quad \cdots \quad q^{(M)}(u_k, v_k, w_k)]^{\mathrm{T}}$。将单个矢量阵元视为空间一个点上的基阵时的空间阵列流形为$\boldsymbol{Q} = [q_1 \quad \cdots \quad q_K]$。定义 $\boldsymbol{A}$ 为矢量阵的阵列流形

$$\begin{gathered}\boldsymbol{A} = [a_1 \quad \cdots \quad a_K] = \boldsymbol{Q} \Diamond \boldsymbol{H} = \\ [q_1 \otimes h_1 \quad \cdots \quad q_K \otimes h_K]\end{gathered} \tag{3}$$

式中:⊗是 Kronecker 积,◇是 Khatri – Rao 积。在时间点 t 的 M 个阵元组成的矢量阵输出数据表示如下

$$\boldsymbol{z}(t) = [z_1(t) \ \cdots \ z_M(t)] = \boldsymbol{A}\boldsymbol{S}(t) + \boldsymbol{N}(t), \tag{4}$$

式中:$\boldsymbol{S}(t) = [s_1^{\mathrm{T}}(t) \quad \cdots \quad s_K^{\mathrm{T}}(t)]^{\mathrm{T}}$ 包括 K 个源信号,$\boldsymbol{N}(t) = [n_1^{\mathrm{T}}(t) \quad \cdots \quad n_M^{\mathrm{T}}(t)]^{\mathrm{T}}$ 是噪声序列。

设每个阵元的输出样本点为 N 个,矢量阵输出数据可表示为 $3M \times N$ 的矩阵,方位估计问题就是要从上述模型中估计参数$\{(\varphi_k, \theta_k), k = 1, 2, \cdots, K\}$。

矢量阵常规波束形成的功率输出为

$$P_B(\varphi, \theta) = \boldsymbol{a}^{\mathrm{H}}(\phi, \theta)\boldsymbol{R}\boldsymbol{a}(\phi, \theta), \tag{5}$$

其中,$\boldsymbol{R}$ 表示数据协方差矩阵。$\boldsymbol{a}(\phi, \theta) = \boldsymbol{q}(\phi, \theta) \otimes \boldsymbol{h}(\phi, \theta)$,当 $\boldsymbol{h}(\phi, \theta) = 1$ 时,式(5)变为声压水听器阵的波束形成器。

3　MUSIC 空间谱估计

假设矢量阵所接收到的信号和噪声是不相关的,信号之间互不相关,噪声是空间白的。数据协方差矩阵 $\boldsymbol{R}$ 本征分解后获得信号子空间和噪声子空间

$$\boldsymbol{R} = E[\boldsymbol{Z}\boldsymbol{Z}^{\mathrm{H}}] = \boldsymbol{E}_s \boldsymbol{D}_s \boldsymbol{E}_s^{\mathrm{H}} + \boldsymbol{E}_n \boldsymbol{D}_n \boldsymbol{E}_n^{\mathrm{H}} \tag{6}$$

MUSIC 的空间方位谱功率输出为

$$P_{\mathrm{MUSIC}} = \frac{1}{\| \boldsymbol{a}^{\mathrm{H}}(\phi, \theta) \boldsymbol{E}_n \|^2} = \frac{1}{\sum_{j=K+1}^{3M} \| \boldsymbol{a}^{\mathrm{H}}(\phi, \theta) \boldsymbol{e}_j \|^2} \tag{7}$$

式中:$\boldsymbol{a}(\phi, \theta)$为矢量阵扫描向量,$\boldsymbol{E}_n = [e_{K+1} \quad \cdots \quad e_{3M}]$为噪声子空间本征向量,它是由和 $3M - K$ 最小的特征值对应的本征向量构成的。

子空间分解算法突破了常规波束形成的瑞利限,提高了目标的方位估计精度和分辨能力。但 MUSIC 对空间谱也是依靠空间扫描来对目标方位进行估计,当阵元个数较多时,运算量较大,而且 MUSIC 空间谱对目标的定位精度仍取决于空间谱的主瓣宽度。探讨利用迭代搜索空间谱最大值的方法快速对目标定向,进一步提高目标的定向精度。

MUSIC 空间谱存在局部最大值,初始值选取的不同,将会导致最终的收敛值不同,如果收敛到空间谱的局部最大值,则得出错误的方位估计值。因此,迭代初始值的选取成为方位正确估计的关键,而且对迭代搜索的速度影响很大。

4　求取迭代初始值

初始值的求取是利用矢量水听器阵簇估计完成的。矢量水听器阵簇 $\boldsymbol{H} = [h_1 \quad \cdots \quad h_K]$

是和目标方位一一对应的，利用 ESPRIT 算法求矢量水听器阵簇估计。ESPRIT 算法需要 2 个子阵组成矩阵对，利用矩阵对之间的移不变因子获得目标方位估计[8]。每个二维的矢量阵元都可视为由 1 个声压水听器和 2 个正交放置的振速水听器组成的共点阵，任何 2 个矢量阵元都可看作是一个 ESPRIT 的子阵对。M 个矢量水听器共可组成 $[M(M-1)]/2$ 个子阵对。$[M(M-1)]/2$ 个子阵对中的每一个都产生一个矢量水听器阵簇估计，所有的估计被相干累加获得最终的阵簇估计。

如式(6)对数据协方差矩阵进行本征分解获得信号子空间本征向量的 $\boldsymbol{E}_s$，它是由 K 个最大特征值对应的本征向量组成的，在没有噪声的条件下，$\boldsymbol{E}_s$ 满足如下关系式

$$\boldsymbol{E}_s = \boldsymbol{AT} \tag{8}$$

式中：$\boldsymbol{A}$ 是前述的矢量阵列流形，$\boldsymbol{T}$ 是一个 $K \times K$ 的未知的非奇异矩阵。在有噪声的情况下，上述式子近似相等。

从 $\boldsymbol{E}_s$ 中抽取和每个矢量阵元对应的信号子空间本征向量，构造抽取矩阵如下：

$$\boldsymbol{E}_m = (\boldsymbol{e}_m \otimes \boldsymbol{I}_3)\boldsymbol{E}_s \tag{9}$$

式(9)表示从 $\boldsymbol{E}_s$ 中抽取和第 m 个矢量阵元的对应的信号子空间本征向量。其中 $\boldsymbol{e}_m$ 表示一个 $1 \times M$ 的向量，除了在第 m 个位置是 1 外，其他的位置都是零，$\boldsymbol{I}_3$ 表示 3×3 的单位阵。

按照以上方式抽取和每个阵元对应的信号子空间本征向量($\boldsymbol{E}_m, m = 1,2,\cdots,M$)子矩阵，其中 2 个子矩阵 $\boldsymbol{E}_i$ 和 $\boldsymbol{E}_j$ 构成第 i 个和第 j 个矢量水听器组成的 ESPRIT 矩阵对。$\boldsymbol{E}_i$ 可表示为

$$\begin{aligned}\boldsymbol{E}_i &= [q^{(i)}(u_1, v_1, w_1)h_1, \cdots, q^{(i)}(u_K, v_K, w_K)h_K]^{\mathrm{T}} \\ &= [h_1, \cdots, h_K]\boldsymbol{Q}_i\boldsymbol{T} = \boldsymbol{H}\,\boldsymbol{Q}_i\boldsymbol{T}\end{aligned} \tag{10}$$

式中：

$$\boldsymbol{Q}_i = \begin{bmatrix} q^{(i)}(u_1, v_1, w_1) & 0 \\ 0 & q^{(i)}(u_K, v_K, w_K) \end{bmatrix} \tag{11}$$

同理 $\boldsymbol{E}_j$ 可写为

$$\boldsymbol{E}_j = \boldsymbol{H}\,\boldsymbol{Q}_j\boldsymbol{T}, \tag{12}$$

式中：

$$\boldsymbol{Q}_j = \begin{bmatrix} q^{(j)}(u_1, v_1, w_1) & 0 \\ 0 & q^{(j)}(u_K, v_K, w_K) \end{bmatrix} \tag{13}$$

$\boldsymbol{E}_i$ 和 $\boldsymbol{E}_j$ 之间用一个 $K \times K$ 的非奇异矩阵 $\boldsymbol{\Psi}_{ij}$ 联系起来：

$$\boldsymbol{E}_i\,\boldsymbol{\Psi}_{ij} = \boldsymbol{E}_j \tag{14}$$

推出

$$\begin{aligned}\boldsymbol{\Psi}_{ij} &= (\boldsymbol{E}_i^{\mathrm{H}}\,\boldsymbol{E}_i)^{-1}(\boldsymbol{E}_i^{\mathrm{H}}\,\boldsymbol{E}_j) = \boldsymbol{T}_{ij}^{-1}\boldsymbol{\Phi}_{ij}\boldsymbol{T}_{ij} \\ &= (\boldsymbol{P}_{ij}\boldsymbol{T}_{ij})^{-1}\widetilde{\boldsymbol{\Phi}}_{ij}(\boldsymbol{P}_{ij}\boldsymbol{T}_{ij}),\end{aligned} \tag{15}$$

式中：$\boldsymbol{P}_{ij}$ 表示一个 $K \times K$ 的置换矩阵，$\boldsymbol{\Phi}_{ij}$ 是一个对角阵，对角线元素 $[\boldsymbol{\Phi}_{ij}]_{kk}$ 等于 $\boldsymbol{\Psi}_{ij}$ 的本征值，$\boldsymbol{\Psi}_{ij}$ 对应的本征向量等于 $\boldsymbol{T}_{ij}^{-1}$ 的第 k 列。将对角线上元素重新排列后 $\widetilde{\boldsymbol{\Phi}}_{ij} = \boldsymbol{\Phi}_{ij}$，然而，上述对于 $\boldsymbol{\Psi}_{ij}$ 的本征分解仅能获得置换后的 $\boldsymbol{T}_{ij}$，这是因为将 $\boldsymbol{T}_{ij}$ 和 $\boldsymbol{\Phi}_{ij}$ 各自变为 $\boldsymbol{P}_{ij}\boldsymbol{T}_{ij}$ 和 $\boldsymbol{P}_{ij}\boldsymbol{\Phi}_{ij}(\boldsymbol{P}_{ij})^{-1}$ 后(15)式仍然成立。

假设没有噪声的条件下：

$$\boldsymbol{H}\,\boldsymbol{Q}_i\,\boldsymbol{T}_{ij}\boldsymbol{\Psi}_{ij} = \boldsymbol{H}\,\boldsymbol{Q}_j\,\boldsymbol{T}_{ij}, \tag{16}$$

将 $\boldsymbol{\Psi}_{ij} = \boldsymbol{T}_{ij}^{-1}\boldsymbol{\Phi}_{ij}\boldsymbol{T}_{ij}$ 代入式(16)，得 $\boldsymbol{\Phi}_{ij} = \boldsymbol{Q}_i^{-1}\,\boldsymbol{Q}_j$。

将 ESPRIT 算法分别应用到 $[M(M-1)]/2$ 个矩阵对上。每个源的 $[M(M-1)]/2$ 个矢

量水听器阵簇估计是分开进行的，不同对矢量水听器获得的阵簇估计所对应源的顺序会不同，即存在着系列置换矩阵$\{\boldsymbol{P}_{ij}, 1 \geqslant i < j \geqslant L\}$使得阵簇估计的顺序不同，要将$[M(M-1)]/2$个矢量水听器阵簇估计加起来作为最终的阵簇估计，这就要求所有的阵簇估计按目标的顺序对应起来，也就是要解决目标顺序的置换模糊问题，以实现阵簇估计的相干累加。令 l_k 表示 $K \times K$ 的$(\boldsymbol{P}_{mn}\boldsymbol{T}_{mn})(\boldsymbol{P}_{ij}\boldsymbol{T}_{ij})^{-1}$的第 k 列中具有最大绝对值的行的序号，那么$\boldsymbol{P}_{mn}\boldsymbol{T}_{mn}$的第 l_k 行就对应到$\boldsymbol{P}_{ij}\boldsymbol{T}_{ij}$的第 l 行[4]。

将所有的阵簇估计按目标的顺序对应起来后相干累加，获得和矢量水听器阵簇估计对应的向量估计

$$\begin{aligned}\tilde{\boldsymbol{H}} &= [\tilde{h}_1 \quad \cdots \quad \tilde{h}_K] \\ &= \sum_{i=1}^{M} \left| \sum_{j=1, j>i}^{M} (\boldsymbol{E}_i \boldsymbol{T}_{ij}^{-1} + \boldsymbol{E}_i \boldsymbol{T}_{ij}^{-1} \boldsymbol{\Phi}_{ij}^{-1}) \right|,\end{aligned} \tag{17}$$

式中：$\boldsymbol{\Phi}_{ij}^{-1}$表示$\boldsymbol{\Phi}_{ij}$的逆处理，保证对任何的 i 和 j，$\boldsymbol{E}_i \boldsymbol{T}_{ij}^{-1}$和$\boldsymbol{E}_j \boldsymbol{T}_{ij}^{-1}$相干累加。处理过程用到了所有的 M 个阵元的数据，并且利用了所有 M 个矢量阵元之间的不变因子，因此最大限度地降低了噪声。

对式(17)进行归一化后可获得目标在单个矢量水听器上的单位响应，归一化是针对每个源进行的：

$$\hat{\boldsymbol{h}}_k = [1 \quad \hat{u}_k \quad \hat{v}_k]^{\mathrm{T}} = \tilde{\boldsymbol{h}}_k / [\tilde{\boldsymbol{h}}_k]_1 \tag{18}$$

式中：$[\tilde{h}_k]_1$ 表示第 k 个源响应向量估计的第一个元素，它相应于声压项。

利用 $\hat{u}_k = \cos(\hat{\phi}_k)\sin(\hat{\theta}_k)$，$\hat{v}_k = \sin(\hat{\phi}_k)\sin(\hat{\theta}_k)$求出目标的水平方位角与和 z 轴夹角估计值。

$$\begin{cases} \hat{\varphi}_k = \arctan(\dfrac{\hat{v}_k}{\hat{u}_k}) \\ \hat{\theta}_k = \arcsin(\sqrt{\hat{u}_k + \hat{v}_k}) \end{cases} \tag{19}$$

5　迭代搜索 MUSIC 空间谱最大值

MUSIC 算法是利用噪声子空间本征向量和阵的扫描向量形成一个谱，然后迭代搜索这个谱的最大值。迭代搜索需要设定一个初始值，初始值的设定是算法是否能收敛到整体最大值的关键，并且影响收敛速度。利用式(17)中获得的目标角度估计值作为 MUSIC 迭代搜索的初始值开始迭代搜索。对第 k 个源的水平方位角与和 z 轴夹角估计可通过搜索式(20)的谱峰获得

$$(\hat{\varphi}_k, \hat{\theta}_k) = \mathrm{argmax}\left\{\frac{1}{\| E_n^{\mathrm{H}} q(\varphi, \theta) \|}\right\} \tag{20}$$

6　试验研究

为了检验算法的性能及其工程实用性，设计了外场试验，利用 3 个矢量水听器组成矢量水平线阵，每个阵元输出声压量和质点振速的两个水平分量，建立三维坐标系，矢量阵元沿 x 轴布放，每个阵元的 x 方向和阵轴向一致。阵元间距为 $d = 2$ m，阵对应的中心频率为 $f = 375$ Hz(满足 $d = \lambda/2$)。试验中设计了单频信号工况和实船目标工况，利用文中的算法对目标方位进行跟踪。

首先对单频信号进行处理，利用常规波束形成、MUSIC 空间谱和自初始化 MUSIC 迭代搜索算法对 $f=500$ Hz 单频信号（信噪比 20 dB）的方位进行跟踪，得到单频信号方位估计的时间方位历程，结果如图 1 至图 3。

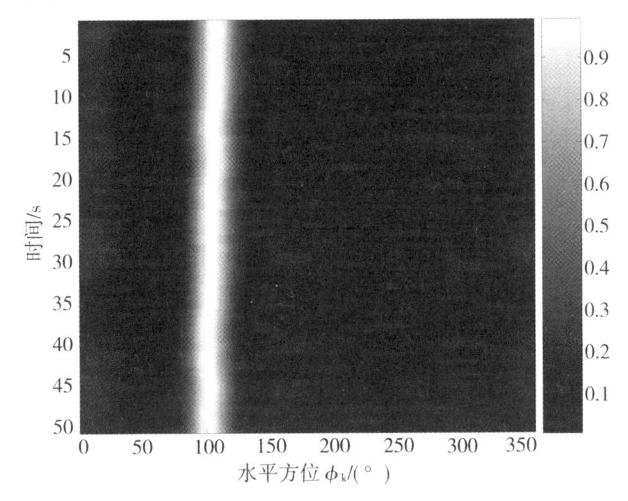

图 1　常规波束形成时间方位历程（$f=500$ Hz）

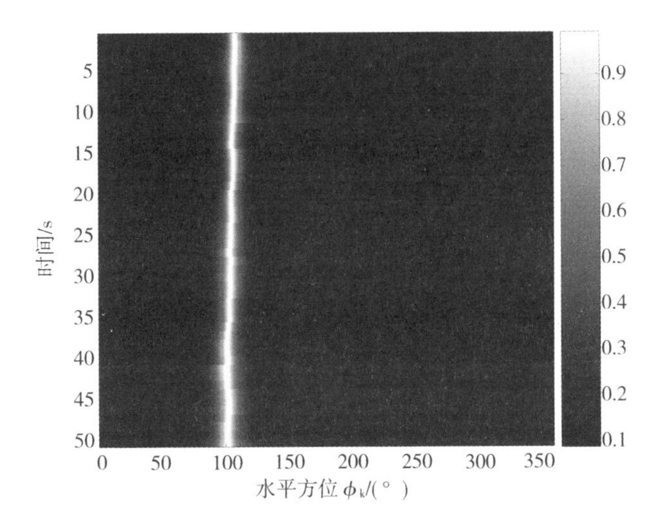

图 2　MUSIC 空间谱时间方位历程（$f=500$ Hz）

图 1 和图 2 中分别给出利用常规波束形成和 MUSIC 空间谱对单频目标的方位跟踪结果，阵对应的中心频率为 $f=375$ Hz，对于 $f=500$ Hz 的信号，阵元间距小于波长，栅瓣高度远远小于主瓣高度，不影响目标正确方位估计。对比图 1 和图 2，MUSIC 空间谱的目标方位跟踪精度得以提高。常规波束图的主瓣宽度为30.4°，MUSIC 空间谱的主瓣宽度为11.5°，利用 MUSIC 空间谱可以较准确对目标进行定向。自初始化 MUISIC 直接给出目标的角度估值，对角度估计进行标准差统计，标准差仅为2.0°，目标的定向精度大大提高。

接下来对实船的方位进行跟踪，实船辐射出宽带噪声，以中心频率为 $f=1\ 000$ Hz 进行窄带滤波后进行常规波束形成、MUSIC 空间谱和自初始化 MUISC 算法处理。结果分别示于图 4、图 5 和图 6 中。为了更直观地观察常规波束形成和 MUSIC 空间谱估计的结果，在图 7 中给出了当目标位于正横方位的空间谱。

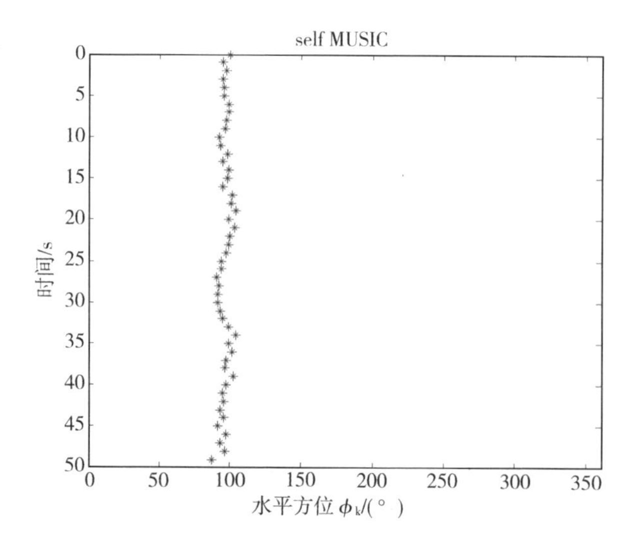

图 3　自初始化 MUSIC 算法方位估计结果($f=500$ Hz)

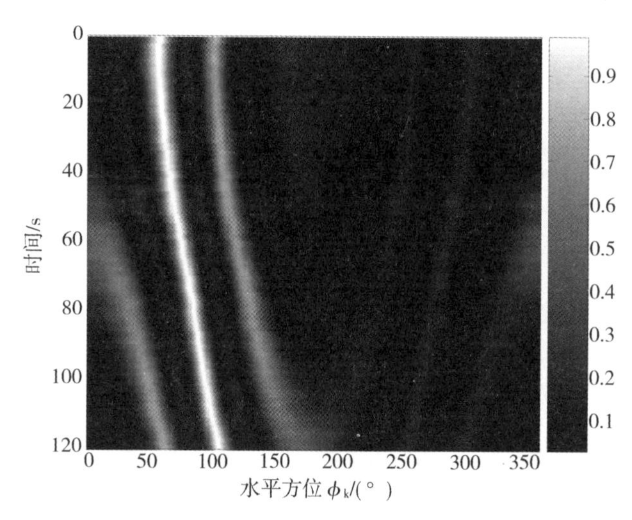

图 4　常规波束形成时间方位历程($f=1\ 000$ Hz)

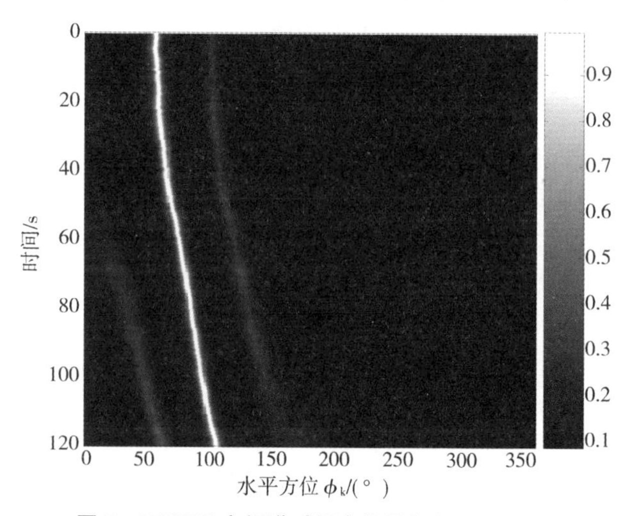

图 5　MUSIC 空间谱时间方位历程($f=1\ 000$ Hz)

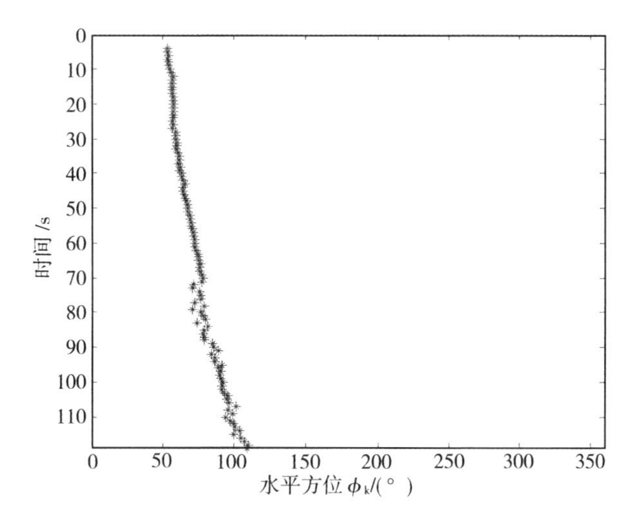

图6　自初始化 MUSIC 算法方位估计结果(f=1 000 Hz)

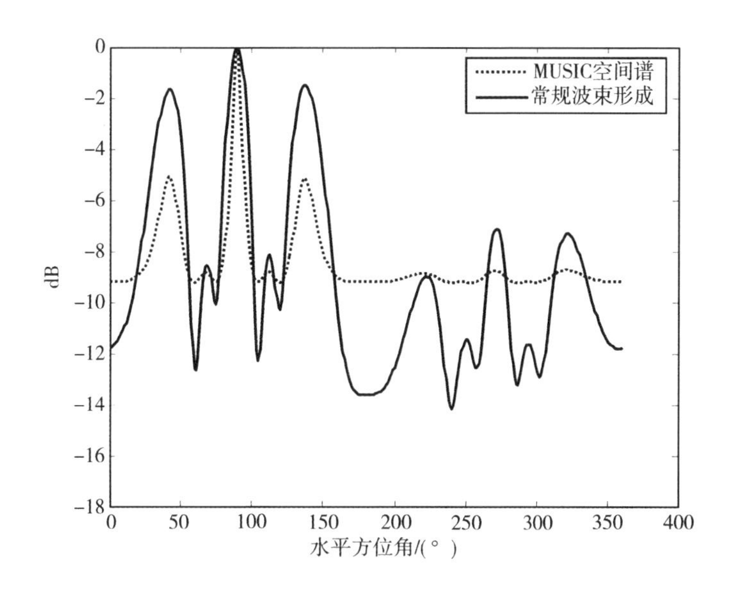

图7　正横方位常规波束形成和 MUSIC 空间谱图(f=1 000 Hz)

实船辐射宽带噪声,以f=1 000 Hz 为中心频率进行窄带滤波后进行处理。所设计的矢量阵的阵元间距为2 m,对频率为f=1 000 Hz 信号是空间降采样。当空间降采样时,常规波束图的主瓣变窄(主瓣宽度14.3°),但会出现模糊栅瓣,矢量阵利用了矢量信息,对栅瓣高度有一定的抑制作用,但由于矢量阵常规波束形成是线性处理,其对模糊栅瓣压低受到限制,从图7波束图上可以清楚看出,常规波束图的模糊栅瓣仅比主瓣低2 dB,图4中相应的时间方位历程图上出现了除正确目标方位之外的另外的方位轨迹,在实际中容易造成目标的误判。对比图7中的 MUSIC 空间谱,MUSIC 空间谱突破了瑞利限,得到较窄的主瓣(主瓣宽度为6.4°),而且 MUSIC 空间谱具有抗空间混叠的性能,当空间降采样时,对栅瓣的抑制能力比常规波束形成强,栅瓣比主瓣低5 dB,但当噪声干扰较强时,也会造成误判或虚警,对比图6中自初始化 MUSIC 算法,利用接近目标真值的粗略估值作为初始参数搜索目标的方位,方位估计的方差仅为1.7°,实现了对动目标方位精确正确的定位。

7 结束语

从试验研究结果可知,MUSIC空间谱锐化了主瓣,并且具有一定的抗空间混叠的性能,而自初始化MUSIC算法利用矢量水听器阵簇估计获得初始值对空间谱进行搜索,使得MUSIC更稳健地收敛到整体最优值上,获得源方位的精确估计,而且避免了MUSIC空间谱的全空间搜索,减少了运算负担的前提下,获得目标方位的准确估值,试验数据证明了自初始化MUSIC算法的工程实用性。

参考文献

[1] SCHMIDT R O. Multiple emitter location and signal parameter estimation[J]. IEEE Trans., 1986,34(3):276 - 280.

[2] NEHORAI A,PALDI E. Acoustic vector - sensor array processing[J]. IEEE Transactions on Signal Processing,1994,42(9):2 481 - 2 491.

[1] WONG K T,ZOLTOWSKI M D. Root - Music - based azimuth elevation angle - of - arrival estimation with uniformly space but arbitrarily oriented velocity hydrophones [J]. IEEE Trans. Signal Processing,1999,47(12):3 250 - 3 260.

[2] WONG K T, ZOLTOWSKI M D. Self - initiating MUSIC - based direction finding in underwater acoustic particle velocity - field beamspace[J]. IEEE J. of Oceanic Engineering, 2000,25(2):659 - 672.

[3] 张揽月,杨德森. 基于MUSIC算法的矢量水听器阵源方位估计[J]. 哈尔滨工程大学学报,2004,25(1):30 - 33.
ZHANG Lan - yue, YANG De - sen. DOA estimation based on MUSIC algorithm using an array of vector hydrophones [J]. Journal of Harbin Engineering University, 2004, 25(1):30 - 33.

[4] 张揽月,杨德森. 基于矢量阵的自初始化MUSIC方位估计算法[J]. 哈尔滨工程大学学报,2006,27(2):248 - 251.
ZHANG Lan - yue, YANG De - sen. DOA estimation based on MUSIC algorithm using an array of vector hydrophones[J]. Journal of Harbin Engineering University,2006,27(2):248 - 251.

[5] 吕钱浩,杨士莪 等. 矢量传感器阵列高分辨率方位估计技术研究[J]. 哈尔滨工程大学学报,2004,25(4):440 - 445.
LÜ Qian - hao, YANG Shi - *eet al*. High resolution DOA estimation in beam apace based on acoustic vector - sensor array[J]. Journal of Harbin Engineering University,2004,25(4):440 - 445.

[6] 徐海东,梁国龙,惠俊英. 声矢量阵波束域宽带聚焦MUSIC算法[J]. 哈尔滨工程大学学报. 2005,26(3):249 - 354.
XU Hai - dong, LIANG Guo - long, HUI Jun - ying. Acoustic vector array beam space broadband focused MUSIC algorithm[J]. Journal of Harbin Engineering University,2005,26(3):249 - 354.

[7]孙国仓,惠俊英,蔡 平.基于声矢量传感器阵的酉 MUSIC 算法[J].计算机工程与应用,2007,43(18):24－26.

SUN Guo－cang,HUIJun－ying,CAIPing. Unitary MUSIC algorithm based on acoustic vector sensors array[J]. Computer Engineering and Applications,2007,43(18)24－26.

声透镜波束形成和目标成像仿真与试验

卞红雨　吴　菊

摘要　为了促进具有体积小、功耗低、成像速度快等优点的透镜声呐在水下成像中的应用,选取了PMMA(polymethyl methacrylate)和PMP(polymethylpentene)2种材料,利用混合模型设计并加工了单透镜系统和双透镜系统,对2个透镜系统分别进行了波束形成和目标成像试验研究.试验测得的焦点位置和波束图与仿真结果基本一致,从而验证了混合模型模拟透镜声场的有效性和准确性.得到了十字形和圆环2种目标的成像图,通过综合比较各种试验结果可知:PMMA是一种有效的透镜加工材料,透镜组合在缩短焦距方面具有优势,但同时增大了对声波的吸收,因此透镜组的设计要综合考虑这2方面的因素。

关键词　透镜声呐;波束形成;目标成像

1　引言

在混浊水域,光成像技术已无法工作,而高分辨成像声呐却能进行有效地探测。常规的声呐在进行波束形成时,多采用的是电子电路,其存在电路规模大、耗电量大等缺点。透镜声呐利用透镜对声波的聚焦作用形成波束,它不需要太多的额外电路,因此透镜声呐具有体积小、耗电量低、成像速度快等优点。

尤其适合安装在UUV、AUV等水下潜器。国外透镜声呐技术的研究起步较早,目前已有成型可用的声呐,如美国的LIMIS、GLACIS[1]和MIRIS[2]等,这些声呐均可形成接近光学成像的图像而且功率都不高于30 W[1-2]。本文利用混合法[3]的基本原理设计了透镜系统,并进行了试验研究,得到了透镜的波束图和目标的成像图,这对将透镜声呐真正应用到水下成像中具有重要意义。

2　声透镜声场建模的基本原理

对声波也有聚焦作用.声波在透镜系统中传播的过程可借鉴光学透镜来模拟。在本文中利用混合法模拟声波在透镜系统中的传播过程,从而进行透镜的设计.所谓的混合法,就是在透镜系统最后界面之前运用射线声学的理论,最后界面之后即成像区域运用波动声学理论[3],图1给出了混合法的示意图。给定一些透镜系统参数,利用混合法仿真透镜的波束性能,再根据性能指标来修改系统参数,如此反复多次,就可以获得预设的透镜性能指标。利用混合法来模拟透镜声场虽然不能反映出透镜内部声波的折射和反射过程,但易于实现且具有一般性。而且分析和计算表明在全部声传播过程中都用波动声学原理计算,相

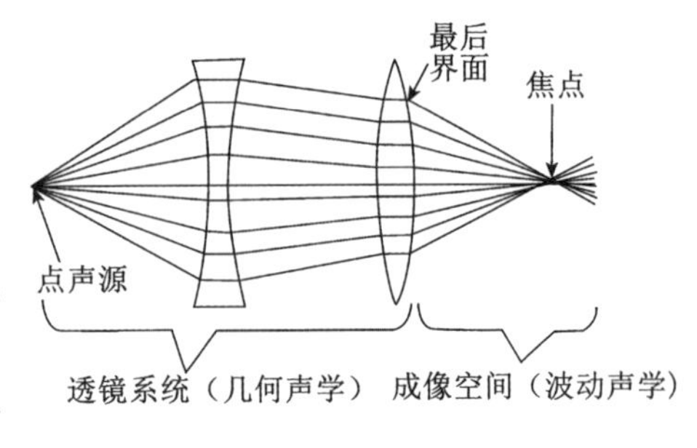

图1　混合法示意图

对于混合法也没有很大精度的改善[4]。

3　声透镜材料的选取和几何参数的设计

3.1　材料的选取

透镜材料的选取主要取决于影响透镜性能的各参数,如声速、声衰减系数和热稳定性等,文献[5]中就各参数对透镜性能影响情况进行了仿真研究,结果表明:透镜材料的声速对焦点位置影响最大,而对其他性能影响相对较小;声衰减系数的影响是双重的,从提高接收信号的强度方面来说,希望透镜材料的衰减系数尽量小,而大的声衰减系数能起到良好的"束控"作用,它对波束性能的影响主要体现在波束宽度和旁瓣高度上;如果透镜材料的热稳定性不好将限制其应用范围. 以上结论为透镜材料的选取提供了依据。

国外的透镜声呐大多采用 PMP(polymethylpen - tene)[6]材料,如 LIMIS、等均采用此材料。目前丙烯酸(类)树脂也被认为是适用于透镜加工的材料[7]。除此之外,ABS 塑料、环氧树脂和聚苯乙烯等塑料在透镜制作中也很有实用价值[8]。在本文中选用了 PMP、PMMA(polymethylmethacrylate)加工了 3 个透镜。其中透镜 1 的材料为 PMMA 透镜 2 和透镜 3 的材料为 PMP 这 3 个透镜的声学参数见表 1,其中透镜 1 的声学参数查于材料手册[9],而透镜 2 和透镜 3 的声学参数是实际测量得到的。

表 1　透镜材料的声学参数

透镜	声速/($m \cdot s^{-1}$)	密度/($g \cdot cm^{-3}$)	声衰减系数/($dB \cdot cm^{-1}$)
透镜	12	644	1.187 5
透镜	22	258	1.04
透镜	32	190	0.99

3.2　透镜几何参数的设计

透镜几何参数对透镜性能有很大的影响,合理设计透镜的几何参数可以得到性能优良的透镜声呐。透镜的几何参数包括透镜的界面形状与大小、透镜的孔径、透镜的个数以及透镜的间距等. 其中透镜的界面形状与大小主要影响透镜的波束宽度、旁瓣高度和旁瓣位置,透镜的孔径和透镜的个数对波束宽度、旁瓣特性和焦点位置都有明显的影响而透镜间距主要影响透镜的焦点位置。

依据混合法的基本原理,设计了 2 个透镜系统。系统 1 由透镜 1 组成,系统 2 由透镜 2 和透镜 3 组成。图 2 和图 3 分别给出了这 2 个透镜系统的示意图。其中透镜 1 的前界面为双曲面,后界面为椭圆面,孔径为 12 cm。透镜 2 的前后界面均为双曲面,孔径为 18 cm。透镜 3 的前界面为双曲面,后界面为椭圆面,孔径为 18 cm。图 4 和 5 分别给出了加工好的透镜 1 和透镜 2 的实物图。

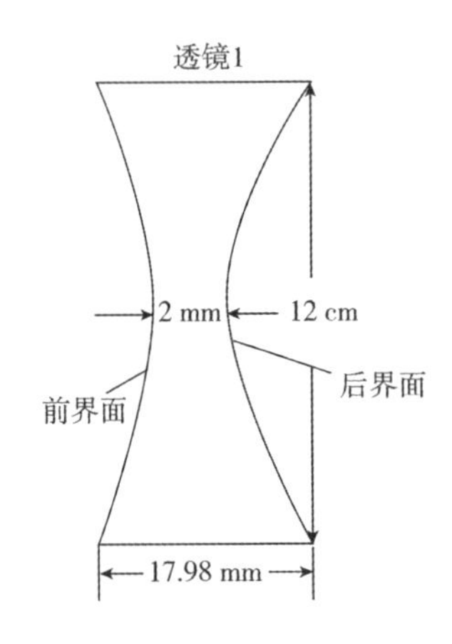

图 2　透镜系统 1 的示意图

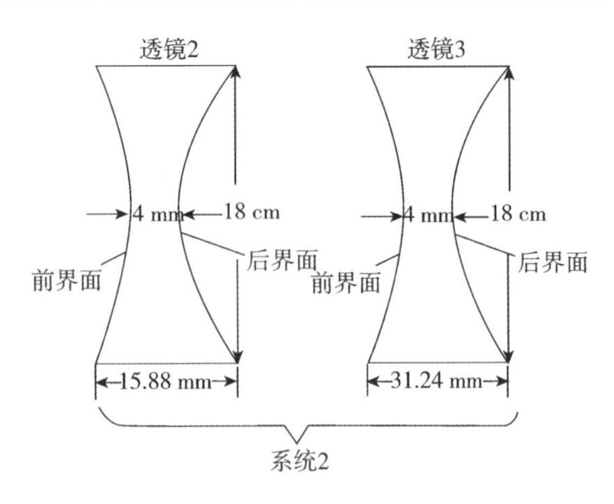

图 3　透镜系统 2 的示意图

图 4　透镜 1 的实物图

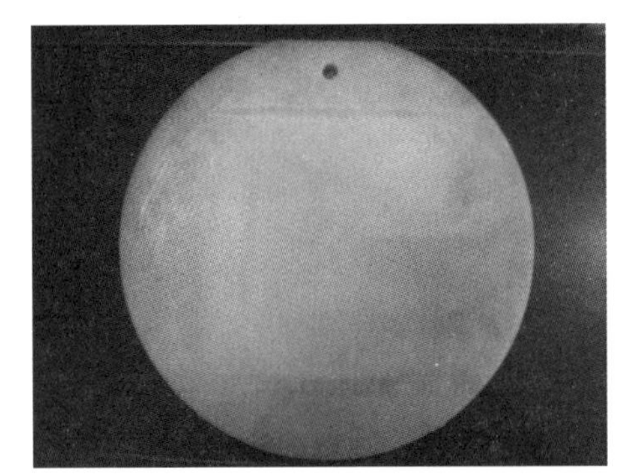

图 5　透镜 2 的实物图

4　声透镜波束形成和成像的水池试验

透镜系统的试验共包括 2 部分，即波束形成试验和成像试验。图 6、图 7 分别给出了这 2 部分的试验示意图。图 6 中，接收换能器在焦点处不动，发射换能器沿着水平弧线以固定的步长移动，从而测得透镜系统的波束图。在图 7 中，接收阵是由 64 个基元构成的线列阵，发射换能器发射的信号经目标反射后进入透镜系统，再经透镜聚焦后被接收基阵接收，将接收到的数据进行实时显示就可以得到目标的声图像。系统工作频率为 1.25 MHz。

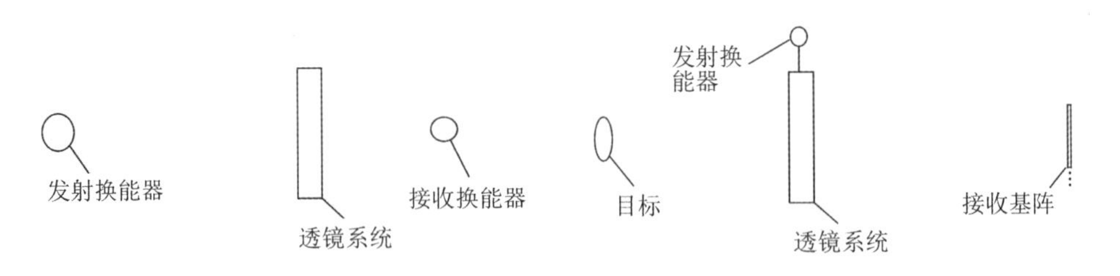

图 6　透镜波束形成试验布设图　　图 7　透镜成像试验布设图

4.1　透镜系统 1 的水池试验

4.1.1　波束形成试验

该试验在一个小水槽中进行，试验时，发射换能器、接收换能器和透镜中心三者在一条直线上，发射换能器和透镜的间距为 161.5 cm，前后移动接收换能器测得的该系统的焦距为 27 cm，而仿真计算得到的焦距为 27.45 cm，二者基本吻合。

图 8 和 9 分别给出了该系统在 0°和 2°方向的仿真和试验波束图，从图中可以看出，此透镜系统的波束宽度为 1°，而且试验结果和仿真结果基本吻合，从而验证了用混合法来模拟透镜是准确和有效的。

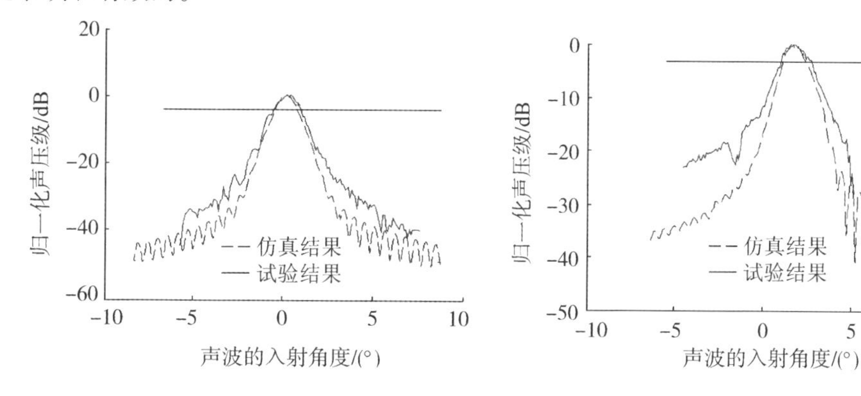

图 8　透镜系统 1 在 0°方向的波束图　　　**图 9　透镜系统 1 在 2°方向的波束图**

4.1.2　成像试验

成像试验在一个较大的水池中进行，图 10 和 11 分别给出了该系统对孔径均为 30 cm 的十字形和圆环形目标的成像结果。由图可以看出 2 种目标的轮廓非常清晰。

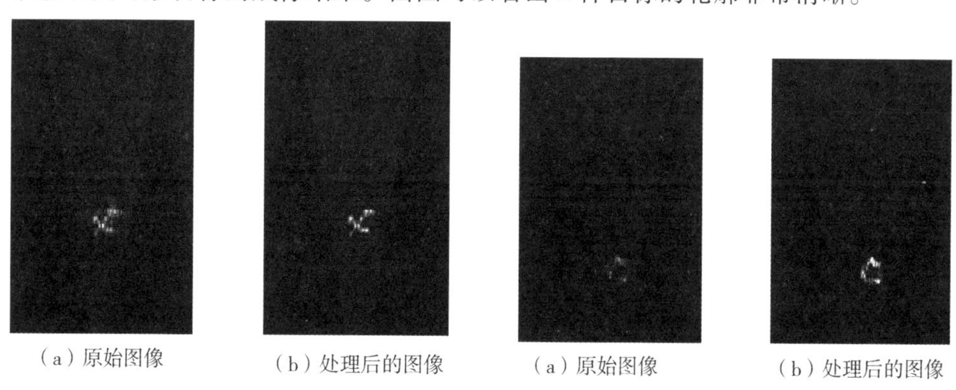

（a）原始图像　　（b）处理后的图像　　（a）原始图像　　（b）处理后的图像

图 10　透镜系统 1 的十字形目标成像图　　　**图 11　透镜系统 1 的圆环成像图**

4.2　透镜系统 2 的水池试验

通常单个透镜很难获得很好的波束特性，这时就要借助于透镜组的设计. 合理的设计透镜组的各项参数不仅可以大大缩短透镜系统的焦距还可以获得较高的分辨率。

4.2.1　波束形成试验

经过大量仿真研究，发现透镜组可以大大缩短系统的焦距，这非常有利于透镜声呐的小型化。镜间距是透镜组特有的影响波束性能的一个因素，随着透镜间距的增大，系统的焦距也随之增大。但镜间距的变化对系统的其他波束特性的影响并不明显。

本文对不同镜间距情况下的透镜系统 2 进行了试验研究。表 2 给出了透镜系统 2 关于焦距的仿真和试验比较，图 12、图 13 分别给出了透镜系统 2 在间距为 11.5 cm 和 25 cm 情况下的波束图。可见，焦距和波束图的试验结果和仿真结果存在较大误差；但焦距的变化规律与仿真结果仍然是一致的。

透镜系统 2 仿真和实测结果的差别可能是由于 PMP 板材加工中的不均匀性造成的。由于只能获得颗粒状的 PMP 原材料，透镜加工的第一步是将原材料加工成板材。由于所设计的声透镜孔径和厚度都比较大，给板材加工带来了较大难度。经过多次尝试，加工成型的板材仍然有较多的气泡，并且不够均匀。板材的不均匀性会造成声学参数测量的较大误差，因此造成 PMP 透镜性能仿真和实测结果的差别。

表 2　透镜系统 2 的焦距的仿真和试验比较

	透镜 2 的焦距	透镜 3 的焦距	系统 2 间距 11.5 cm 的焦距	系统 2 间距 25 cm 的焦距
仿真结果	345.15	71.63	48.97	62.27
试验结果	324.12	61.33	44.21	57.65

4.2.2　成像试验

分别对透镜系统 2 在间距为 11.5 cm 和 25 cm 情况下进行了成像试验研究，其十字形目标和圆环成像图如图 14 至图 17 所示。由图可看出由于透镜组的声衰减增大，目标的成像图不很清晰，但仍能辨别其轮廓。

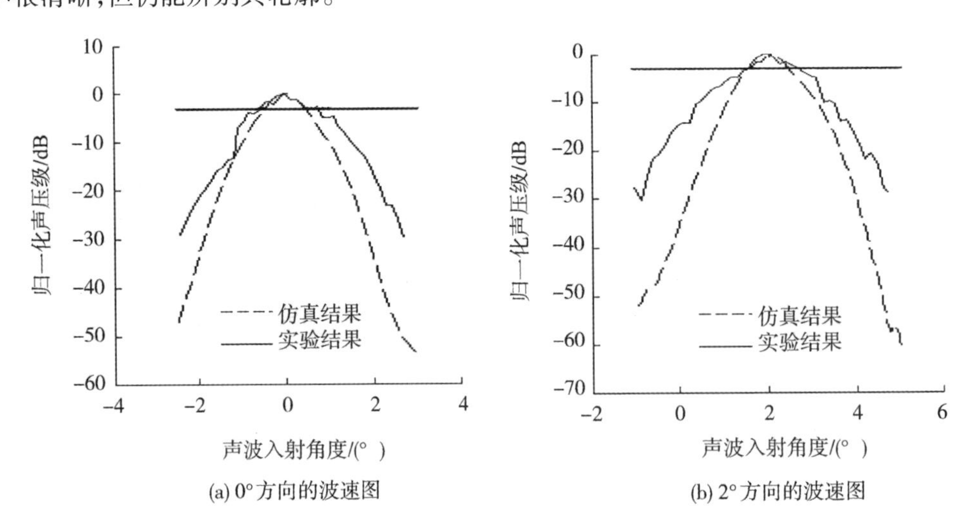

(a) 0°方向的波速图　　(b) 2°方向的波速图

图 12　透镜系统 2 在间距 11.5 cm 情况下的波束图

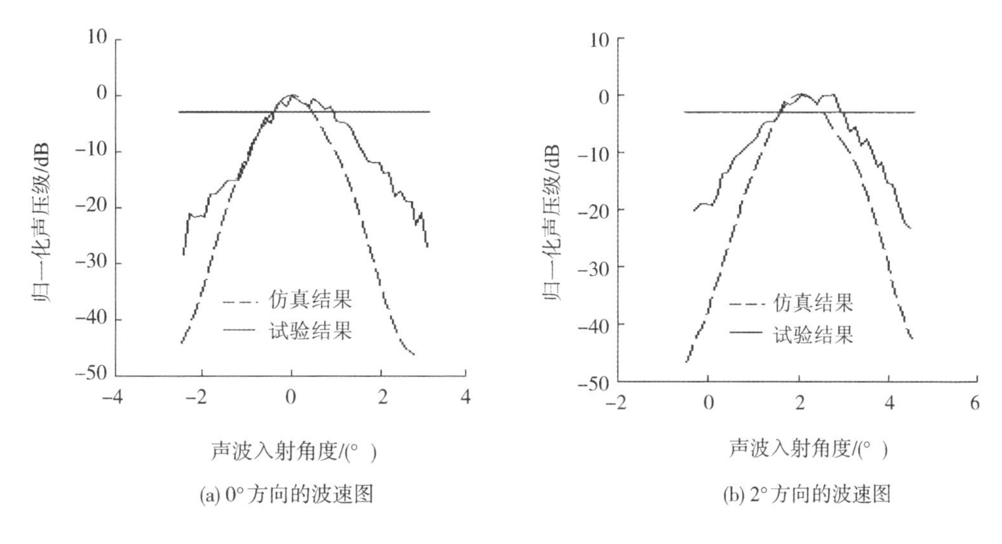

(a) 0°方向的波速图　　(b) 2°方向的波速图

图 13　透镜系统 2 在间距 25 cm 情况下的波束图

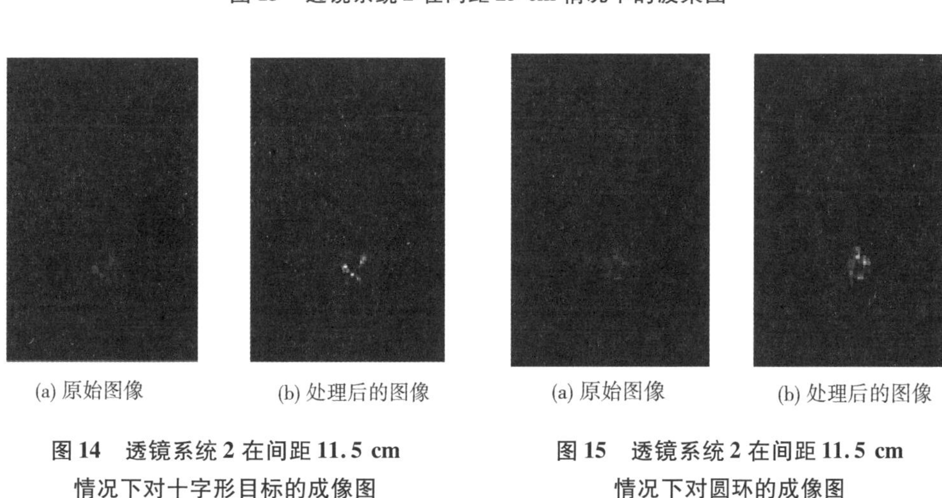

(a) 原始图像　　(b) 处理后的图像

图 14　透镜系统 2 在间距 11.5 cm 情况下对十字形目标的成像图

(a) 原始图像　　(b) 处理后的图像

图 15　透镜系统 2 在间距 11.5 cm 情况下对圆环的成像图

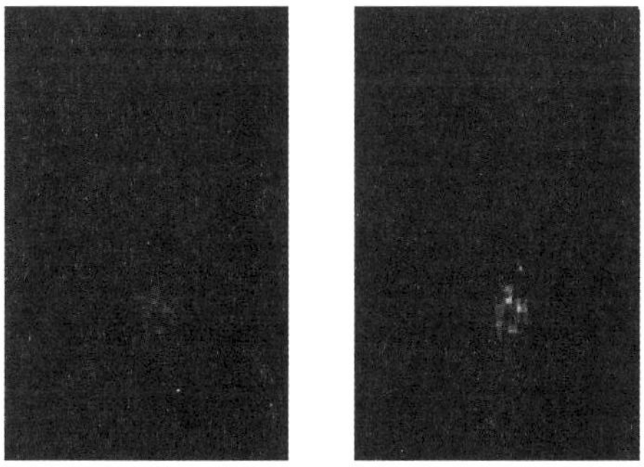

(a) 原始图像　　(b) 处理后的图像

图 16　透镜系统 2 在间距 25 cm 情况下对十字形目标的成像图

(a) 原始图像　　(b) 处理后的图像

图 17　透镜系统 2 在间距 25 cm 情况下对圆环的成像图

5　结束语

本文选取了2种材料PMMA和PMP设计了2个透镜系统。透镜系统1由单个透镜组成,制作材料为PMMA透镜系统2由2个透镜组成,制作材料均为PMP对2个透镜系统分别进行了水池试验研究,得到了波束图和目标的成像图。透镜系统1试验所得的波束特性与仿真结果基本吻合,验证了声场分析模型的正确性;而且目标清晰,轮廓分明。由于透镜系统2在加工中内部不均匀且存在气泡,因此波束特性与仿真结果存在误差;但其试验结果仍验证了透镜组及其间距对系统焦距影响的规律。

通过本研究认为有机玻璃是一种有效的透镜材料,但其热稳定性还需要进一步的试验研究。透镜组合的设计仍需进一步优化,以期获得更好的波束特性。

参考文献

[1] BELCHERE, LYNND, DINHH, etal. Beamformingand imagingwithacousticlensesinsmal, high - frequencysonars [C] //TheProcedingsofOceans ´99 Conference. Seatle, USA, 1999: 1495 - 1499.

[2] BELCHERE, MATSUYAMAB, TRIMBLEG. Objectiden - tificationwithacousticlenses [C]/ ProcedingsofOceans2001 Conference. Honolulu, USA, 2001:6 - 11.

[3] FINKK. Computer simulation of pressure field sgenerated by acoustic lens beam formers[D]. Washington: University ofWashington, 1994:5 - 17.

[4] STAMNESJ. Wavesinfocalregions[M]. BristolandBos - ton: Adam Hilger, 1986:12 - 16.

[5] 卞红雨,桑恩方,纪祥春,等. 声透镜波束形成技术仿真研究[J]. 哈尔滨工程大学学报, 2004, 25(1):43 - 45. BIANHongyu, SANGEnfang, JIXiangchun, etal. Simulation research on acoustic lensbeamforming[J]. Journalof Harbin Enginering University, 2004, 25(1):43 - 45.

[6] LINNENBRINK T, DESILETSC, MARSHAL K, etal. Acousticlens - basedswimmer´ssonar[C] //Procedingsof SPIE, the International Society for Optical Enginering Or - lando, USA, 1999:43 - 56.

[7] TAKASEY, ANADAT, TSUCHIYA T, etal. Real - time sonarsystem usingacoustic lens and umerical analysis ased on 2D/3D parabolice quation method[C] //Oceans - Europe. Brest, 2005:23 - 28.

[8] 余雅松,王锦柏. 柱面型声透镜设计及验证 [J]. 声学技术, 2008, 27(2):150 - 155. YU Yasong, WANG Jinbo. Designandverificationofcylin - dricalacousticlenses [J]. Technical Acoustics, 2008, 27(2):150 - 155.

[9] 王荣津. 水声材料手册[M]. 北京:科学出版社, 1983:54.

矢量水听器阵列虚拟阵元波束形成

孙　超　杨士莪　杨益新

摘要　在信号频率一定的情况下,常规波束形成方法需要通过增大基阵孔径来提高目标方位的估计精度,但这会受到实际工程应用的限制。在研究矢量水听器波束形成的基础上,提出了基于 Taylor 级数展开的虚拟阵元波束形成方法。该方法针对有限尺度双十字阵型的矢量水听器基阵,根据已知阵元接收的数据,运用 Taylor 级数展开方法估计虚拟阵元上的接收数据,使基阵孔径在虚拟意义上得以扩大。从而改善了阵列的波束性能,窄化主瓣和抑制旁瓣,实现了空间分辨率的提高。仿真和试验数据结果证明了该方法的有效性。

关键词　矢量水听器;波束形成;Taylor 级数展开;虚拟阵元;双十字阵

1　引言

水下目标检测中,目标辐射噪声级的不断下降导致声呐系统的检测难度增大,常规信号处理技术受到 Rayleigh 准则的限制难以提高水声基阵的分辨能力[1]。若采用制作大尺寸阵列增加基阵孔径的方法来解决问题,又会受到实际工程条件的限制。矢量水听器是由处在同一空间位置上的声压传感器和测量质点振动速度分量的速度传感器共同组成的声接收换能器,与传统声压水听器相比,同样尺寸条件下可测得更多物理量,因而易于实现小尺寸阵列。现有的虚拟阵列方法都是针对传统声压传感器阵列提出的,如典型的内插变换法等[2]。本文针对有限尺度的矢量水听器基阵提出一种 Taylor 级数展开的虚拟阵元波束形成方法。该方法根据已知阵元的接收数据,运用 Taylor 级数展开方法,获得虚拟阵元上的接收数据,再进行波束形成,使基阵孔径在虚拟意义上得以扩大,仿真结果表明了方法的有效性。本文方法可为后续阵列信号处理技术拓宽方法基础,也为一些受阵型限制的算法提供更多的阵元数据。

2　矢量水听器阵列模型及其波束形成

在海洋波导远场条件下,目标入射信号一般可假设为平面波,由于在浅水条件下自远方目标传来的声波其传播方向接近水平方向,同时结合实验验证采用的实际矢量水听器,故研究工作主要针对二维矢量水听器,即振速传感器分别测量 X 轴和 Y 轴方向的振速分量。声压和质点振速的关系由欧拉公式[3]确定,对平面波有:

$$v(r,t) = -\frac{p(r,t)}{\rho_0 c}u \tag{1}$$

其中,对于平面波,$v(r,t)$ 和 $p(r,t)$ 分别为在位置 r 和时刻 t 的质点振速(矢量)和声压(标量),ρ_0 是介质密度,c 是声在介质中的传播速度,平面波从 $-u$ 方向入射到基阵,单位向量 $\boldsymbol{u} = [\cos\theta, \sin\theta]^{\mathrm{T}}$,$\theta$ 为方位角。

考虑由 M 个二维矢量水听器阵元组成的任意结构平面阵列,接收位于同一平面内基阵

远场上中心频率为 ω 的某个信号源辐射的窄带平面声波，假定基阵各阵元的灵敏度均相同，第 m 个矢量水听器的输出为：

$$\boldsymbol{y}_m(t)=\begin{bmatrix}p_m(t)\\v_{mx}(t)\\v_{my}(t)\end{bmatrix}=\boldsymbol{S}(t)\mathrm{e}^{-\mathrm{j}\omega\tau_m}\cdot\begin{bmatrix}1\\\cos\theta\\\sin\theta\end{bmatrix}+\begin{bmatrix}n_m(t)\\n_{mx}(t)\\n_{my}(t)\end{bmatrix}\tag{2}$$

其中，p_m、v_{mx}、v_{my} 指第 m 个传感器接收到的声压以及 X 轴、Y 轴方向的质点振速；$\boldsymbol{S}(t)$ 为在参考原点处接收的声压信号；τ_m 为第 m 个阵元接收到信号相对参考点的时间延迟，表达式为 $\tau_m=-u\cdot r_m/c$，其中 r_m 为阵元 m 相对原点的位置矢径；θ 为目标信号的方位角；$n_m(t)$、$n_{mx}(t)$、$n_{my}(t)$ 是第 m 个矢量水听器中声压传感器和速度传感器接收到的噪声。

M 个 $y_m(t)$ 形成了矢量阵总的输出向量。若写成矩阵形式，则有：

$$\boldsymbol{Y}(t)=\boldsymbol{A}(\boldsymbol{\Omega})\boldsymbol{S}(t)+\boldsymbol{N}(t)\tag{3}$$

其中，$\boldsymbol{\Omega}$ 是目标的方位向量，$\boldsymbol{S}(t)$ 是参考原点处接收到的声压信号，$\boldsymbol{N}(t)$ 是由 $3M$ 个通道内噪声组成的列向量，对于单目标情况，$\boldsymbol{A}(\boldsymbol{\Omega})$ 为 $3M\times1$ 的阵列流形矩阵，$\boldsymbol{A}(\boldsymbol{\Omega})=\boldsymbol{a}(\boldsymbol{\Omega})$，$\boldsymbol{a}(\boldsymbol{\Omega})$ 表示来自 $\boldsymbol{\Omega}$ 方向的阵列流形向量（或称导向矢量，基阵响应函数），其具体表达式为：

$$\boldsymbol{a}(\Omega)=\begin{bmatrix}\exp(-\mathrm{j}\omega\tau_1)\\\vdots\\\exp(-\mathrm{j}\omega\tau_m)\\\vdots\\\exp(-\mathrm{j}\omega\tau_M)\end{bmatrix}\otimes\begin{bmatrix}1\\\cos\theta\\\sin\theta\end{bmatrix}\tag{4}$$

式中符号⊗表示 Kronecker 乘积。接收信号的协方差矩阵可表示为：

$$\begin{aligned}\boldsymbol{R}_\mathrm{Y}&=\mathrm{E}\{\boldsymbol{Y}(t)\cdot\boldsymbol{Y}(t)^\mathrm{H}\}\\&=\boldsymbol{A}(\boldsymbol{\Omega})\mathrm{E}\{\boldsymbol{S}(t)\cdot\boldsymbol{S}^\mathrm{H}(t)\}\boldsymbol{A}^\mathrm{H}(\boldsymbol{\Omega})+\boldsymbol{E}\{\boldsymbol{N}(t)\cdot\boldsymbol{N}^\mathrm{H}(t)\}\\&=\boldsymbol{A}(\boldsymbol{\Omega})\boldsymbol{R}_S\boldsymbol{A}^\mathrm{H}(\boldsymbol{\Omega})+\boldsymbol{I}_M\otimes\begin{bmatrix}\sigma_p^2&0\\0&\sigma_v^2I_2\end{bmatrix}\end{aligned}\tag{5}$$

其中，上标 H 表共轭转置，σ_p^2 和 σ_v^2 分别是声压传感器和振速传感器接收到的噪声功率，$\boldsymbol{I}_M$ 是 M 阶单位矩阵。矢量水听器基阵的波束图定义为基阵响应函数的模，即：

$$B(\theta,f)=|\boldsymbol{W}^\mathrm{T}\cdot\boldsymbol{A}(\boldsymbol{\Omega})|\tag{6}$$

其中，$\boldsymbol{W}$ 为矢量水听器基阵加权向量。

3　声压场的 Taylor 展开方法

阵型设计在被动声定位中具有重要意义，水听器阵列可以分为线阵、面阵和立体阵。线阵因其轴对称性，定向时对不同方向上的定向精度不同；立体阵可对整个空间进行定位，但算法复杂；面阵可以对整个平面进行目标定位，也可以对阵列所在平面为界的半个空间进行定位。目前广泛采用的面阵为圆阵，本文研究的水听器采用双十字阵型，较圆阵在降低旁瓣信号方面有一定的优势，且本文使用的实验数据亦来自双十字阵型的矢量水听器基阵。

文献[4]对声场声压的 Taylor 展开与矢量水听器接收信号间的定量关系进行了分析。二维平面内一点 (x_0,y_0) 附近的一个有限区域 $(x-x_0,y-y_0)$ 范围内，声压场的 n 阶 Taylor 级数展开可表示为：

$$P(x,y) = P(x_0,y_0) + \sum_{n=1}^{\infty} \frac{1}{n!}\left[(x-x_0)\frac{\partial}{\partial x} + (y-y_0)\frac{\partial}{\partial y}\right]^n P(x_0,y_0) \tag{7}$$

假设平面上分布如图 1 所示的矢量水听器阵(1 至 8 号顺时针标注的矢量水听器),入射信号角频率为 ω,入射角为 θ,则平面任意一点的声压可表示为 $P = Ae^{i(kr-\omega t)}$,参考坐标原点处接收声压为 $P_0 = Ae^{i(kr_0-\omega t)}$,两式相除可将 P 化简为:

$$P = P_0 e^{ik(r-r_0)} \tag{8}$$

其中,$r - r_0 = (x-x_0)\cos\theta + (y-y_0)\sin\theta$。

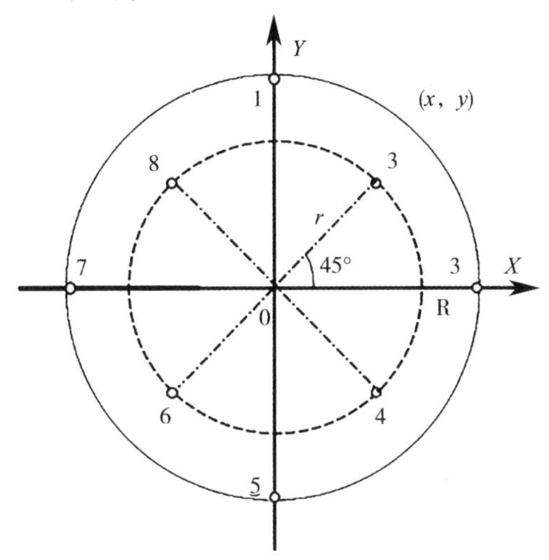

图 1 矢量水听器双十字阵阵型图

将式(8)在 $(x_0,y_0)=(0,0)$ 点 Taylor 展开至 5 阶,略去剩余高阶项[5]可得:

$$\begin{aligned} P(x,y) = \ & P(x_0,y_0) + \left[(x-x_0)\frac{\partial}{\partial x} + (y-y_0)\frac{\partial}{\partial y}\right]P(x_0,y_0) + \\ & \frac{1}{2!}\left[(x-x_0)\frac{\partial}{\partial x} + (y-y_0)\frac{\partial}{\partial y}\right]^2 P(x_0,y_0) + \cdots + \\ & \frac{1}{5!}\left[(x-x_0)\frac{\partial}{\partial x} + (y-y_0)\frac{\partial}{\partial y}\right]^5 P(x_0,y_0) \end{aligned} \tag{9}$$

其中,$\left[(x-x_0)\frac{\partial}{\partial x} + (y-y_0)\frac{\partial}{\partial y}\right]^n P(x_0,y_0) = \sum_{i=1}^{n} C_n^i (x-x_0)^i (y-y_0)^{n-i} \frac{\partial^n P}{\partial x^i \partial y^{n-i}}\Big|_{(x_0,y_0)}$

对展开式按 $(x-x_0)^m$、$(x-x_0)^i(y-y_0)^j$、$(y-y_0)^n$ 整理并按升幂排列,共 21 项,这些多项式每项前都有相应的系数(由组合系数 C_n^i 和 P 对 x、y 的偏导数构成),于是声压表达式可写作 $(x-x_0)^m$、$(y-y_0)^n$ 组成的行向量与其系数组成的列向量的乘积,见式(10)。

$$\boldsymbol{P}(x,y) = \boldsymbol{L} \times \boldsymbol{C} \tag{10}$$

其中,位置行向量 $\boldsymbol{L}$ 为:

$$\boldsymbol{L} = [1,(x-x_0),(y-y_0),(x-x_0)^2,(x-x_0)(y-y_0),(y-y_0)^2,\ldots,(y-y_0)^5]$$

系数列向量 $\boldsymbol{C}$ 为:

$$\boldsymbol{C} = \left[P(x_0,y_0), \frac{\partial P}{\partial x}\Big|_{(x_0,y_0)}, \frac{\partial P}{\partial y}\Big|_{(x_0,y_0)}, \frac{1}{2!}\frac{\partial^2 P}{\partial x^2}\Big|_{(x_0,y_0)}, \frac{2}{2!}\frac{\partial^2 P}{\partial x \partial y}\Big|_{(x_0,y_0)}, \frac{1}{2!}\frac{\partial^2 P}{\partial y^2}\Big|_{(x_0,y_0)}, \cdots, \frac{1}{5!}\frac{\partial^5 P}{\partial y^5}\Big|_{(x_0,y_0)}\right]^{\mathrm{T}}$$

x 和 y 方向上质点振速的表达式为：

$$V_x = \frac{\partial P}{\partial x}, V_y = \frac{\partial P}{\partial y} \tag{11}$$

把每个阵元的坐标分别代入式(10)、(11)可得对应声压及两方向质点振速的表达式。仿真时可用声压和振速理论值代替 8 个阵元的实际接收值，由此得到 3 × 8 的方程组。联立 24 个方程求解 21 个待定系数即得系数列向量 $\boldsymbol{C}$，用最小二乘法求得这些待定系数。至此可以写出平面上任意点声压的 5 阶 Taylor 展开的近似式，只需向式(10)中代入某点的位置坐标值组成行向量 $\boldsymbol{L}$，并利用已得到的系数向量 $\boldsymbol{C}$ 即可计算得到其声压值。

4 计算仿真及试验数据分析

以如图 1 所示的八元双十字矢量水听器阵为例，给出利用本文提出的方法得到的计算机仿真结果，最后用湖试数据进行验证。为处理实验数据方便，阵型尺寸设置成实验所用参数，即大半径 R 为 0.23 m，小半径 r 为 0.113 m；仿真信号采用频率为 8 kHz 的单频信号，入射角度为 90°，信噪比为 0 dB。

4.1 仿真分析

图 2 给出了原双十字阵型的矢量水听器阵与同阵型声压水听器阵波束的对比。图中矢量水听器和声压水听器的 3 dB 带宽分别为 20° 和 24.8°，第一旁瓣级分别为 −11.1 dB 和 −9.3 dB。可见相同条件下矢量水听器阵比声压水听器阵具有更窄的主瓣宽度和更低的旁瓣。

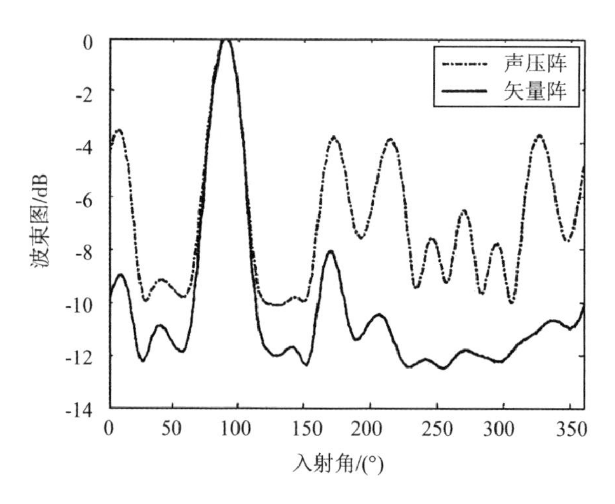

图 2 双十字阵型矢量水听器阵与声压水听器阵波束图

图 3 显示了单信号入射时距离参考原点附近的不同方位上，由 Taylor 级数展开法产生的虚拟阵列上的声压信号和该位置存在实际阵元的声信号之间的误差分布。当半径扩展至 0.35 m 时(阵外扩约 60%，阵的半径尺寸增加稍大于半波长)，声压近似值与理论值的误差约在 10% 以内，说明本文近似公式可用于估算实际基阵外一定范围内的声压，即基阵被“虚拟扩大”了。但随半径增大，近似值与理论值间误差急剧增加，已不能作为估算的依据。文献[6]讨论了频率等因素对误差的影响，一定尺寸的阵列在低频信号(相比阵列尺寸为较大波长)时，可得到更小的误差，即可获得更大的有效虚拟范围。

在上述误差分析基础上，选择在误差允许范围内增加 4 个虚拟阵元，位于与坐标轴夹角为 45°、半径为 0.33 m 的方位上，即在图 1 的 2，4，6，8 阵元位置的延长线上，和原实际 8 个阵元一起构成了一个三环共 12 元的阵型，利用虚拟信号做波束形成并与原实际阵列效果进行对比，结果如图 4、图 5 所示。图 4 中原阵和虚拟声压阵的 3 dB 宽度分别为 23°和 15°，第一旁瓣级分别为 -11.6 dB 和 -11.3 dB。可见通过 Taylor 级数展开方法实现的虚拟阵元波束形成可使波束图主瓣变窄，但第一旁瓣略有抬高。若考虑用理论的矢量水听器声压和质点振速关系，在虚拟声压值的基础上加入虚拟质点振速信息，则可得到图 5 所示的虚拟矢量阵波束图，其主瓣宽度与虚拟声压阵近似但旁瓣抑制效果明显增强。

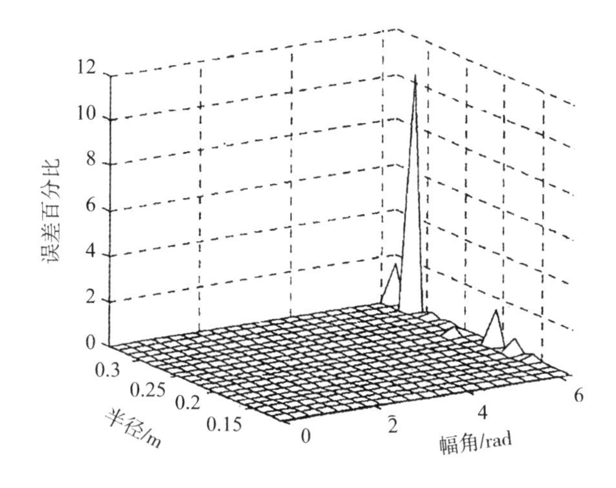

图 3　单信号入射时声压值的误差分布

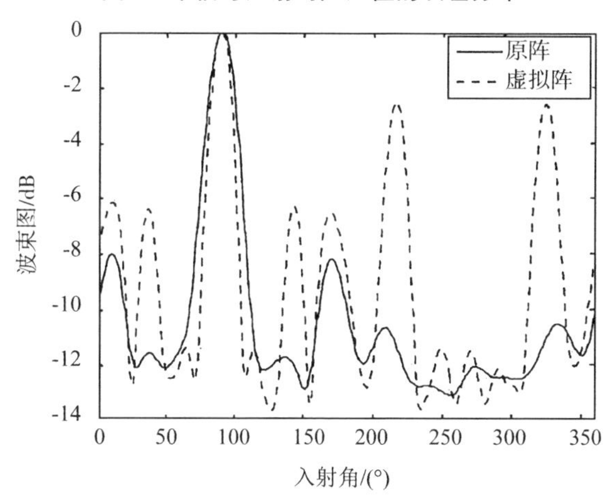

图 4　原矢量阵与虚拟声压阵波束对比图

4.2　湖试结果及分析

本文处理的数据源自 2007 年 9 月某湖外场试验，湖试中使用如图 1 所示的双十字阵型二维矢量水听器，发射信号是频率为 8 kHz 的 CW 脉冲，重复周期为 150 ms，信号幅度为 200 mV，信号脉宽为 50 ms(400 个正弦波)，采样频率为 2.56 × 12.8 kHz，采集通道有 24 个，功放输出的信噪比为 50 dB。

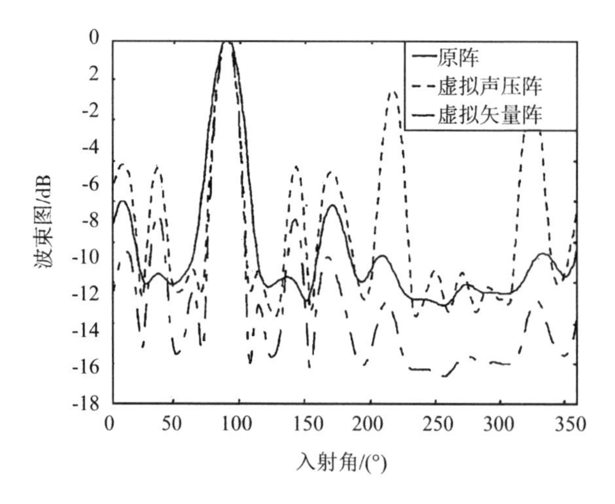

图 5　原矢量阵与虚拟声压阵和矢量阵波束对比图

图 6 展示了试验数据处理结果。图 6 所示试验数据处理结果显示目标方位在 70°附近，原阵和虚拟声压水听器的 3 dB 宽度分别为 22°和 18°，第一旁瓣级分别为 －9.2 dB 和 －13.1 dB，虚拟矢量阵在旁瓣抑制上较虚拟声压阵更优，这与仿真结论相同，试验数据处理的结果验证了本文算法的正确性。由于试验中的环境噪声与理论仿真采用的高斯白噪声存在差异，阵列本身存在误差，使得试验结果的波束形状与仿真图形有所区别。

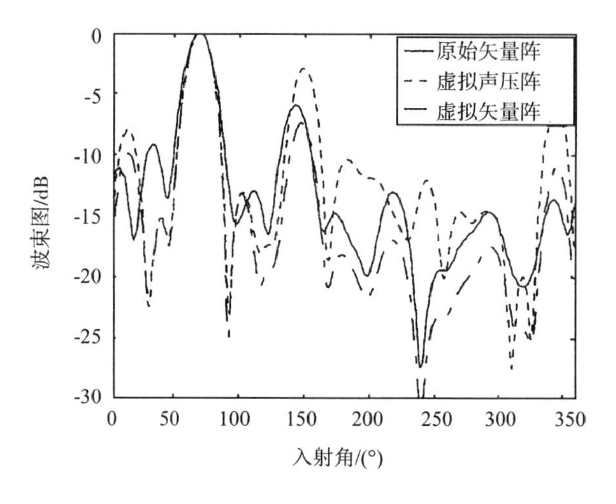

图 6　虚拟阵列实验数据处理效果图

5　结论

本文提出的有限阶 Taylor 级数展开方法可获得对阵外一定范围内的声压预测效果，在此基础上进行的虚拟阵元波束形成可以缩窄主瓣宽度和抑制旁瓣高度，提高基阵分辨率。本文方法是在时域内进行，因而可有效保护输入信号的时间波形，为后续的声呐信号处理提供实时的无失真数据。仿真和试验数据都表明了这种方法的可行性和有效性。但算法在级数展开时略去了高阶项，考虑到由此引入的误差及实际信号存在噪声，因此随意扩大虚拟阵元范围是不恰当的。

参考文献

[1] 李启虎.声呐信号处理引论(第二版)[M].北京:海洋出版社,2000:162-178.
LI Qihu, Introduction to sonar signal processing (Second Edition) [M]. Beijing: China Ocean Press, 2000. 162-178.

[2] WANG Yongliang, CHEN Hui, WAN Shanhu. An effective DOAmethod via virtual array transformation[J]. Science in China, 2001, 44(1): 75-82.

[3] Hawkes M, Nehorai A. Acoustic vector-sensor beamforming andcapon direction estimation [J]. IEEE Transactions on SignalProcessing, 1998, 46(9): 2 291-1 304.

[4] Schmidlina D J. Directionality of generalized acoustic sensors ofarbitrary order[J]. Journal of the Acoustical Society of America, 2007, 121(6): 3 569-3 578.

[5] Silvia M T. A theoretical and experimental investigation of acousticdyadic sensors[R]. Ojai, California: SITTEL Corporation, 2001: 1-5.

[6] 孙超,杨士莪,杨益新.矢量水听器阵列声压场的 Taylor 级数估算及分析[J].声学技术,2008 年全国声学学术会议论文集,2008,27(5):542-543.
SUN Chao, YANG Shi'e, YANG Yixin, Analysis of field pressurefor vector sensor array using Taylor series [J]. Technical Acoustics, 2008 National Acoustics Conference Symposium, 2008, 27(5): 542-543.

基于波导不变量的目标运动参数估计及被动测距

余　赟　惠俊英　殷敬伟　王自娟

摘要　结合波导不变量的概念推导了中近程目标的干涉条纹方程，它表明此干涉条纹为一族类双曲线。采用 Hough 变换对 LOFAR 图和方位 - 时间历程进行处理，可以估计反映环境信息的波导不变量 β、航向角 φ 及最近通过距离和航速比 r_0/v。仿真研究和海试数据分析均表明，低频声场确实存在稳定的干涉结构，结合图像处理手段进行参数估计有较高的估计精度。基于双阵元模型可以进行被动测距，仿真研究表明该算法有较高的定位精度和较好的稳健性。

1　引言

海洋波导的重要特点是低频声场具有时空相干性，亦即低频声场存在稳定可观察的干涉结构，六七十年代开始，美国和俄国学者就在仿真和实验研究[1-3]中发现了这一特性。美国著名的 SCRIPPS 实验室更是将低频声场的干涉结构及其应用研究[4]作为其近 20 年的研究重点，可见其研究的意义和价值。尽管已有三维声场的数值预报软件，可用于干涉结构的预报，但是用一个标量参数 β 就可以描述声场干涉结构，仍是令人感兴趣的。β 被称为波导不变量[3-12]，反映了距离、频率及其与干涉条纹斜率的关系，描述了声场的频散特性和相长相消的干涉结构。通常采用的处理器为 LOFAR 图，该方法依据接收信号数据 $P(t,f)$（P 表示功率或能量）描述声场的干涉结构，利用波导不变量 β 描述 $P(t,f)$ 图中干涉条纹的斜率并得到干涉条纹轨迹方程，据此可进行声呐信号处理，提取目标运动参数或环境信息。这开辟了声呐信号处理的一类新途径。

本文就是基于声场的干涉结构和目标的瀑布图结合图像处理方法估计反映海洋环境信息的波导不变量及目标的运动参数，基于双阵元（或双水平阵）模型对目标进行被动测距。其他文献中仅讨论了垂直阵或引导声源[7]（距离已知的宽带声源）被动测距，未见有关于水平阵被动定位的讨论，本文将研究这一问题。

2　干涉条纹的描述

2.1　运动方程

假定目标以速度 v 做匀速直线运动，并辐射宽带连续谱信号，最近通过距离为 r_0，其航迹几何关系示于图 1 所示。

传感器或阵的声学中心位于坐标原点，则目标运动轨迹方程由图（1）几何关系可知为：

$$r(t)=\frac{r_0}{\sin(\theta-\varphi)} \tag{1}$$

$$r(t)=\sqrt{v^2\tau^2+r_0^2},\tau=t-t_0 \tag{2}$$

其中，θ 为目标方位角，φ 为航向角，规定为与 x 轴正向的夹角，t_0 为最近通过时刻，其余变量的定义如前所述。

由图 1 可知：

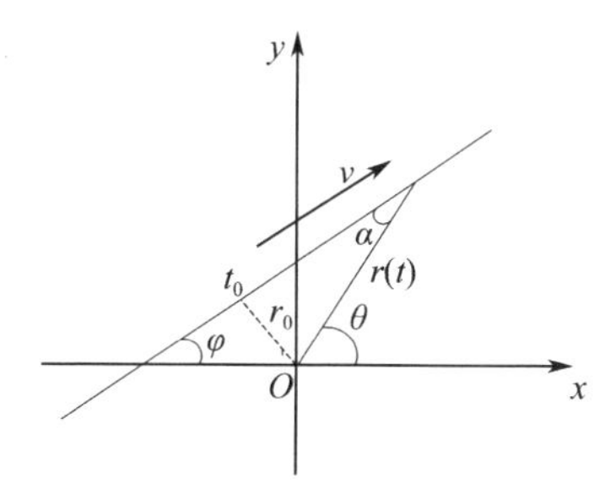

图 1　目标运动几何关系图

$$\tan(\alpha)=\frac{r_0}{v(t-t_0)}=\frac{r_0/v}{(t-t_0)} \tag{3}$$

$$\alpha=\theta-\varphi \tag{4}$$

由式(3)和式(4)可得：

$$\tan(\varphi)=\frac{-\dfrac{r_0}{v}\cos\theta+(t-t_0)\sin\theta}{\dfrac{r_0}{v}\sin\theta+(t-t_0)\cos\theta} \tag{5}$$

2.2　波导不变量

俄罗斯学者 S. D. Chuprov 于 1982 年提出了波导不变量的概念[3]，随后成为各国研究的热点。Chuprov 的初衷是用波导不变量来描述他在水池实验中观察到的连续谱声源声场的干涉条纹，之后得到了广泛的研究和应用。比如，D'Spain 和 Kuperman[6]将波导不变量应用于随距离和角度变化的浅海波导中海试数据处理得到的谱图的分析，并对 β 的定义做了推广；Thode[7]将波导不变量与虚接收器相结合，在平坦的海区不需要海洋环境信息就可以对目标测距；Rouseff[8]等将波导不变量建模为一种分布。苏晓星[9]等利用波导不变量提高声场的水平纵向相关。安良[10]等利用二维傅里叶变换脊计算波导不变量。还有很多关于 β 的研究[11-12]，不再赘述。

根据定义，波导不变量可表示为[5]：

$$\beta=\frac{r}{\omega}\frac{\mathrm{d}\omega}{\mathrm{d}r}=-\frac{\mathrm{d}(1/v_c)}{\mathrm{d}(1/u_c)} \tag{6}$$

其中，ω 为频率，r 为距离，β 为波导不变量，Pekeries 波导中其值为 1，v_c 为简正波的平均相速度，u_c 为平均群速度。

因此，若海洋环境信息确知时，根据式(6)最后的等式可以建模预报 β 值。另一方面，可以利用短时傅里叶变换依据传感器阵输出信息获得 LOFAR 图，进而根据图像处理方法估计 β 值，图像处理方法将在第 3 节给出。

2.3　干涉条纹方程

（最近通过距离：660 m，速度：6 m/s，海深：55 m）

在每一离散的 t 时刻对接收信号作功率谱分析，即得到 LOFAR 图上平行于横轴（频率 f

轴)的一个切面,该切面的时间历程综合成 LOFAR 图。在信噪比较高时,单水听器就可以测得干涉条纹清晰的 LOFAR 图;对于远程目标,信噪比较低时,必须经过阵信号处理,对跟踪波束输出作 LOFAR 分析,才能得到清晰的 LOFAR 图。

图 2　中近程目标的干涉结构图(LOFAR 图)

图 2 为仿真得到的某中近程目标的干涉结构图,其干涉条纹的斜率 $\mathrm{d}f/\mathrm{d}\tau$ 可表示为:

$$\frac{\mathrm{d}f}{\mathrm{d}\tau}=\frac{\mathrm{d}f}{\mathrm{d}r}\cdot\frac{\mathrm{d}r}{\mathrm{d}\tau} \tag{7}$$

由式(6)可知:

$$\frac{\mathrm{d}f}{\mathrm{d}r}=\frac{f}{r}\beta \tag{8}$$

由式(2)可知:

$$\frac{\mathrm{d}r}{\mathrm{d}\tau}=\frac{v^2\tau}{\sqrt{v^2\tau^2+{r_0}^2}},\tau=t-t_0 \tag{9}$$

将式(8)、式(9)代入式(7),可得:

$$\frac{\mathrm{d}f}{f}=\frac{\beta v^2\tau}{v^2\tau^2+{r_0}^2}\mathrm{d}\tau \tag{10}$$

两边积分,并经整理得:

$$f=f_0\left[1+\left(\frac{v}{r_0}\right)^2\tau^2\right]^{\frac{\beta}{2}} \tag{11}$$

式(11)即为 LOFAR 图上干涉条纹的轨迹方程,f_0 为干涉条纹顶点频率,$f=f(\tau)$,$f_0=f(0)$。当 $\beta\approx1$ 时,式(11)可简化为:

$$\frac{f^2}{f_0^2}-\frac{\tau^2}{(r_0/v)^2}=1 \tag{12}$$

式(12)即为一个标准的双曲线形式,双曲线的两组参数分别为f_0和r_0/v。

3　Hough 变换

Hough 变换是利用图像空间到参数空间的映射实现图像边缘检测的有效方法,由 Paul Hough 于 1962 年提出[13],起初的目的是用于直线检测,后来又推广到任意曲线的检测。针对不同的应用场合,标准 Hough 变换被发展为快速 Hough 变换、自适应 Hough 变换、随机 Hough 变换、概率 Hough 变换等。

Hough 变换提取曲线参数的基本思想是利用了点与曲线的对偶性。考虑双参数的情况,若将图像空间中位于同一曲线上点的集合表示为:

$$f((a_0,b_0),(x,y))=0 \tag{13}$$

其中,(x,y)表示曲线上点在图像空间中的坐标,而(a_0,b_0)为决定曲线的参数。则图像空间中曲线上任意点(x_0,y_0)映射到参数空间上的某一曲线$g((x_0,y_0),(a,b))=0$,而图像空间中该曲线上的所有点映射到参数空间上交于(a_0,b_0)点的一族曲线。参数空间中每一点(a,b)处的强度,是所有图像空间中参数为(a,b)的点的强度累加和。因此,通过寻找参数空间中强度最大值的坐标,即可估计确定曲线的参数值。

本文将 Hough 变换应用于 LOFAR 图和瀑布图(方位－时间历程)上的参数提取,对于前者,LOFAR 图即为上述的图像空间,该空间中的曲线由式(11)确定,并假设t_0和f_0可以直接从 LOFAR 图上读取,而参数空间为以r_0/v为横轴,β为纵轴的平面;同理,对于后者,瀑布图即为图像空间,该空间中的曲线由式(5)确定,而参数空间为以r_0/v为横轴,航向角φ为纵轴的平面。

4　目标运动参数估计

4.1　仿真研究

仿真条件:采用 Pekeries 模型,海深$H=55$ m,声速$c_1=1\ 500$ m/s,密度$\rho_1=1\ 000$ kg/m^3,海底介质声速$c_2=1\ 610$ m/s,其密度$\rho_2=1\ 900$ kg/m^3,海底无吸收。接收传感器深度:$z_r=30$ m,为矢量传感器。目标等深航行,吃水深度:$z_s=4$ m,航行速度:$v=12$ m/s,最近通过距离:$r_0=1\ 200$ m,$r_0/v=100$ s,最近通过时刻为 0 时刻,定义接近传感器时时间为负,反之为正。采用 KRAKENC 软件对声场建模。仿真流程图如图 3 所示。

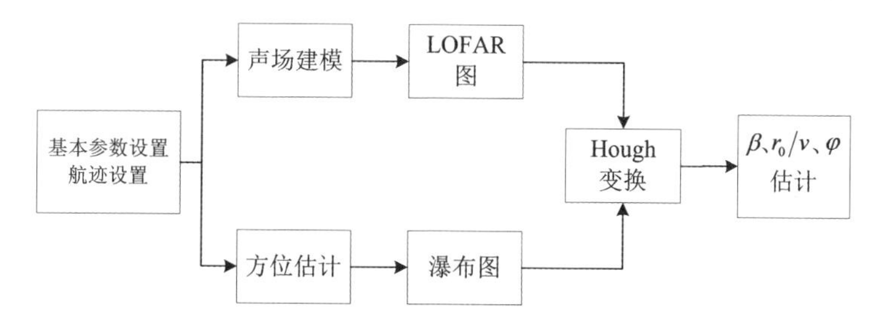

图 3　仿真流程图

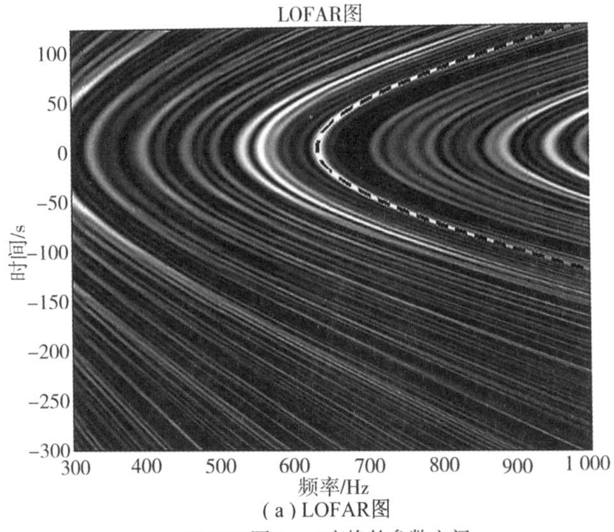

(a) LOFAR图

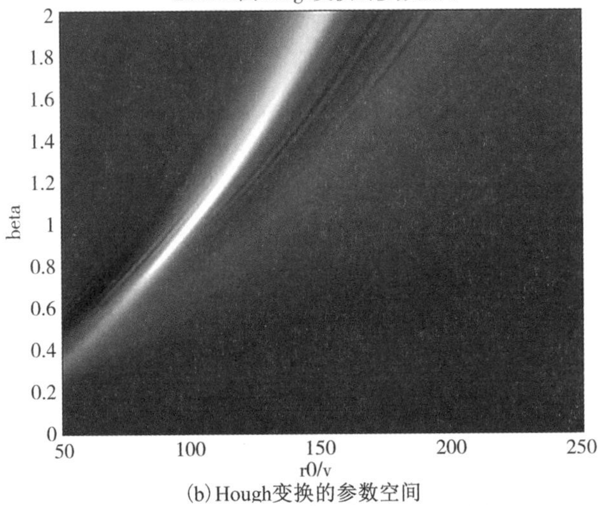

(b) Hough变换的参数空间

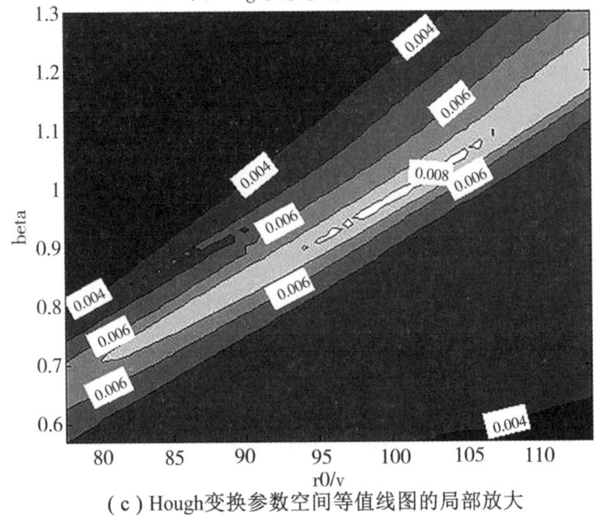

(c) Hough变换参数空间等值线图的局部放大

图 4　LOFAR 图及 Hough 变换结果

图 4 即为仿真得到的 LOFAR 图及 Hough 变换的结果，其中，图 4(a)为 LOFAR 图，图 4(b)为相应的 Hough 变换的参数空间，图 4(c)为 Hough 变换参数空间等值线图的局部放大。取图 4(a)LOFAR 图上 $t_0=0$ s，$f_0=637$ Hz 作为某条干涉条纹的顶点，对 LOFAR 图做 Hough 变换，得到的结果如图 4(b)所示，取出最亮点所对应得参数值，得到参数的估计值分别为：$\beta=0.97$，$r_0/v=99.2$ s。由仿真条件可知 r_0/v 的真值为 100 s，可以看出 Hough 变换有合理的精度。将估计得到的参数值带入式(11)得到的曲线如图 4(a)上的虚线所示，与原来的亮条纹重合的较好。

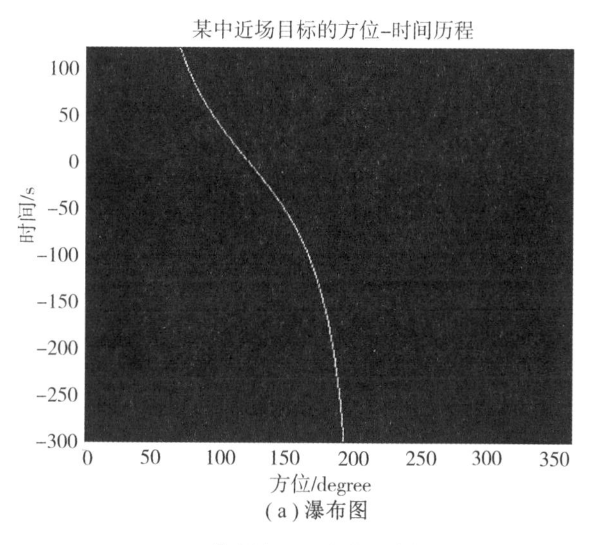

(a)瀑布图

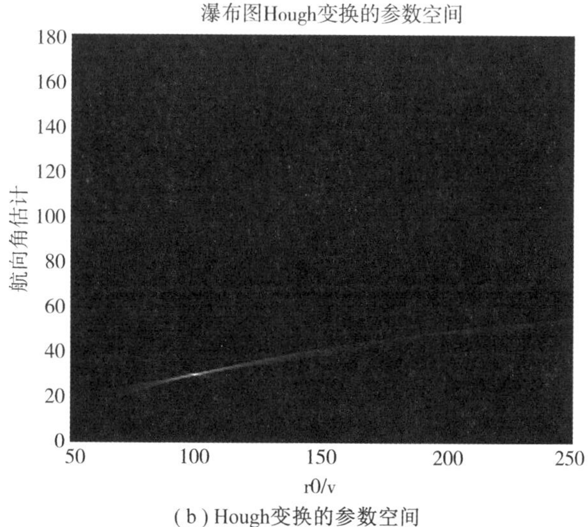

(b)Hough变换的参数空间

图 5　瀑布图及 Hough 变换结果

假设目标以航向角30°从远及近，又由近及远航行，其余条件同上。用矢量传感器采用平均声强器[14]估计的瀑布图如图 5(a)所示，同样，选 $t_0=0$，根据式(5)进行 Hough 变换得到的参数空间如图 5(b)所示。取最亮点得到参数估计值分别为：$\varphi=30°$，$r_0/v=100$，与真值完全相等。但实际应用时，瀑布图上方位估计难免会存在几度的误差，所以参数估计也会有相应的误差。

4.2　海试数据分析

为了验证声场中存在的类双曲线干涉结构和上述参数估计方法的可行性，进行了海试数据分析。海试在东海进行，海底较平坦，海深约为 50 m，拖曳线列阵深度为 30 m，拖曳速度 14 kn，目标试验船吃水深度 4 m，航行速度为 10 kn，相对于拖船由远及近，继而由近及远航行。

由于恰值捕鱼季节，航道繁忙，视野中至少有 5 个干扰目标，因此，采用拖曳线列阵跟踪波束的输出作为试验船的目标接收信号，对其做 STFT，得到 LOFAR 图如图 6(a)所示，虽然接收阵与目标均在运动，但 LOFAR 图上的类双曲线条纹仍然清晰可见，说明在所分析的频段(300 Hz～1 kHz)内低频声场确实存在稳定的干涉结构。

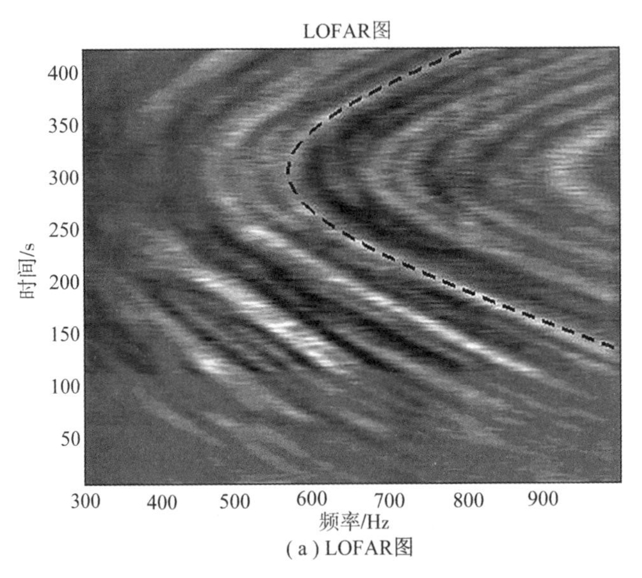

(a) LOFAR图

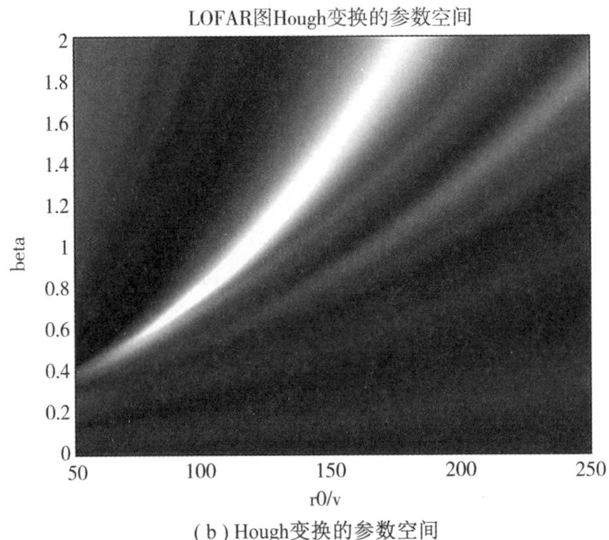

(b) Hough变换的参数空间

图 6　海试得到的 LOFAR 图及 Hough 变换结果

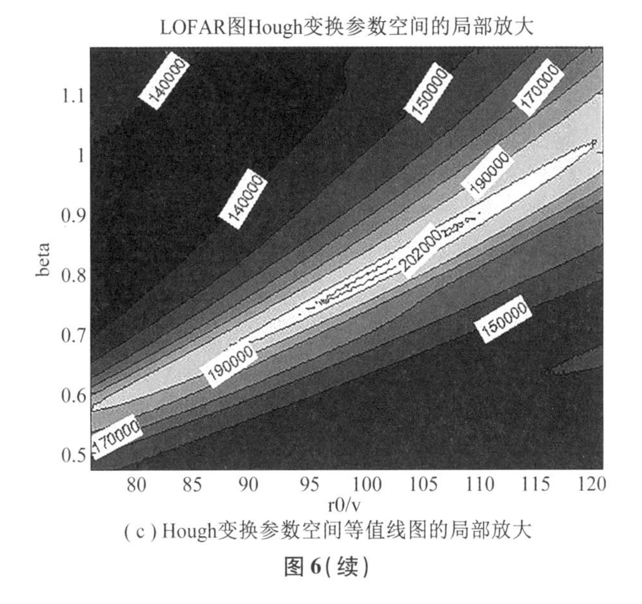

(c) Hough变换参数空间等值线图的局部放大

图 6(续)

取 $t_0=302\ \text{s}$,$f_0=569.1\ \text{Hz}$ 对 LOFAR 图做 Hough 变换,获得的参数空间如图 6(b)、图 6(c)所示,估计的参数值分别为:$\beta=0.81$,$r_0/v=101.9\ \text{s}$。将估计的参数带入式(11),得到相应的曲线如图 6(a)上的虚线所示,与原始数据亮条纹符合很好,与仿真研究的效果类似。

图 7(a)为跟踪波束输出的试验船的方位－时间历程,图 7(b)为相应的 Hough 变换的参数空间。由参数空间最亮点估计的目标航向角为 $\varphi=7°$,$r_0/v=99.3$。结合目标的方位历程,可以判断目标的航向角应为187°(与 x 轴正向的夹角)。比较 LOFAR 图与瀑布图估计的 r_0/v 也是基本一致,并且符合海试的实际情况。

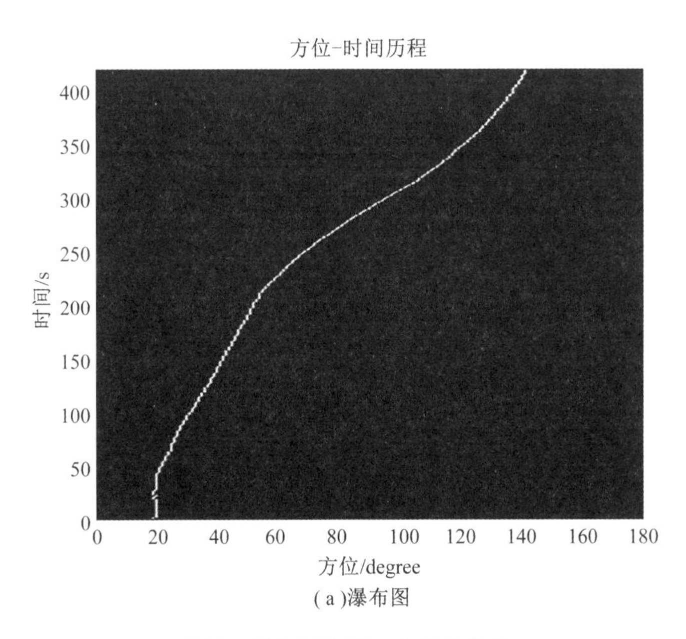

(a)瀑布图

图 7　瀑布图及 Hough 变换结果

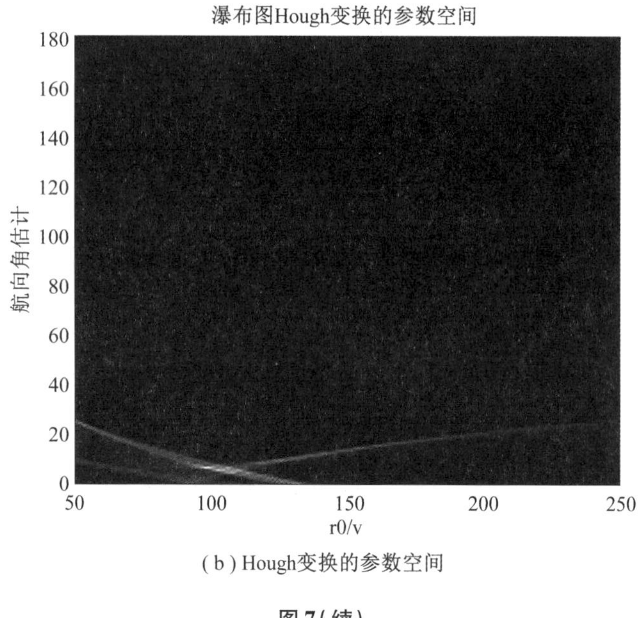

(b) Hough变换的参数空间

图 7(续)

5　双阵元被动测距

从以上理论推导、仿真研究和海试数据分析中可以看出,单矢量传感器或单阵的测量数据仅能提供运动目标参数 r_0/v 的信息(v 为目标线速度,r_0 为最近通过距离),不能完全解决测距问题,因此,国外采用垂直阵引导源方法进行被动测距。本文与文献上已有的方法不同,采用双阵元模型,双水平阵的测距方法与其相同,只是后者作用距离更远,且测向精度更高。

5.1　被动测距原理

采用的定位几何关系如图 8 所示。两阵元置于 x 轴上,阵元间距 $L=d$。目标以航速 v 做匀速直线运动,航向角为 φ。目标到阵元 1 和阵元 2 的距离分别为 r_1 和 r_2,方位角分别为 θ_1 和 θ_2,最近通过距离分别为 r_{01} 与 r_{02},最近通过时刻为 t_{01} 与 t_{02}。若以原点 o 为参考点,则目标的最近通过距离为 r_0,最近通过时刻为 t_0。

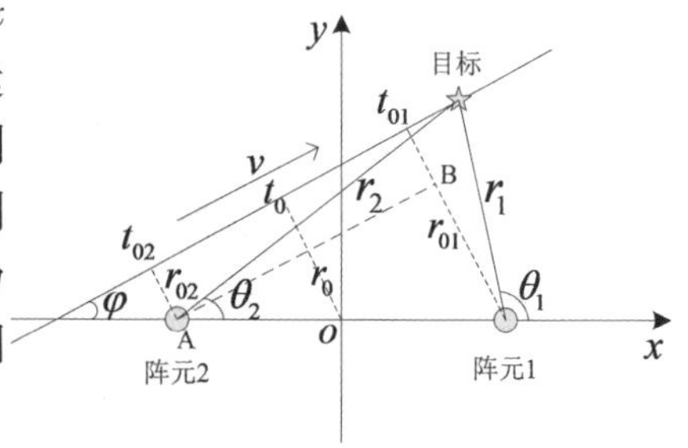

图 8　双阵元定位模型

对阵元 1 与阵元 2 接收的信号作 STFT,可以分别得到 LOFAR 图 1 和 LOFAR 图 2,两个阵元分别进行方位估计可以得到瀑布图 1 和瀑布图 2,这四幅图是进一步测距的基础。

对瀑布图 1 进行 Hough 变换,估计目标航向角 φ 和 $v/r_{01}=a$ 的值,则目标相对于两阵元的最近通过距离差 Δr_0 可以表示为:

$$\Delta r_0 = d\sin\varphi \tag{14}$$

若对两瀑布图均做了 Hough 处理,则目标航向角可以取 $\varphi=(\varphi_1+\varphi_2)/2$。

同样,再对 LOFAR 图 1 作 Hough 变换,估计波导不变量 β 和 $v/r_{01}=b$ 的值。在两 LOFAR 图上得到对应干涉条纹在最近通过距离上的频率值 f_{01i} 和 f_{02j},i、j 表示干涉条纹的序号。可以得到对应干涉条纹的频差为:

$$\Delta f_{0ij}=|f_{01i}-f_{02j}| \tag{15}$$

因此,由式(8)可知,目标相对于各阵元的最近通过距离为:

$$r_{01}=\beta f_{01i}\frac{\Delta r_0}{\Delta f_{0ij}}=\beta f_{01i}\frac{\Delta r_0}{|f_{01i}-f_{02j}|} \tag{16}$$

$$r_{02}=\beta f_{02i}\frac{\Delta r_0}{\Delta f_{0ij}}=\beta f_{02i}\frac{\Delta r_0}{|f_{01i}-f_{02j}|} \tag{17}$$

这样,就可以估计最近通过距离 r_0 为:

$$r_0=(r_{01}+r_{02})/2 \tag{18}$$

估计的目标航行速度 v_{lofar},v_{pubu}(下标表示速度是分别用 LOFAR 图或瀑布图 Hough 变换得到最近通过距离速度比估计的)可以表示为:

$$v_{\text{pubu}}=r_{01}/a \tag{19}$$

$$v_{\text{lofar}}=r_{01}/b \tag{20}$$

v_{pubu} 和 v_{lofar} 也可以由 LOFAR 图 2 和瀑布图 2 Hough 变换得到的最近通过距离速度比估计。

最后,目标的水平距离可以表示为:

$$r=\sqrt{\hat{v}^2(t-t_0)^2+r_0^2} \tag{21}$$

其中,可以取 $\hat{v}=v_{\text{lofar}}$ 和 $\hat{v}=v_{\text{pubu}}$ 分别估计 r 后作平均,或者先取 $\hat{v}=(v_{\text{lofar}}+v_{\text{pubu}})/2$,再代入上式估计水平距离。

5.2 仿真研究

以下将通过仿真研究来验证定位算法的可行性及评价其定位性能。两阵元间距 $d=120$ m,其余仿真条件同 3.1 节。

图 9 与图 10 为双阵元被动测距的仿真结果,其中,图 9 对应的航向角为 10°,图 10 对应的航向角为 90°。估计值 1 是指参数估计时只利用了 1 号阵元的原始数据,测距是利用了速度 v_{pubu};估计值 2 是指参数估计时只利用了 2 号阵元的原始数据,测距是利用了速度 v_{pubu};估计值 3 是指参数估计时只利用了 1 号阵元的原始数据,测距是利用了速度 v_{lofar};估计值 4 是指参数估计时只利用了 2 号阵元的原始数据,测距是利用了速度 v_{lofar}。

从仿真结果可以看出,在未考虑背景干扰的情况下,相当于在高信噪比条件下,该被动测距算法有较高的估计精度和较好的稳健性,定位精度均在 10% 以内。航向角较大时,定位精度更高。实际应用中,可以将 4 个估计值的平均作为最终的测距结果。本文介绍的基于信道不变量理论的被动测距方法,无须环境的先验知识,仅依据声呐的跟踪波束输出数据即可实现被动测距。

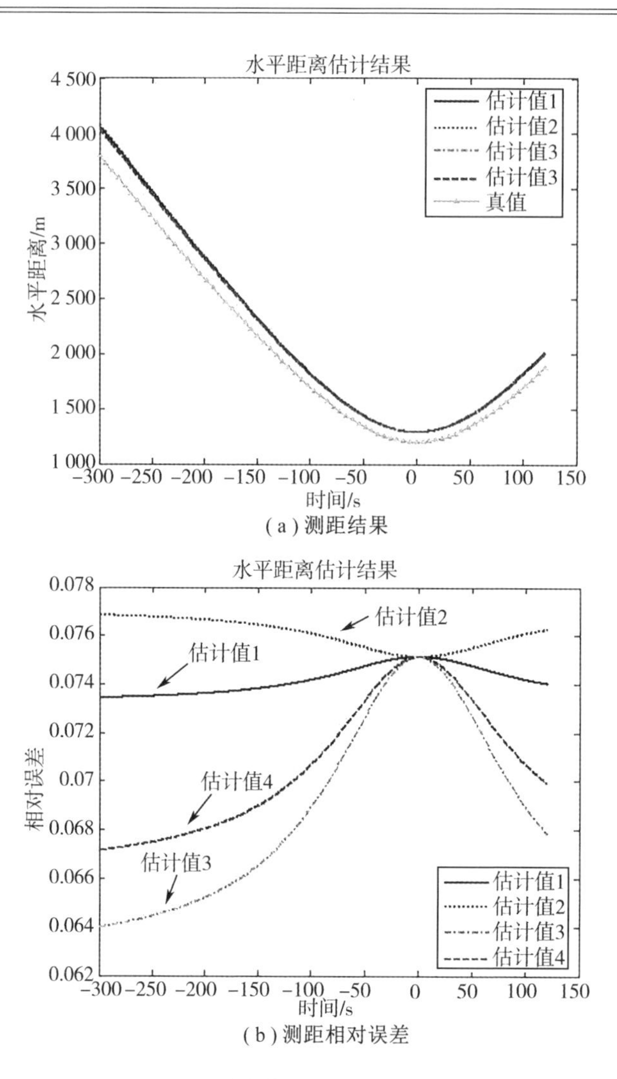

(a) 测距结果

(b) 测距相对误差

图 9　航向角 10°时的定位结果

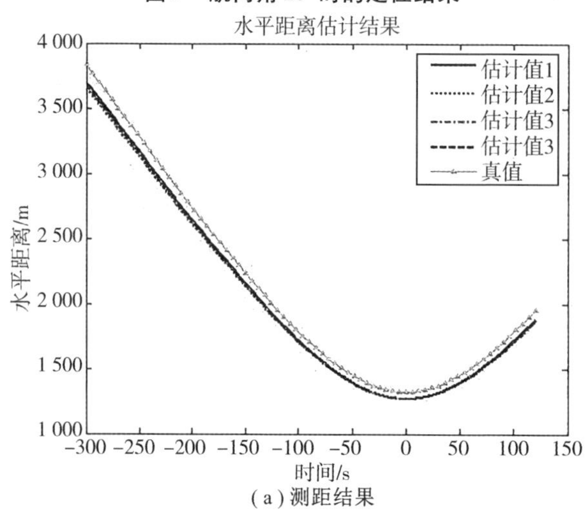

(a) 测距结果

图 10　航向角 90°时的定位结果

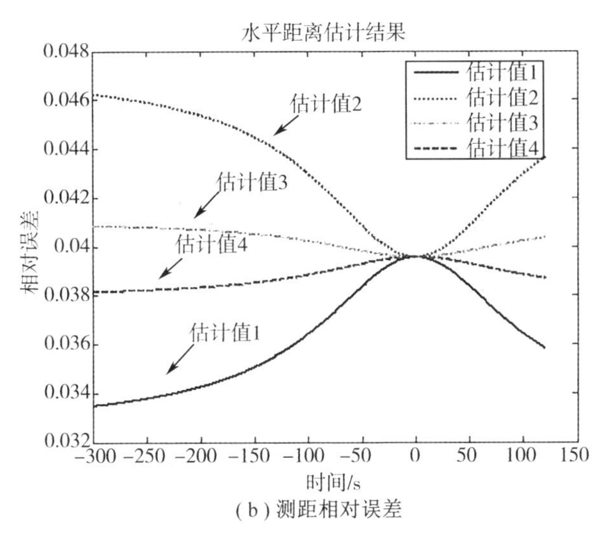

(b)测距相对误差

图10(续)

6　结论

仿真和海试数据分析均表明低频声场存在稳定的干涉结构,并且中近程目标的干涉结构为一族类双曲线条纹,结合波导不变量的概念推导了干涉条纹的方程。高信噪比时的单传感器输出和低信噪比时的阵跟踪波束输出均能获得较清晰的干涉结构(LOFAR 图),通过结合一种图像处理方法——Hough 变换,不需要环境先验知识就能实现对波导不变量 β 及 r_0/v 的估计。而对瀑布图进行 Hough 变换,可以估计目标的航向角 φ 和 r_0/v 的值。仿真和海试数据分析均验证了算法有较高的参数估计精度。单阵尚不能单独估计 r_0 和 v,采用双阵元(或双水平阵)可进行被动测距,仿真研究表明在高信噪比下该被动测距算法有较高的定位精度,被动测距的稳健性分析和实验研究将是今后的工作重点。

参考文献

[1] Weston D E. A Moire fringe analog of sound propagation in shallow water. J Acoust. Soc. Am. ,1960;32(6):647 -654.

[2] A. N. Guthrie,R. N. Fitzgerald,D. A. Nutile,and J. D. Shaffer. Long - range low - frequency CWpropagation in the deep ocean:Antigua - Newfoundland. J. Acoust. Soc. Am. ,1974;56(1):58 -69.

[3] S. D. Chuprov. Interference structure of sound field in the layered ocean. In Ocean Acoustics. Moscow:Nauka. 1982:71 -91.

[4] Kuperman W A and D' Spain G L. Ocean Acoustic Interference Phenomena and Signal Processing. USA. 2002.

[5] Brekhovskikh L. M. and Lysanov Yu. P. Fundamental of ocean acoustic. Third Edition. Moscow,Russia. 2002.

[6] D' Spain G L and Kuperman W A. Application ofwaveguide invariants to analysis of spectrograms from shallow water environments that vary in range and azimuth. J. Acoust. Soc.

Am. ,1999;106(5):2 454 – 2 468.

[7] Aaron M. Thode. Source ranging with minimal environmental information using a virtual receiver and waveguide invariant theory. J. Acoust. Soc. Am. ,2000;108(4):1 582 – 1 594.

[8] DanielRouseff and Robert C. Spindel. Modeling the waveguide invariant as a distribution. AIP Conference Proceedings,2002;621(1):137 – 160.

[9] 苏晓星,张仁和,李风华. 利用波导不变性提高声场的水平纵向相关. 声学学报,2006;31(4):305 – 309.

[10] 安良,王自强,陆佶人. 利用 LOFAR 谱图的二维傅里叶变换脊计算波导不变量. 电子与信息学报,2008;30(12):2 930 – 2 933.

[11] Tao H and Krolik J L. Waveguide invariant focusing for broadband beamforming in an oceanic waveguide. J. Acoust. Soc. Am. ,2008;123(3):1 338 – 1 346.

[12] Brown M G, Beron – Vera F J, Rypina I and Udovydchenkov I. Rays, modes, wavefield structure and wavefield stability. J. Acoust. Soc. Am. ,2005;117(3):1607 – 1610.

[13] P. VC. Hough. A methodand means for recognizing complex patterns. U. S. Patent No. 3069654.

[14] 惠俊英,惠娟. 矢量声信号处理基础. 北京:国防工业出版社. 2009:10.

单观测通道船舶辐射噪声盲源分离

刘　佳　杨士莪　朴胜春　黄益旺

摘要　提出了一种适用于单观测通道的船舶辐射噪声盲源分离方法。该方法依据船舶辐射噪声远场的空间分布规律，通过将单观测通道延时和滤波的方法构造虚拟通道，使单通道转化为多通道，以实现单通道的盲源分离。仿真及实验数据分析的结果显示，分离后信号的相关系数在不同信噪比下有稳定的提高，说明该方法能在一定程度上利用单观测通道在海洋环境噪声背景下分离船舶辐射噪声，实验数据分析同时表明该方法对双目标船的分离也有一定效果。

1　引言

盲源分离(Blind Source Separation，BSS)是指在不知道任何先验知识或者只知道很少量先验知识的情况下，利用观测信号提取或分离各源信号的方法[1-3]。它是近年来信号处理领域的研究热点之一，在声呐、雷达、医学、语音、图像，以及地震信号处理等领域都有广泛的应用前景，在水声领域也有着巨大的发展潜力。

由于不同船的辐射噪声和海洋环境噪声之间可以认为是相对独立的信号，因此盲源分离可用于在海洋环境噪声背景下分离船舶辐射噪声。关于这类问题已有很多研究成果[4-7]，这些方法多是基于多观测通道，即观测通道的数目大于或等于源信号的数目，然而实际的水声设备受安装条件、设备造价等各种条件的制约，有时可能只有单观测通道。这种仅利用单观测通道进行盲源分离的方法称为单通道盲源分离，是国际上正在兴起的一个重要的研究方向。有很多学者正致力于这一问题的研究[8-13]，较为典型的研究结果有：Jang[8]使用的时域基函数法，该方法使用源信号作为训练数据，通过学习源信号的时域基函数作为先验知识，在分离阶段利用基函数估计混合信号中的源信号，该方法的局限是需要有训练数据；James 和 Davies[9-10]提出使用动态嵌入法构造状态空间，使单通道问题转化为多通道的正定问题，再利用 ICA 进行盲源分离，最后通过投影的方法恢复各独立的源，该方法要求信号平稳，而且源信号恢复时需要主观选择；Warner 等[12-13]提出一类利用过采样和成形滤波器差异的分离方法，该方法可以利用更多的波形信息，但是要求信噪比较高，而且存在非线性因素时分离效果不佳。

文中在现有研究的基础上依据实际船舶辐射噪声的空间分布规律，提出构建虚拟通道的方法，通过将原始接收信号延时、滤波，使单通道问题转化为多通道问题，使单通道问题可解。该方法不需要已知源信号作为训练数据，不要求源信号满足稀疏性条件，因而对水声信号有比较好的适用性。

2　单通道盲源分离算法

设 n 个信号源$s_1,s_2,\cdots,s_n$所发出的信号被单个传感器接收后得到输出 x。假设传感器

接收的信号是各个源信号的线性组合,且不考虑接收噪声,则认为接收传感器的输出为:

$$x(t) = \sum_{j=1}^{n} a_j s_j(t) \tag{1}$$

其中,a_j为混合系数。单通道盲源分离的任务就是根据接收信号估计源信号,这属于特殊的欠定盲源分离问题,在这种条件下,基于矩阵表示的盲源分离算法已不再适用,文中采用构建虚拟通道的方法解决这一问题。

2.1　通道虚拟方法

考虑实际的传感器阵列在接收信号时,由于信号的空间分布规律及各基元的位置关系,各传感器接收的信号间存在时延差,故本文可以采用延时法利用观测通道构造虚拟接收通道。

首先设实际的观测信号为 $x(t)$,且信号以平面波入射,虚拟通道和实际通道组成的阵列如图 1 所示。

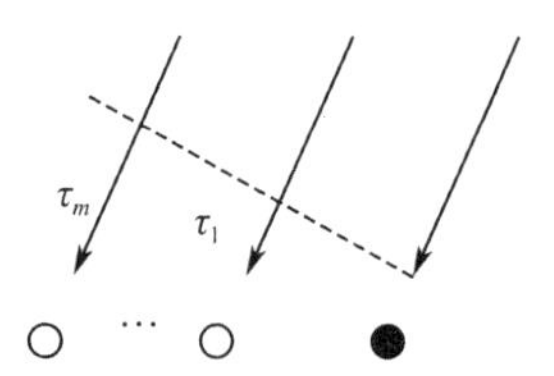

图 1　多通道阵列接收信号示意图

图中实心点代表实际的观测通道,空心点代表虚拟通道,则根据信号的空间分布特性及各通道间的几何关系,虚拟通道的接收信号可表示为实际接收信号的延时。

$$x_i = x[t + (i-1)\tau] \tag{2}$$

因此可以构造接收矩阵如下:

$$\boldsymbol{x}(t) = \begin{bmatrix} x(t) \\ x(t+\tau) \\ \vdots \\ x(t+(m-1)\tau) \end{bmatrix} \tag{3}$$

其中,m 为延时处理后总的通道数,m 应不小于源的个数;τ 为延时量,应小于信号的时间相关半径,大于噪声的时间相关半径。

为模拟各接收传感器的响应函数,把各通道的信号通过滤波器,设各滤波器的频率响应为:

$$H_i(e^{jw}) = |H_i(e^{jw})| e^{j}\varphi^{i(w)}, i = 1, 2, \cdots, m \tag{4}$$

其中,$|H_i(e^{jw})|$表示传感器的幅频响应,在主要关心频段内要保证平坦;$\varphi^{i(w)}$ 表示各传感器相频相应,这里采用 IIR 滤波器模拟实际接收传感器的相频特性。构造的虚拟接收矩阵如下:

$$\boldsymbol{z}(t) = \begin{bmatrix} x(t) * h_1 \\ x(t+\tau) * h_2 \\ \vdots \\ x[t+(m-1)\tau] * h_m \end{bmatrix} \tag{5}$$

其中，$h_i(t)$，$i=1,2,\cdots,m$ 为各滤波器的冲击响应。

最后，将 $\boldsymbol{z}(t)$ 作为输入矩阵，利用盲源分离算法进行各源信号的分离。该法的实现流程图如图 2 所示。

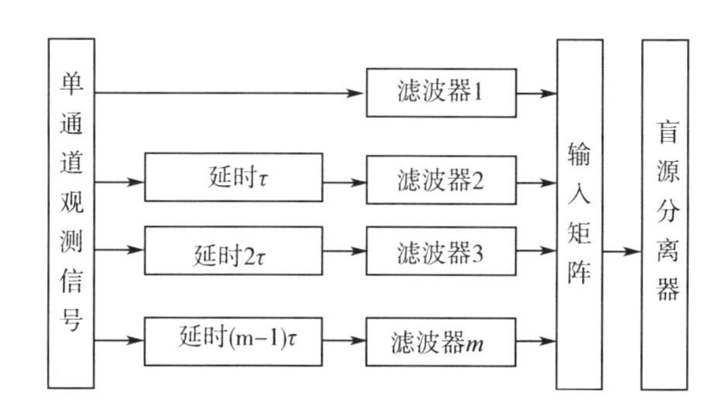

图 2　单通道盲源分离算法实现流程

2.2　盲源分离器

盲源分离器的目的是寻找分离矩阵 $\boldsymbol{W}$，以获得源信号的合理估计：

$$\boldsymbol{y}=\boldsymbol{W}\boldsymbol{z} \tag{6}$$

本文使用基于最大信噪比的盲源分离方法[13]。该方法以信噪比越大时盲源分离效果越好这一特点，建立信噪比目标函数。

把源信号 $\boldsymbol{s}$ 与其估计信号 $\boldsymbol{y}$ 的误差 $\boldsymbol{e}=\boldsymbol{s}-\boldsymbol{y}$ 作为噪声信号，则建立信噪比函数：

$$SNR=10\ \log\frac{\boldsymbol{s}\cdot\boldsymbol{s}^{\mathrm{T}}}{\boldsymbol{e}\cdot\boldsymbol{e}^{\mathrm{T}}}=10\ \log\frac{\boldsymbol{s}\cdot\boldsymbol{s}^{\mathrm{T}}}{(\boldsymbol{s}-\boldsymbol{y})(\boldsymbol{s}-\boldsymbol{y})^{\mathrm{T}}} \tag{7}$$

由于源信号 $\boldsymbol{s}$ 是未知的，而且 $\boldsymbol{y}(n)$ 含有噪声，因此用 $\boldsymbol{y}(n)$ 的滑动平均 $\tilde{\boldsymbol{y}}$ 代替源信号 $\boldsymbol{s}$，信噪比函数可改写为：

$$SNR=10\ \log\frac{\tilde{\boldsymbol{y}}\cdot\tilde{\boldsymbol{y}}^{\mathrm{T}}}{(\tilde{\boldsymbol{y}}-\boldsymbol{y})\cdot(\tilde{\boldsymbol{y}}-\boldsymbol{y})^{\mathrm{T}}} \tag{8}$$

为了简化计算，将上式分子中的 $\tilde{y}$ 用 y 代替，基于式(6)，得到信噪比目标函数为：

$$\begin{aligned}F(W,z)&=10\ \log\frac{\boldsymbol{y}\cdot\boldsymbol{y}^{\mathrm{T}}}{(\tilde{\boldsymbol{y}}-\boldsymbol{y})\cdot(\tilde{\boldsymbol{y}}-\boldsymbol{y})^{\mathrm{T}}}=10\ \log\frac{\boldsymbol{W}\boldsymbol{z}\boldsymbol{z}^{\mathrm{T}}\boldsymbol{W}^{\mathrm{T}}}{\boldsymbol{W}(\tilde{\boldsymbol{z}}-\boldsymbol{z})(\tilde{\boldsymbol{z}}-\boldsymbol{z})^{\mathrm{T}}\boldsymbol{W}^{\mathrm{T}}}\\&=10\ \log\frac{\boldsymbol{W}\boldsymbol{C}\boldsymbol{W}^{\mathrm{T}}}{\boldsymbol{W}\tilde{\boldsymbol{C}}\boldsymbol{W}^{\mathrm{T}}}=10\ \log\frac{\boldsymbol{V}}{\boldsymbol{U}}\end{aligned} \tag{9}$$

式中，$\boldsymbol{C}=\boldsymbol{z}\boldsymbol{z}^{\mathrm{T}}$，$\tilde{\boldsymbol{C}}=(\tilde{\boldsymbol{z}}-\boldsymbol{z})(\tilde{\boldsymbol{z}}-\boldsymbol{z})^{\mathrm{T}}$，$\boldsymbol{V}=\boldsymbol{W}\boldsymbol{C}\boldsymbol{W}^{\mathrm{T}}$，$\boldsymbol{U}=\boldsymbol{W}\tilde{\boldsymbol{C}}\boldsymbol{W}^{\mathrm{T}}$。

两边对 $\boldsymbol{W}$ 求偏导，得：

$$\frac{\partial\boldsymbol{F}}{\partial\boldsymbol{W}}=\frac{2\boldsymbol{W}}{\boldsymbol{V}}\boldsymbol{C}-\frac{2\boldsymbol{W}}{\boldsymbol{U}}\tilde{\boldsymbol{C}} \tag{10}$$

式(10)的零点为目标函数 $F(W,z)$ 的极值点，则满足

$$\boldsymbol{W}\boldsymbol{C}=\frac{\boldsymbol{V}}{\boldsymbol{U}}\boldsymbol{W}\tilde{\boldsymbol{C}} \tag{11}$$

式中的 $\boldsymbol{W}$ 即为所求的分离矩阵。

2.3 性能评价标准

为评价算法的分离性能采用分离信号与源信号的相关系数 ξ 作为分离性能的评价准则,分离信号与源信号的相关系数为:

$$\xi_{ij} = \frac{\left| \sum_{t=1}^{M} y_i(t)\, s_j(t) \right|}{\sqrt{\sum_{t=1}^{M} y_i^2(t) \sum_{t=1}^{M} s_j^2(t)}} \tag{12}$$

相关系数允许盲源分离效果在幅度上存在差异,由概率统计可知,如果分离效果良好,则分离信号与对应的源信号之间的相关系数应该接近"1",反过来如果分离效果很差,则相关系数应接近于"0"。

3 算法仿真研究

为验证方法的性能,对其进行了仿真。仿真条件:采用两个源信号,分别为:(1)10 ~ 5 000 Hz的带限高斯白噪声。(2)中心频率为 50 Hz,调制系数为 40 Hz/s 的线性调频信号。考虑两个源信号以平面波入射,观测信号为两信号的线性混合。定义线性调频信号和噪声的功率比为信噪比,则信噪比 0 dB 时盲源分离前后的时域波形如图 3 所示(图中显示了 0.7 ~1 s 的信号)。

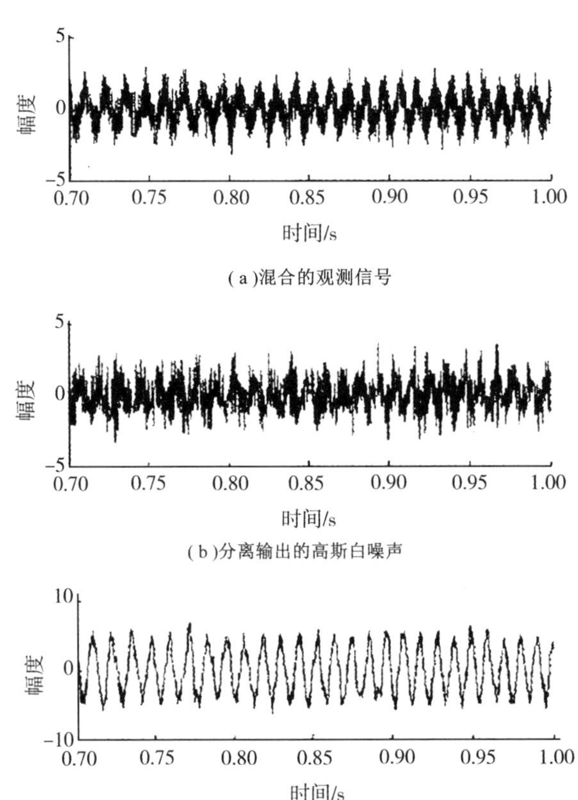

图 3 仿真研究的盲源分离前后的时域波形

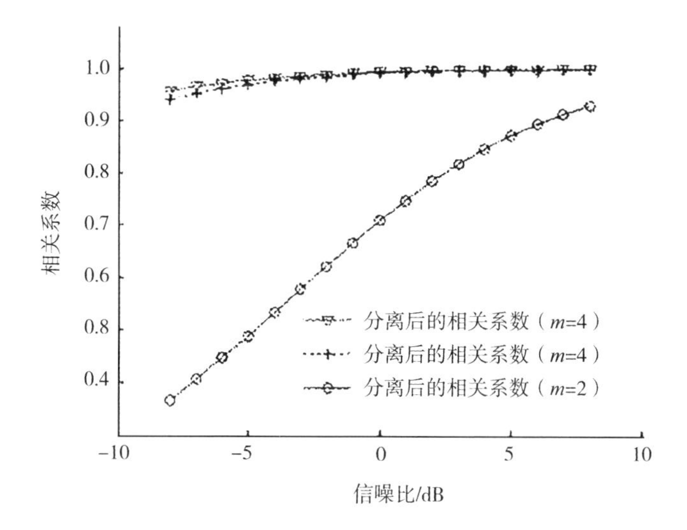

图 4　不同信噪比、不同虚拟通道数的盲源分离性能(−8 ~ 8 dB)

由图 3 的时域波形可以看出,经过文中所述方法处理后,线性调频信号得到了一定的分离,而且分离前混合信号与源信号的相关系数为 0.70,分离输出信号与源信号的相关系数为 0.96。

在信噪比和虚拟通道数不同的条件下进行多次实验,图 4 显示在不同信噪比下分离前后相关系数,同时显示了不同虚拟通道数下的分离结果。

从图 4 中可以看出,当信噪比在 −8 ~ 8 dB,分离后的线调频信号与源信号的相关系数均在 0.9 以上,证明方法可以对不同信噪比条件下的信号进行有效的分离,方法稳定性较好。由图可见,分离后的相关系数也与信噪比有关,信噪比越高,分离后的相关系数也越趋近于 1,但是随着信噪比的增加,相关性可改善的空间也减小了,因此改善性能也就不再那么明显了。同时由于虚拟通道数的增加并不能增加更多的信息量,所以由图中可以看出,虽然产生 4 个虚拟通道比产生 2 个虚拟通道的分离性能略好,但差别很小。

4　实测数据分析

为了研究算法对实际数据的处理能力,使用实际测量得到的海洋环境噪声和船舶辐射噪声数据混合构成观测信号,然后对单通道观测数据进行盲源分离研究。

算例 1:利用实测的海洋环境噪声和某船辐射噪声作为源信号,进行盲源分离实验。分析带宽为 20 ~ 1 800 Hz,两个信号的相关时间如图 5 所示。

通常以归一化相关系数降到 0.5 时的时延量为信号的时间相关半径,由图 5 的分析结果可见该船舶辐射噪声时间相关半径为 3.7 ms,海洋环境噪声的时间相关半径为 0.4 ms。依据虚拟通道的延时量要小于信号的相关半径,大于噪声的相关半径的特点,选择 τ = 0.6 ms,此时船舶辐射噪声的相关系数为 0.78,海洋环境噪声的相关系数仅为 0.2,满足虚拟通道与信号的相关性良好而噪声不相关的要求。又因为共有两个源信号,所以设置通道数 $m=2$。

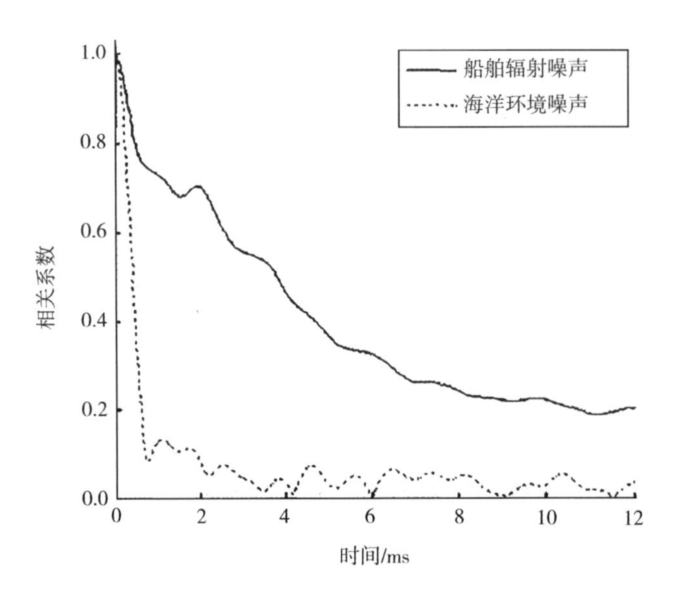

图 5　两个源信号的时间相关系数

将两个实测信号以 *SNR* =0 dB 线性混合,进行单通道盲源分离实验。分离前后信号的时域波形如图 6 所示(图中显示了 1.75 ~2 s 的信号)。

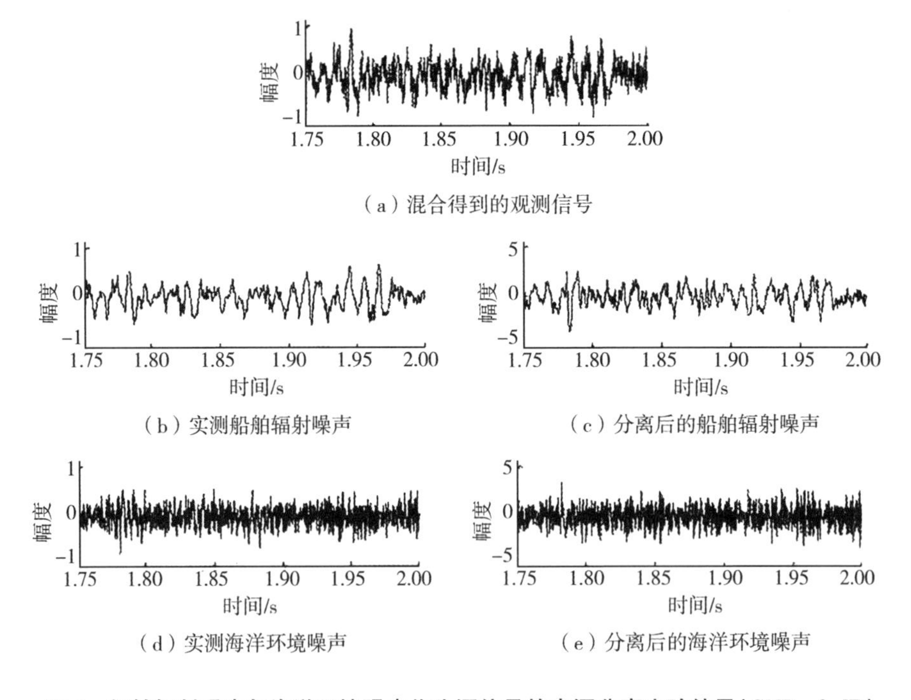

图 6　船舶辐射噪声与海洋环境噪声作为源信号的盲源分离实验结果(*SNR* =0 dB)

由图 6 可以看出,分离信号与相应源信号在时域图的细结构上有较好的相似度。其中分离后输出信号与实测的船舶辐射噪声相关系数为 0.85,而混合的观测信号与原船舶辐射噪声的相关系数仅为 0.73。

将该实验在不同信噪比下进行,由分离结果图 7 可见,在不同信噪比条件下(-8 ~

8 dB)分离后的相关系数较分离前有较稳定的提高。说明该方法能利用单观测通道在海洋环境噪声背景下提取船舶辐射噪声,而且在不同信噪比条件下稳定性较好。

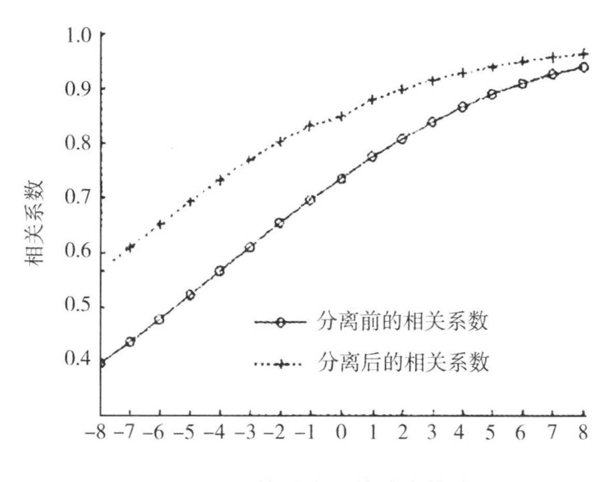

图7　不同信噪比下的分离性能

算例2 源信号为实测的两艘船的辐射噪声和海洋环境噪声,将其线性混合作为观测信号,信噪比 $SNR=0$ dB,其中 $m=4$,$\tau=14$ ms。分离前后的时域波形如图8所示(图中显示了1.9~2 s的信号)。

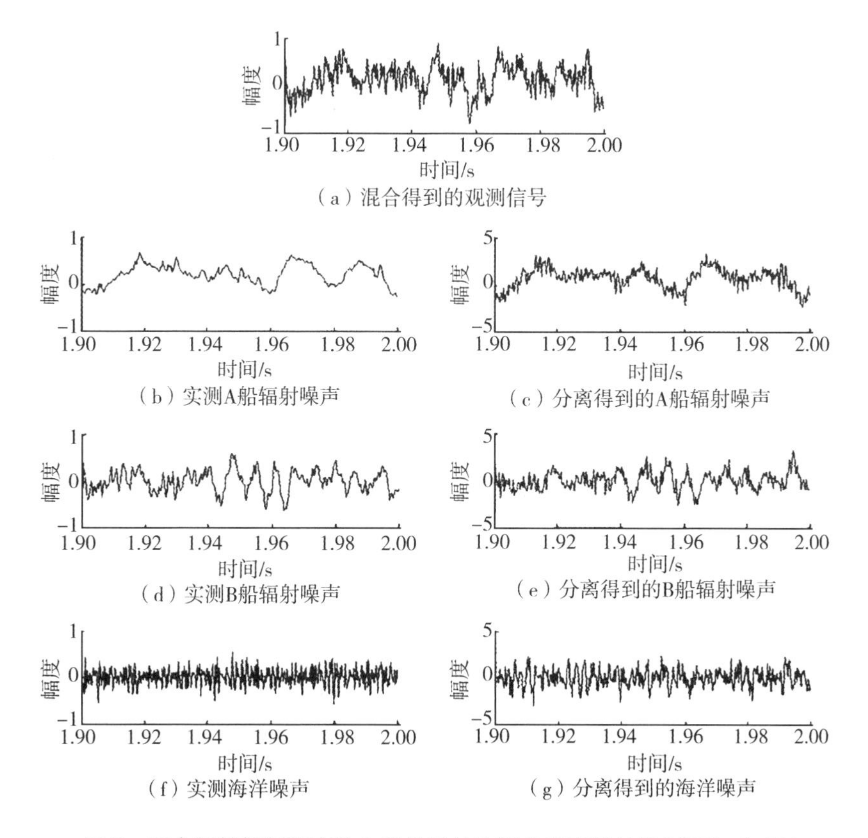

图8　两个船舶辐射噪声作为源信号的盲源分离实验结果($SNR=0$ dB)

由图 8 可以看出,经分离得到的各目标船的辐射噪声与相应源信号在时域细结构上有较好的相似性。另外,混合信号与各源信号的相关系数及分离信号与对应的源信号的相关系数如表 1 所示。

如表 1 所见,两艘船的辐射噪声经分离后与相应源信号的相关系数都较分离前的混合信号有所提高。表明在海洋环境噪声背景下,该方法亦能在一定程度上对双目标船辐射噪声进行分离。

表 1　分离前后相关系数对比

	分离前	分离后
A 船	0.61	0.75
B 船	0.56	0.62

5　结论

针对只有一个观测通道时常规的盲源分离算法将会失效的问题,文中提出通过构造虚拟接收通道,进行单通道盲源分离的方法。仿真及理论分析表明,该方法能有效克服单通道的欠定问题,可以对具有统计独立性的源信号进行有效分离,而且在不同信噪比下稳定性较好,实测数据分析表明,方法可以在海洋环境噪声背景下分离船舶辐射噪声,提高对目标船辐射噪声的检测性能,而且对同时存在两个目标船的情况也适用。由于该方法仅需要单观测通道即可实现盲源分离,因此可以简化接收设备,对很多不具备多观测通道的场合有良好的适应性,但由于实际水声环境多径效应显著,为克服多径的影响,文中所述方法还有待进一步完善,需要继续开展深入研究。

参考文献

[1] Herault J, Jutten C. Space or time adaptive signal processing by neural network models. In: International Conference on Neural Networks for Computing, Snowbird, USA, 1986: 206 - 211.

[2] Herault J, Jutten C. Blind separation of sources. Part i: an adaptive algorithm based on neuromimetic architecture. Signal Processing, 1991; 24(1): 1 - 10.

[3] Cardoso J F. Blind signal separation: statistical principles. Proceedings of the IEEE, 1998; 86(10): 2009 - 2025.

[4] 单志超,林春生,向前. 基于二阶非平稳统计量的船舶噪声信号的盲分离信号处理, 2009; 25(6): 973 - 976.

[5] 倪晋平,马远良,孙超. 用独立成分分析算法实现水声信号盲分离. 声学学报, 2002: 27(4): 321 - 326.

[6] 姜卫东,高明生,陆佶人. 基于两个频点的水声信号盲源分离声学技术, 2004: 23(4): 197 - 200.

[7] 张安清,章新华. 基于信息理论的舰船噪声盲分离算法. 系统工程与电子技术, 2003: 25(9): 1 058 - 1 060.

[8] Gil - Jin Jang, Te - Won Lee. Single - channel signal separationusing time - domain functions. *IEEE Signal Processing Letters*,2003:10(6):168 - 171.

[9] Davies M E,James C J. Source separation using single channel ICA. Signal Processing,2007;87(8):1 819 - 1 832.

[10] WANG Suogang, James C J. On the Independent Component Analysis of evoked otentials through single or few recording channels. In: Proceedings of the 29th Annual International Conference of the IEEE EMBS Cite Internationale, Lyon, France,2007:5 433 - 5 436.

[11] Frederic Abrard, Yannick Deville. A time - frequency blind signal separation method applicable to underdeterminedmixtures of dependent sources. Signal Processing, 2005; 85(7):1 389 - 1 403.

[12] Warner E S,Proudler I K. Single - channel blind signal separation of filtered MPSK signals. IEEE Processing: Radar, Sonar and Navigation,2003,150(6):396 - 402.

[13] 崔荣涛,李辉,万坚,戴旭初. 一种基于过采样的单通道 MPSK 信号盲分离算法. 电子与信息学报,2009;31(3):566 - 569.

[14] 张小兵,马建仓,陈草华,刘恒. 基于最大信噪比的盲源分离算法. 计算机仿真,2006,23(10):72 - 75.

多波束测深声呐技术研究新进展

李海森　周　天　徐　超

摘要　多波束测深声呐已成为国内外海洋科学研究、海底资源开发、海洋工程建设等海洋活动中最主要的海洋调查勘测工具之一。以多波束测深声呐为对象，详细介绍了国内外多波束测深声呐产品的发展情况，重点阐述了代表当前多波束测深声呐发展趋势的超宽覆盖、高分辨、高精度、多功能一体化探测等核心技术的研究进展，最后结合实际的海底地形地貌探测需求给出了多波束测深声呐技术未来发展的展望。

关键词　多波束测深声呐；海底地形；一体化探测

1　引言

占地球总面积约71%的海洋是全球生命支持系统的一个基本组成部分，拥有丰富的生物、石油、矿藏资源。随着世界人口急剧增加、陆地资源日趋匮乏，海洋已成为人类生存与实现可持续发展的重要空间。而在围绕海洋的科学研究、资源开发、工程建设以及军事等活动中，通常都需要准确地获取所关注区域内的海底地形地貌信息数据以作为基础资料与支撑依据。因此，海底地形探测设备及其技术成为科学家和学者兴趣所在，其先进技术和功能实现成为高效、准确获取海底信息的关键之一。

从沿用了千年的竹竿、铅垂到第一次世界大战后20年代出现的单波束回声测深仪，再到20世纪60年代出现的多波束测深声呐，海底深度测量设备与技术在现代水声、电子、计算机、信号处理技术蓬勃发展的背景下产生了质的飞跃，促进了海洋科学研究活动的飞速发展。多波束测深声呐概念的提出，实现了海底地形地貌的宽覆盖、高分辨探测。与铅垂或单波束回声测深仪等每次测量只能获得测量船正垂下方一个海底点的深度数据相比，多波束探测每发一次声波就能获得多达数百个海底测点数据，把测深技术从“点－线”测量变成“线－面”测量，促进了海底三维地形的测量效率和海底遥测质量的大幅度提高[1]。

几十年来，多波束测深声呐产品不断推陈出新，广泛应用于海洋工程测量、海底资源与环境调查以及海底目标勘测等领域，现已成为海洋勘测不可或缺的首选科学设备之一[2]。而如此重要地位的建立取决于其相关技术的不断创新与发展。为此，本文针对目前多波束测深声呐产品及其核心技术的研究进展进行归纳与总结，以供有兴趣的学者研讨交流。

2　多波束测深声呐进展概述

2.1　多波束测深原理

多波束测深声呐(multi－beam bathymetric sonar)，又称为条带测深声呐(Swath bathymetric sonar)或多波束回声测深仪(multi－beam echo sounder)等，其原理[3,4]是利用发射换能器基阵向海底发射宽覆盖扇区的声波，并由接收换能器基阵对海底回波进行窄波束接收,如图1所示。通过发射、接收波束相交在海底与船行方向垂直的条带区域形成数以百计的照射脚印(footprint),对这些脚印内的反向散射信号同时进行到达时间和到达角度的估计,再进一步通过获得的声速剖面数据由公式计算就能得到该点的水深值。当多波束测深声呐沿指定测线连续测量并将多条测线测量结果合理拼接后便可得到一定区域的海底地形图。

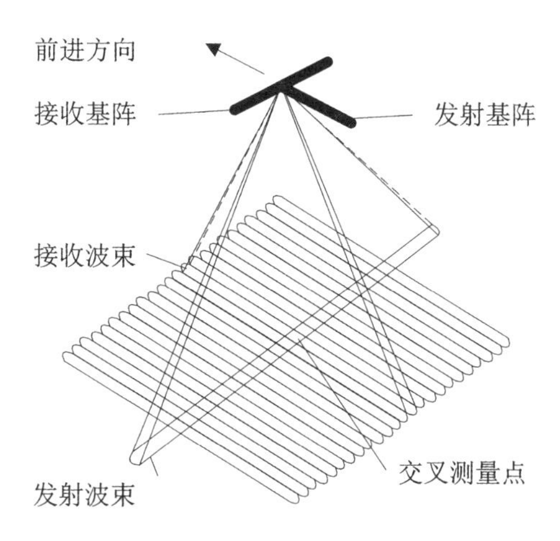

图1　多波束测深原理图

2.2　多波束测深声呐产品发展趋势

自从1956年在美国Woods Hole海洋研究所召开的一次学术会议上首次提出了多波束测深的构想以来,多波束测深声呐系统及相关技术的研究已经经历了半个多世纪的发展。从2012年第18届国际海道测量会议新产品展示看,目前国际上知名的多波束测深声呐产品主要包括:美国L-3 ELAC Nautik公司的SeaBeam系列,德国ATLAS公司的FANSWEEP系列,挪威Kongsberg公司的EM系列,丹麦Reson公司的Seabat系列以及美国R2SONIC公司的SONIC系列等(各系列产品性能指标详见有关产品网站)。通过产品的系列化,使得多波束测深声呐实现了全海深、全覆盖、高分辨测量;其典型性能趋势是:(1)高精度、高分辨;(2)超宽覆盖;(3)多功能一体化;(4)小型化、便携式。

2.2.1　高精度、高分辨

由于边缘波束海底散射信号的信噪比降低、“隧道效应”[4]和声线的“折射效应”[5]等测深假象以及海底地形的复杂性的影响,早期的多波束测深声呐难以实现高精度(特别是内部与边缘波束同时高精度),同时由于声照射海底脚印偏离垂向后不断展宽增大,导致海底采样不均匀,因此小目标探测或微地形探测效果不佳。为此,围绕高精度和高分辨,国内外学者和厂商开展了大量深入细致的研究工作。新颖的高分辨[6,7]、宽带信号处理[8]以及测深假象消除[9,10]、联合不确定度等技术的采用大幅度提高了多波束测深声呐的精度、分辨率和可信性。

2.2.2　超宽覆盖

覆盖范围是指水平探测距离与垂直深度之比,决定了多波束测深声呐的实际测量效率,尤其是在浅水区域,宽覆盖和超宽覆盖是多波束测深优越性的集中体现,也是多波束测深声呐最引人关注的性能。因此业内也经常通过这个技术指标来衡量其产品的先进性或作为选型参考。一般 3 ~ 5 倍以下是常规覆盖能力，目前技术已趋于成熟；6 ~ 8 倍是宽覆盖且达到国际先进水平，国内外主流产品大多达到这个能力，而 8 倍以上则达到超宽覆盖，是国际领先水平，只有少数商家可以达到。目前国内也已经实现了 8 倍以上超宽覆盖的原理样机[4]。

2.2.3　多功能一体化

自多波束测深声呐问世，学者们就一直努力拓展其获取更多海底特性信息的能力，比如多波束海底地形探测的同时兼顾海底地貌探测。其基本思想是采用同一套硬件设备或者基于同一组海底采样数据，运行不同的软件进而获取更丰富的海底特性信息，这既能减少测量船勘测设备购置成本、数量和种类，节省能源和空间，更突出的优势是可以实现海底多种特性共点同步探测。目前，国际上已实现了多波束海底地形和地貌探测的产品有 seabat7125、EM3000 等[11]，而 QTC 公司通过进一步提供软件数据分析，可以实现多波束海底底质分类和识别[12]。国内多波束海底地形地貌探测技术也已经取得显著进展[13,14]，但多波束分类尚处于基础阶段[15]。总之，采用多波束测深声呐平台实现海底地形、地貌、底质分类与识别等多功能一体化探测是未来的发展方向之一。

2.2.4　小型化、便携式

国内外各个多波束测深设备厂商，在努力实现高精度、高分辨测量的同时，为了测量人员使用测量设备时的舒适度以及安装方便等要求，努力提高设备的集成度、小型化。特别是在内陆湖泊，水浅船小的情况下，一两个人即可完成测绘任务，大大降低了测绘成本。这种轻便设备的基阵安装方式多样，既可以安装在船上，也可以安装在水下潜器上，表现出很强的适应性和灵活性[16]。

2.3　多波束测深声呐产品分类

在各多波束生产厂商的竞争以及需求方不断提出的高新要求下，各种系列化的货架产品应运而生，而且针对性更强。目前多波束测深声呐按照载体不同分为船载式和潜用式；按照测量水深可以分为浅水、中水、深水型；按照发射频率可以分为单频和多频（宽带）；按覆盖宽度可分为宽覆盖和超宽覆盖；按照完成功能可分为单功能和多功能探测型；按照技术交叉可以分为测深型和测深辅助型（基于测深延伸为独立仪器，比如海底管线仪、海底桩基形位仪、前视避碰声呐）等。以 Kongsberg 公司多波束测深声呐产品为例[17]，其收购公司旗下产品 GeoSwath Plus 型专用于 ROV/AUV 等水下潜器的多波束测深声呐；将两个 EM2040 呈“V”型安装的超宽覆、浅水多波束测深声呐，并且该声呐系统可发射宽带信号；探测深度 3 ~ 1 000 m 的 EM710S 中水型多波束测深声呐；最大探测深度可达到 11 000 m 的 EM122 型深水多波束测深声呐等。可见，随着技术的不断发展，多波束测深声呐产品呈系列化趋势，更加适应对海底特性的不同探测需求。

2.4　国产化产品新进展

在国内，多波束测深声呐的研究始于上个世纪八十年代中期，但直到 1998 年才由哈尔滨工程大学和天津海军测绘研究所等单位联合研制成功我国首台多波束条带测深仪，成为国产第一台中等水深（最大可达 1 200 m）实用型多波束测深声呐产品，并获得 1999 年原中船总部级科技进步一等奖。2006 年，哈尔滨工程大学又成功研制了我国首台便携式高分辨浅水多波束测深声呐[18]。其测深范围 1 ~ 200 m，最大覆盖扇面是水深的 6 ~ 8 倍，测深波束 256 个，波束宽度为 1.5° × 1.5°，测量结果满足 IHO 国际标准要求，并且该产品先后获得了中国国家发明专利优秀奖、中国上海国际工业博览会优秀产品奖、中国海洋工程科学技术奖发明二等奖、黑龙江省科技进步二等奖、浙江省科学技术二等奖等。从2008年至今,哈尔滨工程大学又在国家“863”计划项目的支持下,完成了超宽覆盖浅水多波束测深声呐系统的研制,其测深范围为1~500 m,波束宽度为1.3°×1.3°,覆盖扇面达到了12倍水深,并且该系统可实时进行横摇、纵摇补偿与声速修正,已通过科技部组织的专家验收。目前,具有我国独立自主知识产权的国产化产品或技术已经得到中国石油集团工程技术研究院、海洋石油有限责任公司、黑龙江省航务局和航道局、内蒙古海事局、中国船舶重工集团公司第710研究所、第726研究所、大连松岩诚城公司、哈尔滨海声天达公司等多家专业单位选购或推广应用。2010年,基于哈尔滨工程大学专利技术,广州南方测绘公司在全国海测会议上推出一款性价比优势明显的超轻便型多波束测深系统,其自身质量仅15 kg(不含电缆),另加外置笔记本电脑和必要辅助测量设备即可工作,引起国内同行高度关注。2012年哈尔滨工程大学对该产品实现了软件和硬件升级,其测深范围1~150 m,最大覆盖扇面是水深的4~5倍,测深波束127个,波束宽度为3.0°×1.5°。此外,国内中船重工集团公司第715研究所也于2010年完成一套基于U型基阵[19]的多波束测深声呐系统工程样机,但尚未实现产品化。同期,在国家“863”计划支持下,中科院声学研究所、中船重工第715研究所、国家海洋局第二海洋研究所与浙江大学等多家单位联合研制我国第一套深水多波束测深侧扫声呐系统,其测深范围为150~11 000 m[20]。

3　多波束测深声呐技术研究新进展

针对多波束测深声呐技术的发展,国内外不断寻求新的突破,突出研究多波束测深声呐覆盖宽度、探测精度以及分辨率实现技术,更加注重追求测量质量;另一方面,在研究测深技术的同时,又进一步挖掘多波束测深系统在地貌成像与海底底质分类方面的能力,从而实现了海底地形、地貌与底质分类多功能一体化探测。

3.1　超宽覆盖多波束测深技术

只有具备宽覆盖或超宽覆盖探测能力的多波束测深声呐才能发挥出更高的测量效率,进而减少海底地形调查的人力、物力以及时间上的投入。因此,如何提高多波束测深声呐的覆盖范围是其技术研究的前沿热点问题之一[4]。

换能器基阵的辐射扇面开角是多波束测深声呐保证其覆盖能力的重要前提,因此国内外首先通过设计特殊的基阵形式以取代传统多波束测深系统采用的Mill's交叉阵在超宽覆盖能力上的欠缺。例如,2004年德国Atlas公司推出的Fansweep 30 Coastal是一种U型基阵多波束测深声呐[21],充分利用其物理形状自然补偿边缘波束方向的声源级,据厂商公开的理论测试曲线可以补偿12 dB,较好弥补了边缘波束区域信号弱的问题,但是该产品几年前首次引进我国时,没有通过用户验收,经多方权威测试属产品自身质量问题不得不退货赔偿处理,可见该型产品尚存在某方面技术缺陷,至今未能在中国实用;文献[22]提出多条多元发射线阵组成弧形发射阵,且使用“V”型阵进一步实现了多波束测深声呐的超宽覆盖探测,这是目前国内外更为普遍的一种超宽覆盖技术[4]。利用两套都能独立进行收发的基阵构成“V”型安装,使每套基阵水平夹角合理设置,确保发射波束主轴偏离基阵正下方,增强了边缘波束方向的能量,利于接收边缘波束的海底回波信号。另一方面,多波束测深声呐超宽覆盖条件下的边缘波束测深精度估计问题也相应地得到广泛关注。文献[23,24]利用分裂子阵相位差检测法对边缘波束回波进行方位估计；而 Luren Yang[25] 通过综合运用海底回波的幅度与相位信息，研究出一种更为稳健的海底检测技术—多子阵检测法，并且文献[26]对该方法进行了改进，并在国产多波束产品中实现工程应用，效果十分令人满意。

3.2　多波束高分辨测深技术

分辨率是衡量多波束测深声呐技术水平的另外一个重要指标，它决定了水下小目标以及复杂地形的精细探测能力。近年来，由于相干机理[7,27,28]的引入解决了多波束测深系统分辨率受波束数目限制问题，且因算法结构简单使多波束测深声呐在不增加波束形成数目和基本硬件成本的情况下，就能获得非常高的分辨率，因此为愈来愈多的科研单位及多波束测深声呐生产厂商所重视。多波束相干算法从最初原理的提出到最终算法的完善都经过了大量的理论与试验验证研究。如 Gerard Llort 等人[29]提出利用波束范围内相位差序列的全部数据点估计海底深度的方法，并利用实测数据验证了该算法的有效性和可行性。在国内，哈尔滨工程大学在国家自然科学基金的支持下，对该算法展开一系列系统的研究。李海森等在借鉴国外基本思想的基础上详细分析了多波束相干法高分辨测深机理[7]，研究了三种噪声源(即外部加性噪声、基线解相关引起的噪声和移动声脚印引起的噪声)对多波束相干测深算法性能的不利影响[30]；根据不同波束内相位差序列的带宽不断变化的情况，文献[31 - 33]依据可变带宽滤波器的思想，改进了相位差序列估计精度。并在其基础上进一步完善了该方法的 FPGA 实现结构，为该滤波算法的工程实现提供可行性。为保证测量精度，文献[34]提出基于多元信息融合的相位差解模糊方法；而文献[35]还提出了一种基于多子阵对的解相位模糊方法，通过合理的子阵结构划分来避免出现子阵相位模糊问题，不仅高效解决了多波束相干测深算法中的相位解模糊难点，而且有效提高了海底地形估计的分辨率和覆盖能力。经过上述的针对性专门研究，解决了多波束相干测深方法中多波束相干相位差序列的获取，相位差序列的可变带宽滤波处理以及相位解模糊方法三个关键技术，完善了多波束相干法高精度估计方法与硬件实现结构设计，为该方法的工程实现提供了完备了理论与实践基础。

此外，周天等将多子阵波束域算法的稳健性与 MUSIC 算法的高分辨特性相结合，提出一种基于多子阵波束域 MUSIC 算法[6](MSB - MUSIC)；又结合 FT 波束形成技术和相位检测法的优势，该文提出 MSB - RMU 算法[36]。该两种算法的提出也能实现海底地形高分辨探测，丰富并完善了多波束高分辨测深的技术手段。

3.3　多波束高精度测深技术

多波束测深声呐技术的研究重点已经由传统常规技术向稳健性好、精度高升级，更加注重追求测量结果的有效性和真实性。比如测深算法从单一“能量中心”算法发展到加权时间平均(weight mean time，WMT)结合相位差检测算法，即镜像区域采用 WMT，而在非镜像区域采用相位差检测法。目前，进一步降低各种噪声对声呐接收信号的影响进而提高新测深算法的估计精度是实现高精度测量的本质和关键。但是由于海底真实深度的未知性和不可视性，无论采用哪种测深算法，都只能获得某种条件(准则)下对海底真实深度的估计，因此对测量设备测深精度或者测量可信性的评估是不可回避的问题，近年来人们开始尝试从不确定度(uncertainty)的角度间接地评估测深结果的“可信性”，并将诸多不确定度因素导致的联合不确定度(combined uncertainty)概念引入到多波束测深结果的评估中。此外，在实际的多波束测深声呐的使用中,还会遇到一些异常测深误差是上述各种高精度海底回波检测算法所无法解决的,并且会在海底等深线图或三维地形图产生一定的测深假象,从而带给海底成图质量许多不利的影响,严重者能出现错误的海底地形与目标特征。其中,最典型的测深假象就是“隧道效应”和声线的“折射效应”。为此国内外学者倾力研究测深假象产生机理与消除技术。

3.3.1　联合不确定度多波束测深估计

测深结果的精度直接影响到水深测量成果图的质量,为保证测量结果的安全使用,必须对测深结果进行评估。传统办法采用交叉测线法或比对法来评估多波束测深数据的有效性和精度,但交叉测线法是相对一致性评价,只能验证自吻合程度,无法确切证明真值的可信性,而对比法则仅仅是取其他设备获得的测量结果为参考值,其自身也存在真实性评价问题,因此,对比法依然无法获知真值而受到很大局限。另外,多波束测深质量受很多不确定因素影响,比如海底反射信号强度、测深算法的适应性、运动姿态与动态位置、声线折射效应,等等,难以直接评估多波束测深声呐的测深精度。2008 年国际海道测量组织(international hydrography organization,IHO)在最新出版的海道测量标准(S-44)第 5 版中首次将不确定度的概念引入海道测量数据处理,要求在水深测量数据质量评估中以不确定度来代替精度和误差,国内陆丹等采用联合不确定度多波束测深估计(CUMBE:combined uncertainty multi-beam bathymetry estimation)来定量表示测量结果可信程度[37]。目前,测深值不确定度的相关研究成为近年来多波束测深数据后处理的研究热点之一[38,39]。

3.3.2　“隧道效应”分析与消除

多波束测深声呐普遍使用常规波束形成技术,因该方法存在能量泄露的缺点,使得镜像区域的海底回波能量泄露进入其他所有波束的主瓣方向,这对测深结果的直接影响就是真实的平坦海底地形会被测量成虚假的两边上翘的弧形海底地形,即所谓的“隧道效应”(Tunnel effect)。2008 年开始在国家自然科学基金的资助下,针对多波束测深声呐试验数据中存在的旁瓣干扰,国内进行了一系列消除测深假象方法的研究。李海森、魏玉阔等[40,41]从自适应旁瓣抵消的角度出发,利用误差反馈 RLS-Laguerre 格型算法和基于 Givens 旋转的后验格型-梯型算法抑制旁瓣干扰,并获得了较好的处理效果。魏玉阔[9]为了获得更加理想的抑制旁瓣效果,又尝试利用 GSC(generalized sidelobe canceller)自适应旁瓣抵消结构对“隧道效应”进行消除,并利用与其等效的 MVDR 算法对试验数据进行处理,验证了该算法的正确性与有效性;文献[42]从信号处理角度出发,寻找波束输出幅度特性有更好抗谱泄露特性的波束形成方法,提出了基于 apFFT 波束形成算法的隧道效应抵消方法,该方法的突出优点是低运算量。

3.3.3　声线“折射效应”引起的误差分析与改正

海洋环境的复杂性强烈地影响着海水中的声传播,使声速变化也体现出随着空间和时间变化。为此斜入射到海水里的声波在不均匀的介质中产生了折射现象,从而对发射波束的起始入射角(受表层声速影响)和传播过程(受声速剖面影响)都将产生测量精度下降甚至是产生与实际地形背离的假象,这种假象通常称为声线的“折射效应”。针对声速表层及剖面误差在声波传播中造成的影响,文献[43-45]进行细致研究与分析。对于表层声速的误差影响,阳凡林等[46]研究了基于测区分块内插的表层声速误差改正方法;赵君毅等[47]研究了在未知准确表层声速的情况下的水深数据后处理改正方法。而对于声速剖面的影响,加拿大 Brunswick 大学的 J. E. Hughes Clarke 与 Edourard Kammerer[48,49]系统地分析声线折射对多波束测量的影响,先后提出了几种声线修正方法,并且,建立一个修正软件包以用于后置处理中的声线修正问题。

3.4　多波束海底地貌探测与底质分类技术

在获得高质量的海底地形数据同时,多波束测深声呐还可以利用来自海底的反向散射声信号,通过声成像或底质分类对海底生境(如海草,珊瑚礁,岩石,砂砾、沙、泥沙、淤泥,以及它们之间的混合物等)、沉底目标等进行更详细、更准确的认识,使多波束测深声呐成为一种集地形、地貌、底质分类探测为一体的多功能海洋勘测工具。

3.4.1　多波束测深声呐海底地貌探测

国外多波束测深声呐产品一般采用如下三种海底地貌获取方法[50-52]:(1)由每个波束主轴方向得到一个声强值;(2)对接收波束(横向宽角度覆盖扇面)进行幅度时间序列采样。由于该方法类似于侧扫成像方法,所以称为伪侧扫声呐成像;(3)对每个接收窄波束都进行幅度时间序列采样,称为“snippet”方法或者脚印时间序列,与前两种方法相比,“snippet”方法具有高分辨率以及地形地貌数据融合相对较好的两方面优势。但由于该方法中每个波束内除主轴方向的其他强度样本的空间位置是通过假设波束内为平海底情况得到的,而这种不精确的假设使得在地形复杂变化下强度数据与其空间位置数据并不能准确融合[53]。为此,文献[13,14]对其进行了改进,分别提出了基于多子阵检测法和多波束相干法的海底地貌探测算法,使测量的海底地形与地貌图像数据实现了准确融合。

3.4.2　多波束测深声呐底质分类

多波束测深声呐的底质分类技术与成像技术一样,受到了国内外的重点关注并进行了大量研究,而且已形成了多款分类软件。例如,挪威 Simrad 公司的 TRITON 分类软件,加拿大 QTC 公司的 MULTIVIEW 软件等。

利用多波束测深系统的海底底质分类技术主要围绕两个方面展开。第一,声学特征量的提取与分析,这一点是底质分类技术的前提与重要保障。一般来说,可用于分类的声学特征量主要包括海底反向散射强度数据的均值、分位数、标准差、对比度、频谱以及直方图等[54];第二,分类方法的选择与实现。常用的方法主要包括贝叶斯统计方法[55]、神经网络分类法[56,57]、纹理分析方法[12]等。其中,声学特征量的有效获取是核心关键,但目前尚不够缜密,有关分类软件必须结合现场取样等其他辅助方法才能有效稳健地应用。

4　展望与结论

海底多种声学特性的一体化探测无疑是当前多波束测深声呐技术的研究热点以及长期的发展趋势。其优势体现在:(1)避免了由于多个单一功能声学设备异步异地测量造成的数据融合困难,且节约成本;(2)多种信息的联合获得可为海洋勘测提供更为可靠的数据支撑。而在海底资源调查、海洋工程以及数字海洋构建等科学活动中,不仅仅需要水下地形地貌、海底浅表底质类型等海底表面特征数据。当遇到掩埋目标的探测与识别、海底沉积层成因与演化等实际海洋工程应用或科学研究问题时,精细浅地层剖面特性及其沉积物类型信息也是必须充分获知的。为此,未来兼具海底地形、地貌、表层底质分类功能为一身的多波束测深声呐再具备浅地层剖面探测能力,这将是其在一体化探测能力上的重大技术进步。该问题的关键核心是如何解决多波束测深声呐具有发射超高频声波(用于浅表层信息的探测)与低频声波(用于浅地层信息的探测)信号的能力,参量声基阵是目前兼具这一潜能的唯一有效途径,且已经取得长足进步,为上述多波束海底特性一体化探测打下坚实基础。

综上所述,虽然目前国外多波束测深声呐产品和技术日趋成熟,但新技术仍在不断发掘和推出。国内独立自主知识产权技术近年也取得十分显著进步,相对完整的系列化国产产品正在逐步推出,其品牌正在逐渐建立和认知,其更高性价比不仅促进了国外产品降价,也进一步促进了国内市场容量的扩大,新兴用户的批量增加。但目前从总体上看国内仍落后国外,尤其是超宽覆盖基阵技术、海底散射信号精细信号处理技术、声学海底分类技术、多波束测深声呐现场校准与实验室精密评估技术等仍充满了巨大的挑战。

参考文献

[1] 李海森. 多波束条带海底地形测绘系统研究[D]. 哈尔滨:哈尔滨工程大学,1999. 1 - 10. LI Haisen. Study of multi - beam swath bathymetry survey system[D]. Harbin:Harbin Engineering University,1999,1 - 10.

[2] 杨鲲,吴永亭,赵铁虎,等. 海洋调查技术及应用[M]. 武汉:武汉大学出版社,2009,40 - 48.

[3] YANG Kun, WU Yongting, ZHAO Tiehu, et al. Technology and application of marine investigation[M]. Wuhan:Wuhan University Press,2009,40 - 48.

[4] 周天. 超宽覆盖海底地形地貌高分辨探测技术研究[D]. 哈尔滨:哈尔滨工程大学,2005,2 - 9.

[5] ZHOU Tian. Research on super wide coverage and high resolution seafloor bathymetry and physiognomy detection[D]. Harbin:Harbin Engineering University,2005,2 - 9.

[6] 陈宝伟. 超宽覆盖多波束测深技术研究与实现[D]. 哈尔滨:哈尔滨工程大学,2012,1 - 12.

[7] CHEN Baowei. Research and implementation of the technology for super - Wide coverage multibeam bathymetry[D]. Harbin:Harbin Engineering University,2012,1 - 12.

[8] 魏玉阔. 多波束测深假象消除与动态空间归位技术[D]. 哈尔滨:哈尔滨工程大学,2011,4 - 14.

[9] WEI Yukuo. Technique of bathymetric artifact elimination and seafloor footprint positioning for multibeam bathymetry[D]. Harbin,Harbin Engineering University,2011,4 - 14.

[10] 李海森,陈宝伟,么彬,等. 多子阵高分辨海底地形探测算法及其 FPGA 和 DSP 阵列实现[J]. 仪器仪表学报,2010,31(2):281 - 286.

[11] LI Haisen, CHEN Baowei, YAO Bin, et al. Implementation of high resolution sea bottom terrain detection method based on FPGA and DSP array[J]. Chinese Journal of Scientific Instrument,2010,31(2):281 - 286.

[12] 张毅乐,李海森,么彬,等. 基于相干原理的多波束测深新算法[J]. 海洋测绘,2010,30(6):8 - 11.

[13] ZHANG Yi'e, LI Haisen, YAO Bin, et al. A new approach for multibeam echo sounding based on interferometric principle[J]. Hydrographic Surveying and Charting,2010,30(6):8 - 11.

[14] HORVEI B, NILSEN K E. A new high resolution wideband multibeam echo sounder for inspection work and hydrographic mapping[C]. Seattle:IEEE Computer Society, OCEANS

2010,2010. 1 – 7.

[15] 魏玉阔,陈宝伟,李海森. 利用 MVDR 算法削弱多波束测深声呐的隧道效应[J]. 海洋测绘,2011,31(1):28 – 31.

[16] WEI Yukuo, CHEN Baowei, LI Haisen. Tunnel efect elimination in multibeam bathymetry sonar based on MVDR algorithm[J]. Hydrographic Surveying and Charting,2011,31(1):28 – 31.

[17] 丁继胜,周兴华,唐秋华,等. 基于等效声速剖面法的多波束测深系统声线折射改正技术[J]. 海洋测绘,2004,24(6):27 – 29.

[18] DING Jisheng, ZHOU Xing – hua, TANG Qiu – hua, et al. Ray – tracking of multibeam echosounder system based on equivalent sound velocity profile method[J]. Hydrographic Surveying and Charting,2004,24(6):27 – 29.

[19] 孙文川,肖付民,金绍华,等. 多波束回波强度数据记录方式比较[J]. 海洋测绘,2011,31(6):35 – 38.

[20] SUN Wenchuan, XIAO Fumin, JIN Shaohua, et al. Comparison of the methods of multibeam echo intensity data recording[J]. Hydrographic Surveying and Charting, 2011, 31(6):35 – 38.

[21] ANDERSON J T. Acoustic seabed classification of marine physical and biological landscapes [R]: Denmark: International Council for the Exploration of the Sea(ICES)(1017 – 6195), 2007. 94 – 113.

[22] 刘晓,李海森,周天,等. 基于多子阵检测法的多波束海底成像技术[J]. 哈尔滨工程大学学报,2012,33(2):1 – 6.

[23] LIU Xiao, LI Haisen, ZHOU Tian, et al. Multibeam seafloor imaging technology based on the multiple sub – array detection method[J]. Journal of Harbin Engineering University,2012, 33(2):1 – 6.

[24] LI Haisen, XU Chao, ZHOU Tian. High – resolution integrated detection of underwater topography and geomorphology based On multibeam interferometric echo sounder[C]. Germany: Advances in Hydrology and Hydraulic Engineering, Trans Tech Publications, 2012,212 – 213:345 – 350.

[25] 陶春辉,金翔龙,许枫,等. 海底声学底质分类技术的研究现状与前景[J]. 东海海洋,2004(03):28 – 33.

[26] TAO Chunhui, JIN Xianglong, XU Feng, et al. The prospect of seabed classification technology [J]. Donghai Marine Science,2004(03):28 – 33.

[27] ROBERTS H H, SHEDD W, HUNT J. Dive sitegeology: DSV ALVIN(2006) and ROV JASON II(2007) dives to the middle – lower continental slope, northern Gulf of Mexico[J]. Deep – Sea Research II: Topical Studies in Oceanography(0967 – 0645), 2010, 57: 1837 – 1858.

[28] Norway Kongsberg Company. Kongsberg Company official network[EB/OL]. 2012/2013. www. Kongsberg. com.

[29] LIHaisen, YAO Bin, ZHOU Tian, et al. Shallow Water High Resolution Multi – Beam Echo Sounder[C]. KOBE: MTS/IEEE OCEANS 2008,2008. 1051 – 1055.

[30] 胡青,郑震宇,裘洪儿. 一种浅水多波束声呐 U 型发射阵实现方法[P]. 中国:CN102176007A,2011.
[31] HU Qing,ZHENG Zhenyu,QIU Hong'er. A method of shallow water multibeam sonar U – emission array[P]. China:CN102176007A,2011.
[32] 苏程. 深水多波束测深侧扫声呐显控系统研究[D]. 杭州:浙江大学,2012,5 – 10.
[33] SU Cheng. Research on display and control system for deep water multi – beam bathymetric sidescan sonar[D]. Hangzhou:Zhe Jiang University,2012,5 – 10.
[34] STEFANK. The new Atlas Fansweep 30 Coastal:a tool for efficient and reliable hydrographic survey[C],Germany:OMAE2006(0 – 7918 – 4746 – 2),2006,1 – 5.
[35] 周天,李海森,么彬,等. 具有超宽覆盖指向性的多线阵组合声基阵[P]. 中国:CN101149434A,2008.
[36] ZHOU Tian,LI Haisen,YAO Bin,et al. A multi – linear arrayassociated acoustic array with superwider – coverage directivity [P]. China:CN101149434A,2008.
[37] LURTONX. Precision analysis of bathymetry measurements using phase difference [C], United States:Oceans Conference(IEEE),1998. 1131 – 1134.
[38] LURTONX. Swath bathymetry using phase difference: theoretical analysis of acoustical measurement precision[J]. IEEE Journal of Ocean Engineering(0364 – 9059),2000,25(3):351 – 363.
[39] YANGL,TAXT T,TORFINN T. Multibeam Sonar Bottom Detection Using Multiple Subarrays [C]. United States:Oceans Conference(IEEE),1997,932 – 938.
[40] 周天,朱志德,李海森,等. 多子阵幅度—相位联合检测法在多波束测深系统中的应用[J]. 海洋测绘,2004,24(4):7 – 10.
[41] ZHOU Tian,ZHU Zhide,LI Haisen,et al. The application of multi – subarray amplitude – phase united detection method in multi – beam bathymetry system [J]. Hydrographic Surveying and Charting,2004,24(4):7 – 10.
[42] LLORT – PUJOL G,SINTES C,LURTON X. Improving spatial resolution of intererometric bathymetry in multibeam echosounders [J]. J. Acoust. Soc. Am. (0001 – 4966),2008,123(5):3952 – 3952.
[43] LLORT – PUJOL G,SINTES C,CHONAVEL T,et al. Advanced interferometric techniques for high – Resolution bathymetry[J]. Marine Technology Society Journal(0025 – 3324),2012,46(2):9 – 31.
[44] LLORT – PUJOL G,SINTES C,LURTON X. High – resolution interferometry for multibeam echosounders[C]. Europe:Oceans 2005(IEEE),2005. 345 – 349.
[45] 张毅乐. 多波束相干测深技术研究及其算法 DSP 实现[D]. 哈尔滨:哈尔滨工程大学,2010,18 – 39.
[46] ZHANG Yile. Research of Multibeam Interferometric Bathymetry Technology and Its Algorithm Implementation on DSP [D]. Harbin: Harbin Engineering University, 2010. 18 – 39.
[47] YAO Bin,ZHANG Yile,LI Haisen,et al. Estimation of multibeam phase difference using variable bandwidth filter[C]. China:2010 IEEE International Conference on Information and

Automation,2010,1 177 -1 181.

[48] 李海森,魏玉阔,周天,等.一种基于可变带滤波器的多波束测深数据处理方法[P].中国: CN102353957A,2012.

[49] LI Haisen, WEI Yukuo, ZHOU Tian, et al. A kind processing method of multibeam bathymetric data based on variable bandwidth filter[P]. China: CN102353957A,2012.

[50] 李海森,李珊,周天,等.多波束回波信号可变带宽滤波算法及其FPGA实现[J].电子与信息学报,2011,33(10):2 396 -2 401.

[51] LI Haisen, LI Shan, ZHOU Tian, et al. Variable bandwidth filtering algorithm for multi - beam seafloor echo and its implementation on FPGA [J]. Journal of Electronics & Information Technology,2011,33(10):2 396 -2 401.

[52] ZHANG Yile, LI Haisen, ZHOU Tian, et al. An Improved Method for Unwrapping Phase Difference in Bathymetry[C]. China:2010 IEEE International Conference on Information and Automation,2010,1 071 -1 075.

[53] 周天,李珊,李海森,等.多子阵对相干算法在高分辨率多波束测深系统中的应用研究[J].通信学报,2010,31(8):39 -44.

[54] ZHOU Tian, LI Shan, LI Hai - sen, et al. Research on the multiple subarray - pairs interferometric algorithm used in high resolution multibeam bathymetric system[J]. Journal on Communications,2010,31(8):39 -44.

[55] 周天,李海森,么彬,等.高分辨多波束海底地形探测的MSB - RMU算法研究[J].电子与信息学报,2010,32(7):1 644 -1 648.

[56] ZHOU Tian, LI Haisen, YAO Bin, et al. Research on MSB - RMU Algorithm on High Resolution Multibeam Detection of Seafloor Bathymetry [J]. Journal of Electronics & Information Technology,2010,32(7):1 644 -1 648.

[57] 陆丹.基于联合不确定度的多波束测深估计及海底地形成图技术[D].哈尔滨:哈尔滨工程大学,2012,34 -68.

[58] LU Dan. Combined uncertainty multibeam bathymetry estimation and seafloor terrain mapping technique[D]. Harbin:Harbin Engineering University,2012,34 -68.

[59] BEAUDOIN J., CALDER B., HIEBERT J., et al. Estimation of sounding uncertainty from measurements of water mass variability[J]. International Hydrographic Review (0020 - 6946). 2009:20 -38.

[60] CALDER B. On the uncertainty of archive hydrographic data sets[J]. IEEE Journal of Oceanic Engineering(0364 -9059),2006. 31(2):249 -265P.

[61] LI Haisen, YAO Bin, WENG Ningning, et al. Performance Analysis and Application of Posteriori Lattice - Ladder Algorithm Based On Givens Rotation[C]. Chian: ICSP 2008, 2008. 2 563 -2 566.

[62] 魏玉阔,翁宁宁,李海森,等.利用RLS - Laguerre格型算法消除多波束测深声呐的隧道效应[J].哈尔滨工程大学学报,2010,31(5):547 -552.

[63] WEI Yukuo, WENG Ningning, LI Haisen, et al. Eliminating the tunnel effect in multi - beam bathymetry sonar by using the recursive least square - Laguerre lattice algorithm[J]. Journal of Harbin Engineering University,2010,31(5):547 -552.

[64] CHEN Baowei, LI Haisen, WEI Yukuo, et al. Tunnel effect elimination in multi - beam bathymetry sonar based on apFFT algorithm[C],China:ICSP2010,2010,2 391 -2 394.
[65] BEAUDOIN J. D, CLARKE J. E. H, BARTLETT J. E. Application of surface sound speed measurements in post - processing for multi - sector multibeam echosounders [J]. International Hydrographic Review(0020 -6946),2004,5(3):17 -32
[66] 丁继胜. 多波束声呐测深系统的声线弯曲及其校正技术[D]. 青岛:国家海洋局第一海洋研究所,2004,1 -20.
[67] DING Jisheng. Ray bending and recalculation of multibeam echo sounder system [D]. Qingdao:First Institute of Oceanography,SOA,2004,1 -20.
[68] 朱小辰,肖付民,刘雁春,等. 表层声速对多波束测深影响的研究[J]. 海洋测绘,2007,27(2):23 -25.
[69] ZHU Xiaochen, XIAO Fumin, LIU Yanchun, et al. Research on the influence of surface sound velocity in multibeam echo sounding[J]. Hydrographic Surveying and Charting,2007,27(2):23 -25.
[70] YANG Fanlin, LI Jiabiao, WU Ziyin, et al. A Post - processing method for the removal of refraction artifacts in multibeam bathymetry data[J]. Marine Geodesy(0149 -0419),2007,30(3):235 -247.
[71] 赵君毅,阳凡林,刘智敏,等. 多波束测深表层声速误差的动态影响及改正方法[J]. 测绘科学,2010,35(6):23 -25.
[72] ZHAO Junyi, YANG Fanlin, LIU Zhimin. Dynamic influence and correction of inaccurate surface sound speed on multibeam bathymetry data[J]. Science of Surveying and Mapping,2010,35(6):23 -25.
[73] CLARKE H. J. E, MAYER L. A, WELLS D. E. A New Tool for Investigating Seafloor Processes in the Coastal Zone and On the Continental Shelf [J]. Marine Geophysical Research(0025 -3235),1996(18):607 -629
[74] KAMMERER E. A New Method for the Removal of Refraction Artifacts in Multibeam Echosounder Systems[D]. Canada:University of New Brunswick,2000,35 -60.
[75] PARNUMI M. Benthic habitat mapping using multibeam sonar system[D]. Australia:Curtin University of Technology,2007,32 -46.
[76] DEKEYZERR. T. ,BYRNE J. S. ,CASE J. D. ,et al. A comparison of acoustic imagery of sea floor features using a towed side scan sonar and a multibeam echosounder [C]. United States:MTS/IEEE OCEANS 2002,1203 - 1211.
[77] LOCKHARTD,SAADE E,WILSON J,et al. New developments in multi - beam backscatter data collection and processing[J]. Marine Technology Society Journal(0025 -3324),2001,35(4):46 -50.
[78] LE BAS T. P. ,HUVENNE V. A. I. Acquisition and processing of backscatter data for habitat mapping - comparison of multibeam and sidescan systems[J]. Applied Acoustics(0003 -682X),2009,70:1 248 -1 257
[79] 吕海龙,杜德文,刘焱光,等. 多波束回声数据的统计与底质分类应用[J]. 海洋科学进展,2006,24(4):463 -470.

[80] LU Hailong, DU Dewen, LIU Yanguang, et al. Statistics of multibeam echo sounder data and their application to bottom sediment classification[J]. Advances in Marine Science, 2006, 24 (4): 463 - 470.

[81] SIMONSD G., SNELLEN M. A bayesian approach to seafloor classification using multi - Beam echo - sounder backscatter data[J]. Applied Acoustics(0003 - 682X), 2009(70): 1 258 - 1 268.

[82] ZHOU Xinghua. An approach to seafloor classification using fuzzy neural networks combined with a genetic algorithm[D]. Hong Kong: The Hong Kong Polytechnic University, SOA, 2005, 22 - 45.

[83] 唐秋华. 多波束海底底质分类研究[D]. 青岛:国家海洋局第一海洋研究所, 2003. 35 - 54.

[84] TANG Qiuhua. Seafloor classification using multibeam sonar data[D]. Qingdao: First Institute of Oceanography, SOA, 2003, 35 - 54.

一种基于新型间歇混沌振子的舰船线谱检测方法

丛　超　李秀坤　宋　扬

摘要　为了实现低信噪比下未知频率的舰船辐射线谱的检测，本文对常规型间歇混沌振子列检测方法进行了改进，提出了一种基于适应步长型间歇混沌振子的信号检测方法。该方法可以只用一个 Duffing 振子，通过设定一组能够覆盖待测信号所在频段的求解步长序列，实现对未知频率、具有任意初相位的微弱周期信号的搜索检测。为进一步提高系统的弱信号检测性能，本文分析了 Holmes 型 Duffing 方程在不同频率内置策动力下对弱信号灵敏度的差异。综合理论分析和仿真研究结果，给出了 Duffing 振子在内置策动力角频率为 0.4 rad/s时对弱信号检测性能最佳，并据此对所采用的 Duffing 振子进行了优化，仿真结果表明改进后的 Duffing 振子的弱信号检测性能提高了 12 dB。最后将此方法应用于一组含有舰船辐射线谱的实船数据，结果表明此方法可以实现低信噪比下的未知频率微弱线谱检测。

关键词　微弱线谱检测；未知频率；间歇混沌；最优频点

1　引言

被动声呐信号处理中，线谱检测和提取具有举足轻重的地位。首先，线谱所特有的集中而稳定的能量可以提高检测性能。其次，由于不同类型和航速的舰船的线谱频率不同，所以线谱可用来估计目标的运动参数（舰船低频 100 Hz 以下线谱成分含有丰富的信息[1]）。因此，对舰船线谱的检测和提取一直是国内外研究的重点。传统的舰船线谱检测主要是基于频谱分析和随机系统理论的信号处理方法，当距离目标较远或目标信号很弱时，具有很大的局限性[2]。随着潜艇隐身技术的发展，潜艇的噪声愈来愈低，这对低信噪比下被动目标的检测和跟踪提出了更高的要求。由于混沌振子具有对同频微弱信号敏感和对噪声免疫能力强的优良特性[3,4]，这使其成了弱信号检测方面的一个研究热点。

随着非线性系统理论和混沌理论研究的深入，利用水声信号的非线性和混沌特征实现水下微弱目标信号的检测得到了很大发展。在国外，一些发达国家在此领域也开展了深入研究。加拿大的 Haykin 等人通过对海洋表面雷达波的反射研究，得出了雷达海杂波包含混沌的结论，进而提出用非线性学科中的混沌和分形方法研究海杂波比随机方法更为合适[5]。美国加利福尼亚大学的 Abarbanel 教授在水声信号的非线性研究方面取得了重要成果，通过对水声信号的非线性特征进行分析并对其进行非线性系统建模，将其应用于水下目标信号的非线性研究，并成功地使声呐系统对弱水下目标信号的检测能力提高了 10 dB[6]。在国内，海军工程大学的姜荣俊、朱石坚等人提出了利用混沌振子检测水下目标辐射噪声线谱成分的可能性研究，并以 Duffing 方程为例证明了混沌技术在水声对抗中具有潜在的应用价值[7]。西北工业大学的李亚安等在水下目标信号线谱成分的混沌检测方面进行了初步研究，结果显示混沌振子可以对频率已知的微弱线谱进行有效检测[8]。石敏、徐袭提出了将自相关和混沌理论相结合的微弱线谱检测方法，此方法进一步增强了混沌振子的弱线谱检测性能[9]。近年来,基于混沌振子的舰船辐射线谱检测方法的研究结果表明:在待测线谱频率已知的条件下,混沌振子可以实现低信噪比条件下的微弱线谱检测,最低信噪比可以达到 -25 dB[10-12]。然而对于极其微弱的水下目标信号,通常我们无法利用传统的信号处理方法计算它的频率,因此它的线谱分量的频率是未知的,这使得将此方法应用于实际的微弱线谱检测受到了限制。此外,目前的方法都是以 Duffing 系统的相态跃变作为判断线谱有无的判据,这导致了检测的准确性会受到待测信号初相位的严重影响,并且这类方法还需根据待测信号的频率对 Duffing 系统的参数进行调整[13-15],所以此类混沌振子方法不能实现对实际舰船线谱的有效检测。

针对上述问题,本文尝试应用间歇混沌振子列方法对舰船线谱进行检测,以解决待测线谱频率未知和具有初相位的问题。为了解决以往的间歇混沌振子列方法所存在的系统复杂度高和检测准确度低的问题,本文根据 Duffing 系统的数值求解特点,对常规的间歇混沌振子列检测方法进行了改进。改进后的方法可以只用一个参数固定的 Duffing 振子,通过设定一组能够覆盖待测线谱所在频段的系统求解步长序列,实现对频率未知、具有任意初相位的微弱线谱的搜索检测。为进一步提高 Duffing 振子的弱信号检测性能,本文对 Holmes 型 Duffing 方程在不同内置策动力频率下的弱信号检测性能进行了分析。结合理论分析和仿真对比结果,本文发现 Duffing 振子在内置策动力频率为 0.4 rad/s 时对弱信号检测性能最佳,最低检测信噪比可以达到 -37 dB。综合上述分析结果,本文提出了一种基于新型间歇混沌振子的弱信号检测方法,此方法可以实现超低信噪比下的未知频率的弱信号检测。最后将此方法应用于一组含有舰船辐射线谱的实船数据,检测结果表明此方法可以实现低信噪比下的未知频率微弱线谱检测。

2 常规的间歇混沌振子列检测方法

2.1 间歇混沌的基本原理

以 Holmes 型 Duffing 方程为例:

$$x'' + \mu x' - x + x^3 = A\cos\ \omega t \tag{1}$$

该方程可描述非线性弹簧系统的运动,方程中 μ 为阻尼比,$A\cos\ \omega t$ 为系统的周期策动力。由于方程中非线性项的存在,Duffing 方程具有丰富的非线性动力学特性。表现为系统状态随 A 的变化而出现规律的变化:依次经历同宿轨道、混沌、间歇混沌态和大尺度周期态。A 具有两个阈值 r_c、r_d,当 r 超过 r_d 时系统进入大尺度周期态[16]。在式(1)中加入待测信号,得到检测模型

$$x'' + \mu x' - x + x^3 = \gamma_d \cos(\omega t) + a\cos((\omega + \Delta\omega)t + \varphi \tag{2}$$

式中 $\gamma_d \cos(wt)$ 为系统内置策动力,γ_d 稍小于系统阈值 γ_c,即将系统调整到混沌临界态。$a\cos((\omega+\Delta\omega)t+\varphi)$ 为待测信号,$\Delta\omega$ 和 φ 分别为其与内置策动力之间的绝对频差与初相位,a 为待测信号幅度值,,且 $a < < \gamma_d$。根据式(2),系统的总周期策动信号 $\Gamma(t)$ 为

$$\Gamma(t) = \gamma_d \cos(\omega t) + a\cos((\omega+\Delta\omega)t+\varphi) = \gamma(t)\cos(\omega t + \theta(t)) \tag{3}$$

式中,

$$\gamma(t) = \sqrt{\gamma_d^2 + 2\gamma_d a\cos(\Delta\omega t + \varphi) + a^2} \tag{4}$$

观察式(4),可知在 $\Delta w \neq 0$ 时,$\Gamma(t)$ 的幅值 $r(t)$ 将在 $(\gamma_d - a, \gamma_d + a)$ 的范围内变化,即在系统阈值 γ_c 上下波动。由于(2)式对应的 Duffing 系统的状态只取决于策动力的幅值,所以与之对应的系统状态将在混沌态和周期态间变化,即系统输出呈现间歇混沌状态,具体时

域输出形式如图 1 中(b)图所示。

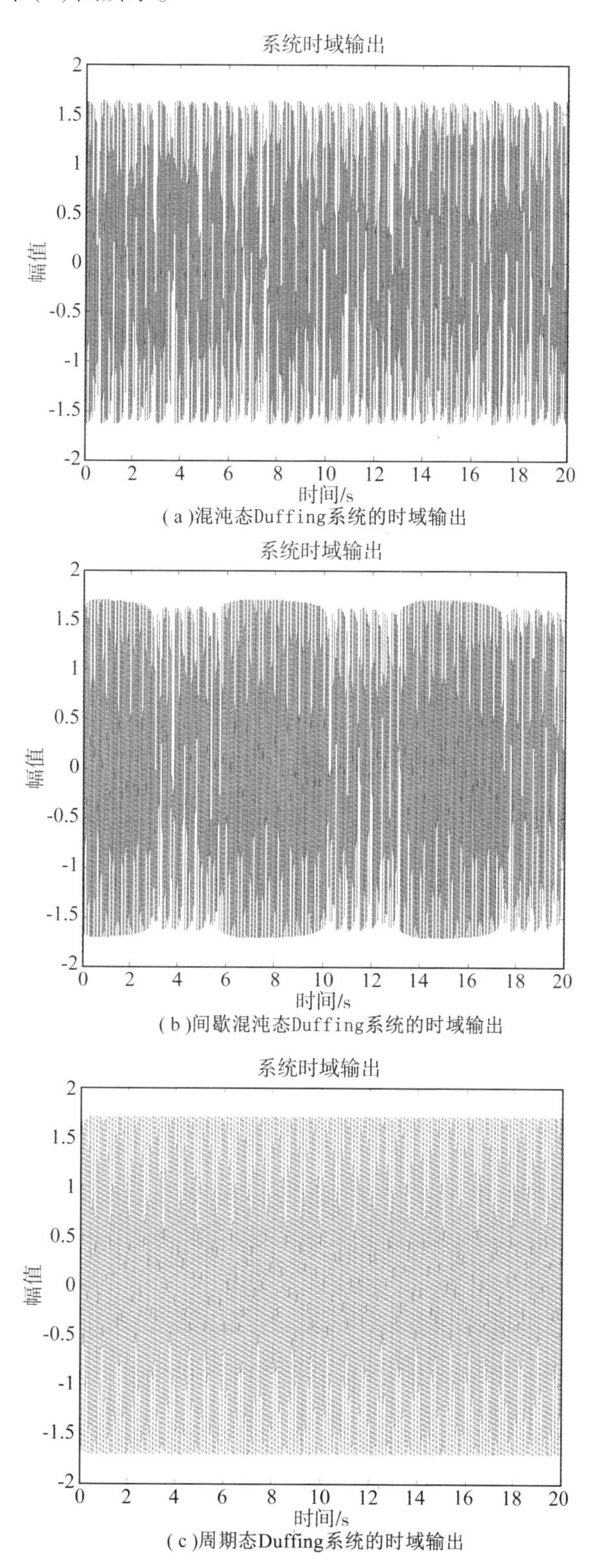

图 1 Duffing 系统处于不同相态时的时域输出

间歇混沌(又称阵发混沌),是非线性系统在时间和空间表现出的有序和无序交替出现的特殊动力学现象。Duffing 系统呈现有规则的间歇混沌现象的条件是 $|\Delta\omega/\omega| \leqslant 0.03$ [17]。观察上式可知当待测信号存在初相位 $\varphi(0 \leqslant \varphi < 2\pi)$ 时,只要满足频率条件 $|\Delta\omega/\omega| \leqslant 0.03$,系统的总策动力幅值仍将在 $(\gamma_d - a, \gamma_d + a)$ 的范围内变化,即仍会出现间歇混沌现象,所以此方法不受待测信号的初相位影响。图 2 为当系统加入具有相同幅值、频差和不同初相位的待测信号时的系统时域输出,由仿真结果可知待测信号的初相位不会影响间歇混沌现象的出现,只会决定间歇混沌的初相态。综上分析和仿真结果可知,基于间歇混沌振子列的信号检测方法的准确性不受待测信号初相位的影响。

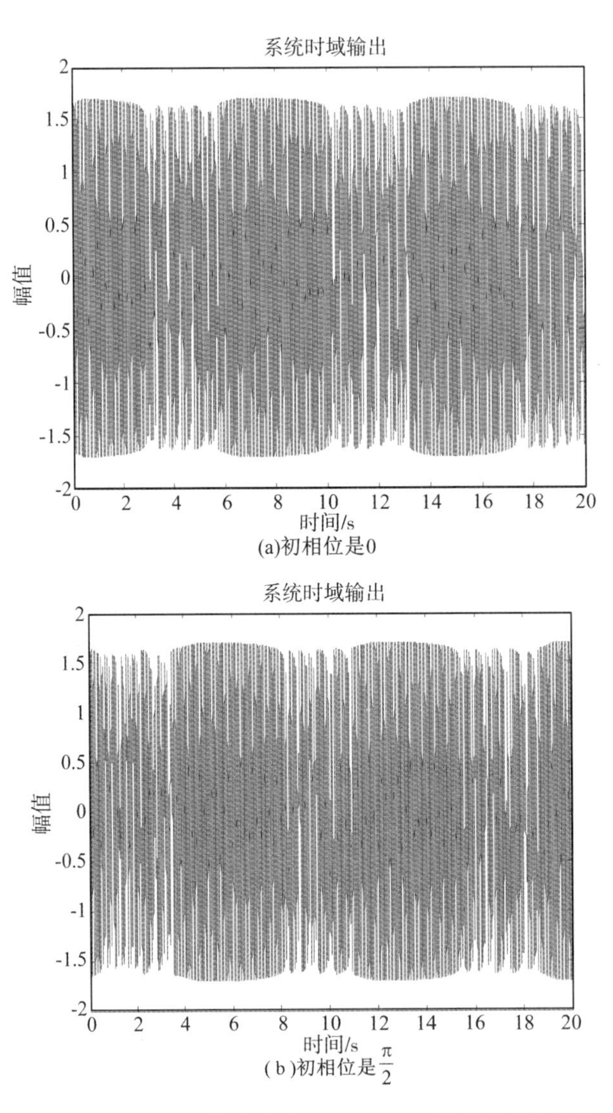

(a)初相位是0

(b)初相位是$\frac{\pi}{2}$

图 2　系统内置策动力为 0.826 cos t,待测信号的幅值均为 0.01,角频率均为 1.03 rad/s

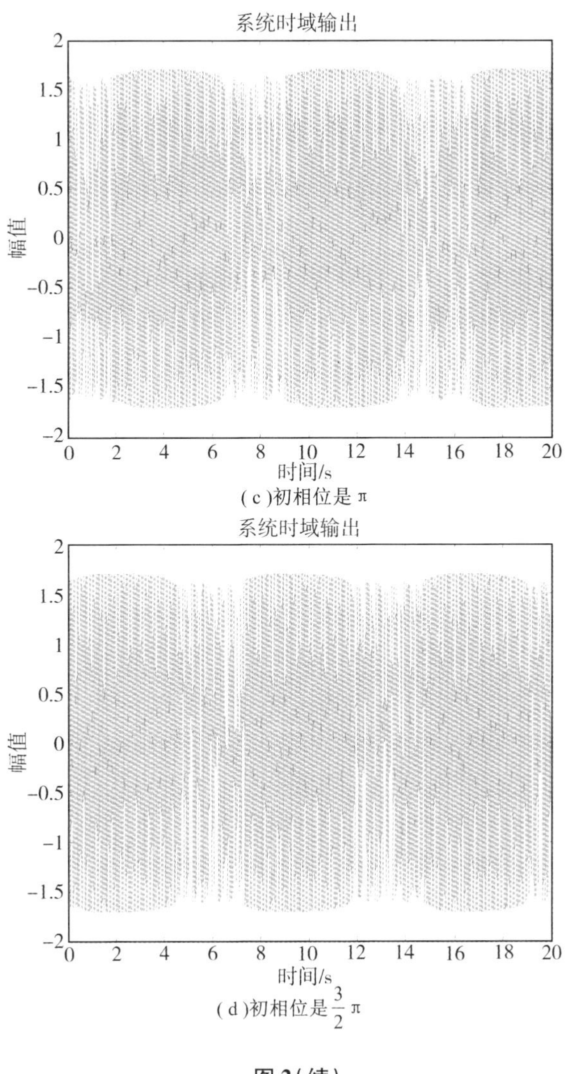

(c)初相位是 π

(d)初相位是 $\frac{3}{2}\pi$

图 2(续)

2.2　常规型间歇混沌振子列方法的不足

基于常规间歇混沌的信号检测方法的具体步骤为:将待测信号所在的频段以 $h(h \in (0.97 \sim 1.03)$ 为公比划分为一个频率数列,根据频率数列中的每一频点设定一组系统参数;然后将待测数据分别加入各组参数对应的检测系统中,并观察系统的时域输出,若在某连续两个频点处均出现标准间歇混沌现象,则表明待测信号存在。

常规的间歇混沌振子列信号检测方法解决了待测信号频率未知和具有初相位的问题,但此方法存在两个明显不足:(1)由于不同内置策动力频率的 Duffing 方程对应的检测系统参数是不同的,所以需要针对混沌振子列中的每一个振子频率设定一个检测振子,对于宽频范围内的信号检测,大量的振子会使检测系统变得非常复杂。此外,由于 Duffing 方程的策动力阈值的准确值不能通过解析方法算得,而只能通过仿真方法对精确值进行逼近,所以针对各振子频率准确设定系统策动力临界值具有相当的难度。(2)由于 Duffing 振子受到小频率参数的限制,当系统内置策动力频率变高时,作为 Duffing 振子检测信号判据的系统动态特性将会随之变差,这会导致系统的弱信号检测性能受到严重影响。

3　基于适应步长型间歇混沌振子的信号检测方法

3.1　适应步长型间歇混沌的原理

为将动态特性良好的低频 Duffing 振子用于任意频率弱周期信号的检测,文献[17]和文献[18]分别提出了两种行之有效的方法。文献[17]用变量代换的方法对 Holmes - Duffing 方程进行了变形,变形后的 Duffing 方程可以对任意频率的正弦信号进行检测,并且具有良好的动态特性。文献[18]提出了一种变尺度的方法,此方法通过将 Duffing 系统的计算步长设定为待测信号的角频率,可以将 Duffing 系统的参数固定在性能良好的小频率参数下,实现对任意频率信号的检测。上述两种方法将 Duffing 振子的适用范围进行了拓展,但都存在一个不足即需要预知待测信号的频率,这使得上述方法不能直接用于未知频率信号的检测。文献[18]提出的变尺度型 Duffing 振子相较于文献[17]的方法具有可以固定检测系统参数的优势,这一特性可以弥补能检测未知频率信号的间歇混沌振子列方法存在的系统复杂度高的不足,基于此本文尝试将文献[18]提出的变尺度方法和间歇混沌振子列方法进行结合,以实现低信噪比下的未知频率的弱信号检测。这种设想是否可行的关键在于,可否通过对 Duffing 系统的求解步长进行调整,使角频率不在$(1\pm0.03)\omega$(ω 为系统内置策动力频率)范围内的待测信号也可使系统出现间歇混沌现象。

在用 Duffing 系统检测实际信号时,判断信号有无的判据是 Duffing 系统加入待测信号后输出的状态,这一输出状态取决于系统的策动力项。由于 Duffing 方程只能通过数值方法进行求解,所以实际应用的 Duffing 系统的策动力项是一个离散的序列。这一序列由系统内置策动力和待测信号组成,其中 Duffing 系统内置策动力的序列间隔为求解步长,待测信号的序列间隔为 $1/f_s$(f_s 为采样频率)。由于待测信号的序列间隔不受系统求解步长的影响,这意味着可能通过对系统的求解步长进行适应性选取,令频率不在$(1\pm0.03)\omega$(ω 为系统内置策动力频率)范围内的待测信号也可使系统出现间歇混沌现象。考虑两种情况:一种是系统的策动力项中既有内置策动力又有待测信号,内置策动力为 $F\cos\omega t$,F 为系统策动力临界值,待测弱信号为 $f\cos\omega_1 t$,ω_1 为待测信号频率,待测信号的采样频率为 f_s,系统求解步长为 $\frac{\omega_1}{h\omega f_s}$,此时 Duffing 系统的总策动力项为序列 $a_n=F\cos\frac{n\omega_1}{hf_s}+f\cos\frac{n\omega_1}{f_s}(n=1,2,\cdots,N)$;另一种情况是系统的策动力项只有内置策动力,内置策动力由系统临界值 $F\cos\omega t$ 和弱信号 $f\cos(h\omega\cdot t)$ 构成,其中 $h\in(0.97,1.03)$,系统求解步长为$\frac{\omega_1}{h\omega f_s}$,此时系统时域输出将出现间歇混沌态,总策动力项为序列 $a_n=F\cos\frac{n\omega_1}{hf_s}+f\cos\frac{n\omega_1}{f_s}(n=1,2,\cdots,N)$。对比上述两种情况可以发现,二者的系统策动力项完全相同。由于 Duffing 系统的输出完全取决于系统的策动力项,所以上述两种情况对应的 Duffing 系统输出状态完全相同,即当把采样频率为 f_s、频率为 ω_1 的待测弱信号加入临界态的 Duffing 系统,并将系统求解步长设定为$\frac{\omega_1}{h\omega f_s}$($h\in(0.97,1.03)$)时,系统将出现间歇混沌现象。由于这种间歇混沌现象是通过对求解步长进行适应性选取而得到的,所以称为适应步长型间歇混沌。下面通过仿真实例对这种间歇混沌现象加以验证,仿真条件:系统内置策动力为 $0.826\cos t$,以采样频率为 $f_s=1$ kHz、角频率为10 rad/s的正弦信号 $0.01\cos10t$ 模拟待测信号。由适应步长型间歇混沌的出现条件可知当求解步长在 $\frac{\omega_1}{h\omega f_s}=\frac{10}{h\times1\times1\ 000}=\frac{1}{100\ h}(h\in(0.97,1.03))$ 时,系统输出将出现间歇混沌。

观察图3可以发现当把采样频率为 f_s、频率为 ω_1 的待测弱信号加入临界态的 Duffing 系统,且将系统求解步长设定为 $\frac{\omega_1}{h\omega f_s}(h\in(0.97,1.03))$ 时,系统时域输出将为间歇混沌态。这表明对于未知频率的微弱周期信号,可以将 Duffing 系统的内置策动力频率固定,通过设定一组能够覆盖待测信号所在频段的求解步长序列,实现对信号的检测。

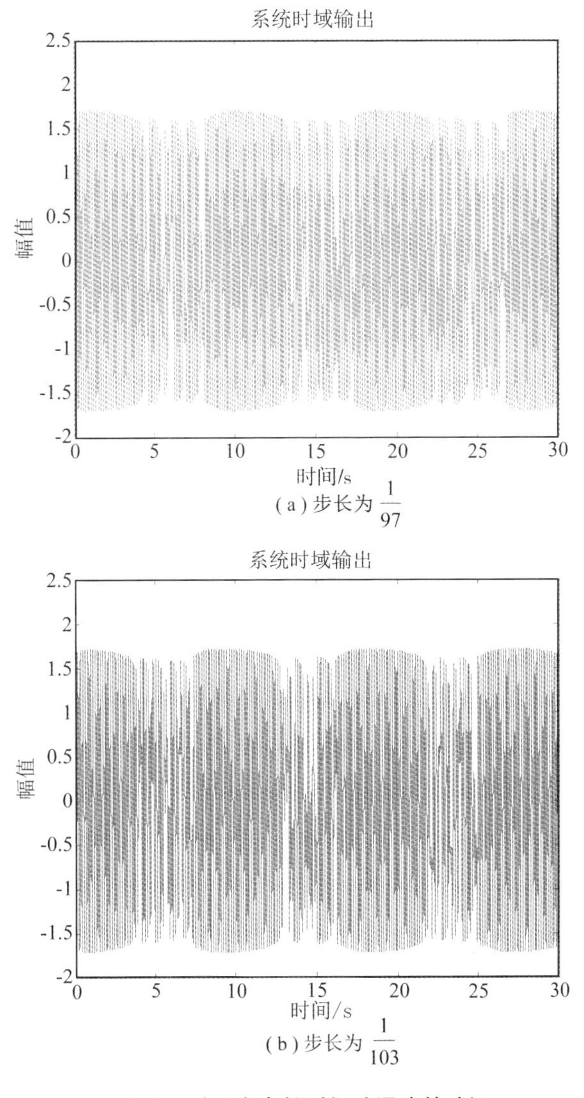

(a) 步长为 $\frac{1}{97}$

(b) 步长为 $\frac{1}{103}$

图3　对适应步长型间歇混沌的验证

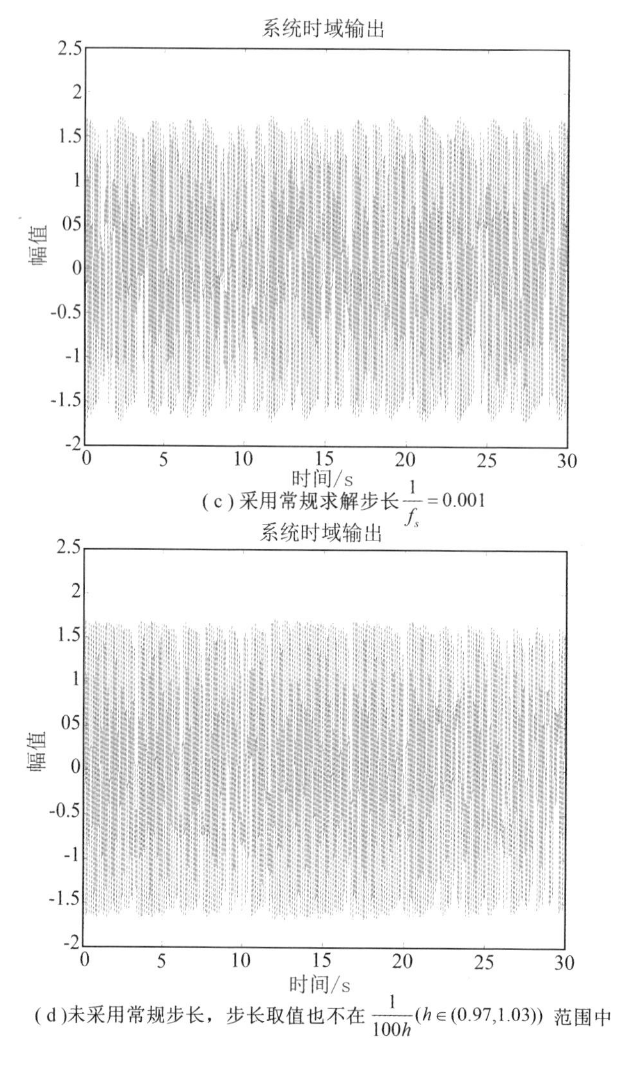

(c)采用常规求解步长 $\frac{1}{f_s}=0.001$

(d)未采用常规步长，步长取值也不在 $\frac{1}{100h}(h\in(0.97,1.03))$ 范围中

图3(续)

3.2　系统最佳内置策动力频率的分析

基于适应步长型间歇混沌的信号检测方法可以在固定 Duffing 振子内置策动力频率的情况下,实现对未知频率信号的检测,但应该将内置策动力频率固定在哪一频率上是一个很关键的问题。将 Duffing 振子应用于弱信号检测,主要是因为 Duffing 振子对同频弱周期信号敏感,并且抗噪声能力强,所以 Duffing 振子可以在很低的信噪比下实现对弱信号的检测。但 Duffing 振子在不同频率的策动力下对弱信号的敏感程度有何差异,在哪一频率下对弱信号的灵敏度最高,目前尚未见有相关可文献对这一特性进行分析。针对这一问题,本文对 Duffing 振子所采用的 Holmes - Duffing 方程在不同频率策动力下的弱信号灵敏度进行了分析和仿真对比。由于在实际应用 Duffing 振子进行弱信号检测时,系统需处于临界状态,所以本文着重针对临界态的 Duffing 方程进行分析。

由于 Duffing 方程的线性部分具有滤波性,所以在外激励频率为 ω 的基本强迫振动中,一次谐波项 $a(t)\cos(\omega t+\varphi)$ 占有绝对优势,而高次谐波只有很小的振幅,因此方程的稳态解可近似表示为 $x(t)=c(t)+a(t)\cos(\omega t+\varphi)$[19-22]。用于弱信号检测的 Duffing 方程属于渐软斥力型 Duffing 方程，Jordan 应用谐波平衡法对这类方程的标准型的解进行了分析，并得到了两组 Duffing 系统输入、策动力频率和系统输出的关系式[23]，其中适用于处于临界态的 Homes - Duffing 方程的一组关系式为：

$$c=0 \tag{5}$$

$$a^2[\omega^2+1-0.75a^2]^2+\mu^2\omega^2a^2=h^2 \tag{6}$$

$$\tan\varphi=\frac{-\mu\omega}{(1+\omega^2)^2+\frac{3}{4}a^2} \tag{7}$$

式中 $\mu>0$ 代表阻尼系数，a 代表基频输出幅值，ω、h 分别代表内置策动力频率和幅值。式(6)和式(7)揭示了 Duffing 系统时域输出与系统内置策动力的频率和幅值的关系，这对通过观察系统时域输出来判断有无待测信号的间歇混沌检测方法具有重要意义。观察(7)式可知 φ 与策动力幅值无关，且只决定了系统输出的初相位，所以对系统输出相态没有影响。(6)式则代表了系统输出和内置策动力频率、幅值的关系，这里对其进行重点分析。

当系统策动力存在微小变化(即存在微弱待测信号)Δh 时，相应的式(6)变为

$$(a+\Delta a)^2[\omega^2+1-0.75(a+\Delta a)^2]^2+\mu^2\omega^2(a+\Delta a)^2=(h+\Delta h)^2 \tag{8}$$

(8)式减去(6)式，得

$$\begin{aligned}&a^2\Delta a\left(\frac{3}{2}a^2+\frac{3}{2}\Delta aa+\frac{3}{4}\Delta a^2-2-2\omega^2\right)\left(\frac{3}{2}a+\frac{3}{4}\Delta a\right)+\\&(2a+\Delta a)\Delta a\left[\left(\omega^2+1-\frac{3}{4}a^2-\frac{3}{2}\Delta aa-\frac{3}{4}\Delta a^2\right)^2+\mu^2\omega^2\right]+=\Delta h(\Delta h+2h)\end{aligned} \tag{9}$$

式(9)两端同除以 Δa，并忽略与 ΔA 同阶和比 ΔA 高阶的小量，可得

$$\frac{27}{8}a^5-(3+3\omega^2)a^3-3(\omega^2+1)a^2+2[\omega^4+(\mu^2+2)\omega^2+1]a=2h\frac{\Delta h}{\Delta a} \tag{10}$$

则，

$$\left|\frac{\Delta h}{\Delta a}\right|=\frac{1}{2h}\left|\frac{27}{8}a^5-(3+3\omega^2)a^3-3(\omega^2+1)a^2+2[\omega^4+(\mu^2+2)\omega^2+1]a\right| \tag{11}$$

$\left|\frac{\Delta h}{\Delta a}\right|$ 代表当策动力幅值产生微小变化(即有微弱同频待测信号存在)时，系统输入和输出幅值的变化比。$\left|\frac{\Delta h}{\Delta a}\right|$ 越小，说明输入的变化引起的输出变化越大，即系统对与策动力同频的弱信号的灵敏度越高。观察(11)式可以发现，Holmes 型 Duffing 方程对弱信号的灵敏度是策动力频率的函数，这表明了 Duffing 系统在不同频率策动力下的弱信号检测能力是有差异的，而分析这种差异则对提高系统的弱信号检测性能具有重要意义。因为(11)式的极小值对应的频点即是 Homes - Duffing 方程对同频弱信号灵敏度最高的频点，所以分析 Duffing 系统在不同频率内置策动力下对同频弱信号的灵敏度问题，可转化为在式(6)的约束条件下，求式(11)的极小值问题。

如果将(6)式中的 ω^2 作为变量，将 a^2、h^2 作为参量，则(6)式可表示成 ω^2 的一元二次方程

$$(\omega^2)^2+\left(\mu^2+2-\frac{3}{2}a^2\right)\omega^2+\frac{9}{16}a^4+\frac{3}{2}a^2-\frac{h^2}{a^2}=0 \tag{12}$$

$$\omega^2=\frac{1.5a^2-\mu^2-2\pm\sqrt{4\mu^2+\mu^4-3\mu^2a^2+4h^2/a^2}}{2} \tag{13}$$

由于需满足 $\omega^2 \geqslant 0$ 和式(12)中的 $\Delta = 5 - 3a^2 + 4h^2/a^2 > 0$ 的约束条件，所以取

$$\omega^2 = \frac{1.5a^2 - \mu^2 - 2 + \sqrt{4\mu^2 + \mu^4 - 3\mu^2 a^2 + 4h^2/a^2}}{2} \tag{14}$$

由 $\Delta = 5 - 3a^2 + 4h^2/a^2 > 0$ 和 $\mu = 0.5$ 可得

$$a^2 \in \left(0, \frac{5 + \sqrt{25 + 48h^2}}{6}\right) \tag{15}$$

将式(14)带入式(11)即可将系统的灵敏度转换为基频输出幅值的一元函数

$$\begin{cases} \left|\dfrac{\Delta h}{\Delta a}\right| = \dfrac{1}{2h}\left|\dfrac{27}{8}a^5 - (3 + 3\omega^2)a^2 - 3(\omega^2 + 1)a^2 + 2[\omega^4 + (\mu^2 + 2)\omega^2 + 1]a\right| \\ \omega^2 = \dfrac{1.5a^2 - \mu^2 - 2 \pm \sqrt{4\mu^2 + \mu^4 - 3\mu^2 a^2 + 4h^2/a^2}}{2} \end{cases} \tag{16}$$

可以通过数值解法算得式(16)中的极小值和对应的基频输出幅值，又由(14)式可知，在内置策动力幅值确定的情况下，策动力频率和基频输出幅值具有一一对应关系。所以可以通过(16)式间接确定对弱信号灵敏度最高的频率。由于 Duffing 系统只有在小频率参数条件下有较好的动态特性和检测效果，随着驱动信号频率设置变大，系统的动态响应特性也会随之变差，直至不能出现混沌状态和大尺度周期态[24-26]。考虑到小频率参数限制，将式(16)中的 h 取为小频率参数下最为常用的 Duffing 方程策动力的临界值 0.826。当 $h = 0.826$ 时，通过数值解法求得式(16)在 $a \approx 1.4$ 时取得最小值。将 $a = 1.4$ 代入(14)式解得 $\omega \approx 0.5$ rad/s。

由于在用谐波平衡法进行求解时，着重考虑的是占有优势的一次谐波项，所以以上分析表明对于处于临界态的 Duffing 方程，当方程中的内置策动力频率为 0.5 rad/s 时，系统输出的一次谐波对同频微弱信号最为敏感。因为 Duffing 方程稳态解中的一次谐波项振幅具有绝对优势，所以系统输出的一次谐波项对同频弱信号的敏感程度可近似代表系统特性。为进一步确定 Duffing 振子在哪一频率策动力下对弱信号检测性能最佳，本文对其内置策动力角频率在 0.5 rad/s 周围变化时的弱信号检测性能进行了仿真研究。

表 1　不同内置频率的 Duffing 振子的弱信号检测性能对比

内置角频率(rad · s^{-1})	最低信号强度	信噪比/dB
0.2	0.004	-31
0.3	0.003	-34
0.4	0.002	-37
0.5	0.003	-34
0.6	0.005	-29
0.7	0.006	-27
0.8	0.007	-26
0.9	0.008	-25
1.0	0.008	-25
1.1	0.011	-21

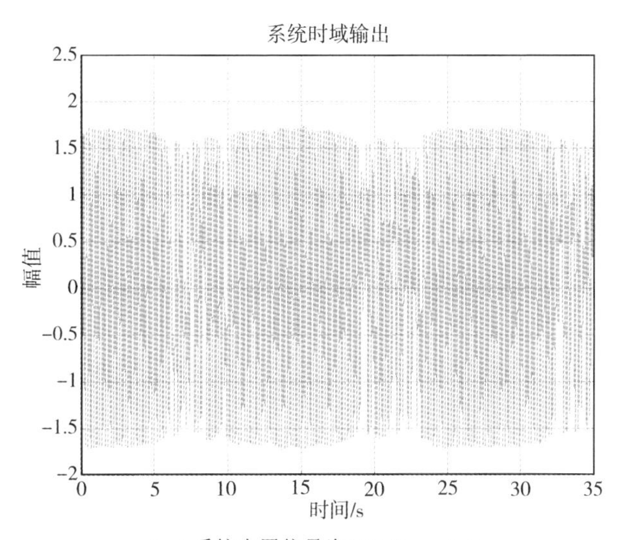

(a) 系统内置信号为0.8269 cos 0.4t，
待测信号为0.002 cos 0.4012 t时的系统时域输出

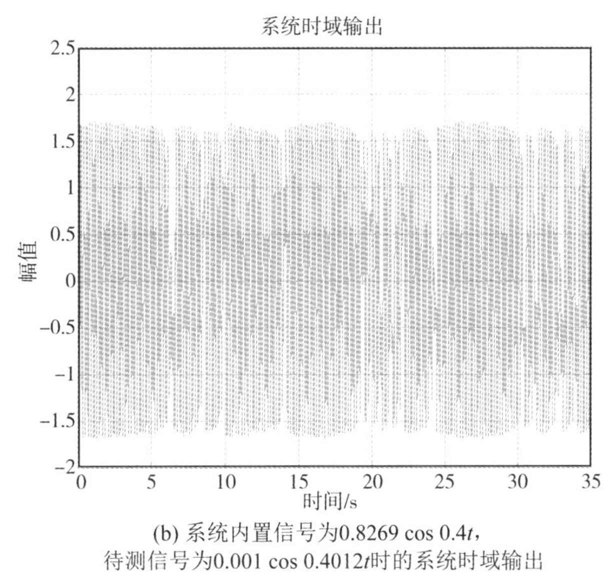

(b) 系统内置信号为0.8269 cos 0.4t，
待测信号为0.001 cos 0.4012t时的系统时域输出

图4　内置频率为0.4rad/s的Duffing振子检测到的最弱信号

表1是在功率为1×10^{-2} W的高斯白噪声背景下，Duffing系统在不同频率内置策动力下能检测到的最低强度信号。观察表中数据可以发现，系统在内置策动力频率为0.4 rad/s时检测性能最佳。常规型Duffing振子都沿用了文献[17]中的$\omega=1$ rad/s作为Duffing系统的内置策动力频率，对比表中的仿真结果可知当采用0.4 rad/s为内置策动力频率时，Duffing振子的检测性能可提高12 dB。图4是在功率为1×10^{-2} W的高斯白噪声背景干扰下，用内置频率为0.4 rad/s的Duffing振子进行信号检测的时域输出。观察仿真结果可知，系统能准确检测的最低信号幅值为0.002 V，最低检测信噪比为－37 dB。

3.3　一种基于新型间歇混沌振子的微弱线谱检测方法

结合3.1和3.2的分析结果，可以得到一种基于新型间歇混沌振子的信号检测方法，此方法能在极低的信噪比下实现对未知频率的弱信号检测。这种基于新型间歇混沌振子的弱信号检测方法的检测步骤为：

(1)将系统内置策动力角频率固定在对弱信号检测性能最佳的频点 0.4 rad/s，并将系统调整到临界态。

(2)以 $h \in (0.97, 1.03)$ 为公比将待测信号所在频段划分为一组数列 a_n。

(3)将待测信号加入检测系统，计算 n 次，每次的求解步长为 a_n。

(4)观察 n 次计算的系统时域输出，若有某连续两次的时域输出为标准的间歇混沌状态，则表明待测信号存在。

由于上述方法是通过适应性地选取求解步长序列实现对信号的搜索检测，所以称为适应步长型间歇混沌振子方法。这种新方法解决了三个问题：1 此方法可以在待测信号频率和初相位均未知的情况下，实现低信噪比下的微弱信号检测，仿真结果表明最低信噪比可以达到 −37 dB。2 由于此方法将 Duffing 系统的策动力频率固定在了弱信号检测性能最佳的频点 0.4 rad/s 处，这不仅突破了 Duffing 系统小频率参数的限制，而且还进一步增强了系统的弱信号检测能力。3 相较于常规的间歇混沌阵子列方法，新方法可以在一个参数固定的 Duffing 振子检测系统下通过设定求解步长序列代替设定 Duffing 振子列实现对信号的搜索，这意味着对于宽频范围内的待测信号，只需要一个 Duffing 振子即可实现对信号的搜索检测，这解决了常规型间歇混沌振子列方法存在的系统复杂度高的问题。

综合以上分析可知，这种新型间歇混沌振子可以在超低的信噪比下，实现对频率和初相位均未知的弱周期信号的检测。对于由舰艇动力系统振动产生的低频线谱，尽管其强度可以降到很低，但依然会包含周期分量。所以理论上，这种新型间歇混沌振子可以有效地对微弱舰船辐射线谱进行检测。

4　实船线谱检测结果

实船数据的采样频率为 1.2 kHz，在测得数据中随机取样两段各约 10 s 的数据样本。先对数据样本进行初步的频谱分析以确定是否有线谱成分。图 5 中的(a)图和(b)图是第一段数据样本的时域波形和 0～100 Hz 的频谱分布，图 6 中的(a)图和(b)图是第二段数据样本的时域波形和 0～100 Hz 的频谱分布，从图中可以发现两段样本数据中都存在线谱成分，线谱大致分布在 20～30 Hz。由于两段线谱取自于同一次实船数据(即噪声强度相同)，且选择了相同的归一化参考值，所以可以通过两段线谱的功率谱图来比较强弱，对比可知第二段线谱更强一些。

为了直观对比常规间歇混沌方法和适应步长型间歇混沌方法的检测性能，这里分别用这两种方法对以上两段数据进行检测。用适应步长型间歇混沌方法对实船数据进行线谱检测的步骤：

(1)将 Duffing 系统内置策动力频率固定在 0.4 rad/s，并将系统内置策动力幅值调整到临界态。

(2)以 1.03 为公比，计算能覆盖待测线谱所在频段 0～100 Hz 的系统求解步长序列 $a_n = \dfrac{1.03^n}{0.4 \times 2\pi f_s}$，$\left(\dfrac{1.03^{218}}{2\pi} \approx 100, n = 1 \sim 218\right)$。

(3)将待测数据加入检测系统的策动力项中，并依次将系统求解步长设定为 a_n，观察时域输出。

(4)根据各求解步长对应的时域输出结果判断待测数据中有无线谱成分。若所有求解步长对应的时域输出都不是间歇混沌态,则表明在所覆盖频段无线谱成分;若有某连续两次的时域输出为间歇混沌态,则表明存在线谱成分。

常规间歇混沌的检测步骤已在2.2节介绍过,此处不做详细说明。在检测步骤上,常规间歇混沌方法相较于适应步长型间歇混沌方法的主要差别在于,需要根据适应步长型间歇混沌方法的步骤二中的 a_n 设定 n 组系统参数,这很大程度上增加了系统的复杂度。

在用适应步长型间歇混沌方法对第一段数据进行检测的过程中,根据序列 a_n 依次调整系统计算步长,发现当系统求解步长为 a_{171} 和 a_{172} 时系统输出为标准间歇混沌态,图5中的(c)图和(d)图是系统求解步长为 a_{171} 和 a_{172} 时的系统时域输出,在其他预设的步长下,系统输出均未出现标准间歇混沌态。据此可知数据样本中存在线谱成分,由间歇混沌出现的条件可算得线谱成分大致在24.9~25.7 Hz,这与功率谱分析结果一致。在用常规型间歇混沌方法对第一段数据进行检测的过程中,依次观察以 $a_n(n=1\sim218)$ 为系统内置频率设定的 n 个系统在加入待测数据后的时域输出,未发现间歇混沌态输出,即常规间歇混沌方法未能检测出线谱。图5中的e图和f图是在常规间歇混沌方法下,分别以 ω_{171} 和 ω_{172} 为系统内置频率(线谱所处频段)时的系统时域输出。

在用适应步长型间歇混沌方法对第二段数据进行检测的过程中,当求解步长为 a_{170} 和 a_{171} 时系统时域输出呈间歇混沌态输出,据此可算得线谱成分大致在24.2 ~24.9 Hz之间,两段线谱所处频段大致相同是主要因为两段数据取自同一次实船数据。图6中的c图和d图是系统求解步长为 a_{171} 和 a_{172} 时的系统时域输出。在用常规型间歇混沌方法对第二段数据进行检测的过程中,依次观察以 $a_n(n=1\sim218)$ 为系统内置频率设定的n个系统在加入待测数据后的时域输出,发现以 a_{170} 和 a_{171} 为内置频率的系统的时域输出为间歇混沌态输出,即常规间歇混沌方法检测出了第二段数据中的线谱。图6中的e图和f图是在常规间歇混沌方法下,分别以 ω_{170} 和 ω_{171} 为系统内置频率(线谱所处频段)时的系统时域输出。

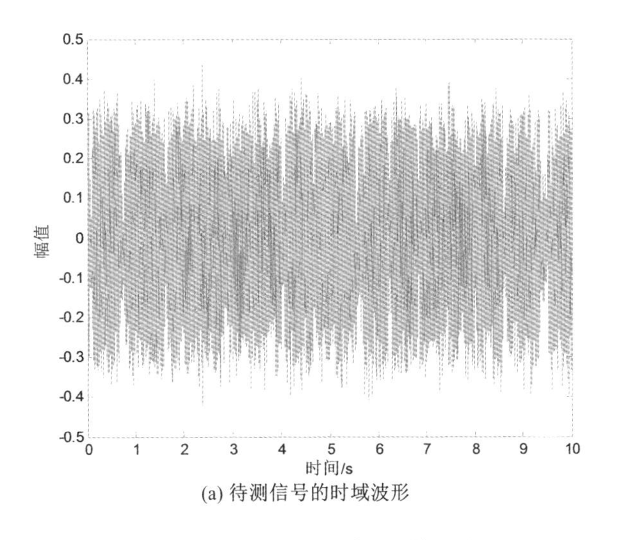

(a) 待测信号的时域波形

图5　第一段实船线谱对比检测结果

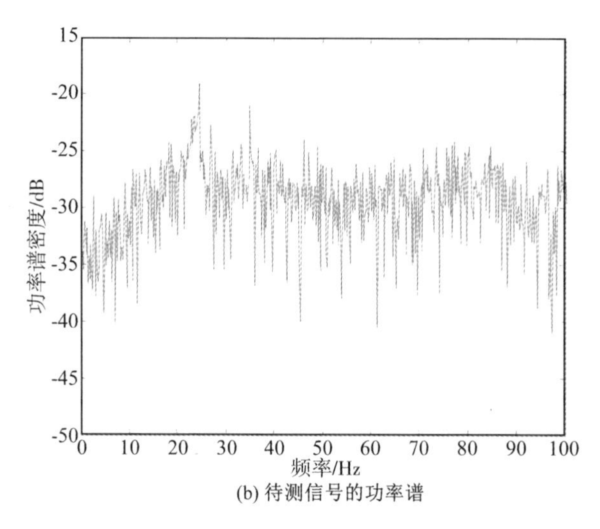

(b) 待测信号的功率谱

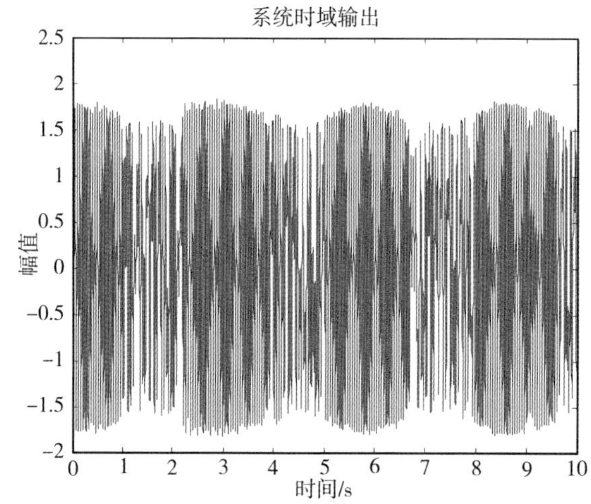

(c)适应步长间歇混沌方法下求解步长为a_{171}时的系统输出

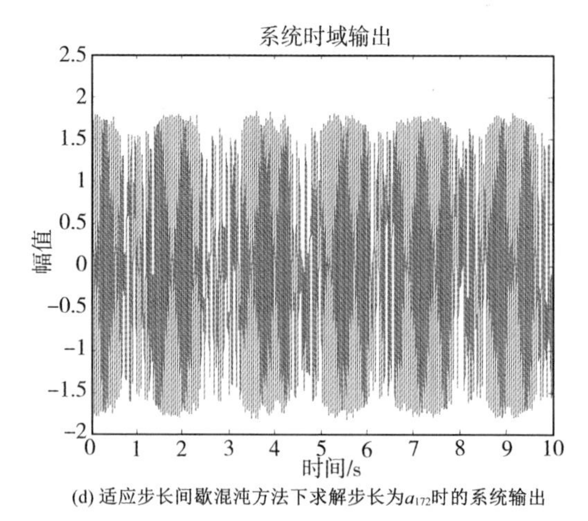

(d) 适应步长间歇混沌方法下求解步长为a_{172}时的系统输出

图 5(续)

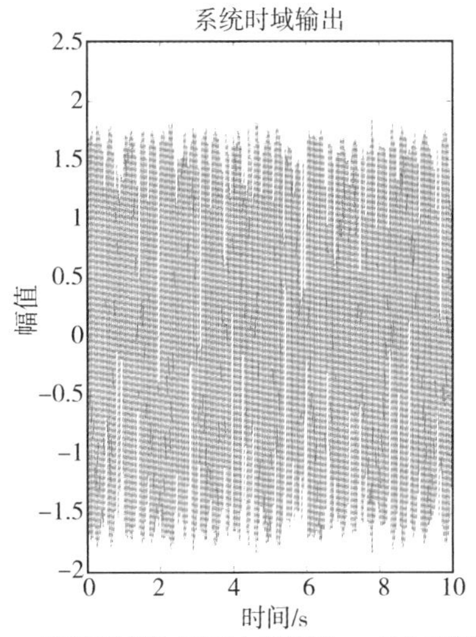

(e) 常规间歇混沌方法下内置频率为ω_{171}时的系统输出

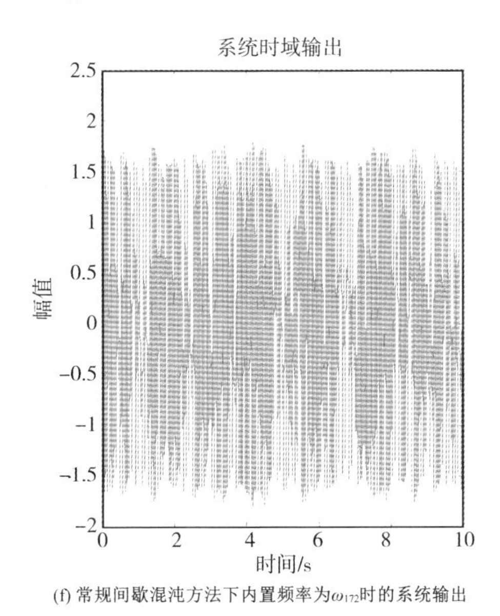

(f) 常规间歇混沌方法下内置频率为ω_{172}时的系统输出

图 5(续)

对比图 6 中两种间歇混沌方法的时域输出图可以发现,适应步长型间歇混沌方法的时域输出的间歇周期更规则、相态更易辨识,这是因为适应步长型间歇混沌方法将内置策动力频率固定在了检测性能最佳、动态性能优良的频点,而常规间歇混沌方法则不具备这种优点。

通过以上对比实验可以发现,适应步长型间歇混沌方法不仅可以有效地对实船线谱进行检测,而且相较于常规间歇混沌方法具有以下两点优势:(1)适应步长型间歇混沌方法可以在一个参数固定的 Duffing 振子检测系统下,通过设定求解步长序列代替设定 Duffing 振子列实现对信号的搜索检测,这使得此方法的系统复杂度大大降低且系统更易实现。(2)适应步长型间歇混沌方法将系统内置策动力频率固定在了弱信号检测性能最佳、动态性能优良的小频率 0.4 rad/s处,所以相较于常规间歇混沌方法其弱信号检测性能更强、输出相态更易辨识。

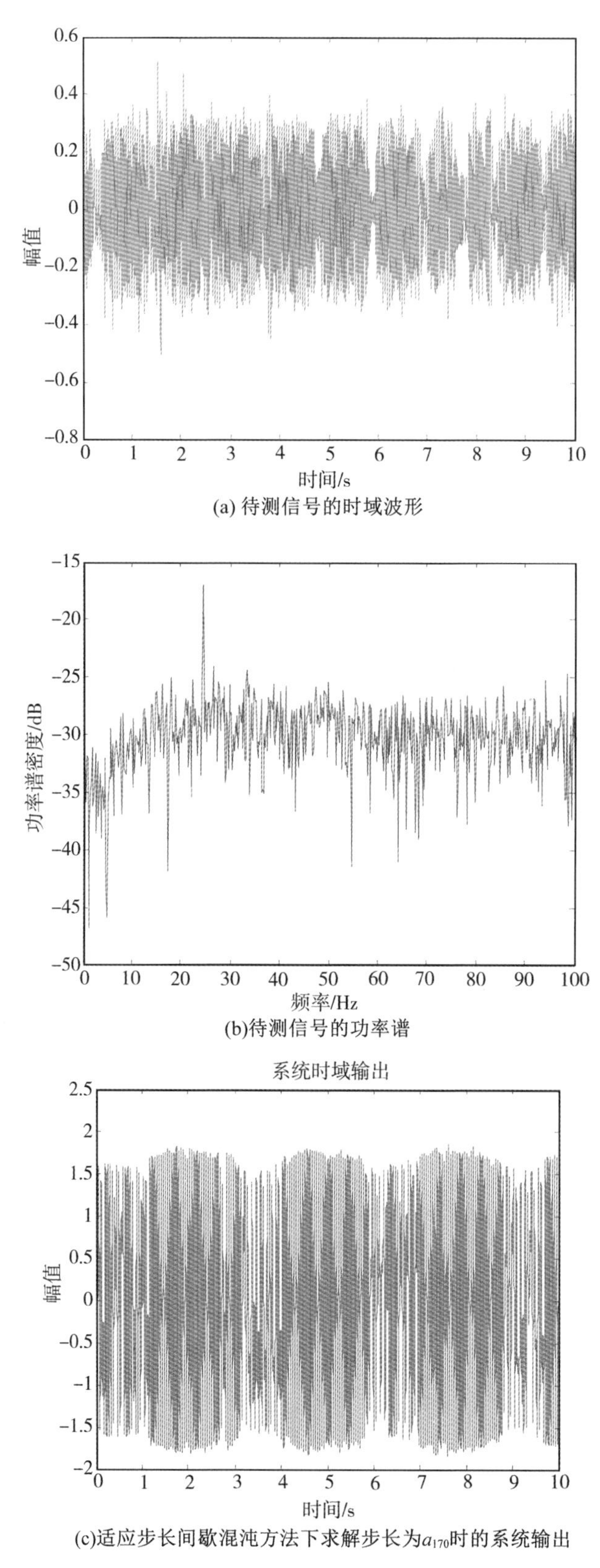

(a) 待测信号的时域波形

(b)待测信号的功率谱

(c)适应步长间歇混沌方法下求解步长为a_{170}时的系统输出

图 6　第二段实船线谱对比检测结果

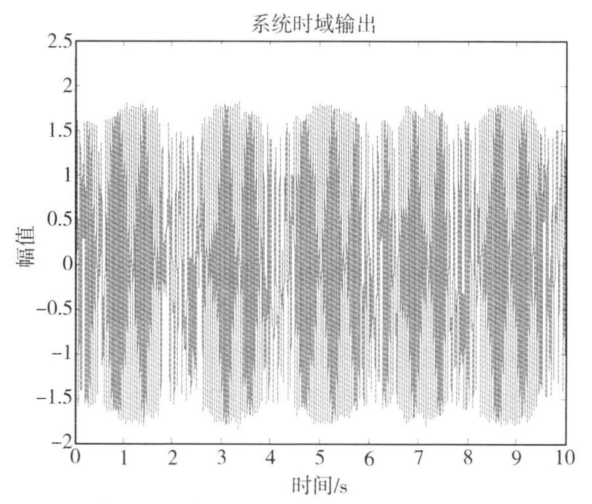

(d) 适应步长间歇混沌方法下求解步长为a_{171}时的系统输出

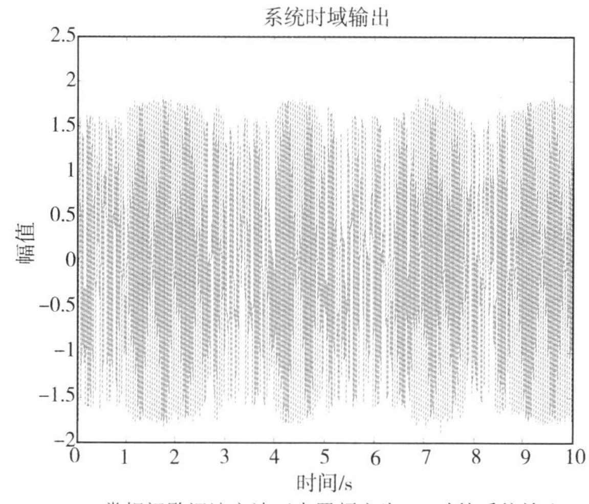

(e) 常规间歇混沌方法下内置频率为ω_{170}时的系统输出

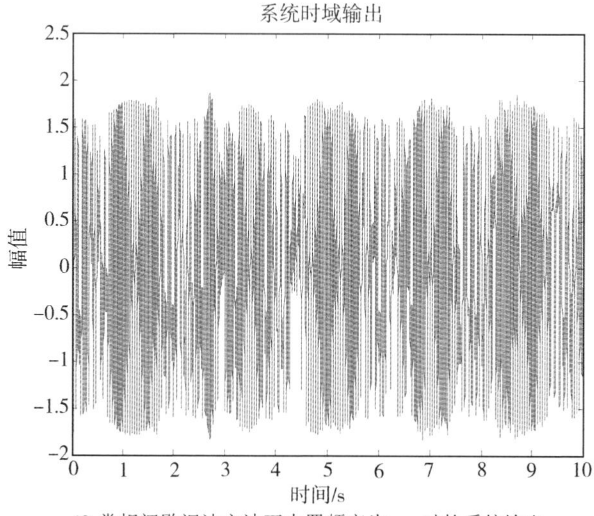

(f) 常规间歇混沌方法下内置频率为ω_{171}时的系统输出

图 6（续）

5　结论

(1)针对常规的间歇混沌振子列信号检测方法存在的系统复杂度高和受小频率参数限制的问题,本文将文献[18]提出的变尺度方法和间歇混沌振子列方法进行了结合,提出了一种适应步长型间歇混沌振子。这种新型间歇混沌振子可以只利用一个 Duffing 振子,通过变换系统求解步长实现对频率未知、具有任意初相位的弱周期信号的搜索检测。

(2)通过对 Holmes - Duffing 方程在不同频率策动力下对同频弱信号灵敏度的分析,用数值计算方法求得了对同频弱信号灵敏度最高的内置策动力频率,并综合仿真结果得出结论:Duffing 振子对弱信号检测性能最佳的内置策动力频率为 0.4 rad/s。这一结果进一步增强了 Duffing 振子的弱信号检测性能,仿真结果表明改进后的检测系统的弱信号检测性能可提高 12 dB。

(3)综合上述两部分的结果,本文提出了一种检测未知频率的微弱舰船线谱的新方法,理论分析表明此方法可以实现低信噪比下的舰船线谱检测,而且具有系统复杂度低和检测可靠性高的优点。最后通过实际舰船线谱的检测结果验证了此方法的有效性。

参考文献

[1] Zheng Z N, Xiang D W 1993(Beijing: Science Press) pp121 - 127(in Chinese)[郑兆宁 向大威 1993 水声信号被动检测与参数估计理论(北京:科学出版社)第 121 - 127 页].

[2] Chen J J, Lu J R 2004 Technical Acoustic. 23 57(in Chinese)[陈敬军,陆佶人 2004 声学技术 23 57].

[3] Wang G Y, He S L 2003 IEEE Transactions on Circuits and Systems. 50 945.

[4] Li Y, Yang B J, Shi Y W 2003 Acta Phys. Sin. 52 526(in Chinese)[李月,杨宝俊,石要武 2003 物理学报 52 526].

[5] Haykin S, Li X B 1995 Proceedings of the IEEE. 93 237.

[6] Abarbanel, H. D. I, Richard K 1995 Navy Journal of Underwater Acoustics44 313.

[7] Jiang R J, Zhu S J 2001 Journal of Nonlinear Dynamic. 8 15(in Chinese)[姜荣俊,朱石坚 2001 非线性动力学报 8 15].

[8] Zheng S Y, Guo H X, Li Y A 2007 Chinese Science Bulletin. 52 258(in Chinese)[郑思仪 郭红霞 李亚安 2007 科学通报 52 258].

[9] Shi M, Xu X 2012 Ship and Ocean Engineering. 41 161(in Chinese)[石敏,徐袭 2012 船海工程 41 161].

[10] Zhou S, Lin C S 2009 Wuhan Univ. Technol. 33 161(in Chinese)[周胜,林春生 2009 武汉理工大学学报 33 161].

[11] Wang H P, Wang L M, Wang C L 2010 Ship Electronic Engineering 30 169(in Chinese)[王红萍 王黎明 万程亮 2010 舰船电子工程 30 169].

[12] Zhang Y F, Zheng J, Wang L M 2012 Technical Acoustic. 31 170(in Chinese)[张永峰,郑健,王黎明 2012 声学技术 31 170].

[13] Nie C Y 2009 Chaotic System and Weak Signal Detection(Beijing: Tsinghua University Press) pp55 - 62(in Chinese)[聂春燕 2009 混沌系统与弱信号检测(北京:清华大学出版社)第 55 - 62 页].

[14] Li Y,Yang B J,Shi Y W 2003 Acta Phys. Sin. 52 526(in Chinese)[李月,杨宝俊,石要武 2003 物理学报 52 526].

[15] Xu W,Ma S J,Xie W X 2008 Chin Phys B. 17 857.

[16] Nie C Y,Shi Y W 2001 Chinese Journal of Scientific Instrument. 22 32(in Chinese)[聂春燕,石要武 2001 仪器仪表学报 22 32].

[17] Wang G Y,Chen D J 1999 Transaction on Industrial Electronics. 46 440.

[18] Lai Z H,Leng Y G 2012 Acta Phys. Sin. 61 050503(in Chinese)[赖智慧,冷永刚 2012 物理学报 61 050503].

[19] Zhou J,Lu J A,Lu J H 2006 IEEE Transactions on Automatic Control. 51 652.

[20] Mohammad P A 2011 Chin Phys B. 20 090505.

[21] Li Q Y,Wang N C,Yi D Y 2008 Numerical Analysis(Beijing:Tsinghua University Press) pp286 -291(in Chinese)[李庆扬 王能超 易大义 2008 数值分析(北京:清华大学出版社)第 286 -291 页].

[22] Chu Y Q, Li C Y 1996 Analysis of Nonlinear Vibrations (Beijing: Beijing Institute of Technology Press)pp258 -261(in Chinese)[褚亦清,李翠英 2012 非线性振动分析(北京:北京理工大学出版社)第 258—261 页].

[23] Jordan D W,Smith P 1987 Nonlinear Ordinary Differential Equations(Oxford Univ Press) pp523 -528.

[24] Yi W S,Shi Y W,Nie C Y 2006 Acta Metrologica Sin. 27 156(in Chinese)[衣文索,石要武,聂春燕 2006 计量学报 27 156].

[25] Li Y, Lu P 2006 Acta Phys. Sin. 55 1672(in Chinese)[李月,路鹏 2006 物理学报 55 1672].

[26] Xu W,Ma S J,Xie W X 2008 Chin Phys B. 17 857.

利用多角度海底反向散射信号进行地声参数估计

周　天　李海森　朱建军　魏玉阔

摘要　针对现有海底地声参数估计方法的不足,提出了利用相控参量阵浅地层剖面仪接收的多角度海底反向散射信号进行地声参数估计的方法。首先利用正下方和斜入射方向上沉积层上、下表面的差频反向散射信号进行沉积层厚度和声速估计,然后利用正下方沉积层上、下表面两个不同频率的差频信号的反向散射信号估计沉积层衰减系数,最后利用正下方沉积层上表面原频反向散射信号估计沉积层阻抗,计算沉积层密度从而解决和声速的耦合性。通过水池试验验证了该方法的有效性。

关键词　地声参数估计;反向散射信号;多角度;参量阵

1　引言

海底沉积层的声速、密度、衰减系数以及厚度等地声参数是海底资源考察和科学研究的基础,通过对海底沉积物结构和分布状况的探测与分析,可为海底资源开发,水下工程选址、港口建设及日常维护等提供直观的信息[1]。因为遥感测量的效率要远远高于原位测量方法,现阶段国内外对海底特性信息探测主要是以水声方法为主、原位测量为辅的手段,已经有若干水声方法用于反演地声参数,如匹配场反演[2-4]、传播损失反演[5],海底反射损失反演[6]、模式幅度反演[7]、局部海底高分辨反演[8],以及基于多波束、侧扫、浅地层剖面仪等探测声呐(或者其组合)进行地声参数反演[9-11]等。

从性能上来讲,每种反演方法都有其优点和缺点,匹配场反演的优点在于其能够对大区域地声参数进行反演,但其缺点是其反演结果可能存在多解,并且只能反映水体和海底空间变化环境的平均效果,对海底密度和衰减系数的敏感性较小;基于复杂的 Biot 模型和浅地层剖面仪垂直反向散射数据,Schock[10]提出了一种反演海底物理和声学参数的方法,计算过程复杂;基于海底反射损失的反演方法,可以高分辨地反演局部海底的分层厚度、密度和声速,但对海底衰减系数不敏感;局部海底高分辨反演方法在不同深度上布放声源,并采用垂直阵接收,完成短距离上的海底参数反演,但反演效率相对较低;现有的基于单独地形探测声呐或浅地层剖面探测声呐反演的方法虽然直观,但获取的地声参数不够丰富,而多种声呐探测信息的融合利用则增加了反演的复杂性。

从获取声学数据的途径上来讲,这些方法大致分为两类,一类是发、收换能器分点布置,利用反射信号;另一类是发、收换能器共点布置,利用反向散射信号。前一类方法需要将发射声源和接收阵远距离布放,接收阵常采用垂直阵或水平阵,甚至是掩埋阵[12],发射声源一般在深度方向上可调,甚至需要搭载载体大范围运动[13],虽然可能获得大海底区域的地声参数,但这类方法不便于工程实施,并且难以快速获取地声参数的高分辨估计;后一类方法一般采用收发共点的声呐设备,如测深声呐、侧扫声呐、浅地层剖面仪等,这类方法由于获取声学数据位置明确、直接快速,因此成为近年来的研究方向之一。在这些声呐设备中,浅地层剖面仪不仅可以获取沉积层表面信息，而且也常用于探测海底第一个浅地层[14]。Schock[10]和Theuillon[14]分别利用了基于常规换能器的单波束浅地层剖面仪和多波束浅地层剖面仪反演了沉积层阻抗，但没有解决沉积层厚度和声速的耦合性。

本文提出基于相控参量阵浅地层剖面仪，利用不同角度上沉积层上、下界面的原频及差频反向散射信号对海底地声参数估计。具体过程是：首先利用正下方和斜入射方向上沉积层上、下表面的差频反向散射信号进行沉积层厚度和声速估计，然后利用正下方沉积层上、下表面两个不同频率的差频信号的反向散射信号估计沉积层衰减系数，最后利用正下方沉积层上表面原频反向散射信号估计沉积层阻抗，计算沉积层密度从而解决和声速的耦合性。与现有的同类方法相比[10,14]，本文提出的方法能够解决沉积层厚度和声速的耦合性，从而估计沉积层层厚信息，更有效地获取沉积层的地声特性。

本文第2部分对所提方法的原理进行分析说明并给出相关表达式；第3部分介绍了为验证该方法所开展的水池试验情况，并采取将利用本方法处理试验数据的结果和参考值相比较的方式验证所提方法的有效性；第4部分给出结论和展望。

2　基于反向散射信号的沉积层参数估计方法

本文中利用相控参量阵在水池进行沉积层参数估计试验的几何示意图如下图1所示（沉积层假设为一层）。假设一定探测区域内各沉积层厚度相同且各向同性，各层平行水平分布；设水体特性参数为深度 h_0，密度 ρ_0，声速 c_0，衰减系数 α_0，其中 h_0 可以通过参量阵垂直波束直接测量得出，ρ_0、c_0 也可通过专门测量设备直接获得，α_0 可以通过经验公式估计得到；沉积层特性参数为厚度 h_s，密度 ρ_s，声速 c_s，衰减系数 α_s，为待估计量；池底（第二沉积层）特性参数为密度 ρ_b，声速 c_b，衰减系数 α_b；相控参量阵可以向不同的角度方向相控发射探测波束，不同的探测波束方向对应了不同的传播斜距和传播损失，并且对应沉积层内不同的折射角和传播斜距。

下面基于图1，对沉积层参数估计方法进行分析说明和数学推导。

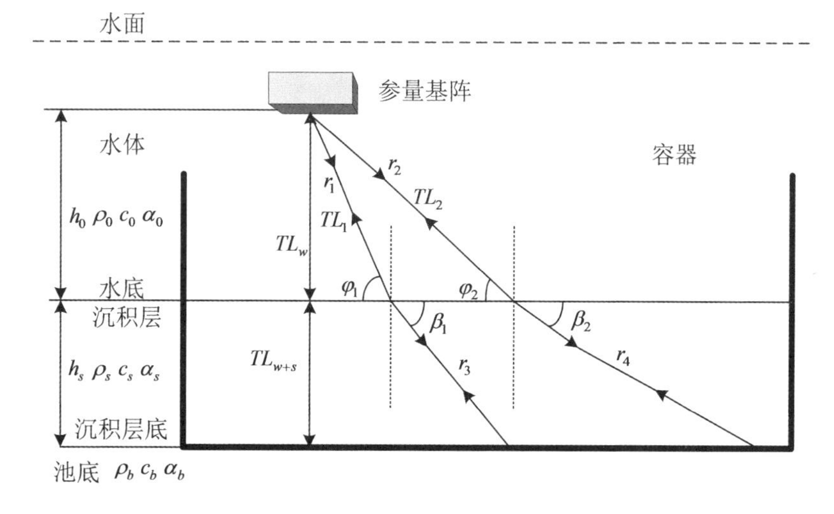

图1　沉积层参数估计的几何示意图

2.1　沉积层厚度和声速估计

根据图 1 和射线声学理论,正下方沉积层上、下表层回波时间分别为:

$$t_0 = \frac{2h_0}{c_0} \tag{1}$$

$$t_1 = \frac{2h_0}{c_0} + \frac{2h_s}{c_s} \tag{2}$$

角度 φ 方向沉积层上、下表层回波时间分别为:

$$t_2 = \frac{2h_0}{c_0 \cos\varphi} \tag{3}$$

$$t_3 = \frac{2h_0}{c_0 \sin\varphi} + \frac{2h_s}{c_s \sin\beta} \tag{4}$$

得到:

$$\sin\beta = \frac{t_1 - t_0}{t_3 - t_2} \tag{5}$$

掠射角 φ 和折射角 β 服从 snell 定律:$\cos\varphi/c_0 = \cos\beta/c_s$,得到沉积层厚度和速度估计的表达式如下:

$$c_s = c_0 \frac{\cos\beta}{\cos\varphi} = c_0 \frac{\sqrt{1 - \left(\frac{t_1 - t_0}{t_3 - t_2}\right)^2}}{\cos\varphi} \tag{6}$$

$$h_s = \frac{c_s(t_1 - t_0)}{2} \tag{7}$$

上式(6)中,相控探测角度 φ、水中声速 c_0 均为已知,只需估计垂直方向和 φ 方向沉积层上、下表面回波的到达时间间隔 $t_1 - t_0$、$t_3 - t_2$ 即可。从上式(6)和式(7)可以看出,沉积层厚度和声速是独立估计,因而能够解决二者之间的耦合性。为了提高估计的精度,也可以利用多个不同相控角度 φ 上的时间间隔进行最小二乘估计。

2.2　沉积层衰减系数估计

沉积层上表面的反射信号强度可以表示为:

$$P_{\text{bottom}} = SL - TL_w - TM_1 - Loss_w \tag{8}$$

其中,SL 为声源级,TL_w 为垂直入射时水中双程扩展损失,TM_1 为水底反射损失,$Loss_w$ 为水体吸收损失。

沉积层下表面的反射信号强度可以表示为:

$$P_{\text{sediment}} = SL - TL_{w+s} - TM_2 - TM_3 - TM_4 - Loss_w - Loss_{\text{sediment}} \tag{9}$$

其中,TL_{w+s} 为水中和沉积层中的双程扩展损失,$Loss_w$ 为水体吸收损失,$Loss_{\text{sediment}}$ 为沉积层吸收损失。TM_2 和 TM_4 是声波进、出沉积层时的透射损失,TM_3 为沉积层底反向散射损失。

对于频率为 f_1 的探测声波,水底方向散射信号强度和沉积层底反向散射信号强度之差可以表示为:

$$P_{f_1} = P_{\text{bottom}} - P_{\text{sediment}} = -TL_w - TM_1 + TL_{w+s} + TM_2 + TM_3 + TM_4 + Loss_{\text{sediment}} \tag{10}$$

基于射线声学，当低频探测信号频率比较接近时，可以认为传播损失和折射及反射损失不变[8]。根据上式(10)，用频率为f_2的探测声波进行探测获得P_{f_2}，从而得到：

$$P_{f_1}-P_{f_2}=\Delta loss_{\text{sediment}}=(R_{f_1}-R_{f_2})\alpha_s \tag{11}$$

此处，R_{f_1}和R_{f_2}是沉积层中的声线长度(λ)，α_s是沉积层衰减系数(dB/λ)。由上式(6)和式(7)估计出沉积层层厚和声速后，沉积层中的声线路径长度可以容易得到，因此上式可以进一步表示为：

$$P_{f_1}-P_{f_2}=-\frac{2h_s}{c_s}\Delta f\alpha_s \tag{12}$$

其中，$\Delta f=f_2-f_1$。根据公式(12)即可估计沉积层衰减系数。

2.3　沉积层密度估计

文献[8]中采用了反射模型直接估计沉积层密度。由于目前还缺乏经过理论和大量试验验证的反向散射模型，难以基于外侧角度的反向散射信号利用类似方法进行沉积层密度估计。本文2.1中已经对沉积层声速进行有效估计，因此只需再估计出沉积层阻抗，即可求出沉积层密度。

沉积层密度具体估计过程是利用参量阵发射声源级、传播损失、吸收损失三者关系得到垂直入射沉积层表面前后的声波强度估计得到反射系数值，再根据反射系数的定义$R=\frac{\rho_s c_s-\rho_0 c_0}{\rho_s c_s+\rho_0 c_0}$，计算出沉积层阻抗$\rho_s c_s$(水体阻抗$\rho_0 c_0$可直接测得)，最后根据公式(6)估计出的沉积层声速c_s，求出沉积层密度值ρ_s。由于参量阵能够同时辐射高频原频信号和低频差频信号，在估计反射系数时，可选择这两个不同频率信号中信噪比较高的进行处理。

由2.1~2.3可见，由沉积层声速c_s可以求出沉积层厚度h_s，继而求出沉积层吸收系数α_s，同时利用c_s还可以求出沉积层密度ρ_s，因此c_s的求解是几种沉积层参数估计的出发点。根据公式(6)，c_s取决于水中声速c_0、相控角度φ以及界面回波时间。其中，c_0可由声速仪高精度测得，相控角度可由声呐发射波束形成技术准确控制，界面回波时间估计是关键，其精度主要取决于发射波束在界面上的足印大小(近似表示为$H\tan\theta_{-3\text{dB}}$，$H$为声呐换能器表面到界面的高度，$\theta_{-3\text{dB}}$为接收波束宽度)，在垂直入射附近区域，WMT(Weighed Mean Time)算法是一种在多波束测深系统中已得到充分验证的界面回波时间高精度估计方法，本文后续试验数据处理也采用这种方法。另外，在α_s和ρ_s的求解中，需要利用发射及接收信号的源级，因此还需要对所用参量阵及原频接收换能器的声学参数进行准确测量。

3　水池试验验证

3.1　水池试验布局

试验在四壁消声的水池内进行，坐底的吨袋内装有用2 mm孔径的筛网筛出的粗沙，沙子厚度可根据需要进行调整。浅地层剖面仪采用了SES2000标准型，试验前需要测量其在所关注频点上的发射声源级。SES2000采用参量阵技术，可以相控发射不同方向上的探测波束。由于SES2000只处理接收回波中的差频低频信号，而本文还要对原频高频信号进行处理，因此试验中还采用了B&K公司的8103高频水听器接收原频高频信号，试验前需要对8103水听器在所关注频点上的接收灵敏度进行校准，并且利用拓普公司的多通道动态信号测试分析仪对该高频信号进行采集,采样频率为 500 kHz。水池试验框图如图 2 所示,试验现场照片如图 3 所示,铺设了沙层的吨袋吊放照片如下图 4 所示。

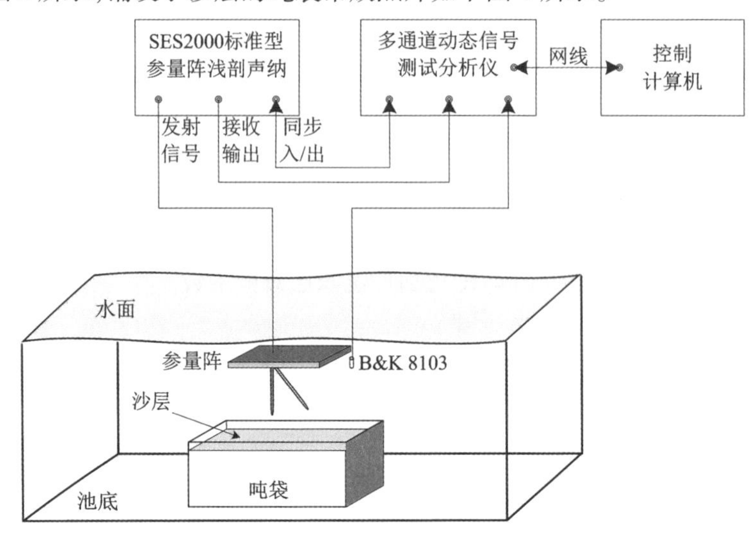

图 2　水池试验框图

图 3　试验系统现场连接图

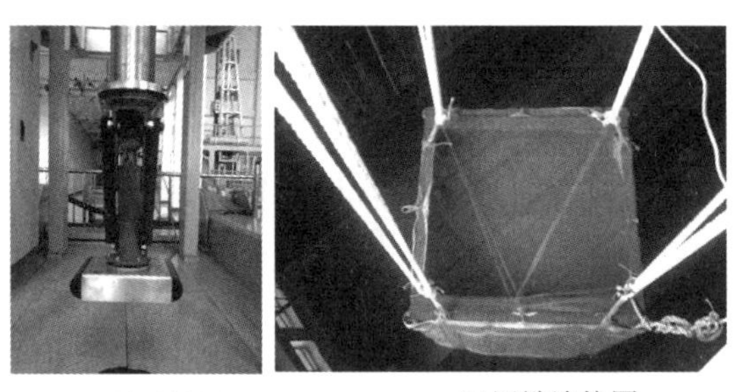

(a)干端连接图　　(b)湿端连接图

图 4　铺设沙层吨袋吊放照片

试验开始时需仔细调整参量阵和吨袋之间的相对位置,避免吨袋侧壁及四周固定框架对沉积层回波的干扰。

3.2　试验数据处理与验证

3.2.1　估计沉积层厚度和声速

在试验中,参量阵与沉积层上表面间距为 4 m,沙层厚度为 62 cm,相控 SES2000 的探测角度分别为 0°和 10°,考虑深度分辨率因素选择脉冲长度为 3 个周期,采集到的波形如下图 5 所示,图中前面的脉冲波形为同步信号的电串漏。采用 WMT 算法对沉积层上、下表面的回波时间进行搜索估计并分别求上下幅度窗内信号的平均幅度。得到上式(6)和式(7)中各变量的值分别为 $t_0=0.005\ 475$ s、$t_1=0.006\ 153\ 954\ 119\ 662$ s、$t_2=0.005\ 568$ s、$t_3=0.006\ 263\ 556\ 018\ 742$ s,利用声速仪测得水中声速 $c_0=1\ 474$ m/s,$\varphi=10°$,则由公式(6)和式(7)计算可得沉积层厚度 $h_s=62.6$ cm,与先验测量值相当;沉积层声速 $c_s=1\ 844$ m/s,与经验值 $c_s=1\ 836$ m/s接近[15]。

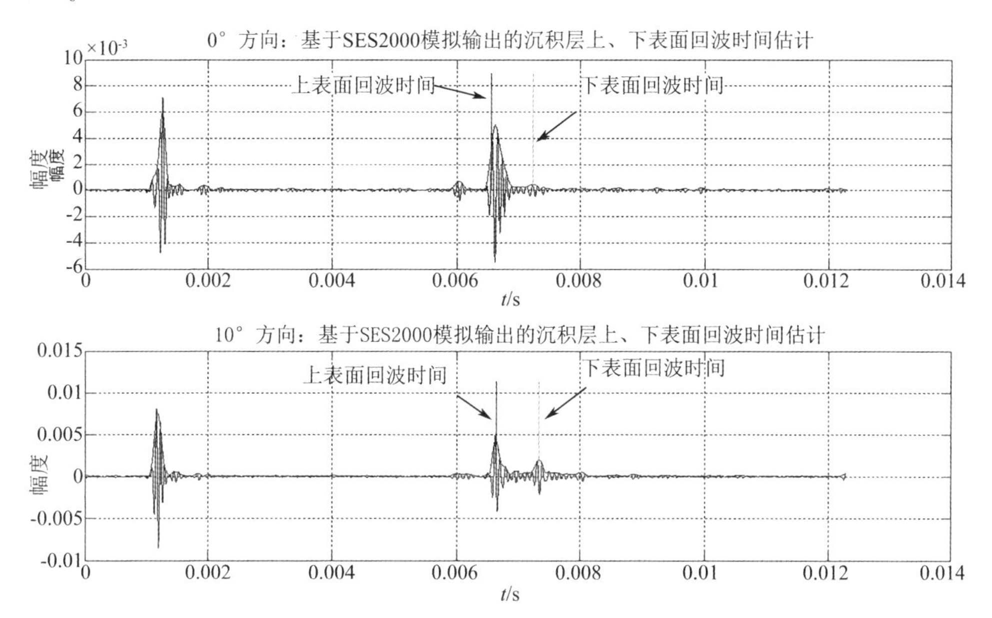

图 5　基于 0°和 10°方向上回波的沉积层上、下表面回波时间估计

3.2.2　估计沉积层衰减系数

在试验中,参量阵与沉积层上表面间距为 4 m,沙层厚度为 62 cm,SES2000 探测角度为 0°,分别采用 8 kHz 和 12 kHz 差频对沉积层进行穿透,考虑深度分辨率因素选择脉冲长度为 3 个周期,利用 WMT 对沉积层上、下表面的回波时间进行搜索估计并分别求上下幅度窗内信号的平均幅度,分别计算 8 kHz 和 12 kHz 的双程传播损失,然后计算二者双程传播损失之差,由公式(12)估计沉积层衰减系数。试验中共计测量了 10 组数据(下图 6 为其中一组数据的处理结果),作平均后得到沉积层衰减系数 $\alpha_s=0.843$ dB/λ。与 Innomar 公司给出的粗沙衰减系数经验值 0.9 dB/λ 相当[16]。

为了进一步验证该水池试验环境下的沙层衰减系数,试验中还进行了比对测量。将袋子悬空吊放,SES2000 和 8103 水听器分置两侧,分别测量了空袋和装沙状态下袋子的衰减损失,得到本试验中所铺设沙层的衰减系数的测量值为 0.87 dB/λ。通过和实际测量值和经验值的对比验证了估计值的合理性。

3.2.3　估计沉积层密度

在试验中,参量阵与沉积层上表面间距为 4 m,沙层厚度为 62 cm,SES2000 探测角度为 0°。当参量阵产生 8 kHz 差频分量时,同时还产生了 98 kHz 和 106 kHz 原频分量,本试验中选择 98 kHz 原频分量进行反射系数的估计。利用 WMT 对 8103 水听器接收到的沉积层上表面的反射回波时间进行搜索估计并分别求幅度窗内信号的平均幅度，并考虑传播损失和水体衰减损失因素，将其归算至沉积层上表面处，同时根据发射声源级推算沉积层上表面处的入射声波幅度（本试验中采取了直接测量直达声幅度的方法，如下图 7 所示），从而可由反射系数计算公式获得沉积层阻抗 $\rho_s c_s$，再由前面估计出的沉积层声速值 c_s 可得到最终的沉积层密度 ρ_s。取水的密度为 $\rho_0 = 1\ 000\ \mathrm{kg/m^3}$，水中声速取实测值 $c_0 = 1\ 474\ \mathrm{m/s}$，沉积层声速取估计值 $c_s = 1\ 844\ \mathrm{m/s}$，则由试验数据估计出沉积层密度 $\rho_s = 2\ 004.7\ \mathrm{kg/m^3}$，与采用量杯和高精度电子秤测得的 1 991.7 kg/m³ 相当，也与经验值 2 034 kg/m³ 接近[15]。

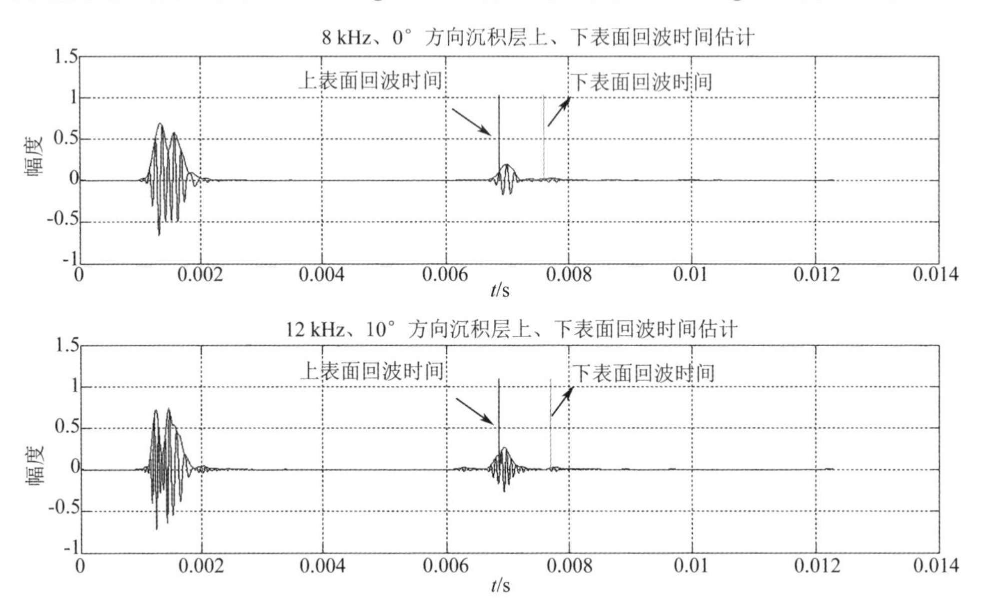

图 6　基于 0°和 10°方向上回波的沉积层上、下表面回波时间估计

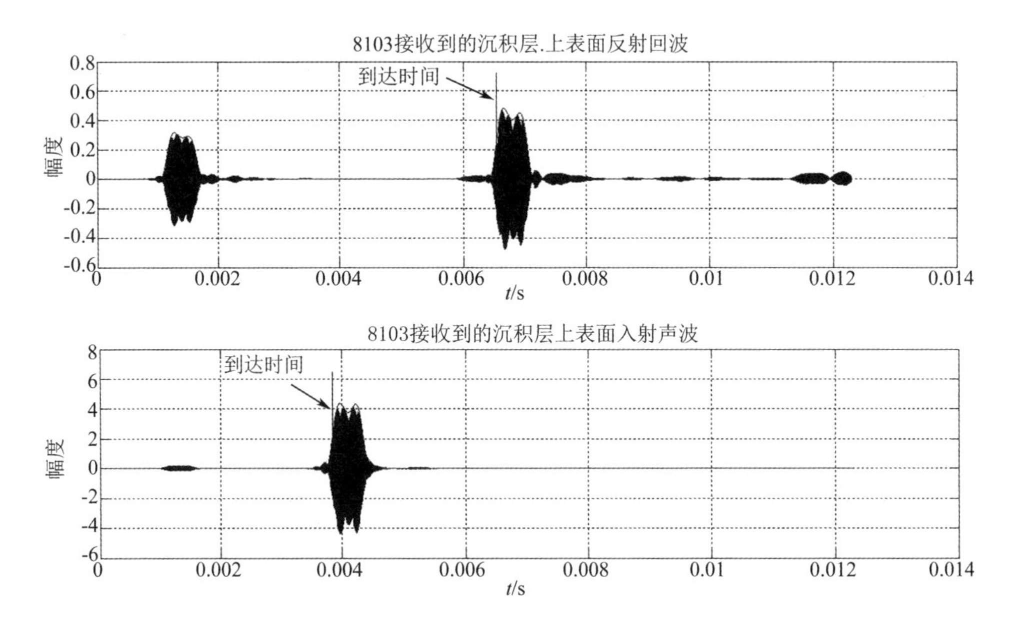

图 7　8103 水听器接收到的沉积层上表面反射信号和直达信号

4　结论

针对现有海底地声参数估计方法的不足,提出了利用相控参量阵浅地层剖面仪接收的多角度海底反向散射信号进行地声参数估计的方法。文中详细分析了该方法的基本原理,推导了该方法的数学模型,并有针对性地构建了水池试验系统,通过试验数据处理对沉积层声速、厚度、密度以及衰减系数值进行了估计,估计值与先验信息或经验值符合较好,充分验证了该方法的有效性。

该方法高效直观,不仅可以用于现有相控参量阵浅地层剖面仪的数据处理功能扩展,而且为国内的相控参量阵浅地层剖面仪研制提供了理论指导。下一步的工作是开展海上试验,进一步验证该方法的鲁棒性。

参考文献

[1] Grelowska G, Kozaczka E, Kozaczka S, Szymczak W 2012 11th European Conference on Underwater Acoustics Edinburgh July 2 - 6 2012 34 p1446.

[2] Yang K D, Chapman N R, Ma Y L 2007 J. Acoust. Soc. Am. 121 833.

[3] Dettmer J, Dosso S E 2012 J. Acoust. Soc. Am. 132 2239.

[4] Tan B A, Gerstoft P, Yardim C, Hodgkiss S 2013 J. Acoust. Soc. Am. 134 312.

[5] Neumann P, Muncill G 2004 IEEE J. Oceanic Eng. 29 13.

[6] Dettmer J, Dosso S E, Holland C W 2007 J. Acoust. Soc. Am. 122 161.

[7] Li Z L, Zhang R H 2007 Chin. Phys. Lett. 24 471.

[8] Yang K D, Ma Y L 2009 Acta Phys. Sin. 58 1798(in Chinese)[杨坤德、马远良 2009 物理学报 58 1798].

[9] Jiang Y M, Chapman N R 2010 IEEE J. Oceanic Eng. 35 59.

[10] Schock S G 2004 IEEE J. Oceanic Eng. 29 1200.

[11] Siemes K, Snellen M, Amiri - Simkooei A R, Simons D G, Hermand J P 2010 IEEE J. Oceanic Eng. 35 766.

[12] Hefner B T, Jackson D R, Williams K L, Thorsos E I 2009 IEEE J. Oceanic Eng. 34 372.

[13] Ohta K, Okabe K, Morishita I, Frisk G V, Turgut A 2009 IEEE J. Oceanic Eng. 43 526.

[14] Theuillon G, Stéphan Y, Pacault A 2008 IEEE J. Oceanic Eng. 33 240.

[15] Liu B S, Lei J Y 1993 Principles of underwater acoustics (Harbin: Harbin Engineering University Press)77(in Chinese)[刘伯胜,雷家煜 1993 水声学原理(哈尔滨:哈尔滨工程大学出版社)第 77 页].

[16] Innomar Technologie GmbH SES2000 User's Guide(V 2.8)2009 181.

多波束合成孔径声呐技术研究新进展

李海森　魏　波　杜伟东

摘要　随着近年人们对海洋科学研究的迫切需要,水下目标精细探测与成像声呐技术逐步成为国内外研究的热点。本文首先重点分析了国内外主流多波束测深声呐技术与合成孔径技术的发展现状和趋势,并结合二者技术优势提出了一种多波束合成孔径声呐探测新机理。研究讨论了多波束合成孔径声呐关键技术的研究进展,经实验初步验证了其探测机理的有效性和提升水下目标分辨能力的潜力。

关键字　多波束合成孔径;目标仿真;运动误差估计;技术发展趋势

1　引言

近年来随着现代水声信号处理技术和水声换能器技术的大幅度进步,水下目标精细探测和成像声呐技术已然成为国内外研究的热点,在民用和军用领域都有着其他声呐不可替代的作用[1]。在民用方面,成像声呐技术可用于海洋资源开发、海底地质勘探、海底地形地貌测绘、水下物体探测等海洋工程领域;在军事上,高隐蔽性水下军事小目标(如军用无人潜器、鱼雷、水雷、蛙人等)的探测与识别、港口锚地和舰艇的安全防范、地形匹配导航等领域上也迫切要求应用高分辨的水下目标精细探测和成像声呐技术[2-4]。目前国内外已有多种先进的成像声呐技术,主流的主要包括干涉侧扫声呐技术、多波束测深声呐技术及合成孔径声呐技术等。

干涉侧扫声呐一般需搭载水下拖体进行工作,其设备安装简单、目标横向分辨率较高,可以借助阴影对目标进行识别判断[5];但是,由于其探测机理制约不容易获得精确海底深度,并且测量垂底区域存在 gaps(缝隙),需要单独的声呐设备或者方法进行补隙[6-7]。多波束测深声呐能较精确地测量出海底深度并获得水体成像(water column),能得到直观的、精确定位的全覆盖三维海底地形图[8],然而多波束测深声呐波束脚印随着深度增加而扩大,对远距离情况下的目标探测分辨率较低,对小目标的探测更为困难。合成孔径声呐(synthetic aperture sonar,SAS)使用小孔径的声呐换能器阵,通过运动形成虚拟大孔径的方法,来获取更高的航迹向分辨率。相比于实孔径声呐,SAS 最突出的优势是航迹向分辨率与作用距离、信号的频率无关[9]。然而,现阶段对于合成孔径声呐技术的研究主要集中在侧扫式合成孔径上,因此同样存在测深精度不佳和垂底探测缝隙等局限性。

综上,迫切需要一种新的水下目标精细探测和成像声呐技术以满足对水下小目标探测能力的需求。为此本文将多波束测深声呐技术与合成孔径声呐成像技术相结合,在新的发射和接收基阵结构基础上,提出一种多波束合成孔径声呐(multibeam synthetic aperture sonar,MbSAS)新机理,理论分析和实验皆证明其可以获得与目标作用距离及发射信号频率无关的航迹向高分辨力,且可以精确测深和垂底区域没有缝隙。

2　多波束合成孔径技术研究现状

多波束合成孔径技术是一种将多波束测深技术和合成孔径技术相结合的新型水下目标成像技术，通过载体运动在航迹向上虚拟合成较大的基阵孔径，既可以在航迹向上获取较高的分辨率，用于对地形地貌的全覆盖测量，还可以在距离向上通过波束形成确定目标所处方位，最终可以精确地测量出目标的深度信息，对目标进行三维成像。多波束合成孔径技术的发展，紧随着多波束测深技术和合成孔径技术的发展趋势，结合二者技术优势，实现水下目标的精细探测。

2.1　多波束测深声呐技术现状与发展趋势

多波束测深技术是随着现代水声、电子、计算机、信号处理技术的进步而发展起来的，至今多波束测深技术的研究已经经历了半个多世纪的发展，逐渐地形成了各种功能的实用化商业声呐产品。声呐系统供应商根据不同测量水深范围发展系列化的测深仪器，分为浅水、中水、深水多波束三类；按照搭载常规测量船只、水面无人船、水下 AUV 等不同设备载体研发抗压性、密闭性不同的换能器基阵，分为船载式、无人式和潜用式；根据不同的客户需求研发便携式悬挂基阵、V 型组合基阵、以及内嵌式壳体基阵等不同的适装类型，极大地拓展了多波束测深系统的应用领域；从探测对象不同可以分为水面探测、水体探测和水底探测型；按照采用的测深信号处理算法不同又分为幅度检测法和相位检测法。概括起来，现阶段多波束测深技术的主要发展趋势是朝向超宽覆盖、小水深测量、运动姿态稳定、精细化测量等方向发展。

2.1.1　超宽覆盖

限制多波束测深系统覆盖宽度的主要问题在于小掠射角情况下，外侧波束回波信噪比较低，波束展宽严重且容易受到中央波束"隧道效应"干扰，限制了外侧波束回波到达时间检测的有效性[10]。针对此问题，国内外研究者主要从换能器基阵阵型设计和信号处理方法两个方面展开研究。

在换能器设计方面，通过阵型设计可以提高发射换能器外侧角度的发射响应，或者改善接收基阵外侧接收灵敏度，使换能器基阵对外侧回波的响应得到改善。也可以通过增加接收基阵阵元数目，减小接收波束宽度，改善外侧波束的测深精度[11-12]。在信号处理方面，主要的研究趋势是研究分辨率更高的算法，提升深度测量精度，主要有三种技术途径：第一种是利用信号子空间类高分辨方法代替常规波束形成方法，使系统目标 DOA 分辨能力超过瑞利限[13-14]，如多重信号特征法、子空间旋转法、解卷积类方法以及子空间拟合类方法等。第二种是利用相位法代替幅度法的波达时间估计方法，如多子阵幅度－相位联合检测法等[15]。第三种是基于常规波束形成输出的拟合法算法，如 BDI 算法等[16]。

2.1.2　小水深测量

多波束测深系统不但需要对远处目标进行探测，同时还需要对小水深情况下的目标进行精细化探测，这就需要对近场环境下的目标回波按照球面波假设进行波束形成。虽然近场聚焦波束形成算法的基本原理比较简单，但其运算过程非常复杂，实时实现难度较高，浅水多波束实时动态聚焦方面的研究是小水深测量的基本技术保障[17]。

2.1.3　运动姿态稳定与补偿

多波束测深系统的载体在航行过程中不可避免地受到风浪的影响，因此对于载体的运动姿态稳定研究是提高多波束测量精度的另一个热门方向。载体运动过程中需要通过姿态传感器设备实时记录载体运动姿态,通过算法进行姿态补偿,从而得到高精细度的测量图像。需要通过波束形成技术控制发射波束和接收波束所对应的波束角度,包括接收横摇补偿、发射纵摇补偿、航行艏向补偿等技术[18]。

2.1.4 精细化测量

随着多波束测深技术的不断发展,研究者们希望通过多波束测深系统得到更为精细的测量结果,因此研究的方向主要集中于距离向精细测量、水平向精细测量、航迹向精确测量三个方面。距离向的精细度主要取决于系统的采样频率,采样频率越高则对回波到达时间的估计越精细,同时 LFM 信号的匹配滤波技术也能够提升信号的处理增益和时间分辨能力。水平向的精细测量主要取决于波束密度和波束宽度,更多的波束数目、更小的波束角度能够带来更精细的测绘条带[19]。航迹向精确测量的局限性在于航速与帧率的制约以及多波束系统的航迹向波束脚印较宽,目标分辨能力不够,需要一种新的探测机理去有效的提升系统的航迹向分辨率。结合了多波束测深技术和合成孔径技术的 MbSAS 技术,正是这样的一种有效的途径,近年来逐渐受到研究者们的关注。

2.2 合成孔径声呐研究进展

合成孔经声呐技术的发展最早可以追溯到 1967 年美国 Raython 公司的 Walsh 等人,他们从 1967 年到 1969 年分别发表文章阐述他们把合成孔径技术应用到对海底小目标如锚雷等进行高分辨成像的研究结果[20]。近些年来,合成孔径技术的发展已经由实验室走到了外场,更多的理论验证样机和海洋试验出现在学术界的视野内[21-23]。目前主流的合成孔径声呐一般采用侧扫式合成孔径方法,国内外学者和声呐厂商纷纷推出各自的研究成果并推向实际应用[24-25]。但是这些研究都没有很好地解决垂底区域存在缝隙问题,普遍需要单独使用多波束测深声呐或者成像声呐进行补隙,数据拼合效果有待提升。现阶段合成孔径声呐的研究热点主要集中在目标回波模拟[26-27]、合成孔径成像算法[28-29]、载体运动姿态补偿等方面[30]。

2.2.1 目标回波仿真

由于水下目标探测外场实验条件复杂,不可控因素多成本高,需要进行大量理论仿真研究,比如目标回波模拟以代替部分外场试验,然而目标回波模拟是一项相当复杂的工作。目前国内外很多专业机构已经展开了相关的研究并取得了相应的进展,例如北约水下研究中心的 SIGMAS 软件仿真系统以及新西兰 Cantbury 大学开展的掩埋目标回波研究等[31]。

2.2.2 合成孔径成像算法

合成孔径成像算法基本原理就是利用接收到回波信号的时延信息求解出目标与收发换能器之间的距离,进而推导出目标的所在位置。常见的算法有:时域延时求和算法、距离多普勒算法、Chirp - Scaling 算法、波数域算法等[32]。根据所使用基阵的阵型推导出各阵元与目标之间的时延差,并提出实用的成像算法是合成孔径技术的研究热点。

2.2.3 载体运动姿态补偿

如果想获得航迹向虚拟大孔径的分辨能力就需要非常准确的航迹向航行轨迹,而实际上载体航向的偏移等运动误差形式是一直存在的,这种载体的运动误差会造成图像的散焦,所以在合成孔径技术的研究中运动误差的估计与补偿是其实用化的最大瓶颈。相位梯度自聚焦算法(PGA)算法利用回波信号相位上存在的冗余度,理论上实现对任意误差的校正[33]。多子阵 SAS 系统中可以采用冗余相位中心(DPCA)算法,通过重叠目标的相关处理获得相位误差信息[34]。寻找有效并且价格相对低廉的载体多自由度运动误差估计和补偿方法是目前合成孔径技术的研究热点之一。

2.3　多波束合成孔径声呐新技术

相比侧扫合成孔径声呐而言多波束合成孔径声呐的研究起步较晚,最先见于文献的是 2001 年日本的研究人员在 SeaBeam 2000 多波束测深声呐的基础上使用了合成孔径的算法,得到了很好的探测效果。2002 年美国研究者向美国专利局申请了多波束合成孔径声呐的发明专利申请,在国际上首次提出多波束合成孔径声呐的初步设想[35],然而其后国际上未有该机构研究者利用多波束测深声呐进行合成孔径算法深入研究的文章公开发表。

2015 年,Kongsberg 公司首次利用该公司 EM2040C 浅水多波束测深系统数据,进行合成孔径算法处理,并将结果与多波束测深声呐结果进行对比。对比结果表明,经合成孔径算法处理后,能够得到更为精细的水下地形图像,该公司将这套系统称为 HISAS 2040,这也是国外目前为止见到的最新利用多波束声呐数据进行合成孔径算法处理的实例[36]。

哈尔滨工程大学通过对侧扫合成孔径声呐的研究后在国内率先提出多波束合成孔径声呐的概念,并独立开展了利用现有基于单线阵的国产多波束测深系统进行实验,证明了多波束合成孔径声呐的可行性,相较于传统多波束测深系统分辨率具有显著提高,并且能够一次测绘得到全覆盖测绘的结果,对目标的深度信息、航迹向坐标信息等有良好的成像效果,可以在保证与侧扫合成孔径声呐相同航迹向分辨率的前提下有效地提高合成孔径声呐的距离向分辨率并完成正下方无缝隙测绘[37-38],成像效果如图 1 所示。目前正在上述研究的基础上,开展基于二维面阵的多波束合成孔径探测机理研究,期望能够获得更好的航迹向分辨率和有效的提升系统探测效率。

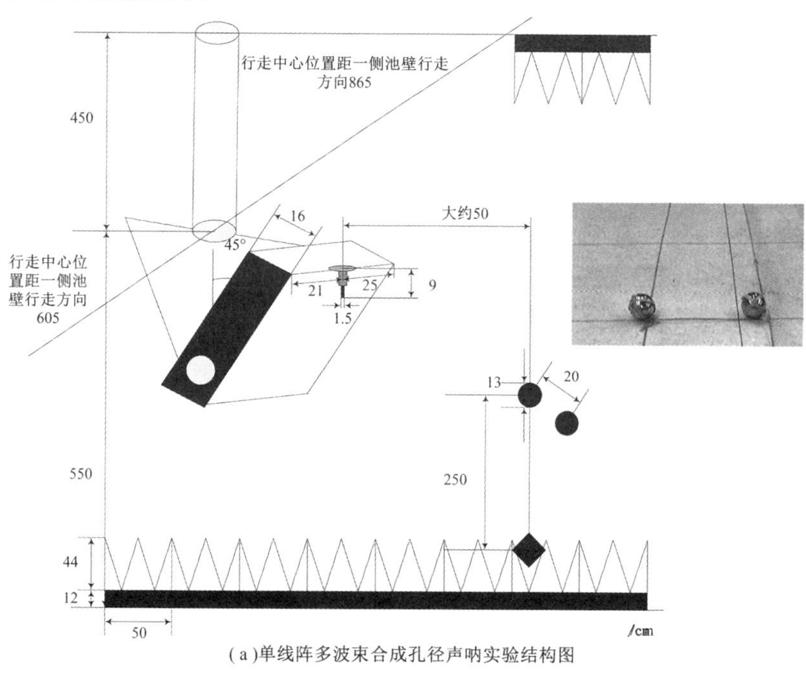

(a)单线阵多波束合成孔径声呐实验结构图

图 1　单线阵多波束合成孔径声呐成像效果图

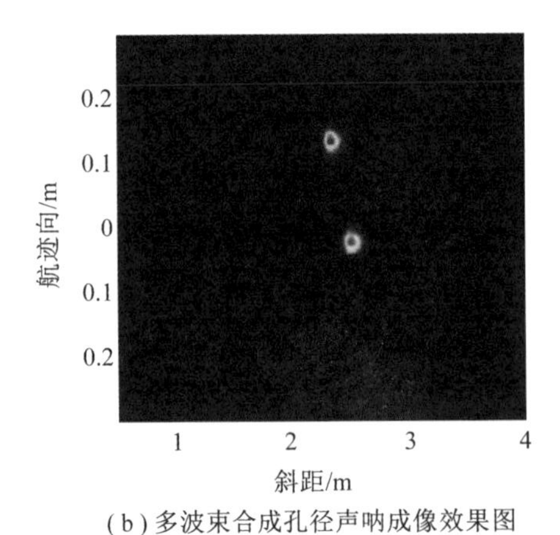

(b) 多波束合成孔径声呐成像效果图

图 1(续)

3　多波束合成孔径声呐基本原理

3.1　多波束合成孔径声呐基本模型

多波束测深声呐的基阵排布方式一般为接收阵元沿距离向依次直线排布,合成孔径声呐的收发阵元一般为沿着航迹向直线排列。为了解决侧扫式合成孔径声呐的不足,研究者融合了合成孔径声呐和多波束测深声呐的基本模型提出了一种多波束合成孔径声呐测量模型,能够一次性的完成测绘区的全覆盖测绘,不需要额外进行补隙,同时多波束合成孔径声呐能够通过距离向的波束形成,得到目标回波方向,从而解算出目标的深度,形成一种三维成像声呐,基本模型如图 2 所示。多波束合成孔径声呐与多波束测深声呐的最大区别是前者的发射波束沿航迹向的开角很大,这样在航迹向的不同位置波束会多次照射到目标,从而可以通过合成孔径提高航迹向的分辨能力。

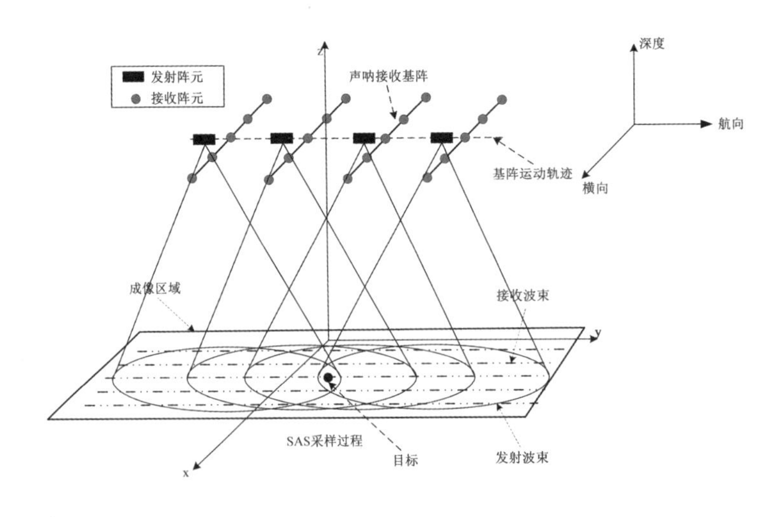

图 2　多波束 SAS 的基本模型

3.2　二维多子阵多波束合成孔径声呐阵列

多波束测深声呐多采用 Mill's 交叉的"T"型换能器结构,但是当多个目标的斜距相同时,栅瓣会使成像模糊,尤其在对大面积水底地形进行测量时影响显著。在实际的测量中,受到探测机理的限制,侧扫式合成孔径声呐测量效率将非常低。在 SAS 系统中,常采用的方法是在航向使用多个接收阵列,即多子阵 SAS,可以有效地提高测量效率,如图 3 所示。因此,根据多波束合成孔径的原理和多子阵 SAS 结构,多波束合成孔径声呐换能器阵型选为平面阵结构,其距离向接收单元能够完成垂直于航行方向剖面内的波束形成,而其航迹向接收单元能够保证距离向波束合成处理时的栅瓣抑制[39]。

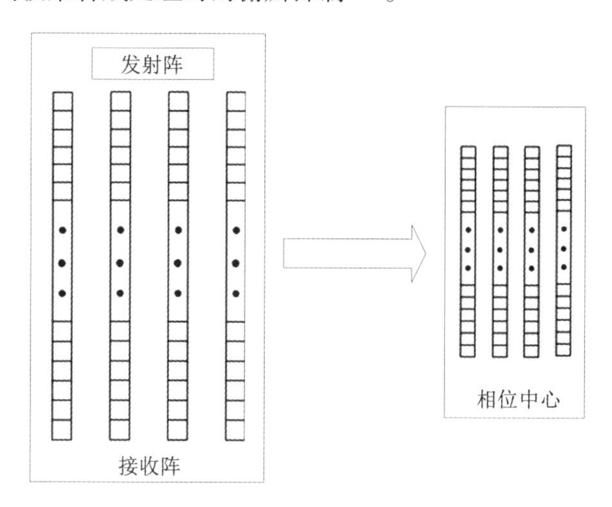

图 3　二维多子阵多波束合成孔径声呐阵列

4　多波束合成孔径声呐关键技术

现阶段多波束测深技术的主要发展趋势是朝向小水深测量、运动姿态稳定、精细化测量等方向发展,而合成孔径声呐的研究热点主要集中在目标回波模拟、合成孔径成像算法、载体运动姿态补偿等方面。通过对比研究可以发现,二者研究的共同热点方向在于:利用复杂的探测信号形式,得到更好的回波信噪比和更精确的波达时间分辨力;利用更好的聚焦波束形成技术,实现对近距离目标的精细探测;对载体运动姿态进行有效的补偿,得到质量更高的声呐图像;利用新的探测机理,获得更高的目标分辨力。因此,针对多波束合成孔径声呐新机理开展了如下关键技术的研究。

4.1　合成孔径声呐目标仿真

目标回波仿真是多波束合成孔径声呐技术研究的基础,基于声呐运动模型的目标回波模型仿真结果对于多波束合成孔径声呐成像算法以及运动补偿算法的研究会有很大的促进作用。目标的三维仿真模型包括声呐的运动模型、目标的回波模型、目标的阴影模型等,利用抗干扰能力较强、距离分辨力高的线性调频信号进行目标探测研究。

4.1.1　声呐的运动模型

多波束合成孔径声呐的基本运动模型如上图 2 所示,接收基阵为由无指向性的阵元组成的换能器线阵。在工作过程中发射换能器以一定的重复间隔向海底发射脉冲信号，记载体运动方向为 y 轴方向，接收线阵所在的横向为 x 轴方向。计算得到声呐接收阵在不同时刻接收到的信号的时延，对于多个目标点可以分别得到各个点的回波，然后将回波进行叠加，即可得到目标信号仿真数据。

4.1.2　目标回波仿真

假设探测面目标或者体目标时，采用点目标重构法[40]，将目标分解为一个个单独的点目标。以正方体为例，首先对目标体以固定间距进行切线分解，将目标分解成众多小块，然后利用体表面各条切线的交点来构造点目标，完成整个目标分解。将体目标分解为点目标，求出各个点目标的回波并进行叠加，可将叠加后的目标回波视为面目标或者体目标的回波，目标模型如图 4 所示。

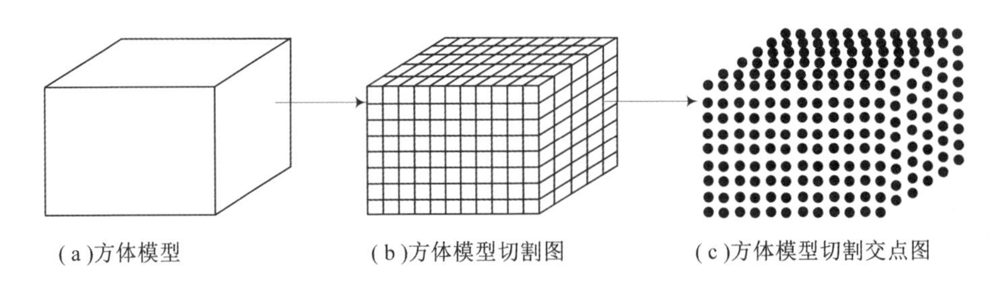
(a)方体模型　(b)方体模型切割图　(c)方体模型切割交点图

图 4　目标模型分解示意图

4.1.3　阴影区域仿真

在声呐基阵沿着航迹向运动时，发射的声波束照射到物体，由于物体的遮挡会在物体的后方形成阴影，在接收基阵与仿真目标之间进行连线，延长线与水底相交，目标的着底点与延长线交点所围成的区域即为声波阴影区，目标模型如图 5 所示。

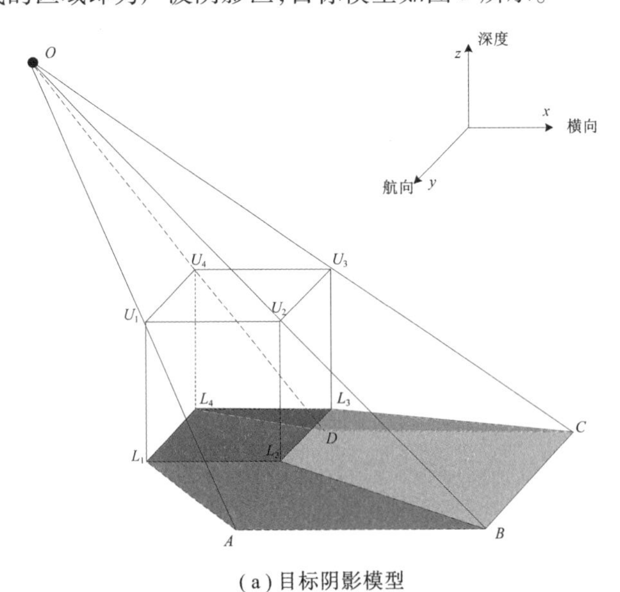

(a) 目标阴影模型

图 5　立方体目标的阴影区域

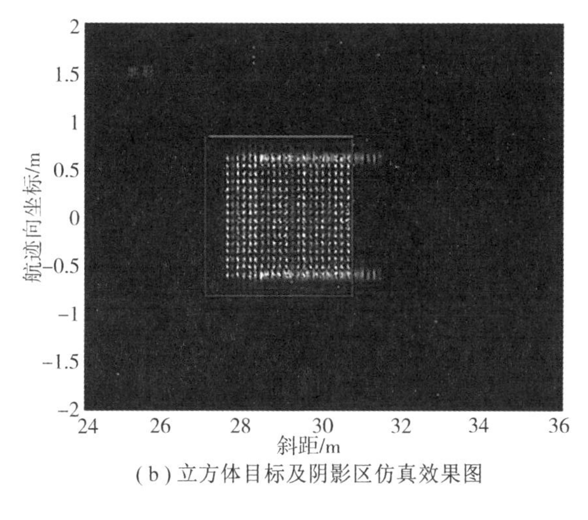

(b)立方体目标及阴影区仿真效果图

图5(续)

4.2　多波束合成孔径声呐成像算法

多波束合成孔径声呐成像算法原理是将SAS逐点成像算法与波束形成算法相结合,经合成孔径技术处理后可得到目标所在的航迹向坐标和斜距两个物理量,波束形成技术在空间预成多个波束,将空间划分为不同的波束角度,根据目标的斜距和所在波束角度可计算出目标的深度信息,从而对目标实现三维成像[41]。根据二维面阵结构推导目标到各接收阵元的距离,从而计算出各接收阵元接收到信号的时延差,阵元时延结构如图6所示。

线性调频信号可以提高时间带宽积,通过对载频线性调制的方法使其频谱展宽。线性调频信号可以使声呐同时获得较大的作用距离和距离分辨率,同时其具有较大的抗干扰能力,因此多波束合成孔径声呐采用线性调频信号进行合成孔径声呐的探测,处理流程由正交变换、脉冲压缩、航迹向的合成孔径处理、距离向的波束形成四个部分组成。

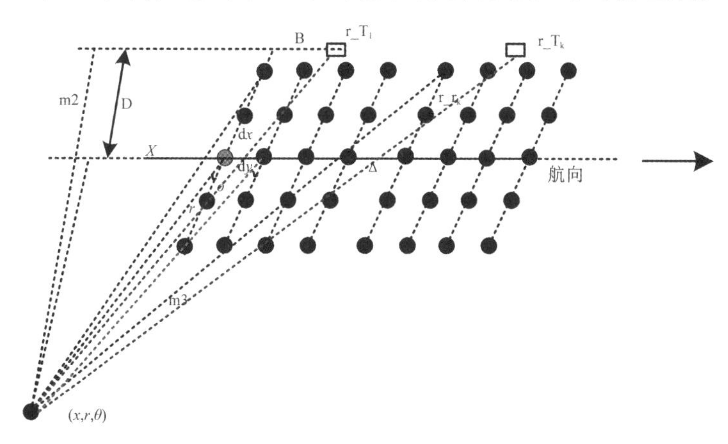

图6　多波束合成孔径声呐各位置时延示意图

4.3　多波束合成孔径声呐联合运动误差估计

多波束合成孔径声呐的载体在航行时受到风浪的影响,不可避免地会发生运动轨迹的偏移以及载体自身的摇摆,载体的运动失配将会造成图像的散焦。所以在多波束 SAS 的研究中运动误差的估计与补偿是其实用化的最大瓶颈,因此就需要一种有效并且成本相对低廉的载体运动误差估计和补偿方法[42-44]。

多波束合成孔径声呐载体的运动可由六个自由度分别表示,各种单自由度运动估计算法都是根据相关函数估计出信号的时延,从而对各自由度的运动误差分别估算。但是目标到载体的距离是六个自由度共同作用的结果,如果各个自由度的误差分别做估计,将给运动估计带来较大的误差。因此,提出一种根据多个强点目标的回波数据的六个自由度的联合估计方法,同时对六个自由度的运动偏差做出估计,信号模型如图 7 所示。

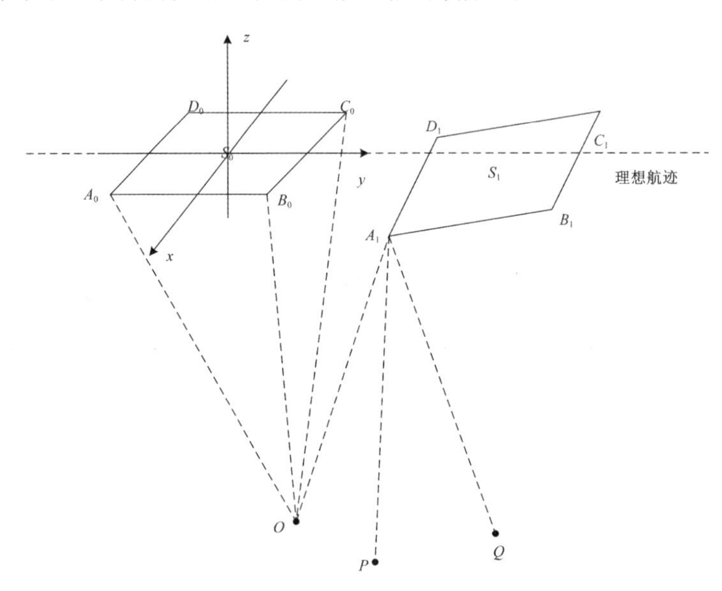

图 7　多波束合成孔径载体运动失配

选择基阵的三个顶点上的阵元,记为 $A_0(x_0,y_0,z_0)$,$B_0(x_0,y_0,z_0)$,$C_0(x_0,y_0,z_0)$。然后根据阵元到目标点的距离计算出 O、P、Q 三点坐标,根据基阵在 S1 位置接收到的回波和求解出的 O、P、Q 三个点的坐标来计算阵元 A_1、B_1、C_1 的位置,即可得出此时载体的运动误差。对估计出的运动姿态误差进行算法补偿,即可得到更为清晰的声呐图像。

5　多波束合成孔径声呐实验研究

为了验证多波束合成孔径算法的有效性,开展了基于二维面阵的多波束合成孔径声呐实验研究,通过水池航车走航实验,进行了不同目标的探测试验并与常规多波束测深系统成像结果做出对比,试验系统结构图如图 8 所示。

首先进行了边长 30 cm 方块目标的探测实验,观察目标成像结果可以发现,直接使用常规多波束成像算法时,由于受到波束脚印扩展的影响,目标尺寸发生了明显的增大,成像结果不能反映出探测目标的真实尺寸。经多波束合成孔径算法处理后,可以观察到探测目标的分辨率较常规多波束测深声呐有明显提高,并且目标回波强度也获得了显著的增强。其后又进行了直径 13 cm 的双球目标探测实验,经多波束合成孔径算法处理后可以发现,双球目标能够明显的被区分开,可见该算法对相邻小目标也具有较好的分辨能力。由以上实验可以证明,多波束合成孔径算法能够有效地增强目标回波强度,提升目标的分辨能力,方块目标成像对比图如图 9 所示，双球目标成像效果如图 10 所示。

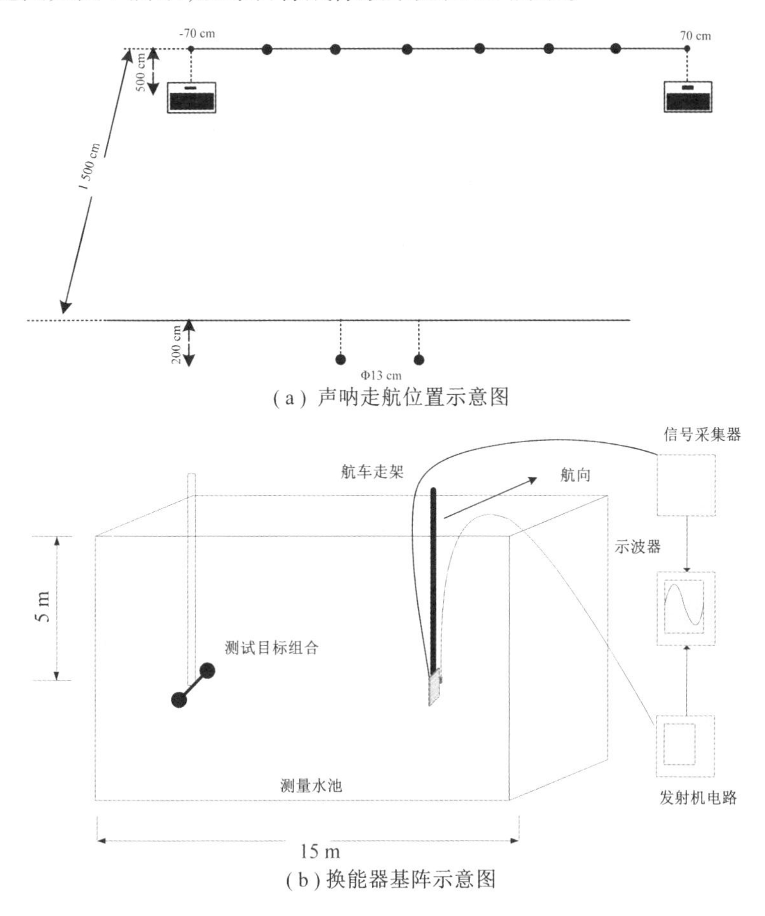

(a) 声呐走航位置示意图

(b) 换能器基阵示意图

图 8　多波束合成孔径声呐试验系统示意图

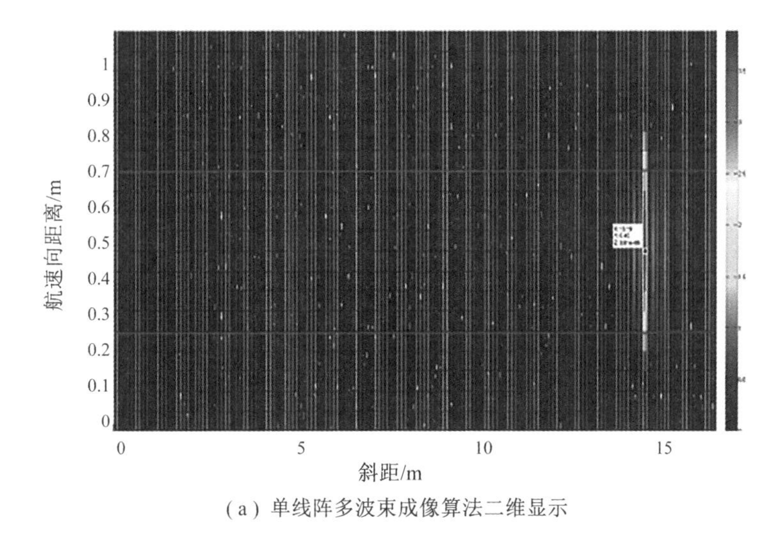

(a) 单线阵多波束成像算法二维显示

图 9　方块目标成像效果对比图

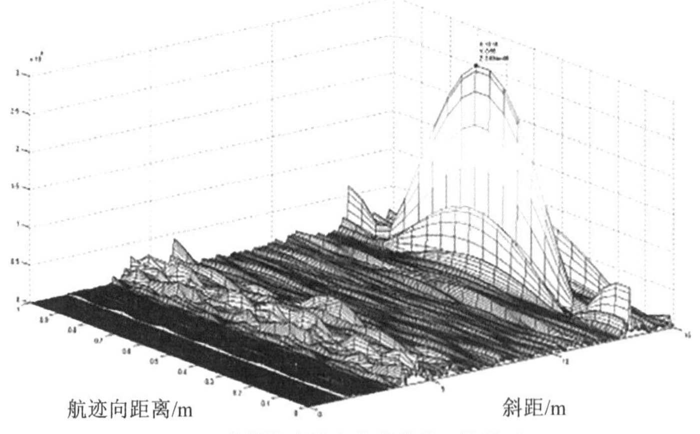

(b) 单线阵多波束成像算法三维显示

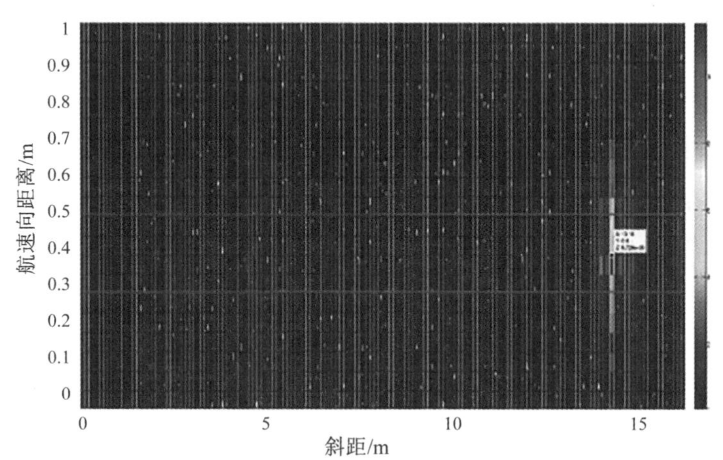

(c) 多波束合成孔径成像算法二维显示

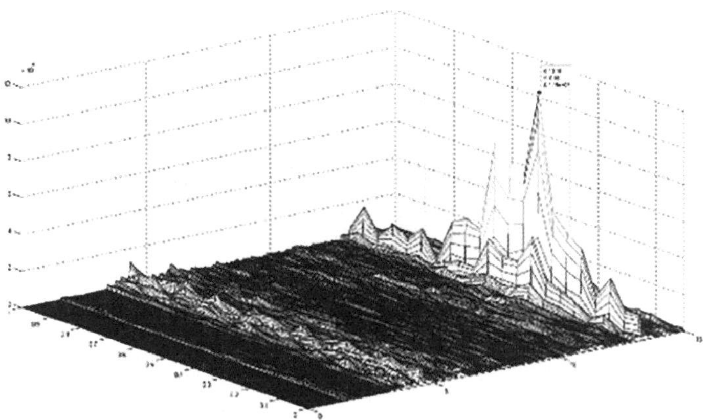

(d) 多波束合成孔径成像算法三维显示

图 9(续)

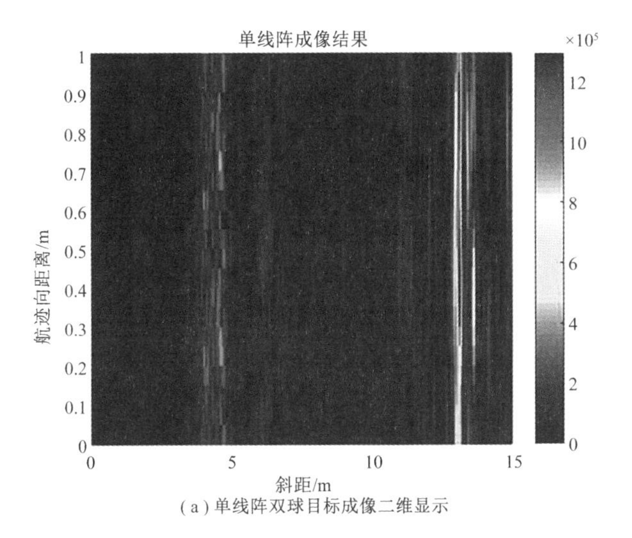

(a) 单线阵双球目标成像二维显示

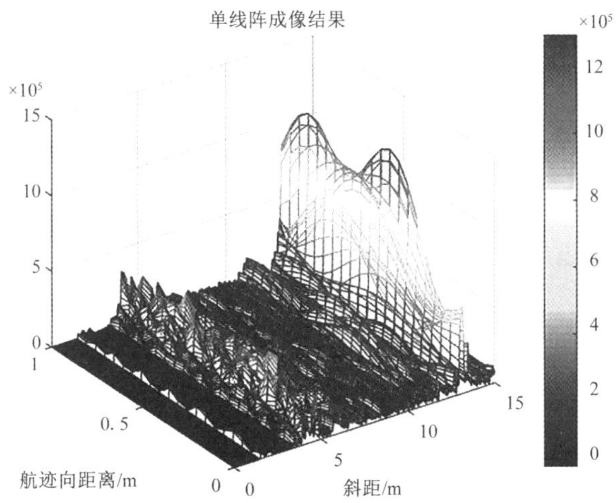

(b) 单线阵双球目标成像三维显示

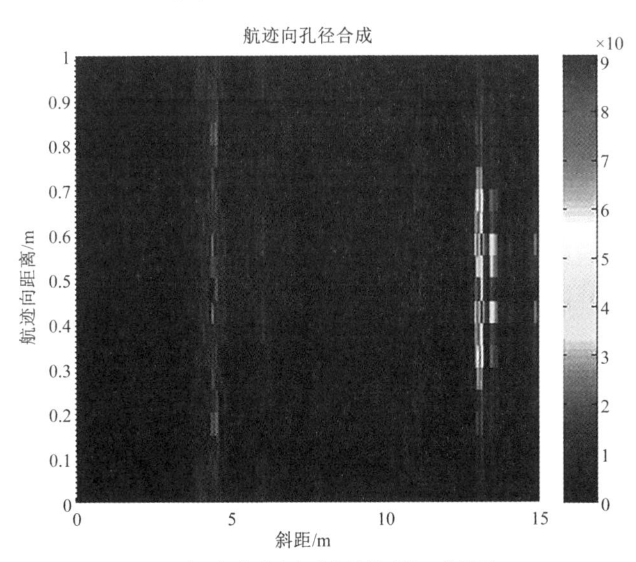

(c) 双球目标合成孔径成像算法成像二维显示

图 10 双球目标成像效果图

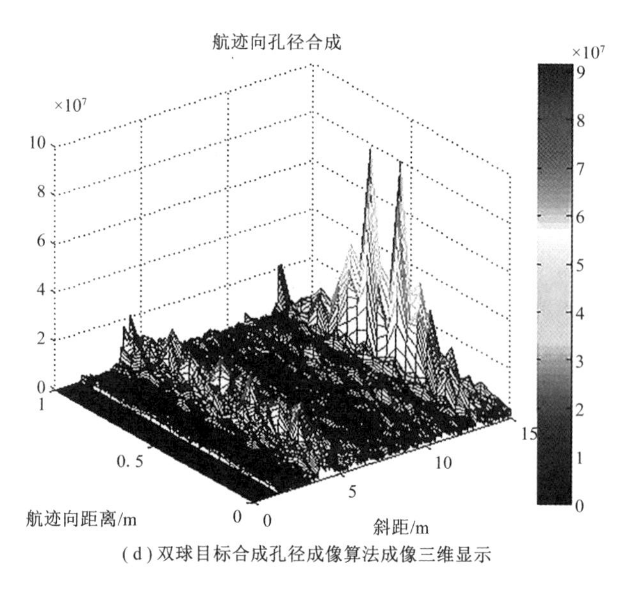

（d）双球目标合成孔径成像算法成像三维显示

图10（续）

6　结论与展望

多波束合成孔径声呐技术结合了多波束测深技术与合成孔径技术的优势，能够通过载体运动在航迹向上虚拟合成较大的基阵孔径，既可以在航迹向上获取较高的分辨率，用于对地形地貌的全覆盖测量，还可以在距离向上通过波束形成确定目标所处方位，并可以精确地测量出目标的深度信息，对目标进行三维成像。通过对多波束合成孔径声呐关键技术的研究和水池实验的多种目标探测试验，初步验证了多波束合成孔径探测机理的有效性。通过与常规多波束成像算法的对比，证明了多波束合成孔径技术具有提升水下目标分辨能力的潜力。

多波束合成孔径技术的发展，紧随着多波束测深技术和合成孔径技术的发展趋势，代表了多波束测深声呐未来的一个重要发展方向，将会在水下小目标探测领域发挥重要的作用，是一种具有广阔应用前景的新颖探测技术。对于多波束合成孔径声呐技术的研究还有很多的工作需要开展，更快速的成像算法是多波束合成孔径声呐系统实用化的必要保障，寻找消除运动姿态估计累积误差的滤波方法能够有效地提高成像质量，复杂环境下的目标成像实验能够更真实地反映算法的有效性，这些都将是未来研究工作的重点方向。

参考文献

[1] 李海森，周天，徐超. 多波束测深声呐技术研究新进展[J]. 声学技术，2013(02)：73－80.

[1] LI Hai－sen，ZHOU Tian，XU Chao，New Developments on the Technology of Multi－beam Bathymetric Sonar[J]. Technical Acoustics，2013(02)：73－80.

[3] 周天，欧阳永忠，李海森. 浅水多波束测深声呐关键技术剖析[J]. 海洋测绘，2016(03)：1－6.

[4] ZHOU Tian，OUYANG Yongzhong，LI Haisen. Key Technologies of Shallow Water Multibeam

Bathymetric Sonar[J]. Hydrographic surveying and charting,2016(03):1 -6.

[5] 王晓峰.成像声呐波束形成新技术研究[D].哈尔滨工程大学,2011.

[6] Xiaofeng WANG. New Beamforming Technique for Imaging Sonar[D]. Harbin Engineering University,2011.

[7] 周天,李海森,朱建军,等.利用多角度海底反向散射信号进行地声参数估计[J].物理学报,2014(08):208 -214.

[8] Zhou Tian,LI Hai - Sen,ZHU Jian - Jun,et al. A geoacoustic estimation scheme based on bottom backscatter signals from multiple angles[J]. Acta Phys. Sin. 2014(08):208 -214.

[9] 勇俊.基于二维成像声呐的水下运动目标定位技术研究[D].哈尔滨工程大学,2012.

[10] Jun Yong. Research on Positioning Techniques of the Underwater Moving Target Track Based on Two - dimensional Imaging Sonar[D]. Harbin Engineering University,2012.

[11] Saebo T O, Callow H J, Hansen R E, et al. Bathymetric capabilities of the HISAS interferometric synthetic aperture sonar[M]//2007 Oceans, Vols 1 - 5. New York:Ieee, 2007:1631.

[12] Blomberg A E A, Nilsen C C, Austeng A, et al. Adaptive Sonar Imaging Using Aperture Coherence[J]. IEEE Journal of Oceanic Engineering,2013,38(1):98 -108.

[13] 丁继胜,董立峰,唐秋华,等.高分辨率多波束声呐系统海底目标物检测技术[J].海洋测绘,2014,(05):62 -64 +71.

[14] DING Jisheng, DONG Lifeng, TANG Qiuhua, LI Jie. Detection Technology of Underwater Target Based on.

[15] High - resolution Multibeam Sonar System[J]. Hydrographic surveying and charting,2014, (05):62 -64 +71.

[16] 杨敏,宋士林,徐栋,王小丹.合成孔径声呐技术以及在海底探测中的应用研究[J].海洋技术学报,2016,(02):51 -55.

[17] YANG Min, SONG Shi - lin, XU Dong, WANG Xiao - dan. Research on the Synthetic Aperture Sonar Technology and Its Application in Seafloor Exploration[J]. Journal of ocean technology,2016,(02):51 -55.

[18] Du W, Zhou T, Li H, et al. ADOS - CFAR Algorithm for Multibeam Seafloor Terrain Detection[J]. INTERNATIONAL JOURNAL OF DISTRIBUTED SENSOR NETWORKS, 2016,12(17192378).

[19] STEFANK. The new Atlas Fansweep 30 Coastal:a toolfor efficient and reliable hydrographic survey[C]//Germany:OMAE2006(0 -7918 -4746 -2),2006,1 -5.

[20] 周天,李海森,么彬,等.具有超宽覆盖指向性的多线阵组合声基阵[P].中国:ZL101149434A.

[21] 李海森,李珊,周天.基于空间平滑的多波束测深声呐相干分布源方位估计[J].振动与冲击,2014(04):138 -142.

[22] LI Hai - sen,LI Shan,ZHOU Tian. DOA Estimation based on Spatial Smoothing for Multi - beam Bathymetric Sonar Coherent Distributed Sources[J]. Journal of vibration and shock, 2014(04):138 -142.

[23] Yang T C. Source depth estimation based on synthetic aperture beamfoming for a moving

source[J]. JOURNAL OF THE ACOUSTICAL SOCIETY OF AMERICA,2015,138(3):1678 – 1686.

[24] 周天,朱志德,李海森,袁延艺. 多子阵幅度 – 相位联合检测法在多波束测深系统中的应用[J]. 海洋测绘,2004,(04):7 – 10.

[25] ZHOU Tian, ZHU Zhi – de, LI Hai – sen, YUAN Yan – yi. The Application of Multi – subarray Amplitude —Phase United Detection Method in Multi – beam Bathymetry System [J]. Hydrographic surveying and charting,2004,(04):7 – 10.

[26] Yang, Y. and J. Jiao, Phase Difference Technology Apply to the Sounding of Broadband Multi – beam Bathymetry Sonar [C]. 2016 IEEE/OES CHINA OCEAN ACOUSTICS SYMPOSIUM(COA),2016,1 – 6.

[27] 李海森,鲁东,周天. 基于 FPGA 的多波束实时动态聚焦波束形成方法[J]. 振动与冲击,2014(03):83 – 88.

[28] LI Hai – sen, LU Dong, ZHOU Tian. Multi – beam Real – time Dynamic Focused Beam – forming Method based on FPGA[J]. Journal of vibration and shock,2014(03):83 – 88.

[29] 阳凡林,卢秀山,李家彪,郭金运. 多波束勘测运动传感器偏移的改正方法[J]. 武汉大学学报(信息科学版),2010,(07):816 – 820.

[30] Y ANG Fanlin, LU Xiushan, LI Jiabiao, GUO Jinyun. Correction of Imperfect Alignment of MRU for Multibeam Bathymetry Data [J]. Geomatics and Information Science of Wuhan University. 2010,(07):816 – 820.

[31] Lanzoni J C, Weber T C, Ieee. High – Resolution Calibration of a Multibeam Echo Sounder [M]//Oceans 2010. 2010.

[32] Walsh G M. Final report feasibility study: synthetic aperture array techniques for high resolution ocean bottom mapping. New York,1967:851498P.

[33] Michael P. Hayes, Peter T. Gough. Synthetic Aperture Sonar: A Review of Current Status. Oceanic Engineering. 2009,34(3):207 – 224P.

[34] Blair Bonnett, B. E. A multi – channel front – end for synthetic aperture sonar. University of Christchurch, Canterbury. 2010:7 – 8P.

[35] 张春华,刘纪元. 合成孔径声呐成像及其研究进展[J]. 物理,2006,35(5). 408 – 413.

[36] ZHANG Chun – Hua LIU Ji – yuan. Synthetic aperture sonar imaging and its developments [J]. Wuli,2006,35(5). 408 – 413.

[37] T. O. Sæbø, B. Langli. Comparison of EM 3000 multibeam echo sounder and HISAS 1030 interferometric synthetic aperture sonar for seafloor mapping. InProceedings of ECUA,2010:451 – 461.

[38] Andrea Bellettini, Marc A. Pinto. Theoretical Accuracy of Synthetic Aperture Sonar Micronavigation Using a Displaced Phase – CenterAntenna. OCEANIC ENGINEERING. 2002,27(4):780 – 789.

[39] Vera, J. Coiras, E. Groen, J. and Evans, B. Automatic Target Recognition in Synthetic Aperture Sonar Images Based on Geometrical Feature Extraction". EURASIP Journal on Advances in Signal Processing,2009:1 – 10.

[40] O. Lopera. Y. Dupont. Combining despeckling and segmentation techniques to facilitate

detection and identification of seafloor targets. Oceans12,Santander,Spain,2012:1 -4.

[41] Xu K,Zhong H,Huang P. A Fast Speckle Reduction Algorithm Based on GPU for Synthetic Aperture Sonar[J]. International Journal of Multimedia & Ubiquitous Engineering,2016,11(3):179 -186.

[42] Fan N,Wang Y,Tao L. Improved range - doppler algorithm for processing synthetic aperture sonar data based on secondary range compression[J]. 2016.

[43] Pan X,Chen Q,Xu W,et al. Shallow - water wideband low - frequency synthetic aperture sonar for an autonomous underwater vehicle[J]. Ocean Engineering, 2016, 118: 117 -129.

[44] Olga,Dupont Yves Lopera. Automated target recognition with SAS:Shadow and highlight - based classification. IEEE,2012:1 -5.

[45] Bamler. comparison of range - Doppler and wavenumber domain SAR focusing algorithms. Remote Sensing. 1996,30:706 -713P.

[46] C. V. Jakowatz,D. E. Wahl,P. H. Eichel,D. C. Ghiglia,and P. A. Thompson. Spotlight - mode synthetic aperture radar:A signal processing approach. Kluwer Academic Publishers, Boston,1996.

[47] Michel Legris,Frederic Jean. Comparison between DPCA Algorithm and Inertial Navigation on the Ixsea Shadows SAS. Ocean's Euope. Aberdeen. 2007:1 -6P.

[48] T. Sawa,Takao Yokosu - shi. synthetic aperture processing system and synthetic aperture processing method. Japn:PCT/JP2008. 2010.

[49] http://www. shallowsurvey2015. org /SS2015 _ Session01_Kongsberg.

[50] 徐剑. 多波束合成孔径声呐模型仿真与成像技术研究[D]. 哈尔滨工程大学,2014.

[51] Research for Model Construction and Imaging Technology Based on Multi - Beam Synthetic Aperture Sonar[D]. Harbin Engineering University,2014.

[52] Sun W,Zhou T,Wang X,et al. Study of multibeam synthetic aperture interferometric imaging algorithm[M]//Yang L,Zhao M. ACSR - Advances in Comptuer Science Research. 2015: 1543 -1546.

[53] 周天,李海森,徐剑,等. 用于多波束合成孔径声呐的组合声基阵[P]. 中国:CN101907707A.

[54] 刘维,张春华,刘纪元. 合成孔径声呐三维数据仿真研究. 系统仿真学报,2008,20(14): 3838 -3841.

[55] LIU Wei,ZHANG Chun - hua,LIU Ji - yuan. Research on Synthetic Aperture Sonar 3 - D Data Simulation[J]. Journal of System Simulation,2008,20(14):3838 -3841.

[56] 范旻. SAS 中正侧视 CS 成像算法及其基于斜视角的改进研究[D]. 云南大学,2014.

[57] Daniel A Cook, Tames T Christoff, Jose E Feman dez. Morion compensarion of based synthetic aperture sonar[A]. MTS/IEEE Oceans 2003 Proceeding[C]. San Diego CA, 2003,9:2143 -2488.

[58] 姜南,孙大军,田坦. 基于时延和相位估计的合成孔径声呐运动补偿研究[J]. 声学学报,2003,28(5):434 -438.

[59] JIANG Nan,SUN Dajun,TIAN Tan. A Study on SAS Movement Compesation based on Time

Delay and Phase Estimation[J]. Acta acoustic,2003,28(5):434 -438.

[60] Hunter A J,Dugelay S,Fox W L J. Corrections to "Repeat - Pass Synthetic Aperture Sonar Micronavigation Using Redundant Phase Center Arrays" [IEEE J. Ocean. Eng. ,2016,DOI: 10.1109/JOE.2016.2524498][J].2016,41(4):1080.

小尺寸矢量阵的多极子指向性低频测试与校正技术

郭俊媛　杨士莪　陈洪娟　朴胜春　李　智

摘要　提出一种在有限空间中小尺寸矢量阵的低频工作段测试与校正技术。在低频测试技术的建立中,引入瞬态段信号以消除有限空间内的多途作用。同时,考虑矢量阵特性下的偏心旋转效应,建立有限空间中的小尺寸矢量阵的阵列流形及其校正方法,在理论上保证基阵误差与被测环境的独立性。然后根据仿真计算与水池实测结果分析瞬态段信号作为校正测量信号的有效性,验证校正模型的合理性与优势。最后通过小尺寸基阵多极子指向性的实现情况给出本文有限空间测量技术的可靠性。结果表明,本文所提技术可有效避免有界空间中的多途影响,实现小尺寸矢量阵的低频测量,为水下小尺寸矢量阵的后续应用提供可靠依据。

关键词　小尺寸矢量阵;多极子指向性;低频校正;有界空间

1　引言

在低频甚低频工作段,传统声呐设计的瑞利限已严重制约了水下声基阵的应用,而由于实际需要,水下声探测技术已逐渐向低频方向发展。作为布阵间隔明显小于半波长的高增益小孔径基阵,其超指向性基阵波束形成技术成为定位技术的研究热点之一[1-3]。但由于对阵元敏感性较强以及实际测试技术等难题存在,目前只有有限的成品系统被应用于实际水下探测的工作中[4]。

相较于外场环境而言,有限尺度的水池可在较低噪声的可控环境下实现待测设备的可靠测量,且耗费较低;但由于水声测量本身特点决定了在有限水域空间条件下测量的频率下限,因而在有限尺寸空间内实现更低频测试成为水声校正技术的研究难点。为克服水池低频校正难题,扩展测量的频率下限,几种不同类型的处理手段被发掘研究。声脉冲瞬态抑制技术[5-7]通过对于发射器的发射电压波形进行补偿,从源头上抑制瞬态过程,但总体效率较低;瞬态信号建模技术[8-9]研究换能器瞬态信号的建模算法,从而估计发射器的稳态响应,降低了低频高 Q 值换能器校准的下限频率;近场修正技术[10-11]对声源近场进行建模并提出补偿策略,以在一定程度上实现传感器的校准;空间域处理技术[12]则通过无规则变换传感器在有限水域中位置的方法,利用多途干扰的随机和无规则特性对其进行叠加消除,以提高非消声水池的低频测试能力。此外宽带校准的傅里叶谱分析技术[13-14]等手段也被引入到传感器校准工作当中,但多数处理方法与处理技术仅针对单个被测换能器而言,且形式复杂,实现困难,未考虑小尺寸超指向性接收阵阵型紧密排列等特点。

有限空间环境中测试的主要目的是在可控环境下对阵列流形进行补偿校正。理论上阵列流形在设计时便已给出;但实际中由于传感器灵敏度误差、相位不一致、阵元间耦合等因素皆会导致理论阵列流形与实际阵列流形之间存在一定差异。为了对这些因素的影响进行补偿校正,现已建立了多种扰动模型,如:D. R. Fuhrmann[15]基于协方差矩阵方法实现了基元的幅相误差估计；A. Manikas[16]基于阵元间的相互作用而建立了阵元的互耦模型；B. Friedlander 与 A. J. Weiss[17-18]则基于幅相误差及基元互耦的校正问题与方位估计问题同时考虑建立了多种自适应校准方法，但它对参数设置较敏感，收敛性问题难以保证。Flanagan[19]提出了一种在存在较大传感器位置误差时的基阵自校正方法，提高了校正方法的误差容忍能力。在校正过程中，实测阵列流形与理想阵列流形之间的拟合矩阵称之为校正矩阵，根据 H. Mir 所提[20-21]，其不必局限于特定的矩阵形式，但本情况下容易引入测试声场的影响。

上述校正方法皆针对常规阵设计，而对于具有多极子指向性的低频小尺寸基阵而言，校正工作更为复杂，特别是水声领域内低频小尺寸基阵的校正工作更为缺乏。由于小尺寸基阵对幅相误差高度灵敏等因素的存在，必须考虑安装误差及传感器后续电路不完全一致等系统误差，使得小尺寸基阵整体校正方法的解决迫在眉睫，而其基阵尺寸对于校正空间的不可忽略性使得问题更为复杂。作为小尺寸基阵的一种，多极子基阵设计方法[22-24]有其自身的优势，矢量传感器的应用，不仅使基阵指向性有所提高，也增强了基阵的噪声抑制能力；但也相应引入指向性图的影响、特定角度上的相位跳变特性等问题。虽已在无线电领域内讨论过存在结构散射时的校正方法[25-26]，但水声领域的低频工作频段以及介质/设备阻抗差异与无线电的情况相差甚大，在无线电领域内所得结果对于水声情况的适应性还有待考证。

针对以上问题，本文将在水声低频工作频段，开展水下有限空间中的小尺寸矢量阵指向性测试技术与具有多极子指向性的小尺寸矢量阵校正方法的研究。首先，针对以多极子理论构建的水下低频小尺寸矢量传感器阵，充分考虑水池测量特点，提出基阵校正模型与测试技术，尝试利用瞬态段信号进行测试的方法，以消除有限空间内的多途作用。其次，依据仿真计算与水池实际测量，分析测试与校正技术建立的合理性与有效性，最后给出多极子指向性的实测与校正结果。

2 有限空间小尺寸矢量阵测试方法

2.1 测量系统与校正模型

具有多极子指向性的低频小尺寸声基阵因阵元紧密排列而兼具小尺寸与超增益的特征，以置于 xy 平面内的五元声矢量阵为例，如图 1 所示，其阵元间距 d 与波数 k 满足 $kd \ll 1$，且每一阵元可同时实现空间声压和水平振速矢量的拾取，矢量阵元内部坐标与阵列坐标一致。

基于差分运算与多极子理论[23]，以所构成的多极子为基础，基阵各通道经过加权求和可实现任意导向波束，如：

$$B(\theta,\vartheta_s) = 0.5 + \sum_{l=0}^{3} \cos[l(\theta - \vartheta_s)] \tag{1}$$

为实现任意导向波束，需对各基元进行校正与测量。由于低频探测要求与水池空间尺度的限制，基阵中心与发射器距离有限，且与基阵孔径相比拟，故考虑声源以球面波形式传播。取 0 号基元位于阵中心，且吊放于水池机械旋转装置的正下方，声源与基阵几何中心间距为 r，则在基阵旋转时非几何中心处基元的幅度和指向性皆与阵中心处的基元不同，需考虑角度 θ' 的变化情况。根据几何关系，第 m 号基元 (x_m, y_m) 与声源间距为：

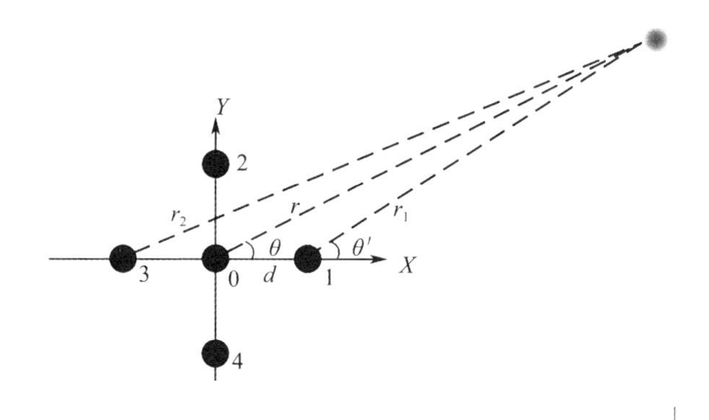

图1 基阵校正模型

$$r_m = \sqrt{(r\cos\theta - x_m)^2 + (r\sin\theta - y_m)^2} \tag{2}$$

则该基元的X和Y通道指向性函数分别为:

$$D_m^x(\theta) = \cos\theta_m{}' = \frac{r\cos(\theta - \alpha_m) - \rho_m}{r_m} \tag{3a}$$

$$D_m^y(\theta) = \sin\theta_m{}' = \frac{r\sin(\theta - \alpha_m)}{r_m} \tag{3b}$$

其中,ρ_m 与 α_m 为该基元的极坐标,即 $(x_m, y_m) = \rho_m \exp(\mathrm{i}\alpha_m)$。综合各阵元指向性函数,考虑球面传播和偏心旋转作用,阵列流形可表示为:

$$\boldsymbol{v}(\theta) = \begin{bmatrix} \frac{1+\mathrm{i}kr_1}{\mathrm{i}kr_1^2}\exp(\mathrm{j}kr_1)\otimes\left[\frac{\mathrm{i}kr_1}{1+\mathrm{i}kr_1} \quad D_1^x(\theta) \quad D_1^y(\theta)\right] & \cdots \\ \frac{1+\mathrm{i}kr_M}{\mathrm{i}kr_M^2}\exp(\mathrm{j}kr_M)\otimes\left[\frac{\mathrm{i}kr_M}{1+\mathrm{i}kr_M} \quad D_M^x(\theta) \quad D_M^y(\theta)\right] & \end{bmatrix}^{\mathrm{T}} \tag{4}$$

从方程(4)可以看出,在低频小尺寸基阵的有限空间校正模型中,阵列流形形式已与远场平面波假设存在本质区别;相较于常规阵列,测量模型更为复杂,影响因素更多。同时,考虑到矢量阵元指向性构造工艺较为成熟以及水下低频声波波长远大于阵元尺寸(甚至远大于基阵尺寸)、基元阻抗与波导介质相匹配等因素,忽略互散射影响与指向性误差,假定仅存在通道幅相误差情况,则第 m 号基元的流形校正可表示为计算一复常数 a_m,其满足:

$$\min_{a_m} \| a_m \widehat{z}_m(k,\theta) - \boldsymbol{v}_m(k,\theta) \|^2 \tag{5}$$

即:

$$a_m = \frac{\widehat{z}_m^{\mathrm{H}}(k,\theta)\boldsymbol{v}_m(k,\theta)}{\widehat{z}_m^{\mathrm{H}}(k,\theta)\widehat{z}_m(k,\theta)} \tag{6}$$

其中,$\widehat{z}_m(k,\theta)$ 为第 m 号基元 N 个角度上测量值所构成的矢量,$\boldsymbol{v}_m(k,\theta)$ 为根据阵列流形获得的第 m 号基元理论响应。对于矢量通道,在拟合过程中,需考虑去除矢量传感器自身相位跳变所引入的影响;且传感器实际相位跳变量与理论值可能不完全一致,因此在拟合前需进行自适应补偿。

根据上述单基元的校正方法,可将单基元校正情况推广至小尺寸矢量阵中。由于阵列仅存在通道幅相误差,因而校正矩阵可设定为对角阵,由此校正模型为:

$$\boldsymbol{v}(k,\theta_n)=A_n\widehat{z}(k,\theta_n)=\mathrm{diag}\{c_1^p,c_1^x,c_1^y,\cdots,c_N^P,c_N^x,c_N^y\}\widehat{z}(k,\theta_n) \tag{7}$$

其中，$\boldsymbol{v}(k,\theta_n)$和$\widehat{z}(k,\theta_n)$分别表示第$n$个测量角度上的理论阵列流形和实测阵列流形，$A_n$中元素表示对应通道的幅相不一致量。

由于矢量传感器自身的指向性，各角度入射时信噪比存在差异，因而数据的可信度彼此不同，故引入参数α_n对数据可信度进行调整。一般情况，α_n的选取具有任意性。根据基元指向性随角度变化的情况，可选择矩形窗或其他任意形式的窗函数。此处，取数据均方幅值作为加权值，即：

$$\alpha_n=\widehat{z}^{\mathrm{H}}(k,\theta_n)\widehat{z}(k,\theta_n) \tag{8}$$

则在加权参数α_n下，A_n需满足：

$$\min_{\alpha_n,A}\sum_{n=1}^{K}\|\boldsymbol{v}(k,\theta_n)-\alpha_n A_n\widehat{z}(k,\theta_n)\|^2 \tag{9}$$

而对于所有测量角度，有：

$$A=\frac{1}{\sum\limits_{n'=1}^{N}\alpha_{n'}}\sum_{n=1}^{N}\alpha_n A_n \tag{10}$$

根据上述校正矩阵的推导可以看出，由于对角阵的限定，可保证各基元的独立性，既充分考虑水下小尺寸基阵整体测量的特点，也在一定程度上剔除了有限空间声场的影响；同时，球面衰减与偏心旋转作用的补充，进一步确保了有限空间中小尺寸基阵校正方法的准确性和可靠性。

2.2 瞬态段信号测试方法

由于水池空间有限，且声源与基阵处于低频工作段，水池的消声效果有限，反射波等多途信号与直达波时间差较短。由于发射器品质因数的存在，该时间不足以使脉冲达到稳态，因而本文考虑瞬态段信号的特性，确定利用瞬态段信号进行基阵测量的可行性。在外力F作用下，换能器等效的集中参数系统的振动位移满足：

$$M_m\frac{\mathrm{d}^2x}{\mathrm{d}t^2}+R_m\frac{\mathrm{d}x}{\mathrm{d}t}+D_mx=F \tag{11}$$

其中，M_m为等效集中参数系统中的质量，D_m为弹性系数，R_m为阻力系数。

对于发射换能器，当谐振激励时$F=F_m\mathrm{e}^{\mathrm{i}\omega t}$，系统固有频率与施加的外力频率相当，取$\delta=R_m/2M_m$与$\varphi_0$分别表示发射器的衰减系数和系统本身的初始相位，则上式的解可表示为：

$$x(t)=x_0[1-\exp(-\delta t)]\exp[\mathrm{i}(\omega t-\varphi_0)] \tag{12}$$

其中，方程第二部分随着时间的增加而衰减，当经历若干谐振周期便可达到稳态。由于测试工作频段为低频，且测试环境为有限空间，为避免反射声波的影响，需在发射信号非稳定状态下进行测试，为方便起见，将所采用的非稳定状态信号称为瞬态段信号。

接收传感器等效集中系统所满足的方程形式与方程（11）相同，当瞬态段信号$F=F_m[1-\exp(-\delta t)]\exp[\mathrm{i}(\omega t-\varphi_0)]$激励接收传感器时，接收信号$v(t)$为：

$$v(t)=\frac{F_m}{Z_1}\exp[\mathrm{i}(\omega t-\varphi_0)]-\frac{F_m}{Z_2}\exp(-\delta t)\exp[\mathrm{i}(\omega t-\varphi_0)]-A\exp(-\delta_0 t)\exp[\mathrm{i}(\omega_0 t-\varphi_v)] \tag{13}$$

其中，$\delta_0 = R_v/2M_v$ 为接收器的衰减系数，$\omega_0^2 = D_v/M_v$ 为接收器的谐振频率，M_v、D_v 与 R_v 分别为接收传感器等效集中参数系统中质点的质量、弹性系数和阻力系数，A 和 φ_v 为仅与接收传感器特性有关的常数，而阻抗系数 Z_1 和 Z_2 定义为：

$$Z_1 = D_v - M_v\omega^2 + \mathrm{i}\omega R_v \tag{14a}$$

$$Z_2 = R_v(\mathrm{i}\omega - \delta) + M_v(\mathrm{i}\omega - \delta)^2 + D_v \tag{14b}$$

由方程(13)可以看出，其第三项仅与接收传感器自身特性有关，且当接收器工作频率 ω 远离接收器的谐振频率 ω_0 时，即 $\omega_0 \gg \omega$，且考虑后续加入滤波电路，则接收信号仅需考虑前两项即可。对于接收传感器，其瞬态段信号为：

$$v(t) = \frac{F_m}{Z_1}\exp[\mathrm{i}(\omega t - \varphi_0)] - \frac{F_m}{Z_2}\exp(-\delta t)\exp[\mathrm{i}(\omega t - \varphi_0)] \tag{15}$$

根据方程(15)所示，瞬态段和稳态段信号的本质区别在于：稳态段信号只有第一项起作用，其幅频特性和相频特性取决于 Z_1，形式较为简单；而瞬态段信号两项同时起作用，Z_2 的存在增加了幅频特性和相频特性的复杂程度。

为分析阻抗 Z_2 的影响，引入接收器品质因数 $Q = \omega_0 M_v/R_v$ 与发射器品质因数 $Q_s = \omega M_m/R_m$，且定义 $\varpi = \omega/\omega_0 \ll 1$，则忽略 ϖ 的 3 次幂及以上的高阶项，方程(15)中第一项阻抗的幅度和相位近似为：

$$|Z_1| = D_v\sqrt{1 + \left(\frac{1}{Q^2} - 2\right)\varpi^2} \tag{16a}$$

$$\varphi(Z_1) = \arctan\left(\frac{1}{Q}\frac{1}{1/\varpi - \varpi}\right) \tag{16b}$$

同理，方程(15)中第二项阻抗的幅度和相位近似为：

$$|Z_2| = D_v\sqrt{1 - \frac{1}{Q_s \cdot Q}\varpi + \left(\frac{1}{Q^2} - 2 - \frac{1}{2Q_s^2}\right)\varpi^2} \tag{17a}$$

$$\varphi(Z_2) = \arctan\left(\frac{\frac{1}{Q} - \frac{1}{Q_s}\varpi}{\frac{1}{\varpi} + \left(\frac{1}{(2Q_s)^2} - 1\right)\varpi - \frac{1}{2Q_s \cdot Q}}\right) \tag{17b}$$

由 Z_1 和 Z_2 的表达式可以看出，对于不同的传感器通道，在同一频点处时，利用稳态段信号测得的幅相不一致量只与接收器有关系；而利用瞬态段测得的不一致量则与接收器和发射器皆有关。但当发射器品质因数 Q_s 较大时，阻抗幅度 Z_2 满足：

$$|Z_2| \approx D_v\sqrt{1 + \left(\frac{1}{Q^2} - 2\right)\varpi^2} = |Z_1| \tag{18a}$$

$$\varphi(Z_2) \approx \arctan\left(\frac{1}{Q}\frac{1}{1/\varpi - \varpi}\right) = \varphi(Z_1) \tag{18b}$$

则方程(15)可化简成方程(12)形式，即基于测量频率 ω 与基阵谐振频率 ω_0 来合理选取高品质因数 Q_s 发射换能器，并适当选取瞬态段信号，可将瞬态段测量结果在一定程度上等效于稳态段测量结果。由此有限空间中的基阵测量工作可扩展至瞬态工作段，降低有限空间中传感器测试的频率下限，避免有限空间中反射波的影响。

3　测试方法分析

3.1　模型合理性分析

在测量系统阐释与校正模型的建立中，根据水下小尺寸基阵特点与水下环境条件，理论上假定基阵中只存在各通道间的幅相误差，忽略了可能存在的互散射等影响。为进一步验证该假设的合理性与准确性，在该节对基阵进行整体实验测量，观测实际工作环境中的散射程度，分析基阵的主要误差模型。依据图 1 所示几何结构，基于同振式二维矢量传感器与多极子理论，制作五元矢量阵，实物图如图 2 所示。

图 2　多极子矢量阵实物图

试验测量环境为(25 × 15 × 10) m 的消声水池，基阵悬挂于水池中央且在水平面内进行全方位旋转，测量间隔 10°，共测量 $N = 37$ 个方位角度。取四种测量工况：Ⅰ．仅安装 1 号基元，以 0 号基元为轴心旋转基阵，记录每个角度上的测量数据；Ⅱ．安装 1 号基元与 3 号基元，重复上述测量；Ⅲ．安装 1，2，3，4 号基元，重复上述测量；Ⅳ．安装全部基元，重复上述测量，所测 1 号基元幅相特性分别如图 3 和图 4 所示。

图 3

图 3 四种不同工况下 1 号基元矢量通道指向性测量结果。蓝线为工况Ⅰ，红色方块线为工况Ⅱ，绿色星号为工况Ⅲ，品红色三角线为工况Ⅳ，黑色箭头线为理论仿真。

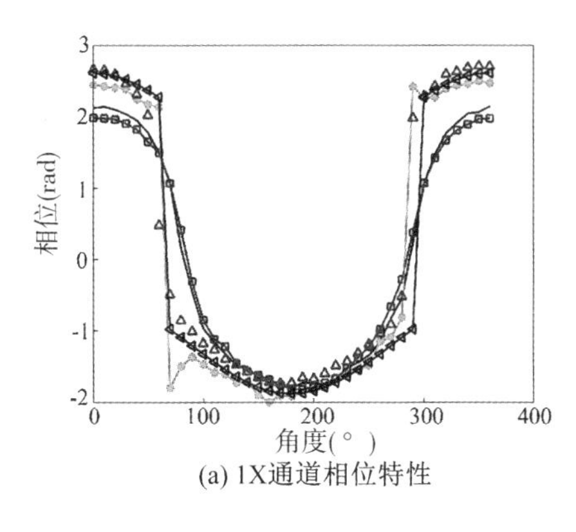

(a) 1X通道相位特性

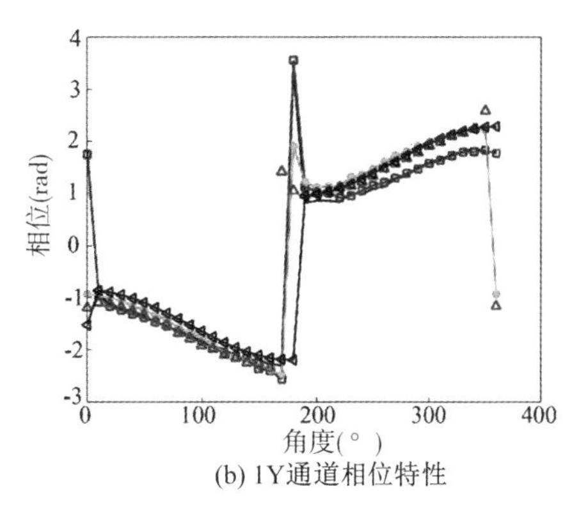

(b) 1Y通道相位特性

图 4

图 4 四种不同工况下 1 号基元矢量通道相位特性测量结果。蓝线为工况Ⅰ,红色方块线为工况Ⅱ,绿色星号为工况Ⅲ,品红色三角线为工况Ⅳ,黑色箭头线为理论仿真

根据图 3 和图 4 所示,各工况下测量结果几乎一致。虽存在一定差别,但考虑到瞬态信号段较低信噪比所引入的误差,认为基元间互散射影响较弱且可忽略,与校正模型的假设基本一致。同时,基元由于声源球面波衰减与偏心旋转作用,所测指向性与矢量基元的“8”字形指向性不符;而基元 X 通道指向性的 180°方位上测量值均小于计算值的情况也反映出近声源端能量大而远声源端信号能量小等问题。

3.2　瞬态段信号有效性分析

在有限空间的低频测量方法建立过程中,为避免有限空间反射波,基于适当的参数选取与合理假设,引入了瞬态段信号测试技术。为了对小尺寸矢量阵的校正提供实验依据,本节对瞬态段信号测试技术的有效性和可靠性进行验证。选取工作频率 $\omega=0.2\omega_0$(接收器谐振频率)且发射换能器 $Q_s=5$ 为例,则接收传感器在不同品质因数设定下,幅相差随接收信号周期数的变化情况如图 5 所示。

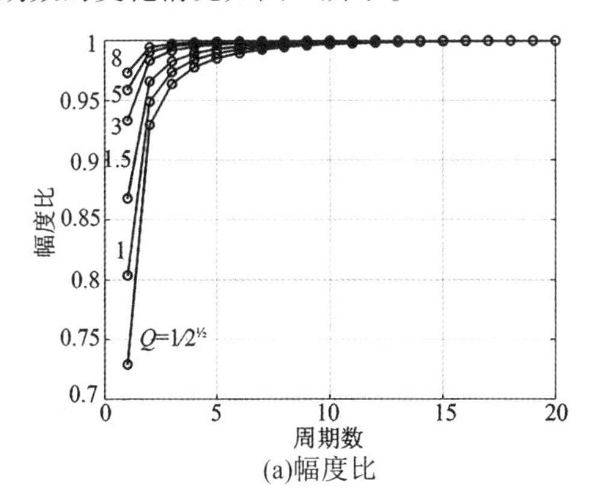

(a)幅度比

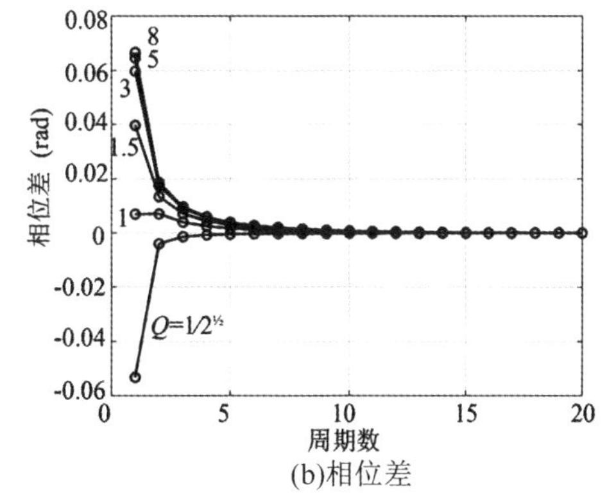

(b)相位差

图 5　收发传感器间幅相误差随周期数变化情况

根据图 5 所示计算结果，当接收传感器的 Q 值大于 1 时，利用第二个周期开始的瞬态信号所得幅度误差不超过 5%，相位差不超过 0.02 rad，即在发射换能器 $Q_s = 5$ 而接收传感器 $Q > 1$ 时可具有较小幅相误差，可将瞬态段接收信号用于有限空间中的低频小尺寸基阵的校正中。以品质因数 $Q_s = 5$、$Q = 2$ 为例，仿真计算发射器瞬态信号与接收器瞬态信号，其对比结果如图 6 所示。

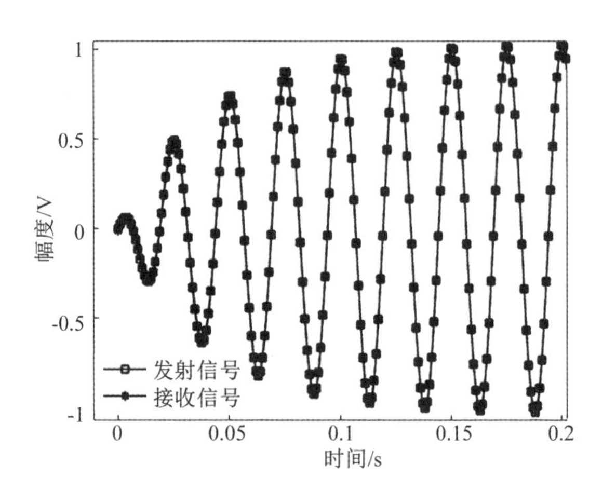

图 6　发射器和接收器的瞬态计算结果

由发射器与接收器瞬态计算结果可以看出，仿真接收信号与发射器发射的瞬态信号在开始响应后一个周期内略有差异，之后趋于一致；而无论瞬态段或稳态段，从第二个周期开始，其接收信号与发射信号间呈线性关系。由此理论上表明传感器接收的瞬态段信号基本可以按照方程(12)进行描述，且在合理选择信号区域的基础上可用瞬态段测量结果一定程度上等效稳态段测量结果，从而扩展水池的工作频率下限。

相较于仿真计算，为进一步验证瞬态段信号测量技术的可行性，选取消声效果较好的 2 kHz及 2.5 kHz 在水池进行实验测试，其信号形式为 CW 信号，2 kHz 填充 10 个波，2.5 kHz 填充 15 个波。利用两支相距较近的加速度计同时接收声源信号，其幅度比和相位差随接收信号周期数的变化关系如图 7 所示。

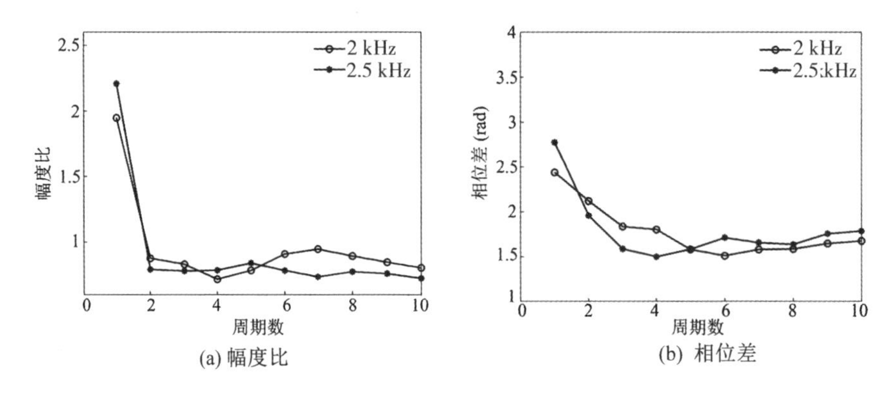

图 7　不同频率下幅相不一致量测量值随接收信号周期数变化情况

由测量结果可以看出，从第二个周期开始，两加速度计的幅度比与稳态已经基本一致，相位差虽然相差略大，但相较第一个周期而言，与稳态部分已经较接近，验证了瞬态段信号测量技术的有效性，且与现有低频测试技术相比，其测试方法与理论形式更为简单可行。同时，上述分析是利用单个周期内的数据所得，因而不可避免掺入测量误差的影响，实际中在确定了选取的信号段后便可利用较长数据进行处理，误差将会进一步降低。

4　校正方法验证与实测结果分析

4.1　校正方法验证与分析

本文 2.1 中根据水下小尺寸基阵测试的特点，建立了有限空间中的小尺寸矢量阵的低频校正模型。为验证该模型的准确性与优势，考虑如图 1 所示的几何结构，取声源与基阵几何中心间距为 1 m，基阵半径为 0.4 m，模拟给出各通道的幅相误差量，如图 8 所示，其中加入 25 dB 高斯白噪声。将 H. Mir[21] 的基阵校正方法作为参考，与本文结果进行对比，二者校正矩阵计算结果分别如图 9 和图 10 所示。

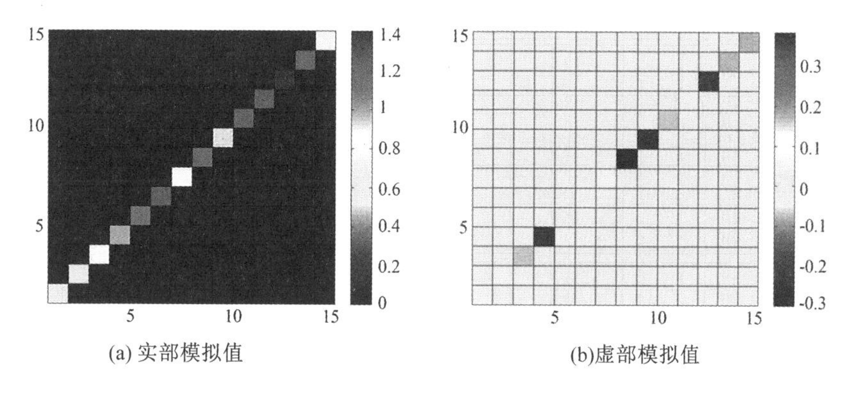

(a) 实部模拟值　(b)虚部模拟值

图 8　小尺寸矢量阵各通道的幅相误差模拟

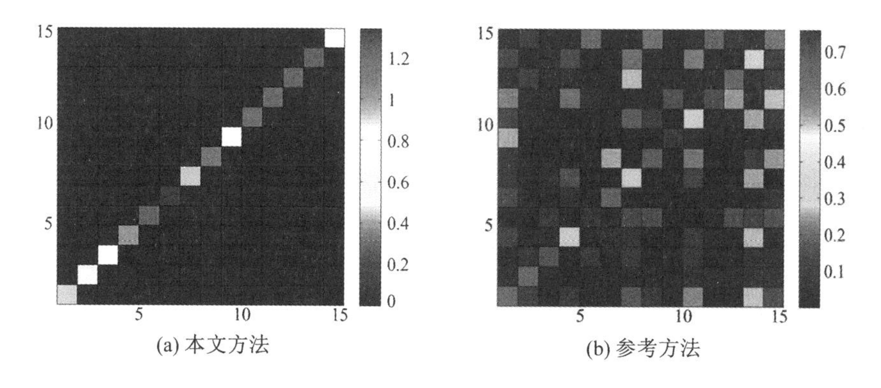

(a) 本文方法　(b) 参考方法

图 9　校正矩阵实部计算结果

由图 9 和图 10 所示的仿真结果可以看出，由于参考方法在变换矩阵求解过程中利用的是矩阵最优拟合，考虑了基元间的相互耦合效应等影响，无法保证各阵列流形间的独立性；本文校正方法和校正矩阵则在建立过程中充分考虑了水下小尺寸基阵测试的特点，直接对校正声场建模，因此能在一定程度上去除测试空间的影响，由此测量结果只反映基阵自身特性，也适用于其他工作环境。

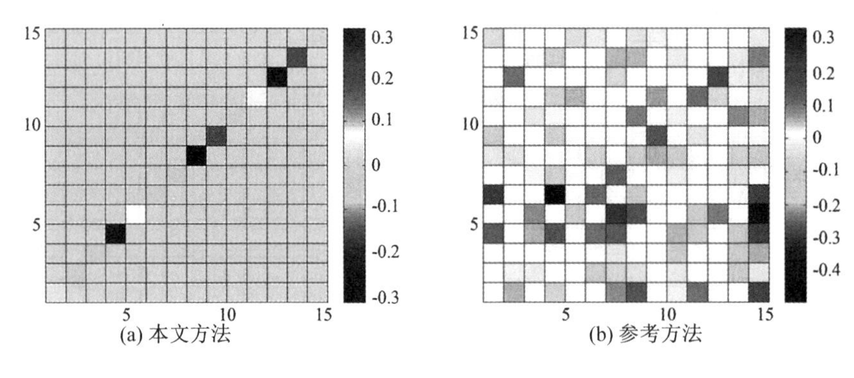

图 10　校正矩阵虚部计算结果

下面通过水池中实测的各基元复响应情况来进一步评估校正模型的有效性。利用 2.1 节中数据,分析 1X 与 3X 通道的复响应及 2X 与 4X 通道的复响应,其对比结果如图 11 所示。

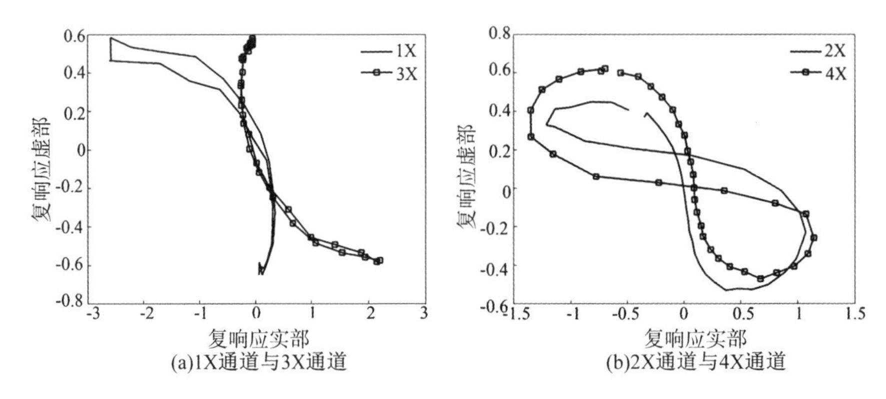

图 11　各基元 X 通道的复响应对比结果

根据图 11 所示结果,各阵元仅相差一定角度的旋转,即相差一个复常数。为详细分析此情况,考虑 1X 与 3X 通道的幅度与相位随 $\cos\theta$ 的变化情况,其结果如图 12 和图 13 所示。

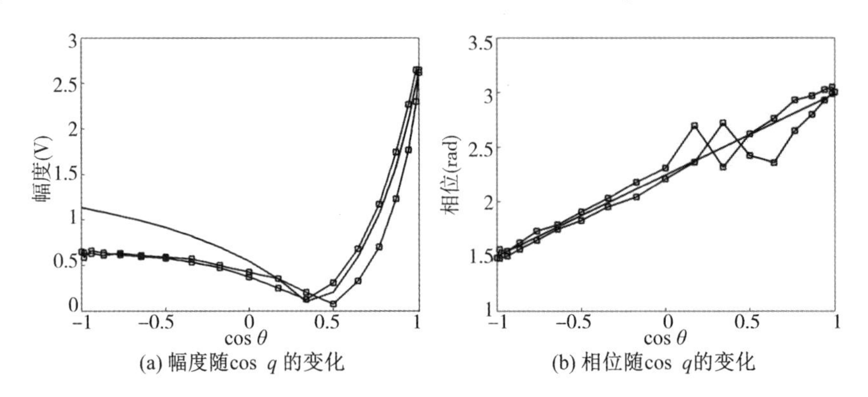

图 12　1X 通道幅相随 cos *q* 的变化情况

(a) 中方块标记线为实测值,无标记实线为建模值;

(b) 中方块标记线为实测值,无标记实线为拟合值。

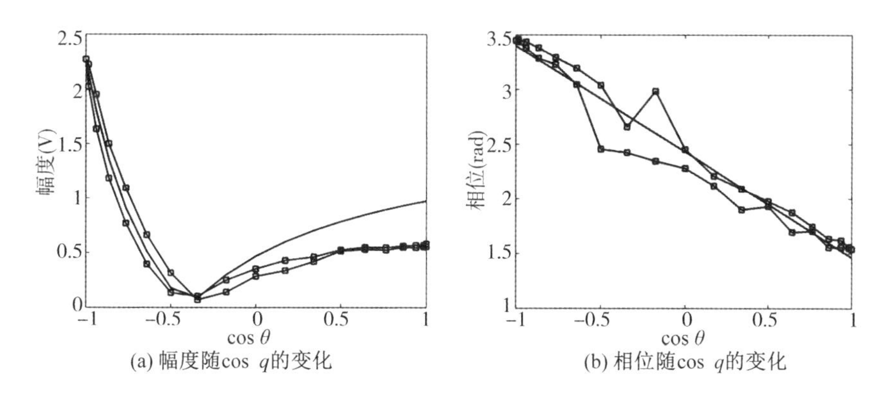

图 13　3X 通道幅相随 cos q 的变化情况

(a)中方块标记线为实测值,无标记实线为建模值;

(b)中方块标记线为实测值,无标记实线为拟合值。

由图 12 与图 13 结果可以看出,1X 与 3X 通道的幅度与 cos θ 之间已不是线性关系,但测量情况与模型之间基本一致,以角度标定的远离声源位置处与理论值差距略大的原因主要是由位置关系引起的信噪比的影响;而忽略矢量传感器自身相位跳变角附近的较大误差,相位与 cos θ 间线性关系良好,可拟合成一条直线,其斜率即为 kd 值,而常数项即为相应基元的初相。由此可见,基元的实测相位变化规律与自身站位造成的相位变化规律一致,且仅相差一个常数,此常数即是表明基元间的初始相位不一致的量,而利用瞬态段信号所测得的阵列误差与方位基本无关,验证了本文校正模型以及瞬态段信号测量技术在有限空间中小尺寸基阵的校正与测量的有效性。同时,测量结果也进一步表明阵列仅存在通道幅相误差,验证了校正模型建立过程中假设的准确性。

4.2　多极子指向性实测结果分析

上文基于理论分析、仿真计算和实测数据对校正模型与瞬态段信号有限空间测量技术进行了验证与分析,表明所建模型与测试方法可有效应用至有限空间中低频小尺寸基阵的校正测试工作。为此,依据瞬态段信号测试方法,选取 3.1 节中的水池测试环境,且测量信号为 400 Hz 的 CW 信号,则代表性基元的指向性测量结果如图 14 所示。

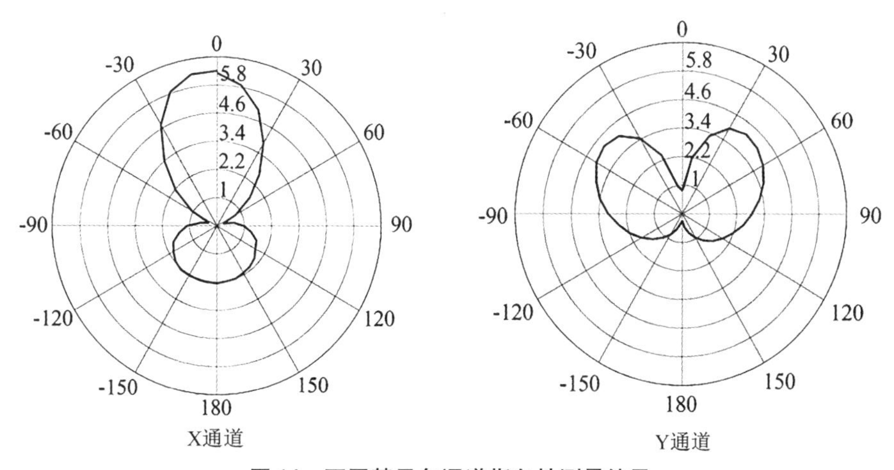

图 14　不同基元各通道指向性测量结果

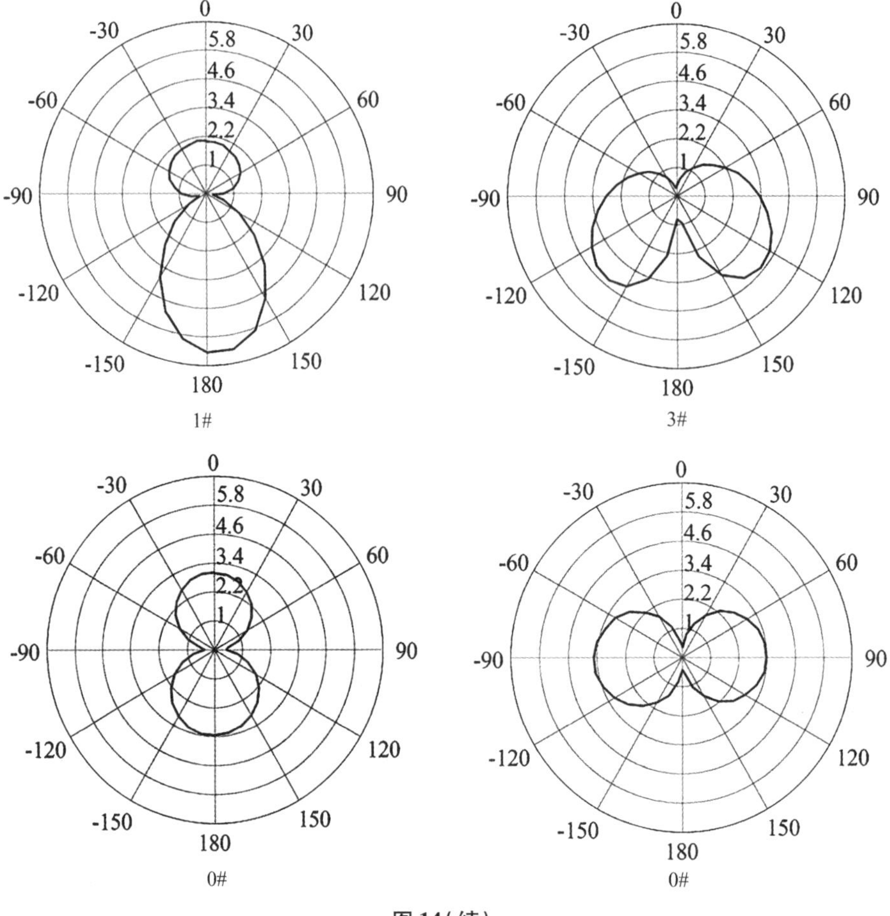

图 14(续)

由指向性图可以看出,球面波特性与偏心旋转效应明显存在,除凹点及远离声源一侧略有误差外,测量结果与理论建模值基本相当。对于实测各基元指向性结果,可根据本文校正模型进行校正,从而实现高阶多极子指向性以及如方程(1)所示的超指向性波束形式。为此,以图 2 所示低频五元小尺寸矢量阵为例,基于本文瞬时段信号,其二阶、三阶多极子指向性校正前后结果如图 15 与图 16 所示。

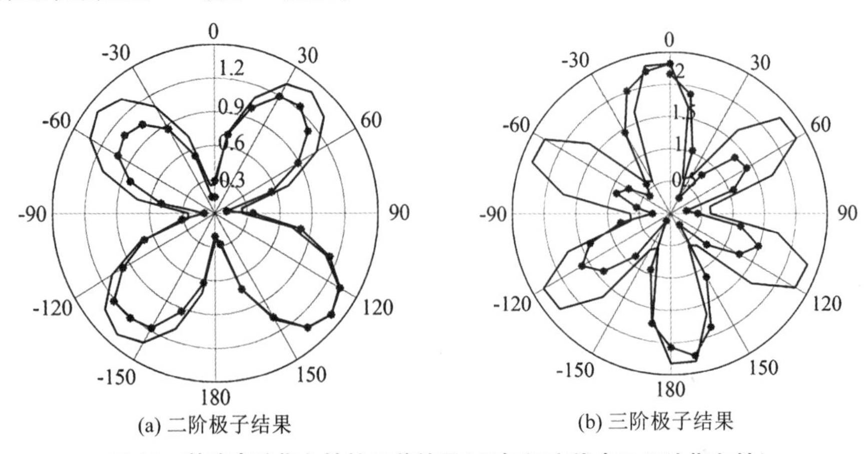

图 15　基阵高阶指向性校正前结果(无标记实线表示理论指向性)

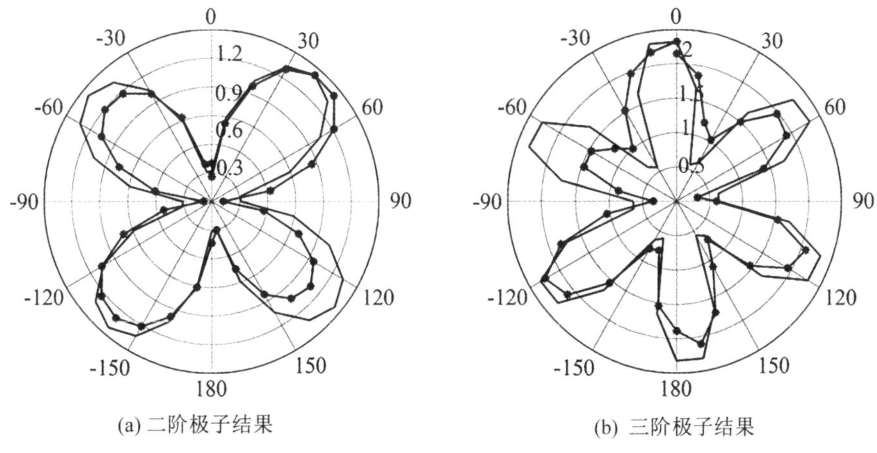

(a) 二阶极子结果　　(b) 三阶极子结果

图 16　基阵高阶指向性校正后结果(无标记实线表示理论指向性)

根据图 15 与图 16 所示,经校正后,二阶与三阶多极子指向性虽然未能达到理论情况,但其波束已得到改善。图中某些波瓣较小的原因与传感器制作的指向性误差及水池测量都有关,二者难以区分,只要矢量传感器的实测指向性与理论情况有误差(如图 14 中对 0°和 180°入射信号响应的区别),则此误差会随着多极子阶数的升高不断累积,且阶数越高,误差越明显,这也可以从二阶和三阶多极子的指向性对比中看出。同时,所得结果也进一步验证了瞬态段信号在有限空间测量的可行性。受限于测试环境,本文只显示了球面波声场中的基阵指向性图,但可以合理推论,在远场平面波情况下,影响因素减少,信噪比提高,基阵多极子指向性将与理论情况更加接近。

5　结论

本文考虑到有限空间测量的限制条件,根据水下小尺寸基阵的特性,提出有限空间中的基阵低频校正模型,基于瞬态段信号理论建立了有限空间中水下小尺寸基阵的测量方法。首先,该方法根据校正空间声场模型建立了流形矢量与校正模型,充分包含了有限空间测量限制条件与小尺寸基阵特性,并通过实测数据分析了校正模型的合理性与优势。其次,本文在低频小尺寸基阵校正中引入了瞬态段信号测试技术,其测量结果一定程度上可等效稳态段测量结果,有效降低了有限空间中多途结构的影响,从而扩展了有限空间测量的频率下限。最后,结合五元多极子矢量阵的实测校正数据,表明在水池环境下即可实现低频小尺寸基阵的测量与校正工作,为小尺寸基阵的后续研究奠定了基础。

参 考 文 献

[1] Joseph A C. High - order angular response beamformer for vector sensors. J. Sound. Vib., 2008;318(3):417 - 422.

[2] Benjamin A C, Victor M E, Albert H N. Highly directional acoustic receivers. J. Acoust. Soc. Am., 2003;113(3):1 526 - 1 532.

[3] Martin E, Arild L. Broadband superdirective beamforming using multipole superposition. Proc. Proc. EUSIPCO 2008, 16th European Signal Processing Conference, Lausanne, Switzerland 25 - 29, August 2008:1 - 5.

[4] Ma Y L, Yang Y X, He Z Y et al. Theoretical and practical solutions for high order superdirectivity of circular sensor arrays. IEEE Trans. Ind Electron., 2013; 60 (1): 203 - 209.

[5] 张建兰,高天赋,曾娟,李海峰. 压电陶瓷发射换能器的瞬态抑制. 声学学报,2007;32(4):295 - 303.

[6] 陈毅,袁文俊,赵涵. 水声测量用声脉冲瞬态抑制方法的研究. 应用声学,2002;21(4):10 - 17.

[7] 高天赋,曾娟,李海峰等. 压电陶瓷发射换能器的 Butterworth 匹配定理. 声学学报,2006;31(4):297 - 304.

[8] Ainsleigh P L, George J D. Signal modeling in reverberant environments with application to underwater electroacoustic transducer calibration. J. Acoust. Soc. Am., 1995; 98 (1): 270 - 279.

[9] 赵涵. 利用瞬态信号建模技术估计换能器的稳态参数. 仪器仪表学报,2001;22(3):82 - 83.

[10] 王燕,邹男,梁国龙. 强多途环境下水听器阵列位置近场有源校正方法. 物理学报,2015;64(2):024304/1 - 024304/10.

[11] 师俊杰,孙大军,吕云飞,张俊. 甚低频矢量水听器水池校准方法研究. 兵工学报,2011;32(9):1 106 - 1 112.

[12] 吴本玉,莫喜平,崔政. 非消声水池中低频换能器测量的空间域处理方法. 声学学报,2010;35(4):434 - 440.

[13] Chu D Z, EastlandGH G C. Calibration of a broadband acoustic transducer with a standard spherical target in the near field. J. Acoust. Soc. Am., 2015;137(4):2 148 - 2 157.

[14] 吴国清,陈永强,李乐强,肖龙. 水声瞬态信号短时谱形态及谱相关法检测. 声学学报,2000;25(6):510 - 515.

[15] Fuhrmann D R. Estimation of sensor gain and phase. IEEE Trans. Signal Process., 1994, 42(1):77 - 87.

[16] Manikas A, Fistas N. Modelling and estimation of mutual coupling between array elements. ICASSP - 94, 1994 IEEE International Conference on Acoustics, Speech, and Signal Processing. IEEE, 1994: IV/553 - IV/556.

[17] Weiss. A J, Friedlander B. Eigenstructure methods for direction finding with sensor gain and phase uncertainties. Circ. Syst. Signal PR., 1990, 9(3):271 - 300.

[18] Weiss. A J, Friedlander B. Direction finding in the presence of mutual coupling. IEEE Trans. Antennas Propag., 1991, 39(3):273 - 284.

[19] FlanaganB P, Bell K L. Array self - calibration with large sensor position errors. Signal Processing, 2001, 81:2 201 - 2 214.

[20] Mir H. Passive Direction Finding Using Airborne Vector Sensors in the Presence of Manifold Perturbations. IEEE Trans. Signal Process., 2007, 55(1):156 - 164.

[21] Mir H. A generalized transfer - function based array calibration technique for direction finding. IEEE Trans. Signal Process., 2008, 56(2):851 - 855.

[22] Yang S E. Directional Pattern of a cross vector sensor array. 2012 Acoustics, 2012 Hong Kong

Conference and Exhibition. Hong Kong SAR,China,May 13 - 18,2012:381 - 386.

[23] 郭俊媛,杨士莪,朴胜春,等. 基于超指向性多极子矢量阵的水下低频声源方位估计方法研究. 物理学报,2016;65(13):134303/1 - 134303/14.

[24] Guo X J,Yang S E,Miron S. Low frequency beamforming for a miniature aperture three - by - three uniform rectangular array of acoustic vector sensors. J. Acoust. Soc. Am. ,2015;138(6):3 873 - 3 883.

[25] 李道江,陈航,倪云鹿. 阵元间互辐射对基阵指向性的影响研究及实验. 声学学报,2012;37(3):319 - 323.

[26] Gupta I J,Baxter J R,Steven W et al. An experimental study of antenna array calibration. IEEE Trans. Antennas Propag. ,2003,51(3):664 - 667.

利用宽带声场干涉结构特性对移动船只距离的连续估计

任群言　朴胜春　郭圣明　马　力　廖天俊

摘要　浅海移动船只的宽带辐射声场在距离－频率上通常表现为有规则的干涉条纹结构,这些条纹的特性(数目和斜率)可用波导不变量理论来表征并已被用于多种水声反演问题中,如沉积层声学参数反演和宽带声源距离的估计。基于波导不变量理论和干涉条纹的结构特性,利用扩展卡尔曼滤波器分析移动船只 LOFAR 图中干涉条纹的距离－频率特征可对其距离进行连续估计。该方法不需要海洋环境的信息和前向拷贝声场计算,具有较高的计算效率。海试数据处理结果和 GPS 数据计算结果比较一致,证实了本方法的准确性。试验数据处理同样证实该方法对初始距离的选择有着较高的稳健性。

1　引言

声源定位一直是水声研究中的热点问题[1-2],匹配场技术是常用的目标定位算法、亦被广泛用于多种水声逆问题的求解[3-4]。匹配场技术通常需要精确的环境信息和准确的声场模型才能达到较好的估计效果。许多研究者在声场模型或者环境失配情况下如何提高匹配场方法的定位精度[5-7]做了大量的理论和实验研究,并取得了一定的成果。国内外学者也在对声场和环境无依赖性的虚拟声源定位法及其如何提高其定位精度和性能方面做了相关研究[8-10]。基于纯方位的目标运动分析(TMA)亦是重要的水下被动定位技术,其主要基于单个或多个水听器阵列获得的目标方位、时延等数据来估计目标的运动轨迹[11-13]。

浅海环境中、移动船只所激发的宽带声场在时间(距离)－频率平面上表现出有规律的干涉条纹结构[14],这些干涉条纹的结构特性可以用波导不变量理论进行表征。由于这些干涉条纹的条纹数量、斜率以及长度是由环境参数和移动船只的距离等因素决定的,因而可用于海洋环境参数反演和移动船只距离的估计[15-16]。Ren 和 Hermand[17] 及 Heaney[18] 等人就根据波导不变量理论、仅使用简单的接收系统(或单水听器)对沉积层的声速和厚度进行了快速估计。本文的目标测距法亦是基于单水听器接收系统。

干涉图案处理及特征提取(例如波导不变量)是利用干涉图案进行水声应用的重要前提。Heaney 等[18]利用归一化斜率法来估计波导不变量的值、并通过分析波导不变量在空间－频率上的分布特性对沉积层参数进行估计。Brooks 等[19]讨论了文献 18 计算波导不变量的局限性,并提出了基于图像处理方法对波导不变量进行估计。Radon[20]、Hough 变换[21]以及二维快速傅里叶变换(2D－FFT)[22]也被用于处理干涉图案和条纹斜率来估计波导不变量。国内也有学者根据干涉条纹的物理特性提出了频移补偿方法计算声场的波导不变量[23]。上述这些常用的处理方法一般适用于估计干涉图像整体(或者多个条纹)的大概斜率,很难准确给出特定(单个)条纹所表征的声场强度随时间和频率的变化关系。本文介绍了一种可以检测和分离干涉图案中条纹结构的多尺度线条提取方法,可从移动船只的LOFAR图中检测和分离特定的条纹,进而使得利用单独条纹上的距离和频率变化规律进行水声应用成为可能。

本文根据移动船只噪声场干涉条纹随时间和频率的变化关系,提出了一个基于Kalman滤波器网的移动船只距离的序贯估计算法,相比于传统的匹配场处理方法,该算法可以通过跟踪单个水听器获得的航船噪声LOFAR图中条纹的变化特征就能实现对其距离的估计,而且、由于此算法不需要复杂而耗费时间的拷贝场计算,它具有和引导声源同样不依赖于环境先验信息的显著优点。

2　波导不变量理论

在水平分层的波导中,由深度z_0的无指向性声源产生、在距离声源 r 处深度为 z 的水听器接收的复声场 P,可以表示为一系列传播简正波的相干叠加[25]:

$$P(\omega,r,z) \approx S(\omega) \sum_l B_l \exp\left[-\mathrm{i}\left(\omega t - \xi_l + \frac{\pi}{4}\right)\right] \tag{1}$$

其中:$S(\omega)$为声源在角频率 ω 时的强度;

$$B_l = \frac{1}{\rho}\left(\frac{1}{8\pi\,\xi_l r}\right)^{1/2} \varphi_l(z_0)\varphi_l(z)$$

ρ 为介质密度;φ_l和ξ_l分别是第 l 阶简正波的模态函数和特征值。

则接收的声强可以写为:

$$I(\omega,r,z) \equiv \langle P P^* \rangle = S(\omega)\left(\frac{1}{r}\sum_l B_l^2 + 2\sum_{\substack{l,m\\ l\neq m}} B_l B_m^* \cos(\Delta\xi_{l},m^r)\right) \tag{2}$$

其中,$\Delta\xi_{l,m} = \xi_l - \xi_m$,$*$ 表示表示复共轭,式(2)中相干项(括号中的第2项)是宽带声场条纹的主要成因。

如果声强的强度在一定距离和频率范围内的变化近似满足:

$$\mathrm{d}I = \frac{\partial I}{\partial\omega}\mathrm{d}\omega + \frac{\partial I}{\partial r}\mathrm{d}r = 0 \tag{3}$$

最终可由此得出波导不变量的数学表达式为:

$$\beta \equiv \frac{r}{\omega}\frac{\mathrm{d}\omega}{\mathrm{d}r} = \frac{\mathrm{d}(1/v)}{\mathrm{d}(1/u)} = -\left(\frac{u}{v}\right)^2\frac{\mathrm{d}v}{\mathrm{d}u}, \tag{4}$$

其中 u 和 v 分别表示一定频带范围内的群速度和相速度的平均值,其大小均由波导性质和声波频率决定。物理上来说,β 值决定于LOFAR图上个别条纹的斜率、从上式也可看出,β 可以根据条纹距离频率信息(r,ω)以及条纹的斜率$(\mathrm{d}\omega/\mathrm{d}r)$进行数值估计。以往学者就根据 β 随LOFAR图中不同频率和位置的分布对沉积层的参数进行快速估计[18]。

图1(a)是2008年在大连海域所采集的一个航行渔船的噪声信号的LOFAR图,该渔船以固定的速度按固定航向驶向接收船。实验中使用了单矢量水听器对航船噪声进行记录,其布放深度为5 m。图1(a)中LOFAR图为矢量水听器声压通道数据计算结果,从中可以看到诸多宽度、长度不一的干涉条纹,这些条纹的特性可通过波导不变量理论对目标船只的距离进行估计。图1(b)是根据GPS记录计算的渔船和接收船的距离随时间的变化,可知目标渔船相对于接收阵在大多数时间是近乎匀速航行的。

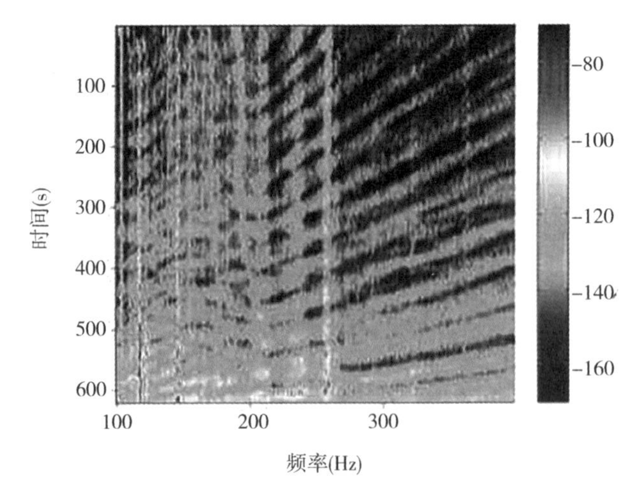

图 1(a)　基于大连海上实验得到的渔船噪声数据的 LOFAR 图

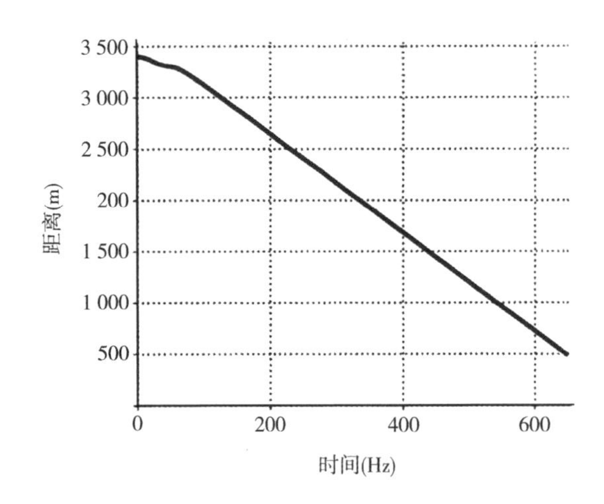

图 1(b)　由 GPS 记录计算得到的目标渔船与接收水听器的距离

当海洋环境可以近似为水平均匀波导时、图 1(a)中的条纹结构所表征的频率和距离关系可以通过下面方程式表征[26]：

$$\omega = \omega_0\left(\frac{r}{r_0}\right)^{\beta}, \tag{5}$$

其中ω_0和r_0分别为参考距离和频率，上式可写为$f=f_0(r/r_0)^{\beta}$，即如果已知干涉条纹上某一时刻频率所对应的距离，就可以通过上式估计目标在其他频率上的距离。

3　随机漫步的距离估计模型

3.1　基本原理

卡尔曼滤波器最先由 R. E. Kalman 于 1960 年提出[24]，它是广义贝叶斯滤波估计的一种近似形式。贝叶斯估计通常用下式来表示：

$$p_r(x|y)=\frac{p_r(y|x)p_r(x)}{p_r(y)}, \tag{6}$$

此公式表示为已知数据 y 时所得到的对参数 x 的后验估计，其中 x 和 $y=h(x)$ 是具有概率分布分别为$p_r(x)$和$p_r(y)$随机变量，$p_r(y|x)$为条件概率密度函数。卡尔曼滤波器就是通过观察 y（通常被噪声污染）来估计 x。

在连续信号处理中，x 和 y 可以表征为如下线性状态模型：

$$x_k=\boldsymbol{A}\,x_{k-1}+\boldsymbol{w}_{k-1} \tag{7}$$

$$y_k=\boldsymbol{C}\,x_{k-1}+\boldsymbol{n}_k \tag{8}$$

此模型中，x_k和y_k分别对应状态（要估计的参数）和观察变量（采集的数据），它们可以写成向量形式，$\boldsymbol{w}_k$和$\boldsymbol{n}_k$是协方差分别为W_k和N_k表征的噪声向量，该递归的过程用 k 来表示。

式(7)即为状态方程、描述未知参数变量 x 随序列的变化规律，参数变量从 $k-1$ 时刻传递到 k 时刻是通过状态传递方程（或者矩阵）$\boldsymbol{A}$ 来完成。式(8)表征观察变量和参数变量的关系，该映射关系这里用测量方程（矩阵）$\boldsymbol{C}$ 来表征，当观察变量与系统参数为非线性关系时，矩阵 $\boldsymbol{C}$ 通常由雅可比行列式$\widehat{\boldsymbol{C}}$来近似。在x_k和y_k为一阶马尔科夫过程，并和$p_r(x)$等为高斯分布的前提下，扩展卡尔曼滤波类算法可以简化为如下递归的 3 个过程：

$$\widehat{x}_{k|k-1}=\boldsymbol{A}\,\widehat{x}_{k-1|k-1}，(\text{预测}) \tag{9}$$

$$e_k=y_k-\widehat{\boldsymbol{C}}\widehat{x}_{k|k-1}，(\text{残余})， \tag{10}$$

$$e\,\widehat{x}_{k|k}=\widehat{x}_{k-1|k-1}+K_ke_k，(\text{更新})， \tag{11}$$

式中冒号表示估计值，为卡尔曼增益：

$$K_k=P_k|k-1\,\widehat{\boldsymbol{C}}_k^{\mathrm{T}}(\widehat{\boldsymbol{C}}_kP_{k|k-1}\widehat{\boldsymbol{C}}_k^{\mathrm{T}}+N_k) \tag{12}$$

其中$P_{k|k-1}=W_k+\boldsymbol{A}\,P_{k|k-1}\boldsymbol{A}^{\mathrm{T}}$，上标 T 表示矩阵的转置。具体推导过程可在诸多序贯估计算法介绍的文献中找到，这里不再赘述。

3.2　状态空间模型

3.2.1　状态方程

由于实验环境可近似认为是水平分层的波导，波导不变量在这里被当作为一个缓变的物理量、其随时间和频率几乎不发生明显变化，即 k 时刻的波导不变量的值可以表征为 $k-1$ 时刻的值和噪声w_β的和：

$$\beta_k=\beta_{k-1}+w_\beta \tag{13}$$

同样地，k 时刻渔船的距离r_k可以近似为 $k-1$ 时刻的距离r_{k-1}和噪声w_r相加：

$$r_k=r_{k-1}+w_r \tag{14}$$

根据以上讨论，本文的状态方程（传递函数）可以写为：

$$\begin{bmatrix} r_k \\ \beta_k \end{bmatrix}=\begin{bmatrix} 1 & 0 \\ 0 & 1 \end{bmatrix}\begin{bmatrix} r_{k-1} \\ \beta_{k-1} \end{bmatrix}+\begin{bmatrix} w_r \\ w_\beta \end{bmatrix} \tag{15}$$

该状态传递方程是典型的随机漫步参数估计模型，常用于系统参数估计和动态系统参数跟踪中。在本文后续的实验数据处理中，矩阵 $\boldsymbol{A}=\begin{bmatrix} 1 & 0 \\ 0 & 1 \end{bmatrix}$，$\boldsymbol{W}=\begin{bmatrix} w_r \\ w_\beta \end{bmatrix}$。

3.2.2　测量方程

式(5)中，如果假设将 k 时刻的参考距离和频率都设定为 $k-1$ 时刻的距离r_{k-1}和频率f_{k-1}，则该公式可以写为如下序列的形式：

$$\frac{f_k}{f_{k-1}}=\left(\frac{r_k}{r_{k-1}}\right)^{\beta_k} \tag{16}$$

式(15)和式(16)分别代表本问题的状态方程和测量方程。由于式(16)中观测量与变量距离和波导不变量为非线性关系,与其他扩展卡尔曼滤波器应用一致[28],本文中的矩阵 $\boldsymbol{C}$ 也近似为式(16)线性化时的雅可比行列式 $\widehat{\boldsymbol{C}}=[\nabla_{x_k}h(\hat{x}_{k|k-1})]^{\mathrm{T}}$,数据处理中的测量误差设为 $n_k=1\mathrm{e}^{-5}$。

3.2.3　距离的序贯估计算法

通过观察移动渔船宽带噪声中特定干涉条纹的信息,我们可以按照式(9)~式(12)的顺序、按照以下步骤分析干涉条纹上的距离和频率特征对航行渔船的距离进行连续估计:

(1)预测根据 $k-1$ 时刻对距离 r_{k-1} 和 β_{k-1} 的估计结果,由状态方程(15)对 $\widehat{r}_k$ 和 $\widehat{\beta}_k$ 每在 k 时刻的值进行预测。

(2)残余计算通过比较 k 时刻干涉条纹所对应的频率 f^{mea} 和测量方程(16)计算的频率 f^{pre} 来得到残余 e_k。

(3)更新根据得到的残余 e_k,由式(11)和式(12)修正对 $\widehat{r}_k$ 和 $\widehat{\beta}_k$ 的估计。

4　实验数据处理

4.1　移动渔船噪声的干涉条纹检测和提取

这里,采用了一种基于图像 Hessian 矩阵特征值分析的多尺度线性滤波器[27]来检测宽带噪声谱图里的不同宽度的干涉条纹,该滤波器的最终输出为:

$$V=\max_{\sigma_{\min}\leqslant\sigma\leqslant\sigma_{\max}}V_\sigma,\tag{16}$$

其中 σ_{min} 和 σ_{max} 分别是分析的最小和最大尺度,V_σ 定义为:

$$V_\sigma=\begin{cases}0 & \lambda_2<0\\ \exp\left(-\dfrac{R^2}{2\sigma^2}\right)\left(1-\exp\left(-\dfrac{S^2}{2c^2}\right)\right),\end{cases}\tag{17}$$

其中 R 是椭圆的偏心率,用以区分线性结构和斑点结构,S 是用来测量分析区域和背景的对比度或者信噪比。

图 2(a)给出了多尺度滤波器应用于实验数据(图 1(a))的结果,相比于原图,大多数干涉条纹都被明显地分离开来,这使得我们可以观察特定的条纹进行相关的水声应用。为了从中提取某个干涉条纹的频率和时间信息,我们首先利用 Hough 变化来检测干涉结构里的线性结构、变换结果在图 2(b)给出,该图中的亮点个数表征了干涉条纹的数目。通过图 2(b)中矩形区域所示最高能量亮点所对应的斜率和极径信息,我们在图 2(a)中重构了该条纹(粗虚线)。与数据的对比可以看出,重构的干涉条纹很准确地表征了原始数据中干涉条纹的结构信息,可用来估计干涉条纹上任意时刻所对应的频率信息,进而作为序贯算法的观察量来对移动船只距离进行估计。图 2(c)同时给出了原始干涉图案图 1(a)的 Hough 变换结果,从中仅能看出干涉条纹整体走势,通过与图 2(b)的比较可以说明多尺度线性滤波预处理在干涉条纹提取中的重要性。

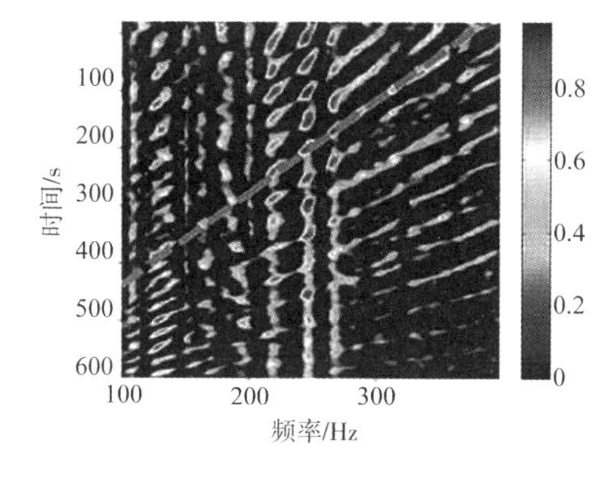

图 2(a)　对图 1(a)多尺度滤波后提取的干涉条纹结构

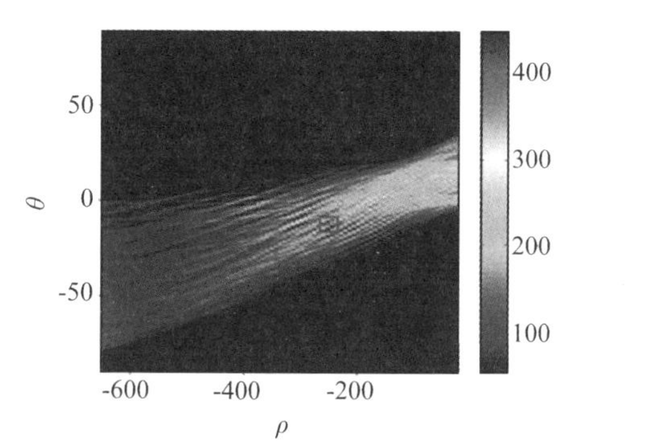

图 2(b)　图 2(a)图像 Hough 变换结果图

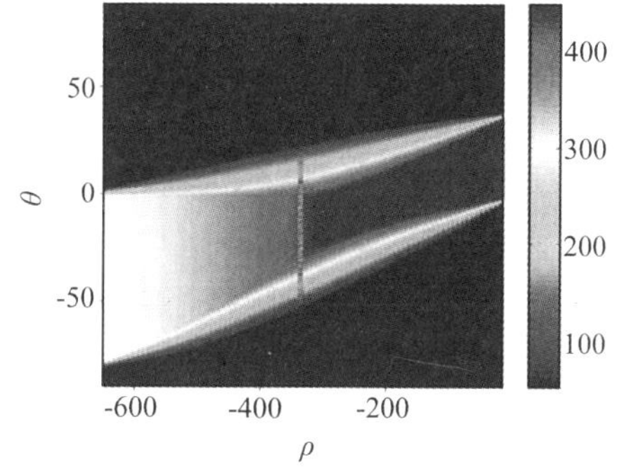

图 2(c)　图 1(a)图像 Hough 变化的结果

4.2　移动航船距离的估计

图 3(a)给出了序贯估计法应用于图 2(a)中提取的干涉条纹对移动渔船距离在不同初始距离情况下的估计结果(实线),初始值范围为 2 400 m 到 10 000 m,间隔为 100 m,在处理中,波导不变量的初始值均为 1,$\begin{bmatrix} w_r \\ w_\beta \end{bmatrix} = \begin{bmatrix} 100 \\ 1\ \mathrm{e}^{-4} \end{bmatrix}$。图中可以看出,Kalman 滤波器在不同初始距离情况下的输出随时间(数据)的增加慢慢收敛到比较一致的结果,这充分体现了序贯法在处理序列数据上的独特优点,即它可根据新输入的数据信息不断更正参数估计。从与实际 GPS 测量结果(粗虚线)来看,Kalman 滤波器取得的估计结果与真值有着较高的一致性。

图 3(b)给出的是不同初始值估计结果与 GPS 真值误差的标准方差,即使在处理的后期,滤波器给出的距离估计值跟实际 GPS 计算的结果还是有一定的误差。这些误差源于声源的建模不准确、干涉条纹特征提取中的误差,以及环境的非均匀变化性的影响等。航船的噪声场是由一定空间分布的螺旋桨以及发动机两个声源共同贡献的,而在本文的声场理论建模中,航船的噪声源被简单假设为一个远场无指向性的点源。这种假设在声源船距离接收器比较远的情况下成立:图 1(a)中的干涉结构在两船距离较远时比较规整,但两船距离较近时的干涉结构就比较复杂的结构。这种现象在文献 17 的图 3 中也可以观察到。本文处理的数据为渔船直线航行,当目标船只的航速或方位角发生变化时,其 LOFAR 图中的干涉条纹结构就会显示较复杂形状,而无法直接利用 Hough 变换来提取条纹信息;船只高速航

行所引起的多普勒频移也会对此方法的精度产生一定的影响。

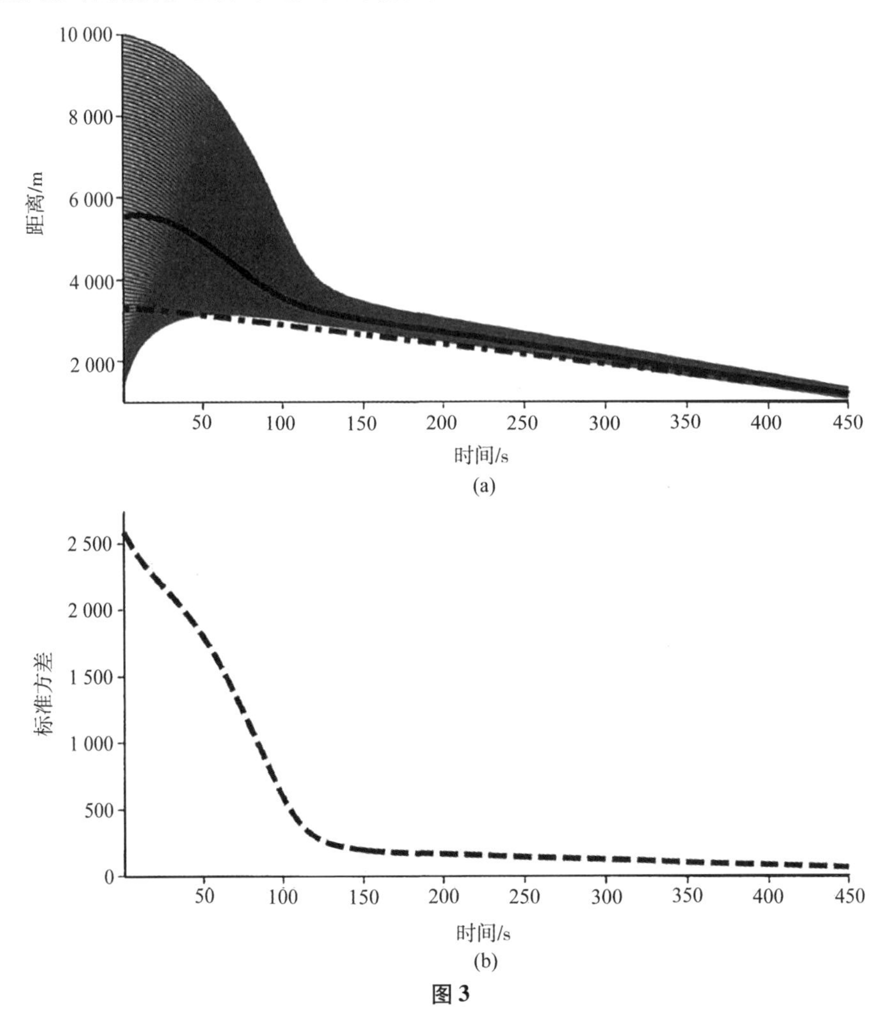

图 3

图 3(a)图为序贯估计算法在不同初始距离情况下对移动渔船距离的连续估计结果(细实线),粗实线为估计结果在时间上的平均值,粗虚线为 GPS 计算的目标渔船和接收水听器的距离;(b)图为不同初始值估计结果与 GPS 测量误差的标准方差随距离的变化

5　结论

针对移动船只定位问题,本文利用其辐射宽带噪声场干涉结构和扩展 Kalman 滤波器对其距离进行估计。该方法克服了传统匹配场定位需要先验环境信息支撑和计算量大的问题,并能对船只的距离进行连续估计。海上实验数据处理结果与 GPS 计算结果的一致证实了本方法的有效性,由于 Kalman 滤波器算法的迭代更新性、该方法对初始距离的选择比较稳健。

本文处理的数据是比较理想的情况,即目标渔船相对于接收水听器匀速直线航行。如果对非合作声源进行定位时,则面临着目标声源无规运动、数据采集不连续等情况下对干涉条纹的提取、分析和跟踪带来的挑战,这也就需要开发更有效的干涉条纹特性提取方法和更稳健的距离估计算法。

参考文献

[1] Kuperman W A, D´Spain G L, Heaney K D. Long range source localization from single hydrophone spectrograms. J. Acoust. Soc. Am. ,2001;109(5):1935 -1943.

[2] 李整林,张仁和,鄢锦,等,大陆斜坡海域宽带声源的匹配场定位. 声学学报,2003;28(5):425 -428.

[3] Baggeroer A B,Kuperman W A,Mikhalevsky P N,An overview of matched field methods in ocean acoustics. IEEE J. Oceanic Eng. ,1993;18(4):401 -424.

[4] A Bayesian approach to matched field processing in uncertain ocean environments. Chinese Journal of Acoustics,2008;27(4):358 -367.

[5] Robust adaptive matched field processing with environmental uncertainty. Chinese Journal of Acoustics,2006;25(2):159 -170.

[6] Donald R,Balzo D,Feuillade C,Row M M. Effects of water - depth mismatch on matched - field localization in shallow water. J. Acoust. Soc. Am. ,1988;83(6):2 180 -2 185.

[7] Westwood E,Broadband matched - field source localization. J. Acoust. Soc. Am. ,1992;91(5):2 777 -2 789.

[8] Mourad P D,Rouseff D,Porter R P,Al - Kurd A. Source localization using a reference wave to correct for oceanic variability. J. Acoust. Soc. Am. ,1992;92(2):1 031 -1 039.

[9] YAO Meijuan,MA Li,LU Licheng,GUO Shengming. Performance analysis of source ranging by use of virtual receiver technique under different frequency bands. Chinese Journal of Acoustics^ 2015;34(4):387 -400.

[10] Thode A M. Source ranging with minimal environmental information using a virtual receiver and waveguide invariant theory. J. Acoust. Soc. Am. ,2001;108(4):1 582 -1 594.

[11] 马敬广,徐晓男. 一种基于运动模型的水下目标方位预处理方法,声学技术,2013;32(3):243 -247.

[12] 胡友峰,景博,孙进才. 一种水下被动目标运动分析与仿真. 声学技术,2001;20(4):157 -161.

[13] 王彪,曾庆军,解志斌,黄海宁. 基于水声传感器的目标纯方位运动分析. 中国造船,2011;52(1):90 -96.

[14] Chuprov S D. Interference structure of a sound field in a layered ocean. In:Brehovskikh L M,Andreewoi I B(Eds.),Ocean Acoustic,Current State,Moscos,1982:71 -91.

[15] LI Qihu. A new method of passive ranging for underwarter target: distance information extraction based on wave guide invariant. Chinese Journal of Acoustics, 2015; 34(2):97 -106.

[16] QI Yubo,ZHOU Shihong,REN Yun,WANG Dejun,LIU Jianjun,FENG Xiqiang. Passive source range estimation with a single receiver in shallow water. Chinese Journal of Acoustics,2015;34(1):1 -14.

[17] Ren Q Y,Hermand J P. Acoustic interferometry for geoacoustic characterization in a soft - layered sediment environment. J. Acoust. Soc. 4m. ,2013;133(1):82 -93.

[18] Heaney K. Rapid geoacoustic characterization using a surface ship of opportunity. IEEE J.

Oceanic Eng. ,2004;29(1):88 -99.

[19] Brooks L,Kidner M,Zander A,Hsnaen C,Zhang Z et al. Striation processing of spectrogram data. In: Proceeding of the 13th International Congress on Sound and Vibration (ICSV13),2006.

[20] Turgut A,Orr M,Rouseff D. Broadband source localization using horizontal - beam acoustic intensity striations. J. Acoust. Soc. Am. y 2001;127(1):73 -83.

[21] Hough P V C. Method and means for recognizing complex patterns. U. S. Patent 3,069,654, 1962.

[22] An L,Wang X,Lu J. Calculating the waveguide invariant by passive sonar lofargram image. In:Proceeding of 14th International Conference on Mechatronics and Machine Vision in Practice,2007.

[23] 苏晓星,张仁和,李风华. 用频移补偿方法计算声场的波导不变量. 声学技术,2007;6(6):1 073 -1 076.

[24] Kalman R E. A new approach to linear filtering and prediction problems. Journal of Basic Engineering^ 1960;82(Series D):3 -45.

[25] Brekhovskikh L;Lysanov Y. Fundamentals of ocean acoustic 3rd ed. 2003,Springer Verlag.

[26] Spain G D,Kuperman W. Application of waveguide invariants to analysis of spectrograms from shallow water Environments that vary in range and azimuth. J. Acoust. Soc. Am. ,1999;106(5):2 454 -2 468.

[27] Frangi A F,Niessen W J,Viergever M A. Multiscale vessel enhancement filtering. In:Wells W M,Colchester A,Delp S(Eds.),Medical Image Computing and Computer - Assisted Interventation - MICCAT' 98,Cambridge,1998:130 -137.

[28] Yardim C,Gerstoft P,Hodgkiss W S. Tracking of geoacoustic parameters using Kalman and particle filters. J. Acoust. Soc. Am. ,2009;125(2):746 -760.

水声定位导航技术的发展与展望

孙大军　郑翠娥　张居成　韩云峰　崔宏宇

摘要　声波是迄今为止唯一有效的水下无线信息载体,水声定位导航是人类依赖众多水下航行器进入深海、探测深海和开发深海的关键。自"十五"计划以来,我国水声定位导航技术进入了快速发展期,从理论、技术到装备均取得了长足的进步。本文文章介绍了我国的相关技术发展历程及相关产业的现状,并探讨了面向新时期支撑和保障我国海洋利益诉求所需的水声定位导航技术手段与能力。

关键词　水声定位导航技术;发展现状;研究前沿

1　引言

水声定位导航技术是一种以基线的方式激励,通过测量声波传播的时间、相位、频率等信息实现定位与导航的技术。由于声波是迄今为止人类发现的水下唯一有效的信息载体,水声定位技术是目前水下目标定位与跟踪的主要手段。

根据定位系统基线长度以及工作模式的差别,一般将其划分为长基线系统、短基线系统、超短基线系统及综合定位系统[1-3](表1)。①长基线定位系统由预先布设的参考声信标阵列和测距仪组成,通过距离交汇解算目标位置。长基线需要事先测阵,作业成本高,主要应用于局部区域高精度定位。②超短基线定位系统则是由多元声基阵与声信标组成,通过测量距离和方位定位。其优点为尺寸小、使用方便,;缺点是定位误差与距离相关,仅适用于大范围作业区域跟踪。③短基线定位系统由装载在载体上的多个接收换能器和声信标组成,通过距离交汇获得目标位置。短基线作业简便,但其精度易受到载体形变等因素影响。④综合定位系统融合了超短基线及长基线定位,兼顾了超短基线作业的简便性和长基线的定位精度。

表1　常规水声定位导航系统分类

类型	长基线	短基线	超短基线	综合定位
基线长度	100～6 000 m	1～50 m	<1 m	—
简称	LBL	SBL	USBL/SSBL	LUSBL
作业方式				

水声定位自20世纪50年代末正式登上历史舞台,已经经历了近60年的发展,至今产生出多种基于声学方式的定位原理与定位系统。尤其进入21世纪以来,随着对水声物理、水声信号处理技术研究的突破创新,水声定位系统的各种相关技术愈发成熟。国外已有Sonardyne、IxSea、Kongsberg等多家公司推出了多套高性能的商用乃至军用水声定位系列产品,标志着水声定位技术进入了相对快速的发展时期。虽然国内对水声定位研究起步较晚,但近年来在市场需求和政策引领之下,我国水声定位导航技术也进入了快速发展期。

2 国外技术发展现状

国外对水声定位系统的研究起步较早。相对于其他定位系统而言,国内外对长基线定位系统的研究均起步较早,1958年美国华盛顿大学的应用物理实验室为美国海军建成了首个长基线水下武器靶场。;20世纪70年代末—80年代初,美国华盛顿大学应用物理实验室再次为原位热传导实验研制了一种便携式的长基线定位系统,定位精度可达10 m,可以实现对在水深6 km,面积150 km^2 内的水面(水中)目标进行定位跟踪[4]。1963年出现了第一套短基线水声定位系统。超短基线定位系统出现的相对较晚,国外有关超短基线定位系统的报道最早见于20世纪80年代初。经过近40年的发展,现在已有多家公司推出了成熟的出超短基线定位产品。目前国外从事水声定位导航技术及相关声呐设备生产的国际领先国家与机构如表2。

表2 水声定位导航技术领先国家与机构

机构	国家	技术与产品	优势应用领域
Sonardyne公司	英国	超短基线、长基线、综合定位	海洋油气田开发
Kongsberg公司	挪威	超短基线、长基线、综合定位	动力定位、潜器对接
Ixsea公司	法国	超短基线、长基线,声学/惯性一体化	深海科学考察
Nautronix公司	澳大利亚	超短基线、长基线、综合定位	海洋钻矿
ORE公司	美国	超短基线	低精度
ASCA公司	法国	水下GPS	水下搜救
Woods Hole海洋研究所	美国	潜载超短基线,声学/惯性一体化	潜器对接
Scripps海洋研究所	美国	静态厘米级定位技术	海底板块位移的测量
东京大学	日本	静态厘米级定位技术	海底板块位移的测量

随着电子信息及海洋技术等技术的发展,各种水声定位系统不再局限于军事上的应用,更加广泛地应用于民品。经过几十年的发展,发达国家的水声定位设备生产厂商已经开始推出系列化的水声定位导航货架产品,由最初的窄带定位模式的超短基线定位系统、长基线定位开始[5],根据海洋调查、海洋工程要求的不断提高,逐步由单定位模式向综合定位模式融合转变,由声学定位转向声学定位集成惯性导航定位,信号体制由窄带转向宽带,由少量用户作业到区域内密集目标作业,由单一定位功能转向多功能集成,定位精度则由最初的几

十米级向米级转变[2]。少数几家公司的产品占据了全球绝大部分的市场。

3　我国技术发展历程及应用情况

3.1　我国水声定位导航技术起源

与国外相同的是,我国水声定位导航技术研究亦起步于长基线定位系统,20 世纪 70 年代末,由杨士莪院士牵头完成的“洲际导弹落点测量长基线水声定位系统”为我国第一颗洲际导弹试验的准确落点提供了可靠的科学依据,就此拉开了我国水声导航定位技术发展的序幕。此后哈尔滨工程大学、中科院声学所、东南大学、厦门大学、国家海洋局海洋技术研究所、中船重工第七一五研究所等多家单位在声学定位技术领域都进行过广泛研究[2,5]。

我国早期的水声定位技术主要以军事需求为主,如东南大学研制的 YTM 鱼雷弹道测量系统[6]、哈尔滨工程大学的“灭雷具配套水声跟踪定位装置”[7]等。自“十五”计划以来,随着国家在海洋科学、海洋工程等海洋领域的投入增加,水声定位导航的非军需求急剧增加。

3.2　深海高精度定位技术从零到“同船竞争”

2000 年,为了执行我国国际海域矿产勘探合同,“大洋一号”科学考察船引进了国际上首套 6 000 m 深水超短基线定位系统 POSIDONIA6000。同年,科技部“863”计划海洋技术领域同步布局了“长程超短基线定位系统研制”项目跟踪该技术。该项目于 2006 年 5 月在南海进行了深海定位试验验证,作用距离达到 8.6 km,定位精度优于 0.3% 斜距,超出预定要求。同时期,科技部布局的“水下 DGPS 高精度定位系统”研制成功,并在浙江省千岛湖进行了试验。试验结果表明,对于水深 45 m 左右的水域,动态定位精度小于 2 m,水下授时精度为 0.2 ms,且测量误差不随时间累积。以上技术的发展填补我国在该领域的空白。

在 POSIDONIA6000 超短基线定位系统在“大洋一号”船服役期间,存在技术封锁、费用高、设备维修困难等缺点,影响了超短基线定位系统在海洋资源勘测中使用效果。基于核心技术不能受制于人以及给国产装备以应用机会的考虑,迈出推进国产水声定位导航装备实质性应用的第一步,在科技部和中国大洋协会的支持下,完全自主知识产权的深海高精度超短基线定位系统分别于 2012 年和 2013 年装备于“科学号”和“大洋一号”科考船,开始了与国外先进技术的“同船竞争”时期。随后,国产深海高精度超短基线定位系统陆续装备于“向阳红 09”科考船、“探索一号”科考船及某新型水面舰船。

在“同船竞争”期间,国产深海高精度超短基线定位系统交出了优异的成绩单,为我国 7 000 m载人潜水器“蛟龙”号、深海缆控潜水器(ROV)“发现”号和深海水下声学拖体等多种水下潜器提供了水下精确定位服务,工作稳定性、数据质量有效性均优于同船国外设备。

3.3　高精度水声综合定位技术从“跟跑”到局部领先

面向我国海底矿产资源精细调查、勘探、开采的作业的需求,紧密结合7 000 m载人潜水器“蛟龙”号、“潜龙 1 号”水下无人机器人 AUV、深海空间站等重大海洋装备与工程的亚米级定位需求,依托“科学号”科考船,科技部于“十二五”安排了“深水高精度水下综合定位系统研制”项目,发展相关的技术和设备,形成了一套具有自主知识产权水下综合定位系统样机,可以在7 000 m海深内提供高精度定位服务。

该样机于 2015 年起服役于“科学号”科考船,同年 5 月至 7 月参加了“2015 马努斯热液－南海冷泉航次”，圆满完成了水下综合定位系统的海上验收，并为该航次的海底地形地貌测量、冷泉热液喷口发现等工作提供了水下优质可靠的定位信息。此次海试首次实现了深海超短基线和长基线有机结合的综合定位跟踪模式，在单周期内同步保障了水下平台的高精度导航和水面对水下平台的跟踪监视，定位精度优于0.5 m，并实现了国内首次成功完成复杂海山地形下精准可靠长基线作业，获取了我国首个亚米级冷泉热液地形地貌图。

在深海高精度水声综合定位系统引导下，我国“深海勇士”号载人潜水器2017年9月29日在南海3 500 m深处仅10 min就快速找到预定的海底目标，实现了“大海捞针”，这标志着我国深海高精度水声定位装备与技术达到国际领先水平。深海绝对定位精度首次达到0.3 m、定位有效率超过90%，综合技术水平进入世界领先行列。成功支撑了刚刚结束的我国“深海勇士”号载人深潜首航试验和我国最先进科考船“科学号”南海综合调查科学考察2次任务，为我国开展万米深渊“马里亚纳海沟”科学探索等深海实践，奠定了坚实的技术与装备基础。

面向我国重大发展战略需求的水声定位导航技术（图1），其主要需求特征体现在“深、远、精、多”，即“深海底、远距离、精度高、多用户”。经过“十五”至“十二五”3个五年计划的实施，我国的深海实践已经从4 500 m步进至7 000 m，目前11 000 m的深渊科学与技术正在如火如荼展开；作用距离由已达的8 km正在向12 km迈进；定位精度从几十米量级以进步至优于0.5 m，新的需求将精度要求提至10 cm；而可接入的目标数也从单目标定位到满足水下多作业平台的集群定位。我国水声定位导航技术已基本完成了“跟跑”，进入“并跑”的初级阶段，其中万米级高精度定位导航处于领跑阶段。

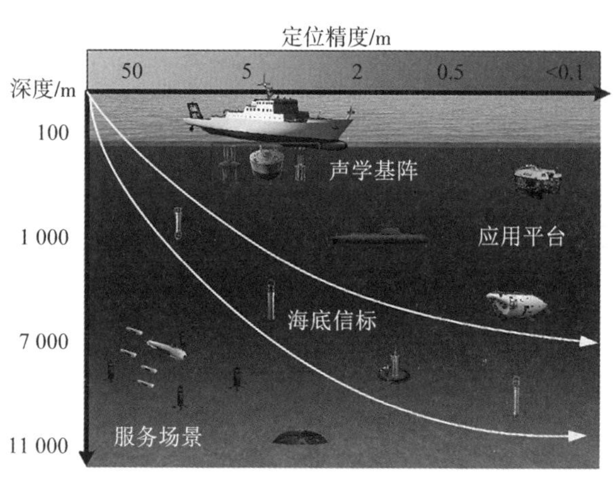

图1　水声定位导航技术发展历程

3.4　我国水声定位导航产业兴起

经过20年的努力，我国水声定位导航技术逐步缩小了与发达国家的差距，培养了国内用户对国产设备的信心，逐步由只使用国外设备转向更青睐于国内技术，并为我国水声定位导航产业的快速发展奠定了技术基础。近几年来，得益于国家政策引导和市场需求，水声定位导航行业涌现出一大批技术研发、生产及服务的厂家，如江苏中海达海洋信息技术有限公司、嘉兴易声电子科技有限公司、青岛明深信息技术有限公司、中国科学院声学研究所嘉兴工程中心、杭州瑞利科技有限公司、青岛海研电子有限公司、海声科技等。与国外的厂商相比，国内技术提供方能够根据用户需求进行定制，并且快速响应，而且在后期的设备维护适用和技术支持上更具优势。

江苏中海达海洋信息技术有限公司自2014年以来逐步推出了iTrack系列的超短基线、长基线等水声定位产品，其中iTrack UB1000系统于2015年3月在长江上海段为中船勘察设计研究院有限公司的水下铺排施工检测项目提供了高精度排体定位服务。作业过程分2阶段：第一阶段为铺排作业，采用超短基线定位对排体位置进行实时跟踪，指导施工；第二阶段为排布铺设结束后的排体位置后调查，采用长基线定位模式对排体在水下的最终位置进行高精度定位检测，定位精度达到0.5 m以内。

嘉兴易声电子科技有限公司以研发声学导航定位声呐及海洋环境测量声呐为主，为海军研究院定制开发的eLBL型长基线定位系统，主要为水下KCJ试验实现水下目标精确定位，为试验组织指挥提供辅助决策，为试验结果分析、评定提供依据。2017年7月在莫干山水库完成系统湖试验证，系统定位精度达到0.3 m以内。2017年9月—2018年5月，在崇明长江口完成了多达50次的水下目标定位服务。在多次的定位试验过程中，该系统工作稳定可靠，成功为试验组织提供精确而可靠的定位数据。

青岛明深信息技术有限公司已完成哈尔滨工程大学水声定位导航技术的成果转化，在装船样机基础上，形成了系列化水声定位导航声呐货架产品。产品之深海高精度水声综合定位系统集超短基线、长基线于一体，为水下潜器提供高精度定位服务，定位精度优于1 m、最大工作距离8 000 m、作业深度7 000 m，于2017年9月为中国科学院战略性先导科技专项"热带西太平洋海洋系统物质能量交换及其影响"南海综合考查航次提供高精度定位保障，作业区域深度1 200 m，动态定位精度优于0.5 m，定位有效率高、可靠性好，保障了调查任务的顺利实施。

4　面向新时期我国水声定位导航的研究前沿

4.1　走向更深更远的全海深水声定位导航技术

近年来，深渊科学正成为海洋科学中蕴含重大突破的最新前沿领域，深渊探测装备技术亦成为国际海洋科技竞争的焦点[10]。"十三五"期间，科技部部署了国家重点研发计划"深海关键技术与装备"重点专项"全海深潜水器研制及关键技术攻关"项目群，其中就包括"全海深潜水器声学技术研究与装备研制"项目，以开展全海深潜水器声学设备研制，解决全海深潜水器定位及声学通信技术，支撑"十三五"重点研发计划中全海深载人潜水器和无人潜水器的研制。全海深水水声定位技术难在深，难在远，其工作深度不小于11 000 m，最大作用距离超过12 km，对高耐压换能器设计、弱信号检测技术、高精度阵列误差补偿及高精度长信号累计方位估计等关键技术提出了严峻的挑战。

4.2　面向水下无人航行器集群作业"互联、互通、互操作"的水下动态网络定位

近年来，随着水下无人航行器技术及水声通信技术的发展，水下无人航行器集群作业在海洋环境监测、海洋资源开发与利用及海洋国防安全等领域呈现出重要潜在应用价值[11]。而水下无人航行器间的"互联、互通、互操作"能力是多平台协同作业的基础。快速精确水声动态网络定位和可靠水声通信是"互联、互通、互操作"的核心。面对这一由海洋环境监测、海洋资源开发和海洋权益维护对水下传感器网络定位及通信提出的重大需求，国家自然基金委2014年和2015年连续2年建立重点项目群"分布式水声网络定位与探测基础研究"和"面向移动节点的水声传感器网络基础研究"来开展相关基础科学问题研究。受水下传感器网络带宽有限、能量有限、信道条件差、声速慢等因素制约，目前还缺乏适应快速、精确、大范围需求的定位方法，有效的评价机制，以及定位协议等。

此外，在弱联通条件下，声学/惯性一体化导航定位是新的技术增长点。惯性导航技术

能够连续地输出姿态、速度、位置等信息，具有短时精度保障能力，但其误差会随时间发散；水声定位技术能够获得无累积误差的位置信息，但是受海洋声传播特性的影响，存在数据更新慢、容易受多途及突发性噪声干扰出现无效数据的缺点。水声/惯性一体化导航定位则能够兼得两者的优点，可有效抑制导航系统位置误差的发散，适合于水下高精度长航时导航定位。但与其他组合导航模式相比，受复杂海洋环境的影响，水声定位导航的观测数据存在着高延迟、低数据率、低有效性等特点，使得水声/惯性一体化定位导航技术目前还刚刚处于起步阶段。

目前水下无人潜水器集群定位还处于初级阶段，以理论研究为主，实践较少，亦缺乏验证平台，需建立完善的水下动态网络定位通信技术体系，为未来我国水下无人航行器集群作业“互联、互通、互操作”奠定理论与技术基础。

4.3　建设海底大地测量基准，支持中国国家综合 PNT 体系建设

杨元喜院士指出，“未来我国要构建无处不在的定位导航授时服务体系，从深空到海底无处不在的 PNT 服务，要构建这样的体系。未来的发展要将构建全球统一的、高精度、高密度坐标框架，包括海岛礁和海底框架点，便于大数据的研究与应用”[12]。海洋大地测量基准是海洋环境信息的基本参考框架，是谋划、决策、规划和实施一切国家海洋战略的重要基础[13]。相较于较为完善的陆基大地基准，我国高精度海底基准控制点建设尚处于空白，与国际先进水平存在较大差距。

“北斗”卫星导航系统总设计师杨长风指出，按需发展水下导航系统是中国国家综合 PNT(定位、导航、授时)体系建设重点五大基础设施之一，到 2035 年完成水下的 PNT 技术试验应用，完成以北斗为核心、基准统一、覆盖无缝、安全可信、高效便捷的国家综合 PNT 体系建设，提供体系化的 PNT 服务。海底大地测量基准是综合 PNT 体系的重点与难点，需要重点解决海洋大地测量基准建立、海洋垂直基准实现与三维基准传递、水下基准建设、海洋及水下无缝导航与位置服务等技术瓶颈问题[14]。

为配合建设以北斗为核心的国家综合 PNT 体系，建立覆盖我国海洋和我国利益诉求海域的长期布放于海底大地测量基准是其重要的战略保障。本着从无到有，从有到精，由点及线，由近及远，由浅到深的循序渐进发展思路，海底大地测量网的研究与建设必将像“北斗”卫星定位系统影响一样，并将为海洋领域科学技术与产业的发展带来新的活力。

5　结语

水声定位导航技术贯穿于几乎全部海洋科学及海洋工程活动，我国虽较国外起步晚，但经过十几年的努力，相关技术获得了长足的进步，已经逐步由“跟跑”进入“并跑”的初级阶段。“十二五”期间我国的水声定位导航技术还处于前期关键技术与样机研制与验证阶段，虽然已经开始出现由国际产品转向国内技术寻求帮助，但市场总体对国产仪器的信心不足，因而主要研究模式是高等院校与科研院所以项目方式进行，市场刺激不够，研发周期较长，成果转化较慢。而随着国产技术在“十二五”期间的“同船竞争”的优异成绩和“海洋强国”国策的推进，前期的科研成果在“十三五”期间开始间快速转化，并通过入惯性导航、大地测绘等学科交叉融合不断地拓展内涵。

最后，虽然目前我国水声定位导航技术产业化进程已进入快速发展期，但仍缺少成熟度更高、操作更人性化的水声定位产品，尚无法改变国内市场被国外生产厂商大幅占据的现

实。只有通过加快产业化，降低成本，同时提升设备性能与稳定度，加强技术服务，才能从根本改变现状。

参考文献

[1] 钱洪宝，孙大军. 水声定位系统现状. 声学技术，2011，30(3)：389 - 391.

[2] 孙大军，郑翠娥，钱洪宝，等. 水声定位系统在海洋工程中的应用. 声学技术，2012，(2)：125 - 132.

[3] 田坦. 水下定位与导航技术. 北京：国防工业出版社，2007：1 - 5.

[4] 米尔恩 P H. 水下工程测量. 肖士石，陈德源，译. 北京：海洋出版社，1992.

[5] 郑翠娥. 超短基线定位技术在水下潜器对接中的应用. 哈尔滨：哈尔滨工程大学，2008.

[6] 生雪丽. 被动式三维水声定位技术研究. 哈尔滨：哈尔滨工程大学，2001.

[7] 吴永亭，周兴华，杨龙. 水下声学定位系统及其应用. 海洋测绘，2003，23(4)：18 - 21.

[8] "863"计划"水下 GPS 高精度定位导航系统"课题组. 我国首套水下 GPS 高精度定位导航系统简介. 中国水利，2004，(3)：52 - 53.

[9] 李薇. 水下 GPS 高精度定位导航系统取得阶段性成果. 应用技术，2004，(1)：34.

[10] 中国科学院海斗深渊前沿科技问题研究与攻关战略性先导科技专项研究团队. 开启深渊之门 - 海斗深渊前沿科技问题研究与攻关先导科技专项进展. 中国科学院院刊，2016，(9)：1 105 - 1 111.

[11] 石剑琛. 无人系统在未来海战场中的应用构想. 舰船电子工程，2017，(12).

[12] 杨元喜. 未来我国要构建无处不在的定位导航授时服务体系。[2017 - 06 - 15]. http://www.3snews.net/bddsj/331000046168.html

[13] 李林阳，吕志平，崔阳. 海底大地测量控制网研究进展综述. 测绘通报，2018，(1)：8 - 13.

[14] 杨元喜，徐天河，薛树强. 我国海洋大地测量基准与海洋导航技术研究进展与展望. 测绘学报，2017，46(1)：1 - 8.

第六篇

水声换能器

考虑损耗时压电陶瓷复参数的获得

蒋楠祥　李东林

摘要　根据径向极化薄壁压电陶瓷短圆环在空气中的运动方程及压电方程,给出了压电陶瓷材料计及损耗时复弹性柔顺系数、复压电系数及复介电系数的实部和虚部的计算公式。测圆环的电导纳圆图后,便可利用所给出的计算公式获得压电陶瓷材料各项复系数的实部及虚部值。利用复参数计算出的压电圆管电导纳值与实测值比较的结果表明,二者吻合得甚好。

关键词　压电陶瓷;换能器;测量方法

1　引言

自20世纪40年代发现了钙钛矿型钛酸钡陶瓷的介电异常现象,确认它是一种新型铁电体至今,压电陶瓷作为一种新型的功能材料已经可以制成具有电、磁、光、声、热和力等交互效应的多功能器件,广泛应用于各个领域之中。材料性能的好坏、元器件和整机工作状态的优劣,都是以材料参数的测量为基础的。在材料的内耗不足以引起整体计算误差的场合,现有的压电陶瓷的实参数能够令人满意,随着应用的不断进展,特别是作为各种敏感元件的传感器所要求的精度愈来愈高,就使得对材料内耗问题的考虑成为不能避免的了[1,2]。引入复参数以计及损耗的观点,借鉴于弹性振动理论中考虑损耗问题的思想[3],是立刻就能令人接受的。接下来的问题是,如何以清晰的物理图像、正确而又简洁的数学方式和测量方式给出复参数的值来。本文的工作就是基于上述背景和指导思想而进行的。

2　复系数表达式的导出

在空气中,如图1所示的薄壁、径向极化的压电陶瓷短圆环有如下的两个方程:

2.1　运动方程

$$\rho \ddot{u}_r = -T_\theta / a \tag{1}$$

其中,ρ:环的质量密度;a:环的平均半径。角标 r、θ 分别代表径向量及周向量。

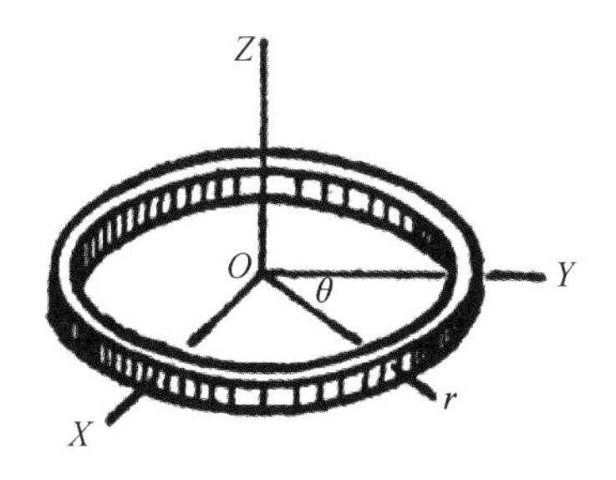

图1　压电陶瓷短圆环

2.2 压电方程

$$u_r/a = S_{11}^{E} T_\theta + d_{31} E_r \tag{2}$$

$$D_r = d_{31} T_\theta + \varepsilon_{33}^{T} E_r \tag{3}$$

其中 S_{11}^{E} 、d_{31} 、ε_{33}^{T} 分别为弹性柔顺常数、压电常数及介电常数。

今引入各类复参数如下：

复弹性柔顺系数　$S_{11}^{E} = S_{11}^{E'} - jS_{11}^{E''}$；

复压电系数　$d_{31} = d'_{31} - jd''_{31}$ ；

复介电系数　$\varepsilon_{33}^{T} = \varepsilon_{33}^{T'} - j\varepsilon_{33}^{T''}$；

以分别计及陶瓷环在空气中被激振动时环本身的机械损耗、机电转换损耗及介电损耗。

此时，(2)、(3)式将写成

$$u_r/a = (S_{11}^{E'} - jS_{11}^{E''})T_\theta + (d'_{31} - jd''_{31})E_r \tag{4}$$

$$D_r = (d'_{31} - jd''_{31})T_\theta + (\varepsilon_{33}^{T'} - j\varepsilon_{33}^{T''})E_r \tag{5}$$

由以上诸式可得出

$$T_\theta = u_r/a(S_{11}^{E'} - jS_{11}^{E''}) - (d'_{31} - jd''_{31})E_r/(S_{11}^{E'} - jS_{11}^{E''}) \tag{6}$$

$$u_r = a(d'_{31} - jd'_{31})E_r/(1 - \rho\omega^2 a^2(S_{11}^{E'} - jS_{11}^{E''})) \tag{7}$$

进而导出

$$D_r = [\,\mathrm{I}\,]E_r - j[\,\mathrm{II}\,]E_r + \varepsilon_{33}^{S'}E_r - j\varepsilon_{33}^{S''}E_r \tag{8}$$

式中

$$[\,\mathrm{I}\,] = \{(d'^2_{31} - d''^2_{31})[S_{11}^{E'} - \rho\omega^2 a^2(S_{11}^{E'2} - S_{11}^{E''2})] + 2d'_{31}d''_{31}S_{11}^{E''}(1 - 2\rho\omega^2 a^2 S_{11}^{E'})\}/$$
$$\{[S_{11}^{E'} - \rho\omega^2 a^2(S_{11}^{E'2} - S_{11}^{E''2})]^2 + [S_{11}^{E''}(1 - 2\rho\omega^2 a^2 S_{11}^{E'})]^2\} \tag{9}$$

$$[\,\mathrm{II}\,] = \{2d'_{31}d''_{31}[S_{11}^{E'} - \rho\omega^2 a^2(S_{11}^{E'2} - S_{11}^{E''2})] - d'^2_{31} - d'^2_{31})S_{11}^{E''}(1 - 2\rho\omega^2 a^2 S_{11}^{E'})\}/$$
$$\{[S_{11}^{E'} - \rho\omega^2 a^2 S_{11}^{E'2} - S_{11}^{E''2})]^2 + [S_{11}^{E''}(1 - 2\rho\omega^2 a^2 S_{11}^{E'})]^2\} \tag{10}$$

$$\varepsilon_{33}^{S'} = \varepsilon_{33}^{T'} - (S_{11}^{E'}(d'^2_{31} - d''^2_{31}) + 2d'_{31}d''_{31}S_{11}^{E'})/(S_{11}^{E'2} + S_{11}^{E''2}) \tag{11}$$

$$\varepsilon_{33}^{S''} = \varepsilon_{33}^{T''} - (2d'_{31}d''_{31}S_{11}^{E'} - S_{11}^{E''}(d'^2_{31} - d''^2_{31}))/(S_{11}^{E'2} + S_{11}^{E''2}) \tag{12}$$

若陶瓷环的高度为 h 、厚度为 t ，则其电导纳应为

$$Y = j\omega 2\pi ahD_r/t \cdot E_r \tag{13}$$

将 D_r 代入其中，得

$$Y = \omega 2\pi ah[\,\mathrm{II}\,]/t + j\omega 2\pi ah[\,\mathrm{I}\,]/t + \omega 2\pi ah\varepsilon_{33}^{S''}/t + j\omega 2\pi ah\varepsilon_{33}^{S'}/t$$
$$= Gd + jBd + G_0 + jB_0 \tag{14}$$

式中

$$Gd = \omega 2\pi ah[\,\mathrm{II}\,]/t \cdots \quad \text{动态电导} \tag{15}$$

$$Bd = \omega 2\pi ah[\,\mathrm{I}\,]/t \cdots \quad \text{动态电纳} \tag{16}$$

$$G_0 = \omega 2\pi ah\varepsilon_{33}^{S''}/t \cdots \quad \text{静态电导} \tag{17}$$

$$B_0 = \omega 2\pi ah\varepsilon_{33}^{S'}/t \cdots \quad \text{静态电纳} \tag{18}$$

由于 $S_{11}^{E''}$、d''_{31} 相比于 $S_{11}^{E'}$、d'_{31} 小很多，在(9)～(12)诸式中可略去高阶小量而使公式简化，于是

$$[\,\mathrm{I}\,] = \{d'^2_{31}S_{11}^{E'}(1 - \rho\omega^2 a^2 S_{11}^{E'})\}/\{[S_{11}^{E'}(1 - \rho\omega^2 a^2 S_{11}^{E})]^2 + [S_{11}^{E''}(1 - 2\rho\omega^2 a^2 S_{11}^{E'})]^2\} \tag{19}$$

$$[\mathrm{II}] = \{2d'_{31}d''_{31}S_{11}^{E'}(1-\rho\omega^2a^2S_{11}^{E'}) - d'^2_{31}S_{11}^{E''}(1-2\rho\omega^2a^2S_{11}^{E'})\}/$$
$$\{[S_{11}^{E'}(1-\rho\omega^2a^2S_{11}^{E'})]^2 + [S_{11}^{E''}(1-2\rho\omega^2a^2S_{11}^{E'})]^2\} \tag{20}$$

$$\varepsilon_{33}^{S'} = \varepsilon_{33}^{T'} - d'^2_{31}/S_{11}^{E''} \tag{21}$$

$$\varepsilon_{33}^{S''} = \varepsilon_{33}^{T''} - (2d'_{31}d''_{31}S_{11}^{E'} - d'^2_{31}S_{11}^{E''}) \tag{22}$$

下面我们讨论如何利用上述各式获得材料的复参数。

A　谐振频率点

在机械谐振频率点处，$Bd = 0$。由此，根据动态电纳的表达式(16)及式(19)得

$$1-\rho\omega_r^2a^2S_{11}^{E'} = 0$$

即

$$\omega_r = (1/\rho S_{11}^{E'})^{\frac{1}{2}}/a \tag{23}$$

其中 ω_r 为机械谐振角频率。再由动态电导的表达式(15)及式(20)，可得机械谐振时，动态电导

$$Gd|_{\omega=\omega_r} = \omega_r d'^2_{31}2\pi h/S_{11}^{E''}t \tag{24}$$

B　甚低频点（$\omega = \omega_l \ll \omega_r$）

在很低的频率点上（见 D_r 表达式），D_r 可表示成

$$D_r \approx (\varepsilon_{33}^{T'} - \mathrm{j}\varepsilon_{33}^{T''})E_r$$

此时的电导纳为

$$Y = \omega_l 2\pi ahD_r/t = \omega_l 2\pi ah\varepsilon_{33}^{T''}/t + \mathrm{j}\omega_l 2\pi ah\varepsilon_{33}^{T'}/t = G_l + \mathrm{j}B_l$$

式中

$$G_l = \omega_l 2\pi ah\varepsilon_{33}^{T''}/t \tag{25}$$

$$B_l = \omega_l 2\pi ah\varepsilon_{33}^{T'}/t \tag{26}$$

C　半功率点

半功率点的两个频率分别为 f_1 及 f_2。由机械品质因数

$$Q_M = f_r/(f_2 - f_1)$$

及

$$Q_M = S_{11}^{E'}/S_{11}^{E''}$$

得

$$S_{11}^{E''} = S_{11}^{E'}(f_2 - f_1)/f_r \tag{27}$$

至此，可以得出

$$S_{11}^{E'} = 1/\rho a^2\omega_r^2 \tag{*1}$$

$$S_{11}^{E''} = S_{11}^{E'}(f_2 - f_1)/f_r \tag{*2}$$

$$\varepsilon_{33}^{S'} = B_0 t/\omega_r 2\pi ah \tag{*3}$$

$$\varepsilon_{33}^{S''} = G_0 t/\omega_r 2\pi ah \tag{*4}$$

$$d'_{31} = -(Gd|_{\omega=\omega_r}\cdot S_{11}^{E''}t/\omega_r 2\pi ah) \tag{*5}$$

$$\varepsilon_{33}^{T''} = G_l t/\omega_l 2\pi ah \tag{*6}$$

$$d'_{31} = [(\varepsilon_{33}^{T''} - \varepsilon_{33}^{S''})S_{11}^{E'2} + d'^2_{31}S_{11}^{E''}]/2d'_{31}S_{11}^{E'} \tag{*7}$$

$$\varepsilon_{33}^{T} = B_l t/\omega_l 2\pi ah \tag{*8}$$

测出圆环在空气中的导纳圆图，如图 2 所示，再测出某一低频点 f_l，处的电导纳 B_l、G_l，由(*1)～(*8)诸式便可得到所设各复参数的实部及虚部值来。

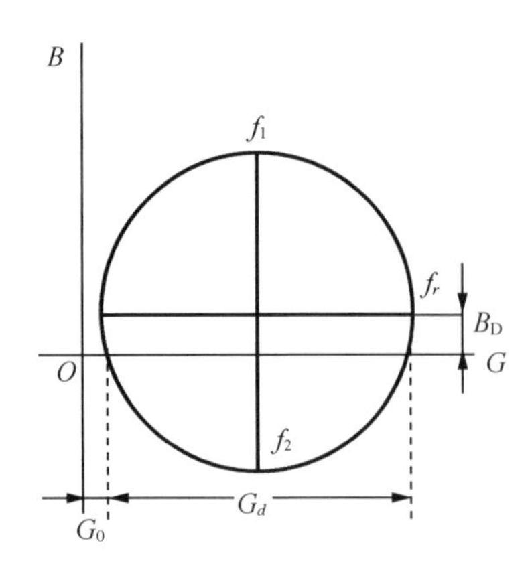

图 2　空气中环的导纳圆图

3　测量及计算

实测中,选择被测材料为 PZT－4 压电陶瓷圆环,其几何尺寸及密度参数如下:

平均半径　$a=(43+37)/2\times10^{-3}=0.020\ \mathrm{m}$

高　　度　$h=0.004\ 02\ \mathrm{m}$

厚　　度　$t=(43-37)/2\times10^{-3}=0.003\ \mathrm{m}$

密　　度　$\rho=7.5\times10^{3}\ \mathrm{kg/m^3}$

全部测量工作是在 HP4192A 低频阻抗分析仪上进行的。在测得的导纳圆图上,得

$$f_r=26.800\ \mathrm{kHz}$$
$$f_1=26.785\ \mathrm{kHz}$$
$$f_2=26.815\ \mathrm{kHz}$$
$$G_0=0.000\ 5\ \mathrm{ms}$$
$$B_0=0.21\ \mathrm{ms}$$
$$Gd\big|_{\omega=\omega_r}=24.42\ \mathrm{ms}$$

低频点($f_l=500\ \mathrm{Hz}$)

$$G_l=0.006\ \mu\mathrm{s}$$
$$B_l=5.103\ \mu\mathrm{s}$$

将所测得的值代入式(＊1)～式(＊8)中,得到的各复系数值列于下表。

压电陶瓷(PZT－4)复系数表

物理系数	符号	实部	虚部	单位
复弹性系数	$S_{11}^E=S_{11}^{E'}-\mathrm{j}S_{11}^{E''}$	1.177×10^{-11}	1.318×10^{-14}	$\mathrm{m^2/N}$
复介电系数	$\varepsilon_{33}^S=\varepsilon_{33}^{S'}-\mathrm{j}\varepsilon_{33}^{S''}$	7.414×10^{-9}	1.765×10^{-11}	F/m
	$\varepsilon_{33}^T=\varepsilon_{33}^{T'}-\mathrm{j}\varepsilon_{33}^{T''}$	9.653×10^{-9}	1.135×10^{-11}	F/m
复压电系数	$d_{31}=d_{31}-\mathrm{j}d_{31}''$	-1.066×10^{-10}	2.881×10^{-13}	C/N

利用此处所得到的压电陶瓷的复参数,本文作者计算了一例高 0.024 m、壁厚 0.003 m、平均半径 0.020 m 的压电陶瓷圆柱壳的空气中电导纳,并与实测值进行了比较,其结果如图 3(a)、(b)所示,令人满意。计算采用有限元法,测量工作是在 HP4192A 低频阻抗分析仪上

进行的。

4　结论

当人们在实际应用中需要考虑压电陶瓷材料自身的各种损耗时,采用复参数是一种有效的方法。根据本文给出的公式,只要测得压电陶瓷材料的电导纳圆图及某一低频点的电导纳值,就可计算出各类复参数,因而它也是一种简便实用的方法。

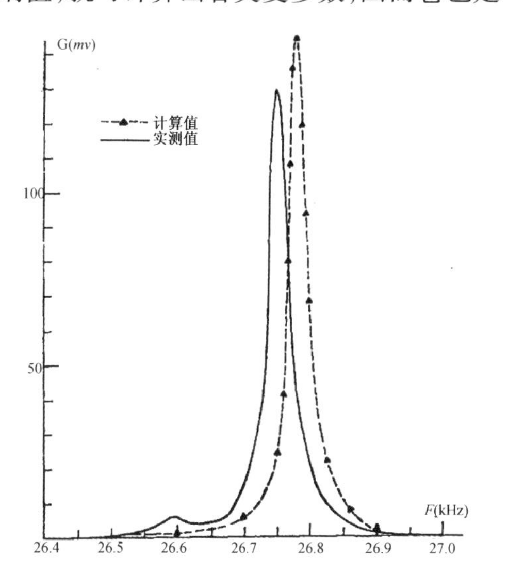

（a）　压电陶瓷圆柱壳空气中电导

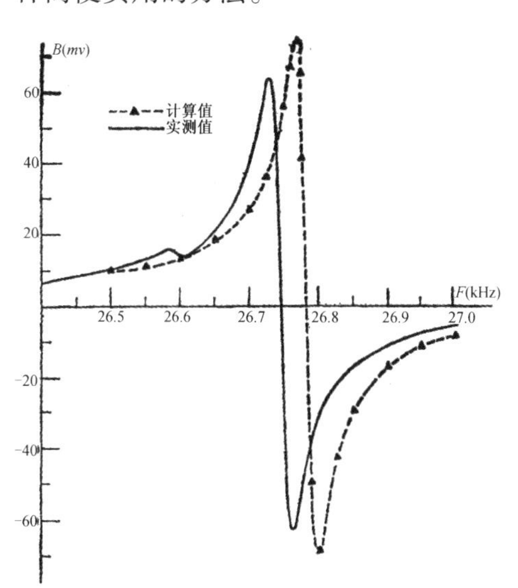

（b）　压电陶瓷圆柱壳空气中电纳

图 3　压电陶瓷圆柱壳空气中电导和电纳

参 考 文 献

[1] 李远,秦自楷,周志刚. 压电与铁电材料的测量. 北京:科学出版社,1984:249 - 250.

[2] 孙慷,张福学. 压电学. 北京:国防工业出版社,1984:46 - 164.

[3] Pollard H F. Sound Waves in Solids. ch. I. London; 1977.

[4] Smitas J G. IEEE Trans. On Sonics and U1trasonics, 1976, SU - 23: 393.

对镶在圆柱障板上单块有限复合板散射近场的研究

张广荣　周福洪　王育生

摘要　本文提出了预测镶在圆柱障板上一块具有三层加筋结构的复合材料有限板的振动特性和近场散射特性的理论模型。研究了在密介质中振动系统和入射声场的互作用以及不同振动之间由于辐射场引起的互耦合作用,数值计算了简支镶嵌在圆柱障板上的单块有限复合板的各种振动模式自耦合和互耦合系数,计算分析了有限复合板的振动再辐射近场特性。设计进行了测定有限复合板系统的近场实验。实验结果与理论计算结果符合较好。

1　引言

目前,在声障板材料选择上,大都趋向于利用复合材料制成复合结构来代替单层结构,当然,无论怎样的材料结构设计,其目的都是为了利用障板的声学特性来改善基阵性能,众所周知,欲研究实际基阵的特性,应先对该基阵的近场散射特性有清楚的了解。本文的工作即以此为目的。

2　理论公式

假设:(1)浸在水中的无限长刚硬柱壳,其内部由空气填充,柱中面到轴心的距离为 α;(2)有限板表面与柱表面呈共形面,周边简支固定在柱面上,所对弧长 l 的圆心张角 β;(3)声波为斜入射的平面波,波向量位于 xOz 平面内,且与 x 轴夹角 y(见图1)。

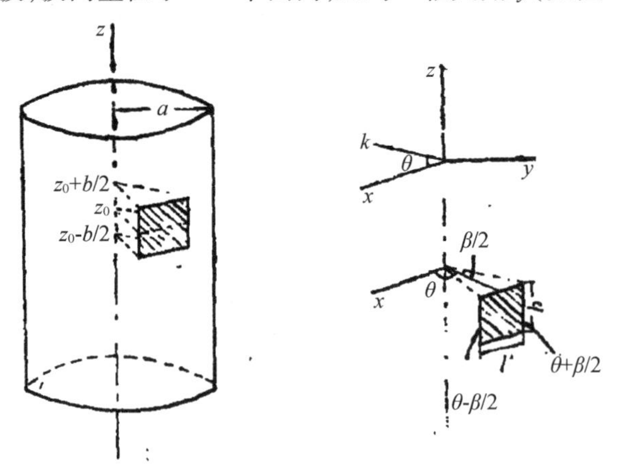

图1　理论推导所采用的坐标系统

入射声波

$$p_i(x,z,t)=p_0\exp[\mathrm{i}(kx\cos\eta+kz\sin\eta-\omega t)] \tag{1}$$

由于考虑单频稳态情况,故省略因子 $\exp(\mathrm{i}\omega t)$。得到在柱坐标系中 $r>a$ 时总声场的

解为[1]

$$
\left.\begin{aligned}
p(r,\varphi,z) &= p_0\sum_{L=0}^{\infty}\varepsilon_L i^L J_L(kr\cos\eta)\cos L\varphi\exp(\mathrm{i}kz\sin\eta) - p_0\sum_{L=0}^{\infty}\varepsilon_L i^L\frac{J_L'(ka\cos\eta)}{H_L'^{(1)}(ka\cos\eta)}\times \\
&\quad H_L^{(1)}(kr\cos\eta)\cos L\varphi\exp(\mathrm{i}kz\sin\eta) - \frac{\mathrm{i}\omega\rho}{4\pi^2}\int_{s_0-b/2}^{s_0+b/2}\int_{\theta-\beta/2}^{\theta+\beta/2}\int_{-\infty}^{+\infty}\sum_{L=0}^{\infty}\varepsilon_L w(\varphi',z')\times \\
&\quad \frac{H_L^{(1)}(r\sqrt{k^2-\xi^2})}{\sqrt{k^2-\xi^2}H'^{(1)}(a\sqrt{k^2-\xi^2})}\cos L(\varphi-\varphi')\exp[\mathrm{i}\xi(z-z')]\mathrm{d}\varphi'\mathrm{d}z'\mathrm{d}\xi \\
\varepsilon_L &= \begin{cases}1, L=0\\ 0, L\neq 0\end{cases}
\end{aligned}\right\}\tag{2}
$$

(2)式的物理意义很明显,式中第一项为入射声场,第二项为刚硬柱的散射声场,第三项则是有限板在声波作用下的振动再辐射声场,其中 k 为 $r>a$ 空间的波数,w 是有限板的法向振速。

根据有限板的边界条件,可得出对板的两条中线($z=z_0,\varphi=\theta$)所存在的各种振动模式。以对称－对称模式为例,设板的振速各分量为

$$
\left.\begin{aligned}
u(\varphi,z) &= \sum_m\sum_n C_{mn}\cos\frac{m\pi}{\beta}(\varphi-\theta)\sin\frac{n\pi}{b}(z-z_0) \\
v(\varphi,z) &= \sum_m\sum_n B_{mn}\sin\frac{m\pi}{\beta}(\varphi-\theta)\cos\frac{n\pi}{b}(z-z_0) \\
w(\varphi,z) &= \sum_m\sum_n A_{mn}\cos\frac{m\pi}{\beta}(\varphi-\theta)\sin\frac{n\pi}{b}(z-z_0) \\
m,n &= 1,3,5,\cdots
\end{aligned}\right\}\tag{3}
$$

u、v 和 w 分别是轴向、周向和法向振速。

由于板是镶在柱面上,故板上微元应满足弹性壳体运动方程[3],利用模态分析法,最后得到关于振速的展开系数$\{A_{mn}\}$的方程组

$$(Z_{mn}+Z_{mnmn})A_{mn}+\sum_{p\neq m}\sum_{q\neq n}A_{pq}Z_{mnpq}=E_{mn}\tag{4}$$

或者写成矩阵形式

$$[Z][A]=[E]\tag{5}$$

(4)式中,Z_{mn}是有限板的机械阻抗,Z_{mnmn}是第(m,n)模的自辐射阻抗,Z_{mnpq}是各种模间互辐射阻抗。

从(4)式中求出$\{A_{mn}\}$,代入(2)式中便可得到有限板系统在此模式振动下的散射声场,最后用迭加原理求得有限板系统的总散射声场。

3　实验

实际所用的有限复合板结构如图 2 所示。加筋材料是直径为 1.5 mm 的不锈钢丝,三层结构,加筋行距 8 mm,层间距 3 mm,各列方向夹角 60°。用聚氨酯为基体材料灌浇成 100 × 110 × 12(mm)^3 的复合板,将其用简支夹具固定在半径 300 mm 的钢柱壳上,柱壳内表面全部粘满 PVC 闭孔泡沫塑料。

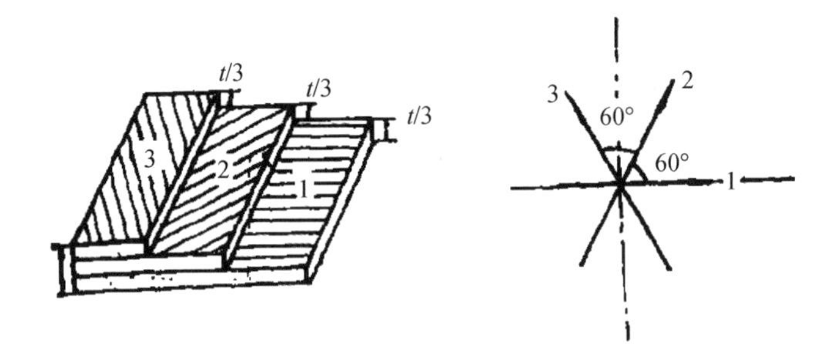

图 2　有限复合板的结构

4　数值计算举例和结果分析

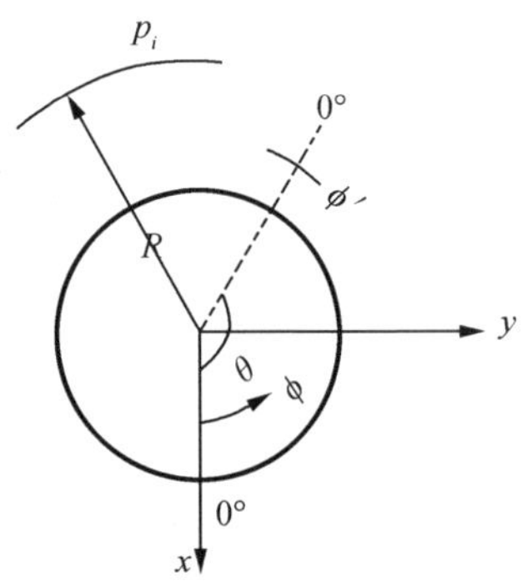

图 3　讨论时的简化坐标系统

设声波为水平入射($\eta=0$)。图 3 是讨论时所用的简化坐标系统,以 ϕ' 表示有限板的局部坐标。

4.1　自耦合系数和互耦合系数的计算

将(4)式耦合阻抗化简并写成无量纲系数形式

$$z_{mnpq}(\omega)=\frac{Z_{mnpq}(\omega)}{\rho c}=\gamma_{mnpq}(\omega)-i\chi_{mnpq}(\omega) \tag{6}$$

其中

$$\begin{aligned}&\gamma_{mnpq}(\omega)\\&=\frac{16\beta bk}{(m\pi)(n\pi)(p\pi)(q\pi)\pi^2}\\&\sin\left(\frac{m\pi}{2}\right)\sin\left(\frac{n\pi}{2}\right)\sin\left(\frac{p\pi}{2}\right)\sin\left(\frac{q\pi}{2}\right)\sum_{L=0}^{\infty}\varepsilon_L\times\\&\frac{2\cos^2(L\beta/2)}{\left(1-\frac{\beta^2L^2}{m^2\pi^2}\right)\left(1-\frac{\beta^2L^2}{p^2\pi^2}\right)}\int_0^{\pi/2}\left\{\cos^2\left(\frac{kb}{2}\sin\theta\right)/\{\pi ka\cos\theta x\cdot\right.\\&\left.[J_L'^2(ka\cos\theta)+Y_L'^2(ka\cos\theta)]\left(1-\frac{k^2b^2}{n^2\pi^2}\sin^2\theta\right)\left(1-\frac{k^2b^2}{q^2\pi^2}\sin^2\theta\right)\}\right\}\mathrm{d}\theta\end{aligned} \tag{6a}$$

$$\begin{aligned}\chi_{mnpq}(\omega)=&\frac{16\beta bk}{(m\pi)(n\pi)(p\pi)(q\pi)\pi^2}\sin\left(\frac{m\pi}{2}\right)\sin\left(\frac{n\pi}{2}\right)\sin\left(\frac{p\pi}{2}\right)\sin\left(\frac{q\pi}{2}\right)\cdot\\&\sum_{L=0}^{\infty}\varepsilon_L\frac{2\cos^2(L\beta/2)}{\left(1-\frac{\beta^2L^2}{m^2\pi^2}\right)\left(1-\frac{\beta^2L^2}{p^2\pi^2}\right)}\times\\&\left\{\int_0^{\pi/2}\{\{[J_L(ka\cos\theta)J_L'(ka\cos\theta)+Y_L(ka\cos\theta)Y_L'(ka\cos\theta)]\times\right.\\&\left.\cos^2\left(\frac{kb}{2}\sin\theta\right)\right\}/\{[J'^2(ka\cos\theta)+Y_L'^2(ka\cos\theta)]\cdot\\&\left(1-\frac{k^2b^2}{n^2\pi^2}\sin^2\theta\right)\left(1-\frac{k^2b^2}{q^2\pi^2}\sin^2\theta\right)\}\Bigg\}\mathrm{d}\theta+\end{aligned}$$

$$\int_0^{\infty}\frac{K_L(ka\,\mathrm{sh}\,\psi)\cos^2\left(\frac{kb}{2}\mathrm{ch}\,\psi\right)}{K_L'(ka\,\mathrm{sh}\,\psi)\left(1-\frac{k^2b^2}{\eta^2\pi^2}\mathrm{ch}^2\psi\right)\left(1-\frac{k^2b^2}{q^2\pi^2}\mathrm{ch}^2\psi\right)}\mathrm{d}\psi\Bigg\} \tag{6b}$$

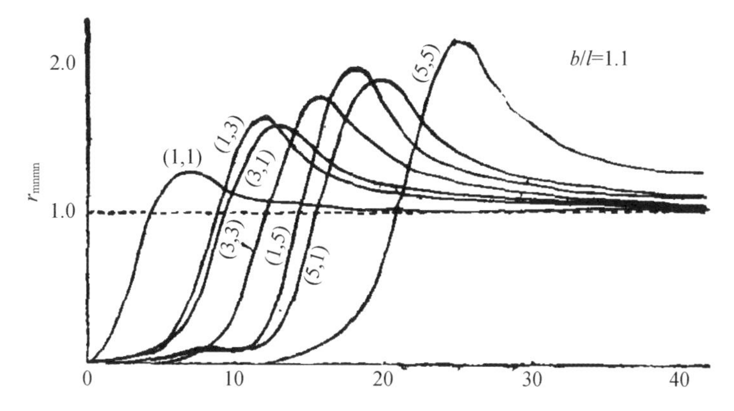

图 **4(a)**　自耦合系数的有功部分

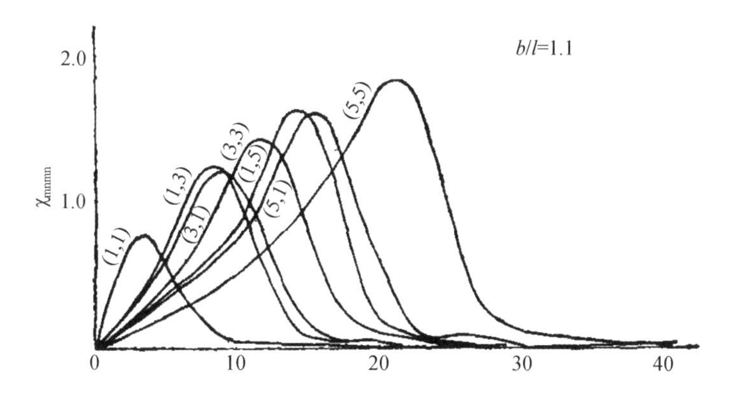

图 **4(b)**　自耦合系数的无功部分

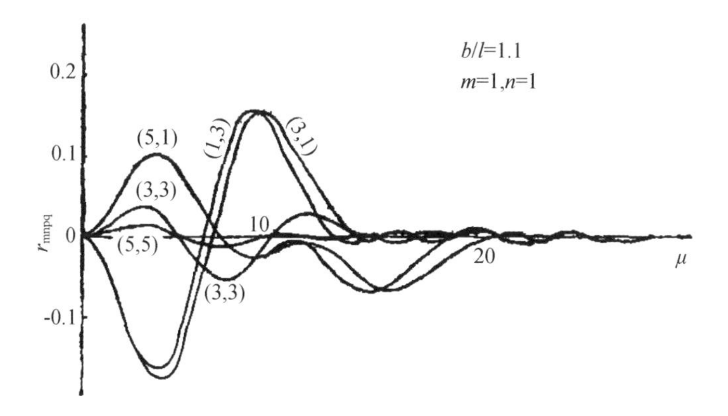

图 **5(a)**　互耦合系数的有功部分

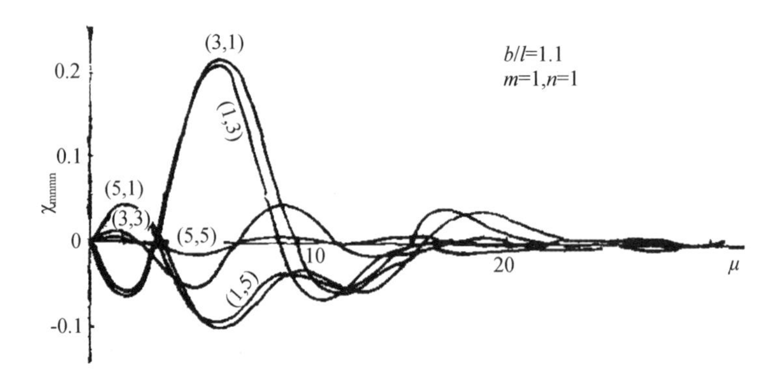

图 5(b)　互耦合系数的无功部分

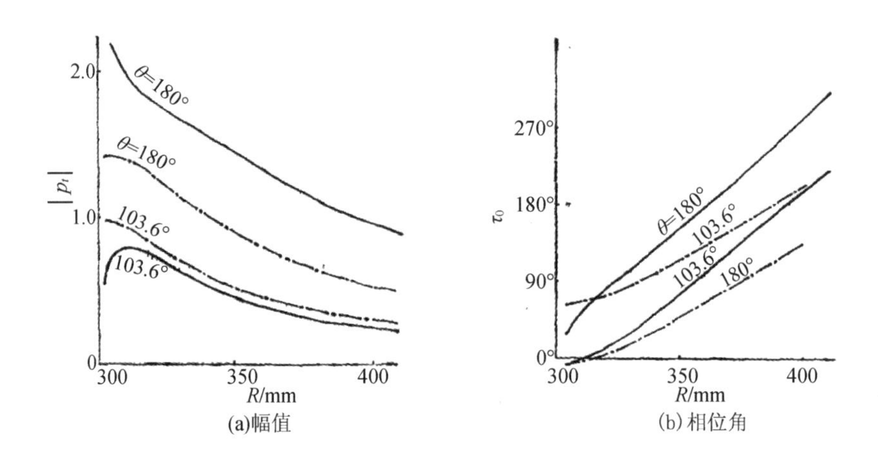

图 6　声轴方向上有限复合板散射近场声压复数值随的变化

——f = 12.5 khz;— · — · f = 8 khz

这里“ ′ ”号表示对宗量的一阶导数。

图 4、图 5 是 $z_{mnpq}(\omega)$ 在 $b/l=1.1$ 时随 $\mu=kb$ 的变化曲线。

注意在任何情况下均有 $|z_{mnmn}|>|z_{mnpq}|$, $|z_{mnpq}|\leqslant 1$ 成立。当 $\mu\geqslant 1$ 时, $\gamma_{mnmn}\to 1$, $\chi_{mnmn}\to 0$。实际上由分析可看出(文献[2]中的实际计算值可作一定程度上的参考),在 $\mu\geqslant 1$ 时,系统的等效阻主要决定于有限复合板振动的辐射阻,而等效抗则主要决定于有限复合板本身的机械性能。因此可以调整板的机械等效参数来调节板的振动特性从而达到调节有限板散射特性的目的。

4.2　有限复合板散射近场计算

有限板散射近场为

$$p_s(r,\varphi,z)=\frac{i\omega\rho Bb}{\pi^2}\sum_p\sum_q A_{pq}\frac{\sin\left(\frac{p\pi}{2}\right)\sin\left(\frac{q\pi}{2}\right)}{(p\pi)(q\pi)}\sum_{L=0}^{\infty}\varepsilon_L\frac{2\cos L(\varphi-\theta)\cos(L\beta/2)}{1-\frac{\beta^2L^2}{p^2\pi^2}}\times$$

$$\left\{\int_0^{\frac{\pi}{2}}\frac{J_L(kr\cos\theta)J_L'(kr\cos\theta)+Y_L(kr\cos\theta)Y_L'(kr\cos\theta)}{[J_L'^2(ka\cos\theta)+Y_L'^2(ka\cos\theta)]\left(1-\frac{k^2b^2}{q^2\pi^2}\sin^2\theta\right)}\times\right.$$

$$
\cos\left(\frac{kb}{2}\sin\theta\right)\cos(kz\sin\theta)\,\mathrm{d}\theta +
$$

$$
\int_0^{+\infty}\frac{K_L(kr\operatorname{sh}\psi)\cos\left(\frac{kb}{2}\operatorname{ch}\psi\right)\cos(kz\operatorname{ch}\psi)}{K'_L(ka\operatorname{sh}\psi)\left(1-\frac{k^2b^2}{q^2\pi^2}\operatorname{ch}^2\psi\right)}\mathrm{d}\psi +
$$

$$
i\int_0^{\pi/2}\frac{Y_L(kr\cos\theta)J'_L(ka\cos\theta)-J_L(kr\cos\theta)Y'_L(ka\cos\theta)}{\left[J'^2_L(ka\cos\theta)+Y'^2_L(ka\cos\theta)\right]\left(1-\frac{k^2b^2}{q^2\pi^2}\sin^2\theta\right)}\times
$$

$$
\cos\left(\frac{kb}{2}\sin\theta\right)\cos(kz\sin\theta)\,\mathrm{d}\theta\Bigg\} \tag{7}
$$

图6～图8是计算的部分结果。

表1列出了各频率下，偏离有限板中心±30°($\phi'=\pm30°$)的声压幅值相对于板中心($\phi'=0°$)的幅值衰减值。可见，在所绘R处，其值都比较大，从诸图注意到，随入射声波频率增加，特别是在板法向与声波向量之间角度增大时，有限板近场散射区出现较明显的起伏变化。

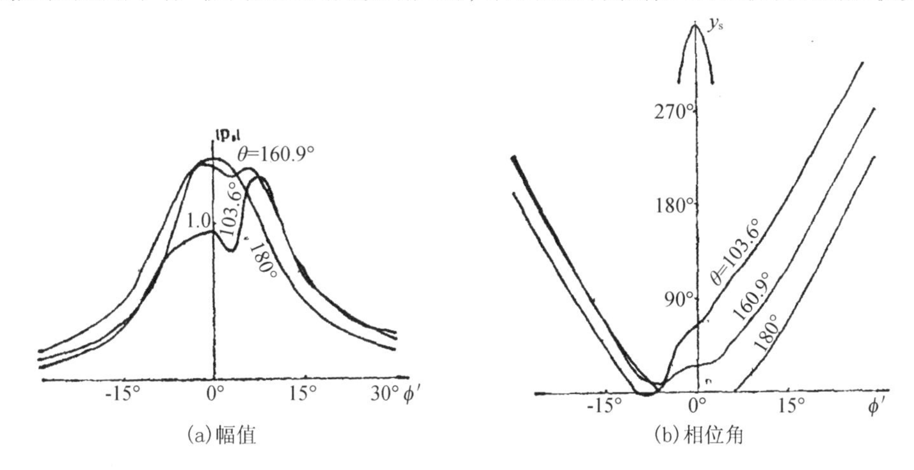

图7　$R=310$ mm，在不同入射角度(变化)$f=8$ kHz的声波激励下有限复合板散射近场的声压复数值随ϕ'的变化

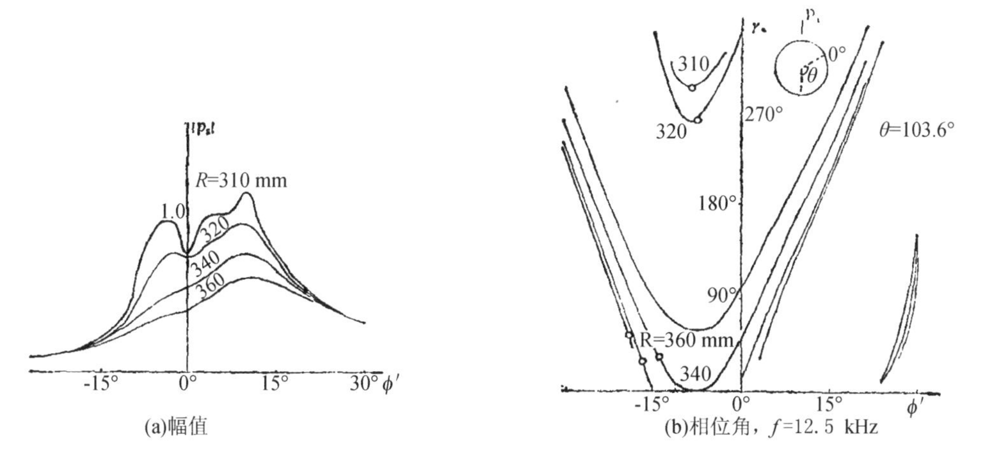

图8　在斜入射声波激励下，有限复合板中线($z=0$)处散射近场的声压复数值分布

4.3　有限复合板系统的近场计算

表 1　计算结果

f(kHz)	R(mm)					
	304	320	340	360	380	410
	201 g($\|p_s(\pm 30°)\|/\|p_s(0°)\|$)					
8.0	-17.58	-17.01	-14.71	-12.74	-11.51	-9.34
10.0	-17.73	-16.03	-14.34	-12.64	-11.61	-9.38
12.5	-25.27	-22.04	-20.75	-19.22	-17.72	-15.75

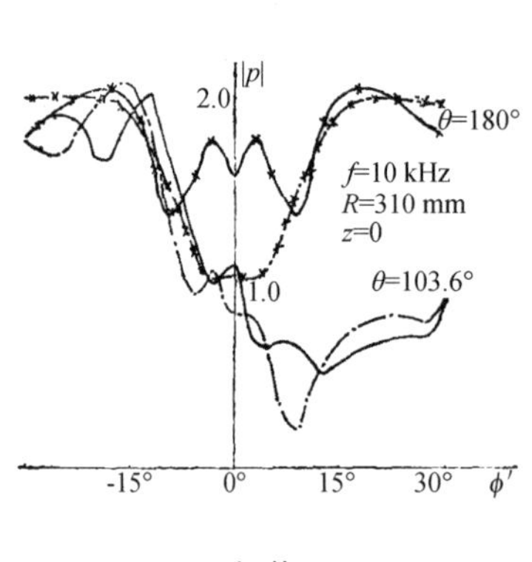

(a) 幅值

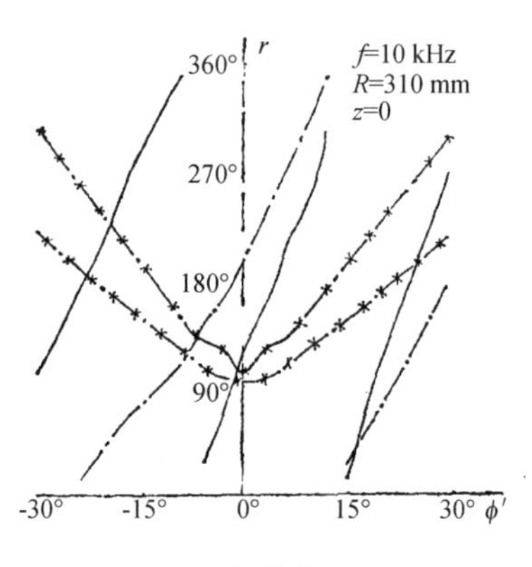

(b) 相位角

图 9　在不同入射角度声波激励下，p_i+p_r 与有限复合板系统总场 p（点划线）的声压复效值分布

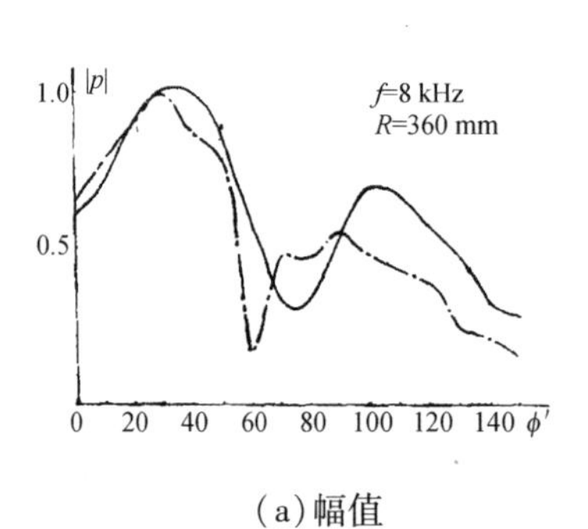

(a) 幅值

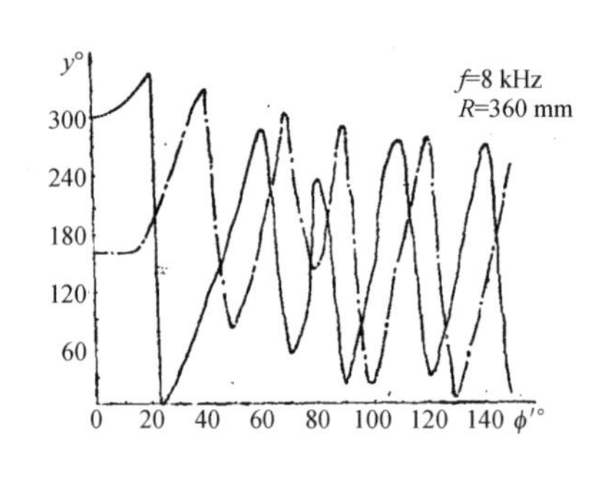

(b) 相位角

图 10　有限复合板系统总场声压复数值分布

——数值值；· — · —实验值

为分析有限板振动再辐射声场对系统总声场的影响程度，将系统的总声场(p)与入射场加刚性柱散射场(p_i+p_r)相比较(图 9)。从图中可见，在 $\phi' \leqslant \pm 30°$ 内有限复合板散射场对总声场有明显的贡献。

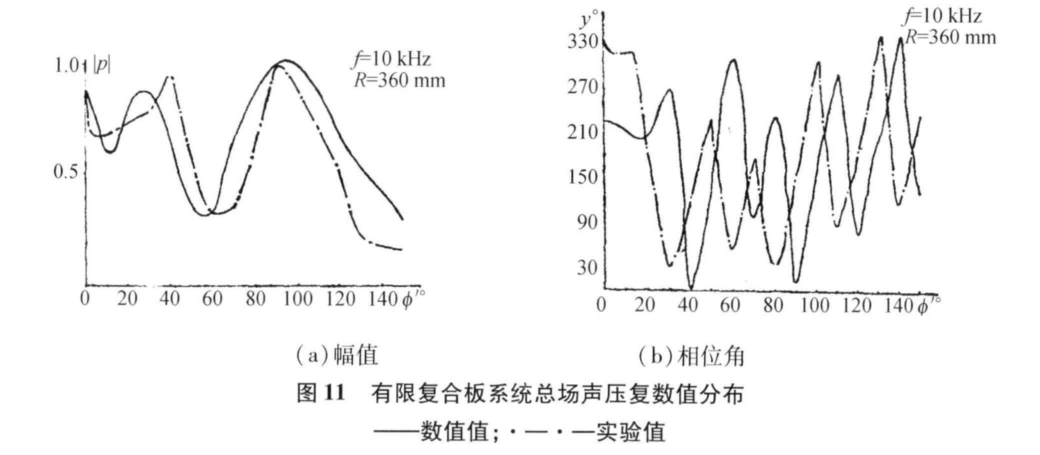

(a)幅值 (b)相位角

图11 有限复合板系统总场声压复数值分布

——数值值;·—·—实验值

图10、图11是实验与数值计算结果比较。将比较结果整理后可知,两者幅度在±60°范围内的误差小于±2 dB,而相位虽有漂移偏差,但两者的变化规律是一致的。

5 结论

1. 本文把单块有限复合板的振动特性和圆柱障板的声学特性结合在一起,提出了一个预测镶在圆柱障板面上的单块有限复合板振动特性和近场散射特性的理论模型。实验表明,理论模型是正确的。

2. 在对单块有限复合板散射近场计算中表明,当偏离有限板中心轴向范围 $z \leqslant 150$ mm 和周向范围 $\phi' \leqslant \pm 30°$ 之外时,散射声场衰减较大。这对由多块有限复合板拼接而形成的障板设计工作具有定量意义上的参考价值。

3. 计算结果表明,在近场区有限复合板的散射声场对总声场的合成可起到较大的作用,距离板面法向位置不同时,此合成作用有较大差异。

本文所得的理论关系可用来定性分析水下复合障板声散射的近场影响,对研究具有类似模型的障板设计、基阵问题等有一定的参考价值。

参考文献

[1] Lyamshev, L. M, "Sound Scattering for Infinite Thin Cylindrical Shell", SOVIET PHYSICS,ACOUSTICS, 2 (1958), 161 - 167.

[2] 何祚镛,"矩形弹性——黏弹性复合板散射声近场研究",声学学报,1(1986),1 - 19.

[3] Kemnard, E. H,"The New Approach to Shell Theory: Circular Cylinders", J. Appl. Mech, 3(1953),33 - 40.

新型换能器的发展概况及应用前景

周福洪　郑士杰　姚青山

本文系统地介绍了九种新型换能器的工作机理及应用前景。

1　引言

近年来,由于新材料及高技术取得迅速发展,促使人们研制多种新型换能器,以满足新技术的需要。新型换能器的机理取决于新材料的工作特性,本文将介绍每种新型换能器的工作机理及其重要应用领域。

2　铁磁流体换能器[1-3]

铁磁流体换能器是一种新型低频、宽带辐射器,它具有 10 Hz ~ 25.0 kHz 的八个倍频程带宽。这种换能器的工作物质是由胶状的有机溶剂载有铁氧体悬浮粒子所构成,悬浮微粒的直径约 20 ~ 200 Å,依据热力学及电动力学理论,可导出铁磁流体中的应力张量为

$$\overleftrightarrow{T'_m} = \left\{\left[\frac{\partial(vF_0)}{\partial v}\right]_T - \int_0^H \left[\frac{\partial(vB)}{\partial v}\right]_{H,T} \mathrm{d}H\right\} \overleftrightarrow{I} + \overrightarrow{B}\overrightarrow{H} \tag{1}$$

这里 v 是比容,$F_0 = F_0(\rho, T, H)|_{H=0}$ 为外加磁场 H 为零时的单位体积自由能,ρ 为密度的变化部分,T 为绝对温度,B 为磁感应强度,$\overleftrightarrow{I}$ 为单位张量,括号中的第一项代表压力的负值,即 $-p(\rho,T) = \left.\frac{\partial(vF_0)}{\partial v}\right|_{T=常数}$。当 $\overrightarrow{B}$ 与 $\overrightarrow{H}$ 共线时,$B = \mu_0(H+M)$,其中 μ_0 为真空的磁导率,M 为磁化强度。又令 $\overleftrightarrow{T_m} = \overleftrightarrow{T'_m} + p\overleftrightarrow{I}$,则有

$$\overleftrightarrow{T'_m} = -\left\{p(\rho,T) + \int_0^H \mu_0\left[\frac{\partial(vM)}{\partial v}\right]_{H,T} \mathrm{d}H + \frac{1}{2}\mu H^2\right\} \overleftrightarrow{I} + \overrightarrow{B}\overrightarrow{H} \tag{2}$$

而

$$\overleftrightarrow{T_m} = -\left\{\int_0^H \mu_0\left[\frac{\partial(vM)}{\partial v}\right]_{H,T} \mathrm{d}H + \frac{1}{2}\mu_0 H^2\right\} \overleftrightarrow{I} + \overrightarrow{B}\overrightarrow{H} \tag{3}$$

利用高斯定理,可得铁磁流体中的体积力密度 $\overrightarrow{f}$,令

$$\overrightarrow{f} = \nabla \cdot \overleftrightarrow{T_m} \tag{4}$$

$$a = \mu_0 \int_0^H \left[\frac{\partial(Mv)}{\partial v}\right]_{H,T} \mathrm{d}H + \frac{1}{2}\mu_0 H^2 \tag{5}$$

考虑到 $\nabla \cdot (a\overleftrightarrow{I}) = \nabla a$,将(3)式代入(4)式得

$$\overrightarrow{f} = -\nabla\left\{\mu_0 \int_0^H \left[\frac{\partial(Mv)}{\partial v}\right]_{H,T} \mathrm{d}H\right\} + \mu_0 M \nabla H \tag{6}$$

上式中第一项为铁磁流体中的磁致伸缩力,它比镍的小一个量级,可忽略不计。第二项称开尔温(Kelvin)力密度,它是激励铁磁流体振动的实际作用力。当铁磁流体放在恒定磁场中,使 M 具有最大值,同时使它受到大的交流磁场梯度的作用,利用铁磁流体液柱的多模振动,它可得到8个倍频程的低频发射带宽,由于铁流体密度为 $1.2\times10^3\sim1.75\times10^3$ kg/m³,声速为 $1.6\times10^3\sim1.8\times10^3$ m/s,它的特性阻抗为 $1.75\times10^6\sim2.2\times10^6$ kg/m²s,故这种换能器能和海水介质的特性阻拥相匹配,因此在水声对抗中,它可用做模拟舰艇所发出噪声的假目标声源。如加上均衡器,可制作出水下芭蕾用的高保真度放音器。用在拖曳阵上,可制成模拟舰艇线谱干扰器。

3　超导换能器[4-6]

自1986年以来,在世界范围内出现了"高温超导"热,超导技术获得很快发展。1985年12月瑞士苏黎世IBM实验室J,G, Bedorg和K. A. Müller等人发现La-Ba-CuO系列超导体,其转变温度为35 K。87年休斯顿大学朱经武发现在 $T_\varepsilon=92$ K的零电阻高温超导材料,它们的化学组成为Y-Ba-Cu-O及 $Bi_2(Sr,Ca)_2Cu_3O_{12-y}$。后者在105 K时呈超导状态,并出现梅斯纳(Meissner)效应。1987年12月美国洛克希德公司发现了 $T_\varepsilon=230$ K的超导体。早在六十年代,美国海军研究所利用铌化钛的超导材料研制出大功率的水声换能器,这种换能器的功率密度为2.2 kW/kg/kHz左右,而通常的压电陶瓷换能器平均功率密度为20 W/kg/kHz,因此,超导换能器的功率密度要比常规的压电换能器高出百倍,可惜这种超导体的 $T_\varepsilon=4.2$ K(液氦温度),使气态氦液化到液态耗费很大电能,现在有了高温超导材料,特别是利用 $RBa_2Cu_3O_{9-y}$ 系列的高温超导材料,其中R为Y(钇)、Sc(钪)、Nb(铌)、Sm(钐)等稀有金属,它们 T_ε 皆相当高。我国有丰富稀有金属资源。利用上述材料制作高温超导材料换能器是有希望的。并且运用低频大功率换能器组成基阵,可制造出超远作用距离声呐。在医学方面,超导材料把电能转换成强大的磁场能,这种强大的磁场先把人体的原子排列成行,然后经过电磁波的振荡将排成的行列打乱,然后让人体的原子恢复到它们先前的状态时,它们就发出辐射线,产生人体软组织的具体影像,即核磁共振照影。现在使用的核磁共振照影机体积很大(2 m×2.7 m×3.1 m),需十万美元来制造保持液氦冷却庞大隔热装置,利用高温超导材料把电能转换成强磁场能,体积和费用可以小得多,它能制成轻便型核磁共振照影机,对肿瘤诊断有不可估量的价值。

4　脉冲激光声源[7-9]

依据苏联L. M. Lyamashev及英国D. A. Hutchins等人的研究,利用激光向水中辐射,它能使水中产生声脉冲。其产生机理有以下几种:(1)热膨胀;(2)爆炸式飞腾;(3)表面蒸发;(4)介质破裂。在低功率密度的激光向水中发射时,水温低于蒸发阈,热膨胀(或称为热弹振荡)是主要的。依据Heritier和Lai等人的研究,设在液体中有半径为 R 的圆柱区域被激光照射,脉冲持续时间为 τ_p,水的吸收系数为 α,由于激光激励形成声脉冲,声脉冲穿越圆柱源的时间为 $\tau_\alpha=R/C$,C 为声速。如果声检测器离开圆柱中心距离为 r,那么在检测器收到的热弹声压 $p(r,t)$ 可用速度势 ψ 来表示

$$p(r,t)\approx K_\alpha\frac{\mathrm{d}\phi}{\mathrm{d}t}=KK_\alpha\tau_c^{-\frac{3}{2}}\frac{\mathrm{d}\phi_0(\xi)}{\mathrm{d}\xi}\tag{7}$$

这里

$$KK_a = \frac{\alpha\beta E}{2\pi\sqrt{2}c_p}\sqrt{\frac{c}{r}} \tag{8}$$

其中 β 是体积膨胀系数，E 为入射激光能量，c_p 为热容，而

$$\tau_\varepsilon = [\tau_p^2 + \tau_c^2]^{\frac{1}{2}} \tag{9}$$

$\dfrac{\mathrm{d}\phi_0(\xi)}{\mathrm{d}\xi}$将由声脉冲形状确定，它由下式表示：

$$\phi_0(\xi) = |\xi|^{\frac{1}{2}}\left[\frac{\sqrt{2}}{\pi}K_{\frac{1}{4}}\left(\frac{\xi^2}{4}\right) + 2\theta_{(\xi)}I_{\frac{1}{4}}\left(\frac{\xi^2}{4}\right)\right] \times \exp\left(-\frac{\xi^2}{4}\right)\left(\frac{\pi}{8}\right)^{\frac{1}{2}} \tag{10}$$

其中 $\xi = \left(t - \dfrac{r}{c}\right)/\tau_\varepsilon$，$K_{\frac{1}{4}}$及 $I_{\frac{1}{4}}$是虚宗量贝塞尔函数，θ 为单位阶跃函数。

当激光功率增加时，引起蒸发，热弹效应仍然存在，再增加激光功率将导致爆炸式飞腾，进而产生高频振荡。当更强大功率密度的激光照射到水面时，水介质破裂将会发生，介质破裂是最有效地形成声辐射的机制，虽然在理论上尚未探讨其声辐射的严谨关系式，但实验上已获得相当好的效果。用一个 Q 突变技术的红宝石激光器向水中辐射一个 30 ns 的光脉冲，它能激起一个接近于 5×10^4 kPa 峰值声压的脉冲声源。D. A. Hutchins 曾利用这种声脉冲代替海洋勘探中的蒸气炮声源，它的优点是可利用改变激光脉冲波形的方法来控制声脉冲的频谱。

5　新型稀土元素磁致伸缩合金换能器[10]

最有发展前途的稀土元素铁合金磁致伸缩材料有铁化铽（$TbFe_2$），铁化铽钬（$Tb_{0.15}Ho_{0.85}Fe_2$）及铁化铽镝（$Tb_{0.3}Dy_{0.7}Fe$、$Tb_{0.74}Dy_{0.26}Fe_2$ 或 $Tb_{0.27}Dy_{0.73}Fe_2$）。在室温条件下，稀土元素铁合金的饱和磁致伸缩应力常数比镍大 50 - 60 倍，在较大交变磁场下（极化场为2 000Oe），其应变与交变磁场仍呈线性关系。其极化场可用永久磁钢产生。$TeFe_2$ 在 1 000Oe大小的交变磁场激励下，磁致伸缩应力比通常压电陶瓷的压电应力大 12. 5 倍，即大 22 dB，特别对于三元合金，其机电耦合系数大于镍的，且具有较高的电阻系数，因此可做成大功率磁致伸缩换能器。通常的镍金属常做成薄片以减少涡流损耗，稀土金属合金难以做成薄片，但可做成整体的自由溢流式圆环形换能器，它可在任何深度的水下正常工作。

6　宽带的多个基元的压电换能器[11]

在一般情况下，压电陶瓷换能器的辐射声压的频率特性主要取决于压电材料的机械品质因素 Q_m 值，它取决于机械安装引起的损耗和辐射阻抗的作用。采用多个基元组合式换能器，每个基元装配后的谐振频率稍有差别，可得到较低的有效 Q 值，亦既较宽的带宽，如果有一个 m 个基元的这种换能器，其总的电路增益和总相移在一定条件下可表示成如下形式：

$$G_t(f') = \left|\frac{\dot{E}_0(f)}{\dot{E}_i(f)}\right| = \left\{\left[\sum_{n=1}^{m}\frac{1}{1 + Q^2\left(\frac{f}{f(n)} - \frac{f(n)}{f}\right)^2}\right]^2 + \left[\sum_{n=1}^{m}\frac{Q\left(\frac{f}{f(n)} - \frac{f(n)}{f}\right)}{1 + Q^2\left(\frac{f}{f(n)} - \frac{f(n)}{f}\right)}\right]^2\right\}^{\frac{1}{2}} \tag{11}$$

$$\beta_t(f) = \tan^{-1}\left\{\sum_{n=1}^{m}Q\left[\frac{f(n)}{f} - \frac{f}{fn}\right]\right\} \tag{12}$$

$G_t(f)$ 和 $\beta_t(f)$ 分别表示总增益及总相移，$f(n)$ 为第 n 个元的谐振频率，$\dot{E}_0(f)$ 为复数输出电压，$\dot{E}_i(f)$ 是复数输入电压，Q 为电品质因素。如果以三基元组合的换能器为例，谐振频率居中间值的基元相位与另两个相反，其 $|\dot{E}_0/\dot{E}_i|$ 及 $\beta_t(f)$ 频率响应如图 1 所示

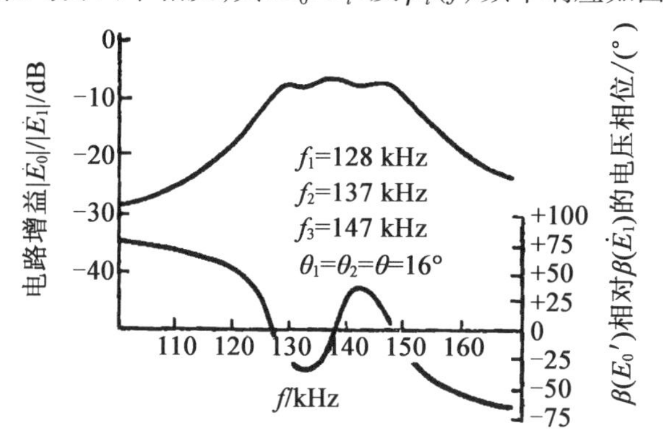

图 1　三基元组合换能器的和频响图

从上图可以看出，它可得到稍低于 6 的有效 Q 值，以此类推，利用多个谐振频率稍有不同的基元可得到宽带压电换能器。

7　光纤水听器[12-14]

光纤水听器是一种新型水下检测器。单模干涉型水听器具有良好的接收灵敏度，约为 −160 dB（相对 1 V/μPa 参考值）。适合于声检测用途的干涉型水听器有三种结构类型：Mach − Zehnder 型，Fabry − Perot 型和圆环谐振型。它们各有优缺点。Mach − Zehnder 型能工作在相干性稍差的光源的情况，它可用增长光纤的办法提高灵敏度，但它需要一根对声波敏感度不高的参考光纤和两个光纤耦合器，它能导致水听器结构复杂；Fabry − Perot 型省去了一个耦合器及一根参考光纤，它仅用一根单模光纤，在光纤的两个端面上镀上一层半反射的介质膜，这样，光纤自身就构成了一个（F − P）的共振腔。外界声振动会改变腔内光程差，从而在激光载体上形成相位调制，但是，它对激光二极管的高反向反射将导致光源的不稳定性，并且要求光源有很好的相干性；单腔环形谐振型所产生的反向反射很低，如果利用相干性很好的非常稳定的激光源，如单模氦氖激光器作光源，这种类型水听器将产生高灵敏度而又平坦的接收响应特性，从 50 Hz 到 5 000 Hz 具有 −160 dB（re 1 V/1 μPa）的灵敏度平坦接收响应曲线。这种类型水听器结构如图 2 所示

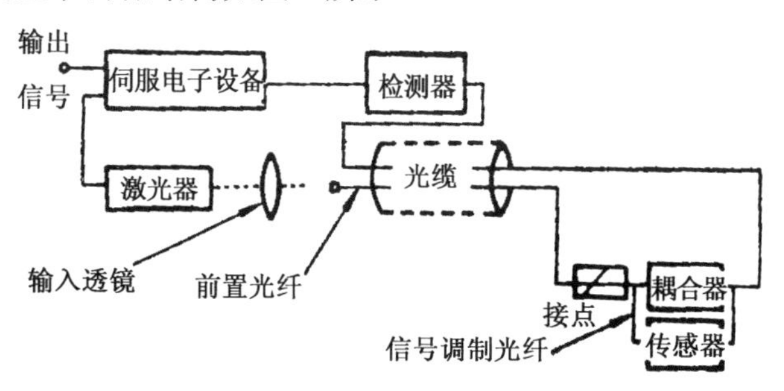

图 2　环形谐振光纤水听器示意图

8　PVDF 及[P(VDF - TrPE)]的水听器和传感器[15-17]

压电高聚物——PVDF(聚偏氯乙烯)及其改进型[P(VDF - TrPE)](偏氯乙烯及三氟乙烯共聚物)都是一种半结晶薄膜,它们具有卓越的接收声波特性。

PVDF 是由 1,1 - 二氟乙烯自由基聚合而成,其中晶体成分占 50%,其晶型有四种异构体,即 α、β、γ,极性 α 或极性 δ,α 相由熔体结晶而成,它是非极性单胞,β 相是产生压电性的相,在所有温度下均能形成,具有垂直于链方向的强偶极矩(7.0×10^{-30} cm 大小)。γ 相由溶液结晶而成,受机械应力作用发生应变时它可转变为 β 相,δ 相是 α 相经强电场处理后所产生的极性 α 态。PVDF 必须经极化处理才能得到压电特性,其办法是将薄膜浸入油中,加热到 100 ℃,然后加 80 MV/m 的强电场处理,并加应力使偶极矩按一定方位取向。经极化处理并经双轴取向的 25 μm 压电薄膜的特性如表 1 所示:

表 1　高聚物压电薄膜特性

名称	数值	单位
相对介电常数 $\varepsilon/\varepsilon_0$	10 - 13	无量纲
声速 C	2.1 - 2.3	10^3 m/s
密度 ρ	1.78	10^3 kg/m^3
压电常数 d_{11}	20	10^{-12} C/N
压电常数 d_t	-12.7	10^{-12} C/N
压电常数 g_h	-63	10^{-3} V · m/N
特性阻抗 ρC	3.8 ~ 4.1	10^6 kg/s · m^2

从表中看出 PVDF 具有低密度、低特性阻抗和高 g_h 的特性,因此它可制成良好的水听器。马可尼公司曾利用 PVDF 制造了 6×25 μm 的叠层水听器,并利用这种结构的 100 个水听器做成了 360°全向扫描声呐(警戒声呐),其方位分辨率为 1.1°,距离分辨率为 0.1 m。PVDF 也是制作超声传感器的理想材料,其工作频率范围为 0.5 Hz ~ 20 MHz,人们还把经过极化处理的 PVDF 薄膜粘在硅片上,使其形成 MO - SFET 放大器阵列,并用它们制成具有 34 个基元的线列阵,它的带宽为 6 MHz,已被用于动态范围为 70 dB 的医疗摄像仪中的超声收发阵列。

9　复合材料换能器[18-21]

复合材料是指将压电陶瓷和高聚物按一定的连通方式、一定的体积或重量比例和一定的空间几何分布复合制成的压电材料,通过人们用恰当的连通方式连接,已研制出多种复合压电材料,它们具有许多优越的性能:它有比 PZT 材料高出一到二个数量级的 g_h 值;有低的特性阻抗,能与水和生物组织良好的匹配;其质量轻和柔软易弯曲的机械特性决定了它适于做成特定几何形状的换能器;其机械品质因素 Q_m 低,故可实现宽带声检测;它有高的 K_t/K_p 比值,能适用于制作超声检测中使用的厚度模辐射换能器。在表 2 中,我们列出了几种有代表性的压电复合材料的特性参数。为了便于比较,也将 PZT - 5 及 $Pb_2Nb_2O_3$ 的有关参数一并列入表中。

表 2　几种复合材料及 PZT 等材料的参数

材料类型	$\rho 10^3$ kg/m^3	$\varepsilon_{33}/\varepsilon_0$	$d_{33}10^{-13}$C/N	$g_{33}10^{-3}$VM/n	d_h10^{-12}C/N	g_h10^{-3}Vm/N	$d_hg_h10^{-12}$m/N
PZT－5	7.8	1 800	374	25	32	2	64
$Pb_2Nb_2O_3$	6.0	225	85	42.5	67.6	34	2 300
1－3PZT/环氧	1.37	100－300		97	59.7	69	4 100
3－3PZT/硅橡胶	3.3	40	95	280	35.6	30	2 800
3－1PZT/环氧		410	275	76			3 500
3－2PZT/环氧		360	290	90			17 600

在复合材料中，由两个组成部分构成的复合材料可以有多种连通性。人们经常把第一个数字代表压电相的连通维数，第二个数字代表聚合物维数，图 3 画出了它们其中的几种典型情况。

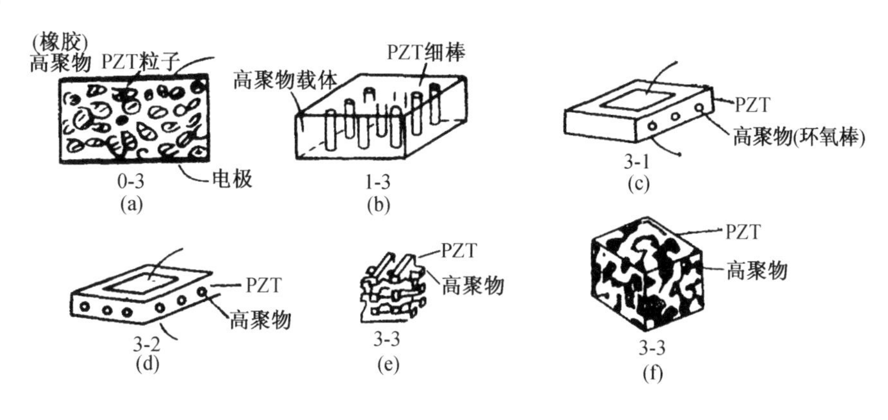

图 3　几种典型复合材料的结构示意图

从图 3 中可以看出，3－1 压电复合材料是在 PZT 陶瓷片上打细孔，并在孔内填入高聚物。由于在垂直于压电陶瓷的极化方向上引入了一维的环氧棒，从而降低了这种材料的 g_{31} 及 g_{32} 结果使 $g_h = 70\times10^{-3}$ Vm/N，它比 PZT－5 的 g_h（2×10^{-3} V · m/N）大 35 倍，因此适宜做深水水听器。1－3 型压电复合材料可用来制作柔软且易于弯曲的医疗诊断用超声换能器。例如：一个用聚氨酯为载体所做成的 1－3 型复合材料换能器，聚氨酯圆片直径 19 mm，厚度 0.6 mm，片中细棒为 PZT，它的直径为 0.45 mm，相距周期为 0.9 mm 和 0.75 mm，PZT 体积百分数为 20%～30%，测得其密度为 $\rho = 2.29\times10^3$ kg/m^3，相对介电常数 238，d_{33} = 320 Pc/N，以空气为背衬材料，其谐振频率为 2.5 MHz。当以 10 V 电压激励换能器振动向人体腹部发射，经肝脏反射，与人体特性阻抗相匹配的接收器能获得 2.4 mV 的反射信号。这种材料做成的换能器，用加热的方法可使其变成聚焦型换能器。

10　无定形体合金制成的磁致伸缩水听器[22]

无定形体的磁致伸缩合金是含铁量高的材料，它有很高的机电耦合系数，约为 0.9，它的接收灵敏度比镍大 50 倍，比 PZT 大 4.5 倍，且价格较低，适合做水听器，它们的组成和特性如表 3 所示。利用它做成加筋薄壳圆柱形水听器，可获得廉价格的拖曳线列阵。

表 3　无定形体合金的组成及特性

材料特性	符号及单位	组　成		
		$Fe_{31}Bi_{13}Si_4C_2$	$Fe_{30}BO_{20}$	$Fe_{30}P_{16}C_3B_1$
饱和磁通密度	Bs(Tesla)	1.50	1.60	1.48
$\frac{剩磁}{饱和磁通密度}$	$\frac{B_r}{B_s}$	0.8—0.9	0.51	0.4
矫顽场	H_c(A/m)	<4	15	
居里点	T_c(K)	693	647	565
饱和磁致伸缩常数	$\lambda_g(10^{-6})$	30	31	29
密度	ρ(kg/m^3)	7 100	7 400	7 700
杨氏模量	E(10^{9}Pa)	150	172	138
电阻率	ρ_s(10^{-3}Ω · m)	130	130	

11　结束语

在上面我们对九种新型换能器做了介绍，应该强调指出的是，铁磁流体换能器具有优良的低频宽带声发射特性，是很有应用前途的新型低频宽带声源，在水声对抗中能有效模拟舰艇噪声；光纤水听器加上光信息处理技术孕育着一代新型声呐的产生（光声呐）；PVDF 及复合材料换能器将会在水声、超声特别是医疗超声领域中有着广阔应用前景。

参考文献

[1] Pieter. S. Dubbelday IEEE. Transaction on Magnetics MAG16 – 2(1980), 372 – 374.

[2] R. E. Rosensweig Ferrohydrodynamics 1985, 103 – 111.

[3] Zou Fuhony, Proceeding of the China – Japan Joint Gmference on Ultrasonics, (1987), 299 – 302.

[4] J. G. Bednorz and K. A. Miiller, E. Phys. B64, (1986), 189.

[5] C. W. Chu, Phy Rev. Letter, 58, (1987), 405.

[6] M. A. Hermann and Z. Z. Sheng, Nature, March(1988) 10.

[7] L. M. Lyamahev, Tenth International Congress On Acoustic (1980). 30 – 41.

[8] D. A. Hutchins, Procedings of the Institute of Acoustics 6, Pt3. (1984), 24.

[9] Yves, H. Berthelot, J. Acour. Soc. Am., 78 – 3 (1985), 411.

[10] R. J. Bobber, Underwater Acoussic and Signal Processing 1980 95 – 97.

[11] L. Batey and R. H. Wallace J. Acour. Soc. Am. 61 – 6 (1977), 897.

[12] T. Yoshino et al, IEEE J. Ouanaum Electronics QE18(1982), 1 624.

[13] L. F. Stokes, Opric Letter 7, (1982), 288.

[14] P. Mouroulis, Proc. Inst. Acoustics 6 – Pt 3 (1984), 31.

[15] D. R. Bacon, IEEE Transaction on Sonics and Ultra sonics, SU – 29 (1982), 18 – 25.

[16] A. J. Lovinger, Science, 220 – 4602 (1983), 1 115 – 1 121.

[17] H. R. Gallantree, The Marconi Review, First Quarter, (1982), 49 – 64.

[18] T. R. Gururaja, et al, IEEE Tram. SU – 32 – 4, (1985). 481.

[19] T. R. Gururaja, et al, IEEE Tsans, SZT – 32 – 4, (1985). 499.

[20] 架桂冬,应用声学 7 -4,(1988),37 -41.
[21] 奥岛基良,日本音卿肇仑举演输文集 2 -7 -7 昭和 75 年),717.
[22] P. Walmslay, PROC. INST. Acoustics Pt3 -6, (1984),38 -41.

硬盖板、外贴式圆管型 PVDF 水听器轴向加速度响应的理论分析

蔡崇成　李东林　徐　辰　时炳文

摘要　本文从分析水听器基衬的径长、耦合振动入手，建立基衬的运动方程。然后根据边界条件求得基衬的位移、应变和应力。最后由 PVDF 与基衬黏接处应变连续条件和压电方程导出圆管型 PVDF 水听器的轴向加速度响应的数学表达式，并进行了数值计算和实验验证。理论计算与实验测试结果相吻合。

关键词　聚偏二氟乙烯；水听器；水声换能器

1　引言

随着拖曳声呐的出现，对作为拖曳线列阵阵元水听器的加速度响应，当作一个非常重要的指标被提出。而 PVDF 压电膜所具备的优点表明，用它来作为拖曳线列阵阵元的水听器是非常适宜的，怎样在理论上给予这种水听器的加速度响应做出预报显得十分重要。文章对如图 1 所示的 PVDF 水听器的加速度响应给出了数学表达式，并做了数值计算和实验验证，理论计算与实验测试相吻合。表明所导出的理论公式可以用来预报这种水听器的加速度响应。

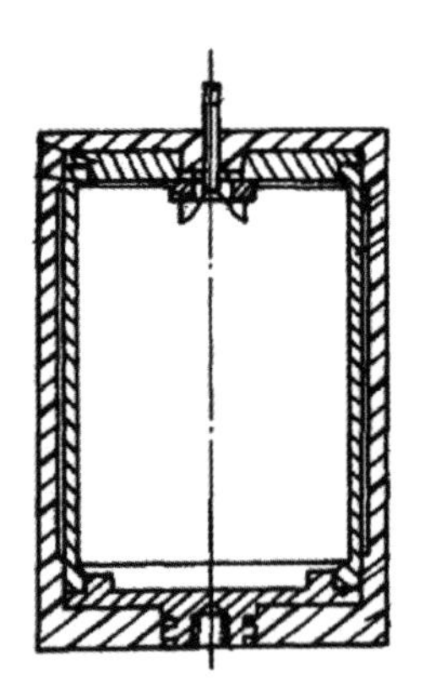

图 1　PVDF 水听器结构图

2　薄壁圆管的运动方程

PVDF 水听器的结构图如图 1 所示。其中基衬的薄壁圆管如图 2 所示。内半径为 a，外半径为 b，平均半径为 r_0，高为 l，壁厚为 h，以其几何中心为原点取柱面坐标系。

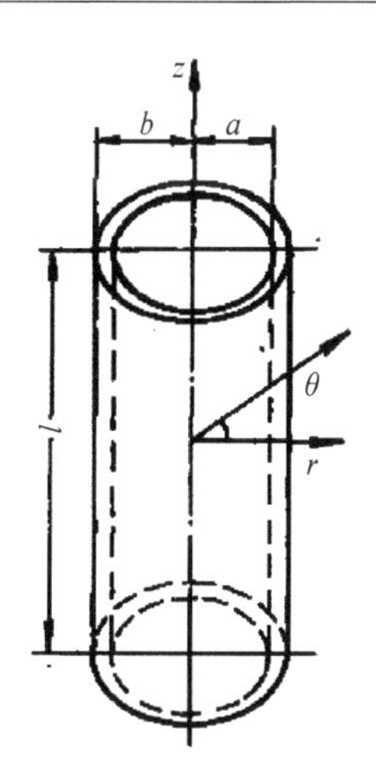

图2　薄壁圆管坐标系

2.1　薄壁圆管中各点的位移、应变和应力分量

因轴对称振动各位移分量与 θ 无关,又由于薄壁可近似认为径向位移分量沿厚度不变,即可用中面上的位移分量表示。

径向位移分量 $u = \xi_r(r_0, z, t)$

周向位移分量 $v = \xi_\theta = 0$

轴向位移分量 $\xi_z(r, z, t)$ 在中面上各轴向位移分量为 $w = \xi_z(r_0, z, t)$

薄壁圆管中各点的应变分量:

$$S_r = \frac{\partial \xi_r}{\partial r} \approx 0$$

$$S_\theta = \frac{\xi_r}{r} = \frac{u}{r}$$

$$S_z = \frac{\partial \xi_z}{\partial z}$$

$$S_{\theta z} = S_{z\theta} = 0; S_{r\theta} = S_{\theta r} = 0$$

$S_{zr} = S_{rz} = \dfrac{\partial \xi_z}{\partial r} + \dfrac{\partial u}{\partial z}$ 它较之 S_θ 及 S_z 小很多,可近似认为等于零。于是有

$$\frac{\partial \xi_z}{\partial r} + \frac{\partial u}{\partial z} = 0 \quad 即 \frac{\partial \xi_z}{\partial r} = -\frac{\partial u}{\partial z} \tag{1}$$

等号两边均对 z 积分,因 u 不是 r 的函数,故有

$$\xi_z = -r\frac{\partial u}{\partial z} + C \quad C 为积分常数$$

在中面上,即 $r = r_0$ 处,$\xi_z = w$ 所以

$$C = r_0 \frac{\partial u}{\partial z} + w$$

$$\xi_z = (r_0 - r)\frac{\partial u}{\partial z} + w$$

因此得

$$S_z = (r_0 - r)\frac{\partial^2 u}{\partial z^2} + \frac{\partial w}{\partial z} \tag{2}$$

薄壁圆管中各点的应力分量：
由于薄壁故近似认为 $T_r = 0$，对于各向同性体，有

$$T_\theta = \frac{Y}{1-\sigma^2}\left[\frac{u}{r} + \sigma(r_0 - r)\frac{\partial^2 u}{\partial z^2} + \sigma\frac{\partial w}{\partial z}\right] \tag{3}$$

$$T_z = \frac{Y}{1-\sigma^2}\left[\sigma\frac{u}{r} + (r_0 - r)\frac{\partial^2 u}{\partial z^2} + \frac{\partial w}{\partial z}\right] \tag{4}$$

式中 Y、σ 分别为薄壁圆管材料的杨氏模量和泊松比。

2.2　薄壁圆管截面上合力和合力矩

在圆管上取一单元体，如图 3 所示。

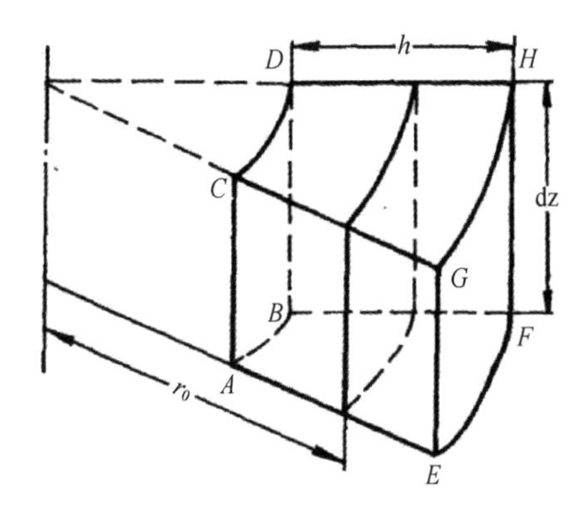

图 3　微分单元体

在截面 $ABFE$ 上的受力情况：
该截面上作用有两个应力分量 T_z 和 T_{zr}，在整个截面上，这两个应力分量的合理分别为：

$$(\Sigma T_z)_{ABFE} = \int_{r_0-\frac{h}{2}}^{r_0+\frac{h}{2}} T_z \cdot r\mathrm{d}r\mathrm{d}\theta$$

$$(\Sigma T_{zr})_{ABFE} = \int_{r_0-\frac{h}{2}}^{r_0+\frac{h}{2}} T_{zr} \cdot r\mathrm{d}r\mathrm{d}\theta$$

该截面宽度为 $r_0\mathrm{d}\theta$（即中面在该界面上的交线的长度），于是单位宽度上的合力为：

$$N_z = \frac{Yh}{1-\sigma^2}\left[\sigma\frac{u}{r_0} - \frac{h^2}{12r_0}\frac{\partial^2 u}{\partial z^2} + \frac{\partial w}{\partial z}\right] \tag{5}$$

此外，应力分量 T_z 尚对中面的交线产生一个力矩，交线单位长度上的合力矩为：

$$M_z = \frac{Yh^3}{12(1-\sigma^2)}\left[-\frac{\partial^2 u}{\partial z^2} + \frac{1}{r_0}\frac{\partial w}{\partial z}\right] \tag{6}$$

截面 $CDHG$ 与截面 $ABFE$ 相距 $\mathrm{d}z$，故在截面 $CDHG$ 单位宽度上的合力与合力矩分别为

$$N_z + \frac{\partial N_z}{\partial z}\mathrm{d}z$$

$$Q_{zr} + \frac{\partial Q_{zr}}{\partial z}\mathrm{d}z$$

$$M_z + \frac{\partial M_z}{\partial z}\mathrm{d}z$$

同理:在截面 $ACGE$ 上只有一个应力分量 T_θ,该分量在终面与该截面交线单位长度上的合力和合力矩分别为:

$$N_\theta = \frac{Y}{1-\sigma^2}\left[u\ln\frac{r_0+\frac{h}{2}}{r_0-\frac{h}{2}} + \sigma h\frac{\partial w}{\partial z}\right]$$

$$M_\theta = \frac{Y}{1-\sigma^2}\left[\left(h - r_0\ln\frac{r_0+\frac{h}{2}}{r_0-\frac{h}{2}}\right)u - \sigma\frac{h^3}{12}\frac{\partial^2 u}{\partial z^2}\right]$$

把 $\ln\frac{r_0+\frac{h}{2}}{r_0-\frac{h}{2}}$ 展开成幂级数,只取前两项,则

$$N_\theta = \frac{Yh}{1-\sigma^2}\left[\left(\frac{1}{r_0}+\frac{h^2}{12r_0^3}\right)u - \sigma\frac{\partial w}{\partial z}\right] \tag{7}$$

$$M_\theta = -\frac{Yh^3}{12(1-\sigma^2)}\left[\frac{1}{r_0^2}u + \sigma\frac{\partial^2 u}{\partial z^2}\right] \tag{8}$$

在截面 $BDHF$ 上,因轴对称,所以合力与合力矩均与截面 $ACGE$ 相同。

2.3　薄壁圆管轴对称振动时的运动方程

经上分析微分单元体上受力情况如图 4 所示,由此可以列出运动方程。沿径向的运动方程

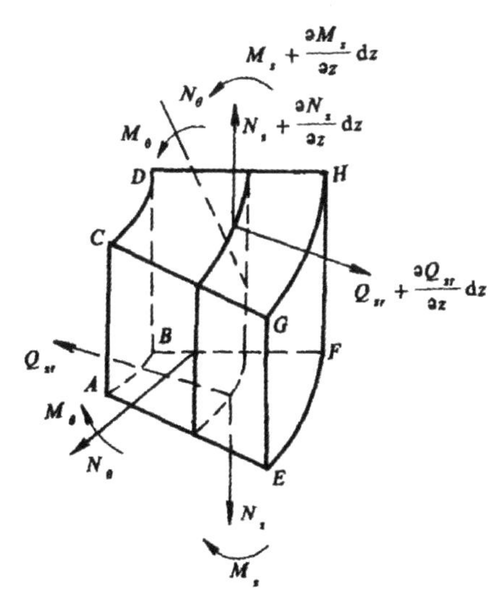

图 4　微分单元体受力分布图

$$\left(Q_{zr} + \frac{\partial Q_{zr}}{\partial z}\mathrm{d}z\right)r_0\mathrm{d}\theta - Q_{zr}r_0\mathrm{d}\theta - 2N_\theta\frac{\theta}{2}\mathrm{d}z = \rho h r_0\mathrm{d}\theta\mathrm{d}z\frac{\partial^2 u}{\partial t^2}$$

整理后得

$$\frac{\partial Q_{zr}}{\partial z} - \frac{1}{r_0}N_\theta = \rho h \frac{\partial^2 u}{\partial t^2} \tag{9}$$

式中,ρ 为薄壁圆管材料的密度。

取 $CGHD$ 面与中面的交线为转轴,有力矩平衡方程。

$$\frac{\partial M_z}{\partial z} - Q_{zr} = 0$$

代入(9)式得

$$\frac{\partial^2 M_z}{\partial z^2} - \frac{1}{r_0}N_\theta = \rho h \frac{\partial^2 u}{\partial t^2}$$

把式(6)和式(7)代入上式得

$$\frac{Yh^3}{12(1-\sigma^2)}\left(-\frac{\partial^4 u}{\partial z^4} + \frac{1}{r_0}\frac{\partial^3 w}{\partial z^3}\right) - \frac{Y}{1-\sigma^2}\left[\left(\frac{h}{r_0} + \frac{h^3}{12r_0^3}\right)u + \sigma\frac{h}{r_0}\frac{\partial w}{\partial z}\right] = \rho h \frac{\partial^2 u}{\partial t^2}$$

因 h 甚小,略去其高次项,于是径向的运动方程为

$$-\frac{Y}{(1-\sigma^2)}\left[\frac{h}{r_0^2}u + \frac{\sigma h}{r_0}\frac{\partial w}{\partial z}\right] = \rho h \frac{\partial^2 u}{\partial t^2} \tag{10}$$

轴向运动方程为

$$\left(N_z + \frac{\partial N_z}{\partial z}\mathrm{d}z\right)r_0\mathrm{d}\theta - N_z r_0 \mathrm{d}\theta = \rho h r_0 \mathrm{d}\theta \mathrm{d}z \frac{\partial^2 w}{\partial t^2}$$

即

$$\frac{\partial N_z}{\partial z} = \rho h \frac{\partial^2 w}{\partial t^2}$$

将(5)式代入上式,并略去 h 的高次项即得

$$\frac{Y}{1-\sigma^2}\left[\frac{\sigma h}{r_0}\frac{\partial u}{\partial z} + h\frac{\partial^2 w}{\partial z^2}\right] = \rho h \frac{\partial^2 w}{\partial t^2} \tag{11}$$

运动方程的解,令

$$u = Ue^{\mathrm{j}\omega t}, w = We^{\mathrm{j}\omega t}$$

代入(10)、(11)式得

$$\frac{Y}{\rho(1-\sigma^2)}\left[\frac{U}{r_0^2} + \frac{\sigma}{r^2}\frac{\partial W}{\partial z}\right] = \omega^2 u \tag{12}$$

$$\frac{Y}{\rho(1-\sigma^2)}\left[\frac{\sigma}{r_0}\frac{\partial U}{\partial z} + \frac{\partial^2 W}{\partial z^2}\right] = -\omega^2 W \tag{13}$$

将(12)式对 z 求导并把结果代入(13)式得

$$\left\{\frac{\left[\frac{Y}{\rho(1-\sigma^2)}\cdot\frac{\sigma}{r_0}\right]^2}{\omega^2 - \frac{Y}{\rho(1-\sigma^2)}\frac{1}{r_0}} + \frac{Y}{\rho(1-\sigma^2)}\right\}\frac{\partial^2 W}{\partial z^2} + \omega^2 W = 0$$

此式的通解为

$$W = A\sin kz + B\cos kz$$

式中

$$k^2 = \frac{\omega^2}{\dfrac{\left[\dfrac{Y}{\rho(1-\sigma^2)}\cdot\dfrac{\sigma}{r_0}\right]^2}{\omega^2 - \dfrac{Y}{\rho(1-\sigma^2)}\dfrac{1}{r_0}} + \dfrac{Y}{\rho(1-\sigma^2)}}$$

将此式代入(12)式中最后得

$$u = \frac{\dfrac{Y}{\rho(1-\sigma^2)}\cdot\dfrac{\sigma}{r_0}k(A\cos kz - B\sin kz)}{\omega^2 - \dfrac{Y}{\rho(1-\sigma^2)}\dfrac{1}{r_0^2}}e^{j\omega t} \tag{14}$$

$$w = (A\sin kz + B\cos kz)e^{j\omega t} \tag{15}$$

式中 A、B 为待定常数,可根据边界条件确定。

3　求解待定常数

水听器两端粘有硬质盖板,水听器垂直放置在振动台表面,且下盖板与振动台表面用螺栓固定如图5所示。此情况下,基衬与下盖板交接处 $z = -\dfrac{l}{2}$ 有

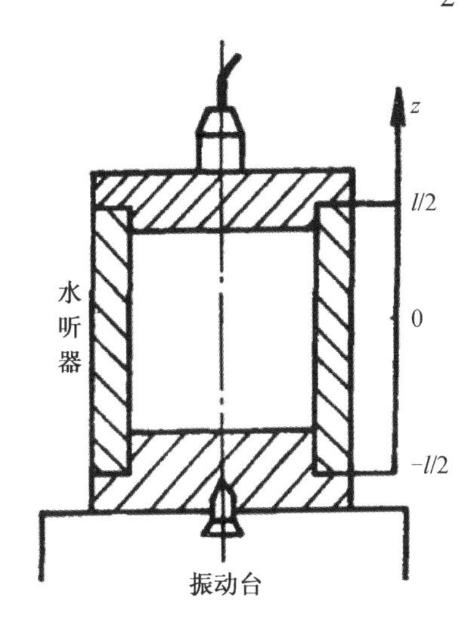

图5　水听器置于振动台

$$\left.\frac{\partial^2 w}{\partial t^2}\right|_{z=-l/2} = Ge^{j\omega t},\ \omega^2\left(A\sin\frac{kl}{2} - B\cos\frac{kl}{2}\right) = G \tag{16}$$

式中,G 为振动台的加速度。

对于上盖板 $z = \dfrac{l}{2}$ 处,由牛顿第二定律

$$N_z\big|_{z=\frac{l}{2}}\cdot 2\pi r_0 = m\left.\frac{\partial^2 w}{\partial t^2}\right|_{z=1/2} \tag{17}$$

式中,m 为上盖板的质量。

经运算可得

$$A = \frac{C\sin\frac{kl}{2} - m\omega^2\cos\frac{kl}{2}}{C\cos\frac{kl}{2} + m\omega^2\sin\frac{kl}{2}} \cdot B \tag{18}$$

联立(16)与(18)两式则有

$$A = \frac{G}{\omega^2}\left[\frac{1}{\sin\frac{kl}{2}} - \frac{\cos\frac{kl}{2}}{\sin\frac{kl}{2}} \frac{C\cos\frac{kl}{2} + m\omega^2\sin\frac{kl}{2}}{C\cos kl + m\omega^2\sin kl}\right] \tag{19}$$

$$B = -\frac{C\cos\frac{kl}{2} + m\omega^2\sin\frac{kl}{2}}{C\omega^2\cos kl + m\omega^4\sin kl} \cdot G \tag{20}$$

式中

$$C = \frac{2\pi r_0 Yh}{1-\sigma^2}\left[\frac{Y}{\rho(1-\sigma^2)} \cdot \frac{\sigma}{r_0}k\left(\frac{\sigma}{r_0} + \frac{h^2k^2}{12r_0}\right) \Big/ \left(\omega^2 - \frac{Y}{\rho(1-\sigma^2)} \cdot \frac{1}{r_0^2}\right)\right] + k$$

4　PVDF 压电膜的应变、应力及水听器的加速度响应

前面已经导出基衬的应变,PVDF 膜与基衬在黏接处应变连续,当 PVDF 膜黏接在基衬外侧时,则膜的应变为

$$S_\theta^P = S_\theta\big|_{r=b} = \frac{1}{b}\frac{\frac{Y}{\rho(1-\sigma^2)} \cdot \frac{\sigma}{r_0}k(A\cos kz - B\sin kz)}{\omega^2 - \frac{Y}{\rho(1-\sigma^2)} \cdot \frac{1}{r_0^2}} \tag{21}$$

$$S_z^P = S_z\big|_{r=b} = k\left[1 - k^2(r_0 - b)\frac{\frac{Y}{\rho(1-\sigma^2)} \cdot \frac{\sigma}{r_0}}{\omega^2 - \frac{Y}{\rho(1-\sigma^2)} \cdot \frac{1}{r_0^2}}\right](A\cos kz - B\sin kz) \tag{22}$$

假定 PVDF 膜 $s_{11}^D = s_{22}^D$ 成立,于是有压电方程

$$\begin{aligned} S_\theta^P &= s_{11}^D T_\theta^P + s_{12}^D T_z^P + g_{31}D_3 \\ S_z^P &= s_{12}^D T_\theta^P + s_{11}^D T_z^P + g_{32}D_3 \\ E_3 &= -g_{31}T_\theta^P - g_{32}T_z^P + \beta_{33}^T D_3 \end{aligned} \tag{23}$$

式中 g_{31} 、g_{32} 为 PVDF 的压电常数, β_{33}^T 为 PVDF 的自由节点隔离率。

由压电方程膜中的应力为

$$\begin{aligned} T_\theta^P &= \frac{Y^D}{1-\sigma^{D2}}\left[S_\theta^P + \sigma^D S_z^P - (g_{31} + \sigma^D g_{32})D_3\right] \\ T_z^P &= \frac{Y^D}{1-\sigma^{D2}}\left[\sigma^D S_\theta^P + S_z^P - (\sigma^D g_{31} + g_{32})D_3\right] \end{aligned} \tag{24}$$

式中 $Y^D = \frac{1}{s_{11}^D}$, $\sigma^D = -\frac{s_{12}^D}{s_{11}^D}$ 分别为 PVDF 恒 D 状态下的弹性模量和泊松比。

将(23)式代入压电方程第 3 式得膜内的电场强度表达式,然后对膜电极的面积进行积分,即

$$\int_S E_3 \mathrm{d}s = \frac{Y^D}{1-\sigma^{D2}}\Big\{\int_S [-g_{31}(S_\theta^P + \sigma^D S_z^P) - g_{32}(\sigma^D S_\theta^P + S_z^P)]\mathrm{d}s + (g_{31}^2 + g_{32}^2 + 2\sigma^D g_{31} g_{32} + \beta_{33}^T)\int_S D_3 \mathrm{d}s\Big\}$$

式中 $\int_S D_3 \mathrm{d}s$ 为电极面上的自由电荷,在开路时等于零。故有

$$E_3 l_h = \frac{Y^D}{1-\sigma^{D2}}\Big\{-g_{31}\Big[\int_{-l_h/2}^{+l_h/2} S_\theta^P \mathrm{d}z + \sigma^D \int_{-l_h/2}^{+l_h/2} S_z^P \mathrm{d}z\Big] - g_{32}\Big[\sigma^D \int_{-l_h/2}^{+l_h/2} S_\theta^P \mathrm{d}z + \int_{-l_h/2}^{+l_h/2} S_z^P \mathrm{d}z\Big]\Big\} \tag{25}$$

式中 l_h 为 PVDF 膜电极的高度。

PVDF 膜电极两端的开路电压为

$$e_{oc} = \int_0^{h_p} E_3 \mathrm{d}r = -\frac{h_p}{l_h}\frac{Y^D}{1-\sigma^{D2}} 2A\sin\frac{kl_h}{2}\Bigg\{(g_{31}+\sigma^D g_{32})\frac{\frac{Y}{\rho(1-\sigma^2)}\cdot\frac{\sigma}{r_0}}{b\Big[\omega^2 - \frac{Y}{\rho(1-\sigma^2)}\cdot\frac{1}{r_0^2}\Big]} + (\sigma^D g_{31} + g_{32})\left[1 - k^2(r_0 - b)\frac{\frac{Y}{\rho(1-\sigma^2)}\cdot\frac{\sigma}{r_0}}{\omega^2 - \frac{Y}{\rho(1-\sigma^2)}\cdot\frac{1}{r_0^2}}\right] \tag{26}$$

式中,h_p 为 PVDF 膜的厚度。

则加速度响应为

$$M_0^a = \left|\frac{e_{oc}}{G}\right| = \Bigg|\frac{h_p Y^D}{l_h(1-\sigma^{D2})}\cdot\frac{\sin\frac{kl_h}{2}}{\omega^2 \sin\frac{kl}{2}}\left[1 - \cos\frac{kl}{2}\,\frac{C\cos\frac{kl}{2} + m\omega^2\sin\frac{kl}{2}}{C\cos kl + m\omega^2 \sin kl}\right]\cdot \Bigg\{(g_{31}+\sigma^D g_{32})\frac{\frac{Y}{\rho(1-\sigma^2)}\cdot\frac{\sigma}{r_0}}{b\Big[\omega^2 - \frac{Y}{\rho(1-\sigma^2)r_0^2}\Big]} + (\sigma^D g_{31}+g_{32})\left[1 - k^2(r_0-b)\frac{\frac{Y}{\rho(1-\sigma^2)}\cdot\frac{\sigma}{r_0}}{\omega^2 - \frac{Y}{\rho(1-\sigma^2)r_0^2}}\right]\Bigg| \tag{27}$$

5　数值计算

水听器的基衬材料选用有机玻璃,PVDF 压电膜由中国科学院上海有机化学研究所提供。各项参数如下。

有机玻璃:$Y = 4.056 \times 10^9\ \mathrm{N/m^2}$,$\rho = 1.2 \times 10^3\ \mathrm{kg/m^3}$,$\sigma = 0.4$,$a = 11.3 \times 10^{-3}\ \mathrm{m}$,$b = 12.5 \times 10^{-3}\ \mathrm{m}$,$r_0 = 11.9 \times 10^{-3}\ \mathrm{m}$,$l = 42 \times 10^{-3}\ \mathrm{m}$

PVDF:$Y^D = 3.03 \times 10^9\ \mathrm{N/m^2}$,$\sigma^D = 0.4$,$g_{31} = 220 \times 10^{-3}\ \mathrm{Vm/N}$,$g_{32} = 19 \times 10^{-3}\ \mathrm{Vm/N}$,$h_p = 100 \times 10^{-6}\ \mathrm{m}$,$l_h = 40 \times 10^{-3}\ \mathrm{m}$

盖板质量:$m = 10 \times 10^{-3}\ \mathrm{kg}$

计算结果加速度电压灵敏度响应级为

$$M_0^a L = -56.2\ \text{dB}(\text{Ref } 1\ \text{V/g})$$

6　实验验证

对水听器的加速度频响的测量，我们采用常规加速计比较校准法，测试框图如图6所示。

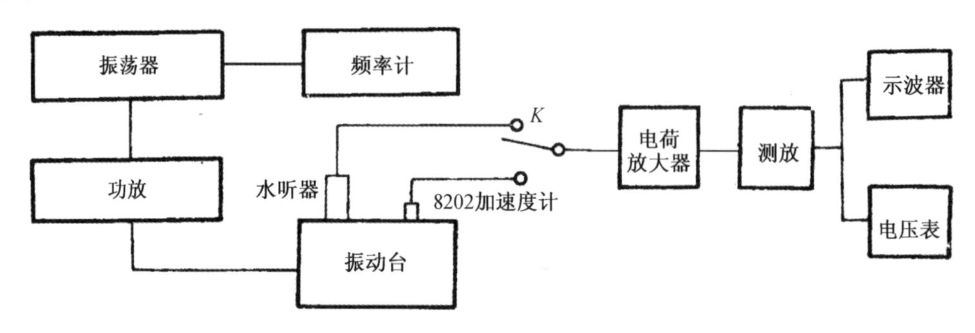

图6　加速度频响测试框图

激励信号有振荡器提供经功放激励振动台振动。振动台的加速度由固定在其表面的经校准好的8202加速度计（其电荷灵敏度为900 PC/g）通过电荷放大器输出来表示。水听器垂直用螺栓固定在振动台表面，它的输出方法与8202相同，带通滤波器的带宽选择1/3 oct。我们分别在1 g和3 g下测得水听器的加速度电荷灵敏度 M_Q^a（PC/g），然后采用下式来求出水听器的加速度电压灵敏度

$$M_V^a = \frac{M_Q^a}{C_0 + C_w}$$

式中 C_0 为水听器的静态电容，C_w 为水听器的电缆电容。

用分贝表示得水听器的加速度电压灵敏度级

$$M_V^a = 20\lg \frac{M_Q^a}{C_0 + C_w}(\text{dB})(\text{Ref } 1\ \text{V/g})$$

实测数据如下：

1#水听器的电容量 $C_0 = 5\,820$ pF，$C_w = 200$ pF；

2#水听器的电容量 $C_0 = 5\,900$ pF，$C_w = 200$ pF。

两水听器的自由场开路电压灵敏度为 −198 dB 至 −199 dB 之间，盖板质量 $m = 10 \times 10^{-3}$ kg。

频 率/Hz			20	25	31	40	50	63	80	100	125	160	200	315	400
电荷灵敏度/(PC/g)	1#	1g	9.43	9.21	8.80	9.48	9.50	10.1	9.15	9.60	9.20	8.40	8.50	8.30	5.60
		3g	9.23	9.10	8.78	9.28	9.30	9.91	9.0	9.30	8.90	8.30	8.45	8.20	5.50
	2#	1g	9.05	9.05	8.85	9.53	8.93	8.89	8.91	8.41	8.52	8.59	8.70	7.05	6.25
		3g	9.00	9.40	8.70	9.42	8.80	8.81	8.80	8.30	8.40	8.50	8.63	7.00	6.20
电荷电压灵敏度/dB	1#	1g	-56.1	-56.3	-56.7	-56.1	-56.0	-55.1	-56.3	-55.9	-56.3	-57.1	-57.0	-57.3	-60.6
		3g	-56.3	-56.4	-56.7	-56.3	-56.2	-55.7	-56.5	-56.2	-56.6	-57.2	-57.0	-57.3	-60.7
	2#	1g	-56.6	-56.2	-56.8	-56.1	-56.7	-56.7	-56.7	-57.2	-57.1	-57.0	-57.0	-58.7	-60.0
		3g	-56.6	-56.2	-56.9	-56.2	-56.8	-56.8	-56.8	-57.3	-57.2	-57.1	-57.0	-58.8	-60.0
理论值/dB			-56.3	-56.2	-56.2	-56.2	-56.2	-56.3	-56.2	-56.2	-56.2	-56.2	-56.3	-56.2	-56.3

为了进一步验证理论的正确与否，我们又制作了 3# 水听器，其盖板质量 $m = 23 \times 10^{-3}$ kg，电容量 $C_0 = 6\,500$ pF，$C_w = 200$ pF，其他参数与前面两个水听器相同，加速度响应的理论值约为 -48.6 dB，实测值如下：

频率/Hz		20	25	31	40	50	63	80	100	125	160	200
电荷灵敏度/(PC/g)	1g	24.4	24.3	24.3	25.0	24.9	24.6	26.9	23.1	24.0	24.4	24.3
	3g	24.1	24.0	24.1	24.8	24.7	24.8	26.8	22.8	23.9	24.2	24.3
电压灵敏度/dB	1g	-48.8	-48.8	-48.8	-48.6	-48.6	-48.6	-48.0	-49.3	-49.0	-48.9	-48.8
	3g	-48.9	-48.9	-48.9	-48.6	-48.7	-48.7	-47.9	-49.2	-48.9	-48.8	-48.8
理论值/dB		-48.3	-48.6	-48.6	-48.6	-48.6	-48.6	-48.6	-48.6	-48.6	-48.6	-48.7

7 结论

从上面数值计算与测试结果比较可以看出，理论值与实测值相吻合，并也验证了盖板质量对于水听器的加速度影响是很大的。

从分析圆管型 PVDF 水听器基衬的径长耦合振动的运动方程出发求解圆管型 PVDF 水听器的轴向加速度响应的数学表达式，能在理论上做出比较理想的预报。理论和实验表明，水听器的盖板质量对加速度响应影响很大。为降低加速度响应除采用轻质盖板外，也可在圆管形基衬和盖板间采用去耦措施，对此做过实验取得明显效果。由数值分析可知即使在 $f = 2$ kHz 时，下列关系都能满足。$\omega^2 \leqslant \dfrac{Y}{\rho(1-\sigma^2) r_0^2}$，$\sin\dfrac{kl}{2} \approx \dfrac{kl}{2}$，$\cos kl \approx 1$，$\sin\dfrac{kl_h}{2} \approx \dfrac{kl_h}{2}$，如果盖板质量很轻即 $m \to 0$，则(26)式简化为

$$M_0^a = \left| \frac{h_p Y^D l_p}{2(1-\sigma^{D2}) Y} \left[-(g_{31} + \sigma^D g_{32}) \frac{r_0 \sigma}{b} + (\sigma^D g_{31} + g_{32}) \right] \right|$$

上式能比较清晰看出加速度响应与各参数间的关系，也是此种水听器加速度响应所能达到的极值。

参考文献

[1] Rickettes D. J. Acoust. Soc. Am. 1986, 79(5):1 603 - 1 609.
[2] Rickettes D. J. Acoust. Soc. Am. 1980, 68(4):1 025 - 1 029.
[3] Shaw HJ. PVF_2 Transducers. Ultrosonics Symposium 1980, 927 - 940.
[4] Henriquez T A. A Piezoelectric Polymer Hydrophone. AD—D010584 1 - 10.

铁磁流体的特性及其应用

郑士杰　周福洪

摘要　铁磁流体是在液体载体中弥散许多小磁性粒子的胶体所构成。它已形成一支很活跃的应用学科——铁磁流体动力学。在其他领域中有广泛的应用。本文综述了它的研究及发展情况,并着重阐明了它的特性及其应用场合。

关键词　铁磁流体;物理特性;研究与发展;应用

1　引言

自从1977年在意大利乌第涅(Udine)市召开首次国际铁磁流体会议后,对铁磁流 体特性的研究和应用有了很大进展。该会议是由勃珂夫斯基(B - Berkovosky)[1]主持召开的,人们讨论了铁磁流体的制备及力学特性。1980年在伦敦召开第二次会议,由罗逊维格(Resenweig)[2]主持并讨论了它的应用可能性。在会上鲍依特(Bayd)[3]提出了铁磁流体换能器的设想方案。同年在美国奥蓝多(Orland)召开第三次会议,皮脱(Pieter)[4]发表了低频宽带换能器的理论模型。黑塞尔提出铁磁流体推进器。1983年作者本人[5]在南京召开的中日联合发起的超声会上报告了铁磁流体换能器主要特性的论文。1992年在声学学报发表了铁磁流体的宽带发射器[6]的论文。最近作者又研究了铁磁流体喷水推进器及仿生消声器等。

2　铁磁流体的组成及物理特性

铁磁流体是由稳定地悬浮着20~200 Å的铁氧体微粒或氮化铁微粒的胶体构成,胶体的有机载体为癸二酸辛酯或煤油,在微粒表面包覆一层偶连剂,它能阻止微粒间的分子相互作用力及磁力所产生的凝聚效应。铁磁流体在工作时受到恒定及梯度场作用,因此首先研究它在上述磁场作用下的稳定性。

2.1　在恒定及梯度磁场中铁磁流体的稳定性

铁磁流体是在有机溶液内均匀分布着带铁磁性微粒的两相流体。在每立方米的溶液中有$n=6.8\times10^{22}$个微粒。对这样大数目的微粒群,应循统计规律。在这种亚微观粒子群中,在无外磁场时,单个磁偶极子在空间形成的磁场为

$$\vec{H}_i(r)=\frac{1}{4\pi\mu_0}\left[3\frac{(\vec{m}\cdot\vec{r})\cdot\vec{r}}{r^5}-\frac{\vec{m}}{r^3}\right]\quad(r\geqslant d)\tag{1}$$

式中,$\vec{r}$为微粒中心到观察点的矢量,d为球形微粒直径,它的体积$V=\frac{\pi}{6}d^3$,$\vec{m}$为微粒磁矩,$\vec{m}=\mu_0\vec{M}V$,M为微粒饱和磁化强度。$\vec{m}$在外场中的势能U_m为

$$U_m = -\vec{m} \cdot \vec{H}_e \tag{2}$$

式中，$\vec{H}_e$ 为外磁场，而两微粒间作用能 U_{12} 为

$$U_{12} = \frac{1}{4\pi\mu_0}\left[\frac{\vec{m}_1 \cdot \vec{m}_2}{r_{12}^8} - \frac{3(\vec{m}_1 \cdot \vec{r}_{12})(\vec{m}_2 \cdot \vec{r}_{12})}{r_{12}^5}\right] \tag{3}$$

若 $m_1 = m_2$，$\vec{r}_{12}$ 为 $\vec{m}_1$ 指向 $\vec{m}_2$ 的矢量，它们的相互作用力为

$$F_2 = -F_1 = \frac{15}{r^7}(\vec{m} \cdot \vec{r}_{12})(\vec{m} \cdot \vec{r}_{12})\vec{r}_{12} \tag{4}$$

由(4)式看出：偶极子之间作用力是微弱的，故当体系受热骚扰作用时，整个体系处于平衡而又不产生凝聚的状态。当外加恒定磁场时，磁偶极子的磁化方向将向外场方向偏转，铁磁流体的宏观磁化强度随之增加，在外加磁场增大时，宏观磁化强度可达到饱和值 M_s，此时偶极子间相互作用力显然增加。在这种情况下，多大尺寸的微粒所形成的相互作用力能被热骚扰所破坏？令两偶极子表面相隔距离为 s，由(3)式得

$$U_{12} = -\frac{\pi}{9}\frac{\mu_0 M^2 d^3}{\left(2 + \frac{s}{r}\right)} \tag{5}$$

当两个偶极子相接触，相互作用能 U_e 为

$$U_c = -\frac{1}{12}\mu_0 M^2 V \quad (\text{在 } s = 0) \tag{6}$$

当系统所处温度为 T，微粒具有热能为

$$U_h = KT \tag{7}$$

式中，K 为依据(6)和(7)式可得热骚扰抗磁凝聚力的关系，为

$$\frac{\text{两偶子之热能}}{\text{两偶子接触时相互作用能}} = \frac{24KT}{\mu_0 M^2 V} > 1 \tag{8}$$

或

$$d \leqslant (144KT/\pi\mu_0 M)^{1/3} \tag{9}$$

当 $T = 298$ K(开尔文温度)，$\mu M = 0.56$ T，用(9)式可得 $d = 10$ nm，此时热骚扰能克服恒磁产生的凝聚力。在某些情况下，还加交变的梯度场，磁性微粒由 H_1 变到 H_2 所作之功 W_m：

$$W_m = \int_{H_1}^{H_2} \mu_0 MV \frac{\mathrm{d}H}{\mathrm{d}S}\mathrm{d}S = \mu_0 MV(H_2 - H_1) \tag{10}$$

与前述情况相类似，若热运动能量大于 W_m 则磁性微粒不会凝聚，即

$$(KT)/[\mu_0 MV(H_2 - H_1)] > 1 \tag{11}$$

或

$$d < [6KT/\pi\mu_0 M(H_2 - H_1)]^{1/3} \tag{12}$$

当 $H_2 - H_1 = 8 \times 10^4$ A/m，$M = 4.46 \times 10^5$ A/m，$T = 298$ K，$d = 8.1$ μm，即微粒的 $d = 8.1$ nm 时，铁磁流体是稳定的。由于微粒表面有活性剂包层，在交直流磁场作用下，$d \approx 20 \sim 200$ Å 时，铁磁流体亦是稳定的。

2.2 铁磁流体的磁化曲线

铁磁流体的重要特性是它的磁化强度随外磁场变化的曲线[8,9]。我们用朗芝万理论研究它的超顺磁性的磁化特性。

设微粒体积为 V,磁化强度矢量为 $\vec{M}$, 它与外磁场 $\vec{H}$ 的夹角为 θ,则磁转矩密度 τ/V 为 $\mu_0 MH\sin\theta$。因微粒磁矩 $m=\mu_0 MV$,微粒转矩 τ 为

$$\tau = mH\sin\theta \tag{13}$$

微粒由零度转到 θ 所作之功为 W

$$W = \int_0^{\theta}\tau \mathrm{d}\theta = mH(1-\cos\theta) \tag{14}$$

因微粒服从统计分布规律。令 $n(\theta)$ 表征互不相关微粒所组成系统的角分布函数。在无外场情况,在 θ 与 $\theta+\mathrm{d}\theta$ 之间位形空间内所具有微粒的数量可由下式确定

$$n(\theta)\mathrm{d}\theta = \frac{N2\pi\sin\theta\mathrm{d}\theta}{4\pi} = \frac{N}{2}\sin\theta\mathrm{d}\theta \tag{15}$$

式中,N 为总粒子数。

在有外场时,给定温度 T,则给定方位的概率与玻耳兹曼因子 e^{-W/K_BT} 成正比,而(15)式变为

$$n(\theta)\mathrm{d}\theta \simeq \frac{N}{2}e^{-W/K_BT}\sin\theta\mathrm{d}\theta \tag{16}$$

而

$$\int_{\theta}^{\pi} n(\theta)\mathrm{d}\theta = N \tag{17}$$

单个微粒沿外场方向的有效偶矩为 $\vec{m}\cos\theta$,用(16)式可求出平均值 $\overline{m}=\langle \vec{m}\cos\theta\rangle$,即

$$\vec{m} = \int_0^{\pi}(\vec{m}\cos\theta)n(\theta)\mathrm{d}\theta \Big/ \int_0^{\pi}n(\theta)\mathrm{d}\theta = \vec{m}\left\{\coth(\alpha) - \frac{1}{\alpha}\right\} = \vec{m}L(\alpha) \tag{18}$$

式中,$\alpha = mH/KT$ 及 $L(\alpha)$ 为朗芝万函数。

令单位铁磁体中沿外场方向的总磁化强度 $\vec{M}$

$$\mu_0\vec{M} = n\,\vec{m} \tag{19}$$

当外场很强时,其饱和磁化强度为 $\vec{M}s$,

$$\mu_0\vec{M}s = n\,\vec{m} \tag{20}$$

通过固体介质占有胶体溶液体积百分比 Φ,可求出固体磁介质的饱和磁化强度 $\vec{M}_d$ 与 $\vec{M}_s$ 的关系 $\vec{M}_s = \Phi\,\vec{M}_d = n\,\vec{m}/\mu_0$,将它代入(19)式得

$$\vec{M}/(\Phi\,\vec{M}_d) = \overline{m}/\vec{m} = L(\alpha) = \mathrm{Coth}\,\alpha - \frac{1}{\alpha} \tag{21}$$

下面研究两种特殊情况:

(1)外加场 H 很小时,即 α 很小时,

$$\lim_{\alpha\to 0}L(\alpha) = \alpha/3$$

若起始磁化率 $X_i = \vec{M}/\vec{H}$,则

$$X_i = \frac{\pi}{18}\Phi\mu_0 M_d^2 d^3/KT = \delta\Phi\lambda\,(\alpha \leqslant 1) \tag{22}$$

此处 λ 称耦合系数。

(2)当外场使铁磁流体趋于饱和时

$$M = \Phi M_d\left(1 - \frac{6}{\pi} - \frac{KT}{\mu_0 M_d H_d^8}\right)(\alpha \geqslant 1) \tag{23}$$

对于国产的 HZS 型铁磁流体，利用(21)式计算出 $\mu_0 \vec{M}$ 随 H 变化的磁化曲线，如图 1 所示。

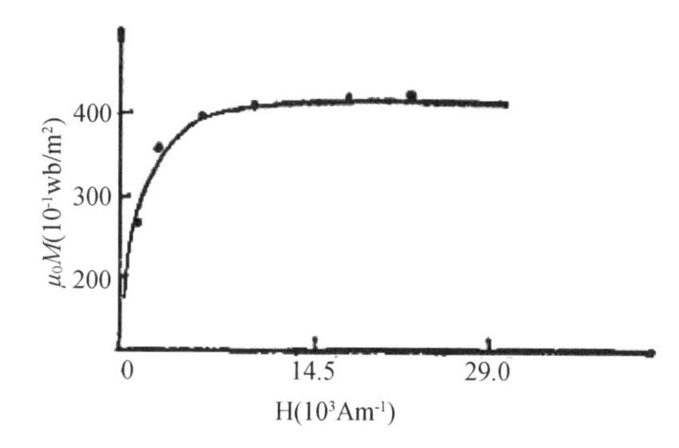

图 1　HZS 型铁磁流体的磁化曲线

其中圆点为中科院物理所实测数据，从图中看出，理论与实测结果符合甚好。

3　铁磁流体中的应力张量及开尔芬力

在铁磁流体应用中，常用到它的应力张量及开尔芬力的关系式[10]。我们将运用热力学理论导出应力张量及开尔芬力。

3.1　热力学理论

依据热力学中赫姆霍茨自由能的关系式

$$F' = U' - TS' \tag{24}$$

其中，F'、U' 及 S' 为单位质量的自由能内能及熵，T 为温度。

对上式微分，并用热力学第一定律的关系式 $\mathrm{d}U' = \delta Q - \delta W$（$Q$、$W$ 为热量及功）代入上式得

$$\mathrm{d}F' = -\delta W - S'\mathrm{d}T \tag{25}$$

在等温过程中，自由能的变化 $\mathrm{d}F'$ 为

$$\mathrm{d}F' = -\delta W \tag{26}$$

它代表自由能变化等于作任何形式功的负值。我们感兴趣的做功形式为由体积改变所做的功和磁性功，即

$$\delta W = P\mathrm{d}V - \mathrm{d}\left(V\int H\mathrm{d}B\right) = \left(P - \int H\mathrm{d}B\right)\mathrm{d}V - V\mathrm{d}B \tag{27}$$

式中 P 为声压，$V = P^{-1}$ 为比体积，ρ 为密度。由(26)及(27)式看出自由能是 V、T 及 H 的函数，无磁场时，自由能的微分 $\mathrm{d}F'$ 为

$$\mathrm{d}F'(V,T,O) = \left(\frac{\mathrm{d}F'}{\mathrm{d}V}\right)_T \mathrm{d}V + \left(\frac{\mathrm{d}F'}{\mathrm{d}T}\right)_V \mathrm{d}T = -P\mathrm{d}V - S'\mathrm{d}T \tag{28}$$

因而

$$\left(\frac{\mathrm{d}F'}{\mathrm{d}T}\right)_V = S' \text{及} \left(\frac{\mathrm{d}F'}{\mathrm{d}V}\right)_T = -P \tag{29}$$

为今后研究方便，令单位体积自由能为 F，则

$$F' = VF \tag{30}$$

而

$$\left[\frac{\partial(VF)}{\partial V}\right]_T = -P \tag{31}$$

利用(30)式得

$$dF' = VdF + FdV \tag{32}$$

利用(27)及(32)式可得恒温及恒容下的自由能变化$(dF)_{T,V}$为

$$(dF)_{T,V} = HdB \tag{33a}$$

上式为恒温恒容下自由能变化等于磁能密度的改变。

3.2 磁应力张量及开尔芬力的表达式

考虑在相隔距离为 a 的两块平行板之间存放着一层均匀的铁磁流体,如图 2 所示。其均匀磁场由片流产生,而片流由线圈中电流所生成。在等温条件下,增加外磁场 H,令边界保持不动。

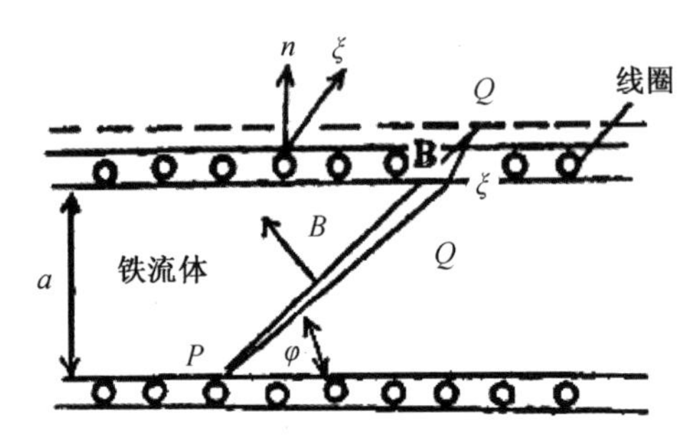

图 2 在铁磁流体中计算张量的示意图

依据式(33a)式,

$$dF_T = HdB \tag{33b}$$

在恒温条件下积分得

$$F_T(P,T,B) = \left(\int_0^B HdB\right)_{P,T} + F_0(P,T,O) = F_0(P,T,0) + HB - \left(\int_0^H BdH\right)_{P,T} \tag{34}$$

若令铁磁流体产生应变,即使边界发生一无穷小位移 ξ,ξ 不平行于板的法线矢量 $\vec{n}$,故 $\delta\alpha = \vec{\xi}$、$\vec{n}$,在这过程中仍保持恒温,并调节线圈中电流使磁通量不变,铁磁流体对单位面积边界上产生一作用力 $-\vec{n}\cdot T'_n$,它所作之功为

$$\delta W = -\vec{n}\cdot\vec{T}'_m\cdot\vec{\xi} \tag{35}$$

其中 $\vec{T}'_m$ 为应力张量,在恒温下所作机械功等于自由能下降。

$$\delta W = -d(Fa)_T = -F_T da - a dF_T \tag{36}$$

此处 a 为铁磁流体层的厚度,Fa 为单位表面积中铁磁流体层的自由能。依据质量守恒,aP 或 aV 应维持常数,因而

$$da/a = dV/V \tag{37}$$

利用(34)式得

$$dF_T = \left(\frac{\partial F_0}{\partial V}\right)_T dV + HdB + BdH - \int_0^H \left(\frac{dB}{dV}\right)_{H,T} dVdH - BdH \tag{38}$$

利用(33a)、(36)及(38)代入(35)得

$$\vec{n}\cdot\vec{T}'_m\cdot\vec{\xi}=\mathrm{d}a\left\{\left[\frac{\partial(F_0V)}{\partial V}\right]_T+\int_0^B H\mathrm{d}B-\int_0^H V\left(\frac{\partial B}{\partial V}\right)_{H,T}\mathrm{d}H\right\}+\alpha H\mathrm{d}B \tag{39}$$

在图2中表示了$\vec{PQ}'$,$\vec{PQ}$及ξ的三角关系。在微小位移ξ过程中维持Φ(磁感应通量)为常值,即$\Phi=\vec{B}\cdot\vec{PQ}=$常数,则

$$\mathrm{d}\vec{B}/\vec{B}=-\mathrm{d}\,\vec{PQ}/\vec{PQ} \tag{40}$$

及

$$\vec{PQ}'=\vec{PQ}\left\{1+\left(\frac{\xi}{PQ}\right)\cos\beta\right\}+\text{高阶无穷小量} \tag{41}$$

经过矢量运算得在铁磁流体中的应力张量$\vec{T}'_m$为

$$\vec{T}'_m=-\left\{P(P,T)+\int_0^H\mu_0\left[\frac{\partial(VM)}{\partial V}\right]_{H,T}\mathrm{d}H+\frac{1}{2}\mu_0H^2\right\}\vec{I}+\vec{B}\vec{H} \tag{42}$$

式中$\vec{I}$为单位张量,若液体是非极性的,在液体中仅存在压力$P(P,T)$,由磁效应引起的应力张量为$\vec{T}'_m$

$$\vec{T}_m=-\int_0^H\mu_0\left[\frac{\partial(VM)}{\partial V}\right]_{H,T}\mathrm{d}H+\frac{1}{2}\mu H^2\}\vec{I}+\vec{B}\cdot\vec{H} \tag{43}$$

对应于磁应力张量$\vec{T}_m$所产生单位体积中的磁力为f_m

$$\vec{f}_m=\nabla\cdot\vec{T}_m \tag{44}$$

因$B=\mu_0(H+M)$,利用(43)式得

$$\vec{f}_m=-\nabla\left[\mu_0\int_0^H\left(\frac{\partial(MV)}{\partial V}\right)_{H,T}\mathrm{d}H\right]+\mu_0M\nabla H \tag{45}$$

式中MV代表铁磁流体中单位质量中的磁矩,即$MV=n\,\overline{m}V$,$(M=n\,\overline{m})$,n是磁性胶液中微粒密度的数值,$\overline{m}$为微粒的平均磁矩。故nV为铁磁流体中单位质量中的微粒数。当铁磁流体的体积变化时,nV几乎保持常值。在恒定磁场使铁磁流体接近饱和状态,$\overline{m}$亦保持不变。因此MV几乎不随V变化,即$-\nabla\left[\mu_0\int_0^H\left(\frac{\partial MV}{\partial V}\right)_{H,T}\mathrm{d}H\right]$的变化很小,故在铁磁流体中的$\vec{f}_m$主要由$\mu_0M\nabla H$支配,故

$$\vec{f}_m=\mu_0M\nabla H \tag{46}$$

这个$\vec{f}_m=\mu_0M\nabla H$称谓开尔芬(Kelvin)力密度。

4　铁磁流体在其他领域中的应用

近年来,铁磁流体在许多领域中得到广泛的应用。本文仅扼要介绍几种有开发性的应用。

4.1　铁磁流体宽带辐射换能器[11]

铁磁流体换能器是20世纪80年代开发的新型换能器,它的结构如图3所示。依据铁磁流体动 力学及马克思威尔理论,当铁磁流体置于恒定及交变梯度磁场中,在铁磁流体内部形成开尔芬力$f_m=\mu_0M_s\nabla H_s$。M_s为铁磁流体受恒定磁场作用后形成的饱和磁化强度,∇H_s为交变的梯度场。当f_m作简谐振动,从而激发换能器的发射面推动水介质振动,亦即向水介质中辐射声能,详情参见文献[6]。它的优点是:利用多谐效应可做成具有几个倍频程的宽带辐射响应的辐射器。又因它的特性阻抗与水很接近,易于匹配。它有广泛的应用前景,如水下宽带声源,水声对抗用的诱饵声辐射器及水下芭蕾高保真度的音响设备等。

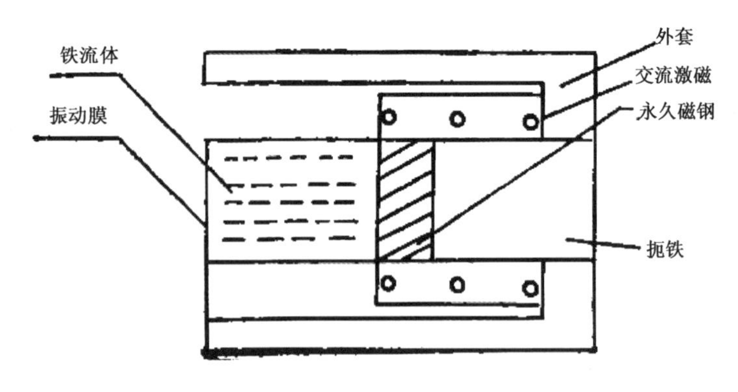

图 3　铁磁流体换能器结构示意图

4.2　铁磁流体推进器

通常潜艇是用螺旋桨作为推进器向前航行。螺旋桨推进器的最大缺点是噪声大,而潜艇的最主要战术要素是要隐蔽性好。随着近代防潜反潜手段的迅速发展,对大型核潜艇仍采用螺旋桨作为推进器,在高速航行时将产生强噪声,很快被敌方声呐侦察到,因此必须采用降噪措施。下面举例说明降噪的重要性:假定潜艇的噪声级为 N dB,在某种海况下,能被 BQS－6 型声呐站监听到的作用距离为 100 链。若潜艇的噪声级通过某种措施降低10 dB,则被该声呐站侦察到的作用距离降为 50 链。螺旋桨是潜艇噪声中最主要噪声源。因此各国潜艇设计者千方百计改进螺旋桨的结构设计,来延缓和控制螺旋桨在高速推进时所产生的空化噪声,但收效甚少。下面我们说明用铁磁流体喷水推进装置[12,13]来代替螺旋桨推进器,它能大幅度降低噪声,即使在高速推进时仍能保持安静的特性。铁磁流体推进装置是一种喷水式推进器(它类似于飞机上使用的喷气推进器)。美苏两国早在 20 世纪 60 年代就布置铁磁流体推进器的研究工作。Rosenweig 在 20 世纪 60 年代就系统地研究了铁磁流体动力学。1971 年 Rosker 在 NTIS 的年度报告专集上发表了"铁磁流体推进器"的论文。在 20 世纪 70 年代末研究出大功率铁磁流体推进器,并安装在能供给大电流的攻击型潜艇上,因此美国宣称在潜艇推进器及潜艇的隐蔽性方面具有优势。苏联科学家如 Тамзаев、Феремек 及 Бибик 等对铁磁流体的特性及应用亦大力开展研究。据"詹氏舰艇年鉴"所发表的苏联 DIV 级核潜艇的照片,估计 20 世纪 80 年代初苏联亦研制出铁磁流体动力推进器。英国的 RayCorlet 及美国的 Moore 对上述核潜艇推进系统作了评述,并对其推进原理进行说明。

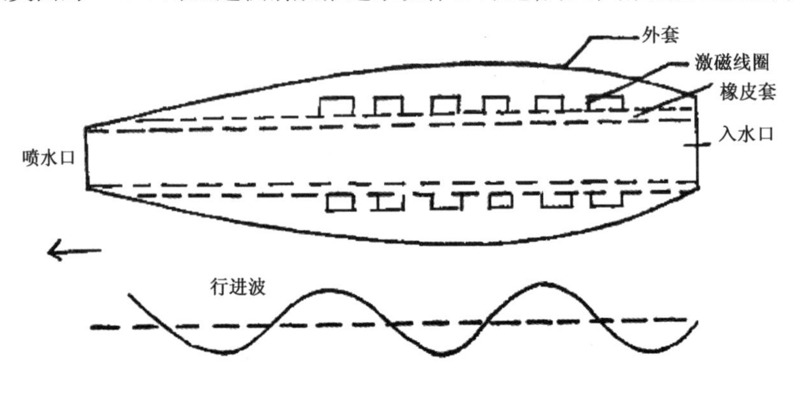

图 4　铁磁流体动力推进器原理图

依据上述原理图，它是由一组套筒所构成：导流罩筒是由钛合金制成，内壁管为具有高弹性及高韧性的橡胶做成，其间充有高磁化强度的铁磁流体，并在其中装有一组环形激磁线圈。当电流通过激磁线圈形成脉冲电磁场，铁磁流体在脉冲场作用下产生行进波，使弹性管内壁不断“蠕动”，迫使海水从套管前端吸入且得到加速，又以高速从后端喷出，它能产生8仟牛顿的推力。若在潜艇上装有四个推进器，可得32 000 N的推力。在以5～10 kn巡航时，可得非常安静的航行状态。

4.3　铁磁流体构成的仿生降阻降噪覆盖层[14]

众所周知，潜艇在潜航时，其外壳与运动着的海水之间有一边界水层，水分子在其中是运动着的，它们运动的作用力就构成抑制潜艇前进的阻力。在潜艇与海水作相对地低速运动时，流体平滑地一层层作互不渗合地流动。这种水流层称层流，它呈线性运动的阻力，即阻力与船速成正比。当相对运动的速率提高时，因流体通过舰壳外壁不是绝对光滑，流体内部存在扰动，流体各层强烈地互相渗合，水分子运动变得无规律，这种状态的流动称为湍流。此时运动阻力与舰速平方成正比，阻力明显增加，且形成湍流噪声，大大降低潜艇的隐蔽性及推进速度。流体中的流动状态，取决于“扰动”和“阻尼的稳定作用”这两个矛盾因素竞争的结果。在实际流动中总存在各种各样的扰动（如热扰动，局部湍流），而流体本身具有黏滞性的阻尼作用。当阻尼作用使扰动衰减下来，此时流动保持层流、当扰动占上风时，流动转为湍流。由铁磁流体及光滑的弹性胶层组成仿生的降阻降噪的覆盖层，将它包覆在潜艇表面，它有使边界层中流体内的扰动衰减下来的作用，它能延缓和抑制湍流的产生，使潜艇周围的海水能保持层流运动。当舰尾安装铁磁流体推进器，整个艇去而覆盖仿生阻形器，则在舰首部分分开的海水，在舰尾部会合，整个艇的边界层厚度可达一米，因此它能大大降低推进阻力，且使水动力噪声亦大为减弱。它使潜艇达到超安静级水平。

4.4　铁磷流体的动态密封装置

在图5中说明了如何用铁磁流体对旋转轴进行动态密封[15]。

在旋转轴外面加一个永磁体环套，两者之间充有铁磁流体。运用图5(b)可分析图5(a)铁磁流体密封情况。为分析方便，作下列简化假设：(1)磁场是均匀的，且在界面4—3和2—1的弯月面上，其磁力线沿切线方向；(2)重力忽略不计；(3)首先认为轴不转动。

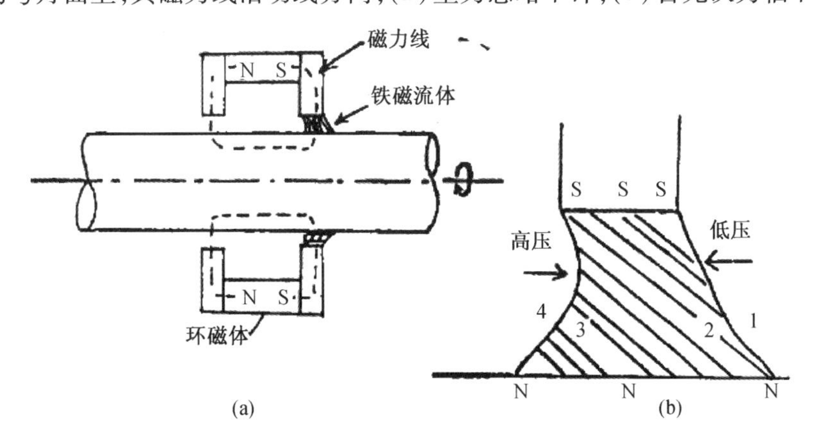

图5　旋转轴的动态密封示意图

应用伯努利定理

$$P^* + \frac{1}{2}\rho V^2 + \rho hg - \mu_0 \overline{M}H = 常数 \tag{47}$$

式中 P^* 及 h 为铁磁流体中某点的压力和水平高度，ρ 为其密度，g 为重力加速度，将上述定理用于3及2点上，得

$$P_3^* - P_2^* = \mu_0[(\overline{M}H)_3 - (\overline{M}H)_2] \tag{48}$$

依据铁磁流体的边界条件

$$P_4 = P_3^* + \frac{\mu_0 M_n^2}{2} \tag{49}$$

在弯月面上的法向磁化强度 $M_n = 0$，故 $P_3^* = P_4$，同理得 $P_2^* = P_1$。因此静态密封出现压差 $\Delta P = P_4 - P_3 = \mu_0\int_{H_2}^{H_3} M\mathrm{d}H$，在良好的设计时，可使 $H_2 \leqslant H_3$，$\Delta P = \mu_0 MH_3$。在前面假设铁磁流体浓度是均匀的。实际上在高磁场部分的粒子浓度超过低磁场部分粒子浓度，因此 ΔP 要超过理论值。当被密封轴转动时，粒子浓度趋于均匀，故工作压差接近 $\mu_0 MH_3$ 的理论值。

4.5　铁磁流体的压力传感器

铁磁流体的压力传感器[18]的结构如图6所示，其中1为容器，2为环形永磁体，3为装铁磁流体的非铁磁容器，4为永磁环，5为铁磁流体，6为绕组，7为橡皮膜，8和9为输出导线。

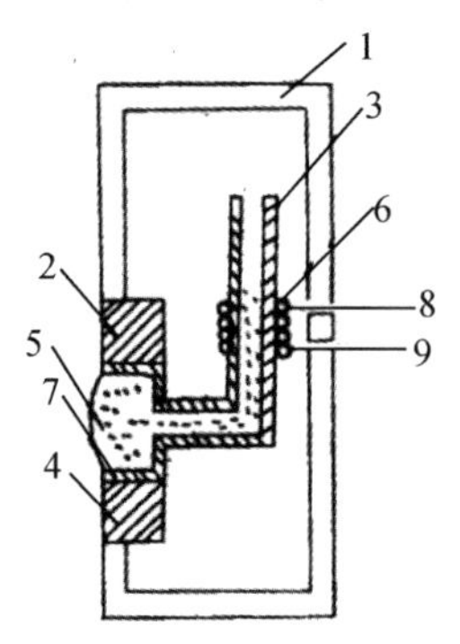

图6　压力传感器示意图

当橡皮膜受外压力作用，使铁磁流体在绕组中形成的电感量发生变化时，利用外加压力与电感量变化的关系，可测出外界压力。

5　结语

铁磁流体作为一种新型的功能材料，有着多种重要用途。在水声对抗中，可用作干扰器及拖曳式声诱饵。新型铁磁流体喷水推进器，可使潜艇航行速度快而噪声低。用它制成仿生降阻降噪器件覆盖在潜艇表面时，大大增加它的隐蔽性。用它做成动态密封装置时，在钻井装置中有很大应用价值。总之，这种功能材料有着广泛的用途，应加速开发和研究。

参 考 文 献

[1] Berkovsky B M. Proc Int Advance Course and Workshop on Thermomech of Magnetic Fluid. 1977, Washington DC Hemishere 1978.

[2] Resensweig, U S Patent 4, 115,977, 15 Nov, 1983.
[3] Boy B. J AS A, 1968, 45(3). 1210 - 16.
[4] Pieter S. Doubbalday IEEE Trans Vol Mag 1980, 16(2). 324 - 372.
[5] 周福洪. 中日联合超声会议学报,May 11, 1987, 299 - 302.
[6] 周福洪,郑士杰等. 声学学报,1992, 17(1): 34 - 49.
[7] Rosensweig R E. Ferrohydrodynamics 1985, 33 - 70.
[8] Hayes. C F J Collid Interface Si, 1977, 60(3). 443 - 447.
[9] Iain P C and Prakash C V S. Notice Amer Math Soc. 1974, 21(5): 496.
[10] Rosensweig. R E. Ferrohydrodynamics 1985, 100 - 113.
[11] Overy, U S Patent. 4, 308, 603. Dec 29, 1981.
[12] Resler E L. NTIS Annual Rep No. 0014 - 67 - A - 0077 - 0011 March 1971, 20.
[13] Rcsher E L. NTJS Annual Rep No 0014 - 67 - A - 0077 - 0011, May 1972, 27.
[14] AVCO Corp Rep no NASA - CR 94173 AVSSD 222 - 67 - CR PP 234 Mar 8, 1967.
[15] Berkovsky B. "Thermomechanics of Magnet fluid * . 1978, 299 - 312.
[16] Carrico US Patent. 3956 938 May 18, 1976.

单模光纤水听器声压灵敏度的研究

崔三烈 周福洪 徐彦德

摘要 光纤水听器是一种新型的声信号探测器。声压灵敏度是它的重要技术指标。20世纪70年代末, Peter和Pirce等人提出了声光转换的理论模型, Pirce导出了单模光纤水听器的声压灵敏度公式。本文, 根据弹性振动理论和光弹理论,对Pirce公式加以推广,导出了宽频带中适用的新的声压灵敏度公式, 并指出Pirce公式只新得出的公式在低频声信号下的表达式。

关键词 应力-光学张量;光程;相位;声压灵敏度;单模光纤;水听器

1 引言

自从1977年由J. A. Bucor提出利用光导纤维通过光弹效应及光零差检测原理可以用来检测声信号的原理之后, Peter、Price等人相继提出了声光转换器的理论模型,并做了一些实验研究。这些研究为新型的声光水下探测系统的研究和发展创造了条件。因此,这些研究已成为引人注意的研究课题。我们依据弹性振动理论导出了在声波作用下光纤芯的振动特性,得出了比Price所研究情况更为普遍的应力分布(三维分布)下的结果。又根据Wemple和Didom enico建立的光弹性理论,导出了激光束通过光纤时由于声信号(声压)作用所引起的光程及相应的光相位变化,从而得出声压与光相位间的对应变化关系,即得到适用于宽频带的声压灵敏度公式。从公式中看出H. L. Price的结果仅在低频声信号时才能使用。

2 光弹效应及光纤芯受力时产生的光程变化

在1935年Mueller提出了一种光弹效应的理论。这种理论有它的局限性,它不能圆满解释物质在对称性较低时亦能发生光弹效应的现象。1970年Wemple和Didomenico创立了光弹性的一种宏观理论,他引入了一个形变势函数,通过它描述了应变(或应力)使折射率产生变化的效应。这种理论对预测光弹张量分量的色散效应特别有用。依据他的理论,固体的所有状态都会发生光弹效应,特别是属于所有对称群的晶体介质。光弹效应可由一个四阶应力—光学张量来解析的描述,即

$$\Delta\left(\frac{1}{n^2}\right)_{ij} = \sum_{k,l}^{3} q_{ij,kl} P_{kl}$$

其中 P_{kl} 为应力张量,$(n^{-2})_{ij}$ 为折射率椭球张量,$q_{ij,kl}$ 为应力—光学张量的分量。上式表明,张量 $(n^{-2})_{ij}$ 的改变 $\Delta(n^{-2})_{ij}$ 直接与应力成比例。

为了今后的计算方便,我们采用简约记号,则方程(1)可写成

$$\Delta\left(\frac{1}{n^2}\right)_{ij} = \Delta a_i = \sum_{j=1}^{6} q_{ij} P_j \quad (i,j = 1,2,\cdots,6) \tag{1}$$

这里使用的是标准指标简约方案,其中 a_i 代表$(n^{-2})_{ij}$,在这种形式下显然可将应力—光学张量表示为 6×6 的阵列。

依据1966年Mason的研究,对于熔凝石英及硼硅材料,有些分量是彼此有关,或是零的,它的张量为

$$\{q_{ij}\}=\begin{Bmatrix} q_l, & q_t, & q_t, & 0, & 0, & 0\\ q_t, & q_l, & q_t, & 0, & 0, & 0\\ q_t, & q_t, & q_l, & 0, & 0, & 0\\ 0, & 0, & 0, & \dfrac{(q_l-q_t)}{Z}, & 0, & 0\\ 0, & 0, & 0, & 0, & \dfrac{(q_l-q_t)}{Z}, & 0\\ 0, & 0, & 0, & 0, & 0, & \dfrac{(q_l-q_t)}{Z} \end{Bmatrix} \tag{2}$$

对于熔凝石英,$q_l=0.418\times10^{-12}/\text{Pa}$,$q_t=2.71\times10^{-12}/\text{Pa}$,同样对于硼硅玻璃,$q_l=0.315\times10^{-12}/\text{Pa}$,$q_t=1.92\times10^{-12}/\text{Pa}$。象式(2)所示的光弹方程亦可表示为

$$\Delta a_i=\sum_{j=1}^{6}P_{ij}S_j\quad(i,j=1,2,\cdots,6) \tag{3}$$

其中 S_j 为应变张量,$\{P_{ij}\}$ 为应变—光学张量。

依据Fresnel的折射率的椭球理论,当我们选定主轴坐标系统时,其折射率椭球可表示为

$$\frac{x^2}{n_1^2}+\frac{y^2}{n_2^2}+\frac{z^2}{n_3^2}=1 \tag{4}$$

其中 x、y 及 z 与 E_x、E_y 及 E_z 方向相同,对于各向同性材料 $n_1=n_2=n_3=n$,亦即 $a_1=a_2=a_3=n^{-2}$。

在单模光纤中,满足一定条件时,HE_{11} 波为在 X 轴向振动而沿 Z 轴向传播的偏振的光波。则有

$$\Delta a_1/\Delta n=-2n^{-3}$$

依据式(2)可得

$$\Delta n=-(1/2)n^3(q_lp_1+q_tp_2+q_tp_3) \tag{5}$$

其中 $p_1=p_{xx}$,$p_2=p_{yy}$,$p_3=p_{zz}$。

式(5)表示,沿光纤芯 Z 轴传播而在 X 轴振动的偏振光。当光纤芯受力作用时引起折射率的变化,激光在传播过程中受此折射率变化影响必然引起光程变化。下面研究光纤受声压作用后光纤芯中传播的激光的总的声致光程变化。

在光纤芯中取小段 δz,相应于这小段的光程变化引起的相应变化为 $\delta\varphi=kn_1\delta z$。

当光纤芯受力作用时,对应对 δz 段所产生的相位变化为 $\delta\Delta\varphi=k\{\Delta n_1\delta z+n_1\delta\Delta z\}=kl\{(\Delta n_1/l)\delta z+n_1\delta(\Delta z/l)\}$。

其中 l 为光纤的总长,令 $\Delta z/l$ 相对于 δz 处沿 Z 轴的相对应变 $\Delta z/l=\partial u_z/\partial z$,$u_z$ 为该处的应变位移,故

$$\delta\Delta\varphi=kl\left\{\frac{\Delta n_1}{l}\delta z+n_1\delta\left(\frac{u_z}{\partial z}\right)\right\}$$

则整条光纤受力时,激光相位的总变化为

$$\Delta\varphi = \int\delta(\Delta\varphi) = kn_1 l\left\{\left(\frac{\partial u_z}{\partial z}\right) - \frac{1}{2}n_l^2\int_0^l (q_l p_1 + q_t p_2 + q_t p_3)\,\mathrm{d}z\right\} \tag{6}$$

3　光纤受声压作用时在光纤芯内的应力和应变

单模纤芯半径小于 10 μm,若把一根长 4 m 的光纤绕在半径为 2. 5 cm 的螺旋管上,其总长不超过 0. 5 cm。因而,在 30 kHz 下的声波作用到光纤时,入射声波可完全透射,则可以认为光纤芯是沿径向均匀受声压作用。

下面研究光纤芯受均匀径向声压作用情况下它的振动特性。

依据弹性振动理论,在光纤芯受轴对称力作用的情况下,它的应力、应变关系为

$$P_{rr} = \lambda\Delta + 2\mu\frac{\partial u_r}{\partial r} \tag{7}$$

$$P_{\theta\theta} = \lambda\Delta + 2\mu\frac{u_r}{r} \tag{8}$$

$$P_{zz} = \lambda\Delta + 2\mu\frac{\partial u_z}{\partial z} \tag{9}$$

$$P_{rz} = \mu\left(\frac{\partial u_r}{\partial z} + \frac{\partial u_z}{\partial r}\right) \tag{10}$$

$$\Delta = \left(\frac{\partial u_r}{\partial r} + \frac{\partial u_z}{\partial z}\right)\frac{u_r}{r} \tag{11}$$

其中 λ、μ 为拉密常数,u_r、u_z 为径向和轴向的形变位移,P_{rr}、$P_{\theta\theta}$及 P_{zz}为 r、θ 及 Z 方向的正应力,p_{rz}为切应力、Δ 为体积相对应变。令

$$u_z = \frac{\partial \Phi_1}{\partial z} + \frac{1}{r}(r\Psi_1) \tag{12}$$

$$u_r = \frac{\partial \Phi_1}{\partial r} - \frac{\partial \Psi_1}{\partial z} \tag{13}$$

其中 Φ_1、Ψ_1 为势函数。

把它们代入式(7)~(10)得

$$P_{rr} = \lambda\left\{\frac{\partial^2\Phi_1}{\partial r^2} + \frac{1}{r}\frac{\partial\Phi_1}{\partial r} + \frac{\partial^2\Phi_1}{\partial z^2}\right\} + 2\mu\left\{\frac{\partial^2\Phi_1}{\partial r^2} - \frac{\partial^2\Psi_1}{\partial r\partial z}\right\} \tag{14}$$

$$P_{zz} = \lambda\left\{\frac{\partial^2\Phi_1}{\partial r^2} + \frac{1}{r}\frac{\partial\Phi_1}{\partial z} + \frac{\partial^2\Phi_1}{\partial z^2}\right\} + 2\mu\left\{\frac{\partial^2\Phi_1}{\partial z^2} + \frac{\partial^2\Psi_1}{\partial r\partial z} + \frac{1}{r}\frac{\partial\Psi_1}{\partial z}\right\} \tag{15}$$

$$P_{rz} = 2\mu\left\{\frac{\partial^2\Phi_1}{\partial r\partial z} - \frac{\partial\Psi_1}{\partial z^2}\right\} + \mu\left\{\frac{\partial^2\Psi_1}{\partial r^2} + \frac{1}{r}\frac{\partial\Psi_1}{\partial r} - \frac{\Psi_1}{r^2} + \frac{\partial^2\Psi_1}{\partial z^2}\right\} \tag{16}$$

$$P_{rr} - P_{\theta\theta} = 2\mu\left\{\frac{\partial^2\Phi_1}{\partial r^2} - \frac{1}{r}\frac{\partial\Phi_1}{\partial r} - \frac{\partial^2\Psi_1}{\partial r\partial z} + \frac{1}{r}\frac{\partial\Psi_1}{\partial z}\right\} \tag{17}$$

圆柱轴对称振动方程为

$$\rho\frac{\partial^2 u_r}{\partial t^2} = \frac{\partial P_{rr}}{\partial r} + \frac{\partial P_{rz}}{\partial z} + \frac{P_{rr} - P_{\theta\theta}}{r} \tag{18}$$

$$\rho\frac{\partial^2 u_z}{\partial t^2} = \frac{\partial P_{rz}}{\partial r} + \frac{\partial P_{zz}}{\partial z} + \frac{P_{rz}}{r} \tag{19}$$

其中 ρ 为光纤芯密度。

把式(14)～(17)代入式(18)及(19)得

$$(\lambda+2\mu)\left\{\frac{\partial^2\Phi_1}{\partial r^2}+\frac{1}{r}\frac{\partial^2\Phi_1}{\partial r}+\frac{\partial^2\Phi_1}{\partial z^2}\right\}=\rho\frac{\partial^2\Phi_1}{\partial t^2} \tag{20}$$

$$\mu\left\{\frac{\partial^2\Psi_1}{\partial r^2}+\frac{\partial\Psi_1}{\partial r}-\frac{\Psi_1}{r^2}+\frac{\partial^2\Psi_1}{\partial z^2}\right\}=\rho\frac{\partial^2\Psi_1}{\partial t^2} \tag{21}$$

令

$$\Phi_1=\Phi_0\sin(\beta z)\exp(-\mathrm{j}\omega t) \tag{22}$$

$$\Psi_1=\Psi_0\cos(\beta z)\exp(-\mathrm{j}\omega t) \tag{23}$$

其中 β 为弹性波沿 Z 轴的传播常数。

$$C_d^2=\frac{\lambda+2\mu}{\rho},C_t^2=\frac{\mu}{\rho} \tag{24}$$

其中 C_d 及 C_t 为伸张波和切变波的波速。令

$$k_d^2=\frac{\omega^2}{C_d^2}-\beta^2,\quad k_t^2=\frac{\omega^2}{C_t^2}-\beta^2 \tag{25}$$

把式(22)～(25)代入式(20)和(21)得

$$\frac{\partial^2\Phi_1}{\partial r^2}+\frac{1}{r}\frac{\partial\Phi_0}{\partial r}+k_d^2\Phi_0=0 \tag{26}$$

$$\frac{\partial^2\Psi_0}{\partial r^2}+\frac{1}{r}+\frac{\partial\Psi_0}{\partial r}+\left(k_d^2-\frac{1}{r^2}\right)\Psi_0=0 \tag{27}$$

它们的解各为零阶和一阶贝塞耳函数。因此,在光纤芯中有

$$\Phi_1=A\mathrm{J}_0(k_d r)\sin(\beta z)\exp(-\mathrm{j}\omega t) \tag{28}$$

$$\Psi_1=B\mathrm{J}_1(k_t r)\cos(\beta z)\exp(-\mathrm{j}\omega t) \tag{29}$$

利用边界条件确定常数 A 和 B。

当 $r=a$ 时,$P_{rr}=-p$,$P_{zz}=0$,其中 p 为声压。故

$$\frac{p}{\sin\beta z}=A\left\{(\rho\omega^2-2\mu\beta^2)\mathrm{J}_0(k_d a)-2\mu k_d^2\frac{\mathrm{J}_1(k_d a)}{k_d a}\right\}+B\cdot 2\mu\beta k_t\left\{\frac{\mathrm{J}_1(k_t a)}{k_t a}-\mathrm{J}_0(k_t a)\right\} \tag{30}$$

$$A\{2\mu\beta k_d\mathrm{J}_1(\mathrm{K}_d a)\}+B\mathrm{J}_1(k_t a)\left\{\mu\frac{\omega^2}{C_t^2}-2\beta^2\mu\right\}=0 \tag{31}$$

则有

$$A=p\mathrm{J}_1(K_t a)\left\{\mu\frac{\omega^2}{C_t^2}-2\beta^2\mu\right\}/\{\Delta_1\cdot\sin\beta z\} \tag{32}$$

$$B=-p\cdot 2\mu\beta k_d\mathrm{J}_1(k_d a)/\{\Delta_1\cdot\sin\beta z\} \tag{33}$$

$$\Delta_1=\begin{vmatrix}(\rho\omega^2-2\mu\beta^2)\mathrm{J}_0(k_d a)-2\mu k_d^2\dfrac{\mathrm{J}_1(k_d a)}{k_d a}, & 2\mu\beta k_t\left\{\dfrac{\mathrm{J}_1(k_t a)}{k_t a}-\mathrm{J}_0(k_t a)\right\}\\ 2\mu\beta k_d\mathrm{J}_1(k_d a), & (\rho\omega^2-2\mu\beta^2)\mathrm{J}_1(k_t a)\end{vmatrix} \tag{34}$$

由于,光纤芯的半径 $a\leqslant\lambda_e$(弹性波的波长),因此,$k_{da}\leqslant 1$ 及 $k_t a\leqslant 1$ 时,利用渐近式

$$\lim_{x\to 0}\mathrm{J}_1(x)=\frac{x}{2},\lim_{x\to 0}\mathrm{J}_0(x)=1$$

把上式代入式(32)～(34),得

$$A=pk_t a(\rho\omega^2-2\mu\beta^2)/(2\Delta_1\sin\beta z) \tag{35}$$

$$B = -p \cdot 2\mu\beta^2 k_d^2 a/(2\Delta_1 \sin\beta z) \tag{36}$$

$$\Delta_1 = \frac{k_t a}{2}\{(\rho\omega^2 - 2\mu\beta^2) + \mu k_d^2(4\mu\beta^2 - \rho\omega^2)\} \tag{37}$$

在光纤芯内部的 P_{rr} 为

$$P_{rr} = -\left\{A\left[(\rho\omega^2 - 2\mu\beta^2)\mathrm{J}_0(k_d r) - 2\mu k_d^2 \frac{\mathrm{J}_1(k_d r)}{k_d r}\right] + B \cdot 2\mu\beta k_t\left[\frac{\mathrm{J}_1(k_t r)}{k_t r} - \mathrm{J}_0(k_t r)\right]\right\}\sin\beta z$$

由于,$k_d r \leqslant 1$,$k_t r \leqslant 1$,则有

$$P_{rr} = -\{A[(\rho\omega^2 - 2\mu\beta^2) - \mu k_d^2] - B\mu k_t\beta\}\sin\beta z$$

把 A 及 B 代入上式,得

$$P_{rr} = -p\{k_t a(\rho\omega^2 - 2\mu\beta^2)[(\rho\omega^2 - 2\mu\beta^2) - \mu k_d^2] - 2\mu k_t\beta(-\mu k_t^2 a)\}/(2\Delta_1) = -p \tag{38}$$

依据式(15),得

$$P_{zz} = \left\{-\left[\lambda\frac{\omega^2}{C_d^2} + 2\mu\beta^2\right]A\mathrm{J}_0(k_d r) - 2\mu\beta k_t B\mathrm{J}_0(k_t r)\right\}\sin\beta z \tag{39}$$

若终端不受外力作用,则 $P_{zz}|_{z=l} = 0$,则有

$$\sin\beta l = 0$$

故

$$\beta = n\pi/l \quad (n = 0,1,2,\cdots) \tag{40}$$

令 ω_n 为第 n 次谐频,则有

$$\beta = \frac{n\pi}{l} = \frac{2\pi n}{\lambda_e} = \frac{2\pi nf\sqrt{\rho}}{\sqrt{E}} = \frac{\omega_n\sqrt{\rho}}{\sqrt{E}}$$

即得

$$\omega_n = \frac{n\pi}{l}\sqrt{\frac{E}{\rho}} \tag{41}$$

由于杨氏模量 $E = \dfrac{\mu(3\lambda + 2\mu)}{(\lambda + \mu)}$,故

$$\beta^2 = \frac{\rho\omega_n^2(\lambda + \mu)}{\mu(3\lambda + 2\beta)} \tag{42}$$

由于,$k_d r \leqslant 1$,$k_t r \leqslant 1$,则有 $\mathrm{J}_0(k_d r) \approx 1$,$\mathrm{J}_0(k_t r) \approx 1$,我们利用上式,同时把式(32)、(33)、(34)代入式(39),得

$$P_{zz} = \frac{p\left\{4\mu^2\beta^2\dfrac{\omega^2}{C_d^2} - \rho\omega^2\left(\lambda\dfrac{\omega^2}{C_d^2} + 2\mu\beta^2\right) + 2\mu\lambda\beta^2\dfrac{\omega^2}{C_d^2}\right\}}{\left\{(\rho\omega^2 - 2\mu\beta^2)^2 + \mu\left(\dfrac{\omega^2}{C_d^2} - \beta^2\right)(4\mu\beta^2 - \rho\omega^2)\right\}} \tag{43}$$

而

$$4\mu^2\beta^2\frac{\omega^2}{C_d^2} - \rho\omega^2\left(\lambda\frac{\omega^2}{C_d^2} + 2\mu\beta^2\right) + 2\mu\lambda\beta^2\frac{\omega^2}{C_d^2} = -\left\{\frac{\rho^2\omega^2\omega_n^2(\lambda + \mu)}{(\lambda + 2\mu)} \cdot \frac{\lambda\omega^2}{(\lambda + \mu)\omega_n^2}\right\} \tag{44}$$

又因

$$\left\{(\rho\omega^2 - 2\mu\beta^2)^2 + \mu\left(\frac{\omega^2}{C_d^2} - \beta^2\right)(4\mu\beta^2 - \rho\omega^2)\right\} = \frac{-\rho^2\omega^2\omega_n^2(\lambda + \mu)}{(\lambda + 2\mu)}\left(1 - \frac{\omega^2}{\omega_n^2}\right) \tag{45}$$

把式(44)、(45)代入式(43),得

$$P_{zz}=p_3=\frac{\lambda(\lambda+\mu)^{-1}\cdot\omega^2\omega_n^2 p}{1-\omega^2\omega_n^{-2}} \tag{46}$$

由于 $\lambda=\dfrac{E\sigma}{(1+\sigma)(1-2\sigma)}$，$\mu=\dfrac{E}{2(1+\sigma)}$

则

$$\frac{\lambda}{\lambda+\mu}=2\sigma \tag{47}$$

把式(47)代入式(46)得

$$P_{zz}=p_3=\frac{2\sigma\omega^2\omega_n^{-2}p}{1-\omega^2\omega_n^{-2}} \tag{48}$$

依据式(12)，有

$$\frac{\partial u_z}{\partial z}=\frac{\partial^2\Phi_1}{\partial z^2}+\frac{\partial^2\Psi_1}{\partial z\partial r}+\frac{1}{r}\frac{\partial\Psi_1}{\partial z}=-\beta\sin\beta z\{A\beta J_o(k_d r)+Bk_t\mathrm{J}_o(k_t r)\}$$

当 $r\leqslant\lambda$，$k_d r\leqslant 1$，$k_t r\leqslant 1$ 时，$\mathrm{J}_0(k_d r)\approx 1$，$(k_t r)\approx 1$，则有

$$\frac{\partial u_z}{\partial z}=-\beta\sin(\beta z)\{A\beta+Bk_t\}=\frac{\dfrac{-p\rho^2\omega^2\omega_n^2(\lambda+\mu)}{\mu(3\lambda+2\mu)\cdot\dfrac{(\lambda+2\mu)}{\lambda}}}{-\dfrac{\omega^2\rho^2\omega_n^2(\lambda+\mu)}{(\lambda+2\mu)}\left(1-\dfrac{\omega^2}{\omega_n^2}\right)}=\frac{\dfrac{\lambda}{\mu}\cdot\dfrac{p}{(3\lambda+2\mu)}}{1-\dfrac{\omega^2}{\omega_n^2}}=\frac{\dfrac{2\sigma}{E}P}{1-\dfrac{\omega^2}{\omega_n^2}} \tag{49}$$

当 $\omega^2\leqslant\omega_n^2$ 时，

$$\frac{\partial u_z}{\partial z}=\frac{\lambda}{\mu}\cdot\frac{1}{(3\lambda+2\mu)}=\frac{2\sigma}{E} \tag{50}$$

将式(13)代入式(8)，并利用 $k_d r\leqslant 1$，$k_t r\leqslant 1$ 条件 ，得

$$P_{\theta\theta}=\left\{\left[\frac{-\lambda\rho\omega^2}{\lambda+2\mu}-\mu k_d^2\right]A+\mu\beta k_t B\right\}\sin\beta z \tag{51}$$

把式(35)、(36)、(37)代入式(51)得

$$P_{\theta\theta}=\frac{-p\{[(\rho\omega^2-2\mu\beta^2)-\mu k_d^2](\rho\omega^2-2\mu\beta^2)+2\mu\beta^2k_d^2\}k_t a}{2\Delta_1}=-P \tag{52}$$

通过应力张量的坐标变换，由式(38)和(52)，显然有

$$p_1=p_2=-p \tag{53}$$

4 单模光纤水听器的声压灵敏度

我们把式(48)、(49)、(53)代入式(6)，得

$$\frac{\Delta\varphi}{p}=knl\left\{\frac{2\sigma E^{-1}}{1-\omega^2\omega_n^{-2}}+\frac{1}{2}n^2\left[q_l+q_t\left(1-\frac{2\sigma\omega^2\omega_n^{-2}}{1-\omega^2\omega_n^{-2}}\right)\right]\right\} \tag{54}$$

当工作在低频时，$\omega^2\omega_n^{-2}\to 0$，可得

$$\frac{\Delta\varphi}{p}=knl\left\{\frac{2\sigma}{E}+\frac{1}{2}n^2[q_l+q_t]\right\} \tag{55}$$

式(55)为 H. L. Price 得出的基本公式。因此，Price 得出的声压灵敏度公式仅在低频情况下才能适用，而式(54)可适用于更宽的频带，显然式(54)推广了 Pirce 声压灵敏度公式。

宽带铁磁流体电动式声源

周福洪　王文芝

摘要　本文阐明了铁磁流体电动式声源的换能机理.我们详细地研究了它的磁路结构,及在振动活塞上安置一个大的橡皮充气球泡,它能提高低频的辐射效率。这声源具有4个倍频程的低频宽带发射响应。

关键词　电动式换能器;铁磁流体;铷铁砢永磁体

1　引言

文献[1]报道研制出USRDJ9型电动式换能器作为低频声源,它覆盖的频带为0.2~20 kHz,它的发射响应在150 dB(1 μPa/A)左右,它的电声效率很低,仅千分之二。为了提高其低频宽带辐射效率及发射响应。我们对换能器采取下列三个措施:(1)在换能器磁回路中采用铷铁硼永磁体代替钡铁氧体。铷铁硼的最大磁能积$(BH)_{max}=3.6\times10^{6}$高斯奥斯特,它比钡铁氧体的大10倍;在磁路中的磁轭用高性能的猛锌铁氧体代替纯铁,并对磁路经过周密的设计,使磁路中磁隙内的磁感应强度比常规的大数倍,因此可使发射响应增加10 dB左右。(2)在电动式换能器的磁隙中填充铁磁流体,它不仅降低磁路中的磁阻,且使线圈中的热量逸散,它可增加线圈中的电流,即增强发射的推动力,而且铁磁流体能使振动系统的阻尼增大,可展宽频带。(3)采用质坚硬而重量轻的镁合金膜片作活塞,并用橡胶悬置系统做支撑,这样可使活塞做大幅度的直线运动;在活塞外部加一个球形橡胶制成的充气腔,腔外部与水接触,据文献[2],这种换能器在低频段可增大辐射功率。

2　磁流体电动式换能器的结构

该换能器的结构如图1所示。

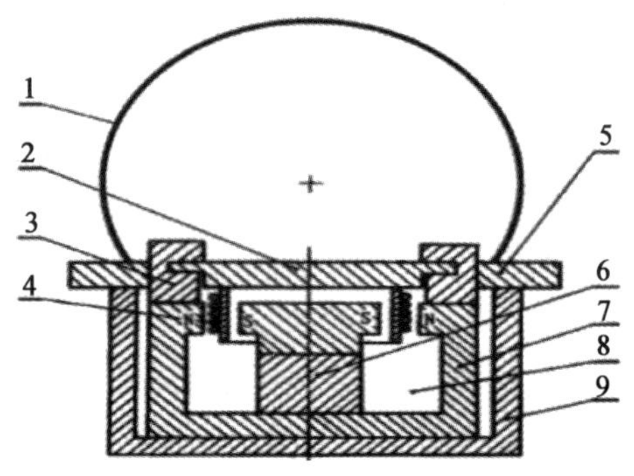

1—弹性的充气球腔;2—镁合金活塞;3—橡胶悬置支承;4—充满铁磁流体的间隙及绕组线圈;5—外台盘;6—钕铁硼永磁体;7—磁轭;8—内腔;9—外壳。

图1　磁流体电动式换能器示意图

3　内磁式磁流体电动式换能器的磁路分析

该换能器的推动力为 $Fd = BghI$，其中 Bg 为磁路中间隙内的磁感应强度，h 为绕组线圈的长度，I 为线圈中电流。Fd 与 Bg 成正比，Bg 与永久磁体（Nd－Fe－B）及磁路的结构有关。换能器的磁路结构如图 2 所示，它由永久磁体、磁轭及磁隙所组成。

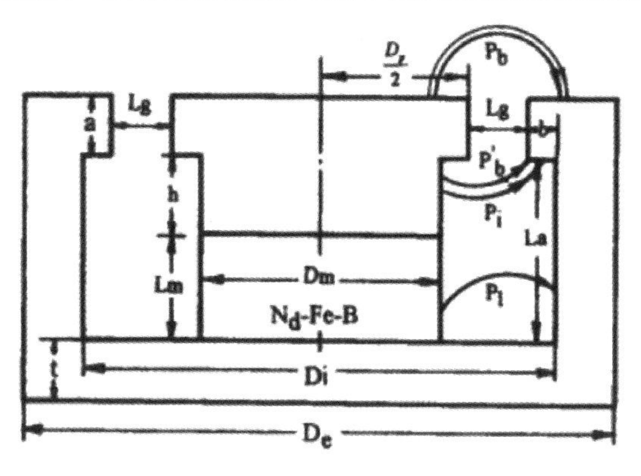

图 2　磁路结构

下面我们进行磁路的分析。在静态磁路中，考虑到漏磁及磁位降落，在磁路设计中要用到下面两个方程

$$\Phi = k_f B_g A_g \tag{1}$$

$$\Phi = F_m \Big/ \left(R_m + R_r + \frac{1}{P} \right) \tag{2}$$

其中 Φ 为磁通量，k_f 为漏磁系数，F_m 为磁通势，B_g 及 A_g 为间隙中的磁感应强度及面积，R_m 及 R_r 各为永磁体的内磁阻及磁轭的磁阻，P 为考虑漏磁后间隙中的总导。

从图 2 看出，由于轴对称，仅需研究右边间隙中考虑漏磁后的总磁导 P，它由下列各磁导所组成

$$P/\mu_0 = (P_g + P_b + P'_b + P_i + P_l)/\mu_0 \tag{3}$$

其中，μ_0 为空气中的磁导率，右边各项分别说明如下：

(a) 考虑铁磁流体后的间隙磁导 P_g

$$P_R = \frac{\mu_0 \mu_f 2\pi t}{\ln[(D_p + 2Lg)/D_p]} \tag{4}$$

其中，μ_f 为磁流体的磁导率，t 为外磁轭的厚度，D_p 为内磁轭上表面的直径，Lg 为间隙长度。

(b) 内磁轭表面到外磁轭表面的磁导 P_b

$$P_b/\mu_0 = (D_p + Lg)\left[0.5\mu f + \ln\left(\frac{Lg + 2b}{Lg}\right)\right] \tag{5}$$

其中，b 为外磁轭突出部分的长度。

(c) 间隙下边缘的磁导 P'_b

$$P'_b = \mu_0 (D_p + Lg)\left[0.5\mu f + 2\ln\left(\frac{Lg + \frac{4}{5}b}{Lg}\right)\right] \tag{6}$$

(d) 在内腔内，磁轭内表面与场芯之间的磁导为 P_i

$$P_l = \frac{2\pi\mu_0}{m}\left[\left(\frac{n}{m} - \frac{D_p}{2}\right)\ln\left(\frac{mLg + n}{ma + n}\right) - a - Lg\right] \tag{7a}$$

其中

$$m = \frac{[a + \sqrt{a + (a+v)^2} - \sqrt{2}Lg]}{a - Lg]} \tag{7b}$$

$$n = \frac{aLg}{a - Lg}[\sqrt{2} - \sqrt{1 + (a+v)^2}] \tag{7c}$$

$$v = \frac{a^2 - Lg^2}{aD_p} \tag{7d}$$

其中，a 为外磁轭突出部分的高度。

(e)永磁体侧面与磁轭内表面间的磁导率

$$P_l = \mu_0\pi\ \sqrt{L_m D_m/2} \tag{8}$$

其中，D_m 及 L_m 为永磁体的直径和长度。

(f)永磁体的内阻右半部分 R_m

$$R_m = \frac{8hm}{\mu_0\mu_m\pi D_m^2} \tag{9}$$

其中，μ_m 为永磁体的磁导率。

(g)右半部上磁轭与下磁轭形成磁阻 R_T 为

$$R_T = \ln(D_e/D_i)/(\pi\mu_0\mu_T t) \tag{10}$$

其中，D_e 及 D_i 为下磁轭的外直径和内直径，而 μT 为猛锌铁氧圆柱的磁导率。

(h)右半部铁氧圆柱的磁阻 R'_T 为

$$R'_T = \frac{8La}{\mu_0\mu_T(D_e^2 - D_i^2)\pi} \tag{11}$$

其中，La 为铁氧体圆柱的高度。

(i)中间铁氧体磁芯一半的磁阻 R_c 为

$$R_c = \frac{8a}{\pi D_p^2\mu_0\mu_T} + \frac{8h}{\pi D_m^2\mu_0\mu_T} \tag{12}$$

其中 h、D_p、D_m 如图 2 所示。

上述关系均由铁磁学[3]中的方法推得，现今推导从略，利用上述关系可求出它的等效磁路。如图 3 所示。

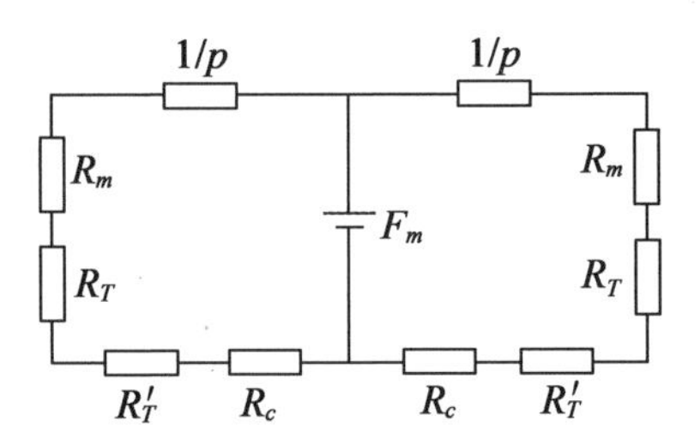

图 3　换能器的等效磁路

依据磁欧姆定律，考虑并联情况，有

$$\Phi = F_m/\left(R_m + R_T + R'_T + \frac{1}{P} - R_c\right) \tag{13}$$

而漏磁系数 k_f 由下式确定

$$k_f = P/P_g \tag{14}$$

依据(3)(4)两式,经本换能器的参数代入计算得到 k_f 的值为4,因为 $F_m = H_m A_m lm$,其中 H_m,A_m 及 l_m 为永磁体磁场强度,横截面积及长度。将 F_m 代入(13)式得 Φ,再利用(1)式可得

$$Bg = \Phi/(k_f Ag) \tag{15}$$

若选用铷铁硼永磁体作磁源,高磁性铁氧体作磁轭,则可使 Bg 达几个忒斯拉(Tesla),因此 F_d 可变得很大。

4　球壳辐射膜铁磁流体电动式换能器的等效电路

要使换能器在低频宽带下能大功率辐射,关键在于产生大容积位移,即要求声源有大的辐射面积及辐射面有大的位移,通过用充气橡胶球腔能产生大的容积位移。

4.1　橡胶球腔的特性

如图1所示,令胶腔半径为 a_1,而活塞半径为 b_1。首先求胶皮气腔的弹性。当活塞做周期振动,若气腔来不及进行热交换。采用绝热压缩方程得

$$p_1/p_0 = (V_0/V_1)^{\varphi} \tag{16}$$

这里 p_0 为原来存于气腔内的静压力,此时气腔体积为 V_0,p_1 为变动后的压力,变动后气腔的体积为 V_1,φ 为恒压时比热与恒容时比热之比值。对空气来说,$\varphi = 1.4$. 令振动引起的逾量压为 p(即声压)。空气体积变更为 $\mathrm{d}V = V_0 - V_1$,体积相对变量 $\Delta = \mathrm{d}V/V$,故(16)式可写成

$$p = p_0 \varphi \frac{\mathrm{d}V}{V_0} \tag{17}$$

若活塞面积为 πb_1^2,活塞振动位移为 x,则 $\mathrm{d}V = x\pi b_1^2$,将(17)式乘 πb_1^2,并令 $A_d = \pi b_1^2$ 则作用于活塞面上的力 $F = A_d p$,利用(17)式得

$$F = pA_d = p_0 \varphi A_d^2 x/V_0 \tag{18}$$

依据劲度的定义:劲度 D_B 为 F 与 x 之比值,故

$$D_B = p_0 \varphi A_d^2/V_0 \tag{19a}$$

取 φ(对空气)$=1.4 \approx 1$,$V_0 \approx 4\pi a_1^3/3$,故腔的顺性 C_B

$$C_B = 1/D_B = 4\pi a_1^3/(3p_0 A_d^2) \tag{19b}$$

若橡胶的表面张力为 σ,令充气后的橡胶腔的劲度为 D'_B,则

$$D'_B = D_B\left[1 + \left(\frac{2\sigma}{p_0 a_1}\right) - \left(\frac{2\sigma}{3p_0 \varphi a_1}\right)\right] \tag{20a}$$

因胶球内 $\Delta p = 2\sigma/a_1$,故上式改写成

$$D'_B = D_B\left[1 + \frac{\Delta p}{p_0}\left(1 - \frac{1}{3\varphi}\right)\right] \tag{20b}$$

因 $\varphi \approx 1$,$\Delta p/p_0 \leqslant 1$,故

$$D'_B = D_B \tag{20c}$$

4.2　换能器的等效机械图

图1中换能器的活塞是用铝镁合金制成的,其质量为 M_{Am}

$$M_{Am} = \rho_{Am} \pi b_1^2 t_{Am} = \rho_{Am} A_d t_{Am} \tag{21}$$

其中 ρ_{Am}、t_{Am} 为活塞的密度及厚度。

框架上绕线圈，其总质量为 $M_{cm}+M_0$，M_{cm} 为线圈质量，M_0 为框架质量。

悬置系统采用橡胶圆环构成，环的面积为 A_R，厚度为 t_R，它是用聚铵酯橡胶制成，则它的杨氏模量为 $Y_R(1+\mathrm{j}\eta_R)$，因此它的柔顺性 C_{mng} 及它的损耗 R_R 各为

$$C_{mng}=t_R/(Y_RA_R) \tag{22a}$$

$$R_R=\eta_RY_RA_R/T_R\omega \tag{22b}$$

依据单位时间内能量守恒定律及容积速度等同原理，可把球腔向外辐射的发射阻抗换算到活塞上形成的等效发射阻抗。利用上述定律及原理得

$$f_sA_sU_s=f_dA_dU_d \tag{23a}$$

其中 f_s、f_d、A_s、A_d、U_s 和 U_d 各为球面上及活塞面上的单位面积的推动力，总面积及振速。

$$U_sA_s=U_DA_d \tag{23b}$$

令球面上总推动力为 $F_s=f_sA_s$，而活塞面上的总力为 $F_d=f_dA_d$，利用上述关系可得

$$\frac{F_sU_s}{(U_sA_s)^2}=\frac{F_dU_d}{(U_dA_d)^2} \tag{23c}$$

令 Z_s 为球面的辐射阻抗，$Z_s=F_s/U_s$；Z_d 为活塞的等效发射阻抗，$Z_d=F_d/U_d$，则依据(23c)式得

$$Z_d=\frac{A_d^2}{A_s^2}Z_s \tag{24}$$

如果激磁线圈的长度为 L，流过其中的电流为 I，则推动机械系统振动的作用力 $F_d=BghI$，那么换能器的等效机械图为

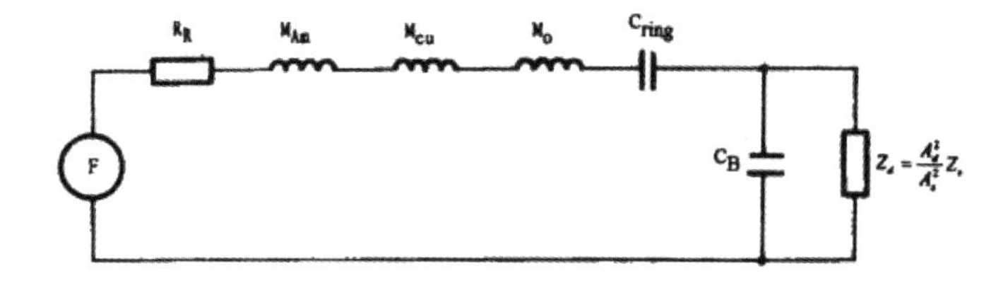

图 4　换能器的等效机械图

为了使换能器在低频端提高辐射功率，依据文献[2]，若将橡皮腔所形成的顺性 C_B 与球腔振动形成同振质量 $M_s=\rho_0aA_sA_d^2/A_s^2=\rho_0A_d^2/(4\pi a)$ 形成共振，其中 ρ_0 为水的密度。那么在低频端所形成的共振频率为 f_l

$$f_l=\frac{1}{2\pi\sqrt{\dfrac{A_s\rho_0}{12\pi\varphi P_0}}} \tag{25a}$$

$$A_s=\frac{1}{\pi f_l^2}\left(\frac{3\varphi P_0}{\rho_0}\right) \tag{25b}$$

对于不加球腔的活塞的辐射功率 P_P 为

$$P_P=\frac{U_d^2}{2}R_s=\frac{U_d^2}{2}\rho_0CA_d\left(\frac{kb_1}{2}\right)^2=\frac{\rho_0\pi(UdA_df)^2}{C} \tag{26}$$

带球腔时在共振的辐射功率 P_s 为

$$P_s=\frac{1}{2}U_s^2R_{ss}=\frac{1}{2}\left(\frac{U_d}{A_s}A_d\right)^2\rho CA_s=\frac{1}{2}\left(\frac{U_d^2A_d^2\rho_0C}{A_s}\right) \tag{27}$$

其中 C 为水中声速,由(27)/(26),并由(25)代入时得

$$P_s/P_P = \frac{\rho_0 C^2}{6\varphi P_0} \approx 1.8 \times 10^3 \tag{28}$$

因此对带球腔活塞换能器辐射功率在低频共振处比不带球腔的活塞换能器的大约增加千倍。这结果与 Claude. C. Sims[2] 的研究结论相同我们实验亦有相似的效果。

4.3　换能器的等效电路

按 Hunt[4] 的研究,换能器的机电耦合方程式为

$$E = IZe + B_g LU_d \tag{29}$$

$$B_g LI = U_d Z_M \tag{30}$$

其中 E 为外加电势,令 Z_e 为换能器的电阻抗,Z_M 为它的总机械阻抗,Z_{ee} 为换能器总输入电阻抗,则

$$Z_{ee} = \frac{E}{I} = Z_e + \frac{(B_g L)^2}{Z_M} \tag{31}$$

按图 4 可求得 Z_M,

$$Z_M = R_R + \mathrm{j}(M_{Am} + M_{cm} + M_0)\omega + \frac{1}{\mathrm{j}C_{mng}\omega} + \frac{1}{\mathrm{j}C_B\omega + \left(\frac{Ad}{A_s}\right)^2 (R_{ss} + jM_s\omega)} \tag{32}$$

运用(32)式可画出换能器的等效电路图,如图 5 所示。

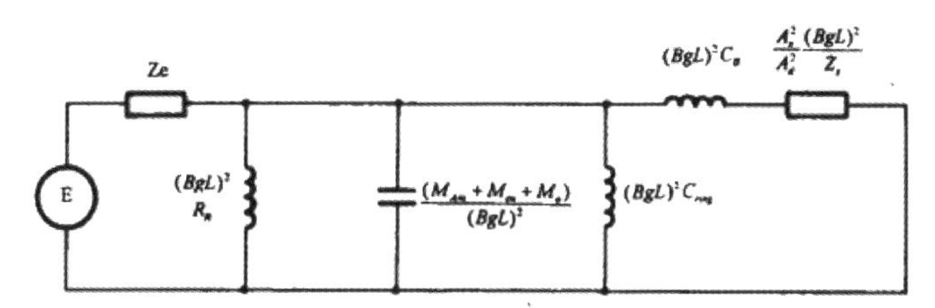

图 5　铁磁流体电动式换能器等效图

从(32)式可得整个换能器的谐振频率为 f_r

$$f_r = 1/\sqrt{(M_{cm} + M_{AM} + M_0)\frac{C_{mng}C_B}{C_{mng} + C_B}} \tag{33}$$

5　发射器的特性测量及其测量方案

发射器的特性用发射电流响应 $S_t = pf/I$ 来表示,pf 为离声中心 1 m 处主轴上的自由场声压,I 为发射器输入端的电流。如用 dB 来表示时,按照下式

$$SI(N) = [20\log_{10} S_t + 120]\,\mathrm{dB} \tag{34}$$

$SI(N)$ 称发射电流响应级。参考值 $(S_i)_0 = 1\ \mu\mathrm{P/A}$。

发射响应的测量方案如图 6 所示。所用仪表皆为丹麦 BK 公司制造。

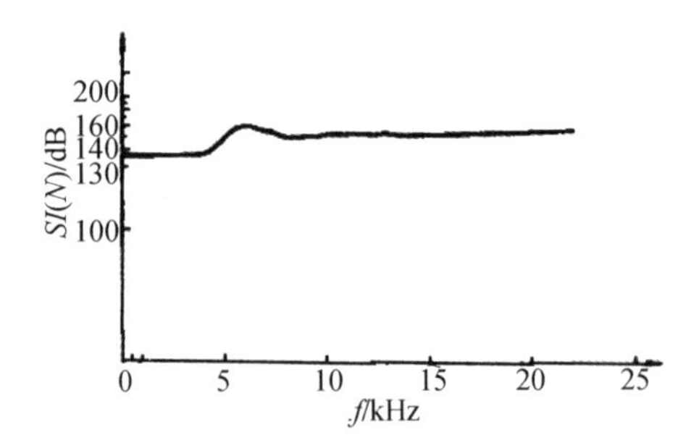

图 6　发射响应测量方案

发射响应的测量结果如图 7 所示。

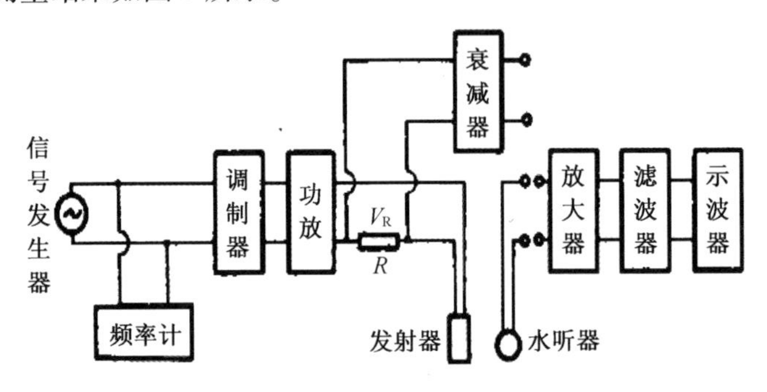

图 7　电流发射响应曲线

6　结论

通过理论分析和对样机的实测结果,得到下列结论:铁磁流体带气泡腔的电动式发射器在 5.5 kHz 左右虽然有一个平坦的谐振峰(理论计算与实验验证皆表明了这种现象)。但从发射响应曲线上观察到在 2.24 kHz 带内有 136 dB 的发射响应级;在 422 kHz 带内有大于 150 dB 的发射响应级。因此它是一种新型的低频宽带声源它的结构比文献[1]的 USRDJ 型的换能器来得简单,而性能可和它婉美。上述特性的取得在于我们采取了下述措施:(1)在磁隙中充了铁磁流体;(2)用铷铁硼永磁体作磁源,用高磁导率铁氧体作磁轭,优化了磁路结构,降低了磁阻;(3)在活塞面上加了橡胶气腔由于上述因素,拓宽了频带,增强了发射响应。

参考文献

[1] 郑士杰等. 水声计量测试技术,第 1 版哈尔滨工程大学出版社 1995,366 - 368.

[2] Claude. C. Sims. J. Accous. Soc. Am 1960, 32 (10): 1 503 - 1 308.

[3] 廖绍彬、铁磁学,第 1 版. 科学出版社,1988, 中册 260 - 292.

[4] Fredenick V. Hunt EletrocousticsHanvandMonognaphsin Applied science No. 5 103 - 106.

同振球型声压梯度水听器的研究

贾志富

摘要　介绍一种采用压电加速度计作敏感元件的球形声压梯度水听器。从理论上分析了球体直径及重量对水听器灵敏度频率响应和指向性的影响；描述了该水听器的设计细节；给出了作者所研制水听器的性能测 试结果。

关键词　声压梯度水听器；同振球；振速水听器；压电加速度计

1　引言

声压梯度水听器（或称振速水听器）是用来测量水下声场矢量（声压梯度、质点振速或声强）的声接收换能器，又称矢量水听器[1,2]。近些年来在国外，特别是在美国、苏联等国，已研制出系列化实用化的声压梯度水听器。在结构形式上声压梯度水听器可分为双声压水听器型、不动外壳型和同振球（或圆柱）壳型三种[3]。双声压水听器型即是直接采用两只声压水听器而构成的，类似于空气声学中所使用的“双微音器”；不动外壳型声压梯度水听器具有固定不动的外壳，双迭片式压电敏感元件固定于外壳上，压电板在沿其厚度方向的声压梯度作用下作弯曲振动。本文作者曾将其所研制的这种形式的声压梯度水听器成功地应用于水下噪声源辐射噪声的测量与分析中[3-5]。

本文所报道这种声压梯度水听器属于同振壳体型。这种结构形式的特征是，在封闭的球（或圆柱）形壳体内放置敏感元件，再用柔性元件将球体悬置在大质量框架上。在设计上使球体（球壳加上内部的敏感元件以及内装的前置放大器等）的平均密度等于水的密度，并且使球体的中心与其重心重合。这样，当悬置于大质量框架上的球体置于水下声场中时，处于中性浮力状态下的球便以其所在位置的水质点的振幅和相位作振荡运动。球内的位移、速度或加速度敏感元件将球体的这种振荡运动转换成电信号，于是便得到声场中水质点的位移、速度或加速度的信息。这种声压梯度水听器因其球体的振荡与水质点有相同的振动幅度和相位而得名为同振型。

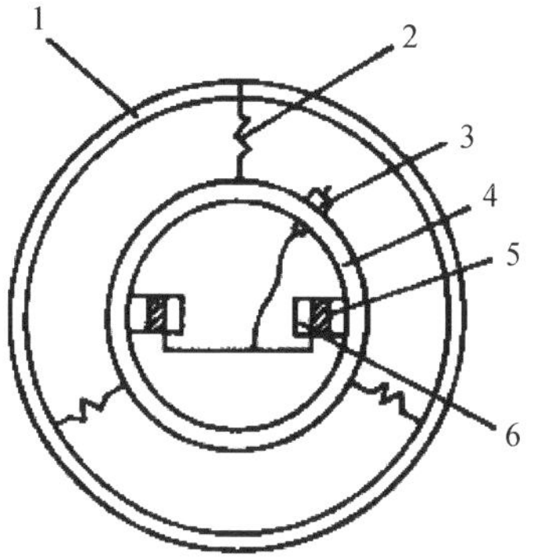

图1　同振球型声压梯度水听器结构示意图

1—框架；2—柔性悬置元件；3—电缆密封接头；4—球壳；5—压电元件；6—质量块

同振球型梯度水听器按敏感元件换能原理的不同分为两大类：电动式和压电式[1,2]。

本文仅对采用压电加速度计作敏感元件的同振型声压梯度水听器进行详细讨论，这种水听器的结构示意图如图1。

2　力学模型

本文所讨论的同振球型梯度水听器的力学模型可以用图2来描述[2]。该水听器有两个振动系统（每个系统有一个自由度）：球体——柔性悬置振动系统以及压电加速度计振系统。图2中：S_1——柔性悬置元件的弹性；m_1——球体（包括球壳及其内部的压电加速度计）的总质量；f_0'——球体与柔性悬置系统的固有谐振频率；Q_1——球体与柔性悬置系统的品质因数；S_2——压电加速度计振动系统的弹性；m_2——加速度计的质量；f_0——压电加速度计的固有谐振频率；Q_2——加速度计振动系统的品质因数；r_{1m}和r_{2m}——两个振动系统中的各自机械损耗。

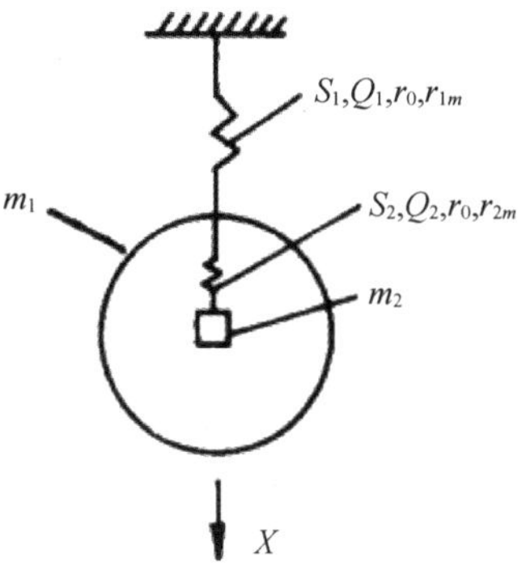

图2　水听器的力学模型

实际上，f_0'和f_0一般相差很悬殊，例如，f_0可做到零点几赫到几赫，f_0'则在几百赫到几千赫或更高。这就意味着，上述两个振动系统可以看成是各自独立的，相互之间不存在寄生耦合。这样，在对这两个系统进行设计中可以分别单独考虑。对于压电加速度计振动系统在许多专著中已有分析，所以，这里只讨论球体—柔性悬置振动系统。

为讨论方便，假定球体是声学上刚硬的。对这个振动系统的理论分析类似于刚硬球的声散射问题，但在我们的情况下，要把刚硬球看作是可自由运动的，而不是固定不动的。假定在平面波场中球心所在处的水质点的振动速度幅度为V_0，球在声波作用下沿水质点振动方向以速度幅度V_x做振荡运动。根据文献[6]的数学推导，结果有：

$$\frac{V_x}{V_0}=\frac{3}{\left[\left(\frac{2M}{m}+1\right)^2+\left(\frac{2M}{m}+1\right)(ka)^2+\left(\frac{M}{m}\right)^2(ka)^4\right]^{1/2}}\cdot \mathrm{e}^{\mathrm{j}\varphi} \tag{1}$$

其中，$m=(4/3)\pi a^3\rho$为球排开水的质量，M为球体的总质量（即球壳质量与球内压电加速度计质量之总合）；$k=\frac{2\pi}{\lambda}$为波数；a为球的半径。而

$$\varphi=-ka+\arctan\frac{\left(1+\frac{2M}{m}\right)ka}{1+\frac{2M}{m}-\frac{M}{m}(ka)^2} \tag{2}$$

上式中φ表示V_x和V_0之间的相位差。从以上两式可以明显看出，两个振速幅度的比值$\left(\frac{V_x}{V_0}\right)$及两个振速之间的相位$\varphi$都与质量比$\left(\frac{M}{m}\right)$及$ka$有关。

在刚性球的“波尺寸”（球的线度尺寸与波长之比）很小（即满足$ka\leqslant 1$条件）时，(1)和(2)式就可写成[6]：

$$\frac{V_x}{V_0}=3m/(2M+m)=3/\left(\frac{2M}{m}+1\right)\quad \varphi\to 0 \tag{3}$$

这表明，在$ka\leqslant 1$（即低频）条件下，V_x/V_0只与比值M/m有关，而与频率无关。相位差φ趋近于零。

根据(3)式，如果球体的总质量M等于球体所置换的水的质量m，即$\frac{M}{m}=1$，球体的运动与球移开后球体所在处的水质点的运动是一样的，即不仅振幅相同而且振动相位也相同。

球体—柔性悬置振动系统的谐振频率由球体的质量和柔性悬置元件的弹性所决定。当球体质量预先给定时，调整悬置元件的弹性就可控制振动系统的谐振频率。此频率决定着

同振球型声压梯度水听器的工作频率下限。

可以证明[1]，在小波尺寸条件下，同振球型声压梯度水听器的指向性是 $\cos\theta$ 型，即指向性图呈“8”字形，且与频率无关；声压灵敏度的频率特性曲线是一条斜率为 6 dB/倍频程的直线，即频率每升高 1 个倍频程，灵敏度提高 1 倍；声压梯度灵敏度的频率特性则是一条水平的直线。

3　设计与制作

3.1　球壳

从前面的讨论已经知道，球壳的几何尺寸（外径）和质量对水听器的频响有决定性的影响：(1)球壳外径($2a$)受条件 $ka\leqslant 1$ 的限制，也就是说，球壳外径控制着水听器的上限工作频率；(2)球壳外径决定了 $m=(4/3)\pi a^3\rho$（即球排开同体积水的质量）的大小，因而，也就制约着比值 M/m 的大小。在 $M/m=1$ 的条件下，给定了球壳外径后，m 值是定值，M 值也就确定。而 M 值是由球壳本身质量与球壳内容物（压电加速度计，如果球壳内装有压电加速度计前置放大器，还应包括前置放大器）的质量总合。因而在设计水听器时，必须根据给定的 M/m 值，对球壳质量与球壳内容物质量之间做合理的分配。

为了使设计工作有充分的理论依据，本文作者利用(1)式计算了在给定不同的球壳半径条件下，M/m 值在 0.9～1.10 变化（间隔 0.05）对 V_x/V_0 及 φ 的频率响应的影响。因篇幅有限，这里只给出 $2a$ 为 6 cm（它是作者研制的水听器球壳外径）情况下的计算结果，见表 1。

表 1　在球壳直径为 6 cm 时，比值对及的频响的影响

$\frac{M}{m}$	0.90		0.95		1.0		1.05		1.10	
f/Hz	$\frac{V_x}{V_0}$/dB	φ/°	$\frac{V_x}{V_0}$/dB	φ/°	$\frac{V_x}{V_0}$/dB	φ/°	$\frac{V_x}{V_0}$/dB	φ/°	$\frac{V_x}{V_0}$/dB	φ/°
400	0.595 1	−0.000 1	0.290 4	0.000 0	−0.003 9	0.000 0	−0.288 6	0.000 0	−0.564 2	0.000 1
500	0.592 7	−0.000 2	0.288 1	−0.000 1	−0.0061	0.000 0	−0.290 7	0.000 1	−0.566 3	0.000 2
600	0.589 8	−0.000 3	0.285 3	−0.000 2	−0.008 8	0.000 0	−0.293 3	0.000 1	−0.568 8	0.000 3
700	0.586 4	−0.005	0.282 0	−0.000 3	−0.120	0.000 0	−0.296 4	0.000 2	−0.571 8	0.000 4
800	0.582 5	−0.000 8	0.278 2	−0.000 4	−0.015 7	0.000 0	−0.300 0	0.000 3	−0.575 3	0.000 7
900	0.578 0	−0.001 1	0.273 9	−0.000 6	−0.019 9	0.000 0	−0.304 0	0.000 5	−0.579 2	0.000 9
1 000	0.573 0	−0.001 5	0.269 1	−0.000 8	−0.024 5	0.000 0	−0.308 6	0.000 6	−0.5836	0.001 3
2 000	0.493 7	−0.132	0.192 3	−0.007 1	−0.098 9	−0.001 5	−0.380 7	0.003 8	−0.653 7	−0.008 8
3 000	0.359 7	−0.049 4	0.062 2	−0.029 6	−0.225 4	−0.111	−0.503 8	0.006 3	−0.773 6	−0.022 6
4 000	0.169 1	−0.132 4	−0.123 7	−0.087 4	−0.407 0	−0.045 3	−0.681 4	−0.005 8	−0.947 3	−0.031 3
5 000	−0.080 1	−0.293 8	−0.368 2	−0.210 8	−0.647 0	−0.133 0	−0.917 2	−0.060 0	−1.179 3	−0.008 6
6 000	−0.389 0	−0.574 5	−0.672 9	−0.440 8	−0.947 9	−0.315 5	−1.214 5	−0.197 7	−1.473 2	−0.086 9
7 000	−0.757 1	−1.021 8	−1.038 1	−0.826 7	−1.310 4	−0.643 7	−1.574 6	−0.471 6	−1.830 9	−0.309 6

表 1(续)

$\frac{M}{m}$	0.90		0.95		1.0		1.05		1.10	
f/Hz	$\frac{V_x}{V_0}$/dB	φ/°	$\frac{V_x}{V_0}$/dB	φ/°	$\frac{V_x}{V_0}$/dB	φ/°	$\frac{V_x}{V_0}$/dB	φ/°	$\frac{V_x}{V_0}$/dB	φ/°
8 000	-1.182 2	-1.685 6	-1.462 0	-1.421 5	-1.733 3	-1.173 7	-1.996 5	-0.940 6	-2.252 0	-0.721 1
9 000	-1.660 2	-2.613 0	-1.940 7	-2.276 2	-2.212 8	-1.960 2	-2.476 8	-1.663 1	-2.733 2	-1.383 3
10 000	-2.185 1	-3.844 3	-2.468 3	-3.435 1	-2.743 0	-3.051 3	-3.009 6	-2.690 7	-3.268 7	-2.351 3

注：$\frac{V_x}{V_0}(\mathrm{dB}) = 20\lg\frac{V_x}{V_0}$。

在 400 Hz 以下的频率上，结果与 400 Hz 时的无明显差别，为节省篇幅，表 1 只列出 400 Hz～10 kHz 的计算结果。

根据上述理论计算结果和对梯度水听器的总体性能指标要求，在设计和制作球壳时，具体考虑是：

(1)在 $M/m=1$ 的情况下，对于直径 6 cm 的球来说，V_x 偏离 V_0 小于 1 dB 的频率上限在 6 000 Hz，而 V_x 与 V_0 的相位差 φ 在 0.3°左右。当要求 V_x 偏离 V_0 小于 0.5 dB 时，频率上限要降至 4 000 Hz 左右，而 V_x 与 V_0 之间的相位差 φ 小于 0.1°。从计算可得到：当 $ka\leqslant 0.8\,V_x$ 与 V_0 的偏差不大于 1 dB；当 $ka\leqslant 0.5$ 时，V_x 与 V_0 的偏差不大于 0.5 dB。在两种情况下，相位差 φ 均可忽略不计。这些结论可用来估算在给定水听器上限工作频率时的球壳外径的大小。

(2)当 M/m 值偏离 1 时，对 V_x/V_0 及 φ 都有一定影响。M/m 值偏离 1 的程度，决定了梯度水听器的测量误差以及使用的频率范围上限。因此，M/m 的取值应控制在 0.95～1.05。从球体在水中的流体动力稳定性的角度来说，球体宜稍重些，即应使：$1\leqslant\frac{M}{m}\leqslant 1.05$。

(3)球外径给定后，球壳壁厚的选择也是很重要的。为使球壳质量占球体总质量的份额尽量降低(从而给球壳内的压电加速度计的质量留有更多余地)，球壳采用低密度金属材料(如高强度铝合金)制作。在保证球壳机械强度情况下，壁厚尽量薄些。但过薄时容易引起球壳壁在声场激励下作弯曲形变，导致水听器灵敏度和指向特性的畸变。作者使用的铝合金球壳壁厚为 2.5 mm。为了减轻球壳自身的质量并避免出现球壳的弯曲形变，一种好办法是用硬质泡沫塑料(密度 $\rho=0.6\sim0.7$)制作球壳[2]；

(4)球壳加工的圆度、同心度、壁厚的均匀度等均会对球体的重心产生影响。在球壳制作、球壳与压电加速度计的组合装配中应尽力确保球体的重心与球体的几何中心重合。整球壳体是用两个半球壳粘接成的。为使球壳抗锈蚀，球壳外表面作了氧化处理。

3.2　压电加速度计

根据梯度水听器总体性能指标要求，压电加速度计应具有：(1)安装谐振频率至少达到 15 kHz；(2)电压灵敏度达到 380 mV/g；(3)单只质量不超过 0.025 kg；(4)由于在球壳内需要安装两只加速度计，后者应具有良好的一致性，即：除质量相同外，在整个工作频率范围内，灵敏度的幅度相差不大于 0.5 dB，而输出电压的相位(相对值)相差不大于 1°。设计与制作这种压电加速度计的关键就在于：保证单只质量不超限的条件下，达到高灵敏度和宽频带的频率响应。

3.3　柔性悬置元件和框架

柔性悬置元件和框架是同振型声压梯度水听器不可缺少的组成部分。借助于它们，球体 得以处于声场中的给定位置。如前所述，球体（球壳及其内容物）与柔性悬置元件构成了质量—弹簧振动系统。当球体质量给定后，该系统的谐振率 f_0' 便由这个弹簧的弹性所决定。

为使水听器的工作频率范围下限 f_L 尽量低，就要使得频率 f_0' 低于 f_L。因此柔性悬置元件采用橡皮绳制作。在作者所研制的水听器中，采用三根橡皮绳互成 120°角将球体悬挂在圆环形不锈钢框架上（见图 1）。实际测试表明，f_0 约为 6 Hz。从水听器声压灵敏度校准数据看，在 f_0' 处出现的谐振峰至少未对 20 Hz 频率上的灵敏度频响带来影响（我们的声压梯度水听器校准装置最低工作频率只能达到 20 Hz）。因而该谐振峰对水听器在 6 ~ 20 Hz 频段灵敏度频响的影响有待进一步考察。

对于悬挂球体的框架，一方面，应保证有足够高的刚度和质量，以便做到当球体在声场中作振荡运动时不至造成框架的变形和位移。另一方面，框架应做到尽量细小并使框体尽量远离球体，以减小框架的声散射对水听器性能带来的影响。

4　水听器的性能测试及结果

主要对水听器的灵敏度频率响应和指向性图进行了测试。

对于声压梯度水听器，灵敏度特性习惯上用平面波声压灵敏度来表示[1]。目前普遍用标准声压水听器来校准声压梯度水听器的灵敏度。

已知，在平面波场中，存在以下确定的关系[1]：

$$\frac{\partial p_I}{\partial x} = -\mathrm{j}\omega\rho u = -\mathrm{j}\omega\rho\frac{p}{\rho c} = -\mathrm{j}kp$$

其中，p 为有效声压值，u 为有效质点振速，p_I 为瞬时声压，$\partial p_I/\partial x$ 为在坐标 X 方向上 x 点处的声压梯度，ω 为角频率；ρ 为媒质密度，c 为媒质声速，k 为波数。

由以上关系式可导出声压梯度水听器的声压灵敏度（M_p）、声压梯度灵敏度（M_G）以及质点振速灵敏度（M_v）之间的关系式：

$$M_p = kM_G$$

$$M_v = M_G\rho\omega = M_p\rho c$$

这样，在测得 M_p 后，必要时可根据上述关系式导出 M_G 或 M_v 的值。

我们分别在（水池、湖上的）自由场条件下和在声压梯度水听器校准装置上进行了灵敏度的测试。在自由场条件下，测试的频率范围为 500 ~ 5 000 Hz，在校准装置中测试的频率范围为 20 ~ 2 000 Hz。图 3 示出了声压梯度水听器声压灵敏度频响特性。

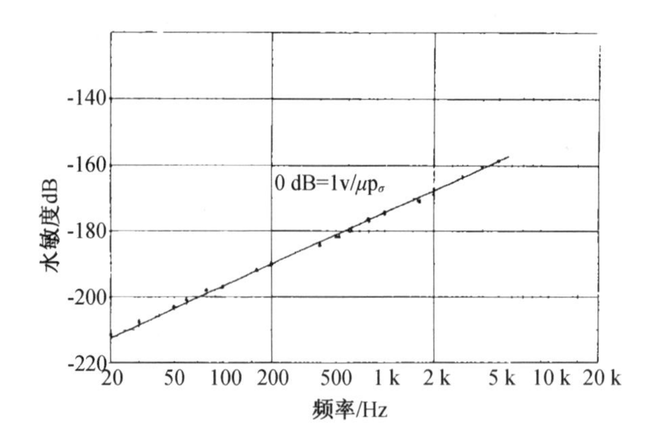

图 3　水听器的声压灵敏度频响特性

两种测试方法在相重叠的校准频段(500 ~ 2 000 Hz)上所得到的测试结果一致。

在自由场条件下测量了 10 ~ 6 300 Hz 范围内按 1/3 倍频程频率点声压梯度水听器的指向性图。作为例子,图 4 给出了在 5 000 Hz 频率上的指向特性。测试结果表明,在整个测试频率范围上,指向性图中最大值与最小值之比至少为 20 dB,且“8”字形有较好的对称性。例如,在测试频率范围内,在 ±180°方向上的两个最大值,相差不大于 2 dB。

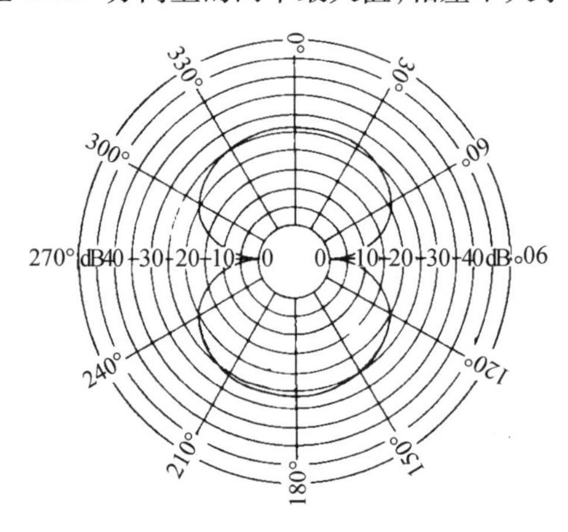

图 4　水听器的指向性图
(测试频率:5 000 Hz)

5　结语

本文所介绍的同振型声压梯度水听器是属于一维矢量水听器。若在球壳内的三个正交方向上安置三对压电加速度计,即可成为三维矢量水听器,用它可同时测得 X、Y、Z 三个方向的声压梯度或质点振动速度分量。设法将声压水听器与三维梯度水听器在结构上组合为一体,便构成复合式水听器。具备这种复合式水听器,可同时进行声场的标量与矢量测量。将标量和矢量信息进一步处理后,可以获取关于声场的更为丰富的信息[2,7,8]。

参 考 文 献

[1] Bobber , Robert J. , Underwater Electroacoustic, Measurements. Naval Research, Laboratory, Washington, D. C. , July 1970,273 - 283.

[2] Gordienko V A., et al. Vector—phase Methods in Acoustics , Moscow, Nauka. 1989.
[3] 贾志富,谭福满. 声压梯度水听器(中国船舶科技报告). 哈尔滨工程大学. 1995.
[4] 贾志富. 传感器技术, 1997, 16 (1):2.
[5] 何元安,贾志富. 水下噪声源辐射噪声的测量与分析(中国船舶科技报告),哈尔滨工作大学, 1992.
[6] Leslie C B . et al. J . Acoust . Soc. Am. ,1956, 28 (1) 711.
[7] Shchurov Y A . J . Acoust . Soc. Am. ,1991 , 90 (2), ptl : 991.
[8] Gordienko V A. et al, European Conference on Underwater Acoustics , (I) , Edited by M . Weydert , 1993,227 -231.

Terfenol – D 鱼唇式弯张换能器

莫喜平

摘要 本文提出了一种“鱼唇式”弯张换能器的设计方案，采用变高度椭圆壳体，这样的壳体兼有振幅放大和高度加权放大的“双重放大”作用，并设计制作了 Terfenol – D“鱼唇式”弯张换能器。理论分析和湖上实验结果表明，Terfenol – D“鱼唇式”弯张换能器，具有较低的谐振频率，水中约为 1.1 kHz 左右；较宽的频带，– 3 dB 带通 Q 值低于 3；发射电流响应为 182 dB；采用了溢流腔填充顺性材料可获得较大的工作深度。

关键词 Terfenol – D；“鱼唇式”弯张换能器；高度加权放大作用；“双重放大”作用；溢流腔

1 引言

Terfenol – D 是一种稀土合金，它是近几年兴起的新型换能器材料，该类材料具有比通常的镍大 10 ~ 100 倍的磁致伸缩系数，故又称其为超磁致伸缩材料。它以高能量密度和低声速的特点而被广泛应用于低频—甚低频大功率水声换能器中，如：930 Hz Ⅶ型弯张换能器[1]、1 300 Hz Ⅲ型弯张换能器[2]、2 kHz 纵向换能器[3]、400 Hz Janus 型换能器[4]、多边形换能器[5]等。

弯张换能器在低频—甚低频频段应用较多，它具有体积小、质量轻、频率低、大功率的特点，但设计及制作工艺复杂。另外凸壳结构（如Ⅰ型、Ⅳ型、Ⅴ型）弯张换能器的极限工作深度一般不大，同时辐射面上存在反相振动区，会在一定程度上降低辐射阻。因此对这类换能器的改进主要解决以下几个具体问题：(1) 采取种种补偿手段，提高其工作极限深度；(2) 改变振动面结构，增加辐射阻，提高声功率。本文的工作就是从这一思想出发，采取溢流式结构，并且设计变高度椭圆形辐射面，实现深水、低频、宽带、大功率的辐射性能。

2 Terfenol – D 鱼唇式弯张换能器的设计

首先考虑椭圆管（Ⅳ型）弯张换能器，如图 1 所示，由于其结构的对称性，取换能器辐射面 1/8 进行研究，振动面上有一节线 MN，在 MN 左侧与右侧振动速度（或位移）互为反相。设 1/8 辐射面展开面的长度（AB 段弧长）为 L，宽度（椭圆管的半高度 AD）为 h，矩形 $ABCD$ 面积计为 $S_0 = h \cdot L$。取长轴顶点振速 v_p 为参考速度，定义等效辐射面 S_q 为容积速度 Q_0 与参考点速度 v_p 的比值（1/8 椭圆面）：

$$S_q = \frac{Q_0}{v_p} = \int_{AB} \frac{v_n}{v_p} \cdot h \cdot \mathrm{d}l = \int_{AB} \beta \cdot h \cdot \mathrm{d}l \tag{1}$$

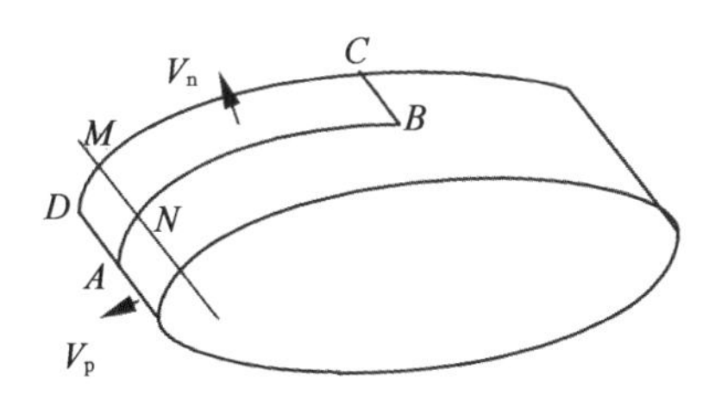

图1　Ⅳ型弯张换能器壳体辐射面

其中 v_n 为椭圆管表面法向速度幅值,$\beta = v_n/v_p$ 称为振幅放大系数,当 v_n 取椭圆管短轴顶点法向速度幅值时,β 取得最大值,即通常所谓的振幅放大率 β_m。由弯张换能器的外形结构决定了 β_m 具有较大的值,即所谓的杠杆臂效应,从而可以使换能器产生比较大的容积速度,或者说弯张换能器具有较大的等效辐射面(即 $S_q > S_0$)。在弯张换能器的设计中,应尽可能通过优化结构获得更大的 S_q/S_0,但是单纯由 β 的贡献始终是有限的。

由(1)式可以看出,S_q 的影响因素还有 h 值,但是均匀加长椭圆管并不是很有效。因此我们率先提出变高度结构形式:椭圆管的高度不再为常数,随 β 的变化而变化记为 $h(\beta)$,高度变化情况参见图2,等效辐射面可以表示成

$$S_q = \frac{Q_0}{v_p} = \int_{AB} \beta \cdot h(\beta) \cdot \mathrm{d}l \tag{2}$$

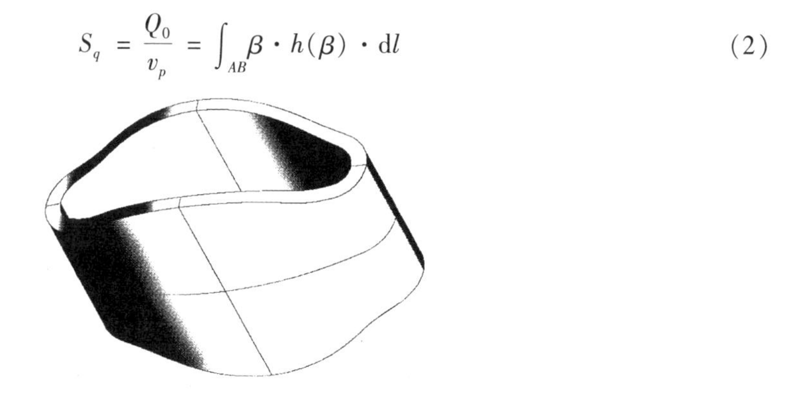

图2　鱼唇式弯张壳体图

这种结构具有"双重放大"作用,其一是体现在杠杆臂效应的 β 因子上;其二则体现在高度因子 $h(\beta)$ 上,由(2)式可知,S_q 的表达式中积分因子是 β 与 $h(\beta)$ 的乘积形式,因此 $h(\beta)$ 可以看作 β 的加权因子,合理地选择 $h(\beta)$ 可以使 S_q 有效增大,这即是"双重放大"效应壳体的思想,下面讨论 $h(\beta)$ 的选取原则。

如图1所示,节线左侧是反相振动区,因此该区域应该考虑 $h(\beta)$ 值不变或减小,我们的做法是保持这部分取值不变,而节线 MN 右侧 $h(\beta)$ 增加对 S_q 的贡献都是增加的,并且随着 β 的增大,$h(\beta)$ 的放大加权作用将体现得更有效,因此 $h(\beta)$ 的选择应在短轴顶点处取最大值,从理论上 $h(\beta)$ 取值变化应该满足使(2)式积分取极大。

由于以上提出的弯张换能器所具有的特殊外壳形式(图2),加之采用溢流腔结构,它在振动辐射时如同鱼嘴在吞吐水流,因此我们形象地把这种新型弯张换能器命名为"鱼唇式"。

弯张壳体的材料选择高强度的钛合金,稀土棒尺寸:Φ20 mm × 100 mm,为了抑制涡流损耗,将稀土棒径向开槽处理,槽深6 mm。靠壳体变形加预应力,棒中预应力约21 MPa。激磁线圈690匝,直流偏磁场。振子用聚氨酯灌封,腔内填充闭孔丁腈橡胶和硬质泡沫塑料两种

顺性材料。换能器的一些参数如下：

几何尺寸:210 mm × 90 mm × 82 mm;

空气中质量:3.5 kg（不含电缆）;

静态电感: 5.34 mH;

直流电阻:1.2 Ω;

空气中谐振频率:1.46 kHz;

水中谐振频率:1.10 kHz。

3　Terfenol－D 鱼唇式弯张换能器的有限元分析

利用 ANSYS 5.2 软件对设计制作的换能器进行了有限元模拟计算。取最佳直流偏磁场(偏磁电流约 8 A)条件下的参数,模拟计算了换能器空气中阻抗曲线、水中阻抗曲线、水中发射电流响应等电声参数。

模拟计算曲线见图 3 ~ 图 5,结果给出换能器空气中谐振频率为 1.46 kHz,水中谐振频率为 1.10 kHz,发射电流响应为 182 dB(0 dB = 1 μPa/A 1 m 处), －3 dB 带宽约 230 Hz。

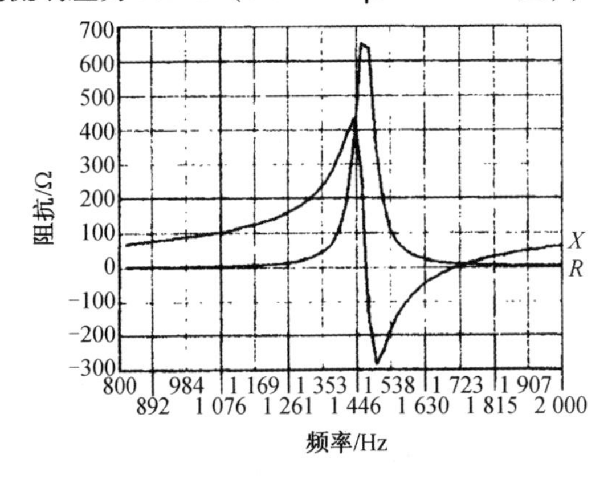

图 3　换能器输入阻抗曲线(空气中)

R—输入阻抗实部;*X*—输入阻抗虚部。

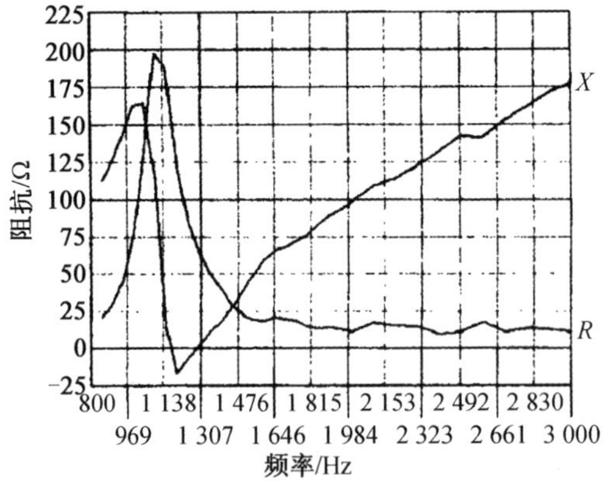

图 4 换能器输入阻抗曲线(水中)

R—输入阻抗实部;*X*—输入阻抗虚部。

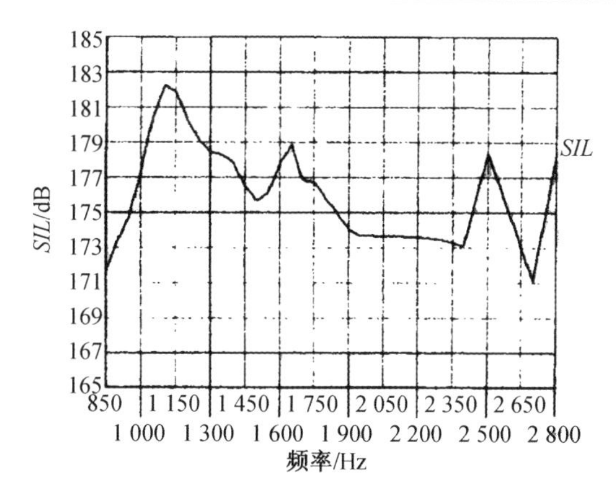

图5　发射电流响应曲线

0 dB=1 μPa/A 1 m处。

4　Terfenol－D鱼唇式弯张换能器实验测试

实验测试于1998年3月下旬在莫干湖实验场完成,测试条件为直流偏磁和连续波交流信号激励,偏磁电流分别为2 A和4 A(由于发射机原因,没有获得最佳偏磁条件下的实验结果),吊放深度6 m,被测换能器与标准水听器之间距离为1.5 m。测试曲线见图6,结果表明:当偏磁直流电流为2 A时,换能器的谐振频率为1.2 kHz;当偏磁直流电流加大到4 A时,谐振频率为1.1 kHz。电流响应特性:电流响应受偏磁场的影响较大,偏磁电流较小(2 A)时,电流响应(SIL)在167 dB以下,当偏磁电流增加到4 A时,电流响应增加了10 dB之多。可以看出,工作点对电声性能的影响是比较显著的,预计当提供偏磁的直流电流增加到最佳工作点(约8 A)时,电流响应将进一步增大,声源级随之提高。带宽特性:2 A的较低偏磁电流下,－3 dB带宽约为200 Hz,而当增大偏磁直流电流到4 A时,－3 dB带宽拓宽至375 Hz,使－3 dB带通Q值小于3,预计当偏磁电流增加到最佳工作点附近时,Q值将进一步降低,这一结果正体现我们所设计的换能器采用溢流式结构获得较大幅度展宽频带的效果。

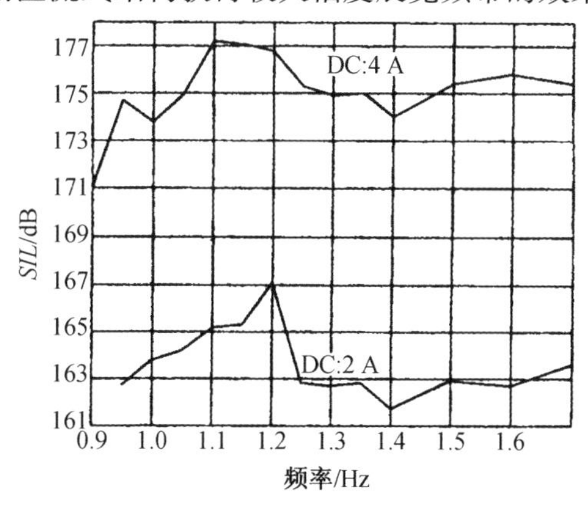

图6　莫干湖实验场测试结果

(0 dB=1 μPa/A 1 m处)

DC:2 A表示偏磁场连续直流取2 A;

DC:4 A表示偏磁场连续直流取4 A。

5　结语

本文提出并设计了 Terfenol－D“鱼唇式”弯张换能器，换能器设计中采用了具有“双重放大”作用的椭圆壳体和溢流腔结构，实验与模拟计算结果证明这种新型弯张换能器具有以下特点：小尺寸、质量轻、谐振频率低、频带宽、电流响应高等。理论计算结果与实验结果之间的出入主要来源于理论上模拟溢流腔所做的近似及工艺结构不够完善。实验测量上也有一定的误差，从响应曲线起伏情况，说明实验误差也比较大。由于实验中用连续直流提供偏磁场，发热效应比较强，实验误差可能受到材料发热的影响，电流（及涡流）的热效应使稀土（Terfenol－D）材料温度升高，进而改变了材料的机电参数，最终影响换能器的电声参数。为了降低换能器发热所造成的影响，可考虑采用永磁材料提供偏磁场和更有效抑制涡流损耗的结构，这部分研究工作正在进行之中。

参考文献

[1] Mark B. moffett, Raymond Porzio and Gerald Bernier, “High－power Terfenol－D flextensional transducer”, AD－A 294 942 (1995).

[2] C. J. Purcell, “Terfenol driver for the barrel－stave projector”, in Proceeding of the third international workshop on Transducers for sonics and ultrasonics, Edited by M. D. McCollum, B. F. Hamonic and O. B. Wilson, ORLANDO_FLORIDA (1992), 160－169.

[3] G. A. Steel, “A 2－kHz magnetostrictive transducer”, in Proceeding of the third international workshop on Transducers for sonics and ultrasonics, Edited by M. D. McCollum, B. F. Hamonic and O. B. Wilson, ORLANDO_FLORIDA (1992), 250－258.

[4] B. Dubus, P. Bigotte, F. Claeyssen, N. Lhermet, G. Grosso and D. Boucher, “Low－frequency magnetostrictive projectors for oceanography and sonar”, 3rd European conference on underwater acoustics, Heraklion (1996), 1019－1024.

[5] 周利生、曹荣、唐良雨、秦维玉，多边形稀土换能器，声学与电子工程，总第 41 期 (1996) 8－17.

Ⅳ弯张换能器的有限元法应力分析

蓝　宇　王文芝　王智元　王　伟

摘要　Ⅳ型弯张换能器是水声领域中低频、大功率声源，是目前应用得最普遍的弯张换能器。采用有限元方法对Ⅳ型弯张换能器进行分析是水声界的流行趋势，它不但准确、方便，而且大大缩短了设计的时间，节省了设计的费用。尤其在应力分析中，这种优势更为明显。本文应用有限元软件 ANSYS 分析了Ⅳ型弯张换能器壳体结构的壳体参数对其耐静水压能力的影响，并且通过计算得到了压电陶瓷堆的应力分布，给出了预应力设置的方法。综合考虑壳体结构的受力和压电堆的应力分布，就得到可以保证弯张换能器在水下能够安全工作的结构参数。

关键词　Ⅳ型弯张换能器;有限元法;预应力

Ⅳ型弯张换能器是水声领域中低频、大功率声源[1]，是目前应用得最普遍的弯张换能器。其振动壳体为一椭圆管，在其内部沿长轴方向插入压电振子。当振子做长度方向的伸缩振动时，激励外壳产生弯曲振动，椭圆管的长轴方向产生位移,短轴方向的振幅被放大，向水中辐射低频声波。Ⅳ型弯张换能器在大功率辐射时，要在压电振子的两端加上一定的预应力。这种弯张换能器预应力的施加通常是使振子的长度略长于椭圆壳体的长轴。预应力的大小取决于振子长出的长度。Ⅳ型弯张换能器要在深水中工作，若采用空气背衬就会受到很大的静水压力的作用。通常壳体材料都采用硬铝，而硬铝的应力极限相对较低，工作水深达到一定程度时就可能压碎铝壳，所以尽量采用耐静水压能力强的结构。再有，深水中静水压力的作用会导致换能器预应力的释放，因此就要合理设置换能器的预应力。此外，由于压电陶瓷是易碎材料，应尽量使其上面的应力均匀分布。所以，Ⅳ型弯张换能器的应力分析包含的内容有：

(1)分析壳体结构对其耐静水压能力的影响;

(2)恰当设置换能器的预应力，确保能够安全工作;

(3)保证铝壳上最大应力不超过其应力极限和使压电材料上应力分布均匀。

弯张换能器的理论分析和设计通常有 3 种方法:波动理论方法[2]、等效电路法和有限元法。由于Ⅳ型弯张换能器的结构较为复杂，经典的波动理论方法和等效电路法很难做出准确的描述。有限元法是以变分原理和剖分原理为基础的一种数值计算方法[3]，可以设计和分析任意结构形状的换能器，利用现有软件又可简化从建模到提取参数的一系列过程。目前较流行的有限元软件有 ANSYS、ATILA、COSM IC、NAS TRAN、SAP 等几十种。

1　ANSYS 软件简介

ANSYS 软件是集结构、热、流体、电磁、声学于一体的大型通用有限元分析软件，应用非常广泛。应用 ANSYS 软件分析结构问题通常包括以下 3 个步骤：前处理、求解和后处理。通常的分析过程如图 1。

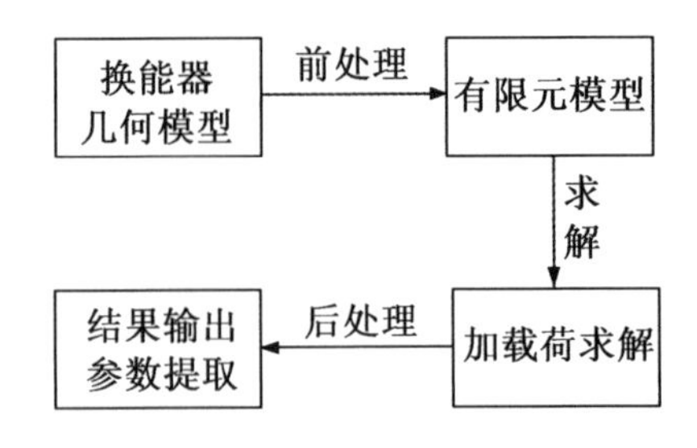

图 1　ANSYS 软件分析换能器的一般步骤

应用 ANSYS 软件分析换能器之前，首先要将换能器的实际问题经过简化和近似抽象成几何模型，然后在 ANSYS 的前处理中建立换能器的几何模型，输入材料参数，划分网格，形成换能器的有限元模型。建模的原则是使问题直接、清晰和便于求解，需要时可将结构拆分与和并。网格划分的原则是既要保证求解精度，又要尽量提高计算速度。在换能器的有限元模型建立后，加入载荷与边界条件，进行求解。求解结束后，在后处理过程中，提取所需数值结果与图形结果。

在 ANSYS 软件中用于换能器的分析包括：模力分析、模态分析、谐波分析和瞬态分析。Ⅳ型弯张换能器的应力分析要采用静力分析。

2　在 ANSYS 中进行应力分析的理论基础

ANSYS 软件中的静力分析用于求解外载荷引起的位移和应力，适合对Ⅳ型弯张换能器的耐静水压能力进行分析和设置预应力。它的控制方程是

$$[M]\{\ddot{U}\} + [C]\{U\} + [K]\{U\} = \{F\} \tag{1}$$

式中，$[M]$ 是结构质量矩阵；$\{\ddot{U}\}$ 是加速度向量；$[C]$ 是结构阻尼矩阵；$\{\ddot{U}\}$ 是速度向量；$[K]$ 是结构刚度矩阵；$\{U\}$ 是位移向量；$\{F\}$ 是所受外力。

由于Ⅳ型弯张换能器中的驱动元件采用压电陶瓷堆，则在方程中引入电学参量，方程变为

$$\begin{bmatrix} [M] & [0] \\ [0] & [0] \end{bmatrix}\begin{Bmatrix} \{\ddot{u}\} \\ \{\ddot{V}\} \end{Bmatrix} + \begin{bmatrix} [C] & [0] \\ [0] & [0] \end{bmatrix}\begin{Bmatrix} \{\ddot{u}\} \\ \{\ddot{V}\} \end{Bmatrix} + \begin{bmatrix} [K] & [K^z] \\ [K^z]^{\mathrm{T}} & [K^d] \end{bmatrix}\begin{Bmatrix} \{u\} \\ \{V\} \end{Bmatrix} = \begin{Bmatrix} \{F\} \\ \{Q\} \end{Bmatrix}$$

式中，$[K^z]$ 是介电传导阵；$[K^d]$ 是压电耦合阵；$\{V\}$ 是电压向量；$\{Q\}$ 是电量向量。

3　在 ANSYS 中建立Ⅳ型弯张换能器的有限元模型

Ⅳ型弯张换能器的结构如图 2 所示，椭圆铝壳长轴为 $2a$，短轴为 $2b$，壳体高度为 L，厚度为 h，长短轴比为 a/b 。在计算机中给出铝和压电陶瓷的材料参数和单元类型，其中铝的材料参数包括密度、杨氏模量和泊松系数，单元类有 SOLID45 和 SOLID72，压电陶瓷的材料参数包括密度、介电常数、压电常数和弹性常数，单元类型是 SOLID5，然后根据结构尺寸就可以在 ANSYS 的前处理中建立Ⅳ型弯张换能器的 1/8 有限元模型(因为Ⅳ型弯张换能器是沿直角坐标系的 3 个方向对称的，建立 1/8 模型可以减少计算时间)，如图 3 所示。在模型上加入静水压力载荷和对称边界条件就可以进行静力分析。

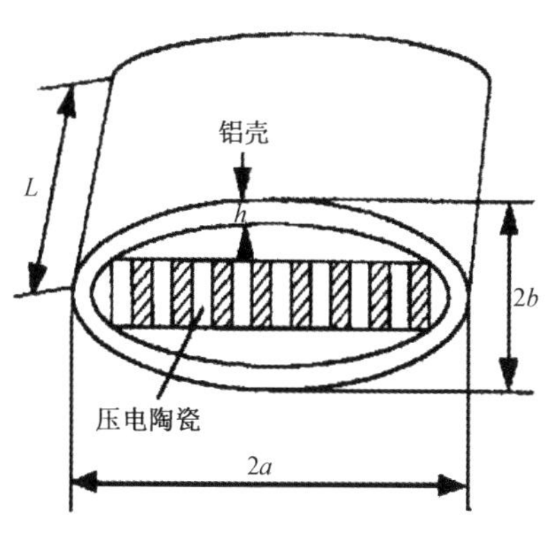

图2　Ⅳ型弯张换能器结构图

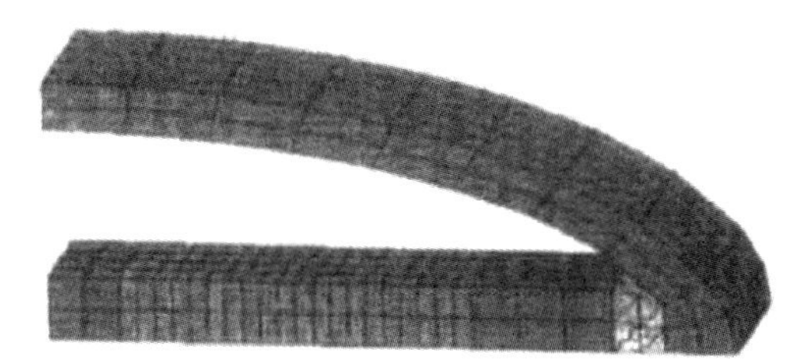

图3　Ⅳ型弯张换能器1/8有限元模型

4　壳体结构对Ⅳ型弯张换能器耐静水压能力的影响

4.1　壳体结构对Ⅳ型弯张换能器耐静水压能力的影响

由于Ⅳ型弯张换能器要在深水中工作，空气背衬的结构就会受到很大的静水压力的作用，其耐静水压能力依赖于壳体的结构参数。Ⅳ型弯张换能器的壳体结构参数包括壳体的厚度、高度、长轴尺寸和长短轴比。利用软件的静力分析功能，采用改变一个结构参数而固定其他参数不变的办法来分析每个结构参数对Ⅳ型弯张换能器耐静水压能力的影响。基本条件是壳体的厚度为15 mm，高度120 mm，长轴尺寸为400 mm，长短轴比2.5/1。

表1　壳体高度和厚度对耐静水压能力的影响

高度/mm	最大应力/MPa	厚度/mm	最大应力/MPa
80	408	10	819
100	402	13	508
120	392	15	392
140	387	17	313
160	384	70	232

表2　壳体长轴与长短轴比对耐静水压能力的影响

长轴/mm	最大应力/MPa	长短轴比	最大应力/MPa
360	439	1/0.30	439
380	393	1/0.40	393
400	368	1/0.45	368
420	341	1/0.50	341
440	284	1/0.60	284

上面的2个表格给出了各个结构参数对换能器耐静水压力的影响，其中壳体最大应力越小说明其耐水压能力越强。在表1中，壳体高度从80 mm变到160 mm，改变了100%，而壳体最大应力只改变了5%，说明壳体高度的变化对换能器耐静水压能力基本没有影响，表1的数据表明，随着壳体厚度的增加壳体最大应力逐渐减小，耐静水压能力逐渐增强，而且变化幅度较大。表2说明壳体的耐静水压能力随着壳体长轴的增加逐渐减弱，随长短

轴比的增加而逐渐增强。在这几个参数中，壳体厚度对换能器耐静水压能力的影响最大。

但是实际在换能器设计中不能一味地只通过加厚壳体、减小长轴或增加长短轴比的办法以来提高结构的耐静水压能力，因为这可能会导致换能器的频率特性、辐射特性或带宽特性的降低，在换能器设计时这几项指标要综合考虑。提高结构的耐静水压能力还可以通过加厚应力集中的壳体局部来实现。更有效的办法是在换能器的内部充入压缩空气或油来抵消静水压力。但充油会带来声源级的损失，有人曾在换能器的内部液腔中使用 8 字形顺性管来起到去耦的作用[1]。

4.2 设置预应力

Ⅳ型弯张换能器需设置预应力是由于Ⅳ型弯张换能器采用压电陶瓷堆做驱动，而压电材料的抗压强度大，但抗张强度小，设置预应力可以防止在大功率工作时震坏压电堆。

由于Ⅳ型弯张换能器的预应力的施加是通过振子略长于椭圆壳内部的长轴尺寸，因此长出的部分 ΔL 决定预应力的大小。ΔL 越大，压电振子上所加的预应力就越大。另外，由于静水压会导致预应力的释放，对于预应力的设置有着很重要的影响。所以，首先要对不同水深的静水压对预应力的释放作用进行分析。换能器的结构尺寸与前面的基本条件相同。

表 3 给出了几种不同水深情况下静水压对预应力的释放作用，将其用椭圆壳体长轴方向伸长的尺寸来描述，同时给出壳体最大应力。

表 3 静水压对预应力的释放作用

工作水深/m	壳体最大应力/MPa	预应力释放/mm
100	223	1.47
130	290	1.91
150	334	2.20
170	379	2.50
200	445	2.94

根据表 3 的预应力释放量，在表 4 中给出了预应力施加量，施加量一定要大于释放量才能保证换能器在水下安全工作。通过对比表 2 和表 4 最大应力项的可以发现，在施加预应力后，壳体受力增加了。由于在铝壳与压电陶瓷片之间加入了过渡质量块，陶瓷片上应力均匀，最大最小应力差小于 10%。陶瓷片应力的负号表示受到压力作用。根据文献[4]，硬铝的应力极限是 420 MPa，从表 4 上可以看到在 170 m 和 200 m 水深时壳体应力已超过 400 MPa，所以此种结构换能器的安全工作深度是 150 m。

表 4 预应力设置及应力分布表

工作水深/m	预应力施加/mm	壳体最大应力/MPa	陶瓷片应力分布/MPa
100	1.8	265	-4.25 ~ -1.39
130	2.2	328	-3.85 ~ -4.06
150	2.4	363	-2.79 ~ -3.06
170	2.7	409	-2.79 ~ -3.06
200	3.1	472	-2.52 ~ -2.91

4.3 Ⅳ型弯张换能器在加电情况下壳体与压电陶瓷的应力分布

由于换能器在加电工作时，会扩张和收缩，仍会导致结构应力变化。因此所加预应力必须保证在加到极限电压时，压电陶瓷在扩张时不会使壳体应力超出极限，收缩时不会产生张力而分开，才能使换能器在水下安全工作。压电陶瓷片的电极限是每毫米可以承受300 V 电压，这里采用5 mm 厚的压电陶瓷片，极限工作电压是1 500 V 。图4 和图5 分别是在150 m工作深度，加上2.7 mm 预应力和1 500 V 的工作电压时压电陶瓷片与壳体上的应力分布图。从图中可以看到压电陶瓷片上的应力是负值，保持压应力，而壳体上的应力值小于400 MPa。

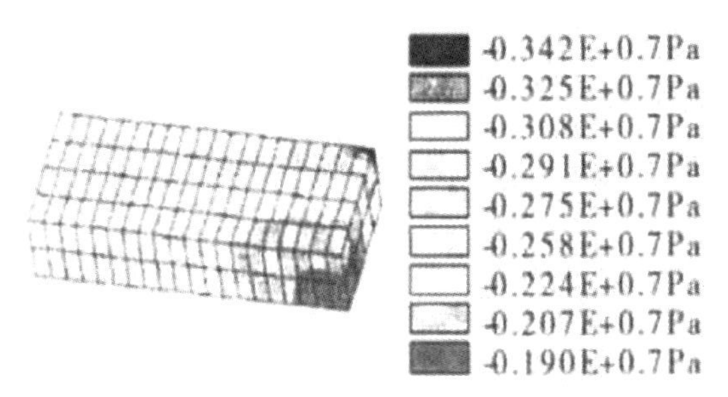

图4　压电陶瓷片上的应力分布图

根据经验我们知道换能器壳体上应力最大的位置也就是位移为0 的位置，在长轴端的附近。在图5 中呈深色的地方代表应力集中，正是这一位置应力最大。ANSYS 软件的分析结果与实际经验相吻合，这就说明 ANSYS 软件对换能器的应力分析是可信的。

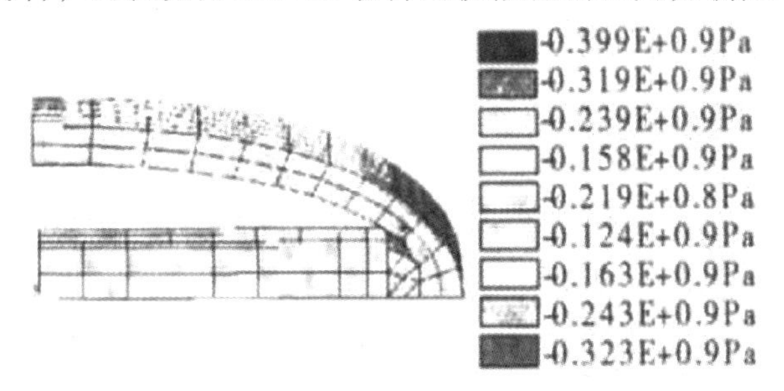

图5　壳体上的应力分布图

5　结论

本文应用 ANSYS 软件的静力分析功能对Ⅳ型弯张换能器的结构应力进行有限元分析，分析了壳体结构对其耐静水压能力的影响，给出了设置换能器预应力的方法，得到了弯张换能器结构尺寸。

参考文献

[1] 栾桂冬，张金铎，朱厚卿. 低频大功率发射换能器的要求及限制[J]. 声学技术，1999(2):54－58.
[2] BRIGHA M G A. Anslysis of the class_Ⅳflextensional transducer by use o f wave mechanics [J]. J A coustic Soc Am，1974(1):31－39.
[3] 栾桂冬，张金铎，王仁乾. 压电换能器与换能器阵(下)[M]. 北京:北京大学出版社，1987.
[4] 王荣津. 水声材料手册[M]. 北京:科学出版社，1983.

三维同振球型矢量水听器的特性及其结构设计

贾志富

摘要　本文介绍一种新型水声接收换能器—三维同振球型矢量水听器。这种水听器可以用来获取水下声场的矢量信息,文中概括地描述了矢量水听器的结构类型及其特性的表征;详细叙述了同振型三维矢量水听器的设计方法;给出了作者所研制的三维同振球型矢量水听器样器的声学特性测试结果。

关键词　矢量水听器;振速水听器;声压梯度水听器

1　引言

众所周知,迄今在水声技术领域,普遍使用声压型接收换能器(水听器)。它把声场中的声压信号转换成与之成比例的电信号。理论和实践都证明,要完整地描述声场并充分利用声场信息,不仅需要知道声场的标量(例如声压)信息,还需要知道声场中的矢量信息,例如声压梯度、质点振速、质点加速度、位移等。矢量水听器即是用来测量这些矢量的水下接收换能器。它是水声换能器家族中的新成员,由于其具有独特的优点和广泛的应用前景,它的问世已经引起人们的普遍关注,当今在水声领域形成了以矢量水听器为核心的"矢量-相位"技术,美国、俄罗斯等国已开展了广泛而深入的研究工作[1,2]。

矢量水听器根据具体使用要求,可以做成一维、二维或三维的形式,用以测量直角坐标系中一个或多个矢量分量,例如质点振速等。如果将矢量水听器与声压水听器在结构上组合为一体,同时矢量与标量信号分别有各自的输出通道,便可实现用一只组合式水听器同时得到矢量与标量信息。

2　矢量水听器的结构类型

根据水听器与声场的相互作用方式,矢量水听器可以分为三大类:双声压水听器型、外壳静止型和同振型[1]。

双声压水听器型矢量水听器,如图1(a),是仿照空气声学中的"双传声器"而构成的。它由两个复数灵敏度(幅值及相位的频率响应)已知且相同的声压水听器组成,水听器声中心之间的距离远小于相应最高测量频率的声波波长,利用有限差分近似,由两个水听器输出电压的差值信号,可计算出水听器声中心连线中点处的声压梯度或质点振速值,由于这种矢量水听器原理及其构成特点,决定了它的工作频带较窄,声压梯度或振速灵敏度较低,特别在低频和弱声场情况下,输出信噪比不会很高。所有这些使"双水听器"型矢量水听器的应用受到了限制。

外壳静止型矢量水听器(图1(b)),是在大质量金属外壳或框架上安装敏感元件(例如压电陶瓷片),当水听器置于声场中时,外壳对声波呈现高的声阻抗,即在声场作用下外壳或框架"巍然不动",可以近似看作是静止状态,而敏感元件直接受到声场的作用,使其发生形变,实现声－电转换。本文作者曾研制出一种弯曲圆板型压电式声压梯度水听器,可谓这种矢量水听器的典型代表[3],由于它本身具有大质量的外壳或框架(通常用高密度合金材料制成),因此,这种水听器的外壳或框架可通过某种方式与其他构件(例如船壳体)刚性连接。

与静止外壳型不同,对于同振型矢量水听器(图1(c)),声波不直接作用于敏感元件上。敏感元件置于球(或圆柱)形壳体内。而球(或圆柱)体做振荡运动。如果使敏感元件在惯性力的作用下发生形变,便可实现声－电转换。这种水听器在设计上要使球(或圆柱)体的平均密度近似等于水介质密度,这样,球(或圆柱) 体则以水介质质点相同的幅度和相位作振荡运动。因而得名为“同振型”,本文作者曾研制出工作上限频率可到5 kHz、球直径为63 mm的一维同振球型矢量水听器[4]。

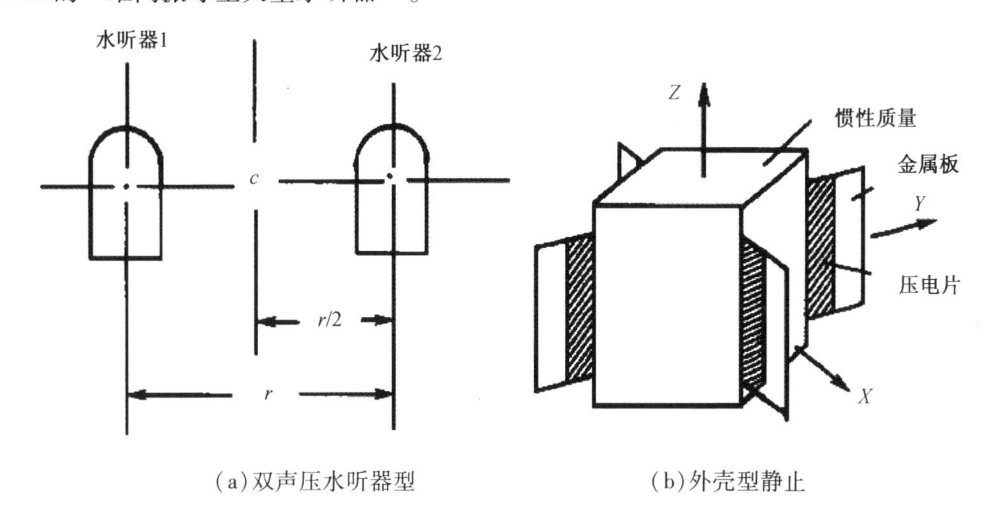

(a)双声压水听器型　　(b)外壳型静止

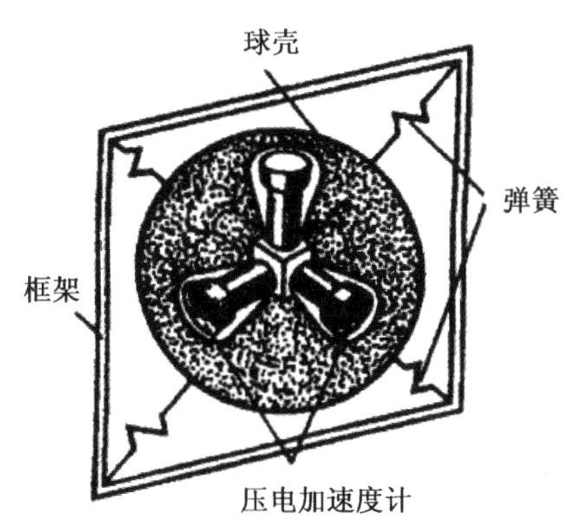

(c)同振型外壳型静止

图1　矢量水听器的类型

3　表征矢量水听器性能的电声参数

矢量水听器如同一般声压型水听器那样,要用一系列的电声参数来表征,与声压水听器相比,矢量水听器在指向性、灵敏度和通道相位的特性方面有些特殊,因而对矢量水听器的这些特性的表征方法也有别于声压水听器[1]。

3.1　指向性

声压水听器和矢量水听器在其波尺寸(几何尺寸与波长之比)很小的条下,理论上两者的指向性图可以用函数 $\cos^n\theta$ 来描写。当 $n=0$ 时,即表示声压水听器的无指向性;当 $n=1$ 时,则表示矢量水听器的指向性。矢量水听器的指向性用函数 $\cos\theta$ 来描述,即它的指向性图呈"8"字形,一般将具有无指向性的声压水听器称作零阶水听器,而把具有"8"字形指向性的矢量水听器称作一阶水听器。目前,不仅有一阶矢量水听器,而且还有二阶矢量水听器[1],本文只涉及一阶矢量水听器。

在波尺寸很小的条件下,对于矢量水听器,其指向性可以近似地看作与频率无关。

图 2 示出理想情况下(即波尺寸很小时)声压水听器和矢量水听器的指向性图。

由图可见,矢量水听器的指向性图是两个相切的球面。穿过两个球心的线与其最大灵敏度轴重合。而穿过球相切点并与最大灵敏度轴垂直的平面称为不敏感平面,从理论上说,对来自在这个平面上传播的声波,水听器表现非常"不灵敏",而无输出信号。

实际的矢量水听器指向性图总会在某种程度上偏离于理想值。为评价指向性图的优劣, 通常采用以下一些表征参数[1](见图 2):

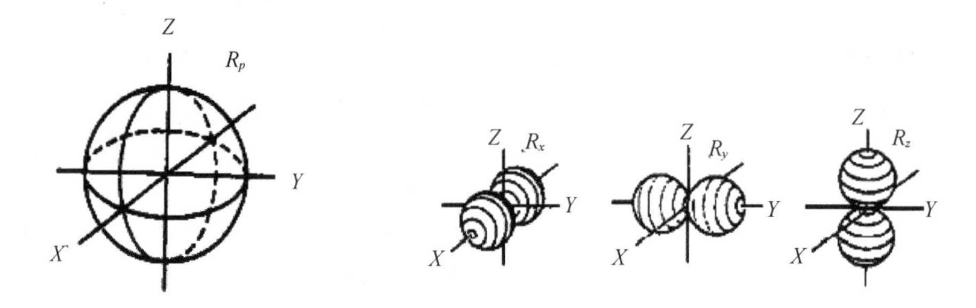

(a)声压水听器的指向性图(R_p)　　(b)矢量水听器的指向性图(R_x,R_y,R_z)

图 2　理想情况下的指向性图

(a)分辨力(k_d)

定义为轴向(0°或 180°方向)灵敏度(灵敏度最大值)G_0 与 ±90°方向上灵敏度最小值之比。用分贝数表示时则为

$$k_d = 20\log\frac{G_0}{G_{\pm 90}}(\mathrm{dB})$$

(b)指向性图与余弦指向性图的偏差定义为

$$\Delta = 20\log\frac{\sqrt{2}G_{\pm 45}}{G_0}$$

其中,$G_{\pm 45}$为在偏离最大灵敏度轴左右 45°方向上的响应值。

(c)轴向灵敏度的不对称性亦称前－后灵敏度差值($k_{\Delta_{\max}}$)

定义为在 0°方向的灵敏度值 G_0 与 180°方向上的灵敏度值 G_{180}的差值:

$$k_{\Delta_{\max}} = 20\log\frac{G_0}{G_{180}}(\mathrm{dB})$$

(d)灵敏度最小值的不对称性($k_{\Delta_{\min}}$)

定义为在 +90°和 -90°方向上灵敏度的插值:

$$k_{\Delta_{\min}} = 20\log \frac{G_{+90}}{G_{-90}}$$

3.2　接收灵敏度

矢量水听器的接收灵敏度有几种表示方法：声压灵敏度、声压梯度灵敏度、振速灵敏度和加速度灵敏度等。由于在水声计量中至今只有标准声压水听器，普遍使用“声压”作为计量基准。因此，矢量水听器的灵敏度特性仍然用声压灵敏度来表征。在必要时，可借助声压与声压梯度或振速之间的理论关系式，从声压灵敏度值换算成声压梯度灵敏度或振速灵敏[1,4,5]。

矢量水听器的声压灵敏度与频率的关系取决于水听器所使用的机电转换原理。对于实际中常用的动圈式和压电式矢量水听器其声压灵敏度的幅频特性例如图 3 所示。

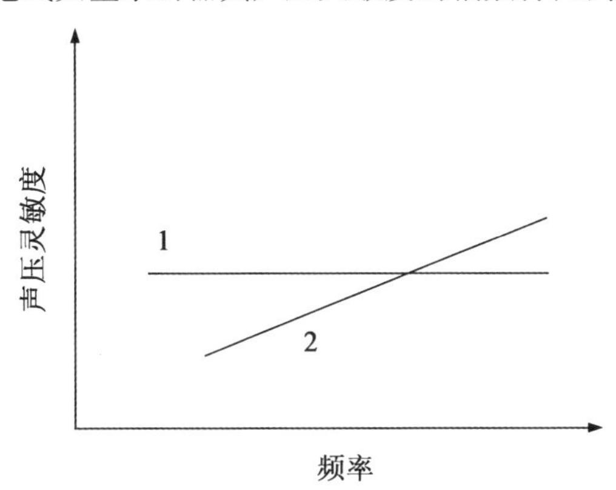

1—动圈式矢量水听器；2—压电式矢量水听器。

图 3　声压灵敏度幅频特性

对于压电式矢量水听器，其声压灵敏度频响曲线相对横轴的斜率是每倍频程 6 dB，即频率升高（降低）一个倍频程，灵敏度值提高降低一倍。或者说频率每升高（降低）1/3 倍频程，灵敏度提高（降低）2 dB。在实际中，为了描述这种矢量水听器的灵敏度，通常只给出在 1 000 Hz 频率上的灵敏度值，例如写作 185 dB（测试频率 1 000 Hz）；或者，将此灵敏度值以伏每帕每千赫为单位，直接写作 562 μV/（Pa · kHz），利用 1 000 Hz 频率的灵敏度值可以方便地推算出其他工作频率上的灵敏度。

3.3　通道之间的相位特性

矢量水听器各通道之间、矢量通道与标量（声压）通道之间的相位差特性是矢量水听器实际应用中的重要性能参数，而这些相位差特性只能而且必须依靠合理的结构设计和严格的造工艺加以保证。

（a）矢量通道之间的相位差（$\Delta\varphi_{ij}$）

这里 $i,j = x,y,z$。此参数用于二维或三维矢量水听器。

（b）矢量通道与声压通道之间的相位差（$\Delta\varphi_{pi}$）

这里 p 表示声压通道，$i = x,y,z$ 表示矢量通道。此特征参数用于矢量水听器与声压水听器复合为一体的组合式水听器。

图 4 示出理想情况下在 XY 平面上声压通道与矢量通道、X 矢量通道与 Y 矢量通道间的相位差随方位角 φ 的变化。从此图可见到通道间的相位差具有跃变性。

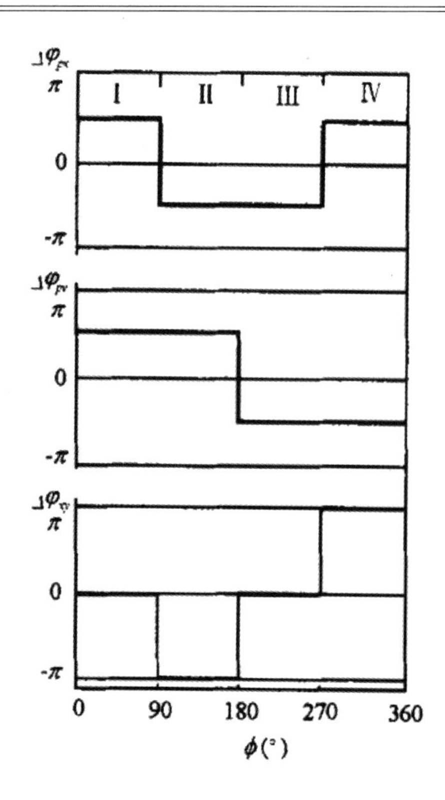

图4　理想情况下,在XY平面上声压通道与矢量通道间,矢量通道X与矢量通道Y间的相位差$\Delta\varphi$随方位角φ的变化

4　三维同振球型矢量水听器的结构

如前所述,同振球型矢量水听器的基本结构是在刚性球壳内放置振动传感器件,用弹性元件将球体悬置于框架上。可以看出,这种矢量水听器由两个“质量－弹簧”振动系统组成的,“球体悬置弹性元件”振动系统和振动传感器本身的振动系统,前一振动系统的谐振频率一般很低(例如几赫兹甚至1 Hz以下),而后一振动系统的谐振频率较高(例如几百赫兹、几千赫兹或更高)。由于两个振动系统的谐振频率相离甚远,可以把这两个振动系统看作是相互独立、互不影响的。因此,就水听器的结构设计而言,可以对这两个振动系统分别予以考虑。

本文作者在文献[4]中对一维同振球型矢量水听的结构设计问题做了阐述,那里给出的关于设计中应考虑的基本要点不仅适用于“一维”情况,也完全适用于“三维”情况。然而,正如图1(c)所示,三维同振球型矢量水听器在三个正交轴上均放置振动传感器。因此,不论是球壳还是振动传感器本身,在结构设计与制作方面,比起“一维”水听器来说难度都要大为了保证水听器有良好的电声性能,不仅要求振动传感器(作者采用压电加速度计)具有足够灵敏度和带宽,而且还要求在水听器的设计与制作中力争做到:①三个通道轴严格保持正交几何关系;①球体本身的平均密度接近于水的密度且质量分布均匀;③球体的几何中心与其重心严格重合;④三个通道具有相同的声相位中心。

同振球型矢量水听器的“同振”特性是以其波尺寸很小以及球体平均密度近似等于水的密度为先决条件的,本文作者研制的三维同振球型矢量水听器,其球体外径为0.1 m,用铝合金制作球壳,球体的平均密度约为1 100 kg/m^3 根据文献[4]中引用的公式,对该球体在水中振动速度的频率响应进行了数值计算和分析。结果表明,如果允许球体的振动速度与水介质质点振动速度幅值偏差 1 dB、相位偏差 1°(在工程上,这种偏差是允许的),则上限频率可达到 4 kHz。因此可将此频率值作为该矢量水听器工作频率的上限。但必须指出的是,水听器上限工作频率不仅取决于球体自身的频响特性,也直接制约于压电加速度计的频响特性,因此,在设计和制作压电加速度计时应当考虑到这一点[4]。

5 矢量水听器特性测试及结果

作者研制的直径 0.1 m 同振球型矢量水听器,其指向性图和灵敏度频响曲线分别示于图 5、图 6,水听器装备有增益 20 dB 前放。测试是在非消声水池采用脉冲法进行的,由于发射源信号强度所限,测试频率最低限于 500 Hz,在 1 000 Hz 以下频段内,实测的灵敏度值引入了近场修正[4],结果表明,灵敏度和指向性指标达到预期要求,声压灵敏度: −176 dB(0 dB = 1 V/μPa,测试频率 1 000 Hz);指向性图:$k_d > 20$ dB,$k_{\Delta\max} \leqslant 1.5$ dB,$k_{\Delta\min} \leqslant 3$ dB。

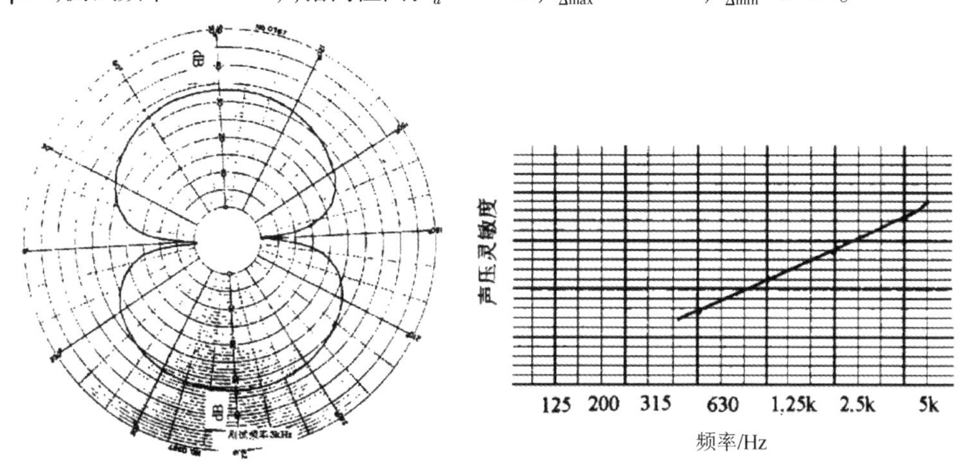

图 5 三维同振球型适量水听器指向性图　　图 6 三位同振球型矢量水听器声压灵敏度曲线

6 结语

采用本文所给出的方法,可以设计和制作其他尺寸的同振球型矢量水听器。作者另外还研制出了同振圆柱型二维矢量水听器,并且将这种水听器与声压水听器在结构上组合为一体,得到了令人满意的组合式水听器。

当今,材料科学和微传感器技术的发展,为矢量水听器的设计与制作技术开辟了广阔的途径。可以期待,结构更新颖、性能更优良的矢量水听器将会不断展现于世人面前。

参 考 文 献

[1] Gordienko V A, llichev V I, Zaharov L N. Vectorphase Methods in Acoustics(in Russian), Moscow, Nauka, 1989.

[2] Berliner M j, Lindbery J F(editors). Acoustic particle Velocity Sensors: design, performance and applications, AIP Press. N. Y. ,1996.

[3] 贾志富. 传感器技术,1997,16(1):22.

[4] 贾志富. 应用声学,1997,16(3);:20.

[5] Bobber R J, Underwater Electroacoustic Measurements, NRL, Washington, D. C. 1970.

压电圆盘弯曲式矢量水听器的设计

陈洪娟　贾志富

摘要　介绍一种采用三迭圆片作为敏感元件的矢量水听器——压电圆盘弯曲式矢量水听器的设计方法，并给出根据此方法设计制作的压电圆盘弯曲式矢量水听器的性能指标——自由场开路电压灵敏度和指向性图的实验测试结果：自由场电压灵敏度为 -214.5 dB(0 dB = 1 V/Pa，测试频率 1 000 Hz)；指向性图的分辨力 Kd > 20 dB。

关键词　矢量水听器；压电圆盘弯曲式；三迭片压电传感元件

1　引言

众所周知，无论在水声物理还是在水声工程上，一直以来研究和测量的物理量都是声场声压，而实际上，声波是一纵波，不仅可以用声压，而且可以用质点振速来描述声场。矢量水听器就是用来测量水中质点振速、加速度或声压梯度等矢量信号的水下接收器，它的出现为更多的获取水下声场信息提供了可能，有助于水下声应用技术的研究。

近年来国内、外研制的矢量水听器按照结构形式不同可分为双声压式矢量水听器、不动外壳型矢量水听器和同振型矢量水听器；按照工作原理不同又可分为压电式、磁致伸缩式、电动(感应)式、电容(静电)式、电磁式以及光纤式矢量水听器。本文介绍的压电圆盘弯曲式矢量水听器是采用三迭圆片作为敏感元件的同振型矢量水听器，它具有体积小、质量轻、结构简单、工作频率低等优点，作者设计并制作的压电圆盘弯曲式矢量水听器直径 74 mm，高 31 mm，质量 126 g，工作频带 20 ~ 4 000 Hz。

2　设计原理

压电圆盘弯曲式矢量水听器结构示意图，如图 1 所示。

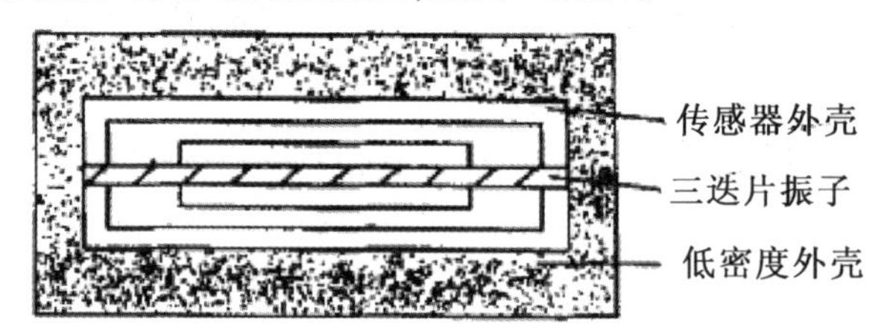

图 1　压电圆盘弯曲式矢量水听器结构示意图

"同振型"矢量水听器的基本结构是在刚性壳体内放置振动传感元件，然后将壳体用弹性元件(如橡胶绳)悬置于框架上，理论与实践结果均证明：用于悬挂矢量水听器壳体的弹性元件与壳体本身构成的振动系统的谐振频率一般很低(几赫兹甚或 1 Hz 以下)，远低于壳体内振动传感元件构成的振动系统的谐振频率(几百赫兹、几千赫兹或更高)。因此在矢量水听器的结构设计中，对这两个振动系统可以分别加以考虑。

压电圆盘弯曲式矢量水听器是采用三迭圆片(见图2)作为敏感元件的。

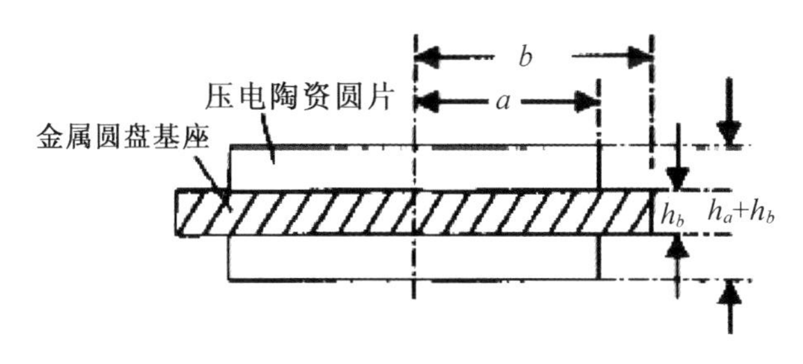

图2　三迭片振子

a、h_a 和 b、h_b 分别是三迭圆片中压电陶瓷圆片和金属圆盘基座的半径和厚度,其灵敏度和谐振频率与三迭片弯曲振子存在以下关系[1]:

在工作频带远低于谐振频率的低频 f_{oc} 段,即 $f \leqslant f_{oc}$ 处加速度灵敏度 S_a 为

$$S_a \approx \frac{k^2 M_s}{N} \tag{1}$$

$$f_{oc} = \frac{1}{2\pi\sqrt{M_s C_m (1-k^2)}} \tag{2}$$

式中,S_a 是矢量水听器的低频加速度灵敏度;f_{oc} 是水听器开路时谐振频率;$k^2 = N^2 \cdot C_m/C_f$ 是有效机电耦合系数;$N = \dfrac{-24\pi d_{31} h_b \delta^2 t_0 \mu_8}{S_{11}^E (1-\sigma_a) K_m^{1/2} \mu_{12}}$ 是机电转换系数;$C_m = \dfrac{(1-\sigma_b^2) b^2 K_m \mu_{12}}{16\pi Y_b h_b^3 \mu_1}$ 是恒压时柔顺系数;$C_f = \dfrac{\pi \varepsilon_{33}^T \alpha^2 (1-k_p^2)(1+\mu_{13})}{h_a}$($C_1 = N^2 C_m + C_b$,$C_b$ 是静态电容);d_{31},ε_{33}^T,S_{11}^E,S_{12}^E 为压电陶瓷圆片的压电系数、恒 T(自由状态)介电常熟;恒 E(短路)状态柔性系数;$K_p^2 = \dfrac{2d_{31}^2}{\varepsilon_{33}^T S_{11}^E (1-\sigma_a)}$ 是平面机电耦合系数;$M_s = \pi(\rho_b^2 + h_b + \rho_a \alpha^2 h_a)$ 是三迭片弯曲振子质量;σ_a,ρ_a 和 σ_b,ρ_b 分别是压电陶瓷圆片和金属圆盘基座的泊松比、密度。

上述表达式中其余参数详见文献[1]、文献[2]。

为设计方便,绘制压电圆盘弯曲式矢量水听器的加速度灵敏度和谐振频率与三迭片弯曲振子几何参数(a/b、$h_b/h(h = h_a + h_b)$)之间的关系曲线,如图3所示。

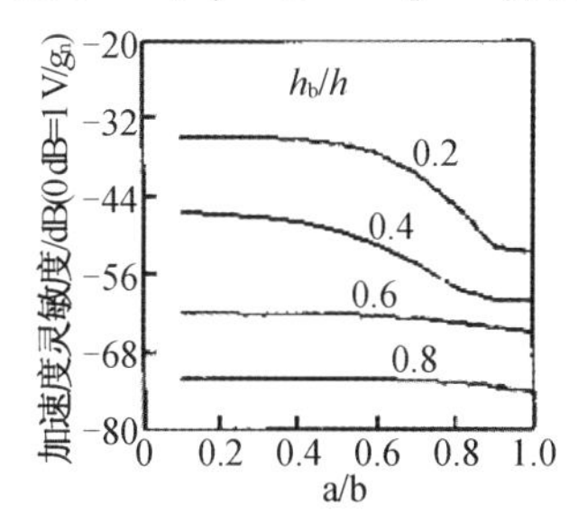

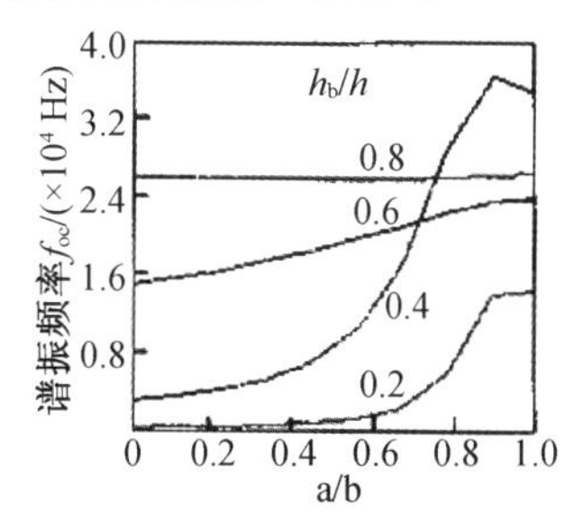

(a)与 a/b、/h 之间的关系曲线　　(b)与 a/b、/h 之间的关系曲线

图3　加速度灵敏度和谐振频率与 a/b、/h 之间的关系曲线

由关系曲线可知,压电圆盘弯曲式矢量水听器的加速度灵敏度随着 a/b 比值的增加而

降低，但下降幅度大小与 h_b/h 比值有关；而谐振频率随着 a/b 比值的增加却升高，上升幅度大小亦与 h_b/h 比值有关，所以设计时要兼顾这两个参数。根据该关系曲线可确定三迭片振子的几何参数 a/b、h_b/h 之间的比值。

由于压电圆盘弯曲式矢量水听器的核心换能元件是三迭片振子，所以可根据工作在边缘简支边界条件下的三迭片振子无负载时谐振频率[3] f_{ra} 进一步确定三迭片振子的几何参数为

$$f_{ra}=0.227\,2[1-0.685\,6k_p^2]^{1/2}\cdot A\cdot c_a\cdot\frac{h}{b^2} \tag{3}$$

式中，$c_a=[\rho_a S^{11}(1-\sigma_a^2)]^{1/2}$ 为压电陶瓷片中的声速；h 为三迭片总厚度；b 为三迭片金属圆盘的半径；A 是修正系数：$A_1=\left[\left(1-\frac{h_b}{h}\right)+\frac{h_b\rho_b}{h\,\rho_a}\right]^{-1/2}$ 是考虑密度的修正系数；$A_2=\left(1-\frac{h_b}{h}\right)+\frac{h_b}{h}\frac{c_b}{c_a}$ 是考虑声速的修正系数（c_b 是中间层金属基座材料的声速）。

根据以上条件设计的传感器原则上只是一个弯曲式加速度计，如果想使其应用于水下，拾取水下声场中声矢量信息（即为压电圆盘弯曲式"同振性"矢量水听器），则必须满足以下三个条件[4]：(1)水听器的波尺寸足够小，即 $kL\leqslant 1$（L 是水听器的最大线性尺寸，k 是波数）；(2)水听器的平均密度近似等于介质（水或海水）的密度且质量分布均匀；(3)水听器的几何中心与其声中心严格重合，这样将其置于水下声场时将呈中性浮力状态，其振动幅值和相位与水中质点保持一致[5]，从而可有效地拾取水中质点振速或加速度矢量。

目前有两种方法可以使水听器的平均密度近似等于介质密度，一是通过提供足够大的刚性壳体内空间（即壳体充气体积），从而实现密度的降低；二是通过附加低密度复合材料外壳的方法来降低整体密度。在设计中采用了后一种方法，即采用环氧树脂与玻璃微珠混合物（平均密度约为 $\rho=0.65\ \mathrm{g/cm^3}$）制成低密度复合材料外壳。

3 设计样品性能测试

根据以上设计原理设计并制作了若干样品，在非消声水池采用脉冲声技术对水听器的自由场开路电压灵敏度和指向性图进行了测量，结果表明，性能达到设计指标要求。图 4 是其中一个样品的自由场开路电压灵敏度频响特性曲线及其在 4 000 Hz 频率时的指向性图。

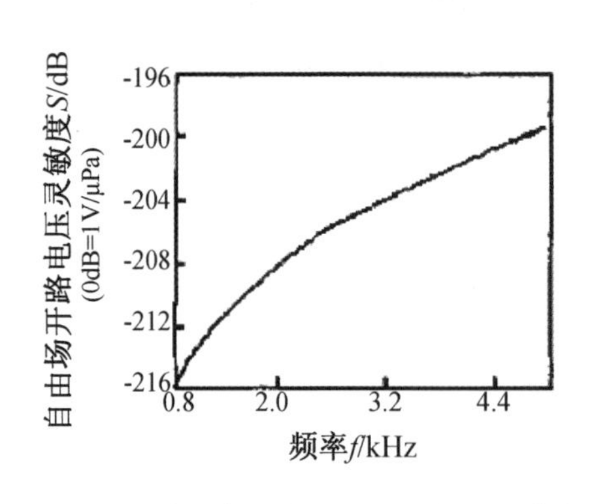

(a) 自由场开路电压灵敏度频响曲线

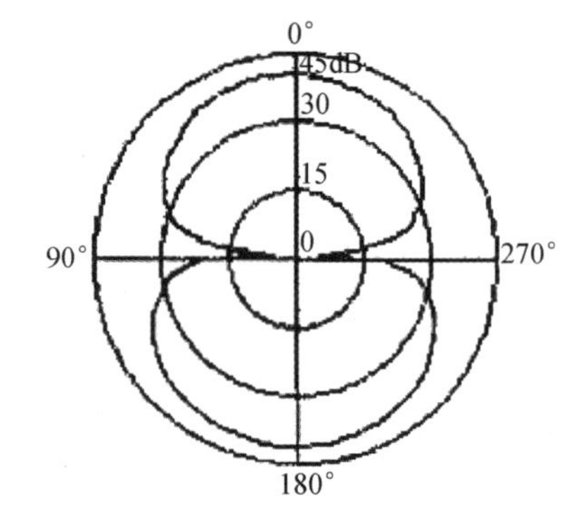

(b) 指向性图

图 4 水听器自由场开路电压灵敏度曲线和指向性图

4 结论

压电圆盘弯曲式矢量水听器在 800 ~ 4 000 Hz 频率范围内，指向性图对称性较好，基本

上达到预期要求。其自由场电压灵敏度为 -214.5 dB(0 dB = 1 V/Pa,测试频率 1 000 Hz);指向性图指标:

(1)分辨力 k_d(灵敏度最大值 S_{max} 与最小值 S_{min} 之比的分贝数),$k_d > 20$ dB;

(2)轴向灵敏度的不对称性 $k\Delta_{max}$($k\Delta_{max} = 20\lg \frac{S_{max}}{S180°}$,$S180°$ 为与灵敏度最大值 S_{max} 相差 180°的同一轴线上反方向灵敏度值),$k\Delta_{max} \leqslant 1.5$ dB;

(3)灵敏度最小值的不对称性 $k\Delta_{max}$($k\Delta_{max} = 20\lg \frac{S_{max}}{S180°}$,$S180°$ 为与灵敏度最大值 S_{max} 相差 180°的同一轴线上反方向灵敏度值),$k\Delta_{max} \leqslant 2$ dB。

当工作频率超过 4 000 Hz 时,灵敏度曲线出现"上跷",这是由于频率超过此范围后,开始进入敏感元件的谐振区域而带来的。

从测试结果可以看出,压电圆盘弯曲式矢量水听器不仅可以工作在低频段,而且体积较小,具有很广泛的应用前景。

参考文献

[1] 陈洪娟. 压电圆盘弯曲式同振型矢量水听器[D]. 哈尔滨工程大学硕士生论文,2002.

[2] Анмоняк Ю Т, Вассергисер М Е. Расчёт характеристик из гибно го п реобразователя мембранноготипа[J]. Акустический Журнал, 1982 ,(3):294 -302.

[3] 俞宏沛,王余年,黄进来,等. 弯曲振动换能器的设计与分析 [R]. 湖北宜昌:706 所科技报告,1982.

[4] 贾志富. 三维同振球型矢量水听器的特性及其结构设计[J]. 应用声学,2001,20(4):15 -20.

[5] 洪连进. 三维矢量水听器的研究[R]. 哈尔滨工程大学博士后科学研究报告,1999.

采用双迭片压电敏感元件的同振柱型矢量水听器

陈洪娟　洪连进

摘要　介绍一种采用双迭片作为压电敏感元件的同振柱型矢量水听器。描述了该矢量水听器的设计方法，并给出所研制该类型水听器的灵敏度和指向性测试结果。

关键词　矢量水听器；同振型；双迭片压电敏感元件

1　引言

国内外研究表明，矢量水听器在水声工程诸多方面具有应用潜力，如，由于矢量水听器体积小、质量轻、布放方便，特别适合于声呐浮标的要求，是解决低频辐射噪声测试问题的有效途径之一[1,2]，美国在 SURTASS 系统中应用矢量水听器，解决了左右舷模糊问题[3]；苏联利用矢量水听器拖线阵，系统地研究了矢量水听器拖线阵的姿态、拖曳速度和流噪声对矢量水听器检测性能的影响等[3]。矢量水听器的研制目前在美国、俄罗斯等国已基本实现结构系列化和功能实用化可满足不同工程要求，而在国内经过“八五”“九五”近十年的研究及技术引进也开始走向工程应用阶段。矢量水听器按照结构形式不同可分为双声压式、不动外壳式和同振式三种[4]，本文作者在吸收、消化俄罗斯同振球形三维矢量水听器制作技术的基础上，结合传统水声换能器结构特点及工作原理，设计并制作了采用双迭片作为压电敏感元件的同振柱型矢量水听器，它具有工作频率低、体积小、结构简单、应用方便等特点，在水下低频测量中将有广泛的发展前景。

2　同振型结构设计方法

理论研究表明[5]，如果声学刚硬球（或柱）体的几何尺寸远远小于波长（即 $kL \ll 1$，k 是波数，L 是刚硬球（或柱）体的最大线性尺度），则其在水中声波作用下作自由运动时，刚硬球（或柱）体的振动速度幅值 V 与声场中球心（或柱体几何中心）处水质点的振动速度幅值 V_0 之间存在以下关系：

$$V = \frac{3\rho_0}{2\bar{\rho} + \rho_0} V_0 \tag{1}$$

其中：ρ_0 是水介质密度，$\bar{\rho}$ 是刚硬球（或柱）体的平均密度。

由公式(1)可知，当刚硬球（或柱）体的平均密度等于水介质密度时，其振动速度幅值 V 与声场中球心（或柱体几何中心）处水质点的振动速度幅值 V_0 相同，这样只要刚硬球（或柱）体内部有可以拾取该振动速度的传感器件即可获得声场中球心（或柱体几何中心）处水质点的振动速度，所以公式(1)是同振型矢量水听器结构设计中的主要依据。

其次，声学刚硬球（或柱）体在水中声波作用下作自由运动时，存在声散射问题，根据理论研究可知[6]，如果声学刚硬球（或柱）体的几何尺寸远远小于波长（即 $kL \ll 1$，k 是波数，L

是刚硬球(或柱)体的最大线性尺度),则刚硬球(或柱)体对声场的干扰可不予考虑,因此,$kL \ll 1$ 的条件是同振型矢量水听器结构设计中的又一主要依据。

3　双迭片结构设计方法

本文设计的同振型矢量水听器内部采用双迭片作为压电敏感元件,该结构在国内同振型矢量水听器设计中首次应用,其结构示意图见图1。双迭片是由黏接在一金属圆垫片上的两片压电陶瓷圆片组成的敏感元件,用它制作的振动传感器不需要外加质量块,因此与俄罗斯同振球形三维矢量水听器中采用的中心压缩式加速度计相比,它的优点是工作频率低、体积小、质量轻。由公式(1)可知,同振型矢量水听器的设计中内置传感器的质量是很重要的指标,因此作者在同振型矢量水听器的设计中尝试采用双迭片敏感元件以达到体积小、频率低的目的。

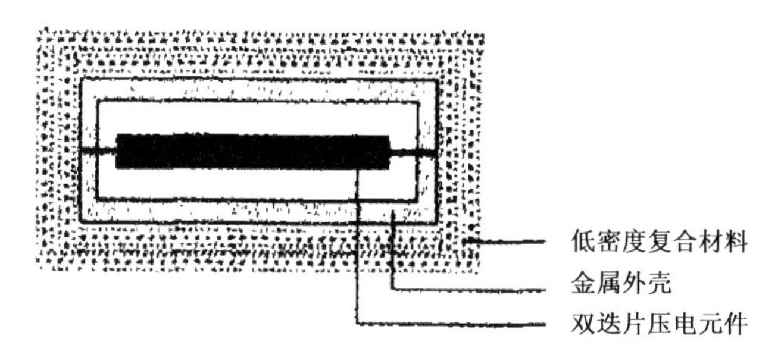

图1　矢量水听器结构示意图

由该矢量水听器的等效电路(图2),可得出其声压灵敏度 M_p(指平面波场)和开路谐振频率比的表达式[4]:

$$M_p = \frac{U_{oc}}{P} = \frac{\mathrm{j}\omega}{\rho c} \cdot M_a \tag{2}$$

$$f_{oc} = \frac{1}{2\pi\sqrt{M_S C_m (1-k^2)}} \tag{3}$$

其中 $M_a = \frac{U_{oc}}{\dot{a}} = \frac{k^2 \cdot M_s}{N} \cdot \frac{1}{1-\omega^2 \frac{M_s \cdot C_m \cdot C_b}{C_f}}$,是矢量水听器的加速度灵敏度;在工作频率远低于谐振频率的低频段,即 $f \ll f_{oc}$ 处,加速度灵敏度 $M_a \approx \frac{k^2 M_s}{N}$,与频率无关,其灵敏度频响曲线呈一平坦曲线。$f_{oc}$ 和 M_a 的式中,$k^2 = N^2 \cdot C_m / C_f$ 是有效机电耦合系数;$m_s = \pi(\rho_b b^2 h_b + \rho_a a^2 h_a)$ 是双迭片弯曲振子质量;$N = \frac{-24\pi d_{31} h_b \delta^2 t_0 \mu_8}{S_{11}^E (1-\sigma_a) K_m^{1/2} \mu_{12}}$ 是机电转换系数;$C_f = \frac{\pi \varepsilon_{33}^T a^2 (1-k_p^2)(1+\mu_{13})}{h_a}$($C_f = N^2 C_m + C_b$,$C_b$ 是静电容);$C_m = \frac{(1-\sigma_b^2) b^2 K_m \mu_{12}}{16\pi Y_b h_b^3 \mu_1}$ 是恒压时柔顺系数;a、h_a、ρ_a 和 b、h_b、ρ_b 分别是组成双迭片的压电陶瓷圆片和金属垫片的半径、厚度和密度。以上表达式中其余参数详见文献[4]。

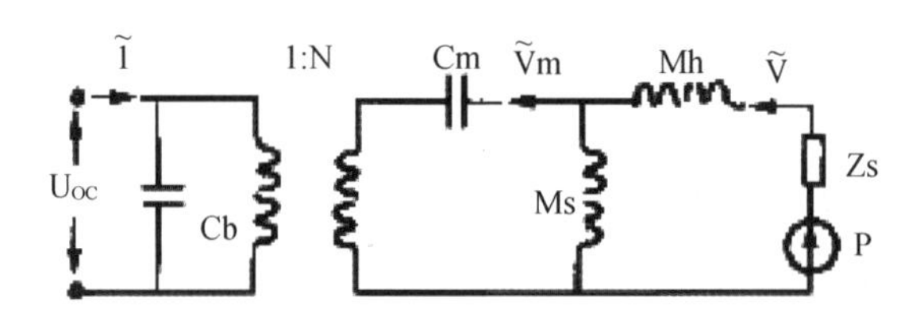

图 2　矢量水听器的等效电路图

根据表达式(2)、(3),在选定压电陶瓷及金属垫片材料参数的情况下,可确定加速度灵敏度 M_a 和开路谐振频率 f_{oc} 与组成双迭片的压电陶瓷圆片和金属垫片的半径比(a/b)、厚度比(h_a/h_b)之间的关系(图 3),从而为双迭片几何参数的设计提供了理论依据。

理论与实践结果证明[4],"同振型"矢量水听器的平均密度应近似等于水介质密度,目前有两种方法可以实现:一是通过提供足够大的刚性壳体内空间(即壳体充气体积),从而实现整体密度的降低;二是通过附加低密度复合材料外壳的方法来降低整体密度。本文采用后一种方法,即采用环氧树脂与玻璃微珠的混合物制成的平均密度约为 $\rho=0.65\ \mathrm{g/cm^3}$ 的低于水介质密度的复合材料制作外壳。

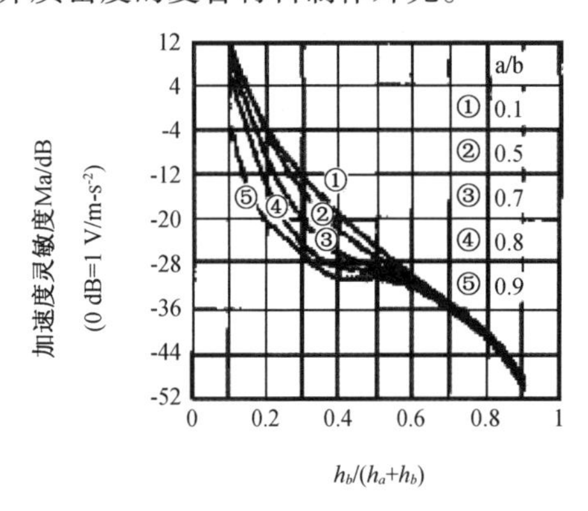

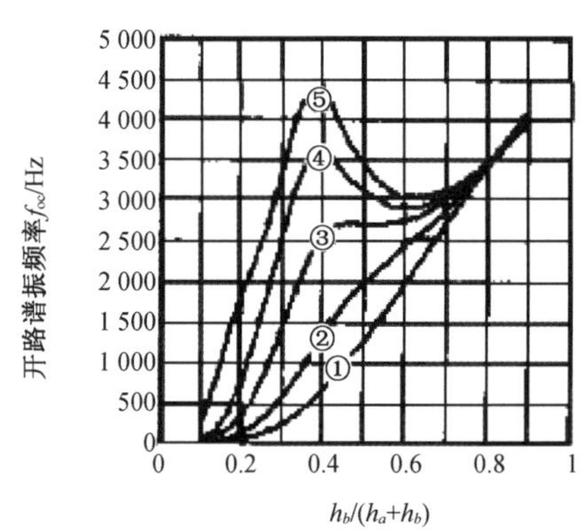

图 3　加速度灵敏度 M_a 和开路谐振频率 f_{oc} 与组成双迭片的压电陶瓷圆片和金属垫片的半径比(a/b)、厚度比(h_a/h_b)之间的关系曲线

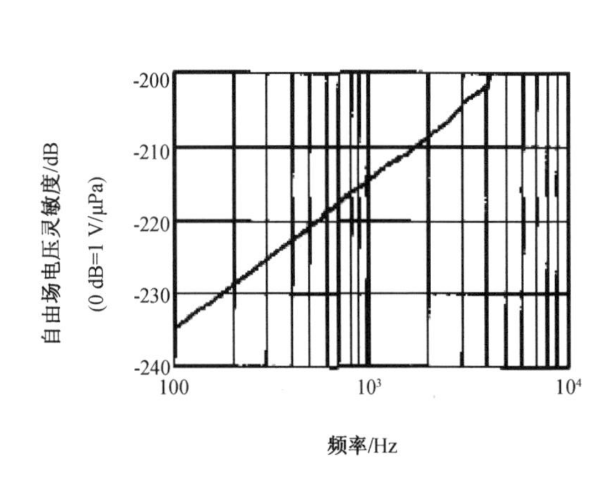

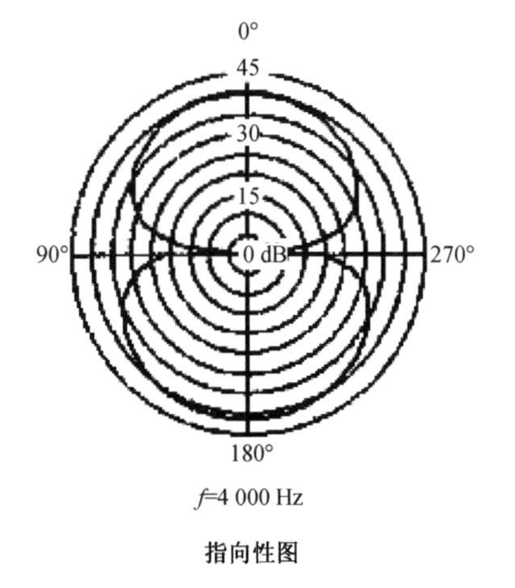

图 4　水听器的自由场电压灵敏度频响曲线和指向性图

4　测试结果

本文作者在非消声水池采用脉冲声技术对该水听器的自由场电压灵敏度和指向性图进行了测量,测量结果见图4。在800~4 000Hz频率范围内,指向性图对称性较好,指向性图的表征参数为:分辨力 $k_d > 20$ dB(灵敏度最大值与最小值之比的分贝数),轴向灵敏度的不对称性 $k\Delta_{max} \leqslant 1.5$ dB ($k\Delta_{max} = 20\lg \frac{G_{max}}{G_{180°}}$, $G_{180°}$为与灵敏度最大值 G_{max} 相差180°的同一轴线上反方向灵敏度值),灵敏度最小值的不对称性 $k\Delta_{min} \leqslant 1$ dB ($k\Delta_{min} = 20\lg \frac{G_{min}}{G_{180°}}$, $G_{180°}$为与灵敏度最小值 G_{min} 相差180°的同一轴线上反方向灵敏度值)。声压灵敏度: -214.5 dB(0 dB = 1 V/μPa,测试频率1 000 Hz)。

5　结论

采用双迭片作为压电敏感元件的同振柱型矢量水听器是一种新型结构的矢量水听器,其指向性在工作频带内均呈"8"字形,自由场电压灵敏度以每倍频程6 dB ±1 dB的规律变化,实验结果与根据表达式(2)、(3)计算的结果基本相符它不仅结构简单,而且体积小(在低频时比采用中心压缩式振动传感器制作的同类水听器体积小近2倍),工作频率低,为矢量水听器在工程上的应用提供了新的选择。

参考文献

[1] GSpain G L. Proc. Oceans92. Newport , Rhode Island. 1992, 346 -351.
[2] Shchurov V A. J. Acous. Soc. Am. , 1991, 90 (2):1002 - 1004.
[3] 孙贵青.哈尔滨工程大学博士学位论文,2001, 13 -14.
[4] 陈洪娟.哈尔滨工程大学硕士学位论文,2002, 6 -24.
[5] ЗахароВ JI H. AKycT Ж,1974 , 20(3): 393 -401.
[6] 何祚请,赵玉芳.声学理论基础.国防工业出版社,1981: 315 -327.

同振式矢量传感器设计方法的研究

陈洪娟　杨士莪　王智元　洪连进

摘要　对同振式矢量传感器的工作原理进行了分析，并在此基础上对同振式矢量传感器的结构设计进行了优化。分析了同振式矢量传感器整体平均密度$\bar{\rho}$和波尺寸ka与被测水质点振动速度v_0之间的关系，得出了同振式矢量传感器的优化设计准则和声散射对同振式矢量传感器设计的影响，为同振式高频矢量传感器的研制提供了可参考依据。

关键词　矢量传感器；设计方法；同振

1　引言

矢量传感器的研制是目前国内外水声换能器研究领域的重要课题之一。目前，国内已经有两种类型的矢量传感器投入工程应用研究：一是同振式矢量传感器，二是压差式矢量传感器，其中同振式矢量传感器由于具有体积小、质量轻、低频灵敏度高、指向性好等优点，已被广泛用于声呐浮标系统、拖曳阵、低噪声测量等领域。

作者在近5年研制同振式矢量传感器的基础上，结合工程实际需要对球形和柱形同振式矢量传感器的设计原理进行了理论研究，并对同振式矢量传感器的整体平均密度$\bar{\rho}$和波尺寸ka与被测水质点的振动速度v_0之间的关系进行了理论分析，从而得出了同振式矢量传感器的优化设计准则。

2　设计基本理论

根据声学理论，在平面声波作用下接收器表面产生的实际振动速度v与作用在接收器表面的作用力F_X（假设入射波沿X轴方向入射）之间存在以下关系[1]：

$$v=\frac{F_X}{Z_m+Z_S} \tag{1}$$

其中：F_X是平面波场中刚性运动的球型接收器表面所受X轴方向的总压力：

$$F_X = 2\pi a^2\int_0^{\pi} p(a,\theta)\cos\theta\sin\theta\mathrm{d}\theta$$

这里$p(a,\theta)$是球面上任一点(a,θ)处的声压，a是运动球的半径；Z_m是接收系统的机械阻抗；Z_S是二次辐射的辐射阻抗。

由于刚性运动球体的二次辐射可以看作是摆动球的辐射问题，因此根据摆动球的辐射阻抗[1]可求得Z_S为：

$$Z_S=\frac{\rho cS}{3}\frac{jka(1+ka)}{(2-(ka)^2)+j2ka} \tag{2}$$

其中，$S=4\pi a^2$为球的表面积；k为波数；ρ、c分别为水介质的密度和水中声波的传播速度。

因此，

$$v=\frac{F_X}{Z_m+Z_S}=\frac{4\pi a^2 p_0(-j)\left[j_1(ka)-h_1(ka)\frac{\frac{\mathrm{d}j_1(ka)}{\mathrm{d}(ka)}}{\frac{\mathrm{d}h_1^{(2)}(ka)}{\mathrm{d}(ka)}}\right]}{j\omega\rho\frac{4\pi a^3}{3}+\frac{\rho cS}{3}\left[\frac{(ka)^4}{4+(ka)^4}-jka\frac{2+(ka)^2}{4+(ka)^4}\right]} \tag{3}$$

由于球贝塞耳函数及其导数之间存在如下关系[2]：

$$j_m(X)\frac{\mathrm{d}h_m^{(2)}(x)}{\mathrm{d}x}-\frac{\mathrm{d}j_m(x)}{\mathrm{d}x}h_m^{(2)}(x)=-\frac{j}{x^2}$$

$$\frac{\mathrm{d}h_m^{(2)}(x)}{\mathrm{d}x}=\left[\frac{2}{x^2}+j\frac{1}{x}\left(1-\frac{1}{x^2}\right)\right]\mathrm{e}^{-jx}$$

则式(3)可化为：

$$\frac{v}{v_0}=\frac{3\mathrm{e}^{j\left[-\frac{\pi}{2}+ka-\tan^{-1}\left[\frac{[(ka)^2-2]\frac{\bar{\rho}}{\rho}-1}{ka\left(2\frac{\bar{\rho}}{\rho}+1\right)}\right]\right]}}{\sqrt{\left(2\frac{\bar{\rho}}{\rho}+1\right)^2+\left(2\frac{\bar{\rho}}{\rho}+1\right)(ka)^2+\left(\frac{\bar{\rho}}{\rho}\right)^2(ka)^4}} \tag{4}$$

其中，$v_0=\frac{p_0}{\rho c}$，v_0 是水中质点的振速。

同理，在平面波场中，刚性运动无限长圆柱型接收器的振速 v 与水质点振速 v_0 之间存在如下关系式：

$$\frac{v}{v_0}=\frac{4}{j(ka)^2\pi\frac{\bar{\rho}}{\rho}\frac{\mathrm{d}H_1^{(2)}(ka)}{\mathrm{d}(ka)}+\pi(ka)H_1^{(2)}(ka)} \tag{5}$$

如果声学刚性运动球(或柱)体的几何尺寸远远小于波长即 $ka\leqslant 1$，k 是波数，a 是刚性运动球（或柱)体半径，则它在水中声波作用下作自由运动时，刚性球(或柱)体的振速幅值 V 与声场中球心(或柱体几何中心)处水质点的振速幅值 v_0 及其相位差 ϕ 之间存在以下关系：

对于球体

$$\frac{V}{V_0}=\frac{3\rho_0}{2\bar{\rho}+\rho_0},\phi\to 0 \tag{6}$$

对于柱体

$$\frac{V}{V_0}=\frac{2\rho_0}{\bar{\rho}+\rho_0},\phi\to 0 \tag{7}$$

其中，ρ_0 为水介质密度；$\bar{\rho}$ 为刚性球(或柱)体的平均密度。

由公式(6)和(7)可知，如果满足 $ka\leqslant 1$，则当刚性球体的平均密度 $\bar{\rho}$ 等于水介质密度 ρ_0 时，其振速幅值 V 与声场中球体(或柱体几何中心)处水质点的振速幅值 V_0 相同，而相位差趋于零，这样只要刚性球(或柱)体内部有可以拾取该振动速度的传感器件即可获得声场中球心(或柱体几何中心)处水质点的振动速度，所以公式(6)和(7)是同振型矢量传感器结构设计中的主要依据。

3 同振式矢量传感器的波尺寸 ka、平均密度 $\bar{\rho}$ 与水质点振动速度 v_0 之间的关系

根据公式(6)和(7)设计同振式矢量传感器原理简单、计算方便，但是需要满足 $ka \leqslant 1$ 的条件，即 $a \leqslant /6$，而这一条件采用传统工艺根本无法实现，为此我们对同振式矢量传感器的波尺寸 ka、平均密度 $\bar{\rho}$ 与水质点的振动速度 v_0 之间的关系进行了研究（见图1、图2），为高频同振式矢量传感器的研制提供理论设计依据。

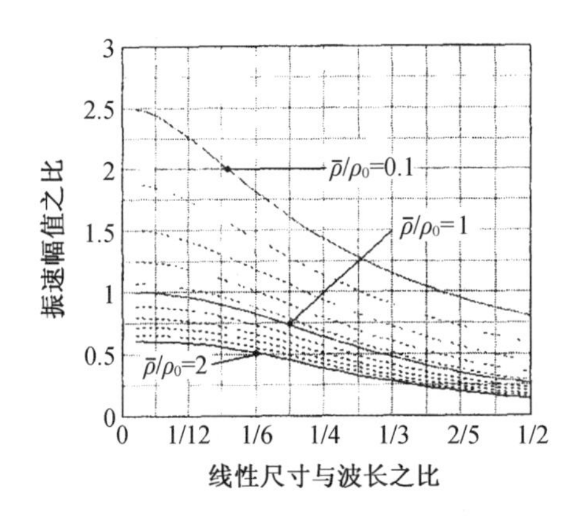

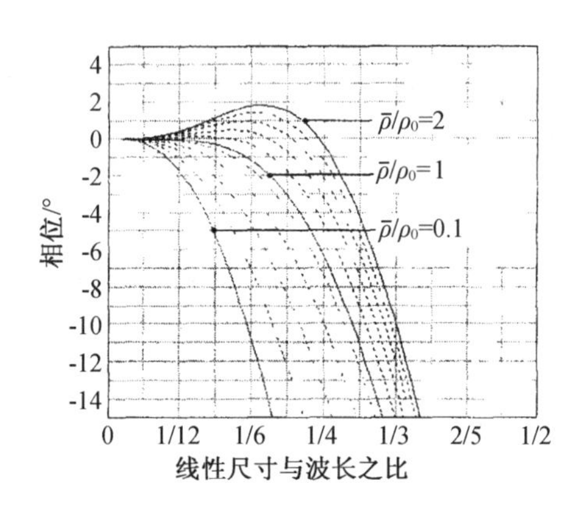

图1 球型同振式矢量传感器的振速 v 与被测水质点的振速 v_0 之比的幅值与相位特性曲线

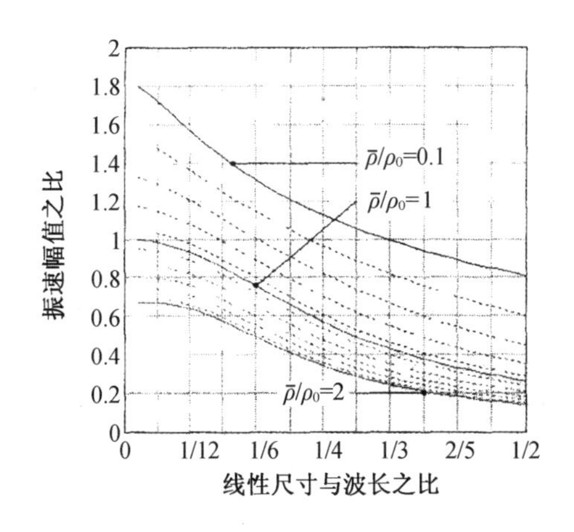

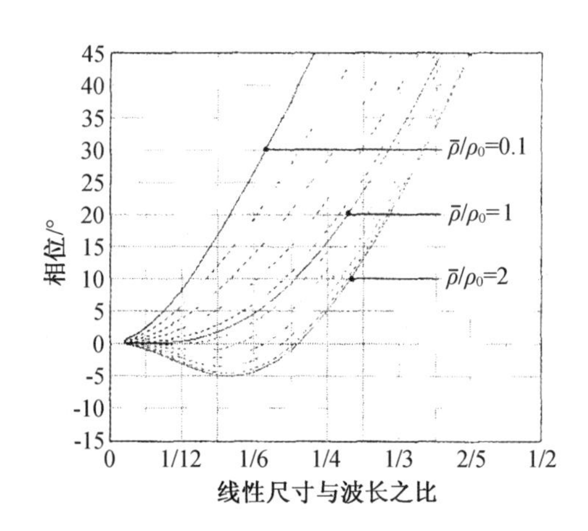

图2 柱型同振式矢量传感器的振速 v 与被测水质点的振速 v_0 之比的幅值与相位特性曲线

由图1、图2可以看出：(1)球或柱型同振式矢量传感器的振速幅值 $|v|$ 随着传感器平均密度 $\bar{\rho}$ 的增加逐渐减小，但下降的速率逐渐减缓，而相位差 ϕ 亦随 $\bar{\rho}$ 的变化逐渐变化；(2)随着 $a/$ 比值的增加，球或柱型同振式矢量传感器的振速幅值 $|v|$ 减小，而相位差 ϕ 的变化较大。因此，在同振式矢量传感器的设计中，由于振速幅值变化相对缓慢，所以应首先考虑相位指标，如果能够确定矢量传感器相位差 ϕ 的变动范围，则可由图中给出该矢量传感器的平均密度 $\bar{\rho}$ 和 $a/$ 的取值范围。

另外，由图1、图2可以发现，当传感器的波尺寸 $ka \geqslant 1$，即 $a \geqslant /6$ 时，如果适当增加传感

器的平均密度 $\bar{\rho}$，则仍可将传感器的相位差 ϕ 的变动范围控制在较小的度数内，不过此时传感器的灵敏度会有所下降，但对于矢量传感器的制作有利，特别是使高频同振式矢量传感器的研制成为可能。对于球型同振式矢量传感器，设计中 a 可以取到/4，$\bar{\rho}\approx1.8$，在这种情况下，相位差 ϕ 在 $-1°$左右，$|v|\approx0.4|v_0|$，而对于柱型同振式矢量传感器，设计中欲使相位差 ϕ 在 $-1°$左右，则 a 必须小于5，$\bar{\rho}\approx1.8$，而 $|v|\approx0.4|v_0|$。因此在同振式矢量传感器的设计要兼顾中传感器的相位特性与灵敏度特性，从而确定一个合理的传感器平均密度 $\bar{\rho}$ 和 a 比值。

4　声散射对同振式矢量传感器设计的影响

根据同振式矢量传感器的工作原理知道，在平面波场中应将同振式矢量传感器看作是刚硬摆动球的声散射，因此其散射波声压表达式为[3]：

$$P_s = P_s^0 + P_s^v \tag{8}$$

其中，P_s^0 为刚硬不动球散射场声压：

$$P_s^0 = -P_0 a \frac{e^{j(aN-kr)}}{r} R(\theta) \tag{9}$$

这里，$R(\theta)$是刚硬不动球散射场的方向性函数。

P_s^v 为运动球作用于介质产生的声场声压：

$$P_s^v = -jP_0 \frac{3\rho c}{\omega} \frac{j_1(ka) - h_1 \dfrac{j_1'(ka)}{h_1'(ka)}}{ka \dfrac{h_1'(ka)}{h_1(ka)}\bar{\rho} - \rho} \tag{10}$$

从式(9)、式(10)可以看出，在平面波场中同振式矢量传感器的散射场方向性函数应是余弦函数 $\cos\theta$ 与 $R(\theta)$的叠加，而 ka 变化主要影响 $R(\theta)$的方向性，变化规律与刚硬不动球散射场类似。另外，散射波强度亦随 ka 而变，ka 越小，散射声功率越小。

因此，在矢量传感器设计中适当放大波尺寸 $ka\geqslant1$ 的条件时，还需要考虑传感器的声场散射问题，特别是高频情况。

5　结论

同振式矢量传感器设计中根据其不同使用条件，在其灵敏度和相位一致性要求允许的情况下，可以适当放宽传感器的波尺寸 ka 的范围，但要考虑声场散射影响，这一结论可供今后同振式高频矢量水听器的研制提供参考。

参考文献

[1] 何祚庸，赵玉芳。声学理论基础[M]. 北京：国防工业出版社. 1981，315 - 328.

[2] 郭敦仁. 数学物理方法[M]. 北京：人民教育出版社，1977，256 - 319.

[3] Ржевкин С Н. О колебаниях тел погруженных в жидкость под действием звуковой волны [R]. Рассия: Вестник московского университета, 1971，52 - 62

压阻式新型矢量水听器设计

陈丽洁　杨士莪

摘要　本文介绍了矢量水听器的应用，分析了压阻式矢量水听器的基本工作原理。提出了采用压阻原理进行矢量水听器设计的方案思想，并从结构灵敏度、输出特性、谐振频率几方面进行了设计分析，展望了将MEMS技术应用于矢量水听器的远景优势。

关键词　矢量水听器；压阻原理；MEMS

1　引言

在水声领域，矢量水听器由于具有宽带一致的偶极子指向性及低频小尺寸等特点而受到普遍关注。在水声测量系统中，矢量水听器的采用使系统的抗干扰能力和线谱检测能力获得提高[1]；另外，采用单个小尺寸的组合传感器通过联合信号处理，可实现目标方位的声压、振速联合估计[2]；从能量检测的角度讲，矢量水听器的采用使系统的抗各向同性噪声的能力获得提高，并可实现远场多目标的识别等。因此矢量水听器的研究工作受到极大重视。国外这方面的工作开展得较早，应用也较多。近几年来国内在该领域的研究也有很大进展，但不论国外还是国内，从目前所能接触到的资料[3-5]看，矢量水听器采用的都是压电器件。本文提出一种很有发展前景的基于压阻效应器件的矢量水听器并对其进行设计分析。

2　压阻式矢量水听器（工作）原理

当声波在声场中沿一定方向传播时，将引起声场中质点的振动，矢量水听器本质上检测的是水介质质点的振动。压阻式矢量水听器由半导体硅制作，如图1所示，在厚约400 μm的硅片上通过微机械加工工艺制作出可植入掺杂电阻的梁结构和用于产生位移的质量结构，硅片并与另一片腐有槽结构的硅片通过键合技术封接起来，槽内封有气体，用来产生阻尼。当声振动引起水听器振动时（当水听器外壳跟随声场质点振动时），由于梁结构的存在，质量结构相对于外壳产生相对运动，由于质量结构单元有保持原有运动状态的性质，因此质量单元相对于外壳的运动规律就是外壳相对于静止坐标系的运动规律。

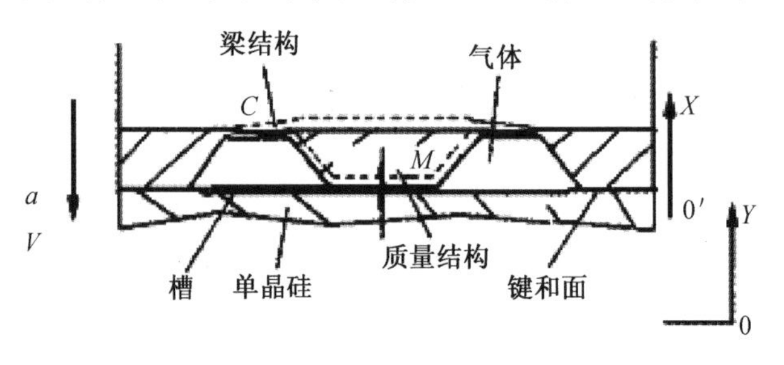

图1　拾振原理图

建立绝对坐标系 OY,安装于水听器外壳的相对坐标系 $O'X$。x 是质量单元相对于水听器侧壁外壳的位移;水听器本身的位移，即水听器跟随声场振动的位移为 $y=y_0\sin\omega t$,为相对位移。质量元件在绝对坐标系中的绝对位移为 $x+y$。

对质量结构单元进行受力分析,包括弹性恢复力 $-kx$,阻尼力 $-c\dot{x}$,因此质量块的运动微分方程为

$$m\frac{\mathrm{d}^2}{\mathrm{d}t^2}(x+y)+c\dot{x}+kx=0 \tag{1}$$

$$m\ddot{x}+c\dot{x}+kx=my_0\omega^2\sin\omega t \tag{2}$$

式中：m 为质量结构单元的质量，k 为弹性系数，c 为阻尼系数，可求得自由振动解和强迫振动解，自由振动解随时间衰减，强迫解的形式为[6]

$$x=x_0\sin(\omega t-\varphi) \tag{3}$$

其中

$$x_0=\frac{y_0\left(\frac{\omega}{\omega_0}\right)^2}{\sqrt{\left[1-\left(\frac{\omega}{\omega_0}\right)^2\right]^2+4\left(\frac{c}{c_0}\right)^2\left(\frac{\omega}{\omega_0}\right)^2}} \tag{4}$$

$$\tan\varphi=\frac{c\omega}{k-m\omega^2}=\frac{2\frac{c}{c_0}\frac{\omega}{\omega_0}}{1-\left(\frac{\omega}{\omega_0}\right)^2} \tag{5}$$

式中:c_0 为临界阻尼;c/c_0 为阻尼比;$\omega_0=\sqrt{\frac{k}{m}}$为系统的固有频率。

当 $\omega/\omega_0\ll1$ 时,$x_0\approx\frac{\omega^2y_0}{\omega_0^2}$,$\tan\varphi\approx0$。则

$$\begin{aligned}x&=x_0\sin(\omega t-\varphi)=\frac{\omega^2y_0}{\omega_0^2}\sin\omega t\\&=\frac{\omega}{\omega_0^2}v_0\sin\omega t\end{aligned} \tag{6}$$

ωy_0 为质点振速的幅值[6],记为 v_0,由此可以看出质量单元的相对位移 x 与水听器振速的幅值成正比。

本质上,质量结构单元沿 y 方向的位移将质点振速转换成悬臂梁的一种弹性变形,这种变形可通过半导体的压阻效应将其转换成可用电信号。这种方法的特点是:可以根据需要在很小的面积内制出很大的电阻值,耗电电流小,可在较高的电压下工作,结构尺寸可以做得很小,其本身由于没有黏接环节而没有蠕变，灵敏系数大。缺点是温度漂移大，需要进行温度补偿。随着技术的不断进步，采用微机械加工技术，敏感梁采用半导体硅制作,则根据半导体工艺特点半导体应变电阻以及它的补偿电阻都可以直接作在硅梁上,可以使传感器具有小的零点漂移和具有长期稳定性。

2.1　压阻效应工作原理

采用单晶硅材料制成的这种半导体应变电阻,当受到外力作用结构发生变形时,电阻率

发生变化(压阻效应),即使电阻发生变化

$$\frac{\mathrm{d}\rho}{\rho}=\pi\sigma \tag{7}$$

式中 π 称为材料的压阻系数。ρ 为电阻率,σ 为应力。

由虎克定律可知,应力 σ、应变 $\varepsilon=\mathrm{d}l/l$ 和材料的弹性模量 E 之间的关系为:

$$\sigma=E\varepsilon=E\frac{\mathrm{d}l}{l} \tag{8}$$

式中 E 为弹性模量,l 为电阻条长度,根据推导可得到

$$\frac{\mathrm{d}R}{R}=(1+2\gamma+\pi E)\varepsilon=K\varepsilon \tag{9}$$

式中 γ 为泊松系数 ε 为应变。(9)式表明材料电阻的相对变化与应变之间的关系,其中 K 称为材料的灵敏系数(与掺杂浓度等参数有关)。

2.2　敏感电阻制作位置的选择[7]

敏感电阻的作用是将敏感梁的应变变化转换成电阻阻值的变化,而梁上各个不同位置的应变各不相同,敏感电阻的制作位置的选择应根据两条:选择应变大的区域,这样可以不损失结构灵敏度;选择应变变化线性的区域,这样可保证传感器线性特性优良。根据芯片设计人员有限元分析结果,应变电阻应在梁的靠近根部的区域制作,由于惠斯通电桥由四个电阻组成,因此分别在四个梁的近根部区域制作四个电阻,用于将梁的应变转换成电阻的变化。最后通过电路检测方法将电阻的变化引出。

3　压阻式矢量水听器设计与制作

悬臂梁结构采用的是弯曲振动模式。一般适合低频范围的动态测量。它没有老化问题。单臂梁结构的灵敏度较大,但横向灵敏度不好控制;双臂梁或四臂梁的灵敏度要小于单臂梁结构,但横向灵敏度可以控制得很好,这种结构在过去由于机械加工无法使双梁完全对称,造成两个弹性梁的变形不一致,影响传感器的输出特性,甚至在某些情况下使传感器损坏,但在采用微机械加工技术以后,结构加工的一致性完全可以保证。

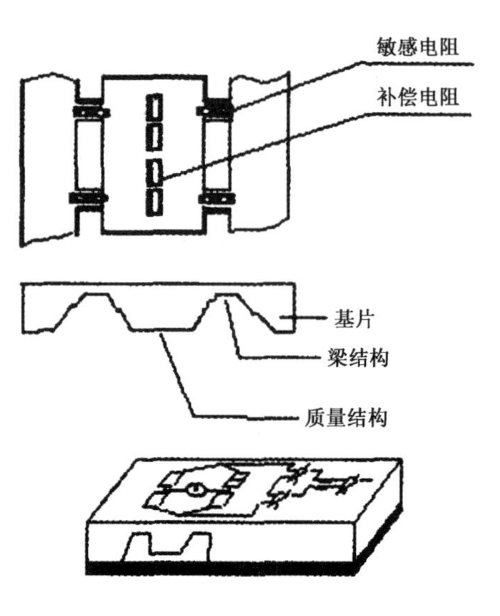

图 2　敏感电阻制作位置

3.1　结构灵敏度

根据一般设计原则,在结构稳定的前提下,应使结构灵敏度在弹性限度内尽量大。即提高惯性敏感元件在单位加速度作用下弹性梁的应变值。对于图3的结构,其结构灵敏度可由式(10)来表达

$$\varepsilon = 6\frac{ml^2}{Ebh^2}a \tag{10}$$

式中:m 为质量块的质量;E 为梁的弹性模量。

令

$$A = 6\frac{ml^2}{Ebh^2} \tag{11}$$

则

$$A = \varepsilon / a \tag{12}$$

由(11)式可看出,A 由弹性梁的几何参数、质量块的质量以及梁的弹性模量等参数构成。它反映了惯性敏感元件的结构特性,是一个特征因子,称 A 为惯性敏感元件的结构灵敏度系数。

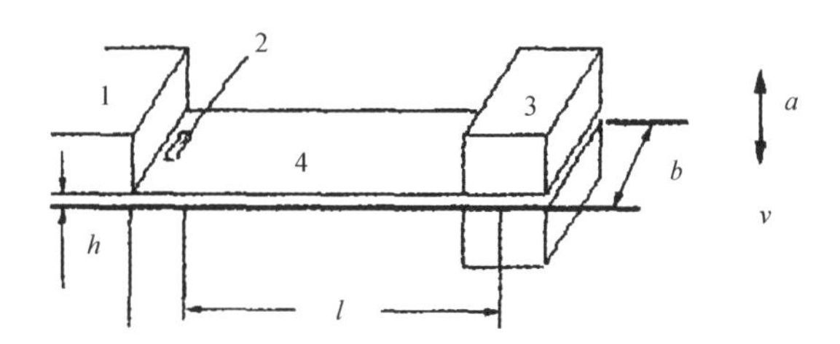

1—基座;2—应变电阻;3—质量块;4—悬臂梁

a—加速度;v—质量振速;b—悬臂梁宽;h—悬臂梁厚

图3　结构原理示意图

3.2　输出特性

对于恒压源供电情况,可推得

$$V_{SC} = V_0 K\varepsilon \tag{13}$$

K 为压阻元件灵敏系数,它由单晶硅材料的晶向、掺杂浓度、掺杂类型所决定,是元件材料参数。V_0 是电源电压,结合(10)式可知:

$$V_{SC} = V_0 \cdot K \cdot A \cdot a = 6V\frac{\pi ml^2}{bh^2}\omega v \tag{14}$$

由上式看出,传感器的输出与质点振速成正比,与角频率成正比,为了提高传感器的灵敏度,应提高材料的压阻系数,增加悬臂梁的长度,减小悬臂梁的厚度和宽度。不过下面看到,单纯的改变这些参数,将降低传感器的谐振频率,使其工作性能受限制,因此在设计中应综合进行考虑。

定量计算:取梁长 1000 μm,梁宽 100 μm,梁厚 10 μm;质量块厚 300 μm,长 10 μm 的悬臂梁结构计算,π 取 81×10^{-7} $\mathrm{cm^2/N}$,K 近似等于 138[7],电源电压取 5 V,结果如下 $V_{SC}=300$ μV,$f_0=4$ kHz。

由计算结果可知，传感器的输出只有 300 μV，且谐振频率只有 4 kHz，要实现检测，必须通过调整设计参数将谐振频率提高到 10 kHz 以上。但同时灵敏度必然要减小，因此考虑通过放大电路进行适量的放大。由于压阻式传感器能够在芯片内进行集成设计，可预期将来在芯片内制作检测单元。

3.3　固有频率

为了不失真地检测出被测信号，通常希望传感器具有足够的带宽，也即要求其具有足够高的固有频率。但灵敏度与频率之间一直是一对矛盾，固有频率的提高是以牺牲灵敏度为代价的，这就要求在设计过程中很好地把握两者的关系。

由前面的内容可知，传感器的固有频率，主要取决于它内部质量敏感元件的结构特性。由二阶系统的方程同样可以得到系统的固有频率。对于等截面悬臂梁（方形断面），刚度系数[7]为

$$k = \frac{Ebh^3}{4l^3} \tag{15}$$

则

$$f_0 = \frac{1}{2\pi}\sqrt{\frac{Ebh^3}{3ml^3}} \tag{16}$$

由此，系统的固有频率与梁的长度和质量成反比，与梁的宽度和厚度成正比，在四个参数中，梁的厚度为三次方项，长度为二次方项，它的微小变化都会给传感器的固有频率带来较大的变化，另两项的影响较小，所以，调整固有频率应先调这两项。但增大梁的厚度、减小梁的长度会使结构灵敏度降低。

4　测试结果

根据上述原理制作的矢量水听器，外形尺寸小于 $\phi 25 \times 50$，在国防水声一级计量站进行测试。在 1 ~4 kHz 频率范围内的接收灵敏度测量采用脉冲比较法，执行标准为 GB/T 3223—1994、GB 7965—2002。指向性图测量采用纯音脉冲声测量，执行标准为 GB/T 3223—1994、GB 7965—2002。经测试，取典型结果分别如图 4 和图 5（注：2 -63 号电路增益约为 46 dB，1 -65 号电路增益约为 53 dB）。

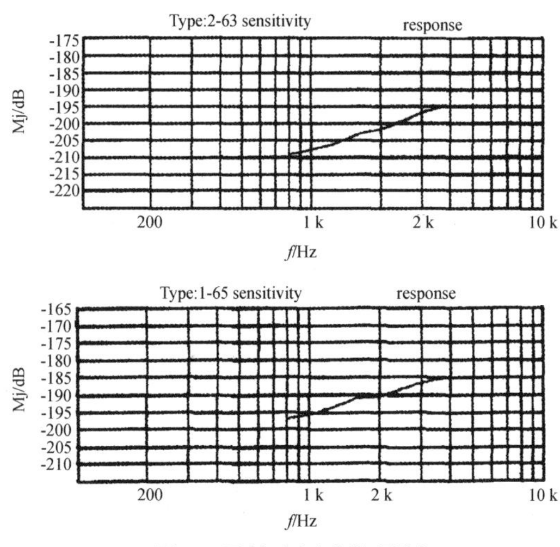

图 4　灵敏度测试结果例

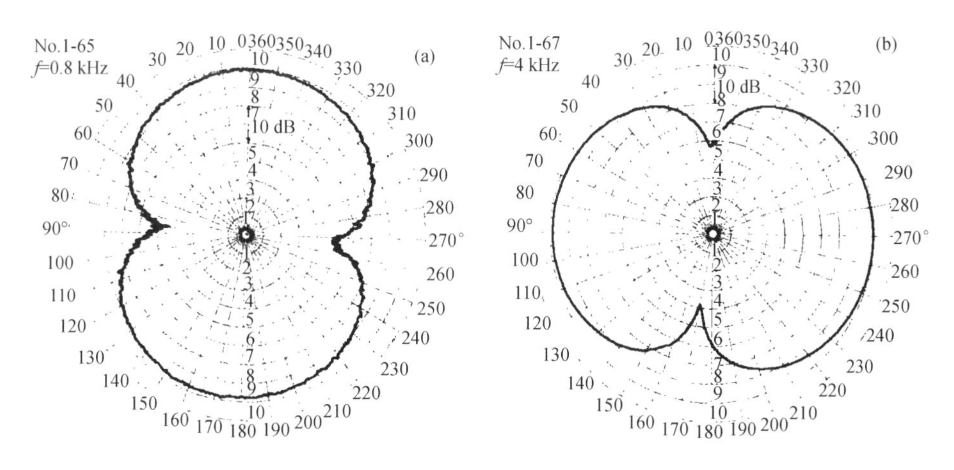

图5　指向性图测试结果例

由图4声压灵敏度测试曲线结果看出:2 -63号频率响应的上限可达到4 kHz，有的可做到5 kHz（2 -61号）。频率响应的下限由于测试条件限制，只测到800 Hz。曲线6 dB/倍频程变化。在1 kHz时,灵敏度可达到 -194 dB(1 -65号），参考级:1 V/μPa。

由图5指向性图测试结果可看出:灵敏度曲线具有典型的8字形的指向性图，峰谷比在20 dB以上。1 -65号与1 -67号空间位置正交。

5　结束语

压阻式矢量水听器由于采用了MEMS制造工艺，使其呈现出微尺寸、微质量、高灵敏度、高性能、易于集成、可进行阵列设计等特点，具有多维检测功能，去耦效果良好。克服了以往工艺的某些限制，使过去的一些设计思想能够有机会实现。例如可通过精确的加工使双梁结构的优势显现出来，改善横向灵敏度;可对电阻特性进行温度补偿;可进行复杂电路的集成设计等优势。压阻式矢量水听器在性能上可以类比压电式，工作带宽的上限频率可通过设计调整,灵敏度可通过提高材料的灵敏系数、尺寸的合理设计及集成设计方法进行继续提高。由于压阻式矢量水听器可做得很小，灵敏度较大，质量很轻，在水密灌封工艺上带来方便，可实现小型化设计，可望在进一步小型化设计及未来阵列集成设计方面发挥优势，在上述设计方法基础上可进行复合矢量水听器的设计，扩大实用性。因此我们认为压阻式矢量水听器可应用于水声矢量探测技术，且在微型化设计等方面带来好处。

参考文献

[1] 惠俊英,李春旭,梁国龙,等. 声学学报 ,2000,25(5)：389 -394.
[2] 冯海弘,梁国龙,惠俊英. 声学学报 ,2000,25(6)：516 -520.
[3] Franklin J B, Barry P J. AIP Conference Proceedings,1995:144 -164.
[4] Benjamin A Gray. United States Patent, patent No.:US6, 370, 084 B1, 2002.
[5] 贾志富. 应用声学, 2001,(4)：15 -20.
[6] 石玩. 振动量测与分析. 上海:同济大学出版社, 1998. 47 -48.
[7] 李科杰. 新编传感器技术手册. 北京:国防工业出版社, 2002. 153 -154, 488, 513.

全面感知水声信息的新传感器技术
——矢量水听器及其应用

贾志富

摘要 文章介绍了一种新型水声接收换能器——矢量水听器(矢量传感器),它可以同时共点地测量声场的声压和矢量(水媒质质点振速,振动加速度或声压梯度等),使用矢量水听器比常规声压水听器能获得更全面的声场信息,因此,在水声技术中获得了广泛的应用。文中描述了矢量水听器的结构设计和工作原理及特性,给出了一些重要的应用例子。

关键词 声呐技术;水声接收换能器;矢量传感器;矢量水听器;声场;声强

1 引言

众所周知,声场是一种物理场。追溯声学学科的发展史,直到20世纪下半叶,人们对声场的表述和测量几乎都是以声场的标量(声压)为基础的。事实上,当我们把声场的声压表达式写成泰勒展开的形式并只取展开式的前三项作近似时,则有:

$$P(x,y,z)=P(x_0,y_0,z_0,t)+(r-r_0)\cdot\nabla P(x_0,y_0,z_0)$$
$$+\frac{1}{2}(r-r_0)\nabla^2 P(x_0,y_0,z_0)\cdot(r-r_0)+\cdots, \quad (1)$$

式中右边第一项表示在测量点 $r_0(x_0,\ y_0,\ z_0)$ 处的声压值,它可以用无指向性的声压水听器(即零阶水听器)测得;第二项是在以此点$(x_0,\ y_0,\ z_0)$为中心,半径为 r(要满足 $r\ll\lambda$,λ 为声波波长)的小体积元内的声压梯度值,它是矢量,要用声压梯度水听器(即矢量水听器)来测得;而第三项表示在上述小体积元内的二阶声压梯度值,它要用二阶声压梯度水听器(即二阶矢量水听器)测得。从(1)式可以看出,若准确而又全面地描述声场,不仅要知道测点处的标量(声压)值,还需要知道测点处的一阶矢量和二阶矢量值。在平面波声场中,声压梯度与声媒质质点加速度或质点振速有确定的换算关系,测得其中任何一个值,即可得到另外其他二个值。标量“声压”只表征声场测点处的动态压力的大小,而矢量(声压梯度、质点振速或加速度等)表征了媒质质点在声场作用下以怎样的速度或加速度运动而又朝什么方向运动的,也就是说,声场矢量表征了声波能量流来自何方又朝哪个方向传递着的。这样一来,我们不仅获取了声场的标量信息,又获取了声场的矢量信息,这对洞察声场的时空结构,充实和发展声学理论以及开拓新的声呐检测技术都具有重要的意义。近些年来,有人提出了以声场矢量概念为基本理论并与实验技术相结合的“矢量水声学”的学术观点[1]。

最近30年来,由于材料科学和电子技术以及信息处理技术的飞速发展,促进了用于空气中和水下的矢量传感器的迅猛发展。不同工作原理、不同结构形式的矢量传感器应运而生,至今发展势头方兴未艾。

本文仅扼要介绍水声技术中的矢量水听器的结构形式、工作原理及其基本特性,着重描述最新出现的几种矢量水听器,展现矢量水听器的突出特点,给出几个主要应用例子。

2　矢量水听器结构类型[1-6]

按水听器敏感元件与声场相互作用的形式可把矢量水听器分为三大类：偶极子型、不动外壳型和同振型。如按敏感元件换能机理的不同，矢量水听器又可分为压电式、动圈式、压阻式和光纤式等。

2.1　偶极子型

偶极子型矢量水听器是矢量水听器的最原始形式，它可以直接由性能一致的一对点状（所谓"点状"是指其物理尺寸远小于声波波长）声压水听器构成，如图1(a)。两个声压水听器之间距 r 小于波长。它们的电输出做串联连接，使得总输出电信号比例于两者所在点之间的声压差，因此这种形式的矢量水听器又称双水听器型或压差型。实际上它是用"有限差分"方法近似求出测点处的声压梯度。经过积分运算后可得到水质点振速。在直角坐标的三个正交轴上，分别放置一对点状声压水听器便构成了三维偶极子型矢量水听器。将一对水听器输出电信号相加并除以2便得到测点的声压值。这种三维结构的偶极子型矢量水听器可同时共点地测量三个正交矢量和一个标量（声压）。图1(b)是双水听器型矢量水听器的变型设计[2]。它是将压电陶瓷环的电极（通常作法是内电极）分割成两等份或四等份（环的外表面涂满电极），经过适当的电极化，使得相对的两个扇形部分的输出电信号做相减处理，便构成了偶极子结构形式的矢量水听器。如果把压电陶瓷环的内电极分割成四等份，通过适当的电极化和适当的电连接方式，又构成可同时测量同平面上的两个正交轴上的声压梯度或振速。本文后面将要介绍的多模式矢量水听器又是图1(b)结构形式的新发展。

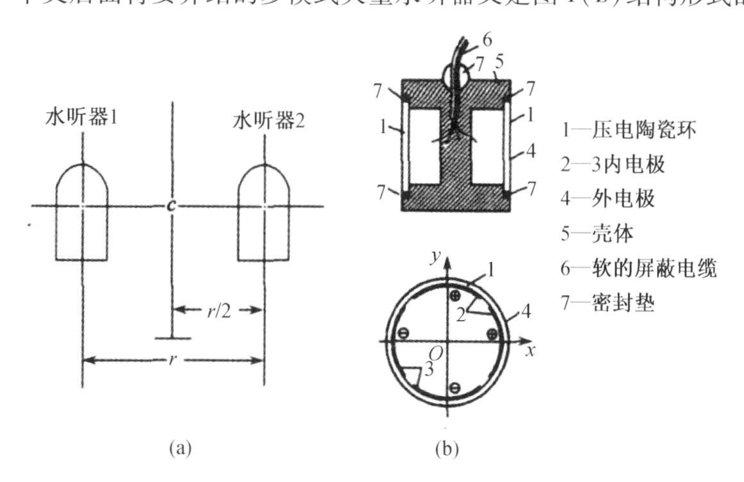

图1　偶极子型矢量水听器结构示意图

2.2　不动外壳型（强迫型）

它是由压电陶瓷圆片（或矩形片）通过一定方式固定于高密度金属壳体上而构成。在声场作用下，外壳对声波呈高机械阻抗，可看作静止不动，而压电片直接受到声场的动态压力（声压）作用，被"强迫"发生形变从而完成声——电转换。实际上，"不动外壳型"仍是一种压差式矢量水听器，水听器的输出电信号幅度依然与压电片两侧的声压之差成比例。为了提高这种矢量水听器的灵敏度，有意在外壳尺寸设计中，增加压电片两侧之间的声路径长度，这种压差式矢量水听器的结构及实物照片如图 2 所示[3]。

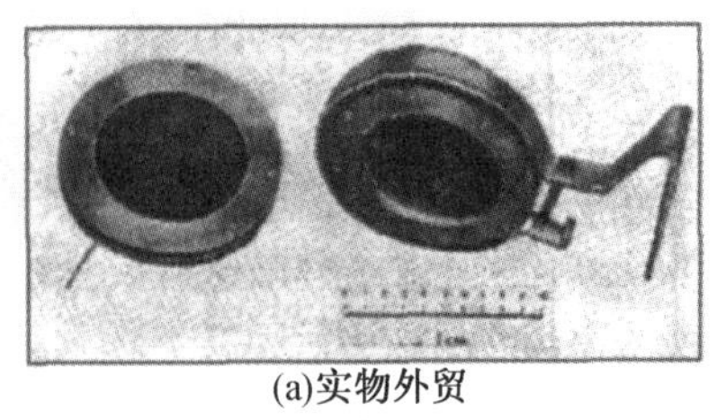

(a)实物外貌

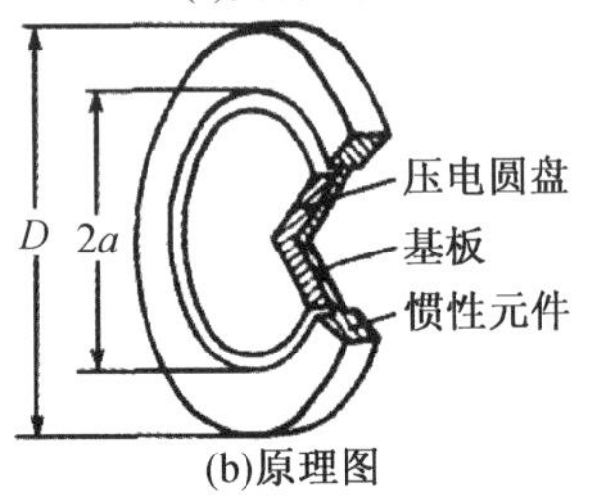

(b)原理图

图 2　不动外壳型矢量水听器

以上两种结构形式的矢量水听器(图 1，2)在其工作时可以刚性地固定于测量支架上，这也是它们要比下面讨论的“同振型”略胜一筹之处。

2.3　同振型

同振型矢量水听器是将惯性式敏感元件(振动加速度计、速度计等)封装于球形或圆柱形壳内而成。其工作原理是基于刚性球或圆柱体在声场作用下作振荡运动的特性。声学理论早已证明，当刚性球体或圆柱体的波尺寸 d/λ(d 为球或圆柱的线度尺寸，λ 为声波波长)很小时，它们在声场中的振荡运动速度分别可以写成如下表达式[2]：

$$\begin{cases} V_s/V_0 = 3\rho(2\bar{\rho}+\rho) \\ V_c/V_0 = 2\rho/(\bar{\rho}+\rho) \end{cases} \tag{2}$$

式中 V_s、V_c 分别为刚性性球体和柱体的振荡速度幅度，V_0 为声媒质(例如水)质点振动速度，$\bar{\rho}$ 为球体或柱体的平均密度，ρ 为声媒质(例如水)的密度。从(2)式可以看出，如果使球体或圆柱体的平均密度等于声媒质(例如水)的密度，即 $\bar{\rho}=\rho$，则刚性球体或圆柱体的振动速度就等于声媒质质点振动速度。亦可以证明，这时 V_s 或 V_c 与 V_0 之间的相位差为零。换句话说，刚性球或柱体在声场中是与媒质质点同幅度同相位地运动。根据这种原理构成的矢量水听器因此而得名为“同振型”(cooscillating type)。借助安置于球体或圆柱体内的加速度计或速度计测出球或圆柱体的运动加速度或速度，也就获得了声媒质质点的振动加速度或速度的信息。因为同振型矢量水听器必须采用惯性式振动传感元件，因此英文文献中都把“同振型”矢量水听器称作惯性型矢量水听器。

同振型矢量水听器在其工作时必须用弹性悬置元件(如橡胶绳或金属弹簧等)将其悬挂在刚性框架上。弹性悬置元件是这种矢量水听器的重要组成部分。因此，悬置元件的设计和使用状况直接会影响到矢量水听器的电声性能。

2.4　组合式矢量水听器

实际结构的矢量水听器一般都与测量标量(声压)的敏感元件包装在一体内，这种结构形式的水听器称之为组合式水听器(Combined Hydrophone)。使用组合式水听器可同时共点地测量声场测点处的三维(或二维)矢量和声压值,以便于对矢量和标量信号做联合处理。图3是本文作者研制的组合式同振球形和同振圆柱形矢量水听器实物照片。

图3　本文作者研制的组合式矢量水听器实物照片

3　矢量水听器的新设计举例

3.1　基于MEMS工艺的矢量水听器

目前,任何一种传感器的小型化设计的途径都在走MEMS(微机电系统)技术的道路,矢量水听器也不例外。文献[7]的作者研制成功一种采用压阻式加速度敏感元件的矢量水听器。压阻式加速度敏感器件由半导体硅制作,如图4所示。在厚约400 μm的硅片上通过微机械加工工艺制作出可植入掺杂电阻的梁结构和用于产生位移的惯性质量结构。将此硅片与另一刻有槽结构的硅片通过键合技术封接起来,槽内封气体,用来产生阻尼。当声振动引起水听器振荡时,惯性质量结构相对外壳产生相对运动,致使梁结构发生形变。半导体应变电阻的电阻率发生变化(压阻效应),使电阻发生变化。再借助于惠斯通电桥检测出这种电阻变化,实现了声—声转换过程。文献[7]作者研制的压阻式矢量水听器在1 000 Hz频率时的声压灵敏度达到-194 dB(reV/μPa)。指向性图凹点深度达到20 dB以上。研制者认为,压阻式矢量水听器可实现小型化设计,灵敏度还可进一步提高。

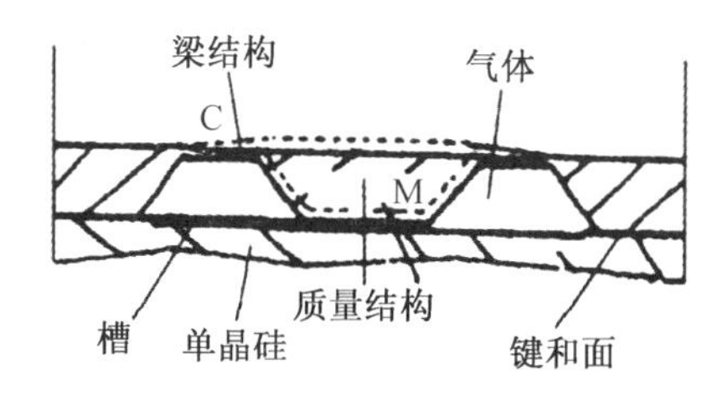

图4　拾振原理图

文献[8,9]报道了基于仿生学的MEMS压阻式矢量水听器。该文作者仿效鱼的侧线机械传感细胞(声毛细胞)感知水运动的原理,提出一种人工毛细胞矢量水听器的结构设计。

水听器中的压阻传感元件采用 MEMS 工艺制作。传感元件微结构示意图及矢量水听器实物照片如图 5 所示。

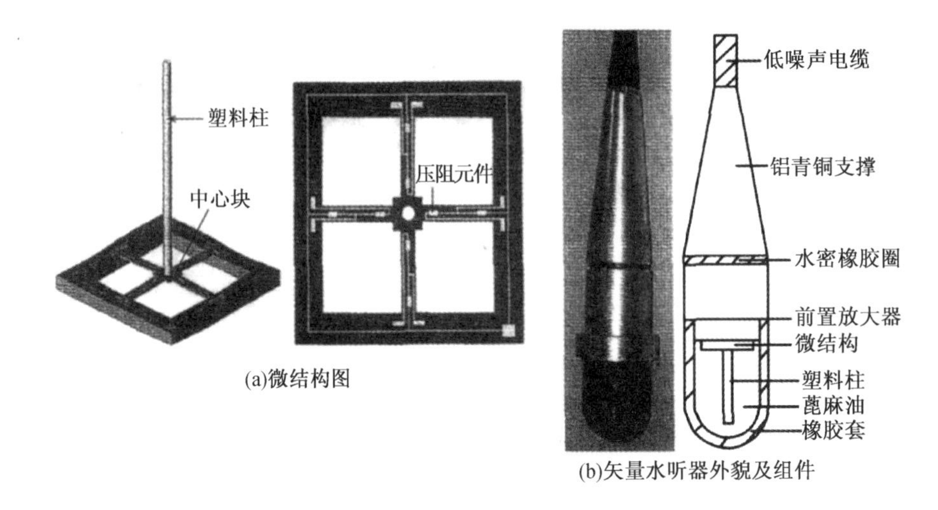

图 5　基于仿生学的 MEMS 压阻式矢量水听器

当有水声信号作用于透声杯状外壳时，声波透过蓖麻油传导到刚性塑料柱上，在惯性力作用下，刚性柱产生位移运动，致使与其相连的梁发生形变，因此硅压阻器的电阻值发生变化。借助惠斯通电桥将电阻值变化转换为电桥输出电压的变化，从而实现水声信号检测。在设计时使刚性塑料柱的平均密度接近蓖麻油（水）的密度，因此此矢量水听器被看成是同振型。样器的灵敏度频响及指向性图测量结果表明，该矢量水听器在 40 ~ 400 Hz 频带内，1/3 倍频程灵敏度变化斜率符合 2 dB 规律，在 400 Hz 频率上的声压灵敏度为 -197.2 dB（扣除前置放大器增益后）。

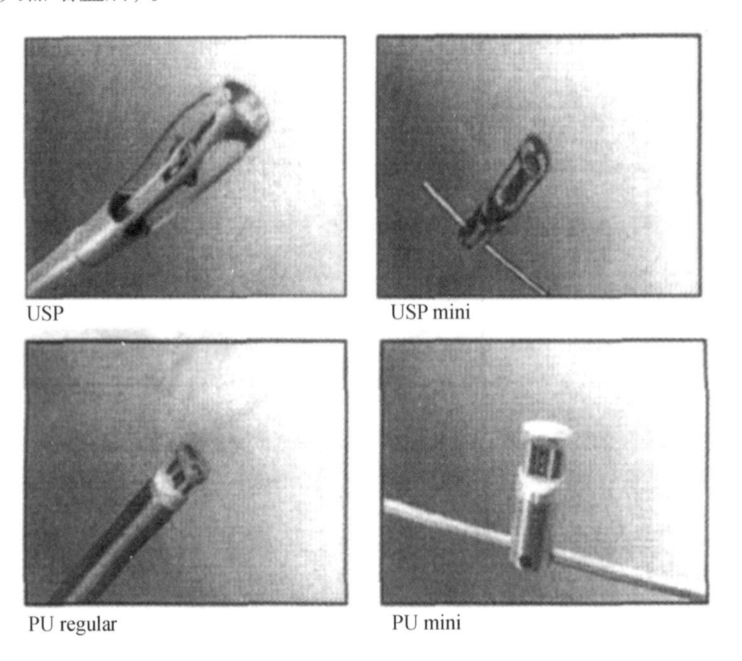

图 6　Micro flown 传感器的实物照片

据最新文献报道,荷兰 Micro flown Technologies 公司提出了一种用于水声学中测量媒质质点振速的传感器,被称之为“Underwater - Micro flown”。该公司试图把商品化的用于空气中的振速传感器(商品名称:“Micro flown”)移植到水声学中。空气中用的“Micro flown”质点振速传感器是采用 MEMS 工艺制作的,如图 6 所示。它的工作原理可以简单描述为:在传感元件中安排两根挨得很近的铂电阻丝,电阻丝被加热到约 200 ℃。当有声波入射到传感器时,空气媒质质点的往复运动产生的热传导作用,造成两根铂丝的温度分布发生改变,总的温度分布使两根铂丝的温度有差异,因而它们的阻值便出现差异。借助于惠斯通电桥,把阻值的变化转换为电压的变化。声 - 电转换是建立在加热铂丝的阻值的变化幅度与空气质点振动速度幅度两者之间(在给定条件下)存在一定的依从关系基础上的。他们经过理论估算得出,对于同一只 Micro flown 传感器,在空气中和水中的声压灵敏度应相差无几。然而,在充油的驻波管中,对其声压灵敏度进行测量后发现,测量值比预期值低得多。其原因是水媒质对传感器中的铂丝有牵制力影响。他们认为,如果解决了这个问题,尺寸十分小(在毫米级)、具有精密“8”字形指向性图和低自噪声(低于零级海况时的噪声)的矢量水听器就会诞生。该公司称,已被用于“Micro flown”中的纳米技术在开发革命性水声传感器“Underwater Micro flown”方面有巨大的潜力[10,11]。

3.2　压电单晶矢量水听器

为满足美国海军的需求,美国 Wilcoxon Reseach 公司和 Applied physical science 公司都推出一种采用 PMN - PT 压电晶加速度计的矢量水听器[12-14],如图 7 所示。该压电加速度计除了采用压电电荷系数比 PZT 高大约 6 倍的压电单晶(PMN - PT)元件外,还具有两个重要特点:一是与压电晶片表面相结合的基座及质量块的平面加工成似“城堡”的样式。即这些平面有许多凸起,用以减小压电晶体的受力面积并减小或消除晶体侧面的阻尼作用,这样有利于提高加速度计的轴向灵敏度;二是利用晶片的剪切模式并且晶片沿特定方向切割,使得晶体在振动作用下只在一个方向(如图 7 中的 Y 方向)有输出信号而在其他方向输出极小,这有利于使加速度计的横向灵敏度降到最低程度。据报道[12],这种矢量水听器的性能满足了美国海军所提出的要求。具体性能指标如下(灵敏度值是在前置放大器输出端测得,放大器增益不详):

工作频率范围:3 ~ 70 000 Hz。

输出灵敏度:加速度计为 1.0 V/g;

声压水听器(使用 PZT 制作)为 -174 dB (reV/μPa)。

环境条件:温度为 -40 ~ 60 ℃;

静压力为 2500 Psi(约 17.2 MPa)

水听器长度:71.3 mm。

水听器直径:40.7 mm。

浮力(在水中):中性。

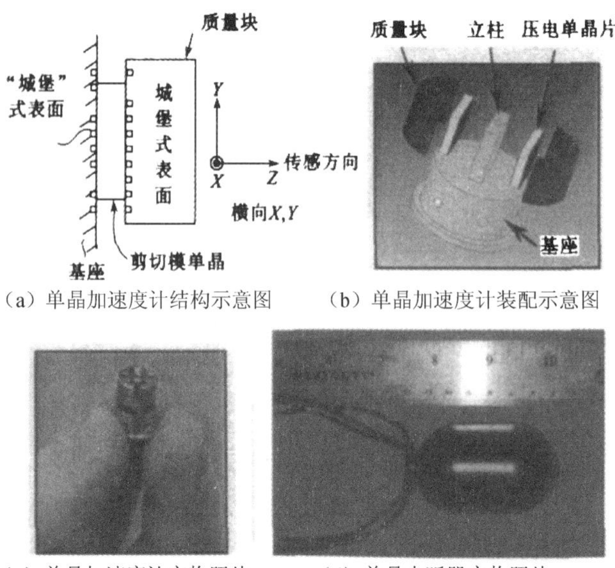

（a）单晶加速度计结构示意图　（b）单晶加速度计装配示意图

（c）单晶加速度计实物照片　（d）单晶水听器实物照片

图 7　压电单晶加速度计及矢量水听器

3.3　多模式矢量水听器

在水声技术中已应用多年的多模式矢量水听器(Multimode Hydrophone)近年来又有新发展[15,16]。多模式矢量水听器是利用薄壁压电圆环或球壳的内(或外)电极分割成 4 等份或 8 等份,通过不同的电输出组合,分别可以构成 0 阶、1 阶和 2 阶工作模式的水听器。这里 0 阶水听器就是通常意义下的无指向性声压水听器,1 阶水听器就是 1 阶声压梯度水听器,而 2 阶水听器就是 2 阶声压梯度水听器。前面给出的(1)式中所包含的 0 阶(标量声压)及 1 阶和 2 阶矢量,使用多模式矢量水听器可同时共点地测得。更有实际意义的是,将 0 阶模的输出与 1 阶、2 阶模的输出分别作适当加权后再作相加处理,可以得到一定波束宽度的心形指向性图。例如,用 0 阶和 1 阶声压梯度水听器的组合可以形成 1 阶心形指向性图。它可表示为:

$$B(\alpha,\theta,\phi)=[\alpha+(1-\alpha)\cos\theta\sin\phi] \tag{3}$$

式中,α 为任意加权系数,θ 为水平方位角,φ 为极角。

对于 2 阶心形指向性图,可表示为:

$$\begin{aligned}B(\alpha,\theta,\phi)&=[\alpha+(1-\alpha)\cos\theta\sin\theta]^2\\&=[\alpha^2+2\alpha(1-\alpha)\cos\theta\sin\theta+(1-\alpha)^2\cos^2\theta\sin^2\phi]\end{aligned} \tag{4}$$

它可由 0 阶与 1 阶及 2 阶模作加权相加处理后得到。加权系数 α 取不同值时,根据方向性因子(DF)的积分表达式[17],可以计算出 α 取不同值时的指向性因子(DF),进而计算出指向性指数:DI = 10lg10(DF)。从计算出的各种指向性图中选择满足水下声系统所要求的条件。最有用的两种指向性图是具有"最佳零值"和"最大 DI"的指向性图。当 α = 0.5 时,对于 1 阶和 2 阶心形指向性图有"最佳零值",这时,两者的心形指向性图的 DI 值分别为 4.8 dB;而当 α = 0.25 时,对于 1 阶心形指向性图,有"最大指向性指数"6.0 dB;当 α = 0.2 时,2 阶心形指向性图出现"最大指向性指数"8.7 dB。

(a)等分压电陶瓷圆环;

(b)水听器实物照片;

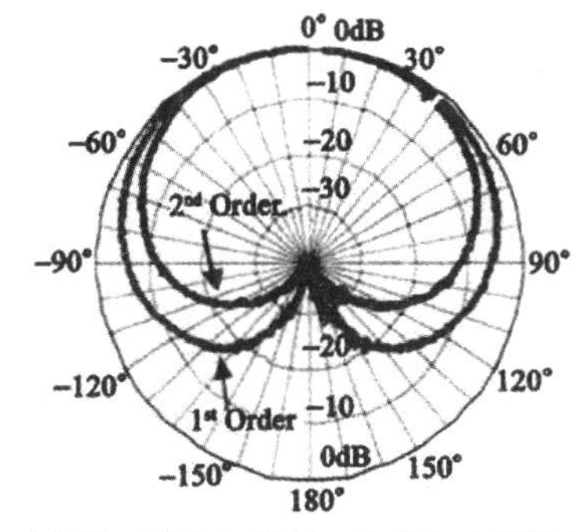

(c)1阶（蓝色）和2阶（红色）心形指向性图

图8　多模水听器

这里应注意到,计算指向性因子(DF)的积分表达式[17]是对所有在水平角和极角内指向性图的平方进行积分,所以,为了在这样的空域内形成心形指向性图,多模水听器内必须包含有足够数目的传感元件。也就是说,形成1阶心形指向性图,要求1个标量(声压)传感器和1个3分量矢量传感器;形成2阶心形指向性图,除了要有1个标量传感器和1个3分量矢量传感器外,还要有1个6分量的2阶矢量传感器。

必须指出,上述具有4等分电极的多模水听器,可以借助于控制电路使1阶心形指向性波束在水平平面内旋转,而2阶心形指向性波束只能以90°间隔做这种旋转。为了使2阶心形指向性波束也能在所有水平角内旋转,文献[16]中提出的具有8等分电极的圆柱形水听器设计方案,解决了这个问题。图8给出8等分压电陶瓷圆环及其多模水听器实物照片、"最佳零值"和最大"DI"条件下的1阶和2阶心形归一化指向性图[16]。

3.4　光纤式矢量水听器

对用于检测水下声场标量的光纤声压水听器的研究工作自20世纪80年代至今方兴未艾。与常规的压电式声压水听器相比,光纤声压水听器具有湿端质量轻、灵敏度高、动态范围大、不受电磁波干扰等优点,一直激发着人们的极大的研究热情,使光纤水听器逐步进入实用化阶段。为了满足某些应用对光纤声压水听器"小尺寸"要求,用Bragg光栅传感元件替代光纤线圈传感元件的新型光纤声压水听器已问世,使在直径0.25 mm的标准光纤芯上制造声传感成为可能[18]。

关于光纤矢量水听器的研究也倍受人们的关注。由于惯性式矢量水听器中的核心部件是加速度计或速度计,因此,光纤矢量水听器结构设计首先取决于光纤加速度计和速度计的研究成果。这里着重讨论以下几种光纤加速度计的结构设计和工作原理。

3.4.1　弯曲圆盘型光纤加速度计[19]

这种结构形式的光纤加速度计的结构如图 9 所示。采用周边简支或周边钳定的方式将弯曲圆盘 1 置于壳体 2 上。由光纤形成的两个扁平螺旋线圈 3 固定于弯曲圆盘表面。用螺杆 4 将质量块 5 夹紧于上下两个弯曲圆盘之间。6 是两个光纤终端的反射体。单频激光从激光源发出后,经过耦合器 7 发送到光纤加帽的终端,光从此反射回到光耦合器,由于干涉作用产生光强度的变化。这种光强度的变化,对应于弯曲圆盘在加速度作用下产生轴向弯曲时所造成的光纤线圈光纤长度的相对变化。检测器将这种光强度变化转换成相应的电信号,便实现了加速度的检测过程。

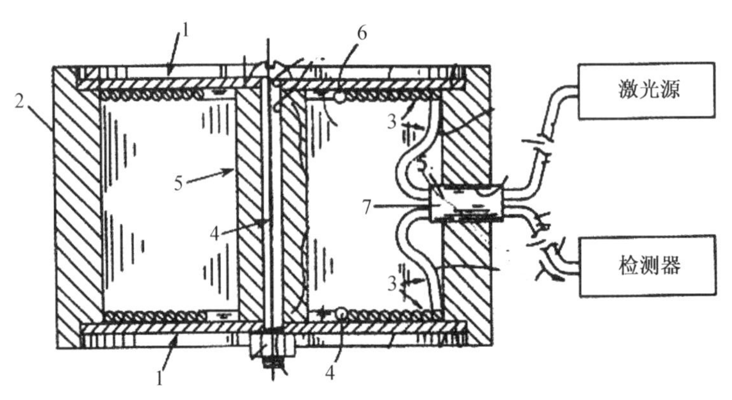

1—弯曲圆盘;2—外壳;3—扁平式光纤线圈;4—固定螺杆;
5—质量块;6—光纤终端反射体;7—耦合器。

图 9　弯曲圆盘式光纤加速度计结构示意图

图 10 是图 9 所示弯曲圆盘型光纤加速度计的变形设计。它的优点是在弯曲圆盘的内、外侧都放置了扁平光纤线圈,使光纤总长度增加一倍。这种设计方案可使共模温度、静水压的影响减小到最低限度,也使灵敏度增大一倍。

图 11 给出另一种弯曲圆盘光纤加速度计的变形的设计[20]。扁平光纤线圈 1 和 2,3 和 4,5 和 6 分别固定于三片弯曲圆盘 7 上,弯曲圆盘 7 用中心杆 8 支撑,惯性质量 9 安置在弯曲圆盘 7 的周边,形成类似于“悬臂梁”结构。

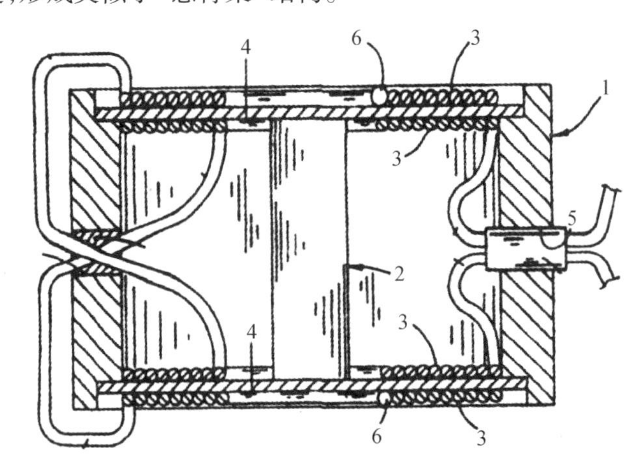

1—外壳;2—质量块;3—扁平线圈;4—弯曲圆盘;5—耦合器;6—光纤反射端。

图 10　图 9 结构的变形设计

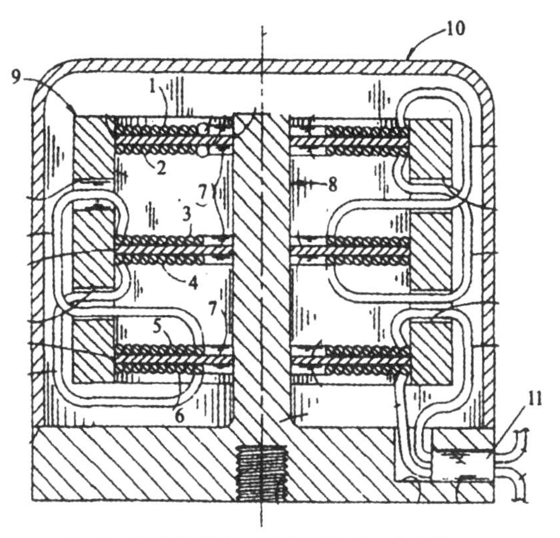

1～6—扁平线圈;7—弯曲圆盘;8—中心柱;
9—质量块;10—外壳;11—耦合器。

图11　图10的结构的变形设计

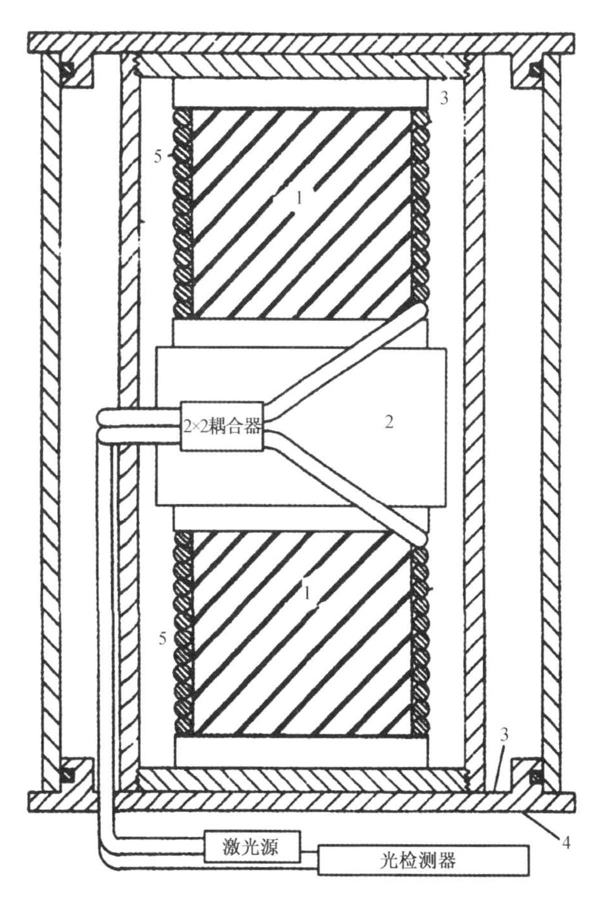

1—单性芯柱;2—质量块;3—预应力调解机构;4—基座;5—螺旋线圈。

图12　弹性芯柱光纤加速度计原理图

3.4.2　基于弹性芯柱的光纤加速度计[21]

图 12 是这种加速度的结构示意图。在用弹性材料(如硅橡胶)制成的芯柱 1 上紧绕一螺旋管线圈,在两个芯柱之间放置质量块 2,借助预应力调整机构 3,可使两个芯柱和质量块连成一体。当外壳 4 与被测振动体刚性相连接时,在质量块 2 产生的惯性力作用下,质量块两边的弹性芯柱发生形变,使每个螺旋管光纤线圈的光纤总长度发生相对变化,这光纤长度的相对变化通过干涉仪转换为光强度的变化,即可实现加速度的测量。图 12 的这种方案被称作推挽式。

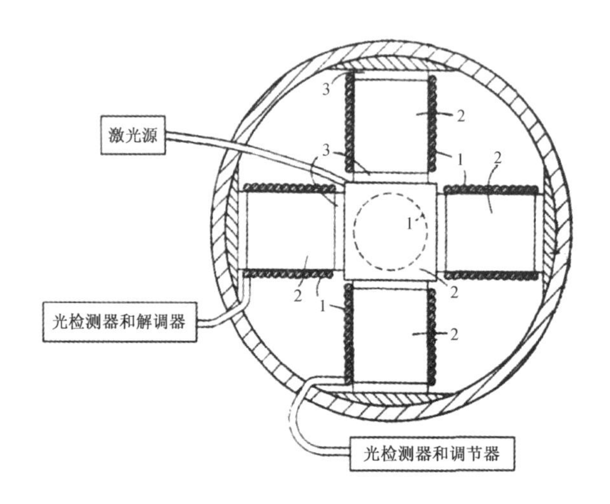

1—螺旋线圈;2—弹性芯柱;3—预应力调解机构。

图 13　三维弹性芯柱光纤加速度计结构原理图

图 13 是采用这种设计方案的三维光纤干涉式速度传感器的结构示意图。Hu 等人[22]报道了他们研制的基于弹性芯柱的三维光纤矢量水听器。图 14 是实物照片。水听器直径为 100 mm。在 5 ~ 500 Hz 工作频率范围内,加速度计的灵敏度约为 656 rad/g。

图 14　芯柱式光纤矢量水听器实物照片

3.4.3　基于充液弹性圆柱腔的光纤加速度计[23]

这种设计方案可以看作是上述弹性芯柱的变形设计,如图 15 所示。在薄壁弹性芯柱腔内充满液体,芯柱外表面缠绕光纤线圈。如果外壳受加速度作用,芯柱腔内的液体对腔壁产生动压力,在两个线圈芯柱之间产生动压差。与芯柱“结伴相随”的两个光纤线圈产生光路长度差,它被干涉仪检测转换为光强度的变化。

这里要强调的是,任何一种加速度计(常规或光纤式),其加速度灵敏度都与其中的质量块的质量成正比,而与其中的弹性元件的刚度成反比。对于干涉型光纤加速度计,其灵敏度还与光纤长度和工作波长成比例。而光纤长度可能影响到换能元件的刚度(比如对于芯柱式)。工作频带宽度、噪声水平、尺寸、质量、坚固性、指向性、造价等因素都会影响到结构设计方案的选择。文献[23]对用上述3种设计方案制成的光纤加速度计(速度计)样器性能指标进行了综合性评价,结论是:芯柱式设计方案给出最有效的换能机理,而弹性弯曲圆盘和充液式设计方案在一些特定的应用场合也各具特色。

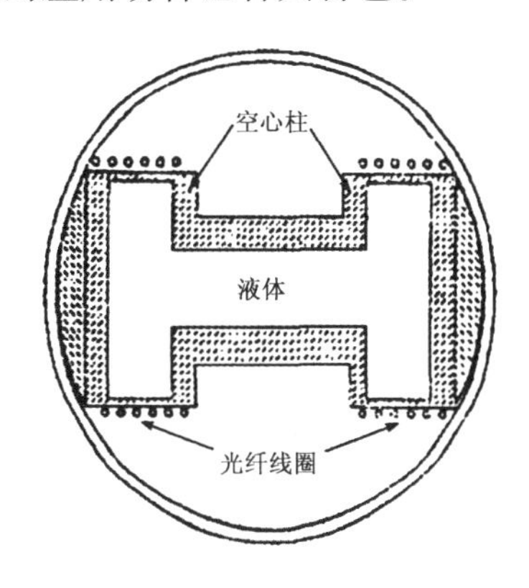

图15　充液式光纤加速度计原理图

3.5　可以刚性固定的同振型矢量水听器

通常情况下,同振型矢量水听器在使用时必须用符合一定技术要求的悬置系统将其固定于重而刚性的框架或平台上。在工程实践中,这种悬挂系统的制作与使用给使用者带来诸多不便。举例说,当矢量水听器的载体(如潜艇等)在运动中或因某种原因产生振动时,就会给矢量水听器的正常工作带来不利影响。为此美国宾州大学研究人员申请一项专利技术,提出了同振型矢量水听器的结构设计方案[24]。图16是设计方案示意图及实物照片。

该设计方案的实质就在于把加速度计的基座延伸到加速度计外壳的外面,而加速度计的惯性质量块及外壳用弹性材料与基座相连。这种设计方案不仅适用于三维球形,也适用于二维圆柱形矢量水听器。专利人称,这种设计方案可使矢量水听器的尺寸做得相当小,工作频带的上限可提高到20 kHz。

4　矢量水听器的特性

矢量水听器之所以受人们的青睐,是因为它有着一般水听器(例如常规声压水听器)所不具备的特性,使得它在水声领域大有用武之地。甚至在石油测井、海洋地质等领域也有着吸引人的应用前景。

矢量水听器性能的独特之处简要地说有如下几点:

4.1　“8”字形(也称余弦形或偶极子形)指向性

理论和实践都已证明,不论哪种结构形式也不论基于何种工作原理,矢量水听器在其工作频率范围内,其指向性图均呈“8”字形。在理想情况下,三维指向性图则为两个相切的圆球;相反地,普通的无指向性水听器,在理想条件下,它的指向性图为一圆球形,如图 17 所示。从使用的观点来说,无指向性的水听器不能抑制海洋中固有的环境噪声,也就是说,这种水听器对来自空间的任何方向的环境噪声都全部“照收”,而有指向性的水听器则对来自某些方向的噪声有抑制能力。如果用指向性指数(DI)来表征水听器抑制噪声的能力,则对于无指向性水听器,DI = 0 dB;而对于单只 1 阶矢量水听器,则 DI 值为 4. 8 dB。换句话说,对于无指向性水听器,它能检测到的最小信号级取决于环境噪声级;而 1 阶矢量水听器由于它具有“8”字形指向特性,它具有抑制一部分环境噪声的能力,抑制能力为 4. 8 dB。

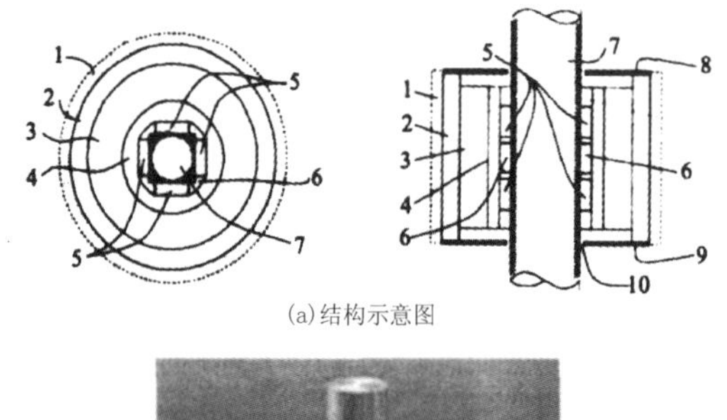

(a)结构示意图

(b)实物照片

1—人造泡沫塑料;2—外层壳体;3—顺性材料;
4—第二壳体;5—压电元件(厚度极化);6—压电元件(切向极化);
7—中心安装柱;8,9—声压通道压电元件;10—柔性缝隙。

图 16　可以刚性固定于平台上的圆柱形矢量水听器

如前面介绍“矢量水听器”的结构类型中曾提及,一般矢量水听器都包含有测量声压的传感器,以及 2 个或 3 个矢量分量传感器,亦即一个矢量水听器总共可以有 3 个或 4 个信号输出通道。视使用具体要求,可以把声压输出信号与矢量输出信号进行组合,以形成心形指向特性,如图 17 所示那样。这样一来,用一只矢量水听器可以得到具有不同指向性指数(DI)的指向性图。图 17 中所示的两个心形指向性图,声压通道输出信号与一阶矢量输出信号通 道适当加权组合后得到的,分别称为“最佳零点”和“最佳指向性指数(DI)”心形指向性图。如果将声压通道输出信号与 1 及 2 阶矢量通道输出信号加权后作相加处理后,便可得到“2 阶心形指向性图”。也会分别得到“最佳零点”和“最佳指向性指数”两种条件下的指向性图,它们的指向性指数(DI)分别为 7 dB 和 8. 7 dB。

(a)无指向性(DI=0 dB);

(b)心形指向性 (DI=4.8 dB)

(c)偶极子指向性(DI=4.8 dB);

(d)最佳指向性指数心形指向性(DI=6 dB)

图 17　0 阶和 1 阶水听器输出组合形成的指向性图

如果用矢量水听器组成声接收阵(例如线列阵)带来的好处就更明显。举例来说,如果用无指向性的声压水听器组成等间距的 15 元线列阵,假定阵的工作频率为 2 kHz,阵元间距为半波长,则阵总长度至少要超过 5 m,而其阵的指向性指数约为 11.7 dB;如果用带有声压通道和一阶矢量通道的矢量水听器做阵元,在同样的阵元间距和工作频率条件下,要达到相同的指向性指数,只需要 5 只矢量水听器,而线阵的总长度只有 1.5 m。从这个简单例子我们可以看出,用有偶极子指向性矢量水听器组成接收阵时,会带来的好处是:不仅可以使阵元数目大大减少,阵的尺寸也明显缩小;也使接收阵造价降低;便于载体在水下的拖曳、布放和回收等。

4.2　同时共点地提供声场测点处的标量及矢量的幅度与相位信息

如前提及,一只组合水听器包含用来测量标量(声压)的传感器和测量矢量(振动加速度、速度等)的传感器,两种传感器被包装为一体,并且,矢量通道和声压通道具有同一声中心。这就可以用一只组合水听器同时共点地测量声场测点处的标量和矢量信息。

因为声压和质点振速的乘积确定着声场测点处的声能流密度(声强),声能流密度是矢量,它不仅反映着声波携带能量的多少,也反映着声波能量流传递时的方向“轨迹”,也能反映着声波能量流中“有功”和“无功”分量各占的比例等。这就使得矢量水听器成为全面洞察声场特性的极其有力的工具。

我们应注意到,当我们使用组合水听器去研究声场的能量流特性时,我们不仅利用该水听器提供声场的标量和矢量的幅度信息,还利用了它所提供的标量与矢量间的相位差信息。

然而,作为一只实际的组合水听器,由于矢量水听器本身固有的指向特性以及矢量通道传感器声电转换机理的不同(压差式、加速计式或速度计式),使得组合水听器各通道输出电信号间存在特有的相位差特性。对此,试做如下讨论。

对于压差式和加速度式矢量水听器,声压通道和三个正交通道的归一化指向性函数可以写成[2]:

$$
\begin{cases}
D_p = 1 \\
D_x = N_x \dfrac{\partial p}{\partial x} = -j\cos\varphi\sin\theta \\
D_y = N_y = \dfrac{\partial p}{\partial y} = -j\sin\varphi\cos\theta \\
D_z = N_Z \dfrac{\partial p}{\partial z} = -j\cos\theta
\end{cases}
\tag{5}
$$

其中 Dp、Dx、Dy、Dz 分别为声压通道和 x、y、z 三个正交矢量通道的归一化指向性函数，Nx、Ny、Nz 为归一 化因子，φ 为水平方位角，θ 为极角。由(5)式可以导出声压通道与各矢量通道之间、各矢量通道之间的相位差表达式：

$$
\begin{cases}
\Delta\varphi_{pi} = -\dfrac{\pi}{2} Sgn(lmD_i) \\
\Delta\varphi_{il} = \dfrac{\pi}{2}[Sgn(lmD_i) - Sgn(lmD_i)]
\end{cases}
\tag{6}
$$

式中 $i,l=x,y,z(i\neq l)$；$\Delta\varphi_{pi}$ 为声压通道与矢量通道间的相位差；$\Delta\varphi_{il}$ 为各矢量通道之间的相位差；Sgn 为符号函数。

图 18 给出了在理想情况下 $\Delta\varphi_{px}$、$\Delta\varphi_{py}$ 以及 $\Delta\varphi_{xy}$ 与水平方位角的关系。图中罗马数字表示象限。从此图可以看到，通道间的相位差 $\Delta\varphi$ 随方位角有跃变特性，且 $\Delta\varphi$ 的跃变幅度都为 180°；当 φ 处于不同象限时，每个象限都对应着各自一簇 $\Delta\varphi$ 值。这里必须指出，对于动圈式矢量水听器，上述各相位差随水平方位角的变化关系略有差别。

上述有关矢量水听器固有的相位差特性与声场中声压—矢量间的相位差特性并不是一回事。前者是矢量水听器本身“与生俱有”的，而后者是由声场本身特性决定的。因此，当处理由矢量水听器提供的声场信息时，应视矢量通道所用传感器的类型对矢量水听器固有的相位差特性进行相应的修正。

对于矢量水听器本身固有的相位差特性有其实际的利用价值。例如：(1)我们可以利用 $\Delta\varphi$ 的跃变特性来判断水下噪声源(被检测目标)所在的方位并进行跟踪。尤其在低信噪比条件下，利用矢量水听器固有的这种相位差信息往往比利用其提供的幅度信息更为有效。在某些实际应用场合，这不失为一种不错的选择；(2)当对组合水听器的性能进行测试和评价时，声压通道与矢量通道之间的相位差，以及各矢量通道之间的相位差是否符合理论预测值应是衡量矢量水听器性能优劣的重要指标之一。因此，相位差的测量值偏离理论值不应超出一定的范围(视相位测量系统和测量方法以及实际需求而定)。

4.3 低声频和次声频段优越性凸显

要使小的波尺寸的单个常规声压水听器在低声频特别是次声频段具有指向性特性是难以做到的。与此相反，矢量水听器得天独厚的指向性令其竞争对手“望尘莫及”，而且工作频率越低，它的优点越凸显出来。因此，矢量水听器在水声技术领域，在低声频和次声频段适用性更强。由于在海水媒质中，声波频率越低，传播距离越远。这时在水下声接收系统中，矢量水听器占据有利地位是理所当然的。

5 矢量水听器应用列举

矢量水听器在水声及其他技术领域有着广泛的用途。因篇幅有限，不可能做全面介绍，只列举几个应用例供读者参考。

5.1　在水上航道、港口安全警戒系统中的应用[25]

不论是为军事设施的安全还是为政府机关、商业或市政设施的安全，近些年来，对水上航道和港口的安全警戒越来越为人们所重视。因为上述这些设施很多位于或靠近港口或航道，这些地方大都是公众可以接近的，很容易被袭击者作为攻击的目标。入侵的力量可能是游泳者、蛙人、无人驾驶水下航行器、潜艇或水面滑翔机等。这些入侵力量在其运动中不可避免地会产生具有某种特征的“声音”（这里称“目标信号”）。而在港口或航道上，商船、水上交通工具或者工业生产设备等也会产生较强噪声（背景噪声），往往掩盖了目标信号。使得常规的水下声检测系统不能有效地检测到水下入侵者。

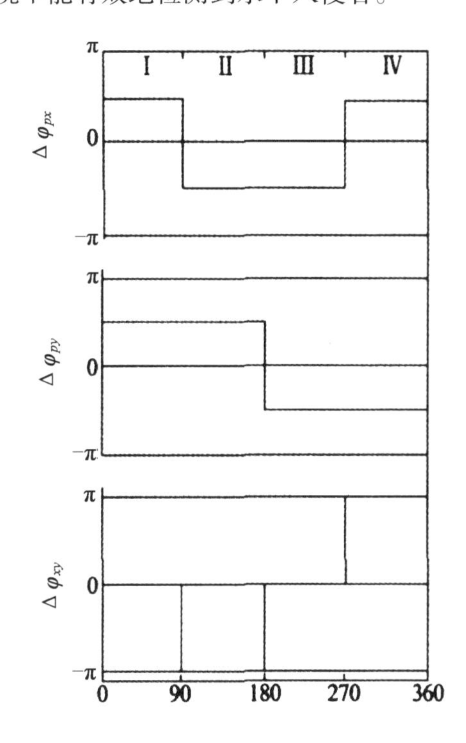

图18　矢量水听器标量与矢量及矢量间相位特性

利用矢量水听器固有的指向性和抑制环境噪声的能力，就可以及时准确地发现水下目标信号。这就为安全保卫人员提供足够的时间制止入侵者的攻击。至少在获悉即将发生的攻击后，能拯救上述设施中的工作人员。

5.2　在拖曳阵、固定阵、船壳阵和声呐浮标中的应用[15]

冷战结束后，美国海军把反潜战态势由美国海岸的深海安全重新定位于浅海区域。在浅海区域，安静型柴—电潜艇频繁出没。因此美国海军为缓解这个问题，把“浅水到深水水域快速地进行潜艇提示、检测和定位”以及“防水下攻击（包括舰船防多重齐射鱼雷攻击）的自卫平台”作为技术突破口。在这些研究项目中，追求使用先进的多模式水听器和单晶矢量水听器技术。这些技术已经应用于线列阵（拖曳阵、固定阵）、空投声呐浮标以及声拦截系统中。图19是这些应用的示意图[15]。对此图，简要做些说明如下：把矢量水听器应用于潜艇拖曳阵,解决了在对威胁潜艇定向时常规声压水听器线阵存在的“左右舷模糊”的问题,不必对线阵作费时的机动控制。从而,使艇员在战时的响应时间大大缩短;将矢量水听器应用于水面舰拖曳阵,不仅解决了上述的“左右舷模糊”的难题,而且还使水面舰有更多的逃脱机会;把矢量水听器应用于固定阵中,使阵的物理孔径大大缩减而不损失声阵的增益;把矢量水听器应用于声呐浮标中,可以发展适用于多基地声呐系统中的小型高指向性声接收器;多模式水听器应用于声呐浮标和声拦截系统,能在不增加换能器尺寸的条件下使检测距离增大。

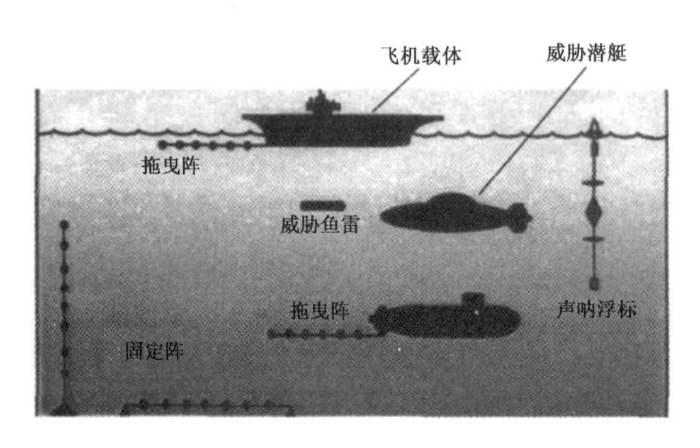

图 19　矢量水听器应用示意图

5.3　在潜艇辐射噪声测量中的应用

潜艇辐射噪声级直接影响其水下环境中的隐蔽性。辐射噪声级越低,被声呐发现的可能性越小。所谓“安静型”潜艇就是指它在水下环境中辐射噪声级很低而不易被发现。因而辐射噪声级是评价潜艇性能质量的重要指标之一,必须对这一指标进行实测;另一方面,潜艇辐射噪声场是分布于潜艇壳体上许多个“子声源”辐射噪声叠加的结果,详细了解每个子声源对总噪声级的贡献大小,对于选择合适的减振降噪措施以及对减振降噪措施实施后的效果加以评价都有重要的实际意义。

文献[26]的作者报道了用矢量水听器线阵测量潜艇辐射噪声级的研究结果。作者采用了两种信号处理算法:线性矩阵和声强处理。

文献[27]的作者使用了5元矢量水听器的垂直线阵,在美国海军声学特征测量实验场,就潜艇壳体上的声源定位问题进行了静态模拟实验研究。声源定位是通过比较矢量通道中三轴加速度计的输出响应得到的,如图20所示。被定位声源与参考方向(图中为加速度计的 x 轴方向)之间的垂直角 θ 的正切等于加速度的垂直分量与参考方向上的分量之比。类似地,也可得到水平角的正切;该文作者认为,声源定位测量的精确度受到阵信噪比而不是声波波长的限制;如果预先知道在感兴趣的频带内只有一个被定位的声源,可以得到高角度分辨力;这种高角分辨力甚至在低频(对应于声波波长,远大于定位测量的空间分辨力)也能达到。

5.4　在地声反演、海底沉积层声学参数测量中的应用

基于矢量水听器阵比常规水听器阵能提供更多的声场信息的事实,文献[28]的作者把

矢量水听器用于地声反演研究中。反演的方案是把声压信号和振速信号传输损失的差别与匹配场处理方法相结合。该作者认为这种反演方法的优点是,它能减小沉积层声速反演结果的不确定性,并且沉积层衰减的反演结果与声源级无关。

Gordienko 等人把矢量水听器应用于海底的声学特性(海底与水界面的输入阻抗、声反射系数等)的测量[29]。他们认为,海底声学参数的测量问题,在高频范围或多或少已经得到解决,而在低声频段(几十赫兹至几千赫兹范围)仍然存在许多困难。他们分别采用"阻抗法"和"声压—振速幅度法"以及"测量声压与振速水平分量或垂直分量之间的相位差方法",确定了海底的声反射系数。而"相位差法"最适用于平坦海底区段。阻抗法则是基于海底反射系数与海底—水界面处的输入阻抗的关系,而输入阻抗可通过用矢量水听器测量在该界面一点处的声压和垂直振速后得到,这些方法都可以得到反射系数与频率、声波入射角的关系曲线。

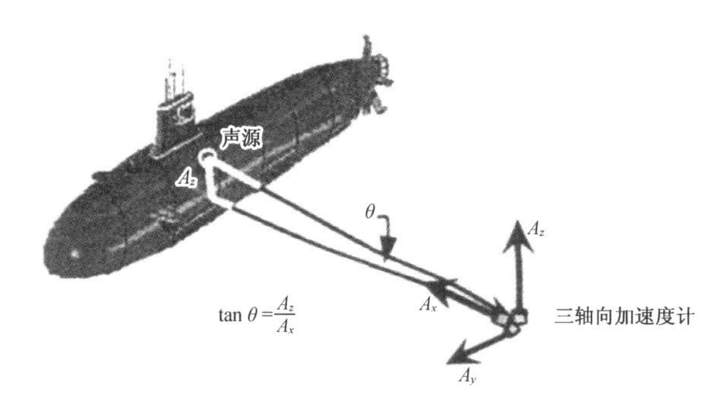

图 20　声源定位原理

文献[30]报道了用矢量水听器测量墨西哥湾佛罗里达海岸沉积层声速的实验及其结果。矢量水听器被埋入海床内,用它测量了 300 ~ 3 000 Hz 频段内沉积物声速与频率的关系。据称,在此频段内做这种测量一直被认为特别困难。把矢量水听器测得的声强与实验几何学、声传播条件结合起来,建立起沉积物声速与声波入射角、声波频率的关系。在较低频段,将锚泊的研究船作为辐射噪声源,而在 800 ~ 300 Hz 频段,则使用 3 只锚系在水柱中的声发射器作为声源,这种布置可以调整声波射入沉积层的角度。

6　结束语及展望

矢量水听器作为一种新型水声接收换能器受到人们的普遍关注。由于篇幅有限,本文仅就矢量水听器的结构和工作原理作了简要描述,对其应用问题也只是粗略地做了介绍。在矢量水听器技术领域,几乎每天都在涌现新的研究成果,提出新的研究课题,激励着人们不断地探索着。就矢量水听器的结构设计来说,如同其他领域的传感器一样,正在沿着"三化"(微型化、多样化和微电子化)的方向发展,其性能、质量会越来越精良,应用的领域也会随之越来越宽广。可以期待,随着人类科学技术水平的不断提升,矢量水听器技术将会继续以越来越吸引人的面目展示于世人面前。

参考文献

[1] Shchurov V A. Vector acoustics of the Ocean. Vladivostok, Dal - nauka, 2006.

[2] Gordienko V. A et al. Vector - phase methods in acoustics, Mos - cow, Nauka, 1989(in

Russian) .

[3] Skrebniev G K. Combined hydroacoustic receivers, SPb, EL – MOR, 1997(in Russian) .

[4] 贾志富. 传感器技术, 1997, 16 (1): 22[Jia Z F. Journal of Transducer Technology, 1997, 16(1) :22(in Chinese)].

[5] 贾志富. 应用声学, 1997, 16 (3): 20[Jia Z F. Applied Acoustics, 1997, 16(3): 20(in Chinese)].

[6] 贾志富. 应用声学, 2001, 20 (4): 15[Jia Z F. Applied Acoustics, 2001, 20(4): 15(in Chinese)].

[7] 陈丽洁, 杨士莪. 应用声学, 2006, 25 (5): 273[Chen L J, Yang S E. Applied Acoustics, 2006, 25(5): 273(in Chinese)].

[8] Zhang B Z et al. Microsyst. Technol. , 2008, 14: 821.

[9] Xue C Y et al. Micro electronics Journal, 2007, 38:1021.

[10] De Bree H E et al. Real time sound field visualization in the near field, far field and at absorbing surface. Acoustic's08, Paris, France. pp297 – 302, June29 – July4, 2008.

[11] De Bree H E et al. ACTA Acustica United with Acustica, 2008, 94:Suppl. 1, S38.

[12] Deng K K. Underwater Acoustic Vector Sensor Using Transverse Response Free, shear Mode, PMN – PTCrystal, U. S. Patent No 7066026B. Jun. 27, 2006.

[13] Shipps J C, Deng Ken. A miniature Vector Sensor for line array application Ocean's2003, Vol. 5, pp2367 – 2370, 2003.

[14] Deng K et al. Method and apparatus for strain amplification for piezoelectric transducers. U. S. Patent No. 6715363B, April6. 2004.

[15] Applied physical Corp (formely A coustech Corp) Directional acoustic receivers for anti – submarine warfare and Torpedo defense, Website: www. Aphysci. com.

[16] James A M, Scoff C J. Forming first – and second – order cardioids with multimode hydrophone Ocean's2006, pp65 – 70, 2006.

[17] Urick R J. Principles of underwater sound. Peninsula publishing, LosAltos, CA 1983. Section3. 3.

[18] 孙贵青, 李启虎等. 物理, 2006, 35: 645[Sun G Q, Li Q H et al. Wuli(Physics), 2006, 35:645(in Chinese)].

[19] David A. Brown et al. Fiber optic flexural disk accelerometer. U. S. Patent No. 5317929, Jun. 7, 1994.

[20] Thomass J. Hofler et al, Fiber optic accelerometer with centrally supported flexural disk. U. S. Patent No. 5369485, Nov. 29, 1994.

[21] Steven L Garettetal. Multiple axis fiber optic Intorferometer seismic sensor. U. S. Patent No. 4893930, Jan. 16, 1990.

[22] Yongming Hu et al. Development of fiber optic hydrophone, 2nd International conference& Exhibition on"underwater acoustic measurements:Technologies Results", pp1001 – 1006.

[23] David A. Brown, steven L. Garreff. An interferometric fiber optic accelero meter SPIE Vol. 1367, Fiber optic and laser Sensors Ⅷ, 1990.

[24] Nathan kahikina Naluai, Acoustic intensity methods and their applications to vector sensor

use and design. The Pennsylvania state University, UMI. No. 3248376. 2006.

[25] Clayships J. The use of vector sensors for underwater port and water – way security, sensors for industry conference, pp: 41 – 44 (New Orleans, Louisiana, USA), January, 2004. 27 – 29.

[26] Joseph C, Gerald T. J. Acoust. Soc. Am. , 2006, 119:3446.

[27] Joseph C, Gerald T. Localization of radiating source along the Hull of a submarine using a vector sensor array. Ocean′s2006.

[28] Li F H, Zhang R H. J. Acoustic, Soc. Am. , 2008, 123:3351.

[29] Ermolaeve E et al. Vector – Phase methods of bottom reflecting properties research in shallow shelf area. Acoustics, 08. PP195 – 199. Paris, 2008.

[30] Anthony P L et al. J. Acoustic Soc. Am. , 2006, 119:3445.

单辅助源矢量阵相位误差校正方法

杨德森　时　洁

1　引言

在实际工程应用当中，基阵难免存在各种误差，如幅相误差、位置误差及互耦误差等[1-3]，误差的存在引起基阵阵列流型的变化，必将影响基阵使用效果。在近场条件下应用的聚焦波束形成技术，是对水下声源实施定位识别的有效手段，该方法可以判断声源空间分布及贡献的相对大小，然而，对相位误差较为敏感，严重时无法正确查找声源位置，对基阵存在的相位误差进行校正对聚焦的正确实施具有重要意义。矢量阵较常规声压阵处理可以获得更高的定位精度及更高的处理增益，但同时声压、振速通道的信息量大，校正相位的复杂程度加大，在本文中，重点讨论一种单辅助源矢量阵相位误差校正方法。

2　近场单辅助源相位校正原理

近场条件下，当阵列仅存在与声源方位无关的误差形式时，通过设置方位精确已知的辅助声源来对该误差进行校正是行之有效的方法[4]。

设相位误差可用一个相位误差矩阵 $\boldsymbol{\Gamma}$ 来表示，该矩阵为式(1)所示的对角阵。

$$\boldsymbol{\Gamma}=\begin{bmatrix} e^{j\varphi_1} & & & \\ & e^{j\varphi_2} & & \\ & & \ddots & \\ & & & e^{j\varphi_M} \end{bmatrix} \tag{1}$$

其中，M 为阵元个数，$\varphi_m(m=1,2,\cdots,M)$ 为相位偏差量。

设单辅助源的空间方位为 θ_s，$\boldsymbol{a}(\theta_s)$ 为不存在相位误差时的方向矢量。接收信号的采样协方差矩阵 $\hat{\boldsymbol{R}}$ 可表示为：

$$\hat{\boldsymbol{R}}=\sigma_s^2\boldsymbol{\Gamma}\boldsymbol{a}(\theta_s)\boldsymbol{a}^{\mathrm{H}}(\theta_s)\boldsymbol{\Gamma}+\sigma^2\boldsymbol{I} \tag{2}$$

对 $\hat{\boldsymbol{R}}$ 进行特征值分解有

$$\boldsymbol{\Gamma}\boldsymbol{a}(\theta_s)=\zeta e \tag{3}$$

其中，ζ 为一未知复常数。

$$\begin{aligned}\boldsymbol{a}(\theta_s)&=[1\ \cdots\ a_2(\theta_s)\ \cdots\ a_M(\theta_s)]^{\mathrm{T}}\\&=[1\ \cdots\ e^{j\frac{\omega}{c}r_m}\ \cdots\ e^{j\frac{\omega}{c}r_M}]^{\mathrm{T}}\end{aligned} \tag{4}$$

$$\begin{aligned}r_m=&\sqrt{(x_s-x_m)^2+(y_s-y_m)^2+(z_s-z_m)^2}-\\&\sqrt{(x_s-x_1)^2+(y_s-y_1)^2+(z_s-z_1)^2}\end{aligned} \tag{5}$$

(x_s,y_s,z_s) 为辅助源位置坐标，(x_m,y_m,z_m) 为第 m 号阵元的位置坐标，1 号阵元为参考阵元，r_m 为第 m 号阵元与参考阵元间的声程差。令

$$\boldsymbol{e}=\begin{bmatrix} e_1 & e_2 & \cdots & e_M \end{bmatrix}^{\mathrm{T}} \tag{6}$$

则以下关系成立:

$$\begin{bmatrix} 1 \\ \Gamma_2 a_2(\theta_s) \\ \vdots \\ \Gamma_M a_M(\theta_s) \end{bmatrix}=\begin{bmatrix} \zeta e_1 \\ \zeta e_2 \\ \vdots \\ \zeta e_M \end{bmatrix} \tag{7}$$

得到 ζ 和误差矩阵 $\boldsymbol{\Gamma}$ 中各元素 $\boldsymbol{\Gamma}_m$ 的估计值:

$$\zeta=\frac{1}{e_1} \tag{8}$$

$$\boldsymbol{\Gamma}_m=\frac{\zeta e_m}{a_m(\theta_s)} \tag{9}$$

在 $\boldsymbol{\Gamma}$ 中可得到各通道的相位补偿量。

3 近场矢量阵相位校正方法实施步骤

在近场对矢量阵进行相位校正之间,需要消除声源所在象限以及复阻抗引入的相位差的影响。将校阵过程实施步骤概括如下:

(1)合理配置辅助源。选取辅助源与基阵各阵元之间的相对位置时,应当保证声源所在位置不出现在各个矢量水听器象限的相位模糊地带,并根据声源相对于不同阵元的象限,补偿相位跳变。

(2)去除复阻抗影响。根据布放时测量并记录的声源位置(x_s,y_s,z_s),计算该位置距离各个阵元的复阻抗值,并在校正前将其去除。至此得到与声源所在象限及复阻抗无关的基阵信号。

(3)分别以声压通道 P 为基准,对振速通道 V_x、V_v 或 V_z 进行如第 2 节所描述的算法校正,分别得到四组相位补偿量 $\boldsymbol{\varphi}^p$、$\boldsymbol{\varphi}^x$、$\boldsymbol{\varphi}^y$ 和 $\boldsymbol{\varphi}^z$。至此,分别得到四个矢量通道中不同阵元相对于参考阵元的相位差值。

(4)比较参考阵元中,振速 V_{x1}、V_{v1} 和 V_{z1} 相对于声压 p_1 的相位差,得到声压通道和振速通道间的相位差 φ^{x-p}、φ^{y-p} 和 φ^{z-p}。

4 仿真结果分析

仿真参数:阵元个数 5 个,阵元间距 0. 75 m,基阵尺度 3 m,设中心位置阵元为参考阵元。信号频率 $f=1$ kHz,采样率 $f_s=10$ kHz。单辅助源坐标确知(1. 5,1,0. 5)m,x 向振速正向指向声源平面,矢量阵各通道加入 60°随机相位误差,并加入振速 V_{x1}、V_{v1} 和 V_{z1} 相对于声压 p_1 的相位差为 10°、-10°和 20°。处理数据长度为 1 024 个数据快拍,20 dB 信噪比。进行 200 次 Monte - carlo 试验,统计相位校正结果的均方根误差。

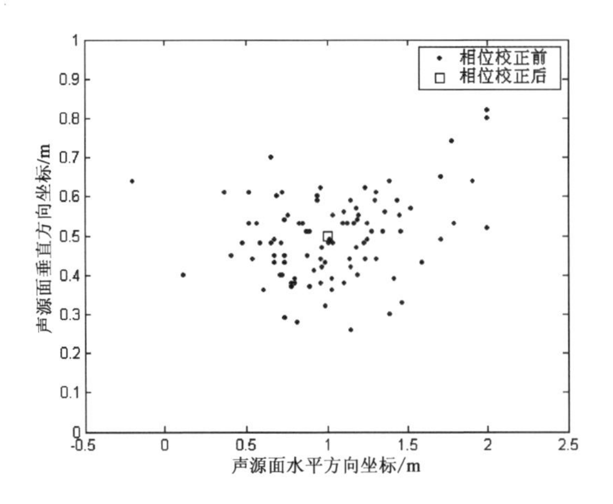

图 1　相位校正前后聚焦定位散点图

未进行相位校正前,由于相位误差的存在,使得聚焦定位效果恶化,定位结果严重偏离正确位置,而经过相位校正后,可以正确定位声源位置,且具有理想的定位效果。

表 1　单辅助源法对各矢量通道相位不一致误差的补偿性能(单位:dB)

	声压 φ^p	振速 φ^x	振速 φ^y	振速 φ^z
均方根误差	-16.31	-15.13	-13.21	-10.93

表 2　三维振速通道相对于声压通道的相位差补偿性能(单位:dB)

	φ^{x-p}	φ^{y-p}	φ^{z-p}	
均方根误差	-0.22	1.07	3.71	

表(1)所示为对各矢量通道的相位不一致性校正结果,该结果表明配置单辅助源进行相位校正具有较高的校正精度。表(2)为独立矢量水听器单元三维振速通道相对于声压通道的相位差估计结果,由于采用比较相位法进行补偿,需要对每个离散采样点进行瞬时相位估计,精度与采样率及信噪比条件关系密切,与表(1)相位不一致补偿效果相比较差。

5　结论

本文研究了一种单辅助源矢量阵相位误差校正方法。该方法是当阵列仅存在与声源方位无关的误差形式时,通过设置方位精确已知的辅助声源来对相位误差进行校正的一种行之有效的方法。该方法利用辅助源与基阵之间相对空间位置的先验知识,首先消除所在象限及复阻抗所引起的相位影响,继而实施修改阵列流型后的改进的单辅助源相位校正算法,最后查找参考阵元处声压通道和振速通道间的相位差,完成了在近场对矢量阵相位进行校正的工作。该方法实施简便,运算量小,便于工程应用。

参 考 文 献

[1] Sellone F, Serra A. A Novel Online Mutual Coupling Compensation Algorithm for Uniform and Linear Array[J]. Signal Processing, IEEE Transactions on processing, 2007, 55(2): 560-573.

[2] Stavropoulos K, Manikas A. Array Calibration in the presence of unknown sensor characteristics and mutual coupling. Proceedings of the European Signal Processing Conference, EUSIPO 2000, 2000, 3: 1417-1420.
[3] 苏卫民等. 通道幅相误差条件下 MUSIC 空间谱的统计性能[J]. 电子学报, 2001, 28(6): 105-107.
[4] 王永良等. 空间谱估计理论与算法[M]. 北京: 清华大学出版社. 2005.

溢流式宽带圆管换能器的有限元分析

卢　苇　杨士莪　蓝　宇

摘要　溢流式圆管换能器是一种典型的宽带发射器,传统的溢流式圆管换能器主要利用液腔谐振和压电圆管径向谐振耦合来实现宽带发射。本文首先利用有限元软件 ANSYS 分析了一个传统的溢流式圆管换能器,其 -4 dB 带宽从 7.5 kHz 到 20 kHz;在此基础上,利用压电圆管分瓣激励的方式同时激励出压电圆管的径向振动模态和偶极子振动模态,通过液腔、径向和偶极子三种振动模态的耦合,有效地拓展了溢流式圆管换能器的带宽;最后调整激励电压的相位,设计了一个最大发射电压响应 137 dB,工作带宽为 7.5 kHz ~26 kHz,起伏 -5 dB 的溢流式宽带圆管换能器。

关键词　溢流式圆管换能器;有限元;偶极子

1　引言

传统的空气背衬圆管换能器带宽只能达到一个倍频程。采用溢流式结构,使用溢流环的液腔谐振和径向谐振可以有效地扩展换能器的带宽。在此基础上,引入多激励的方式,激励出圆管的偶极子模态,可以进一步提高换能器的带宽特性。

2　基本理论

一个平均半径为 a,厚度为 t,高度为 h 的压电圆管,其径向振动的谐振频率为:

$$f_r = \frac{C}{2\pi a}$$

其中 C 为压电陶瓷中的声速,D 为压电圆管的平均直径。采用溢流结构,根据 G W. Mcmahon 给出的液腔谐振频率的方程可以计算出液腔谐振频率,谐振频率 f_c 为:

$$f_c = \frac{C_0}{2(h + 2\alpha a)}$$

其中 C_0 为腔体内流体声速,α 为末端修正值,近似为:$\alpha = 0.633 \sim 0.106\Omega$,无量纲的倍频参数值 $\Omega = 2\pi f_c a / C_0$。

使用圆管液腔振动与径向振动的耦合可以使圆管换能器的带宽带到一个倍频程以上,有效地拓展了换能器的带宽。

压电圆管除了基本的径向振动以外,还有其他的高阶振动模态,如圆管的偶极子振动模态,谐振频率为:

$$f_0 = \sqrt{2} f_r$$

采用圆管分瓣激励的方式,可以同时激励出圆管的径向振动和偶极子振动。使用液腔振动模态、径向振动和偶极子振动模态,可以进一步拓展圆管换能器的带宽,如图 1 所示。

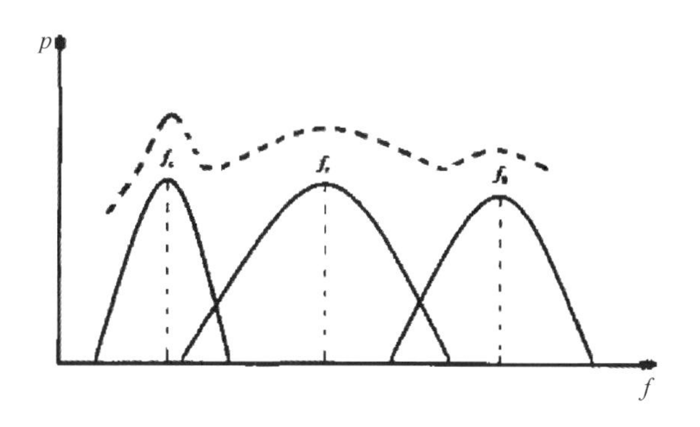

图1　溢流圆管换能器带宽形成示意图

3　有限元分析

采用有限元软件 ANSYS 对溢流圆管换能器进行分析,使用 Solid5 单元建立压电圆管的有限元模型。模型平均半径为 33 mm,厚度为 4.5 mm,高度为 40 mm。通过模态分析,得到空气中圆管径向模态谐振频率为 15.8 kHz,偶极子模态谐振频率为 22 kHz。

采用溢流式结构,建立传统溢流圆管换能器水中有限元模型,通过计算,得到换能器水中的导纳曲线,如图 2 所显示。换能器液腔谐振频率为 8 kHz(理论计算液腔谐振频率为 7.6 kHz),电导值 0.45 ms,水中径向振动谐振频率为 17 kHz,电导值 0.5 ms。

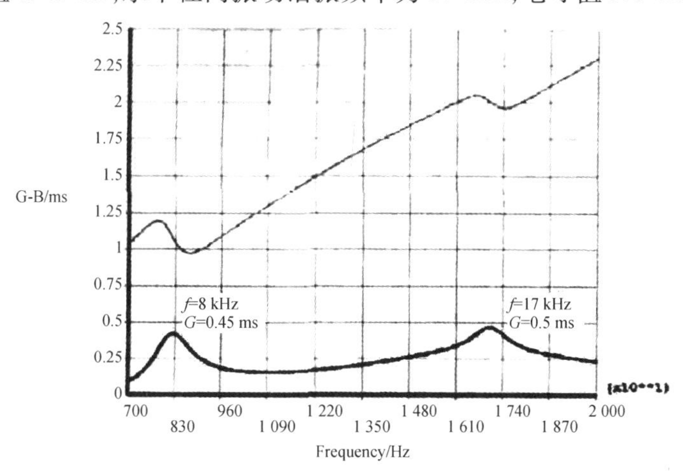

图2　溢流圆管换能器水中导纳曲线图

通过计算换能器水中发射电压响应,得到其最大发射电压响应为 137.5 dB,-4 dB 带宽为 7.5 kHz 到 20 kHz,如图 3 所示。

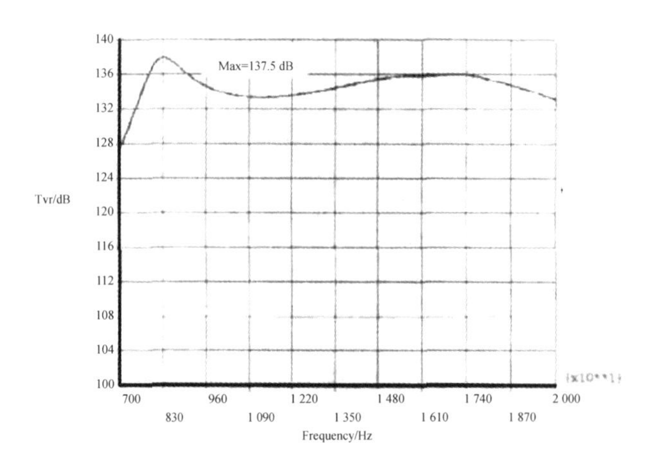

图 3　溢流圆管换能器发射电压响应曲线

采用多激励方式,将圆管外电极分为两半,分别施加不同相位电压,可以同时激励出圆管的径向振动模态和偶极子模态,激励方式如图 4 所示。

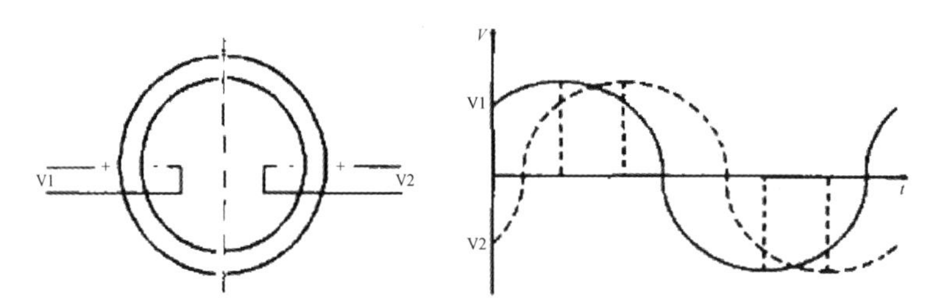

图 4　激励方式示意图

建立多激励圆管换能器水中的有限元模型,可以计算出单侧圆管水中的电导纳曲线,如图 5 所示。

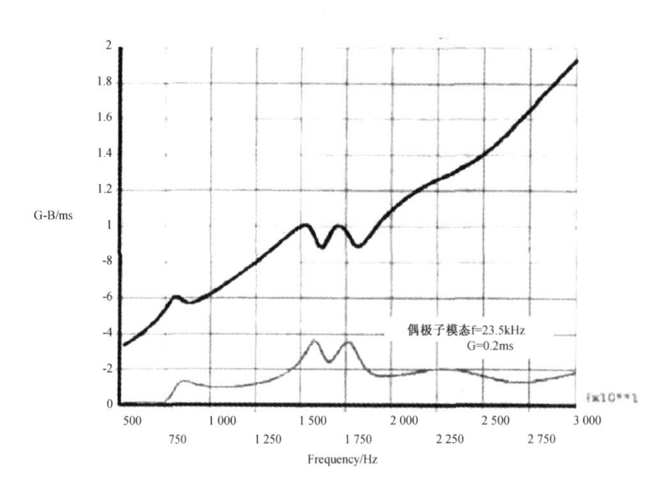

图 5　单侧压电圆管水中导纳曲线

从图 5 中可以明显地看出在频率为 23. 5 kHz 处激励出了压电圆管的偶极子模态。通过调节施加电压的相位角,最终得到多激励溢流式圆管换能器水中电导纳曲线,如图 6 所示。

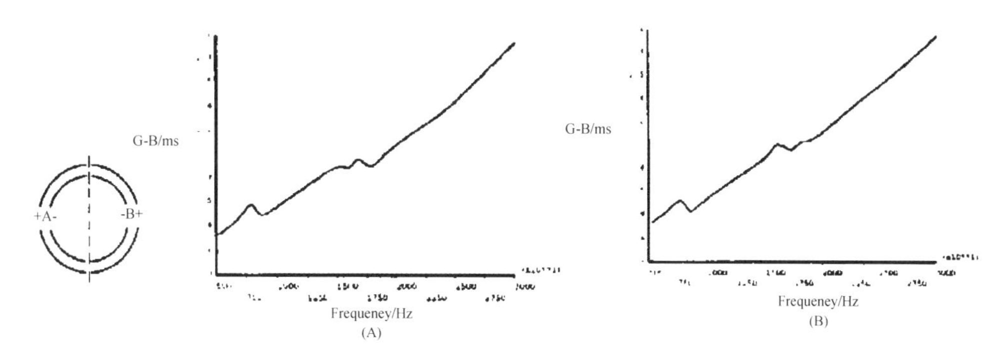

图 6　多激励溢流圆管换能器水中导纳曲线图

从导纳曲线可以看出液腔谐振频率为 8 kHz,径向振动谐振频率为 17 kHz,偶极子谐振频率为 23. 5 kHz。偶极子模态电导值趋于平缓,主要是因为电压相位差小,激励出的偶极子模态比较微弱。

通过提取流体中的声压,计算出多激励溢流圆管换能器水中的发射电压响应曲线,并和传统的溢流式压电圆管换能器发射压电响应进行比较,如图 7 所示。

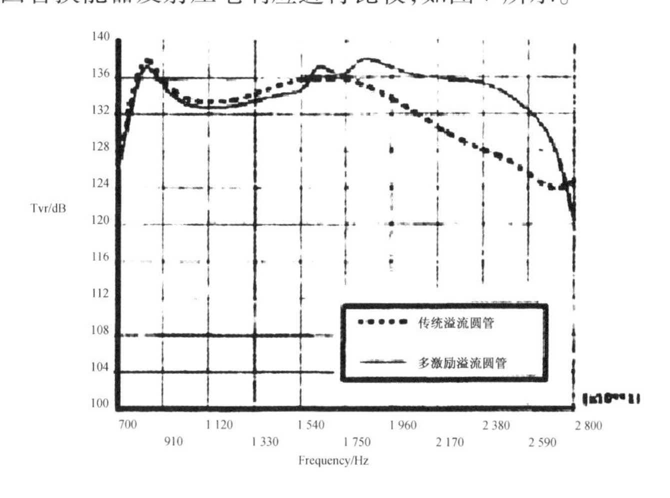

图 7　两种换能器发射电压响应比较

从图中可以看出,传统溢流式压电圆管换能器在高于径向谐振频率的频段上响应值下降剧烈,而多激励溢流圆管换能器由于存在 23. 5 kHz 的偶极子振动模态,所以径向谐振频段以上的频段响应得到了提升,拓展了换能器的带宽,换能器 -5 dB 带宽为 7. 5 kHz 到 26 kHz。

4　结论

采用多激励的方式,可以同时激励出压电圆管的径向振动和偶极子振动,从而有效地拓展溢流圆管换能器的带宽。运用此方法,使用有限元软件 ANSYS 设计了一个最大发射电压响应 137 dB, -5 dB 带宽为 7. 5 kHz 到 26 kHz 的溢流圆管换能器。

参 考 文 献

[1] Boris Aronov. Broadband mul timode baffled piezoelectric cylindrical shell transducers[C]. J. Acoust. Soc. Am, 2007; 121(6).

电磁式大功率水下超低频声源研究

卢　苇　蓝　宇

摘要　针对超低频声源辐射功率与体积、质量间矛盾的问题,提出了一种采用电磁式激励的大功率、小尺寸、活塞式水下超低频声源。从平面活塞辐射特性研究出发,建立电－磁、磁－力、力－振动转换模型,利用 Matlab/Simulink 仿真模块和电磁有限元仿真软件 Ansoft 对电磁驱动的动态特性进行了仿真,分析了声源驱动电流、驱动力、振动位移的动态特性。在此基础上,设计和制作了电磁式水下超低频声源。测试表明,电磁式水下超低频声源 73 Hz 声源级达到 186 dB,具有优秀的超低频响应,性能稳定。

关键词　电磁式;超低频;有限元;动态特性

1　引言

目前,海洋环境探测主要依靠声波。声波在海水中的吸收与频率相关,声波的频率越低,在海水中的吸收越少,传播距离就越远。因此,100 Hz 以下的超低频水下声源研究成为近年来备受关注的焦点[1]。

欧美各国、俄罗斯、日本等水声强国早已开展了相关的研究工作,研制了多种类型的超低频大功率声源。最近出现了几种新型的超低频声源,如日本研制的稀土镶拼圆环换能器,工作频率 30 Hz,声源级为 193 dB;美国人提出的开缝圆环换能器,工作频率可以达到 5 Hz;美国的 Dimitri M. Donskoy 提出了一种空气弹簧式超低频声源,其谐振频率为 77 Hz,声源级为 200 dB[2-4]。俄罗斯也在太平洋的声学试验中使用了工作频率 200 Hz 的超低频声源[5]。这些声源虽然具有不同的工作原理,但存在着价格昂贵,体积和质量大的缺点。

国内,对于超低频声源的研究非常少。虽然也有人曾尝试采用电动式声源、特制灯泡爆炸声源和电火花声源来实现,但存在着声源级低、稳定性和使用条件的局限性等多方面缺点。

本论文提出了一种超低频水下声源的解决方案。使用电磁式驱动作为活塞式超低频声源的驱动,运用 Matlab/Simulink 和电磁有限元软件 Ansoft 对电磁驱动声源动态特性进行仿真、优化,设计了一种电磁式超低频水下声源。电磁式超低频水下声源具有谐振频率低、体积位移大、结构简单、体积小、质量轻、工作稳定的特点,在实现超低频大功率发射方面具有一定的优势。

2　声源辐射研究

基于电磁驱动的超低频大功率水下声源采用单面活塞式结构。声源主要包括辐射面、往复弹簧、电磁驱动、壳体四个部分。声源活塞面在电磁驱动的作用下做往复运动,其结构如图 1 所示。

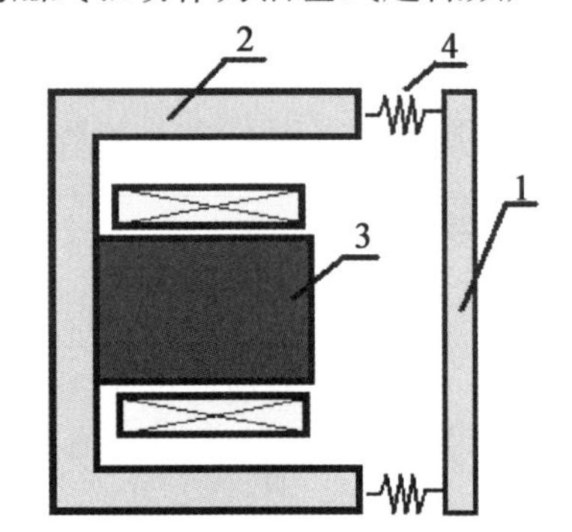

1—刚性活塞;2—水密壳体;
3—电磁驱动;4—往复弹簧。

图 1　声源结构简图

单面辐射的平面活塞在水中辐射声场,要受到介质的反作用力,声源的负载等效为一个辐射阻抗[6]

$$Z_s = R_s + jX_s \tag{1}$$

式中:R_s 为辐射阻,X_s 为辐射抗。由于声源工作频率在 100 Hz 以下的超低频段且无幕,声源发射的声波向整个空间辐射,那么半径为 a、面积为 s 的辐射面其辐射阻为

$$R_s = \pi\rho_0 c\frac{s^2}{\lambda^2} \tag{2}$$

辐射抗为

$$X_s = 2\rho_0 a^3\omega \tag{3}$$

活塞受到介质的作用力为

$$F_0 = -u_0 Z_s = -u_0(R_s + jX_s) \tag{4}$$

式中:u_0 为辐射面振速。

声源辐射面在受到电磁驱动的电磁力 F 激励下,辐射面的振动方程可以表示为

$$M\frac{\mathrm{d}u_0}{\mathrm{d}t} + cu_0 + k\int_0^t u_0\mathrm{d}t = F - u_0(R_s + jX_s) \tag{5}$$

由于在超低频段声源的辐射阻 R_s 远小于辐射抗 X_x,所以将 u_0R_s 项忽略,振动方程(5)改写为

$$(M + M_s)\frac{\mathrm{d}u_0}{\mathrm{d}t} + cu_0 + k\int_0^t u_0\mathrm{d}t = f \tag{6}$$

式中 M_s 是由辐射抗带来的辐射面附加质量。

活塞式声源在水下辐射声功率 P 为

$$P = \frac{1}{2}u_0^2R_s = \frac{1}{2}u_0^2 pr_0 c\frac{s^2}{l^2} \tag{7}$$

无指向性声源水下辐射声源级与声功率的关系可以表示为

$$SL = 101\lg P + 170.7 \tag{8}$$

要使电磁式超低频水下声源达到 180 dB 的大功率发射,根据式(8)可得声源水下辐射声功率为 10 W,所以必须要对电磁驱动在励磁电流 i 的作用下所产生的电磁力 F、辐射面振速 u_0 进行动态仿真分析,以满足辐射声功率所需要的推力和振速。

3　电磁驱动动态特性研究

声源辐射面在电磁力 F 的作用下所产生的振动是一个复杂的过程。必须搞清楚电磁驱动单元在一定信号激励下,驱动的电磁参量(系统磁链 Ψ、磁通量 Φ、反电动势 V、电磁力 F)、运动参量(位移 x、振速 u_0)随时间的变化情况,从而优化驱动结构,使声源达到理想的辐射声功率。

3.1　基于 Simulink 的电磁驱动动态特性仿真

基于 Simulink 的电磁驱动分析主要是通过对驱动磁路模型进行参数化建模,运用 Simulink 分析模块对驱动的动态特性进行分析,优化驱动的性能。

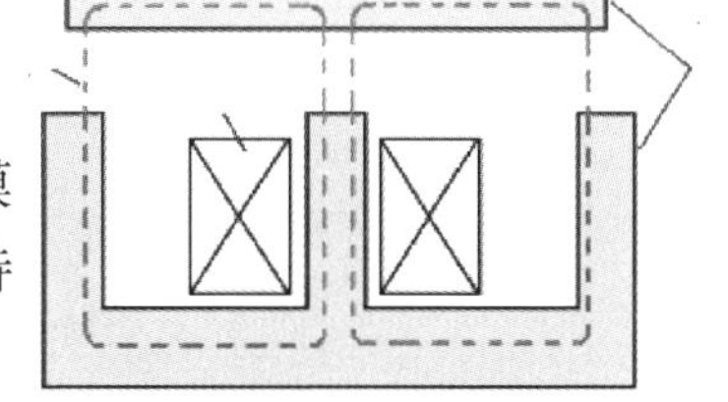

图 2　驱动磁路结构简图

3.1.1　电磁驱动结构形式和磁路分析

电磁驱动磁路采用如下图 2 所示的山字形结构。磁路为

了减少涡流损耗,由高电阻率硅钢片叠放制成,硅钢片之间相互绝缘。由于采用大电流驱动,所以励磁线圈使用四氟高温线缠绕,可以增加缠绕匝数,提高驱动利用效率。

为了更好地对电磁驱动进行优化,对磁路进行参数化表示,其中衔铁的厚度为 a,长为 c,宽为 d,衔铁初始气隙高度为 h,衔铁移动距离为 x,得到磁路的等效磁路图,如图 3 所示。

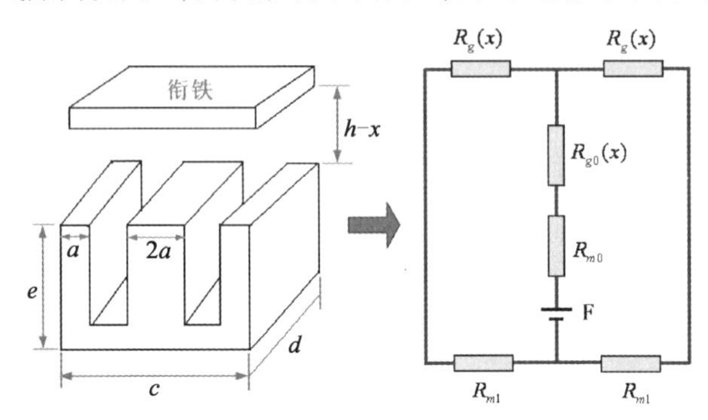

图 3　驱动磁路参数化等效图

在等效图中,根据安培定律得到驱动磁动势为[7][8]

$$F_m = Ni \tag{9}$$

式中,N 为励磁线圈的匝数,i 为线圈中的电流。

同时根据磁阻定义,可以得到驱动磁路各部分磁阻为

$$R_{m0} = \frac{a+e}{\mu \times 2a \times d} \tag{10}$$

$$R_{g0}(x) = \frac{h-x}{\mu_{air} \times 2a \times d} \tag{11}$$

$$R_{m1} = \frac{a+e}{\mu \times a \times d} \tag{12}$$

$$R_g(x) = \frac{h-x}{\mu_{air} \times a \times d} \tag{13}$$

式中,u 为硅钢相对磁导率,u_{air} 为空气相对磁导率,从而得到磁路中的总磁阻为

$$R(x) = R_{m0} + R_{g0}(x) + \frac{1}{2}(R_g(x) + R_{m1}) \tag{14}$$

不考虑磁饱和现象和漏磁对磁路的影响,电磁驱动线圈电感为

$$L(x) = \frac{N^2}{R(x)} \tag{15}$$

3.1.2　电磁驱动瞬态特性仿真

在对磁路进行参数化的基础上,得到电磁驱动动态分析数学模型。

电磁驱动电压方程为

$$V(t) = iR + \frac{\mathrm{d}\varphi}{\mathrm{d}t} + e \tag{16}$$

磁链方程为

$$\varphi = L(x)i \tag{17}$$

运动反电动势方程为

$$e = vi\,\frac{\mathrm{d}L(x)}{\mathrm{d}x} \tag{18}$$

机械运动方程为

$$(M+M_s)\frac{\mathrm{d}v}{\mathrm{d}t}+cv+kx=F_e \tag{19}$$

电磁力方程

$$F_e=\frac{1}{2}i^2\frac{\mathrm{d}L(x)}{\mathrm{d}x} \tag{20}$$

式中：$V(t)$为施加到励磁线圈两端的电压；

v为衔铁的运动速度。

对式(16)到式(20)进行联立求解，可以得到电磁驱动在输入电压$V(t)$激励下，激励线圈内电流i，衔铁振动位移情况x，电磁力F_e随时间的变化情况，即系统的动态仿真。

动态微分方程组求解采用Matlab/Simulink进行仿真。使用Simulink搭建运动反电动势、机械运动、电磁力仿真模型，其中图4、图5是Simulink驱动电压仿真模型和磁链仿真模型。把上述5个子系统仿真模块对应的输入输出连接并对系统进行封装，形成电磁驱动系统动态仿真模型。

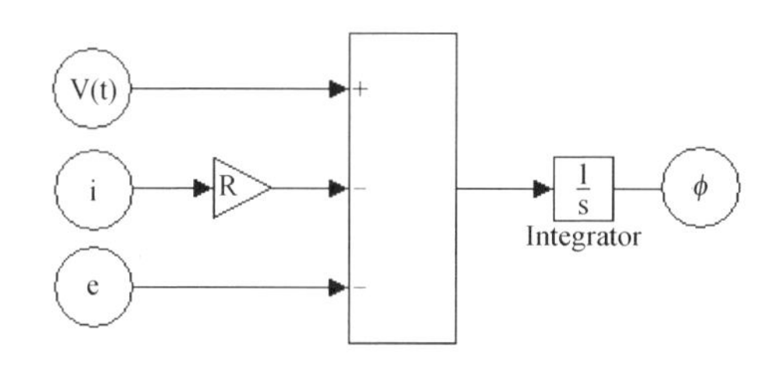

图4 驱动电压仿真模型

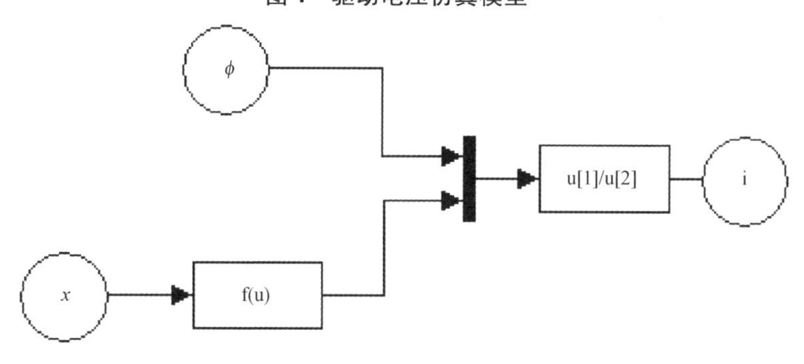

图5 磁链仿真模型

为了优化磁路结构和声源性能，在动态分析中把电磁驱动的结构参数、导线直流电阻R、线圈匝数N等参数写入一个M文件，在仿真时首先运行M文件，然后再进行电磁驱动动态特性仿真。调整M文件中磁路参数，优化驱动性能。电磁驱动Simulink系统仿真图如图6所示。

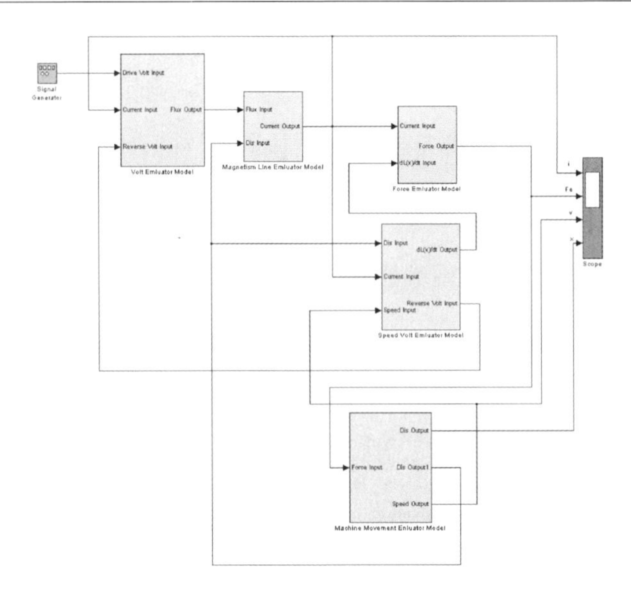

图 6　电磁驱动 Simulink 仿真模型

使用电磁驱动 Simulink 仿真模型对驱动磁路进行优化,当磁路参数 $c = 150$ mm,$a = 25$ mm,$e = 100$ mm,激励线圈匝数 $N = 320$ 匝时,励磁线圈施加频率 40 Hz,峰峰值 1400 V 电压,励磁线圈中的电流在 0 ~ 0.06 s 出现 3 个周期的瞬态波动后,峰峰值达到 40 A,如图 7 所示。

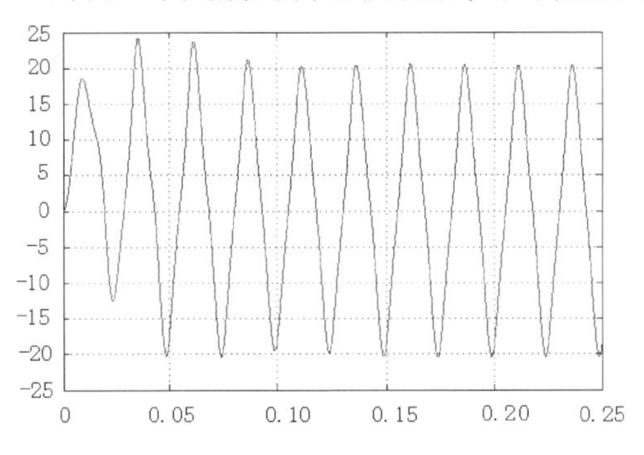

图 7　励磁线圈输入电流

在励磁电流所产生的电磁力驱动下,衔铁带动辐射面做周期性往复运动,其动态仿真结果如图 8、图 9 所示。

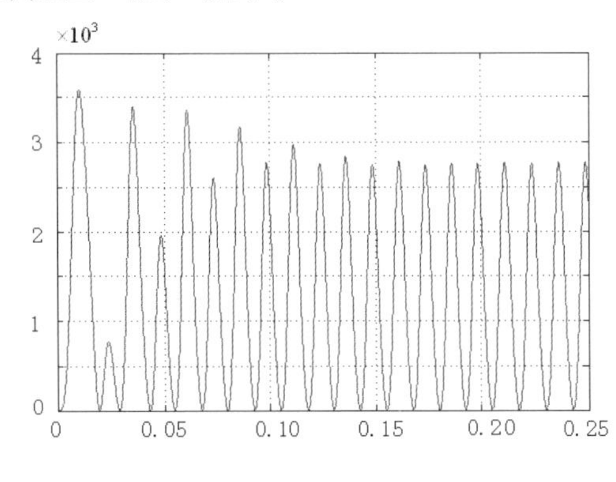

图 8　电磁驱动电磁力

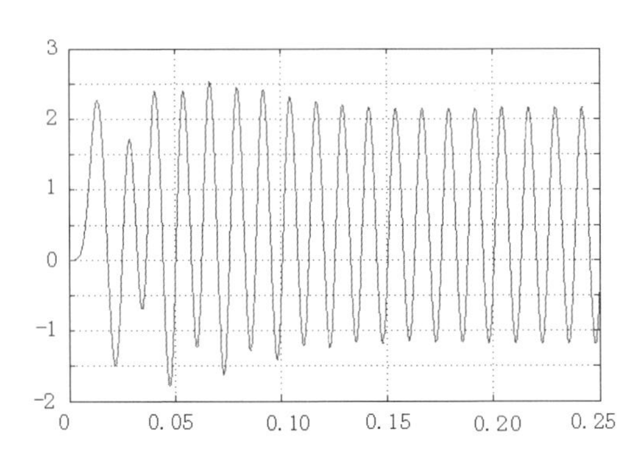

图 9　辐射面振动位移

从图7、图8和图9可以看出，随着电流的增大，电磁力同时增大，衔铁带动辐射面将向下运动；励磁电流频率为40 Hz，在一个周期内出现两次最大值，所以电磁力频率为励磁电流的两倍，频率为80 Hz，所产生的电磁力为2 600 N，频率同样为80 Hz；在电磁力的驱动下，衔铁带动辐射面做频率80 Hz的周期运动，振动位移为3.5 mm，振动无失真出现。

基于Simulink电磁驱动动态分析结果表明衔铁的振动位移3.5 mm，电磁力2 600 N，达到了声源超低频发射声源级180 dB的要求。

3.1.3　Simulink和有限元联合仿真

导磁材料相对磁导率在实际情况下呈非线性变化。大电流的激励下，导磁材料会出现磁饱和现象，降低磁路的效率。在单独使用Simulink对电磁驱动进行动态仿真时，使用的相对磁导率恒定，没有考虑磁饱和现象，也没有考虑到磁路中出现的漏磁、能量损耗问题，所以对Simulink仿真进行改进，使用Simulink和有限元联合仿真。

首先在有限元软件中建立电磁驱动分析的有限元模型。在不同励磁电流和衔铁气隙高度进行静磁计算得到驱动的电磁力。有限元静磁计算考虑了导磁材料磁饱和效应和漏磁、损耗等因数，和实际情况更加吻合。使用有限元计算得到的电磁力建立Simulink动态仿真分析使用的插值表，表中第一行为驱动电流值，第一列为振动位移值，其余为驱动电磁力值，如表1所示。

表1　电磁力动态插值表

位移/mm	电流/A				
	-25	-23	…	23	25
2	13 559	11 925	…	11 925	13 559
4	7 180	6 583	…	6 583	7 180
8	2 227	1 898	…	1 898	2 227
10	1 443	1 218	…	1 218	1 443

在Simulink动态仿真计算中通过不同电流激励和位移状态，调用插值表中的电磁力进行系统动态仿真。系统Simulink仿真图如图10所示。

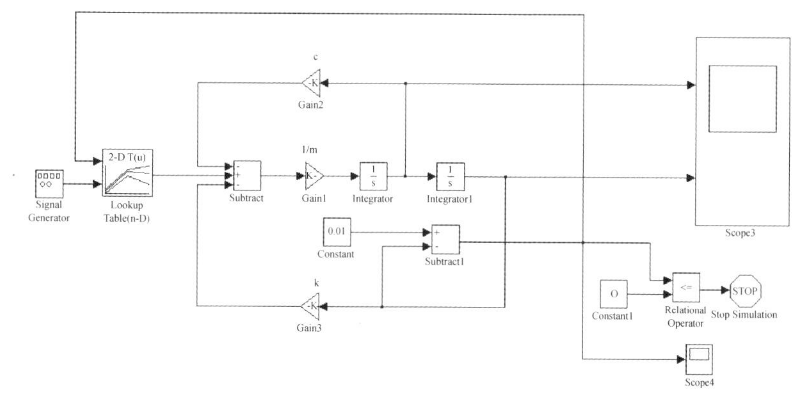

图10　Simulink和有限元联合仿真模型

在峰峰值40 A电流激励下，系统动态分析得到电磁力、衔铁位移等动态量，如图11、图12、图13所示。

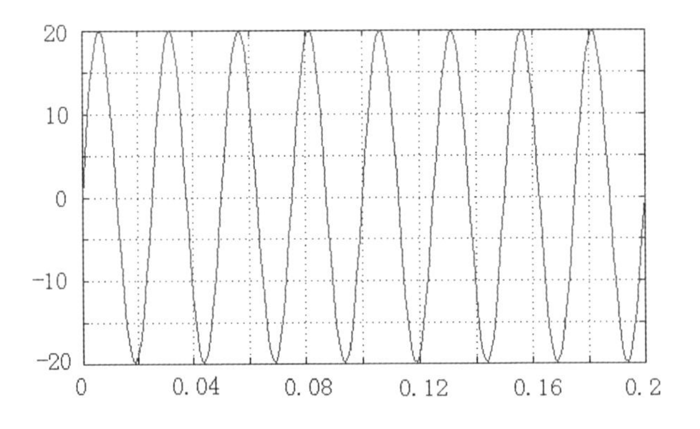

图 11　励磁线圈输入电流

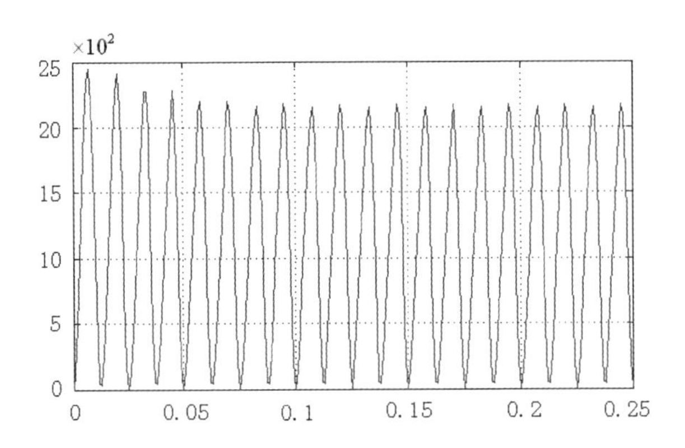

图 12　电磁驱动电磁力

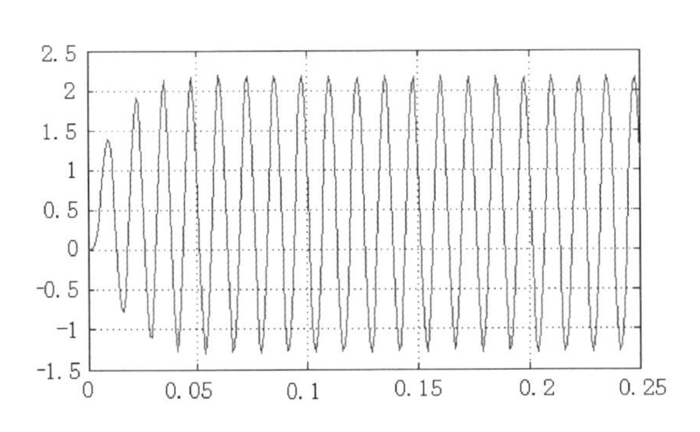

图 13　辐射面振动位移

从图中可以看出，在峰峰值 40 A 励磁电流激励下，电磁力为 2 200 N，衔铁振动位移 3.5 mm。对 Simulink 两种动态仿真方法进行比较，见表 2。

表 2　两种仿真结果比较

	Simulink 仿真	联合仿真
电流/A	20	20
电磁力/N	2 800	2 200
位移/mm	3.5	3.5

两种动态分析方法都是基于 Simulink 的仿真分析。从表中可以看出，在相同的电流激励下，仿真得到的电磁力为 2 800 N 和 2 200 N，出现这种情况主要是由于 Simulink 和有限元联合仿真电磁力计算考虑到了漏磁、损耗等因素的影响，所以在相同电流激励下，电磁力比单独使用 Simulink 仿真小，但更加准确；由于查值表单位间隔大，所以出现了振动位移都为 3.5 mm 的情况，当细化插值间隔，Simulink 和有限元联合仿真计算结果将更加准确。通过联合仿真计算可以得到声源在 20 A 激励下的声源级曲线，如下图 14 所示。

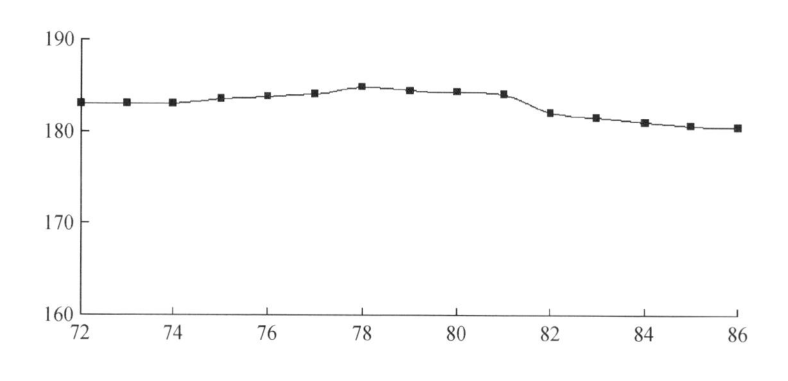

图 14　声源级仿真曲线

从仿真结果可以看出，电磁式超低频声源的谐振频率为 78 Hz，最大声源级为 185 dB。

3.2　基于 Maxwell 电磁有限元分析驱动动态特性

Ansoft 公司推出的大型电磁场有限元 Maxwell 已经广泛运用在各种电子产品的设计中，包括电机、船舶、电力系统等各个方面。由于软件具有强大的电磁瞬态分析能力，所以可以运用 Maxwell 进行电磁驱动的动态仿真分析[9]。

3.2.1　电磁驱动 Maxwell 有限元模型的建立

在 Maxwell 软件中首先建立驱动的实体模型；然后将材料参数附给实体模型，其中设定硅钢 B－H 曲线，将硅钢、铜、空气分别附给磁路、线圈、求解域；然后划分网格、设置激励源和求解边界条件；由于衔铁是可动的，所以把衔铁定义为一个 Band，设置其运动形式和运动范围；最后选择瞬态求解器和求解方法进行模型求解[10-11]。电磁驱动有限元模型如图 15 所示。

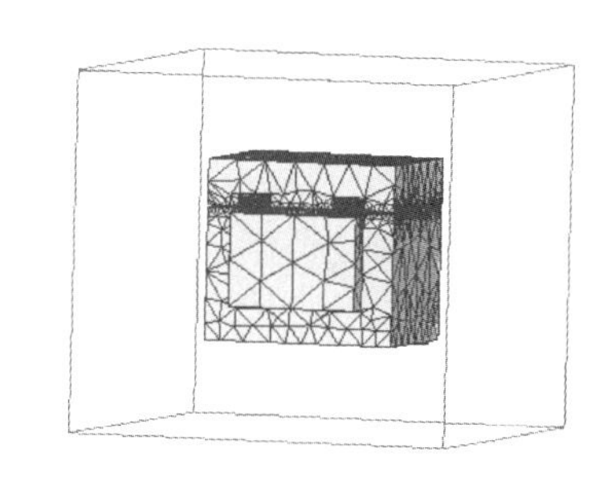

图 15　电磁驱动有限元模型

2.2.2　电磁驱动 Maxwell 有限元分析

在 Maxwell 软件中提供了外部电路驱动模块 Maxwell Curuit Editor。在驱动瞬态分析中，搭建外部电路使用电压源作为驱动，100 μF 电容进行无功补偿，改善驱动功率因数。其形式如图 16 所示。

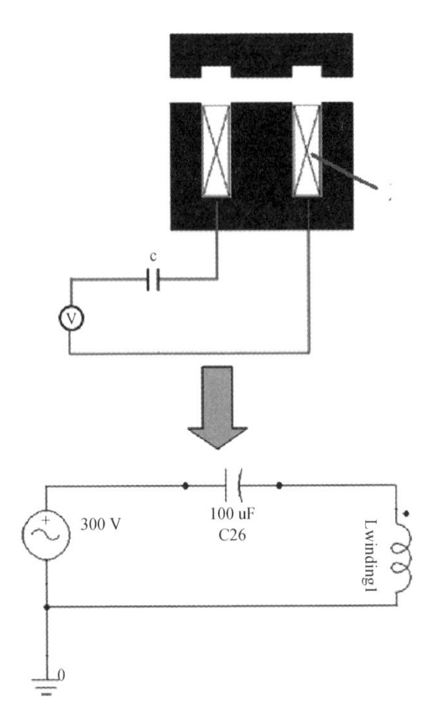

图 16　电磁驱动外部驱动电路

经瞬态计算得到采用40 Hz信号激励，外接电路电容补偿励的磁线圈在600 V峰峰值电压驱动下电流峰峰值可以达到20 A，而没有补偿需要1 200 V，此时辐射面振动位移为4 mm，可见补偿是有效的。如图17、图18所示。

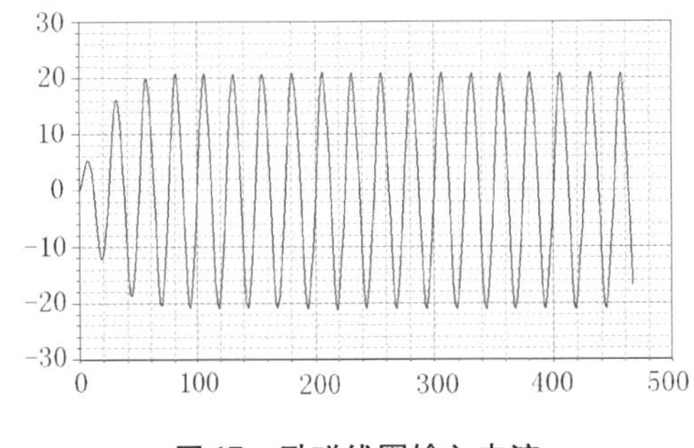

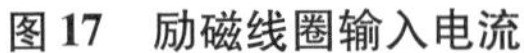

图 17　励磁线圈输入电流

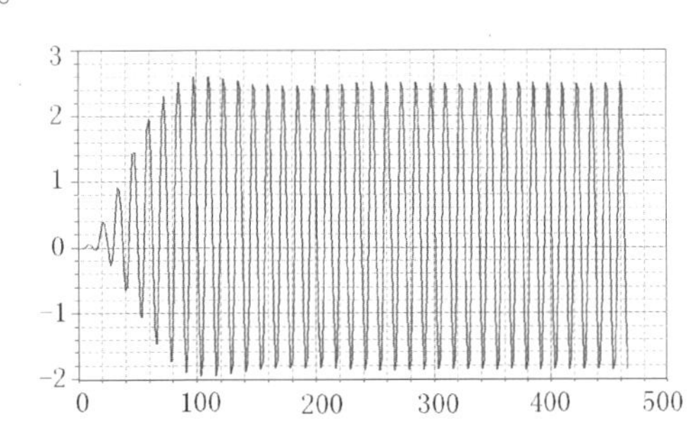

图 18　辐射面振动位移

4　电磁式低频声源的制作与测量

电磁式超低频声源的制作主要包括电磁驱动的制作、弹性元件的制作、声源结构件的制作。电磁驱动采用0.5 mm硅钢片制作而成，弹性元件使用$60Si_2Mn$弹簧钢丝制作，声源壳体材料由于需要具有一定的耐腐蚀能力，采用不锈钢制作，如图19所示。

图19　电池式大功率超低频水下声源

声源最大直径320 mm，长300 mm，质量48 kg。

声源制作完成后，在大连王家岛水域进行了实际的使用和测试，其实验图如图20、图21所示。

图20　声源的测量海域

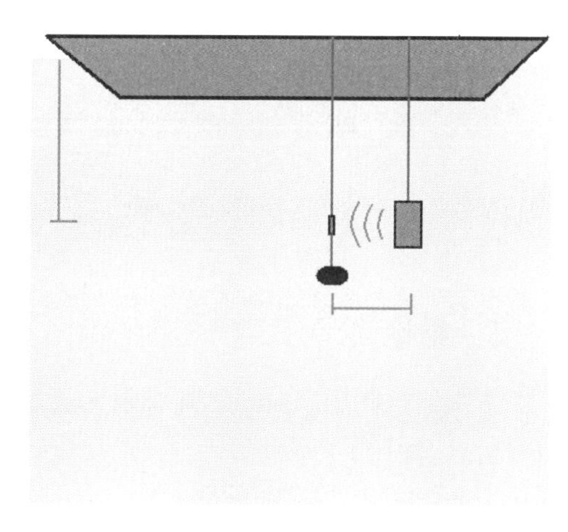

图21　声源测量环境

实验海域水面平静，无大浪，经测深仪测量水深为25 m；声源和水听器悬挂在水面下3 m处；声源与水听器距离为0.6 m。使用700 W功率放大器驱动声源，120 μF电容进行匹配，使用脉冲测量法测量声源的声源级，其测量结果如图22所示。

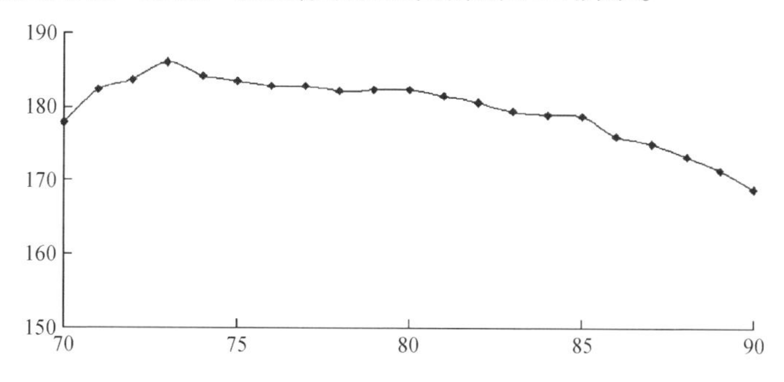

图22　声源级测量曲线

从上图中可以看出，声源在73 Hz最大声源级186 dB，72～82 Hz声源级都大于180 dB，到达了设计要求。测量后声源作为实验用声源进行了长时间的水下发射,一天内发射时间超过 5 h,并在水下长时间拖曳,证明了电磁式驱动超低频声源具有良好可靠性。

图 23 是动态仿真声源级曲线和实际测量声源级曲线比较。从图中可以看出,两条曲线趋势基本一致,在 80 Hz 后声源级下降剧烈。仿真曲线在频率 78 Hz 出现声源级最大值,实际测量曲线声源级最大值在 73 Hz。这主要是由于弹性元件经过实际测量发现其实际弹性系数低于设计要求,并且弹性元件与辐射面也不是完全刚性连接,进一步降低了系统的整体刚度。声源级仿真最大值为 185 dB,实际测量值为 186 dB,说明了仿真的准确性,有效的预报了声源的性能。

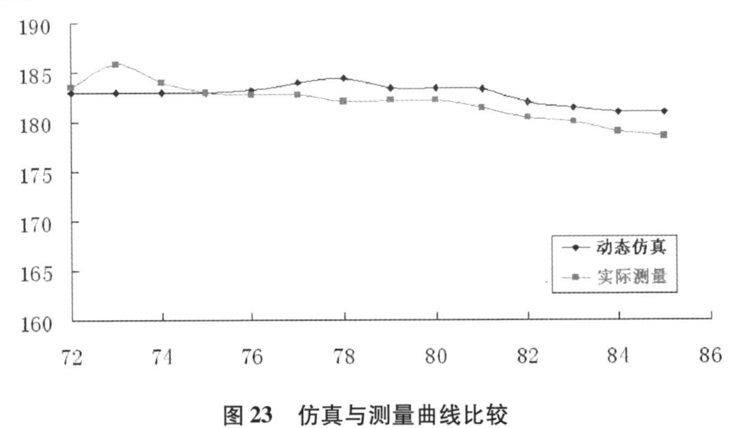

图 23　仿真与测量曲线比较

5　结论

本文通过利用 Simulink 和有限元法对电磁式大功率超低频声源进行了磁路优化、动态特性仿真,计算了声源的驱动力、振动位移、声源级,设计制作了一个工作频率 73 Hz,最大声源级 186 dB 的电磁式超低频声源。从理论计算值与声源海试测量的一致性,可以得到以下结论:

(1)使用 Simulink 与有限元法对电磁式声源进行动态特性仿真,为分析声源的辐射特性提供了振动位移、驱动力等动态参数,可以有效地预报声源的性能,指导声源的设计。

(2)声源在 72 ~ 82 Hz 频段声源级都大于 180 dB,证明了电磁驱动是一种实现超低频大功率发射十分有效的方式,可以使超低频声源具有体积小、质量轻、功率大的特点。

通过该文对电磁式大功率超低频声源磁路和动态特性的分析,提出了一种新的超低频声源的实现和设计方法,可以对以后进行其他类型采用电 - 磁作用的超低频声源设计起到参考借鉴作用。

参考文献

[1] 栾桂冬,朱厚卿. 低频大功率发射换能器的要求和限制[J]. 声学技术,1999,18(2):54 - 58.

LUAN guidong, ZHU houqing. Needs and limiting factors for high - power low - frequency projectors[J]. Technical acoustics, 1999,18(2):54 - 58.

[2] Toshiaki. A 20Hz grant magnet to strictive source for monitoring of global ocean variability [C]. International symposium acoustic tomography and acoustic thermometry proceedings.

Tokyo. 1999: 217 - 224.

[3] H. W. KOMPANEK. Electroacoustical transducer[P]. U. S. Patent: 4651044. mar, 17, 1980.

[4] D. M. DONSKOY. A new concept of low - frequency underwater sound source[J]. J. Acoust. Soc. Am, 1994, 95(4): 1977 - 1982.

[5] Акуличев. Акустическая томография для мониторингя японского моря[J]. Морские технологии, 2003, 28(3) :297 - 302.
V. A. Akulichev. Acoustic tomography for monitoring the sea of Japan [J]. Oceanic Engineering, 2003, 28(3):297 - 302.

[6] 何祚庸. 声学理论基础[M]. 北京:国防工业出版社,1981:194 - 272.

[7] 刘同娟,金能强. 电磁铁瞬态特性的仿真研究[J]. 低压电器,2005(6):14 - 18.
LIU tongjuan, JIN nengqiang. Simulation analysis and study on transient property of electromagnet. Low voltage apparatus, 2005(06): 14 - 18.

[8] 白志红,周玉虎. 电磁铁的动态特性的仿真与分析[J]. 电力学报,2004, 19(3):200 - 204.
BAI zhi hong, ZHOU yu hu. Dynamic simulation and analysis of Electromagnetic sctuator [J]. Journal of Electric Power. 2004,19(3): 200 - 204.

[9] 刘国强,赵凌志,蒋继娅. Ansoft 工程电磁场有限元分析[M]. 北京:电子工业出版社,2005:219 - 231.

[10] D. N. DYCK. Transient analysis of an electromagnetic shaker using circuit simulation with response surface models[J], IEEE transactions on magnetics, 2001, 37(5): 3 698 - 3 701.

[11] Yoshiiro Kawase. 3 - D finite element analysis of dynamic characteristics of electromagnet with permanent magnets[J], IEEE transactions on magnetics, 2006, 42(4):361 - 364.

中频三轴向矢量水听器的研究

洪连进　杨德森　时胜国　邢世文

摘要　根据实际工程需要,设计、制作三轴向中频矢量水听器,其声压通道和矢量通道在结构上结合为一体,外形为两端带半球帽的圆柱形结构。矢量水听器体积为 Φ44 × 88(mm)、工作频带为 5 Hz ~ 8 kHz。在驻波管和消声水池中对研制的矢量水听器进行了测试,测试结果表明:矢量通道的声压灵敏度级为 - 184 dB(测量频率 1 kHz,0 dB 参考值 1 V/μPa),具有余弦指向性;声压通道灵敏度级为 - 198 dB(0 dB 参考值 1 V/μPa)。研制的矢量水听器具有体积小、通道灵敏度高、使用时悬挂方便等优点,适合构建矢量水听器线阵。

关键词　中频;矢量水听器;三轴向

1　引言

矢量水听器由于具有偶极子指向性及低频段小尺寸等优点而受到普遍的关注。在水声测量系统中,矢量水听器的应用使系统的抗干扰能力和线谱检测能力获得提高。另外,采用单只矢量水听器通过联合信号处理,可实现目标方位的声压、振速组合估计。为了充分发挥矢量水听器在水声工程中的应用,可以将矢量水听器组成阵列来进一步提高系统性能,解决一些常规方法所不能解决的问题。在矢量水听器的工程应用中,同振型矢量水听器以其灵敏度高、灵敏度频响在工作频率范围内起伏小、指向性对称性好、分辨力高,尤其是柱形矢量水听器体积小、悬挂方便的优点,特别适合应用在声呐浮标系统及拖曳阵系统当中[1-2],因此对同振型小体积矢量水听器的研究显得尤为重要。目前我国的柱形矢量水听器大多只具有两个矢量通道,具有三个矢量通道的矢量水听器一般为球形,而要想采用球形结构的矢量水听器构建三维矢量水听器线阵,存在弹性悬挂不方便、很难保证每个阵元在线阵中安装姿态一致的困难。为了解决这一问题,同时结合实际的工程需要,本文将研究外形为两端带半球帽的圆柱形结构的三轴向矢量水听器。

2　矢量水听器外壳形状对振速测量的影响

为方便成阵使用,本文的三轴向矢量水听器外形采用两端带球帽的圆柱形结构(见图 1(c)),图 1 中柱长方向定义为矢量水听器的 z 方向,与 z 方向垂直的平面定义为 xOy 平面。对于图 1(c)形状的三轴向矢量水听器来说,x、y 通道可以用自由运动圆柱体声波接收理论来描述,圆柱体的运动速度 v_s 与该处水质点的振速 v_0 之间有如下关系:

$$\frac{v_x}{v_0}=\frac{4}{\mathrm{J}(x_0)\pi\dfrac{\rho_s}{\rho_0}\dfrac{d\mathrm{H}_1^{(2)}(x_0)}{d(x_0)}-\mathrm{J}(x_0)\pi\mathrm{H}_1^{(2)}(x_0)}\tag{1}$$

式中,$\mathrm{J}(ka)$ 为贝塞尔函数;$\mathrm{H}_1^{(2)}(ka)$ 为汉克尔函数;$x_0=ka$。

z 通道可以用球体声波接收理论来描述,球体的运动速度 v_s 与该处水质点的振速 v_0 之间有如下关系：

$$\frac{v_x}{v_0}=\frac{3}{[(1+2\rho_s/\rho_0)^2+(1+2\rho_s/\rho_0)x_0^2+(\rho_s/\rho_0)^2x_0^4]^{\frac{1}{2}}}e^{-i\phi} \tag{2}$$

式中，ρ_s 为刚性球体（柱体）的平均密度，ρ_0 为水介质密度；Φ 为球体的运动速度 v_s 与该处水质点的振速 v_0 之间的相位差。

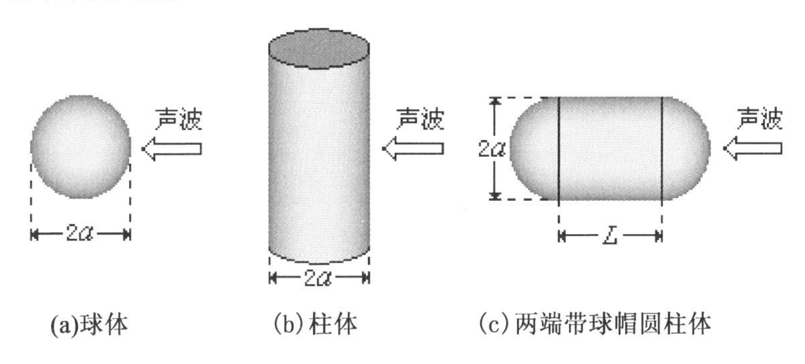

图 1　三种形状矢量水听器外壳示意图

若声学刚性运动体的几何尺寸远远小于波长，即 $ka\ll1$，则其振速 v_s 的幅值与声场中该处水质点的振速 v_0 幅值之间的关系简化为[3-6]：

$$\text{柱体：}\quad \frac{|v_s|}{|v_0|}=\frac{2\rho_0}{\rho_s+\rho_0} \tag{3}$$

$$\text{球体：}\quad \frac{|v_s|}{|v_0|}=\frac{3\rho_0}{2\rho_s+\rho_0} \tag{4}$$

由公式（3）和（4）可知：当 $ka\ll1$，且刚性运动体的平均密度等于水介质密度时，其振速 v_s 的幅值与声场中同一位置水质点的振速幅值 $|v_0|$ 相同，只要刚性体内部有可以拾取该振动信号的传感器即可获得声场中刚性体中心处水质点振动速度。

对于 z 通道，本文采用 ANSYS 有限元软件，对声场中接收器模型在声波作用下的响应进行仿真[3]。首先分别仿真球体（图 1（a））和柱体（图 1（b））在声波作用下的振动速度与该点处水质点振动速度的比值，并与理论值（公式（1）和（2））进行对比，确认此方法仿真的可行性。在此基础上，采用同样的方法进一步仿真在声波作用下带球帽的圆柱体（图 1（c））的振速与水质点的振速比，并将仿真结果与球体和柱体仿真结果进行对比分析，以此来验证采用两端带球帽的圆柱形结构来设计三轴向矢量水听器的可行性。图 1 中 a 为球（柱）体半径，L 为柱体长度，声波作用方向如图中箭头所示。

应用 ANSYS 软件分析之前，首先要将接收器的实际问题经过简化和近似抽象成几何模型。在仿真中需要建立声场，可采用被激励的圆板作为发射器，建模中要考虑流体域的尺寸，需满足波动条件和远场条件[7]，然后在 ANSYS 的前处理中建立换能器和流体的几何模型。输入材料参数、划分网格，形成接收器和发射器的有限元模型。建模的原则是使问题直接、清晰和便于求解，必要时可将结构拆分与合并。网格划分的原则是既要保证求解精度，又要尽量提高计算速度。在接收器和发射器的有限元模型建立后，加入载荷与边界条件，进行求解。求解结束后，在后处理过程中提取所需数值结果与图形结果。

对于球体，属二维轴对称结构，因此可将三维的声场问题利用二维轴对称结构形式来描述；对于柱体，由于声波作用在柱面上，这里将柱体视为无限长圆柱，因此可将三维的声场问题利用二维对称结构形式来描述。这样可以大幅度减少计算量，且不失分析的正确性。图2和图3分别给出了声场中不同材料（参数设置见表1）的球体、柱体与水质点的振速比随频率变化的ANSYS仿真曲线和根据公式（1）、公式（2）的理论计算曲线。

表1　Ansys仿真模型中的材料参数设置

材料参数名称	复合泡沫	合成树脂	铝	钢
杨氏弹性模量/（N/m²）	6.27×10^{8}	3.11×10^{6}	6.85×10^{10}	2.16×10^{11}
泊松比	0.35	0.48	0.34	0.28
密度/（kg/cm³）	810	1 270	2 700	7 840

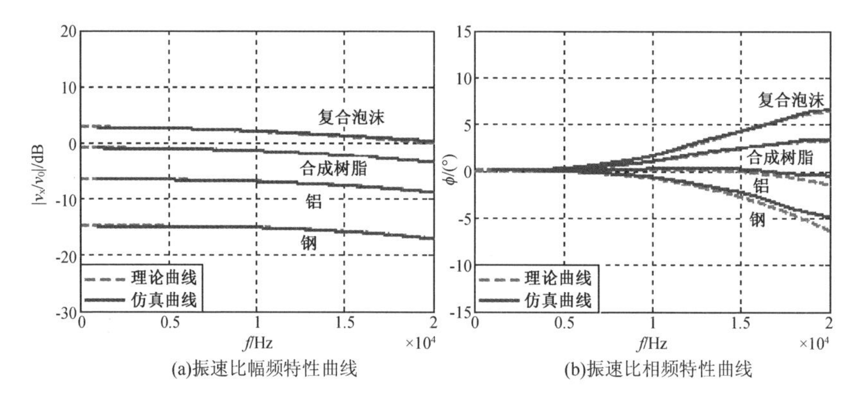

(a)振速比幅频特性曲线　(b)振速比相频特性曲线

图2　不同材料球体与水质点的振速比随频率变化的仿真曲线

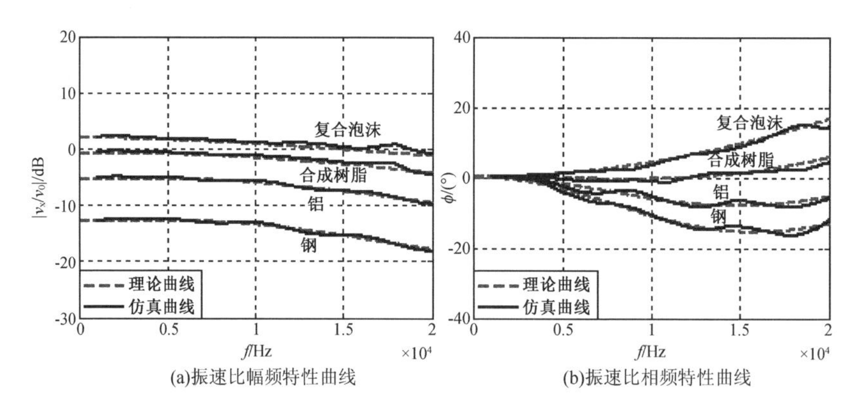

(a)振速比幅频特性曲线　(b)振速比相频特性曲线

图3　不同材料柱体与水质点的振速比随频率变化的仿真曲线

从图2和图3可以看出：频率20 kHz以下，球体与水质点的振速比仿真曲线与理论曲线吻合较好；柱体与水质点的振速比仿真曲线基本沿理论曲线波动，振速幅值比和相位差沿理论曲线波动均小于2 dB。

图4给出了不同L/a时带球帽柱体与水质点的振速比随频率变化的仿真曲线。模型内部为刚性泡沫，外部为合成树脂，平均密度$\rho_s=\rho_0$。从图4中可以看出，振速的幅值比和相位差随L/a的变大而降低。

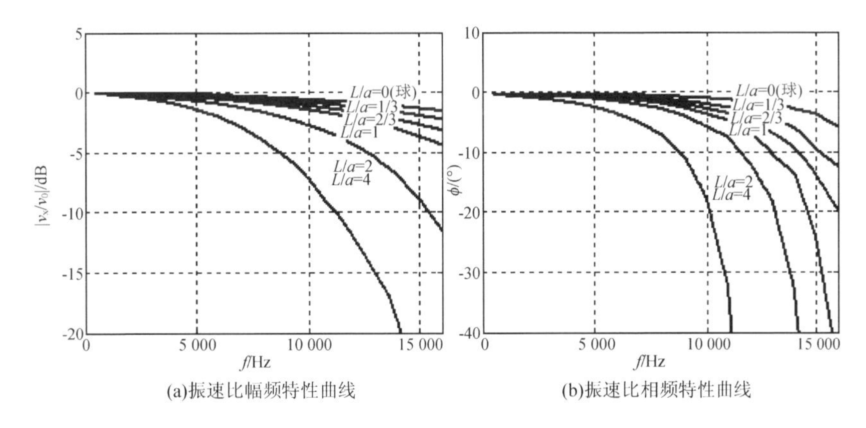

(a)振速比幅频特性曲线　(b)振速比相频特性曲线

图4　不同 L/a 带球帽柱体与水质点的振速比随频率变化的仿真曲线

以合成树脂和刚性泡沫为材料特性进行建模，取 $a=22$ mm，$L=44$ mm（见图1），三种形状接收器平均密度 $\rho_s=\rho_0$，三种接收器模型与该处水质点的振速比如图5所示。从图5中可以看出：随着频率的升高，带球帽圆柱体的振速幅值 $|v_x|$ 降低，而与该处水质点的相位差变化较大，在 10 kHz 以下，$|v_x|$ 比 $|v_0|$ 低 4 dB，而相位差在 3°以内。

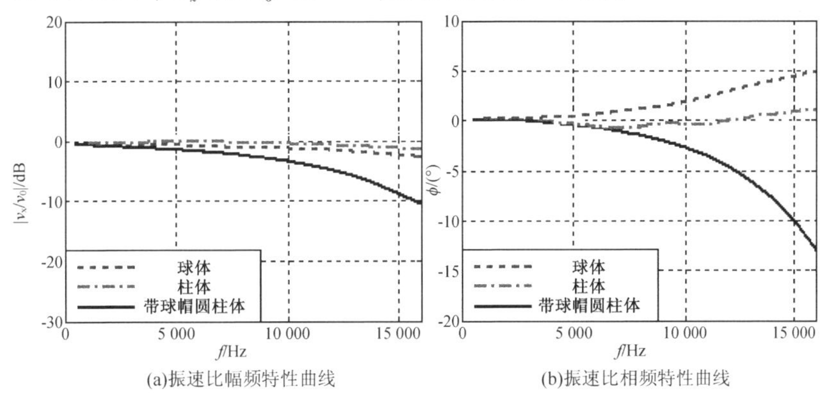

(a)振速比幅频特性曲线　(b)振速比相频特性曲线

图5　声波作用下三种模型和水质点的振速比

基于以上分析可知：采用两端带球帽的圆柱形结构作为三轴向矢量水听器的外形、内部采用硬性泡沫为填充材料、外部采用合成树脂为密封材料是完全可行的。在 10 kHz 频率以下矢量水听器的 z 通道与 x、y 通道相比差别很小，可以满足工程要求。

3　三轴向组合式矢量水听器的研制与测试

本文选择压电加速度传感器作为矢量水听器的内部拾振传感器，它是矢量水听器最主要的部分，其质量和体积直接影响矢量水听器的平均密度和体积。订制的压电加速度传感器的灵敏度为2000 mV/g，工作频带 0.35～8000 Hz，体积为 $\Phi18\times17$（mm）。矢量水听器的声压通道采用 $\Phi30\times34\times20$（mm）的 PZT－5 压电陶瓷圆环。为了将声压水听器和矢量水听器在结构上复合为一体，内部采用低密度复合材料填充，以便降低矢量水听器的平均密度，外部采用密封材料（聚氨酯）进行密封，以保证其声压水听器良好的透声性能，研制的三轴向复合式矢量水听器体积为 $\Phi44\times88$（mm）。图6给出了研制的12只三轴向复合式矢量水听器照片。

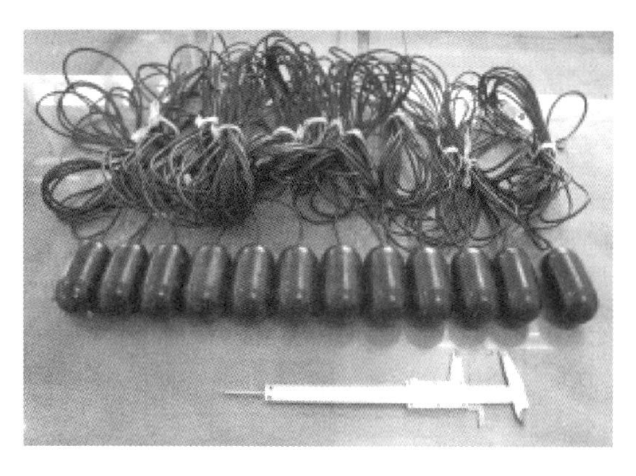

图 6　研制的三轴向复合式矢量水听器

矢量水听器的基本性能参数包括：各通道的指向性、通道的灵敏度以及 x、y、z 通道与声压通道之间的相位差特性等[8]。矢量水听器在其波尺寸很小的情况下，其 x、y、z 通道的指向性函数可以用 $\cos\theta$ 来表示，即具有余弦指向性。矢量水听器的通道灵敏度可以在声场中测量，也就是矢量水听器响应声压时的声压灵敏度 M_p，可表示为

$$M_{OL}=\frac{U_{oc}}{p} \tag{5}$$

式中，U_{oc} 为矢量水听器的通道输出开路电压，V/Pa；p 为未放入矢量水听器之前在矢量水听器中心位置处的自由场声压，Pa。

采用比较法对研制的三轴向复合式矢量水听器的通道灵敏度 M_{OL}、指向性及矢量通道与声压通道之间的相位差 φ_{px}、φ_{py}、φ_{pz} 进行了测试，测试系统的原理框图如图 7 所示。

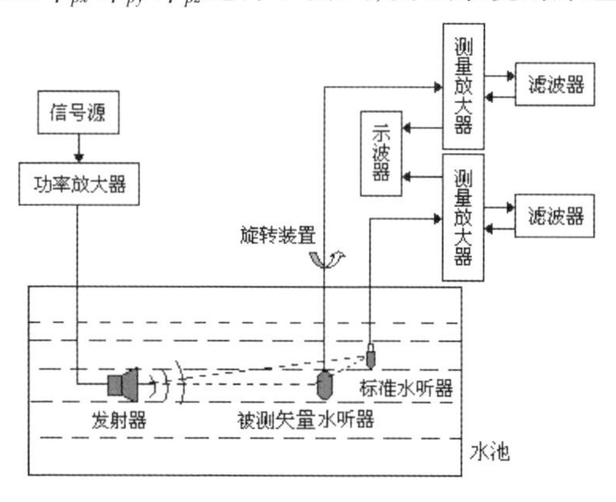

图 7　矢量水听器测量系统框图

矢量水听器通道指向性测量时，在发射器发射信号保持不变条件下，通过旋转装置使被测矢量水听器旋转 360°，并同时记录通道在不同角度时的输出电压信号。一般将测量数据做归一化处理用对数形式来表示，测得的矢量水听器 x、y、z 通道的指向性图如图 8 所示。在指向性的测量中，采用相位计同时记录矢量水听器声压通道的输出电信号与 x、y、z 通道输出电信号之间的相位差，得到的测量结果如图 9 所示。对于矢量水听器通道灵敏度的测量，通常取主轴方向进行测量，即分别将各通道轴对准发射器，当发射器输出幅度保持不变时，改变发射器发射频率，同时记录矢量水听器的通道输出电压和标准水听器的输出电压，通过比较法计算出该通道的灵敏度，一般以 1 V/μPa 为基准用对数形式来表示，图 10 给出了矢

量水听器通道灵敏度的测试结果。

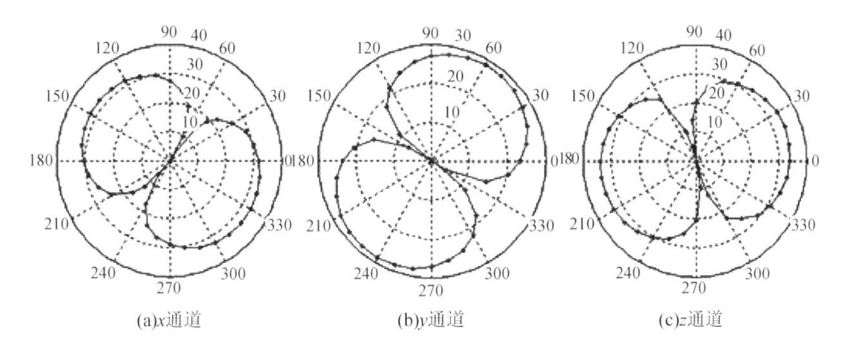

图8　$f=1$ kHz 时矢量通道的指向性图(取对数坐标)

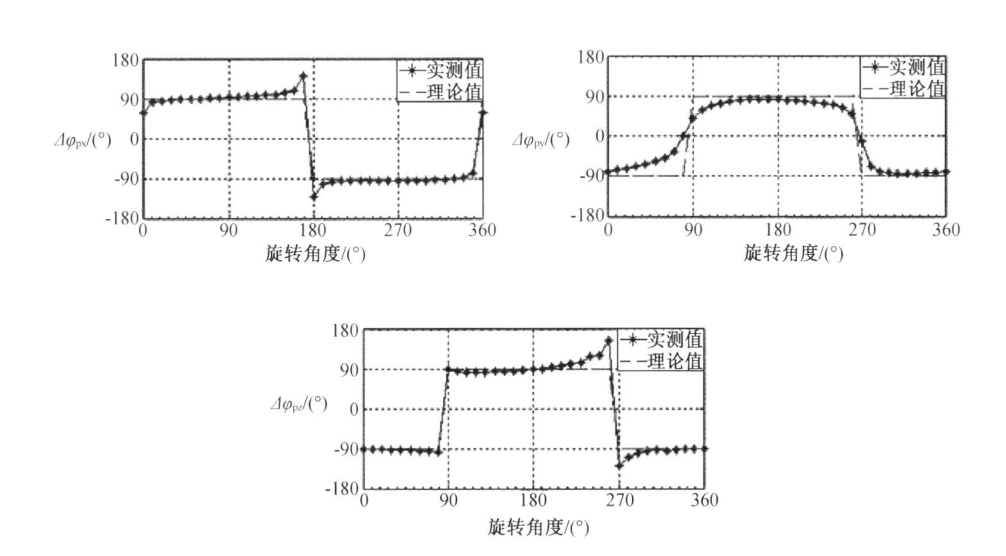

图9　矢量通道与声压通道之间的相位差

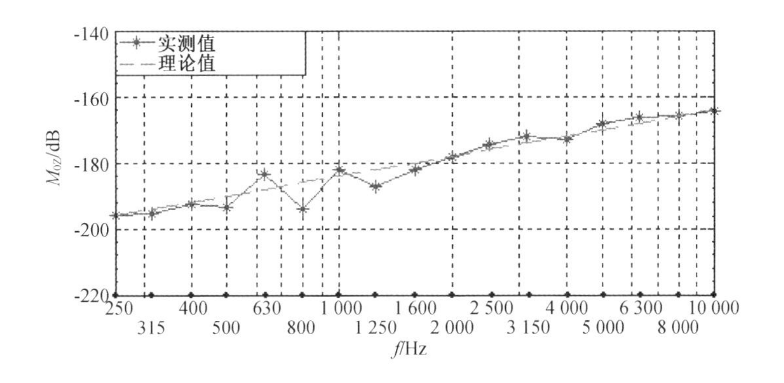

(a) X 通道

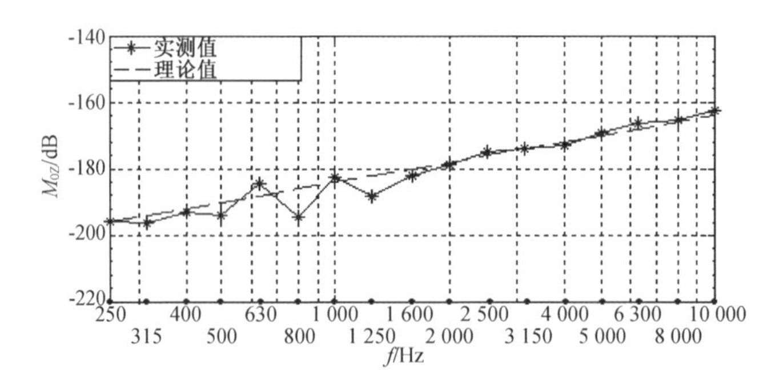

(b) *Y* 通道

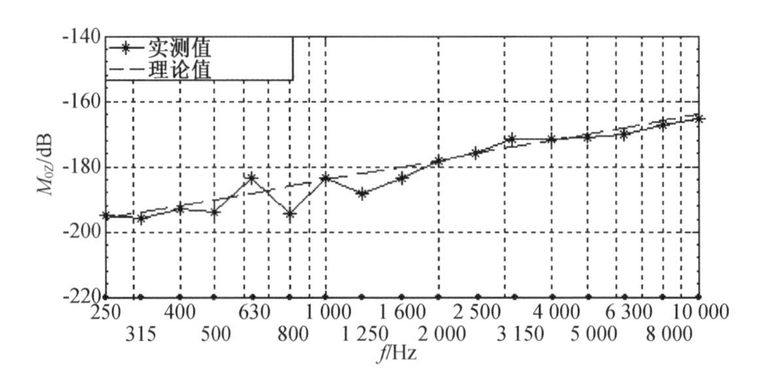

(c) *Z* 通道

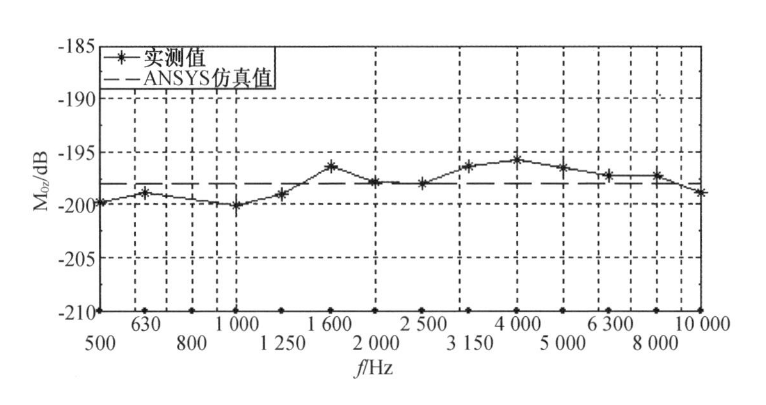

(d) 声压通道

图 10　复合式矢量水听器通道灵敏度

由图 8 ~ 10 可看出,研制的矢量水听器的矢量通道的灵敏度为 - 184 dB(测量频率 1 kHz,0 dB 参考值 1 V/μPa),具有良好的余弦指向性;声压通道灵敏度级可达 - 198 dB (0 dB 参考值 1 V/μPa),声压通道与矢量通道之间的相位差基本保持在 90°左右,这与理论是相符合的。

4　结论

本文以同振球形和柱形矢量水听器的基本原理为基础,分析了两端带球帽的柱形结构的三轴向复合式矢量水听器振动速度与介质中该点处的质点运动速度的关系,通过仿真计算验证了此种结构用于矢量水听器设计的可行性。在仿真的基础上设计、研制了12只体积为 Φ44×88(mm)的两端带球帽的柱形结构的三轴向复合式矢量水听器,性能测试结果表明:矢量通道的声压灵敏度级为 -184 dB(测量频率1 kHz,0 dB 参考值1 V/μPa),具有余弦指向性;声压通道灵敏度级可达 -198 dB(0 dB 参考值1 V/μPa),声压通道与矢量通道之间的相位差基本与理论相符合。两端带球帽的柱形结构的三轴向复合式矢量水听器特别适合于构成线阵使用。

参考文献

[1] Shipps J C., Deng Ken. A miniature vector sensor for line array application[J]. Oceans 2003,Vol. 5,p. 2 367 -2 370.

[2] Г. К. Скребнев. Комбинированные гидроакустические приемники [М]. СПб.: Элмор, 1997. 200с.

[3] 邢世文. 三维矢量水听器及其成阵研究[D]. 哈尔滨:哈尔滨工程大学, 2009.

[4] Щуров В. А. Векторная акустика окена[М]. Владивосток:Дальнаука,2003. 308с.

[5] Moffett M B, Trivett D H, Klippel P J., et al. A piezoelectric, flexural -disk, neutrally buoyant, underwater accelerometer[J]. IEEE Transactions on Ultrasonics, Ferroelectrics and Frequency Control, 1998,45(5):1 341 -1 346.

[6] 洪连进,陈洪娟. 二维同振柱形组合矢量水听器[J]. 应用声学. 2005,24(2):119 -121.

[7] 王海文. 声场结构耦合系统的有限元分析及灵敏度计算[D]. 大连:大连理工大学. 2004.

[8] 杨德森,洪连进. 矢量水听器原理及应用引论[M]. 北京:科学出版社,2009.

圆柱阵声透明性研究

葛骑岐　杨士莪　楼强华　李勤博　朱　皓

摘要　为了分析具有较高空间透明性的圆柱型声基阵是否具有较好的声透明性，建立了圆柱阵阵元间一次散射的模型，对圆柱阵上的单路阵元所接收到的声场总声压的特性进行了理论推导和分析，总声压包含声场中的直达波和来自各路阵元的散射波。理论仿真结果表明：空间透明圆柱阵的声透明性具有明显的局限性，特别是阵元接收声压的幅值在水平面内起伏明显，并且这种起伏的程度在很低的频段依然比较严重。湖试数据和理论分析结果吻合较好，证明理论分析模型和方法的准确性。该分析方法对于研究其他空间基阵的声透明性具有借鉴意义，研究结果证实了在对基阵进行高增益信号处理时，测量基阵阵列流形并进行补偿修正是十分必要的。

关键词　圆柱阵；阵元；声透明性；声散射；声压相位；声压幅度

1　引言

空间透明声基阵在低频声呐的设计中被广泛应用[1-2]，空间基阵的声透明性越好，阵元间接收声压信号的相位和幅度一致性就越容易得以保障，高空间增益的信号处理就越容易实现[3-4]。然而，声基阵声学上的绝对透明在工程上是不可能做到的。阵上阵元之间、阵元与基阵结构件之间总会存在声散射、声遮挡等现象，这将在一定程度上影响基阵的声透明性导致阵上阵元接收声压的幅度和相位与单阵元在自由场性能测试时的接收声压的幅度、相位发生明显的改变，即通常所说的声场畸变。在空间透明声基阵的工程设计过程中，人们常常会借助声基阵结构的通透性来衡量和保证基阵的声透明性，当基阵阵元分布稀疏、通透，并且工作波长远大于阵元尺度时，就认为基阵必然具有良好的声透明性；并且一般认为空间结构相同的声基阵，随着工作频段的不断降低，其声透明性会逐渐明显变好，即频率越低，阵上阵元的接收性能将会更趋于一致。这些观点是否正确？本文以空间透明圆柱阵为例进行研究分析。

2　圆柱阵的结构模型

阵元与阵元之间、阵元与基阵架等结构件之间的相互散射，是引起阵上阵元接收灵敏度的相位和幅度畸变的主要因素。通常在透明基阵结构设计时，为了保证基阵有较好的声透明性，基阵结构的设计会尽可能简单，使结构件对声透明性的影响相对较小，本文所研究的圆柱阵的基阵架和结构件在设计时已经充分优化和缩减，因此本文在透明圆柱阵的仿真建模和声透明性研究分析的过程中忽略基阵架的存在，只研究圆柱阵阵元与阵元之间的相互散射影响。本文研究的对象是如图 1 所示的 24 阵元空间透明圆柱阵，基阵直径 3 m、基阵高度约 2 m；阵元采用细长圆柱形水听器，每个阵元直径 40 mm、净高度 1. 8 m。24 阵元的几何中心均在同一平面内、以 3 m 为直径沿圆周方向均匀等间隔分布，各阵元与基阵中心轴保持严格平行为尽可能减小基阵架对声波的散射干扰,基阵架用薄壁钛合金管材构建而成,每根管子的管壁和端头都开孔透水。

用于透明圆柱阵的每个阵元,装阵之前皆用自由场脉冲法[5-6]进行接收电压灵敏度和水平指向性的测试与选配,阵元水平无指向性、阵元间灵敏度一致性也非常好,工作频带内特定频率点灵敏度一致性优于0.5 dB。

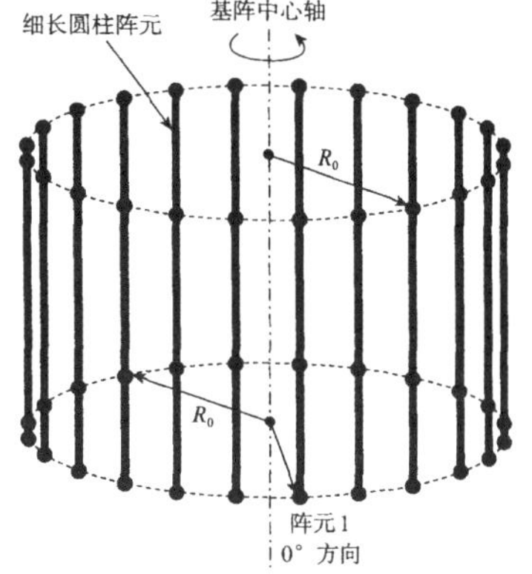

图1　24阵元透明圆柱阵结构模型示意

3　圆柱阵阵上阵元接收特性分析

仿真分析过程主要分2个步骤:(1)建立单路阵元在平面波辐射场中的散射模型,分析阵元在不同方向上的声散射特性;(2)分析透明圆柱阵各路阵元各自的散射波共同作用于某一阵元的效果,研究考虑阵元间一次互散射条件下单一阵元的接收特性,从理论上分析透明圆柱阵的声透明性受阵元间互散 射作用的影响是否明显。

3.1　单路阵元的散射特性分析

由于圆柱形细长阵元的直径远小于阵元的长度,水听器声敏感面皆为接近声刚性的压电陶瓷,为便于分析,本文将透明圆柱阵上的每一路阵元视作无限长刚性表面的细圆柱阵元,如图2所示。

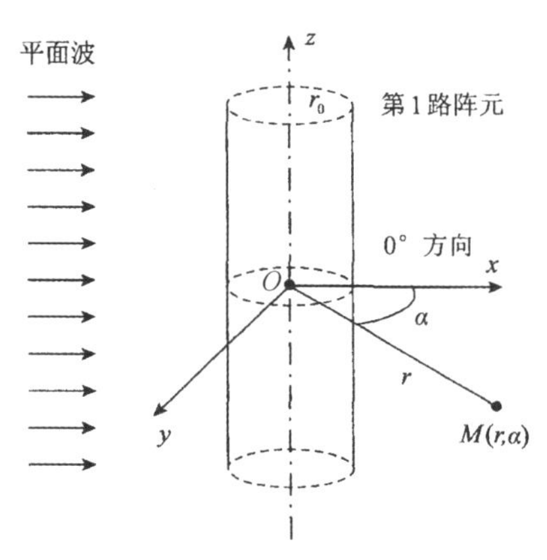

图2　细长圆柱阵元在平面波声场中的散射

假设以阵元中心为原点 O、入射声波沿 Ox 方向入射,取时间因子为 $e^{i\omega t}$,其平面波柱坐标表达式为:

$$p_i(r,\alpha,t)=p_0 e^{i\omega t} e^{-ikr\cos\alpha} \tag{1}$$

如果把入射平面波分解为各阶柱面波的合成,把细长圆柱面阵元表面的散射波也视为不同阶柱面声波的合成。然后使用入射波系和散射波系叠加声波在圆柱表面满足径向振速恒等于零的边界条件,则可求得阵元表面的声散射波[7]:

$$P_s(r,\alpha,t)=p_0 e^{i\omega t}\sum_{n=0}^{N} b_n H_n^{(2)}(kr)\cos(n\alpha) \tag{2}$$

式中:$P_s(r,\alpha,t)$ 表示以阵元的中心轴为坐标原点、距离为 r 的 α 方向上的散射波声压值;α 为水平面上与 Ox 轴的夹角;r 是与坐标原点的距离;r_0 为阵元直径;k 是波数;$\mathrm{H}_n^{(2)}(kr)$ 为 n 阶第二类汉克函数,$\mathrm{H}_n^{(2)}(kr)=\mathrm{J}_n(kr)-\mathrm{i}N_n(kr)$、$J_n$ 为 n 阶贝塞尔函数、N_n 为 n 阶诺伊曼函数[8];N 为柱面波分解的最高阶数; b_0、b_n 为常数,分别为:

$$b_0=\frac{\mathrm{dJ}_0(x)}{\mathrm{d}x}\Big/\frac{\mathrm{dH}_0^{(2)}(x)}{\mathrm{d}(x)}\bigg|_{x=kr_0}$$

$$b_n=-(-\mathrm{i})^n2\left[\frac{\mathrm{dJ}_n(x)}{\mathrm{d}x}\Big/\frac{\mathrm{dH}_n^{(2)}(x)}{\mathrm{d}(x)}\bigg|_{x=kr_0}\right] \tag{3}$$

3.2　阵上单路阵元在声场中的接收特性

圆柱阵的各个细长型圆柱阵元置身于声场中,阵元表面会激发散射波,因此阵元在声场中除了接收到声场中的直达声波,还会接收到来自其他阵元的散射波。因此,圆柱阵元表面的声压不再等于自由场声压,而是自由场声压和各阵元散射波的声压叠加之和。不失一般性,以第 1 路阵元为例分析平面波作用下单个阵元受各路阵元声散射的影响在图 1 所示的 24 元透明圆柱阵结构模型中,假设沿第 1 路阵元的圆周法线方向为 0°方向,则根据等间隔圆柱阵的结构可以分析第 1 路阵元相对于第 m 路阵元的角度:

$$\beta(m,\alpha)=\begin{cases}\dfrac{\theta_m-\pi}{2}-\alpha, m\geqslant 2\\ 0, m=1\end{cases} \tag{4}$$

式中:m 为阵元序号; θ_m 为第路阵元极角, $\theta_m=2(m-1)\pi/M$; M 是圆柱阵阵元总数。

由于测试声源到阵元的距离远大于阵元直径,阵元近似处于平面波声场中,只要各个阵元的入射波强度已知,根据柱面波衰减规律就能够计算各个不同方向的阵元散射波对第 1 路的影响另一方面,由于空间透明圆柱阵的直径较大,旋转基阵测试各个阵元接收到来自声源的辐射声波时不宜按平面波均一看待,有必要考虑各个阵元由于距离和角度的不同而带来入射声波的区别:

$$L(m,\alpha)=\sqrt{R_0^2+L_0^2-2R_0^2L_0^2\cos(\theta_m-\alpha)} \tag{5}$$

式中:L_0 为远场测试声源与圆柱阵中心的距离,R_0 为圆柱阵的半径。

相应的,以第 1 路阵元的中心为参考,第 m 路阵元的声程差引入的相位差:

$$\Delta\phi(m,\alpha)=-\mathrm{i}k[L(m,\alpha)-L(1,\alpha)] \tag{6}$$

第 m 路阵元的声程差引入的幅度修正系数:

$$A(m,\alpha)=\frac{L(m,0)}{L(m,\alpha)} \tag{7}$$

则考虑程差影响后,第 m 路阵元相对于第 1 路阵元的散射波表达式为:

$$P_s(m,r,\alpha,t)=A(m,\alpha)p_0\mathrm{e}^{\Delta\phi(m,\alpha)}\mathrm{e}^{\mathrm{i}wt}\cdot\sum_{n=0}^{N}b_n[\mathrm{H}_n^{(2)}(kr)\cos(n\beta)] \tag{8}$$

于是,第 1 路阵元接收到的总的散射声波为:

$$P_{1s}=\sum_{m=1}^{M}[A(m,\alpha)p_0\mathrm{e}^{\Delta\phi(m,\alpha)}\mathrm{e}^{\mathrm{i}wt}\cdot\sum_{n=0}^{N}b_n[\mathrm{H}_n^{(2)}(kr)\cos(n\beta)] \tag{9}$$

因此,第 1 路阵元接收到的总声压是所有散射波的和距离修正后直达波的叠加,即:

$$P_1=P_{1s}=A(1,\alpha)p_0\mathrm{e}^{\mathrm{i}wt}\mathrm{e}^{-\mathrm{i}kr\cos\alpha} \tag{10}$$

4　典型仿真计算结果及实测结果

据以上理论,在 400 ~2 500 Hz 频段内各个频率点,对 24 元空间透明圆柱阵阵上阵元接收声压的幅度和相位随水平方位的变化情况进行了仿真计算,计算过程中取汉克尔函数的最高阶数 $N=10$(阶数再高对结果没有多大影响,但是计算速度慢很多)。结果表明由于阵元间散射因素的存在,理论上水平无指向性的阵元成阵后在不同方向上接收声波的幅度和相位均受到明显影响。

在某湖水声试验船上专门组建了测试系统,用声脉冲测量法及数字相关处理等信号处理技术在距离基阵中心 18 m 远的位置,对 24 阵元的空间透明圆柱阵的各路阵元在不同方向上的接收声压信号幅度和相位进行了全面的测量验证。

仿真结果和测试数据量非常大,覆盖 400 ~2 500 Hz 范围内各个 1/3 倍频程点,限于篇幅,本文仅给出少量典型数据。图 3 ~图 5 分别为 2 500 Hz、1 250 Hz 和 500 Hz 频率点上第 1 路阵元接收灵敏度相位和幅度在水平方位上的分布图,图中给出了理论仿真结果和湖试结果为了便于分析,所有数据均经过归一化处理,相位数据的仿真结果和实测数据在中心值上有较大差距,是由于相位参考对象的差异造成的,不影响对其趋势的分析。图 3(a)、图 4(a)、图 5(a) 图中所注理论和实测最大起伏分别为相应的相位最大值与最小值之差;图 3(b)、图 4(b)、图5(b)图中纵坐标为无量纲的归一化值,所注理论和实测最大起伏分别为相应的幅度最小值与最大值之比值用 dB 表示。

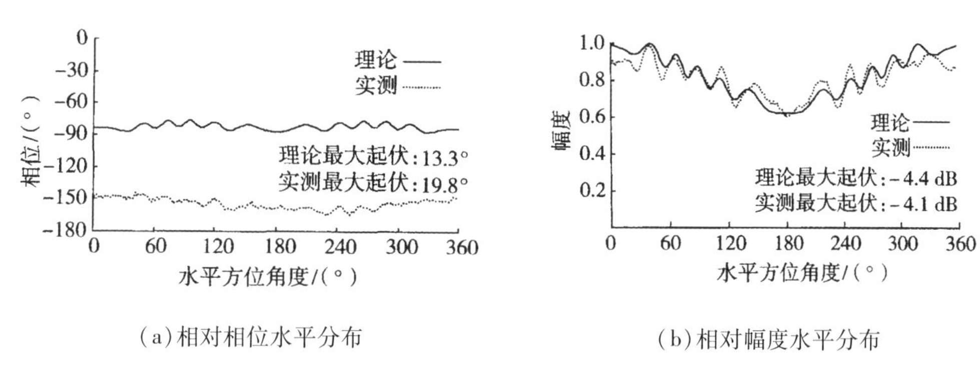

(a)相对相位水平分布　(b)相对幅度水平分布

图 3　1 号阵元接收声压相对相位和幅度水平分布(2 500 Hz)

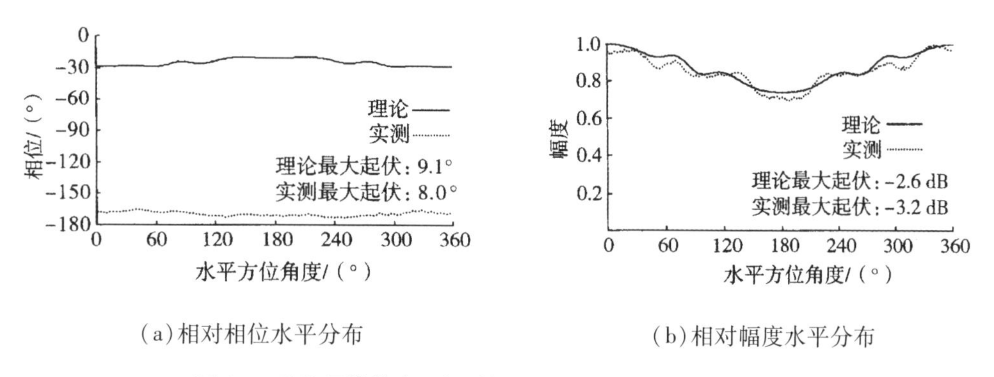

(a)相对相位水平分布　(b)相对幅度水平分布

图 4　1 号阵元接收声压相对相位和幅度水平分布(1 250 Hz)

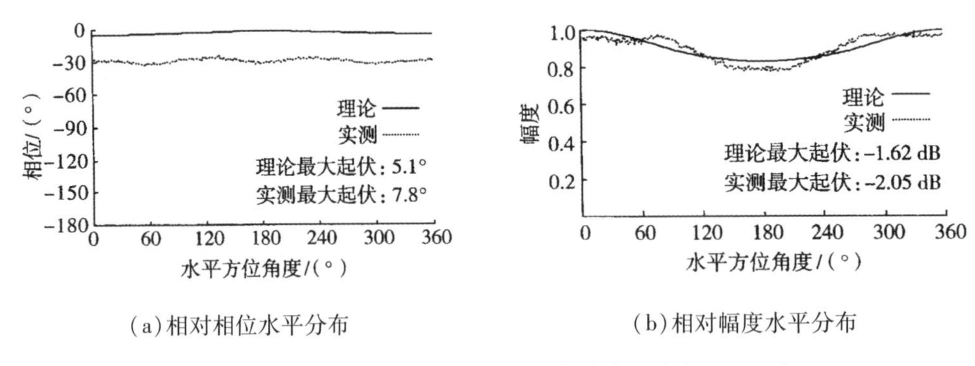

(a)相对相位水平分布　　(b)相对幅度水平分布

图5　1号阵元接收声压相对相位和幅度水平分布(500 Hz)

5　结论

在阵元间一次散射模型基础上的，对空间透明圆柱基阵阵上阵元接收声压在水平面内的相、幅分布特性的理论仿真计算结果，与湖试数据基本吻合。证明用阵元间散射理论来分析空间透明圆柱阵的声透明性是行之有效的方法。该分析方法原则上可以推广应用于到其他阵形结构。同时也有效地证明了阵元间的散射是影响空间透明基阵声透明性的主要原因。

从理论计算和实测结果可以看到：(1)尽管基阵所有阵元占基阵总容积的比非常之低，不到0.5%，但是基阵的声透明性并不理想。特别是阵元的接收声压幅度，在水平面内不同方向的起伏基本在 3 dB 左右，即便在低频段也没能得到本质改善。(2)阵元的接收声压相位在高频段受阵元间散射影响明显，但随着频段下降，这种影响渐趋缓和。由此可见：阵元总体积占基阵总容积的比例并不能完全反应基阵的声透明性；声基阵的声透明性并不会随着频段的下降而得到显著的改善；测试阵列流形对于低频透明声基阵、扩展阵等的阵列信号处理是十分必要的。当然，由于研究对象及研究内容的局限性，这些认识的普遍适用性尚待深入验证。

研究结果也带来一些启发：(1)利用散射理论进行分析不仅能揭示声基阵结构的透明性内在变化规律，也能为低频声基阵的设计提供指导。(2)如果能够利用散射理论模型从理论上精确计算空间基阵的阵列流形，那么，在进行基阵高增益波束控制算法前就不一定需要测量其阵列流形。

参考文献

[1] 栾桂冬，张金铎，王仁乾. 压电换能器和换能器阵：修订版[M]. 北京：北京大学出版社，2 005：366 - 369. LUAN Guidong, ZHANG Jinduo, WANG Renqian. The pi - ezoelectric transducer and transducer array: Revised Edition [M]. Beijing: Peking University Press, 2005: 366 - 369.

[2] 刘孟庵. 水声工程[M]. 杭州：浙江科学技术出版社，2002：117 - 121. LIU Meng'an. Underwater acoustic engineering [M]. Hangzhou: Zhejiang Science and Technology Press, 2002: 117 - 121.

[3] 陈亚林，卓颉，马远良，等. 基于阵列误差校正的波束域方位估计算法实验研究[J]. 西北工业大学学报，2007，25(2)：220 - 224.

CHEN Yalin, ZHUO Jie, MA Yuanliang, et al. Array calibration for facilitating direction finding with beamspace high - resolution algorithm [J]. Journal of Northwestern Polytech - nical University, 2007, 25 (2) : 220 - 224.

[4] 赵辉,王昌明, 焦君圣,等. 阵元信号相幅非一致性对波束形成的影响[J]. 测试技术学报, 2007, 21(2): 144 - 148.

ZHAO Hui, WANG Changming, JIAO Junsheng, et al. The influence caused by the disagreement among the amplitude - phase signals in different elements on beam - forming [J]. Journal of Test and Measurement Technology,2007, 21 (2) : 144 - 148.

[5] 袁文俊. 声学计量[M] . 北京:原子能出版社,2002: 201 - 204.

YUAN Wenjun. Acoustic metrology [M]. Beijing: Atomic Energy Press, 2002: 201 - 204.

[6] 郑士杰, 袁文俊,缪荣兴,等. 水声计量测试技术[M]. 哈尔滨:哈尔滨工程大学出版社, 1995 : 30 - 36.

ZHENG Shijie, YUAN Wenjun, MIU Rongxing, et al. The acoustic measurement technology [M]. Harbin: Harbin Engineering University Press, 1995: 30 - 36.

[7] 何祚镛 ,赵玉芳. 声学理论基础[M] . 北京:国防工业出版社,1981 :322 - 324.

HE Zuoyong, ZHAO Yufang. The acoustic theory [M]. Beijing: National Defense Industry Press, 1981: 322 - 324.

[8]《数学手册》编写组. 数学手册[M] . 北京:人民教育出版社,1979 : 631 - 632.

Handbook of mathematics writing group. Mathematical Handbook [M]. Beijing: The People's Education Press, 1979: 631 - 632.

Helmholtz 水声换能器弹性壁液腔谐振频率研究

桑永杰　蓝　宇　丁玥文

摘要　针对传统 Helmholtz 水声换能器设计中刚性壁假设的局限性，将 Helmholtz 腔体的弹性计入到液腔谐振频率计算中，实现低频弹性 Helmholtz 水声换能器液腔谐振频率精确设计。基于细长圆柱壳腔体的低频集中参数模型，导出了腔体弹性引入的附加声阻抗表达式，得到了弹性壁条件下 Helmholtz 水声换能器等效电路图，给出了考虑了末端修正的弹性壁 Helmholtz 共振腔液腔谐振频率计算公式。利用 ANSYS 软件建立了算例模型，仿真分析了不同材质、半径、长度时的 Helmholtz 共振腔液腔谐振频率。结果对比表明弹性理论值与仿真值符合得很好，相比起传统的刚性壁理论计算结果，本文的弹性壁理论得出的液腔谐振频率值有所降低，与真实情况更加接近。本文的结论可以为精确设计低频弹性 Helmholtz 水声换能器提供理论支持。

关键词　弹性 Helmholtz 共振腔；水声换能器；液腔谐振频率；声阻抗

1　引言

近年来，基于声学手段的海洋环境监测技术和海底油气资源探测技术迅速发展，促使国内外学者针对上述技术领域中的核心设备——低频大功率水声换能器开展了大量研究。在各种类型的水声换能器中，Helmholtz 水声换能器以其优异的低频发射性能、高电声转换效率、无限制工作深度等特点成为上述技术领域中首选的水声换能器[1-4]。水声技术领域使用的 Helmholtz 共振腔，与空气声学中细短颈加大腔体的结构不同，一般采用敞口式细长圆柱壳形式。这种共振腔的特点是结构简单、液腔谐振机械品质因数低因而宽带发射性能优异。目前国外出现的大多数 Helmholtz 水声换能器如 John L. Butler 设计的 Multiport Transducer[5]、Andrey K. Morozov 设计的 Sweeper Source[6] 以及 Ultra Electronics 公司研制 Resonant Pipe Projector[7] 等均采用了这种共振腔形式。

传统上，设计 Helmholtz 水声换能器时通常借助空气声学中的 Helmholtz 共振腔理论，做共振腔体为刚性壁等假设。实际上，在水中由于 Helmholtz 腔体的声阻抗与水的声阻抗差别并不大，刚性壁假设在 Helmholtz 水声换能器经常使用低频段（1 kHz 以下）很难满足，腔体自身的弹性对液腔谐振频率影响非常强烈。因此开展细长圆柱壳共振腔体弹性性能对液腔谐振频率影响规律的研究，对于精确设计 Helmholtz 水声换能器具有重要意义。目前在水声换能器研究领域对 Helmholtz 腔体弹性问题的研究不多，大多数工程设计人员在设计低频 Helmholtz 水声换能器时借助有限元软件进行结构优化设计，绕开了理论计算中因腔体弹性造成的液腔谐振频率设计不准确的问题。有限元法虽在工程设计中具有设计效率和设计精度高的优点，但无助于认识腔体结构对液腔谐振频率影响的本质。

针对 Helmholtz 腔体的弹性对其声学性能的影响问题，Norris[8] 等人开展了球型弹性 Helmholtz 共振器水中声散射问题研究，揭示了腔体弹性对其声辐射的重要影响作用；何世平[9]等人发现了弹性管壁和刚性管壁在低频声传播模式上存在较大的差异;刘涛[10]等人研究了内壁受简谐线力激励的水中弹性圆柱壳的振动和声辐射问题;汤渭霖[11]等人研究了水中无限长弹性圆柱壳体的声散射和声辐射机理,认为水中弹性结构的声散射和声辐射问题的核心是对声—振耦合或流体负荷的处理;在研究管路消声问题时,王泽锋[12-14]、周城光[15]等人利用电-声类比的方法,基于经典 Helmholtz 共振腔的低频集中参量模型,将腔体各部分的弹性分别归结为各自的等效声阻抗附加到 Helmholtz 共振腔的声阻抗中。本文借鉴该方法,推导了一端敞口一端为刚性障板的细长圆柱壳弹性腔体附加声阻抗表达式,得出了弹性 Helmholtz 水声换能器完整等效电路图,给出了考虑腔体弹性时的液腔谐振频率表达式,研究了腔体壁厚、长度等结构参数及材质对液腔谐振频率的影响规律。

2　刚性壁条件下细长圆柱壳体共振腔的液腔谐振频率

图 1 所示的是目前 Helmholtz 水声换能器的两种主要结构形式:末端激励结构和中间激励结构。末端激励通常使用的是 Tonpilz、电动式等辐射面近似为平面活塞的换能器进行激励,此时活塞辐射面处可近似地认为声阻抗无限大;中间激励常采用的是压电圆环换能器进行激励,此时可近似认为中心面处声阻抗无限大,分析时将该结构看作以中心面为界左右两个末端激励的形式[16]。由于 Helmholtz 共振腔的液腔谐振频率只与腔体的结构形状、尺寸和材质有关,与激励方式无关,因此发射状态下的共振腔谐振频率与吸声状态下的共振腔谐振频率相同,为方便计算本文以吸声模型开展液腔谐振频率研究。

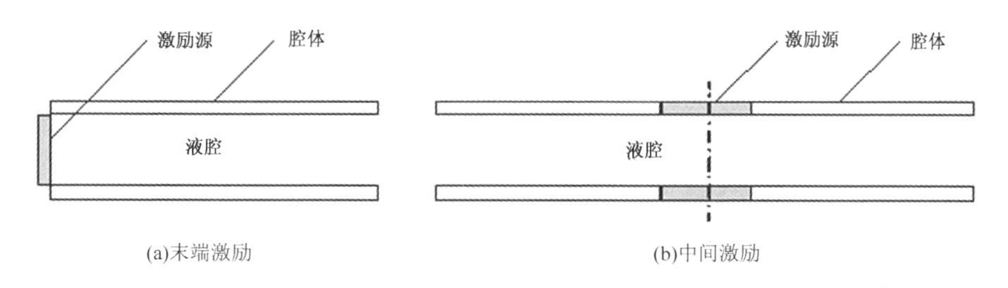

图 1　两种主要的 Helmholtz 水声换能器结构形式

假设细长圆柱壳腔体半径为 a,长度为 l,其中 $l>a$。刚性壁条件下液腔的声顺为 C_a,声质量为 M_a。圆柱壳腔体两端和内外表面均自由,在一端声阻抗无限大,近似为刚性障板,另一端敞口作为液腔振动的辐射面。该模型简化图如图 2 所示。

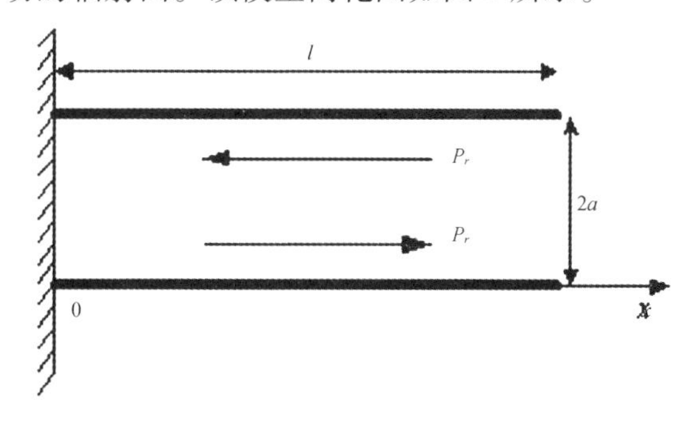

图 2　刚性壁细长圆柱壳腔体简化图

腔内任一点的声阻抗可表示为

$$Z_a = \frac{P}{U} = \frac{\rho c}{A} \cdot \frac{P_i + P_r}{P_i - P_r} \tag{1}$$

(1)式中 P 为腔体内任一点的声压，U 为腔体内任一点的体积速度，P_i 为入射声波 $P_i = P_{i0} \cdot e^{j(\omega t - kx)}$，$P_r$ 为反射声波 $P_r = P_{r0} \cdot e^{j(\omega t + kx)}$，$P_{i0}$ 和 P_{r0} 分别为在障板处入射声压幅值和反射声压幅值。不考虑能量损失，入射声波和反射声波只有相位上的变化，故 $P_{i0} = P_{r0}$。$k = \omega/c$ 为波数，ω 为角频率，ρ 和 c 分别为水的密度和腔体内水中的声速，A 为腔体一端的敞口面积。因此(1)式还可写为

$$Z_a = \frac{\rho c}{A} \cdot \frac{e^{j(\omega t + kx)} + e^{j(\omega t - kx)}}{e^{j(\omega t + kx)} - e^{j(\omega t - kx)}} = -j \cdot \frac{\rho c}{A} \cdot \cot kx \tag{2}$$

Helmholtz 共振腔的谐振条件为(2)式虚部为零，也即 $\cot kl = 0$，因此可解得 $l = \frac{\lambda}{4}$，即对于一端敞口末端激励的细长 Helmholtz 共振腔(如图 1a)可视为四分之一波长管，而对于两端敞口中间激励的细长 Helmholtz 共振腔(如图 1b)可视为半波长管。

将(2)式中的 $\cot kx$ 按泰勒级数展开，取其前两项 $\cot kx = \frac{1}{kx} - \frac{1}{3}kx$ 即可满足求解精度，则(2)式可进一步写为

$$Z_a = -j \cdot \frac{\rho c}{A} \cdot \left(\frac{1}{kl} - \frac{1}{3}kl\right) = j\left(\omega \frac{1}{3}\frac{\rho A l}{A^2} - \frac{1}{\omega \frac{Al}{\rho c^2}}\right) = j\left(\omega M_a - \frac{1}{\omega C_a}\right) \tag{3}$$

(3)式中 $M_a = \frac{1}{3}\frac{m}{A^2}$、$C_a = \frac{V}{\rho c^2}$，分别为液腔的声质量和声容，$m$ 为腔内水的质量，V 为液腔的体积。由(3)式可以看出，对于一端封闭一端敞开的刚性细长圆柱壳共振腔，1/3 的腔内水质量提供了声质量，整体的水体积提供了声容，这样这种 Helmholtz 共振腔的液腔振动可类比为一个自身具有一定质量的弹簧振动。

液腔振动通过一端的敞口作为辐射面向外辐射声波，会引入辐射阻抗到振动系统中，辐射阻决定着系统的声辐射效率，辐射抗则对液腔谐振频率产生影响。将端口处的声辐射近似为低频时的平面活塞辐射，则辐射阻抗可表示为

$$Z_x = R_s + jX_s = \pi\rho c \frac{A^2}{\lambda^2} + j\omega 2\rho a^3 \tag{4}$$

(4)式中虚部为共振质量，可将该部分质量视为由腔体延伸出来的一段圆柱形水的质量，其长度 l' 可由 $\pi a^2 l' \rho = 2\rho a^3$ 求得，$l' = 0.637a$。因此，Helmholtz 共振腔总的声阻抗可表示为

$$Z_{总} = Z_a + Z_s = R_s + j\left(\omega 2\rho a^3 - \frac{\rho c}{A}\cot kl\right) \tag{5}$$

由(5)式，系统的声质量修正为 $M_a = 2\rho a^3 + \frac{1}{3}\frac{m}{A^2}$。系统的谐振条件为(5)式虚部为零，即

$$\cot kl = kl \cdot \frac{2a^3 A}{l} \tag{6}$$

(6)式可通过对以 kl 为自变量的等式左右两个函数作图求解，得出刚性壁条件下细长圆柱壳 Helmholtz 共振腔的液腔谐振频率。两个函数在图中的交点有无穷个，分别对应着液腔谐振的一阶、二阶……n 阶谐振频率。本文主要研究一阶谐振频率随腔体弹性的变化

规律。

3　弹性 Helmholtz 腔体的附加声阻抗推导

设两端自由的圆柱壳形 Helmholtz 腔体的内半径为 r_1，外半径为 r_2，平均半径为 a，壁厚为 t，长为 l，材质的杨氏模量为 E。研究中采用柱坐标系，设声压 P 作用在腔壁表面的法向方向即 r 方向，则腔体内部的位移分量只有 u_r 和 u_z，应力分量只有 T_θ。在腔体上取一微元，如图 3 所示，微元沿 r 方向上的厚度为 t，沿 z 方向的高度为 $\mathrm{d}z$，平均弧长为 $a\mathrm{d}z$。作用在微元上的应力只有两个侧面上的 T_θ，该应力沿 r 方向上的投影为 $T_\theta\sin(\mathrm{d}\theta/2)$，由于 $\mathrm{d}\theta$ 为微量，可以近似认为 $\sin(\mathrm{d}\theta/2)\approx\mathrm{d}\theta/2$，两个侧面上的 T_θ 沿 r 方向的合应力为 $T_\theta\mathrm{d}\theta$，微元的密度为 ρ，微元体积为 $at\mathrm{d}z\mathrm{d}\theta$，微元沿 r 方向的加速度为$\partial^2u_r/\partial t^2$。

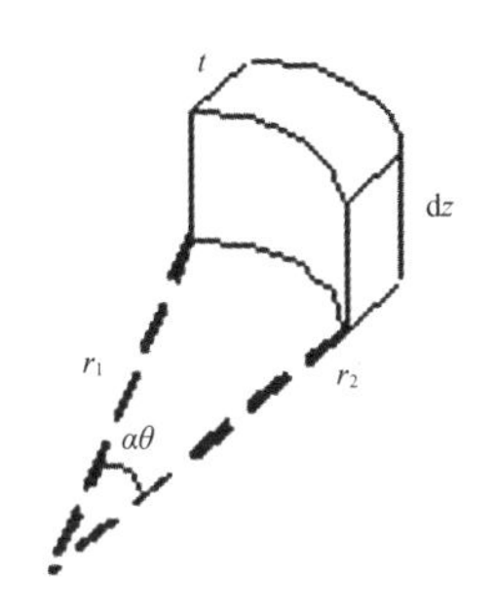

(a)腔体上取的微元；

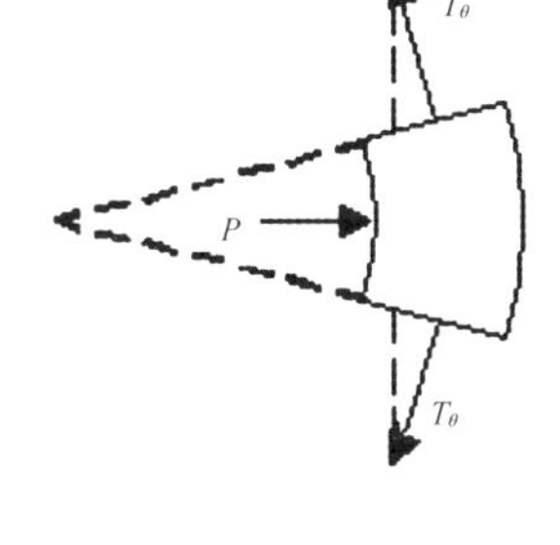

(b)微元上受力

图 3

根据牛顿运动定律可写出微元在柱坐标系下沿径向振动的波动方程

$$Pa\mathrm{d}\theta\mathrm{d}z-T_\theta t\mathrm{d}\theta\mathrm{d}z=\rho at\mathrm{d}\theta\mathrm{d}z\frac{\partial^2u_r}{\partial t^2}\tag{7}$$

(7)式可化简为

$$-\frac{T_\theta}{a}+\frac{P}{t}=\rho\frac{\partial^2u_r}{\partial r^2}\tag{8}$$

由应力和应变的关系 $T_\theta=S_\theta E$ 及位移和应变的关系 $S_\theta\approx u_r/a$，代入(8)式可得

$$\frac{u_rE}{a^2}-\frac{P}{t}=\rho\frac{\partial^2u_r}{\partial t^2}\tag{9}$$

系统做简谐振动时上式可写为

$$\frac{u_rE}{a^2}-\frac{P}{t}=-\rho\omega^2u_r\tag{10}$$

对(10)式求解出 P 并乘以圆柱壳表面积 $2\pi al$，可得

$$2\pi alP=2\pi alt\left(\frac{E}{a^2}+\rho\omega^2\right)u_r\tag{11}$$

也即

$$F=-\left(\mathrm{j}\omega2\pi alt\rho-\frac{2\pi ltE}{\mathrm{j}\omega a}\right)\dot{u}_r\tag{12}$$

其中，F 为腔体受到的力，简谐振动时振速与位移的关系为$\dot{u}_r=\mathrm{j}\omega u_r$。

进一步的,(12)式可写为机械阻抗的形式(暂不考虑系统的机械阻)

$$Z_m = \frac{F}{\dot{u}_r} = R_m + \mathrm{j}X = -\mathrm{j}\left(\omega 2\pi a\rho lt - \frac{2\pi ltE}{\omega a}\right) \tag{13}$$

(13)式中虚部中第一项为质量抗,第二项为弹性抗。圆柱壳形 Helmholtz 腔体的等效振动质量和等效力顺可分别表示为 $M_m' = 2\pi a\rho lt$ 和 $C_m' = \dfrac{a}{2\pi ltE}$。由此,可得到弹性 Helmholtz 共振腔体的完整等效电路图,如图 4 所示,相比起经典理论的等效电路图,增加了变量器及腔体弹性引入的机械端(变量器右端)。图中 R_a、M_a、C_a 分别为弹性壁条件下 Helmholtz 共振腔的声阻、声质量和声容,M_m'和 C_m'别为弹性腔体的等效振动质量和等效力顺,S 为腔体的表面积。

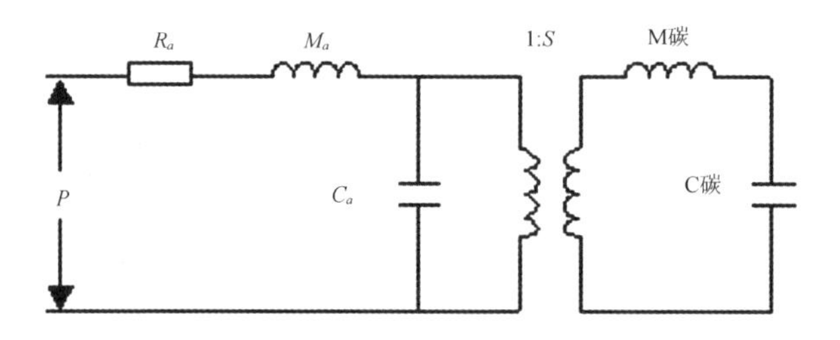

图 4　弹性 Helmholtz 共振腔等效电路图

通过机声类比可得弹性圆柱壳形 Helmholtz 腔体等效声质量和等效声顺分别为 $M_a' = \dfrac{M_m}{S^2}$ 和 $C_a' = C_m S^2$,将图 4 中的右端(机械端)反映到左端(声端),弹性 Helmholtz 共振腔的完整等效电路图还可表示为图 5 所示的形式。

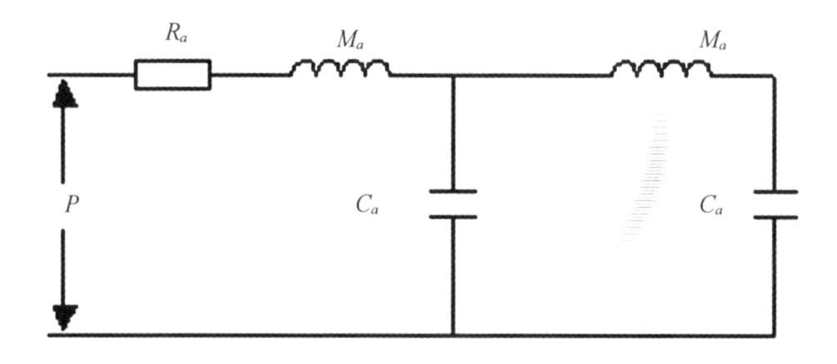

图 5　弹性 Helmholtz 共振腔等效电路图另一种形式

依据图 5 所示的等效电路图,可写出弹性圆柱壳形 Helmholtz 共振腔总的声阻抗表达式

$$Z_a = R_a + \mathrm{j}\left(\omega M - \frac{1}{\omega\left(C_a + \dfrac{C_a'}{1-\omega^2 M_a' C_a'}\right)}\right) \tag{14}$$

液腔谐振条件为(14)式中的虚部为零,可得到弹性圆柱壳形 Helmholtz 共振腔的液腔谐振频率表达式

$$\omega = \sqrt{\frac{1}{M_a\left(C_a + \dfrac{C_a'}{1-\omega^2 M_a' C_a'}\right)}} \tag{15}$$

相比于刚性壁条件下的液腔谐振频率公式 $\omega_0 = \dfrac{1}{\sqrt{M_a C_a}}$,(15)式中分母增加了大于1的项,也即考虑腔体的弹性后液腔谐振频率比起刚性壁条件下的值有所降低。具体地,液腔谐振频率和腔体的杨氏模量 E、密度 ρ、平均半径 a、壁厚 t 及长度 l 等参数有关。

考虑 Helmholtz 共振腔经压电激励源激励后,Helmholtz 水声换能器的等效电路图可表示图6所示形式。

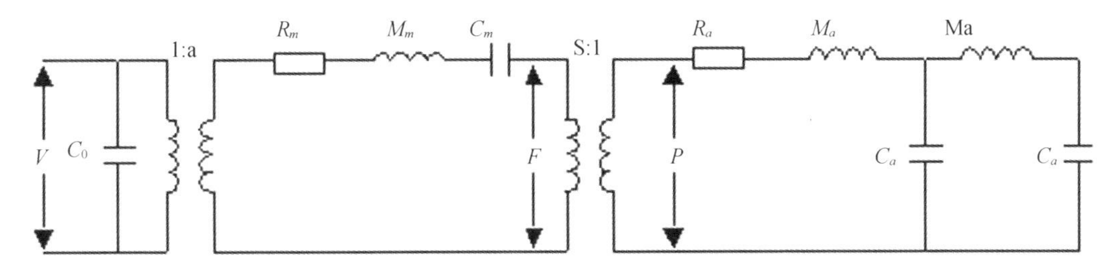

图6　弹性 Helmholtz 换能器等效电路图

图中 V 为激励源加载的电压,C_0 为压电晶堆的静态电容,R_m、M_m、C_m 分别为压电激励源的机械振动阻、振动质量和等效力顺,α 为机电转换系数。

4　液腔谐振频率的弹性理论值与有限元仿真值对比

为验证本文弹性理论在求解弹性 Helmholtz 换能器液腔谐振频率时的准确性,基于有限元软件 ANSYS 建立了一组细长圆柱壳 Helmholtz 共振器算例模型,进行谐响应分析求解液腔谐振频率。利用 ANSYS 软件建模没有刚性壁假设的限制,赋予腔体杨氏模量、泊松比、密度等参数后,能够比较真实地反映 Helmholtz 腔体的力学特性,因此用来验证本文弹性理论的求解精度是可行的。

建模时 Helmholtz 腔体为细长圆柱壳状,一端敞口,在另一端采用一只 Tonpilz 压电换能器作为激励源,如图7所示。Tonpilz 换能器的辐射面半径与腔体的内半径基本相当,以保证细长腔体内传播平面波。此外,将 Tonpilz 换能器自身的结构谐振频率设计得远大于液腔谐振频率基频,以免干扰求解结果。考虑到影响腔体弹性的主要因素为腔体的壁厚、半径及材质,因此以下主要从这几个方面开展研究。

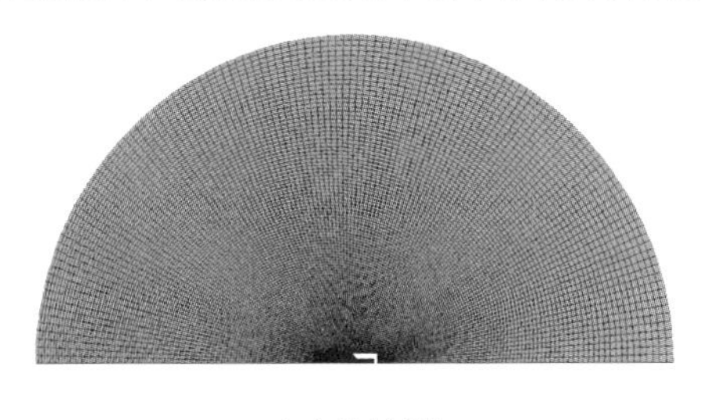

(a)整体图

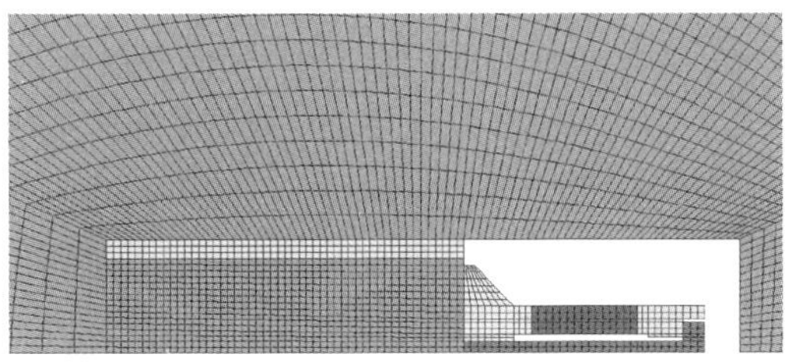

(b)局部图

图7　Helmholtz 换能器的有限元模型

4.1　腔体壁厚对液腔谐振频率的影响

对于圆柱壳形 Helmholtz 腔体,腔体的厚度对其弹性有决定性的影响,腔体越厚径向刚度越大。传统上为了使用经典理论设计 Helmholtz 水声换能器的共振腔,往往使用厚壁金属管作为腔体,这就大大增加了换能器的质量。实际上若使用薄壁金属管作腔体不仅能减少换能器的质量,还能通过腔体自身声散射改善换能器的工作带宽,因此薄壁弹性腔体在 Helmholtz 水声换能器中非常具有应用价值。

图 8 中所示为腔体材质为硬铝 LY12,腔体半径为 0.05 m,腔体长度为 0.4 m 时液腔谐振频率随腔壁厚度的变化曲线。由图 8 可以看出,刚性壁条件时由于腔体为绝对刚性,液腔谐振频率不随厚度变化;本文的弹性理论值与有限元仿真值基本一致,在腔体较薄时,弹性理论值远低于刚性壁理论值,说明腔体的厚度对液腔谐振频率影响十分强烈。随着腔体的厚度逐渐增大,即径向刚度不断增大,液腔谐振频率升高,逐渐接近于刚性壁条件下的液腔谐振频率,当壁厚达到一定值时二者几乎相等,此时该厚度可近似看作在此工作频率附近的刚性壁条件阈值。

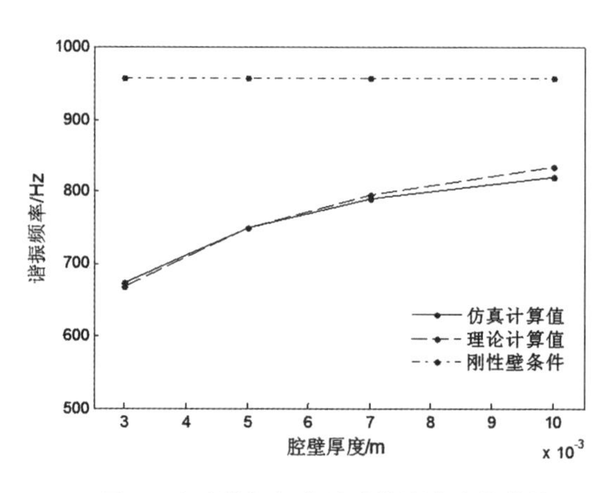

图 8　液腔谐振频率随腔体厚度变化曲线

4.2　腔体材质对液腔谐振频率的影响

腔体材质对自身弹性的影响主要体现在杨氏模量这一参量上。表 1 中所示为腔体材质分别为硬铝、钛合金及不锈钢时液腔谐振频率有限元仿真值、弹性理论值及刚性理论值三者对比,其中腔体半径为 0.05 m、长度为 0.4 m、腔壁厚度为 3 mm。

表 1　不同材质腔体的液腔谐振频率比较

材质	杨氏模量/GPa	密度/(kg/m)^3	有限元仿真值/Hz	弹性理论值/Hz	刚性理论值/Hz
硬铝(LY12)	7.15	2 790	673	668	957
钛合金(TC4)	10.9	4 400	740	737	957
不锈钢(304)	19	8 000	820	810	957

由表 1 中的数据对比可知,弹性理论值与仿真值符合的很好,均远低于刚性理论值。由(13)式,当材质的杨氏模量 E 较大时,也即腔体的等效声容较小时液腔谐振频率更加接近于刚性壁条件下的计算值,这也是传统理论设计中常采用不锈钢等高杨氏模量材质作为腔

体的原因，由表1中密度对比可知，若采用低杨氏模量的轻质金属硬铝，则有望大大降低Helmholtz水声换能器的质量。

4.3　腔体长度液腔谐振频率的影响

图9所示为液腔材质为硬铝LY12，腔体半径为0.05 m，腔壁厚度为3 mm时，液腔谐振频率随腔体长度变化曲线。

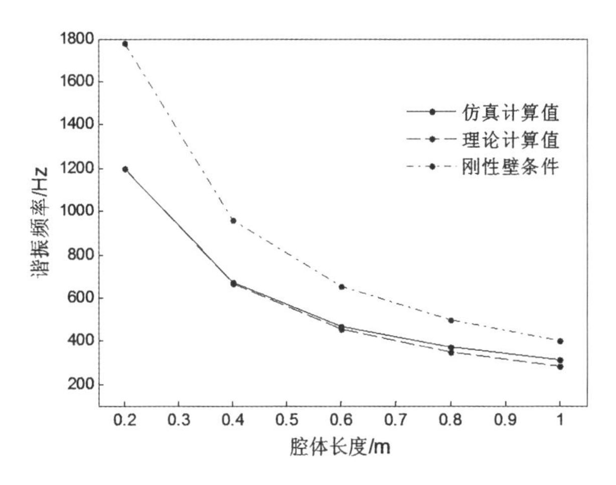

图9　液腔谐振频率随腔体长度变化曲线

由图9可以看出，考虑腔体弹性后液腔谐振频率明显比刚性壁理论值要低，弹性理论计算结果与有限元仿真结果符合的很好，随着腔体长度增加，液腔谐振频率逐渐降低，也说明无论经典理论还是本文的弹性理论中，液腔的长度都是影响液腔谐振频率的重要参量。此外，由(13)式可以看出，腔体的长度l还影响腔体的等效声容，长度越大等效声容越小即腔体刚度越大，因此图9中在腔体较短时弹性理论值和刚性壁理论值相差较大，而腔体较长时二者相差较小。

5　结论

本文利用Helmholtz共振腔的低频集中参数模型，讨论了一端敞口另一端为刚性边界的细长圆柱壳Helmholtz腔体的液腔谐振频率精确计算问题，得出的主要结论如下：

(1)对于腔体为细长圆柱壳形Helmholtz水声换能器，将腔体的弹性归结为附加声阻抗添加到刚性壁条件时液腔的声阻抗中，用来精确计算弹性Helmholtz共振腔的液腔谐振频率是可行的，考虑腔体弹性后得出的液腔谐振频率低于刚性壁理论值；

(2)腔体的壁厚、长度及材质对液腔谐振频率影响强烈。腔壁越薄、长度越短、材质杨氏模量越小腔体的弹性越明显，弹性理论值与刚性壁理论值相差越大；

(3)本文得出的弹性壁时的Helmholtz共振腔液腔谐振频率计算公式，可为精确设计轻质薄壁腔体的低频Helmholtz水声换能器提供理论支持，能使Helmholtz水声换能器的质量大大降低。另外，腔体在Helmholtz水声换能器中的成本比例很小，对于已有的Helmholtz水声换能器，通过弹性壁理论计算，更换不同壁厚的腔体可获得不同工作频率的Helmholtz水声换能器，可降低换能器使用成本。

本文所讨论的结果适用于弹性细长圆柱壳Helmholtz共振腔情况，也即假设腔体内传播的为平面行波,有些 Helmholtz 水声换能器(如 Janus – Helmholtz 水声换能器、溢流圆环换能器等)的腔体形状为短粗结构,腔体内的声波形式较复杂,获得精确的液腔谐振频率计算公式仍需做进一步的研究。另外,腔体具有弹性后,腔内的一部分声能量通过腔体散射出去,将会对 Helmholtz 水声换能器的工作带宽、指向性等产生影响,具体的影响规律还需进行深入研究。

参考文献

[1] Marsset T, Marsset B, Ker S, Thomas Y, Le Gall, Y 2010 Deep Sea Res. Part I 57 628.

[2] Mosca F, Matte G, Shimura T 2013 J. Acoust. Soc. Am. 133 EL61.

[3] Morozov A K, Webb D C 2003 Ocean Eng. 28 174.

[4] Ker S, Marsset B, Garziglia S, Le Gonidec Y, Gibert D, Voisset M, Adamy J 2010 Geophys. J. Int. 182 1524.

[5] Butler J L , Butler A L 1999 J. Acoust. Soc. Am. 105 1119.

[6] Morozov A K, Webb D C 2007 J. Acoust. Soc. Am. 122 777.

[7] Rossby T, Ellis J, Webb D C 1993 J. Atmos. Oceanic Technol. 10 397.

[8] Norris A N,Wickham G 1993 J. Acoust. Soc. Am. 93 617.

[9] He S P, Tang W L,Liu T,Fan J 2003 J. Ship. Mech. 7 97 (in Chinese)[何世平、汤渭霖、刘涛、范军 2003 船舶力学 7 97].

[10] Liu T, Fan J, Tang W L 2002 Acta Acoustic 27 62 (in Chinese)[刘涛、范军、汤渭霖 2002 声学学报 27 62].

[11] Tang W L, Fan J 2004 Acta Acoustic 29 385 (in Chinese)[汤渭霖、范军 2004 声学学报 29 385].

[12] Wang Z F, Hu Y M 2008 Acta Acoustic 33 184 (in Chinese)[王泽锋、胡永明 2008 声学学报 33 184].

[13] Wang Z F, Hu Y M , Meng Z, Ni M 2008 Acta Phys. Sin. 57 7022 (in Chinese)[王泽锋、胡永明、孟洲、倪明 2008 物理学报 57 7022].

[14] Wang Z F, Hu Y M , Xiong S D, Luo H, Meng Z, Ni M 2008 Acta Phys. Sin. 58 2507 (in Chinese)[王泽锋、胡永明、熊水东、罗洪、孟洲、倪明 2008 物理学报 58 2507].

[15] Zhou C G, Liu B L, Li X D, Tian J 2007 Acta Acoustic 32 426 (in Chinese)[周城光、刘碧龙、李晓东、田静 2007 声学学报 32 426].

[16] Sherman C H, Butler J L 2007 Transducers and arrays for underwater sound (New York: Springer) p92.

压电矢量传感器的低噪声设计

李 智 杨士莪 陈洪娟

摘 要 针对压电矢量传感器的低噪声设计问题,建立了基于压电敏感器件、悬挂结构、前置放大电路及电缆的同振式矢量传感器等效自噪声分析模型;结合敏感器件的低噪声设计、悬挂结构对自噪声的影响以及前置放大电路低噪声匹配等内容提出了一种低噪声设计方法。设计了低噪声矢量传感器样机,研制了自噪声测量平台并对样机进行了测试。结果表明:样机的等效噪声声压谱级达到了55.5 dB/$\sqrt{\text{Hz}}$@200 Hz,低于同频率Kundson零级海况下海洋环境噪声;测试结果与设计结果相符,验证了低噪声设计方法的有效性,也为压电矢量传感器的低噪声设计提供了理论依据。

关键词 矢量传感器;低噪声设计;自噪声测量;压电换能器

1 引言

矢量传感器不但具有与频率无关的自然余弦指向性,而且可同时共点测量声场中的声压和质点振速,在低频弱信号探测方面更具优势。近年来,小尺度多极子矢量传感器阵列设计技术的开发为低频远程探测提供了新的思路,同时也对矢量传感器性能提出了更高的要求[1-5]:不仅要求单纯的高灵敏度,而同时更要求具有甚低的自噪声,因而高灵敏度、低自噪声的高信噪比矢量传感器技术成为水声领域的研究焦点之一。

由于压电水听器较光纤等水听器对水下复杂环境的适应性更强,因此更受研究人员青睐。针对如何提高压电矢量传感器的灵敏度研究较多,且设计方法较成熟,此文不再赘述。而从20世纪60年代开始,美国学者就陆续地展开了基于压电陶瓷的声压水听器自噪声机理及低噪声设计方面的研究工作:在水听器和前置放大电路系统中,R. S. Woollett认为前置放大电路的噪声是系统自噪声的主要来源[6,7];J. W. Young经过理论分析后赞同Woollett的观点,并提出了利用信噪比恶化因数(Signal-to-Noise Degradation Factor)表征水听器的自噪声[8];T. B. Straw则在1993年建立了包括压电陶瓷、电缆及前置放大电路的水听器自噪声分析模型,经过仿真计算后,指出水听器的自噪声主要包括压电材料介电损耗引起的热噪声、电阻热噪声以及前置放大电路的自噪声等[9]。期间USRD(Underwater Sound Reference Division)的T. A. Henriquez研制了H56型低噪声水听器,该水听器等效噪声声压级约为46 dB@100Hz,可以在10 Hz~60 kHz频带范围内测量零级海况下的海洋环境噪声[10]。进入二十一世纪后,美国海军研究院(Naval Postgraduate School, NPS)陆续发表了多篇关于低噪声水听器的论文,并研制了Mini Can和Mini CylinderCan系列低噪声水听器[11-13],其中,MiniCan-6的等效噪声声压级约为38 dB@100 Hz。

相比于声压水听器,矢量传感器的自噪声研究并不系统,且多集中在振动传感器领域。在理论研究方面,对于传感器和前置放大电路构成的系统,Tarnow. V.认为声传感器的自噪声在系统自噪声中起到决定性作用[14];而T. B. Gabrielson则认为传感器噪声和前置放大电路的电噪声,两者共同决定了的系统的自噪声[15-17]。另一方面,对于传感器的自噪声,两位学者均认为主要来自惯性系统的机械热噪声(mechanical - thermal noise);而 Schloss. F. 和 Wlodkowski P. A. 等学者则认为传感器的自噪声主要来自压电材料的介电损耗,即电子热噪声(electrical - thermal noise)[18,19]。以上研究均只对传感器系统的自噪声进行了理论分析,并未研制低噪声样机,而一些文献仅仅给出了带有自噪声参数的传感器样机,却并没有对自噪声参数进行理论设计及预报:Rockstad 等人在 1994 年研制了基于 MEMS 电子隧道式加速度计的二维球形矢量传感器,等效自噪声约为 10 ng/$\sqrt{\text{Hz}}$@100 Hz,但除了在 100 Hz 窄带附近,其他频带噪声均显著高于零级海况下的海洋环境噪声,因此在实际应用时受到了很大的限制[20];1998 年 Moffet 年制作了基于压电三叠片加速度计的矢量传感器,测得等效热噪声加速度谱密度为 28.2 ng/$\sqrt{\text{Hz}}$@5 kHz[21],但其低频灵敏度过低,不适于低频应用;Levinzon 在 2012 年研制了超低噪声地震计,等效自噪声约为 3 ng/$\sqrt{\text{Hz}}$@100 Hz,但是工作频率上限只有 200 Hz,且体积过大,不适合用作矢量传感器敏感器件[22]。

上述文献均仅针对声压水听器或振动传感器的自噪声进行了研究,而矢量传感器显然不同于声压水听器或振动传感器:首先,声压水听器的自噪声分析仅考虑了材料的介电损耗引起的电子热噪声,并不需要考虑到惯性系统带来的影响,而该部分噪声在同振式矢量传感器的自噪声分析时不可忽略;其次,与振动传感器不同的是,同振式矢量传感器系统不但包括敏感器件和前置放大电路,同时还包括悬挂结构,在自噪声分析及低噪声设计时,需要考虑该部分对自噪声的影响,且要综合考虑各部分噪声之间的匹配问题,因此并不能完全沿用振动传感器的理论分析。

针对以上问题,本文首先建立包括压电敏感器件、悬挂结构、电缆以及前置放大电路在内的矢量传感器等效自噪声分析模型,并围绕敏感器件、悬挂结构和前置放大电路噪声匹配等低噪声设计中的一些关键问题展开研究;在此基础上,设计制造低噪声矢量传感器样机,并研制等效自噪声测量平台,对样机自噪声进行测试,根据结果验证低噪声设计的合理性。

2　矢量传感器等效自噪声分析

完整的同振式矢量传感器系统包括内置敏感器件(加速度计)、悬挂结构、电缆及前置放大电路等四部分,如图 1 所示:首先,各部分均会产生自噪声,且噪声产生机理不同,各部分噪声之间互不相关,在自噪声建模分析时不宜忽略;另外,各部分之间互为输入输出且相互耦合,敏感器件的自噪声在经过系统的过程中会由于前后级不匹配而被放大,在低噪声设计时要从系统级进行分析。

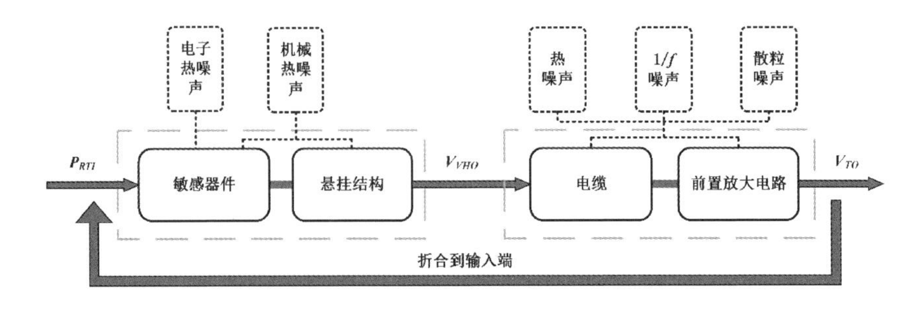

图 1　同振式压电矢量传感器等效自噪声分析原理图

2.1　非相关噪声源的自噪声分析

(1)敏感器件

敏感器件作为矢量传感器系统的最前级,其自噪声决定了矢量传感器系统的自噪声下限,是低噪声设计基础。压电加速度计作为同振式矢量传感器最常用的敏感器件,自噪声包括由机械结构中的机械阻引起的机械热噪声[14,15]以及由压电材料的损耗引起电子热噪声[18.19],两者互不相关,总等效噪声电压谱密度 e_{nPE} 表示为:

$$e_{nPE}=\sqrt{e_{nm}^2+e_{ne}^2}=a_{nPE}M_a=M_a\sqrt{a_{nm}^2+a_{ne}^2} \tag{1}$$

其中,e_{ne} 和 e_{nm} 分别是电子热噪声源和机械热噪声源;M_a 是加速度电压灵敏度;a_{nPE}、a_{ne} 和 a_{nm} 分别是总等效噪声加速度谱密度、等效电子热噪声及等效机械热噪声噪声加速度谱密度。建立如图2所示的等效噪声分析电路原理图,r_e 和 r_m 是分别与各自噪声源对应的等效噪声电阻;C_{PE} 是等效电容;e_s 为信号源。

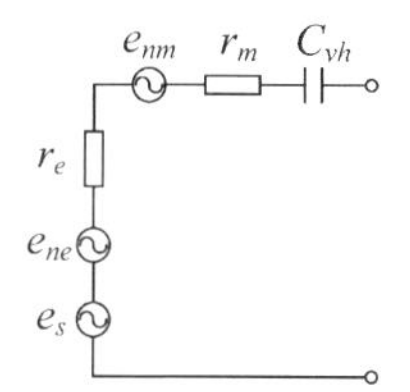

图2　压电敏感器件的等效噪声分析电路原理图

电子热噪声等效电阻表示为 $r_e=1/[\omega C_{PE}(\eta+1/\eta)]$,$\omega$ 为角频率,η 为压电材料的介电损耗因子。实际中,对于绝大多数压电材料 $\eta\ll1$,故将上式简化为 $r_e=\eta/\omega C_{vh}$。敏感器件的电子热噪声电压 e_{ne} 及等效电子热噪声加速度 a_{ne} 表示为:

$$e_{ne}=\sqrt{4k_BTr_e}=\sqrt{\frac{4k_BT\eta}{\omega C_{vh}}}$$

$$a_{ne}=\frac{e_{ne}}{M_a}=\sqrt{\frac{4k_BT\eta}{\omega C_{vh}M_a^2}} \tag{2}$$

上式中,$k_B=1.38\times10^{-23}$　J/K 是 Boltzmann 常数;T 是绝对温度,单位为 K。

当敏感器件作为惯性传感器时可表示成弹簧－阻尼－质量系统,等效原理如图3所示[16]。当加速度信号 a_s 作用到外壳时,质量块 m 与外壳间产生相对位移,并通过压电元件转化为电信号输出。

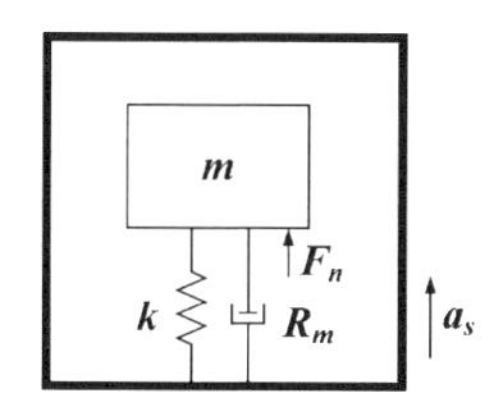

图3　惯性传感器的等效噪声分析机械原理图

根据奈奎斯特定律,由机械电阻 R_m 引起的机械噪声力谱密度为 $F_n=\sqrt{4k_BTR_m}$。在惯性传感器工作频带内($\omega<\omega_0/3$),噪声位移谱密度 Z_n 与信号的频域响应 Z_s 分别表示为[15]:

$|\overline{Z_n}|^2 = \frac{4k_B T R_m}{k^2} = \frac{4k_B T}{mQ\omega_0^3}$与$|\overline{Z_s}|^2 = a_s^2/\omega_0^4$，若假设信号为自噪声，即$\overline{Z_n} = \overline{Z_s}$，则敏感器件的机械热噪声电压$e_{nm}$及等效机械热噪声加速度$a_{nm}$表示为：

$$a_{nm} = \sqrt{\frac{4k_B T\omega_0}{mQ}}$$

$$e_{nm} = a_{nm}M_a = \sqrt{\frac{4k_B T\omega_0 M_a^2}{mQ}} \tag{3}$$

其中ω_0为惯性传感器的固有频率，$Q = \omega_0 m/R_m$为品质因数。

(2)悬挂结构

对于同振式矢量传感器系统来说，悬挂结构是不可或缺的一部分。实际应用时，矢量传感器被弹性悬挂元件(弹簧或皮筋等)悬挂在刚性固定的框架上，矢量传感器和弹性悬挂元件共同组成弹簧－质量振动系统，如图4所示。

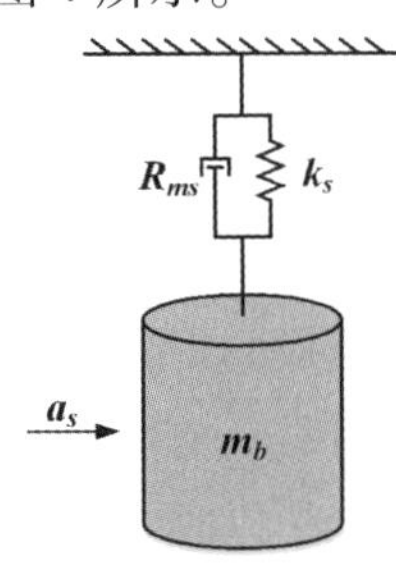

图4　带悬挂结构的同振式矢量传感器示意图

其中，k_s和R_{ms}分别是悬挂系统中弹性悬挂元件的弹性系数和阻尼；m_b是矢量传感器整体质量。由于该结构弹性悬挂元件阻尼会引入机械热噪声，通过在阻尼的方向上添加一个等效噪声力源来分析其机械热噪声，其等效噪声分析机械原理图与图3类似。根据上文分析，悬挂结构引入的等效噪声加速度谱密度a_{nms}可以表示为

$$a_{nms} = \sqrt{\frac{4k_B T\omega_{0s}}{m_b Q_s}} \tag{4}$$

其中，Q_s是悬挂系统的品质因数；ω_{0s}是悬挂系统的固有频率。

(3)电缆

矢量传感器检测到的弱信号要经过一段导线或电缆传输后才能到达前置放大器的输入端。若该段电缆较长，对于等效电容很小的压电敏感器件来说，电缆的分布电容和漏电阻对自噪声的贡献不能忽略。考虑电缆等效模型时需要结合后端前置放大电路输入形式：同相放大时，电缆的分布电容认为是运放的输入电容，漏电阻视为运放的输入电阻；反相放大时，电缆的分布电容认为是运放的输入电容，而漏电阻则视为运放的反馈电阻。

(4)前置放大电路

在矢量传感器系统中，常用运算放大器设计前置放大电路。图5是单端输入前置放大电路的噪声分析原理图。运算放大器本身可以等效成一个无噪声的运放，在正向输入端串联一个噪声电压源e_n，以及在两个输入端与接地之间放置两个电流源i_{np}和i_{nn}($i_{np} = i_{nn}$)，输入信号源短路接地；电阻等效成无噪声电阻与相应的噪声电压源串联。各个电阻产生的热噪声以及运放内部噪声之间彼此不相关，因此可以根据叠加原理对噪声进行计算，如式(7)。

该噪声分析电路对于同相输入或反相输入的放大电路均适用。

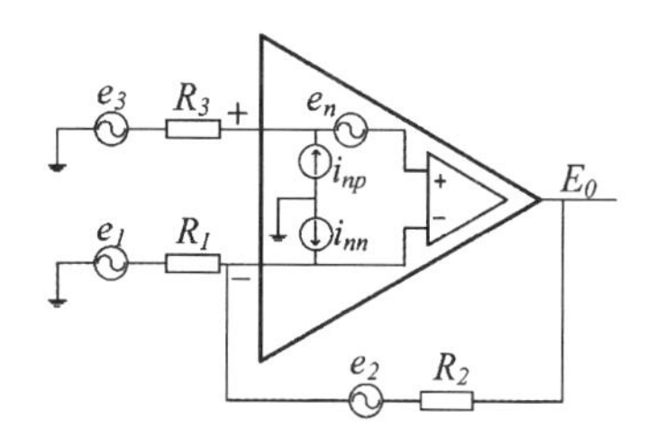

图 5 单端输入前置放大电路噪声分析原理图

$$E_i = \frac{\sqrt{\overline{E_R}^2 + \overline{E_n}^2 + \overline{E_{np}}^2 + \overline{E_{nn}}^2}}{G}$$

$$= \sqrt{\frac{4k_B TR_2}{A_n} + 4k_B TR_3 + (\frac{i_{nn}R_2}{A_n})^2 + (i_{np}R_3)^2 + e_n^2} \tag{5}$$

其中,E_i 是折合到前置放大电路输入端的噪声电压谱密度,$E_i = \frac{E_o}{G}$;$G = 1 + R_2/R_1$ 为放大倍数;E_R 是电阻在输出端产生的噪声电压谱密度;E_n、E_{np} 和 E_{nn} 分别对应运放的噪声电压源、正相输入和反相输入的噪声电流源在输出端产生的噪声电压谱密度。

从上式中可以看出,提高前置放大电路的增益可以减小由反馈电阻 R_2 引起的热噪声;同时,输入电阻 R_3、运放的输入噪声电流和输入噪声电压均与前置放大电路的输入噪声电压成正比,减小其中任何一项都可以降低自噪声。

2.2 等效自噪声理论推导

根据图 1 给出的自噪声分析模型,建立同振式矢量传感器的等效自噪声分析电路原理图如图 6 所示,敏感器件的自噪声经过系统后,最终在输出端表现为输出噪声电压 V_{TO},将其折合到输入端,可得到表征矢量传感器等效自噪声的参数等效噪声声压级 P_{RTI} 或等效噪声加速度谱密度 A_{RTI}。其中各参数的符号及含义由表 1 给出。

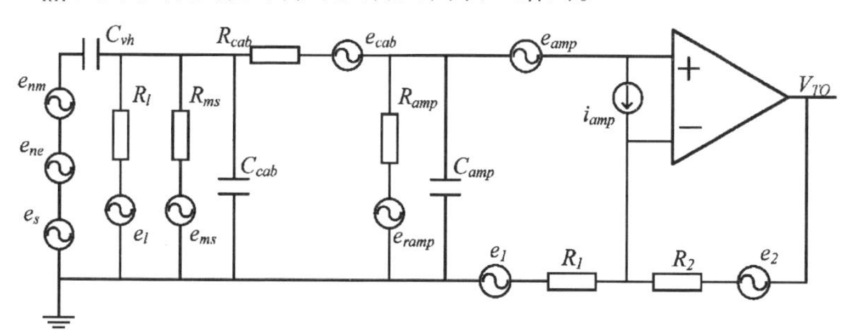

图 6 矢量传感器等效自噪声分析电路原理图

表 1　矢量传感器等效自噪声分析电路参数表

符号	意义	符号	意义
R_l	敏感器件等效漏电阻	R_{amp}	前置放大电路输入电阻
e_l	敏感器件漏电阻热噪声	C_{amp}	前置放大电路输入电容
C_{cab}	电缆等效分布电容	$R_1 R_2$	反馈回路电阻
R_{cab}	电缆等效电阻	e_{ramp}	输入电阻热噪声
e_{cab}	电缆等效电阻热噪声	$e_1\ e_2$	反馈电阻热噪声
R_{ms}	悬挂结构等效机械阻	e_{amp}	运放等效输入电压噪声
e_{ms}	悬挂结构机械阻机械热噪声	i_{amp}	运放等效输入电流噪声

矢量传感器系统输出端的噪声电压可以表示为：

$$|V_{TO}|^2 = |V_{oacc}|^2 + |V_{osus}|^2 + |V_{ou}|^2 + |V_{oi}|^2 + |V_{oRi}|^2 + |V_{oRf}|^2 \tag{6}$$

其中，V_{oacc}、V_{osus}、V_{ou}、V_{oi}、V_{oRi}和 V_{oRf}分别为矢量传感器敏感器件噪声、悬挂结构噪声、前置放大器电压噪声和电流噪声、等效输入电阻及反馈电阻产生的噪声经过矢量传感器系统后在输出端产生的输出噪声电压谱密度。将各部分噪声源到系统输出的传递函数进行推导，得到输出噪声电压的表达式：

$$|V_{TO}|^2 = (|e_{nm}|^2 + |e_{ne}|^2)^2 \cdot |H_1|^2 + |e_{ms}|^2 G^2\left(\frac{1}{1+\frac{1}{\mathrm{j}\omega C_{pp}R_{pp}}}\right)^2 + |e_2|^2 + \left(\frac{R_2}{R_1}\right)|e_1|^2 + |e_{Ri}|^2 \cdot G^2\left(\frac{1}{1+\mathrm{j}\omega C_{pp}R_{pp}}\right)^2 + |i_{amp}|^2 R_2 + |i_{amp}|^2 \cdot G^2\left|\frac{R_{pp}}{1+\mathrm{j}\omega C_{pp}R_{pp}}\right|^2 + |e_{amp}|^2 \cdot G \tag{7}$$

根据附录中的推导，将其折合到输入端，即可得到等效噪声加速度谱密度和等效噪声声压谱密度，即：

$$A_{RTI}^2 = 4k_B T\left(\frac{0.01\omega_0}{m_1 Q_1} + \frac{\eta}{\omega C_{vh} M_a^2 \text{♂}} + \frac{0.01\omega_{0s}}{m_b Q_s}\left(\frac{C_{vh}}{C_{pp}}\right)^2\right) + \frac{1}{M_a^2 \text{♂}}\left(\frac{C_{pp}}{C_{vh}}\right)^2\left(|e_{amp}|^2 + \frac{|i_{amp}|^2 R_2}{G^2} + \frac{8k_B T R_2}{G^2}\right) + \frac{1}{M_a^2 \text{♂}}\frac{1}{\omega^2 C_{vh}^2}\left(\frac{4k_B T}{R_{pp}} + |i_{amp}|^2\right) \tag{8}$$

$$P_{RTI}^2 = 4k_B T\left(\frac{0.01\omega_0}{m_1 Q_1} + \frac{\omega\eta}{(\rho c)^2 C_{vh} M_p^2 \text{♂}} + \frac{0.01\omega_{0s}}{m_b Q_s}\left(\frac{C_{vh}}{C_{pp}}\right)^2\right) + \frac{\omega^2}{(\rho c M_p)^2}\left(\frac{C_{pp}}{C_{vh}}\right)^2\left(|e_{amp}|^2 + \frac{|i_{amp}|^2 R_2}{G^2} + \frac{8k_B T R_2}{G^2}\right) + \frac{1}{(\rho c M_p)^2}\frac{1}{C_{vh}^2}\left(\frac{4k_B T}{R_{pp}} + |i_{amp}|^2\right) \tag{9}$$

式中 ρ 为水介质密度，c 为水中声速。根据各部分具体参数，即可对压电矢量传感器的等效自噪声进行理论计算。

3　低噪声设计方法研究

3.1　敏感器件的低噪声设计

敏感器件的自噪声决定了矢量传感器的自噪声下限，是低噪声设计的基础。可以通过减小机械热噪声及减小电子热噪声的设计来降低敏感器件总噪声。另外，根据不同情况，分析机械热噪声和电子热噪声对总噪声的贡献大小，可简化低噪声设计。

根据前文分析，机械热噪声与振子的固有频率、等效质量块质量以及机械品质因数有关。可以通过增加质量块质量、增加机械品质因数，或降低固有频率来降低机械热噪声。但是，三个参数与振子结构息息相关，彼此相互影响，相互制约：增加质量块质量、增加品质因数均会影响固有频率，降低固有频率则会降低工作频带，并且改变任何一个参数都会使灵敏度发生变化。因此在低噪声设计时，根据实际振子结构和参数需求进行设计。

由式(2)可以看出，电子热噪声与电压灵敏度、频率及压电材料的介电损耗有关。可以通过增加灵敏度来减小电子热噪声，增加灵敏度可以通过选择更高压电系数的压电材料，或通过设计振子结构来实现，本文对此不做深入研究。介电损耗因子 η 作为压电材料的固有属性，不能改变，因此在低噪声设计时要重点考虑该参数。图 7 中给出了不同损耗因子条件下电子热噪声随频率变化的规律：可见，电子热噪声在频域上表现为有色噪声，随着损耗因子降低，电子热噪声也会随之减小，且在低频段减小尤为明显，该特性对于低频弱信号的拾取十分重要。因此，对低频矢量传感器进行低噪声设计，要优先考虑使用损耗因子较小的压电材料。目前，常用的压电陶瓷材料的损耗因子约为 1% ~2%，弛豫铁电单晶的损耗因子更低，为 0.2% ~1%[23,24]，但是单晶材料存在强烈的各向异性压电特性，且价格远高于压电陶瓷，工程化应用还有待进一步研究。

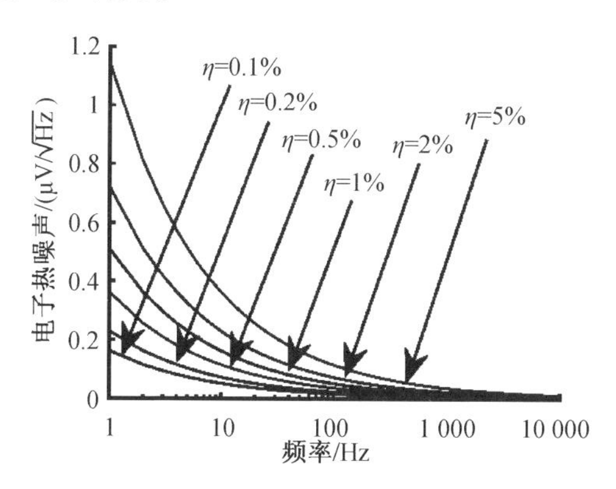

图7　压电材料的损耗因子 η 与电子热噪声关系

对于工作频带、灵敏度不同的矢量传感器，敏感器件可能选用不同压电材料及不同振子结构，因而电子热噪声和机械热噪声对总噪声的贡献不相同。图 8 分别给出了不同损耗因子下压电器件的电子热噪声、机械热噪声及总噪声：若矢量传感器在远低于固有频率的低频工作时（约 $\frac{\omega}{\omega_0}<10^{-3}$），敏感器件总噪声几乎均由电子热噪声贡献，此时可以忽略机械热噪声的影响；随着工作频率的提高（约 $10^{-3}<\frac{\omega}{\omega_0}<10^{-1}$），电子热噪声和机械热噪声均对总噪声

有明显贡献，且损耗因子越低，机械热噪声在较低频段贡献越明显，因此若矢量传感器工作在该频段内，则要综合考虑两类噪声，根据实际情况进行低噪声设计；若工作频率接近固有频率，这种情况在低频或甚低频矢量传感器的设计中经常见到，此时机械热噪声是敏感器件总噪声的主要来源，主要针对机械热噪声进行低噪声设计即可。

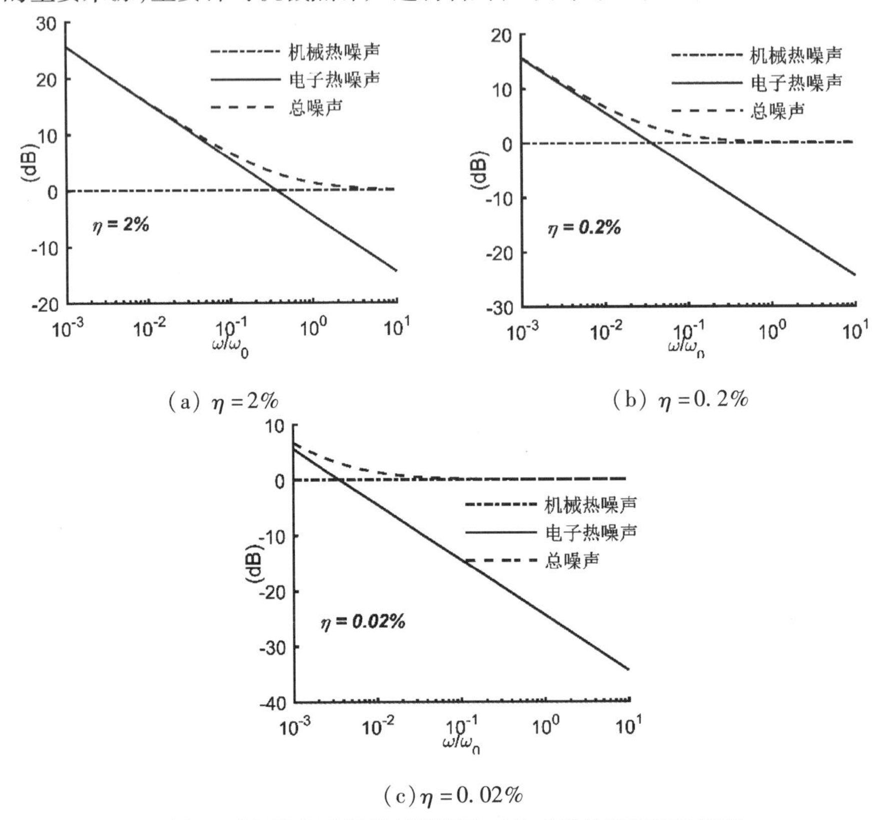

(a) $\eta=2\%$　　(b) $\eta=0.2\%$

(c) $\eta=0.02\%$

图 8　电子热噪声及机械热噪声对敏感器件总噪声的贡献

3.2　悬挂结构对自噪声的影响

若假设悬挂结构的机械热噪声与敏感器件的机械热噪声互不相关，根据噪声叠加原理以及式(5)和式(6)，由两者引入的总机械热噪声 a_{nmt} 可以写成：

$$a_{nmt}=\sqrt{a_{nm}^2+a_{nms}^2}=\sqrt{\frac{4k_BT\omega_0}{mQ}+\frac{4k_BT\omega_{0s}}{m_bQ_s}} \tag{10}$$

如图 9 所示，当悬挂结构与敏感器件品质因数之比值较小时(约小于 0.1)，悬挂系统对矢量传感器的机械热噪声有较明显贡献；随着品质因数比的增加，矢量传感器的机械热噪声几乎均由敏感器件的机械热噪声贡献，此时悬挂系统的自噪声可以忽略。

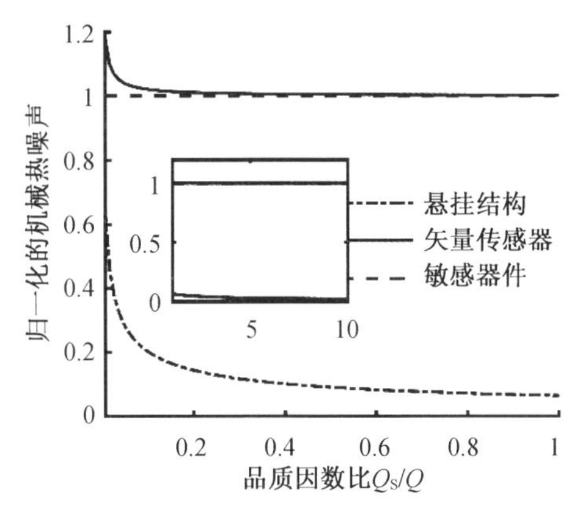

图9　不同品质因数比条件下的悬挂结构引入机械热噪声分析

在矢量传感器与敏感器件不同质量比条件下，悬挂结构引入噪声对总机械热噪声的分析如图10所示：在矢量传感器与敏感器件质量比较小时，悬挂系统对总机械热噪声有较明显地贡献；随着质量比的增加，悬挂系统对总机械热噪声贡献逐渐降低，总机械热噪声几乎均由敏感器件贡献，悬挂系统的自噪声可以忽略。

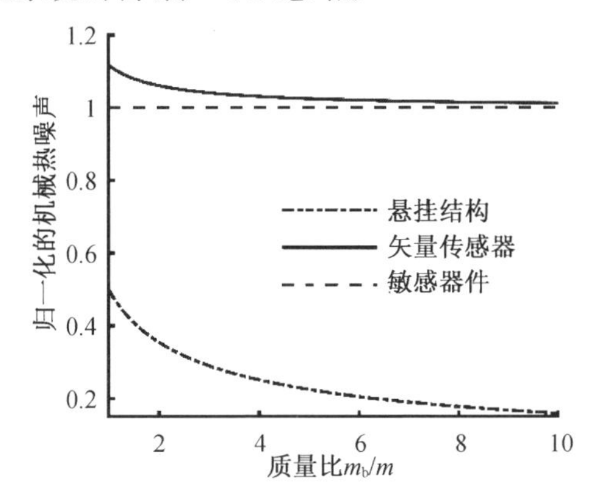

图10　不同质量比条件下的悬挂结构引入机械热噪声分析

一般地，同振式矢量传感器悬挂系统的固有频率 ω_{0s} 约为几赫兹，远小于敏感器件的固有频率 ω_0，且矢量传感器的质量 m_b 也会大于敏感器件的质量 m。但是低频矢量传感器固有频率较低，敏感器件的惯性质量一般较大，且为保持中性浮力，矢量传感器的质量不会太大，因而质量比较小。所以，对于低频矢量传感器的低噪声设计来说，考虑悬挂结构机械热噪声所带来的影响是必要的。

3.3　前置放大低噪声匹配设计

众所周知，低噪声设计需要选择低噪声运算放大器。但是，仅考虑运算放大器本身的噪声电流和噪声电压指标，对于具有高输出阻抗的压电敏感器件来说是不够的；压电敏感器件与前置放大电路的噪声匹配往往是矢量传感器低噪声设计的主要因素。

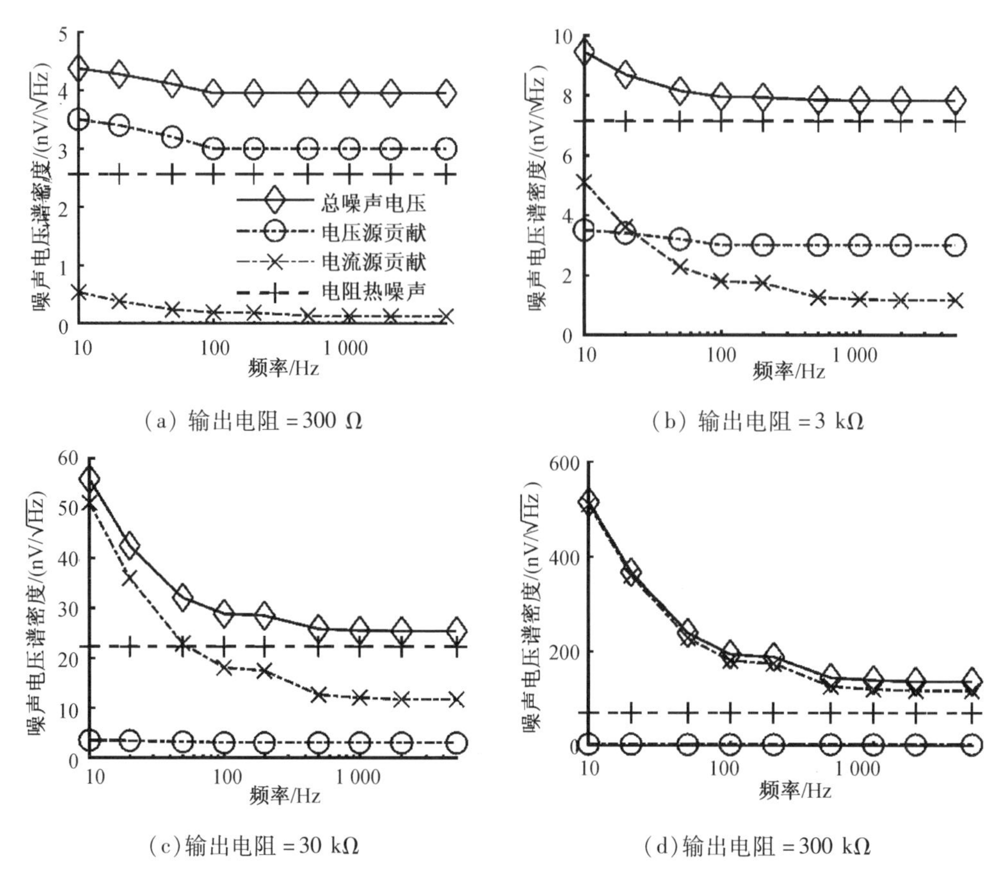

图 11　敏感器件输出阻抗不同时各部分噪声源对总噪声贡献

图 11 给出了在同一运算放大器条件下，具有不同输出阻抗的敏感器件与前置放大电路的匹配电压噪声、匹配噪声电流以及敏感器件的电阻热噪声对总噪声的贡献：在敏感器件输出阻抗较低时（图（a）），总噪声主要由匹配电压噪声和电阻热噪声贡献；随着敏感器件输出阻抗增加（图（b）（c）），匹配电流噪声、匹配电压噪声和电阻热噪声均有所增加，其中匹配电流噪声增加速度最快，对总噪声的贡献也逐渐增大；当敏感器件输出阻抗增加到一定程度时（图（d）），总噪声几乎均由匹配电流噪声贡献，电阻热噪声和运放的噪声电压均可忽略。另外，随着敏感器件输出阻抗的增高，总噪声也随之增大。

综上，为获得较小的输出噪声，首先要尽量降低敏感器件的输出阻抗，同时选择噪声电流较小的运算放大器进行噪声匹配；若敏感器件输出阻抗较低，则利用噪声电压较小的运算放大器与之进行噪声匹配，以便获得更低的输出噪声。

3.4　低噪声矢量传感器设计

IEPE 加速度计（内置集成电路压电加速度计 Integral Electronics Piezoelectric Accelerometer, IEPE）以其低频性能出色、动态范围宽、输出阻抗低以及稳定性好等特点已经成为矢量传感器设计最常使用的敏感器件之一。根据前文对低噪声设计中关键问题的分析，建立以 IEPE 加速度计为敏感器件的矢量传感器系统等效自噪声分析电路如图 12 所示。首先，IEPE 加速度计具有表征其等效自噪声的参数 - 等效噪声加速度，在噪声分析时将其

等效为噪声电压源 e_{IEPE}；R_{vh} 和 e_{vh} 分别是输出电阻和相应的电阻热噪声；另外，与常规敏感器件不同，IEPE 加速度计工作时需恒流源反向供电，因此在与前置放大器连接之前需进行隔直处理（C_d 和 R_d 部分）。

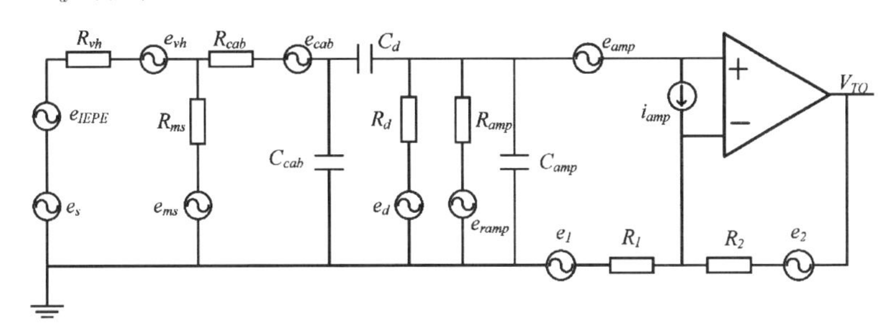

图 12　基于 IEPE 加速度计的矢量传感器等效自噪声分析电路原理图

根据 1.2 节的分析，该矢量传感器总输出噪声电压可以表示为：

$$|V_{TO}|^2 = |e_{IEPE}|^2 \cdot |H_1|^2 + |e_{ms}|^2 G^2\left(\frac{1}{1+\dfrac{1}{j\omega C_{pp}R_{pp}}}\right)^2 + |e_2|^2 + \left(\frac{R_2}{R_1}\right)|e_1|^2$$
$$+ |e_{ramp}|^2 \cdot G^2\frac{1}{1+(\omega C_{pp}R_{pp})^2} + |i_{amp}|^2 R_2 + |i_{amp}|^2 \cdot G^2\left|\frac{R_{pp}}{1+j\omega C_{pp}R_{pp}}\right|^2 + |e_{amp}|^2 \cdot G \tag{11}$$

上式中，等效输入电阻和等效输入电容分别为 $R_{pp}=R_{vh}||R_{ms}+R_{cab}+R_d||R_{iamp}$ 和 $C_{pp}=C_{cab}+C_d+C_{ampi}\approx C_d$。一般地，为了增加输入电阻，$R_d$ 的阻值均大于 1 MΩ；而运算放大器的输入电阻 R_{iamp} 可达百兆欧或吉欧量级；R_{vh} 一般为几百欧姆；另外，前置放大电路一般位于湿端，靠近敏感器件，因此电缆的等效电容 C_{cab} 以及漏电阻 R_{cab} 可以忽略不计；因此该电路的等效输入电阻约为 R_d。另外，为了不影响频率特性，根据 R_d 的阻值，C_d 一般都选在微法级，而运算放大器的输入电容 C_{ampi} 一般为几皮法，因此该电路的等效输入电容约为 C_d。矢量传感器的总质量远大于 IEPE 加速度计的等效惯性质量，且悬挂系统的品质因数一般均大于敏感器件的品质因数，根据前文分析可忽略悬挂结构引入噪声；折合到矢量传感器的等效输入端，并化简后得到等效噪声声压级和等效噪声加速度谱密度：

$$P_{RTI}^2 = \frac{1}{(\rho c)^2 M_p^2 \male}\cdot\left[\omega^2|e_{IEPE}|^2 + \omega^2|e_{amp}|^2 + \frac{|i_{amp}|^2\omega^2 R_2}{G^2} + \frac{\omega^2}{G^2}8k_BTR_2 + \frac{1}{C_{pp}^2}\left(\frac{4k_BT}{R_{pp}} + |i_{amp}|^2\right)\right]$$
$$A_{RTI}^2 = \frac{1}{M_a^2 \male}\cdot\left[|e_{IEPE}|^2 + |e_{amp}|^2 + \frac{|i_{amp}|^2 R_2}{G^2} + \frac{1}{G^2}8k_BTR_2 + \frac{1}{\omega^2 C_{pp}^2}\left(\frac{4k_BT}{R_{pp}} + |i_{amp}|^2\right)\right] \tag{12}$$

根据该理论推导，并结合 IEPE 敏感器件输出阻抗低的特点，可知前置放大电路的输出噪声主要由运算放大器的输入噪声电压和电阻热噪声贡献。因此对于基于 *IEPE* 加速度计的矢量传感器，主要针对其等效输出噪声电压 e_0 及运算放大器的等效输入噪声电压（包括电阻热噪声）e_0 进行低噪声设计，如图 13 所示（0 dB 为 100 Hz 时 IEPE 加速度计噪声）。当两者相近时（图 13（a）），矢量传感器总输出噪声均由运算放大器及相关电阻热噪声贡献；随着 e_{IEPE} 增加（图 13（b）），较高频段的噪声主要由 IEPE 加速度计自噪声贡献，而较低频段的噪声仍主要由运算放大器及相关电路贡献，且随着 e_{IEPE}继续增加(图 13(c))，加速度计的自噪声对较低频段贡献越来越大；当 e_{IEPE}增加到一定程度时($\frac{e_{\mathrm{IEPE}}}{e_{\mathrm{amp}}}=20$)，矢量传感器的总自噪声几乎均由 IEPE 加速度计的自噪声贡献。

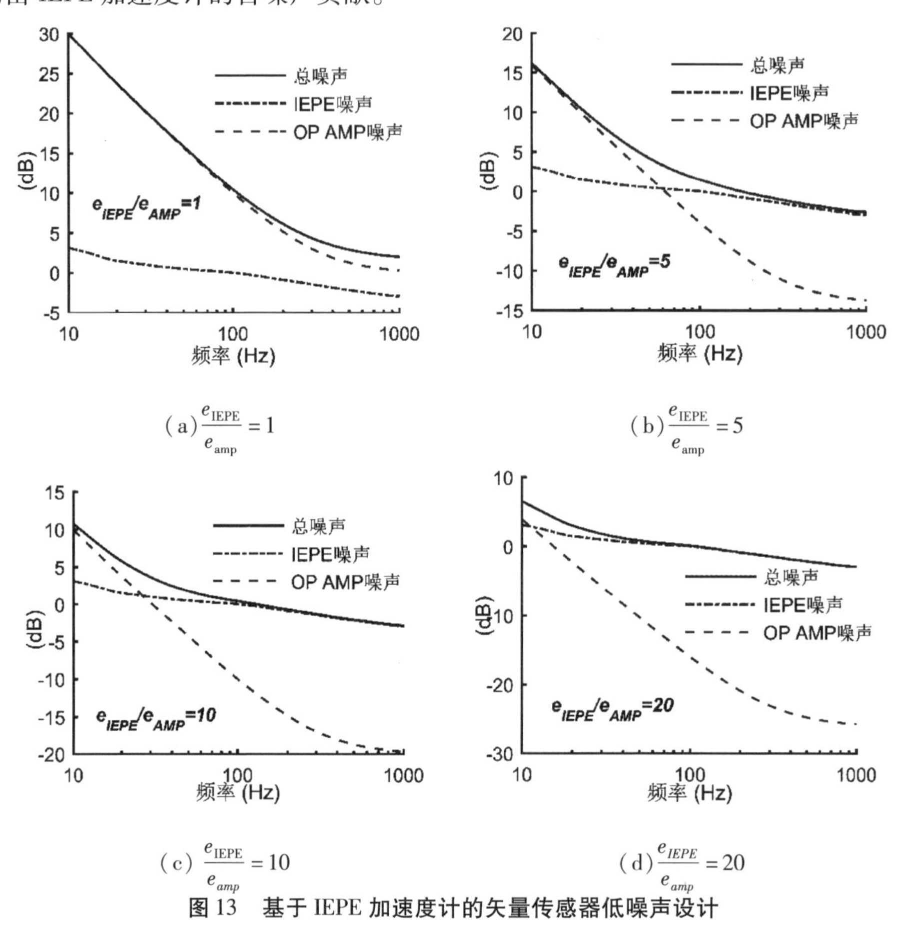

(a) $\frac{e_{\mathrm{IEPE}}}{e_{\mathrm{amp}}}=1$　　(b) $\frac{e_{\mathrm{IEPE}}}{e_{\mathrm{amp}}}=5$

(c) $\frac{e_{\mathrm{IEPE}}}{e_{amp}}=10$　　(d) $\frac{e_{IEPE}}{e_{amp}}=20$

图 13　基于 IEPE 加速度计的矢量传感器低噪声设计

根据上述低噪声设计原理，并结合实际情况，本文选用灵敏度较高，且等效输入噪声较低的 IEPE 加速度计，同时选用输入噪声电压较低的低噪声运算放大器设计低噪声矢量传感器。放大电路采用图 6 中所示的原理图，增益为 20 dB。表 2 为器件主要参数。

表 2　样机主要器件参数

IEPE 加速度计							
输出阻抗(Ω)	加速度灵敏度(V/g)	固有频率(Hz)	质量(g)	等效输入噪声加速度($\frac{\mathrm{ng}}{\sqrt{\mathrm{Hz}}}$)			
500	10	2500	50	100@10Hz	70@100Hz	50@1kHz	
运算放大器						电阻	
输入噪声电压($\frac{\mathrm{nV}}{\sqrt{\mathrm{Hz}}}$)			输入噪声电流(pA/$\sqrt{\mathrm{Hz}}$)			R_1(Ω)	R_2(Ω)
3.5@10Hz	3@100Hz	3@1kHz	1.7@10Hz	0.6@100Hz	0.4@1kHz	100	1 000

由表2可知,在100 Hz 时的$\frac{e_{\mathrm{IEPE}}}{e_{\mathrm{amp}}}$约为233,根据式(12),计算得到该矢量传感器的理论等效噪声声压谱级约为87.4 dB/$\sqrt{\mathrm{Hz}}$@10 Hz、64.3 dB/$\sqrt{\mathrm{Hz}}$@100 Hz以及41.4 dB/$\sqrt{\mathrm{Hz}}$@1 kHz;等效噪声加速度谱密度约为100.5 ng/$\sqrt{\mathrm{Hz}}$@10 Hz、70.01 ng/$\sqrt{\mathrm{Hz}}$@10 Hz以及50 ng/$\sqrt{\mathrm{Hz}}$@10 Hz,矢量传感器的自噪声几乎均由IEPE加速度计的自噪声贡献,这与上述低噪声设计原理的结果一致。

4　样机研制及测试

4.1　低噪声样机研制

将敏感器件(IEPE加速度计)用环氧树脂和玻璃微珠制备而成的低密度复合材料加以灌封,使其达到中性浮力后进行减振悬挂,装入充油的聚氨酯透声外壳内进行水密处理,完成矢量传感器探头部分制作。电子仓采用高80 mm,外径Φ80 mm的铝圆柱外壳,前置放大电路在电子仓内进行固定安装。电子仓与探头之间使用O型圈进行水密,并采用低噪声电缆引出信号。矢量传感器样机直径为Φ65 mm,高130 mm,质量约为520 g,矢量传感器与敏感器件的质量比远大于1,根据2.2节的分析,悬挂结构噪声可忽略。实物如图14所示。

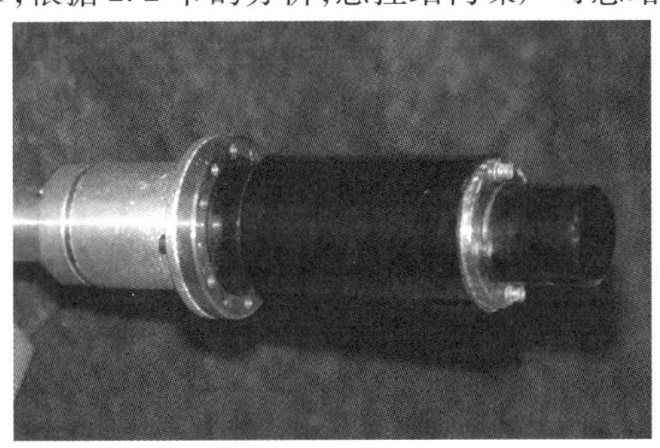

图14　低噪声矢量传感器样机

4.2　等效自噪声测量

相比于声压水听器,矢量传感器不但对声压信号敏感,对质点振速或加速度等振动信号同样敏感,其自噪声测量更容易受到环境干扰,导致测量结果精度低。为了准确测量矢量传感器的自噪声,本文研制了具有隔声、减振、屏蔽功能的低噪声测量平台,以确保可以准确可靠的评价矢量传感器的自噪声性能,平台设计示意图如图15所示。对主罐体内的测量环境采用抽真空处理隔离环境噪声,并使用空气弹簧隔离振动干扰,同时对测量平台整体加铜外壳以屏蔽电磁干扰。系统均采用低噪声电缆传输信号,且远离温度容易变化的区域(如暖气等)。图16为等效自噪声测量系统实物。

自噪声测量时,首先选择背景噪声较低的时段(夜晚),将矢量传感器进行柔性悬挂,放入平台内,进行抽真空处理。静置一段时间,待矢量传感器不再有明显摆动后进行测量。矢量传感器的自噪声信号经过低噪声前置放大器放大后送入高精度数据采集器进行信号采集,待后处理。

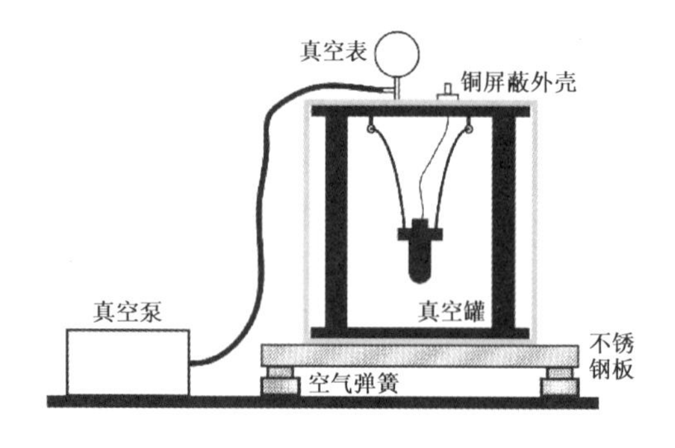

图 15　自噪声测量平台示意图

图 16　矢量传感器等效自噪声测量系统

经实测矢量传感器样机的等效噪声加速度谱密度如图 17 所示。在 40 *Hz* 以上等效自噪声较为平坦,且两通道自噪声基本一致,均在 65 ng/ $\sqrt{\text{Hz}}$@100 Hz,以及 45 ng/ $\sqrt{\text{Hz}}$@1 kHz 附近,与设计值基本相同;低于 40 Hz 的实测自噪声过高,这是由于空气弹簧对低频减振效果不好,可尝试对低频减振结构进行设计以拓展低频测量下限,或研究高精度自噪声测量方法提高低频测量精度。

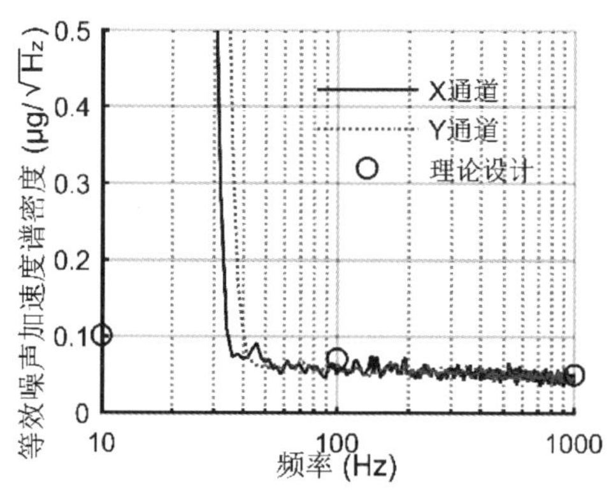

图17　矢量传感器样机的等效噪声加速度谱密度

将等效噪声加速度谱密度转换为等效噪声声压谱级,与 SS0 下的海洋环境噪声比较(图 18):当频率在 60 ~ 200 Hz 时,样机的等效噪声声压谱级与 SS0 海洋环境噪声声压谱级基本持平,起伏在 3 dB 以内;在 200 Hz 时达到了 55.5 dB/ $\sqrt{\text{Hz}}$,1 kHz 时达到 40.9 dB/ $\sqrt{\text{Hz}}$,均低于同频率下 SS0 海洋环境噪声。且实测结果与理论设计结果符合,验证了低噪声设计的可行性。主要频率的等效噪声声压谱级参见表 3。

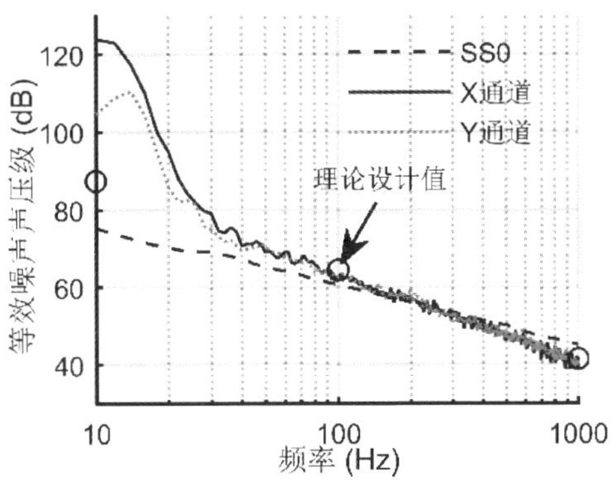

图 18 矢量传感器样机的等效噪声声压级

表 3 样机主要频点等效噪声声压级

频率/Hz	60	80	100	200	300	500	800	1 000
样机等效噪声声压级/dB	67.1	63.4	63.4	55.5	51.9	47.0	43.1	40.9
海洋环境噪声 SS0/dB	64.0	61.9	60.6	58.4	53.5	50.1	46.6	44.9

4.3 灵敏度及指向性测量

在驻波声管中对低噪声矢量传感器样机的灵敏度及指向性进行了测量。其中灵敏度结果如图 19 所示:自由场灵敏度在频带内基本满足 6 dB/OCT 的变化规律; X 通道和 Y 通道的灵敏度(含 20 dB 放大)约为 -171.1 dB 和 -171.9 dB(@100 Hz ,0 dB =1 V/μPa)。

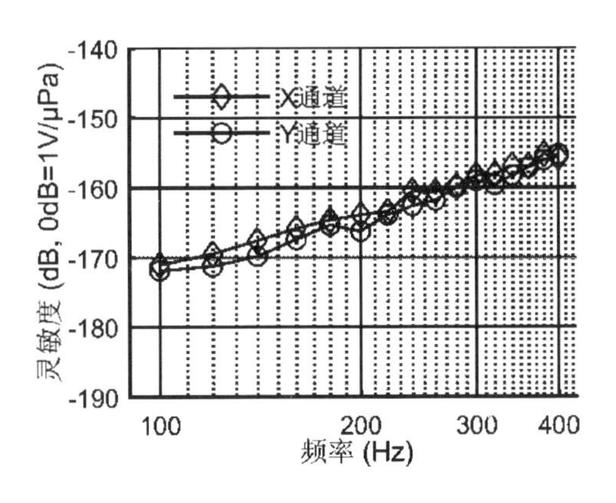

图 19 灵敏度测试结果

图 20 给出了样机两通道在 200 Hz 时的指向性测试结果:指向性满足余弦特性,对称性良好,且轴向最大灵敏度不对称性均小于0.5 dB;零陷深度均大于 30 dB;两通道具有良好的正交性,满足设计要求。

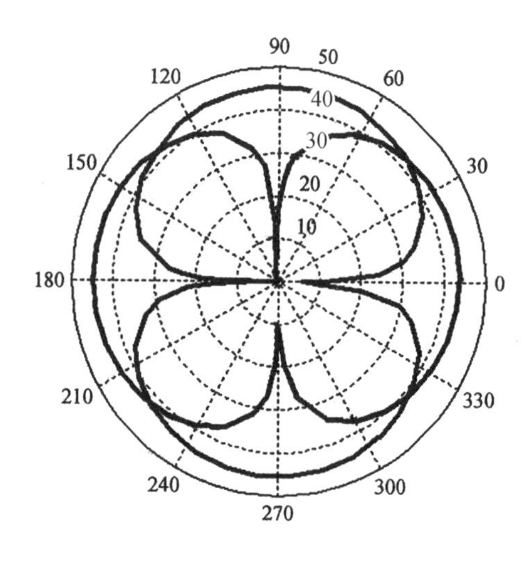

图 20　指向性测试结果

5　结论

本文建立了基于压电敏感器件、悬挂结构、前置放大电路及电缆的同振式压电矢量传感器等效自噪声分析模型，并围绕敏感器件的低噪声设计、悬挂结构对自噪声的影响以及前置放大电路低噪声匹配等方面问题进行了低噪声设计方法的研究。通过研究发现，敏感器件的自噪声决定了矢量传感器自噪声下限，选择介电损耗因子小的压电材料可显著减小电子热噪声，机械热噪声在工作频率靠近固有频率时贡献明显，在低频低噪声设计时要兼顾电子热噪声和机械热噪声，并考虑悬挂结构机械热噪声所带来的影响；尽量利用低输出阻抗敏感器件与前置放大电路进行噪声匹配，以获得较小的输出噪声。在此基础上，结合实际工程应用设计了基于 IEPE 加速度计的低噪声矢量传感器样机，同时研制了具有隔声、减振及电磁屏蔽功能的等效自噪声测量平台，对样机的自噪声进行了测量。结果表明，样机的等效噪声声压谱级在 60 ~200 Hz 时与 SS0 海洋环境噪声声压谱级基本持平，起伏在 3 dB 以内；在 200 Hz 和 1 kHz 时分别达到了 55.5 dB/ $\sqrt{\text{Hz}}$ 和 40.9 dB/ $\sqrt{\text{Hz}}$，低于同频率下 SS0 海洋环境噪声。理论设计结果与实测结果一致，验证了低噪声设计方法的可行性，同时也为矢量传感器的低噪声设计提供了理论依据。

参 考 文 献

[1] 杨士莪. 矢量传感器多极子化组合前景[J]. 哈尔滨工程大学学报, 2017, 38(1): 101 -102.

[2] Yang S E. Directional Pattern of a cross vector sensor array. 2012 Acoustics, 2012 Hong Kong Conference and Exhibition. Hong Kong SAR, China, May 13 -18, 2012: 381—386.

[3] Guo X, Yang S, Miron S. Low -frequency beamforming for a miniaturized aperture three -by - three uniform rectangular array of acoustic vector sensors [J]. The Journal of the Acoustical Society of America, 2015, 138(6): 3873 -3883.

[4] Guo X, Miron S, Yang Y, et al. An upper bound for the directivity index of superdirective acoustic vector sensor arrays[J]. The Journal of the Acoustical Society of America, 2016, 140(5): EL410 -EL415.

[5] 郭俊媛, 杨士莪, 陈洪娟, 等. 小尺寸矢量阵的多极子指向性低频测试与校正技术[J]. 声学学报, 2017, 42(5): 513 -523.

[6] Woollett R S. Hydrophone Design for a Receiving System in which Amplifier Noise is Dominant[J]. Journal of the Acoustical Society of America, 1962, 34(4):522.

[7] Woollett R S. Procedures for comparing hydrophone noise with minimum water noise[J]. Journal of the Acoustical Society of America, 1973, 54(5):1376 – 1379.

[8] Young J W. Optimization of acoustic receiver noise performance[J]. Journal of the Acoustical Society of America, 1977, 61(6):1471 – 1476.

[9] Straw T B. Noise prediction for hydrophone/preamplifier systems[R]. NAVAL UNDERSEA WARFARE CENTER DIV NEWPORT RI, 1993.

[10] Henriquez T A. An Extended - Range Hydrophone for Measuring Ocean Noise[J]. Journal of the Acoustical Society of America, 1972, 52(5B):1450 – 1455.

[11] Bakas K. Construction and testing of compact low noise hydrophones with extended frequency response[D]. Monterey, California. Naval Postgraduate School, 2004.

[12] Magliocchetti M. Improving the performance of MiniCan low noise hydrophone[D]. Monterey, California. Naval Postgraduate School, 2004.

[13] Alvarado – Juarez M. Construction and testing of low – noise hydrophones[D]. Monterey, California. Naval Postgraduate School, 2003.

[14] Tarnow V. The lower limit of detectable sound pressures[J]. The Journal of the Acoustical Society of America, 1987, 82(1): 379 – 381.

[15] T. B. Gabrielson. Mechanical – thermal noise in micromachined acoustic and vibration sensors. Electron Devices, IEEE Transactions on, 40(5):903 – 909, May 1993.

[16] Gabrielson T B. Fundamental Noise Limits for Miniature Acoustic and Vibration Sensors[C]. 1995:405 – 410.

[17] Gabrielson T B. Modeling and measuring self - noise in velocity and acceleration sensors[C]. American Institute of Physics, 1996:1 – 48.

[18] Schloss F. Accelerometer noise[J]. Sound and Vibration, 1993, 27: 22 – 23.

[19] Wlodkowski P A, Schloss F. Advances in acoustic particle velocity sensors[C]. Workshop Directional Acoustic sensors, Newport, RI, April. 2001.

[20] Rockstad H K, Kenny T W, Kelly P J, et al. A microfabricated electron - tunneling accelerometer as a directional underwater acoustic sensor[C]. AIP Conference Proceedings. AIP, 1996, 368(1): 57 – 68.

[21] Moffett M B, Trivett D H, Klippel P J, et al. A piezoelectric, flexural – disk, neutrally buoyant, underwater accelerometer[J]. IEEE Transactions on Ultrasonics Ferroelectrics & Frequency Control, 1998, 45(5):1341 – 6.

[22] Levinzon F A. Ultra – Low – Noise Seismic Piezoelectric Accelerometer With Integral FET Amplifier[J]. IEEE Sensors Journal, 2012, 12(6):2262 – 2268.

[23] 尹义龙, 李俊宝, 邢建新,等. 弛豫铁电单晶弯曲梁矢量水听器研究[J]. 声学学报, 2014(2):243 – 250.

[24] 栾桂冬, 张金铎, 王仁乾. 压电换能器和换能器阵[M]. 北京大学出版社, 2005.

第七篇

水声通信与组网

高数据率远程水声通信技术产业化急待解决的几个问题

尤立夫　桑恩方

1　引言

随着人类在海洋中经济和军事活动的增加,各种潜器和水下机器人的性能不断得到改进,尤其是无缆的,带有光学或声学成像设备的潜器、机器人即将在不远的将来投入使用。这种潜器与母船之间需要进行双向通信,即母船要向潜器发出控制指令,潜器要向母船传送图像数据。一般控制指令的传送数据率不会超过 1 kbit/s,但图像数据的传送数据率应大于 10 kbit/s,传送距离一般在几百米到几千米之间,这样的通信过程只能用声波作为信息载体来进行。但水声信道有着较强的时变、空变特性,而且由于海底、海面两个界面的存在,水声通信是在多个传输路径上同时进行的,这就引起了较强的码间干扰,随着母船和潜器之间的相对移动,以及波浪引起的海面波动,多途结构是在不断变化的,码间干扰的情况也就不断变化,同时海水对声波的吸收与频率的 3/2 次方成正比,因此为保证较大的传输距离,使用的信号频率不能太大,所有这些水声信道的特点都大大限制了水声通信设备的性能。实现高数据率、远程水声通信设备成为一个难题,因为它涉及了水声工程、信号处理、通信工程、电子工程等多学科、多领域的最新研究成果。国外对这一课题的研究始于 20 世纪 80 年代末。在 20 世纪 90 年代初相继提出大量抗多途技术,主要集中在自适应波束形成及自适应均衡器方面,给出了较多的新技术、新算法,但大多仍停留在仿真研究阶段,很少有实用设备报道,哈尔滨工程大学水声研究所于 1989 年开始在国内率先对这一课题进行研究,在广泛查阅国外相关文献的基础上,针对水声信道中存在严重的多途及噪声干扰、时变、空变、信道容量低等特点,进行了大量计算机仿真研究,设计出了有特色的跳频编码、多进制频率编码、多频与调相混合编码等通信方式,并采用 Transputer 并行处理器及具有当代国际先进水平的 VLSI 信号处理器 TMS320C30 构成了可编程的、实时水声通信机。利用这套设备和技术进行了三次较长时间的湖试,湖试中成功地实现了视频图像的高速声传输。传送距离达 8 ~ 10 km,典型传送速率为 4 kbit/s,最高曾达 8 kbit/s,误码率可达以下。这套设备的主要技术指标完成了预定目标,总体技术水平达到世界先进行列。但这项技术的产业化仍需一定量的工作,这些工作集中在对声信道的深入理解、不增加带宽情况下提高图像通信速率,以及利用声学的和信号处理的办法来抵抗由多径传输引起的码间干扰技术上。

2　对水声信道的进一步理解和研究

水声信道通常是衰落多途信道,多途是时变的。在这样信道中通信,必须采用相应的自适应技术。另外水声通信信道在不同传输距离下对信号的幅度、相位、频率特征有着不同的影响。对于垂直深水通信链和短距离水平通信链(1 km 以内),接收信号一般由直达声和海面、海底反射声所组成,信号幅度和相位起伏相当缓和,直达声可作为获取时间同步的参考,可以采用调相技术来实现高速信息传输。而中距离(1 ~ 20 km)的水平信道则有着较强的幅度和相位起伏,多普勒扩展通常在 50 Hz 范围内,多途时延扩展大约在 50 ms ~ 1 s 数量级。这样的信道使用调相技术相当困难,一般采用多进制频率编码。对于远距离(20 km 以上)通信系统必须使用较低的信号频率和较小的带宽来克服较高的传播损失,这样的远程传播中相位稳定性较好,可采用调相技术。

水声信道对于信号特征的不同影响给高数据率水声通信设备的实现带来一定困难,通信设备的调制、解调方式不可能自适应的改变,而信道情况则是随着潜器和母船的相对运动不断改变的,因此实现多维调频、调相编码技术可能是一种解决的办法。

3 针对海底图像的大压缩比编、解码技术研究

图像数据的传输大大超过了低容量的水声信道通信能力,现有的水声通信设备传送一幅中等分辨力的数字图像均需秒级的时间,难以满足母船对水下潜器、机器人的实时监测和控制的要求。因此在不影响视觉效果的前提下,对图像数据进行适当的压缩编码,可以在不提高设备通信速率的基础上提高图像的传输速率。潜器和机器人主要通过微光电视或图像声呐设备来获取海底图像。海底的光视学图像,一般比较昏暗,图像数据的动态范围不大;声呐设备成像主要是目标的亮点图,因此,对这类图像实现较大压缩是可行的,可以把图像做二值化处理,只把亮点位置数据传输即可使母船得到满意的图像,另外由于潜器和机器人移动缓慢,因此可对它采集到的移动海底图像进行帧间压缩,综合利用这些压缩办法可大大减少海底图像数据,使水声通信设备的图像通信速率得到提高,这是现有的水声图像通信技术产业化的必由之路。

4 适合于自适应波束形成和自适应均衡技术的阵列处理和芯片设计

衡量水声通信性能指标主要是数据率和误码率,高数据率水声通信需要先进的信号处理手段。现今对于降低误码率技术的研究主要集中在抗多途干扰方面。采用手段有两种,一种是基于空间信号处理技术的波束形成技术,使发射端形成窄波束发射,或使接收端形成窄波束接收或使发射和接收两端同时具有窄波束,这样可在一定程度上有效抑制由海面、海底或其他结构物引起的多途干扰。但因母船和水下潜器,机器人之间有相对运动,这种波束形成技术必须是自适应的,即在通信过程中自适应对准发射和接收波束。另一种降低误码率的技术是自适应均衡技术,由于水声信道产生的信号时间扩展是不确定的,而且严重的可达秒钟量级,因此需要均衡器的延迟线有较长的时间跨度,并且自适应算法应有较快的收敛特性。上述两种技术都属于先进信号处理手段,而先进信号处理手段的运算量是与处理数据数量的三次方成正比的,并且这些处理要求实时完成。为了实现上述的超高速计算,当前主要努力有两个方面,一是努力提高单个芯片的运算速度,走发展专用芯片的道路。另一方面是努力提高运算的并行度,即发展阵列信号处理的结构。

5 结语

高数据率远程水声通信技术的开发对于水下机器人及各种潜器视频图像、声呐图像、旁扫声呐及各种传感器数据信号,以及指令和命令的无缆传输与通信、水下遥测和勘探数据的传输、水下航道监视器、远程信息转发器、远程编码指令遥控器等技术的开发和研制都具有重要推广和应用价值。对于海洋开发与勘探,海洋军事工程等领域的意义是现实和深远的。加快这一高技术的产业化进程将使水下信息传输与通信技术走上一个高速、全数字化的新阶段。

视频图像水下声传输试验研究

桑恩芳 尤立夫 韩 彦 卞红雨

摘要 论述了视频图像水下声传输中的一些问题,介绍了我们为研究解决这些问题而开发的一些关键性技术,包括变换域自适应均衡器、高压缩比数据压缩技术和可编程并行信号处理器等。测试结果表明这些技术是成功的。

关键词 视频图像;水声;信息传输

1 概述

随着人类在海洋中开发活动的增加,各种潜器、水下机器人相继问世。水下视觉信息的传输与通信也变得越来越重要。由于有缆传输会受到距离限制和存在缠绕等问题，于是水下高速无缆信息传输技术的研究自20世纪70年代起便相继展开。

但迄今为止，被证明是唯一可进行水下远距离信息传输的水声信道中，由于水介质的吸收、散射,特别是信道中严重的多途效应及其时变、空变特性，使水下高速传输视觉信息这一课题面临许多困难[1]。特别是在浅海远程信息传输时,由于信道被限制在狭窄的海底与海面之间,多途引起的码间干扰(ISI）尤为严重。

世界发达国家试验研究过的水下抗多途干扰(ISI)的办法中,许多是源于空气中无线电通信技术和理论，如跳频、扩展谱、最大后验概率(MAP)、最大似然估计(MSLE)、窄波束、自适应均衡等,然而由于水声信道的特殊性质,这些方法在水下应用时都遇到新的挑战。

例如,跳频和扩展谱技术均是以加宽频带为前提,以获得频率分集。但由于海水介质对声波的吸收比例于频率f的3/2次方,频率高端的信号将被严重地吸收。其次,多途造成的时间扩散严重时可达秒的量级,因而单纯用跳频来避免多途的串扰，将使水声设备的带宽大到难以实现。最大似然估计和最大后验概率检测要求具有信道特性的知识和了解污染信道的噪声的概率分布,这对时变、空变严重的水声信道来说,是件更为困难的事。同时，在时间分集的信道中,由于水声信道码间干扰跨距较长,这些基于概率算法的计算复杂度变得难以承受。

窄波束是一种空间滤波或空间分集方法,因而对于抗多途十分有效。但由于多途结构的不稳定性,包括船只运动的情况,所以如果波束过窄,则极易产生“对不准”问题,而如果波束不能足够的窄,则很难在空间上对于浅海远程的多途到达进行分离。

自适应均衡器是一种较为现实的方法,已发展了众多的线性与非线性算法。问题在于,为使自适应均衡器能补偿多途引起的时间扩展,常常需要有较高的阶数,从而增加了运算的复杂度。此外,在信道谱存在零点时,算法较简单的线性均衡器将不能很好地工作。此时,应采用非线性均衡技术,如判决反馈均衡器(DFE)、分数间隔均衡器(FSE)等。

水下图像传输或通信的另一个技术难点是定时或同步,这虽然是水卜数据通信共有的问题,但图像的帧同步和字同步的要求更为严格。水下信道的随机噪声、干扰及衰落和起伏等不仅影响数据的传输，也使同步问题变得十分复杂，采用高精度的相关定时技术是目前最好的选择。

此外，为尽可能匹配视频图像的高数据率，在带宽严重受限的水声信道中。除必须采用高效的多维编码外，还必须采用高压缩比、低失真度的图像压缩编码技术。为减少错码率，以卷积码编码维特比解码为代表的纠错码技术也常常被应用在水下高速通信中。

下面将介绍我们在本课题研究中的几个主要技术特点和实验结果。

2 主要技术特点

2.1 变换域自适应均衡器[2]

自适应均衡器的本质是自适应滤波。在众多的自适应滤波技术中，由于 B. Widorw 提出的 LMS 算法的简单性，从而便于硬件实时实现，因而得到更广泛的应用。但它具有收敛速度慢的缺点，为克服这一缺点，人们已提出许多改进方法，其中较好的是变换域 LMS 算法。

本质上说，时域 LMS 算法的收敛速度取决于观测信号相关矩阵 $\boldsymbol{R}$ 特征值的离散度[2]，或者说，最大和最小特征值之比：$\gamma_y = \lambda_{\max}/\lambda_{\min}$。

设正交变换为 $\boldsymbol{Z} = \boldsymbol{V}\boldsymbol{Y}_k$，其中 $\boldsymbol{V}$ 是阶次为 n 的变换矩阵，设变换后的相关矩阵为 $\boldsymbol{R}_{zz}$，证明：$\gamma_z < \gamma_y$。因而只要适当选取正交变换 $\boldsymbol{V}$，特征值的离散度可能被减少，从而使 LMS 算法有更好的收敛特性。

我们在传输系统中应用的变换域算法与传统的变换域算法的区别在于它是对观测和希望信号同时进行变换，并有选择地针对信号进行处理的一种串并混合结构，其结构原理图见图 1。这种结构的另一优点是，由于正交变换的谱分解，有助于提高功率信噪比，从而减少噪声对收敛过程的影响，使收敛速度加快。此外，对有用谱线的均衡器阶数可以视多途结构而选择和扩充。

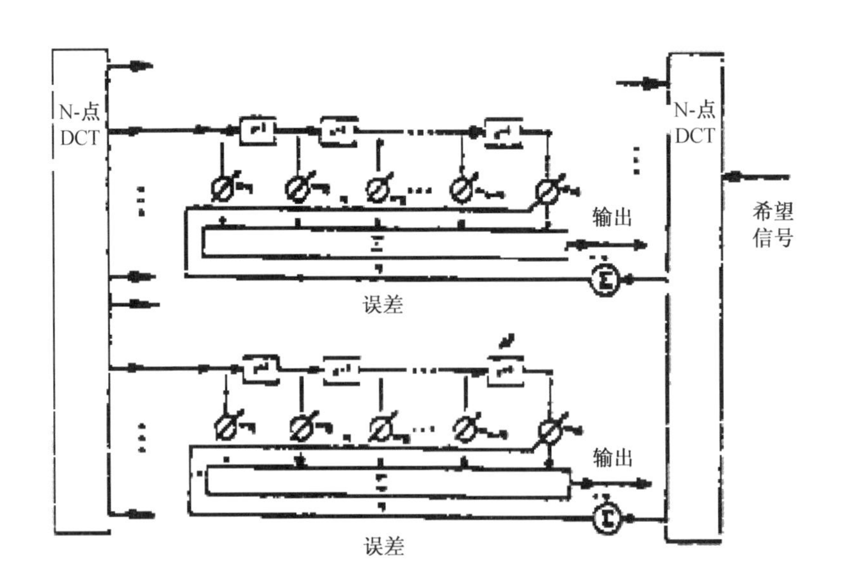

图 1 变换域自适应均衡器原理图

图 2 给出了在两种不同输入信噪比下时域 LMS 算法与变换域 LMS 算法收敛曲线比较。

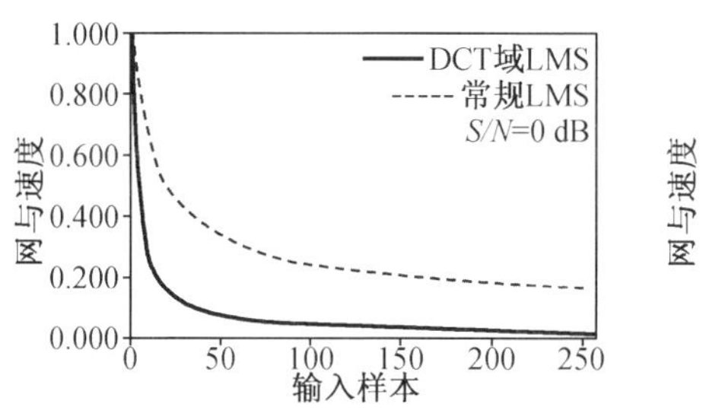

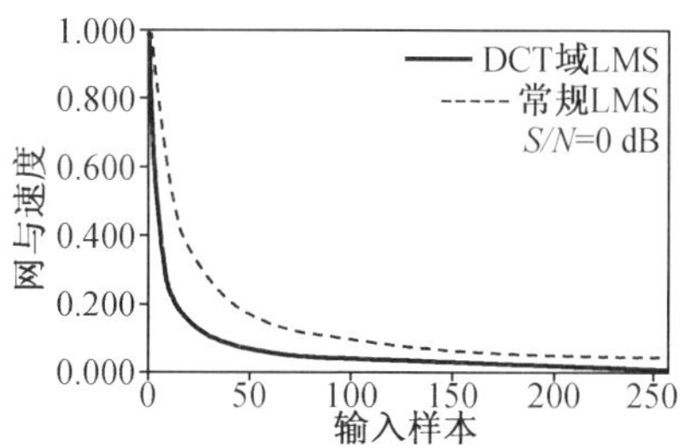

图2　不同信噪比下收敛特性比较

此外，计算机模拟试验表明，RLS 格形算法的自适应均衡器在高速水下通信中具有广泛的应用前景。

2.2　图像数据压缩

由于海水对声波信号的吸收系数 α 与频率的关系近似为 $\alpha=0.036f^{3/2}$ dB/km，因而在发射功率有限的情况下，为使传送距离足够远，必须选用较低的载频，从而影响数据率。而视频图像的数据率是很高的，例如每帧 256×256 像素，256 灰度级的图像含有能 525 kbit 的数据。解决这一矛盾的唯一办法是进行数据压缩。

本研究在传统的离散余弦变换（OCT）压缩编码的基础上，开发了自适应 DCT 压缩编码方法。其基本思想是根据各种图像的变换域能量阈值选取保留像素点的数目，使其由定长选取变为自适应选取，从而可较大地减少恢复图像的失真。在压缩比为 64 时恢复图像质量仍然较好。

其次，开发了基于 LBG 解决的矢量量化编码压缩器，创新点在于码书的快速搜索算法[3]。矢量量化算法的关键步骤是：训练样本的选取，码书的建立（LBG 算法），编码和解码。编码和解码实际上是一个与码字对号和反对号过程，其中的主要问题是一个适应性好的码书往往包含很多码字，从而在对号时搜索时间过长。本研究设计了一个门限分类和树搜索相结合的快速搜索码书，从而在码的快速搜索和减少图像畸变之间找到了较好的折中。

利用 Kohonen 的自组织人工神经网络模型进行图像编码压缩是本研究的另一特色。基于人工神经网络的大规模并行处理、分布式存储、容错性、自适应、自学习、自组织等特性，使它在信号与图像处理的分类与识别中已有广泛应用。考虑到 Khonen 的自组织神经网络模型是一种无教师指导的自动组织和聚类的算法，因而可用它完成矢量量化中码书的设计。和 LBG 算法相比，自组织人工神经网络所完成的码书具有更好的准确性、自适应性和可推广性虽然其收敛速度慢于 LBG 算法，但不影响其适用性。

用主观评价法衡量 LBG 和自组织人工神经网络设计出的矢量量化器，当压缩比达 128 时在水下通信中仍具有可应用性，而后者的恢复图像质量优于前者。

2.3　并行可编程通信信号处理器

由于该通信系统的接收端要实时执行同步检测、信道解码、图像解码、自适应均衡、图像显示等多种运算，且每一步运算量并不一致，因而采用多片 VLSI 处理器构成一个综合并行或流水式串行处理器是适宜的。

VLSI 并行处理器在当代的代表是 INMOS 公司的 Transputer 和美国 IT 公司近两年刚刚

研制成功的 TMS320C40 数字信号处理器。美国 Intel 公司推出的 1860 矢量处理器亦可和 Transputer 一起构成并行处理机。

由于这些 VLSI 芯片很好地解决了互联和通信问题，因而可以组成多种并行处理结构。

Transputer 是 VLSI、RISC、MIMO 等多种技术结合的产物，其并行处理能力是由多片 Transputer 联结成并行处理阵列而实现的。实现这种连接的基础是其可以同时使用四个串行“Link” 接口结构和“点到点”通信的设计，因而不存在通信竞争或总线负荷能力或瓶颈问题，系统可包含任意数目的 Transputer 芯片，而使系统通信带宽随意扩充。

该系统的并行通信信号处理机是在 PC386 环境下以 Transpute IMST805 - 20 为主处理器的五个模块构成，即四个 ITM - 6 和一个矢量处理器 IMSB420（见图 3），其中 IMSB419 模块主要担负图像显示任务。

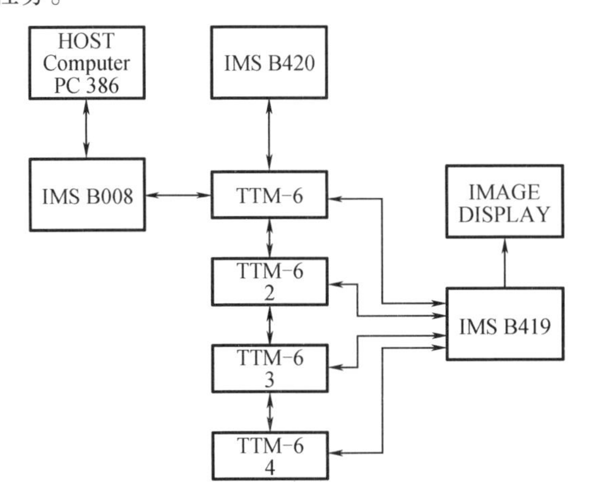

图 3　并行通信信号机处理结构框图

如果用 $T_p(n)$ 和 $T_r(n)$ 分别串行处理和并行处理所耗费的时间，则并行处理的加速比 $S_p(n) = T_r(n)/T_p(n)$，效率 $E_p(n) = S_p/p$。其中 P 表示处理器个数通常由于处理器间的数据交换和其他物理原因，$E_p(n) < 1$。该系统的时间加速比 $S_p(n)$ 接近 4，效率 $E_p(n)$ 接近 1。如果再计入矢量处理器所提高的矢量处理速度。则整个系统的加速能力远不止 4。

该系统具有可编程性和可扩充性，包括可进行不同通信方案、模块的互联方及随意增补新的模块等的编程能力。

3　实验结果

采用上述技术的一个可编程实验系统于 1993 年 10 月在吉林松花湖进行了视频图像的水声传送试验。试验获得了成该次试验达到的典型指标为：传送距离约 10 km，传送速率为 4000 bit/s。结合压缩技术，可传送 16 灰度级，128 × 128 像素或更大的数字图像，在未加纠错的情况下，平均误码率在 10^{-2} 或更小的量级。实验系统采用多频编码调制和快速谱分解解码方式。传送图例见图 4，其中前 8 个为原始图像，后 8 个为接收图像，传输距离如图中标注。

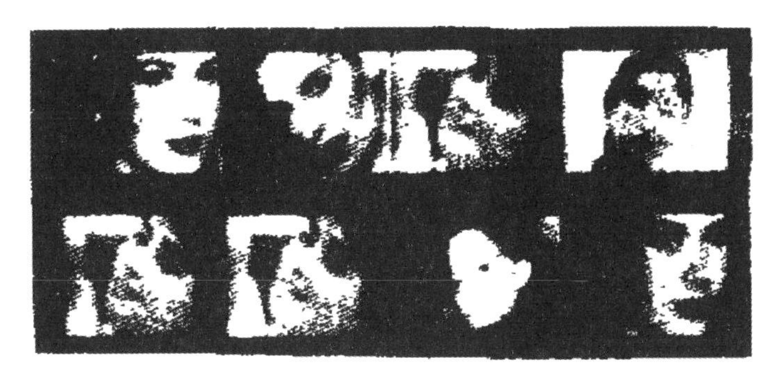

图4　接收图像示例

参考文献

[1] En - Fang Sang, Hen - Geul Yeh. The use of transform domain LMS algorithm to adaptive equalization[C]// Conference of the IEEE Industrial Electronics Society. IEEE, 1993.

[2] Sang En Fang, Wu Jing, Qiao Xiao Yu. A DESIGN OF FAST - SEARCH IMAGE VQ ENCODER[J]. 1992:715 - 718.

Pattern——时延差编码水声通信研究

惠俊英 刘 丽 刘 宏 冯海弘

摘要 研究了沿水平方向的高速数字水声通信技术,称之为 Pattern——时延差编码水声通信系统(PDS)。PDS 系统是为改善浅海中的通信质量,通过进行 PDS 水声通信的计算机仿真和湖上试验表明,在 2 kHz 带宽内通信速率可达到 300 bit/s,误码率在 10^{-4} 的量级。详细介绍有关 PDS 技术,包括 PDS 编码原理,通信模型,时延估计,抗多途干扰,PDS 通信系统仿真及试验结果。

1 引言

无线电通信、卫星通信、光纤通信、移动通信等,在广阔的市场的经济力量推动下正迅猛发展,技术相对成熟,但是在水下利用声波进行数字通信,却是方兴未艾正在发展中的技术。文献中已有不少关于水声数字通信的研究报道[1-21],在沿着海深方向远距离的高速声通信技术已较为成熟,但在沿水平方向的数字声通信技术困于多途干扰而不能令人满意,通信速率底、误码率大。“Pattern——时延差编码”(简称 PDS)通信体制是改善浅海水声数字通信质量的一种探索。本研究继文献[11]后,进行了 PDS 水声通信的计算机仿真和湖上试验,在2 kHz带宽内通信速率可达到 300 bit/s,甚至更高,误码率在 10^{-4} 的量级。

2 PDS 编码水声通信体制

扼要复述 PDS 编码原理[11],只是为了方便阅读本文。

海洋中水平方向水声通信的主要障碍是信道多途干扰。多途干扰体现在两方面:码元的多途时延扩展和多途干涉使接收码元波形畸变。

相干多途信道的冲击响应函数 $h(\tau)$ 为[22]:

$$h(\tau) = A_0\delta(\tau - \tau_0) + \sum_{i=1}^{N-1} A_i\delta(\tau - \tau_i) \tag{1}$$

A_i、τ_i 为通过接收点的声线参数:幅度和时延。决定冲击响应函数的声线集合称为本征声线簇。

若声线发射信号为 $Z(t)$,则在多途信道中的接收波形为

$$S(t) = A_0Z(t - \tau_0) + \sum_{i=1}^{N-1} A_iZ(t - \tau_i) + n(t) \tag{2}$$

上式中右边第一项为直达声,第二项为多次界面反射声或折射声所产生的多途扩展。多途扩展若在时间上与直达声相重叠,则还将产生干涉,从而畸变合成信号的波形及幅度,使之有异于发射信号。第三项为干扰噪声,例如:环境噪声或本地干扰。若多途扩展与直达声的时延差大于码元宽度,则它与相继码元波形相重叠并产生干涉,称之多途“码间干扰”。若两者的时延差小于码元的时延分辨宽度,则导致多途“码间干扰”。克服多途码间干扰的简单的方法是在码元间留有足够长的等待时间,即要求码元间的时间间隔 T_0 应大于多途时

延扩展时延 τ_d，这使得通信速率很低。克服码间多途干扰的另外一种方法是采用某种“分割”的通信体制，例如频率分割体制，这就是移频编码。采用的频点数 M 与码元宽度的关系为：

$$M = \left\| \frac{T_d}{T_0} \right\| + 1 \tag{3}$$

$\|\cdot\|$ 表示取整运算，T_0 为码元宽度，τ_d 为多途时延最大扩展量。

接收端用 M 个滤波器来实现码元的分割，即在多途时延扩展的时间间隔内每个滤波只输出相应频点码元的直达声及其多途波形，从而避免了码元间互相干扰。移频编码是多途信道中较稳健的通信体制，其不足是高速数字通信所占用的带宽太大。

PDS 体制采用码元的多种波形(Pattern)来进行码元分割，接收端用拷贝相关器来实现对多种码元的分割。对应于每种 Pattern 码元，拷贝相关器有相应参考信号，只要各种 Pattern 波形的互相关系数足够小，每个 Pattern 参考波形的相关器就能辨认对应的码元，即只有当接收波形与相关器参考波形相同时才输出较大的相关峰，从而在多途时延扩展的时间间隔内只有相对应的单个码元的直达声及其多途才使相关器输出重要的峰值，实现了对各码元的分割，抑止了码间干扰。对 PDS 体制，抗码间多途干扰的关键在于设计互相关系数足够小的 Pattern 集合。若共有 M 种 Pattern 的码元，则抗多途时延扩展的最大值是 $\tau_d = MT_0$。PDS 通讯体制利用 Pattern 进行码元分割，其优点是所占频带较窄，且在多途信道中是较频率分割更稳健的通信体制。PDS 体制利用信息码与校正信号的时延差进行信息编码。

采用某种信道补偿技术也可以克服多途干扰的影响，例如，信道自适应均衡技术等。该技术对克服码间和码内多途干扰均有一定效果。其指导思想为通过对信道冲击响应的估计，依据接收信号波形来恢复发射信号的波形，从而可以正确地译码，以避免多途干扰的影响。

但是，上述三种方法对时延差极小的“相消”多途码内干扰(多途反相干涉，例如直达声和反射声反相)均不十分有效。迄今，这仍然是产生误码的重要且较难克服的物理原因。

PDS 码示意于图 1。

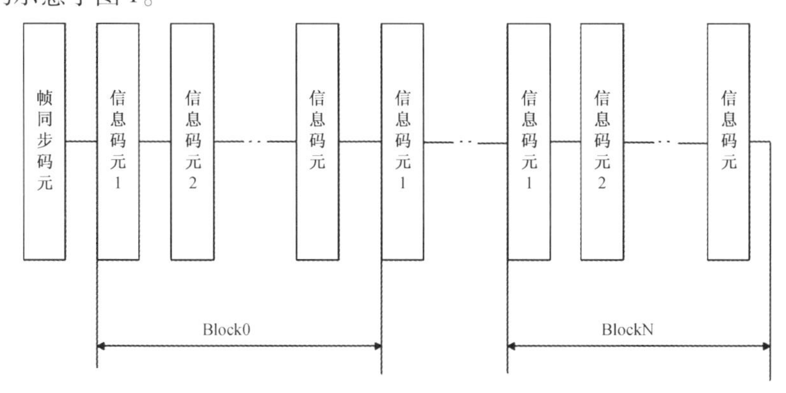

图 1　PDS 码波形示意图

第一个码元称为帧同步码元，它提供译码的时间窗基准。第一组“Block0”为校正码，它们中的每一个为各自对应 Pattern 信息码提供时延差测量基准和门限参考基准。校正码的作用之一是用来克服码内多途干涉对时延差测量的影响，只要注意到校正码与对应的信息码具有相同的 Pattern 波形，因而可以相信缓慢时变信道引起的时延偏差对二者是相同的，从而若以校正码为时延差基准时,信道的码内多途干涉对时延差测晕是不会有严重影响的。"Block0"以后的各组码为信息码,用以传送数据或报文。码元宽度为 T_c 其中用于编码的时间宽度为 T_s,码元间隔 $T_0 = T_c + T_s$,码元出现时刻与基准时刻的时延差表示信息,每个 Block 内均有 M 种 Pattern 的调频脉冲(码元)。所有 Pattern 之间的互相关系数应尽可能地小,通常它们的归一化互相关系数至少应小于 0.35(抗码间多途干扰所必需的)。

PDS 数字通信系统示于图 2。

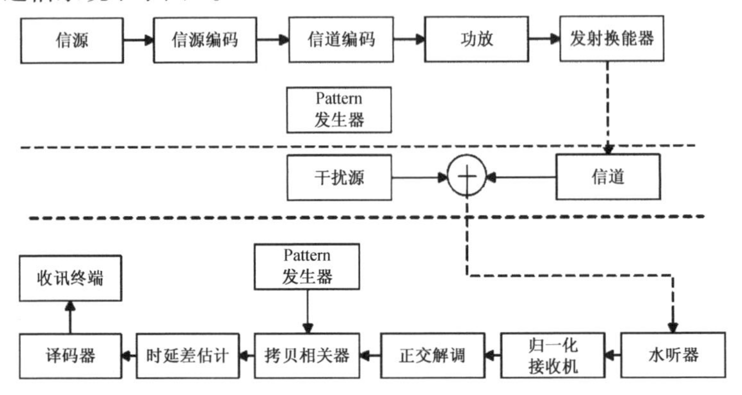

图 2 PDS 水声通信系统框图

信源编码器产生代表通信报文的数字序列,信道编码器将其调制为各种 Pattern 的相对于基准(校正码)的 PDS(Pattern Time Delay Shift)延时差编码。接收到的信号是被多途和噪声干扰污染了的拷贝相关器在收讯开始时搜索帧同步信号,一旦检测到帧同步码元,相关器即产生时间窗,在相应的时间窗内产生对应的相关参考信号 Pattern,此时相关器从干扰噪声背景中检出与参考 Pattern 相同波形码元的相关峰,并且精密地测量该相关峰与同一 Pattern 的校正码相关峰的时延差。Block0 为每一个 Pattern 码元提供一个时延差基准。信息码的时延差序列由译码器翻译成数字序列或报文。相关器对 Block0 各码元的响应,即它输出的相关峰峰值对于各种 Pattern 是不同的,并且受码间多途干涉及信道传播损失的影响,是缓慢时变的。由校正码的各相关峰峰值分别确定对应 Pattern 码元的检测门限值可以保证抑制码间多途干扰和干扰噪声背景,称之自动门限。由于各 Pattern 间的互相关系数足够小,因而码间干扰能被自动门限所抑制。

简而言之,只要各 Pattern 码元之间互相关系数足够小,自动门限可以抗码间多途干扰。以校正码相关峰为时延差测量基准,可以显著减小码内多途干涉引起的时延差测量误差。从而可以抗码内多途干扰。在信道的相干时间长度内发送一组校延码,将能使 PDS 码与缓慢时变的信道相匹配,即自动门限和时延差测量基准将能跟踪信号的变化。

3 时延差估计

PDS 通信体制利用时延差进行信息编码,因而时延差估计是译码的关键技术之一。时延差估计精度越高就可以达到越高的通信速率,这可以由下式看出,PDS 的通信速率 BS 为:

$$BS = \frac{1}{T_c + T_s}\left\| \log_2\left(\frac{T_s}{\Delta} + 1\right) \right\| \quad (\text{bit/s}) \tag{4}$$

Δ 为时延差量化层的大小,T_s 为信息编码的时间长度,$(T_c + T_s) = T_0$ 为码元宽度,一般取:

$$\Delta = \eta\delta \tag{5}$$

其中,η 为一常数,δ 为时延估计器的标准偏差。

为保证低误码率通信,η 应取较大伯,通常取 $\eta=4\sim5$。

在理想信道,带限白噪声背景中的最佳时延估计器为相关器。要使相关器的时延分辨力高于采样周期就必须采用内插技术。已有多种内插技术可供选择,本文采用“余弦内插”,简述如下:

假定在相关峰附近相关函数 $R(\tau)$ 近似为余弦函数,则:

$$R(\tau)=A\cos\omega\tau+B\sin\omega\tau=\sqrt{A^2+B^2}\cos(\omega\tau-\phi)=E\cos(\omega\tau-\phi) \tag{6}$$

$$\varphi=\frac{\tan^{-1}B}{A} \tag{7}$$

上式中只有三个未知数,振幅 E(相关峰值),相关函数振荡频率 ω 和初相位 ϕ。只需有相关峰附近的三个采样值 $k(k-1)$、$R(k)$、$k(k+1)$ 就可由(6)式得到三个方程式,由此解出 ω 和 ϕ。最后得到余弦内插时延计算公式为:

$$\omega=\frac{1}{T_s}\cos^{-1}\frac{R(k-1)+R(k+1)}{2R(k)} \tag{8}$$

$$\varphi=\tan^{-1}\frac{R(k-1)\cos\omega k\tau_s-R(k)\cos\omega(k-1)\tau_s}{R(k)\sin\omega(k-1)\tau_s-R(k-1)\sin\omega(k+1)\tau_s} \tag{9}$$

$$\hat{\tau}=k\tau_s+\frac{\phi}{\omega} \tag{10}$$

上面诸式中,τ_s 为采样周期,k 为离散相关函数的峰值时刻采样序号,$\hat{\tau}$ 于为时延估计。

用仿真试验方法检查 r 相关器余弦内插的估计精度。仿真试验条件为:LFM 信号的脉宽为 10 ms,中心频率为 5 kHz,调频带宽 $B=2$ kHz。由 2 000 次独立的时延估计统计得到的时延估计方差列于表 1。信噪比为 5 dB,一个时延估计的样本集示于图 3。时延估计的偏差约为 8.9 μs,图 3 中出现的最大时延估计偏差不超过 34 μs,因而,(5)式中的 n 取 4~5 时($L_1=35.6\sim44.5$ μs)可以保证足够低的误码率。

表 1 不同信噪比时的时延估计误差

$\tau_c=10$ ms,$f_0=5$ kHz,$B=2$ kHz,2 000 次估计的统计值(仿真试验结果)

信噪比/dB	时延估计方差(s^2)	时延估计标准差(s)
23	1.2842×10^{-12}	1.133×10^{-6}
20	2.5979×10^{-12}	1.612×10^{-6}
17	5.1506×10^{-12}	2.269×10^{-6}
14	1.0029×10^{-11}	3.166×10^{-6}
11	1.9015×10^{-11}	4.361×10^{-6}
8	3.5932×10^{-11}	5.994×10^{-6}
5	7.9533×10^{-11}	8.917×10^{-6}
2	1.7421×10^{-10}	1.320×10^{-6}

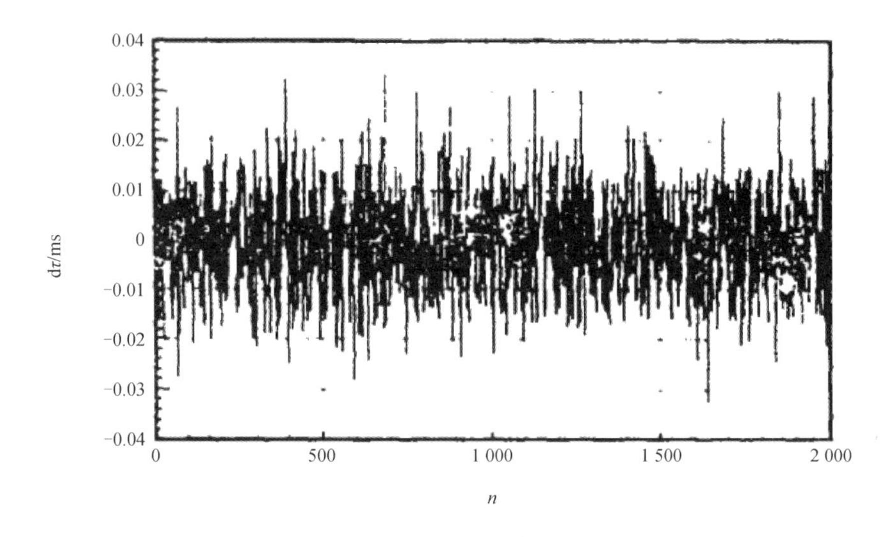

SNR = 5 dB, τ_c = 10 ms, f_0 = 5 kHz, B = 2 kHz

图 3　2000 次时延估计结果(余弦内插时延估计仿真结果)

不但噪声干扰导致时延估计误差,在多途信道中码内多途干涉也造成时延估计误差。所谓码内干扰是指多途信号与直达声的时延差小于码元的时延分辨力的情况。码元的时延分辨力为相关峰的宽度,约为 $1/B$。当出现码内多途干扰时,相关峰的形状会因多途干涉而发生畸变,峰值的位置(相应于时延值)及幅度会发生变化(见图 9)。相关峰甚至会发生分裂,产生多峰。与直达声相长(如同相叠加)的多途干涉会增大相关峰的峰值,相消(如反相叠加)干涉会减小相关峰的峰值。换而言之,在多途信道中时延测量是不确定的,但是时延差测点可以达到更高的精度。因而 PDS 码设置了一组校正码,为每种 Pattern 的信息码提供了相应的时延差基准。对于校正码和相同 Pattern 的信息码元,由于它们波形相同,多途信道对它们的时延估计产生的影响是相同的,不会严重影响时延差的估计精度。自动门限能跟踪信道的缓慢变化,为每种 Pattern 的信息码元提供门限参考值。

海洋信道是缓慢时变的相干多途信道,在信道的相干时间长度内只需发送一组校正码。一般说来,当通信双方相对运动速度不十分大时,数十秒钟只需校正一次。

影响时延估计的另一因素是通信双方相对运动。运动将使信道的变化速率增加,因而须增加校正的次数,运动产生的多普勒也导致时延测量误差,调频信号的模糊度函数对于多普勒和时延是耦合的。对于不同的多普勒,相关峰对应的时延值不同。校正码和信息码元具有相同的波形,因而多普勒的影响对二者的时延估计误差相同,从而消除了对时延差测量的误差。

4　水声通信仿真系统

一个仿真系统是研究水声通信技术的有力工具,用于选择方案、优化设计和参数、观测和分析水下声通信的物理现象,在湖试和海试前预先评估系统的通信质量,在试验后分析故障原因及成败的道理等。

本节介绍一个水声通信仿真系统,仿真系统的框图与图 2 所示的相同。该仿真系统的核心是基于声线理论的多途信道模型。

声信道仿真模块的输出画面示于图 4。

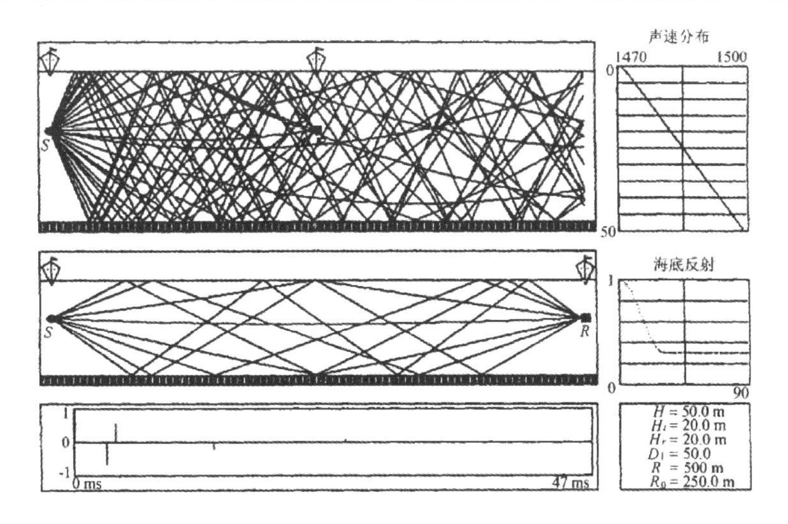

图 4　相干多途信道仿真结果

图 4 的左上窗为声线轨迹图,它是从声源以等声线掠角间隔发出的一簇声线的轨迹,用于了解声场的基本特点。

图 4 的左中窗为本征声线图。本征声线为通过接收点的一系列特定的声线,它的声线参数(A_i,τ_i)决定了信道的冲击响应函数,示于图 4 左下窗。各本征声线的时延精度优于 3 μs。本征声线的数目与下列因素有关:换能器的指向性、通信双方的几何位置、海深及水文条件等。只要计算出信道的冲击响应函数,对于任何发射信号波形,仿真软件就可以预报接收波形。

图 4 的右上窗为声速分布。允许设定或输入任意的声速分布或实测声速剖面。改变声速分布可以观察各种水文条件下的通信质量。右中窗为海底反射系数,允许设定或输入任意海底反射特性。右下窗列出了主要的仿真参数,允许改变所有的参数来分析通信的质量。

编码模块、译码模块和信道模块组合成所需的水声通信仿真系统。用该系统研究了 PDS 通信体制。图 5、图 6 是 PDS 水声通信的仿真输出画面。图中左上为本征声线图,左二为发射的 PDS 码波形,左四为被噪声干扰和多途污染了的接收波形,左下为拷贝相关器输出相关函数波形。图中右边为声速分布、海底反射系数和仿真的主要参数。

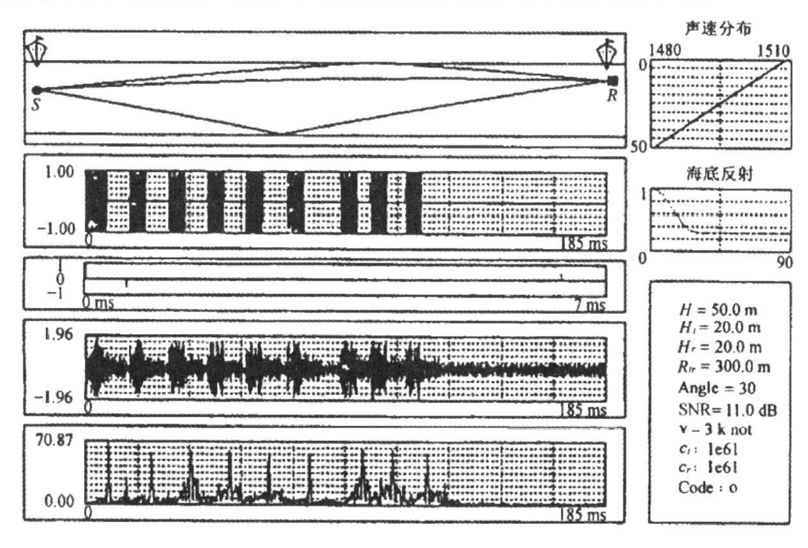

图 5　PDS 水声通信仿真输出画面(码内相消干涉条件)

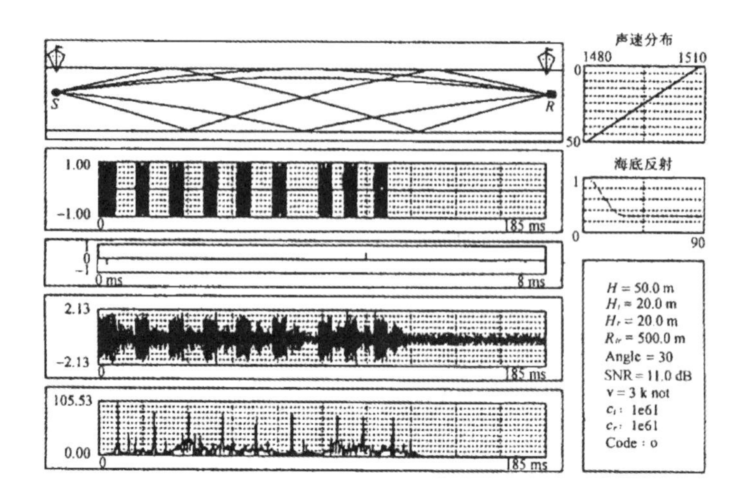

图 6　PDS 水声通信仿真输出画面(存在码内相长干涉的条件)

仿真系统允许任意设定通信双方的相对航速、几何位置及接收信噪比。可以用键盘任意设定所发的字符(例如英文字母),仿真系统既可检查译码是否正确,也可显示译码结果。

图 5 和图 6 是存在码内多途干扰的情况(信噪比均为 11 dB),前一图是码内相消多途干涉的情况。后一图是码内相长多途干涉的情况,因而前者接收信号波形不如后者规整,信号幅度也不如后者大。前者相关器输出峰值幅度小于后者,且前者的相关峰形状发生畸变,它的形状细节示于图 7。由图 7 看到相关峰对于峰值点是不对称的,这使得时延估计误差增加。两种情况下仿真试验的结果示于表 2 和表 3。由所列可知在存在码内相消干扰的情况下时延的估计误差显著增加,误码率因而增加,要得到可靠的通信效果需要在更高信噪比时方能达到。

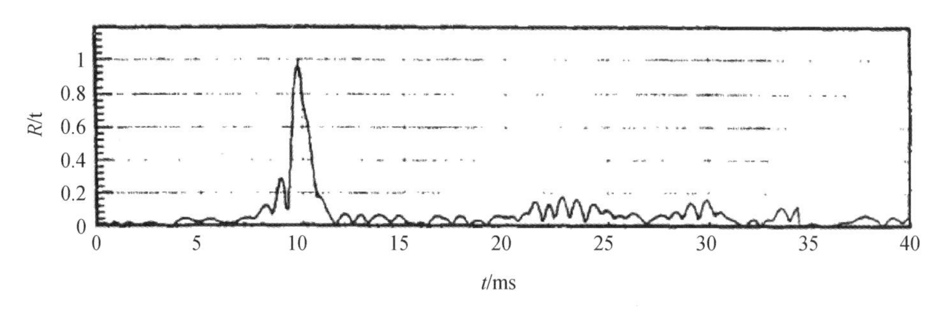

图 7　存在码内相消干涉时相关峰的细部形状

表 2　码内相消干涉时的时延估计精度和误码率(仿真结果)

信噪比	通信速率					
	292 bit/s		383 bit/s		453 bit/s	
	σt/ms	P_e	σt/ms	P_e	σt/ms	P_e
17 dB	0. 017 69	0	0. 017 75	0	0. 017 47	0. 000 53
11 dB	0. 029 99	0	0. 030 47	0. 000 22	0. 030 61	0. 007 4
7. 4 dB	0. 039 52	0. 000 22	0. 041 02	0. 002 3	0. 040 46	0. 019 4

表3　码内相长干涉时的时延估计精度和误码率(仿真结果)

信噪比	通信速率					
	292 bit/s		383 bit/s		453 bit/s	
	σt/ms	P_e	σt/ms	P_e	σt/ms	P_e
17 dB	0.003 248	0	0.003 113	0	0.003 182	0
11 dB	0.005 986	0	0.006 134	0	0.006 178	0.000 17
7.4 dB	0.009 043	0	0.009 084	0	0.009 149	0.000 24

5　湖试

湖试的目的是为了评估PDS信道的效果并研究信道对通信的影响。湖试系统的框图示于图8。

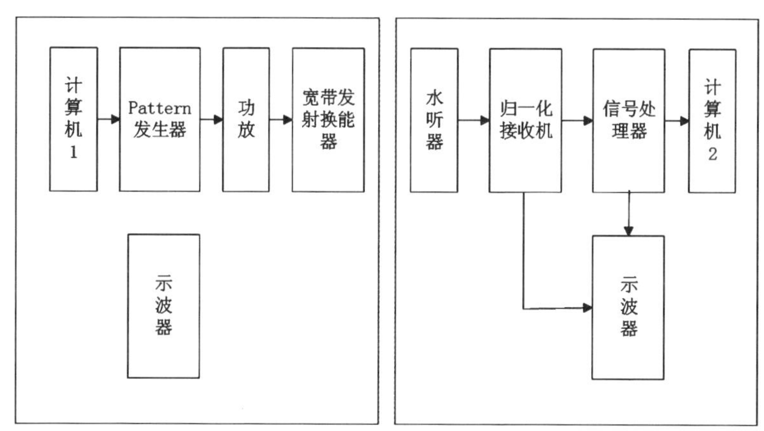

图8　湖试系统配置图

实验系统包括发讯系统和收讯系统两部分。

发讯系统包括计算机Ⅰ、Pattern发生器、功率放大器和宽带发射换能器(指向性很宽)。Pattern发生器由TMS320C25板构成,直接插入计算机扩展槽内。计算机Ⅰ完成信源编码和信道编码,并控制Patter发生器产生PDS码。功放的电功率约为30 W。发射信号的中心频率为5 kHz,调频带宽B为2 kHz,共有5种Pattern码元。码元宽T_0=20 ms,码的信息空间时间长度T_s=10 ms,码元脉冲宽T_c = 10 ms。采样率f_s = $6f_0$。实验所用的通信速率在70 bit/s至300 bit/s内可变。

收讯系统包括:水听器(无指向性),归一化放大及滤波、信号处理器(TMS320C25板)及计算机Ⅱ。信号处理器实时计算拷贝相关、估计延时差并进行译码。信号处理器同时将原始数据及相关函数送到计算机Ⅱ,由计算机Ⅱ采集并实时显示。相关器的输出经D/A转换后也可由示波器监视它的工作状况。

实验在吉林松花湖进行,水深40 m左右,水域宽广,发讯船固定在湖心处的一个小岛旁,收讯船以3 kn速度漂流,水面波高约为30 cm,发射换能器深度为15 m,接收水听器深度为5 m。水平拉距约1 500 m。收讯船漂流过程中不停地连续统计误码率,采集数据并实时显示相关函数,接收信号波形及译码结果。不同距离时,相关处理输出波形示于图9、图10

和图11。共进行了三次拉距试验，在所有的情况下，误码率最大时约为 10^{-4} 的量级。

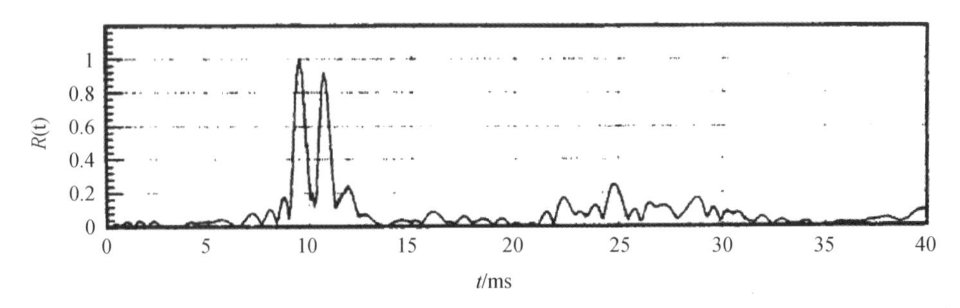

图 9　拉距 90 多米时，相关器输出波形

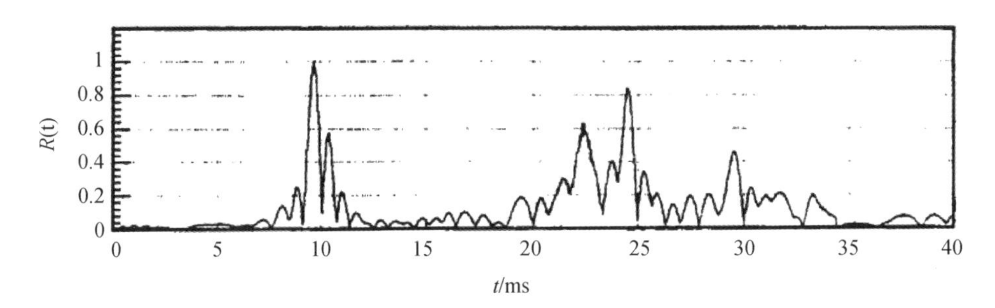

图 10　拉距 500 多米时，相关器输出波形

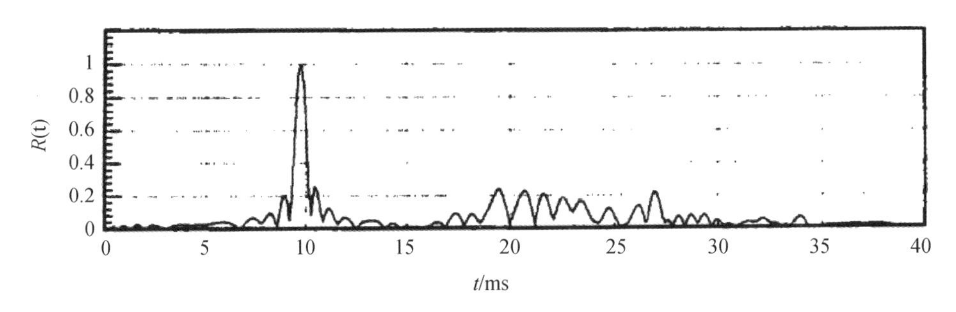

图 11　拉距 800 多米时，相关器输出波形

图 12 给出了帧同步码元相关峰值随距离变化的实验曲线，相关峰值较大的距离处（例如：270 m，460 m）对应出现码内的相长多途干涉的情况；相关峰值较小处（300 m 处）对应出现码内相消干涉的情况，在该处误码率最大约为 10^{-4} 的量级。图 13 是仿真系统给出对应湖试条件时的仿真结果，仿真结果与实验结果合理地相符。图 12 表明调频信号的相关峰的起伏只有 6 dB，它远小于 CW 脉冲传输的情况，对千 CW 脉冲幅度起伏通常可达 10～15 dB。

图 14 和 15 给出了 10 s 内每隔 1 s 实验得到的相关函数的波形。这表明尽管收讯船以 3 kn 速度漂移，但信道仍是稳定的。

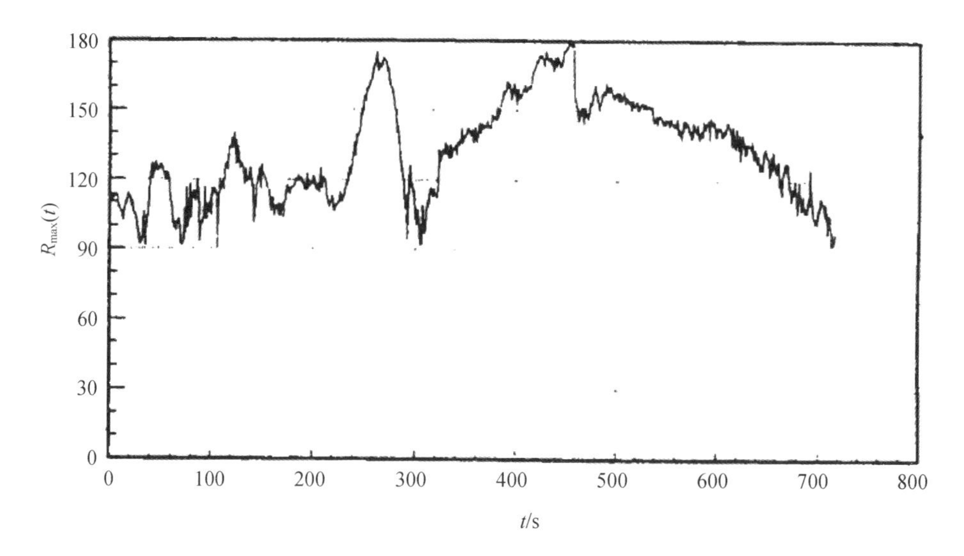

图 12　处理器输出峰值随时间(距离)的变化曲线(速度等于 2~3 kn)

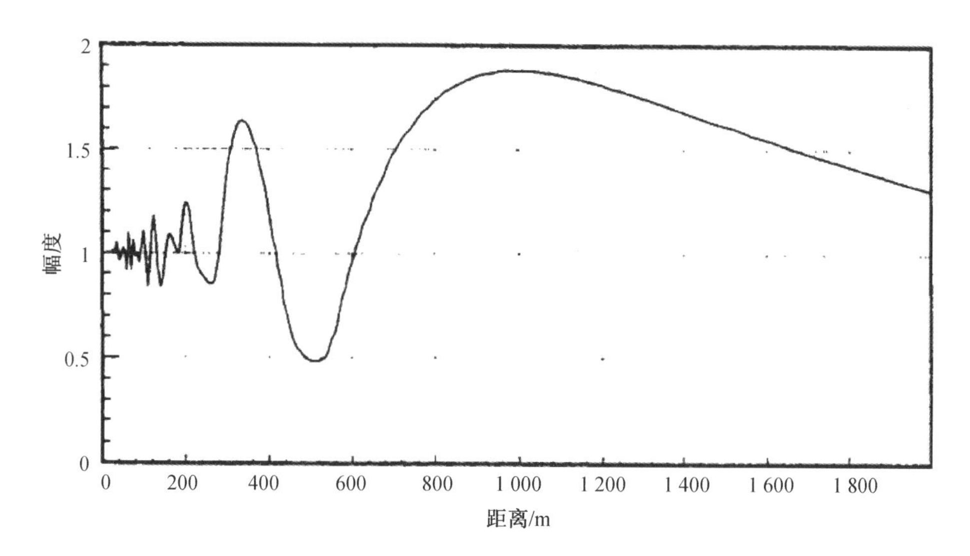

图 13　海面反射波与直达波叠加时拷贝相关器输出幅度与距离的关系曲线

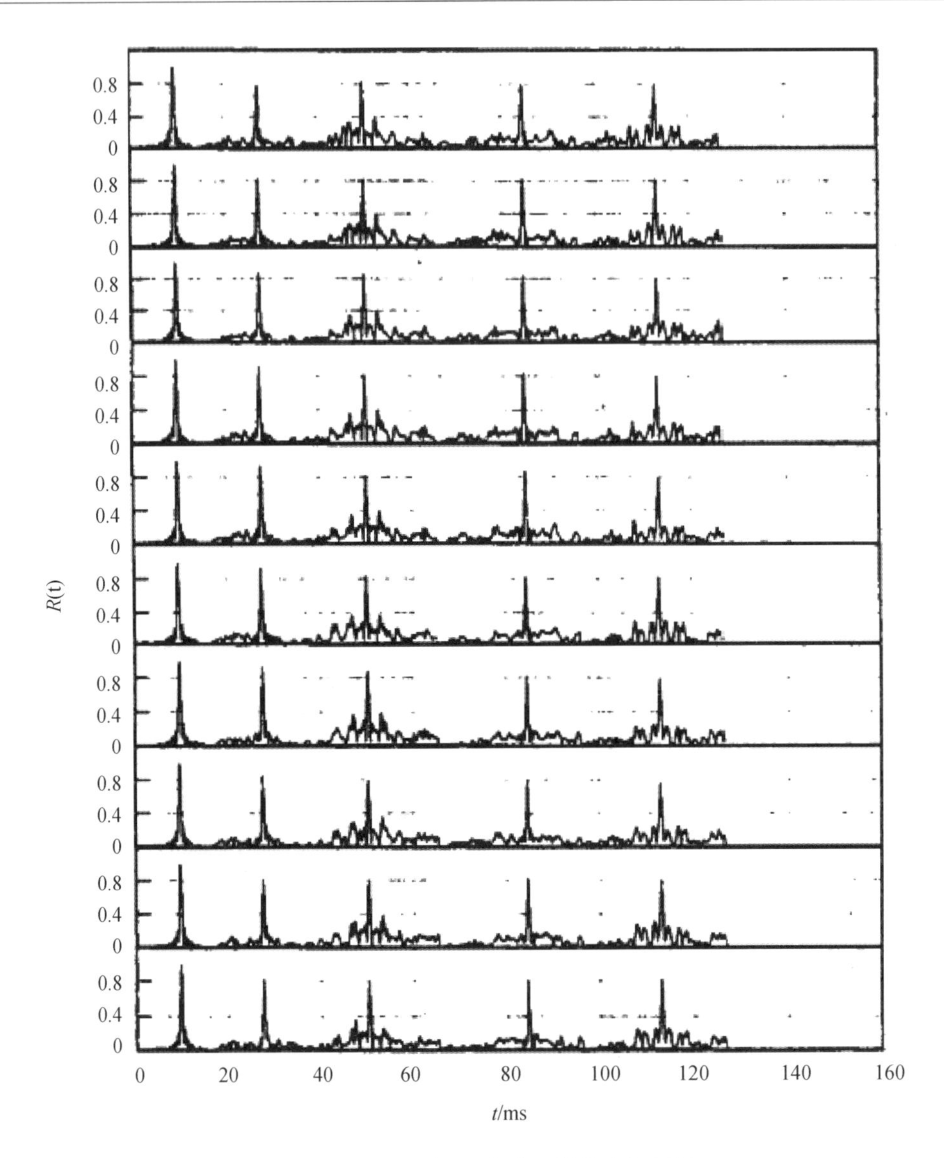

图 14　时间间隔为 1 s 的处理器输出波形组

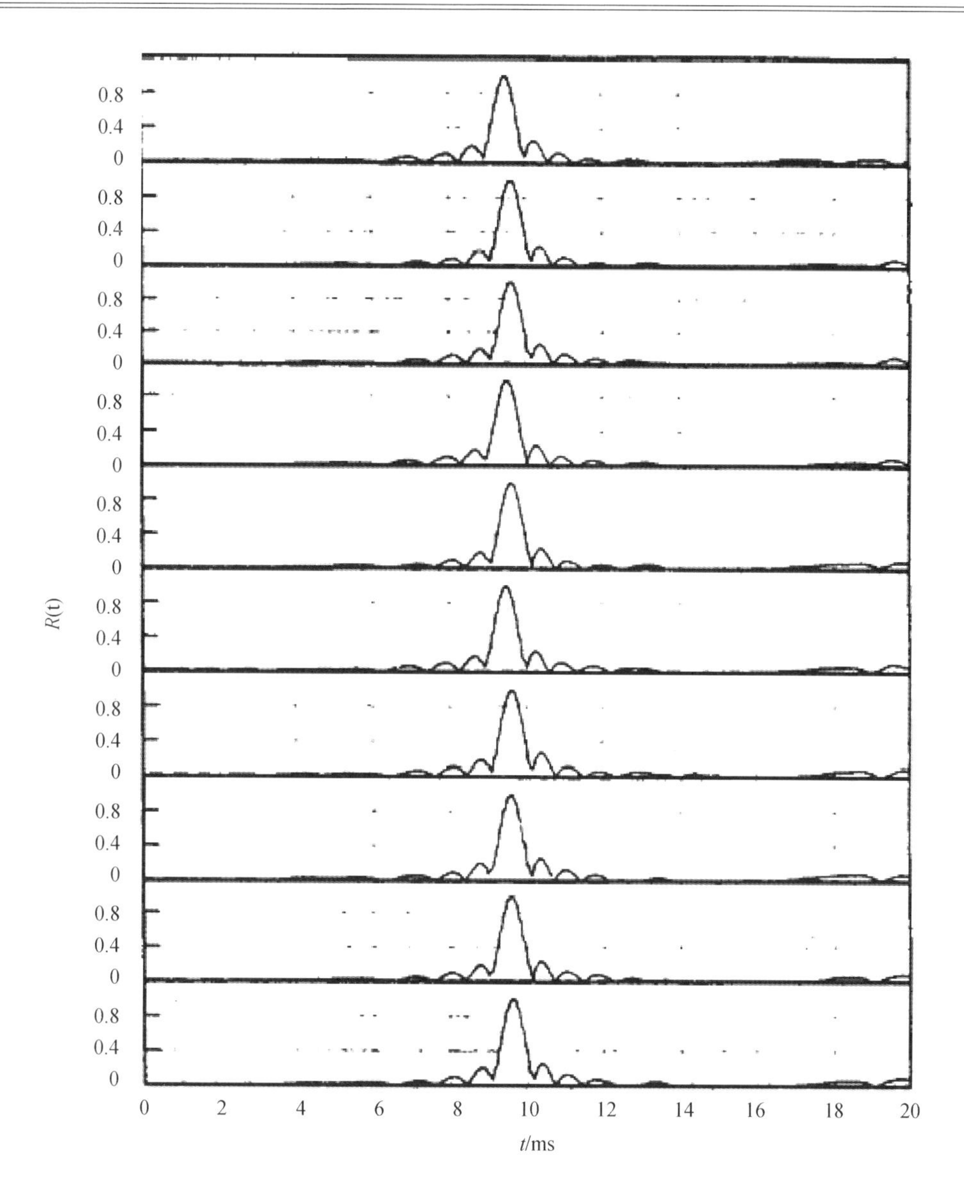

图 15　图 14 波形组的局部展开

5　结束语

高速水声通信受信道的多途干扰所闲扰。其影响分为码内多途干扰和码间多途干扰。后者限制了通信速率,前者影响到通信的可靠性,影响到误码率。

移频编码靠频率分割抗码间多途干扰,用一组滤波器来分割不同频率的码元,其不足之处是高速通信所占频带较宽。

PDS 编码通信靠参考信号不同的一组拷贝相关器来分割码元,从而亦能抗码间多途干扰,达到高速通信的目标,其要点是一组码元的各 Pattern 之间的互相关系数要足够小,至少其归一化互相关系数要小于 0. 35。

PDS 码靠一组校正码来抗码内多途干扰。校正码可克服码内多途干扰对时延差测量的误差,并提供自动门限,抑制码间干扰和噪声干扰。

一个水声通信仿真系统和湖试用来研究和评价 PDS 通信体制,与湖试结果的一致性,证明了仿真系统的合理性。研究表明 PDS 通信是浅海信道中一种稳健的通信体制。在本文的试验条件下,以 2 kHz 频带宽度进行水声通信,通信速率可达 300 bit/s 左右,误码率在 10^{-4} 的量级。进一步提高通信速率需增大通信带宽或采用改进的 PDS 码通信体制。

采用信道均衡技术可以进一步改善 PDS 通信质量,但尚有待进行深入研究。

参 考 文 献

[1] Rodney Coates. Underwater acoustic communication. Sea Technology, 1994: 41 -47.

[2] WuL, Zielinski A. Multipath rejection using narrow beam acoustic link. IEEE, 1988(3): 287 -290.

[3] Manora K. Caldera. A Multi - frequency digital communication technique for acoustic channel with multipaths. IEEE, 1987: 140 -145.

[4] Michiya Suzuk et al. Digital acoustic telemety of color video information. Proc. Oceans'89, Settle, Washington, 1989: 892 -896.

[5] Bragard P, Jourdain G, Martin J. Optimal adaptive algorithms behaviour used in underwater communication signal equalization. Signal processing IV: Theories and applications, 1988: 363 - 366.

[6] Milica Stojanovic, Josko A. Catipovic, John G. Proakis. Phasc coherent digtal communication for underwater acoustic channels. *IEEE Journal of Oceanic Engineering*,1994,19(1): 100 -111.

[7] Qian Wen James A. Ritcey. Spatial diversity equalization applied to underwater communications. IEEE Journal of Oceanic Engineering, 1994, 19(2): 227 -241.

[8] Collins JS, Galloway JR, Balderson MR. Auto aligning system for narrow band acoustic telemetry. Oceans'85, San Diego.

[9] Davidson H et al. A reliable underwater acoustic data link employing an adaptive receiving array. Proc. of the inst. of Acoustics, 1987(9).

[10] Akio K et al. An acoustic communication system for subsea robot. Proc. Oceans'89, settle, Washington, 1989: 765 -770.

[11] 温周斌等. 一种新的水声通信体制声学学报, 1993, 18(5): 892 -896.

[12] Hinton O R, Howe G S, Adams A E. An adaptive high bit rate subsea communication system. *European Conference on Underwater Acoustics*, 1992(9): 75 -79.

[13] Arthur B Baggeroer. Acoustic telemetry—an overview. *IEEE Journal of Oceanic Engineering*, 1984; OE -9(4): 229 -235.

[14] Stojanovic M, Catipovic J, Proakis J G. Adaptive multichannel combining and equalization for underwater acoustic communicat ion. *J. Acoust. Soc. Am.*. 1993,94(3): 1621 -1631.

[15] Bragard P, Jourdain G. Adaptive equalization for underwater data transmission. *IEEE*, 1989: 1171 -1174.

[16] Hafizimana G, Jourdain G, Loubet G. Coding for communication through multipath channels and application to underwater case. Signal Processing III: Theories and Applications, 1986: 1087 -1090.

[17] Solaiman B, Glavieux A, Hillion A. Performance of slow frequency hopping BPSK system

using convolutional coding in underwater acoustic media. Proc. ICASSP88.

[18] Josko A Catipovic. Performance limitations in underwater acoustic telemetry, *IEEE Journal of Oceanic Engineering*, 1990; 15(3): 205 - 216.

[19] Bragard P, Jourdain G, Martin J. Optimal adaptive algorithm behaviour used in underwater communication signals equalization. Signal Processing IV: Theories and Application , 1988: 363 - 366.

[20] Salvatore D Morgera, Keith A Reuben, Cedric Cole. A microprocessor —based acoustics telemetry system for tide measurement. *IEEE Journal of Oceanic Engineering*, 1986; OE - 11(1): 100 - 108.

[21] Sandsmark G H. High speed underwater acoustic data transmission: a brief review. Proc. of Int. Workshop on Marine Acoustics, 1990: 133 - 140.

[22] 惠俊英. 水声信道. 北京:国防工业出版社,1991.

水声语音通信中信源编码鲁棒性的研究

桑恩方　叶　松

摘要　声信道中常常伴随着比无线电信道更强的噪声背景、强烈的声吸收和散射，特别是多途传播的影响，使声信号码元更易受到干扰。本文从水声信道语音通信的需要出发，研究了目前国际通行的语音信号信源编码的鲁棒性问题，提出了增加鲁棒性的必要性，给出了必要的数学定义，以 PCM 和 CS - ACELP 编码为例进行了定量的研究。结果显示，在信源编码中适当加入冗余保护码对提高整个通信系统的鲁棒性是必要的和有益的。

关键词　水声语音通信；信源编码；鲁棒性

1　引言

现代水声语音通信已从传统的调频模拟通信进入到使用数字编码技术的阶段。使用数字技术可以将水声通信纳入计算机网络的统一操控和管理；可以方便地用数学方法来计算处理语音信息，有效地产生、传输和存储语音信号；可以在需要时灵活地将语音信号实现保密编码。

在电信界，数字语音技术已有多年的发展。最早的语音数字编码为码率取 64 kbit/s 的 PCM 方案，被国际电信联盟定为 ITU - TG.711 标准。因其算法简单，现仍在有关的通信系统中使用。最新的高质量语音数字编码则为码率取 8 kbit/s 的 CS - ACELP 方案，被国际电信联盟定为 ITU - TG.729 标准，并正向各国电信界推荐使用。

因 PCM 方案的码率很高，须占用较宽的信道通频带，故在水声通信中只可用于载频较高的近距离通信；CS - ACELP 方案的码率相对较低，则可在载频较低的中远距离的水声通信中使用。

水声通信和电信通信的重大差异之一在于水声信道中常常存在强的噪声背景和水声传播的多途效应，从而使声波信号码元受到严重的干扰，造成较高的误码率，使通信语音的音质下降以至无法听清。故抗击水声多途干扰是水声语音通信技术中的一个关键性问题。在电信系统的语音编码通信中，通常将抗干扰任务交给信道编码来完成，而信源编码则着重于消除冗余信息以压缩码率。但这种处理思路对于水声通信来说并不是最完善的。事实上，在水声通信中对信源编码也要特别考虑其抗干扰的能力，即要考虑信源编码的鲁棒性。其原因有两点：

(1)由于水声信道对声波码元的干扰比无线电信道要严重得多，即使采用信道抗干扰编码技术，有时还会产生一定的误码，如信源编码的鲁棒性很强，则造成的音质下降就不会很严重。

(2)一般信道抗干扰编码要增加额外的冗余码元。如将少量的冗余码元放在信源编码中以加强信源编码的鲁棒性，则总的抗干扰效果往往会更好。

以下本文讨论信源编码鲁棒性的数学界定并以 PCM 和 CS - ACELP 两种方案为例来做

分析和实测，最后研究加强鲁棒性的信源编码方法。

2　信源编码鲁棒性的界定

信源编码鲁棒性是一种在码元受扰时保证音质不致严重下降的性质，在讨论时就必然要涉及对于音质的评定。在语音技术中，对于语音质量的数学描述是比较复杂的，而且常常使用听众主观评价的方法，如打 MOS 分等。本文采用对语音波形受损所造成误差的平均功率与应有语音波形平均功率之比来作为评判音质受损的量度。

设在传送或存储时当前帧的应有译码波形发生变异，如果所用编码方法中采用了长、短时线性预测技术，则不仅本帧波形，而且以后连续若干帧的译码波形都会发生变异，但这种变异通常传递到 10 帧以后，就小到可以忽略不计。故本文在计算时，只从本帧开始，连续考虑覆盖 10 帧的各帧的变异情况。

由于语音编码时，同一帧内各码元的物理含义可能有所不同，如 CS – ACELP 编码方案中，有的码元代表语音周期，有的码元代表线性预测系数，有的码元代表余量信号，或是各码元有不同的数学权值，因此，各不同位置的码元受扰时，波形受损的情况就可能会大不相同。因此，必须对一帧中不同位置的码元分别讨论其受扰的情况。

设第 i 帧的第 m 个码元受扰，则从第 i 帧开始，先计算未受扰连续 10 帧应有译码波形的平均功率 W，覆盖的样点数 NN。计算 NN 个样点语音波形的平均功率 W，再计算受扰后，连续 10 帧的误差波形的平均功率 W_d，定义对第 i 帧第 m 个“码元的受损影响度” $L(i,m)=W_d/W$。

如果在大量语流中，每隔若干帧（一般多于 10 帧）选同一个码元位置计算 $L(i,m)$，经大量平均后，得 $L(m)$，称 $L(m)$ 为第 m 个码元的平均受损影响度。当各码元的受干扰的概率不相同，第 m 个码元受扰概率为 $P_r(m)$ 时，则所有码元的总平均受损影响度为

$$Lav = \sum_{m=1}^{M} P_r(m)$$

其中，$\sum_{m=1}^{M} P_r(m) = 1$，在多数情况下，各码元受扰的概率应是均等的，所以总平均受损影响度为

$$Lav = \frac{1}{M}\sum_{m=1}^{M} L(m)$$

一个编码方案在码元受扰时的总平均受损影响度越小，说明其信源编码鲁棒性越强，定义：$RB=-10\log 10(Lav)$ 为该编码方案的信源编码鲁棒性，其单位为 dB。

3　信源编码鲁棒性的实例计算和测试

本文将以 PCM 和 CS – ACELP 两种编码实例来具体计算和测试信源编码的鲁棒性。

3.1　PCM 编码的情况

当 PCM 量化编码的取值在 $[-127,127]$ 的范围时，满幅度语音的平均功率为 $W=127\times 127/3\approx 5\ 376$[1]，全部 NN 点上的平均误差功率为

$$W_d = \frac{(2^{m-1})^2}{NN}$$

考虑到一帧内 M 个二元码受扰的概率是均等的，即

$$Lav = \frac{1}{M}\sum_{m=1}^{M} L(m) = 6.3487 \times 10^{-4}$$

得码元鲁棒性之值为 $RB = 31.9731$ dB。

实用情况证明，以 2^{m-1} 的权值编码的 PCM 码制，其码元鲁棒性虽高，但是如果误码率超过 10^{-3} 时，音质还会下降。因此，如遇到码元误码率严重的情况，就应设法来加以解决。除可以增加信道冗余码来纠正误码外，还可以在信源编码中采取措施，这将在本文下一节中予以讨论。

3.2　CS - ACELP 方案的信源编码鲁棒性情况

因为 CS - ACELP 的算法非常复杂，用公式推算鲁棒性较为困难，本文采用了直接测试的方法。由于在 CS - ACELP 算法中，代表线性预测系数的码元用线谱对参数来编码，其稳定性较好，故本文此处只重点讨论代表基音周期参数和代表固定码本参数各码元受扰后的情况。

3.2.1　代表基音周期参数的码元受扰后的情况

先来观察一帧的基音周期受扰时，连续几帧波形受损的情况。图 1 所示为女声"邓小平文选"经 CS - ACELP 编码译码输出的波形及某一帧基音周期受扰后的情况。所示第一分图为语音正常译码输出的波形；第二分图为受扰后译码输出的波形；第三分图为误差波形。从误差波形可以看出，除本帧外，只有连续三帧受损明显，以后各帧就基本恢复了原有波形。经大量试验，可以证实任一帧的基音周期受扰对后续各帧的影响一般均不超过三帧。

下面选用了 20 个具有完整叙述意义的语句，由 5 男、5 女用标准普通话发音，对基音周期（第一分帧）8 个编码码元打扰后的平均受损影响度进行测试并将结果列入表 1 之中。

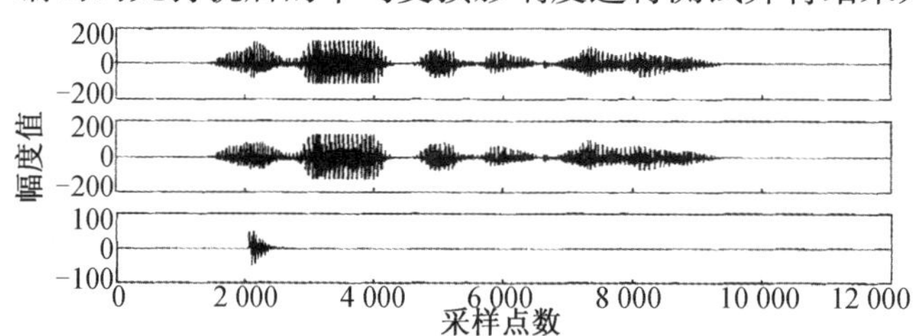

图 1　基音周期码元被打扰前后波形图比较

表 1　基音周期码元打扰后的平均受损影响度

基音周期 P_1 码元序数	1	2	3	4	5	6	7	8
码元平均受损影响度	0.021	0.043	0.080	0.147	0.155	0.202	0.211	0.223

由表 1 可以看出，8 个码元的平均受损影响度是并不相同的，其中处在高位的码元受损影响度特别严重。

3.2.2　代表固定码本的码元的受扰后的情况

在 CS - ACELP 方案中，每个分帧中代表固定码本的码本参数有 13 个码元，先观察此类码元受扰对后续各帧的影响。与测试基音周期的方法相同，将结果绘在图 2 中，3 个分图的含义同前。可以看出，受扰后对后续各帧的影响也不超过三帧，经大量试验其结论均为如此。

经过打扰各码元测试平均受损影响度，可以发现此码本参数的13个码元的平均受损影响度大致相同。其原因为此类码元中任一个受扰，其结果均是在固定码本中的不同位置上加1和减去1，这样造成的误差在大量平均的条件下是基本相同的。与测试基音周期的条件相同，将在连续语流中所测得的13个码元受扰的平均受损影响度列入表2。

表2　固定码本码元打扰后的平均受损影响度

固定码本参数码元序号	1	2	3	4	5	6	7
码元平均受损影响度	2.495	2.499	2.504	2.501	2.498	2.497	2.505
固定码本参数码元序数	8	9	10	11	12	13	
码元平均受损影响度	2.495	2.502	2.499	2.503	2.501	2.500	

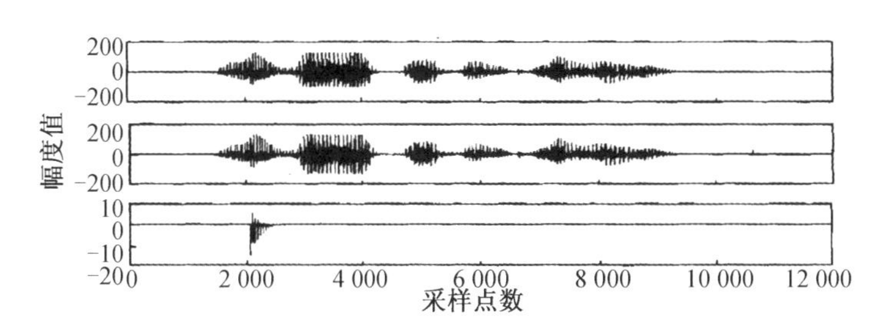

图2　固定码本码元被打扰前后波形图比较

比较表1和表2可以看出，代表基音周期的码元受损影响度要比代表固定码本的码元受损影响度大得多，这也是CS－ACELP方案中要特别保护处在高位的基音周期码元的原因。在对基音周期码元未做保护的条件下，CS－ACELP方案的平均受损影响度$Lav \approx 0.016$，其码元鲁棒性之值$RB \approx 18$ dB。

4　加强信源编码鲁棒性的方法

在研制用于水声通信的语音信源编码方案时，要考虑使编码具有足够的鲁棒性。一般在选择方案时，不要采用将清、浊音分别编码的方案。因为此时在码元序列中，必有一个用来区别清音、浊音的码元，当此码元受扰时，音质会严重变坏，即此种方案的鲁棒性很差[1]。在使用LPC线性预测技术时，应将LPC参数转变为LSP线谱对参数来量化编码，以增加解码运算的稳定性[2]。此外，为了增加鲁棒性，通常在信源编码中加入少量冗余码元以检错或纠错的手段来保护受损影响度特大的码元，而对于受损影响度较小的码元则置于不顾，故此增加的冗余码位较少，不像信道抗干扰冗余码对所有码元的保护作用都相同，因而增加的冗余码位较多。下面具体讨论在信源编码中增加冗余码的方法。

当编码中存在参数码时，对于紧邻各帧间变化不大的参数码，可以用增加一位奇、偶校验码的方法来检验该参数码序列中是否存在“一错”。如检出有错，则可将本帧的此参数取消，而用上一帧的同名参数来代替。以CS_ACELP方案定出的G.729标准为例，基音周期是编码的重要参数，尤其是每帧第一子帧的基音周期P_1之值需要保护，故在基音周期的码序列中增加了一位检错码元P_0。如发现码序列有错，则用上一帧后半帧的基音周期来代替本帧的P_1之值。须注意的是，CS_ACELP方案的P_1值所用的8位二元码的平均受损影响度是不均匀的，处在高位的六位的受损影响度特别严重，故检错码元只保护权值大的前6位，而对权值小的后两位就不予保护。其原因是此种编码的前后帧基音周期之差大多数情况在0~2,即有时会大于此两位所代表之值,当此两位有错被检出而换用前一帧的基音周期时,造成的误差反而可能更大。

在只增加一个码元 P_0 来检错的情况下,重新对 CS_ACELP 方案的平均受损影响度进行测定,得 $Lav=0.0044$,算出鲁棒性 $RB\approx 24$ dB,比未增加 P_0 前加大了近 6 dB。如对鲁棒性的要求再增高时,可对编码中代表基音周期的各高位码元再增加冗余纠错码予以进一步的保护。

PCM 码制也可加信源冗余码以加大其鲁棒性。例如每帧允许增加 3 位冗余码元,则可以和原来 8 位码元中的 4 位码元组成汉明(7,4)纠错码。当原来的 8 位码元是按 2^{m-1} 权值编码时,则首先要保护的是权值大的 4 位码元。当这 4 位二元码受扰而能纠错时,码元鲁棒性就会增加,现计算如下:

信号的平均功率 W 与上一节讨论的相同,仍为 $W=5\,376$;前 4 位二元码在 NN 点上的平均误差功率应为 $W_d=\dfrac{(2^{m-1})^2}{NN}$,后 7 位二元码因为编为汉明纠错码而有纠错能力,可设其 $L(m)$ 都等于零。

考虑到一帧内二元码受扰的概率是均等的,故 $Lav=\dfrac{1}{M}\sum\limits_{m=1}^{M}L(m)-1=1.7967\times10^{-7}$,得码元鲁棒性之值为 $RB=67.455\,2$ dB;对照上节未采取措施时的 31.973 1 dB,鲁棒性有了非常大的提高。

为了增强鲁棒性,除了在信源编码时对码元采取保护措施外,还可以在信道编码时对码元采取差错控制技术,本文不予讨论。

5　结论

在水声语音编码通信中,由于信道对传输码元的严重干扰,单独采用信道抗干扰编码的措施是不够的,还必须同时加大信源编码的抗干扰能力,即提高信源编码的鲁棒性。为了给此种鲁棒性以数学的描述,可以先引出各码元被扰而使波形受损的受损影响度概念,并由各码元的总平均受损影响度来定义鲁棒性。经过对有代表性的 PCM 和 CS-ACELP 两种语音编码方案的计算和实测,分别得到它们的鲁棒性之值为 32 dB 和 24 dB。而为了加大信源编码的抗干扰能力,一种有效的方法就是在信源编码中增加少量冗余的检、纠错码,专门用来保护受损影响度特大的那些码元。这样就在增加码元开销不大的情况下,使鲁棒性有了很大的提高。

参 考 文 献

[1] 杨行峻,迟惠生. 数字语音信号处理[M]. 北京:电子工业出版社,1995.
[2] 陈永彬,王仁华. 语言信号处理[M]. 北京:中国科技大学出版社,1990.
[3] 吴宗济,林茂灿. 实验语音学概要[M]. 北京:高等教育出版社,1989.
[4] 拉宾纳 L R,谢佛 R W. 语音信号数字处理[M]. 北京:科学出版社,1983.
[5] 卢迎春,李淑红,桑恩方. A discussion on underwater acoustic speech communication [A]. Proceedings of I-WUAETHC97[C]. Harbin: HEU Press, 1997.
[6] Tele communication Standardization Sector of ITU. ITU_T Recommendation G.729,1996.

基于矢量传感器的高速水声通信技术研究

乔　钢　桑恩方

摘要　矢量传感器较传统声压水听器有诸多优势,但将其应用于水声通信领域在国内外却未见有公开的文献报道。由此研究了声压和振速的联合处理获得指向性增益的方法,理论上证明在均匀加权的情况下,指向性增益为4.8 dB。研究了最优权的选取方法,在最优权条件下,指向性增益为6 dB。将该处理方法应用于相位调制的高速水声通信中,并结合自适应均衡算法进行相干解调和解码。建立了一套以矢量传感器为接收器的相位调制通信系统,在松花湖进行了试验研究,试验结果表明,该方法可有效地降低通信误码率,提高通信系统的作用距离。

关键词　水声通信;指向性;矢量传感器

1　引言

由于水下防卫和民用海洋开发日益增长的需求,特别是无人潜水器(UUV)、水下无人作战平台等水下高技术集成体的发展越来越受到各海洋强国的重视,对水下声通信系统在通信距离、通速率和误码率方面提出了越来越高的要求。为了在带宽严重受限的水声信道中进行高速,可靠的数据传输,使得高效、稳健的相位调制和解调技术成为当前研究的主要方向之一[1,2]。

单个矢量传感器同时测量空间一点处的质点振速的3个正交分量和声压分量,具有抗各向同性噪声干扰的能力,且具有与频率无关的指向性。这些特点使得它在弱信号检测和源定位方面得到了广泛的应用,但将矢量传感器应用于水声通信系统中,还未见有相关的文献报道。

以往的水声通信系统中用声压水听器作为接收传感器,所以只能利用声压信息进行解码。如果以矢量传感器作为接收器,矢量信息的获得使我们可以采用多种解码方法,可以利用声压和振速的联合处理对通信信号进行解码,进一步降低误码率。

2　声压和振速联和处理

相对于声压水听器来说,振速传感器具有与频率无关的8字形自然指向性。对于四输出的矢量水听器来说,通过声压和振速联合加权处理,可以进一步提高指向性增益。

指向性是衡量阵性能的基本方法,阵指向性因子在自由空间中可表示为

$$D = \frac{4\pi B(\theta_s,\phi_s)}{\int_0^{2\pi}\int_0^{\pi} B(\theta,\phi)\sin(\phi)\,\mathrm{d}\phi\,\mathrm{d}\theta} \tag{1}$$

式中:ϕ和θ分别为水平方位角和仰角,ϕ_s和θ_s为旋转角,$B(\theta,\phi)$为指向性函数。

矢量传感器同时测量空间一点处的质点振速的3个正交分量$\{v_x,v_y,v_z\}$和声压p,这时

矢量传感器声压和振速加权合成之后的指向性函数为[3]

$$B_{p+v}(\phi,\theta)=(W_p+a(\phi,\theta)W_x+b(\phi,\theta)W_y+c(\theta)W_z)^2 \tag{2}$$

式中

$$a(\phi,\theta)=\cos\phi\sin\theta \tag{3}$$

$$b(\phi,\theta)=\sin\phi\sin\theta \tag{4}$$

$$c(\theta)=\cos\theta \tag{5}$$

是振速水听器由于矢量投影形成的 8 字形指向性，声压水听器没有指向性，W_p、W_x、W_y、W_z 为声压和 3 个振速的加权值。

将式(2)代入式(1)中，经整理后，得四输出分量矢量传感器的指向性因子为

$$D_{p+v}=\frac{4\pi[W_p+a(\phi_s,\theta_s)W_x+b(\phi_s,\theta_s)W_y,c(\theta_s)W_z]^2}{4\pi\left[W_p^2+\frac{1}{3}(W_x^2+W_y^2+W_z^2)\right]} \tag{6}$$

如果各权取为

$$W_p=1 \tag{7}$$

$$W_x=a(\phi_s,\theta_s) \tag{8}$$

$$W_y=b(\phi_s,\theta_s) \tag{9}$$

$$W_z=c(\theta_s) \tag{10}$$

上述权值的相当于对振速矢量进行 Givens 旋转 ，$a(\phi_s,\theta_s)W_x+b(\phi_s,\theta_s)W_y+c(\theta_x)W_z=V$，相当于 v_x、v_y、v_z 合成的指向源方向的总振速。将上述的权值代入式(6)中，得

$$D_{p+v}=3 \tag{11}$$

式(11)说明利用矢量传感器测得的质点振速的 3 个正交分量合成总的振速后与声压进行 $P+V$联合处理，在各向同性噪声场中能够获得的指向性增益为 10log3 =4. 8 dB。

为了使指向性因子 D_{p+v}最大，不失一般性，令 $W_p=\quad 1$，并同时求解以下式子：

$$\frac{\partial D_{P+V}}{\partial W_x}=\frac{\partial D_{P+V}}{\partial W_y}=\frac{\partial D_{P+V}}{\partial W_z}=0 \tag{12}$$

求得

$$W_x=3a(\phi_s,\theta_s) \tag{13}$$

$$W_y=3b(\phi_s,\theta_s) \tag{14}$$

$$W_z=3c(\phi_s,\theta_s) \tag{15}$$

按式(13)、(14)和(15)得到的最优权对声压和振速进行加权处理相当于 $p+3$ V 处理，将最优实权值代入式(6)中得

$$D_{opt(p+v)}=4 \tag{16}$$

因此，三维各向同性噪声场中，单个矢量传感器最大指向性增益 10log4 =6 dB。

下面给出四输出分量矢量传感器联合处理时不同权值的指向性图的计算机仿真结果。

由上面结果可以看出，声压振速联合处理时，均匀权 $p+V$ 指向性图为心脏形，优化权 $p+3V$ 获得的波束更窄，因此获得了较大的指向性增益。将声压振速联合处理的方法应用于水声通信中，自然会提高处理增益，从而降低误码率。

海洋信道有两个边界，海洋动力噪声通常仅是二维各向同性的，因而矢量传感器的空间增益显著小于理论值 6 dB。若假设噪声源均匀分布在海面上，可以证明矢量传感器在此条件下的空间增益约为 3 dB。

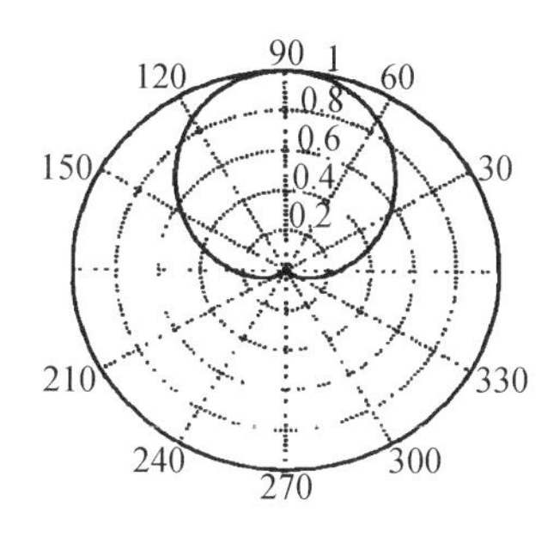

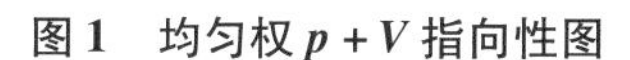

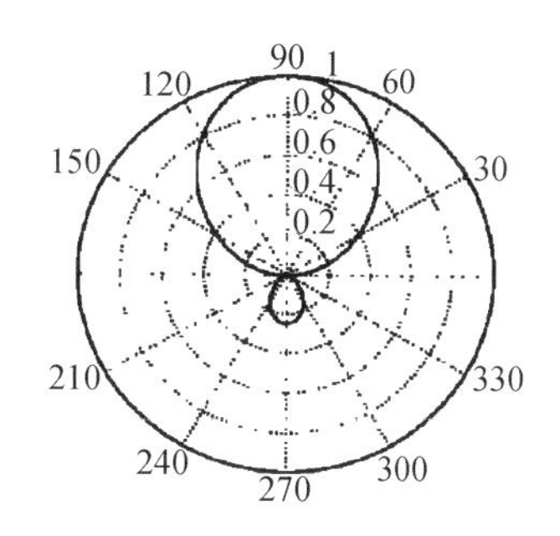

图 1 均匀权 $p+V$ 指向性图　　**图 2 优化权指向性图**

3 高速水声通信系统的试验研究

为了验证通信系统的性能和算法的有效性，在松花湖水域进行了试验研究。发射船和接收船在水面上自由漂泊，相距 600~800 m，发射换能器吊放深度 20 m，接收用的矢量传感器放深度 15 m。矢量传感器在测量时必须悬浮在水中，因此需要专门设计的支架，并用有弹性的皮筋固定量传感器。支架外加导流罩消除流噪声的影响，同时利用浮球和铅鱼保证矢量传感器的 z 轴为铅直方向。

本试验采用的调制方式为相干相位调制(QPSK)，信号中心频率 5 kHz，数据传输速率为 2 kbit/s。发送信号的最前面是一段单频信号，频率与载波频率相同，用来进行方位估计；之后是一段线性调频信号，用来进行帧同步和确定载波的初始相位；在待发送的数据前还有段学习码，用于训练自适应均衡器；最后才是要发送的数据。每帧数据的结构如图 3。

待发送的数据先进行串并转换分成两路，用升余弦滚降滤波器进行脉冲成形处理后再正交调制成 QPSK 信号，并且在发送前再经过一次带通滤波。其原理框图见图 4。

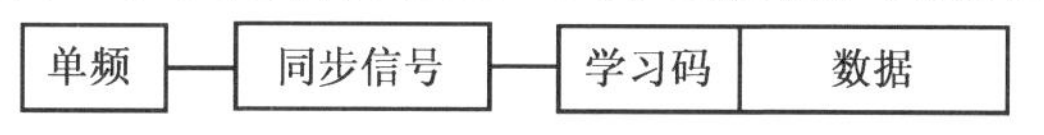

图 3 发送信号的数据结构

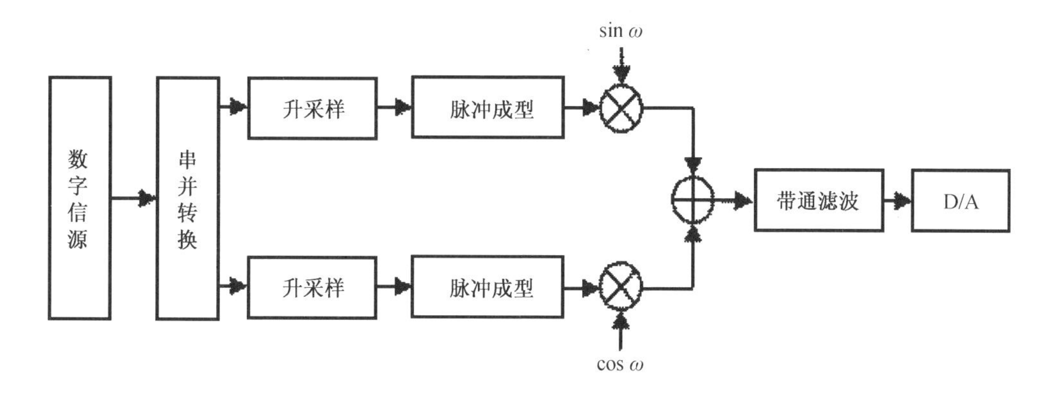

图 4 发射系统信道编码原理框图

在接收端，为了进行均匀权 $p+V$ 和优化权 $p+3V$ 处理，在振速的合成阶段需要声源的方位信息。单个的矢量传感器即可对声源进行全空间无模糊的定位[4]，可利频域复声强对源方位进行估计，复声强定义为

$$I(\omega)=p(\omega)v^*(\omega) \tag{17}$$

式中：符号 ω 表示频率，上标 * 表示复共轭。$p(\omega)$ 和 $v(\omega)$ 分别是 $p(t)$ 和 $v(t)$ 的 Fourier 变换。

声源的水平方位角 ϕ 及仰角 θ 由以下两式求得：

$$\phi(w) = \arctan\frac{\mathrm{Re}[I_y(w)]}{\mathrm{Re}[I_x(w)]}, \tag{18}$$

$$\theta(w) = \arctan\frac{\sqrt{\mathrm{Re}[I_x(w)]^2 + \mathrm{Re}[I_y(w)]^2}}{\mathrm{Re}[I_z(w)]}. \tag{19}$$

式中：Re[I]表示取有声强的实部，代表向前传播的有功声强。

接收系统的框图见图5。载波同步由声压信号完成，合成振速加权后与声压相加形成一路信号($p+V$ 或 $P+3V$)再进行解调。由于水流的冲击，矢量传感器在水下会有转动。每次源方位估计完成后，在5 s内发送10 000个数据码，因此在每帧数据的传输时间内，矢量传感器自身转动的影响可以忽略。

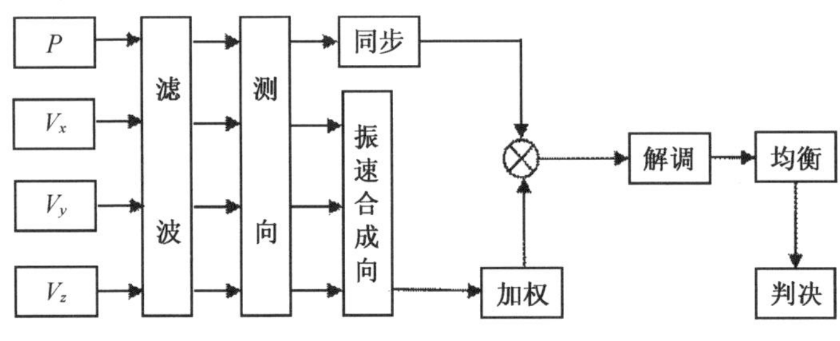

图5　接收系统原理框图

相干解调和低通滤波提取出基带信号。对基带信号进行非线性均衡(判决反馈均衡器)抵消码间干扰，并在均衡中进行了相位补偿消除了相位漂移对载波恢复的影响。不同处理方式下均衡后的星座图见图6。

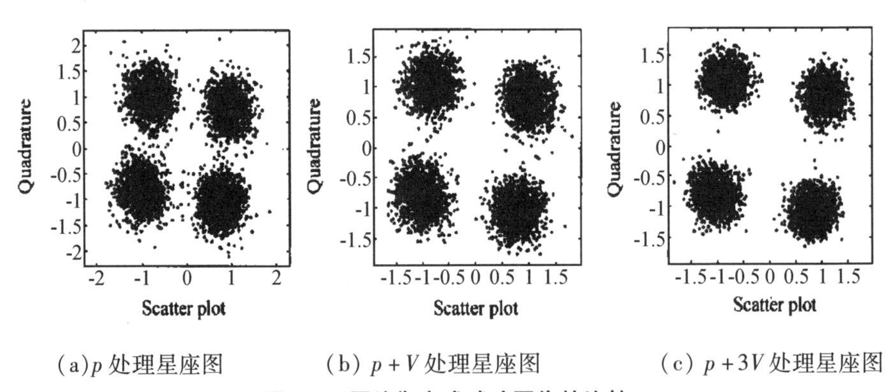

(a)p 处理星座图　(b) $p+V$ 处理星座图　(c) $p+3V$ 处理星座图

图6　不同均衡方式试验图像的比较

从上图可以看出，$p+3V$ 处理的效果最好，基本上可以做到无误码率，$p+V$ 处理的效果要好于声压处理的结果误码率约为 10^{-4}，声压处理的误码率约为 10^{-3}。

4　结论

以矢量传感器为接收传感器，声压和振速联合处理时，选其最优的权值可得到6 dB的指向性增益。在以噪声为主要干扰的远程声通信系统中，该方法可以有效地降低误码率，提高通信系统的作用距离。湖试结果表明,声压、振速联合处理的效果要好于单纯声压处理的结果。

参 考 文 献

[1] STOJANOVIC M. Recent advances in high - speed underwater acoustic communications[J]. IEEE Journal of Oceanic Engineering, 1996, 21(2):125 - 136.

[2] STOJANOVIC M, Catipovic J A. Phase - coherent digital communications for underwater acoustic channels[J]. Oceanic Engineering IEEE Journal of, 1994, 19(1):100 - 111.

[3] Cray B A, Nuttall A H. Directivity factors for linear arrays of velocity sensors[J]. The Journal of the Acoustical Society of America, 2001, 110(1):324 - 331.

[4] 孙贵青. 矢量水听器检测技术研究[D]. 哈尔滨:哈尔滨工程大学,2001.

基于矢量传感器的频率估计算法在水声通信中的应用

乔　钢　桑恩方

摘要　本文给出了基于矢量传感器的 ESPRIT 频率估计算法,并将其应用于频率调制水声通信系统中。与声强频率估计算法相比,ESPRIT 频率估计可在小样本的情况下,获得高精度的频率估计。仿真和湖试结果表明,基于矢量传感器的 ESPRIT 频率估计算法可以提高通信速率并降低对通信系统的带宽要求。本算法对信噪比的要求较高,目前看,较适用于近程高速水声通信。

关键词　矢量传感器;ESPRIT 算法;频率估计;声强

1　引言

矢量传感器能同时测量声场中的声压标量和质点振速矢量,矢量信息的获得为实现新的信号处理算法提供了基础[1]。基于矢量传感器的频率调制水声通信系统,利用声强量解码代替传统的声压量解码,可以提高处理增益,增加通信的距离,降低误码率。

频率调制通信系统的解码过程通常是利用基于傅里叶变换的谱分析完成的。对于频移键控系统来说,要提高通信速率可以在一个码元周期内同时发送多个频率,即多频编码(MFSK),从而一次解出多个比特的数据,但这样做的代价是增加了系统的带宽,另一种方法是减小信号的码元宽度,在单位时间内发送更多的编码数据,由于基于周期图法的谱估计的频率分辨率为 $1/T$(T 为码元宽度)同样付出了增加带宽的代价。

如果在解码的过程中利用高分辨率频率估计算法,就可以减小不同码元对应的频率间隔,降低对系统带宽的要求。或者在频率间隔不变的情况下,用更少的数据进行频率估计,可以减小码元宽度,提高通信速率在高信噪比的近距离高速水声通信中,当带宽限制成为主要矛盾时,可以利用高分辨率算法在保证高速通信的前提下,降低对系统的带宽要求。本文利用 ESPRIT(Estimating Signal Parameters via Rotational Invariance Techniques,利用子空间旋转不变技术估计信号参数)[2]算法实现了基于矢量传感器的高分辨率频率估计,该算法应用于水声通信中可以提高系统的通信速率,降低通信系统的带宽。

2　基于矢量传感器的 ESPRIT 频率估计算法

设各向同性噪声场中的矢量传感器共接收到 K 个不同频率的单频信号,三维矢量传感器可以看成是空间共点的四元阵,同时测量声场中的声压量 $p(t)$ 和质点振速的三个正交分量 $\{v_x(t), v_y(t), v_z(t)\}$,矢量传感器输出的数据模型为[3]:

$$\boldsymbol{y}(t)=\begin{bmatrix}p(t)\\v_x(t)\\v_y(t)\\v_z(t)\end{bmatrix}=\sum_{i=1}^{K}\begin{bmatrix}1\\\cos\phi_i\sin\theta_i\\\sin\phi_i\sin\theta_i\\\cos\theta_i\end{bmatrix}b_i\mathrm{e}^{\mathrm{j}2\pi f_i t+\beta_i}+n(t) \tag{1}$$

其中 $\phi_i(0\leqslant\phi_i\leqslant 2\pi)$ 和 $\theta_i(0\leqslant\theta_i\leqslant\pi)$ 分别表示第 i 个入射源的水平方位角和仰角，b_i 为第 i 个信号的幅度，f_i 为第 i 个信号的频率，β_i 为第 i 个信号的初相，在 0 到 2π 之间随机分布。$n(t)$ 为矢量传感器测得的噪声矩阵：

$$\boldsymbol{n}(t)=[n_p(t)\quad n_x(t)\quad n_y(t)\quad n_z(t)]^{\mathrm{T}} \tag{2}$$

其中，$n_p(t)$ 为零均值，方差为 σ^2 的高斯白噪声，在各向同性噪声场中，$n_x(t)$，$n_y(t)$，$n_z(t)$ 的方差都为 $\sigma^2/3$。

$\boldsymbol{y}(t)$ 为 $M\times M$ 维的协方差矩阵 $\boldsymbol{R}_y$ 可分解为：

$$\boldsymbol{R}_y=\boldsymbol{ABA}^{\mathrm{H}}+\sigma^2\boldsymbol{I}\otimes\boldsymbol{R}_n \tag{3}$$

其中，$\boldsymbol{B}$ 为 $K\times K$ 的对角阵，$\boldsymbol{I}$ 为 $M\times M$ 的单位阵，$\boldsymbol{R}_n$ 为 4×4 的对角阵，$\otimes$ 表示 Kronecker 积，$\boldsymbol{I}\otimes\boldsymbol{R}_m$ 为 $4M\times4M$ 的矩阵。

$$\boldsymbol{B}=\mathrm{diag}[b_1^2/2\quad b_2^2/2\quad\cdots\quad b_K^2/2] \tag{4}$$

$$\boldsymbol{R}_n=\mathrm{diag}[1\quad 1/3\quad 1/3\quad 1/3] \tag{5}$$

$$\begin{aligned}\boldsymbol{A}&=[\boldsymbol{a}(f_1)\otimes\boldsymbol{h}_1\quad\cdots\quad\boldsymbol{a}(f_K)\otimes\boldsymbol{H}_K]_{4M\times K}\\&=\boldsymbol{A}_p\diamond\boldsymbol{H}\end{aligned} \tag{6}$$

其中，$\diamond$ 表示 Khatri－Rao 积，它表示 $\boldsymbol{A}_p$ 和 $\boldsymbol{H}$ 列向量的 Kronecker 积。借用天线阵的术语，矩阵 $\boldsymbol{A}$ 可称为空时流形矩阵，$\boldsymbol{A}_p$ 相当于时间流形，$\boldsymbol{H}$ 为矢量传感器阵列流形。

$$\boldsymbol{A}_p=[a(f_1)\quad a(f_2)\quad\cdots\quad a(f_K)]_{M\times K} \tag{7}$$

$$\boldsymbol{a}(f_i)=[1\quad \mathrm{e}^{\mathrm{j}2\pi f_i}\quad\cdots\quad\mathrm{e}^{\mathrm{j}2\pi(M-1)f_i}]^{\mathrm{T}} \tag{8}$$

$$\boldsymbol{H}=[\boldsymbol{h}_1\quad\boldsymbol{h}_2\quad\cdots\quad\boldsymbol{h}_K] \tag{9}$$

$$\boldsymbol{h}_i=[1\quad\cos\varphi_i\sin\theta_i\quad\sin\varphi_i\sin\theta_i\quad\cos\theta_i]^{\mathrm{T}} \tag{10}$$

其中，$\boldsymbol{h}_i$ 为第 i 信号在矢量传感器的投影向量。

通过下述方式构造 $\boldsymbol{A}_1$ 和 $\boldsymbol{A}_2$：

$$\boldsymbol{A}=\begin{bmatrix}\boldsymbol{A}_1\\\text{最后四行}\end{bmatrix}=\begin{bmatrix}\text{最前四行}\\\boldsymbol{A}_2\end{bmatrix} \tag{11}$$

由于空时流形矩阵 $\boldsymbol{A}$ 具有时间旋转不变的特性，$\boldsymbol{A}_1$ 和 $\boldsymbol{A}_2$ 通过 $\boldsymbol{\Phi}$ 联系起来：

$$\boldsymbol{A}_2=\boldsymbol{A}_1\boldsymbol{\Phi} \tag{12}$$

其中 $\boldsymbol{\Phi}$ 为对角阵，具体形式为：

$$\boldsymbol{\Phi}=\mathrm{diag}[\mathrm{e}^{\mathrm{j}2\pi f_1}\quad\mathrm{e}^{\mathrm{j}2\pi f_2}\quad\cdots\quad\mathrm{e}^{\mathrm{j}2\pi f_K}] \tag{13}$$

可见，只要估计出对角阵 $\boldsymbol{\Phi}$ 信号所包含的不同频率分量的频率值 $\{f_i,i=1,\cdots,K\}$ 利用式(13)自然就得到了。

由于 $\boldsymbol{A}$ 不能由协方差矩阵 $\boldsymbol{R}_y$ 直接得到，需要利用 ESPRIT 算法间接的估计 $\boldsymbol{\Phi}$。根据信子空间分解的理论，$\boldsymbol{R}_y$ 可分解为信号子空间和噪声子空间[4]：

$$\boldsymbol{R}_y=\boldsymbol{U}_s\boldsymbol{\Lambda}_s\boldsymbol{U}_s^{\mathrm{H}}+\boldsymbol{U}_n\boldsymbol{\Lambda}_n\boldsymbol{U}_s^{\mathrm{H}} \tag{14}$$

其中，$\boldsymbol{\Lambda}_s$ 表示一个 $K\times K$ 的对角矩阵，它的对角线元素由 K 个最大特征值组成，$\boldsymbol{U}_s$ 是 K 个最大特征值对应的特征向量，构成信号子空间。$\boldsymbol{\Lambda}_n$ 表示一个 $(4M-K)\times(4M-K)$ 的对角矩

阵,它的对角线元素包括 $4M-K$ 个最小特征值,$\boldsymbol{U}_n$ 是 $4M-K$ 个最小特征值对应的特征向量,构成噪声子空间。

为了分析方便,首先考虑没有噪声的情况,通过分别去掉 $\boldsymbol{U}_s$ 矩阵的最后四行和最前四行分别获得 $\boldsymbol{U}_1$ 和 $\boldsymbol{U}_2$,$\boldsymbol{U}_1$ 和 $\boldsymbol{U}_2$ 通过 $\boldsymbol{\Psi}$ 联系起来:

$$\boldsymbol{U}_2=\boldsymbol{U}_1\boldsymbol{\Psi} \tag{15}$$

若 $\boldsymbol{B}$ 非奇异,则矩阵 $\boldsymbol{A}$ 和协方差矩阵的信号特征向量组成的子矩阵 $\boldsymbol{U}_s$ 二者所张成的迹空间相同[4],这意味着存在着一个 $K\times K$ 的非奇异矩阵 $\boldsymbol{T}$,使得:

$$\begin{aligned}\boldsymbol{U}_1&=\boldsymbol{A}_1\boldsymbol{T}\\ \boldsymbol{U}_2&=\boldsymbol{A}_2\boldsymbol{T}=\boldsymbol{A}_1\boldsymbol{\Phi}\boldsymbol{T}\end{aligned} \tag{16}$$

利用公式(15)和(16)可得:

$$\boldsymbol{\Psi}=\boldsymbol{T}^{-1}\boldsymbol{\Phi}\boldsymbol{T} \tag{17}$$

式(17)是说明 $\boldsymbol{\Phi}$ 和 $\boldsymbol{\Psi}$ 为相似矩阵,$\boldsymbol{\Phi}$ 的对角线元素等于 $\boldsymbol{\Psi}$ 的本征值。

在有噪声的情况下,$\boldsymbol{U}_1$ 和 $\boldsymbol{U}_2$ 分别用各自的估计值 $\hat{\boldsymbol{U}}_1$ 和 $\hat{\boldsymbol{U}}_2$ 代替,(15)式中的等式近似成立,并利用最小二乘法求得[4]:

$$\hat{\boldsymbol{\Psi}}=\{(\hat{\boldsymbol{U}}_1)^{\mathrm{H}}\hat{\boldsymbol{U}}_1\}^{-1}\{(\hat{\boldsymbol{U}}_1)^{\mathrm{H}}\hat{\boldsymbol{U}}_2\} \tag{18}$$

矩阵 $\boldsymbol{\Phi}$ 通过对 $\hat{\boldsymbol{\Psi}}$ 进行本征分解而求得:

$$\mathrm{eign}(\hat{\boldsymbol{\Psi}})=[\mathrm{e}^{\mathrm{j}2\pi f_1}\quad \mathrm{e}^{\mathrm{j}2\pi f_2}\quad \cdots\quad \mathrm{e}^{\mathrm{j}2\pi f_K}] \tag{19}$$

3　ESPRIT 算法频率估计用于水声通信

利用矢量传感器代替声压水听器作为接收器,作谱分析时可以利用声强处理代替声压处理。定义频域复声强为[5]:

$$\boldsymbol{I}(\omega)=p(\omega)\boldsymbol{v}^*(\omega) \tag{20}$$

式中,$\boldsymbol{I}=[I_x\quad I_y\quad I_z]^{\mathrm{T}}$ 为向量,包含三个正交方向的声强分量,上标 * 表示复共轭,$p(\omega)$ 和 $\boldsymbol{v}(\omega)$ 分别是 $p(t)$ 和 $\boldsymbol{v}(t)$ 的傅里叶变换。

声强分量按矢量相加合成总声强,总声强的方向指向声源的方向[6]。

$$I(\omega)=\sqrt{\mathrm{Re}^2[I_x]+\mathrm{Re}^2[I_y]} \tag{21}$$

对于浅海的水平信道来说,声能流沿水平方向传播,垂直的方向受到界面的限制,体现为驻波的形式,有功声强为零,所以求总声强时忽略了垂直方向的声强分量 I_z。

通信系统中,基于谱变换的解码方式受到瑞利限($BT=1$)的限制,因此在系统带宽和通信速度上必须折中考虑。在带宽受限的水声信道中,非相干的频率调制系统难以实现高数据率的通信。但利用 ESPRIT 的频率估计算法不受瑞利限的限制,在高信噪比的情况下可以实现高分辨率的频率估计。这启发我们可以将 ESPRIT 算法引入到水声通信中。在通信速率不变(码元宽度 T 不变)的情况下,降低对系统带宽(B 减小)的要求。或是在保持系统带宽不变(B 不变)的情况下,提高通信速率(T 减小)。

4　仿真和试验研究

4.1　仿真研究

先通过计算机仿真比较 BFSK 调制通信系统中声强谱和 ESPRIT 两种算法的性能。仿真条件：$f_1 = 7$ kHz，$f_2 = 8$ kHz，信噪比 SNR = −3 dB，采样频率 $f_s = 50$ kHz，码元宽度 $T =$ 1 ms，码元个数 $N = 5\ 000$。

对声压和振速信号补零后做 128 点的 FFT 变换到频域分别求出 I_x 和 I_y 后合成总声强。

由于水声信号的幅度起伏，用固定的门限判决谱峰位置的做法不可取。对 BFSK 信号来说，信号的频率只有两种可能（f_1 和 f_2），其他频率分量皆为噪声。因此解码时仅比较这两个频点的幅值，如果 f_1 处的谱峰大于 f_2 处的谱峰，判决为数据‘0’，反之则判决为数据‘1’。

利用基于矢量传感器的 ESPRIT 算法对每个码元的数据进行频率估计，结果见图 1(b)。如果频率接近 f_1，则判决为数字‘0’，如果频率接近 f_2，则判决为数字‘1’。

图 1(a) 为声强解码的结果，可见图中代表‘0’和代表‘1’点基本上完全分离，图 1(b) 为利用 ESPRIT 算法解码的结果，代表‘0’和代表‘1’点有部分的混叠。这说明信噪比较低、带宽较宽的情况下，声强处理的性能更为稳健。

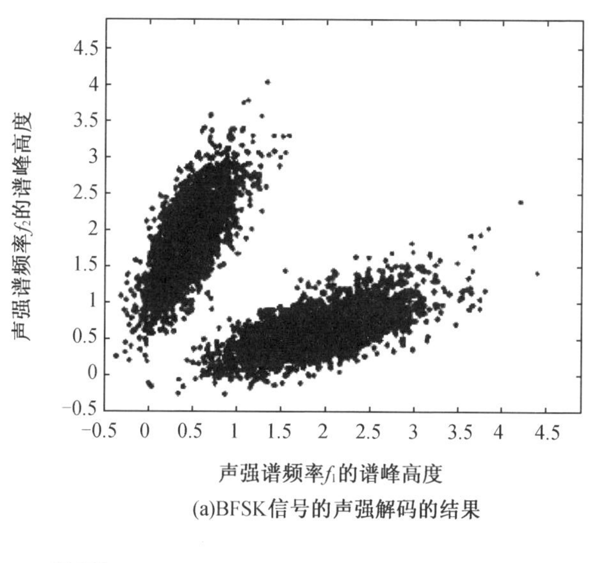

(a)BFSK信号的声强解码的结果

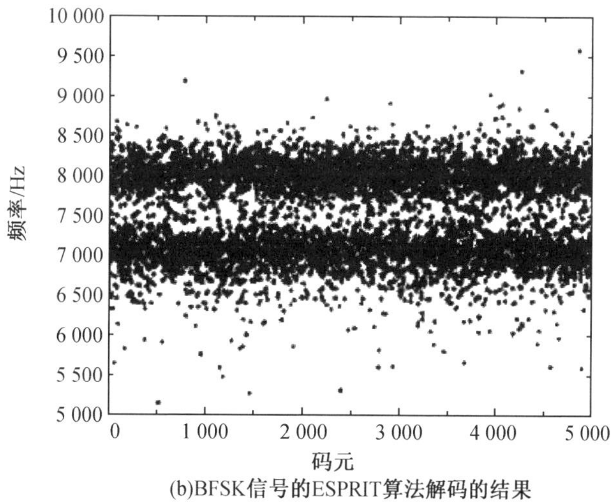

(b)BFSK信号的ESPRIT算法解码的结果

图 1

提高信噪比和通信的速率，降低系统的带宽，考察 ESPRIT 和声强处理的性能。仿真条件：$f_1=7$ kHz，$f_2=7.5$ kHz，信噪比 SNR = 6 dB，采样频率 $f_s=50$ kHz，码元宽度 $T=1$ ms，码元个数 $N=5\ 000$。

声强处理和 ESPRIT 算法的处理结果分别见图 2(a) 和图 2(b)。

图 2(a) 和图 2(b) 的比较看出，利用矢量传感器的 ESPRIT 算法对数据的长度的要求不高（对码元宽度不敏感），在高信噪比时估计的频率比较精确，实现了'0'和'1'的完全分离。由于频率间隔和码元宽度的同时减小，基于傅里叶变换的声强谱已经不能区分这两个频率，因而也无法正确地解码。这说明在高信噪比、带宽受限的情况下，ESPRIT 算法更具优势。

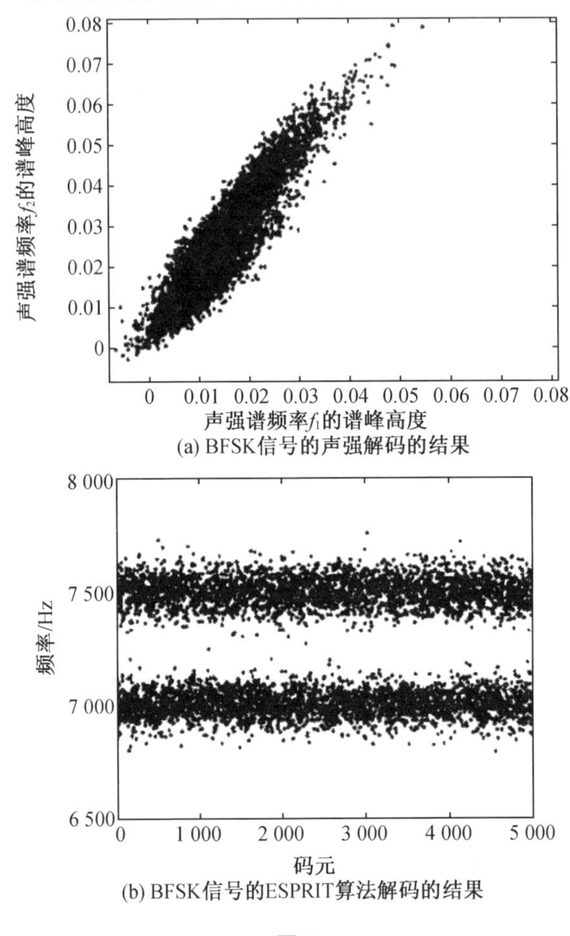

(a) BFSK信号的声强解码的结果

(b) BFSK信号的ESPRIT算法解码的结果

图 2

4.2　试验研究

为了验证算法的有效性，2003 年 10 月在吉林省松花湖水域进行了试验研究。发射船和接收船相距 5.5 km。矢量传感器为国内首次研制成功的同振球型高频三维矢量传感器，可以同步共点的测量声压和三个正交方向的质点振速分量，测量的最高频率达到 10 kHz。

发送的信号为 BFSK 信号（$f_1=7\ 031$ Hz，$f_2=7\ 812$ Hz），码元宽度 $T=1$ ms，每次发送 5 000个码。同步信号为线性调频信号，扫频范围 6 ~ 9 kHz，信号长度 20 ms。矢量传感器接收的声压和三路振速信号用 50 kHz 的采样频率同步采集。

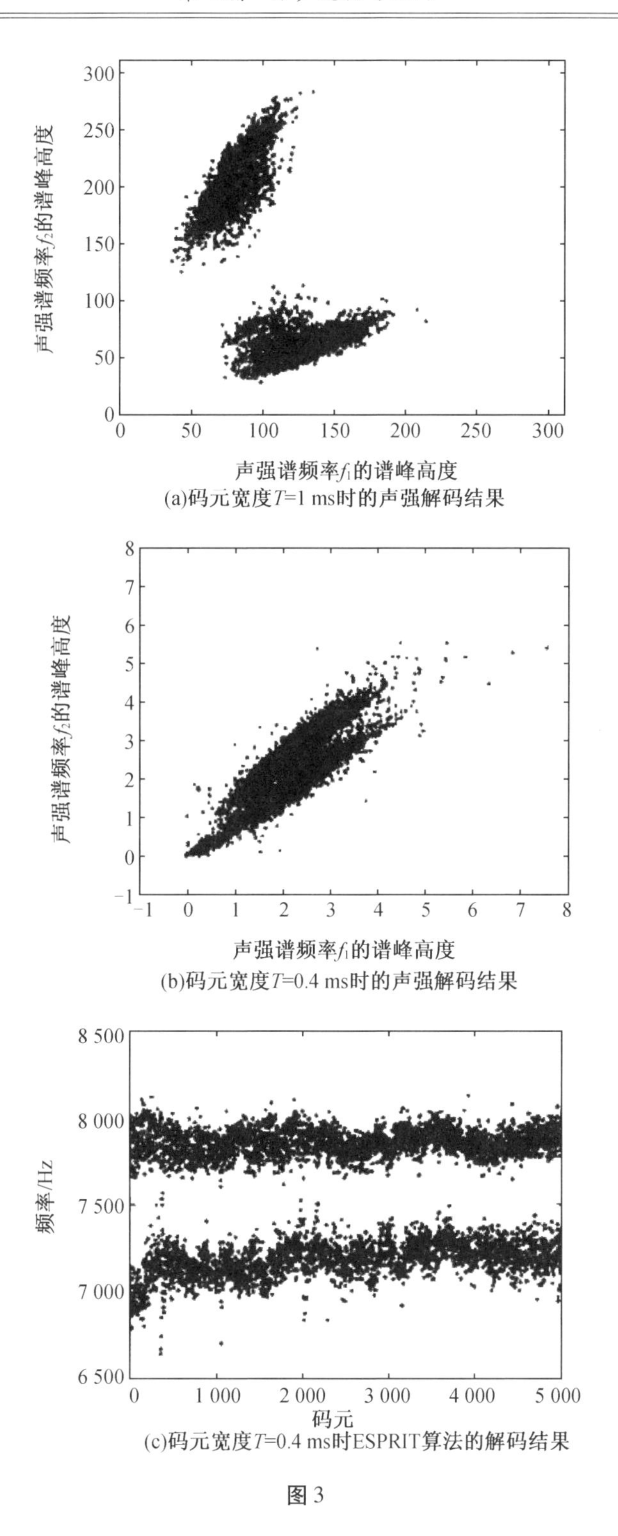

(a)码元宽度T=1 ms时的声强解码结果

(b)码元宽度T=0.4 ms时的声强解码结果

(c)码元宽度T=0.4 ms时ESPRIT算法的解码结果

图 3

接收数据同步后，求出总声强。码元宽度 $T=1$ ms 时，相当于通信速率 1 kbit/s，每个码元有 50 个采样点，通过补零作 64 点的 FFT 得到声强谱，解码的结果见图 3(a)。可见在码元宽度 $T=1$ ms 时，利用声强解码可使‘0’和‘1’的数据完全分离，5 000 个码无误码。

利用图 3(a)中的同一组数据，每个码元取前 20 个采样点，相当于码元宽度 $T=0.4$ ms

(通信速率 2.5 kbit/s),解码的结果见图 3(b)。码元宽度的减小降低了声强谱在频域的分辨能力,结果是'0'和'1'的数据发生混叠,利用声强解码的误码率在 10^{-2}左右。

对图 3(b)的同一组数据进行处理,利用 ESPRIT 算法解码的结果见图 3(c)。比较图 3(b)和图 3(c),利用 ESPRIT 算法解码与利用声强解码相比优势十分明显,'0'和'1'的数据分得很清楚,误码率在 10^{-4}的量级上。

5　结论

根据理论分析和仿真计算的结果,得出以下结论:ESPRIT 方法对信噪比要求较高(3 dB 以上),在信噪比较低(0 dB 以下),通信速率不高的情况下,声强处理的性能更为稳健。在系统带宽受限,通信速率较高的情况下,利用 ESPRIT 技术的高分辨率频率估计的方法,在声强处理无效时,仍能可靠的解码。

参考文献

[1] Shchurov V A. J. Acoust. Soc. Am, 1991, 89(3): 1134 – 1157.

[2] Roy R, Kailath T. IEEE Trans. ASSP, 1989, 37: 984 – 995.

[3] Ticharsky P, Wong KT. IEEE Trans. on Signal Processing, 2001, 49(11):2498 – 2510.

[4] 张贤达,保铮著. 通信信号处理. 北京:国防工业出版社,2000.

[5] J Adin Mann et al. J. Acoust. Soc. Am., 1987, 82(1):17 – 30.

[6] 孙贵青. 声学学报,2002, 27(5):429 – 434.

基于正交频分复用的高速水声通信技术

朱 彤 桑恩方

摘要 信号的多途传输引起的码间干扰是影响高速水声通信的主要障碍之一。为了克服码间干扰，设计了一种改进的基于正交频分复用(OFDM)技术的水声通信方法，直接将发射数据的实部调制到高载频进行传输，结构简单。湖试中，在7 000 m距离内，传输速率达到8.3 kbit/s，误码率$10^{-2}\sim10^{-5}$。试验证明该方法可以有效降低码间干扰的影响，达到较高的传输速率和较低的误码率。

关键词 正交频分复用;IFFT/FFT;循环前缀;水声通信;码间干扰

1 引言

由于水下声信道的复杂性，在水下进行高速可靠的声通信以其特殊的挑战性一直是近年来研究的热点[1]。在制约水下高速声通信的诸多因素中，受限的信道带宽和多途是2个主要的因素[2]。迄今为止，解决这些问题的主要途径有采用较为稳健的调制方式如MFSK，其具有很好的抗多途效果，但是频带利用率很低，因而在带宽有限的前提下传输速率低。近十几年来频带利用率较高的相干通信技术得到广泛研究[3]，采用自适应均衡技术来克服码间干扰和相位畸变，各种算法不断涌现，但是计算比较复杂，尤其对于高速通信，计算量很庞大。

多载波通信的研究是近年来开始的，还有待进一步的探索，但已经取得了一些令人鼓舞的结果[4-5]。正交频分复用(orthogonal frequency division multiplexing, OFDM)技术是一种多载波高速数据调制传输方式，其基本思想就是将要传输的高速数据流分配到多个正交的子载波上进行并行传输，当子载波带宽低于信道相干带宽时，呈现平坦衰落，再加循环前缀，从而克服多途的影响。近十年来该技术在数字广播和xDSL网络中已得到成功应用。该文研究的是把正交频分复用技术应用到水下高速通信中，设计一套适于水下声信道环境的通信试验系统，从而探索出一种高速、可靠、易实现的、具有广泛应用前景的水声通信方法。

2 OFDM基本原理

在发射端，假设要发送的一组二进制数据流已映射成为复数序列$\{d_0,\cdots,d_{N-1}\}$，其中$d_n=a_n+\mathrm{j}b_n$，对这一复数序列进行IDFT变换，得到N个复数结果组成的新序列$\{S_0,\cdots,S_{N-1}\}$，其中

$$S_m=\frac{1}{N}\sum_{n=0}^{N-1}d_n\exp(\mathrm{j}2\pi nm/N),m=0,1,\cdots,N-1 \tag{1}$$

如果令$f_n=\dfrac{n}{N\cdot\Delta t}$，$t_m=m\cdot\Delta t$，式中$\Delta t$是任一时间长度，则式(1)可写作如下形式：

$$S_m=\frac{1}{N}\sum_{n=0}^{N-1}d_n\exp(\mathrm{j}2\pi f_n t_m),m=0,1,\cdots,N-1 \tag{2}$$

显然,这是一个多个载波调制信号和的形式。其各子载波间的频率差为:

$$\Delta f = f_n - f_{n-1} = \frac{1}{N \cdot \Delta t} \tag{3}$$

如果把这个序列$\{S_0,\cdots,S_{N-1}\}$以Δt的时间间隔通过D/A转换器并滤波输出,就会转换为连续信号:

$$Y(t) = \frac{1}{N}\sum_{n=0}^{N-1}(a_n\cos 2\pi f_n t - b_n \sin 2\pi f_n t) + \mathrm{j}\frac{1}{N}\sum_{n=0}^{N-1}(a_n \sin 2\pi f_n t + b_n \cos 2\pi f_n t),\quad 0 \leqslant t \leqslant N\Delta t \tag{4}$$

这是基带信号形式,实际中需要将该信号再调制到一个合适的较高的载频上。在接收端,对接收到的信号去掉高载频后,再进行时间间隔为Δt的采样,并进行DFT变换,就可以恢复复数序列$\{d_0,\cdots,d_{N-1}\}$。

3　通信系统的实现

从第1节的分析可以得到,OFDM的实现是基于一对复序列的FFT/IFFT变换。常用的现方法将复序列的实部和虚部分别调制到互相正交的高载频上进行传输,这样在接收端就能够将实部和虚部分别解调出来,从而恢复出原复序列。其结构框图如图1、图2所示。

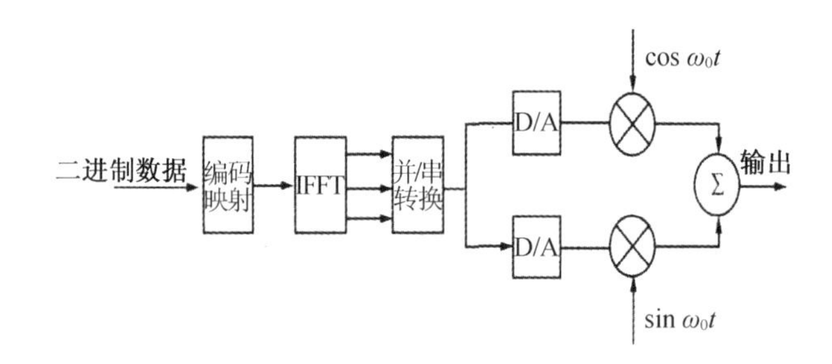

图1　常用OFDM系统发射端框图

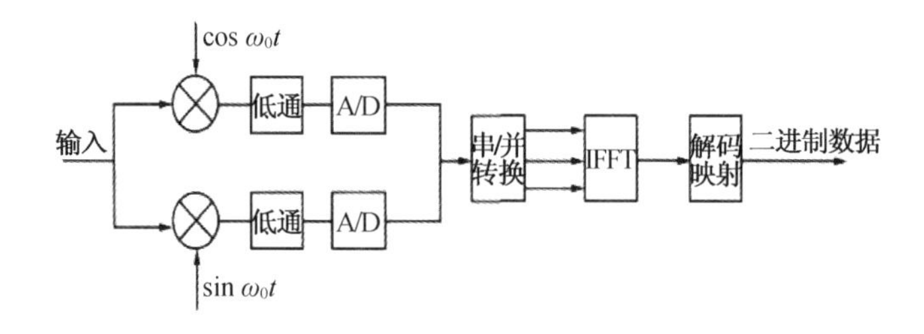

图2　常用OFDM系统接收端框图

这种实现方法由于使用两套调制、解调电路,发射机和接收机结构相对复杂。从式(4)中可以看到,信号的实部和虚部其中任何一个都已经包含有原始的数据信息,因此对原理中的方法进行了改进,只发射待发信号的实部,同时直接将待发序列调制到高载频,简化了发射机和接收机的结构。原理如下:

假设待发送信号的二进制数据映射成为复数序列$\{d_0,\cdots,d_{N-1}\}$,在该数列前面插入M个零,构成一个新的$(M+N)$个元素的序列$\{0,1,\cdots,d_0,\cdots,d_{N-1}\}$,对其进行$(M+N)$点的IDFT变换,得到序列$\{S_0,\cdots,S_{M+N-1}\}$,其中

$$S_m = \frac{1}{M+N}\sum_{n=M}^{M+N-1} d_0 e^{j2\pi nm/(M+N)}$$

$$m = 0,1,\cdots,M+N-1 \tag{5}$$

令 $f_n = \frac{n}{(M+N)\cdot\Delta t}, t_m = m\cdot\Delta t$，$\Delta t$ 是任一时间长度，式(5)可以改写成如下形式：

$$S_m = \frac{1}{M+N}\sum_{n=M}^{M+N-1} d_0 e^{j2\pi f_n t_m}$$

$$m = 0,1,\cdots,M+N-1 \tag{6}$$

可以看到，序列$\{d_0,\cdots,d_{N-1}\}$中的元素就会分别被调制到不同的载频 f_M 至 f_{M+N-1} 上。此时将序列$\{S_0,\cdots,S_{M+N-1}\}$的实部发送出去。在接收端对接收到的信号直接以 Δt 为时间间隔采样，再进行 $(M+N)$ 点 DFT 变换，由 DFT 共轭对称性质容易得到，当 $M>N$ 时，得到的结果序列中，第$(M+1)$至$(M+N-1)$个元素即为恢复的序列，只是差了一个常数系数。

改进后的发射接收系统结构更加简单，如图 3、图 4 所示。

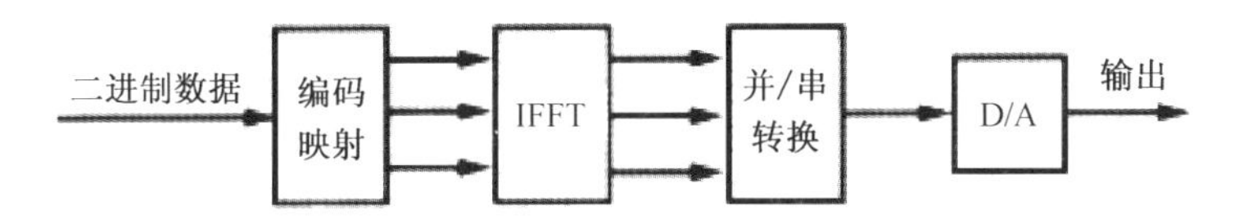

图 3　改进的 OFDM 系统发射端框图

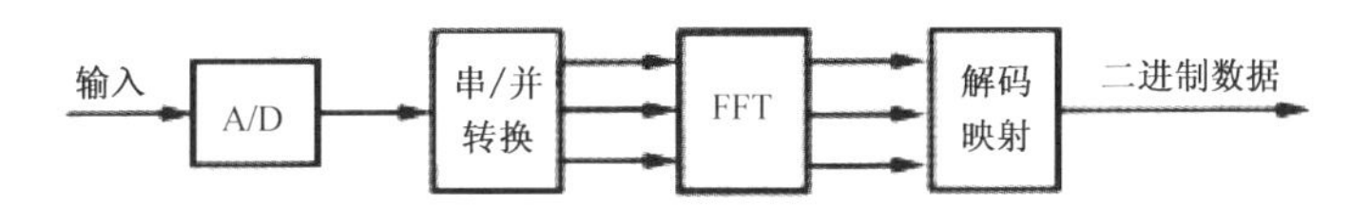

图 4　改进的 OFDM 系统接收端框图

该系统采用 QDPSK 调制方式，发射信号的数据结构如图 5 所示。

图 5　发射信号数据结构

同步单元由线性调频信号构成，用以实现通信系统的同步。参考单元作用是为其后的按 QDPSK 调制的数据提供初始相位。随后是若干个数据单元。数据单元的构造如图 6 所示。

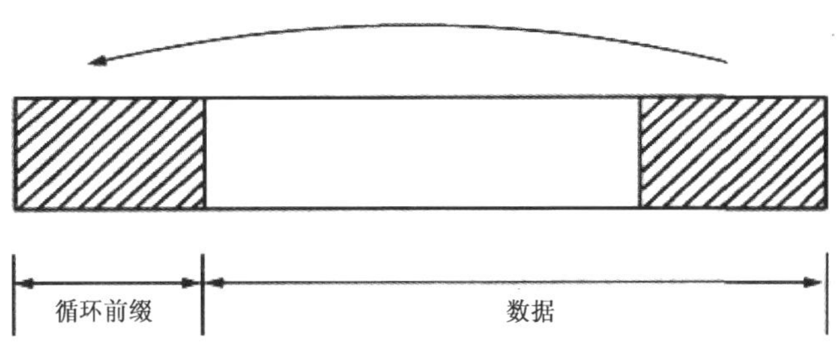

图 6　数据单元结构

循环前缀(阴影部分)由数据码元后部若干数据复制后添加在数据码元前面构成,用以克服多途的影响。其长度应该大于信号传输的最大时延。循环前缀的加入会降低系统的传输速率,设 T 为数据符号持续时间, T_g 为循环前缀时间长度, 则传输速率降为原来的 $T/(T+T_g)$。根据实际情况本系统循环前缀的长度取为 10 ms。

4　试验结果

为验证本通信系统的实际性能, 2003 年 10 月在吉林松花湖进行了湖试。水域宽度为 60 ~100 m,长 800 m, 水深 40 ~60 m 。收发换能器皆为无指向性,分别放置于两条船上,吊放于水下 7 ~8 m。传送数据为黑白图像与灰度图像。系统采用 QDPSK 调制方式,中心频率为 10 kHz, 带宽为 5 kHz。当子带宽设计为 20 Hz ($T=50$ ms),循环前缀为 10 ms($T_g=10$ ms)时,传输速率为

$$R = 5000 \times 2 \times 50/(50 + 10) = 8.3 \text{ kbit/s} \tag{7}$$

图 7 是一组 200 ×200 像素黑白图像的接收处理结果。图 7(b) 的误码率为 1×10^{-4}, 图 7(c) 的误码率为 1.9×10^{-3}。

(a)原始图像　　(b) 6 900m 接收到的图像　　(c)7 200m 接收到的图像

图 7　发射和接收的黑白图像数据

图 8 是一组 10 ×100 像素 256 级的灰度图像接收处理结果。图 8(b)的误码率达到了 0; 图 8(c)的误码率为 3×10^{-3}。

(a)原始图像　(b) 6 900 m 接收到的图像　(c)7 200 m 接收到的图像

图 8　发射和接收的灰度图像数据

5　结束语

采用基于正交频分复用的多载波技术来克服水下通信中的多途和窄带宽的问题, 试验证明, 这种方法可以充分利用有限的带宽, 获得很高的通信速率和较低的误码率,有效地克服了多途引起的码间干扰。但是还有一些缺点比如对多普勒频移较为敏感(频移会导致子载波间正交性的破坏[6])等, 是正交频分复用技术应用于水下通信的还需要进一步研究的问题。

参考文献

[1] Kilfoyle, D. B, Baggeroer, A. B. The state of the art in underwater acoustic telemetry [J]. IEEE Journal of Oceanic Engineering, 2000, 25:4 -27.

[2] Zielinski, A, Young - Hoon Yoon, Lixue Wu. Performance analysis of digital acoustic communication in a shallow water channel[J]. IEEE Journal of Oceanic Engineering, 1995, 20:293 -299.

[3] Stojanovic, M, Catipovic, J. A, Proakis, J. G. Phase - coherent digital communications for underwater acoustic channels[J]. IEEE Journal of Oceanic Engineering, 1994, 19:100 -111.

[4] Coatelan, S, Glavieux, A. Design and test of a multicarrier transmission system on the shallow water acoustic channel[A]. OCEAN S94[C]. Brest, France, 1994.

[5] Bejjani, E, Belfiore, J. C. Multicarrier coherent communications for the underwater acoustic channel [A]. OCEANS96[C]. Florida, USA, 1996.

[6] Pollet, T, Bladel, M, Moeneclaey, M. BER sensitivity of OFDM systems to carrier frequency offset and wiener phase noise[J]. IEEE Transactions on Communications, 1995, 43:191 - 193.

分组 *M* 元扩频 Pattern 时延差编码水声通信

惠俊英　王　蕾　殷敬伟

摘要　针对水声通信中通信速率和频带利用率不高的问题，提出将 *M* 元扩频技术与 Pattern 时延差编码相结合，将多进制扩频码作为 Pattern 波形进行时延差信息调制，在接收端利用拷贝相关器解出信息，提高了系统的通信速率和抗干扰能力；在此基础上又提出了分组扩频的概念，对发送端扩频码进行有效分组，利用其良好的正交性，将各组挑选出的扩频码并行传输，进一步改善系统的通信速率和频带利用率。在信道水池内进行了通信实验，在 2.5 kHz 带宽内，*M* 元扩频 PDS 系统通信速率为 91 bit/s，分组 *M* 元扩频 PDS 系统可达 302 bit/s，误码率为 1×10^{-4}，实验结果验证了该系统的可行性和鲁棒性。

1　引言

伴随着海洋资源的开发和利用，人们对水声通信的需求日益增加。如远程遥控、海洋科学数据采集、水下语音通信、海洋环境监测以及海底地形地貌的绘制等一系列水下应用，都需要高度可靠的水声通信技术支持。但水声信道多途效应严重，其中引起的码间干扰是影响水声通信发展的主要障碍。此外，水声信道的可用带宽非常有限，使得通信速率受到了极大的限制。

本文献研究能够适应中远程水声通信要求的技术方案，将无线电通信中广泛应用的扩频技术与 Pattern 时延差编码体制相结合，构建一套全新的水声通信方案，既获得了一系列扩频通信的优良特性，又显著提高了通信速率。而且还对分组 *M* 元扩频 Pattern 时延差编码水声通信系统进行了理论研究，通过水池实验验证了该系统的性能。

2　*M* 元扩频 PDS 编码原理

Pattern 时延差（Pattern time delay shift，PDS）编码是将信息调制在 Pattern 码出现在码元窗中的不同位置处，不同的时延差代表着不同的信息。PDS 体制利用多种不同 Pattern 码波形来进行码元分割，可有效抑制水声信道中多途扩展引起的码间干扰。但如何选取相互正交的一组 Pattern 码型是关键，可用的 Pattern 码型越多，系统抗 PDS 体制利用多种不同 Pattern 码波形来进行码元分割，可有效抑制水声信道中多途扩展引起的码间干扰。但如何选取相互正交的一组 Pattern 码型是关键，可用的 Pattern 码型越多，系统抗多途时延的能力也就越强。因此，本文借助扩频通信中伪随机序列的一些优良特性，对 PDS 编码通信系统进行了改进。

M 元扩频 PDS 通信体制是在发送端产生一组相互正交的扩频码波形，根据不同的基带数字信息从这组序列中任意选出一条，再将其作为填充的 Pattern 码进行时延差编码，作为发射信号送入信道中，其实质是对信源信息进行两次调制，使每个码元携带更多的信息量。其工作原理如图 1 所示。图中：$a(t)$ 为基带数字信息；$c_i(t)$（$i=1, 2, \cdots, M$）为从一组正交

扩频码波形（使用 Gold 码）中选择出的一条扩频码；$s(t)$ 为经过 PDS 编码得到的发送信号。

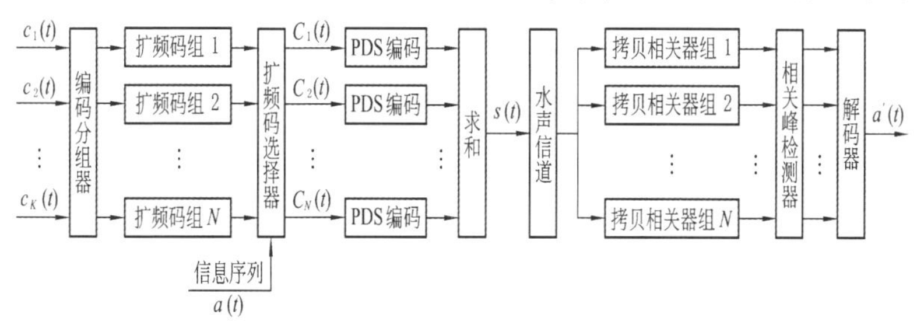

图 1　M 元扩频 *PDS* 通信系统工作原理

经过水声信道，在接收端得到信号：

$$r(t)=s(t)h(t)+n(t) \tag{1}$$

式中：$h(t)$ 为信道冲激响应函数；$n(t)$ 为环境噪声。接收信号分成 M 条支路并行处理，第 j 个拷贝相关器的输出

$$R_j(\tau)=\int_0^T r(t)c'_j(t+\tau)\,\mathrm{d}t=\int_0^T[s(t)h(t)+n(t)]c'_j(t+\tau)\,\mathrm{d}t \tag{2}$$

式中 T 为码元宽度；$c'_j(t)$ 为接收端产生的本地扩频码波形。由于扩频码具有良好的相关特性，因此只有与发送端所选扩频码相同的拷贝相关器支路有最大输出值，而其他支路上输出的相关值都较低。通过最大值判决器可以确定相关峰出现的时刻和位置，从而可分别解调出 M 元扩频和 PDS 编码调制所携带的信息。

此时系统的通信速率为：

$$R_b=(\log_2 M+n)/T \tag{3}$$

式中 n 为 PDS 编码所携带的信息比特数。从式(3)中可以看出，将 M 元扩频调制与 PDS 编码相结合既可获得扩频通信的一些优良性能，又可提高通信速率。

3　分组 *M* 元扩频 PDS 编码水声信道

由于水声信道带宽有限，因此若在有限的频带内只传输一路信号，无论是通信速率还是频带利用率都是很低的。针对中远程水声通信速率低的问题，很多文献已提出了一些解决办法[6-8]。

3.1　分组 M 元扩频基本原理

分组 M 元扩频通信方式类似于扩频通信中多用户同时通信的过程，采用这种方式可大幅度提高系统的通信速率和频带利用率。其核心思想正是基于码元分割的理念来划分信道，进行多通道同时工作，并且在每个信道中又采用 M 元扩频方式。采用这种方式可大幅度提高系统的通信速率和频带利用率。其核心思想正是基于码元分割的理念来划分信道，进行多通道同时工作，并且在每个信道中又采用 M 元扩频方式。

分组 M 元扩频的主要工作原理是把发送端产生的一组扩频码平均分成 N 组，然后按照一定的映射关系将待发送的信息序列映射为对应组中的一条扩频码，将各组抽选出来的扩频码进行叠加并发射出去。经过信道后，在接收端仍然采用拷贝相关法，对接收到的信号分成 N 组同时解码，利用扩频码良好的相关性可以很容易地从每组信号中提取出所选的扩频码，从而解调出信息。

采用分组 M 元扩频技术后系统的通信速率为

$$R_b = (N\log_2 M)/T_0 \tag{4}$$

式中 T_0 为码元宽度。而传统 M 元扩频通信速率 $R'_b = (\log_2 M')/T_0$，式中 $M' = NM$ 为总扩频码数。

现以 128 元扩频通信为例，若分 4 组每组 32 条扩频码，则采用分组 M 元扩频后较普通的 M 元扩频通信速率和频带利用率均提高了 2.9 倍。此外，从式(4)可以看出，当发送端可选扩频码数一定时，通过调整分组数可以改变系统的通信速率。采用分组 M 元扩频通信方式主要有以下 2 个优点：

a. 分组 M 元扩频具有更高的传输效率和频带利用率，适合在频带受限的环境（如水声信道）中使用；

b. 分组 M 元扩频将多进制扩频调制技术与码分多址技术融合在一起，可兼顾两者的优点。

虽然扩频通信本身具有的码分多址特点为分组扩频通信的实现提供了保障，但在实际应用中不能对扩频序列进行无限制分组，因为过多的并行通道会加大通道间干扰及降低各通道的平均功率，从而导致有效通信距离下降以及误码率的升高。此外，还应尽量保证发射信号的恒包络，由于多路信号的叠加导致合成后信号的峰值功率与平均功率之比升高，因此容易影响系统的工作性能。

3.2 基于 PDS 编码的分组 M 元扩频水声通信方案

分组 M 元扩频技术可以大幅度改善系统的通信速率和频带利用率，为此提出构建分组 M 元扩频 PDS 水声通信系统，其工作原理见图 2。

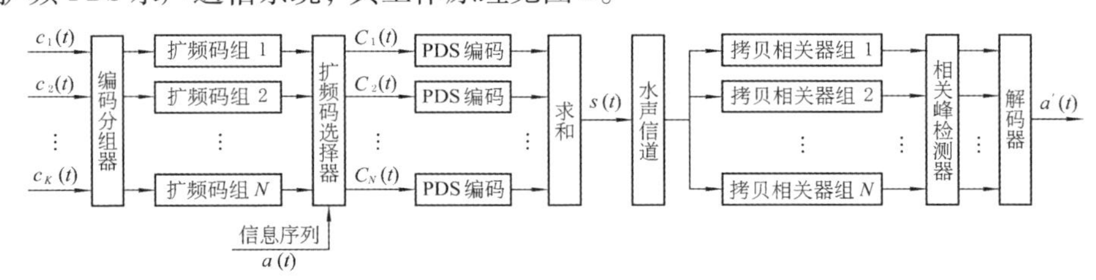

图 2　分组 M 元扩频 PDS 通信系统

在发送端将产生的扩频码波形记为 $c_1(t), c_2(t)... c_k(t)$，经过编码分组器后被均匀分成 N 组，扩频码选择器根据 $a(t)$ 的信息从每组中依次选出一条扩频码，并对其进行 PDS 编码，再对各组编码后的信号叠加并发射出去。经过水声信道后，在接收端仍然采用拷贝相关法，使接收信号通过 N 个拷贝相关器组，每组由 K/N 个相关器构成。因为在发送端，从每组中都选取了扩频码，所以解码器根据每组输出的最大相关峰时刻和位置即可解出每组携带的信息，从而恢复出信息序列 $a'(t)$。此时系统的通信速率：

$$R_b = (N\log_2(K/N) + n)/T_0$$

4　水声通信实验

为了验证 M 元扩频 PDS 以及分组 M 元扩频 PDS 水声通信系统的性能，在水声信道实验室中进行了通信实验。水深 2 m，收发换能器布放深度分别为 1.3 m 和 1.4 m，相距 12 m，均处于静止状态。发射换能器工作频带为 12 ~ 15 kHz 且无指向性。通过发射一段线性调频信号测得的信道冲激响应，如图 3 所示，可以看出信道多途扩展约为 20 ms 且多途信号的幅度较大。

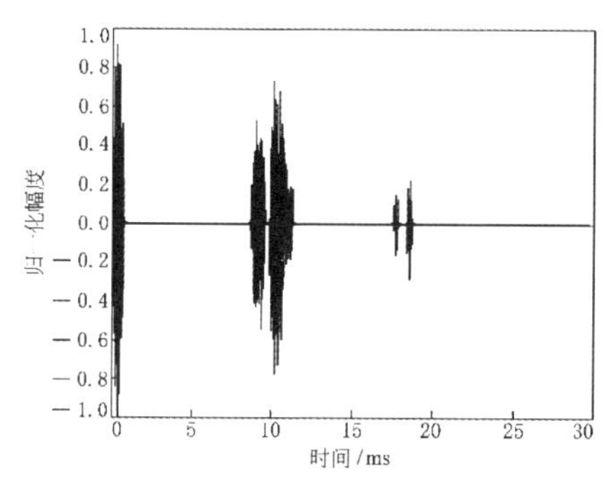

图 3　信道冲激响应

系统在实验过程中的参数设置如下：a. 扩频码，类型为 Gold 码，周期为 127，码片宽度为 0.8 ms；b. PDS 编码，量化间隔为 1 ms；编码时间为 31 ms，Pattern 脉宽为 101.6；c. 通信速率，*M* 元扩频 PDS 系统为 91 bit/s，分组 *M* 元扩频 PDS 系统为 302 bit/s。

在水声通信过程中，载波频率为 13.5 kHz，采样率为 100 kHz，发送端扩频码分为 4 组。每帧发射数据由同步信号起始，在此系统中同步信号由扩频码充当，同步信号与数据之间留有一定的时隙间隔（应大于信道的最大多途时延扩展），如图 4 所示。

同步信号	时隙间隔	数据

图 4　每帧发射信号结构

在接收端，首先建立收发双方的同步关系，为系统定时。通过拷贝相关器可以找到同步信号的相关峰，即以相关峰出现的时刻为同步基准。由于扩频码具有较高的处理增益，所以接收端可以在信噪比较低的环境中检测出同步信号，使通信系统的保密性更强。系统经过同步定时后，对接收信号的拷贝相关处理可得到如图 5 所示的一系列相关峰。

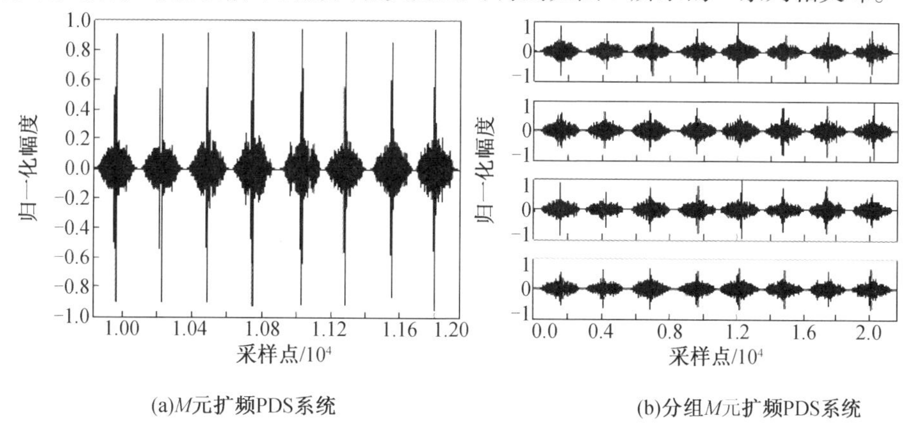

图 5　接收信号的拷贝相关输出

由于采集器的存储空间有限，因此每帧数据设定由 100 个码元组成。图 5（a）为 *M* 元扩频 PDS 系统接收信号的拷贝相关输出，通过检测这一系列相关峰值即可解调出信息。图 5(b) 为分组 *M* 元扩频 PDS 系统在接收端各拷贝相关器组的输出。

水池实验信噪比较高，因此 *M* 元扩频 PDS 水声通信系统近似于 0 误码。相比之下，分组 *M* 元扩频 PDS 水声通信系统在相同信噪比条件下，误码率为 $1\times10^{-4}\sim1\times10^{-3}$ 量级，这主要是由于多条扩频码相互叠加并行传输，导致发射波形畸变为非恒包络信号，但在相同距离水声信道中的传播损失大小相同，所以发射信号幅度较小部分在接收端难以恢复，从而产生一定误码，但其通信速率和频带利用率较前者提高了 3.3 倍。

本文提出构建 *M* 元扩频 Pattern 时延差编码水声通信系统，并在信道水池内进行了验证。通过对实验结果的分析，可以看出该系统能够很好地适应水声多途信道且弥补了水声扩频通信中速率不高的缺点，这为实现高可靠性远程水声通信奠定了基础。

此外，还通过实验验证了分组 *M* 元扩频 PDS 系统在水声信道中的性能。采用分组扩频技术后，在相同信噪比条件下牺牲了一定的误码率，使系统的通信速率和频带利用率得到了大幅度的提高，但如果采取适当的纠错码或信道均衡技术还可进一步减小通信系统的误码率。

参考文献

[1] Stojanovic M. Underwater acoustic communication[M]. San Francisco: Wiley, 2002.

[2] 惠俊英. 水下声信道[M]. 北京:国防工业出版社, 1992.

[3] Kilfoyle D, Baggeroer A. The state of the art in un - derwater acoustic telemetry[J]. IEEE J OceanicEng, 2000, 25 (1) :4 - 27.

[4] 惠俊英,刘丽,刘宏,等. Pattern——时延差编码水声通信研究[J]. 声学学报, 1999, 24 (6):561 - 572.

[5] 曾兴雯,刘乃安,孙献璞. 扩展频谱通信及其多址技术[M]. 西安:西安电子科技大学出版社, 2004.

[6] 殷敬伟,惠俊英,韦志恒,等. 基于 Pattern 时延差编码体制的 4 信道水声通信[J]. 声学技术, 2006, 25:10 - 15.

[7] 韩晶,黄建国,张群飞,等. 正交 M - ary/DS 扩频及其在水声远程通信中的应用[J]. 西北工业大学学报, 2006, 24 (4) :463 - 467.

[8] 王海斌,吴立新. 混沌调频 M - ary 方式在远程水声通信中的应用[J]. 声学学报, 2004, 29 (2):161 - 166.

[9] 汪俊,王海斌,吴立新. 远程水声通信中的多信号恒包络合成方法[J]. 哈尔滨工程大学学报, 2005, 26 (4):451 - 456.

子载波间隔对广义多载波水声扩频性能的影响

周 锋 尹艳玲 乔 钢

摘要 针对广义多载波扩频(MC-DS)系统的子载波间隔变化对系统性能的影响,通过将多载波技术和扩频技术相结合的方法,来提高扩频的通信速率和多载波通信的稳健性。广义MC-DS系统可以通过调整子载波间隔,改变扩频增益和频谱交叠程度,来应对复杂的水声信道。文中分别讨论了在水声多途信道和高斯白噪声信道下该系统随子载波间隔变化的误码性能,根据误码率曲线可以选出使误码率达到最小的最优子载波间隔,从而为系统的最优设计提供了依据。

关键词 MC-DS;水声多途信道;最优子载波间隔;多载波技术;扩频技术

1 引言

对于远程的水声通信,扩频通信已经达到了实用的程度[1-2]。但是其通信速率非常低,不能满足未来通信的需要。对于具有高通信速率的正交频分复用(OFDM)技术越来越多地受到关注,但是其面临高峰均比,对频率偏移敏感等问题[3-5],对于复杂的水声信道,限制了其发展,考虑到二者的优缺点,将二者结合的MC-DS技术起到了折中的作用,广义的MC-DS统具有可变的子载波间隔,不同的子载波间隔可以获得不同的扩频增益和载波信号之间的频谱交叠。水声信道可以看作是一个梳状滤波器[6],对于多载波通信来说,子载波间隔的选取和水声信道的相干带宽有关,MC-DS系统可以很方便地调整子载波间隔和扩频增益,来获得更好的通信性能。

为了更清楚MC-DS系统在水声通信中的性能,文中用MATLAB仿真了在水声多途信道和高斯白噪声信道下,该系统误码率随子载波间隔变化的曲线,得到了一个最优的子载波间隔,并通过水池试验验证了该结论。

2 系统模型

2.1 发射信号

广义MC-DS系统的发射机框图如图1所示[7],对于M进制相位调制,比特周期为T_b的原始数据流经过串/并转换后变成U个低速子数据流,符号周期$T_s = UT_b\log_2 M$,每个低速子数据流通过时域扩频码$c_k(t)$进行扩频,之后在U个子载波上分别调制。基于图1,发射信号[8]可以表示为

$$s(t) = \sum_{u=1}^{U} \sqrt{2P} b_u(t) c(t) \cos(2\pi f_u t + \varphi_u) \tag{1}$$

式中,P是每个子数据流的发射功率;$b_u(t) = \sum_{n=-\infty}^{\infty} b_u[n] P_{T_s}(t - nT_s)$,$u = 1,2,\cdots,U$为第$u$

个子数据流的二进制数据；$b_u[n]$ 为等概率取值 +1 或 -1 的随机变量；$p_\tau(t)$ 为矩形波；$c(t)$ 为时域扩频码，且对于所有的子载波而言，该扩频码相同。$c(t)$ 可以表示为

$$c(t) = \sum_{j=-\infty}^{\infty} c_j \psi(t - jT_c) \tag{2}$$

其中，c_j 取 +1 或 -1，$\psi(t)$ 为时域扩频序列的码片波形，该波形定义在 $[0,T_c)$ 上，其归一化为 $\int_0^{T_c} \psi^2(t)\mathrm{d}t = T_c$。最后，在式(1)中，$\phi_u$ 为第 u 个载波调制的初始相位。

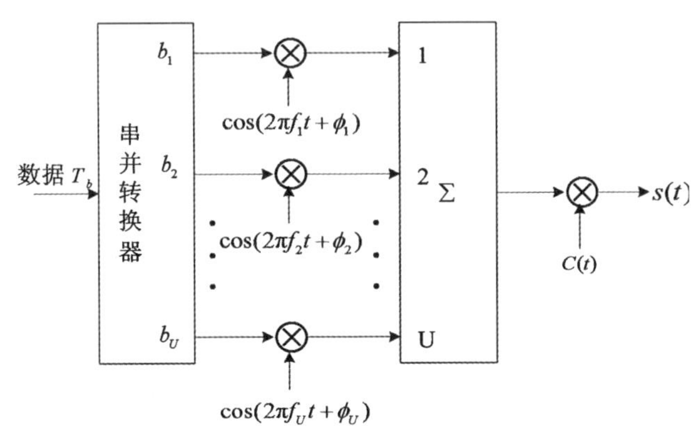

图 1　广义 MC - DS 发射机框图

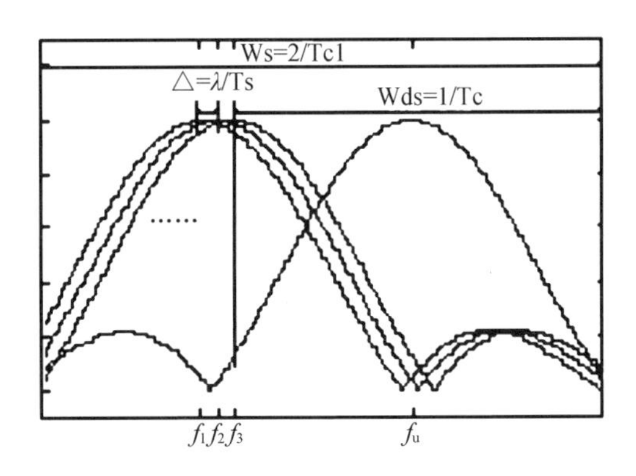

图 2　广义 MC - DS 的频谱

广义 MC - DS 的频谱如图 2 所示，图中 $W_s = 2/T_{c1}$ 表示系统可以利用的带宽，T_{c1} 为一个对应的单载波扩频信号的码片持续时间，$W_{DS} = 2/T_c$ 表示每个 DS 扩频子载波信号的零点到零点带宽，T_c 为码片持续时间。相邻子载波的频率间隔为 $\Delta = \lambda/T_s$，λ 是归一化子载波间隔，调整 λ，可以改变子载波间隔。根据图 2，有以下关系式

$$\frac{2}{T_{c1}} = (U-1)\frac{\lambda}{T_s} + \frac{2}{T_c} \tag{3}$$

定义 $N_e = T_s/T_c$ 为广义 MC - DS 系统中的子载波信号的扩频增益[7]，$N_1 = T_b/T_{c1}$ 为对应的单载波扩频系统的扩频增益。将 $T_s = UT_b\log_2 M = UN_1T_{c1}\log_2 M$ 和 $T_s = N_eT_c$ 代入(3)式，广义 MC - DS 系统中的每个子载波信号的扩频增益可以表示为

$$N_e = UN_1 1\log_2 M - \frac{(U-1)\lambda}{2} \tag{4}$$

从上式可以看出，对于给定的带宽 W_s，子载波个数 U 和确定的调制方式，扩频增益 N_e 随归一化子载波间隔 λ 的增大而减小。当 $\lambda=1$ 时为多音 MC－DS 系统，当 $\lambda=N_e$ 时为正交 MC－DS 系统。

2.2　相关接收机

MC－DS 系统的相关接收机结构框图如图 3 所示，在多途信道下，选择输出器选择输入信号幅度最大的支路进行解调，对于加性高斯白噪声（AWGN）信道，对接收的信号同步后直接解调。假设接收机实现了理想的载波同步、定时同步和采样率同步等。

当发射信号经过 AWGN 信道时，接收到的复基带等效信号可以表示为

$$r(t)=\sum_{i=1}^{U}\sqrt{\frac{2p}{P}}b_i(t)c(t)\exp(\mathrm{j}[2\pi f_i t+\phi_i])+n(t) \tag{5}$$

其中，$n(t)$ 为零均值、双边带功率谱密度为 $N_0/2$ 的加性高斯白噪声。假设接收端每个载波码片波形的匹配滤波器的时域冲激响应为 $\psi^*(T_c-t)$，对匹配滤波器的输出波形以码片速率采样，则第一个发送符号的第 u 个子载波上的第 n 个观测样本可以表示为

$$y_{u,n}=(\sqrt{2PN_e}T_c)^{-1}\int_{nT_c}^{(n+1)T_c}r(t)\cdot\exp(-\mathrm{j}[2\pi f_u t+\phi_u]\psi^*(t))\mathrm{d}t \tag{6}$$

将式(5)代入式(6)，$y_{u,n}$可以表示为

$$y_{u,n}=\frac{c_n(t)}{\sqrt{pN_e}}(b_u[0]+\mathrm{IBI}_{u,n})+N_{u,n} \tag{7}$$

其中，$N_{u,n}$是均值为零每维方差为 $N_0/2E_b$ 的复 AWGN 采样值。

$$y_{u,n}=(\sqrt{2PN_e}T_c)^{-1}\int_{nT_c}^{(n+1)T_c}n(t)\cdot\exp(-\mathrm{j}[2\pi f_u t+\varphi_u]\psi^*(t))\mathrm{d}t \tag{8}$$

式(7)中，$\mathrm{IBI}_{u,n}$是由其他子载波传输除 $b_u[0]$以外其他数据比特所引入的干扰，可以表示为

$$IBI_{u,n}=\sum_{i=1,i\neq u}^{U}b_i[0]\frac{\exp(\mathrm{j}\Delta\phi_{iu})}{T_c}\cdot\int_{nT_c}^{(n+1)T_c}\psi^2(t)\exp(\mathrm{j}2\pi\Delta f_{iu}t)\mathrm{d}t. \tag{9}$$

其中，$\Delta f_{iu}=f_i-f_u=\lambda(i-u)/T_s$，$\Delta\phi_{iu}=\phi_i-\phi_u$。从式(9)可以看出，干扰项 $\mathrm{IBI}_{u,n}$和载波相位 ϕ、码片波形 ψ 和归一化子载波间隔 λ 有关，因为 ϕ 是随机变量，因此，最小化载波间干扰就是选择合适的码片波形和优化子载波间隔。文献[8]证明了若使用矩形码片波形且 λ 取整数，或者使用一般的码片波形，λ 取整数并使 $1-\exp(\mathrm{j}2\pi n\Delta f_{iu}T_c)\neq0$ 时，载波间干扰可以消除。

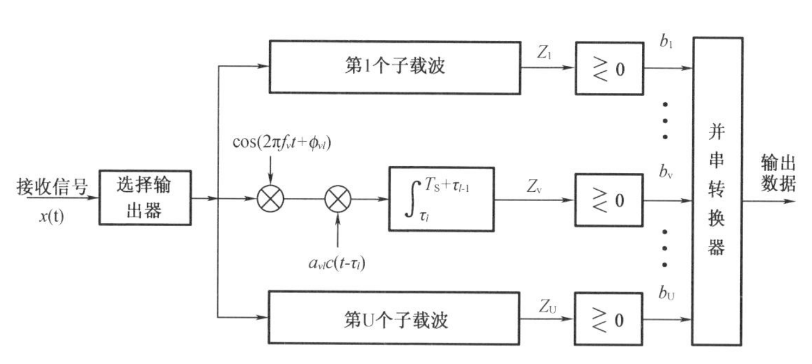

图 3　广义 MC－DS 的相关接收机

2.3　性能分析

文献[8]给出了单用户多载波 DS－CDMA 系统在频率选择性衰落信道下的 BER 性能，文中假设每个子载波信号经历的是平坦衰落，即单个子载波信号的带宽低于无线信道的相干带宽。而对于水声信道来说，相关带宽要比空中无线信道小得多，因为水声信道的多途时延比较大，对于浅海信道来说，其多途扩展有时可达到几百毫秒[3]。这时信道的相干带宽只有几到十几赫兹，而扩频后的子载波信号的带宽一般为几十赫兹到几百赫兹，甚至达几千赫兹。因此，应该考虑单个子载波信号也受到频率选择性衰落的情况。

考虑时不变系统，时不变水声信道模型为

$$h(\tau) = \sum_{l_p=0}^{L_p-1} a_{l_p}\delta(\tau - \tau_{l_p}) \tag{10}$$

其中，a_{l_p} 与 τ_{l_p} 分别为第 l_p 条路径的复增益和时延，共 L_p 条离散路径。则 MC－DS 信号经过上述信道后接收信号可以表示为

$$r(t) = \sum_{u=1}^{U}\sum_{l_p=0}^{L_p-1}\sqrt{2P}a_{ul_p}b_u(t-\tau_{l_p})c(t-\tau_{l_p}) \cdot \cos(2\pi f_u t + \varphi_{ul_p}) + n(t) \tag{11}$$

式中：$n(t)$ 为零均值、双边带功率谱密度为 $N_0/2$ 的加性高斯白噪声。接收机选择输出信号幅度最大的路径(假设为第 l 条路径)进行解调。如图 3 所示，假设接收机能够实现码同步，则不妨设 $\tau_1=0$。设发射的第一个符号为 $b_v(v=1,2,...,U)$，为了检测该数据比特，相应的判决变量可以表示为

$$Z_v = Z_{vl} = \int_{\tau_l}^{T_s+\tau_l} r(t)a_{vl}c(t-\tau_l) \cdot \cos(2\pi f_v t + \varphi_{vl})\mathrm{d}t v = 1,2,...,U \tag{12}$$

其中，将式(11)代入式(12)中，Z_v 可以表示为

$$Z_v = \sqrt{\frac{P}{2}}T_s(D_{vl} + N_{vl} + \sum_{\substack{l_p=0\\ l_p\neq l}}^{L_p-1} I_1^{(s)} + \sum_{\substack{u=1\\ u\neq v}}^{U}\sum_{\substack{l_p=0\\ l_p\neq l}}^{L_p-1} I_2^{(s)}) \tag{13}$$

其中，N_{vl} 由式(11)中的 $n(t)$ 决定，N_{vl} 是均值为零，方差为 $a_{vl}^2N_0/2E_b$ 的高斯随机变量，$E_b=PT_s$ 代表每个数据比特的能量。D_{vl} 为期望输出，结合式(11)和式(12)且设 $l_p=l, u=v$，可以得到

$$D_{vl} = b_v[0]A_{vl}^2 \tag{14}$$

式(13)中，同一子载波的多径干扰项 $I_1^{(s)}$ 可以表示为

$$I_1^{(s)} = \frac{a_{vl_p}a_{vl}\cos\theta_{vl_p}}{T_s}[b_u[-1]R_1(\tau_{l_p}) + b_u[0]\hat{R}_1(\tau_{l_p})] \tag{15}$$

其中，$b_u[-1]$ 和 $b_u[0]$ 分别表示第 u 个子载波所传输的前一个和当前的数据比特，$\theta_{vl_p}=\varphi_{vl_p}-\varphi_{vl}$ 是均匀分布在$[0,2\pi)$上的随机变量，$R(\tau_{l_p})$ 和 $\hat{R}(\tau_{l_p})$ 分别为扩频序列波形 $c(t-\tau)$

和 $c(t)$ 的部分码片互相关函数:

$$R(\tau_{l_p}) = \int_0^{\tau_{l_p}} c(t-\tau_{l_p})c(t)\mathrm{d}t \tag{16}$$

$$\hat{R}(\tau_{l_p}) = \int_{\tau_{l_p}}^{T_s} c(t-\tau_{l_p})c(t)\mathrm{d}t \tag{17}$$

最后,式(13)中多载波干扰项 $I_2^{(s)}$ 可以表示为

$$I_2^{(s)} = \frac{a_{vl_p}a_{vl}}{T_s}[b_u[-1]R(\tau_{l_p},\theta_{ul_p}) + b_u[0]\hat{R}(\tau_{l_p},\theta_{ul_p})] \tag{18}$$

由于第 u 和第 v 个载波的频率 f_u 和 f_v 不同,所以重新定义 $c(t-\tau)$ 和 $c(t)$ 的部分相关函数

$$R(\tau_{l_p},\theta_{ul_p}) = \int_0^{\tau_{l_p}} c(t-\tau_{l_p})c(t)\cdot\cos(2\pi(f_u-f_v)t+\theta_{ul_p})\mathrm{d}t \tag{19}$$

$$\hat{R}(\tau_{l_p},\theta_{ul_p}) = \int_{\tau_{l_p}}^{T_s} c(t-\tau_{l_p})c(t)\cdot\cos(2\pi(f_u-f_v)t+\theta_{ul_p})\mathrm{d}t \tag{20}$$

由前文可知,$f_u-f_v=\dfrac{\lambda(u-v)}{T_s}$,代入式(19)、(20)得

$$R(\tau_{l_p},\theta_{ul_p}) = \int_0^{\tau_{l_p}} c(t-\tau_{l_p})c(t)\cdot\cos\left(2\pi\frac{\lambda(u-v)}{T_s}t+\theta_{ul_p}\right)\mathrm{d}t \tag{21}$$

$$\hat{R}(\tau_{l_p},\theta_{ul_p}) = \int_{\tau_{l_p}}^{T_s} c(t-\tau_{l_p})c(t)\cdot\cos\left(2\pi\frac{\lambda(u-v)}{T_s}t+\theta_{ul_p}\right)\mathrm{d}t \tag{22}$$

上面分析了式(13)中的干扰项,为了讨论系统的误码性能,下面分析一下这些干扰项的统计特性,容易看到,当 $u=v$ 时,$I_1^{(s)}=I_2^{(s)}$,因此只需讨论 $I_2^{(s)}$ 的统计特性即可。假设信源由独立同分布的二进制比特构成,基于标准高斯近似理论[9,10]多载波干扰(multi-carrier interference, MCI)项 $I_2^{(s)}$ 可以近似为零均值方差为式(23)所示的高斯随机变量。

$$Var[I_2^{(s)}] = \frac{\Omega_{ul_p}a_{vl}^2}{T_s^2}\{E_{\tau l_p,\theta_{ul_p}}[R^2(\tau_{l_p},\theta_{ul_p})] + E_{\tau l_p,\theta_{ul_p}}[\hat{R}^2(\tau_{l_p},\theta_{ul_p})]\} \tag{23}$$

其中,$\Omega_{ul_p}=E[(a_{ul_p})^2]$,由文献[10]可得

$$\begin{aligned} E_{\tau l_p,\theta_{ul_p}}[R^2(\tau_{l_p},\theta_{ul_p})] &= E_{\tau l_p,\theta_{ul_p}}[\hat{R}^2(\tau_{l_p},\theta_{ul_p})] \\ &= \frac{N_eT_s^2}{4\pi^2(u-v)^2\lambda^2}\cdot\left[1-\sin c\left(\frac{2\pi(u-v)\lambda}{N_e}\right)\right] \end{aligned} \tag{24}$$

将(24)式代入(23)式

$$Var[I_2^{(s)}] = \frac{\Omega_{ul_p}a_{vl}^2N_e}{2\pi^2(u-v)^2\lambda^2}\cdot\left[1-\sin c\left(\frac{2\pi(u-v)\lambda}{N_e}\right)\right] \tag{25}$$

令 $u-v=x$,则

$$Var[I_1^{(s)}] = \lim_{x\to 0}Var[I_2^{(s)}] = \frac{\Omega_{ul_p}a_{vl}^2}{3N_e} \tag{26}$$

因此,$I_1^{(s)}$ 是服从均值为零方差为式(26)所示的高斯随机变量。于是 Z_v 可以近似为均值为 $D_{vl}=b_v[0]a_{vl}^2$,方差如下式所示的高斯随机变量。

$$Var(Z_v) = \left\{\frac{a_{vl}^2N_0}{2E_b} + \sum_{\substack{l_p=0\\l_p\neq l}}^{L_p-1}Var(I_1^{(s)}) + \sum_{\substack{u=1\\u\neq v}}^{U}\sum_{\substack{l_p=0\\l_p\neq l}}^{L_p-1}Var(I_2^{(s)})\right\} \tag{27}$$

令 $\bar{I}_s$ 代表 $I_2^{(s)}$ 除了式(25)中 $\Omega_{ul_p}a_{vl}^2$以外的平均值

$$\bar{I}_s = \frac{1}{U(U-1)}\sum_{v=1}^{U}\sum_{\substack{u=1\\u\neq v}}^{U}\frac{N_e}{2\pi^2(u-v)^2\lambda^2}\cdot\left[1-\sin\left(\frac{2\pi(u-v)\lambda}{N_e}\right)\right] \tag{28}$$

假设多径强度分布(multipath intensity profile, MIP)服从负指数分布,即 $\Omega_{ul_p}=\Omega_0\exp(-\eta l_p)$,$\eta>0$,且对于不同的子载波处的抽头强度是独立的随机变量,则式(27)可以重新表示为

$$Var(Z_v) = \left[\left(\frac{2\Omega_0 E_b}{N_0}\right)^{-1}+\frac{(L_p-1)q(L_p,\eta)}{L_p}\cdot\left(\frac{1}{3N_e}+(U-1)\bar{I}_s\right)\right]\Omega_0 a_{vl}^2 \tag{29}$$

其中,$q(L_p,\eta)=(1-\mathrm{e}^{-\eta L_p})/(1-\mathrm{e}^{-\eta})$,推导上式过程中,$\Omega_{ul}$由其均值代替,即 $\Omega_{ul}=q(L_p,\eta)/L_p$。由以上推导,可以得到 $Z_v(v=1,2,...,U)$,是均值 $E[Z_v]=b_v[0]a_{vl}^2$和方差如式(29)所示的高斯随机变量。对于给定的衰落幅度 $a_{ul}(l=0,1,\cdots,L-1)$,QPSK 调制的 MC-DS 系统的误码率可以表示为

$$P_b(\gamma) = Q\left(\sqrt{\frac{(E[Z_v])^2}{Var[Z_v]}}\right)=1-[1-Q(\sqrt{\gamma})]^2 \tag{30}$$

其中,

$$\gamma = \left[\left(\frac{2\Omega_0 E_b}{N_0}\right)^{-1}+\frac{(S_p-1)q(L_p,\eta)}{L_p}\cdot\left(\frac{1}{3N_e}+(U-1)\bar{I}_s\right)\right]^{-1}\frac{a_{vl}^2}{\Omega_0} \tag{31}$$

$Q(x)$代表高斯 Q 函数,经典定义为[11]

$$Q(x) = \frac{1}{\sqrt{2\pi}}\int_x^{\infty}\exp\left(-\frac{t^2}{2}\right)\mathrm{d}t \tag{32}$$

则 MC-DS 系统的平均 BER 可以表示为

$$P_b = \int_0^{\infty}P_b(\gamma)f(\gamma)\mathrm{d}\gamma \tag{33}$$

其中,$f(\gamma)$是 γ 的功率谱密度。

从上面的分析可以看出,MC-DS 系统在多途信道中的平均 BER 除了和信号与噪声的功率有关外,还和多途信道的路径数、衰落幅度、归一化子载波间隔有关。由于水声信道尚无统一的建模方法,很难给出$f(\gamma)$,所以文中不给出 BER 的闭式解,下节结合不同的水声信道条件给出仿真的结果。

3 MC-DS 系统在水声信道中的性能

3.1 仿真结果

在本节,主要通过 MATLAB 仿真研究在高斯白噪声信道和水声多途信道下 MC-DS 系统随载波间隔变化的误码性能。上节分析了系统在两种信道的误码率和哪些因素有关,现给出不同信道条件下的仿真结果。图 4 给出了在高斯白噪声信道下,归一化子载波间隔 λ 对 MC-DS 系统 *BER* 性能的影响,其中,仿真参数为:单载波扩频系统的扩频增益 $N_1=32$,子载波个数 $U=7$,系统带宽 $B\approx 2\sim 4$ kHz,调制方式为 QPSK,扩频码片波形为矩形,根据式

(4),可得正交时系统的归一化子载波间隔 $\lambda=112$。

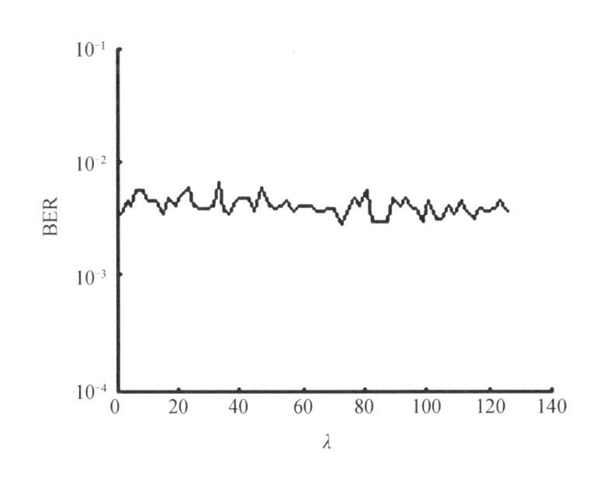

图4　AWGN 信道下,MC - DS 系统 BER 性能

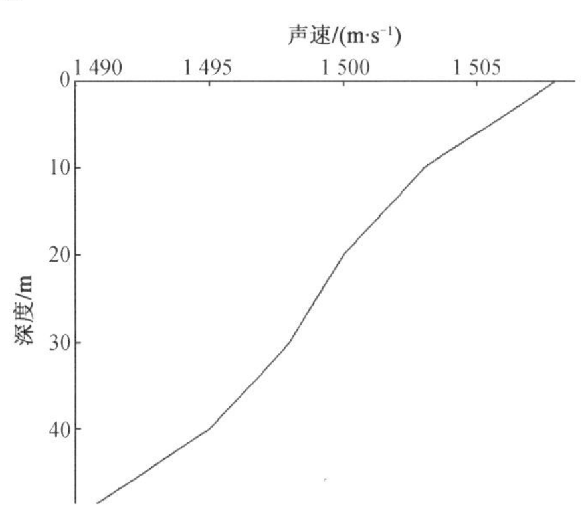

图5　浅海信道声速分布

从图 4 可以看出,在 AWGN 信道下,BER 随 λ 变化较为平稳,无明显的起伏,此时多音 MC - DS 具有更明显的优势,因为可以容纳更多的载波,从而承载更多的信息。

对于水声多途信道,主要讨论了浅海信道下 MC - DS 系统的误码性能。仿真的浅海信道声速分布如图 5 所示,采用某软件仿真的浅海水声信道[12],模拟海深约为 50 m,声源位于水平距离 0 m、垂直深度 20 m 的位置,接收水听器位于水平距离 5 km、垂直深度 18 m 的位置,仿真获得的信道冲激响应如图 6 所示。

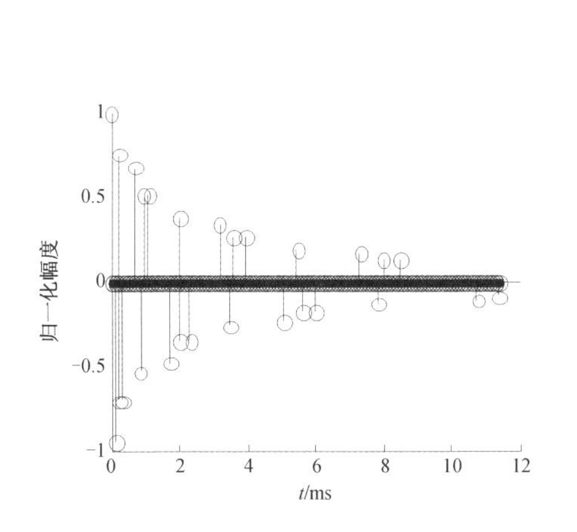

图6　浅海水声信道冲激响应

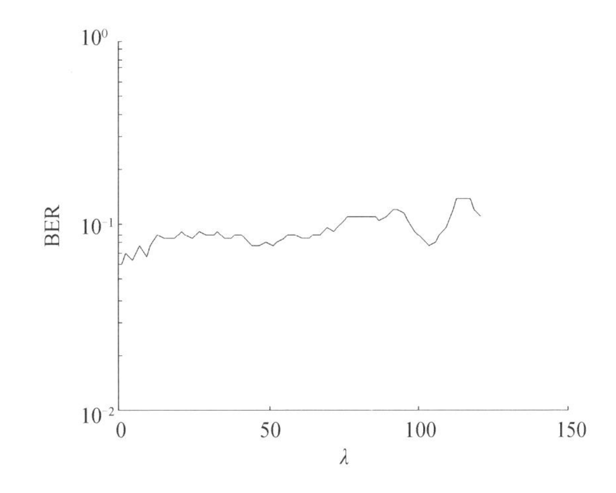

图7　浅海信道下系统的 BER 曲线

在水声多途信道下,MC - DS 系统的 BER 随归一化子载波间隔 λ 变化的曲线如图 7 所示,从图中可以看出,BER 随 λ 的变化有明显的起伏,在多音时出现了一个极小值,同时在正交附近,小于正交时又出现了一个次极小值,系统的误码率同时受扩频增益和子载波之间的频谱交叠程度影响,调整 λ 来最小化载波间干扰,当二者达到一个平衡点时,将会使系统的误码率达到最小,这时的 λ 称为最优的子载波间隔 λ_{opt},至于最小值出现在何处,与水声多途信道的结构有关,从仿真结果来看,两个极小值点出现在多音和正交附近。

3.2　水池实验结果

为了验证 MC－DS 系统在水声信道中的性能，于 2010 年 12 月 23 日至 26 日在哈尔滨工程大学信道水池进行了试验。该水池有效长度为 45 m，宽 6 m，水深 5 m，四周布有吸声尖劈，池底为沙底，接收与发射换能器均无指向性，位于水池中央位置，深度均为 2 m，相距约 15 m，通过发送 LFM 信号测试信道的冲激响应如图 8 所示。

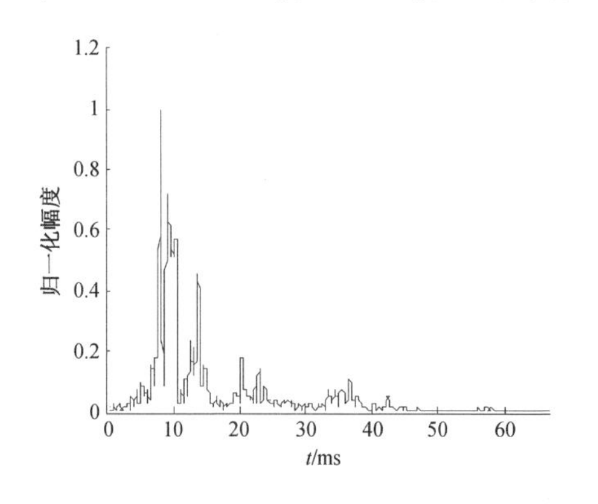

图 8　水池信道冲激响应

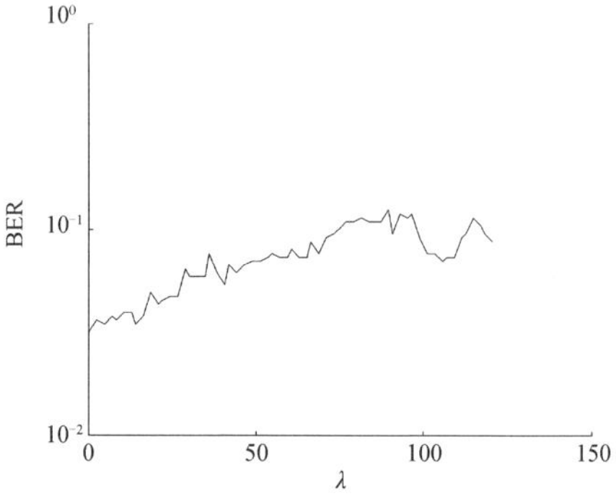

BER

λ

图 9　水池信道下系统的 BER 曲线

为了得到 MC－DS 系统在水池信道下的 BER 随子载波间隔变化的趋势，利用测试的水池信道冲激响应作为仿真信道，仿真结果如图 9 所示，仿真参数为：$N_1=32,U=7,B\approx 6\sim 8$ kHz，调制方式为 QPSK，扩频码片波形为矩形。从图 10 中可以看到 BER 在多音时出现了极小值，正交附近出现一个次极小值，但多音时的 BER 要低于正交时的 BER，图 10 给出了载波数分别为 8,7,4 时的水池试验结果，相对应的正交时的归一化载波间隔为 114,112,102。

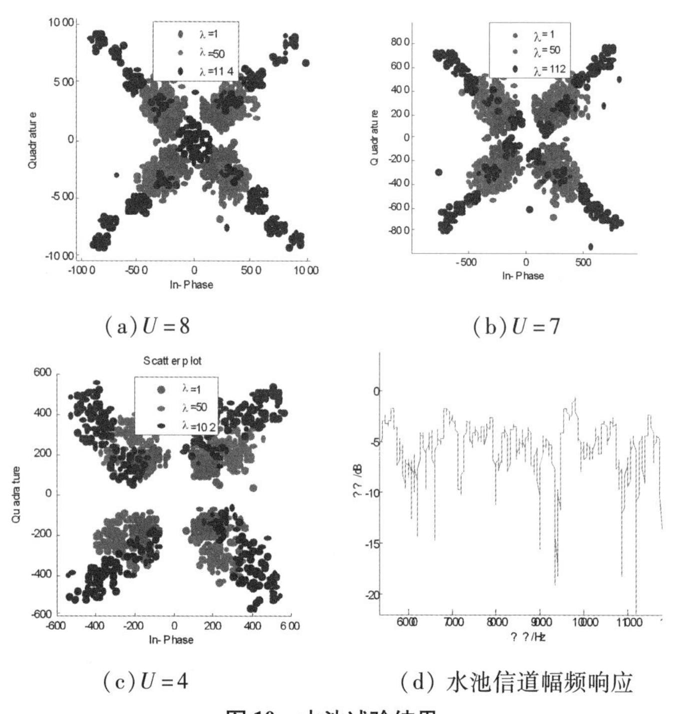

(a) $U=8$　　(b) $U=7$

(c) $U=4$　　(d) 水池信道幅频响应

图 10　水池试验结果

从接收信号的星座图可以看出，在多音时星座图比较收敛，在 $\lambda=50$ 和正交时星座图比较发散，主要是由于随着载波间隔的增大，子载波的带宽减小，不同载波受到不同程度的衰落，导致接收信号能量的分散。从图 10(d)水池信道的幅频响应可以看出，在发射信号频带内信道的最大衰落达 15 dB，而且随着子载波间隔的增大，扩频增益减小。虽然子载波间隔的增大可以减小频谱交叠，抑制载波间干扰，但是扩频增益的减小对系统性能的影响起主要作用，二者之间的权衡受多途信道的影响。对比仿真的浅海信道和水池信道下的误码率曲线，可以看到水池信道下，多音时获得的优势更明显，是因为水池多途信道要比仿真信道简单，最大多途时延比较小，多途干扰比较小，因此引起的载波间干扰比较小，这时扩频增益对误码性能的影响起主要作用。

4　结论

文中分别讨论了在水声多途信道和高斯白噪声信道下，MC－DS 系统的误码性能随子载波间隔变化的趋势。从仿真和水池试验结果可以看出，在多途干扰比较小或高斯白噪声信道下，多音 MC－DS 更占优势，因为此时的载波间干扰较小，影响系统的主要因素是扩频增益，多音时获得了更大的扩频增益；同时在正交时出现了一个次极小值，对于多途干扰比较严重的水声信道，多音时频谱严重混叠，扩频增益获得的优势不如减小码元长度带来的优势大，误码率极小值可能出现在正交附近。因此，可以得出结论，无论在何种信道下，总会有一个最优的子载波间隔使系统的性能最优，这个最优的子载波间隔会随信道的变化而变化。

参考文献

[1] 艾宇慧. M 序列扩频谱水声通信研究[J]. 哈尔滨工程大学学报, 2000, 21(2):15－18.
AI Yuhui. The study of M sequence spread acoustic communication [J]. Journal of Harbin Engineering University, 2000, 21(2):15－18.

[2] 李霞，姜卫东，方世良等. 水声通信中的多载波 CDMA[J]. 声学技术, 2005,10,24(4):202－205.
LI Xia, JIANG Weidong, FANG Shiliang, ect. Multi－carrier CDMA in underwater acoustic communication [J]. Technical Acoustics, 2005, 10, 24(4): 202－205.

[3] 徐小卡. 基于 OFDM 的浅海高速水声通信关键技术研究[D]哈尔滨：哈尔滨工程大学, 2009:30－31.
XU Xiaoka. The study of the key high speed acoustic communication technology in the shadow sea based on OFDM[D]. Harbin: Harbin Engineering University, 2009:30－31.

[4] 张海滨. 正交频分复用的基本原理与关键技术[M]. 北京：国防工业出版社, 2006.
ZHANG Haibin. Basic Principe and key technology of OFDM [M]. Beijing: National Defense Industry Press, 2006.

[5] HENRIK S, CHRISTIAN L. Theory and Applications of OFDM and CDMA－Wideband Wireless Communications [M]. John Wiley & Sons Ltd, 2005:145－166.

[6] 惠俊英. 水下声信道[M]. 北京：国防工业出版社, 1992:56－65.
HUI Junying. Underwater Acoustic Channel[M]. Beijing: National Defense Industry Press,

1992: 56 -65.

[7] L. -L. Yang and L. Hanzo. Performance of Generalized Multicarrier DS - CDMA Over Nakagami - m Fading Channels[C].//IEEE Trans. Commun, 2000: 956 -966.

[8] 张有光，潘鹏，孙玉泉. 多载波通信[M]. 北京:电子工业出版社, 2010.

[9] M. B. Pursley, Performance evaluation for phase - coded spread - spectrum multiple - access communications - Part I:System analysis[C]//IEEE Trans. Commun, 1977: 795 -799.

[10] L. -L. Yang and L. Hanzo, Overlapping M - ary frequency shift keying spread - spectrum multiple - access system using random signature sequences [C]//IEEE Trans. Veh. Technol., 1999: 1984 - 1995.

[11] J. G. Proakis, Digital Communications[M], 3rd ed. New York: McGraw - Hill,1995.

[12] 范敏毅. 水下声信道的仿真与应用研究[D]. 哈尔滨:哈尔滨工程大学, 2000:26 -46. FAN Minyi. A study on Simulation & Application of Underwater Sound Channel[D]. Harbin: Harbin Engineering University, 2000: 26 -46.

基于分数阶 Fourier 变换的正交多载波水声通信系统研究

王逸林　陈　韵　殷敬伟　蔡　平　张艺朦

摘要　针对传统 OFDM 系统在应对深度频率选择性衰落信道时性能下降和多普勒频偏造成子载波相互干扰的问题,提出采用正交的线性调频(LFM)信号作为载波,基于分数阶 Fourier 变换(FRFT)的正交多载波水声通信方案。该方案选用相同调频斜率,不同中心频率,频带相互重叠的正交 LFM 作为子载波进行信息调制,以分数阶 Fourier 变换作为调制解调方法来传输信息。为应对水声信道的多途效应,采用在数据帧与帧之间插入保护间隔(GI)来减小码间干扰。提出结合 QDPSK 和分数阶域载波位置修正抑制多普勒效应,简化系统复杂度。该方案最高通信速率可达 3.6 kbit/s,通过仿真研究和湖试实验验证了该方案的有效性与可行性。

关键词　水声通信;分数阶 Fourier 变换;正交多载波;多普勒效应

1　引言

21 世纪被称为是海洋的世纪,各国将资源开发的目光转向蔚蓝色的海洋,而水声通信技术则是海洋资源开发中的关键技术。不同于无线信道,水声信道被看作是缓慢时变的相干多途信道[1],具有时间、频率双弥散的特点,且能量的传播损失随距离和频率的增加而增大,因而导致水声信道多途效应严重和通信频带资源的稀缺。一般情况下,可用的通信频带范围只有几千赫兹[2]。这些不利因素严重制约着水声通信技术的发展。

分数阶 Fourier 变换(fractional Fourier transform,FRFT)是一种新兴的时频分析工具,其之所以引起研究人员的重视,是因为它具有很多传统 Fourier 变换所不具备的性质。分数阶 Fourier 变换实质上是一种时频变换[3],建立了分数阶域(u 域)与时域的联系。与传统 Fourier 变换相比,分数阶 Fourier 变换更适合处理非平稳信号,尤其是 chirp 类信号。因为分数阶 Fourier 变换可以理解为 chirp 基分解,所以它对于以线性调频(LFM)信号为广泛应用的雷达、声呐信号处理领域有着很高的应用价值。目前分数阶 Fourier 变换被应用于数字水印技术[4]、合成孔径雷达[5]、模式识别[6]和通信技术中,其中文献[7,8]提出一种适用于无线信道的多载波通信方案,通过在收发两端同步自适应搜索最佳分数阶 Fourier 变换阶次以实现接收信号具有最小均方误差来应对信道的衰落问题,取得了良好的效果。然而水声信道与无线信道巨大的差异性使得这样的方案无法直接应用于水声通信中,因此开发一种适合于水声信道且能够高速、可靠、稳定的传输信息的通信方案具有重要的意义。

正交频分复用(OFDM)[9~11]技术具有较高的通信速率和频带利用率,但是对多普勒效应引起的载波偏移和相位噪声十分敏感,并且当某些子载波处于信道深度衰弱频点时,性能会有急剧地下降[12]。因此，本文针对以上问题，提出基于分数阶 Fourier 变换的正交多载波水声通信方案。该方案采用正交的线性调频（LFM）信号作为通信子载波，因为 LFM 信号是宽带非平稳信号，在兼顾通信速率的前提下，有效地抑制了通信信道对载波信号深度衰落的影响。同时，LFM 信号较正弦信号具有较大的多普勒容限[13]，因而本方案也具有较强的抗多普勒效应的能力。宽带信号的高处理增益使得相较于窄带系统更加适合于复杂的低信噪比环境进行工作。本通信方案最高通信速率可达 3.6 kbit/s，相较于文献[14]通信速率有较大提升，经过大量的仿真实验和湖试实验证明了本方案的有效性与可靠性。

2 分数阶 Fourier 变换理论

如果将传统的 Fourier 变换看成是将时间轴旋转 π/2 到频率轴，那么分数阶 Fourier 变换就可以看成是将时间轴旋转任意角度到分数阶域，建立起时域与分数阶域的联系[3]。因而分数阶 Fourier 变换是传统 Fourier 变换的一种推广，是 Fourier 变换的一种特殊形式[15]。分数阶 Fourier 变换表达式被定义为

$$X_P = \{F^P[x(t)]\}(u) = \int_{-\infty}^{+\infty} x(t)K_p(t,u)\mathrm{d}t \tag{1}$$

其中，$K_p(t,u)$ 为分数阶 Fourier 变换的核函数，定义

$$K_p(t,u) = A_\alpha \exp[\mathrm{j}\pi(u^2\cot\alpha - 2ut\csc\alpha + t^2\cot\alpha)] \tag{2}$$

其中，$A_\alpha = \sqrt{(1-\mathrm{j}\cot\alpha)}$，$\alpha$ 是时频轴旋转角度，$\alpha = p\pi/2$，p 为分数阶 Fourier 变换的阶数，F^P 表示分数阶 Fourier 变换算子。从式(2)可以看出，核函数 $K_p(t,u)$ 具有 chirp 信号的形式，即分数阶 Fourier 变换也可以看成是基于 chirp 基信号的展开。当旋转角度 α 是 π/2 的整数倍时，变换核函数 $K_p(t,u)$ 就退化成正弦基信号，因而分数阶 Fourier 变换就退化成普通的 Fourier 变换。将式(2)代入到式(1)中，则分数阶 Fourier 变换表达式可进一步写为

$$X_p(u) = \{F^p[x(t)]\}(u) = \begin{cases} \sqrt{\dfrac{1-\mathrm{j}\cot\alpha}{2\pi}}\displaystyle\int_{-\infty}^{+\infty}\exp\left(\mathrm{j}\dfrac{t^2+u^2}{2}\cot\alpha - \dfrac{\mathrm{j}tu}{\sin\alpha}\right)x(t)\mathrm{d}t, \alpha \neq n\pi \\ x(t), \alpha = 2n\pi \\ x(-t), \alpha = (2n+1)\pi \end{cases} \tag{3}$$

由分数阶 Fourier 变换的旋转特性可知，p 阶分数阶 Fourier 逆变换即为 $-p$ 阶的分数阶 Fourier 变换，表达式写为

$$\begin{aligned} x(t) &= F^{-p}[X_p(u)](t) = \int_{-\infty}^{+\infty} K_{-P}(u,t)X_p(u)\mathrm{d}u \\ &= \int_{-\infty}^{+\infty} A_\alpha \exp[\mathrm{j}\pi(-u^2\cot\alpha + 2ut\csc\alpha - t^2\cot\alpha)]\cdot X_p(u)\mathrm{d}u \end{aligned} \tag{4}$$

下面介绍分数阶 Fourier 变换的一条重要性质，尺度变换特性：

$$\begin{aligned} F^p[|M|^{-1}x(t/M)] &= \sqrt{\frac{1-\mathrm{j}\cot\alpha}{1-\mathrm{j}M^2\cot\alpha}}\cdot \\ &\quad \exp\left(\mathrm{j}\pi u^2\cot\alpha\left(1-\frac{\cos^2\alpha'}{\cos^2\alpha}\right)\right)X_{p'}\left(\frac{Mu\sin\alpha'}{\sin\alpha}\right) \end{aligned} \tag{5}$$

尺度变换特性说明原函数在时间尺度上发生了变化，则变换象函数在 u 域尺度同时也发生了变化，且变换阶次即时频面旋转角度同时也发生了变化，一般可应用于信号受多普勒效应影响的处理。

离散分数阶 Fourier 变换(DFRFT)有多种实现方式,目前大致主要分为3类:分解型[16]、线性组合型[17]和直接采样型[18]。本文主要采用 Ozaktas 在文献[16]中提出的改进型的分解型算法。这种离散化算法满足酉性,计算结果近似于连续分数阶 Fourier 变换,且采用 FFT 的方法加以实现,因而计算复杂度不高,计算量为 $O(N\log N)$,使得实时计算成为可能。

3　基于 FRFT 的正交多载波水声通信系统实现

传统的 OFDM 技术,其主要思想是将原串行的高速数据流,并行的分配到 N 个相互正交的子载波上去,形成 N 个低速的并行独立传输的数据流,所得子载波数据流符号周期比原数据流符号周期扩大了 N 倍,有效地对抗了多途信道的时延扩展,并且这 N 个子载波相互正交,频带相互重叠,有效地提高了系统的频带利用率。

然而,水声信道是缓慢时变的相干多途信道,其信道冲激响应函数的幅频特性具有"梳状滤波器"的结构[1],相间出现"通带"和"止带",某些"止带"还会形成深陷的零点。当 OFDM 的某些子载波处于这种深陷的零点时,即形成深度的频率选择性衰落,并且水声信道所形成的这种"止带"的间隔与水层深度及厚度有关。一般来说,均匀层浅海信道平均止带间隔较宽,约为 100 ~ 300 Hz 的宽度,而对于负梯度水层的止带间隔却只有几十赫兹的宽度。因此,在通信频带本来就比较窄的水声信道中密布着这样的止带,这对于 OFDM 系统在水声信道中的性能有着较大的影响。另一方面,当通信系统存在较大多普勒频偏的情况下,OFDM 系统中子载波的正交性会遭到破坏,形成严重的子载波间干扰(ICI),此时无论如何提高系统的发射功率都不会改善系统的性能,形成所谓的"地板效应"[12]。

因此,本文提出采用相互正交的 LFM 信号作为子载波,以分数阶 Fourier 变换作为调制解调方法的正交多载波通信系统。图 1 给出了基于 LFM 基和基于正弦基的 OFDM 系统的差别,从时频面上看主要是宽带的基信号取代了窄带基信号,LFM 信号作为一种宽带信号,其能量分布在一定的带宽之内,能够有效应对深度频率选择性衰落信道,而且 LFM 信号本身具有较大的多普勒容限结合分数阶 Fourier 变换的尺度变换特性,使其具有较强的抗多普勒效应的能力,对多普勒补偿算法要求较低甚至可以不用补偿,大大简化了系统复杂度,提高了系统的性能。

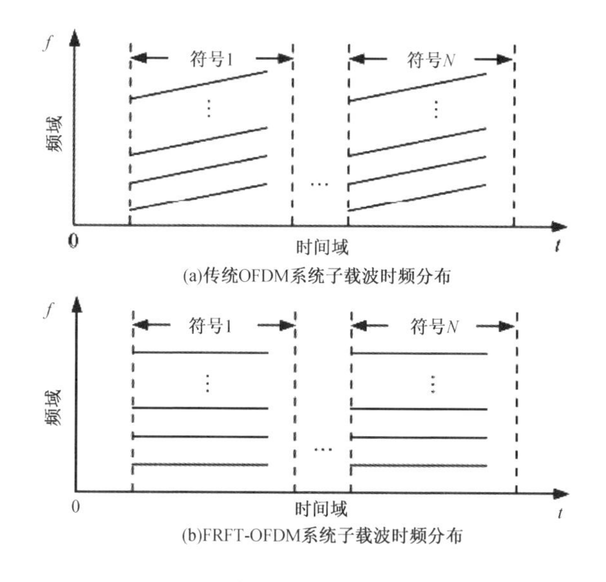

图 1　FRFT - OFDM 系统与传统 OFDM 系统载波时频分布对比

考察这样一组信号 $\delta(u-n\sin\alpha/T)$，其分数阶 Fourier 逆变换为

$$\begin{aligned} x_{n,\alpha}(t) &= F^{-p}\left[\delta\left(u-n\frac{\sin\alpha}{T}\right)\right] \\ &= A_\alpha\int_{-\infty}^{+\infty}\exp[\mathrm{j}\pi(-t^2\cot\alpha+2ut\csc\alpha-u^2\cot\alpha)]\cdot\delta\left(u-n\frac{\sin\alpha}{T}\right)\mathrm{d}u \\ &= A_\alpha\exp\left[\mathrm{j}\pi\left(-\left(t^2+\frac{n^2\sin^2\alpha}{T^2}\right)\cot\alpha+2\frac{n}{T}t\right)\right] \end{aligned} \tag{6}$$

由式(6)得到这样一个结果，分数阶变换域中一组间隔为 $\sin\alpha/T$ 的冲激函数，其分数阶 Fourier 逆变换为时域上的一组 LFM 信号，且这组 LFM 信号具有相同的调频斜率，不同的中心频率，中心频率间隔为 $2\pi/T$。若选取这样的一组 LFM 信号作为子载波，则各子载波的频率为

$$\omega_{n,a} = n\frac{2\pi}{T}-t\cot\alpha \tag{7}$$

且有

$$\int_{-\infty}^{+\infty}x_{n,a}(t)\cdot x_{m,\alpha}(t)^*\mathrm{d}t = \begin{cases}|A_\alpha|^2, n=m\\ 0, n\neq m\end{cases} \tag{8}$$

从式(8)中可以证明，通过式(6)选取出来的各 LFM 子载波之间的确是正交的。因此，通信系统发射端的载波信号可以写为

$$s(t) = \sum_{n=1}^{N}\exp[\mathrm{j}(2\pi f_n t+k\pi t^2+\varphi_n)] \tag{9}$$

不妨令 $k=-\cot\alpha, f_n=n/T, \varphi_n=\varphi_0+\varphi'_n$，且 $\varphi_0=-(n^2\pi\sin^2\alpha\cot\alpha)/T$，其中，$\varphi_0$ 为信号的初始相位，φ'_n 为调制的信息相位，T 为发射信号的符号长度 T_{symbol}。于是实现了在发射端将信息相位调制到正交的 LFM 载波的过程。当正交的载波经过理想信道，在接收端对其进行分数阶 Fourier 变换即可解调出相位信息。用式(10)表示解调过程为

$$\begin{aligned} X(u) &= F^p[s(t)] = F^p\left[\sum_{n=1}^{N}\exp[\mathrm{j}(2\pi f_n t+k\pi t^2+\varphi_n)]\right] \\ &= A_\alpha\int_{-\infty}^{+\infty}\exp[\mathrm{j}\pi(-t^2\cot\alpha-2ut\csc\alpha+u^2\cot\alpha)]\cdot \\ &\quad \sum_{n=1}^{N}\exp[\mathrm{j}(2\pi f_n t+k\pi t^2+\varphi_n)]\mathrm{d}t \\ &= \sum_{n=1}^{N}A_\alpha\exp(\mathrm{j}\pi u^2\cot\alpha)\exp(\mathrm{j}\varphi_n)\cdot \\ &\quad \int_{-\infty}^{+\infty}\exp\left[\mathrm{j}\pi\left(\frac{2n}{T}-2u\csc\alpha\right)t\right]\mathrm{d}t \end{aligned} \tag{10}$$

然而在实际中，积分时间长度为符号长度 T_{symbol}，所以式(10)可以进一步写为

$$\begin{aligned} X(u) &= F^p[s(t)] = \sum_{n=1}^{N}A_\alpha\exp(\mathrm{j}\pi u^2\cot\alpha)\cdot \\ &\quad \exp(\mathrm{j}\varphi_n)\int_{-\frac{T_{\text{symbol}}}{2}}^{\frac{T_{\text{symbol}}}{2}}\exp\left[\mathrm{j}\pi\left(\frac{2n}{T_{\text{symbol}}}-u\csc\alpha\right)t\right]\mathrm{d}t \\ &= \sum_{n=1}^{N}A_\alpha\exp(\mathrm{j}\pi u^2\cot\alpha)\exp(\mathrm{j}\varphi_n)\cdot\sin C\left(\frac{2n}{T_{\text{symbol}}}-u\csc\alpha\right) \end{aligned} \tag{11}$$

显然由式(11)可得，在接收端经过相位补偿之后，接收信号在分数阶域上呈现出一系列

sin C 函数相互叠加的形式,且每个 sin C 函数的峰值点均位于其他 sin C 函数的零点处,如图 2 所示,这一点也说明了所有的 LFM 载波是相互正交的,不会产生子信道之间的干扰,因而每个载波可独立的解调出发射端调制的相位信息。至此,证明了存在这样一组正交的 LFM 信号载波,其频带相互重叠,利用分数阶 Fourier 变换可以独立的解调出每个载波的相位信息,具有较高的频带利用率和通信速率。

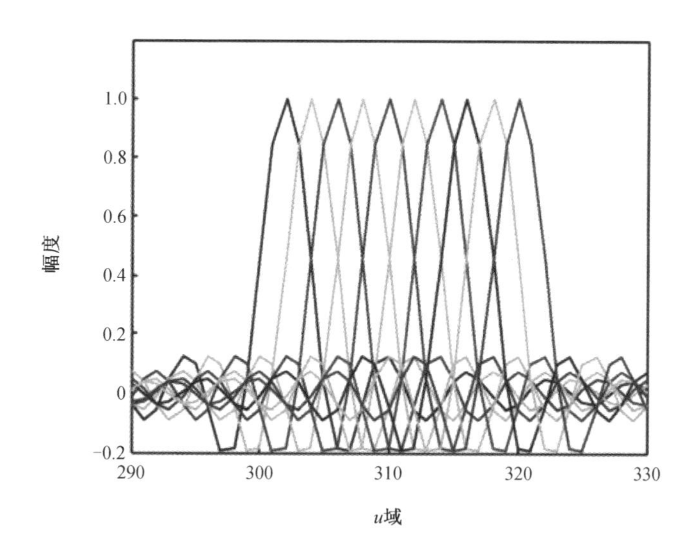

图 2　一帧 FRFT－OFDM 数据中分数阶域正交 LFM 子载波

整体通信体制如图 3 所示,首先将信源所产生的信息比特流进行 QDPSK 星座映射得到相位数据流,然后将其做串并转换分成 L 帧的 N 点相位,将这 N 点相位补齐成数据帧长度 M 并做 M 点逆分数阶 Fourier 变换,相当于将 N 点相位调制到对应 N 个正交的 LFM 子载波中,最终再进行并串转换将这 L 帧信号合并成发射数据信号。为应对信道的多途时延扩展,在每帧信号之间添加保护间隔(GI)。接收端接收换能器将信道中传播的声信号转换成电信号,经前置调理电路滤波放大后采样处理,首先根据接收信号中的同步信号进行时间定位和多普勒系数的估计,然后将数据流恢复成包含保护间隔的数据帧。去除保护间隔后对接收信号做分数阶 Fourier 变换,通过多普勒效应补偿和差分相位解调即可在 u 域上获得调制的相位信息。根据解调出来的相位,经星座反映射恢复成二进制比特数据流,至此基于分数阶 Fourier 变换的正交多载波水声通信系统完成。

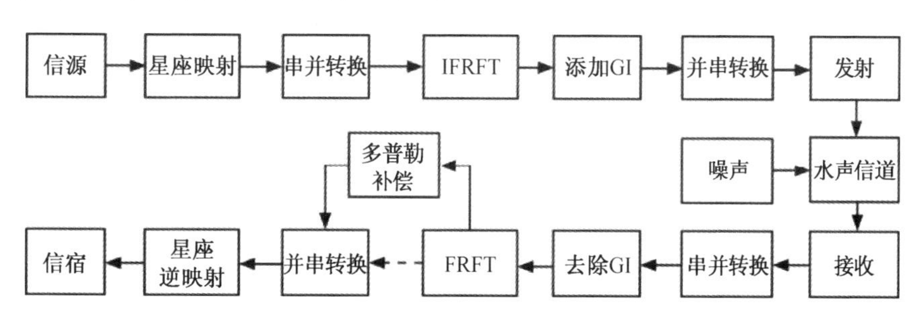

图 3　FRFT－OFDM 水声通信系统设计

4 多普勒效应补偿分析

海水介质为有损非均匀介质,由于海水的非均匀性,且海水中的洋流和暗涌及收发平台的相对运动,均可造成接收信号产生多普勒效应。多普勒效应对信号的影响是载波频率的偏移和时间宽度的压扩[19],其频偏 Δf 可以表示为

$$\Delta f = f_c \frac{v}{c}\cos\theta \tag{12}$$

其中,f_c 为载波频率,c 为声速,v 为收发平台相对运动速度,θ 为运动速度与信号传输方向的夹角。因此可以得知传统 OFDM 系统中,不同子载波的多普勒频偏是不一致的,从而子载波正交性遭到严重的破坏,产生严重的子载波间干扰,使得通信系统的性能急剧下降。

当多普勒效应作用于基于 LFM 信号为载波的正交多载波系统时,可以认为信号脉宽产生了压扩系数为 D 的时间压缩或伸展。

$$\begin{aligned} r(t) &= s(Dt) + n(Dt) \\ &= \sum_{n=1}^{N} \exp[\mathrm{j}(2\pi f_n Dt + k\pi D^2 t^2 + \varphi_n)] + n(Dt) \end{aligned} \tag{13}$$

其中,D 为多普勒效应对信号的压缩系数,$D = 1 + \delta$,δ 为多普勒系数,$\delta = v/c$。因此,从式(13)中可知,多普勒效应对 LFM 信号的影响,不仅是使其中心频率的移动,还有调频斜率的改变。但是当 $D \approx 1$ 时,可以认为接收的 LFM 信号相对于发射信号仅有一小段频移[13]。在水声通信中,若通信平台以 20 kn 航速作相向运动,则可以算得信号的多普勒压缩系数约为 $D = 0.994$,近似等于 1,因此,多普勒效应对 LFM 信号的影响可以认为是仅有频率的移动而没有调频斜率的变化。因而在对受多普勒效应影响的接收信号作分数阶 Fourier 变换时,可以依旧采用原信号的变换阶次进行匹配而无须做出调整。由式(5)可得,当多普勒效应的影响不足以使得分数阶 Fourier 变换的阶次 p 发生变化时,即时频面旋转角度不会发生变化,则 $\alpha' = \alpha$,此时式(5)分数阶 Fourier 变换尺度变换特性可以化简为

$$F^p[x(t/M)] = X_p(Mu) \tag{14}$$

令 $M = D^{-1}$,结合式(14)和式(11),则基于 LFM 载波的正交多载波系统接收信号受多普勒效应影响后的分数阶 Fourier 变换为

$$\begin{aligned} F^p[r(t)] &= F^p[s(Dt) + n(Dt)] \\ &= \sum_{n=1}^{N} A_\alpha \exp(\mathrm{j}\pi u^2 \cot\alpha)\exp[\mathrm{j}\varphi_n] \cdot \\ &\quad \sin C\left(\frac{2n}{T_{\mathrm{symbol}}} - \frac{u}{D}\csc\alpha\right) + N\left(\frac{u}{D}\right) \end{aligned} \tag{15}$$

式(15)说明通信系统各 LFM 子载波依旧是正交的,不会产生 ICI,只是在变换域 u 域上进行了尺度的变换,且载波位置发生了变化,由 $n\sin\alpha/T_{\mathrm{symbol}}$ 移动到 $Dn\sin\alpha/T_{\mathrm{symbol}}$。式中第 2 项说明每个子载波产生了附加相移,且相移大小与子载波位置有关。因此,在实际系统中只需采用 QDPSK 调制体制,并估计出接收信号的多普勒效应的时间压扩系数 D,根据 D 修正子载波在 u 域中偏移位置,就可以消除子载波的附加相移从而解调出发送端调制的信息相位。

因此,本系统具有较强的抗多普勒效应的能力,只需在接收信号变换域做简单的载波位置修正,无须其他任何复杂的计算,大大简化了系统的复杂程度,从而有利于将本系统应用于实际当中。

5 仿真研究与湖试实验结果

为验证通信系统的可靠性及有效性,本文采用计算机仿真验证。通信系统数据帧结构如图 4 所示。每帧数据由同步码、间隔码和信息码构成。同步码选择大时延带宽积的 LFM 信号,其作用有 2 点:第一,为本帧数据开始提供定时信息;第二,和下一帧的同步码联合估计出接收信号的时间宽度,用以测出信号的多普勒压扩系数,从而补偿多普勒效应。

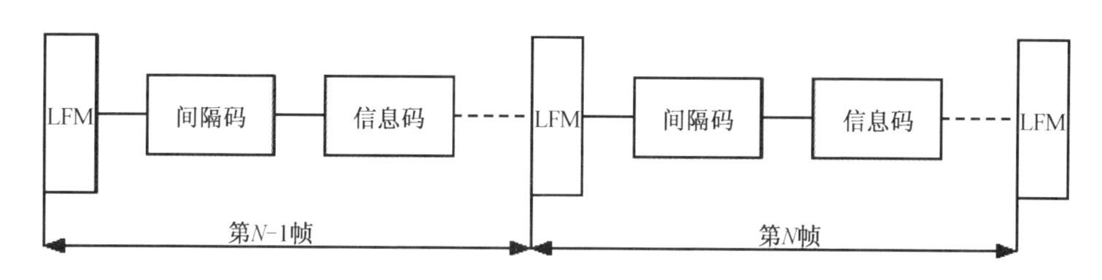

图 4 数据帧结构

信息码选择载波带宽为 1 kHz,时宽为 0.01 s,频带覆盖范围从 3 ~ 9 kHz,中心频率间隔为 300 Hz 的 18 个正交的 LFM 子载波,每个子载波采用 QDPSK 调制,格雷码映射,因而理论通信速率可达 3.6 kbit/s。

根据实测水文数据及换能器的布放(发射换能器深度 20 m,接收换能器 30 m,距离 3 000 m),采用某声呐预报软件,计算出信道函数的频率响应如图 5 所示,可见信道在通信频带内有 4 个深度衰落的零点。图 6 给出的是当信噪比为 15 dB 时,2 种通信系统的子载波误码率比较,其中图 6(a)给出的是 FFT - OFDM 通信系统子载波的误码率,系统数据帧长度为 0.017 s,采样率为 60 kHz,选用 61 ~ 160 号频点来传输数据,可见其 2 ~ 5 号、56 号、73 ~ 76 号、89 ~ 92 号载波对应于信道 4 个零点,均出现较大的误码,尤其是第 5 号载波,出现了完全的误码,因此深度频率选择性衰弱信道极大地恶化了 FFT - OFDM 系统的性能;图 6(b)给出的是 FRFT - OFDM 系统子载波误码性能,各 LFM 子载波均较好地克服了信道的频率选择性衰落效应。本文对多普勒效应的补偿也做了相应的仿真,图 7(a)给出的是在 SNR = 15 dB 的条件下,当收发平台相对运动速度为 15 m/s(航速 30 节),未补偿多普勒效应的星座图,可见多普勒效应及分数阶 Fourier 变换对各子载波的不同的附加相移使得解码相位产生了严重的相位旋转,图 7(b)给出的是采用 QDPSK 和载波位置偏移修正补偿多普勒效应后的星座图,纠正了相位旋转,可见本文所提的通信方案能够采用简单的方法良好地应对较大多普勒条件下的移动通信环境。

图 8(a)给出的是相同条件下文中所提基于 LFM 载波的 FRFT - OFDM 调制方法与基于正弦载波的 FFT - OFDM 调制方式的误码率性能比较。采用蒙特卡洛法仿真,在不加信道编码的情况下,FRFT - OFDM 的误码性能较传统的 FFT - OFDM 有较大的提升,这意味着 FRFT - OFDM 更加适应以空时频变、频率选择性衰弱为特点的水声信道。并且从图中可以得出,在中低信噪比条件下,FRFT - OFDM 可以取得更好的效果,因而相较于 FFT - OFDM 更适合于在较远的通信距离和更加复杂的水文条件环境下工作,究其原因是因为以宽带信号为载波的信号处理增益要远大于窄带信号,这就使得 FRFTOFDM 具有良好的稳健性。图 8(b)给出了采用在帧与帧之间加入保护间隔(GI)的方法可以有效地减少符号间干扰,减少误码的出现。

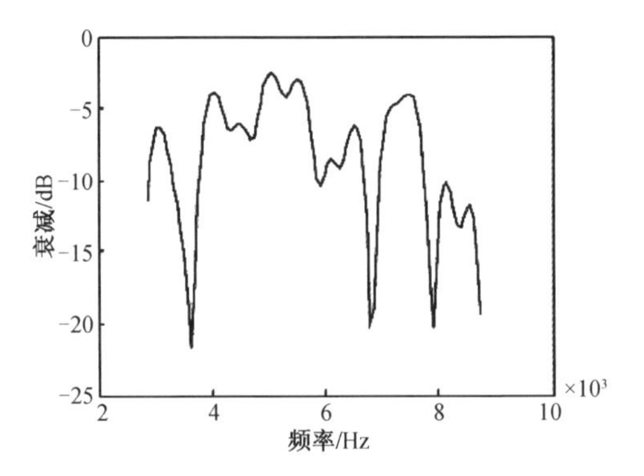

图5　信道函数的频率响应

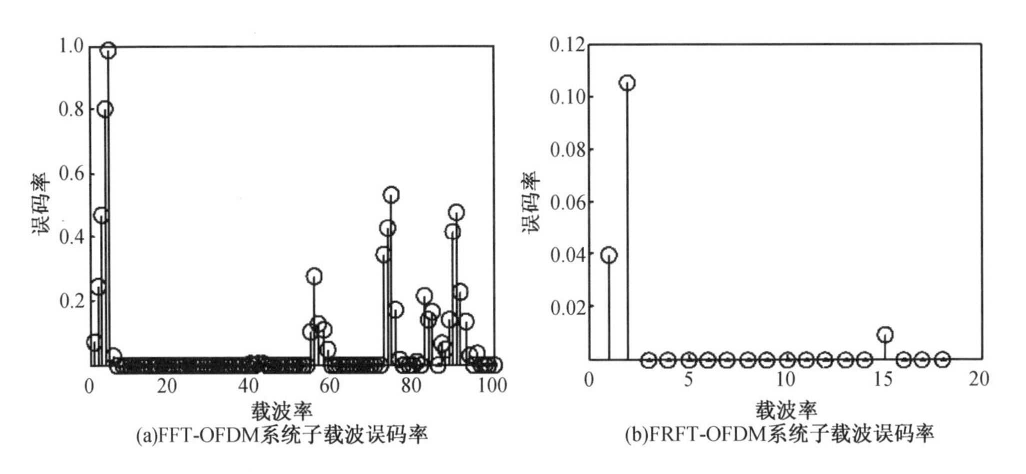

(a)FFT-OFDM系统子载波误码率　(b)FRFT-OFDM系统子载波误码率

图6　SNR＝15 dB 时子载波误码性能对比

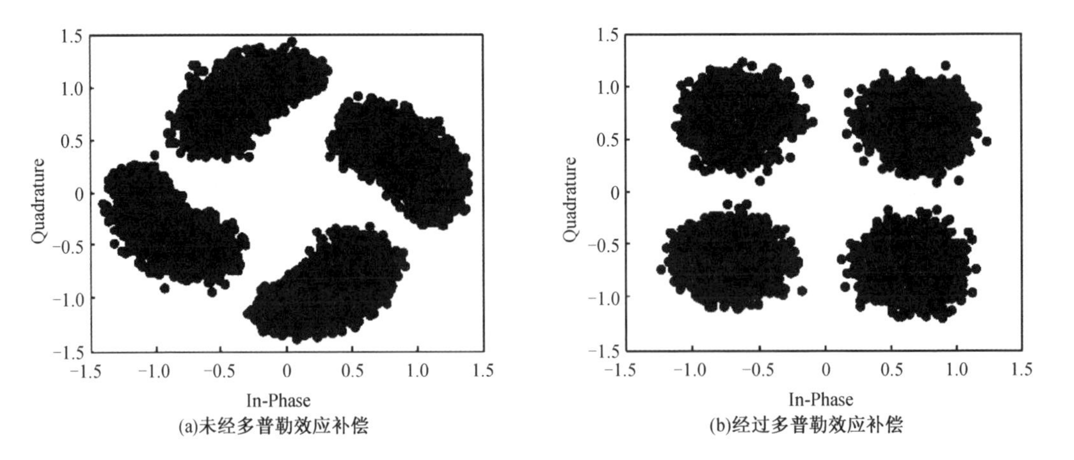

(a)未经多普勒效应补偿　(b)经过多普勒效应补偿

图7　SNR＝15 dB 时相对运动速度 15 m/s 解码星座图

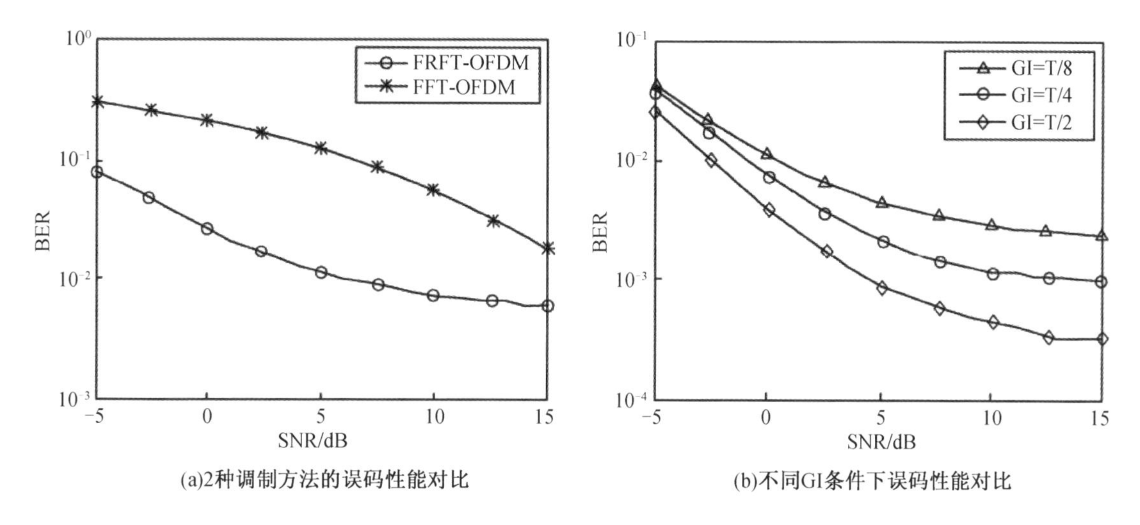

(a)2种调制方法的误码性能对比　(b)不同GI条件下误码性能对比

图8　误码性能曲线

为验证该方案的可行性,本课题组与2010年9月在黑龙江省牡丹江市莲花湖进行了湖试实验。莲花湖呈狭长形,水域不够开阔,平均水深约40 m,湖底原为村庄,后因建坝发电而将村庄淹没,因而湖底地形十分复杂,造成实验湖区信道条件比较恶劣。

实验分为定点通信实验与移动通信实验2个部分。定点通信中发射节点(信源)和接收节点(信宿)分别位于2条自由漂泊的船上,发射换能器布放深度5 m,接收换能器布放深度10 m。两船发动机关闭,在风力与水流的作用下具有缓慢的相对运动。定点通信共在3个距离上实现,用GPS测量当时的通信距离大约在1 000 m、2 000 m和3 000 m。图9中(a)~(c)分别为这3个距离上接收信号解码的星座图和误码率。表1给出的是以上不同通信距离有无保护间隔的误码率对比,数据显示保护间隔在实际情况中的确能够有效减小误码的产生。

表1　不同通信距离的误码性能

通信距离/m	误码率(不加GI)	误码率(添加GI)
1 000	0	0
2 000	0.013	0
3 000	0.027	0

移动通信实验接收平台锚定在锚地,发射平台由距接收平台3 000 m处驶向锚地,在距离接收平台1 000 m处反向驶离锚地,采用GPS测得相对运动速度为2.7 m/s(航速5 kn)。因为实验所用船只为当地游船,因而无法获得大航速的实验条件(5 kn是最高航速)。图9(d)给出的是经过多普勒效应补偿后的解码星座图,经过多次移动通信实验均验证本方案提出的分数阶域载波位置修正结合QDPSK调制的方法确实能够有效地补偿通信平台相对运动的多普勒效应,取得零误码的效果。

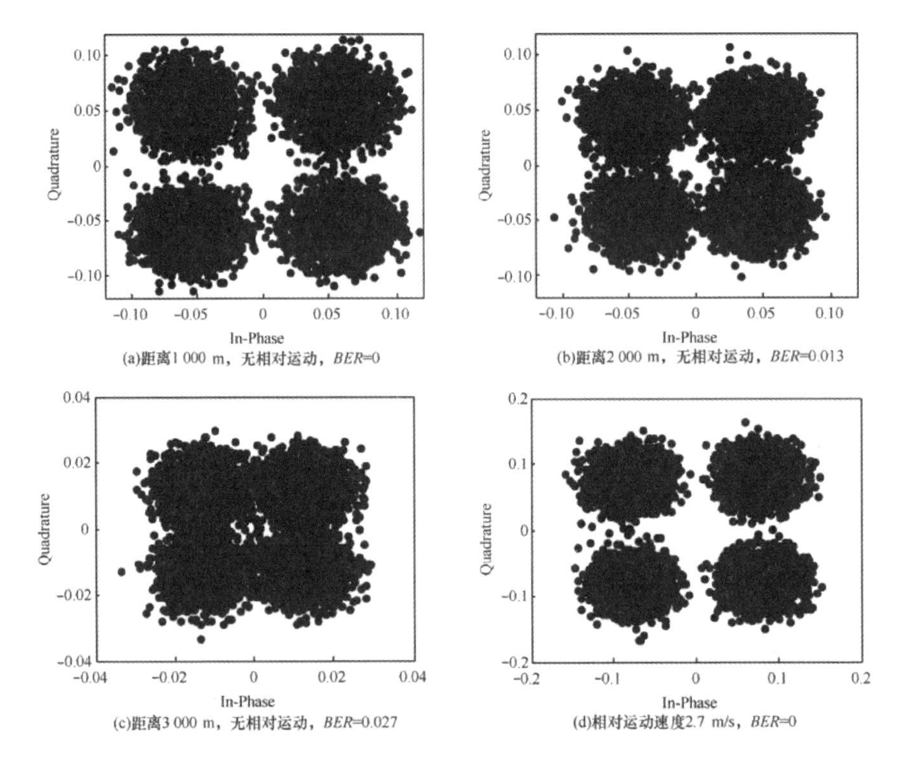

(a)距离1 000 m，无相对运动，*BER*=0　(b)距离2 000 m，无相对运动，*BER*=0.013

(c)距离3 000 m，无相对运动，*BER*=0.027　(d)相对运动速度2.7 m/s，*BER*=0

图9　湖试实验解码星座图

6　结束语

本文给出了一种以LFM信号为载波的基于分数阶Fourier变换正交多载波水声通信方案，并且对这个方案做出详细的理论公式推导和仿真实验研究，与均采用宽带信号的Pattern编码体制、扩频水声通信等常规通信方法相比，在保证通信质量的前提下大幅提高了水声通信的通信速率，并通过湖试实验验证本方案的可行性。基于分数阶Fourier变换的正交多载波通信系统相较于传统的OFDM系统对频率选择性衰落信道更具有适应性，无须采用后续复杂的信道估计算法，且采用宽带信号载波具有更高的处理增益使得本方案更加适用于远距离通信或复杂水文条件下的工作环境。LFM信号受多普勒效应影响后的分数阶Fourier变换可以近似简单认为是载波位置的移动且附加有相移，使得本方案无须复杂的多普勒效应补偿算法，简化了系统复杂度，可应用于移动平台的通信。因此本方案对于高速、复杂情况的水声通信环境来说具有广阔的应用前景。

参 考 文 献

[1] 惠俊英. 水下声信道[M]. 北京:国防工业出版社,1992. HUI J Y. Underwater Acoustic Channel[M]. Beijing: National Defense Industry Press, 1992.

[2] 殷敬伟,张晓,赵安邦等. 时间反转镜在水声通信网上行通信中的应用[J]. 哈尔滨工程大学学报,2011,32(1):1－5. YIN J W, ZHANG X, ZHAO A B, et al. The application of a virtual time reversal mirror to upstream communication of underwater acoustic networks[J]. Journal of Harbin Engineering University, 2011, 32(1):1－5.

[3] 殷敬伟. 水声通信原理及信号处理技术[M]. 北京:国防工业出版社, 2011 YIN J W. The Theory and Signal Processing Technology of Underwater Acoustic Communication[M]. Beijing: National Defense Industry Press, 2011.

[4] SAVALONAS M A, CHOUNTASIS S. Noise – resistant watermarking in the fractional Fourier domain utilizing moment – based image representation[J]. Signal Processing, 2010, 90(8): 2521 –2528.

[5] MARTORELLA M. Novel approach for ISAR image cross – range scaling[J]. IEEE Aerospace and Electronic Systems, 2008, 44(1): 281 –294.

[6] BARSHAN B, AYRULU B. Fractional Fourier transform preprocessing for neural networks and its application to object recognition[J]. Neural Networks, 2002, 15(1): 131 –140.

[7] 陈恩庆, 陶然, 张卫强等. 一种基于分数阶傅里叶变换的 OFDM 系统及其均衡算法[J]. 电子学报, 2007, 35(3): 409 –414. CHEN E Q, TAO R, ZHANG W Q, et al. The OFDM system and equalization algorithm based on the fractional Fourier transform[J]. Acta Electronic Sinica, 2007, 35(3): 409 –414.

[8] 陈恩庆, 陶然, 张卫强等. 分数阶傅里叶变换 OFDM 系统自适应均衡算法[J]. 电子学报, 35(9): 1728 – 1733. CHEN E Q, TAO R, ZHANG W Q, et al. The adaptive equalization algorithm for OFDM system based on the fractional Fourier transform[J]. Acta Electronic Sinica, 2007, 35(9): 1728 –1733.

[9] TAEHYUK K, RONALD A. Iltis. Iterative carrier frequency offset and channel estimation for underwater acoustic OFDM systems[J]. IEEE Journal on Selected Areas in Communications, 2008, 26(9): 1650 –1661.

[10] GREERT L, PAUL A W. Multiband OFDM for covert acoustic communications[J]. IEEE Journal on Selected Areas in Communications, 2008, 26(9):1662 –1673.

[11] RUGINI L, BANELLI P, LEUS G. Simple equalization of time – varying channels for OFDM[J]. IEEE Communication. Letters, 2005, 9(7):619 –621.

[12] 陶然, 邓兵, 王越. 分数阶傅里叶变换的原理与应用[M]. 北京:清华大学出版社, 2009. TAO R, DENG B, WANG Y. Fractional Fourier Transform and Its Applications [M]. Beijing: Tsinghua University Press, 2009.

[13] 田坦, 刘国枝, 孙大军. 声呐技术[M]. 哈尔滨:哈尔滨工程大学出版社, 2000. TIAN T, LIU G Z, SUN D J. Techniques of Sonar[M]. Harbin: Harbin Engineering University Press, 2000.

[14] 殷敬伟, 惠俊英, 蔡平等. 分数阶 Fourier 变换在深海远程水声通信中的应用[J]. 电子学报,2007, 35(8): 1499 –1504. YIN J W, HUI J Y, CAI P, et al. Application of fractional Fourier transform in long range deep – water acoustic communication[J]. Acta Electronic Sinica, 2007, 35(8): 1499 –1504.

[15] 陶然,邓兵,王越. 分数阶 Fourier 变换在信号处理领域的研究进展[J]. 中国科学(E辑),2006, 36(2): 113 – 136. TAO R, DENG B, WANG Y. Research advance in fractional Fourier transform in the signal processing region[J]. Science in China Ser E Information Science, 2006, 36(2): 113 –136.

[16] OZAKTAS H M, ARIKAN O, KUTAY A A, et al. Digital computation of the Fourier

transform[A]. IEEE Tran Signal Processing[C]. 1996. 2141 - 2150.

[17] CANDAN C, KUTAY M A, OZAKTAS H M. The discrete fractional Fourier transform[A]. IEEE Tran Signal Processing[C]. 2000. 1335 - 1348.

[18] PEI S C, DING J J. Closed - form discrete fractional and affine Fourier transform[A]. IEEE Tran Signal Processing[C]. 2000. 1338 - 1353.

[19] 李红娟,孙超. 加速度下的水声通信多普勒频移补偿方法[J]. 西北工业大学学报, 2007, 25(2): 181 - 185. LI H J, SUN C. Effective Doppler compensation for underwater acoustic communication under relative acceleration[J]. Journal of Northwest Polytechnical University, 2007, 25(2): 181 - 185.

单矢量水听器 OFDM 水声通信技术实验

刘淞佐　周　锋　孙宗鑫　李　慧　乔　钢

摘要　针对水声通信中信道特性复杂、低信噪比的情况，为提高水声通信质量，在理论研究 OFDM 与矢量信号处理技术基础上，提出并设计了一套基于 DSP 平台和三维同振型矢量水听器的矢量 OFDM 实时水声通信调制解调器。在哈尔滨市松花江水域中进行了水平方向上矢量水声通信实验。实验结果表明，系统达到实时通信的要求，在 4.3 km 的水平通信距离上、QPSK 调制、1 /2 卷积码编码、通信频带 4 ~8 kHz 的条件下，通信速率达到 1 873 bit/s，最终误码率低于 10^{-4}，矢量 OFDM 比标量 OFDM 水声通信误码率有明显改善。

关键词　水声通信；正交频分复用；矢量水听器；矢量信号处理；水声调制解调器

1　引言

水下无线信息传输是一个快速发展的科研领域。随着对海洋的开发越来越深入，人们希望在水下也能像陆地上一样快速实时地传输语音、文字等信息，所以对实时水声通信的需求显得越发迫切。海洋信道属于不平整双界面随机不均匀介质信道，传输频带有限，具有多普勒不稳定性，因海洋界面反射和水中粒子及生物引起的散射造成的多途效应导致信号畸变进而引起通信的严重误码，限制着水声通信的发展。近年来，正交频分复用（OFDM）水声通信技术得到了很大的发展，矢量水声信号处理技术由于可带来空间增益而得到了广泛的应用。国内外许多学者针对 OFDM 技术在水声通信中的应用进行了广泛研究，并通过湖上或者海上实验取得了初步的效果[1-3]。目前，大部分水声通信系统都只使用单个传统的声压水听器或大尺寸的多重空间上分开的阵列声呐系统去处理复杂多变的水下声信道。从矢量声学的角度看，传统的声压水听器只采集声压信号，没有利用声场空间中的振速信号分量，丢失了声场中的信息。矢量水听器可采集声场中的声压和振速信号，应用矢量信号处理技术理论上可以带来空间增益[4]，进而提高接收信号的信噪比，有效地改善通信系统性能。利用阵列信号处理技术也可以提高接收信号的信噪比，但设备复杂，不适合做小型水声 Modem 节点。单矢量水听器与之相比，降低了系统复杂度，便于工程实现。文献[5-6]对基于 OFDM 技术的水声通信 Modem 进行了研究，开发了基于 DSP 的（2×2）MIMOOFDM 及 SISOOFDM 水声 Modem 原型，MIMOOFDM 采用 QPSK 调制，1/2 码率的卷积码和 LDPC 码、带宽为 6 kHz。文献[7-8]对基于频率和相位调制的矢量水声通信技术进行了研究。本文在对以上文献研究的基础上，研究了基于矢量水听器的 OFDM 水声通信技术，首次提出并设计了基于 DSP 和矢量水听器的矢量 OFDM 实时水声通信调制解调器（Vector - OFDM - modem），进行了水池及松花江实验。

2　OFDM 基本原理及波形设计

2.1　OFDM 基本原理

作为多载波通信的一种，与一般的频分复用技术相比，OFDM 系统中各个子载波信号在整个符号周期上相互正交，在频谱上相互重叠，OFDM 系统最有优势的应用环境是频率选择性衰落信道，这恰恰是浅海水声信道的主要特点一。发射和接收的原理如图 1 和 2 所示。

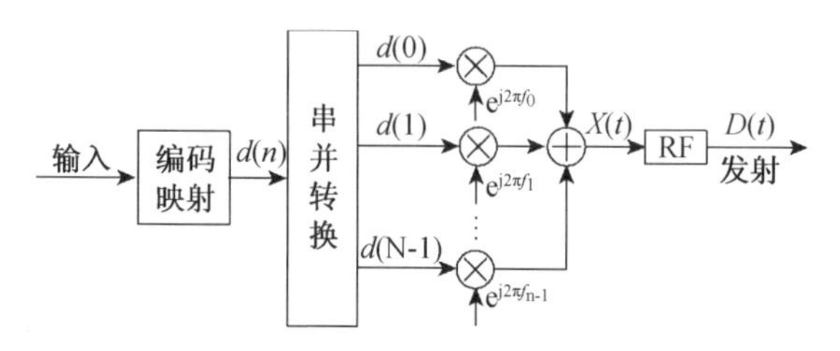

图 1　OFDM 发射原理框图

图 2　OFDM 接收原理框图

设 OFDM 的基带调制信号带宽为 B，码元周期为 ΔT。OFDM 的基本原理是将原信号通过串并转换分割为 N 个子信号，若串行的码元速率为 R，则转换后码元速率为 R/N，周期为 $T=N\cdot\Delta T$，然后将 N 个子信号分别调制在 N 个相互正交的子载波上，最后把 N 路调制后的信号相加，即得到发射信号。

在接收端以一定的时间间隔来对接收到的信号进行采样，然后对数字信号进行 DFT 变换，就可以把原来的复数序列还原出来，再经过解载波映射，则可以恢复出原始发送数据。由此可知，OFDM 技术的调制解调过程可以分别由 IFFT/FFT 来实现，使用快速傅里叶算法可以减小计算量从而减少系统运行时间。

2.2　发射波形设计

图 3 是 OFDM 信号帧结构，一帧信号由两部分组成：帧头和 OFDM 数据。帧头采用 2 个 LFM 信号加 1 个 CW 脉冲的结构。数据部分可以包括一个或多个 OFDM 符号。由于信道的多径时延会造成 OFDM 符号的子信道间干扰和码间干扰，从而无法在接收端准确解调原始信息，本设计中采用加循环前、后缀的形式来抗多途影响，OFDM 符号结构如图 4 示。

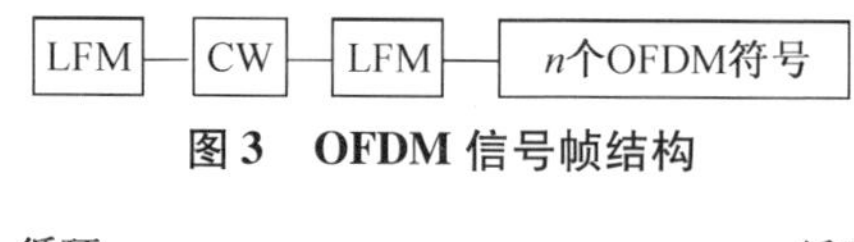

图 3　OFDM 信号帧结构

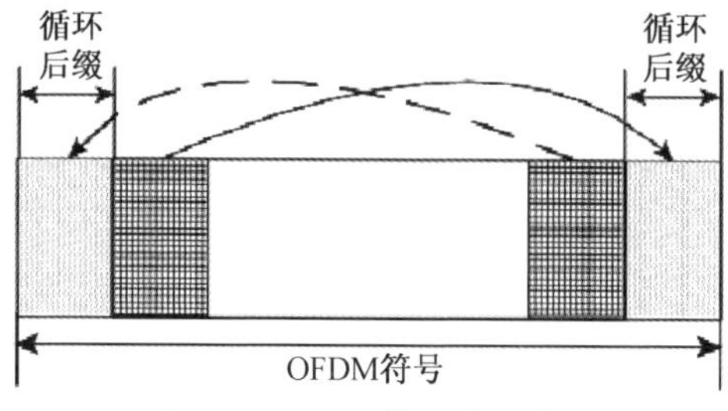

图 4　OFDM 符号的结构

2.3　矢量OFDM信号解调方案

本节将详细介绍矢量OFDM解调算法并给出Matlab仿真结果。结合实际硬件平台处理能力考虑,接收到的矢量信号处理流程如图5所示。

2.3.1　矢量OFDM解调算法

(1)同步。由于线性调频信号具有良好的自相关性和抗多途能力,如图3帧头部分所示,采用2个线性调频信号进行粗同步和细同步。所谓粗同步即用本地LFM与接收到的LFM相关得到的定时结果,所谓细同步即生成一个受多普勒影响的本地LFM与接收到的LFM做相关得到定时结果。根据一定的检测准则来进行信号同步与定时。帧头部分的第1个LFM信号用于粗同步,中间的单频信号用于测量多普勒因子,第2个LFM用于细同步。

(2)信源方位估计。由于接收单元采用矢量水听器,它可对声源进行方位估计,从而借助于其空间指向性提高接收信号信噪比。采用复声强器法实现方位估计,对矢量水听器输出做傅里叶变换,得到声压与振速信号的频谱,目标信号的能量集中在复声强器互谱输出的实部,虚部中主要为干扰能量。目标水平方位θ的估计$\hat{\theta}$为

$$\hat{\theta}(\omega)=\arctan\frac{\mathrm{Re}\{\overline{P(\omega)V_y^*(\omega)}\}}{\mathrm{Re}\{\overline{P(\omega)V_x^*(\omega)}\}} \tag{1}$$

式中:“——— ”表示滑动窗平均周期图。根据式(1)可以计算每个频率的方位,再利用加权直方图法估计出声源的方位。根据估计出的声源的方位,电子旋转矢量水听器的组合指向性,将主极大方向指向声源,从而获得其指向性增益[9]。

(3)多普勒频移补偿。本文采用FFT和抛物线拟合的方法对已知频率的单频信号进行测频,求出多普勒压缩因子。采用参考文献[10]的方法实现多普勒补偿。

(4)信道估计。本通信系统信道估计采用基于导频的信道估计方法。根据以往的实践经验,块状导频的性能随着时间的推移而降低,梳状导频则受到水声信道相干带宽较窄特点的限制,效率偏低。因此本系统采用块状导频与低密度梳状导频相结合的方案[11]。

(5)矢量合并。声压和振速进行适当的组合,单矢量水听器还可以形成多种指向性[9]。经过电子旋转后,振速传感器的组合指向性V_c和V_s分别为

$$\begin{cases}\nu_c(t)=\nu_x\cos\varphi+\nu_y\sin\varphi=x(t)\cos(\theta-\varphi)\\ \nu_s(t)=-\nu_x\sin\varphi+\nu_y\cos\varphi=x(t)\sin(\theta-\varphi)\end{cases} \tag{2}$$

式中:φ为引导方位角。若声压信号$p(t)$和振速信号$v(t)$按$p(t)+v(t)$进行组合,则

$$\begin{cases}p(t)+\nu_c(t)=2x(t)\cos^2\dfrac{\theta-\varphi}{2}\\ p(t)+\nu_s(t)=2x(t)\left(\sin\dfrac{\theta-\varphi}{2}+\cos\dfrac{\theta-\varphi}{2}\right)^2\end{cases} \tag{3}$$

从式(3)可以看出,二者都为单边指向性,$p+V_c$的指向性极大值点对准的是引导方位φ方向,其指向性零点对准的是$\varphi+180°$方向;而$p+V_s$的指向性可以看作是$p+V_c$的指向性逆时针旋转90°后得到的。

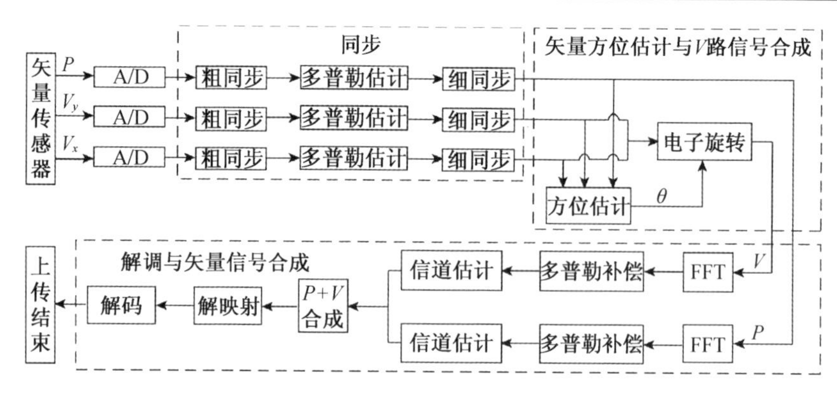

图5　矢量信号处理流程

2.3.2　矢量 OFDM 系统仿真研究

矢量水听器具有空间指向性增益,声压和振速加权处理在各向同性噪声场中可以获得空间指向性增益,为了验证矢量水听器应用到 OFDM 通信系统中的效果,本文通过 Matlab 进行了蒙特卡洛仿真。图 6 给出了由某信道仿真软件生成的浅海信道冲激响应模型,其中,噪声为高斯白噪声,声源水平方位角为 60°。

表 1 列出了该通信系统中的主要参数,每个 OFDM 符号长 251 ms,其中循环前缀 62.5 ms,循环后缀 62.5 ms,每个 OFDM 符号包含 1365 个子载波,其中数据载波 1 092 个,导频载波 273 个。系统采用 QPSK 映射,采用约束长度为 6 的卷积编码,码率为 1/2,5 倍追踪长度,解码采用维特比硬解码方式,矢量信号按 $P+V$ 合成。本文在理论仿真和实验部分给出的解调结果均是在该组参数条件下得到的。

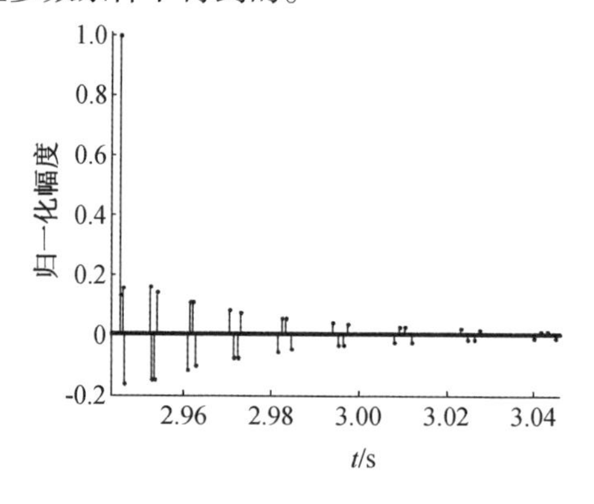

图 6 4　km 处信道冲激响应

表 1　一帧 OFDM 信号波形参数

名称	值
FFT 长度	16 384
采样率/kHz	48
子载波数量	1 365
通信频带/kHz	4 ~ 8
导频	梳状导频

续表 1

名称	值
导频间隔	5
编码方式	卷积码
编码效率	1/2
星座映射	QPSK
符号时长/ms	251
循环前缀/ms	62. 5
循环后缀/ms	62. 5
LFM 长度/ms	20
CW 长度/ms	200
保护间隔/ms	62. 5
一帧符号数	5
块状导频个数	1

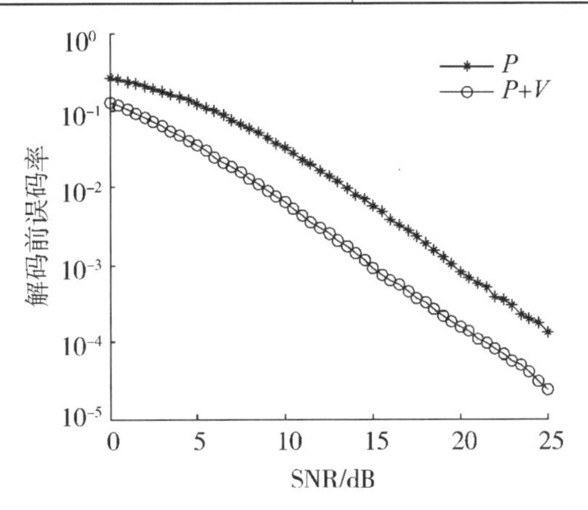

图 7　不同信噪比下矢量处理误码率曲线

图 7 给出了不同信噪比下，利用矢量水听器接收的声压与振速信号联合解调和只解调声压信号的误码率曲线。从图中可以看出，矢量信号处理较传统的声压信号处理带来了 4. 8 dB的增益。

3　Vector – OFDM – modem 软硬件设计

3. 1　Modem 硬件结构

Vector – OFDM – modem 由 48 V 电池、DSP 板、矢量信号调理板、功放板、无指向性的发射换能器、矢量水听器以及外壳机械结构组成，通过网口与 PC 机通信。Modem 中各功能模块间连接如图 8 所示，实物如图 9 所示。其中 DSP 板用来实现 OFDM 通信算法的调制解调功能，核心处理器是 TI 公司高性能 DSP(TMS320C6455) ，OFDM 算法程序即是在该 DSP 上实现的；矢量水听器信号调理板用来处理矢量水听器的 1 路声压信号及 2 路振速信号，实现放大滤波功能，其中声压信号是电荷量，振速信号是电压量；功放用来与换能器匹配并驱动换能器向水中辐射声波。

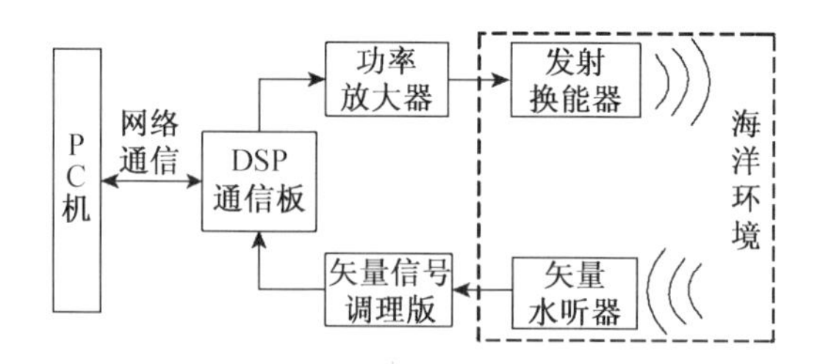

图 8　各模块连接示意

图 9　Vector – OFDM – modem 节点实物

3.2　矢量 OFDM 算法实现及实时性分析

矢量 OFDM 通信系统基于 DSP/BIOS 搭建应用程序框架，如图 10 所示。程序中用到 2 个硬中断、2 个任务、1 个软中断。系统通过 BIOS 调用 DSP 内核及外设初始化函数，利用硬中断 HWI1 初始化 NDK(network develop's kit)，实现网络初始化。将网络发送与接收函数配置为任务 TSK1，网络接收到数据后，在网络任务 TSK1 中动态创建优先级高的 OFDM 信号调制任务 TSK2，调制完毕后，手动触发 EDMA3 开始实现数据发送，数据传输完毕产生 EDMA3 发送完成中断，调用硬中断 HWI2，检验信号是否完全发送完毕，若没有，则继续发送，直至发送完毕；若发送完毕则退出并即时删除 OFDM 信号的调制任务 TSK2，节省系统开销。OFDM 信号接收时，以 48 kHz 的采样率连续采集信号，每采集固定点数信号后，产生 EDMA3 接收完成中断，调用硬中断 HWI2，启动软中断 SWI，在该软中断中实现 OFDM 信号的同步检测与解调。

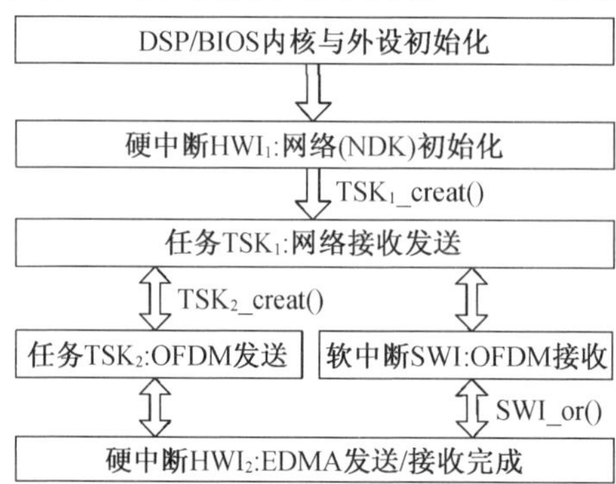

图 10　基于 DSP/BIOS 的 DSP 程序框架

为了验证该算法方案的有效性和实时性，测试了系统各模块运行时间开销，如表 2 所示。通信参数按表 1 设置，系统采用 48 kHz 的采样频率，接收 3 路矢量数据，每路长 14 070 点，EDMA 传输采用 AB 同步的方式，则待处理数据最大时间长度约为 293 ms，通过对各个模块的时间测试，如表 2，整个解调过程共用了 144. 81 ms，可以看出完全能在该时间长度内将数据处理完毕，满足实时的要求，并留有冗余。因此系统还可以扩展，这也为整个通信系统提供了发展的条件。

表 2　各模块运行时间

模块	指令周期数	时间/ms
检测 CW	5.28×10^{7}	43. 82
检测 LFM	1.669×10^{7}	13. 91
多普勒估计	3.435×10^{7}	28. 63
方位估计	2.861×10^{7}	23. 84
64k 点 FFT	1.868×10^{6}	1. 56
信道估计	9.663×10^{6}	8. 05
Viterbi 译码	1.967×10^{7}	16. 39
解调	1.738×10^{8}	144. 81

4　水池与松花江试验结果

2011 年 7 至 8 月在哈尔滨工程大学水声工程学院水声信道水池及哈尔滨松花江水域进行了基于三维同振型矢量水听器和 OFDM 调制解调技术的 Vector - OFDM - modem 性能测试试验，在该平台上实现了所提到的信号同步检测、信道编解码、矢量信号方位估计与合成、多普勒估计与补偿、调制解调以及信道估计与均衡等功能，各模块算法经过综合优化后可以满足实时性要求。试验系统如图 11 所示。

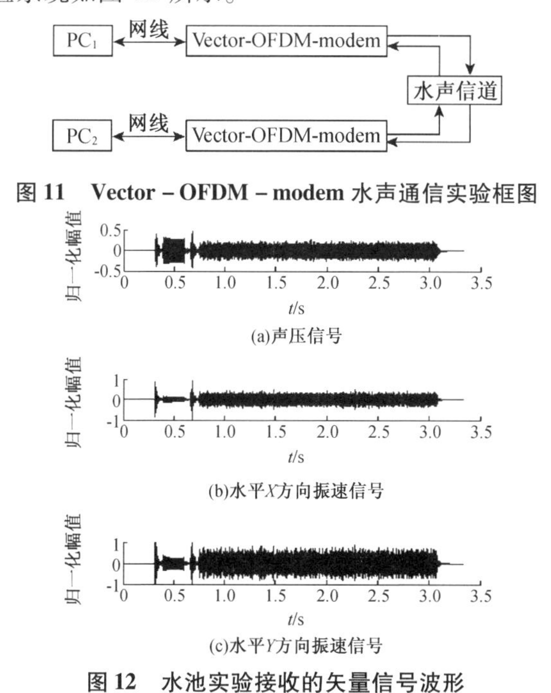

图 11　Vector - OFDM - modem 水声通信实验框图

图 12　水池实验接收的矢量信号波形

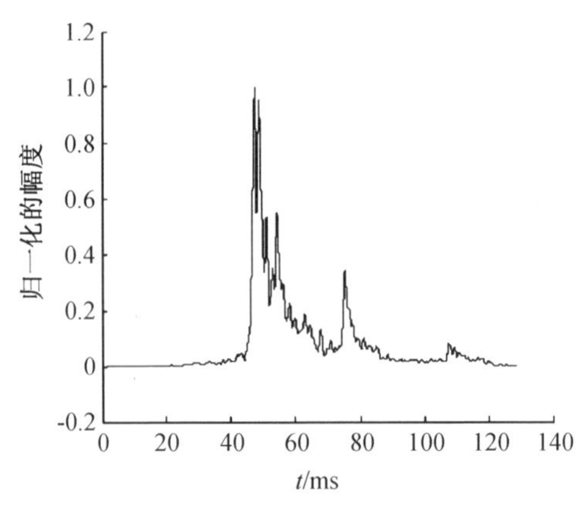

图 13　水池信道冲激响应

哈尔滨工程大学信道水池长度 45 m、宽 5 m、深度 6 m，水泥底质。水池实验中，收发换能器吊放深度均为 2 m，距池壁均为 10 m，相距 25 m。图 12 给出某一次矢量水听器接收到的一帧 3 路矢量 OFDM 信号波形，图 13 是水池信道冲激响应，可以看出多途约为 30 ms，由于水池中多途相对来说比较严重，因此均衡时采用了块状导频和梳状导频联合均衡的方法，块状导频用 LS 法估计出信道，对于梳状导频先利用 LS 法估计出导频位置的信道，再利用线性插值求出整个信道，连续测试 50 帧数据，共 217 600 bit，单独对矢量水听器的声压信号进行解调，解码前平均误码率是 0. 102 4% ，解码后平均误码率是 0；声压与振速信号联合进行矢量解调，解码前平均误码率是 0. 034 340% ，解码后平均误码是 0。

松花江水域宽度为 1 ~ 1. 5 km，直线无遮挡距离 4. 3 km，水深 10 ~ 20 m，泥沙底质，实验中通信距离为 4. 3 km，发射换能器和矢量水听器吊放深度均为 4 m。其中发射声源级为 190 dB，矢量水听器声压信号接收灵敏度为 -203 dB，振速信号接收灵敏度为 -175 dB，接收灵敏度在通信频带(4 ~ 8 kHz)内起 3 dB。DSP 采集到的某帧矢量 OFDM 信号波形如图 14 所示，图 15 是信道冲激响应，可以看出多途约为 10 ms。

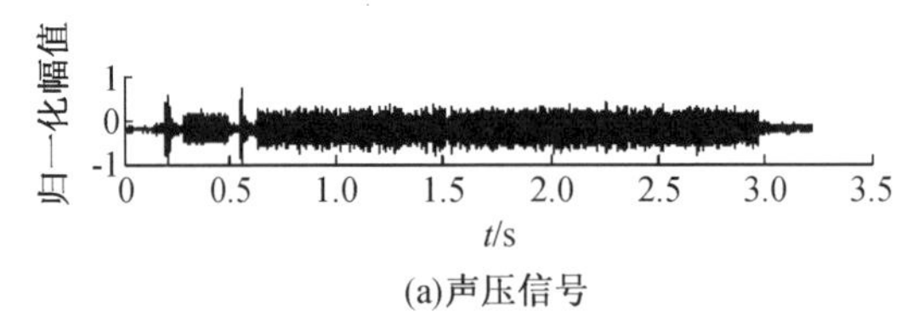

(a)声压信号

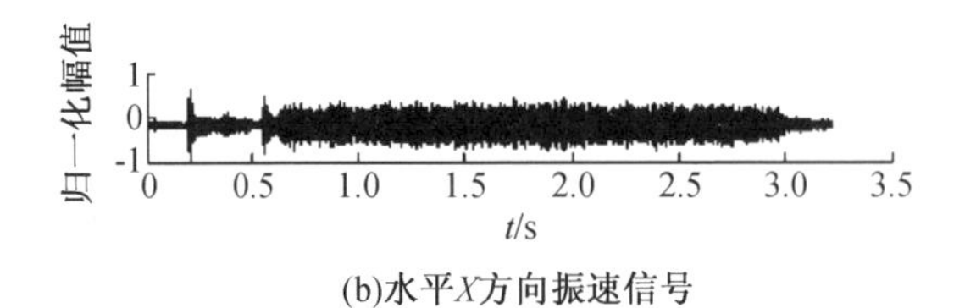

(b)水平 X 方向振速信号

归一化幅值
1
0
-1
0　0.5　1.0　1.5　2.0　2.5　3.0　3.5
t/s

(c)水平 Y 方向振速信号

图 14　松花江实验接收的矢量号波形

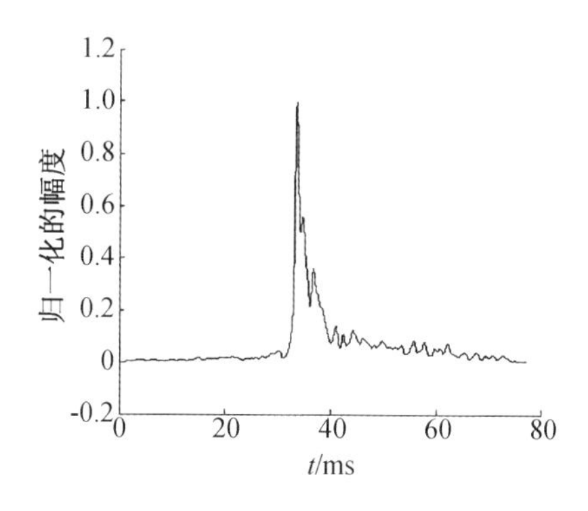

图 15　松花江信道冲激响应

松花江实验中，连续 6 天发射按表 1 参数调制的 OFDM 信号，每天重复发送 50 次，共 217 600 bit，接收端始终采用矢量水听器接收。

表 3 为实验处理结果，包括每天声压信号处理与矢量信号处理得到的解码前平均误码率，及每天声压信号处理与矢量信号处理得到的解码后平均误码率，从表 3 中可以看出，矢量处理比声压信号处理带来了增益。

表 3　数据处理结果

时间	解码前误码率/%		解码后误码率/%	
	P	*P* + *V*	*P*	*P* + *V*
第 1 天	5. 132	3. 098	0	0
第 2 天	6. 667	4. 933	0. 932	0. 000 2
第 3 天	5. 867	3. 043	0. 011	0
第 4 天	6. 350	4. 876	0. 913	0. 000 7
第 5 天	5. 407	3. 482	0. 085	0
第 6 天	5. 737	3. 886	0. 029	0

5　结束语

为提高通信质量，本文提出了基于矢量水听器和 OFDM 体制的水声通信方法，考虑到硬件平台特点和运算量的问题，设计了详细的矢量通信信号解调步骤及程。将该方法应用于哈尔滨工程大学水声工程学院水声通信课题组开发的 Vector - OFDM - modem 平台上，达到了实时通信的要求，松花江实验中，系统带宽 4 ~ 8 kHz、水平通信距离 4. 3 km，达到了 1 873 bit/s的通信速率，误码率小于 10^{-4}，并且得出了矢量处理比标量处理带来了一定增益的实验结论。但在实际的外场实验中，由于信道多途的复杂性、实验船相对运动导致的多普勒频偏，实际矢量水听器灵敏度、接收信号相位的不一致性等因素均会导致通信性能提升与理论分析带来差异，实验结果也显示并没有达到应用矢量水听器处理理论上的增益，由于在哈尔滨松花江航段最大适合实验的直线距离是 4. 3 km，本系统方案并没有验证更远距离或海洋环境下的高可靠通信，高速、远程、稳健通信将在以后的海试中验证。

参 考 文 献

[1] STONJANOVIC M. Low complexity OFDM detector for underwater acoustic channels [C] // IEEE Oceans Conference. Boston,USA,2006:1 -6.

[2] LI B, ZHOU S, HUANG J, et al. Scalable OFDM design for underwater acoustic communications [C] //Proceedings of ICASSP. Las Vegas, USA, 2008:5304 -5307.

[3] TAEHYUK K, ILTIS R A. Iterative carrier frequency offset and channel estimation for underwater acoustic OFDM systems [J]. IEEE Journal on Selected Areas in Communications, 2008, ,26(9) :1650 -1661.

[4] 惠俊英,刘宏,余华兵,等. 声压振速联合信息处理及其物理基础初探[J]. 声学学报, 2000,25(4):303 -307. HUI Junying, LIU HONG, YU Huabing, et al. Study on the physical basis of pressure and particle velocity combined processing[J]. Acta Acoustic, 2000,25(4):303 -307.

[5] YAN H, ZHOS U, SHI Z, et al. A DSP implementation of OFDM acoustic modem[C] // Proceedings of the ACM International Workshop on Underwater Networks (WUWNet). Montreal, ,Canada, ,2007:89 -92.

[6] MASON S, ANSTETT R, ANICETTE N. A broadband underwater acoustic modem implementation using coherent OFDM [C] // Proceedings of National Conference for Undergraduate Research (NCUR). San Rafael,California, ,2007:1 -5.

[7] 乔钢,桑恩方. 基于矢量传感器的高速水声通信技术研究[J].哈尔滨工程大学学报, 2003,24(6):596 - 599. QIAO Gang, , SANG Enfang, Study of high speed underwater acoustic communication based on a single vector sensor[J]. Journal of Harbin Engineering University, 2003, 24(6):596 -599.

[8] 乔钢. 基于矢量传感器的水声通信技术研究[D]. 哈尔滨:哈尔滨工程大学,2004:18 - 33. QIAO Gang. The study of UWA communication technology based - on the vector sensor [D]. Harbin: Harbin Engineering University, 2004:18 -33.

[9] 姚直象,惠俊英,蔡平,等. 单矢量水听器方位估计的柱状图方法[J]. 应用声学,2006, 25(3):161 -166. YAO Zhixiang, HUI Junying, CAI Ping,et al. A histogram approach of the azimuth angle estimation using a single vector hydrophone[J]. Applied Acoustics,2006, 25(3):161 -167.

[10] QIAO Gang, WANG Wei. Frequency diversity of OFDM mobile communication via underwater acoustic channels[J]. Journal of Marine Science and Application,2012,11(1):126 -133.

[11] 徐小卡.基于 OFDM 的浅海高速水声通信技术研究[D]. 哈尔滨:哈尔滨工程大学, 2009:70 -124. XU Xiaoka. The study of the key technologies for high - speed shallow water acoustic communication based on OFDM [D]. Harbin :Harbin Engineering University, 2009:70 -124.

基于单矢量有源平均声强器的码分多址水声通信

殷敬伟　杨　森　余　赟　陈　阳

摘要　基于单矢量传感器对码分多址水声通信进行了研究。利用单个矢量传感器自身指向性进行方位估计最为常用的方法是平均声强器和复声强器,但这些方法对于同频带的多用户来说,理论极限仅能测量两个用户。提出了有源平均声强器,利用扩频通信中伪随机码优良的自相关和互相关特性,可同时测得多个用户的方位,利用估计的用户方位构建矢量组合,调整矢量传感器的指向性,实现各用户定向通信,抑制多址干扰,增加处理增益,降低误码率。对频带相同的扩频多用户通信进行了仿真及试验研究,验证了有源平均声强器的有效性和实用性。

关键字　水声通信;码分多址;单矢量传感器;有源平均声强器

1　引言

水声通信是一个快速发展的科研领域,目前学术界对点对点的水声通信研究比较多,但随着水下通信业务日趋繁忙,这种单个用户之间的通信已无法满足人们的要求,具有广泛应用前景的水声多用户通信逐渐成为业界的研究热点[1,2]。鉴于水声通信网在民用和军事两方面巨大的应用潜力,美国、英国、加拿大和欧共体等都投入相当的力量进行研究与开发,到目前为止,国外一些机构组建、研究的水声通信网近10个,部分已成功地进行了海洋实验并走向实际使用,不断推进覆盖空中、地面、水下的立体信息网的形成[3]。

扩频通信可通过码分复用来实现多用户组网通信,是当前网络化水声通信系统中最常被选用的通信体制。它具有一系列优点:扩频通信可获得扩频增益,抗干扰能力强,可胜任远程水声通信;由于通信信号的频谱被扩展,可认为是一种频率分集,所以多途衰落会大大减小;扩频码自相关特性优良,当多途时延超过一个码片宽度时,则与原码相关性急剧下降而可视为噪声处理,因而对多途效应不敏感;同时,利用扩频码弱相关性可方便地实现码分多址进而实现组网通信。这些优势可为实现水声网络化通信提供有利条件[3-7]。

矢量传感器[8-11]可以同步共点地获得声场的标量和矢量信息,增加了信息种类和数量,也拓展了后置信号处理空间,并且单矢量传感器就可以实现声压水听器阵才能测量的目标方位信息,具有良好的空间指向性,可以抑制各向同性噪声以及不同方位的多址干扰。将矢量传感器应用于水声通信系统可有效改善系统的通信性能。

但对于单个矢量传感器利用传统的平均声强器和复声强器,针对同频带的多用户来说理论极限仅能测得两个用户的方位[12],这无法满足多用户组网通信的需求。本文将单矢量传感器应用在码分多址水声通信中,设计了有源平均声强器,利用扩频通信中伪随机码优良的自相关和互相关特性,可以同时测得多个用户的方位,有助于实现定向通信从而提高通信质量。

2　有源声强器方位估计原理

2.1　平均声强器

在多用户通信系统当中，信源的信息分辨可以通过不同的伪随机码实现，然而信源方位信息也是区分不同用户的重要依据，在相同数量伪随机码的情况下可以增大用户数量，增加网络吞吐量。

利用单个矢量传感器自身指向性进行方位估计最为常用的方法是平均声强器和复声强器，其中时域平均声强器如图 1 所示。

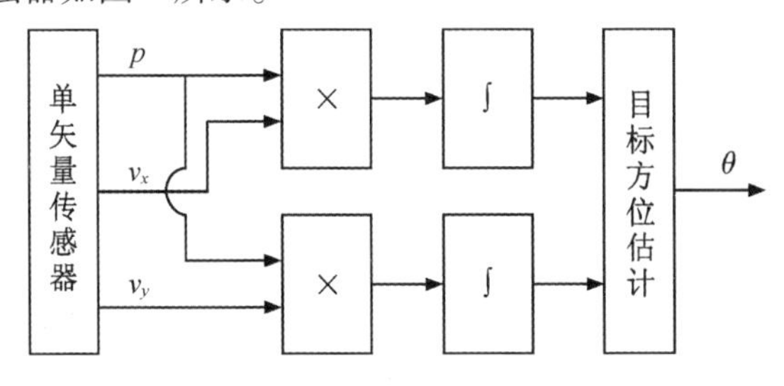

图 1　平均声强器

在满足声学欧姆定律条件下，矢量传感器二维输出模型如下：

$$
\begin{aligned}
p(t) &= x(t) + n_p(t) \\
v_x(t) &= x(t)\cos\theta + n_x(t) \\
v_y(t) &= x(t)\sin\theta + n_y(t)
\end{aligned}
\tag{1}
$$

式中，$x(t)$为目标信号，$n_p(t)$、$n_x(t)$和$n_y(t)$为各向同性的加性非相干干扰，且$n_p(t)$、$n_x(t)$、$n_y(t)$和$x(t)$之间是相互独立的。目标信号是相干的，即是从某个方向传来的，设目标方位为θ_s。海浪分布在无限的海面上，所以海洋动力噪声是各向同性的、非相干的。各向同性干扰场的振速及声强度的期望为零，而目标信号振速及声强度的期望不为零，这是平均声强器抗干扰的物理基础。

对式(1)作时间平均，平均声强器的输出为：

$$
\begin{aligned}
\bar{I}_x &= \overline{p(t)v_x(t)} = \overline{x^2(t)}\cos\theta + \Delta_x \\
\bar{I}_y &= \overline{p(t)v_y(t)} = \overline{x^2(t)}\sin\theta + \Delta_y
\end{aligned}
\tag{2}
$$

式中，字符上的横杠表示时间平均。由于$n_p(t)$、$n_x(t)$、$n_y(t)$和$x(t)$之间是相互独立的，所以在信噪比较高时，上式右边只有第一项是主要的，Δ_x、Δ_y为小量，两式相除，得到：

$$
\hat{\theta} = \arctan\frac{\overline{p(t)v_y(t)}}{\overline{p(t)v_x(t)}} \tag{3}
$$

式中，$\hat{\theta}$为目标方位θ的估计。

因为海洋波导中目标信号的声压与振速是相关的，而各向同性环境干扰的声压与振速是不相关的或相关性很弱，所以平均声强器有良好的抗干扰能力。

2.2　有源平均声强器

有源平均声强器结构图如图 2 所示。

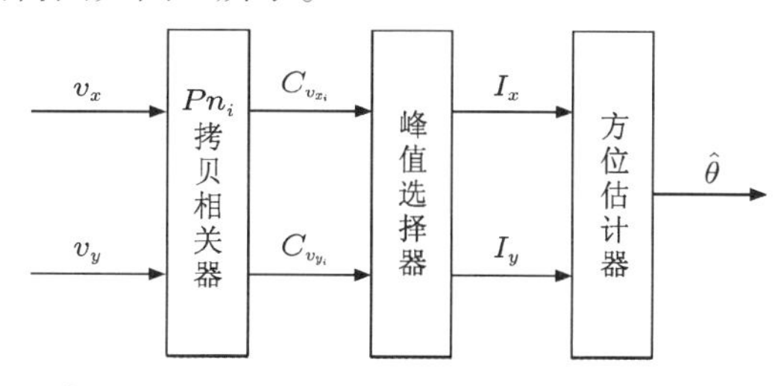

图 2　有源平均声强器结构图

v_x、v_y 为矢量传感器接收到的振速信号输出，每路信号分别与参考信号 $x(t)$ 做拷贝相关（码分多址通信中，参考信号 $x(t)$ 分别为各用户相对应的 PN 码），拷贝相关信号经过峰值选择器后得到有源平均声强器的输出：

$$\bar{I}_x = \max[\overline{x(t)v_x(t-\tau)}] = \max[C_{v_x}(\tau)] = A_s\cos\theta + \Delta_x \tag{4}$$

$$\bar{I}_y = \max[\overline{x(t)v_y(t-\tau)}] = \max[C_{v_y}(\tau)] = A_s\sin\theta + \Delta_y \tag{5}$$

式中，A_s 为信号拷贝相关峰，Δ_x、Δ_y 为干扰小量。将式(4)与式(5)相除，得到：

$$\hat{\theta} = \arctan\frac{\bar{I}_y}{\bar{I}_x} \tag{6}$$

式中，$\hat{\theta}$ 为目标方位 θ 的估计。

由于声压、振速是同相位的，所以传统的平均声强器无须延时搜索即可取得相关峰输出，而有源平均声强器是将接收到的信号与本地参考信号进行拷贝相关处理搜索峰值，其运算量要大于传统的平均声强器，但二者增益相近。有源平均声强器可通过变更本地参考信号来检测与之匹配的信号，从而可估计该匹配信号的方位，即只要能分辨信号波形就可以测得方位，以实现估计同频带的多个波形弱互相关的波达方位，这是有源平均声强器独有的优势。

3　有源声强器在码分多址水声通信中的应用

本文所研究的多用户通信系统如图 3 所示，每个用户分配一个伪随机码 PN_i，各用户编码信号 $s_i(t)$ 经过信道 $h_i(t)$ 的传输在单矢量传感器处被接收，输出模型为：

$$\begin{aligned} p &= \sum_{i=1}^{N} s_i(t)\otimes h_i(t) + n_p(t) \\ v_x &= \sum_{i=1}^{N} s_i(t)\otimes [h_i(t)\cos\theta_i] + n_{v_x}(t) \\ v_y &= \sum_{i=1}^{N} s_i(t)\otimes [h_i(t)\sin\theta_i] + n_{v_y}(t) \end{aligned} \tag{7}$$

式中，N 为用户数，符号“$\otimes$”表示卷积。

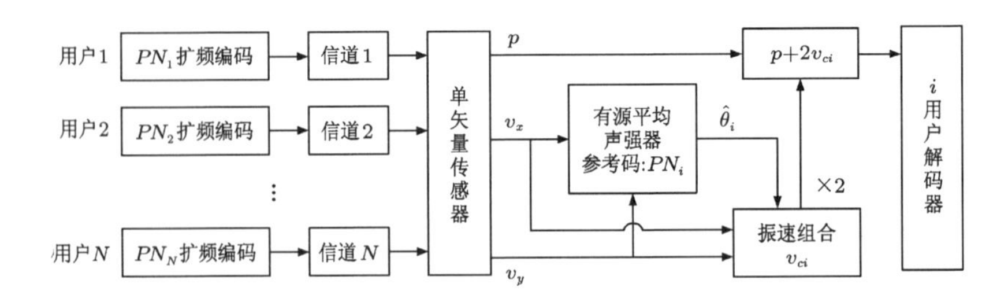

图3　多用户通信系统

矢量传感器接收到的 p、v_x、v_y 通过有源平均声强器，各用户本地参考码为其分配的伪随机码，即每路信号分别与 PN_i 作拷贝相关，可以得到

$$
\begin{aligned}
C_{v_{x_i}}(\tau) &= \overline{PN_i(t)v_x(t-\tau)} \\
C_{v_{y_i}}(\tau) &= \overline{PN_i(t)v_y(t-\tau)}
\end{aligned}
\tag{8}
$$

对于 i 用户，通过有源平均声强器得到了 i 用户信源的方位估计 $\hat{\theta}_i$，它是由振速 v_x、v_y 以 PN_i 为参考码的拷贝相关峰值的比值测得的。

利用方位估计 $\hat{\theta}_i$ 构建组合振速 v_{ci}，形式如下：

$$
v_{ci}(t) = v_x(t)\cos\hat{\theta}_i + v_y(t)\sin\hat{\theta}_i \tag{9}
$$

利用声压、振速的适当组合可以形成不同的波束指向，本文选取 $p+2v_c$ 的线性组合方式调整传感器的指向性，获得更高的处理增益以提高通信质量。

4　仿真研究及湖试

4.1　仿真研究

仿真条件：目标数 $N=6$，采样频率 $f_s=48$ kHz，中心频率 $f_c=6$ kHz，六个目标方位分别为45°、50°、90°、120°、180°、330°，PN 码码片长度 0.5 ms，产生 Gold 序列的移位寄存器的阶数为 10 阶，信噪比变化范围是从 −4～10 dB，统计次数为 200 次。

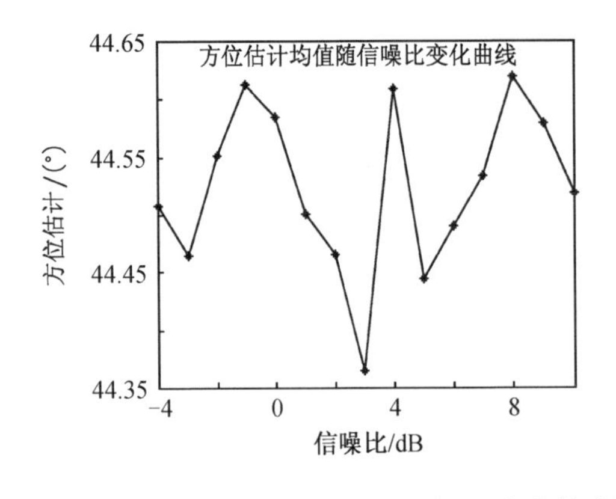

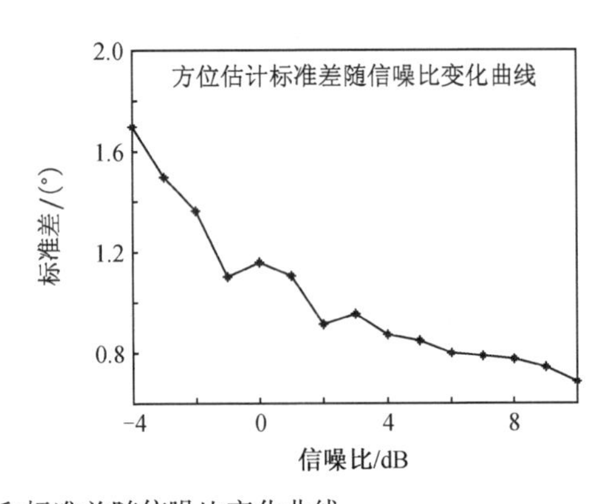

(a) 目标方位 45°方位估计均值和标准差随信噪比变化曲线

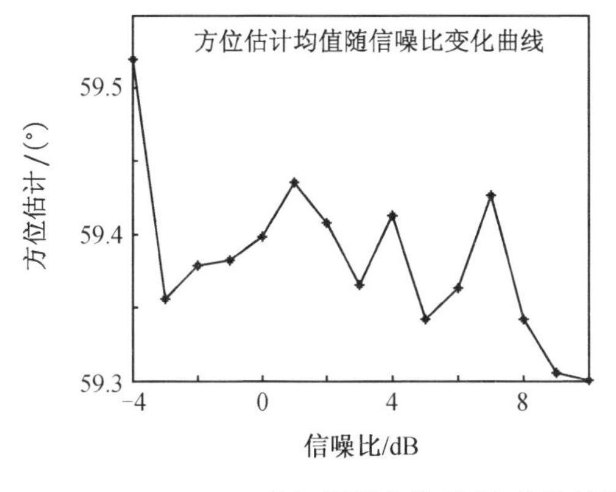

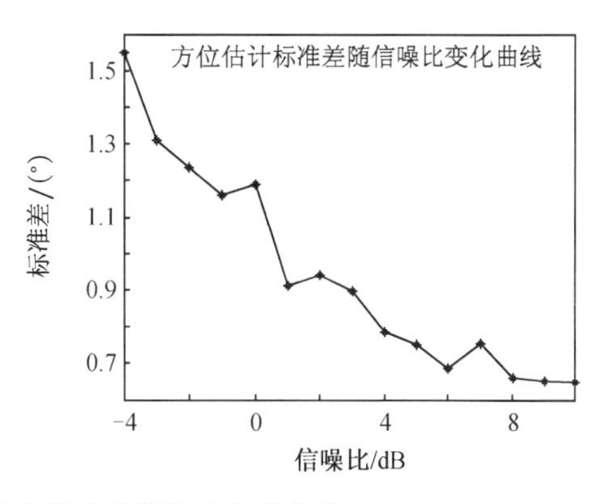

（b）目标方位 50°方位估计均值和标准差随信噪比变化曲线

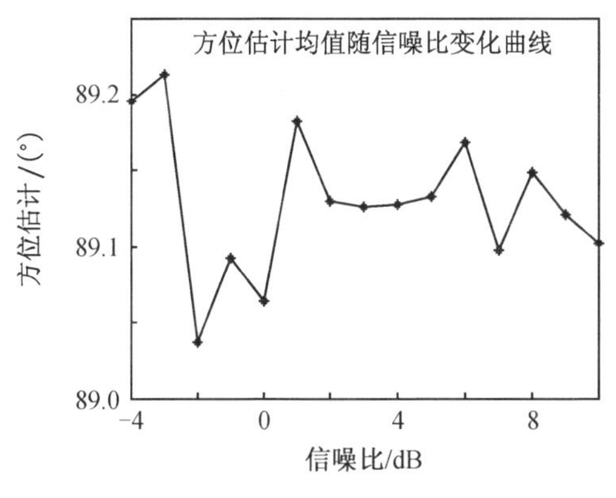

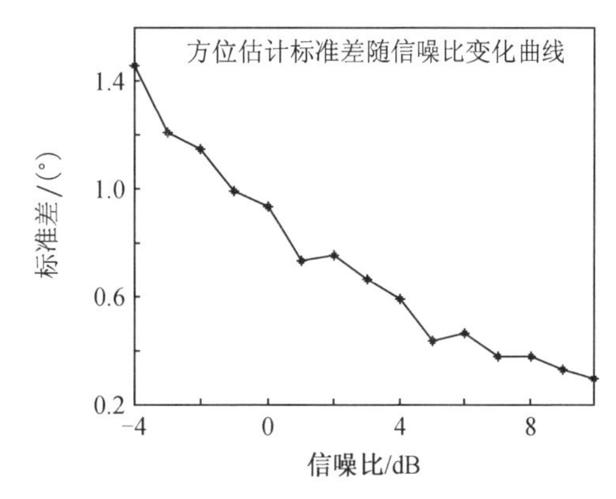

（c）目标方位 90°方位估计均值和标准差随信噪比变化曲线

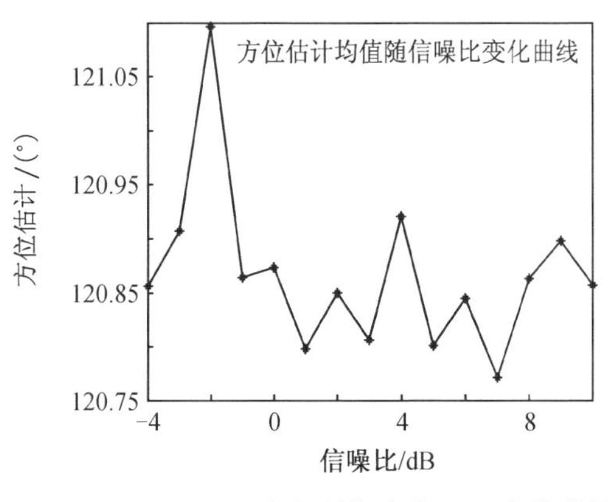

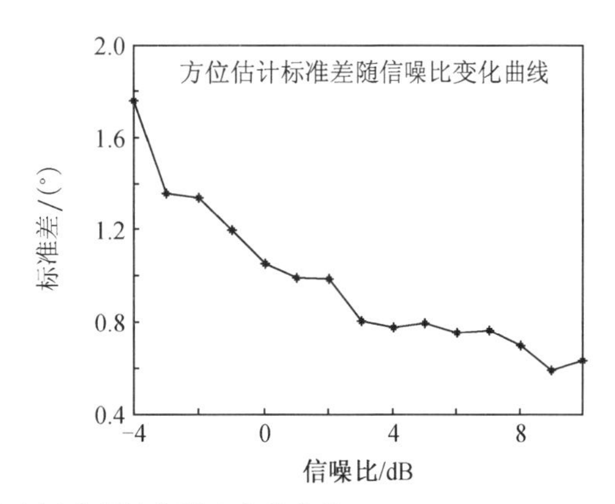

（d）目标方位 120°方位估计均值和标准差随信噪比变化曲线

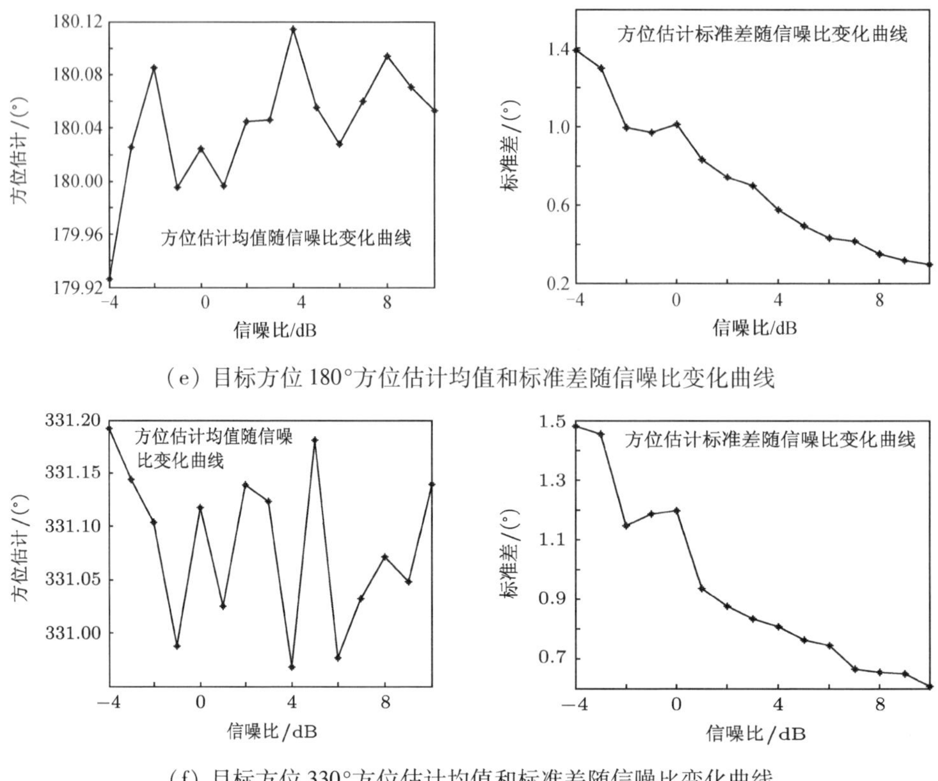

（e）目标方位 180°方位估计均值和标准差随信噪比变化曲线

（f）目标方位 330°方位估计均值和标准差随信噪比变化曲线

图 4　6 个目标方位估计均值和标准差随信噪比变化曲线

从图 4 中可以看到，目标方位估计的标准差随着信噪比的增加而逐渐减小，并且在该仿真条件下，均有较高的方位估计精度，各用户方位方差均小于 2°，验证了本文所提出的有源平均声强器算法在多用户通信中可同时分辨各用户方位的有效性和可行性，即有源平均声强器克服了传统平均声强器只能测量频带重叠的多目标的合成声强流方向的局限。

4.2　湖试验证

试验于 2010 年 9 月在黑龙江省莲花湖进行，试验水域水深约 50 m，水域纵向长开阔，横向相对狭窄，试验当天阴天，3 ~ 4 级西南风，浪高约 0. 3 m，试验水域声速分布图如图 5 所示，声速呈负梯度声速分布，负声速梯度的量级较大。

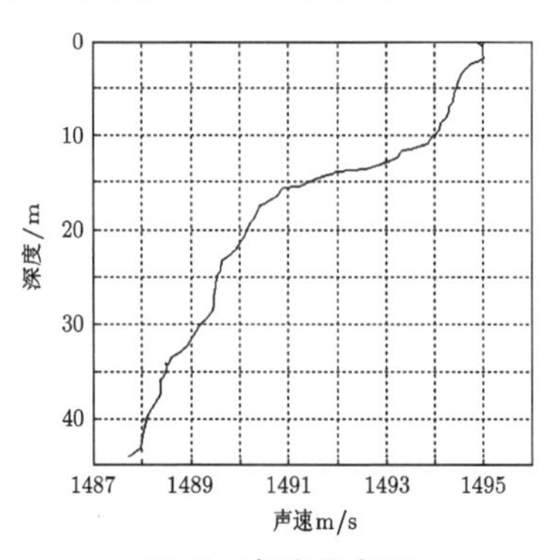

图 5　声速分布图

由于试验条件限制,无法实现多个目标同时发送数据,试验中接收船在湖中心锚定不动,单矢量传感器吊放固定深度为 4 m,更换发射船方位以获取不同方位信源信息。发射船在三个不同点位模拟 3 个不同用户发送数据,将接收到的数据叠加以验证三用户通信,发射换能器声源级 160 dB,通信带宽为 5 ~7 kHz。同步码为 10 阶 Gold 码,长度为 0.5 s,同步码与信息码间隔为 1 s,信息码为 7 阶 Gold 码。

用户 1 距离接收船 400 m,发射换能器吊放深度为 12 m;用户 2 距离接收船 2 000 m,发射换能器吊放深度为 4 m;用户 3 距离接收船 1 000 m,发射换能器吊放深度为 12 m。

对于每次采集的单个用户数据均基于平均声强器进行方位估计,由于平均声强器法方位估计技术已经很成熟,可将其所估计出的结果作为各用户方位真值。将 3 个用户数据叠加后,此时若采用平均声强器法将仅能测出 1 个合成方位;而将叠加数据输入有源平均声强器,则可估测出多用户通信时各用户方位,将其与传统平均声强器分别估计得到的方位值进行比对,以验证该方法的有效性。各用户方位估计值如表 1 所示。

表 1　三用户方位估计

	单用户平均声强器方位估计	单用户复声强器方位估计	单用户有源平均声强器方位估计	叠加多用户有源声强器方位估计
用户 1	194.978 9	194.978 9	197.765 8	204.518 6
用户 2	242.606 4	242.606 4	236.892 6	232.858 8
用户 3	285.459 0	285.459 0	290.900 3	292.719 0

由表 1 可以看到,有源平均声强器方位估计值与传统平均声强器方位估计值基本吻合,利用估计出来的角度合成组合振速 v_c,并利用 $p+2v_c$ 组合提高信噪比来进行解码,该组合可以获得比以单通道解码更高的信噪比来提高解码准确度,降低误码率。三用户叠加后解码如表 2 所示,其中 BER_1 为直接以声压 p 进行解码得到的各用户误码率;BER_2 为以 $p+2v_c$ 进行解码得到的各用户误码率。

表 2　三个用户通信误码率

	BER_1	BER_2
用户 1	5.666 7%	0%
用户 2	2.400 0%	0%
用户 3	2.000 0%	0.333 3%

从表 2 可以看出以矢量组合进行解码的效果要好于直接以声压进行解码,从而验证了本文所提出的算法的优越性。

5　结论

有源平均声强器是将接收到的信号与本地参考信号进行拷贝相关处理来进行方位估计

的，只要各用户的码型可分辨即互相关性弱，理论上是都能分辨出各用户方位的，即只要能分辨信号波形就可以测得同频带的多个弱互相关的波达方位。这正是有源平均声强器的优势所在。通过仿真和湖试结果成功地验证了使用有源平均声强器对相同频谱的扩频信号进行了方位估计，同时有源平均声强器法也很好地解决了方位估计模糊的问题。本文采用的有源平均声强器法可以对多个目标的方位进行估计，进而通过组合振速对矢量传感器的指向性进行调整，增加处理增益，提高解码精度，有效地降低了误码率。

对如何降低相关峰旁瓣以及如何使相关峰主峰更加明显来提高测量结果的准确性和稳定性的研究将是今后的重点研究方向之一。

参考文献

[1] Sozer E M, Stojanovic M, Proakis J G 2000 IEEE J. Oceanic Eng. 25 72.

[2] Yin J W, Wang Y L, Wang L, Hui J Y 2009 Chinese Science Bulletin. 54 1302.

[3] Yin J W 2011 The theory and signal processing technology of underwater acoustic communication (Beijing: National Defence Industry Press) p9 (in Chinese) [殷敬伟 2011 水声通信原理及信号处理技术(北京:国防工业出版社) 第 9 页].

[4] Charalampos C T, Oliver R H, Alan E A, Bayan S S 2001 IEEE J. Oceanic Eng. 26 594.

[5] Yang T C, Yang W B 2008 J. Acoust. Soc. Am. 123 842.

[6] Yin J W, Hui J Y, Wang Y L, Hui J 2007 Acta Phys. Sin. 56 5915 (in Chinese) [殷敬伟,惠俊英,王逸林,惠娟 2007 物理学报 56 5915].

[7] He C B, Huang J G, Han J, Zhang Q F 2009 Acta Phys. Sin 58 8379 (in Chinese) [何成兵,黄建国,韩晶,张群飞 2009 物理学报 58 8379].

[8] Hui J Y, Hui J 2009 Acoustic signal processing based on vector (Beijing: National Defence Industry Press) p29 (in Chinese) 惠俊英,惠娟 2009 矢量声信号处理基础(北京:国防工业出版社) 第 29 页.

[9] Sang E F, Qiao G 2006 ACTA ACUSTICA 31 61 (in Chinese) [桑恩方,乔钢 2006 声学学报 31 61].

[10] Hui J Y, Wang D Y, Zhang G P, Yin J W, Wang X L 2010 ACTA ARMAMENTAR 31 703 (in Chinese) [惠俊英,王大宇,张光普,殷敬伟,王晓琳 2010 兵工学报 31 703].

[11] Hui J Y, Li C X, Liang G L, Liu H 2000 ACTA ACUSTICA 2000 9 389 (in Chinese) [惠俊英,李春旭,梁国龙,刘宏 2000 声学学报 9 389].

[12] Yang S E 2003 Journal of Harbin Engineering University 24 591 (in Chinese) [杨士莪 2003 哈尔滨工程大学学报 24 591].

基于差分 Pattern 时延差编码和海豚 Whistles 信号的仿生水声通信技术研究

韩　笑　殷敬伟　郭龙祥　张　晓

摘要　为解决传统的隐蔽水声通信方法带来的通信性能降低问题,提出了一种将差分 Pattern 时延差编码通信体制与海豚 Whistles 信号相结合的仿生水声通信技术。海豚 Whistles 信号频带较窄且各信息码元间隔不等、码元之间互相关性较弱,选取 Whistles 信号作同步码和 Pattern 码,并以相邻 Whistles 信号之间的时延差值携带信息。这种仿生的水声通信信号不易被敌方探测、截获,且差分 Pattern 时延差特殊的编码方式也不易使信息被破译,因此该水声通信技术具有较强的隐蔽性和保密性,且在抗码间干扰以及抗多普勒效应方面具有优异性能。本文对系统进行了水池实验,在信噪比为 0 dB、存在相对运动时实现了通信速率为 67 bit/s 的低误码数据传输,验证了系统的有效性、稳健性和隐蔽性。

关键词　仿生水声通信;差分 Pattern 时延差编码;海豚 Whistles 信号;隐蔽性

1　引言

随着现代探测技术的不断发展,对水声通信的隐蔽性也提出了更高的要求[1]。传统的隐蔽水声通信大多采用降低系统信噪比的方法实现[2~5],但是较低的信噪比必然导致通信性能的下降。仿生是一种隐蔽水声通信可以采取的方法,与单纯的降低信噪比不同,仿生是用水声环境中自然存在的信号做调制波形,这种信号可以选用海豚、鲸鱼等海洋哺乳动物发出的声音。海豚利用声信号来探测周围的环境和信息交流,根据信号的不同形式,一般把海豚声信号分成三大类[6~8]:回声定位信号(clicks)、通信信号(whistles)和应急突发信号(burst pulses)。近年来,国内外对海豚声呐的研究主要集中在回声定位信号和通信信号上,对于后者的研究主要分为两种[9,10]:一是通信信号的分类;二是通信信号传递信息的分析,而将其应用于水声通信编码方面的研究甚少。近年来 Janik VM 和 Sayigh LS[11]研究发现海豚 Whistles 信号中存在一类特殊的信号——签名哨叫声(signature whistles),用以区别不同的海豚个体。因此,在通信海域出现的其他海豚 Whistles 信号也可以基于签名哨叫声加以区分,消减同类信号干扰。

Pattern 时延差编码(pattern time delay shift coding,简记为 PDS)通信体制[12,13]是由哈尔滨工程大学在 20 世纪 90 年代提出的,差分 Pattern 时延差编码[14,15](differential pattern time delay shift coding,简记为 DPDS)是对 PDS 体制的改进,它将信息编码技术和信道编码技术融于信号码元的设计中,采用码元分割,以相邻码元的时间差值携带信息,具有较好的抗码间干扰和抗多普勒的能力,同时,其特殊的编码方式也不易使信息被破译。

本文基于 DPDS 系统提出了一种仿生水声通信技术,选取了海豚 Whistles 信号作同步码和 Pattern 码,并以相邻 Whistles 信号之间的时延差值携带信息,该种仿生水声通信系统具有较强的通信隐蔽性。通过计算机仿真研究和水池实验,验证了系统的有效性和稳健性。

2 DPDS 通信体制

2.1 DPDS 编解码原理

DPDS 水声通信体制将数字信息调制于 Pattern 码出现在码元的时延差信息中,属于脉位编码,其编码示意图如图 1 所示。图 1 中:T_p 为 Pattern 码脉宽;T_{i_end} 为第 i 个码元结束时刻;d_i 为第 i 个码元所调制的时延值,$d_i \in [0, T_c]$,其中 T_c 为最大编码时间。

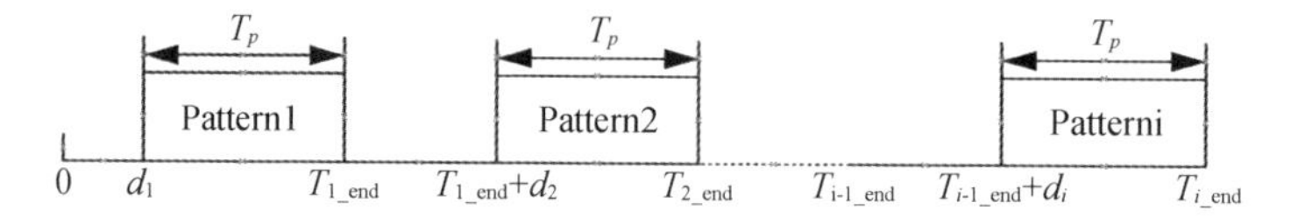

图 1　差分 Pattern 时延差编码示意图

以 Δd 表示最小量化时间,假设每个码元携带 $n$bit 信息,则最小量化时间 $\Delta d = T_c/(2^n - 1)$,第 i 个码元的时延值 $d_i = k_i \times \Delta d(k_i = 0, 1, \cdots, 2^n - 1)$。DPDS 波形可以用以下的表达式表示:

$$s(t) = \sum_{i=0}^{\infty} \sum_{j=1}^{L} p_j \left[t - \sum_{n=1}^{L \cdot i + j} k_n \cdot \Delta d - (L \cdot i + j - 1) \cdot T_p \right] \tag{1}$$

式中,L 为 Pattern 码的个数;$p_j(t)$ 为第 j 个 Pattern 码波形;$\sum_{n=1}^{L \cdot i + j} k_n \cdot \Delta d$ 为$(L \cdot i + j)$ 个码元的时延差值;$(L \cdot i + j - 1) \cdot T_p$ 为$(L \cdot i + j - 1)$个 Pattern 码时间宽度。

解码时利用原始 Pattern 码与经过信道的 Pattern 码做滑动相关运算,找出相关峰的位置,第 i 个码元 Pattern 码相关峰位置 T_{i_end} 与第 $i-1$ 个码元 Pattern 码相关峰位置 T_{i-1_end} 的差值,再减去 T_p 即求得第 i 个码元携带的时延值 d_i。

2.2 系统抗码间干扰性能

声信号沿不同途径的声线到达接收点,总的接收信号是通过接收点的所有各声线所传送的信号的干涉叠加。若多途扩展与直达声的时延差大于码元宽度,则它与相邻码元波形相叠加并产生干涉,形成码间干扰,码间干扰对码元区分带来困难。

DPDS 通信体制可以通过码元分割来克服码间干扰,本通信系统利用一组近似正交的 Pattern 码作为系统的码元来进行码元分割。若 Pattern 码共有 L 个,则相邻的同一 Pattern 码出现的时间间隔:

$$T \in [L \times T_p, L \times (T_p + T_c)] \tag{2}$$

即抗多途时延扩展的能力最大为 $L \times (T_p + T_c)$,最小为 $L \times T_p$,所以 Pattern 码的个数越多,其抗码间干扰的能力就越强。

2.3 系统抗多普勒性能

对于常规 PDS 系统,Pattern 码相关峰位置总是以整个编码信号起始时刻做参考,第 i 个 Pattern 码相关峰出现的时刻:

$$T_i = (i-1)T_0 + d_i + T_p \tag{3}$$

式中,$T_0 = T_p + T_c$ 为码元宽度,对于传统 PDS 系统,T_0 是固定值。

当存在多普勒效应时,信号会在时域上压缩或者展宽,由于每个 Pattern 码相关峰的位置都是以编码信号起始时刻做参考的,若每个码元 T_0 脉宽由于多普勒产生的时间偏移量为 Δd,则第 i 个码元的时延偏差量为 $\sum_{n=1}^{i}\Delta d_n$,这种偏差量会随着码元的增多而累加,当偏差量大于最小量化时间 Δd 时就会产生误码。

而对于 DPDS 系统,Pattern 码相关峰位置总是以其前一 Pattern 码相关峰做参考的,所以第 i 个码元的时延偏差量只与第 i 个码元由于多普勒产生的时间偏移量 Δd_i 有关,只要 Δd_i 小于最小量化时间 Δd 就保证系统正确无误的解码,可见 DPDS 系统不存在时延偏差的累积,其抗多普勒的性能要远远优于 PDS 系统。

3 海豚 Whistles 信号及应用

从上面分析可以看出,DPDS 通信体制利用多种 Pattern 码型来进行码元的分割。码型的选择至关重要,直接关系到 DPDS 体制抗码间干扰的能力,即要求所选择的 Pattern 码型自相关峰尖锐,又要保证相邻的 Pattern 码彼此间的互相关性弱,这样才可以保证足够好的抑制码间干扰效果。

3.1 海豚 Whistles 信号特征分析

海洋哺乳动物发出的信号为非平稳信号。传统的信号分析手段,如傅里叶变换反映不出信号频率随时间变化的行为,只适合分析平稳信号,而对频率随时间变化的非平稳信号只能给出一个总的平均效果。时频分析的方法可用于分析非平稳信号[16],可以描述信号的频率随时间变化的特点。

海豚 Whistles 信号主要用于个体或群体之间互相联络[7],情感表达。Whistles 信号为调频信号,频带较窄,持续时间从几百毫秒到几秒长短不一。图 2 为采集到的一段海豚 Whistles 信号,该段信号来自 Macaulay Library 网站。图 3 是对采集到的信号进行短时傅里叶变换的结果。由图 3 可知该段海豚 Whistles 信号能量主要集中在 2 ~ 8 kHz 范围内,属于低频信号,适宜在水中进行远距离传输。

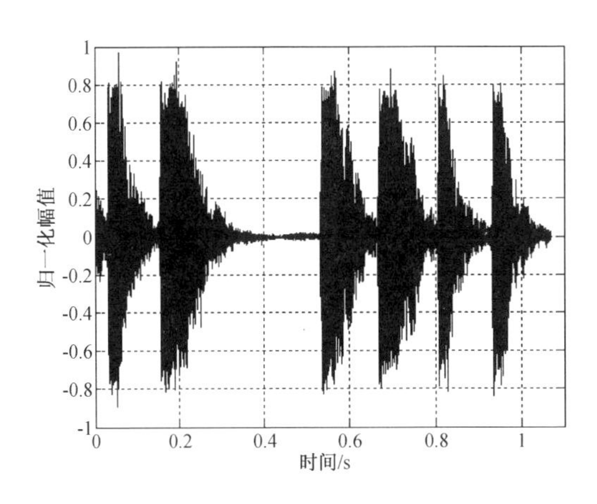

图 2 海豚 Whistles 信号的时域波形

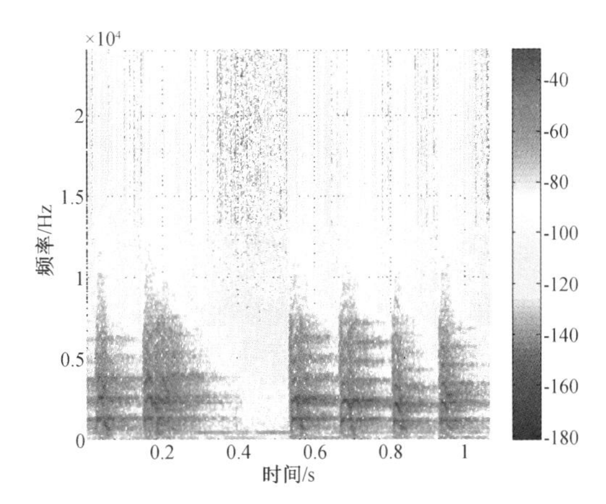

图 3 海豚 Whistles 信号的时频分析图

图 2 中的海豚 Whistles 信号共包含 6 串不同的信息码元,从每串信息码元中截取一段长度为 40 ms 的有效信号,分别记为 W_1、W_2、W_3、W_4、W_5、W_6。表 1 详细列出了归一化后的各串信号互相关及自相关系数。

表 1　海豚 Whistles 各串信号相关系数

信号	W_1	W_2	W_3	W_4	W_5	W_6
W_1	1.00	0.19	0.26	0.12	0.20	0.24
W_2	0.19	1.00	0.30	0.19	0.16	0.29
W_3	0.26	0.30	1.00	0.27	0.19	0.23
W_4	0.12	0.19	0.27	1.00	0.32	0.28
W_5	0.20	0.16	0.19	0.32	1.00	0.37
W_6	0.24	0.29	0.23	0.28	0.37	1.00

3.2　海豚 Whistles 信号在水声通信中的应用

海豚 Whistles 信号能量集中在声频范围,属于低频信号,各信息码元串之间互相关较弱。从图 2 可以看出海豚 Whistles 信号相邻信息码元串之间有一定的时间间隔,且时间间隔不固定,而 DPDS 系统也正是利用相邻码元之间的时延差值来携带信息,因此 DPDS 系统中应用海豚 Whistles 信号能够使通信信号更近似于海洋中的海豚所发信号,具有较强的隐蔽性。

从海豚 Whistles 信号中选取 Pattern 码应遵循以下两个原则:一是选取 Whistles 信号个数尽可能多;二是 Whistles 信号之间的互相关性弱。综合以上原则并根据表 1 统计结果,本文选取一组互相关系数小(归一化互相关系数小于 0.30)的 W_1、W_2、W_3、W_5 作为水下数据传输系统的 4 种 Pattern 码波形,这样相邻的同一 Pattern 码出现的时间间隔 $T \in [4 \times T_p, 4 \times (T_p + T_c)]$,即最大抗多途扩展的能力为 $4 \times (T_p + T_c)$。

4　水池验证

为了验证系统的有效性和稳健性,于哈尔滨工程大学信道水池进行了水声通信实验。该信道水池长 40 m、宽 6 m、高 6 m、水深约 5 m,收发节点分别位于两台行车上,发射换能器频带 2 ~ 8 kHz,接收水听器和功放采用 BK 公司的 BK8105 和 BK2713,信号放大滤波采用嘉兆科技的 PF - 1U - 8FA,发射换能器和接收水听器均垂直吊放,发射和采集设备采用两台电脑声卡。

通信系统信号参数如下:采样频率 48 kHz;Pattern 码采用 4 段带宽 2 ~ 8 kHz 海豚 Whistles 信号 W_1、W_2、W_3 和 W_5,脉宽 T_p = 40 ms;同步信号采用 W_6;每个码元携带 4 bit 信息,最小量化时间为 2.5 ms;最大编码时间 T_c = 40 ms;保护间隔:T_z = 50 ms;传输数据 2×10^4 bit,分帧传输;通信速率为 67 bit/s。

信源、信宿相距 8 m,发射换能器吊放 1 m,接收水听器吊放 2 m 时,图 4 显示了同步检测输出结果,图 5 显示了 Pattern 码拷贝相关输出结果。

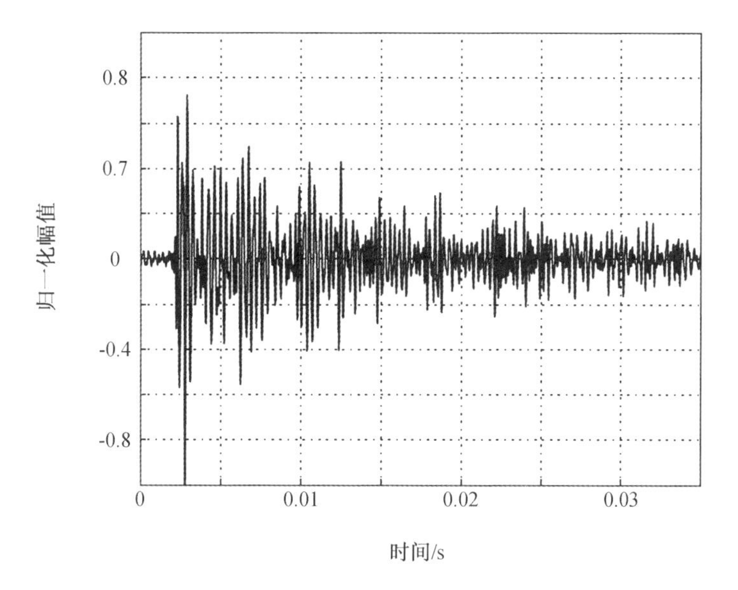

图 4　同步码相关检测结果

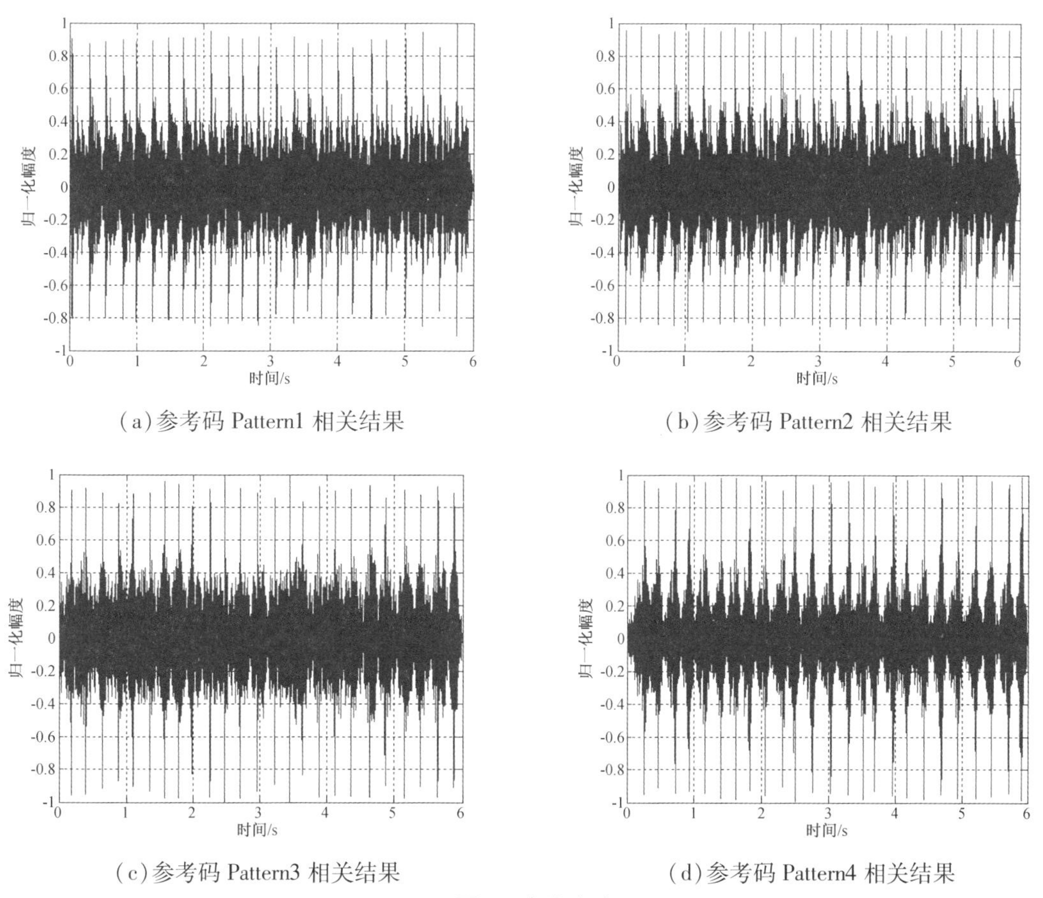

图 5　水池实验

从图 4 可以看到,水池实验时信号所经过的信道较为复杂,最大多途扩展延时达 20 ms。

但由于海豚 Whistles 信号具有优良的自相关特性以及较弱的互相关性，且选用了 4 种 Whistles 信号作为 Pattern 码波形，因此系统具有较强的抗码间干扰的能力，对多途效应不敏感。从图 5 也可以看出，尽管实验信道多途复杂，但接收信号与本地 Pattern 码的解码相关峰仍比较明显，验证了系统的有效性和稳健性，也体现了拷贝相关解码可获得相关增益，有助于实现低发射功率下的保密通信。

在该通信距离下调整功率放大器输出功率，验证系统在不同信噪比条件下的性能，图 6 给出了接收端估计信噪比与数据误比特率关系曲线，从图 6 可以看出 DPDS 仿生水声通信系统具有较强的抗噪声干扰能力。

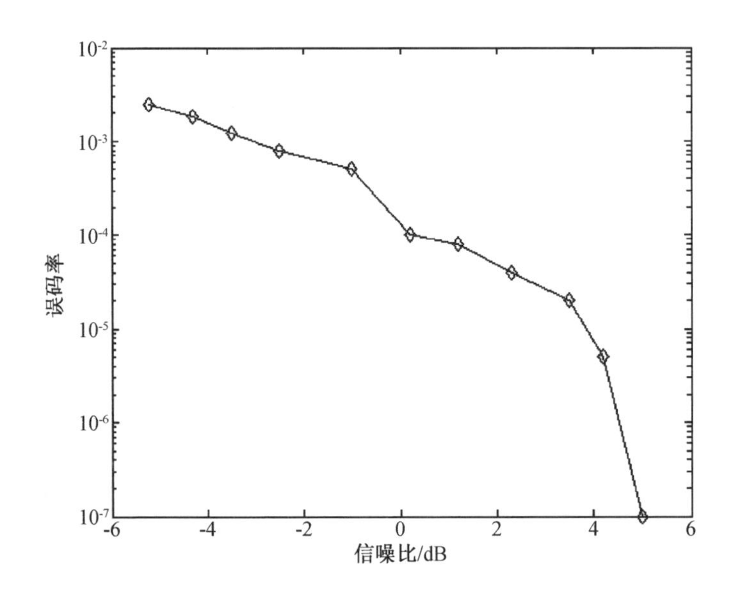

图 6　不同发射功率下系统解码性能

由于实验水池长度有限，且行车移动速度无法改变。为了验证系统存在多普勒效应情况下的性能，本文基于水池数据通过变采样率的方法人为增加多普勒效应，规定水听器靠近发射换能器速度为正，远离发射换能器速度为负。表 2 给出了数据处理结果。从表 2 可以看出，当信源、信宿存在多普勒时，DPDS 仿生通信系统仍具有较好的稳健性。

表 2　存在多普勒效应系统解码效果

径向相对速度/m · s^{-1}	多普勒系数	误比特率/%
-3	-0.002	0.12
-2	-0.001 3	0.08
-1	-0.000 67	0
0	0	0
1	0.000 67	0
2	0.001 3	0.13
3	0.002	0.24

为了进一步验证系统的稳健性,实验时多次改变信源、信宿的距离以及发射换能器和接收水听器的吊放深度,以验证系统在不同声信道条件下的性能。表3给出了实验数据的处理结果,从实验结果可以看出,DPDS仿生水声通信系统不同声信道情况下均表现出优异的解码性能,具有很好的稳健性。文献[13]深入研究了以正、负调频斜率的LFM信号为Pattern码的差分Pattern时延差编码系统,与本文仿生通信技术相比,在抗码间干扰和抗多普勒方面性能相近,虽然通信速率高出近一倍,但隐蔽性相差甚远,不适合对隐蔽性要求较高的水下通信平台。

表3　实验数据处理结果统计

换能器吊放深度/m	水听器吊放深度/m	信源信宿距离/m	信噪比/dB	误比特率/%
1	2	8	5.0	0
1	3	8	5.0	0
2	2	8	3.0	0
2	3	8	3.0	0
1	2	13	1.9	0.025
1	3	13	1.9	0.05
2	2	13	0	0.15
2	3	13	0	0.10

5　结论

DPDS水声通信体制利用相邻码元之间的时延差值携带信息,码元宽度不固定,具有较强的抗码间干扰和抗多普勒的能力。海豚Whistles信号频带较窄且不同的信息码元串之间互相关性弱,自相关性强。本文将DPDS水声通信体制与海豚Whistles信号结合,提出了一种采用海豚Whistles信号作Pattern码的DPDS仿生通信系统。与单纯的通过降低信噪比来取得较好的通信隐蔽性不同,该系统采用不同海豚Whistles信号之间时延差值来携带信息,由于海豚Whistles信号是海洋环境中真实存在的,不容易引起敌方的注意,同时DPDS特殊的编解码方式也可在低功率下实现隐蔽通信,即使信号被截获也难以破译,因此该系统具有较强的隐蔽性能。本文对系统进行了水池实验,验证了系统的有效性和稳健性,具有较好的工程应用前景。基于仿生信号与M元扩频相结合等新型仿生通信体制、基于签名哨叫声(Signature whistles)特性的多用户仿生通信技术等方面的研究是今后重点研究方向。

参考文献

[1] Meng D, Wang H B, Wu L X, Wang J 2008 Technical Acoustics 27 464(in Chinese)[孟荻,王海斌,吴立新,汪俊 2008 声学技术 27 464].

[2] G. Leus, P. A. van Walree 2008 IEEE J. Sel. Area Commun 26 1662.

[3] T. C. Yang, W. B. Yang 2008 J. Acoust. Soc. Am 124 3632.

[4] Liu S Z, Qiao G, Asim Ismail 2013 J. Acoust. Soc. Am 133 EL300.

[5] Zhang T W, Yang K D, Ma Y L Chin. Phys. B 19 124301-1.

[6] Baumgarter M F, Mussoline S E 2011 J. Acoust. Soc. Am. 129 2889.

[7] Hawkins E R 2010 J. Acoust. Soc. Am. 128 924.

[8] Furusawa Masahiko, Akamatsu Tomonari, Nishimori Yasushi 2009 J. Acoust. Soc. Am. 124 3440.

[9] P. Q. Sims, R. Vaughn, S. K. Hung, and B. Wuersig 2012 J. Acoust. Soc. Am. 131 EL48.

[10] Finneran, James J 2013 J. Acoust. Soc. Am. 133 1796.

[11] Janik VM, Sayigh LS 2013 J Comp Physiol A. 199 479.

[12] Yin J W, Hui J Y, Wang Y L, Hui J 2007 Acta Phys. Sin. 56 5915(in Chinese) [殷敬伟,惠俊英,王逸林,惠娟 2007 物理学报 56 5915].

[13] Yin J W, Hui J Y, Guo L X 2008 Acta Phys. Sin. 57 1753(in Chinese) [殷敬伟,惠俊英,郭龙祥 2008 物理学报 57 1753].

[14] Yin J W, Zhang X, Sheng X L, Sun C 2012 Journal on Communications 33 112 (in Chinese) [殷敬伟,张晓,生雪莉,孙超 2012 通信学报 33 112].

[15] Yin J W, Hui J Y, Wang Y L, Yao Z X 2006 Journal of Marine Science and Application 5 51.

[16] Guo L X, Mei J D, Zhang L 2011 Technical Acoustics 30 64(in Chinese) [郭龙祥, 梅继丹,张亮 2011 声学技术 30 64].

多基地空时码探测信号设计及时反相关检测技术

生雪莉　芦　嘉　凌　青　徐　江　董伟佳

摘要　为实现浅海复杂环境下的多基地声呐多源目标回波分辨,本文设计了一种适用于多入多出垂直阵信道环境下的空时码探测信号,并针对倾斜垂直阵的多途子信道差异问题,提出了信号的时反相关检测技术。空时码探测信号采用伪随机信号调制,具有良好的正交性,能在抗子信道严重衰落的同时,分辨多源目标回波。垂直阵受水流冲击,呈倾斜状态时,其多途子信道不一致性会导致各子信道传递信号无法在接收端聚焦,使阵列增益受损,同时导致时延测量能力下降和信号判决错误率上升,为此本文设计了信道训练信号用以估计多途子信道环境,通过虚拟时间反转镜获得子信道不一致条件下的最佳匹配检测信号,实现对接收信号的时反相关检测。仿真结果表明,本文所设计的探测信号和检测方法,能够克服复杂的信道条件和多途子信道不一致性引起的检测问题,满足多基地声呐探测需求,实现多源目标回波分辨。

关键词　空时码探测信号;时反相关检测; 多途子信道差异; 多源目标回波分辨

1　引言

多基地声呐[1]联合工作时,来自不同发射基地、经历不同信道的直达波、目标回波以及混响会在接收端相互串扰。目前对多基地声呐的直达波抑制[2-5]和混响研究[6,7]已有较多的成果。而受限于目标出现位置的随机性,声呐可用频带窄以及多源目标回波(来自多个发射基地的目标回波)反射源相同等因素,在时域、频域、空域上均无法实现多源目标回波分辨,对此,目前少有研究成果发表。同时,我国近海多为浅海,多途信道传播环境较深海更为复杂和恶劣,多基地声呐目标回波容易遇到严重的信道衰落。浅海声场垂直相关半径远小于水平相关半径[8],本文将空时码应用在多输入多输出的垂直阵系统中,能够抗子信道衰落,获得空间分集增益。通过采用扩频信号调制空时码则可以获得信号间的正交性,实现多源目标回波分辨。

然而垂直阵(包括发射端与接收端)在阵列倾斜、失配时会极大削弱信号处理性能[9],此时,多途子信道差异会导致各子信道中最大途径(后文称为主途径)信号到达时延不同,无法形成聚焦,损失了阵列处理增益,同时由于时间扩展降低了时延分辨精度。时间反转镜的时间压缩和空间聚焦特性[10-12]有助于解决多途子信道差异带来的检测问题。对此,本文提出了时反相关检测技术,能够自适应获得任意失配阵型下的最佳匹配检测信号,实现对多源目标回波的有效检测。

2　多基地声呐空时码探测信号设计

2.1　空时码探测信号设计

多基地声呐系统是基于合作方式对目标进行探测，在异步体制下，要求探测信号[13]携带发射时刻、发射地址等信息，此外，接收基地需要在多源目标回波混叠时分辨出各个目标回波来源并解读携带的信息，因此希望各发射基地具有与其他发射基地相互独立且正交的信号或信号集合。垂直阵各子信道间相关性差，可以抗子信道衰落，因此探测信号设计应考虑这一特性，充分发挥垂直阵的空间分集优势。

针对上述需求，本文选用空时码作为探测信号形式，并采用伪随机信号对其进行调制。空时码是一种多天线系统通信信号，能协调好垂直阵各个阵元，使不同阵元在不同时刻传送不同的信号，它在遭遇某一子信道严重衰落时，仍可以完成通信使命，能充分利垂直阵的空间分集优势。采用伪随机信号作为调制信号，可调制探测信号带宽，同时降低探测信号间的互相关性，使各发射基地具有独立正交的信号集合。

下面以两发一收的多基地声呐系统为例，简述多基地声呐空时码信号设计方法。假设发射基地 A 和发射基地 B 各有 $M=4$ 个阵元，接收基地有 $N=1$ 个阵元。

构造 4×4 的满秩准正交空时码[14,15]

$$\boldsymbol{X}(x_1,x_2,x_3,x_4)=\begin{bmatrix} x_1 & x_2 & x_3 & x_4 \\ -x_2^* & x_1^* & -x_4^* & x_3^* \\ x_3 & x_4 & x_1 & x_2 \\ -x_4^* & x_3^* & -x_2^* & x_1^* \end{bmatrix} \tag{1}$$

$x_j\in\varphi_j(j=1,2,3,4)$，$\varphi$ 为空时码星座集。

根据系统带宽，采用扩频技术生成16条7阶的 M 序列[16,17]，等分给4个星座集，使每个星座集拥有彼此相互独立且正交的伪随机信号组合。用星座集将空时码矩阵调制成空时码信号。

根据空时码发射－接收方程，接收信号可表示为

$$\boldsymbol{Y}=\sqrt{\frac{\rho}{M}}\boldsymbol{XH}+\boldsymbol{W} \tag{2}$$

式(2)中，ρ 为接收端信噪比；$\boldsymbol{X}=(x_{tm})_{T\times M}$，$x_{tm}(t=1,2,\cdots,T;m=1,2,\cdots,M)$，为第 m 个阵元在 t 时刻发送的伪随机信号；$\boldsymbol{H}=(h_{mn})_{M\times N}$，$h_{mn}(1\leqslant m\leqslant M,1\leqslant n\leqslant N)$，为从第 m 个发射阵元到第 n 个接收阵元的信道增益系数；$\boldsymbol{W}=w_{tn\,T\times N}$，$w_{tn}$ 表示在 t 时刻第 n 个接收阵元上的噪声信号。

忽略噪声与复杂信道环境，理想接收信号 $\boldsymbol{Y}=\boldsymbol{XH}$，$\boldsymbol{H}=[1\quad1\quad1\quad1]^{\mathrm{T}}$。

根据多基地声呐允许的不同发射基地发射信号间的最大互相关系数 r，为两个发射基地分配两组相互独立且彼此正交的空时码组

$$\boldsymbol{Y}_{\mathrm{A}}=\{\boldsymbol{Y}_{\mathrm{A}1},\cdots,\boldsymbol{Y}_{\mathrm{A}k}\};\boldsymbol{Y}_{\mathrm{B}}=\{\boldsymbol{Y}_{\mathrm{B}1},\cdots,\boldsymbol{Y}_{\mathrm{B}k}\}$$

依据上述要求有 $[\boldsymbol{Y}_{\mathrm{A}i},\boldsymbol{Y}_{\mathrm{B}j}]<r$，$1\leqslant i,j\leqslant k$，本例中 $r=0.3$，$k=6$。$\boldsymbol{Y}_{\mathrm{A}i}$、$\boldsymbol{Y}_{\mathrm{B}j}$ 分别作为两个发射基地的信号码本。

2.2 信道训练信号设计

多基地声呐接收信号是多个发射阵元发射信号在接收端的叠加,无法利用其进行子信道估计。设计信道训练信号如下。

为发射基地 A、B 分别分配相互正交的高斯白噪声信号 x_A、x_B,噪声信号 x_A,x_B 与前文所用的伪随机信号均互相正交,则发射基地 A 的信道训练信号为

$$\boldsymbol{X}_{A\_loc}=x_A\boldsymbol{E}=\begin{bmatrix}x_A & 0 & 0 & 0\\ 0 & x_A & 0 & 0\\ 0 & 0 & x_A & 0\\ 0 & 0 & 0 & x_A\end{bmatrix} \tag{3}$$

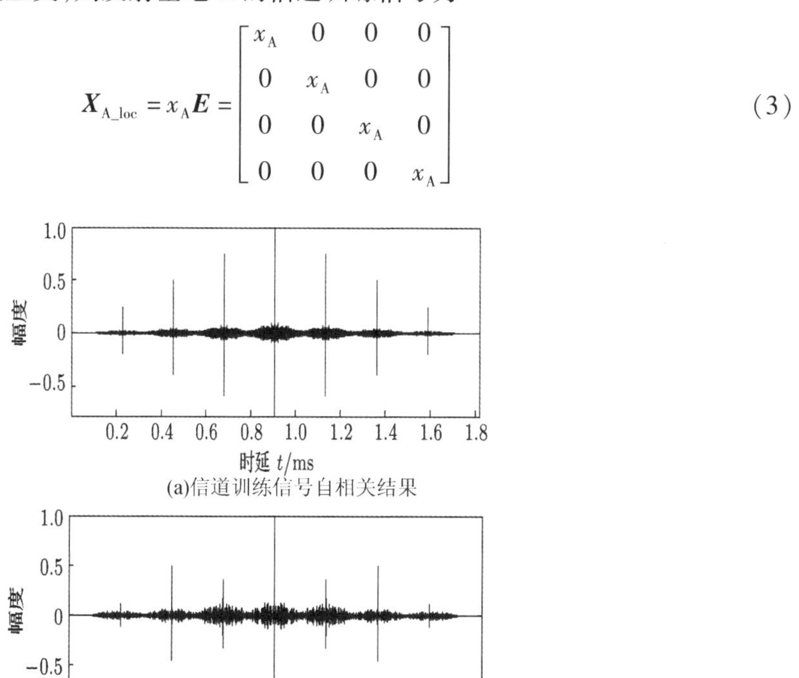

图 1 信号自相关结果

其理想接收信号 $\boldsymbol{Y}_{A\_loc}=[x_A \quad x_A \quad x_A \quad x_A]^T$。采用同样方法构造发射基地 B 的信道训练信号。本文中各发射基地的信道训练信号相互独立且正交,除用于子信道估计外,还可以用于辨别信号发射基地地址,即传递发射信号的地址信息;同时,信道训练信号还用于信号同步,即测量信号到达时延。

图 1 为 $\boldsymbol{Y}_{A-loc}$、$\boldsymbol{Y}_A$ 的时域自相关结果,由于信号自身结构,其自相关结果是多峰的,$\boldsymbol{Y}_{A\_loc}$、$\boldsymbol{Y}_A$ 的主峰 3 dB 宽度均优于 0.4 ms。

3 多基地声呐空时码时反相关检测

3.1 多途子信道差异对检测能力影响分析

垂直阵(包括发射端与接收端)布放于实际浅海环境中,受水流冲击影响,往往成倾斜状态。阵元间的垂直距离主要决定了子信道间的多途结构差异,水平距离则对信道主途径到

达时延影响较大。

采用常规拷贝相关检测空时码探测信号，实际是系统对各子信道到达的主途径（实际接收到的最大途径）信号进行检测。垂直阵倾斜时，多途子信道差异对其的影响主要表现在：(1) 接收阵元接收到不同子信道主途径信号到达时延不同，导致各子信道信号相关峰在时域上不能聚焦；(2) 不同子信道多途结构不同，各子信道信号合成的接收信号多途结构会更加复杂。

简化仿真条件：假定垂直阵倾斜时成直线状，阵元间垂直距离为 5 m，倾角为 8°，并假定垂直阵倾斜方向与信号波达方向同向，即阵元间的水平距离等于子信道间的水平距离差（类比于水平阵的端向收到信号）。发射阵有 4 个阵元，布放深度为 3 m 到 18 m，接收阵有 1 个阵元，深度 10 m。图 2 为根据射线声学理论，浅海典型正声速梯度分布下，水深 200 m，水平距离距离分别为 8 000.000 0 m、8 000.695 9 m、8 001.391 7 m、8 002.087 6 m 的四个子信道的多途冲激响应函数，信道扩展长度小于 70 ms。其中各多途途径幅度为相对幅度，参考值为 5×10^{-5}。

信道间的互相关性可以用同一信号经过两个信道后的接收信号间的互相关性来考量。表 1 为四个子信道间的互相关系数。根据表 1，任意子信道间互相关系小于 0.5，即垂直阵子信道间互不相关[8]。

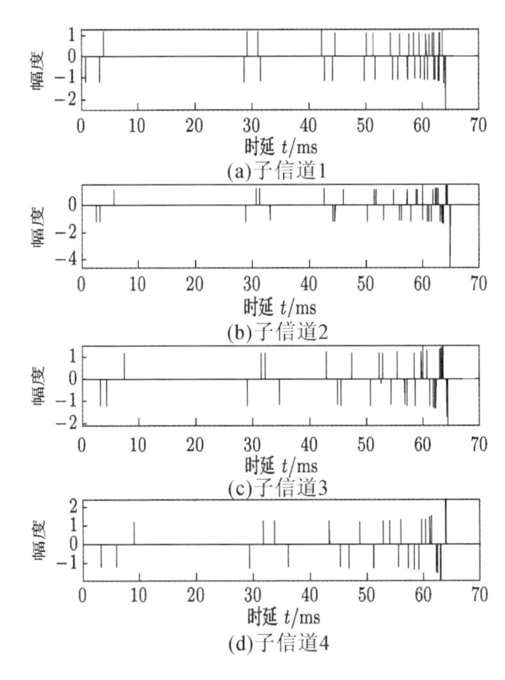

图 2　垂直阵多途子信道函数

表 1　垂直阵子信道间互相关性

子信道	1	2	3	4
1	1.000 0	0.252 9	0.344 6	−0.312 9
2	0.252 9	1.000 0	−0.243 6	−0.248 4
3	0.344 6	−0.243 6	1.000 0	−0.473 0
4	−0.312 9	−0.248 4	−0.473 0	1.000 0

令发射阵各阵元同时发射信号 x_A，图 3 中(a)到(d)分别为用 x_A 对沿子信道 1 至子信道 4 到达信号的相关检测结果(实际情况下,此时接收端不能单独获得某一子信道的接收信号)，图 3(e)为接收阵接收信号(即四个子信道接收信号的和)的检测结果。图中子信道 2 的信号遭到了严重衰落,已经无法辨别主峰。子信道 1,3,4 由于信道结构不同,相关峰位置出现不同并。图 3(e)中,四个子信道的相关峰无法实现精确聚焦,其相关峰的时延分辨精度被展宽,测量的到达时延也将是合成到达时延。在极端条件下,当倾角为 15°时,图 4 中,各子信道相关峰已经完全无法实现聚焦,图 4(e)中,出现了四个相关峰,时延估计能力进一步下降。从图 3、图 4 中可以看出,由于各子信道主途径不能实现聚焦,接收端无法充分获得聚焦增益。现有的单模发射[18,19]、时反聚焦发射[20]等垂直阵发射技术,有助于实现发射阵信号在目标位置处的聚焦,但受限技术自身应用条件或是目标出现位置的随机性,仍难以实现在多基地声呐探测中的有效应用,故本文只讨论了常规的垂直阵发射方法下的检测问题。

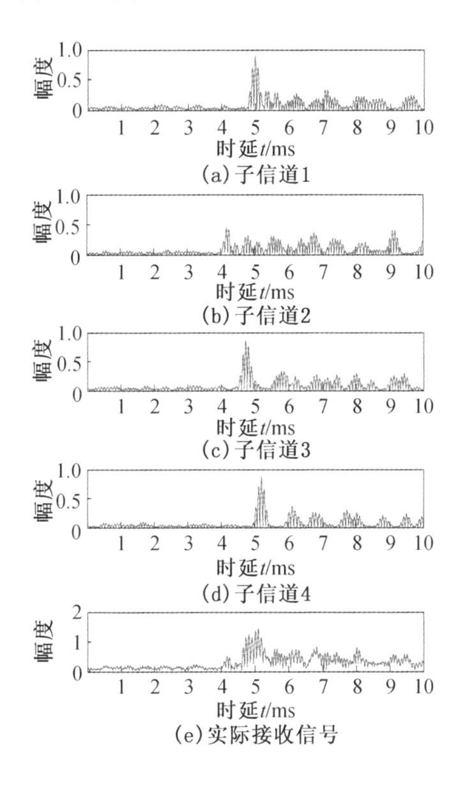

图 3　倾角 8°时,常规相关检测结果

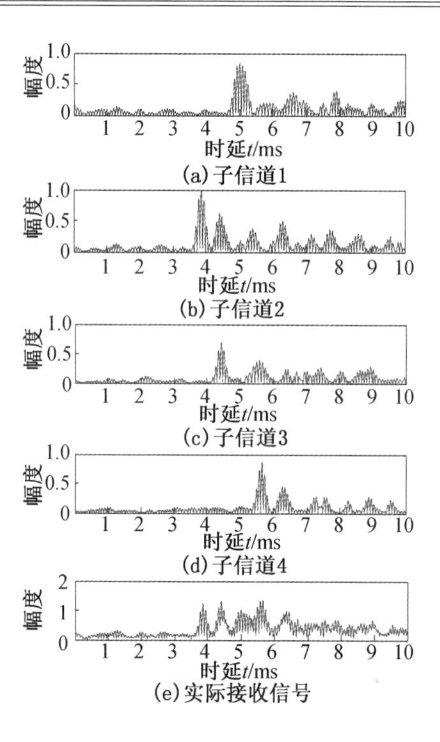

图4　倾角15°时,常规相关检测结果

本文力图通过时反相关检测技术,实现阵元级的各子信道主相关峰聚焦,这是本文着力解决的问题,而非获得某一多途子信道多个途径的时间聚焦增益,尽管时反相关检测也同时具有这样的能力。

3.2　多阵元系统子信道多途环境估计

在水声环境中,除幅度衰落外,信道的多途影响也是普遍存在的。水声信道具有时变特性,然而实验表明,在较短的观察或处理时间内,缓慢时变信道可以被看作为时不变系统。下面给出一种缓慢时变信道条件下,针对空时码作为探测信号的多阵元系统子信道多途响应估计方法。

多途信道下,多阵元系统空时码发射－接收方程不再适用矩阵乘法表示,定义矩阵运算:

$$\boldsymbol{X}_{T\times M}\otimes\boldsymbol{H}_{M\times N}=\begin{bmatrix}x_{11} & \cdots & x_{1M}\\ \vdots & & \vdots\\ x_{T1} & \cdots & x_{TM}\end{bmatrix}\otimes\begin{bmatrix}h_{11} & \cdots & h_{1N}\\ \vdots & & \vdots\\ h_{M1} & \cdots & h_{MN}\end{bmatrix}$$

$$=\begin{bmatrix}y_{11} & \cdots & y_{1N}\\ \vdots & & \vdots\\ y_{T1} & \cdots & y_{TN}\end{bmatrix}=\boldsymbol{Y}_{T\times N} \tag{4}$$

式中,$y_{tn}=\sum_{i=1}^{M}(x_{ti}*h_{in})$,“ * ”表示卷积运算。

对于 $M=4,N=1$ 的多阵元系统,根据空时码发射－接收方程:

$$Y_{\mathrm{A-loc}} = X_{\mathrm{A-loc}} \otimes H + W = \begin{bmatrix} x_{\mathrm{A}} * h_{11} + w_{11} \\ x_{\mathrm{A}} * h_{21} + w_{21} \\ x_{\mathrm{A}} * h_{31} + w_{31} \\ x_{\mathrm{A}} * h_{41} + w_{41} \end{bmatrix} \tag{5}$$

h_{11}、h_{21}、h_{31}、h_{41}为子信道的多途冲激响应函数。

经过子信道 h_{11}得到的接收信号 $y_{11}(t)$可表示为

$$\begin{aligned} y_{11}(t) &= x_A(t) * h_{11}(t) + w_{11}(t) \\ &= \sum a_j x_{\mathrm{A}}(t - \tau_j) + w_{11}(t) \end{aligned} \tag{6}$$

将接收信号分别通过对 x_{A}、x_{B} 的拷贝相关检测器，当接收信号中含有 x_{A} 时，可以被 x_{A} 的拷贝相关器检测到，其输出为

$$\begin{aligned} r(\tau) &= \int y_{11}(t) x_{\mathrm{A}}(t - \tau)\mathrm{d}t \\ &= \int \{ \sum a_j x_{\mathrm{A}}(t - \tau_j) \} x_A(t - \tau)\mathrm{d}t + w'_{11}(t) \\ &= \sum a_j \chi(\tau - \tau_j, 0) + w'_{11}(t) \end{aligned} \tag{7}$$

式(7)中，$\chi(\tau,0)$为伪随机信号的零多普勒模糊度函数，由于伪随机信号模糊度函数的主峰非常尖锐，拷贝相关器输出是多峰的，可以分辨信号沿各途径到达的时延差。利用门限对各相关峰筛选保留，得到多途信道的冲激响应函数[10,12,21,22]。同理可以对子信道 h_{21}、h_{31}、h_{41}进行估计。由于 x_{A} 与 x_{B} 互相关性极弱，当接收信号同时含有来自发射基地 A，发射基地 B 的目标回波时，仍能对信道做出有效估计。记 $\boldsymbol{H}' = [h'_{11} \ \ h'_{21} \ \ h'_{31} \ \ h'_{41}]^{\mathrm{T}}$，$\boldsymbol{H}'$为四个子信道冲激响应估计值。对于缓慢时变信道，可以认为在一帧发射信号周期内，信道是不变的，故 $\boldsymbol{H}'$可用于对一帧发射信号内的后续信号的处理。

本文采用一个信道训练信号 + 若干空时码探测信号作为一帧发射信号的结构。接收端利用每一帧信号中的信道训练信号对多途子信道环境进行实时估计。

垂直阵阵形易受海流影响，是时变的，垂直阵阵形时变会导致子信道多途结构变化和影响阵列处理效果。然而在较短的观测时间内，海流的流向和流速通常是慢变的，变化量较小，垂直阵阵形可以维持相对的稳定。通过预先的信号参数调整（用以减小单个信道训练信号或空时码探测信号的脉宽）和减小一帧信号携带的空时码探测信号个数，可以减小一帧发射信号时长，以此保证在一帧信号中，阵形”时不变”或者阵形时变带来的影响较小。

3.3　多基地声呐空时码时反相关检测

经典的声呐信号检测或时延差估计，是利用本地拷贝信号对接收信号做相关处理，其原理可以表示为

$$\begin{aligned} r(t) &= (x(t) * h(t) + n(t)) * x(-t) \\ &= (x(t) * x(-t)) * h(-t) + n(t) * x(-t) \end{aligned} \tag{8}$$

采用空时码作为探测信号的多阵元系统各阵元接收信号是不同信号经过不同子信道的线性叠加，接收端第 n 个阵元，在 t 时刻的接收信号为

$$y_{tn}(t) = \sum_{m=1}^{M} (x_{tm}(t) * h_{mn}(t)) + w_{tn}(t) \tag{9}$$

由于各子信道 h_{mn} 不同，接收端不能简单地采用 $\sum_{m=1}^{M} x_{tm}(t)$ 作为拷贝信号进行常规的相关检测处理，同时也无法对从各子信道到达的接收信号分别做时间反转镜处理。

但是我们仍能利用估计的多阵元系统各子信道冲激响应函数和本地拷贝信号，通过虚拟时间反转镜估计出接收端的期望时反接收信号，该时反信号是真实接收信号的最佳匹配检测信号：

$$\boldsymbol{Y}'(-t)=\boldsymbol{X}(-t)\otimes\boldsymbol{H}'(-t) \tag{10}$$

根据上式可得到发射基地 A、B 的信道训练信号和空时码探测信号各自在接收端的期望时反接收信号：$\boldsymbol{Y}'_{\mathrm{A\_loc}}$，$\boldsymbol{Y}'_{\mathrm{A}}=\{\boldsymbol{Y}'_{\mathrm{A1}},\boldsymbol{Y}'_{\mathrm{A2}},\cdots,\boldsymbol{Y}'_{\mathrm{A}k}\}$；$\boldsymbol{Y}'_{\mathrm{B\_loc}}$，$\boldsymbol{Y}'_{\mathrm{B}}=\{\boldsymbol{Y}'_{\mathrm{B1}},\boldsymbol{Y}'_{\mathrm{B2}},\cdots,\boldsymbol{Y}'_{\mathrm{B}k}\}$。

利用 $\boldsymbol{Y}'_{\mathrm{A\_loc}}$、$\boldsymbol{Y}'_{\mathrm{B\_loc}}$ 检测多源目标回波信号中的信道训练信号，分辨回波信号的发射地址，并估计信号到达时延，进行时间同步；利用 $\boldsymbol{Y}'_{\mathrm{A}}$、$\boldsymbol{Y}'_{\mathrm{B}}$ 对多源回波信号中的空时码探测信号进行处理，获得其携带的发射时间等信息。一帧信号中，可能含有多个空时码探测信号，利用其估计时延，可以进一步提高信号时延测量精度。

定义接收信号矩阵相关运算

$$S=[\boldsymbol{Y}(t)\,|\,\boldsymbol{Y}'_{\mathrm{A}}(t)] \tag{11}$$

展开有

$$\begin{aligned}S&=\sum_{i=1}^{N}(y_{ti}(t)*y'_{ti}(-t))\\&=\sum_{i=1}^{N}\Big(\big(\sum_{i=1}^{M}(x_{ti}(t)*h_{in}(t))+w_{tn}(t)\big)*\sum_{i=1}^{M}(x_{ti}(-t)*h'_{in}(-t))\Big)\\&=\sum_{i=1}^{N}\Big(\sum_{i=1}^{M}(x_{ti}(t)*h_{in}(t))*\sum_{i=1}^{M}(x_{ti}(-t)*h'_{in}(-t))+w_{tn}(t)*\sum_{i=1}^{M}(x_{ti}(-t)*h'_{in}(-t))\Big)\end{aligned} \tag{12}$$

多基地声呐空时码时反相关检测处理流程如图 5 所示。

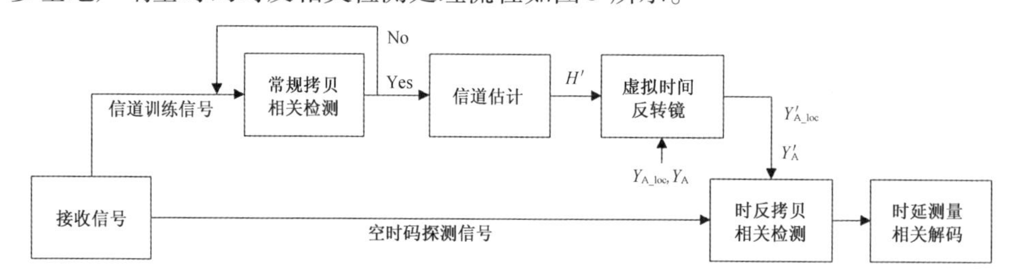

图 5　多基地声呐空时码时反相关检测处理流程图

4　结果分析

发射基地 A 由垂直阵各阵元发射探测信号，经单程信道到达目标处，经目标散射后沿单程信道到达接收阵元。多基地声呐探测模式下，对于大尺度，空间结构复杂的散射体，其目标散射特性除受入射角、分置角影响外，当存在多途效应时，其对经历不同子信道的多途信号响应也不会完全相同。接收信号可以表示为

$$\begin{aligned}s_r=&s_1*h_{1\_TL1}*h_{1\_TS}*h_{1\_TL2}+s_2*h_{2\_TL1}*h_{2\_TS}*h_{2\_TL2}+\\&s_3*h_{3\_TL1}*h_{3\_TS}*h_{3\_TL2}+s_4*h_{4\_TL1}*h_{4\_TS}*h_{4\_TL2}\end{aligned} \tag{13}$$

式中，$s_i(i=1,2,3,4)$ 表示 i 号阵元的发射信号，h_{i_TL1} 表示 i 号阵元信号到达目标经历的信

道，h_{i_TS}表示目标对来自 i 号阵元多途信号的响应，h_{i_TL2}表示 i 号阵元信号从目标到达接收阵元经历的信道响应。h_{i_TS}、h_{i_TL2}会增加信道复杂程度，并加剧子信道差异，为简化仿真条件，不考虑 h_{i_TS}、h_{i_TL2}的影响，并只用 h_{i_TL1} 作为仿真子信道。事实上，信噪比一定时，信道越复杂，子信道间差异越显著，时反相关检测的相对效果越好。

考察时反相关检测方法的信道估计能力和对各子信道主途径信号的聚焦能力。仿真条件同3.1 节，垂直阵倾角为8°，其中，发射阵2 号阵元到接收阵元的子信道遭到了较为严重的衰落。

图6 显示了 SNR =0 dB，－5 dB 时真实子信道与估计子信道对比图。对比可以看出，估计的信道基本包含实际信道的各个主要途径，但是随着信噪比降低，信道估计能力下降，引入的干扰增加。

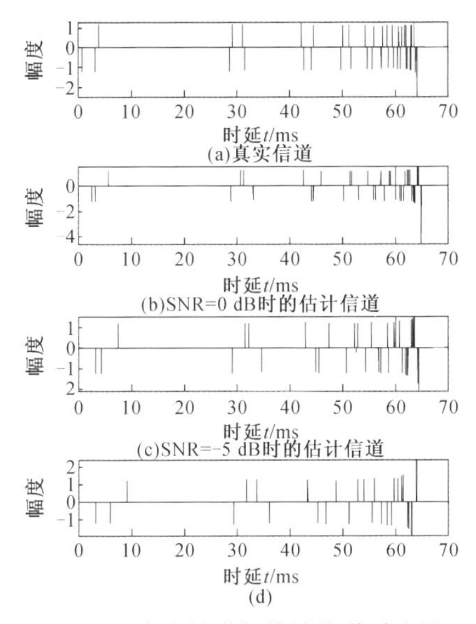

图6　真实信道与估计信道对比图

对照图3，进行时反相关检测的对照仿真实验。图7 中，(a)至(b)为分别用各子信道的期望时反接收信号对沿该子信道到达的多途信号进行检测的结果，(e)为对接收阵元实际接收信号采用总的时反期望时反接收信号的检测结果。对比图3 可以看出，时反相关检测方法实现了子信道信号主峰的准确聚焦，没有损失阵列增益，同时，主相关峰的时延分辨精度没有被展宽。对于大倾角的极端情况，时反相关检测同样有很好的检测效果。

多基地声呐联合工作时，接收端在检测来自某发射基地的目标回波时，除遭受多途子信道差异带来的检测难题外，还可能受到来自其他发射基地的目标回波干扰。考查两发一收型三基地声呐中，接收端对目标回波的检测与判决能力。发射基地 A(代表发射基地 A 的发射阵)到接收基地的仿真条件同3.1 节，发射基地 B 距接收基地10 km。发射基地 A 与发射基地 B 的信道训练信号和空时码探测信号相互正交。来自发射基地 A 的目标回波(回波A)为接收端的期望检测信号，回波 B 为非期望检测信号，即干扰。

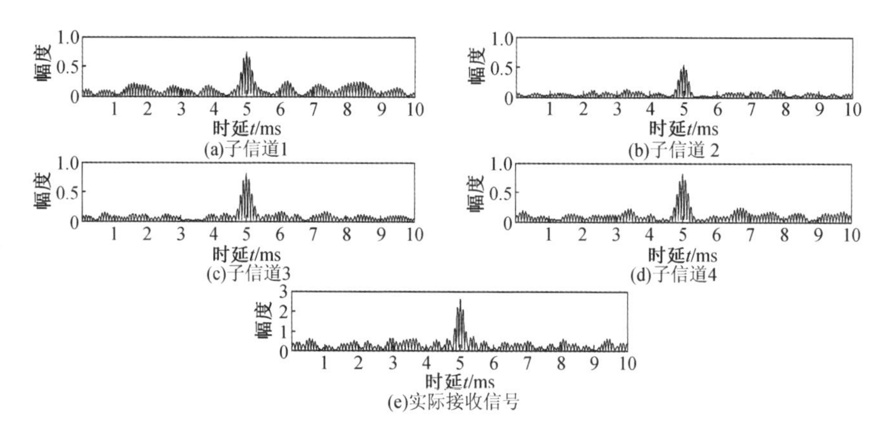

图 7　倾角 8°时,时反相关检测结果

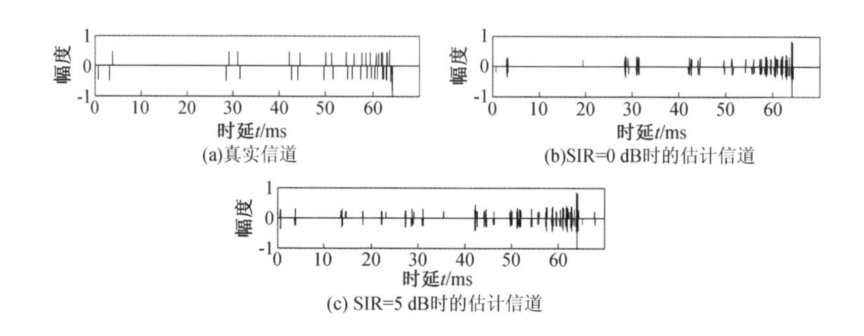

图 8　真实信道与估计信道对比图

图 8 为信道训练信号在 SNR = 0 dB,SIR = 0 dB, - 5 dB 干扰下的真实信道和估计信道对比图。随着干扰强度增加,仍能估计出信道的主要途径,但也不可避免的引入了一些“虚假”途径。

图 9 为在 SNR = 0 dB,SIR = 0 dB 下,信道训练信号直接采用本地拷贝信号的常规拷贝相关检测结果和采用期望时反接收信号的时反相关检测结果。与图 1 对比,常规相关检测结果含有和采用期望时反接收信号的时反相关检测结果。与图 1 对比,常规相关检测结果含有多个幅度相近的相关峰,无法分辨出主峰位置(该图中幅度最大的相关峰并非真实的主峰),这时信号无法实现准确同步;时反相关检测结果主峰尖锐且唯一,易于辨认,同时降低了其他相关信号无法实现准确同步;时反相关检测结果主峰尖锐且唯一,易于辨认,同时降低了其他相关峰的相对高度,易于估计信号到达时延,实现信号同步。

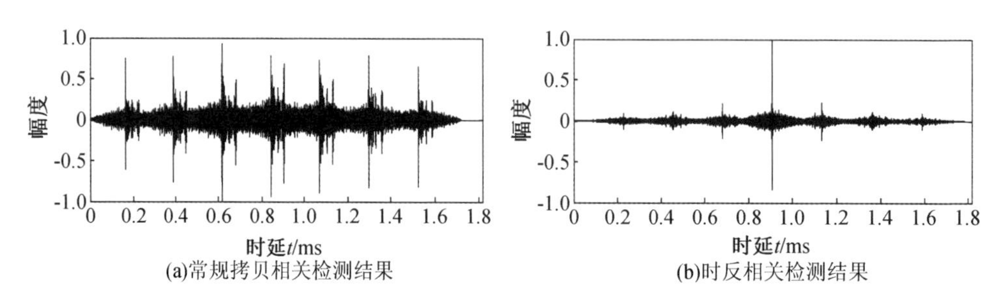

图 9　信道训练信号检测结果对比图

图10为空时码探测信号采用两种方法的检测结果。前者由于四个主途径相关峰不能准确聚焦,其主峰对应时延是四个主途径相关峰对应时延的合成,主峰宽度被展宽,系统时延测量能力下降,同时多途其他途径信号也形成了强度不弱于主峰的伪峰,容易发生主峰误判情况;后者将四个主途径相关峰准确聚焦,同时也聚焦了多途子信道其他途径信号能量,相较于前者,获得了阵列增益和多途信道时间聚焦增益,主峰尖锐,时延分辨力高。由于后者引入了估计信道,二者主峰位置会有所不同。

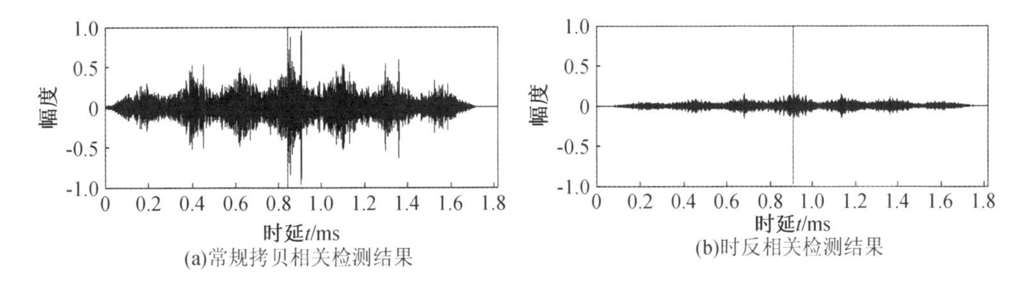

图10 空时码探测信号检测结果对比图

比较回波A在不同干扰条件和不同检测方法下的信息判决错误率。表2为SNR=0 dB时不同信干比下的检测结果。常规检测在SIR=0 dB时已有较高错误率,在SIR=-10 dB时已完全失效。在训练信号被回波B干扰时,时反相关检测在SIR=-10 dB时开始判决出错,而当训练信号不被干扰时,通过利用多途信道的时间聚焦增益,在SIR=-18 dB以内均有很好的检测结果。表3为SNR=-10 dB时不同信干比下的检测结果。比较表1、表2,无论训练信号是否受回波B干扰,时反相关检测方法均优于常规相关检测方法,但随着信道训练信号受干扰程度增加,信道估计能力减弱,时反相关检测能力下降。时反相关检测方法对空时码探测信号的受干扰程度不敏感,但是对接收到的信道训练信号受干扰程度较为敏感,检测结果与训练信号估计信道的效果成正相关。仿真中,子信道2有较为严重的衰落,检测结果也证明了空时码探测信号的抗子信道衰落能力。

表2 信干比对空时码判决错误率影响,SNR=0 dB

方法与条件	判决错误率/%			
	0 dB	-5 dB	-10 dB	-18 dB
常规拷贝相关	8.40	51.53	82.57	83.33
时反相关 训练信号被干扰	0.00	0.00	0.12	83.00
时反相关 训练信号不被干扰	0.00	0.00	0.00	0.27

表 3　信干比对空时码判决错误率影响, SNR = −10 dB

方法与条件	判决错误率/%			
	0 dB	−5 dB	−9 dB	−13 dB
常规拷贝相关	28.05	56.47	79.03	83.72
时反相关 训练信号被干扰	0.00	0.00	2.22	30.05
时反相关 训练信号不被干扰	0.00	0.00	0.00	0.50

5　结论

本文为多基地声呐设计了空时码探测信号,用以解决复杂信道环境中,低信干比下的多源目标回波分辨问题,并针对多途条件下,倾斜垂直阵子信道差异带来的检测问题,提出了时反相关检测方法。

根据仿真结果,空时码探测信号在遭遇子信道衰落时仍能完成探测使命,具有一定的抗子信道衰落能力,适用于浅海复杂信道环境。时反相关检测方法实现了子信道主途径相关峰的聚焦,相较于常规相关检测,避免了由于倾斜垂直阵导致的多途子信道主相关峰时延分辨精度被扩展和阵列增益的损失,同时还聚焦多途能量,提高了处理增益。空时码探测信号判决结果表明,当信道能被较好的估计时,时反相关检测方法对强相干干扰具有良好的抑制能力,但该方法对信道估计质量较为敏感,检测效果与信道估计质量成正相关。综上,空时码探测信号及时反相关检测方法能够满足多基地声呐在浅海复杂环境中,并存在强相干干扰时,对多源目标回波分辨能力的需求,同时克服由于阵型失配引起的各种检测问题。

时反相关检测方法,虽不需估计阵型状态,但是对一帧信号处理周期内的阵型变化的敏感程度还需要进一步研究。

参考文献

[1] Zhao B Q, Che Y G 2009 Tech. Acoust. 28 1 (in Chinese) [赵宝庆,车永刚 2009 声学技术 28 1].

[2] Gao J, Hou W M, Liu Y T, Cai H Z 2008 Tech. Acoust. 27 418 (in Chinese) [高洁,侯卫民,刘云涛,蔡惠智 2008 声学技术 27 418].

[3] Zou J W, Sun D J 2012 Acta Armamentarii 31 364 (in Chinese) [邹吉武,孙大军 2010 兵工学报 31 364].

[4] Zou J W 2011 Ph. D. Dissertation (Harbin: Harbin En - gineering University) (in Chinese) [邹吉武 2011 博士学位论文(哈尔滨:哈尔滨工程大学)].

[5] Yao Y, Zhang M M, Yuan J 2012 Tech. Acoust. 31 310 (in Chinese) [姚瑶,张明敏,袁骏 2012 声学技术 31 310].

[6] Hui J, Wang Z J, Hui J Y, He W X 2009 Acta Phys. Sin. 58 5491 (in Chinese) [惠娟,王自娟,惠俊英,何文翔 2009 物理学报 58 5491].

[7] Gao B, Yang S E, Piao S C 2012 Acta Phys. Sin. 61 054305 (in Chinese) [高博,杨士莪,朴胜春 2012 物理学报 61 054305].

[8] Hui J Y, Sheng X L 2011 Marine Navigation Systems (Vol. 1) (Harbin: Harbin Engineering University Press) p60 (in Chinese) [惠俊英,生雪莉 2011 水下声信道 (第1版)(哈尔滨:哈尔滨工程大学出版社) 第60页].

[9] Zhang T W, Yang K D, Ma Y L, Li X G 2010 Acta Phys. Sin. 59 3295 (in Chinese) [张同伟,杨坤德,马远良,黎学刚 2010 物理学报 59 3295].

[10] Yin J W, Hui J Y, Guo L X 2008 Acta Phys. Sin. 57 1735 (in Chinese) [殷敬伟,惠俊英,郭龙祥 2008 物理学报 57 1753].

[11] Ying Y Z, Ma L, Guo S M 2011 Chin. Phys. B 20 054301.

[12] Liu S Z, Qiao G, Yin Y L 2013 Acta Phys. Sin. 62 144303 (in Chinese) [刘凇佐,乔钢,尹艳玲 2013 物理学报 62 144303].

[13] Wang C, Yu Y J, Li X F, Liang G Q 2010 Acta Phys. Sin. 59 6319 (in Chinese) [王驰,于瀛洁,李醒飞,梁光强 2010 物理学报 59 6319].

[14] Wang H Q, Chen Y, Zhao Z J 2011 Space Time Code Technology In 多天线 Systems (Vol. 1) (Beijing:科学出版社 Press) p35 (in Chinese) [王海泉, 陈颖, 赵知劲 2011 多天线系统中的空时码技术(第1版)(北京:科学出版社) 第35页].

[15] Tirkkonen O, Boariu A, Hottinen A 2000 IEEE 6th International Symposium on Spread Spectrum Techniques and Applications, Parsippany, NJ, USA, September 6 - 8, 2000, p429.

[16] Yin J W, Hui J Y, Wang Y L, Hui J 2007 Acta Phys. Sin. 56 5915 (in Chinese) [殷敬伟,惠俊英,王逸林,惠娟 2007 物理学报 56 5915].

[17] Yu Y, Zhou F, Qiao G 2012 Acta Phys. Sin. 61 234301 (in Chinese) [于洋,周峰,乔钢 2012 物理学报 61 234301].

[18] Chen J Y, Wu G Q, Ma L 2006 Acta Acustica 31 316 (in Chinese) [陈剑云,吴国清,马力 2006 声学学报 31 316].

[19] Peng D Y, Zeng J, Li H F, Liu H J, Zhao W Y, Gao T F 2009 Acta Acustica 34 396 (in Chinese) [彭大勇,曾娟,李海峰,刘海军,赵文耀,高天赋 2009 声学学报 34 396].

[20] Zhao H F, Yan L M, Zou L N 2008 Tech. Acoust27 64 (in Chinese) [赵航芳,阎丽明,邹丽娜 2008 声学技术 27 64].

[21] Yin J W 2007 Ph. D. Dissertation (Harbin: Harbin Engineering University) (in Chinese) [殷敬伟 2007 博士学位论文(哈尔滨:哈尔滨工程大学)].

[22] Lu J, Su L B, Yin J W, Zhang X 2012 3rd International Symposium on Artificial Intelligence, JSAI - ISAI 2011, Takamatsu, Japan, December 1, 2011 - November 2, 2012, p97.

基于海豚 Whistle 信号的仿生主动声呐隐蔽探测技术研究

殷敬伟　刘　强　陈　阳　朱广平　生雪莉

摘要　为解决主动声呐系统易暴露、隐蔽性差的问题,提出了一种基于海豚 whistle 信号的仿生主动声呐隐蔽探测技术。在发射端将线性调频探测信号隐蔽在海豚 whistle 信号中,设计了一种隐蔽的主动声呐仿生探测信号,该信号与海洋中的海豚哨叫声十分相似,可以利用海洋中的生物环境噪声实现主动声呐的隐蔽探测。在接收端选用自适应相关器作为主动声呐的时域处理器,自适应相关器对海洋环境有较强的匹配适应能力,可以自动匹配海洋信道,有效抑制多途扩展损失,相较匹配滤波器有更高的信噪比处理增益,有助于实现远距离探测。仿真和海试的结果验证了所提出的基于海豚 whistle 信号的仿生主动声呐隐蔽探测技术的隐蔽性和有效性。

关键词　仿生主动声呐;隐蔽探测;自适应相关器;海豚 whistle 信号

1　引言

主动声呐是探测安静型潜艇最有效的一种手段,但隐蔽性差是主动声呐系统的一个致命缺点,因此如何提高主动声呐系统的隐蔽性就显得十分重要。对于有源主动探测,“隐蔽”的含意是指使主动声呐的发射信号形式类似于自然噪声、杂波或民用传播信号,从而极难被敌方声呐侦察、获取。仿生技术是主动声呐隐蔽探测可以采取的一种方法,通过设计一种与海豚 whistle 信号(哨叫声)十分相似的主动声呐发射信号,利用海洋中的生物环境噪声提高主动声呐探测的隐蔽性。

海豚利用声信号来探测周围环境和进行信息交流,根据信号形式的不同,一般把声信号分为三类[1-3]:回声定位信号(click)、通信信号(whistle)和应急突发信号(burst pulse)。海豚能在极其复杂的环境下,在各种噪声的干扰下,精确地进行捕食、个体交流等生物行为,相关研究证明海豚声信号具有很强的抗干扰能力。近年来,海豚声呐优良的探测性能引起了国内外众多学者的关注。在国外,美国夏威夷大学的 Whitlow W. L. Au 教授早在 19 世纪 90 年代就进行了大量的海豚与仿海豚的实验,近年来开始利用仿生声呐完成探测掩埋雷、水下鱼雷军火识别、水下特定鱼群识别、混响中目标识别等任务;英国赫瑞瓦特大学 Chris Capus 教授研究发现海豚的回声定位 click 信号是一种宽频带、窄脉冲的高频信号,在时域和频域上都有不同程度的重叠,具有非常高的时间分辨能力[4-5]。他们利用仿宽吻海豚宽带声呐信号进行海洋与海底地貌观测,并将仿海豚的 click 信号与侧扫声呐结合,完成了海底掩埋线缆的探测任务[6]。在国内,三亚研究所的李松海、王丁教授对江豚信号做了大量研究,发现高频、窄脉冲的 click 信号的平均峰值频率都高于 120 kHz,而且不含低频成分,信号的带宽随着峰值频率的增加而减小,其品质因数 Q 值随着峰值频率的增加而增大[7-9]。而海豚

whistle 信号的频带主要集中在低频范围内，每个脉冲之间的时间间隔呈随机分布，whistle 信号具有和 click 信号相似的抗干扰能力[10]，又因为其具有低频属性而更适合用于远距离隐蔽探测；哈尔滨工程大学的乔钢、殷敬伟教授开展了仿生水声通信相关技术研究，将 whistle 信号应用于 Pattern 时延差编码及 m 元扩频等通信体制[11-12]。

自适应信号处理技术可以根据外部环境进行自我学习，具有对环境适配能力强的优势，现已被广泛应用于声呐、雷达等领域。自适应信号处理的研究工作始于 20 世纪中叶，在 1957 年至 1960 年间，美国通用电气公司的豪厄尔斯和阿普尔鲍姆研究和使用了简单的自适应滤波器，用以消除混杂在有用信号中的噪声和干扰。1959 年，美国斯坦福大学的维德罗和霍夫研究了结构更为复杂的自适应滤波器，发明了最小均方(LMS)算法。20 世纪 60 年代初期，美国贝尔实验室的凯勒首先将自适应滤波器应用于数字通信中。1965 年，自适应噪声抵消系统在斯坦福大学建成，并成功地应用于医学中消除心电图放大器和记录仪输出端的 60 Hz干扰。此后，自适应技术发展迅速，各种算法、理论相继出现。在国内，惠俊英教授最先将自适应技术用于声呐信号处理[13]，提出了自适应相关器技术。自适应相关器可以自适应的匹配海洋信道，有效抑制多途扩展损失，是对匹配滤波器技术的一种改进。

基于海豚 whistle 信号的仿生掩蔽技术和自适应相关器的信号增强技术，本文提出了一种适用于远距离的仿生主动声呐隐蔽探测技术。在发射端，将数个带宽 2.6 ~ 2.9 kHz、脉宽 50 ms 的线性调频探测信号掩蔽在低频的海豚 whistle 信号中作为仿生主动声呐隐蔽探测信号，利用海洋中的生物环境噪声掩蔽该发射信号，实现主动声呐的隐蔽探测。在接收端，采用基于 LMS 算法的自适应相关器作为主动声呐系统的时域处理器，有效地抑制了多途扩展，提高了处理增益，有助于实现主动声呐的远距离探测。通过仿真和海试验证了该技术的隐蔽性和有效性。

2　仿生主动声呐隐蔽探测信号的波形设计

大量关于海豚 click 信号和 whistle 信号特性的研究发现两种信号都具有出色的时延分辨力和很强的抗干扰能力。Click 信号通常为 120 kHz 以上的高频信号，适用于近程探测；whistle 信号通常为 10 kHz 以下的中低频信号，适用于远程探测，本文重点研究低频远程探测，故选用 whistle 信号作为掩蔽载体。利用时频分析技术[14]研究了 whistle 信号的时频特性，并在此基础上，提出了一种基于 whistle 信号的仿生主动声呐隐蔽探测技术，具体的波形设计方法是先滤掉 whistle 信号中 2.6 ~ 2.9 kHz 频带的原始信号，将带宽 2.6 ~ 2.9 kHz 的线性调频信号嵌入经过滤波处理后的 whistle 信号中；而在接收端将接收信号中带宽 2.6 ~ 2.9 kHz 的信号取出，以消除在信号处理过程中原始海豚 whistle 信号的干扰。其波形设计的过程和效果如图 1、图 2 所示，成功地把 LFM 探测信号隐蔽在了 whistle 信号中。

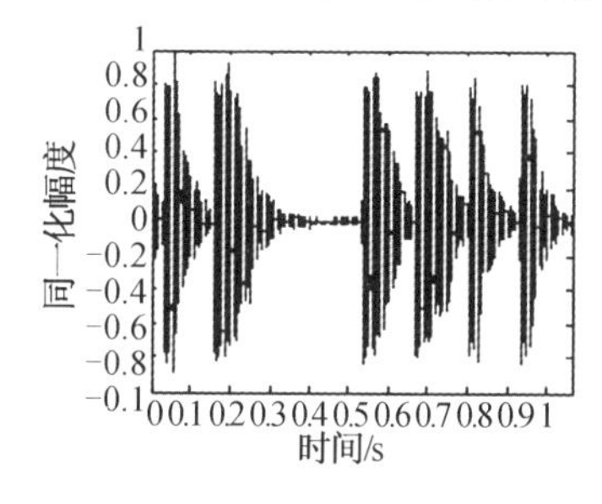

(a)海豚 whistle 信号原始波形

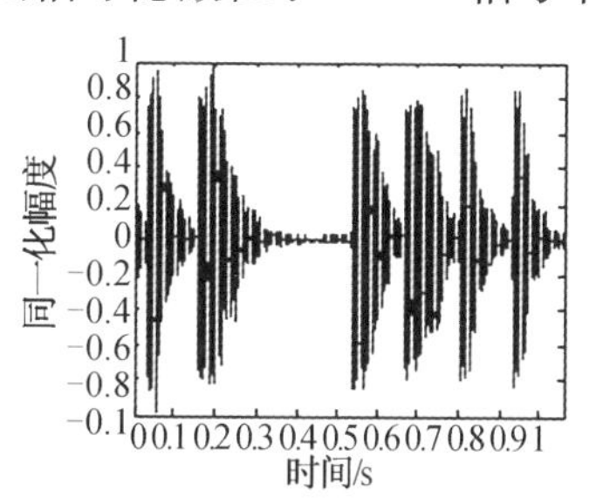

(b) 带限滤波后 whistle 信号波形

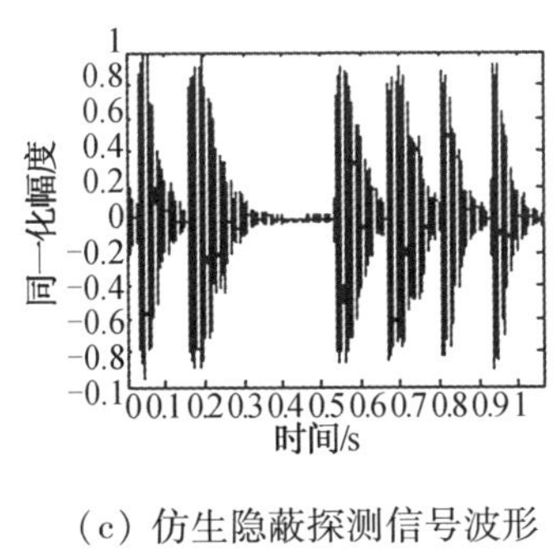

（c）仿生隐蔽探测信号波形

图 1　时域波形分析

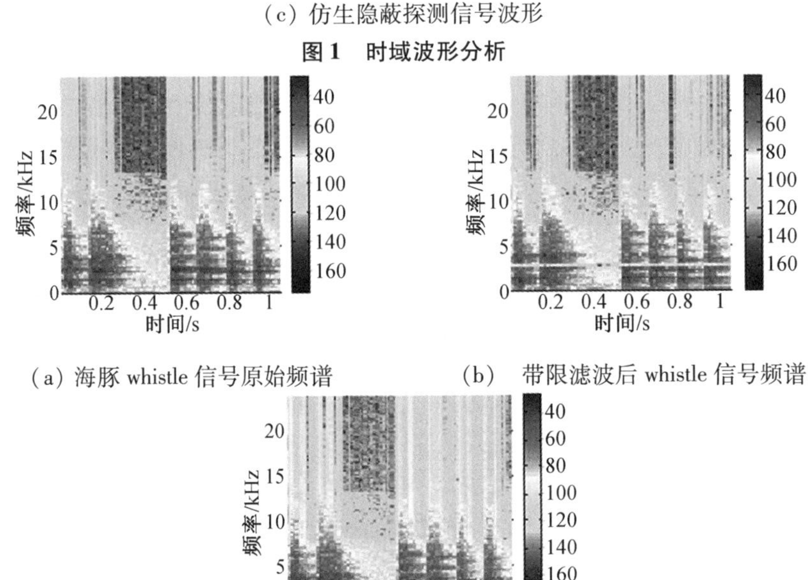

（a）海豚 whistle 信号原始频谱　　（b）带限滤波后 whistle 信号频谱

（c）仿生隐蔽探测信号频谱

图 2　频域能量分布分析

图 1(a) 和图 2(a) 是原始 whistle 信号的分析结果，图 1(c) 和图 2(c) 是仿生隐蔽探测信号的分析结果。图 1(a) 显示每个 whistle 信号的脉冲宽度约为 80 ~ 100 ms，且每个脉冲之间的时间间隔均不相同；图 2(a) 显示 whistle 信号的能量主要集中在 1 ~ 8 kHz 的频带范围内。对比图 1(a)、(c) 可以发现，原始的海豚信号和本文所设计的仿生隐蔽探测信号的时域波形基本一致。不仅如此，仿生隐蔽探测信号还保留了原始 whistle 信号不同脉冲之间时间延时不同的特性和抗干扰能力强的优点。对比图 2(a)、图 2(c) 可以发现，原始的海豚信号和仿生隐蔽探测信号在频域上的能量分布也基本相似；当然，实际上在隐蔽处理过程中一定程度上破坏了原始 whistle 信号的能量分布，图 2(c) 的结果显示在 2.6 ~ 2.9 kHz 带宽范围内信号的能量分布是有一些不同的，但是相比 whistle 信号 1 ~ 8 kHz 的带宽，300 Hz 带宽内的细小差异所引起的能量变化很小。

由于现代声呐系统普遍采用能量检测或频率检测的信号处理方法，而该仿生隐蔽探测信号无论是在整个频域上的能量分布，还是时域上的波形变化都与真实的海豚 whistle 信号基本一致，所以该技术可以很好地利用海洋中的生物环境噪声实现主动声呐的隐蔽探测。所提出的上述仿生隐蔽探测技术为主动声呐的隐身发展提供了一种可行办法。

3　基于 LMS 算法的自适应相关器技术

拷贝相关器是主动声呐系统中最为常用的时域处理器，它是在理想的白噪声背景下检测确知信号的最佳接收机。然而海洋环境是一个时变复杂信道，受海底反射、海面反射、水介质的随机扰动、介质的不均匀以及界面的随机起伏等因素的影响，主动声呐接收信号会产生信号畸变而不能很好地与发射信号匹配，导致拷贝相关器的输出信号因多途扩展而出现多个相关峰，降低了拷贝相关器的处理增益。为了克服时变多途信道的影响，本文采用了自适应相关器[15]作为主动声呐系统的时域处理器，用自适应的方法实时提取信道的信息，进而对参考信号进行不断地修正，实现信道的实时匹配，从而提高接收机的处理增益。

自适应相关器的原理框图[16]如图 3 所示：图 3 中的 $h_0(t)$ 是自适应抵消器的冲激响应函数，是对实际信道的冲激响应 $h(t)$ 的自适应估计。设发射信号为 $s(t)$，则 $r(t)$ 是不考虑噪声时的实际接收信号，即 $r(t)=s(t)*h(t)$，$x(t)$ 是利用估计的信道冲激响应函数 $h_0(t)$ 对拷贝发射信号 $s(t)$ 的修正值，即 $x(t)=s(t)*h_0(t)$，自适应相关器就是把经过修正的 $x(t)$ 作为相关器参考信号。如果自适应抵消器的冲激响应函数 $h_0(t)$ 与实际信道的冲激响应函数 $h(t)$ 一致，则修正后相关器的参考信号 $x(t)$ 就会与接收信号 $r(t)$ 一致。此时相关处理器可以获得最大的输出信噪比，提高了相关器的处理增益。

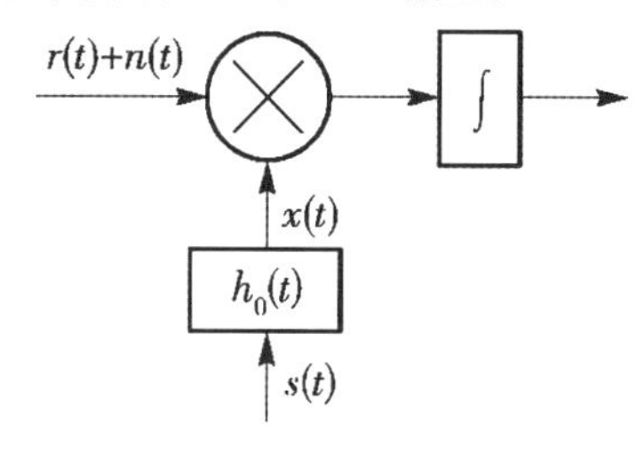

图 3　自适应相关器原理框图

相对传统拷贝相关器而言，自适应相关器的改进之处就是加入了一个自适应噪声抵消器用来估计信道。图 4 是一种采用离散性信号运算的自适应抵消器的原理图。

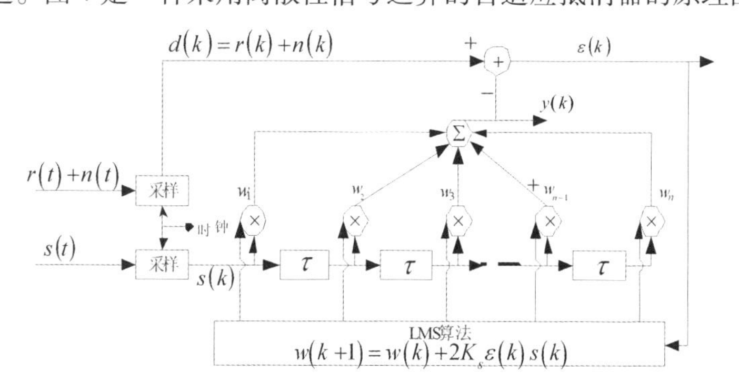

图 4　自适应抵消器的原理图

$s(k)$ 是自适应抵消器的输入参考信号，$d(k)$ 是要求的响应，此处是主动声呐的接收信号，$y(k)$ 是自适应抵消器的输出信号，即为图 3 中自适应相关器的参考信号 $x(t)$，$\varepsilon(k)$ 表示要求响应与输出信号的残差。

$$d(k)=r(k)+n(k) \tag{1}$$

$$\varepsilon(k)=d(k)-y(k)=r(k)+n(k)-y(k) \tag{2}$$

图 4 中的 $\boldsymbol{W}(k)=[w_1,w_2,\cdots,w_n]^{\mathrm{T}}$ 为自适应抵消器的可调权，权值由 LMS 算法调节。LMS 算法是一种最速下降法，权的调节方向是沿着误差的估计梯度方向进行的，它将使得均方差趋于最小。之所以选择 LMS 算法是因为在现有的自适应算法中，LMS 算法是最简单实

用、最适合工程应用的算法。LMS 算法中权的迭代更新公式为：

$$\boldsymbol{W}(k+1)=\boldsymbol{W}(k)+2K_s\varepsilon(k)s(k) \tag{3}$$

当自适应抵消器收敛后，该权矢量就是对信道系统函数的自适应估计值。自适应抵消器的输出信号为：

$$y(k)=\sum_{i=1}^{n}w_i(k)s(k-i+1) \tag{4}$$

自适应收敛后 $y(k)$ 即自适应相关器经过修正后的参考信号，此信号可以与经过多途信道传输到达接收端的 $r(t)$ 实现较好的匹配。

下面来论证自适应抵消器可以自适应的估计出信道的系统函数，当自适应收敛时，其满足维纳－霍夫方程：

$$\boldsymbol{R}_{ss}(k)\boldsymbol{W}_{LMS}(k)=\boldsymbol{R}_{sd}(k) \tag{5}$$

$$\boldsymbol{R}_{ss}(k)=[\boldsymbol{S}(k)\boldsymbol{S}^{\mathrm{T}}(k)] \tag{6}$$

$$\boldsymbol{R}_{sd}(k)=[\boldsymbol{S}(k)\boldsymbol{d}(k)] \tag{7}$$

$$\boldsymbol{S}(k)=[s(k),s(k-1),\cdots,s(k-n)]^{\mathrm{T}} \tag{8}$$

式中：$\boldsymbol{R}_{ss}(k)$ 表示自适应抵消器输入信号的自相关矩阵；$\boldsymbol{R}_{sd}(k)$ 表示期望响应信号与输入信号的互相关矩阵；$\boldsymbol{W}_{LMS}(k)$（即 $h_0(\tau)$）表示自适应抵消器收敛时的权系数。对式(5)作傅里叶变换可以得到：

$$L_{ss}(f)H_0(f)=L_{sd}(f) \tag{9}$$

我们假设 $s(t)$ 和 $n(t)$ 相互独立，则有：

$$H_0(f)=\frac{L_{sd}(f)}{L_{ss}(f)}=\frac{L_{ss}(f)H(f)}{L_{ss}(f)}=H(f) \tag{10}$$

$$Y(f)=S(f)H_0(f)=S(f)H(f)=R(f) \tag{11}$$

$$y(k)=r(k) \tag{12}$$

式中：$L_{ss}(f)$ 为自适应抵消器输入信号的功率谱；$L_{sd}(f)$ 是输入信号与期望信号的互功率谱；$H_0(f)$ 为自适应抵消器的传输函数；$Y(f)$ 和 $R(f)$ 分别是 $y(k)$ 和 $r(k)$ 的傅里叶变换。由(10)式可以看出自适应收敛后，自适应抵消器的系统函数 $h_0(\tau)$ 与信号的系统函数 $h(\tau)$ 一致，可以实时提取出信道的传输特性，所以自适应抵消器的输出信号 $y(k)$ 和主动声呐的接收信号 $r(k)$ 在维纳意义上一致。

自适应相关器就是将自适应抵消器的输出信号作为相关器修正后的参考信号，再与自适应相关器的输入信号（主动声呐接收信号）做时域相关处理。一方面，自适应抵消器可以有效地降低噪声对相关处理的影响，提高有用信号的强度；另一方面，经过抵消器修正后的参考信号可以与接收信号更好的匹配，有效地解决因多途而出现的多个相关峰的问题，使信号的能量更加集中，具有额外的处理增益。

4　实验验证

通过计算机仿真以及海试验证了该仿生主动声呐隐蔽探测技术的隐蔽性和有效性。

4.1　仿真实验

仿真实验中首先在一段海豚 whistle 信号中掩蔽了 6 个 LFM 脉冲，仿真实验信道是某次海试实验的真实信道数据。

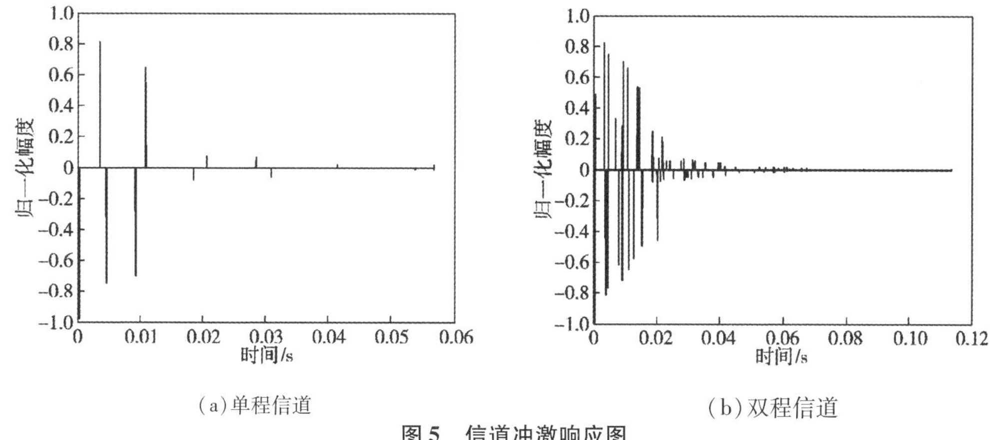

(a)单程信道　　(b)双程信道

图 5　信道冲激响应图

图 5 是仿真实验的信道冲激响应,图 5(b)显示 0.04 s 后的信道幅度很小,为计算简单,只取前 0.04 s 作为仿真实验的信道冲激响应,可以看出该信道的多途影响比较严重。

图 6 ~ 图 9 是不同信噪比条件下的仿真实验结果。

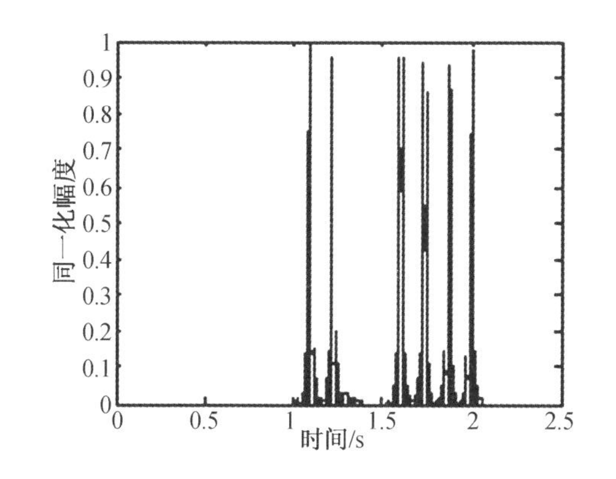

(a)仿生隐蔽信号拷贝相关器处理结果

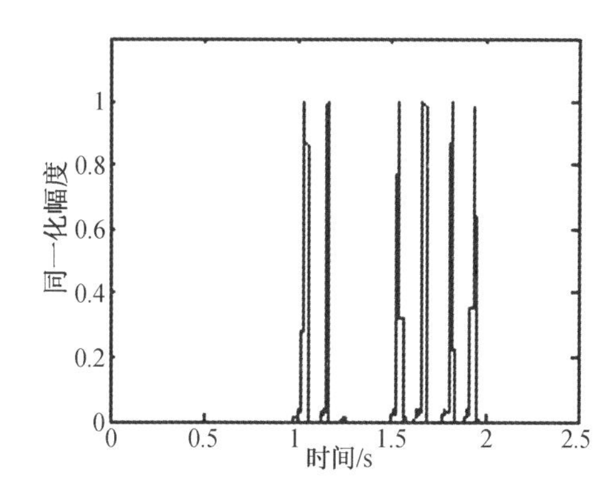

(b)仿生隐蔽信号自适应相关器处理结果

图 6　无噪声条件下的仿真结果

为了便于对比将单个 LFM 信号掩蔽在 whistle 信号中的信号形式与常规 LFM 信号的差异,仿真实验进一步做了在不同信噪比条件下,单个隐蔽脉冲与 LFM 信号的对比研究,结果如下:

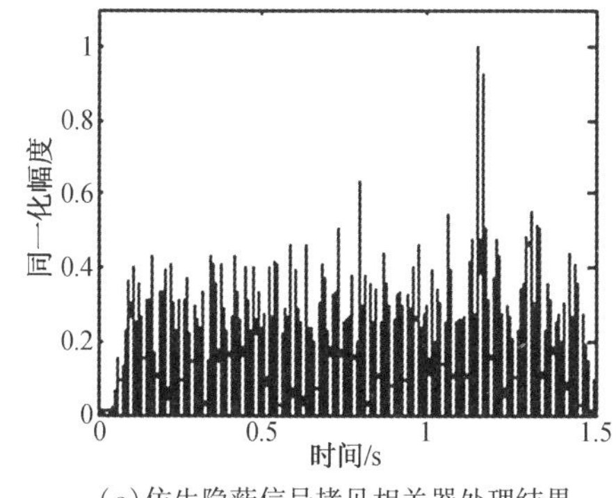

(a)仿生隐蔽信号拷贝相关器处理结果

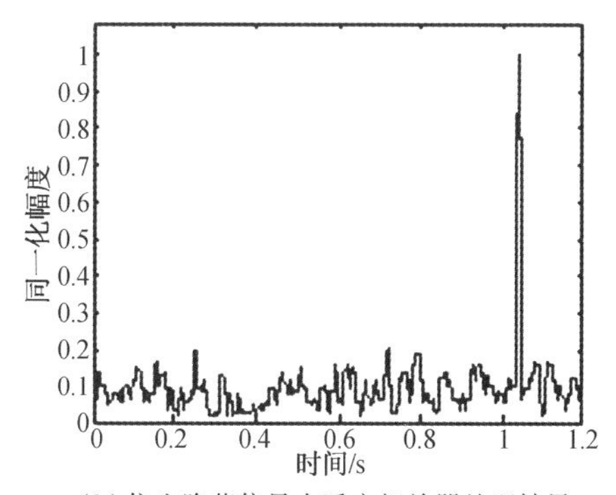

(b)仿生隐蔽信号自适应相关器处理结果

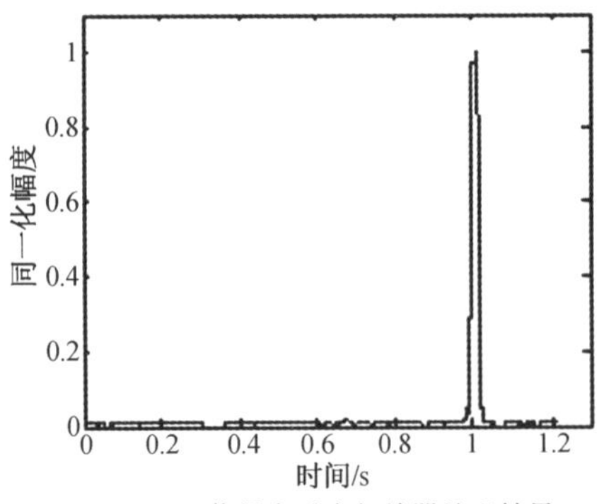

(c) LFM 信号自适应相关器处理结果

图 7　SNR = 0 dB 时的仿真结果

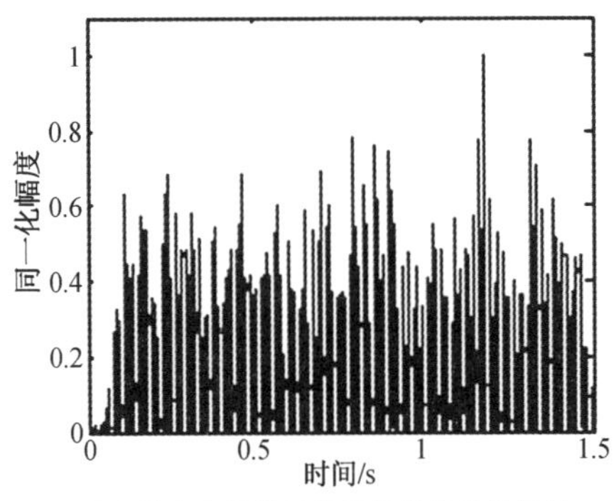

(a) 仿生隐蔽信号拷贝相关器处理结果

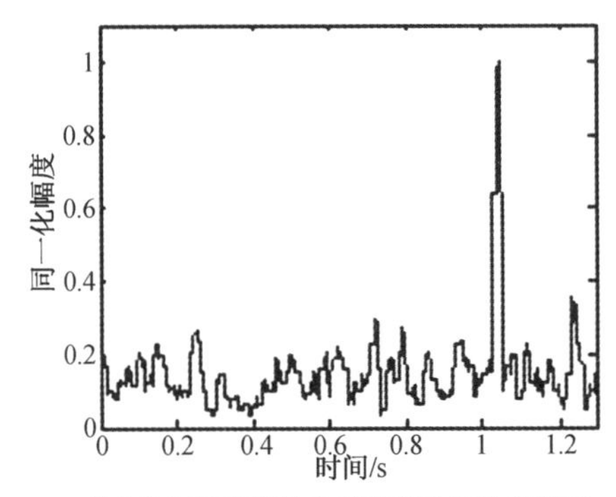

(b) 仿生隐蔽信号自适应相关器处理结果

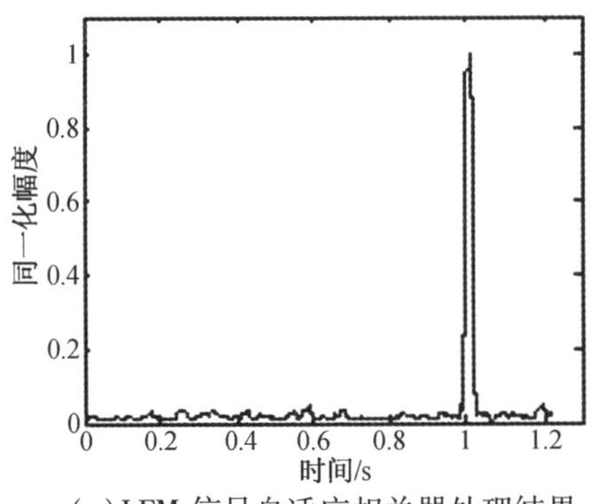

(c) LFM 信号自适应相关器处理结果

图 8　SNR = −5 dB 时的仿真结果

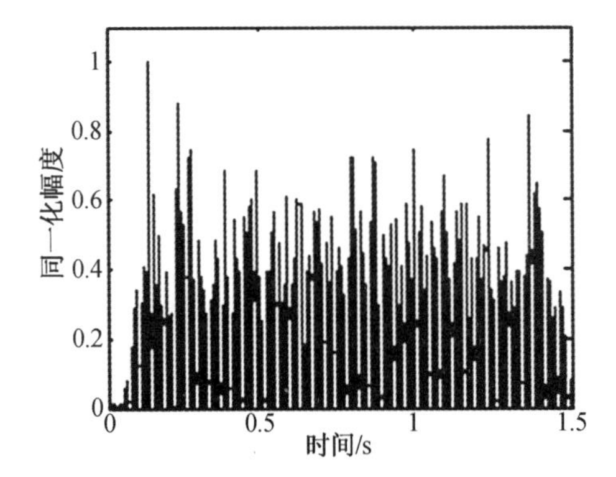

(a) 仿生隐蔽信号拷贝相关器处理结果

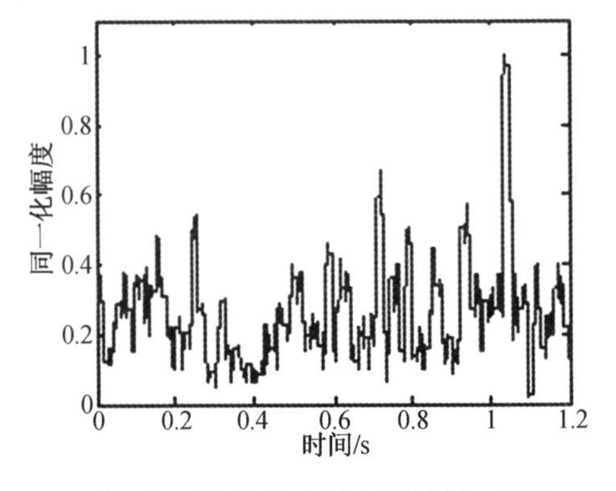

(b) 仿生隐蔽信号自适应相关器处理结果

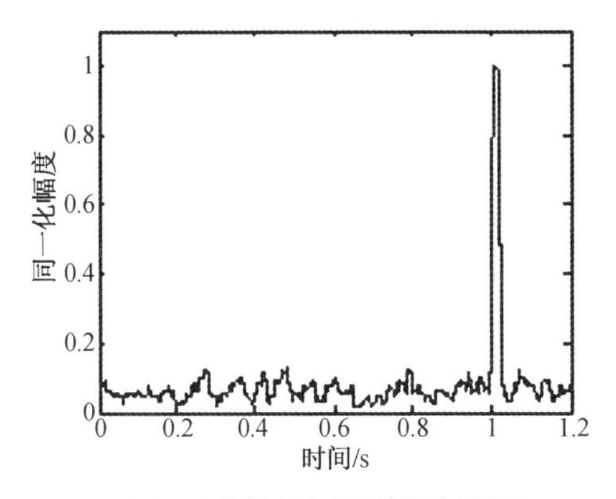

(c)LFM 信号自适应相关器处理结果

图 9　SNR = -10 dB 时的仿真结果

对比实验中,仿生隐蔽探测信号是在脉宽 140 ms 的 whistle 信号中隐蔽了 50 ms 长的 LFM 信号,而与之对比的 LFM 信号是脉宽 140 ms 的常规 LFM 信号。图 7 ~ 图 9 的结果表明:随着信噪比的降低,拷贝相关器和自适应相关器的处理效果都随之下降,但是由于自适应相关器可以自适应的匹配海洋信道,有效抑制海洋中的多途扩展损失,具有额外的非线性处理增益,因此在较低信噪比情况下可以得到更好的处理效果。图 8(a)、图 8(b)结果显示:在 SNR 为 -5 dB 的低信噪比情况下,拷贝相关器的处理结果已经被噪声所淹没,而自适应相关器依然能得到明显的相关峰,这充分证明了自适应相关器相较拷贝相关器的优势。所以该仿生隐蔽探测技术采用自适应相关器作为主动声呐的时域处理器,保证了在较低信噪比情况下该技术的有效性,为实现主动声呐的远距离探测奠定了技术基础。

图 7 ~ 图 9 的结果显示:该技术为了提高主动声呐探测的隐蔽性,一定程度上牺牲了信噪比处理增益。在 SNR = -5 dB 时,仿生隐蔽探测信号和常规 LFM 信号都可以得到较为理想的检测效果;在 SNR = -10 dB 时,LFM 信号依然可以得到明显的相关峰,但是仿生隐蔽探测信号的性能有明显下降。

分析该技术信噪比处理增益下降的原因有两个:一是该技术为了实现隐蔽探测,将 LFM 信号隐蔽在 whistle 信号中,使得隐蔽探测信号中有效的 LFM 信号脉宽由 140 ms 变为50 ms,降低其有效成分的能量占比,即降低了接收信号的信噪比。二是处理增益正比于探测信号的时间带宽积,在发射相同脉宽的探测信号情况下,仿生隐蔽探测信号中 LFM 有效成分的时间带宽积小于常规 LFM 探测信号,时间带宽积的下降导致处理增益降低了 2 ~4 dB。

为了克服这种能量和处理增益所带来的劣势,该仿生隐蔽探测技术采用了有更高处理增益的自适应相关器作为时域处理器。

4.2　海试试验

为进一步验证该技术的有效性和稳健性,于 2015 年 7 月 24 日至 2015 年 8 月 1 日在大连市小长山岛附近海域进行了海试试验,海试地点卫星云图见图 10。

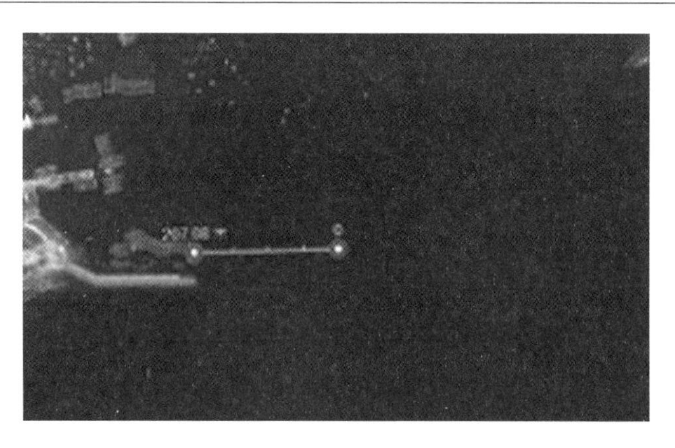

图 10　海试地点示意图

图 0 是本次单程试验的示意图，*A*、*B* 相距约 207.08 m，收发合置换能器吊放于 *B* 点的实验船上，吊放深度 7 m，以停靠在港口 *A* 点附近大船的船底为探测目标。图 11 是试验所在海域的温度梯度分布图，图 12 是试验当天的声速梯度分布，图 13 是利用 BELLHOP 软件基于射线声学计算的传播路径图。图 14 是接收的目标回波，图 15 是自适应相关器的处理结果，图 16 是分段归一化后的自适应相关器处理结果。

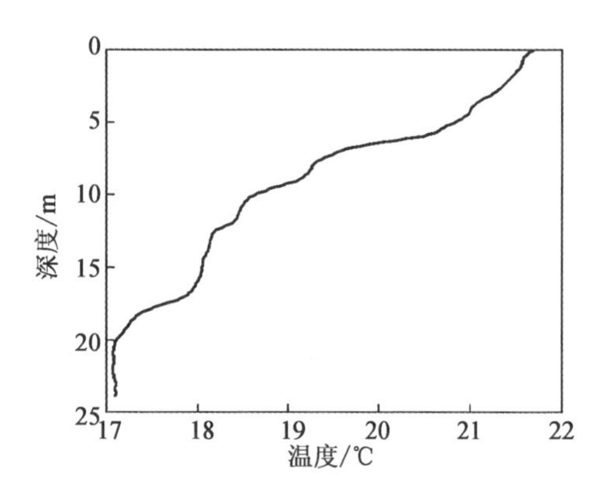

图 11　试验所在海域的温度梯度分布

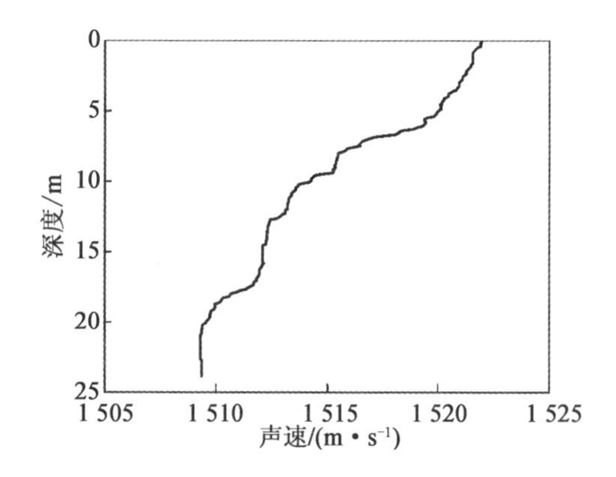

图 12　试验所在海域的声速梯度分布

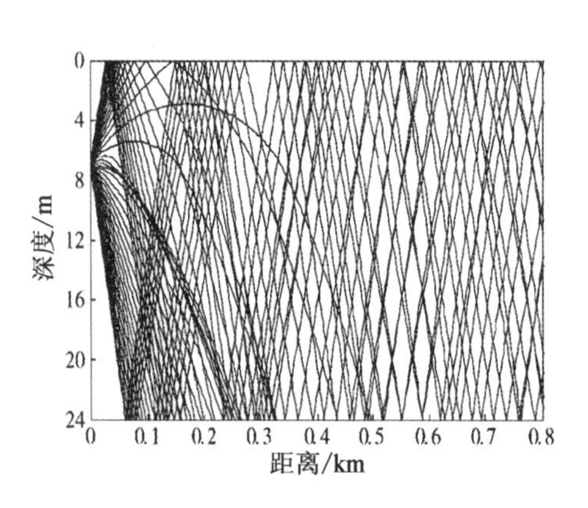

图 13　基于射线理论所计算的传播路径

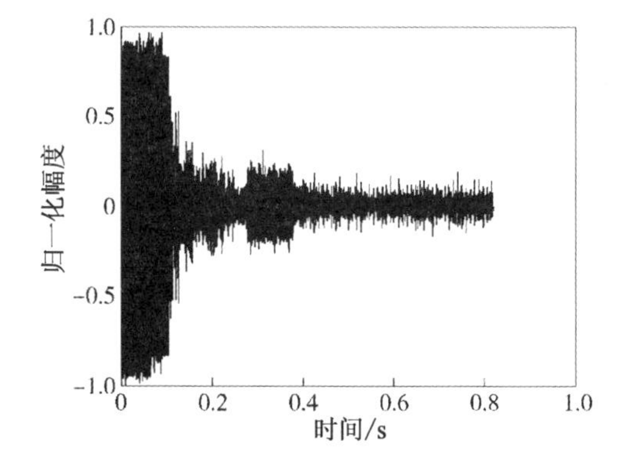

图 14　接收到的目标回波

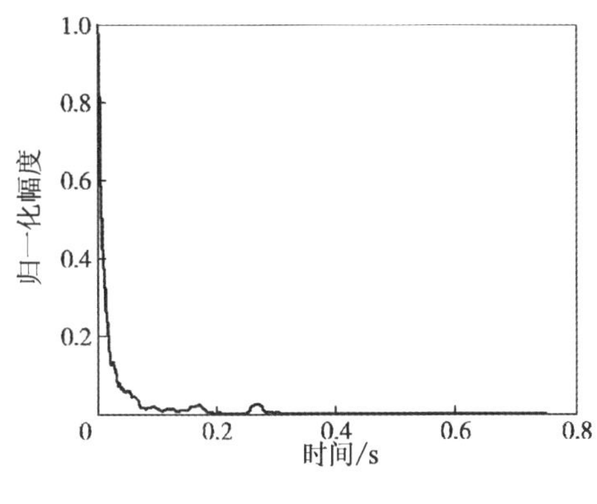

图 15　自适应相关器处理结果

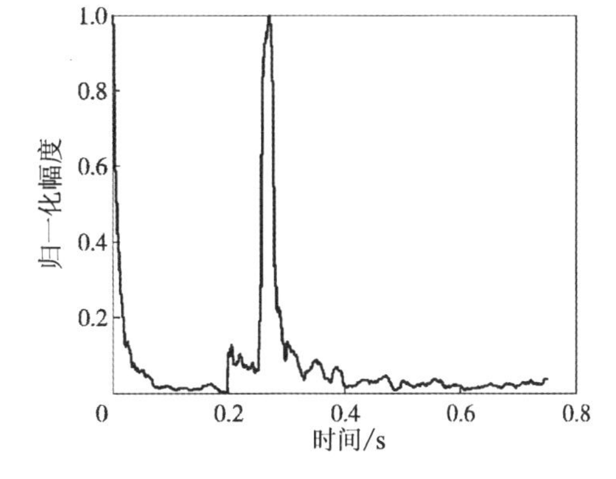

图 16　分段归一化后的自适应相关器处理结果

图 11 是该海域温度梯度分布图,由于夏季阳光照射十分强烈,导致海表面温度很高,约为 21.7 ℃,又由于试验海域位于海湾内侧、风平浪静,没有海浪的搅拌作用,形成大的负梯度温度分布,进而导致声速的负梯度分布。图 12 的声速梯度分布说明试验所处海域为典型的负梯度分布,而且声速梯度随深度急剧下降,海表面的声速为 1 521.99 m/s,深度为 24 m 时的声速变为 1 509.344 m/s,声速减小迅速,变化剧烈。

大的负声速梯度分布导致声波向海底偏转,而且所处海域为泥质海底,反转向海底的声线能量衰减较大,大大缩短了声呐的作用距离。图 13 是利用 BELLOP 软件计算的声线传播图,其结果也显示在该负声速梯度条件下,声呐的作用距离受限。图 13 显示:在 100 m 附近是声呐盲区;由于探测目标选择海面大船的船底,在 45 m 和 200 m 附近声线较密集,考虑到 45 m 处附近混响影响严重,所以选择探测 200 m 处附近的目标,实际拉距约 207 m,由于受到大负梯度声速的和泥质海底的影响,声呐作用距离受限,所以本次海试探测距离受限。

图 14 是接收到的目标回波信号,前 0.14 s 是电串漏信号,在 0.271 5 s 处出现回波信号,可以看到混响的影响比较严重,而且信号的信噪比较低。图 15 是自适应相关器的处理结果,其中自适应滤波器的长度为 1 000 点。前面已经提到由于负声速梯度和泥质海底的影响,声波衰减较大,导致目标回波信号强度较小,而且由于是浅海近距离探测,受混响影响严重。图 15 的结果也能看到明显的强混响影响,在 0.271 5 s 处能观察到强度较小的目标回波处理结果。为了抑制混响的影响,突出目标回波信号,图 16 是分段归一化的自适应相关器处理结果,其结果有力地证明了所提出的仿生主动声呐隐蔽探测技术的有效性。

5　结论

为了解决主动声呐隐蔽性差的问题,本文提出了一种基于海豚 whistle 信号的仿生主动声呐隐蔽探测技术。一方面,该技术利用 whistle 信号低频、抗干扰能力强的特点,以海豚 whistle 信号为掩蔽载体,将 LFM 探测信号掩蔽在 whistle 信号中,利用海洋生物环境噪声实现了主动声呐的隐蔽探测;另一方面,利用自适应相关器对时变、多途的海洋环境具有较强的匹配适应能力,可以有效抑制多途扩展传播损失的优势,以自适应相关器作为主动声呐的时域处理器,相比常规的匹配滤波器获得了额外的非线性处理增益,提高了主动声呐的探测距离。

通过仿真和海上试验验证了基于海豚 whistle 信号的仿生主动声呐隐蔽探测技术的隐蔽

性和有效性。该设计理念为今后主动声呐的发展提供了一条可以借鉴的新路，而基于仿生的主动声呐探测、定位以及通信等技术也将会是未来水声领域的一大研究热点。当然，文中所做的研究对于 whistle 信号的频带利用率并不高，接下来将会进一步研究如何充分利用 whistle 的有用信息。拟利用编码调频和步进调频的方法提高 whistle 信号的频带利用率，进一步优化仿生探测信号的波形设计，从而提高仿生主动声呐的隐蔽探测性能。

参考文献

[1] Ura T, Sugimatsu H, Inoue T, et al. Estimates of bio – sonar characteristics of a free – ranging Ganges river dolphin[J]. The Journal of the Acoustical Society of America, 2006, 120(5): 3228 –3228.

[2] Au W W L, Herzing D L. Echolocation signals of wild Atlantic spotted dolphin (Stenella frontalis)[J]. The Journal of the Acoustical Society of America, 2003, 113(1): 598 –604.
Au W W L, Herzing D L. Echolocation signals of wild Atlantic spotted dolphin (Stenella frontalis)[J]. The Journal of the Acoustical Society of America, 2003, 113(1): 598 –604.
[3] Rasmussen M H, Wahlberg M, Miller L A. Estimated transmission beam pattern of clicks recorded from free – ranging white – beaked dolphins (Lagenorhynchus albirostris)[J]. The Journal of the Acoustical Society of America, 2004, 116(3): 1826 –1831.

[4] Capus C, Pailhas Y, Brown K, et al. Bio – inspired wideband sonar signals based on observations of the bottlenose dolphin (Tursiops truncatus) [J]. The Journal of the Acoustical Society of America, 2007, 121(1): 594 –604.

[5] Houser D, Martin S, Phillips M, et al. Signal processing applied to the dolphin – based sonar system[C]//OCEANS 2003. Proceedings. IEEE, California, 2003, 1: 297 –303.

[6] Martin S, Phillips M, Bauer E, et al. Application of the Biosonar Measurement Tool (BMT) and Instrumented Mine Simulators (IMS) to exploration of dolphin echolocation during free – swimming, bottom – object searches[C]//OCEANS 2003. Proceedings. IEEE, California, 2003, 1: 311 –315.

[7] Li S, Wang D, Wang K, et al. Echolocation click sounds from wild inshore finless porpoise (Neophocaena phocaenoides sunameri) with comparisons to the sonar of riverine N. p. asiaeorientalis[J]. The Journal of the Acoustical Society of America, 2007, 121(6): 3938 –3946.

[8] Akamatsu T, Wang D, Wang K, et al. Estimation of the detection probability for Yangtze finless porpoises (Neophocaena phocaenoides asiaeorientalis) with a passive acoustic method [J]. The Journal of the Acoustical Society of America, 2008, 123(6): 4403 –4411.

[9] Kimura S, Akamatsu T, Wang D, et al. Variation in the production rate of biosonar signals in freshwater porpoises[J]. The Journal of the Acoustical Society of America, 2013, 133 (5): 3128 –3134.

[10] Wang Z, Fang L, Shi W, et al. Whistle characteristics of free – ranging Indo – Pacific humpback dolphins (Sousa chinensis) in Sanniang Bay, China[J]. The Journal of the Acoustical Society of America, 2013, 133(4): 2479 –2489.

[11] 韩笑，殷敬伟，郭龙祥，等. 基于差分 Pattern 时延差编码和海豚 whistles 信号的仿生水声通信技术研究[J]. 物理学报，2013，62(22)：224301 –224301.

Han Xiao, Yin Jing - wei, Guo Long - xiang, Zhang Xiao. Research on bionic underwater acoustic communication technology based on differential Pattern time delay shift coding and dolphin whistles[J]. Acta Phys. Sin, 2013, 62(22): 224301 - 224301. (in Chinese)

[12] Liu S, Qiao G, Ismail A. Covert underwater acoustic communication using dolphin sounds [J]. The Journal of the Acoustical Society of America, 2013, 133(4): EL300 - EL306.

[13] 惠俊英, 王连生. 自适应相关器[J]. 哈尔滨工程大学学报, 1987, 1: 007.
Hui Jun - ying, Wang Lian - sheng. Adaptive correlator[J]. Journal of Harbin Engineering University, 1987, 1: 007. (in Chinese)

[14] 李秀坤, 夏峙, 朱旭. 目标回波时频分布的几何结构图像形态特征[J]. 兵工学报, 2015, 36(1): 130 - 137.
Li Xiu - kun, Xia Zhi, Zhu Xu. Image Morphological Characteristics of Geometrical Structure of Target Echo Time - frequency Distribution[J]. Acta Armamentarii, 2015, 36 (1): 130 - 137.

[15] 陈阳. 矢量阵宽带波束形成和自适应相关器研究[D]. 哈尔滨工程大学, 2008.
Chen Yang. Researches on Wideband Vector - Sensor Array Beamforming and Adaptive Correlator[D]. Harbin Engineering University, 2008. (in Chinese)

[16] 惠俊英. 水下声信道[M]. 国防工业出版社, 1992.
Hui Jun - ying. Marine Navigation Systems[M]. National Defense Industry Press, 1992. (in Chinese)

改进的多输入多输出正交频分复用水声通信判决反馈信道估计算法

乔　钢　王　巍　刘凇佐　Rehan Khan　王　玥

摘要　针对最小均方误差准则下判决反馈信道估计算法在多输入多输出正交频分复用低信噪比水声通信环境下存在误码遗传缺陷,出了一种基于压缩感知理论的改进的 MMSE 判决反馈信道估计算法通过结合浅海水声信道的稀疏性特点利用编码校验后的信息与原始信息实现了对信道估计的判决反馈更新采用匹配追踪算法改进 MMSE 判决反馈追踪信道估计技术实现了抑制传统判决反馈信道估计算法在迭代更新及传递过程中存在的误码遗传的目的仿真和水池实验结果证实改进的 MMSE 判决反馈追踪信道估计算法不仅可以有效地抑制误码遗传,对抗突发噪声跟踪信道的缓慢时变同时大幅降低了导频占用率提高了通信。

1　引言

提高发射功率以增加信道容量的方法已近达到饱和。在这一背景下,有着高频谱利用率的 OFDM 技术结合不需要增加可利用带宽或提高发射功率而能使信道容量获得本质提高的 MIMO 技术,成为近年来水声通信的新热点[1]。浅海声信道通常被看作是一个缓慢时变相干多途信道,在观察或处理时间有限的前提下,信道可以用一个抽头分布稀疏的时不变滤波器来描述[2]。压缩传感[3]作为一种针对线性限定系统的稀疏解的求解方法,可以用少量的信息来准确恢复稀疏信号,因此适合对具有稀疏性质的浅海声信道进行重建[4-6]。国内外关于研究无线电 MIMO - OFDM 通信技术中判决反馈信道估计算法的文献丰富[7-10],但是由于水声通信通常工作在低信噪比环境中,且信道具有缓慢时变特性[11],简单采用判决反馈的信道估计方案极易发生误码遗传灾难[12-16]。文献[12]研究了 MIMO - OFDM 在高速水声通信中的应用,且通过实验证明了其算法在稳定水声信道环境下的有效性。但是该文章更多关注于系统的定时同步问题,信道估计采用块状导频,并未考虑信道缓慢时变的情况。文献[13]研究了利用压缩传感技术进行 MIMO - OFDM 水声信道估计的方法,并通过仿真水声信道证明了算法的有效性。但由于该方法导频占用率较高,在多径时延较大的水声信道中,性能受到算法性能影响,存在比较明显的原始误码平层。文献[14]研究了 MIMO - OFDM 水声信道自适应信道估计算法,但是该算法需要长时间的学习跟踪信道,只适合长时段的连续水声通信。文献[15]研究了 MIMO - OFDM 水声信道压缩传感判决反馈信道估计方法,利用每个 OFDM 符号中的梳状导频估计信道,结合 LDPC 编码实现判决反馈回路,在海试实验中取得了良好的效果,是一种值得深入研究学习的判决反馈均衡算法,但其文章中仅实现了自符号内的反馈信道估计,没有对判决反馈均衡方法通常存在的误码遗传问题进行讨论。本文提出了一种适合稀疏水声信道环境下的 MIMO - OFDM 判决反馈信道估计算法,该方法以文献[8]中 MMSE 判决反馈信道估计算法为基础,结合水声信道的稀疏特点对算法进行改进。改进的 MMSE 判决反馈信道估计算法利用压缩传感技术，主动引入可控噪声，有效地抑制了 MMSE 判决反馈信道估计算法在低信噪比水声通信环境下所存在的误码遗传缺点，大幅降低了导频占用率，提升了水声系统的稳定性。通过蒙特卡洛仿真实验和水池实验证明，在一定范围内该算法可以较为准确的重建信道结构，有效对抗突发噪声，跟踪信道的缓慢时变，实现高效、可靠的水声通信。

2　判决反馈估计系统描述

判决反馈信道估计的核心思想是通过合理的利用信息校验算法，构造其与信道估计算法间的信息反馈回路，以达到提升通信质量的目的。图 1 给出了 MIMO－OFDM 水声通信判决反馈信道估计系统框图，主要由 MIMO－OFDM 技术、空数似然比（logarithmic like hood ratio，LLR）检测以及信道估计技术四种关键技术组成，通过空时编码技术将各时域子信道进行分离，以提高信道估计精度和信息判决准确度；对数似然比检测可以为解码器提供软信息，有利于解码器更好地进行信息校验；信道估计器则是判决反馈信道估计技术的核心，采用的信道估计技术合理与否直接决定了系统通信质量，文献[8]中采用 MMSE 估计以提高信道估计质量，是在香农采样定理下以降低数据原始误码率为手段，实现抑制误码遗传的目的；而本文则改进了 MMSE 信道估计器，从信道匹配的角度出发，在压缩传感定理下利用大多数可靠的信道估计信息实现非信道可靠估计的修正，从而根本上解决了误码遗传的问题。

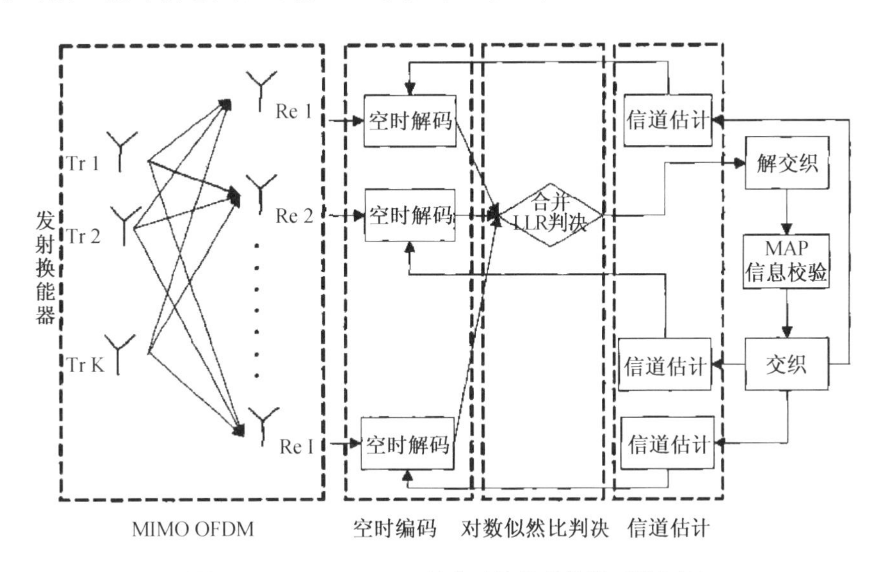

图 1　MIMO－OFDM 判决反馈信道估计系统框图

2.1　MIMO－OFDM 技术

MIMO 水声通信系统中，复数个信号向量流（通常是经过正交化的）通过由 K 个发射换能器组成的发射阵进入水声信道，经过 $K\times I$ 条时域子信道到达由 I 个水听器组成的接收换能器阵。假设发射换能器、接收水听器之间彼此空间不相关，那么不同发射换能器与接收水听器之间形成的 $K\times I$ 时域子信道的衰落可以看成彼此独立且分布一致的。

水声信道时域传输矩阵 $\boldsymbol{H}$ 可以记为：

$$\boldsymbol{H}=\begin{bmatrix} H_{11} & H_{12} & \cdots & H_{1K} \\ H_{21} & H_{22} & \cdots & H_{2K} \\ \vdots & \vdots & & \vdots \\ H_{I1} & H_{I2} & \cdots & H_{IK} \end{bmatrix} \tag{1}$$

$\boldsymbol{H}_{ik}$, $i=1,2,\cdots,I,k=1,2,...,K$,它是由第 k 个发射换能器和第 i 个接收水听器之间构成的时域子信道特普利兹矩阵。由于本文中采用了 CP - OFDM 技术,$\boldsymbol{H}_{ik}$ 的第一行可以写成:

$$\boldsymbol{h}_{ik}=[h_{ik}(0),\ h_{ie}(1),..\ ,h_{ik}(L-1),0,...,0]^{\mathrm{T}} \tag{2}$$

其中 L 是复合水声信道的最大多径时延,$\boldsymbol{h}_{iz}(I)$ 为第 k 个发射换能器和第 i 个接收水听器之间构成的时域子信道的第 l 条时域冲击响应抽头。

由于信道矩阵 $\boldsymbol{H}$ 是块循环结构,因此其信道的频域响应可写成:

$$\boldsymbol{\Omega}=\boldsymbol{F}_I^{\mathrm{H}}\boldsymbol{H}\boldsymbol{F}_K=\begin{bmatrix} \Omega_{11} & \Omega_{12} & \cdots & \Omega_{1K} \\ \Omega_{21} & \Omega_{22} & \cdots & \Omega_{2K} \\ \vdots & \vdots & & \vdots \\ \Omega_{I1} & \Omega_{I2} & \cdots & \Omega_{IK} \end{bmatrix} \tag{3}$$

其中 $\boldsymbol{F}_1=\boldsymbol{P}_I\otimes\boldsymbol{F}$, $\boldsymbol{P}_I$ 是一个单位矩阵,$\otimes$表示克罗内克积,$\boldsymbol{F}$ 是离散傅里叶变换矩阵[17]。

定义式(1)和式(3)中第 k 个列子阵为 $\boldsymbol{H}_k$ 和 $\boldsymbol{\Omega}_K$。$\boldsymbol{\Omega}_k$ 也可以用其时域表示:

$$\boldsymbol{\Omega}_k=\boldsymbol{F}_I^{\mathrm{H}}\boldsymbol{H}_k\boldsymbol{F}_K \tag{4}$$

此时接收端采样的信号 $\boldsymbol{y}$ 与发射端信号 $\boldsymbol{x}$ 间满足:

$$\boldsymbol{y}=\boldsymbol{H}\boldsymbol{x}+\boldsymbol{n}, \tag{5}$$

$\boldsymbol{n}$ 是一个零均值的加性高斯白噪声向量,其方差为 $\mathrm{E}\{\boldsymbol{n}\boldsymbol{n}^{\mathrm{H}}\}=\sigma^2\boldsymbol{P}_I$,$\sigma^2$ 表示每个水听器在指定信噪比下的噪声。

$$\sigma^2=10^{-\boldsymbol{SNR}(\mathrm{dB})/10} \tag{6}$$

2.2　Alamouti 空时编码技术

Alamouti 方案是适合双发射换能器的简单发射分集方法,是 STBC 编码的一种[18]。考虑某个时段的两个 OFDM 符号频域值 $\boldsymbol{X}_1$ 和 $\boldsymbol{X}_2$,它们在两个连续的时隙被发射。在第一个时隙内,换能器 Tr1 和 Tr2 分别发送符号 $\boldsymbol{X}_1$ 和 $\boldsymbol{X}_2$;在第二个时隙内,Tr1 和 Tr2 则分别发送符号 $-\boldsymbol{X}_2^*$ 和 $\boldsymbol{X}_1^*$。假设具有零均值和单位方差信道频域响应向量 $\boldsymbol{\Omega}_{1,1}$ 和 $\boldsymbol{\Omega}_{2,1}$ 在连续两个时间间隔内保持不变,考虑单个水听器接收的情况,在第一个时隙接收信号 $Y_1(1)$ 可以表示为:

$$\boldsymbol{Y}_1(1)=\sqrt{\rho}(\boldsymbol{\Omega}_{1,1}\boldsymbol{X}_1+\boldsymbol{\Omega}_{2,1}\boldsymbol{X}_2)+\boldsymbol{N}_1(1) \tag{7}$$

而在第二个时隙接收信号可以 $\boldsymbol{Y}_1(2)$ 表示为:

$$\boldsymbol{Y}_1(2)=\sqrt{\rho}(-\boldsymbol{\Omega}_{1,1}\boldsymbol{X}_2^*+\boldsymbol{\Omega}_{2,1}\boldsymbol{X}_1^*)+\boldsymbol{N}_1(2) \tag{8}$$

其中 $\boldsymbol{N}_1(1)$ 和 $\boldsymbol{N}_1(2)$ 分别为相邻两个时隙的频域噪声向量,每个维度方差为 1/2, 接收信号 $\boldsymbol{Y}_1$ 功率归一化为 1, ρ 为信噪比。此时接收信号矩阵 $\boldsymbol{Y}$ (其中第二个信号取共轭)可表示为:

$$\boldsymbol{Y}=\begin{bmatrix}\boldsymbol{Y}_1(1)\\ \boldsymbol{Y}_1^*(2)\end{bmatrix}=\sqrt{\rho}\begin{bmatrix}\boldsymbol{\Omega}_{1,1} & \boldsymbol{\Omega}_{2,1}\\ \boldsymbol{\Omega}_{2,1}^* & -\boldsymbol{\Omega}_{1,1}^*\end{bmatrix}\begin{bmatrix}\boldsymbol{X}_1\\ \boldsymbol{X}_2\end{bmatrix}+\begin{bmatrix}\boldsymbol{N}_1(1)\\ \boldsymbol{N}_1^*(2)\end{bmatrix} \tag{9}$$

假设接收机可以获得理想的信道状态，且所有的符号都是等概率输入，根据贝叶斯准则，最佳译码符号可以表示为：

$$(\hat{\boldsymbol{X}}_1,\hat{\boldsymbol{X}}_2)=\underset{(\boldsymbol{X}_1,\boldsymbol{X}_2)}{\operatorname{argmax}}P(\boldsymbol{\Omega}^{\mathrm{H}}\boldsymbol{Y}|\boldsymbol{X}_1,\boldsymbol{X}_2,\boldsymbol{\Omega}_{1,1},\boldsymbol{\Omega}_{2,1}) \tag{10}$$

这里：

$$\boldsymbol{\Omega}^{\mathrm{H}}\boldsymbol{Y}=\sqrt{\rho}\begin{bmatrix}|\boldsymbol{\Omega}_{1,1}|^2+|\boldsymbol{\Omega}_{2,1}|^2 & 0\\ 0 & |\boldsymbol{\Omega}_{1,1}|^2+|\boldsymbol{\Omega}_{2,1}|^2\end{bmatrix}\begin{bmatrix}\boldsymbol{X}_1\\ \boldsymbol{X}_2\end{bmatrix}\begin{bmatrix}\boldsymbol{N}_1'(1)\\ \boldsymbol{N}_1'(2)\end{bmatrix} \tag{11}$$

$$\begin{bmatrix}\boldsymbol{N}_1'(1)\\ \boldsymbol{N}_1'(2)\end{bmatrix}=\begin{bmatrix}\boldsymbol{\Omega}_{1,1} & \boldsymbol{\Omega}_{2,1}\\ \boldsymbol{\Omega}_{2,1}^* & -\boldsymbol{\Omega}_{1,1}^*\end{bmatrix}\begin{bmatrix}\boldsymbol{N}_1(1)\\ \boldsymbol{N}_1^*(2)\end{bmatrix} \tag{12}$$

由于$\boldsymbol{N}_1(1)$与$\boldsymbol{N}_1(2)$是联合高斯随机变量的线性组合，所以$\boldsymbol{N}'_1(1)$和$\boldsymbol{N}'_1(2)$也是联合高斯分布的，且相互独立、均值为零。因此，求解最佳判决$\hat{\boldsymbol{X}}_1$和$\hat{X}_2$可简化为使得可能传输符号与矢量$\boldsymbol{\Omega}^{\mathrm{H}}\boldsymbol{Y}$对应的元素之间的欧氏距离最小化，即：

$$\boldsymbol{X}_1=\underset{X_1}{\operatorname{argmax}}\left|\boldsymbol{\Omega}_{1,1}^*Y_1(1)+\boldsymbol{\Omega}_{2,1}\boldsymbol{Y}_1^*(2)-\sqrt{\rho}(|\boldsymbol{\Omega}_{1,1}|^2+|\boldsymbol{\Omega}_{2,1}|^2)\boldsymbol{X}_1\right| \tag{13}$$

$$\boldsymbol{X}_2=\underset{X_2}{\operatorname{argmax}}\left|\boldsymbol{\Omega}_{2,1}^*\boldsymbol{Y}_1(1)-\boldsymbol{\Omega}_{1,1}\boldsymbol{Y}_1^*(2)-\sqrt{\rho}(|\boldsymbol{\Omega}_{1,1}|^2+|\boldsymbol{\Omega}_{2,1}|^2)\boldsymbol{X}_2\right| \tag{14}$$

2.3　对数 LLR 检测

采用 LLR 可以为系统级联的卷积解码器提供软信息，以提高系统性能。设任意 M（$M=2^m$，$m=1,2,...,M$）进制的星座映射集合 $C=\{c_1,c_2,...,c_M\}$。

假设 C'所有元素已按功率进行了归一化，此时有：

$$\frac{1}{M}\sum_{m'=1}^{M}|c'_m|^2=1 \tag{15}$$

假设 MIMO－OFDM 按符号进行编码，采用格雷映射方式将二进制元素 $b=(b_1,b_2,\cdots,b_j')$映射到集合 $\boldsymbol{B}$ 中：

$$\boldsymbol{B}(v,\boldsymbol{X})=\begin{cases}0, b_v=0\\ 1, b_v=1\end{cases} \tag{16}$$

其中 $\boldsymbol{J}'=m\times J$，为一个 OFDM 符号所含有效子载波数。由于编码比特 b_1，b_2，...，b_j'是交织的，我们可以假设比特 b_1，b_2，...，b_j'相互独立。因此：

$$\Pr[\boldsymbol{X}]=\prod_{j'=1}^{J'}\Pr[b_j'] \tag{17}$$

集合中对应 $b_v=1$ 的子集合 $C_1(v)$和对应 $b_v=0$ 的子集合 $C_0(v)$分别满足等式：

$$C_1(v)=\{\boldsymbol{X}:\boldsymbol{X}\in C,B(v,\boldsymbol{X})=1\} \tag{18}$$

$$C_0(v)=\{\boldsymbol{X}:\boldsymbol{X}\in C,B(v,\boldsymbol{X})=0\} \tag{19}$$

本文采用了 MAP 算法进行卷积解码，因此需要对 $b=(b_1,b_2,\cdots,b_j'\})$中的各个比特进行对数似然比量化，假设 $L(b_v)$为比特 b_v 在接收到信号为 Y_{LLR}的条件下的最大后验概率比[19]，则 $L(b_v)$满足公式：

$$L(b_v)=\ln\frac{\Pr[b_v=1|\boldsymbol{Y}_{\mathrm{LLR}}]}{\Pr[b_v=0|\boldsymbol{Y}_{\mathrm{LLR}}]}=\ln\frac{\sum_X\Pr[b_v=1,\boldsymbol{X}_{\mathrm{LLR}}\in C|Y_{\mathrm{LLR}}]}{\sum_X\Pr[b_v=0,\boldsymbol{X}_{\mathrm{LLR}}\in C|Y_{\mathrm{LLR}}]}=$$

$$\ln \frac{\sum_{X_{\mathrm{LLR}} \in C_1(v)} \Pr[\boldsymbol{X}_{\mathrm{LLR}} \mid \boldsymbol{Y}_{\mathrm{LLR}}]}{\sum_{X_{\mathrm{LLR}} \in C_1(v)} \Pr[\boldsymbol{X}_{\mathrm{LLR}} \mid \boldsymbol{Y}_{\mathrm{LLR}}]} = \ln \frac{\sum_{X_{\mathrm{LLR}} \in C_1(v)} \Pr[\boldsymbol{Y}_{\mathrm{LLR}} \mid \boldsymbol{X}_{\mathrm{LLR}}]}{\sum_{X_{\mathrm{LLR}} \in C_1(v)} \Pr[\boldsymbol{Y}_{\mathrm{LLR}} \mid \boldsymbol{X}_{\mathrm{LLR}}]} \tag{20}$$

由于接收信号 $\boldsymbol{Y}_{\mathrm{LLK}}$的实部与虚部独立,在各个符号出现概率相等的前提下,$\Pr[\boldsymbol{Y}_{\mathrm{LLR}} \mid \boldsymbol{X}_{\mathrm{LLR}}]$ 满足公式:

$$Pr[\boldsymbol{Y}_{\mathrm{LLR}} \mid \boldsymbol{X}_{\mathrm{LLR}}] \propto \frac{1}{\pi\sigma^2}\exp\left\{\frac{-\left\|\boldsymbol{Y}_{\mathrm{LLR}} - \sqrt{1/I}\boldsymbol{X}_{\mathrm{LLR}}\boldsymbol{\Omega}\right\|^2}{\sigma^2}\right\} \tag{21}$$

3　改进的 MMSE 判决反馈信道估计算法

3.1　MMSE 判决反馈信道估计算法原理

最小均方误差算法以求均方误差的代价函数最小为准则,考虑了信道中噪声的性质,利用信道的二阶统计特性来减小均方误差,提高了信道估计的准确性。文献[17]中给出了 MMSE 信道估计的表达式:

$$\boldsymbol{\Omega}_{\mathrm{MMSE}} = \boldsymbol{R}_{\Omega\Omega}\boldsymbol{X}^{\mathrm{H}}(\boldsymbol{XFR}_{\Omega\Omega}\boldsymbol{F}^{\mathrm{H}}\boldsymbol{X}^{\mathrm{H}} + \sigma^2\boldsymbol{P}_I)^{-1}\boldsymbol{Y} = \boldsymbol{R}_{\Omega\Omega}(\boldsymbol{R}_{\Omega\Omega} + \sigma^2(\boldsymbol{XX}^{\mathrm{H}})^{-1}\boldsymbol{P}_I)^{-1}\boldsymbol{\Omega}_{LS} \tag{22}$$

其中 $\boldsymbol{R}_{\Omega\Omega}$为信道频域自相关矩阵,$\boldsymbol{\Omega}_{\mathrm{MMSE}}$为 MMSE 算法信道估计的频域响应。

假设 MIMO－OFDM 系统采用效率为 1 的 STBC 编码,第 i 个水听器接收到的信号向量 $\boldsymbol{Y}$;经过空时解码后分离出第 k 个信息向量 $\boldsymbol{X}_{k,i}$,在最大比合并准则下合并 I 个信息向量 $\boldsymbol{X}_{x,i}$并对其进行对数似然比检测,将检测获得的软信息 $\boldsymbol{X}'_k$提供给译码器进行校验,此时 $\boldsymbol{X}'_k$可以表示为:

$$\boldsymbol{X}'_k = L\left(\sum_{i=1}^{I}\boldsymbol{X}_{k,i}\right) \tag{23}$$

在 MAP 准则下对软信息向量 $\boldsymbol{X}'_k$进行解码校验,获得经过校验的信息向量 $\boldsymbol{X}''_k$。利用水听器接收信息向量 $\boldsymbol{Y}_i$ 和经过校验的信息向量 $\boldsymbol{X}''_k$,根据式(22)重新计算信道频域响应向量 $\boldsymbol{\Omega}^{k,i}_{\mathrm{MMSE}}$,有:

$$\boldsymbol{\Omega}^{k,i}_{\mathrm{MMSE}} = \boldsymbol{R}_{\Omega_{k,i}\Omega_{k,i}}(\boldsymbol{R}_{\Omega_{k,i}\Omega_{k,i}} + \sigma^2\boldsymbol{L}(\boldsymbol{XX}^{\mathrm{H}})^{-1}\boldsymbol{P}_I)^{-1}\boldsymbol{\Omega}^{k,i}_{\mathrm{STBC}} \tag{24}$$

$$\boldsymbol{\Omega}^{k,i}_{\mathrm{STBC}} = f_{\mathrm{STBC}}(\boldsymbol{Y}_i, \boldsymbol{X}''_k) \tag{25}$$

其中 $f_{\mathrm{STBC}}(.)$表示 STBC 解码。

利用 $\boldsymbol{Y}_i$ 和 $\boldsymbol{\Omega}^{k,i}_{\mathrm{STBC}}$重新计算信息向量 $\boldsymbol{X}'_k$,实现符号内信道循环迭代均衡的系统结构。最后当满足符号内信道循环迭代均衡最大次数条件后,根据式(3)将 $\boldsymbol{\Omega}_{\mathrm{MMSE}}$赋给下一时刻信道频域响应向量作为初始值,实现信道估计的传递。

3.2　改进的 MMSE 判决反馈信道估计算法

利用 MMSE 判决反馈信道估计算法实现信道追踪、提高通信速率和质量的方法在无线电通信领域发展较为迅速,但对于通常工作于低信噪比环境下的水声通信,该方法存在的误码遗传缺陷会造成通信系统性能迅速下降。针对 MMSE 判决反馈信道估计算法的上述缺点,本文提出了一种改进的判决反馈信道估计算法。改进的算法通过利用水声信道的稀疏性质,采用匹配追踪算法估计信道自相关矩阵,通过利用大多数正确的信道估计信息来匹配信道、纠正错误,以达到克服系统误码遗传的目的。

关于稀疏信号的恢复方法的研究有很多[21－22],本文中采用了 MP 匹配追踪信号恢复方法来实现对水声信道的重建。假设通过式(25)获得的信道频域响应为 $\boldsymbol{\Omega}_{\mathrm{STBC}}^{k,i}$，$\boldsymbol{\Psi}$ 是过完备字典，由原子 $\boldsymbol{\phi}$ 构成。$\boldsymbol{\phi}_n$ 是第 n 次匹配从字典 $\boldsymbol{\Psi}$ 中选择出的原子向量，ω_n 为加权因子。此时通过下列算法流程对信道 $\boldsymbol{\Omega}_{\mathrm{STBC}}^{k,i}$ 进行匹配：

(1)初始化：令残差信号 $\boldsymbol{R}^{k,i}=\boldsymbol{\Omega}_{\mathrm{STBC}}^{k,i}$。

(2)在字典 $\boldsymbol{\Psi}$ 中寻找与残差信号 $\boldsymbol{R}^{k,i}$ 内积最大的原子 $\phi_n^{k,i}$，并计算其加权因子 $\omega_n^{k,i}$。

$$S_n^{k,i}=\arg\max_{n=1,2,\cdots,Q,n\notin S_n}\frac{\langle\phi_n^{k,i},R_{n-1}^{k,i}\rangle}{\|\phi_n^{k,i}\|^2}\tag{26}$$

$$\omega_n^{k,i}=\frac{\langle S_n^{k,i},R_{n-1}^{k,i}\rangle}{\|S_n^{k,i}\|^2}\tag{27}$$

(3)更新加权因子存储向量 $\boldsymbol{W}_n^{k,i}=[W_{n-1}^{k,i},\omega_n^{k,i}]$ 以及原子 $\boldsymbol{\phi}_n$ 在字典中的位置向量。

$$S_n^{k,i}=\{S_{n-1}^{k,i},S_n^{k,i}\}$$

(4)更新残差 $R_n^{k,i}$。

$$R_n^{k,i}=R_{k,in}-(\omega_{k,in})^{\mathrm{H}}R_{n-1}^{k,i}\omega_n^{k,i}\tag{28}$$

重复步骤(2) ~ (4)直到 $\boldsymbol{\Omega}_{\mathrm{STBC}}^{k,i}$ 被充分分解。对于本文中的 MIMO - OFDM 系统，$\boldsymbol{\Omega}_{\mathrm{STBC}}^{k,i}$ 经过匹配后的信道频域响应向量 $\boldsymbol{\Omega}_{\mathrm{MP}}^{k,i}$ 可以表示为：

$$\boldsymbol{\Omega}_{\mathrm{MP}}^{k,i}=\sum_{l=1}^{L}\omega_l^{k,i}\phi_l^{k,i}=W^{k,i}\boldsymbol{\Psi}\tag{29}$$

式(29) $W^{k,i}$ 包含了字典 $\boldsymbol{\Psi}$ 内所有原子的加权系数，当且仅当 $l\in S^{k,i}$ 的情况下 $\omega_l^{k,i}$ 取值非 0 或远大于 0)。此时改进的 MMSE 的判决反馈的信道估计 $\boldsymbol{\Omega}_{\mathrm{MMSE}'}^{k,i}$ 更新为：

$$\boldsymbol{\Omega}_{\mathrm{MMSE}'}^{k,i}=\boldsymbol{F}\boldsymbol{R}_{H_{k,i}H_{k,i}}\boldsymbol{F}_p(\boldsymbol{F}_p\boldsymbol{R}_{H_{k,i}H_{k,i}}\boldsymbol{F}'_p+\sigma^2(\boldsymbol{X}\boldsymbol{X}^{\mathrm{H}})^{-1}\boldsymbol{P}_I)^{-1}\boldsymbol{\Omega}_{\mathrm{MP}}^{k,i}\tag{30}$$

其中，信道冲击响应自相关矩阵 $\boldsymbol{R}_{H_{k,i}H_{k,i}}$ 可根据 $\boldsymbol{\Omega}_{\mathrm{MP}}^{k,i}$ 求得。$\boldsymbol{F}_p$ 为通过对数据进行判决筛选作为导频处的傅里叶变换矩阵。

3.3 改进的 MNSE 判决反馈信道估计算法性能理论分析

相较 MMSE 的判决反馈信道估计算法，本文所给出的改进算法能够一定程度上克服系统误码遗传。其原因主要有两方面：一是匹配追踪算法是基于压缩传感理论，其信道估计的准确度主要取决于算法最大时延分辨能力，即影响匹配追踪信道估计算法性能的主因来自系统乘性噪声残留。而 MMSE 算法性能主要受系统加性噪声影响，因此可以认为影响两种信道估计的噪声相关度较低，从而提高了判失反馈系统性能；二是，匹配追踪算法仅需要保证大多数信道先验信息正确即可，因此通过结合信道打孔技术[23]等手段，迭代过程中产生的误差几乎不会对同一符号的下次迭代以及其后续符号产生影响，因此相较 MMSE 判决反馈估计器有着显著的性能提升。

相较 MMSE 判决反馈信道估计，改进的算法增加了匹配追踪过程的计算量。

假设对信道最大搜索次数为 L'，那么改进算法一次信道估计需至少增加 $(L-L')!$ 次长度为 J 的自相关运算，即计算量大约增加 $o(4J(L-L')!)$ 次乘法运算和 $o(2J(L-L')!)$ 次加法运算，加重了水声通信系统硬件负担。

由于浅海水声信道通常存在较大时延的多径叠加，若其超过 OFDM 循环前缀的保护范围，将会明显影响匹配追踪算法对抽头系数计算的准确性，从而造成系统存在一定的原始误码平层。然而浅海水声通信中超过保护范围的多径时延信号能量通常较低,其形成的误码平层通过通信系统本身包含的编码纠正。因此,从通信系统整体性能考虑,虽然受匹配追踪算法局限会引入噪声干扰,但一般不会影响水声通信的质量。一言概之,改进的 MMSE 判决反馈信道均衡算法可以被认为是通过主动引入可控的噪声(主要是乘性噪声残留),损失系统有限性能(可能会带来通信系统原始误码平层),以显著提高通信系统的稳定性(抗误码遗传的能力)。

4　仿真与水池实验结果

4.1　仿真实验结果及分析

为验证改进的 MMSE 信道判决反馈估计算法的可行性和可靠性,本文通过 Matlab 软件对算法进行了蒙特卡洛仿真。图 2 给出了由某信道仿真软件生成的浅海信道冲激响应模型。发射换能器 I、II 分别在水下 10 m 和 15 m 处,接收水听器 I、II 也分别在水下 15 m 和 21 m处。发射端与接收端水平相距 3 450 m,平均海深 55 m。表 1 给出了 MIMO – OFDM 通信系统仿真采用的主要参数。系统采用的卷积码生成多项式[15,17],每次编码长度与单个 OFDM 符号的实际可载信息量一致。卷积解码采用最大后验概率准则[24]。

图 3 给出了图 2 中的信道 3 利用 MP 算法匹配出的信道结果。比较原始信道和匹配出的信道结果可以发现,MP 算法在 43 ms 时延范围内,信道主要抽头的幅值和时延都能较为准确的估计。而 43 ms 时延以外的抽头由于受到 MP 算法时延估计能力的限制而无法重构,被当作噪声处理。这些 MP 算法无法恢复的抽头是造成 43 ms 时延内可恢复的抽头的幅值和时延有一定偏差的重要原因。

表 1　MIMO – OFDM 系统主要参数

参　数	取值	参　数	取值
FFT 长度	8 192	编码方式	STBC&CC
采样率/kHz	48	编码效率	0.5
J	1 025	$K \times I$	2 × 2
通信频带/kHz	6 ~ 12	符号时长/ms	171
子载波间隔/Hz	5.86	循环前缀/ms	43

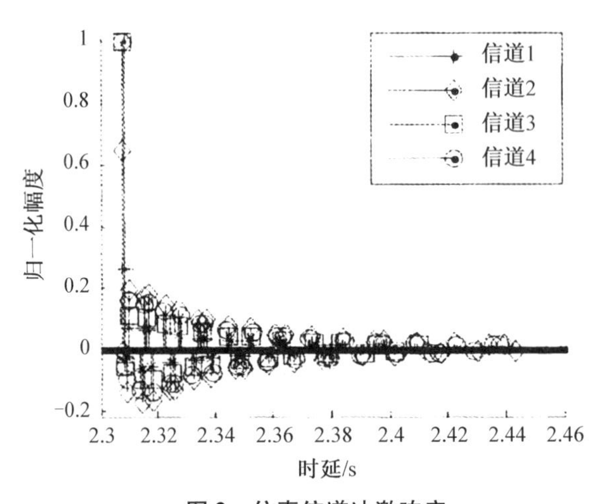

图 2　仿真信道冲激响应

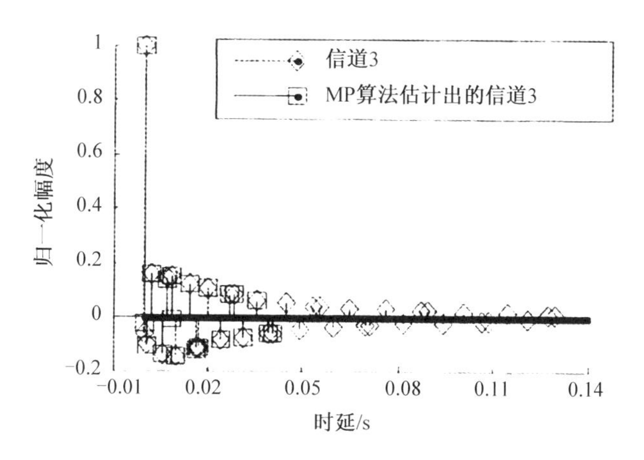

图3　仿真信道冲激响应估计

图4给出了传统MP、MMSE信道估计方法，MMSE判决反馈信道估计方法以及改进的MMSE判决反馈信道估计方法在图2的信道条件下的仿真性能比较。MP算法采用梳状导频，导频占用率为25%，MMSE判决反馈算法采用块状导频，导频占用率为25%，改进的MMSE判决反馈信道估计算法帧结构与MMSE算法相同，但在其每帧第一个符号内插入导频占用率为25%梳状导频代替块状导频，因此其综合导频占用率仅为6.25%。

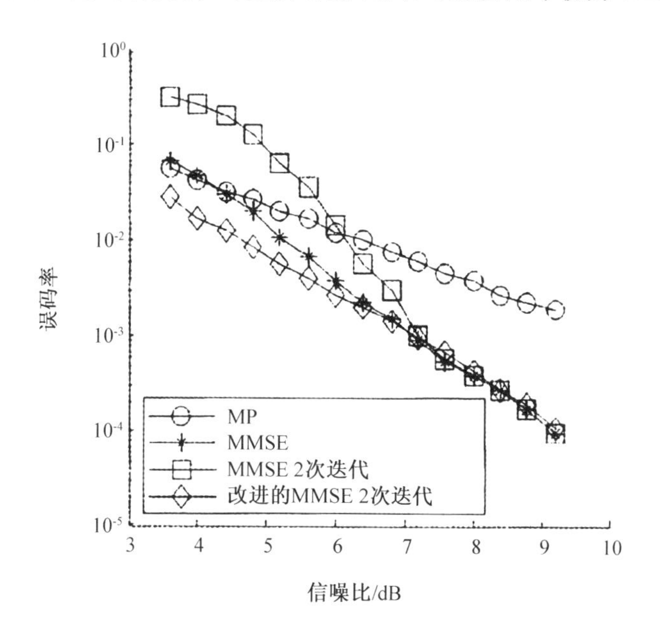

图4　4种水声信道估计算法性能比较

在非时变信道，噪声性质为高斯加性噪声条件下，MMSE判决反馈信道估计算法在高信噪比条件下与MMSE算法性能相仿，但在低信噪比条件下由于其存在误码遗传的缺点，性能较其他3种算法都要差。

在高信噪区域，MP算法存在比较明显的误码平层，在4种算法中性能最差，这是由采用的仿真信道存在大多经时延所造成，因此需要结合更合理的编码方案才能保证可靠水声通信的实现。

改进的 MMSE 判决反馈信道估计算法在低信噪比条件下性能优于其他 3 种方案,在高信噪比条件下,性能与 MMSE 算法、MMSE 判决反馈算法几乎一致,且其导频占用率大大低于上述两种算法,因此其更适合在可利用带宽资源有限的水声通信背景下应用。

图 5 给出了在高斯加性噪声环境下不同迭代次数对改进的 MMSE 判决反馈信道估计算法性能的影响。可以看到随着迭代次数的增加,系统性能的稳定性上升。从图中可以看出,改进的 MMSE 判决反馈信道估计算法迭代 2 次的统计性能比其迭代 1 次的性能平均有 0.4 dB 的信噪比提升,但迭代 5 次的结果与迭代 2 次相比较,性能几乎一致。因此,可以认为改进的 MMSE 判决反馈信道估计算法采用 2 次迭代反馈基本可以保证系统的稳定性。

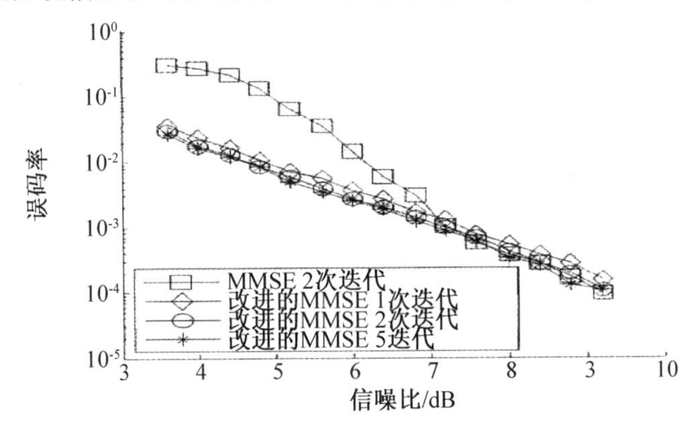

图 5　不同迭代次数性能比较

在水声信道环境下,由于行船、海洋生物等影响,时而会出现突发噪声的情况,严重影响了水声通信的通信质量。针对上述情况,图 6 给出了 MMSE 算法、MMSE 判决反馈算法以及改进的 MMSE 判决反馈信道估计算法受突发噪声影响的性能分析。本文中突发噪声采用阿尔法稳定分布模型构造,其产生表达式为[25]:

$$N' = A_{\alpha,\beta}\frac{\sin(\alpha(V^* - B_{\alpha,\beta}))}{(\cos(V^*))^{1/\alpha}}\left(\frac{\cos(V^* - \alpha(V^* - B_{\alpha,\beta}))}{U^*}\right)^{(1-\alpha)/\alpha} \tag{31}$$

其中:

$$B_{\alpha,\beta} = -\frac{\arctan\left(\beta\tan\frac{\pi\alpha}{2}\right)}{\alpha} \tag{32}$$

$$A_{\alpha,\beta} = \left[1 + \left(\beta\tan\frac{\pi\alpha}{2}\right)^2\right]^{1/2\alpha} \tag{33}$$

V^* 是均匀分布在区间$(-\pi/2, \pi/2)$的随机变量。U^* 是均值为 1 的指数分布随机变量,且 V^* 与 U^* 相互独立。仿真实验中信噪比约为 8 dB, $\alpha = 1.92, \beta = 0$, MMSE 算法和 MMSE 判决反馈算法的导频占用率为 14.3%,改进的 MMSE 判决反馈信道估计算法导频占用率为 3.57%。

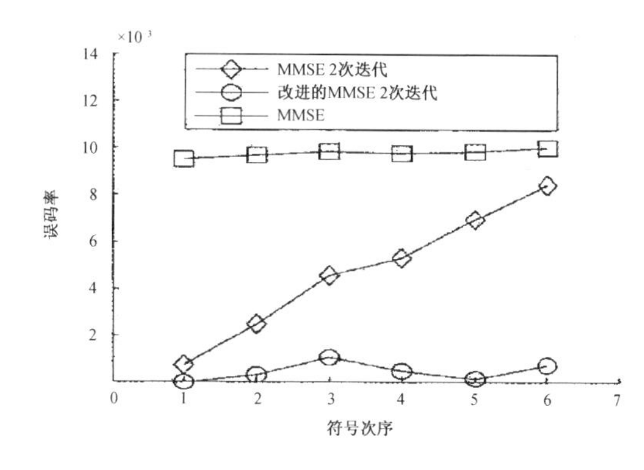

图6　突发噪声环境下算法性能比较

从图4中的结果可以看到,在8 dB高斯加性噪声的影响下,3种算法的性能接近一致。但在有突发噪声的环境下,根据图6中的仿真结果,MMSE的性能明显不如其他两种判决反馈算法。这时因为当有较强的突发噪声影响到导频所在的通信时段时,严重影响了导频对信道的估计准确性,同时其缺乏判决反馈算法信道估计误差自我修复能力,因此对其所均衡的整帧信号造成了严重的性能损失。

MMSE判决反馈算法在突发噪声环境下,一定程度上能够跟踪信道的变化,弥补MMSE算法的不足,但其存在较为严重的误码遗传问题。如图6所示,在同一帧的数据中,越是出现时刻较晚的OFDM符号,其出错的可能性就越高,这是由于其前一时刻算法无法修复信道造成错误累积的结果。

改进的MMSE判决反馈信道估计算法由于采用了匹配追踪的方法估计信道相关矩阵,该算法只需要获得的大多数频域信道估计信息正确即可,因此有效的抑制了MMSE判决反馈算法所存在的误码遗传缺点。因此,改进的MMSE判决反馈信道估计算法的性能虽然较其在高斯加性噪声环境下的性能有所降低,但依然能够保证系统的稳定工作。

图7给出了2011年松花湖通信试验实测的双发单收的MISO水声信道时变冲激响应样本(信道样本采样时段间隔不均匀),发射换能器与接收水听器水平距离约2.06 km,假设MISO-OFDM水声通信按STBC编码长度依次通过图7中的信道样本,即仿真时认为图7中信道以依次STBC编码长度为间隔变化,OFDM符号内信道结构稳定。仿真采用块状导频结合梳状导频方案,梳状导频作为定时辅助导频均匀分布在每个OFDM符号中,导频间隔为10。

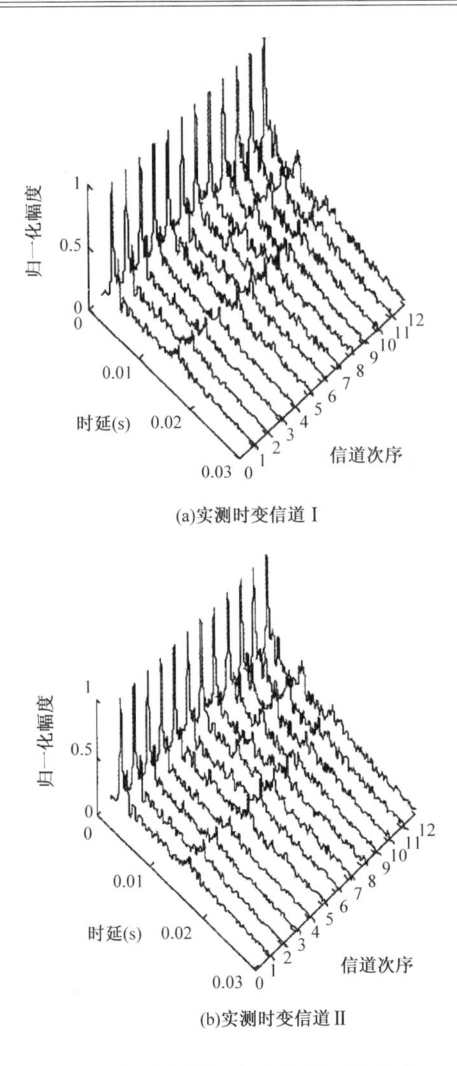

(a)实测时变信道Ⅰ

(b)实测时变信道Ⅱ

图 7　实测松花湖水声信道冲激响应

图 8 给出了同一组数据分别采用 MMSE 判决反馈算法及其改进算法的误码率对比。通过观察图 8 可以发现,第 4 个及第 8 个时间段的解码后误码率明显偏高,这是由于处于该时间段的两组信道分别与其前一时刻信道差别较大所造成的。两种 MMSE 判决反馈信道估计算法都有一定的信道跟踪能力,两者相较改进的算法其对信道的跟踪速度明显好于未改进的 MMSE 判决反馈信道估计算法。即使信道发生一定程度上的变化,改进的 MMSE 判决反馈信道估计算法出错较高的时段几乎不会对下一时段的通信效果造成影响,这时因为改进的算法只需要保证有一定数量的数据正确即可实现对信道的有效匹配,而 MMSE 判决反馈信道估计算法虽然也成功的跟踪到了信道变化,但其信道估计收敛缓慢,误码率较高的时段对其之后时间段的通信效果影响明显。

图6 和图8 的仿真实验的结果与2. 3 节的理论分析一致,因此可以认为相较于传统的判决反馈算法,改进的 MMSE 判决反馈信道估计算法在缓慢时变的水声信道环境中适应性更好。

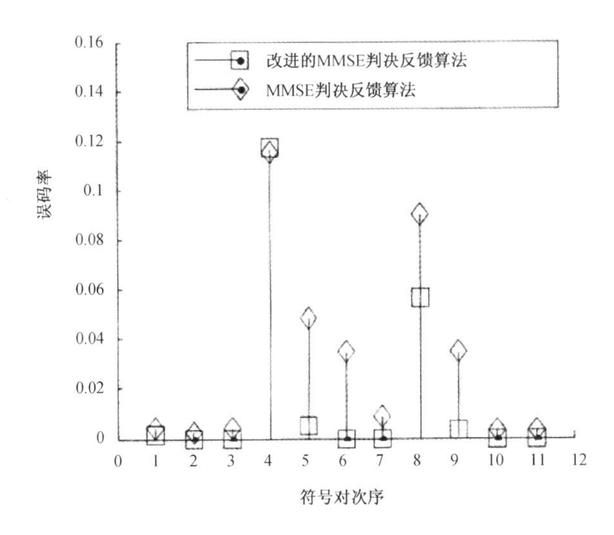

图 8 信道时变情况下算法性能比较

4.2 水池实验结果及分析

为验证改进的 MMSE 判决反馈信道估计算法的可靠性,2011 年 12 月,在哈尔滨工程大学信道水池进行了实验验证。信道水池水深约 4 m,宽 6 m,发射换能器 I、II 分别位于水下 1.5 m 和 2.5 m 处,水听器 I、II 位于水下 1.5 m 和 3 m 处,发射换能器和水听器水平相距 7.8 m。MIMO－OFDM 水池实验通信系统主要参数如表 2 所示。

图 9 给出了利用改进的 MMSE 判决反馈信道估计算法测得的 4 条时域子信道冲激响应。由于受水池体积限制,信道最大多径时延不到 10 ms,但信道多径能量较强,整体信道状况较为复杂。表 3 给出了两个接收水听器某次实验收到的数据采用不同信道估计算法处理后得到的结果。其中 MP 算法导频占用率为 25%,MMSE 和 MMSE 判决反馈信道估计算法导频占用率为 14.3%。改进的 MMSE 判决反馈信道估计算法导频占用率为 3.57%。

此时改进的 MMSE 通信效率可按式(34)计算:

$$\eta_{\mathrm{MMSE'}}=\frac{T}{T+T_{\mathrm{cp}}}(1-\eta_{\mathrm{Pilot\_MMSE'}})\times\eta_{\mathrm{cc}}\times\eta_{\mathrm{STBC}}\times\log_2^M K\times\eta_{\mathrm{OFDM}}=$$

$$\frac{171}{171+43}(1-0.0375)\times0.49\times0.5\times\log_2^4\times2\times1=0.754 \tag{34}$$

T 为 OFDM 符号去除循环前缀的时间长度,T_{cp} 为 OFDM 符号循环前缀时间长度,M_{cc} 为卷积码编码效率(去除了编码追踪信息所占用的带宽),$\eta_{\mathrm{Pilot\_MMSE'}}$ 为改进的 MMSE 判决反馈信道估计算法导频占用率。NOFDM 为 OFDM 调制方式在奈奎斯特采样定理下 1 Hz 带宽信息(波特)携带上限。从实验的结果来看,四种信道估计方式中,MP 信道估计算法性能最差,这一结果与仿真的结论相符合。采用 MMSE 判决反馈信道估计算法处理的数据结果不及 MMSE 算法,其原因主要有两点:一是该次试验的水池信道相对稳定,MMSE 判决反馈信道估计算法跟踪缓慢时变信道的性能优势没有体现;二是该次试验的信噪比较低,MMSE 判决反馈信道估计算法的误码遗传缺点造成了其算法性能的下降。

采用改进的 MMSE 判决反馈信道估计算法得到的结果明显好于 MMSE 判决反馈算法的结果,这时因为改进的方法有效抑制了后者所存在的错误累积问题。与 MMSE 算法比较,两种算法对水听器 I 接收的数据处理结果接近,而对水听器 II 的处数据处理结果,改进的判决反馈算法略好于 MMSE 算法，这是由于改进的判决反馈算法有一定修复信道估计误差的能力，且不存在误码累积的问题，因此改善了通信质量。

图 10 给出了 4 种信道估计算法经过两个水听器接收数据联合处理后的结果。通过对比四种算法处理的此次实验数据结果可以发现，改进的 MMSE 判决反馈信道估计算法性能与 MMSE 算法性能一致，明显优于 MP 算法和 MMSE 判决反馈算法，与仿真实验的结论基本符合；且其通信效率较其他 3 种算法有 10% 以上的提升，适合应用于频带资源稀缺的水声通信中。

表 2　MIMO – OFDM 系统主要参数

参数	取值	参数	取值
FFT 长度	8 192	编码方式	STBC&TCM
采样率/kHz	48	编码效率	1
J	681	$K \times I$	2 × 2
通信频带/kHz	4 ~ 8	符号时长/ms	171
子载波间隔/Hz	5. 86	循环前缀/ms	43

表 3　MISO 水声通信 4 种估计算法误码性能比较

	水听器 Ⅰ	水听器 Ⅱ
MP	1.18×10^{-1}	1.59×10^{-2}
MMSE	1.94×10^{-3}	1.51×10^{-2}
MMSE（一次迭代）	$7.44.1 \times 10^{-3}$	3.72×10^{-2}
MMSE（两次迭代）	1.09×10^{-2}	3.46×10^{-2}
改进的 MMSE（一次迭代）	2.32×10^{-3}	6.48×10^{-3}
改进的 MMSE（两次迭代）	2.14×10^{-3}	5.78×10^{-3}

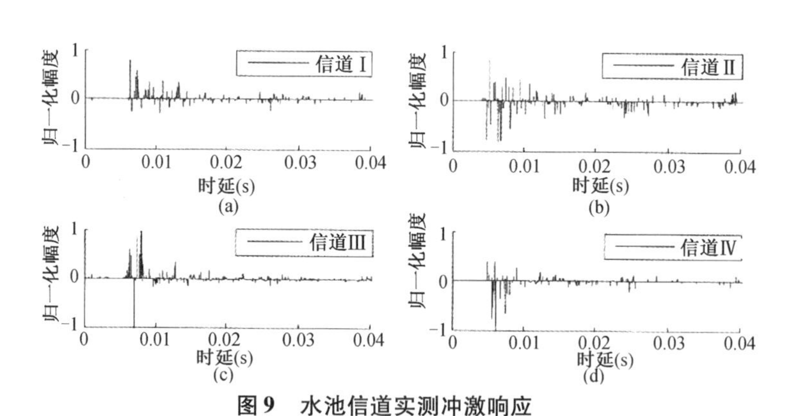

图 9　水池信道实测冲激响应

误码率7.68×10^{-3}
(a)MP

误码率$<10^{-5}$
(b)MMSE

误码率5.2×10^{-4}
(c)MMSE判决反馈

误码率$<10^{-5}$
(b)改进的MMSE判决反馈

图 10　不同 MIMO 水声信道估计算法效果比较

5　结论

本文深入研究了 MIMO - OFDM 判决反馈信道估计技术,提出了一种适合浅海水声通信的改进的 MMSE 判决反馈信道估计算法。文章将改进的算法与其他水声通信信道估计算法在浅海远程水声信道模型不同性质噪声环境下进行了仿真比较。结果表明,在高斯加性噪声环境下,改进的 MMSE 判决反馈信道估计算法在低信噪比条件下性能优于其他算法,在高信噪比环境中与 MMSE 算法性能接近;在存在突发噪声环境下,改进的 MMSE 判决反馈信道估计算法性能明显好于传统的判决反馈算法;在信道结构存在时变的条件下,改进的 MMSE 判决反馈信道估计算法追踪信道结构变化更快、性能更好。水池实验的结果支持了仿真结论。改进的 MMSE 判决反馈信道估计算法充分利用浅海水声信道的稀疏特性,有效地克服了传统 MMSE 判决反馈信道估计算法中存在的误码遗传问题,同时有效地降低了导频占用率,适合通信带宽资源紧缺的水声通信。在水池实验中,利用改进的判决反馈信道估计算法实现了 0.754 bits/s/Hz 效率的 MIMO - OFDM 可靠通信。

参考文献

[1] Li Laosheng, Huang Jie, Zhou Shengli et al. MIMO - OFDMfor high rate underwater acoustic communications. IEEE Journal of Oceanic Engineering, 2009; 34(4): 634 -644.

[2] 马璐,刘淞佐,乔钢. 水声正交频分多址上行通信稀疏信道估计与导频优化. 物理学报, 2015; 64(15): 289 -298.

[3] Donoho D L. 压缩传感,IEEE Transactions on signal processing, 2006; 52(4): 1289 :1306.

[4] Berger C R, Zhou Shengli, PreisigJ C et al. Sparse channel estimation for multicarrier underwater acoustic communication: from subspace methods to compressed sensing. IEEE Transactions on signal processing, 2010; 58(3):1708 - 1721.

[5] 尹艳玲,乔钢,刘淞佐等. 基于基追踪去噪的水声正交频分复用稀疏信道估计. 物理学报,2015; 64(6): 227 - 234.

[6] Cao Shenguo, Gao Xiang. OFDM underwater acousticchannel estimation with compressive sensing. Technical Acoustic, 2011; 30(3): 115 -118.

[7] 孙宏图,王琳,魏琴芳. LDPC 码在 MIMO - OFDM 迭代接收系统中的性能研究. 重庆邮电大学学报(自然科学版), 2008;20(1): 15 -19.

[8] Anwar K, Matsumoto T. MIMO spatial Turbo coding withiterative equalization. International ITG Workshop onSmart Antennas (WSA), IEEE Computer Society, 2010:428 — -433.

[9] Chen C Y, Chiueh T D. Iterative receiver for mobileMIMO - OFDM systems using ICI - aware list - update MIMO detection. IEEE International Conference on Communications, 2010: 1 -5.

[10] Namboodiri V, Liu Hong, Spasojevic P et al. Low complexity turbo equalization for mobile MIMO OFDM systems. ICCSP 2011 International Conference on Communicationsand Signal Processing, 2011: 255 -260.

[11] 尹艳玲, 乔钢,刘淞佐. 正交频分复用无源时间反转信道均衡方法研究. 声学学报, 2015; 40(3): 469 -476.

[12] 邓红超，巩玉振，蔡惠智. 基于 MIMO - OFDM 的高速水声通信技术研究。通信技术，2009；42(11)：37 - 39.

[13] Wang Wei, Qiao Gang, Khan Rehan et al. Circlar decoding and sparse channel estimation for underwater MIMO - OFDM. Applied Mechanics and Materials, 2012; 199:1748 - 1754.

[14] Ceballos Carrascosa P, Stojanovic M. Adaptive channelestimation and data detection for underwater acoustic MIMO - OFDM systerms. IEEE Journal of Oceanic Engineering, 2010; 35(3): 635 - 646.

[15] Huang Jie, Huang Jianzhong, Berger C R. Iterative sparsechannel estimation and decoding for underwater MIMO - OFDM. Eurasip Journal on Advances in Signal Processing, 2010; 2010: 1 - 11.

[16] 张歆，张小蓟，乔红乐. 水声 MIMO 信道模型和容量分析. 西北工业大学学报，2011；29(2)：234 - 238.

[17] Edfors O, Sandell M, Beek J. OFDM channel estimation bysingular value decomposition. IEEE VTC96, 1996; 46(7):923 - 927.

[18] Alamouti s M. A simple transmit diversity technique forwireless communications. IEEE Jourmnal on Selected Areasin Communications. 1998; 16(8): 1451 - 1458.

[19] Wang Wenjin, Gao Xiqi, Wu Xiaofu et al. Dual - turbo receiver architecture for turbo code MIMO - OFDM systems. Science China (Information Sciences). 2012; 55(2): 384.

[20] 徐琳，谭进，吴玉成. 3GPP 标准下的比特交织 Turbo 码高效编译码方案. 计算及应用研究，2010；27(11)：4 215 - 4 217.

[21] Roy s, Duman T M, McDonald V, Proakis J G. Highrate communication for underwater acoustic channels us - ing multiple transmitters and space - time coding: receiver structures and experimental results. IEEE Journal of Oceanic Engineering, 2007; 32(3): 663 - 688.

[22] Figueiredo M A T, Nowak R D. Gradient projection for sparse reconstruction: application to compressed sensing and other inverse problems. IEEE journal OF Selceted Topics in signal processing, 2008; 1(4): 586 - 597.

[23] Qiao Gang, Wang Wei, Khan Rehan et al. Dual turbo MIMO - OFDM channel estimation based on puncher technique via UWA channels. Research Journal of Applied Science Engineering and Application, 2013; 5(5): 1599 - 1607.

[24] 邱海宾，杨坤德，段睿. 采用拖曳线列阵的海洋声学参数联合反演方法研究. 声学学报，2011；86(4)：396 - 403.

[25] 韩雅菲. 改进粒子滤波器算法研究及其在 MC. CDMA 系统中的应用，哈尔滨工程大学工学博士论文，2011：33 - 38.

基于时反镜能量检测法的循环移位扩频水声通信

杜鹏宇　殷敬伟　周焕玲　郭龙祥

摘要　海面的起伏和多普勒效应使得接收信号的载波相位发生跳变以及水声信道的多途扩展使得接收信号波形发生畸变，严重影响循环移位扩频系统性能。本文提出循环移位能量检测器算法，通过检测循环移位匹配滤波器的输出能量对系统进行解码，可有效解决载波相位跳变对循环移位扩频系统的影响；将时间反转镜技术与循环移位能量检测器相结合，进一步提出时反镜能量检测器算法，利用已检测到的符号对信道进行实时估计并进行时反处理，抑制了水声信道多途扩展的影响，保证了循环移位扩频系统可在低信噪比条件下工作。通过大连海上试验以及莲花湖湖上试验验证，在复杂水声信道多途扩展、载波相位跳变和低信噪比条件下实现了低误码水声通信。

关键词　水声通信；循环移位扩频；循环移位能量检测器；时间反转镜

1　引言

在近代海洋开发中，水声技术作为主导技术之一，拥有广阔的发展空间。水声通信一直是水声技术中的一个重要研究领域，受到人们的广泛关注。虽然无线电通信已十分成熟[1-2]，但水声通信却发展的较为缓慢。这是因为水声信道是一个带宽有限、多径干扰严重的时、频、空变信道[3-6]，水声信道的复杂性及多变性严重限制了水声通信性能。

循环移位扩频水声通信[7-9]利用扩频序列的循环移位特性对信息序列进行映射编码，可成倍数地提高直扩系统的通信速率。但是，载波相位跳变及水声信道的多途扩展严重制约着循环移位扩频通信系统的性能，体现在：(1)载波相位跳变使得循环移位扩频系统的扩频增益严重下降；(2)信道多途扩展使得循环移位扩频系统产生严重的码内干扰和码间干扰。虽然现有的一些自适应信道均衡技术可以很好地解决信道多途干扰，同时通过内嵌锁相环的方式实时跟踪载波相位[10-11]，但是这些方法均需要较高的信噪比条件。

在低信噪比条件下，如何解决水声信道的多途扩展影响和相位跳变对循环移位扩频系统的影响是本文主要解决的问题。时间反转镜(time reversal mirror, TRM)技术可以自动补偿信号在传播时产生的畸变，利用声场传输的收发互易性，实现了时间上的压缩和空间上的聚焦[12-14]。虚拟时反处理只要接收信号的信道可估计即可实现[15-16]。经虚拟时反镜处理后，可有效抑制多途干扰，但依然存在载波相位跳变。对于低信噪比条件下的载波相位带来的影响，本文提出循环移位能量检测算法，通过检测循环移位匹配滤波输出能量来对系统进行解码。该算法只要求在码元持续时间内接收相位跳变相对稳定，即可保证循环移位匹配输出结果不受残留载波相位的影响。

本文将时反镜技术与循环移位能量检测器相结合，提出时反镜循环移位能量检测器算法，并应用于循环移位扩频水声通信系统。该算法通过循环移位能量检测器的反馈输出结果对虚拟时间反转镜中的估计信道进行实时更新，具有较强的抗载波相位跳变干扰和抗水声信道多途干扰的能力。2012 年 8 月在黑龙江省莲花湖进行了湖试验证,在水声信道结构复杂多途扩展干扰严重的条件下,利用时反镜循环移位能量检测器成功实现了零误码循环移位扩频水声通信;2015 年 1 月在大连常山岛附近海域进行了海试试验验证。在通信距离为 10 km(接收信噪比为 -3 dB)、存在载波相位跳变干扰条件下实现了基于时反镜循环移位能量检测器的零误码水声通信;后续信号处理中人为进一步加入噪声干扰,使得接收信号的信噪比达到了 -10 dB,系统仍然可以实现零误码解码。验证了时反镜循环移位能量检测算法在低信噪比条件下的稳定性。

2　循环移位能量检测器

为方便公式推导,首先定义一个循环移位矩阵:

$$\boldsymbol{K}=\begin{bmatrix} 0_{1\times(M-1)} & 1 \\ I_{M-1} & 0_{(M-1)\times 1} \end{bmatrix} \tag{1}$$

扩频序列循环移位一次,可以通过矩阵 $\boldsymbol{K}$ 与扩频序列相乘一次得到。因此,$\boldsymbol{K}^j\boldsymbol{c}$ 表示混沌序列循环移位 j 次的结果,其中 $\boldsymbol{c}$ 为扩频序列的向量形式。

在循环移位扩频系统发射端,发送序列 $a[i]$ 首先进行串并转换,将二进制数据流转换成十进制数据流 $N[i]$。利用十进制数据流 $N[i]$ 控制扩频序列进行循环移位编码(本文对信号的分析均限定在一个扩频序列持续周期内):

$$\boldsymbol{c}_{N[i]}=\boldsymbol{K}^{N[i]}\boldsymbol{c} \tag{2}$$

式中,$\boldsymbol{c}_{N[i]}$ 表示扩频序列 $\boldsymbol{c}$ 进行了 $N[i]$ 次循环移位后得到的序列。此时可知,发送信息序列已经通过循环移位编码映射到扩频序列中。

循环移位能量检测器通过检测本地参考扩频序列与接收信号匹配输出的能量结果进行解码。循环移位能量检测器输出的第 m 个能量输出结果为:

$$\begin{aligned} y[m] &= |\boldsymbol{c}_{N[i]}^{\mathrm{T}}\boldsymbol{K}^m\boldsymbol{c}|^2 \\ &= |(\boldsymbol{K}^{N[i]}\boldsymbol{c})^{\mathrm{T}}\boldsymbol{K}^m\boldsymbol{c}|^2 \\ &= |\boldsymbol{c}^{\mathrm{T}}\boldsymbol{K}^{N[i]-m}\boldsymbol{c}|^2 \end{aligned} \tag{3}$$

扩频序列循环移位特性:

$$\boldsymbol{c}^{\mathrm{T}}\boldsymbol{K}^{N[i]-m}\boldsymbol{c}\begin{cases} =M & N[i]-m=0 \\ \ll M & \text{other} \end{cases} \tag{4}$$

式中,M 为扩频序列周期。由(4)式可知,当且仅当 $m=N[i]$ 时,循环移位匹配滤波器输出信号 y 取最大值。因此通过搜索 y 出现最大值的位置即可得到 $N[i]$,进而利用 $N[i]$ 恢复原始信息序列 $a[i]$。

海面起伏以及多普勒效应将共同导致接收信号中的载波出现一个随时间变化的载波相位,则接收信号为(暂不考虑多途信道和噪声影响):

$$\boldsymbol{r}(t)=\boldsymbol{c}_{N[i]}(t)\cos(\omega_c t+\varphi(t)) \tag{5}$$

式中,$\varphi(t)$ 为随时间变化的载波相位,它将会影响常规的循环移位匹配滤波器的输出结果。尤其当 $\varphi(t)\to\frac{\pi}{2}$ 时,系统的扩频增益将受到严重影响。

循环移位能量检测器通过检测扩频序列匹配输出能量,可以很好地解决载波相位的影响。循环移位能量检测器采用 $\mathrm{e}^{\mathrm{j}\omega_c t}$ 信号对接收信号进行解调:

$$\begin{aligned} \boldsymbol{r}_c(t) &= \boldsymbol{r}(t)\mathrm{e}^{\mathrm{j}\omega_c t} \\ &= \frac{1}{2}\boldsymbol{c}_{N[i]}(t)\{\mathrm{e}^{-\mathrm{j}\varphi(t)} + \mathrm{e}^{\mathrm{j}[2\omega_c t+\varphi(t)]}\} \end{aligned} \tag{6}$$

经过低通滤波处理后接收信号将变为：

$$\boldsymbol{r}_{\mathrm{low}}(t) = \boldsymbol{c}_{N[i]}(t)\mathrm{e}^{-\mathrm{j}\varphi(t)} \tag{7}$$

则式(3)输出结果为：

$$y[m] = |\boldsymbol{r}_{\mathrm{low}}^{\mathrm{T}}\boldsymbol{K}^m\boldsymbol{c}|^2 \tag{8}$$

式中，r_{low} 为 $r_{\mathrm{low}}(t)$ 向量形式：

$$\boldsymbol{r}_{\mathrm{low}} = \boldsymbol{\Lambda}\boldsymbol{c}_{N[i]} \tag{9}$$

式中，Λ 为载波相位，由于载波相位变化是在一个码元周期内进行的，在这个有限时间内可认为 $\varphi(t)\approx\varphi$ 为一常量，因此有：

$$\boldsymbol{\Lambda} = \begin{bmatrix} \mathrm{e}^{-\mathrm{j}\varphi} & & & \\ & \mathrm{e}^{-\mathrm{j}\varphi} & & \\ & & \ddots & \\ & & & \mathrm{e}^{-\mathrm{j}\varphi} \end{bmatrix} \tag{10}$$

则循环移位能量检测器第 m 个能量输出结果为：

$$\begin{aligned} y[m] &= |(\boldsymbol{\Lambda}\boldsymbol{K}^{N[i]}\boldsymbol{c})^{\mathrm{T}}\boldsymbol{K}^m\boldsymbol{c}|^2 \\ &= |\mathrm{e}^{-\mathrm{j}\varphi}\boldsymbol{I}\boldsymbol{c}^{\mathrm{T}}\boldsymbol{K}^{N[i]-m}\boldsymbol{c}|^2 \\ &= |\boldsymbol{c}^{\mathrm{T}}\boldsymbol{K}^{N[i]-m}\boldsymbol{c}|^2 \end{aligned} \tag{11}$$

从式(11)可以看到，循环移位匹配滤波器的输出的是扩频序列匹配的能量形式，已经消除了载波相位跳变的影响，可有效保障循环移位扩频系统解码正常进行。可以看到，接收端用 $\mathrm{e}^{\mathrm{j}\omega_c t}$ 信号解调是循环移位能量检测器克服载波跳变干扰的关键，即使当 $\varphi\to\frac{\pi}{2}$，系统仍可有效抑制载波相位带来的影响。

3　时反镜循环移位能量检测器

水声信道多途扩展干扰将使得循环移位扩频信号产生严重的码内干扰和码间干扰，这将使循环移位能量检测器性能显著下降。因此，本文将单阵元时反镜技术与循环移位能量检测器相结合，提出时反镜循环移位能量检测器算法。

循环移位扩频系统对水声信道的多途扩展十分敏感，下面利用相干多途信道模型[17]来分析水声信道对循环移位扩频系统的影响。

当存在水声信道时，接收端接收信号为：

$$\begin{aligned} r[n] &= \sum_{k=1}^{L} A_k\boldsymbol{c}[n-\tau_{kn}] + z[n] \\ &= \sum_{k=1}^{L} A_k\boldsymbol{H}_{\tau_{kn}}\boldsymbol{K}^{N[i]}\boldsymbol{c} + \boldsymbol{z} \end{aligned} \tag{12}$$

式中，L 为水声信道多径条数，τ_{kn} 为每条路径的延迟，A_k 为每条路径的衰减系数，$z[n]$ 加性高斯白噪声。

$$\boldsymbol{H}_{\tau_{kn}} = \begin{bmatrix} 0_{(M-\tau_{kn})\times\tau_{kn}} & \boldsymbol{I}_{(M-\tau_{kn})\times(M-\tau_{kn})} \\ 0_{\tau_{kn}\times\tau_{kn}} & 0_{\tau_{kn}\times(M-\tau_{kn})} \end{bmatrix} \tag{13}$$

假设水声信道第一条路径为直达声并令 $\tau_{1n}=0$,则循环移位能量检测器输出为

$$\begin{aligned} y[m] &= \left|\left\{\sum_{k=1}^{L} A_k \boldsymbol{H}_{\tau_{kn}} \boldsymbol{K}^{N[i]} \boldsymbol{c} + z\right\}^{\mathrm{T}} \boldsymbol{K}^m \boldsymbol{c}\right|^2 \\ &= \left|\sum_{k=1}^{L} A_k \boldsymbol{c}^{\mathrm{T}} (\boldsymbol{K}^{N[i]})^{\mathrm{T}} \boldsymbol{H}_{\tau_{kn}}^{\mathrm{T}} \boldsymbol{K}^m \boldsymbol{c} + z'\right|^2 \\ &= \left|A_1 \boldsymbol{c}^{\mathrm{T}} \boldsymbol{K}^{N[i]-m} \boldsymbol{c} + \sum_{k=1}^{L} A_k \boldsymbol{c}^{\mathrm{T}} (\boldsymbol{K}^{\mathrm{T}})^{N[i]} \boldsymbol{H}_{\tau_{kn}}^{\mathrm{T}} \boldsymbol{K}^m \boldsymbol{c} + z'\right|^2 \end{aligned} \tag{14}$$

式中,第一项为期望项;其余两项分别为多径干扰项和噪声干扰项。从式(14)可以看出,经过水声信道后循环移位扩频输出结果 $y[m]$在 $m=N[i]-\tau_{kn}$时会出现多个峰值,即水声信道的多途扩展导致了循环移位扩频信号的码内干扰。再加上噪声项的影响,系统在选择峰值时将可能会出现差错,进而产生误码。同理,当水声信道的多途扩展时间大于循环移位扩频信号码元周期时间时,将会产生码间干扰,进一步影响循环移位匹配滤波器的能量输出结果。

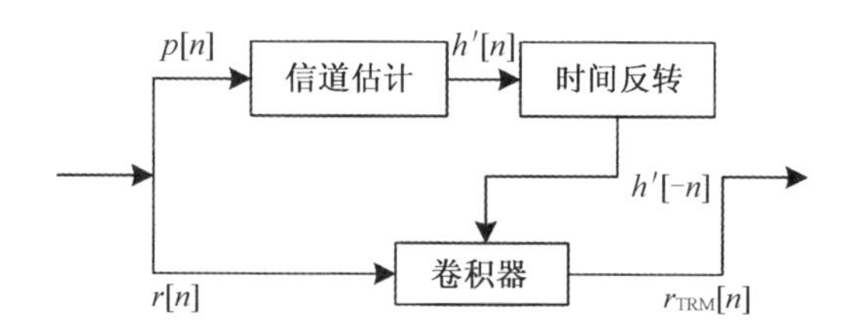

图 1　单阵元虚拟时间反转镜

时间反转镜技术可以在没有任何先验知识的情况下自适应匹配水声信道,完成对水声信道在时间和空间上的聚焦。本文将采用单阵元虚拟时间反转镜来克服水声信道多途干扰对循环移位扩频系统的影响,其原理如图 1 所示。设发送信号为 $s[n]$,则在接收端的信号为:

$$r[n]=s[n]*h[n]+z[n] \tag{15}$$

式中,$*$ 为卷积运算,$h[n]$为水声信道冲激响应函数。时间反转镜利用探测信号 $p[n]$进行信道估计并利用估计的结果进行时反处理:

$$\begin{aligned} r_{\mathrm{TRM}}[n] &= r[n]*h'[-n] \\ &= s[n]*(h[n]*h'[-n])+z'[n] \\ &= s[n]*Q[n]+z'[n] \end{aligned} \tag{16}$$

式中,$h'[n]$为利用探测信号估计的水声信道冲激响应函数,$z'[n]$为时反处理后的噪声分量,$Q[n]$为时反处理得到的 Q 函数[18]。虚拟时反镜性能好坏由 Q 函数决定,Q 函数在时域上近似为一 sinc 函数,具有较低的旁瓣。数值仿真分析指出[19]:Q 函数的旁瓣随着接收阵元个数的增加而降低。虽然采用单阵元时反处理得到的 Q 函数具有一定旁瓣,但由于多途扩展在时间上被压缩,Q 函数主峰将明显高于旁瓣。对于较高的扩频处理增益,Q 函数的旁瓣对扩频系统解码影响不大。当然,实际应用时可根据系统需要增加阵元接收个数,进一步提高循环移位扩频系统的性能。图 2 给出了单阵元时反处理结果图,可以看到单阵元时反处理得到的 Q 函数具有尖锐的主峰和较低的旁瓣。

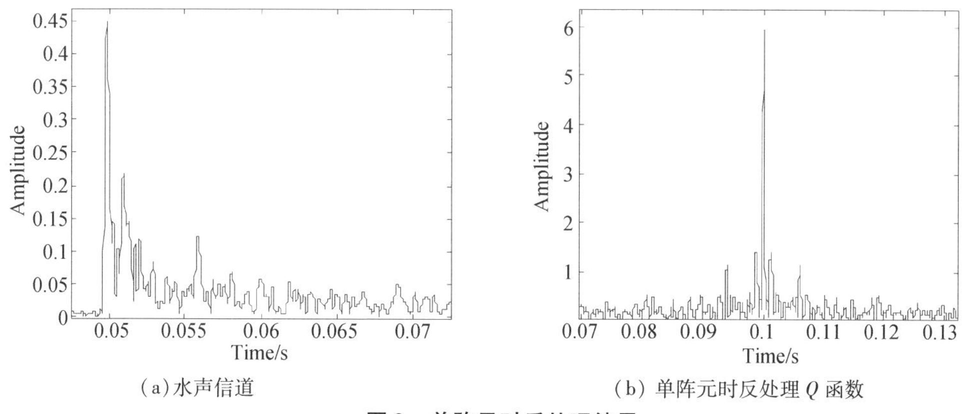

(a)水声信道　(b)单阵元时反处理 Q 函数

图2　单阵元时反处理结果

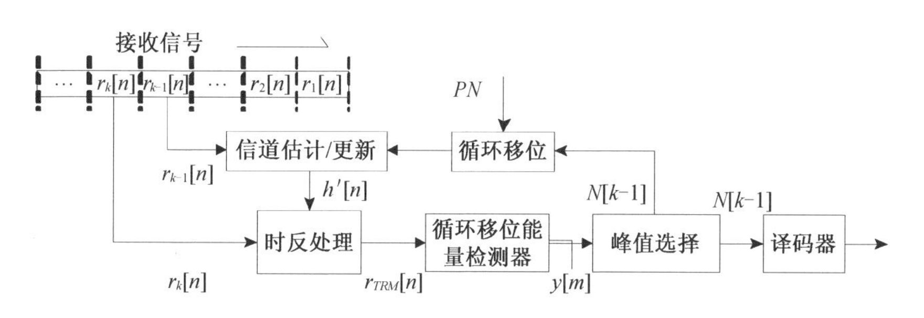

图3　时反镜循环移位能量检测器

图3给出了本文提出的时反镜循环移位能量检测器原理图。在当前符号进入循环移位能量检测器前首先进行时反处理,将水声信道的多途扩展进行压缩从而保证进入循环移位能量检测器的信号不受多途扩展干扰影响。通过循环移位能量检测器反馈回的检测结果对当前符号的水声信道进行估计并存储,作为对下一个符号进行时反处理的信道估计,这将有助于适用于快速变化的水声信道,即时反镜循环移位能量检测器算法可以实时地跟踪信道,从而保证了时反处理的可靠性。本文采用自适应信道估计算法来实现信道估计,其原理如图4所示。自适应横向滤波器的输入信号为本地参考扩频序列 PN 经过 $N[k]$ 次循环移位后得到的信号;期望信号 r_k 为接收信号的第 k 个符号周期对应的信号。当自适应滤波器稳定时,自适应横向滤波器的权系数 h_{RLS} 即为当前符号估计得到的水声信道。其中,自适应滤波器采用自适应递归最小二乘(recursive least sequares, RLS)算法,e 为输出误差。在实际应用中,相邻两个循环移位扩频符号对应的水声信道变化相对缓慢,因此通过检测当前符号估计信道与前一个符号估计信道的相关系数来确定信道估计是否出现较大误差。

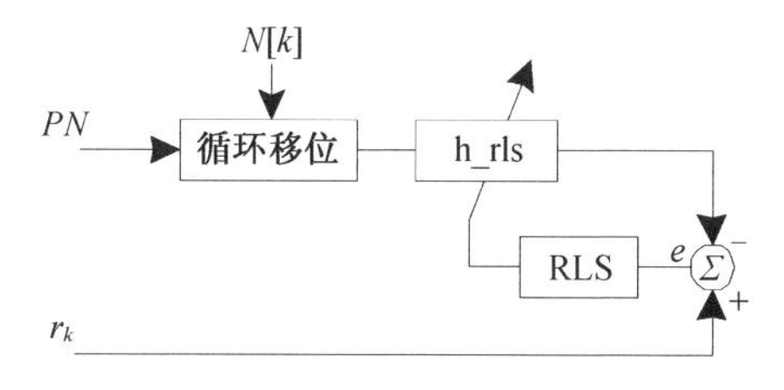

图4　信道估计

因此，时反镜循环移位能量检测器的输出结果为

$$y[m] = |r_{\mathrm{TRM}}K^{m}c|^{2} = |c^{\mathrm{T}}K^{N[i]-m}c + z'' + \Gamma|^{2} \tag{17}$$

式中，z''为扩频处理后的噪声分量，Γ 为 Q 函数旁瓣经过扩频处理后的干扰分量。由前面分析可知 z''和 Γ 均为小量，保障时反镜循环移位能量检测器输出信号为单峰。

综上，时反镜循环移位能量检测器有效的集合了时反镜与能量检测器的优势，并可实时跟踪信道变化，提高通信系统性能。当水声信道变化缓慢时，可适当调整信道更新速度，以减少解码运算量。

4　试验验证

为了验证本文提出算法的可靠性，分别进行了大连海上试验和莲花湖湖上试验。大连海试水声信道结构较为简单，但由海面起伏引起的载波相位跳变较为严重；莲花湖湖试载波相位跳变相对平缓，但水声信道较为复杂，多途扩展干扰严重。下面将分别对两次试验及处理结果进行分析。

4.1　大连海上试验

2015 年 1 月在大连长山岛附近海域进行了基于时反镜能量检测法的循环移位扩频通信海上试验。试验海域深度在 20 ~ 40 m，最大通信距离为 10 km。试验当天海面风浪较大，这将使得接收信号的相位发生快速跳变。发射端布放深度 12 m，接收端布放深度 6 m。图 5 给出了信道试验当天测试得到的水声信道，可见直达声到达时刻越来越近，即风浪导致通信过程中收发双方存在相对运动，运动速度约为 0.5 m/s。

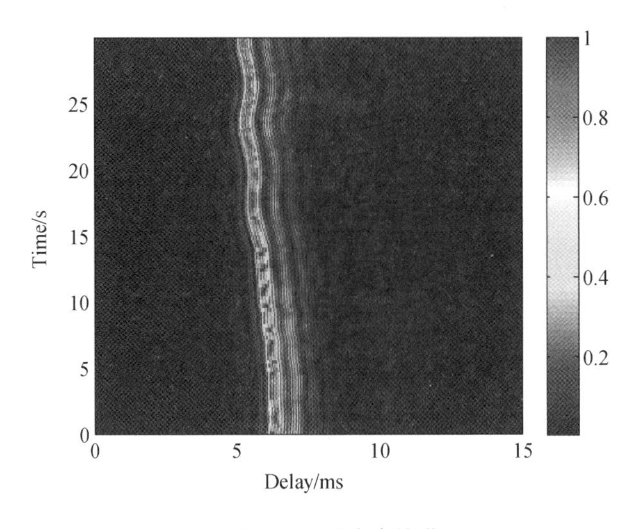

图 5　实测水声信道

海试中系统参数为：带宽 4 kHz，载波中心频率 6 kHz，采用 BPSK 调制，扩频序列选用周期为 511 的 m 序列，通信速率为 70.45 bit/s。发送数据每帧包含 540 bit 信息，共发送 6 组。由于发送比特数有限，时反镜循环移位扩频系统均实现了零误码通信。发射信号结构如图 6 所示，由线性调频（LFM）信号和循环移位扩频（CSK）信号组成。

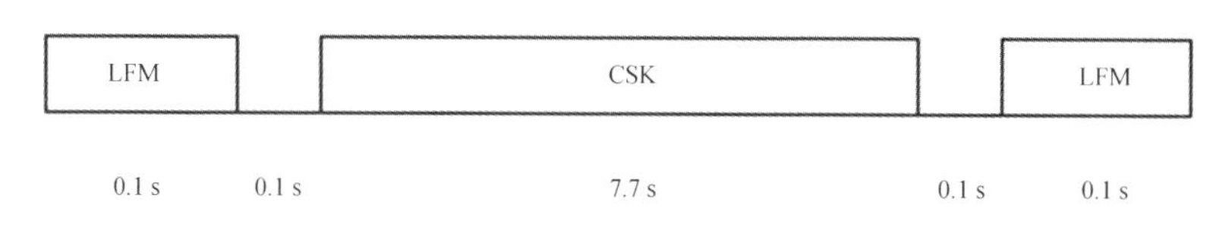

图6　发射信号结构

图7给出了通信距离为10 km的海试数据接收波形图。经同步头检测确定8～58 s时间内为通信有效数据,由此可见接收信号完全淹没在噪声中,接收带限信噪比约为－3 dB。另外,可以看到接收信号中混有许多“毛刺”干扰,这些“毛刺”是由风浪拍击接收船以及水听器与线缆、船上的物体碰撞产生的,其频谱很宽,覆盖通信频带,无法通过滤波器滤除。

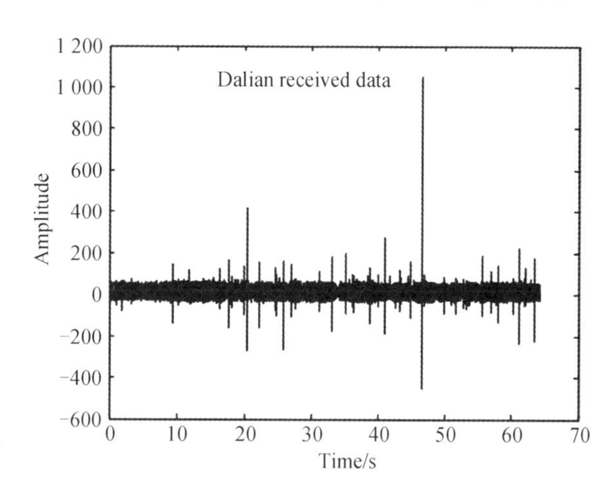

图7　海试试验接收信号波形图

为进一步验证算法在更低的信噪比条件下的性能,对接收信号额外加入了高斯白噪声,使得接收信号带限信噪比为－10 dB,系统仍实现了低误码水声通信。图8给出了－10 dB信噪比条件下时反镜循环移位能量检测器前10个码元周期的输出结果,可见能量输出极大值明显。

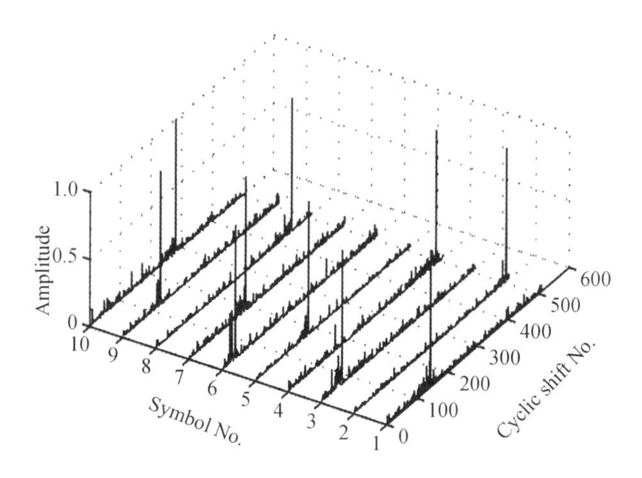

图8　时反镜循环移位能量检测输出结果

图 9 分别给出了同一组数据经过常规循环移位扩频、循环移位能量检测器和时反镜循环移位能量检测器三种方式处理得到的解码效果对比图。如前面所述,海面的起伏以及收发双方的相对运动使得接收信号的相位发生了跳变,若直接进行解调会使得残留的载波相位严重影响循环移位匹配的结果,进而出现误码。而循环移位能量检测的方法很好地解决载波相位慢速跳变的问题。当不进行时反处理时,系统输出结果如图中黑色曲线所示,匹配结果是多峰值的。海试验数据处理得到的效果并非十分明显,原因在于试验海域的 10 km 的水声信道多途结构相对简单,多途扩展较小(见图 5)。因而处理结果与时反处理结果(图 9 蓝线所示)相近。但是,当信道多途结构较为复杂或者多途扩展较大时,循环移位匹配输出结果将受到严重影响。

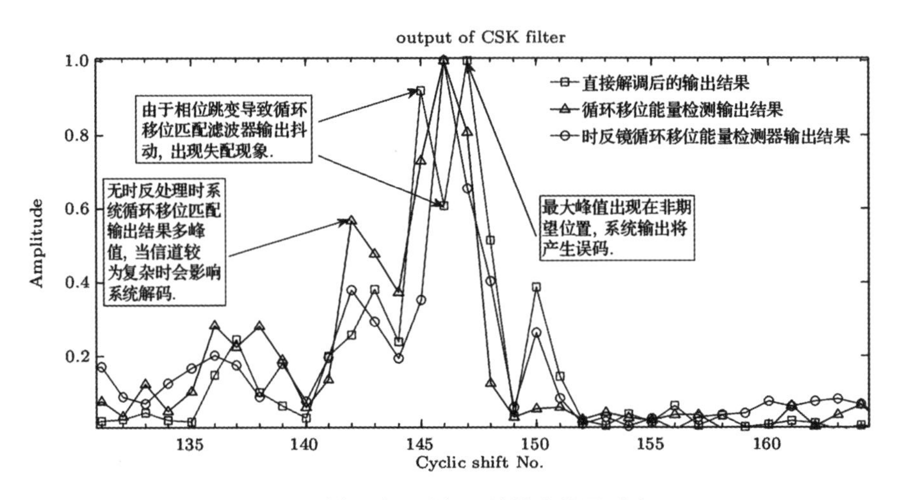

图 9　循环移位扩频系统输出结果对比

4.2　莲花湖湖上试验

2012 年 8 月在黑龙江省莲花湖水域进行了循环移位扩频水声通信实验,试验水域开阔,平均水深 40 m。试验当天晴有多云,微风,浪高约 0.1 m。声速呈负梯度声速分布。莲花湖湖底原为村庄,后建立大坝成为蓄水湖,湖底界面条件复杂。收发节点的换能器吊放深度均约为 6 m。莲花湖实验系统参数为:带宽 2 kHz,载波中心频率 6 kHz,采用 BPSK 调制,扩频序列选用周期为 128 的 m 序列,通信速率为 110.23 bit/s。发送数据每帧包含 721 bit 信息,共发送 10 组。

图 10 给出了通过莲花湖湖试数据实测的莲花湖水声信道多途结构。可以看到,莲花湖实测信道多途结构复杂,多途扩展达到 60 ms。在该信道条件下循环移位扩频解码输出结果如图 11 所示,其中红色虚线为循环移位能量检测器输出,蓝线为时反镜循环移位能量检测器输出。

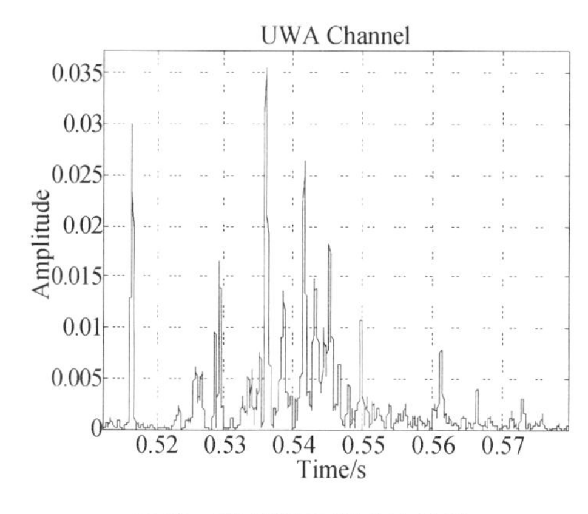

图 10　莲花湖实测水声信道

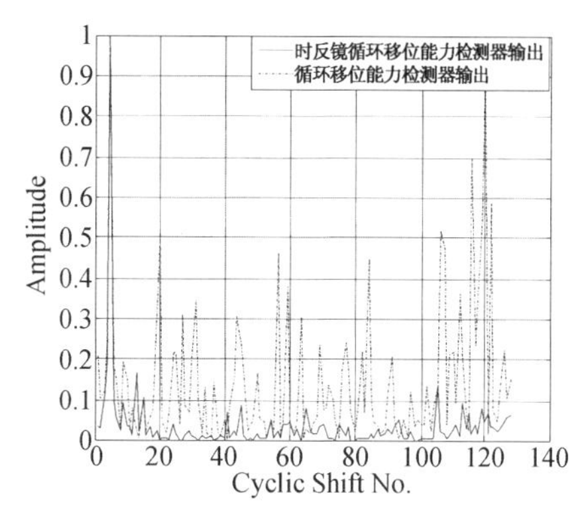

图 11　循环移位扩频系统输出

从图 11 可以看出较大的多途扩展(多途扩展时间大于符号持续时间)以及较为复杂的信道结构严重影响了循环移位系统的性能。时反处理在时间域上实现了对水声信道的聚焦,在结构上将复杂结构的水声信道变成近似单峰的简单信道。此次试验数据处理结果均为零误码传输。

5　结论

循环移位扩频编码通过循环移位扩频序列与信息序列一一映射,使得在一个扩频序列周期持续时间内映射的信息量成倍数增长,是克服直扩系统低通信速率问题的一个有效解决方案。然而载波相位跳变严重影响其性能,而在低信噪比条件下载波同步变得十分困难,加之多途扩展干扰影响,将进一步恶化其性能。本文根据循环移位扩频编解码特点,创新提出了循环移位能量检测算法。该算法可胜任低信噪比条件,且运算简单易实现,通过检测循环移位匹配滤波器能量输出即可实现解码。为进一步提高循环移位扩频系统对水声多途扩展信道的适应能力,本文提出引入单阵元时间反转镜技术进而构成时反镜循环移位能量检测器算法,具有对水声信道的实时匹配跟踪能力,有效地克服了水声信道多途扩展的影响。

参考文献

[1] He J, Huang M G, Li X X, Li H Q, Zhao L, Zhao J D, Li Y, Zhao S L 2015 Chin. Phys. B 24 104102.
[2] Yu X T, Zhang Z C, Xu J 2014 Chin. Phys. B 23 010303.
[3] Kilfoyle D B, Baggeroer A B 2000 IEEE J. Ocean Eng. 25 4.
[4] Dogandzic A, Nehorai A 2002 IEEE T. Signal Proces. 50 457.
[5] LeBlanc L R, Beaujean P P J 2000 Oceanic IEEE J. Ocean Eng. 25 40.
[6] Ye P C, Pan G 2015 Chin. Phys. B 24 066401.
[7] He C B, Huang J G, Han J, Zhang Q F 2009 Acta Phys. Sin. 58 8379(in Chinese)[何成兵, 黄建国, 韩晶, 张群飞 2009 物理学报 58 8379].
[8] Yu Y, Zhou F, Qiao G 2013 Acta Phys. Sin. 62 64302(in Chinese)[于洋, 周锋, 乔钢 2013 物理学报 62 64302].
[9] Yu Y, Zhou F, Qiao G 2012 Acta Phys. Sin. 61 234301(in Chinese)[于洋, 周锋, 乔钢

2012 物理学报 61 234301].

[10] Freitag L, Stojanovic M 2004 OCEANS04 Kobe 9 – 12 Nov. 2004 14.

[11] Stojanovic M, Freitag L 2000 OCEANS 2000 MTS/IEEE Conference and Exhibition Providence, RI, USA 11 – 14 Sept. 2000 123.

[12] Kuperman W A, Hodgkiss W S, Song H C, Akal T, Ferla C, Jackson D R 1998 J. Acoust. Soc. Am. 103 25.

[13] Song H C, Kuperman W A, Hodgkiss W S 1998 J. Acoust. Soc. Am. 103 3234.

[14] Hodgkiss W S, Song H C, Kuperman W A, Akal T, Ferla C, Jackson D R 1999 J. Acoust. Soc. Am. 105 1597.

[15] Yin J W, Hui J, Hui J Y, Sheng X L, Yao Z X, 2007 ACTA ACOUSTA 32 362(in Chinese)[殷敬伟, 惠娟, 惠俊英, 生雪莉, 姚直象 声学学报 32 362].

[16] Yin JW, Hui J Y, Wang Y, Liu Y 2007 Journal of System Simulation 19 4033[殷敬伟, 惠俊英, 王燕, 刘洋 2007 系统仿真学报 19 4033].

[17] Yin J W 2001 Principle of acoustic communication and signal processing (Beijing: National Defense Industry Press) p20(in Chinese)[殷敬伟 2001 水声通信原理及信号处理技术(北京:国防工业出版社) 第 20 页].

[18] Yang T C 2004 IEEE J. Ocean Eng. 29 472.

[19] Yang T C 2003 IEEE J. Ocean Eng. 28 229.

基于单矢量差分能量检测器的扩频水声通信

殷敬伟　杜鹏宇　张　晓　朱广平

摘要　通过获得扩频处理增益,直接序列扩频水声通信系统具有较高的稳定性,是高质量水声通信及远程水声通信的首选通信方式。但复杂的海洋环境使得直扩系统在解扩时受到载波相位跳变的影响,这将导致直扩系统的扩频处理增益下降。为此,本文针对直扩系统提出了差分能量检测器算法,通过比较接收端相关器输出能量完成解码,并与有源平均声强器算法相结合,提出单矢量差分能量检测器算法。该算法具有很好的抗载波相位跳变和多途扩展干扰的能力,并可对信号方位信息实时跟踪估计,利用估计方位进行矢量组合可获得矢量处理增益,从而保证直扩系统可以在低信噪比、时变信道条件下稳定工作。通过仿真分析和大连海试试验,验证了本文提出的单矢量差分能量检测器算法的有效性和稳健性。

关键词　水声通信;单矢量;差分能量检测器;有源平均声强器

1　引言

水声通信作为水下信息传输手段不仅具有较强的军事应用背景,更是在民用领域中不可或缺。随着人类开发海洋的步伐不断加快,水下各种信息传输的需求将不断增大。水声信道是一个带宽有限、多径干扰严重的时、频、空变信道[1-4]。水声信道的复杂性及多变性使得高质量水声通信面临着挑战。

直接序列扩频通信具有很好的抗干扰、抗多径的能力,能够在较低信噪比条件下工作,是实现高质量水声通信的首选通信方式[5-7]。在扩频水声通信系统中,载波相位的跳变将严重影响扩频系统的扩频增益,导致系统性能下降。文献[8]通过锁相环实时跟踪锁定载波相位,从而保证了扩频增益不受载波相位跳变影响,但是在低信噪比条件下,锁相环内的相位噪声将严重影响其性能。文献[8]采用时间反转镜技术实现了低信噪比条件下的直扩水声通信,系统在 -13 dB 条件下仍然可以实现 0 误码解码,但是并没有给出载波相位跳变的处理方案。

在低信噪比条件下,如何克服载波相位跳变影响,实现高质量直扩水声通信是本文解决的主要问题。为此,本文针对直扩系统提出了差分能量检测器算法,该算法通过比较相关器输出能量来对系统进行解码,可在低信噪比条件下工作且具有较好的抗载波相位跳变干扰和抗多途干扰的能力。

矢量水听器[10-13]可以同步共点地获得声场的矢量和标量信息,且单个矢量水听器即可实现测量目标的方位信息,具有良好的空间指向性。本课题组早期工作针对单矢量水听器提出了有源平均声强器算法[14],利用扩频序列优良的自相关和互相关特性,可以同时测得同频带多个用户的方位信息,从而实现定向通信提高用户数量。但是在实际应用中,由于接收端在海面上发生转动或者收发双方存在相对运动,相对于矢量水听器而言通信目标的方位是随时间发生变化的,此时有源平均声强器的性能将受限。另外,文献[14]中并没有给出在方位估计时如何克服载波相位跳变的影响的解决方案。因此,本文将在早期工作的基础上对有源平均声强器算法进行改进并与差分能量检测器相结合,提出单矢量差分能量检测器算法,通过差分能量检测器的输出结果反馈给有源平均声强器,可对目标方位进行实时更新,从而利用实时更新的方位信息进行矢量组合,提高接收端处理增益。2015 年 1 月在大连长山岛附近海域进行了海试试验验证。在最大通信距离为 10 km、存在载波相位跳变干扰条件下,利用单矢量差分能量检测器成功实现了零误码扩频水声通信;后续信号处理中人为进一步加入噪声干扰,使得接收信号的信噪比达到 -18 dB 时,系统仍然可以实现零误码解码。验证了单矢量差分能量检测器算法在低信噪比条件下的稳定性。

2　差分能量检测器

图 1 为差分能量检测器原理图。接收信号在粗同步后以两个扩频符号周期为单位进入差分能量检测器,分别与本地构建的两组扩频序列做相关运算。差分能量检测器通过对两个相关器的能量输出进行比较最终完成直扩系统解码。下面通过公式对差分能量检测器原理及性能进行详细说明。

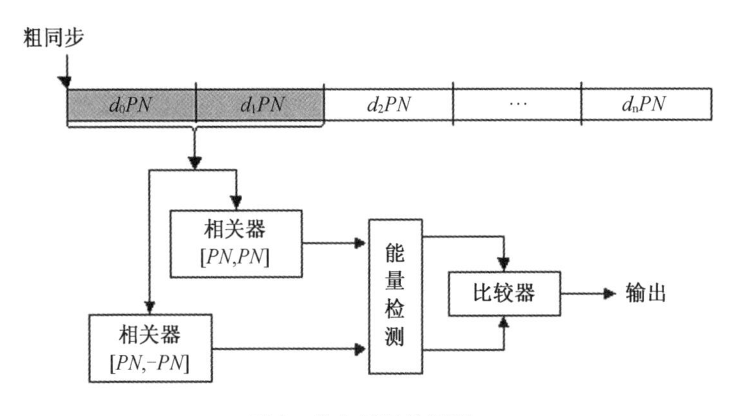

图 1　差分能量检测器

在直扩系统发射端,首先对原始信息序列进行差分编码,差分编码的目的在于防止能量检测器输出误差扩散。设原始信息序列为 a_n(a_n 以概率 P 取 1,以概率 $1-P$ 取 0),则经过差分编码后的序列为:

$$d_n = a_n \oplus_2 d_{n-1} \tag{1}$$

式中,“$\oplus_2$”为模二相加,d_n 为差分编码后的信息序列且 $d_0=1$。对差分序列 d_n 进行转换,将序列 d_n 中取 0 项转换为 -1:

$$d_n = \mathrm{sign}(d_n - 0.5) \tag{2}$$

式中,sign(·)为符号函数。此时由式和式可知:

$$a_n = \mathrm{sign}(|d_n d_{n-1} - 1|) \tag{3}$$

对转换后的差分序列 d_n 进行扩频和载波调制,即可将信号发送出去(仅取一个扩频符号周期说明):

$$s(t) = d_n PN(t)\cos(\omega_c t) \tag{4}$$

式中,$PN(t)$ 为扩频序列的时域波形,ω_c 为载波中心频率。

直扩系统接收端利用差分能量检测器进行解码。首先利用本地参考扩频序列构建一对组合序列：

$$P_+(t)=[PN(t),PN(t)],\quad P_-(t)=[PN(t),-PN(t)] \tag{5}$$

接收端利用 $e^{j\omega_c t}$ 信号进行载波解调后，低通滤波器的输出信号为（取两个扩频符号周期，不考虑噪声影响）：

$$r(t)=[d_n\sum_{i=1}^{L}A_iPN(t-\tau_i)e^{j\varphi_n},d_{n+1}\sum_{i=1}^{L}A_iPN(t-\tau_i)e^{j\varphi_{n+1}}] \tag{6}$$

式中，$d_n=\pm1$，φ_n 为第 n 个扩频符号内的载波残留的随机相位，L 为水声信道多径条数，A_i 为每条路径衰减系数，τ_i 为每条路径的时延。

分别与本地组合序列 $P_+(t)$ 和 $P_-(t)$ 进行相关运算后的能量输出为：

$$E_1(t)=|<P_+(t)\cdot r(t)>|^2=|(d_ne^{j\varphi_n}+d_{n+1}e^{j\varphi_{n+1}})|^2\sum_{i}^{L}\rho(t-\tau_i)$$

$$E_2(t)=|<P_-(t)\cdot r(t)>|^2=|(d_ne^{j\varphi_n}-d_{n+1}e^{j\varphi_{n+1}})|^2\sum_{i}^{L}\rho(t-\tau_i) \tag{7}$$

式中，“$<\cdot>$”为相关运算；$|\cdot|$ 为取模运算；ρ 为扩频序列的自相关函数。对于定点水声通信，水声扩频系统载波相位跳变较为缓慢，可认为相邻扩频符号间的载波残留的随机相位变化不大，即 $\varphi_n\approx\varphi_{n+1}$。因此可得：

$$E_1(t)=|e^{j\varphi_n}|^2|d_n+d_{n+1}|^2\sum_{i}^{L}\rho(t-\tau_i)$$

$$E_2(t)=|e^{j\varphi_n}|^2|d_n-d_{n+1}|^2\sum_{i}^{L}\rho(t-\tau_i) \tag{8}$$

因此由式(3)可知，若 $\max E_1(t)>\max E_2(t)$，则 $d_nd_{n+1}=1$，$a_n=0$；反之，$d_nd_{n+1}=-1$，$a_n=1$，比较相关器输出能量匹配结果的大小即可完成解码。此时输出结果均为实数，因此差分能量检测器将不受载波相位跳变影响。同时，由于差分能量检测器算法是比较两个相关器能量输出结果，可知当水声信道多途扩展小于扩频符号周期时，水声信道的多途扩展分量将成为能量的有益贡献，差分能量检测器将不受多途扩展的影响。

另外，若采用 $\cos(\omega_c t)$ 信号解调，低通滤波输出信号的残留载波相位的存在形式为 $\cos(\varphi_n)$ 而非 $e^{-j\varphi_n}$，因此当 $\varphi_n\to\frac{\pi}{2}$ 时差分能量检测器的两个相关器输出能量差将受到严重影响，进而产生误码。因此可以看到采用 $e^{j\omega_c t}$ 信号进行解调是差分能量检测器的关键一步，它有效抑制了残留载波相位在 $\frac{\pi}{2}$ 附近处跳变时对直扩系统的影响。

3　单矢量差分能量检测器

图 2 给出了本文提出的单矢量差分能量检测器原理框图。在直扩系统接收端，单矢量水听器声压振速输出信号首先进入有源平均声强器对当前目标方位进行估计。利用估计得到的方位进行矢量组合，从而完成对矢量水听器指向性的电子旋转，实现定向通信。差分能量检测器在进行相关运算时将相关峰的位置信息反馈给有源平均声强器从而保证有源平均声强器的方位估计增益最大化。

下面对单矢量差分能量检测器进行理论分析说明。

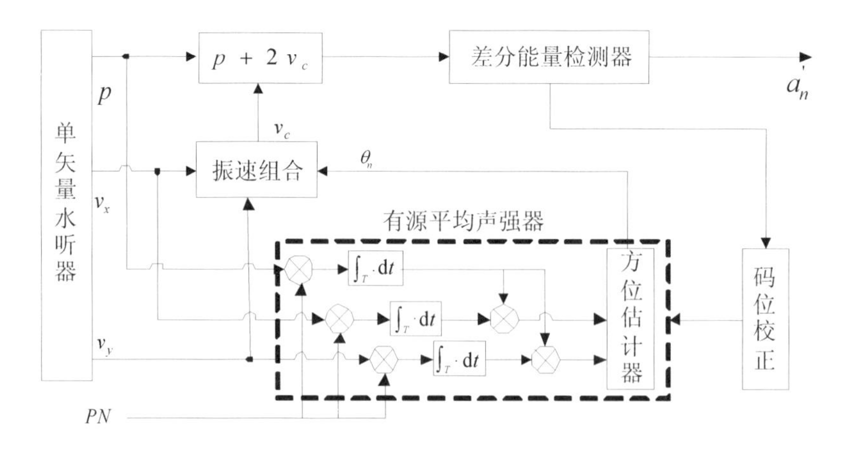

图2　单矢量差分能量检测器

在单矢量差分能量检测器中，有源平均声强器是以扩频符号周期为单位对接收信号进行处理的。假设有源平均声强器对第 k 个扩频符号周期信号进行方位估计，在满足声学欧姆定律条件下，单矢量水听器输出信号为[15]：

$$\begin{cases} p_k(t) = x_k(t) + n_p \\ v_{x_k}(t) = x_k(t)\cos\theta_k + n_x \\ v_{y_k}(t) = x_k(t)\sin\theta_k + n_y \end{cases} \tag{9}$$

式中，$x_k(t) = d_k e^{j\varphi_k} PN(t) * h(t)$，$\theta_k$ 为第 k 个扩频符号周期的信号方位，n_p、n_x、n_y 为各项同性的加性非相干干扰，且彼此相互独立，$h(t)$ 为相干多途水声信道。则第 k 个扩频符号周期对应的信号的有源平均声强器方位估计输出结果为：

$$\hat{\theta}_k = \arctan\frac{\mathrm{Re}\{I_y I_p^*\}}{\mathrm{Re}\{I_x I_p^*\}} \tag{10}$$

式中，$(\cdot)^*$ 为取共轭运算、$\mathrm{Re}\{\cdot\}$ 为取实部运算；I_p、I_x 和 I_y 分别为本地参考扩频序列与 $p_k(t)$、$v_{x_k}(t)$ 和 $v_{y_k}(t)$ 对应相乘后积分输出结果。其中，对于 I_p，有：

$$\begin{aligned} I_p &= \int_T p_k(t) PN(t)\,dt \\ &= d_k e^{j\varphi_k}\sum_{i=1}^{L} A_i \int_T PN(t) PN(t-\tau_i)\,dt + n'_p \end{aligned} \tag{11}$$

式中，n'_p 为噪声干扰，经过扩频处理其干扰大大降低。假设水声信道直达声为第一条路径，则由扩频序列相关特性可知：

$$I_p = d_k e^{j\varphi_k} A_1 M + \Gamma_p \tag{12}$$

式中，M 为扩频序列周期；Γ_p 由多径干扰分量和噪声干扰分量组成，由于经过扩频处理后其干扰大大降低，因此可视为小量处理。同理有：

$$\begin{aligned} I_x &= d_k e^{j\varphi_k} A_1 M\cos\theta_k + \Gamma_x \\ I_y &= d_k e^{j\varphi_k} A_1 M\sin\theta_k + \Gamma_y \end{aligned} \tag{13}$$

可以看到，I_x 和 I_y 分别与 I_p^* 相乘后期望项为实数，消除了 $e^{j\varphi_k}$ 的影响，即有源平均声强具有抗载波相位跳变、抗多径干扰的能力。利用有源平均声强器输出的方位信息进行振速组合：

$$v_c = [v_{x_k}, v_{x_{k+1}}]\cos\hat{\theta}_k + [v_{y_k}, v_{y_{k+1}}]\sin\hat{\theta}_k \tag{14}$$

由于差分能量检测器是以每两个扩频符号为单位进行处理的,因此选择两个扩频符号进行振速组合,最后将 $p + 2v_c$ 矢量组合信号输入差分能量检测器完成直扩系统解码。从式可以看出,有源平均声强器的输出增益取决于码位同步,当码位同步误差超过扩频序列一个码片持续时间时,其输出增益将显著降低,而在水声直扩系统中多普勒累积十分明显,这将严重影响有源平均声强器的性能。通过检测差分能量检测器的相关器输出能量峰值出现的时刻,可以实时地将码位信息反馈给有源平均声强器,从而保证有源平均声强器的码位同步实时更新,有效解决了多普勒累积的影响。

4　仿真研究及海试验证

4.1　仿真研究

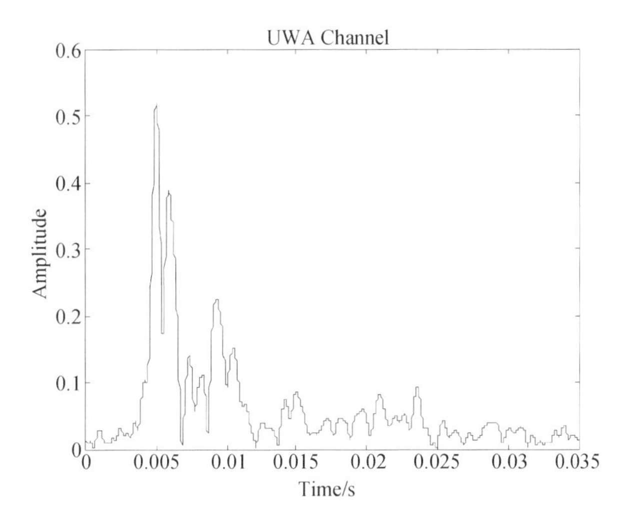

图 3　仿真水声信道

本文根据矢量水听器二维输出模型对单矢量差分能量检测器进行仿真研究,仿真采用的水声信道结构如图 3 所示。仿真参数为:系统采样率 $f_s = 48$ kHz,载波中心频率 $f_c = 6$ kHz,扩频序列选用周期为 511 的 m 序列,发射船初始方位为 100°。仿真中分别假设接收船做匀速率转动和变速率转动。在带限信噪比为 0 dB 条件下,有源平均声强器的实时方位估计结果如图 4 所示。

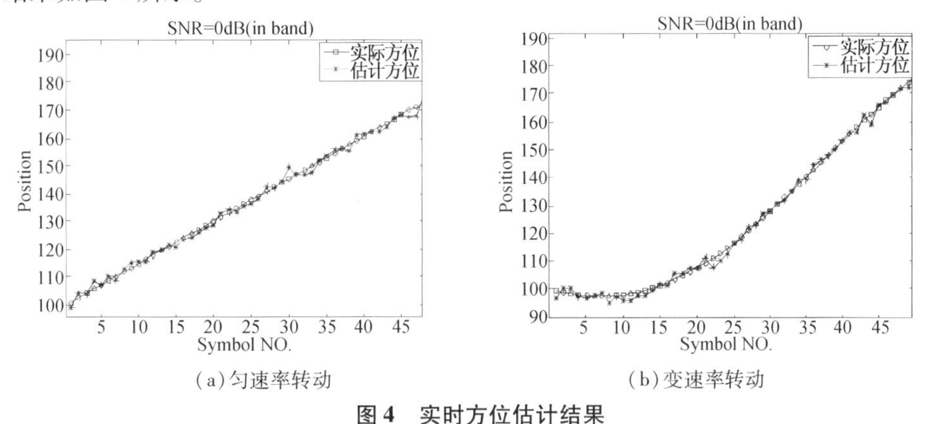

(a)匀速率转动　　(b)变速率转动

图 4　实时方位估计结果

图 4 中的信号实际方位是每个扩频符号周期持续时间的平均方位，由于扩频符号周期持续时间较短且接收船转动速率较低，可认为信号方位在此期间为定值。可以看到有源平均声强器可以有效的实地跟踪信号方位的变化。当直扩系统采用周期为 511 的 m 序列作为扩频序列时，图 5 给出了有源平均声强器在不同信噪比条件下的方位估计均方根误差曲线。可以看到，在带限信噪比为 −15 dB 时，有源平均声强器的方位估计偏差值小于 6°。

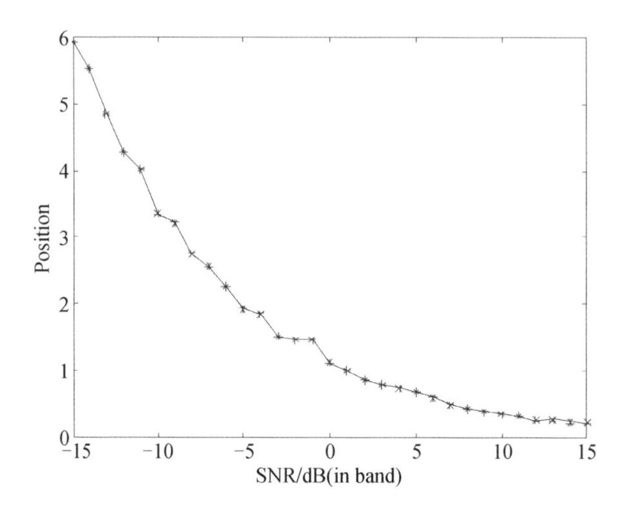

图 5　方位估计均方根误差曲线

利用本文提出的有源平均声强器实现方位估计，再对矢量水听器输出信号进行 $p+2v_c$ 组合后进入差分能量检测器，最终完成解码。图 6 给出了采用差分能量检测器和单矢量差分能量检测器的直扩系统性能结果（BER 表示误码率）。

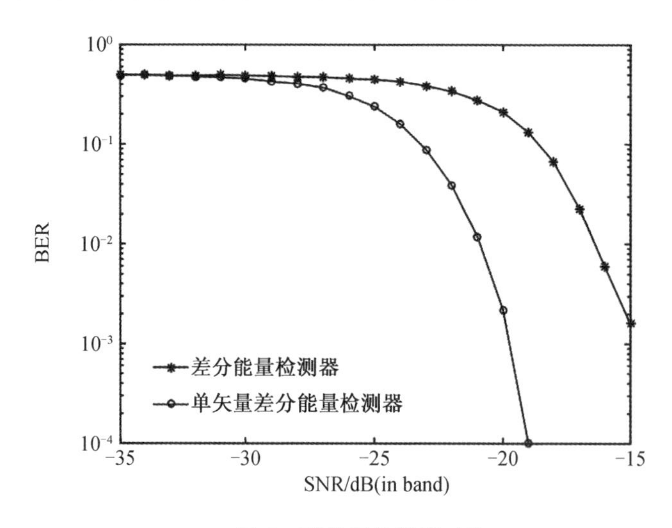

图 6　直扩系统性能对比

4.2　大连海试试验

2015 年 1 月在大连长山岛附近海域进行了直接序列扩频通信海上试验。试验海域深度在 20～40 m，最大通信距离为 10 km。试验当天海面风浪较大，这将使得接收信号的相位发生快速跳变。图 7 给出了试验当天通信距离为 10 km 时测试得到的水声信道，可见直达声到达时刻越来越近，即风浪导致通信过程中收发双方存在相对运动，运动速度约为 0.5 m/s。另外，接收船由于风浪作用在海面上做缓慢转动，因此发射船相对矢量水听器的方位将随时间发生变化。

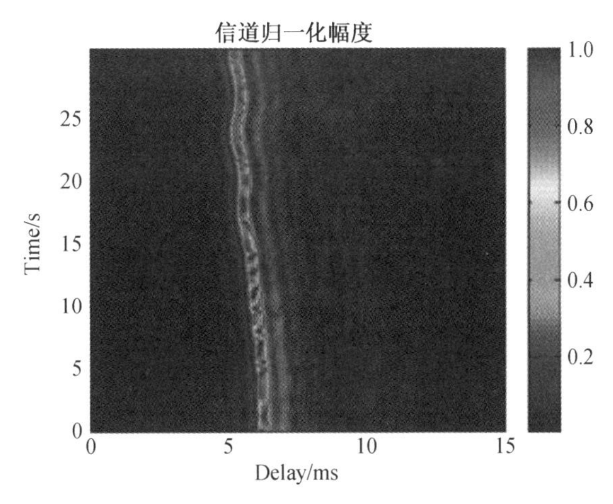

图 7　实测水声信道

海试中直扩系统参数为：带宽 4 kHz，载波中心频率 6 kHz，采用 BPSK 调制，扩频序列选用周期为 511 的 m 序列。发送数据每帧包含 180 bit 信息，共发送 9 组。图 8 给出了通信距离为 10 km 时，矢量水听器接收信号的时域波形图，可以看到 v_x 和 v_y 通道的信号包络发生明显变化，这说明矢量水听器在接收信号时发生了转动。

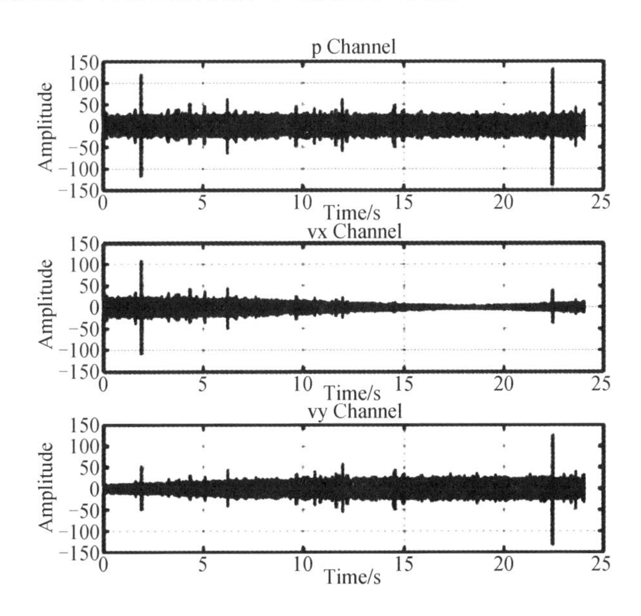

图 8　矢量水听器接收信号

海试中，图 8 所示的接收信号接收信噪比约为 0 dB，为了进一步验证单矢量差分能量检测在低信噪比条件下的稳定性，对接收信号额外加入高斯白噪声，使得接收信号的输入信噪

比达到 -18 dB。图 9 给出了有源平均声强器的方位估计跟踪结果，从图中蓝线可以看出，在接收信号时，接收船发生了近似为匀速的转动，导致矢量水听器接收信号的方位随时间发生变化。

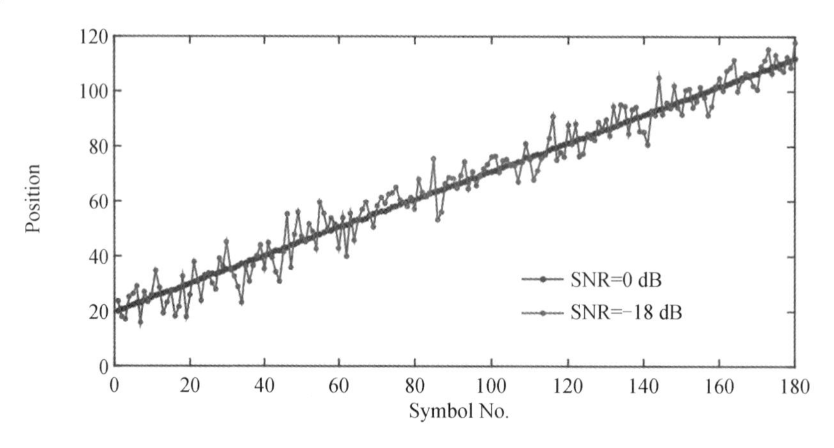

图 9　不同信噪比条件下方位跟踪估计结果

从图 9 可以看出，在信噪比较高时（SNR =0 dB），有源平均声强器的方位跟踪估计结果平稳；而在低信噪较低时（SNR = -18 dB），有源平均声强器的方位跟踪估计结果发生了交大的跳变。这是因为随着信噪比的下降，式和式中的“小量”干扰将越来越大，导致有原平声强器方位估计的均方根误差增大。在后续研究中，将会对进一步提高有源平均声强器方位估计输出信噪比进行研究，以减小有源平均声强器在低信噪比条件下的方位估计均方根误差。虽然，在信噪比为 -18 dB 时，有源平均声强器方位跟踪估计结果跳变较为严重（最大方位估计偏差为 12°），但直扩系统仍然可以获得矢量组合处理增益。图 10 给出了 $p+2v_c$ 的归一化指向性，可以看到在 ±30°范围内均可较好的获得矢量处理增益。

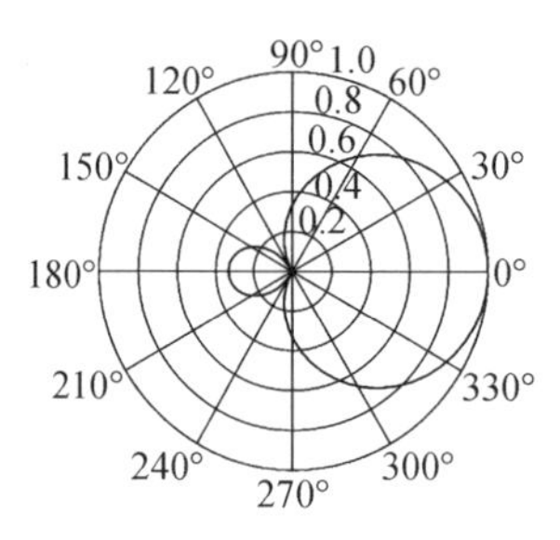

图 10　$p+2v_c$ 归一化指向性

图 11 给出了差分能量检测器和单矢量差分能量检测器的在信噪比为 -18 dB 时的解码输出对比图。可以看到，由于获得了矢量处理增益，单矢量差分能量检测器的两个相关器输出能量差明显，如图 11(b)所示；而仅仅利用了声压通道的差分能量检测器的相关器输出能量差相近，出现误码，如图 11(a)所示。

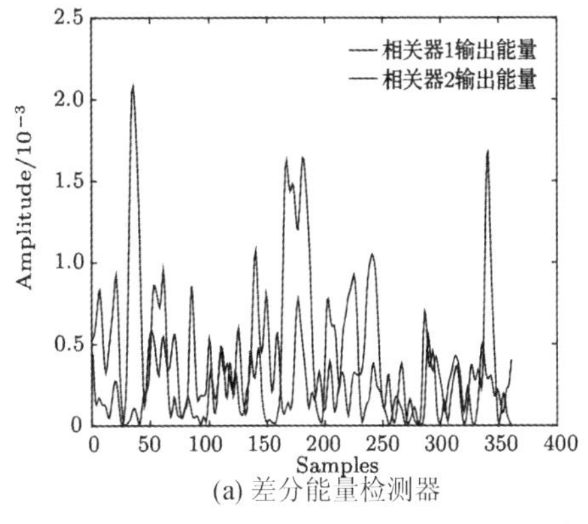

(a) 差分能量检测器

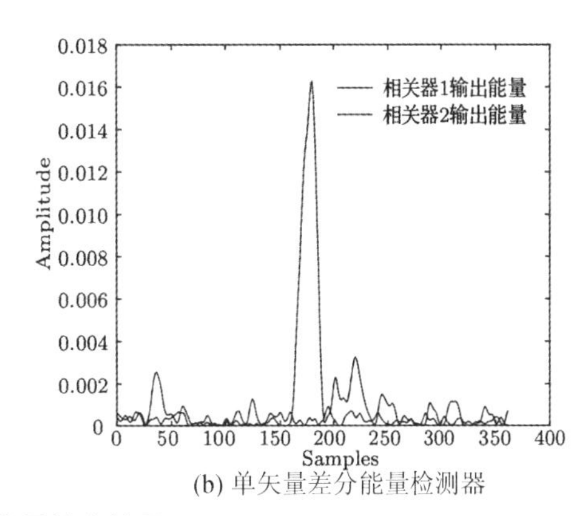

(b) 单矢量差分能量检测器

图 11　相关器能量输出结果

图 12 给出了单矢量差分能量检测器在信噪比为 - 18 dB 条件下的前 10 bit 信息解码的输出结果,可以看到每比特对应的相关器输出能量差值明显,解码效果良好。由于发送数据有限,基于单矢量差分能量检测器的直扩系统均实现了无误码传输,验证了本文提出的单矢量差分能量检测器算法的稳定性。

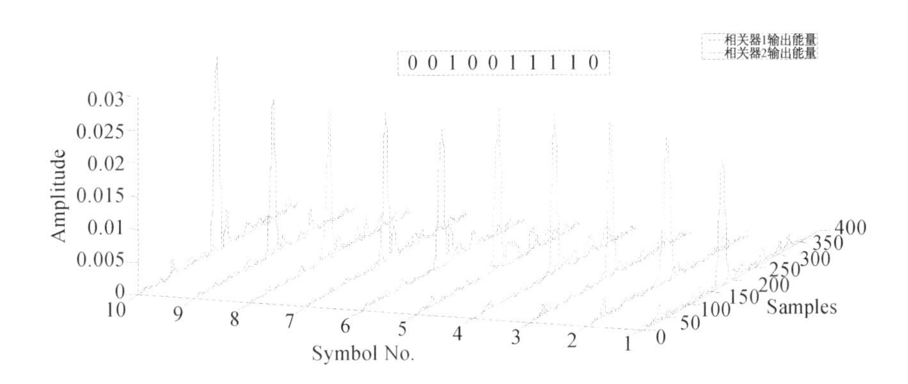

图 12　单矢量差分能量检测器输出结果

5　结论

本文针对直扩系统提出的单矢量差分能量检测器算法是以扩频符号周期为单位进行处理运算的。因此在处理每相邻两个扩频符号周期的信号时,单矢量差分能量检测器可实时跟踪估计当前环境信息,保证系统获得最大处理增益。另外,单矢量差分能量检测器中的多普勒估计器和有源平均声强器可根据实际情况调整估计更新频率以节省接收端解码运算量。单矢量差分能量检测器具有较好的抗载波相位跳变和抗多途干扰的能量,可在低信噪比条件下稳定工作,且该算法简单易实现。

在后续研究成果中将会进一步给出单矢量差分能量检测器在码分多址系统中的应用研究以及如何提高有源平均声强器在低信噪比条件下和多址干扰条件下的方位估计精度。

参考文献

[1] Stojanovic M, James P 2009 IEEE Commun. Mag. , 47 84.

[2] Yang T C 2012 J. Acoust. Soc. Am. 131 129.

[3] Yin J W 2011 Principle of acoustic communication and signal processing (Beijing: National Defense Industry Press) p20(in Chinese)[殷敬伟 2011 水声通信原理及信号处理技术 (北京:国防工业出版社) 第20页].

[4] Ye P C, Pan G 2015 Chin. Phys. B 24 066401.

[5] He C B, Huang J G, Han, Zhang Q F 2009 Acta Phys. Sin. 58 8379(in Chinese) [何成兵, 黄建国, 韩晶, 张群飞 2009 物理学报 58 8379].

[6] Yang T C, Yang W B 2008 J. Acoust. Soc. Am. 124 3632.

[7] Yang T C, Yang W B 2008 J. Acoust. Soc. Am. 123 842.

[8] Stojanovic M, Freitag L 2000 OCEANS 2000 MTS/IEEE Conference and Exhibition Providence, September 11 – 14, 2000 p123.

[9] Zhou H Y, Li L F, Chen K, Tong F 2012 Journal of Electronics & Information Technology 34 1685 (in Chinese) [周跃海, 李芳兰,陈楷,童峰 2012 电子与信息学报 34 1685].

[10] Nehorai A, Paldi E 1994 IEEE Trans. Signal Process. 42 2481.

[11] Song A J, Abdi A, Badiey M, Hursky P 2011 IEEE J. Ocean Eng 36 454.

[12] D'Spain G L, Hodgkiss W S, Edmonds G L 2001 IEEE J. Ocean Eng 16 195.

[13] Hawkes M, Nehorai A 2001 IEEE J. Ocean Eng 26 337.

[14] Yin J W, Yang S, Du P Y, Yu Y, Chen Y 2011 Acta Phys. Sin. 61 064302 (in Chinese) [殷敬伟, 杨森,杜鹏宇,余赟,陈阳 2011 物理学报 61 064302].

[15] Hui J Y, Hui J 2009 Vector Signal Processing (Beijing: National Defense Industry Press) p24 (in Chinese) [惠俊英,惠娟 2009 矢量声信号处理基础 (北京:国防工业出版社) 第24页].

猝发混合扩频水声隐蔽通信技术

周 锋 尹艳玲 乔 钢

摘要 针对常规的连续载波调制扩频通信方式容易通过能量检测的方法被截获的问题,提出了一种猝发的混合扩频水声隐蔽通信方式,该方法通过在时间上随机的发送脉冲混合调制扩频信号来降低截获概率,而且可以比较灵活的通过调整平均占空比来满足不同隐蔽性的要求,但是该隐蔽性是以牺牲通信速率为代价的。猝发信号中混合了二进制相位键控(BPSK)、循环移位键控(CSK)和多进制频移键控(MFSK)扩频调制方式,采用自同步和时频二维搜索算法实现码元和载波同步。通过仿真分析了猝发通信系统的隐蔽性能和多途信道下的误码性能,并且通过了南海海试验证了算法的性能,在 5 km 的通信距离上,4 kHz 的带宽内,单个脉冲信号的通信速率可以达到 317 *bit/s*,误码率达到 10^{-3} 以下。

1 引言

随着世界各国海洋开发和海洋军事领域的飞速发展,如何实现稳健的、隐蔽的水声通信成为一个新的研究热点。水声信道是一带宽有限、多途和噪声干扰比较强的时变、频变和空变的信道,水声信道的复杂性以及多变性严重限制了水声通信的性能[1]。扩频通信具有抗干扰能力、抗信道衰落能力强以及低截获率等优点,被广泛应用于水声远程、可靠、隐蔽通信中[2-4]。为了实现低检测概率的隐蔽通信,最简单的方法采用直接序列扩频的方法,并采用 RAKE 接收机以及空间分集等技术提高接收信噪比[5-6],从而达到降低声源级、降低截获概率的目的,虽然直接序列扩频可以在很低的信噪比下工作,在时域很难被检测,然而由于采用固定的载波频率调制,通过频域检测的方法容易被发现;跳频通信方式在直接序列扩频的基础上,用 PN 扩频码控制周期性的改变载波频率,因此造成了侦听的难度,降低了截获概率,而跳频通信占用的带宽比较宽,频带利用率低[7-8];近几年出现了一种采用多载波扩频的通信方式实现隐蔽通信,结合纠错编码以及信道均衡等技术,使得信号在更低的信噪比下工作,从而达到隐蔽通信的目的[9-10]。

上述的几种隐蔽通信都是采用连续载波的通信方式,通过长时间的能量累积和频率检测还是可能被截获,因此本文提出了一种扩频调制的猝发通信方式。该通信信号采用脉冲形式,且在时间上随机发送,由于信号持续时间非常短,通过能量检测或频率检测等方法都很难侦听到信号,因此,猝发通信提高了信号的抗干扰和抗截获能力,并且可以通过调整脉冲信号长度和平均占空比获得不同的抗截获能力,但截获能力的提升是以牺牲通信速率为代价的。

在空中无线电通信中,短波猝发通信常采用前导字加信息序列的帧结构[11-12],用前导字实现信号的捕获和同步,前导字不携带信息,降低了信息传输速率,且增加了脉冲信号的长度,本文采用了无前导字的帧结构,利用正交调制的方法,一路采用 BPSK 扩频调制,一路采用循环移位键控(CSK)调制[13-15],利用两路信号自身的特点实现码元和载波自同步,同时为了提高通信速率和带宽利用率,并考虑通信系统的稳健性,同时叠加了一路 MFSK 扩频信号。

2　系统原理

2.1　发射信号

猝发混合扩频系统的发射机框图如图 1 所示,将信源串并转换,按 $1+k_0+k_1$ 进行分组,其中,BPSK 调制携带 1 bit 信息,CSK 携带 k_0 信息,MFSK 携带 k_1 信息,BPSK 信号采用正交调制中的同相支路调制,CSK 信号采用正交调制中的正交支路调制,MFSK 信号以 $\Delta=1/T_s$（T_s 为符号长度)为频率间隔调制在载波频率为 f_c 的载波上。3 路信号的扩频序列采用 m 序列,设生成 m 序列的移位寄存器的阶数为 r,则生成的序列长度为 $N=2^r-1$,以一个码片长度为最小移位间隔 $\Delta\tau$ 的循环移位序列携带的最大比特数为 $r-1$。设码片长度为 T_c,则一个符号长度 $T_s=NT_c$,经过 CSK 调制的扩频码序列可以表示为:

$$c^k(t)=\begin{cases}c(t+k\Delta\tau), & (0\leqslant t\leqslant T_s-k\Delta\tau)\\ c(t-T_s+k\Delta\tau), & (T_s-k\Delta\tau<t\leqslant T_s)\end{cases} \tag{1}$$

其中,k 为 CSK 调制多进制的信息,$c(t)$ 是扩频码波形。传统的 MFSK 调制,调制的频率间隔是相互分开不重叠的,频带利用率很低,然而若缩小相邻两个调制频率的频率间隔,使其缩小到正交的状态,仍然可以做到无载波间干扰,却大大提高了频带利用率,此时的频率间隔可以视为最小的频率间隔[16]。MFSK 调制扩频前正交频率间隔为 $1/T_c$,扩频后正交频率间隔为 $1/T_s$,然而若 MFSK 扩频信号以为频率间隔,虽然扩频后信号的频谱严重重叠,但是在一个符号间隔内仍然是正交的,在理想信道下,仍然可以做到无载波间干扰[17]。

扩频前正交 MFSK 信号频谱如图 2(a)所示,扩频后 MFSK 信号频谱如图 2(b)所示,在多途信道下,为了降低由于多途带来的载波间干扰,可以增大调制的频率间隔,设相邻频率的间隔为 $\Delta=\lambda/T_s$,λ 是归一化载波间隔,调整 λ,可以改变载波间隔。

传统的只将同相通道作为同步信道的 CSK 扩频通信的频带利用率为$\frac{k_0}{2N}$,其中,N 为扩频增益,本系统将同相通道通过 BPSK 调制,携带了 1 bit 信息,同时混合了 MFSK 扩频调制,若 MFSK 调制的相邻频率间隔为 $1/T_s$,则系统频带利用率为$\frac{1+k_0+k_1}{2N+2^{k_1}}$,可以看到混合系统与单独的 CSK 调制相比,提高了频带利用率。

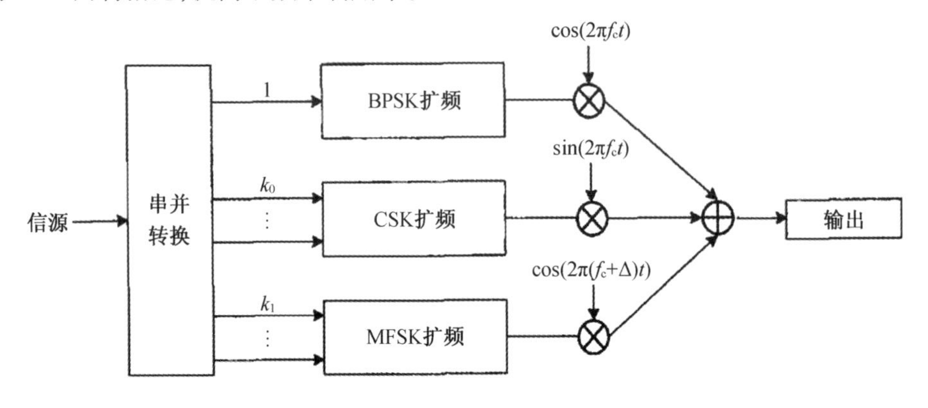

图 1　猝发混合扩频通信系统发射机框图

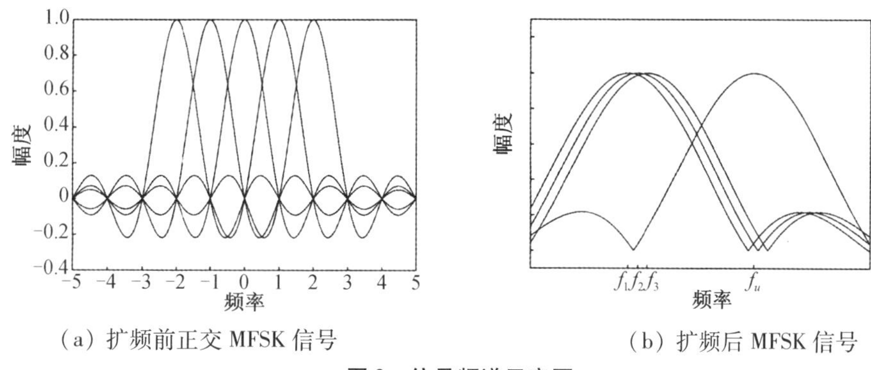

(a) 扩频前正交 MFSK 信号　　　　(b) 扩频后 MFSK 信号

图 2　信号频谱示意图

2.2　系统同步

在扩频通信系统中,同步是保证系统正常工作的前提,同步主要包括载波同步和扩频码元同步,载波同步又分为载波频率同步和载波相位同步。为了实现系统的同步,传统的数据帧结构采用在数据信息前面加入前导字的方法,对于水声通信来说,由于水声信道的复杂多途、大多普勒频移等特性,使得信号的同步捕获时间比较长,若采用前导字的方法,则需要很长的前导字才能捕获到信号,对于短时的猝发通信来说,在一定的脉冲长度下,则降低了有效数据的传输时间,降低了通信速率,因此本文采用了非数据辅助的自同步算法,该算法具体介绍如下。

根据 2.1 节描述的发射信号结构,发送的信号可以表示为:

$$s(t) = \sqrt{2P}\{b_0(t)c(t)\cos(2\pi f_c t) + c^{(b_1(t))}(t)\sin(2\pi f_c t) + c(t)\cos(2\pi(f_c + \Delta b_2(t))t + \varphi_m)\} \tag{2}$$

其中,P 为信号发射功率,f_c 为载波频率,设载波初始相位为 φ_m 是 MFSK 的第 m 个码元的初相位,$b_0(t)$ 和 $b_2(t)$ 分别为 BPSK 调制和 MFSK 调制所携带的信息,且 MFSK 调制携带 M_1 比特信息,$b_0(t)$ 值为 $+1$ 或 -1,$b_2(t)$ 的值为 $\{1-M_1, 3-M_1, \cdots, -1, 1, \cdots, M_1-3, M_1-1\}$,$\Delta$ 为 MFSK 调制的相邻频率间隔,$c(t)$ 为调制采用的扩频码,$c^{(b_1(t))}$ 表示 $c(t)$ 经过 CSK 调制的信息 $b_1(t)$ 循环移位后的扩频码,3 组信号的载波是相互正交的。考虑信号通过 AWGN 信道,接收信号可以表示为:

$$\begin{aligned} r(t) = \sqrt{2P}(&b_0(t-\tau)c(t-\tau)\cos[2\pi(f_c+f_d)t+\varphi] \\ &+ c^{(b_1(t))}(t-\tau)c(t-\tau)\sin(2\pi(f_2+f_d)t+\varphi) \\ &+ c(t-\tau)\cos[2\pi(f_c+\Delta b_2(t-\tau)+f_2)t] + \varphi') + n(t) \end{aligned} \tag{3}$$

其中,τ 表示传播时延,f_d 表示多普勒频移,$\varphi = \varphi_0 - 2\pi(f_c + f_d)\tau$ 和 $\varphi' = \varphi_m + \varphi_0 - 2\pi[f_c + f_d + \Delta \cdot b_2(t-\tau)]\tau$ 表示发射机和接收机的载波相位差,φ_0 为随机的载波相位,均匀地分布在 $(0, 2\pi]$,$n(t)$ 为双边带功率谱密度为 $N_0/2$ 的加性高斯白噪声。猝发混合扩频系统的接收机框图如图 3 所示,在信号解调前,需要先捕获信号,根据 3 路信号的特点,为了降低运算量,采用 BPSK 信号捕获信号,捕获采用时频二维序列捕获技术实现接收机对接收信号在时域和频域二维空间内的搜索,时频二维序列搜索接收机结构框图如图 4 所示。首先,接收信号乘以两路某一搜索频率范围内的正交载波,然后两路信号通过一个低通滤波器,分别乘以不同相位或移位的扩频码,比较选取最大值,得到该载波频率下对应的扩频码相位;然后搜索下一个载波频率下的扩频码相位,经过多次二维搜索,通过比较找到输出最大的载波频率和扩频码相位,完成时频二维搜索,获取信号解调需要的载波频率和扩频码元相位,可以通过调整搜索步长完成粗同步和细同步。

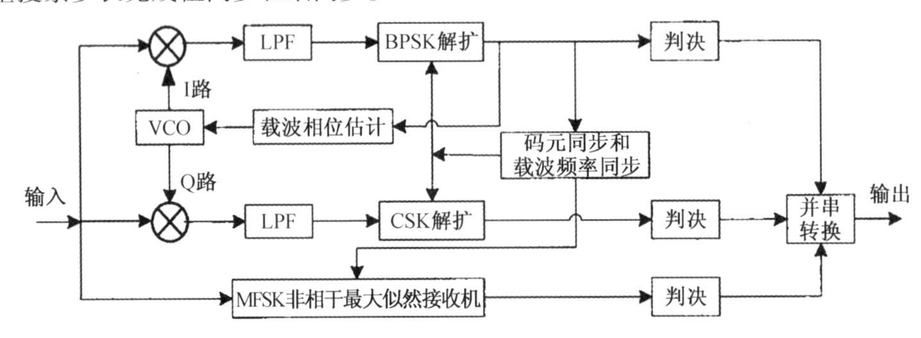

图 3　猝发混合扩频系统的接收机框图

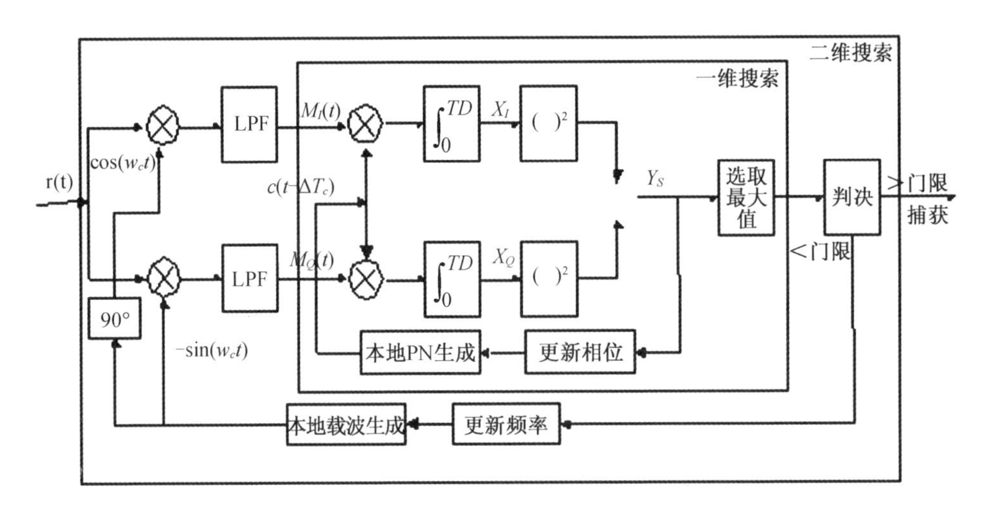

图 4　时频二维序列捕获原理框图

通过粗同步和细同步获得载波频率和码元相位后,就可以对 CSK 信号和 MFSK 信号进行非相干解调,MFSK 非相干最大似然接收机如图 5 所示。CSK 非相干解调和 MFSK 非相干解调原理相似,只是乘以 $c(t)$ 的不同循环移位的扩频码,而不是乘以不同频率的载波。

对于 BPSK 扩频信号,由于信息调制在码元相位上,载波相偏可能导致判决时出现倒 π 现象,因此解调前需要估计载波相位,载波相位可以借助自身信号估计,假设接收机实现了载波频率和码元相位的准确同步,接收机采用正交下变频解调,低通滤波后,同相支路为:

$$
\begin{aligned}
I(t) &= \mathrm{LPF}(r(t)\cos(2\pi(f_c+f_d)(t-\tau))) \\
&= b_0(t)c(t)\cos(\varphi_0) - c^{(b_1(t))}(t)\sin(\varphi_0) + c(t)\delta(b_2(t),m)\cos(\varphi'_0) + n'_I(t)
\end{aligned} \tag{4}
$$

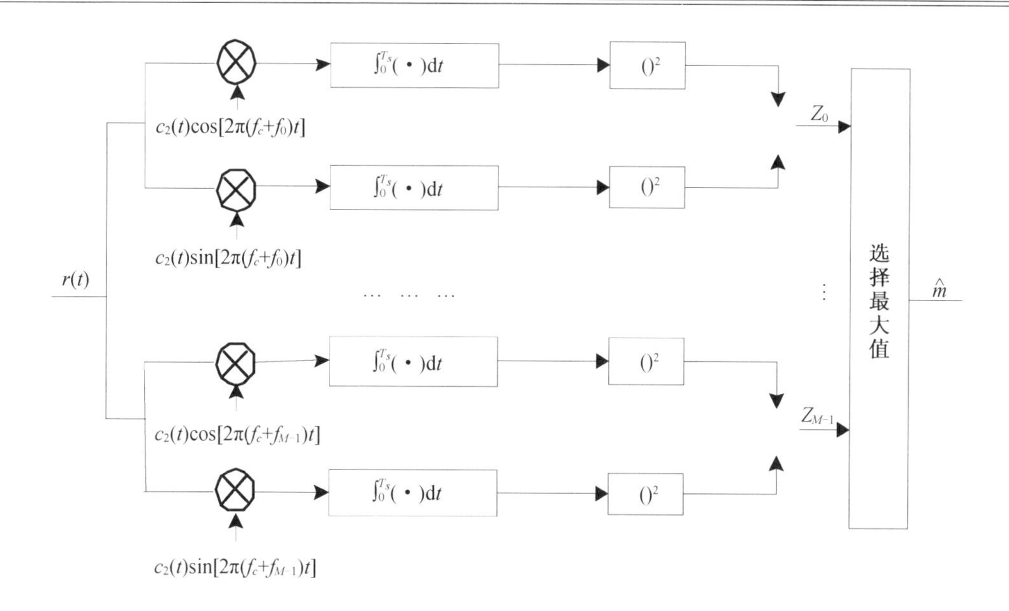

图 5　MFSK 非相干最大似然接收机

正交支路为：

$$\begin{aligned} Q(t) &= \mathrm{LPF}(r(t)\sin(2\pi(f_c+f_d)(t-\tau))) \\ &= -b_0(t)c(t)\sin(\varphi_0)+c^{(b_1(t))}(t)\cos(\varphi_0)-c(t)\delta(b_2(t),m)\sin(\varphi'_0)+n'_Q(t) \end{aligned} \tag{5}$$

其中，$\varphi'_0=\varphi_0+\varphi_m$，$n'_I(t)$ 和 $n'_Q(t)$ 分别表示同相支路和正交支路解调滤波后的噪声，当 $b_2(t)=m$ 时，$\delta(b_2(t),m)=1$，其他情况时 $\delta(b_2(t),m)=0$，m 表示 MFSK 当前码元调制的数字信息，用 BPSK 路的扩频码对两路信号解扩并对其积分有：

$$\begin{aligned} I' &= \frac{1}{T_s}\int_0^{T_s} I(t)c(t)\,\mathrm{d}t \\ &= b_0\cos(\varphi_0)\frac{1}{T_s}\int_0^{T_s} c(t)c(t)\,\mathrm{d}t-\sin(\varphi_0)\frac{1}{T_s}\int_0^{T_s} c^{(b_1(t))}(t)c(t)\,\mathrm{d}t+ \\ &\quad \delta(b_2,m)\cos(\varphi_0)\frac{1}{T_s}\int_0^{T_s} c(t)c(t)\,\mathrm{d}t+\frac{1}{T_s}\int_0^{T_s} n'_I(t)c(t)\,\mathrm{d}t \\ &= b_0\cos(\varphi_0)-\sin(\varphi_0)R(c,c^{(b_1)})+\delta(b_2,m)\cos(\varphi_0)R(c,c)+N'_I \\ &= b_0\cos(\varphi_0)+N''_I \end{aligned} \tag{6}$$

$$\begin{aligned} Q' &= \frac{1}{T_s}\int_0^{T_s} Q(t)c(t)\,\mathrm{d}t \\ &= -b_0\sin(\varphi_0)\frac{1}{T_s}\int_0^{T_s} c(t)c(t)\,\mathrm{d}t+\cos(\varphi_0)\frac{1}{T_s}\int_0^{T_s} c^{(b_1(t))}(t)c(t)\,\mathrm{d}t- \\ &\quad \delta(b_2,m)\sin(\varphi_0)\frac{1}{T_s}\int_0^{T_s} c(t)c(t)\,\mathrm{d}t+\frac{1}{T_s}\int_0^{T_s} n'_Q(t)c(t)\,\mathrm{d}t \\ &= -b_0\sin(\varphi_0)+\cos(\varphi_0)R(c,c^{(b_1)})-\delta(b_2,m)\sin(\varphi_0)R(c,c)+N'_Q \\ &= -b_0\sin(\varphi_0)+N''_Q \end{aligned} \tag{7}$$

其中,$R(c,c)$表示$c(t)$的自相关函数值,$R(c,c^{(b_1)})$表示$c(t)$与$c^{(b_1(t))}(t)$的互相关函数值,N''_I和N''_Q表示由噪声和其他两路信号造成的干扰项。噪声项第一项中包含扩频码元互相关项$R(c,c^{(b_1)})$,由于扩频码良好的互相关性,该项非常小或者接近于零;噪声项第二项,只有当$b_2(t)=m$时,即解调时乘以 MFSK 调制对应的载波时,$\delta(b_2(t),m)=1$,其他情况时$\delta(b_2(t),m)=0$(调制载波相互正交),因此解调 BPSK 路信号时,该项为零;最后一项为噪声项,随机噪声积分后值非常小,可以忽略。因此忽略干扰项后,载波相位可以估计为:

$$\hat{\varphi}_0 = -\tan^{-1}\left(\frac{Q'}{I'}\right) \tag{8}$$

2.3 系统性能分析

在 AWGN 信道下,不考虑多普勒频移和同步问题,由于每路信号调制的载波是相互正交的,因此正交解调后,各路信号之间相互没有干扰,各路的误码性能是单独传输时的误码性能,只是传输的功率比单独传输时的要小,设在 AWGN 信道下,BPSK 扩频调制、CSK 调制和 MFSK 扩频调制的误码率分别为P_0、P_1和P_2,发送的二进制信息出现 0 和 1 的概率相同,则系统总的误码率为:

$$P_e = \frac{P_0 + k_0 P_1 + k_1 P_2}{1 + k_0 + k_1} \tag{9}$$

不考虑加性噪声,信号经过时不变水声多途信道后,接收信号可以表示为:

$$\begin{aligned} r(t) = \sqrt{2P}\sum_{l=1}^{L}\alpha_l [& b_0(t-\tau_l)c(t-\tau_l)\cos(2\pi f_c(t-\tau_l)) + \\ & c^{(b_1(t))}(t-\tau_l)\sin(2\pi f_c(t-\tau_l) +) \\ & c(t-\tau_l)\cos(2\pi(f_c + \Delta b_2(t-\tau_l))(t-\tau_l)) + \varphi_m] \end{aligned} \tag{10}$$

其中,$0<\tau_l<T_s$,L为路径数,α_l和τ_l分别为第l条路径的归一化衰减系数和时延,以 BPSK 扩频信号为例,分析多途信道对信号解调的影响。假设接收端以能量最大的声线为信号的起始时刻,则相应的时延为 0,BPSK 扩频信号发送的第一个比特为$b_0[0]$,为了检测该比特数据,相应的判决变量可以表示为:

$$Z = \frac{1}{T_s}\int_0^{T_s} r(t)c(t)\cos(2\pi f_c t)\,dt \tag{11}$$

将式(10)代入上式,可得判决变量Z为:

$$\begin{aligned} Z = & \sqrt{\frac{P}{2}}\{\delta(b_0[0],k) + \\ & \sum_{l=2}^{L}\frac{1}{T_s}\int_0^{T_s}\alpha_l b_0(t-\tau_l)c(t-\tau_l)c(t)\cos(2\pi f_c\tau_l)\,dt + \\ & \sum_{l=2}^{L}\frac{1}{T_s}\int_0^{T_s} -\alpha_l c^{(b_1(t))}(t-\tau_l)c(t)\sin(2\pi f_c\tau_l)\,dt + \\ & \sum_{l=2}^{L}\frac{1}{T_s}\int_0^{T_s}\alpha_l c(t-\tau_l)c(t)\cos(2\pi(f_c + \Delta\, b_2(t-\tau_l))\tau_l + \varphi_m)\,dt\} \\ = & D + \sum_{l=2}^{L} I_s(l) + \sum_{l=2}^{L} I_{M1}(l) + \sum_{l=2}^{L} I_{M2}(l) \end{aligned} \tag{12}$$

其中，

$$D=\delta(b_0[0],k) \tag{13}$$

是当前需要解调的数据，$k=+1$ 或 $k=-1$ 表示 BPSK 调制的二进制信息，而其余 3 项为干扰项，其中，

$$I_s(l)=\frac{1}{T_s}\int_0^{\tau_l}\alpha_l b_0[-1]c(t)c(t-\tau_l)\cos(\varphi_l)\mathrm{d}t+\frac{1}{T_s}\int_{\tau_l}^{T_s}\alpha_l b_0[0]c(t)c(t-\tau_l)\cos(\varphi_l)\mathrm{d}t \tag{14}$$

定义

$$R_{c,c}[\tau_l]=\frac{1}{T_s}\int_0^{\tau_l}c(t)c(t-\tau_l)\mathrm{d}t \tag{15}$$

$$\hat{R}_{c,c}[\tau_l]=\frac{1}{T_s}\int_{\tau_l}^{T_s}c(t)c(t-\tau_l)\mathrm{d}t \tag{16}$$

则 $I_s(l)$ 可以表示为：

$$I_s(l)=\alpha_l\cos(\varphi_l)(b_0[-1]R_{c,c}[\tau_l]+b_0[0]\hat{R}_{c,c}[\tau_l]) \tag{17}$$

其中，$b_0[-1]$ 表示 BPSK 调制的前一个符号携带的比特信息，$R_{c,c}[\tau_l]$ 和 $\hat{R}_{c,c}[\tau_l]$ 为 $c(t)$ 的部分自相关函数，同理，$I_{M1}(l)$ 可以表示为：

$$\begin{aligned}I_{M1}(l)&=\frac{1}{T_s}\int_0^{\tau_l}-\alpha_l b_0[-1]c_0(t)c^{b_1[-1]}(t-\tau_l)\sin(\varphi_l)\mathrm{d}t+\frac{1}{T_s}\int_{\tau_l}^{T_s}-\alpha_l b_0[0]c_0(t)c^{b_1[0]}(t-\tau_l)\sin(\varphi_l)\mathrm{d}t\\&=\alpha_l\sin(\varphi_l)b_0[-1]R_{c,c}[\tau_l,b_1[-1]]+\alpha_l\sin(\varphi_l)b_0[0]\hat{R}_{c,c}[\tau_l,b_1[0]]\end{aligned} \tag{18}$$

其中，$R_{c,c}[\tau_l,b_1[-1]]$ 和 $\hat{R}_{c,c}[\tau_l,b_1[-1]]$ 表示 $c(t)$ 和 $c^{b_1(t)}(t)$ 的部分互相关函数，而 $c^{b_1(t)}(t)$ 是 $c(t)$ 的循环移位，因此 $R_{c,c}[\tau_l,b_1[-1]]$ 和 $\hat{R}_{c,c}[\tau_l,b_1[-1]]$ 实际上是 $c(t)$ 与 τ_l 和 $b_1(t)$ 有关的自相关函数。$c^{b_1[-1]}(t)$ 表示 CSK 调制前一个符号携带信息调制后的扩频码，$I_{M2}(l)$ 可以表示为：

$$\begin{aligned}I_{M1}(l)&=\frac{1}{T_s}\int_0^{\tau_l}\alpha_l b_0[-1]c(t)c(t-\tau_l)\cos(2\pi(f_c+\Delta b_2[-1])\tau_l+\varphi_m[-1])\mathrm{d}t+\\&\frac{1}{T_s}\int_{\tau_l}^{T_s}\alpha_l b_0[0]c(t)c(t-\tau_l)\cos(2\pi(f_c+\Delta b_2[0])\tau_l+\varphi_m[0])\mathrm{d}t\\&=\alpha_l b_0[-1]R_{c,c}[\tau_l,b_2[-1],\varphi_m[-1]]+\alpha_l b_0[0]\hat{R}_{c,c}[\tau_l,b_2[0],\varphi_m[0]]\end{aligned} \tag{19}$$

其中，$R_{c,c}[\tau_l,b_2[-1],\varphi_m[-1]]$ 和 $\hat{R}_{c,c}[\tau_l,b_2[0],\varphi_m[0]]$ 定义为 $c(t)$ 的广义部分自相关函数，$b_2[-1]$ 和 $\varphi_m[-1]$ 分别表示 MFSK 调制的前一个符号携带的比特信息和码元初相位，从式(12)看出，干扰项主要有 3 项，第 1 项干扰由自身信号的多途引起的，第 2 项干扰是 CSK 路信号的多途信号引起的，第 3 项干扰是 MFSK 路信号的多途信号引起的，而这些干扰主要和扩频序列的自相关性有关，扩频序列长度为 N，码片长度为 T_c 的 m 码序列的自相关函数可以表示为：

$$R_N(\tau)=\begin{cases}1-\dfrac{N+1}{N}\dfrac{|\tau|}{T_c}, & |\tau|\leq T_c\\ -\dfrac{1}{N}, & |\tau|>T_c\end{cases} \tag{20}$$

从式(20)可以看出,当时延大于一个码片时,相关函数值便下降到 $-1/N$,此时多途信号引起的干扰非常小,水声信道是一个稀疏的多途信道,多途时延一般都大于码片长度,因此多途干扰可以近似为噪声干扰。

上面分析了 BPSK 扩频信号在多途信道下相干解调的性能,CSK 扩频信号和 MFSK 扩频信号的非相干解调性能分析与其相似,只是增加一路正交解调信号,在这里不再赘述,下面通过仿真和实验分析一下系统的性能。

3　仿真和实验结果及分析

3.1　系统仿真

前文给出了猝发混合扩频水声通信系统的同步和解调过程,并分析了该系统在多途信道下的主要干扰和误码性能,在这一节,主要通过 Matlab 仿真分析系统的性能。首先我们分析猝发通信系统在多途信道下的截获概率,并和常规的连续载波调制通信系统进行了比较;然后分析了猝发通信系统的误码性能和抗干扰性能。

3.1.1　系统隐蔽性能仿真

下面我们分析一下猝发通信系统和连续载波调制通信系统的截获概率,主要通过能量检测方法进行比较。文中仿真了两种判决条件下的能量检测方法:一种是检测固定较长窗口的信号能量,通过门限判决比较得到信号的截获概率;另一种是检测多个连续的短时窗口的信号能量,根据过门线次数获得截获概率。

图 6 给出了采用第一种检测方法的时,不同调制方式的截获概率。其中,检测窗口长度为 1 s,检测门限根据虚警概率选取,为虚警概率小于 10^{-4}时的判决门限,仿真噪声为带限高斯白噪声。仿真采样率为 48 kHz,载波频率为 6 kHz,码片长度 $T_c=0.5$ ms,采用扩频序列长度为 63 的 m 序列,因此码元长度 $T_s=31.5$ ms。CSK 调制携带 5 bit 信息,BPSK 调制携带 1 bit信息,MFSK 携带 3 bit 信息,MFSK 调制的最小相邻载波间隔为 $1/T_s$,因此系统带宽为 4.2 kHz,可以计算得到单个脉冲信号的通信速率为 $R=(5+3+1)\text{bit}/T_s=285.7$ bit/s,每 3 个符号组成一个猝发信号,猝发信号时间长度为 94.5 ms。连续载波调制采用 CSK 调制,信号长度超过 1 s。仿真中,信号通过多途信道,信道参数为:共 5 条路径,每条路径的幅度衰减依次为 1,0.4,0.3,0.2,0.15,时延值依次为 0 ms,3.1 ms,8.3 ms,14.6 ms,18.7 ms。

猝发通信通过在时间上随机发送短时脉冲信号,缩短连续发送信号长度,从而达到隐蔽通信的目的。猝发通信可以通过调整脉冲发送间隔来满足不同要求的截获概率。不同的脉冲间隔表示了不同的信道占用程度,可以通过平均占空比来表示,例如,平均占空比为 0.1 表示在 1 s 时间内,有 0.1 s 的时间信道被占用,其他时间信道为空,平均占空比可以通过长时间统计平均信道是否被占用而得到。图 6 给出了猝发调制不同平均占空比时的截获概率和连续载波调制的截获概率的比较,从图中可以看到,信道平均占空比越小,截获信号需要的信噪比越高,也即信号的隐蔽性越强,当平均占空比为1时,等同于连续载波调制,因此具有相同的截获概率。实际应用中,可以通过调整平均占空比来满足不同隐蔽性的要求,而该隐蔽性的获得是以牺牲通信速率为代价的,隐蔽性越强,通信速率越低。

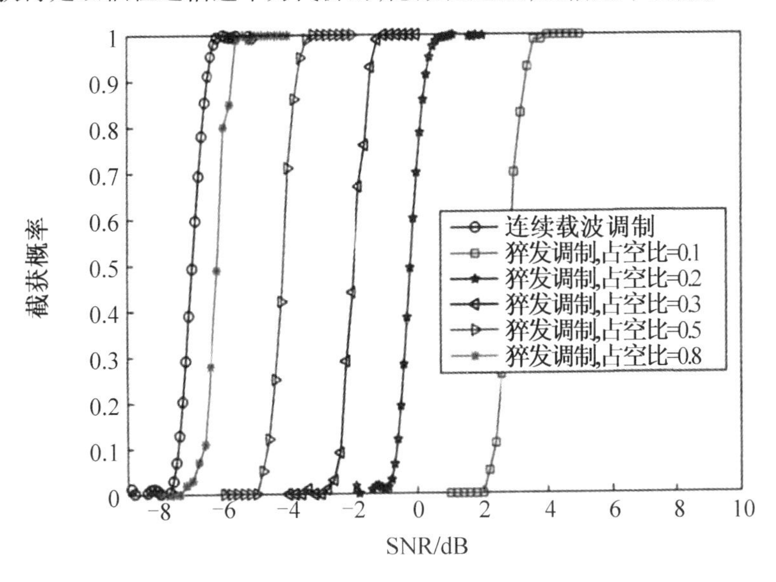

图6　检测方法1:连续载波调制与不同平均占空比时的猝发调制截获概率比较

下面讨论一下平均数据速率与截获概率的关系,平均数据速率即在一段时间内发送的总的比特数与信号占用信道总时间之比。单个脉冲的峰值速率为285.7 bit/s,占空比越大平均数据速率越低。图7给出了不同信噪比时平均数据速率与截获概率的关系,可以看到,平均数据速率越高截获概率越高。相同截获概率下,信噪比越高,所能达到的平均速率越低。

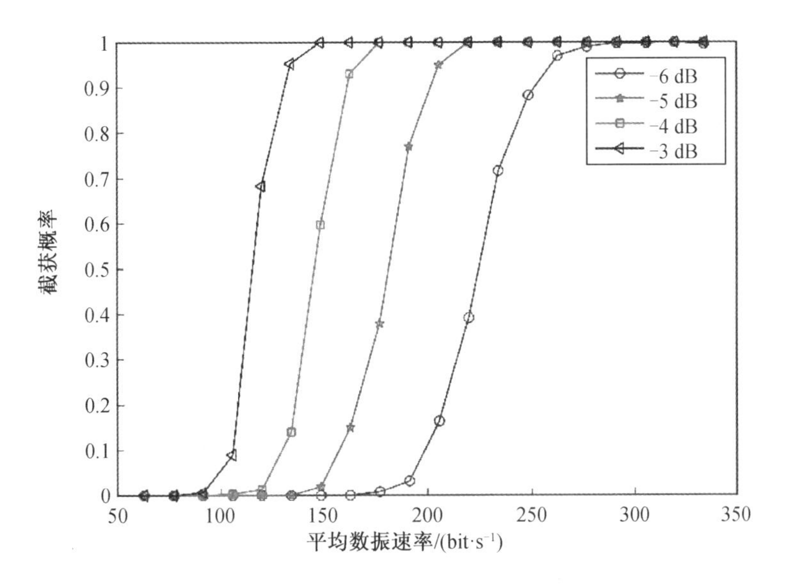

图7　检测方法1:不同信噪比时平均速率与检测概率的关系

上面比较了检测固定较长窗口的能量时的截获概率,下面我们再比较一下采用另一种判决方法时的截获概率。同样考虑 1 s 长度的窗口,将该窗口分成 10 个 0.1s 的小窗口,单独判断每个窗口的能量是否超过检测门限(检测门限同上),如果在 10 个连续小窗口内,检测到 5 次以上的信号,则判断为检测到信号。图 8 给出了两种调制方式的截获概率,对于猝发调制来说,当平均占空比小于或者等于 0.5 时,其截获概率非常低,基本为零;当平均占空比大于 0.5 时,随着占空比的增大,截获概率越来越接近连续载波调制时的值。

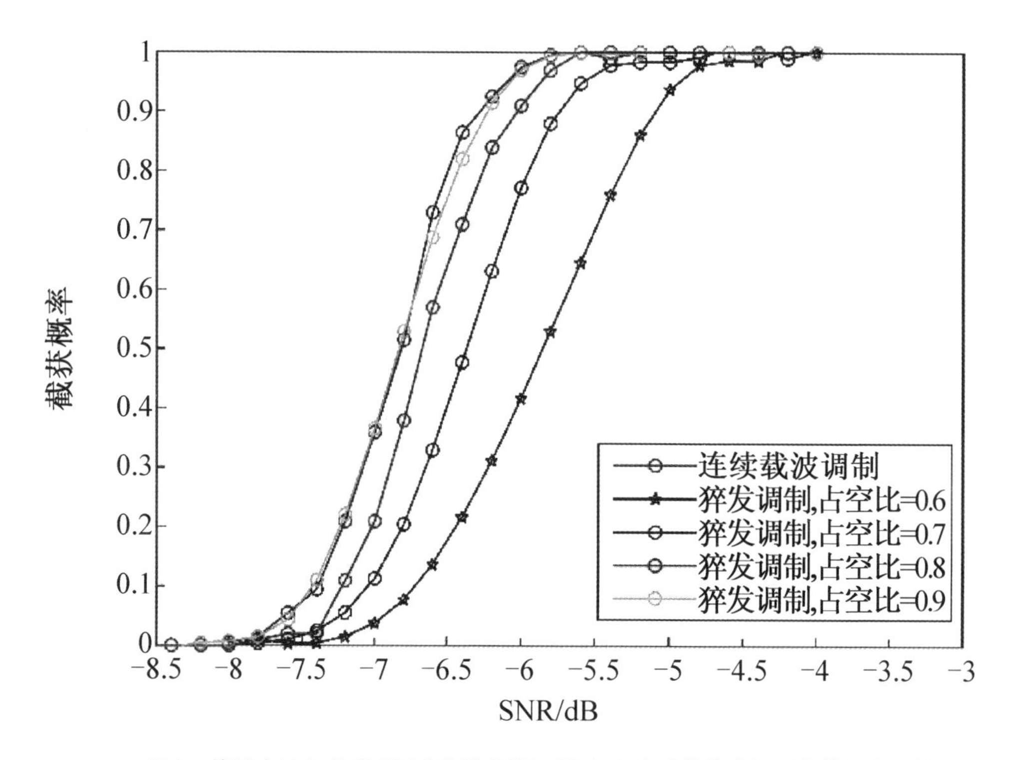

图 8　检测方法 2:连续载波调制与不同平均占空比时的猝发调制截获概率比较

以上比较了两种不同能量检测方法时的截获概率,通过频域检测我们也可以得到相似的结果。从仿真结果可以看到,猝发通信可以自由的通过调整脉冲的占空比满足不同要求下的隐蔽性能,该隐蔽性能是以牺牲通信速率为代价的。

3.1.2　系统误码性能仿真

本节主要分析猝发通信系统的在多途信道下的误码性能和如何提高系统的抗干扰性能,仿真信号参数和多途信道参数同上。图 9(a)和图 9(b)分别给出了 AWGN 信道和多途信道下,不同调制方式各自的误码率和混合系统的误码率,其中,每路信号有相同的 E_b/N_0。从图中可以看到,CSK 扩频调制的误码性能最好,BPSK 扩频调制性能次之,混合系统的误码率接近 BPSK 调制的性能。在多途信道下,由于自身信号多途和其他两路信号多途的干扰,在高信噪比下系统的误码性能要比 AWGN 信道下的误码性能差。

为更清楚地观察其他两路信号的多途对本路信号的影响,仿真时首先使每路信号单独通过多途信道,这样只包含自身多途引起的干扰,然后根据式(9)的表达式计算出混合调制的误码率,即没有其他路信号干扰时的误码率(将此时的误码率称为理论值),然后和混合调制信号通过多途信道后的误码性能进行比较。仿真时,两种情况下的信号发射功率保持一致，比较结果如图 10 所示，分别用 XX－No－ICI 和 XX－ICI 表示每路信号单独通过多途信道和混合信号通过多途信道的误码率，从图中可以很清楚地看出，经过多途信道后，每路信号受其他两路干扰的影响，CSKCSK 调制和 BPSK 调制受其他两路多途干扰影响较小，CSKMFSK 调制受干扰影响较大。

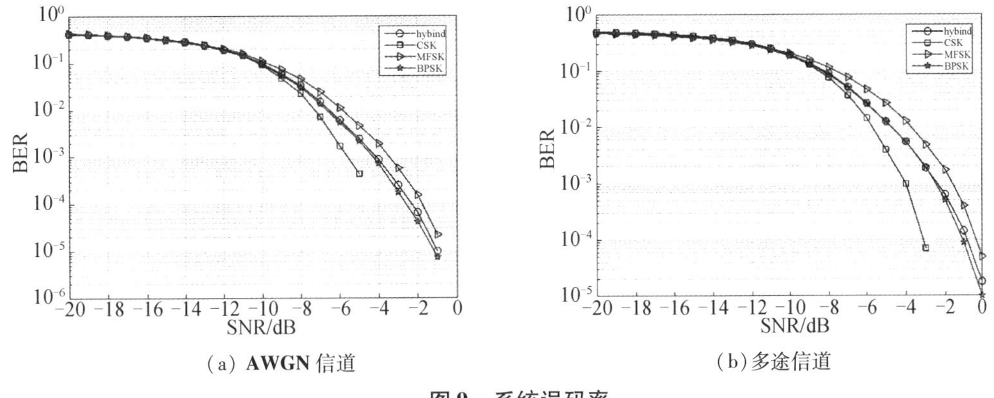

(a) **AWGN** 信道　(b)多途信道

图 9　系统误码率

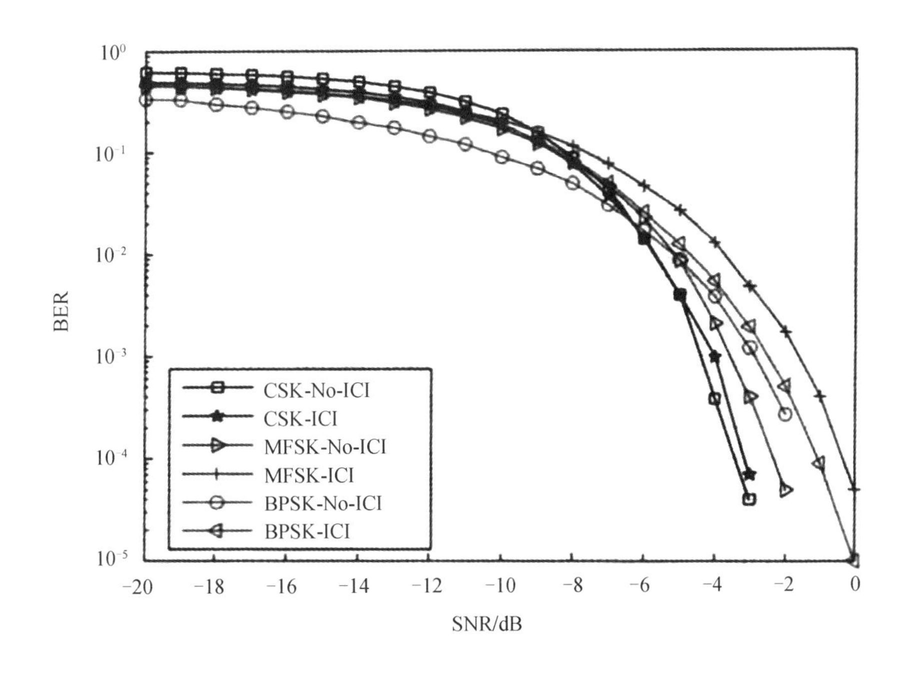

图 10　多途信道、无其他路多途干扰条件下的系统误码率比较

从图 9 和图 10 可以看到，3 路信号误码性能有一定的差异，CSK 调制性能最好，MFSK 调制的性能最差，且 MFSK 调制受多途影响比较严重，因此可以适当提高 MFSK 发射信号功率，使 3 路信号的误码性能接近一致，以降低混合系统的误码率。提高 MFSK 发射信号功率，降低 CSK 发射信号功率后，每路信号的误码率和混合系统的误码率如图 11 所示，从图中可以看出，调整功率后，每路信号误码率性能接近，混合的误码率比各路信号功率相同时的误码率有所下降。为了更清晰地看到这点，重新将调整功率前后的混合系统误码率在图 12

中给出，并比较了有其他两路信号多途干扰和无干扰时的误码率。从图中可以看出，经过调整各路信号功率，误码率比各路信号功率相同时明显降低，且更接近理论值。

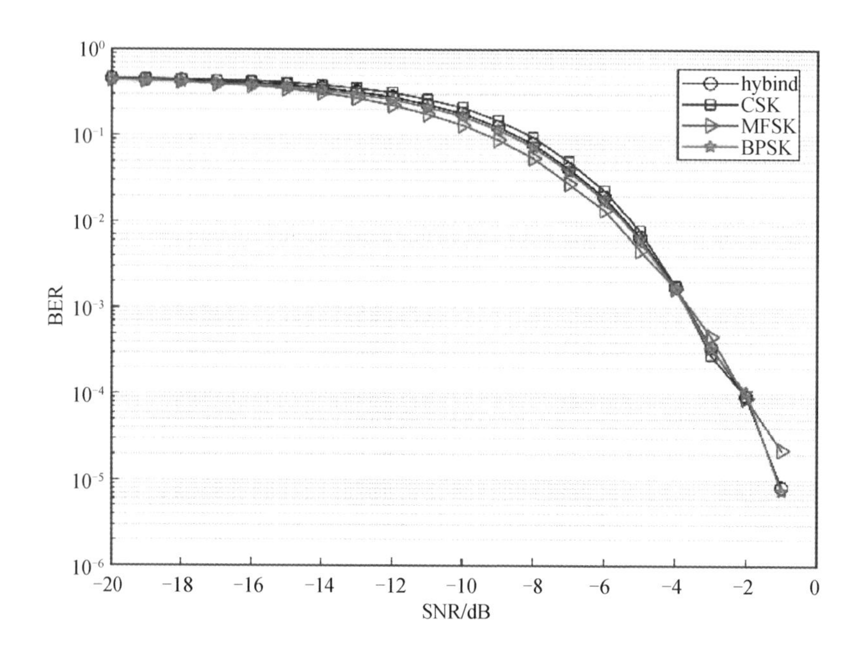

图 11　多途信道下，调整功率后系统误码率

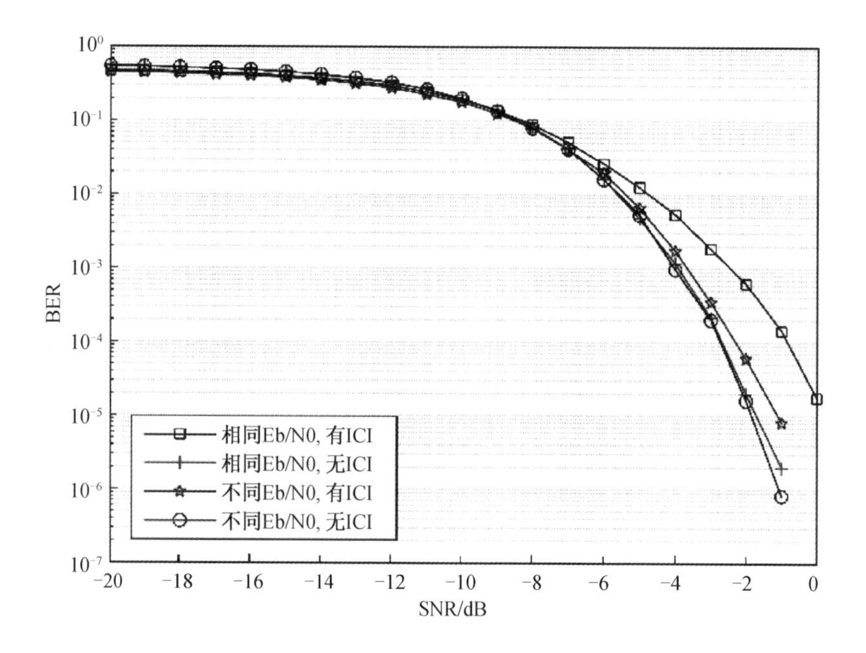

图 12　调整发射功率后误码率比较

3.2　海试结果分析

为了更好地验证算法的有效性和可靠性，于2013年4月份在南海进行了海试。实验区域水深约50 m，不存在明显的跃变层，声速呈现微弱的负梯度，发射换能器深25 m，发射声源级为193 dB，接收水听器深15 m，接收灵敏度约为 -170 dB，接收放大增益为60 dB，系统带宽为4 ~8 kHz，分别在5 km和10 km距离上进行了实验，在两个距离上测得的信道冲激响应分别如图13和图14所示。从图中可以看到5 km处有7条比较明显的路径，最大多途时延大约为10 ms，10 km时没有明显的多途。

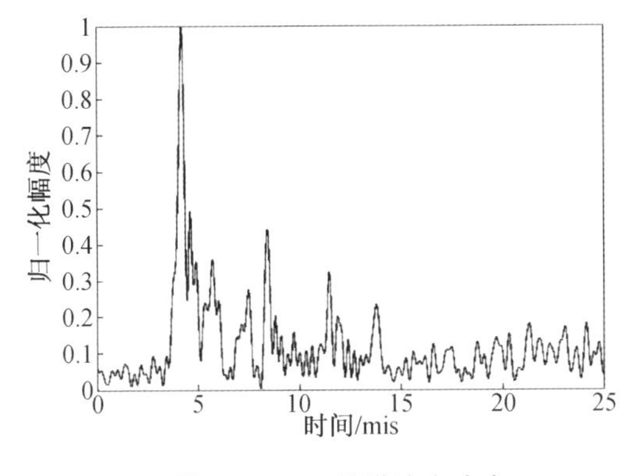

图13　5 km信道冲击响应

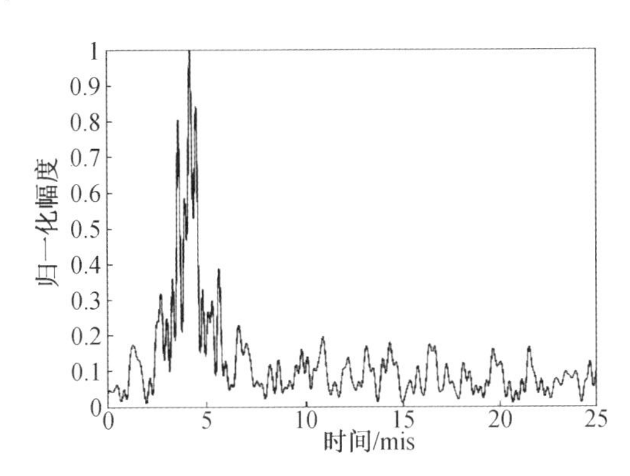

图14　10 km信道冲击响应

发射信号扩频码序列长度为63，CSK携带5 bit信息，MFSK分别携带2 bit、3 bit、4 bit信息，猝发信号时长94.5 ms，单个脉冲信号最高通信速率为317 bit/s，共发送50个脉冲信号，信号持续时间约为8 min。信号捕获时，频率搜索范围为f_c - 100 Hz ~f_c + 100 Hz，搜索步长为5 Hz，在5 km和10 km时，使用时频二维搜索算法捕获信号的二维相关结果如图15和图16所示，从图中可以看到，在5 km处，有明显的相关峰，相关峰值很大，在10 km处相关峰值明显减小，且伪峰较多，虚峰峰值较大，但仍然可以看到相关峰。实验时水面比较平静，两个船相对稳定，因此时频二维搜索的多普勒频移为0。

为了更加直观地显示接收机的性能，给出了CSK和MFSK最大似然接收机判决前的相关包络结果，每次以相关输出波形最大值对应的位置为零点，相关输出波形重叠程度越高，表示其性能越好。图17和图18分别给出了5 km和10 km时CSK和8 FSK的相关输出结果，从图中可以看到，5 km处的相关峰重叠度比较高，且明显高于旁瓣，10 km处相关峰比较杂乱无章，旁瓣值很大，主要是由于信噪比太低导致无法正确解调。根据接收结果统计，在5 km时，系统平均误码率低于10^{-3}，单个脉冲信号最高通信速率为317 bit/s。

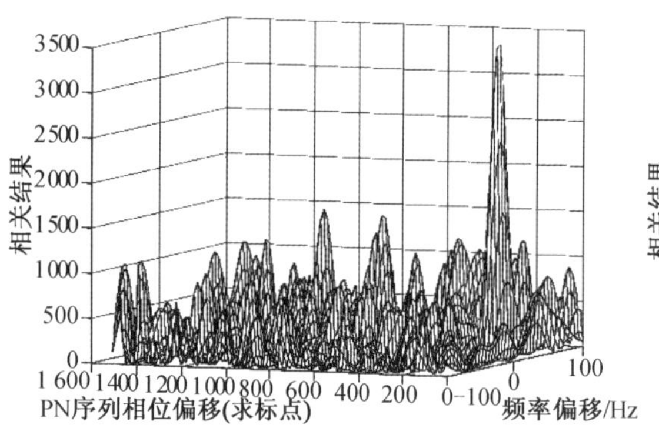

图 15　5 km 捕获时频二维相关图

图 16　10 km 捕获时频二维相关图

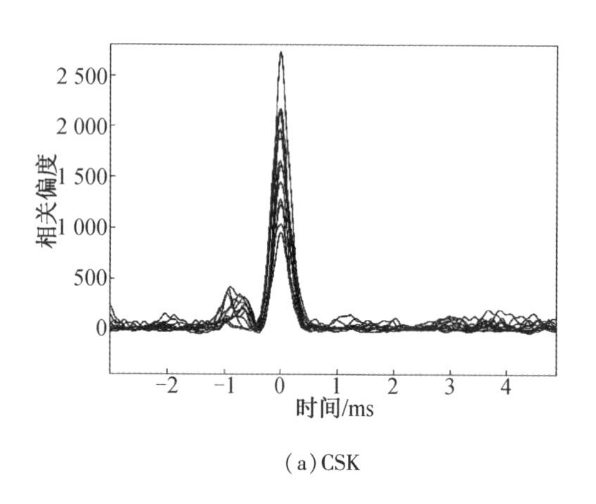

(a) CSK

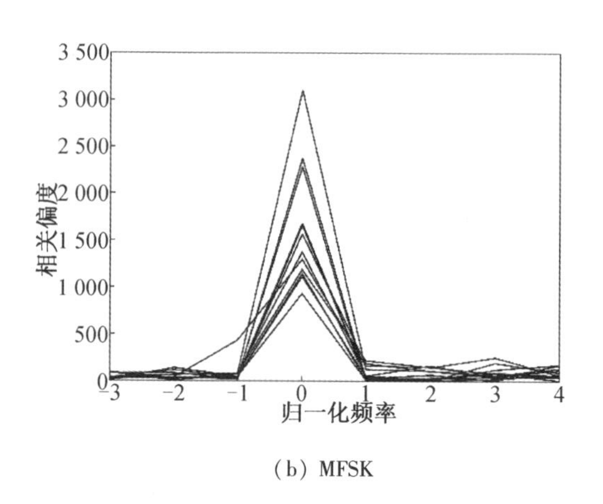

(b) MFSK

图 17　5 km 时相关结果

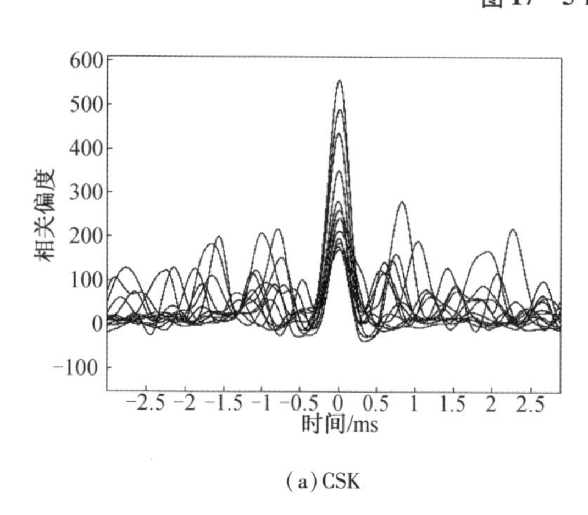

(a) CSK

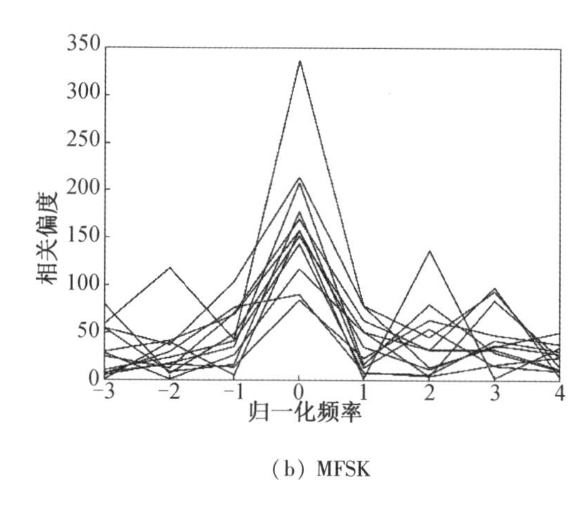

(b) MFSK

图 18　10 km 时相关结果

从海试结果可以看到,在 5 km 的距离上,虽然有很复杂的多途影响,但混合扩频系统仍能很好的工作,在 10 km 的距离上,通过时频二维搜索算法,仍能捕获到信号,但是受信噪比的限制,系统误码性能下降。

4　结论

本文提出了一种基于猝发结构的混合扩频隐蔽通信技术，通过随机的发送短脉冲以及扩频调制的方式达到隐蔽通信的目的，可通过调整猝发信号平均占空比满足不同隐蔽性的要求。调制信号中同时包含了 BPSK 扩频调制、CSK 调制和 MFSK 扩频调制，采用正交调制的方法抑制各路信号的干扰，采用非数据辅助的同步算法，以及时频二维搜索算法实现系统的同步。理论分析和仿真表明，该系统在 AWGN 信道和水声多途信道下，能够很好地抵抗混合信号的干扰和多途干扰，并通过南海实验验证了系统的同步性能和抗多途性能，可以实现 5 km 距离上的稳健通信。

参考文献

[1] Qarabaqi P, Stojanovic M. Statistical characterization and computationally efficient modeling of a class of underwater acoustic communication channels. IEEE journal of Oceanic Eng., 2013; 38:701 – 717.

[2] Yang T C. spectially multiplexed CDMA multiuse underwater acoustic communications. IEEE J. of Oceanic Eng., 2016; 41(1):271 – 231.

[3] 王海波，吴立新. 混沌调频 M – ary 方式在远程水声通信中的应用. 声学学报，2004；29(2):161 – 166.

[4] Shu Xiujun, Wang Jun, Wang Haibin, Yang Xiaoxia. Chaotic direct sequence spread spectrum for secure underwater acoustic communication. Applied Acoustics, 2016; 104:57 – 66.

[5] Zhu Weiqing, ZHU Min, WU, Yanbo, YANG Bo, XU Lijun, FU Xiang, PAN Feng. Signal processing in underwater acoustic communication system for manned deep submersible "jiaolong". Chinese Journal of Acoustics, 2013; 32(1):1 – 15.

[6] Ling J, He H, Li L, Roberts W, Stoica P. Covert underwater acoustic communication. Journal of the Acoustical Society of America, 2010; 128(5):2898 – 2909.

[7] Kalita S, Kaushik R, Jajoo M. Performance enhancement of a multichannel uncoordinated code hopping dsss signaling scheme using multipath fading compensator. Journal of Circuits System and Computers, 2016; 25(11).

[8] Xu Fang, Zhan Chaowu, Xie Yongjun, Wang Deqing. Performance of CZT – assisted parallel combinatory multicarrier Frequency – Hoppying Spread Spectrum over shallow underwater acoustic channels. Ocean Engineering, 2015; 110:116 – 125.

[9] Van Walree P A, Leus G. Robust underwater telemetry with adaptive turbo multiband equalization. IEEE Journal of Oceanic. Eng., 2009; 34(4):645 – 655.

[10] Lesu G, van Walree P A. Multiband OFDM for covert acoustic communications. IEEE Journal of Selected Areas in Communications, 2008; 26(9):1662 – 1673.

[11] Spuhler M, Giustiniano D, Lenders V, Wilhelm M, Schmitt J B. Detection of reactive jamming in DSSS – based wireless communications. IEEE Transaction on Wireless Communications, 2014; 13(3):1593 – 1603.

[12] Yuan H L, Hu A Q. Preamble - based detection of Wi - Fi transmitter RF fingerprints. Electronics Letters, 2010; 46(16):1165 - 1166.

[13] WU Yanbo, ZHU Min, ZHU Weiqing, XING Zeping. Signal processing for noncoherent underwater acoustic communication approaching channel capacity. Chinese journal of Acoustics, 2014; 33(4):337 - 347.

[14] 何成兵,黄建国,韩晶,张群飞.循环移位扩频水声通信. 物理学报,2009;58(12):8379 - 8385.

[15] YU Yang, ZHOU Feng, QIAO Gang, NIE Donghu. Orthogonal M - ary code shift keying spread spectrum underwater acoustic communication. Chinese Journal of Acoustics, 2014; 33 (3):279 - 288.

[16] Yang L L, Fang W. Performance of distributed - antenna DS - CDMA systems over composite lognormal shadowing and nakagami - n - fading channels. IEEE Transactions on Vehicular Technology, 2009; 58(6):2872 - 2883.

[17] Yang L, Hanzo L. Overlapping M - ary frequency shift keying spread - spectrum multiple - access systems using random signature sequences. IEEE Trans. Vehicular technology, 2002; 48(6):1984 - 1995.

[18] 周峰. 水声扩频通信关键技术研究[D].哈尔滨:哈尔滨工程大学,2011.

参量阵差分 Pattern 时延差编码冰下水声通信方法

殷敬伟　张　晓　朱广平　唐胜雨　孙　辉

摘要　为提高差分 Pattern 时延差编码水声通信方法的通信速率以及抗多途能力，使其能有效适用于冰下水声环境，提出了基于参量阵的差分 Pattern 时延差编码水声通信方法，推导了 Pattern 码的参量发射原理，分析了参量阵发射对该方法性能的影响，利用参量阵发射产生低频宽带窄指向性声束，减少了声线触碰上下边界的次数，提高了系统抗多途的能力。冰下水域外场试验结果表明：本方法可有效抑制多途效应，同时低频宽带特性提高了系统通信速率。

1　引言

极地海域由于常年被海冰覆盖，水声通信技术成为冰下信息传输的主要方法。冰层的存在，带来了特殊的冰下声学环境。文献[1]中李启虎提出了北极水声学的概念，提出冰下水声信道存在“半波导”效应：由于特殊的声速分布，声线大多限制在接近冰层下表面的水层中传播，且由于冰盖的存在使得信道对信号的不同频率成分产生了不同的衰减。在“半波导”内，受正梯度声速分布的影响，声线不断向冰盖处弯折，对应的水声信道具有途径众多、各个途径之间的时延差值较小的特点，而在“半波导”之外，主要面临着传播损失变大的问题。

冰下水声通信由于其自身特点，对水声通信体制的抗多途能力提出了更高的要求。Pattern 时延差编码(PDS)水声通信技术，具有稳健的性能，可灵活设计以适应多种应用场合，其中差分 Pattern 时延差编码水声通信体制[2]具有较强的抗多普勒以及多途扩展能力，能适应于复杂时变的水声通信环境。差分 Pattern 时延差编码抵抗多途扩展的能力来源于相邻码元 Pattern 码型的设计，相邻码元采用不同 Pattern 码时可提高系统的扛多途能力，同时接收机结构将变得较为复杂。参量发射利用高频声波间的非线性作用产生低频、宽带窄指向性的差频声波，窄指向性差频波将对信道多途扩展产生抑制作用，进而有望达到简化接收机结构的效果。

相比于传统发射方式，参量发射能以更小的换能器尺寸获得具有尖锐指向性的低频段声波波束。自 Berktay 等人推导了参量发射相关理论后，参量阵在探测与通信等领域得到了较为广泛与深入的应用。文献[3－4]探讨了参量发射方法及其与水声环境的关系，文献[5－12]报道了参量阵在水声探测中的几种典型应用：工业探伤[5-6]、医学检测[7]、掩埋物探测[8-9]、海洋生物探测[10]、目标跟踪[11]以及海底勘察[12]。文献[13]对宽带差频信号的发射问题进行了探讨研究，文献[14]探索了 3 列原频波同时存在时的差频声场特性。文献[15－

18]主要关注于参量阵在水声通信中的应用。本文将参量发射技术与DPDS水声通信技术有机结合，参量发射的低频宽带特性可提高DPDS水声通信体制的通信距离与通信速率，且由于DPDS水声通信技术采用拷贝相关检测时延的方法进行解调，不存在相位畸变问题，同时参量发射的窄指向性传播特性可减小多途信道扩展的影响，进一步提高DPDS水声通信性能，可有效应用于冰下水声通信。本文从Berktay推导的参量非线性声学理论出发，研究差分Pattern时延差编码水声通信体制的参量发射实现方法，针对充当Pattern码的线性调频信号提出相应的参量预调制方法，并进行了性能分析，随后在冰下声学环境中进行了外场试验验证。

2　参量阵差分 Pattern 时延差编码水声通信原理

Berktay推导了宽带脉冲的参量发射，设原频波声压声场具有如下形式：

$$p(t,x) = P\mathrm{e}^{-\alpha_p x} g\left(t - \frac{x}{c}\right)\cos\left[\omega_p\left(t - \frac{x}{c}\right)\right] \tag{1}$$

式中，t为时间，x为距离，c为介质声速，P为声压的幅值，α_p为介质对角频率为ω_p信号的吸收系数，$g\left(t-\frac{x}{c}\right)$为高频波的包络，该包络信号的最高频率成分相比于高频波频率ω_p为一小量，则在距离为R时参量阵发射的轴向声场声压表达式[5]为：

$$p_s(R,t) = -\frac{\beta P^2 S\mathrm{e}^{-\alpha_s R}}{8\pi\rho c^4 R\alpha_T}\frac{\partial^2}{\partial t^2}\left[g^2\left(t - \frac{R}{c}\right)\right] \tag{2}$$

式中，ρ为介质的密度，β为介质的非线性参数，S为波束的截面积，α_s为差频波中心频率对应的吸收系数，$\alpha_T = 2\alpha_p - \alpha_s$。

记$A = \frac{\beta P^2 S\mathrm{e}^{-\alpha_s R}}{8\pi\rho c^4 R\alpha_T}$为幅度因子，则参量阵发射形成的轴向声压表达式为：

$$p_s(R,t) = -A\frac{\partial^2}{\partial t^2}\left[g^2\left(t - \frac{R}{c}\right)\right] \tag{3}$$

下面以正弦类信号为模型推导式(3)展开的具体形式。假设原频波包络信号$g(t) = \cos[\varphi(t)]$，$\varphi(t)$为包络信号的相位，此时不失一般性，记轴向声压为：

$$\begin{aligned}
p_s(\tau) &= -A\frac{\partial^2}{\partial t^2}[g^2(\tau)] \\
&= -A\frac{\partial^2}{\partial t^2}[\cos^2[\varphi(\tau)]] \\
&= -A\frac{\partial^2}{\partial t^2}\left\{\frac{\cos[2\varphi(\tau)]+1}{2}\right\} \\
&= A\frac{\partial}{\partial t}\{\sin[2\varphi(\tau)]\cdot\varphi'(\tau)\} \\
&= A\left\{\begin{array}{l}\cos[2\varphi(\tau)]\cdot 2[\varphi'(\tau)]^2 \\ +\sin[2\varphi(\tau)]\cdot\varphi''(\tau)\end{array}\right\} \\
&= A\cdot X\cos[2\varphi(\tau) - Y]
\end{aligned} \tag{4}$$

式中,$X=\sqrt{4[\varphi'(\tau)]^4+[\varphi''(\tau)]^2}$为幅度因子,$Y=\tan^{-1}\left\{\frac{\varphi''(\tau)}{2[\varphi'(\tau)]^2}\right\}$为声学非线性自解调效应带来的附加相位。对比原频波包络信号的形式以及式(4)的结果可知:欲得到形如$\cos(2\pi f_l t+k\pi t^2)$的正线性调频差频信号,原频波的包络$g(t)$应具有$\cos(\pi f_l t+\frac{k\pi t^2}{2})$的形式,此时得到的差频波存在一个幅度调制因子以及相位畸变。

按照上述推导,在参量阵输入端输入形如$\cos\left[\frac{\varphi(t)}{2}\right]\cos(\omega_p t)$的信号产生差频信号的方式称为"乘方式"。由三角函数积化和差公式可得:

$$2\cos\left[\frac{\varphi(t)}{2}\right]\cos(\omega_p t)=\cos\left[\omega_p t+\frac{\varphi(t)}{2}\right]+\cos\left[\omega_p t-\frac{\varphi(t)}{2}\right] \tag{5}$$

欲得到形如$\cos[\varphi(t)]$的差频信号,也可在参量阵输入端输入形如式(5)等式右端两列声波和的信号形式,该方式可称为"加方式",两种方式是等价的。

下面针对差分 Pattern 时延差编码水声通信体制,讨论使用"加方式"参量发射差分 Pattern 时延差编码水声通信信号的方法,得到的相关结论与"乘方式"一致。为更有效地抗水声信道多途干扰,Pattern 时延差编码水声通信体制中相邻码元采用不同的 Pattern 码型。线性调频信号(LFM)在水声通信中被广泛采用,本文采用正、负调频的 LFM 信号充当相邻码元的 Pattern 码。假设通信系统接收机处带宽为$B=f_h-f_l$,其中f_h为上限频率,f_l为下限频率,系统中心频率为$\frac{f_h+f_l}{2}$。Pattern 码脉宽为T,则充当 Pattern 码 LFM 信号的调频斜率为$k=\frac{B}{T}=\frac{f_h-f_l}{T}$,正调频$\mathrm{LFM}_+$信号为$\cos(2\pi f_l t+k\pi t^2)$,负调频$\mathrm{LFM}_-$信号为$\cos(2\pi f_h t-k\pi t^2)$。需要注意的是采用参量发射时信号须预调制在高频段,发射机与接收机的中心频率不一致,发射机中心频率为ω_p,通过参量发射产生LFM_+及LFM_-。

图 1 为参量阵差分 Pattern 时延差编码水声通信发射端原理框图。首先由原频波进行参量预调制,生成参量预调制 Pattern 码,以供差分时延差调制时调用。参量预调制 Pattern 码经参量阵发射后,可在水中形成的预期形式的差频信号。如图 1 所示,由原频波 1 同步相加原频波 2 可形成正线性调频信号的参量预调制信号LFM_+,同理由原频波 3 和原频波 4 可形成负线性调频信号的参量预调制信号LFM_-。参照文献[2],将待发送的信息首先按照n bit 进行量化得到每n bit 对应的时延差值,然后将该差值调制在当前参量预调制 Pattern 码与前一参量预调制 Pattern 码之间的时延上。其中当i为奇数时调用正调频LFM_+信号的原频波信号作为 Pattern 码,当i为偶数时采用负调频LFM_-信号的原频波信号作为 Pattern 码。接收端采用与文献[2]中 DPDS 系统一致的接收机结构,在此不再赘述。

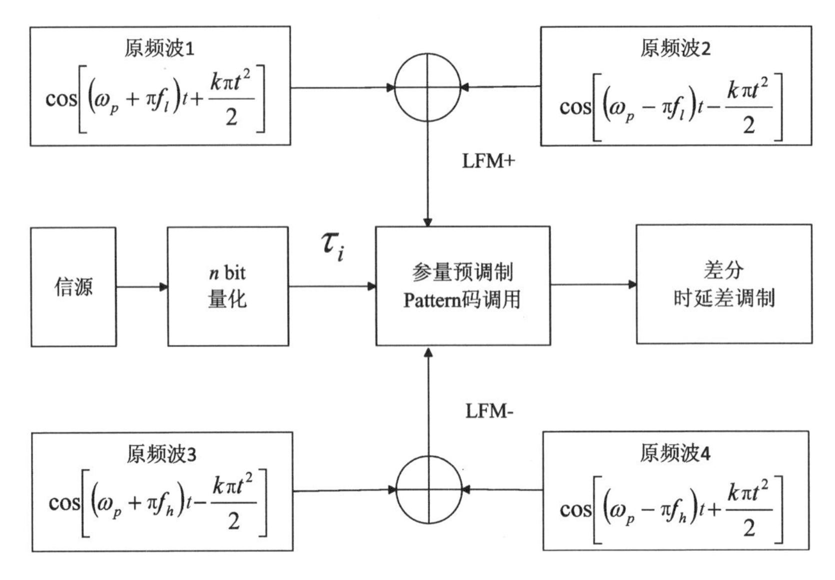

图 1　参量通信发射端原理框图

3　参量阵差分 Pattern 时延差编码水声通信特性分析

3.1　参量发射对 LFM 信号的影响

从式(4)的结论出发讨论线性调频信号的参量发射,为实现线性调频信号的参量发射,包络信号具有如下形式:

$$g(t)=\cos\left(\frac{2\pi f_l+k\pi t^2}{2}\right) \tag{6}$$

根据式(4)的结论有,获得的差频信号的幅值为:

$$X=\sqrt{4(\pi f_l+k\pi t)^4+(k\pi)^2} \tag{7}$$

式中根号下二次方量值相比于四次方量值为一小量,则近似有:

$$X\approx\sqrt{4(\pi f_l+k\pi t)^4}=2(\pi f_l+k\pi t)^2 \tag{8}$$

由式(8)可知,从频域来看利用参量阵产生的发射信号的幅值受到与瞬时频率($f=f_l+kt$)有关的调制因子 $2\pi^2 f^2$ 的影响,该结论同样适用于其他形式的信号,这意味着同样条件下高频差频波的源级要高于低频差频波。从另一角度看,欲获得频谱较为平稳的信号形式,以期更好地利用频带资源,可在发射端参量预调制时进行幅度补偿。除幅度因子之外,接收信号相位存在一个扰动,大小为式(4)中的 Y 值。如图 2(a)所示为参量产生 LFM 信号的波形图,信号带宽为 8~12 kHz,脉宽 50 ms,图 2(b)所示为其与本地信号的拷贝相关结果。由图 2(a)可看到参量发射对 LFM 信号幅值的影响,由图 2(b)可看出参量发射带来的拷贝相关影响并不明显,这得益于 LFM 信号具有较好的拷贝相关鲁棒性。为进一步提高参量产生信号在水声通信中的适用性,后续将研究通过调整原频信号输入形式,以保障参量产生 LFM 信号的近似恒定幅度。

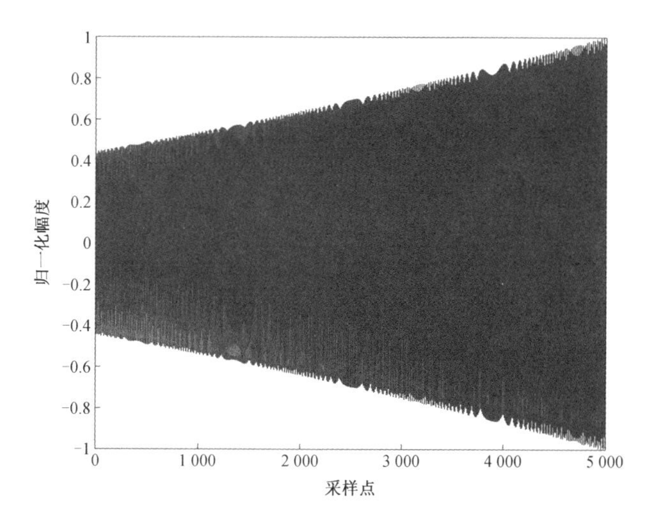

(a) 参量产生 LFM 信号的波形图

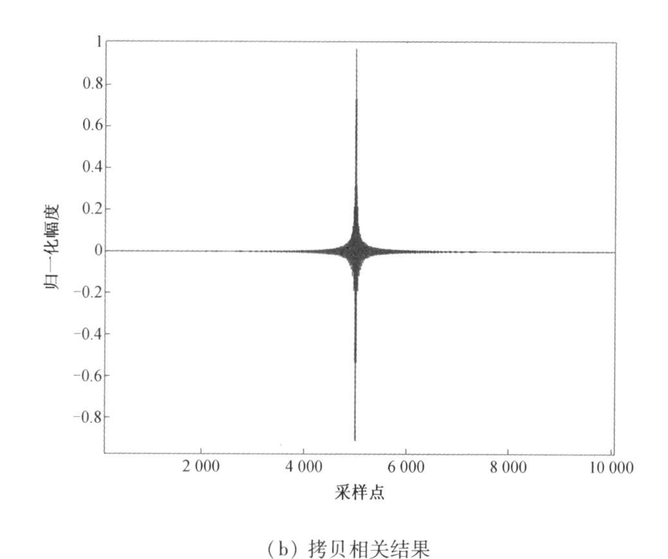

(b) 拷贝相关结果

图2　参量发射对 LFM 信号的影响

3.2　参量发射时水声信道多途特性

参量发射产生的差频波具有较为尖锐的指向性,该指向性将声线约束在一个较窄的范围内,此时在接收端收到的声线均为小掠射角声线,该特性将带来特殊的影响:相比于传统发射,参量发射差频波的窄指向性,减少了声波在传播过程中触碰水面、水底双界面的次数,进而减小了界面反射带来的能量损失,带来指向性增益;同时由于声线掠射角的减小,使得不同声线传播的声程差值较小,减小了多途信道的最大时延扩展。在通信距离较远的情况下,从多途结构的角度看,由于界面反射时带来较大的能量损失,全指向性发射产生的大部分多次反射声线几近湮灭,此时两种发射方式对应的信道多途结构差异变小,两者的差别更多地体现在能量衰落方面。

4　外场试验

为验证参量阵差分 Pattern 时延差编码水声通信体制在冰下水声环境中的性能以及冰下水声信道的结构特点，于 2014 年 11 月以及 2015 年 1 月初在松花江相同水域进行了两次外场试验。2014 年 11 月该水域为无冰期，试验水域平均深度 6 m，声速分布呈正梯度分布，试验中记录了试验地点的 GPS、布放深度等信息。2015 年 1 月该水域为冰封期，水位同无冰期一致，上界面为冰层覆盖，冰层平均厚度在 0.4 m，通信地点、布放参数等同无冰期试验，通信距离最远在 1 km 左右，发射换能器中心频率 150 kHz，刚性连接于圆管上，圆管由法兰刚性连接于冰面平台，换能器声中心距水面 2 m 左右，接收采用 4 元垂直阵，阵元间距 0.5 m，其他参数见表 1。

表 1　松花江冰下水域试验参数

原频波 1 中心频率：	153 kHz 或 155 kHz
原频波 2 中心频率：	147 kHz 或 145 kHz
原频波 -3 dB 波宽：	5.1°左右
差频波中心频率：	6 kHz 或 10 kHz
差频波带宽：	4 kHz、6 kHz、8 kHz
差频波 -3 dB 波宽：	6.0°左右
原频波声源级：	214 dB
差频波声源级：	170 dB

图 3 给出了不同发射方式、不同水声环境对应的三种实测信道冲激响应函数，三种条件下收发节点采用了一致的布放参数(通信距离 1 km，发射换能器水下 1.7 m，接收水听器水下 1.5 m)。图 3(a)为无冰期常规发射方式对应的信道冲激响应，由于弱正梯度声速分布的存在，信道结构较为简单。图 3(b)为冰封期常规发射方式对应的信道冲激响应，由于冰层的存在，信道多途扩展变得较为严重；多径的数目较多，最大有效多途扩展在 20 ms 左右，同无冰期相比信道变得更为复杂。图 3(c)为冰封期参量发射方式对应的信道冲激响应，对应的多途结构几乎为单一途径，且途径的抽头系数大于图 3(a)、图 3(b)所示常规发射方式对应的信道冲激响应函数，对应多途信道的最大抽头系数，其原因在于：参量发射所产生的窄指向性波束约束了声线在水中传播的掠射角，使得能量更为集中，且减小了有效声线之间的声程差(按照试验布放参数近似计算，-3 dB 波束宽度内声线的最大时延差约为 0.9 ms)，因此参量发射方式可对多途信道产生较好的抑制作用。

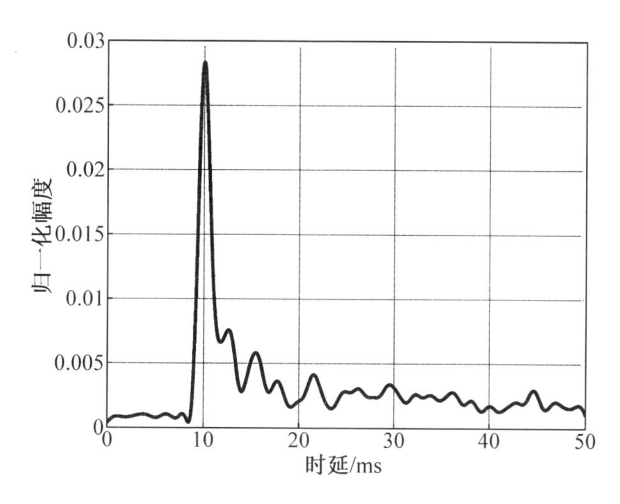

（a）无冰期常规方式信道冲激响应

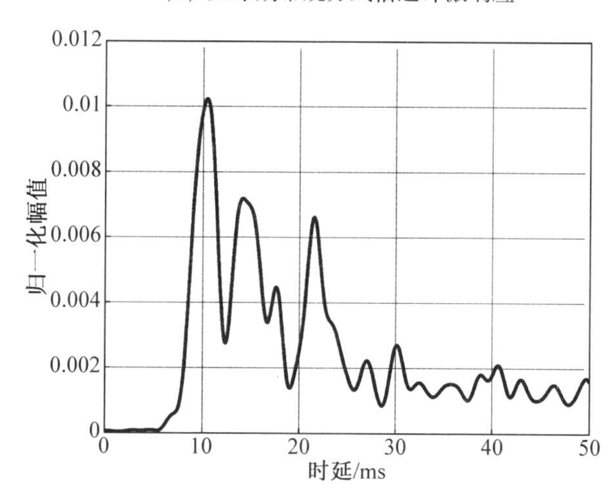

（b）有冰期常规方式信道冲激响应

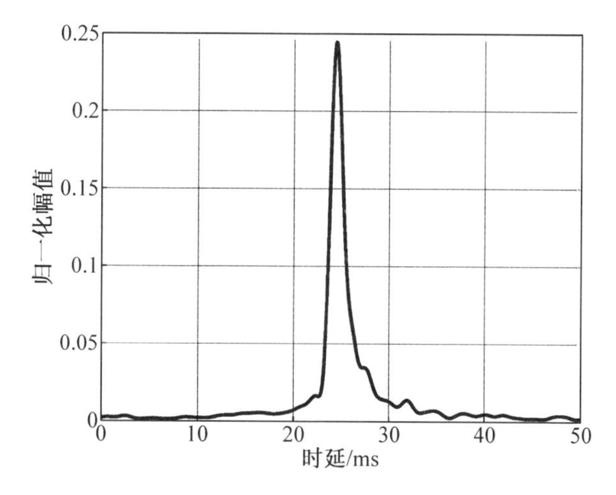

（c）有冰期参量发射方式信道冲激响应

图 3　不同发射方式、不同环境对应信道冲激响应

上述三种情况下(无冰期常规方式、冰封期常规方式以及冰封期参量方式)对应的解码相关峰同信道冲激响应一致,在此不再重复给出。无冰期常规方式对应试验在统计范围内没有出现误码。冰封期常规方式对应的解码相关峰出现多峰情况,反射途径与直达途径幅值相当,在该信道条件下当通信距离较远带来接收信噪比下降的情况下可能会出现误码。相比较而言,冰封期参量发射方式受益于参量发射对信道的抑制作用,解码相关峰峰值单一利于判决。表 2 中对应的误比特统计结果也支持了该论述。

表 2　误码率统计表

中心频率	带宽	通信距离	通信速率	常规方式无冰期误比特数	常规方式冰封期误比特数	参量方式冰封期误比特数
6 kHz	2 kHz	0. 2 km	200 bit/s	—	—	0
6 kHz	4 kHz	0. 2 km	266 bit/s	0	0	0
10 kHz	4 kHz	0. 2 km,1 km	266 bit/s	0	13	0
10 kHz	6 kHz	0. 2 km,1 km	333 bit/s	—	—	0
10 kHz	8 kHz	0. 2 km,1 km	533 bit/s	—	—	0

注:误码统计范围为 10^4 bit,'—'表示未进行对应试验。

5　结论

论文提出了基于参量阵的差分 Pattern 时延差编码水声通信方法,利用参量阵产生低频宽带窄指向性的 Pattern 码:该 Pattern 码具有更高的时延分辨力以及处理增益,在获得同等可靠性的前提下,通过减小量化时间间隔以及 Pattern 码脉宽可提高系统通信速率;垂直方向的窄指向性可有效约束声线的扩散,进而有效抑制冰下水声信道的多途结构。冰下外场试验中在 1 km 的通信距离上获得了 533 bit/s 的通信速率,且在统计范围内没有出现误码,验证了参量发射对冰下复杂多途的抑制作用。参量阵与其他具有更高效率通信体制的结合以及系统参数优化等研究工作是进一步研究的方向。

参考文献

[1] 李启虎, 王宁, 赵进平, 等. 北极水声学: 一门引人关注的新型学科. 应用声学, 2014, 33(6): 001.

[2] 殷敬伟, 张晓, 生雪莉, 孙超. 差分 Pattern 时延差编码水声通信技术研究. 通信学报, 2012, 33(6): 112 -117.

[3] Zhao Xiaoliang, Zhu Zhemin, DU Gonghuan et al. Acoustic radiation field of the truncated parametric source generated by a piston radiator: model and experiment. Chinese Journal of Acoustics, 2001; 20(1): 88 -96.

[4] Waxler R, Muir T G. A theory of low frequency parametric arrays in shallow water. J. Acoust. Soc. AM, 2007; 121(5): 3060.

[5] 吴斌,颜丙生,李佳锐,何存富. 镁合金疲劳早期非线性超声在线检测实验研究. 声学学报,2011; 36 (5):527 -533.

[6] 税国双,黄蓬,汪越胜. 列车外圆弹簧疲劳损伤的非线性超声测试. 声学学报,2013; 38

(5): 570 - 575.

[7] Keravnou C P, Averkiou M A. Parametric array for tissue harmonic imaging. J. Acoust. Soc. Am, 2016;140(4):3368.

[8] Jacobsen N, Sundin G, Pihl J. System for mono - and bi - static sonar investigation of buried objects. IEEE Proceedings of Oceans Europe, 2005: 1147 - 1150.

[9] 邹彬彬, 陈晶晶, 王润田. 宽带参量阵技术在近海探测中的研究. 声学学报, 2016, 41(6): 797 - 803.

[10] God? O R, Foote K G, Dybedal J, et al. Detecting Atlantic herring by parametric sonar. The Journal of the Acoustical Society of America, 2010, 127(4): 153 - 159.

[11] Foote K G, Patel R, Tenningen E. Target - tracking in a parametric sonar beam with applications to calibration. OCEANS 2010 IEEE, 2010: 1 - 7.

[12] 陈晶晶, 邹彬彬, 王润田. 宽带参量阵声呐在海底探测中的应用研究. 华中科技大学学报(自然科学版), 2014, 42(10): 15 - 18.

[13] Li S. Pre - processing methods for parametric array to generate wideband difference frequency signals. OCEANS 2008 IEEE, 2008: 1 - 8.

[14] 杨德森, 李中政, 方尔正. 三列不同相位原波形成的参量阵声场研究. 哈尔滨工程大学学报, 2016, 37(1): 7 - 12.

[15] Galvin R, Wang L S. Measured channel characteristics and the corresponding performance of an underwater acoustic communication system using parametric transduction. Radar, Sonar and Navigation, IEEE Proceedings, 2000, 147(5): 247 - 253.

[16] Kopp L, Cano D, Dubois E, et al. Potential performance of parametric communications. IEEE Journal of Oceanic Engineering, 2000, 25(3): 282 - 295.

[17] 孙娜, 钱枫, 刘晓宙. Simulink 仿真实现声参量阵系统中信号调制. 南京大学学报(自然科学版), 2015, 51(11): 1 - 5.

[18] Yonghwan Hwang, Yub Je et al. Development of a multi - resonance transducer for highly directional underwater communication. J. Acoust. Soc. Am, 2013; 134(5):4186.

单矢量时反自适应多通道误差反馈 DFE 均衡技术

生雪莉　阮业武　殷敬伟　韩　笑

摘要　针对复杂的海洋环境噪声和水声信道多途效应导致误差反馈 DFE 均衡器在水声通信中的均衡性能受到严重的限制问题。本文利用信号矢量场和噪声矢量场的相干性差异和矢量水听器振速通道具有偶极子指向性的物理特性，建立单矢量自适应多通道误差反馈 DFE 均衡器进行抗噪声；利用时间反转镜的空—时聚焦特性进行抑制信道多途干扰。仿真实验和外场实验结果表明：所提算法不仅保留了误差反馈 DFE 均衡器的优点，且其抗噪声干扰与信道多途干扰的能力更强，在水声通信中稳定性更好、均衡后误码率更低。

关键词　水声通信；信道均衡；判决反馈均衡技术；多通道误差反馈 DFE 均衡器；时间反转镜技术；自适应算法；矢量水听器

1　引言

近年来水声通信成了无线通信中一个比较热门的研究方向。而海洋信道是一个多途效应严重、可利用带宽有限、海洋环境噪声大、不均匀介质折射、衰落严重、快速时变和多普勒效应严重的复杂信道，可以说是无线信道中最为复杂的一种信道[1]。要实现远程、高速、稳健的水声通信仍具有巨大的挑战性。

水声信道的多途效应导致水声通信中产生严重的码间干扰，严重时甚至导致通信链的中断。判决反馈均衡器（decision feedback equalization，DFE）相比于线性均衡器，其增加了判决反馈回路，能根据已经检测判决出来的符号信息估计出过去时刻信息对当前时刻信息的干扰并通过反馈回路反馈到均衡器中消除掉，有效地抑制信道多途效应导致的码间干扰。这在时不变信道中能够取得较好的均衡效果。但是由于受海面波浪、洋流等不确定因素的影响，水声信道是随时间随机变化的随机时变信道，这严重影响了判决反馈均衡器的均衡性能。针对信道的随机时变特性，自适应算法的研究就显得十分重要。引入自适应算法的自适应均衡器能够随时间追踪信道变化，从而降低信道的随机变化对均衡系统的影响[2-5]，提高均衡系统的均衡性能。还有利用海豚进行仿生通信[6]、进行矢量多载波通信[7]和单矢量的不同通信方式[8-9]从而获取更低的均衡误码率。

为了进一步改善均衡系统性能，降低误码率，文献[10]中研究了自适应误差反馈 DFE 均衡器（self - adaption decision - feedback equalizer using error feedback，EFB - DFE）。在无线数字通信系统中，当信噪比较高时，EFB - DFE 比 DFE 的均衡后的误码率更低、均衡性能更好。因为误差反馈滤波器的引入可以有效地降低 DFE 中误差信号间的相关性，从而降低均衡后的误码率。但是在低信噪比条件下，EFB - DFE 的均衡性能不但没有改善，反而增大了系统的计算复杂度。而海洋信道的环境噪声大、信道结构复杂、时延扩展严重，在水声通信中接收信噪比通常较低、码间干扰严重，故 EFB - DFE 直接应用到水声通信中很难在性能上有所提升。

针对此问题,本文分别建立了基于单矢量水听器的自适应多通道误差反馈的判决反馈均衡器(self - adaption multichannel decision - feedback equalizer using error feedback,EFB - AMDFE)和基于单矢量水听器的矢量时反自适应多通道误差反馈 DFE 均衡系统(self - adaption multichannel decision - feedback equalizer using error feedback with time - reversal in vector,EFB - AMDFE - TR),并分别从算法的理论分析、模型建立和外场实验数据处理分析三方面进行充分的推演、验证。

2　基于单矢量的时反自适应多通道误差反馈 DFE 均衡系统

2.1　自适应误差反馈 DFE 均衡器

如图 1 所示为 EFB - DFE 的结构框图,其中前馈滤波器(feed - forward filter,FFF)为 $L+1$ 阶,反馈滤波器(feed - back Filter,FBF)为 M 阶,误差反馈滤波器(error feedback filter:EBF)为 N 阶,$d(n)$为 n 时刻均衡器判决后的输出信号[10]。

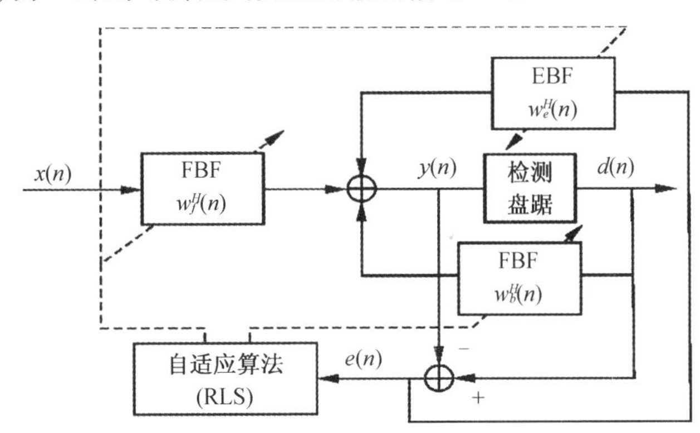

图 1　自适应误差反馈 *DFE* 均衡器框图

EFB - ADFE 的 FFF 在 n 时刻的输入信号和其滤波器权系数向量分别为:

$$\boldsymbol{X}(n)=[x(n),x(n-1),\dots,x(n-L)] \tag{1}$$

$$\boldsymbol{W}(n)=[w_f(0),w_f(1),\dots,w_f(n-L)] \tag{2}$$

EFB - ADFE 的 FBF 在 n 时刻的输入信号和 FBF 的权系数向量分别为:

$$\boldsymbol{D}(n)=[d(n-1),d(n-2),\dots,d(n-M)] \tag{3}$$

$$\boldsymbol{W}_b(n)=[w_b(1),w_b(2),\dots,w_b(n-M)] \tag{4}$$

EFB 在 n 时刻的输入信号和 EBF 的权系数向量分别为:

$$\boldsymbol{E}(n)=[e(n-1),e(n-2),\dots,e(n-N)] \tag{5}$$

$$\boldsymbol{W}_e(n)=[w_e(1),w_e(2),\dots,w_e(n-N)] \tag{6}$$

EFB - ADFE 的 FFF、FBF 与 EBF 的输入信号向量和滤波器权系数向量分别用 $\boldsymbol{X}_{ine}(n)$、$\boldsymbol{W}_{ine}(n)$表示如下:

$$\boldsymbol{X}_{ine}(n)=[\boldsymbol{X}(n),\boldsymbol{D}(n),\boldsymbol{E}(n)]^{\mathrm{T}} \tag{7}$$

$$\boldsymbol{W}_{ine}(n)=[\boldsymbol{W}_f(n),\boldsymbol{W}_b(n),\boldsymbol{W}_e(n)]^{\mathrm{T}} \tag{8}$$

为了推理更加简洁方便,选用 1 阶 EFB,即 $E(n)=[e(n-1)]$。在实际应用中,选用越高阶的 EBF 其均衡性能越好,但通常不大于 FFB 的阶数。

EFB - ADFE 判决检测前的信号为:

$$y(n) = \boldsymbol{X}_{ine}^{\mathrm{T}}(n)\boldsymbol{W}_{ine}(n) = \boldsymbol{W}_{ine}^{\mathrm{T}}(n)\boldsymbol{X}_{ine}(n) \tag{9}$$

EFB - ADFE 在 n 时刻的残差为：

$$e(n) = d(n) - y(n) \tag{10}$$

均衡系统是基于最小均方误差准则的，自适应算法是根据残差大小对滤波器权系数向量 $\boldsymbol{W}_{ine}(n)$ 进行自适应调整，直到得到最优权向量。将最优权向量代入代价函数即可得到最小代价函数。

DFE 的最小代价函数为：

$$J_{\min} = \boldsymbol{E}(d^2(n)) - \boldsymbol{P}^{\mathrm{T}}\boldsymbol{R}^{-1}\boldsymbol{P} \tag{11}$$

其中：

$\boldsymbol{P} = \boldsymbol{E}[d(n)\boldsymbol{X}_d^{\mathrm{T}}(n)]$，$\boldsymbol{R} = \boldsymbol{E}[\boldsymbol{X}_d(n)\boldsymbol{X}_d^{\mathrm{T}}(n)]$，$\boldsymbol{X}_d(n) = [\boldsymbol{X}(n), \boldsymbol{D}(n)]$。

为了和 ADFE 的最小代价函数做比较，EFB - ADFE 的最小代价函数用分块矩阵的逆矩阵公式进行简化运算后，可得到：

$$J_{e,\min} = \boldsymbol{E}(d^2(n)) - \boldsymbol{P}^{\mathrm{T}}\boldsymbol{R}^{-1}\boldsymbol{P} - (\delta_e^2)^{-1}(\boldsymbol{E}[d(n)e(n-1)])^2 \tag{12}$$

当 $e(n)$ 平稳时，$\delta_e^2 = \boldsymbol{E}[e^2(n)] = \boldsymbol{E}[e^2(n-1)]$。

对比式(11)和(12)可知，因为 $(\delta_e^2)^{-1}(\boldsymbol{E}[d(n)e(n-1)])^2$ 非负项，所以 EFB - ADFE 的最小代价函数比 ADFE 的最小代价函数小 $(\delta_e^2)^{-1}(\boldsymbol{E}[d(n)e(n-1)])^2$。因为 EFB - ADFE 将过去时刻的误差反馈到均衡器中，降低了误差间的相关性，在高信噪比条件下取得较 DFE 更低的均衡后误码率。但是在低信噪比条件下，EFB - ADFE 的均衡性能就会受到严重限制，所以 EFB - ADFE 在环境噪声复杂、信道多途效应严重的水声通信中很难取得良好的均衡效果。

2.2　单矢量自适应多通道误差反馈 DFE 均衡系统

针对复杂的海洋环境噪声，利用矢量水听器能同步共点的测出矢量场中的声压与振速、振速通道具有偶极子指向性的物理特性和矢量场中信号的声压与振速是相干的、环境噪声的声压与振速是非相干的矢量场特性，建立了基于单矢量的 EFB - AMDFE 进行抗噪声，其原理框图如图 2 所示。

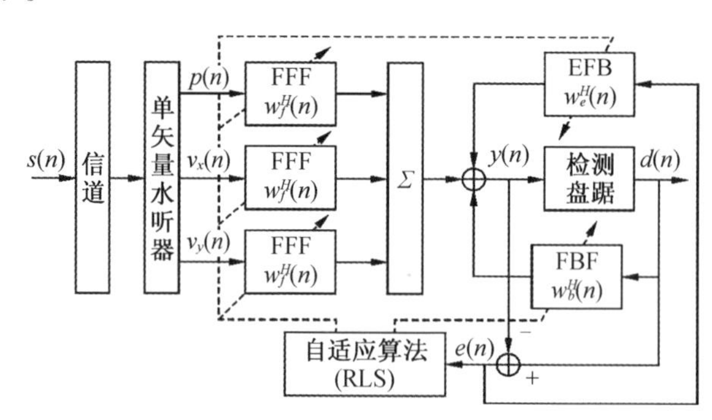

图 2　单矢量自适应多通道 DFE 均衡器原理框图

矢量水听器是由声压水听器和质点振速传感器组合而成的，其可以同步共点地输出声场中的声压与振速，能更全面的反应声场特性。若声压信号为 $p(t) = x(t)$，则由声学欧姆定律得 $v(t) = \dfrac{1}{\rho c} \cdot x(t)$，二维矢量水听器(下文所述的矢量水听器均指二维的)的声压与振速信号可表示为：

$$
\begin{aligned}
p(t) &= x(t) \\
v_x(t) &= \frac{1}{\rho c} \cdot x(t)\cos\theta \\
v_y(t) &= \frac{1}{\rho c} \cdot x(t)\sin\theta
\end{aligned} \tag{13}
$$

其中 ρc 为声阻抗，θ 为声源相对矢量水听器的水平方位角。

矢量水听器的水平振速 $v_x(t)$、$v_y(t)$ 具有相互垂直的偶极子指向性，如图 3 所示。振速通道只接收指向性方向上传来的信号，这可以有效的抑制环境噪声接收。且在各向同性环境噪声中声压与振速的噪声功率满足 $\delta_p^2 = \frac{1}{2} \cdot \delta_{vx}^2 = \frac{1}{2} \cdot \delta_{vy}^2$ 关系。

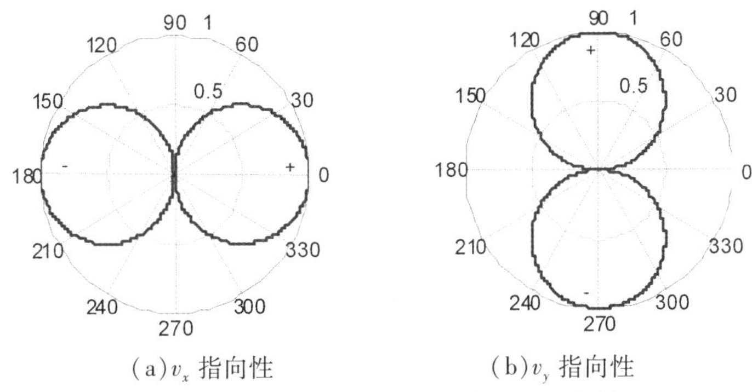

(a) v_x 指向性　(b) v_y 指向性

图 3　二维矢量水听器的振速偶极子指向性

由式(13)可以看出，在声矢量场中，声压 p 与水平振速 v_x、v_y 是相干的。但在海洋环境噪声场中却不是这样的，假设 $n_p(t)$ 为不同入射角的 j 个互不相关各态历经随机噪声声压，且 $n_p(t) = \sum_j n_j(t)$，则矢量水听器各通道接收到的环境噪声可表示为[11]：

$$
\begin{aligned}
n_p(t) &= \sum_j n_j(t) \\
n_{vx}(t) &= \sum_j n_j(t)\cos\theta_j \\
n_{vy}(t) &= \sum_j n_j(t)\sin\theta_j
\end{aligned} \tag{14}
$$

其中 θ_j 为 $[0,2\pi]$ 内均匀分布的随机变量。

则声压通道与水平振速通道 v_x 的噪声互相关系数为：

$$
\begin{aligned}
\rho_{pvx} &= \frac{E[n_p(t)n_{vx}^*(t)]}{\sqrt{E[|n_p(t)|^2]E[|n_{vx}(t)|^2]}} \\
&= \frac{\sum_j \overline{n_j^2(t)} \cdot \overline{\cos\theta_j}}{\sqrt{E[|n_p(t)|^2]E[|n_{vx}(t)|^2]}}
\end{aligned} \tag{15}
$$

其中 $\bar{x}$ 是对 x 的时间平均。因为 θ_j 为 $[0,2\pi]$ 内均匀分布的随机变量，所以 $\overline{\cos\theta_j} = 0$，即：$\rho_{pvx} = 0$；同理可得：$\rho_{pvy} = 0$。故在各向同性噪声场中，矢量水听器的声压通道与振速通道的噪声互不相关。

综上所述可得，利用矢量水听器的振速偶极子指向性可以有效抑制环境噪声的接收；利用矢量场中声压与振速信号是相干的，但声压与振速的噪声是非相干的矢量场特性进行多通道的均衡处理可以有效地抑制接收信号中的噪声干扰。所以单矢量 EFB - AMDFE 均衡系统的抗噪声能力更强。

2.3 被动时间反转技术

针对水声信道中严重的信道多途效应，利用时间反转镜可以重组多途信号的空时聚焦特性来抑制信道多途干扰，增强均衡系统的抗信道多途干扰能力。被动时间反转镜的原理框图如图 4 所示。

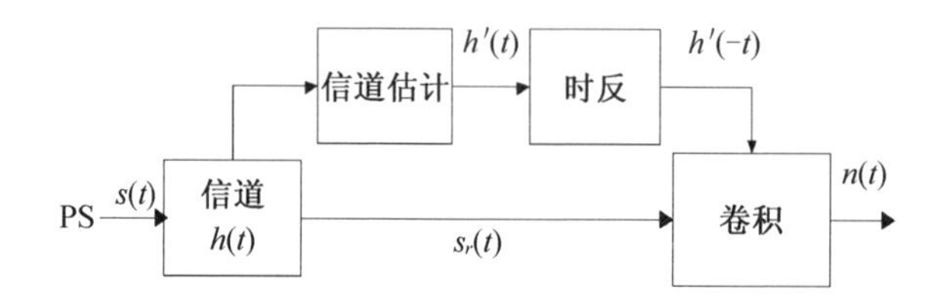

图 4　被动时反原理框图

接收机的接收信号可表示如下：

$$s_r(t) = s(t) \otimes h(t) + n(t) \tag{16}$$

则被动时反的输出信号可表示为：

$$\begin{aligned} r(t) &= s_r(t) \otimes h'(-t) \\ &= [s(t) \otimes h(t)] \otimes h'(-t) + n(t) \otimes h'(-t) \\ &= s(t) \otimes q(t) + n(t) \otimes h'(-t) \end{aligned} \tag{17}$$

其中，$s(t)$为发射信号，$h(t)$为信道冲激响应函数，$n(t)$为环境噪声，$s_r(t)$为接收信号，$h'(-t)$为信道估计结果，$q(t) = h(t) \otimes h'(-t)$。

当信道估计足够精确，则 $q(t)$ 相当于是信道冲击响应函数 $h(t)$ 的自相关函数，可以近似为δ函数，有效地抑制了信道的多途干扰，此时被动时反的输出信号 $r(t)$ 就近似为发射信号 $s(t)$，且信道多途结构越复杂，时反效果越好。水声信道的多途结构是十分复杂的，特别是在浅海的远距离通信中。故在浅海水下通信中，被动时间反转镜技术得到广泛应用。

2.4 矢量 EFB - AMDFE - TR 均衡系统

为了在环境噪声复杂、信道多途干扰严重的水声通信中取得更好的均衡性能，建立了基于单矢量水听器的 EFB - AMDFE - TR 均衡系统，其原理框图如图 5 所示。

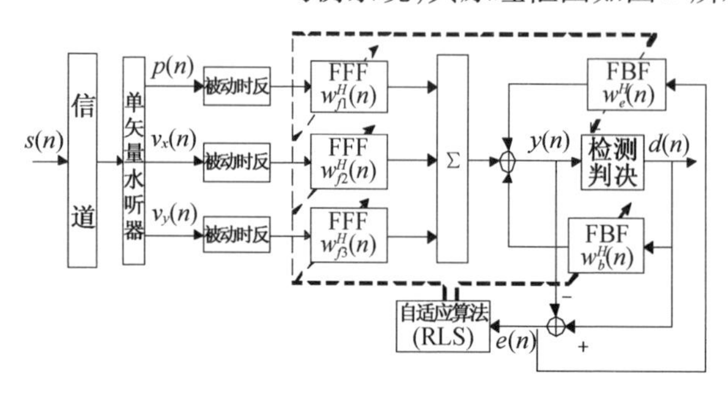

图 5　矢量时反自适应多通道误差反馈 DFE 原理框图

EFB－AMDFE－TR 不仅保留了 EFB－ADFE 在信道结构简单、高信噪比条件下能取得良好均衡性能的优点，而且该系统利用了矢量场中声压与振速的信号是相干的、环境噪声是非相干的矢量场特性和矢量水听器振速通道的偶极子指向性进行有效的抑制环境噪声干扰；且利用时间反转镜可以重组多途信号的空时聚焦特性进行抗信道多途干扰。这极大地增强了系统的抗噪声能力和抗信道多途干扰能力，使得该系统在水声通信中能取得良好的均衡效果。

3　系统仿真实验结果

利用基于射线理论的声传播模型模拟了海深为 100 m，发射深度为 20 m、接收深度为30 m、收发间距为 1 000 m 的水声信道。仿真实验的信道冲激响应和信道的频率响应如图 6 所示。

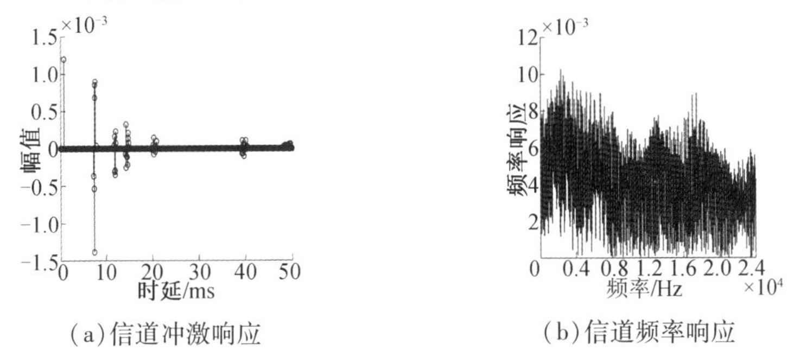

(a)信道冲激响应　　　　(b)信道频率响应

图 6　仿真信道的信道冲激响应和频率响应

从图 6 中可以看到，收发间距为 1 000 m 的水信道的时延扩展约为 50 ms，且信道结构十分复杂，这导致水声通信存在严重的码间干扰。从图 6(b) 的信道频率响应可以看出，水声信道的频率响应呈"梳状滤波器"结构，即水声信道衰落具有严重的频率选择特性，导致信号波形在传输过程中会发生畸变。

3.1　自适应误差反馈 DFE 的均衡结果

信号调制方式为 QPSK，采样频率为 48 kHz，通信速率为 2 kbit/s，FFF 为 35 阶，FBF 为 25 阶，EFB 为 25 阶。

图 7 是窄带信噪比为 0 dB(本文所有的信噪比均指窄带信噪比，下文不再赘述)条件下的 ADFE 和 EFB－ADFE 的均衡后星座图。

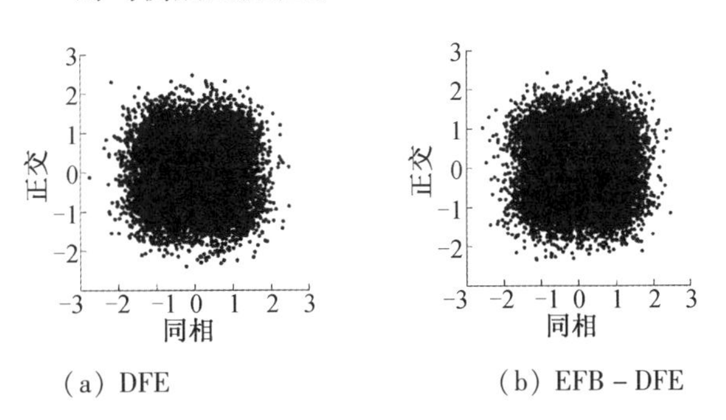

(a) DFE　　　　(b) EFB－DFE

图 7　SNR =0 dB 时 DFE 和 EFB－DFE 均衡后的星座图

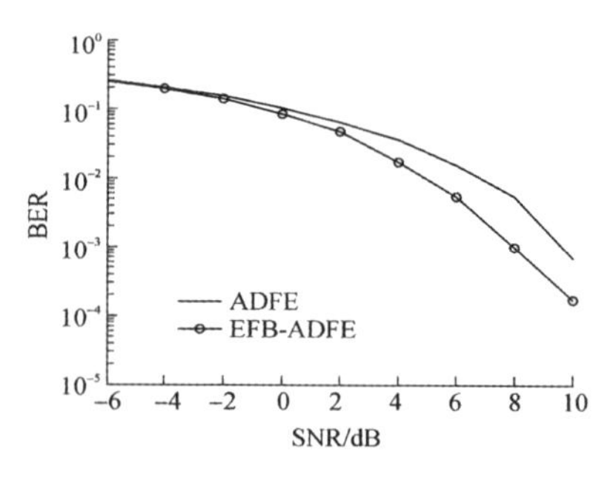

图 8　DFE 和 EFB – ADFE 均衡后的误码率曲线

从图 8 中两者均衡后的误码率曲线比较图中可知，在 SNR 大于 2 dB 条件下，EFB – ADFE 的误码率比 DFE 的误码率低；但是在 SNR 小于 0 dB 时，DFE 与 EFB – ADFE 的误码率曲线是重叠在一起的；同时从图 7 中两者在 SNR =0 dB 时的均衡后的星座图来看很难区分谁的均衡性能更好。即相比于 DFE，在高信噪比条件下，EFB – ADFE 取得更好的均衡性能，但是在低信噪比条件下，EFB – ADFE 的均衡性能并没有获得提升。即 EFB – ADFE 在环境噪声复杂、信道多途干扰严重的水声通信中很难取得良好的均衡效果。

3.2　单矢量自适应多通道误差反馈 DFE 均衡结果

信号调制方式为 QPSK，采样频率为 48 kHz，通信速率为 2 kbit/s，FFF 为 35 阶，FBF 为 25 阶，EFB 为 25 阶。

图 9 为 SNR =0 dB 条件下的 EFB – ADFE 和 EFB – AMDFE 均衡后星座图。

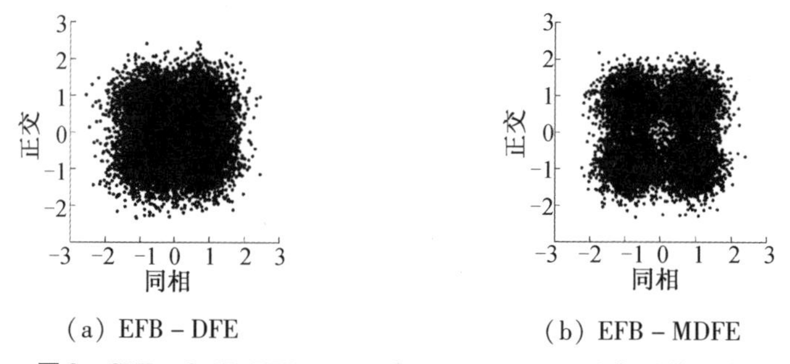

(a) EFB – DFE　　(b) EFB – MDFE

图 9　SNR =0 dB EFB – DFE 和 EFB – MDFE 均衡后的星座图

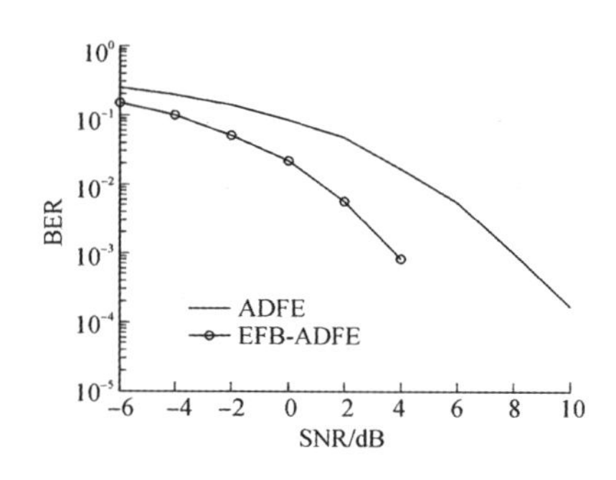

图 10　EFB – DFE 和 EFB – MDFE 均衡后的误码率曲线

从图9中EFB－ADFE和EFB－AMDFE均衡后的星座图对比可知，EFB－AMDFE均衡后的星座图明显比EFB－ADFE均衡后的星座图更加收敛，EFB－AMDFE的输出增益比EFB－ADFE的输出增益高2.5 dB;且对比图10两者的误码率曲线可知,EFB－AMDFE在SNR大于4 dB时就已经实现了零误码解码,即使在SNR小于0 dB条件下,EFB－AMDFE的误码率也明显比EFB－ADFE的均衡后的误码率低。说明相比于EFB－ADFE，EFB－AMDFE的均衡性能得到明显的提升。但是这还不满足水声通信正确解码的需求,故而在此基础上引入了被动时间反转镜技术。

3.3 单矢量时反自适应多通道误差反馈DFE均衡结果

信号调制方式为QPSK,采样频率为48 kHz,通信速率为2 kbit/s,FFF为35阶,FBF为25阶,EFB为25阶。

图11为SNR＝0 dB条件下的EFB－ADFE、EFB－AMDFE和EFB－AMDFE－TR均衡后星座图以及三者的误码率曲线。

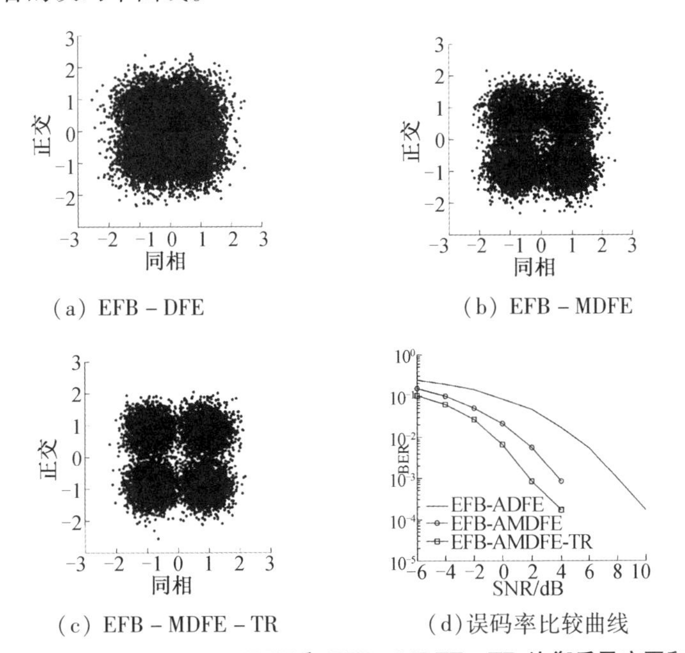

(a) EFB－DFE (b) EFB－MDFE

(c) EFB－MDFE－TR (d)误码率比较曲线

图11 SNR＝0 dB EFB－DFE、EFB－MDFE和EFB－MDFE－TR均衡后星座图和误码率比较曲线

表1 SNR＝0 dB时不同均衡结构的均衡输出增益表

均衡结构	Output SNR /dB
DFE	4.14
EFB－DFE	4.60
EFB－MDFE	7.11
EFB－MDFE－TR	8.33

对比图11的均衡结果可知,在SNR＝0 dB时,EFB－ADFE、EFB－AMDFE和EFB－AMDFE－TR三者均衡后的星座图中，EFB－AMDFE－TR均衡后的星座图最收敛、EFB－

AMDFE 的次之,EFB - ADFE 均衡后的星座图最为发散;且从表 1 可知,EFB - AMDFE - TR 均衡后的输出增益比 EFB - AMDFE 的输出增益高 1.22 dB,比 EFB - ADFE 的输出增益高 3.73 dB;说明在 SNR = 0 dB 时,EFB - AMDFE - TR 的均衡效果最佳,EFB - AMDFE 次之,EFB - ADFE 的均衡效果最差。由图 11(d)中三者均衡后的误码率曲线的比较可知,当 SNR 大于 4 dB 时,EFB - AMDFE - TR 和 EFB - AMDFE 都实现了零误码均衡,但 EFB - ADFE 的误码率还较大;即使在 SNR 小于 4 dB 时,EFB - AMDFE 均衡后的误码率明显比 EFB - ADFE 均衡后的误码率要低,而 EFB - AMDFE - TR 均衡后的误码率则比 EFB - AMDFE 均衡后的误码率更低,说明三者中 EFB - AMDFE - TR 均衡系统的均衡性能最好。

综合上述的对比分析结果可得,利用矢量场中信号的声压与振速是相干的、噪声是非相干的矢量场特性和矢量水听器振速的偶极子指向性进行抗环境噪声,利用时间反转镜的空时聚焦特性重组多途信号的特性进行抗信道多途干扰的单矢量 EFB - AMDFE - TR 均衡系统具有较强的抗噪声能力和抗信道多途干扰的能力,在水声通信中能取得良好的均衡效果。

4　实验数据处理结果

2015 年 12 月松花江水下实验,水深 5.7 m,发射换能器深度为 3 m,接收阵元水深为 1.5 m,通信距离 1 000 m。通信速率为 2 kbit/s,中心频率为 6 kHz,带宽为 4 kHz,采样频率为 48 kHz,信号长度为 12.5 s。

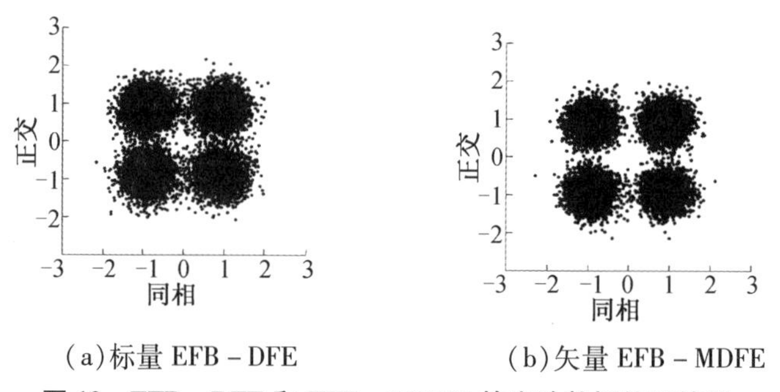

(a)标量 EFB - DFE　　(b)矢量 EFB - MDFE

图 12　EFB - DFE 和 EFB - MDFE 的实验数据处理结果

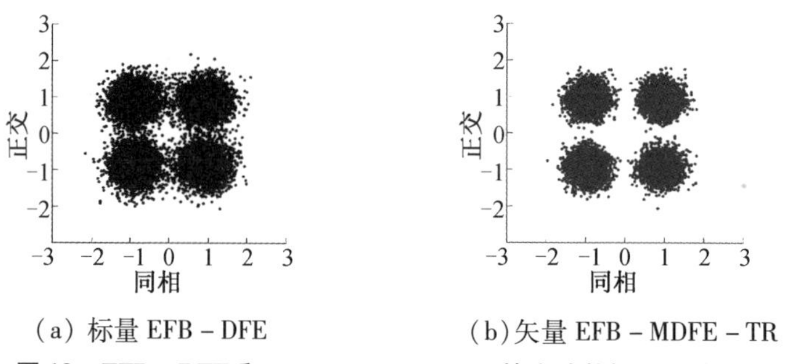

(a) 标量 EFB - DFE　　(b)矢量 EFB - MDFE - TR

图 13　EFB - DFE 和 EFB - MDFE - TR 的实验数据处理结果

表 2　不同均衡结构的实验数据处理结果表

均衡结构	均衡后误码率/(%)	Output SNR /dB
EFB－DFE	0.41	9.31
EFB－MDFE	0.1	10.73
EFB－MDFE－TR	0	12.04

从图 12 和表 2 可知，EFB－AMDFE 比 EFB－ADFE 的输出增益高 1.42 dB,且 EFB－AMDFE 比 EFB－ADFE 的均衡后误码率低 0.31%;说明 EFB－AMDFE 在实际的水声通信中的抗噪声能力比 EFB－ADFE 的更强,均衡后的效果更好。从图 13 和表 2 可知,EFB－AMDFE－TR 比 EFB－AMDFE 的输出增益高 1.31 dB,EFB－AMDFE－TR 比 EFB－ADFE 的输出增益高 2.73 dB,且 EFB－AMDFE－TR 实现了零误码解码。综上所述可得,相比于 EFB－ADFE,基于单矢量的 EFB－AMDFE－TR 均衡后的误码率更低、输出增益更高;说明本文所提算法不仅能保留 EFB－ADFE 的优点,且该系统的抗噪声能力和抗信道多途效应干扰能力都更强,在水声通信中能取得更好的均衡效果。

5　结论

(1)EFB－AMDFE 均衡后的输出增益比 EFB－AD－FE 的均衡输出增益高,说明基于单矢量的 EFB－AM－DFE 均衡系统的抗噪声能力比基于单标量的 EFB－ADFE 均衡系统的更强;

(2)EFB－AMDFE－TR 的均衡输出增益比 EFB－AMDFE 的均衡输出增益高,说明时间反转技术能进一步有效地提高接收信号信噪比和降低多途信道对信号的码间干扰。这对实现远程、高速、稳健的水下信息传输有着重要意义。

参考文献

[1] 贾宁，黄建纯. 水声通信技术综述[J]. 物理，2014,43(10):650－657.

[2] 刘云涛，杨莘元. 内嵌数字锁相环的自适应空时联合均衡器在水下高速数字通信中的应用研究[J]. 哈尔滨工程大学学报(英文版)，2005，26(5):658－662.

[3] 冯驰，赵春晖，张哲. 一种自适应判决反馈盲均衡器[J]. 哈尔滨工程大学学报(英文版)，2004，25(3):367－371.

[4] Luo Y, Liu Z, Hu S, et al. Self－adjusting decision feedback equalizer for variational underwater acoustic channel environments [J]. Journal of Systems Engineering and Electronics, 2014, 25(1): 26－33.

[5] Song H C, Hodgkiss W S, Kuperman W A, et al. Improvement of Time－Reversal Communications Using Adaptive Channel Equalizers [J]. IEEE Journal of Oceanic Engineering, 2006, 31(2):487－496.

[6] QIAO Gang, ZHAO Yunjiang, LIU Songzuo, et al. Dolphin sounds－inspired covert underwater acoustic communication and micro－modem [J]. Sensors, 2017, 17(11): E2447.

[7] ADEBISI B, RABIE K M, IKPEHAI A, et al. Vector OFDM transmission over non－Gaussian

power line communication channels[J]. IEEE systems journal,2017,doi:10. 1109 /JSYST. 2017. 2669086.

[8] FAUZIYAF, LALL B, AGRAWAL M. Vector sensor based channel equalizer for underwater communication systems [C]//Proceedings of the 7th Annual Computing and Communication Workshop and Conference. Las Vegas, NV, USA, 2017:1 -5.

[9] FAUZIYA F, LALL B, AGRAWAL M. Vector transducer based MISO communications system: capacity analysis [C]//Proceedings of Oceans. Aberdeen, UK, 2017:1 -5.

[10] Kim D W, Han S H, EUN M S, et al. An adaptive decision feedback equalizer using error feedback [J]. IEEE Transactions on Consumer Electronics, 1996, 42(3):468 -477.

[11] 刘凇佐, 周锋, 孙宗鑫,等. 单矢量水听器 OFDM 水声通信技术实验[J]. 哈尔滨工程大学学报, 2012, 33(8):941 -947.

[12] 殷敬伟, 张晓, 赵安邦,等. 时间反转镜在水声通信网上行通信中的应用[J]. 哈尔滨工程大学学报, 2011, 32(1):1 -5.

[13] 孙琳, 李若, 周天. 基于被动时反的时分复用下行通信研究[J]. 哈尔滨工程大学学报,2013,34(10):1254 -1260.

[14] 宫改云, 姚文斌, 潘翔. 被动时反与自适应均衡相联合的水声通信研究[J]. 声学技术, 2010, 29(2):129 -134.

[15] 梁国龙, 马巍, 范展,等. 矢量声呐高速运动目标稳健高分辨方位估计[J]. 物理学报, 2013, 62(14):000274 -282.

海豚 Whistles 为信息载体的正交频分复用循环移位键控扩频伪装水声通信

杨少凡　郭中源　贾　宁　郭圣明　肖　东　黄建纯　陈　庚

摘要　提出一种伪装水声通信调制方法,将原始海豚 whistles 信号表示为以自身 DFT 系数为数据符号的正交频分复用(OFDM)块,采用 m 序列对 OFDM 块中的子载波幅度进行指数调制实现正交频分复用循环移位键控(OFDM-CSK)扩频调制,分别采用 PEAQ 算法与相关系数计算听觉与波形相似度,作为两个客观评价结果约束 OFDM 子载波幅度的修改程度,保证伪装的效果。提出匹配滤波与正交匹配追踪结合的自同步算法,使伪装通信信号帧结构的设计保持原始 whistle 叫声的模式,提高了伪装的效果。通过 CSK 扩频技术很大程度地提高系统的频带利用率且通过垂直阵虚拟时间反转信道均衡技术提高了通信系统的稳健性。海上试验验证了伪装通信方法的可行性。

1　引言

实现水下通信[1-3]且不被发现为目前水声通信领域中的一项重要的课题. 传统隐蔽水声通信通常研究低信噪比条件下的隐蔽水声通信技术[4-8],文献[9]和文献[10]表明,信号被检测的概率与接收信噪比有关,若信噪比低于 -8 dB,信号将很难被检测到。由于受水声信道的影响,接收信号必须满足一定的信噪比条件才能正确解调出发送信息,若截获设备恰好位于收发节点之间,特别是距离发射节点较近时,它将截获具有较大信噪比的信号,此时声源将暴露,无法实现隐蔽通信。

文献[11]提出了一种伪装通信方法,利用海豚叫声作为信息载体,依据时延差编码原理对原始海豚 click 进行信息调制,仅对 click 信号之间的时延差进行编码,而不涉及信号本身特征的修改,调制后的信号与原始海豚 click 信号完全没有差别,该方法通过伪装的方式达到隐蔽通信的效果。然而,该方法中的通信信号采用固定的帧结构,若长时间观测,信号的帧规律容易被识别。

针对此问题,提出一种以海豚 whistles 为信息载体的正交频分复用循环移位键控(OFDM-CSK)扩频伪装水声通信方法。将原始 whistles 信号表示为以自身频谱系数为数据符号的正交频分复用(OFDM)符号序列,以 m 序列作为扩频码,采用 CSK 扩频技术对 OFDM 信号的子载波幅度进行指数调制实现 OFDM-CSK 扩频调制[12],采用相关系数和 PEAQ 算法[13-14]来综合评价伪装通信的效果。接收端通过匹配相关与 OMP 算法结合的方式实现信号的自同步,使通信信号保持原始 whistles 叫声的模式,无固定的帧结构,从而增强伪装的效果。

2 系统模型

2.1 发射机结构

Au[15-16]等记录到齿鲸类(海豚和齿科鲸)可发出 1 ~ 25 kHz 的 whistles,部分种类的海豚也可发出 129 Hz ~ 30 kHz 的 whistles,并且声源级可达 180 dB 。本文采用海豚 whistles 信号作为载体音频信号,将原始 whistles 信号表示为以自身频谱系数为数据符号的正交频分复用(OFDM)块,采用 m 序列作为扩频码,对 OFDM 信号的子载波幅度进行指数调制,利用 PEAQ 算法与相关系数约束调幅指数,并结合 CSK 扩频技术提高系统的频带利用率,实现 OFDM - CSK 伪装水声通信,发射机原理如图 1 所示。

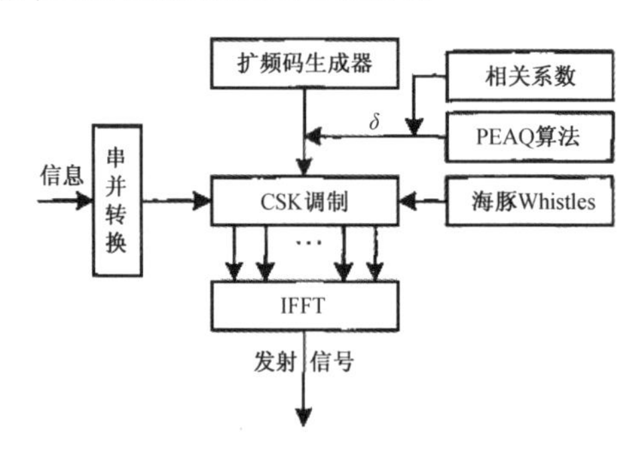

图 1 OFDM - CSK 伪装水声通信系统发射机原理框图

下面介绍伪装水声通信的调制方法。以海豚 whistles 信号作为载体,首先,将采样后的 whistles 信号片段 $s(n)$ 作无重叠的分帧处理,设共分为 D 帧,如图 2 所示。设第 d 帧 whistles 信号的时域波形为 $x_d(n)$ ($0 \leqslant n < N-1$,数据长度为 N),DFT 变换后的频谱系数为 $X_d(k)$ ($0 \leqslant k < N-1$),则:

$$x_d(n) = \frac{1}{N}\sum_{k=0}^{N-1} X_d(k)\exp\left(\frac{\mathrm{j}2\pi kn}{N}\right)$$
$$n = 0,1,2,\ldots,N-1 \tag{1}$$

同理,$s(n)$ 可以表示为:

$$\begin{aligned} s(n) &= \sum_{d=0}^{D-1} x_d(n) g(n-d\cdot N) \\ &= \frac{1}{N}\sum_{d=0}^{D-1}\sum_{k=0}^{N-1} X_d(k)\exp\left(\frac{\mathrm{j}2\pi kn}{N}\right) g(n-d\cdot N) \end{aligned} \tag{2}$$

其中,$g(n)$ 为矩形函数:

$$g(n) = \begin{cases} 1, n = 0,1,\ldots,N-1 \\ 0, \text{其他} \end{cases}$$

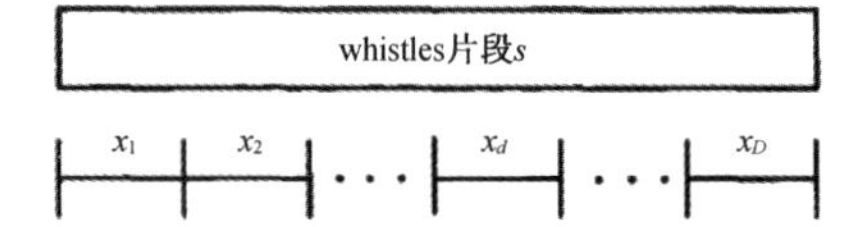

图 2 whistles 信号 $s(n)$ 分帧示意图

如果令 $f_k=k/(N\cdot T_s)$，$t_n=n\cdot T_s$，其中 T_s 为采样周期。将序列 $\{s(0),s(1),...\}$ 以 T_s 的时间间隔通过 D/A 转换器并滤波输出得：

$$\begin{aligned} s(t) &= \sum_{d=0}^{D-1} x_d(t)g(t-d\cdot T) \\ &= \frac{1}{N}\sum_{d=0}^{D-1}\sum_{k=0}^{N-1} X_d(k)\exp(\mathrm{j}2\pi f_k t)g(t-d\cdot T) \end{aligned} \tag{3}$$

其中：

$$g(n)=\begin{cases}1, & 0\leqslant t\leqslant T\\ 0, & 其他\end{cases}$$

由式(3)可知，原始海豚 whistles 信号可以表示为 D 个相邻符号间无保护间隔且符号周期为 T 的 OFDM 块，其中各子载波间满足正交性，频率差为 $\Delta f=f_k-f_{k-1}=1/T$，DFT 系数 $X_d(k)$ 为第 d 个 OFDM 符号中第 k 个子载波上的数据符号。

以 p 阶 m 序列 $\omega(l)\in\{\pm1\}(l=0,1,...,L-1$ 且 $L=2^p-1)$ 作为扩频码，扩频码长度为 L，携带的信息 $S\in\{\pm1\}$ 为 1 bit。采用 m 序列对式(3)所表示的 OFDM 符号直接序列扩频(DSSS－OFDM)调制，即对频率为 $f_{N_0},...f_{N_0+L-1}$ 的子载波上的原始数据符号 $X_d(k)$ 进行双向($S_d\in\{\pm1\}$)指数调制得到 $Y_d(k)$，而不改变相位，同时其他频率子载波的数据符号不变，仍为频谱系数 $X_d(k)$。调制后分配给每个子载波的数据符号表示为：

$$Y_d(k)=X_d(k)\cdot 10^{S_d\delta A(k)} \tag{4}$$

式中 S_d 为 m 序列携带的信息；δ 为调幅指数，用于限制调制幅度，保证不可感知；$A(k)$ 为调幅系数，由于仅调制频率为 $f_{N_0},...,f_{N_0+L-1}$ 的子载波，为使调制后的 OFDM 信号为实数，因此 $A(k)$ 应满足共轭对称性，表示为：

$$A(k)=\begin{cases}\omega(k-N_0), N_0\leqslant k\leqslant N_0+L-1\\ \omega(N-k-1), N-N_0-L+1\leqslant k\leqslant N-N_0\\ 0, 其他\end{cases} \tag{5}$$

为了提高系统的频带利用率，采用 OFDM－CSK 扩频技术。CSK 扩频利用了扩频序列的循环自相关性，如图 3 为 8 阶 m 序列的自相关曲线，可见 m 序列具有良好的循环自相关特性。利用 m 序列不同的循环移位可以实现多元调制，如 p 阶机序列为 $\omega(l)\in\{\pm1\}(l=0,1,...,L-1)$，则将其循环移位 i 步长后得到的序列为：

$$\omega^i(l)=\begin{cases}\omega(l+i) & 0\leqslant l\leqslant L-1-i\\ \omega(l-L+i) & L-i\leqslant l\leqslant L-1\end{cases} \tag{6}$$

式中，$L=2^p-1$ 为扩频码长度；步长 i 由输入信息确定，即代表要传输的信息。

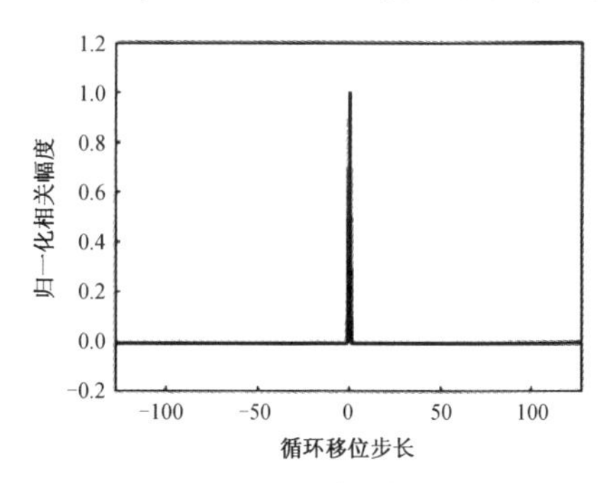

图 3　*m* 序列的自循环相关

结合式(3)~式(6)得到调制后的海豚 whistles 信号片段:

$$
\begin{aligned}
s'(t) &= \sum_{d=0}^{D-1} y_d(t) g(t - d \cdot T) \\
&= \frac{1}{N} \sum_{d=0}^{D-1} \sum_{k=0}^{N-1} X_d(k) 10^{S_d \delta A^{i_d}(k)} \exp(\mathrm{j}2\pi f_k t) g(t - d \cdot T)
\end{aligned} \tag{7}
$$

其中,X_d 表示第 d 个 OFDM - CSK 信号的原始频谱系数;S_d 表示第 d 个 OFDM - CSK 符号中扩频码携带的信息;i_d 为第 d 个 OFDM - CSK 符号中扩频码的循环移位步长。

OFDM - CSK 系统的频带利用率为:

$$
\eta_b = \frac{\log_2 2 \cdot L}{N} \tag{8}
$$

相比常规的 DSSS - OFDM 系统的频带利用率 $\log_2 2/N$,OFDM - CSK 系统的频带利用率提高了 $1 + \log_2 L$ 倍。

2.2　伪装效果评价方法

文献 17 中采用相关系数,从波形相似度的角度对伪装效果进行评价。归一化相关系数 ρ 表示为:

$$
\rho = \frac{\sum_n s(n) s'(n)}{\sqrt{\sum_n s(n)^2 \sum_n s'(n)^2}} \tag{9}
$$

其中,$s(n)$ 表示原始海豚 whistles 信号片段,$s'(n)$ 表示调制后的海豚 whistles 信号片段;ρ 值越接近于 1,说明 $s'(n)$ 与原始信号 $s(n)$ 越接近。

本文采用相关系数和 PEAQ 算法来综合评价伪装通信的效果,增加了听觉评价方法,利用心理声学模型中的掩蔽效应[18],使得依据式(7)对原始 whistle 信号调制后,信号的差异性能够被原始 whistles 信号掩蔽,而不被人耳所察觉,达到伪装的效果。听觉评价结果采用 PEAQ 算法的打分结果进行量化,PEAQ 算法为国际电联的 ITU - RBS 1387 - 1 标准,用来评价音频的失真度,PEAQ 算法的输出结果为 ODG(objective difference grade)分数值,该分数值大于等于 -4,可以为小数。当 ODG 值大于等于 0 时,说明测试信号与参考信号不可区分,即可闻差异极小人耳无法分辨;当 ODG 为负且越接近 0,说明参考信号和测试信号的可闻差异越小。若调制前后信号具有良好的听觉相似性,其 ODG 值应该在 -1 以上[19]。

2.3　接收机结构

在接收端,首先对接收信号进行同步,然后利用原始海豚 whistles 信号片段构建训练矩阵,采用 OMP 算法估计出信道响应函数,最后采用虚拟时间反转镜(VTRM)信道均衡技术改善系统性能。对经过信道均衡后的接收信号分帧得到 $r_d(n)$($0 \leqslant n < N-1$,数据长度为 $N, d = 0, 1, \ldots, D-1$),然后,作 DFT 进行 OFDM 符号解调,得到 CSK 调制信号(设扩频调制携带信息为 b_1,CSK 调制携带的信息为 b_2),并将其与本地信息码 $S \in \{\pm 1\}$ 与循环移位扩频码 $\omega^i(l)$ 的组合进行相关处理,选择最大值进行判决,完成 CSK 解扩。接收机原理框图如图 4 所示。则判决结果为:

$$
[\hat{i}_d, \hat{S}_d] = \max_{i,S} \sum_{k=N_0}^{N_0+L-1} S\omega^i(k - N_0) \cdot \lg |DFT(r_d(k))| \tag{10}
$$

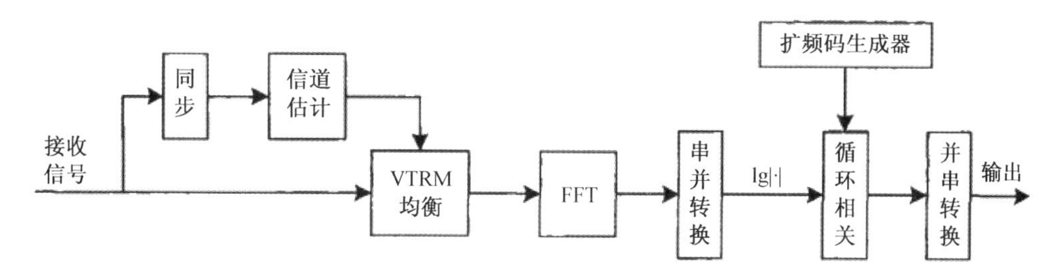

图 4　OFDM – CSK 伪装水声通信系统接收机原理框图

依据判决结果，由 $\hat{S}_d$ 映射出扩频调制携带信息为 b_1，同时由 $\hat{i}_d$ 映射出 CSK 调制携带的信息为 b_2，然后将多进制信息序列映射为二进制数据流，完成解调过程。

3　自同步及信道均衡

时变水声多径信道的冲激响应函数可以描述为：

$$h(\tau,t) = \sum_p A_p(t)\delta(\tau - \tau_p(t)) \tag{11}$$

其中，这里的 $\delta(\tau)$ 是指单位冲激函数，$A_p(t)$ 与 $\tau_p(t)$ 分别为第 p 条路径的幅度与时延，设 $A_p(t)$ 最大的路径为主径。

文献[20]中的假设条件，本文作同样的假设：

(1)所有路径近似含有相同的多普勒因子 a，即：

$$\tau_p(t) \approx \tau_p - at \tag{12}$$

若不同路径的多普勒频移因子不同，可以将部分有用信号作为加性噪声处理。当发射与接收设备的相对运动速度小于 10 m/s 时，通常多普勒因子 a 的值小于 0.01[21]。

(2)在一个 whistles 片段时间内（约 400 ms），多径时延 τ_p 多径幅度 A_p 与多普勒因子 a 为常数。

下文的自同步、多普勒估计以及信道估计方法 均基于上述假设。

3.1　主径信号同步与多普勒频移补偿方法

选择 8 阶 m 序列对 whistles 信号 $s(n)$ 的复对数谱进行调制后得到 $s'(n)$（调制幅度为 $\delta=0.2$，$N=4\ 096$），图 5 给出了 $s(n)$ 的自相关结果及 $s(n)$ 与 $s'(n)$ 的互相关结果，表明两相关结果均存在明显的主峰且自相关与互相关的差异很小，即调制后 whistles 信号的波形改变很小，因此将调制后原始 whistles 信号波形的改变量看作幅度很小的加性噪声。图 6 给出 whistles 信号的模糊度图，可以看出在时延与多普勒因子二维坐标中具有较明显的主峰值，表明宽带 whistle 信号具有一定的时频分辨能力。接收端利用原始 whistles 信号 $s(n)$ 在时延与多普勒因子两个维度中对接收信号进行匹配相关处理寻找最大峰值点。设幅度 A_p 最大的路径为主径，则最大峰值点对应的时延为主径信号相对接收信号起始时刻的延时估计值 τ'，最大峰值点对应的多普勒因子 a' 为主径信号的扩展因子（$a'<0$，若 $a'>0$，则为压缩因子）。将估计的延时 τ' 作为 whistles 信号的到达时刻，完成主径信号同步；利用估计的多普勒因子 d' 对接收信号进行重采样，消除多普勒频移对系统的影响。

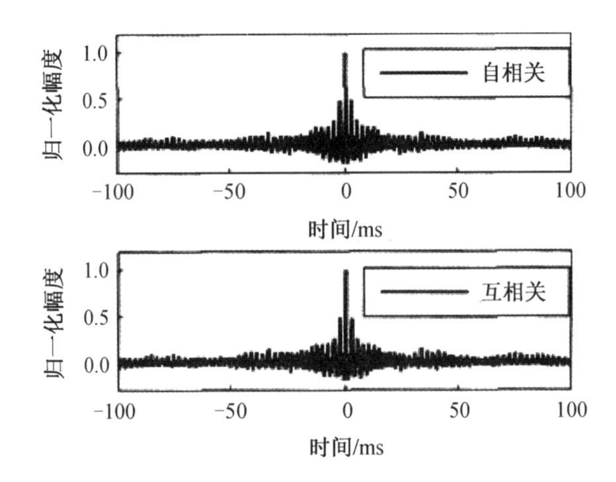

图 5　原始 whistles 的自相关及调制后的互相关对比

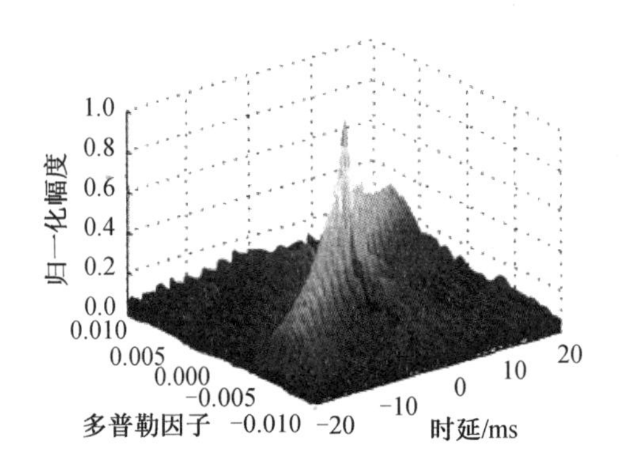

图 6　whistles 信号的模糊度图

3.2　基于 OMP 的稀疏信道估计与群同步方法

接收系统采用 J 元垂直阵接收信号,假设接收信号经过重采样后完全消除了多普勒频移的影响,j 号阵元信道冲激响应为 $\boldsymbol{h}_j=[h_j(0),h_j(1),\dots,h_j(L-1)]$($L$ 为信道长度)。由于水声信道的稀疏特性[22],$\boldsymbol{h}_j$ 的大部分值为 0 或者很小,因此采用正交匹配追踪(OMP)算法以[21-23]重构信道冲激响应。

设发射信号为 $\boldsymbol{s}'$,长度为 $L_{s'}=D\cdot N$(N 为帧长,一个 whistles 分为 D 帧)且 $L_{s'}\geq L$,经冲激响应为 $\boldsymbol{h}_j$ 的信道传输后,j 号阵元接收信号可表示为:

$$\boldsymbol{r}_j=\boldsymbol{s}' * \boldsymbol{h}_j+z_j \tag{13}$$

其中,$*$ 表示线性卷积运算,z_j 为信道加性噪声。

由图 2 所示的分帧结构可知,设一个 whistles 片段为一群,一群包含连续的 D 个码元,由于水声信道具有多径扩展效应,信号被展宽,若仅以主径信号到达时刻作为接收信号起始时刻会丢失有用的信息,下面介绍实现包含所有有效多径信息的群同步方法。

由于不同路径的信号到达接收机的时刻不同,且主径信号并不一定为最先到达的信号,设第一条路径信号到达时刻与主径信号到达时刻的时延差最大为 N_b 个采样点;另外,采用匹配相关进行主径信号同步时存在同步误差,设同步误差最大为 N_e 个采样点。因此,采用 OMP 算法进行信道估计时,若将主径同步时刻至后续的 $L_{s'}+L-1$ 个采样点构建为观测向量时可能会丢失有用信息。因此,本文将主径信号同步时刻之前的个采样点至同步时刻之后的 N_b+N_e 个采样点至同步时刻之后的 $L_{s'}+L-1+(N_b+N_e)$ 个采样点构建为观测向量 $\boldsymbol{v}_j$,此时观测向量 $\boldsymbol{v}_j$ 包含所有的有用信息,将 h_j 在末尾补零后,OMP 估计模型表示为:

$$\boldsymbol{v}_j=\boldsymbol{\Phi}\boldsymbol{h}_j+\boldsymbol{n}_j \tag{14}$$

其中,$\boldsymbol{h}_j$、$\boldsymbol{n}_j$、$\boldsymbol{v}_j$ 为 $(L_{s'}+L-1+2(N_b+N_e))\times 1$ 维列向量;$\boldsymbol{\Phi}$ 为 $(L_{s'}+L-1+2(N_b+N_e))\times(L_{s'}+L-1+2(N_b+N_e))$ 维矩阵,表示为:

$$\boldsymbol{\Phi}=\begin{bmatrix} s' & & & & \\ & s' & & & \\ & & \ddots & & \\ & & & s' & \\ & & & & \mathbf{0} \end{bmatrix}, \tag{15}$$

其中,$\mathbf{0}$ 表示 $2(N_b+N_e)\times 2(N_b+N_e)$ 的全零矩阵。

$\boldsymbol{v}_j$ 为观测向量,$\boldsymbol{\Phi}$ 为测量矩阵,OMP 算法的基本思想是在每一次迭代的过程中,从 $\boldsymbol{\Phi}$ 中选取最匹配的原子对 $\boldsymbol{h}_j$ 进行近似。经过一定的迭代之后,信号可由已选原子进行线性表示。OMP 算法进行信道估计的具体步骤如下:

(1)初始化残差 $v^0=v_j$,迭代次数 $i=1$,选中的索引集 Λ^0 为空,选中的列集合 B^0 为空。

(2) 寻找匹配向量 $\lambda^i=\underset{\lambda=1,2,\ldots}{\operatorname{argmax}}|\langle \boldsymbol{v}^{i-1},\boldsymbol{\Phi}_\lambda\rangle|$,其中,$\boldsymbol{\Phi}_\lambda$ 为是矩阵 $\boldsymbol{\Phi}$ 的第 λ 列。

(3) 扩展索引集 $\Lambda^i=\Lambda^{i-1}\cup\{\lambda^i\}$,,扩展选中的集合 $\boldsymbol{B}^i=[B^{i-1},\boldsymbol{\Phi}_{\Lambda^i}]$,$\boldsymbol{B}^i$ 中有 i 个列向量。

(4)更新残差 $\boldsymbol{v}^i=\boldsymbol{v}^{i-1}-(\boldsymbol{B}^i\cdot(\boldsymbol{B}^i)^{\mathrm{H}})\boldsymbol{v}^{i-1}$,其中$(\cdot)^{\mathrm{H}}$ 为共轭转置。

(5)$i=i+1$,如果 $i\leqslant I$,返回(2),I 为 h_j 的稀疏度。

(6)利用 $\boldsymbol{B}$ 中的向量求解。

$$\boldsymbol{h}'_j=\underset{h_j}{\operatorname{argmax}}|\boldsymbol{B}\boldsymbol{h}_j-\boldsymbol{v}_j|$$

采用 OMP 算法估计出信道的冲激响应 $\boldsymbol{h}_j$ 后,$\boldsymbol{h}'_j$ 向量中的最大元素为主径信号的幅度,将 h'_j 中归一化幅度小于 0.1 的元素置零,则第一个非零元素对应的时刻为 $\boldsymbol{v}_j$ 中所包含的有用信号的起始时刻,此时通过 OMP 算法完成对接收信号的群同步。因此,通过 OMP 算法可以同时完成对信道的估计与对接收信号的精确同步。在文章的后续部分,均假设同步已经完成,信号的开始时刻为 $n=0$。

3.3　VTRM 信道均衡

信号自同步与信道估计完成后,将 j 号阵元的接收信号 $\boldsymbol{r}_j(n)$ 与 OMP 算法估计的信道冲激响应 $\boldsymbol{h}'_j(n)$ 的时间反转[24-28]作卷积:

$$\begin{aligned} \boldsymbol{r}_j^V(n) &= \boldsymbol{r}_j(n)*\boldsymbol{h}'_j(-n) \\ &= \boldsymbol{y}(n)*\{\boldsymbol{h}_j(n)*\boldsymbol{h}'_j(-n)\}+\boldsymbol{z}_j(n)*\boldsymbol{h}'_j(-n) \\ &= \boldsymbol{y}(n)*\boldsymbol{h}_j^V(n)+\boldsymbol{z}'_j(n), \end{aligned} \tag{16}$$

其中,$*$ 表示线性卷积,$\boldsymbol{h}_j^V=\boldsymbol{h}_j(n)*\boldsymbol{h}'_j(-n)$ 为单阵元虚拟时反信道。

叠加各阵元信号获得空间增益:

$$\begin{aligned} \boldsymbol{r}^{V}(n) &= \sum_{j=1}^{J} \boldsymbol{r}_j^{V}(n) \\ &= \boldsymbol{y}(n) * \sum_{j=1}^{J} r_j^{V}(n) + \sum_{j=1}^{J} z'_j(n) \\ &= \boldsymbol{y}(n) * \boldsymbol{h}^{V}(n) + \boldsymbol{z}'(n), \end{aligned} \tag{17}$$

其中 $\boldsymbol{h}^{V}(n) = \sum_{j=1}^{J} \boldsymbol{h}_j(n) * \boldsymbol{h}'_j(-n)$ 称为多阵元虚拟时间反转信道，当大量增加阵元数目时，不同阵元信道响应函数的旁瓣非相干叠加，而所有阵元的最大值 在同一时刻到达并相干叠加被增强，此时 $\boldsymbol{h}^{V}(n)$ 可近似为狄拉克函数，具有较高的相关峰和较低的旁瓣，发射信号通过的最终信道近似为单途径的，消除了信道多径干扰。

通过 VTRM 信道均衡消除多径干扰后，对 $\boldsymbol{r}^{V}(n)$ 进行分帧，并依据式(10)计算得到相关解码结果。

4　海上试验

4.1　试验参数设置

为了验证本文提出的伪装水声通信方法的可行性，于 2015 年 11 月在东海某海域进行了海上试验。单个发射换能器发射，采用 32 元垂直阵接收信号，表 1 为试验具体参数设置。

4.2　伪装效果评价

表 2 给出了不同调幅指数条件下，调制后的 whistles 信号的伪装性评价结果，由于采用了 CSK 扩频调制，这里的 ODG 与 ρ 均为不同循环移位步长条件下统计的均值，表明随着调幅指数的逐渐增大，ODG 值与相关系数值均逐渐下降，意味着对原始 DFT 系数的修改程度越来越大，调制前后的信号在听觉与波形上的伪装效果越来越差。

图 7 给出了 $\delta = 0.2$ 时原始 whistles 信号与调制后的 whistles 信号的波形对比；图 8 为 $\delta = 0.2$ 时原始 whistles 信号与调制后的 whistles 信号的短时功率谱对比。可知当 $\delta \leqslant 0.2$ 时调制前后波形与短时功率谱的差异性较小，无对比时难以分辨。另外，当 $\delta \leqslant 0.2$ 时调制前后信号满足 ODG $\geqslant -0.5$，此时听觉差异性也难以分辨。

表 1　试验参数设置

试验参数	数值
试验海区水深	60 ～ 80 m
发射换能器深度	15 m
发射声源级	180 dB
采样率	48 kHz
whistles 信号时长	400 ms
whistles 分帧个数/每帧点数	4/4 096
m 序列长度	255
调幅指数	0. 1, 0. 2
接收阵深度	12 ~ 58. 5 m
接收阵阵间距	1. 5 m
通信距离	5 km

表 2　不同调幅指数条件下波形与听觉相似度评价结果

载体信号	调幅指数 d	E (ODG)	$e(q)$
海豚 whistles	0.05	0.1227	0.9992
海豚 whistles	0.10	−0.0237	0.9966
海豚 whistles	0.15	−0.3433	0.9923
海豚 whistles	0.20	−0.4594	0.9859
海豚 whistles	0.25	−0.5087	0.9773
海豚 whistles	0.30	−0.5611	0.9660
海豚 whistles	0.35	−0.5166	0.9520
海豚 whistles	0.40	−0.6286	0.9348

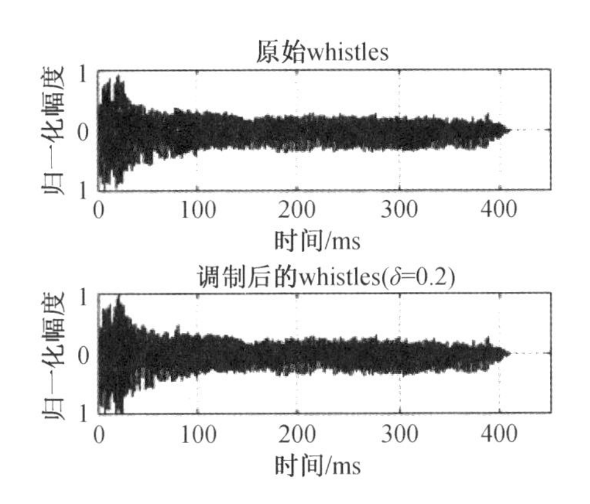

图 7　调制前后的 whistles 信号波形对比

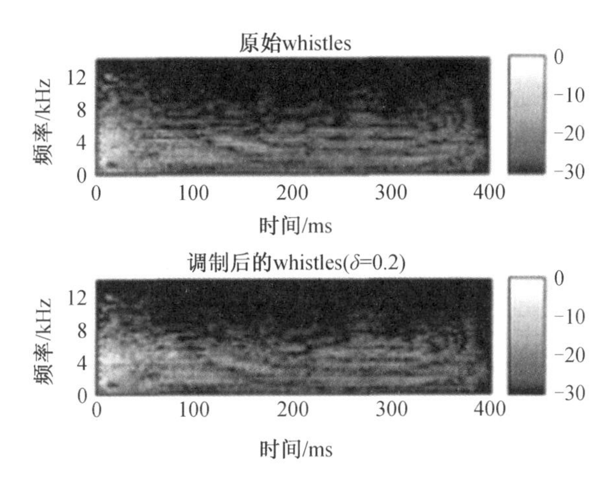

图 8　调制前后的 whistles 信号短时功率谱对比

4.3　试验结果分析

4.3.1　信道特征

试验中实测的声速剖面如图 9 所示，接近等声速试验中采用 OMP 进行信道估计时，设置信道稀疏度 $I=15$，如图 10 给出采用 OMP 算法对 32 个阵元信道冲激响应的估计结果。

对比各阵元信道脉冲响应可知,信道响应既存在较大的空间变化也存在较强的多径扩展现象。将脉冲响应幅度最强的主径视为直达路径,其他路径视为海底、海面等反射路径,对比各信道的脉冲响应幅度可知不同深度的接收信号能量存在较大起伏,且最大的多径时延可达 20 ms。

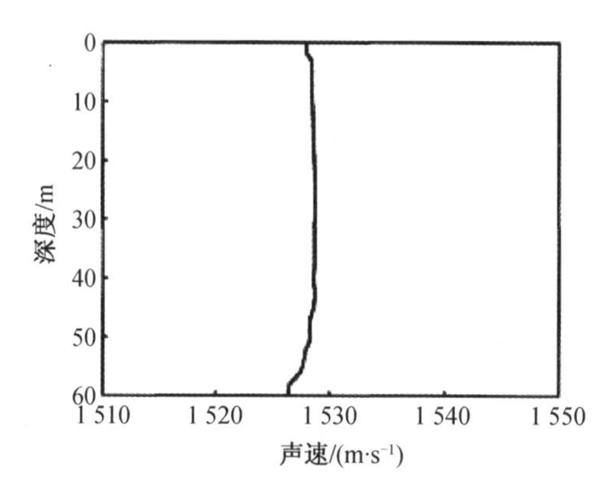

图 9　实测声速剖面

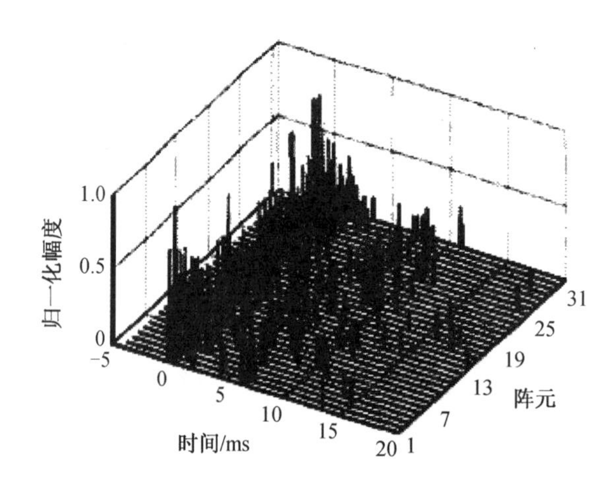

图 10　OMP 算法估计的 32 阵元信道冲激响应

4.3.2　调幅指数对通信性能的影响

为了比较调幅指数 δ 对系统性能的影响,试验中对比了两种不同的调幅指数 $\delta=0.1$ 与 $\delta=0.2$ 情况下系统的性能。图 11(a)显示了 1 号阵元接收机在调幅指数 $\delta=0.1$,通信距离为 5 km 时,解调 OFDM - CSK 符号得到的归一化相关结果,可以看出存在相关峰值,但相关旁瓣值比较大,将对解调结果产生干扰。图 11(b)显示了 1 号阵元接收机在调幅指数 $\delta=0.2$,通信距离为 5km 时,解调 OFDM - CSK 符号得到的归一化相关结果,可以看出相关结果存在明显的主峰,相关旁瓣值很小。对比图 11(a)和图 11(b)可知接收信噪比与信道响应近似相同时,调幅指数 δ 越大,系统解码性能越好。因此,在满足伪装性的前提下,应增加 δ 来提高通信性能。

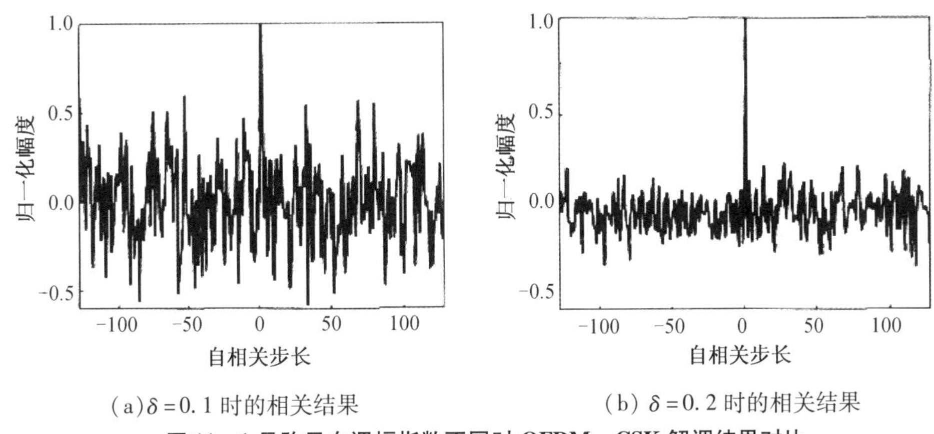

(a)$\delta=0.1$ 时的相关结果　　(b) $\delta=0.2$ 时的相关结果

图 11　1 号阵元在调幅指数不同时 OFDM－CSK 解调结果对比

4.3.3　VTRM 信道均衡对通信性能的影响

由图 10 中估计的 32 个阵元信道冲激响应可知,信道存在较强的多径扩展,试验中采用 VTRM 信道均衡来消除多径干扰。为验证 VTRM 信道均衡对通信性能的影响,图 12 分别比较了不同阵元个数与不同接收信噪比条件下,VTRM 均衡前后的误比特率(BER)曲线,可知:(1)相同阵元个数与接收信噪比条件下,VTRM 信道均衡后的误比特率小于 VTRM 信道均衡前的误比特率,表明 VTRM 信道均衡可以充分利用多径信息,获得聚焦增益,提高系统的通信性能;(2)采用多阵元接收信号相比单阵元接收信号,可以获得空间增益,提高通信性能,空间增益取决于阵元数目。另外,阵元数目越多,VTRM 信道均衡的效果越显著,聚焦效果越好。

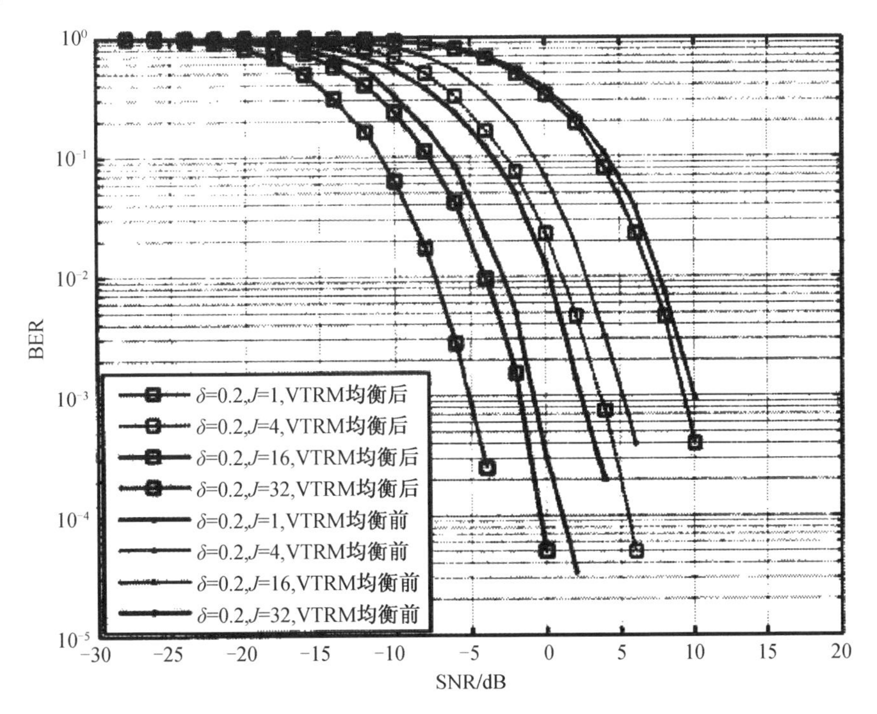

图 12　VTRM 信道均衡对通信性能的影响

4.3.4　试验总结

从上述试验结果可知，通信速率与扩频因子一定时，通信性能与伪装性能为一对矛盾，即调幅指数越小则伪装性越好但误比特率越高，调幅指数越大则伪装性越差但误比特率越低；扩频因子越大，系统性能越好，但占用更大的带宽，本次试验未分析扩频因子对系统性能的影响，因为这是扩频通信中公认的结论；采用多阵元接收信号相比单阵元接收信号，可以获得空间增益，提高通信性能，空间增益取决于阵元数目；VTRM 信道均衡技术可以充分利用多途信息，获得聚焦增益，提高系统的通信性能，且接收阵元数目越多，均衡的效果越显著，聚焦效果越好。因此，尽管伪装性能与通信性能之间是相互制约的，但是当伪装性能满足一定条件（即调幅指数为某一固定值）时可以通过适当增加接收阵元个数的方式来获得通信性能的提高，消除这种制约关系，而此时会增加系统的复杂度。

5　结论

以海豚 whistles 信号为信息载体的 OFDM - CSK 扩频伪装水声通信方法，通过对海豚 whistles 信号进行 OFDM - CSK 扩频调制来携带信息，同时，通过相关系数与 PEAQ 算法约束调幅指数，使得调制前后的信号无论在波形还是听觉上均具有很高的相似度，通过伪装的方式达到隐蔽的目的。接收端通过匹配相关与 OMP 算法结合的方式实现信号的自同步，可以使得通信信号保持原始 whistles 叫声的模式，增强了伪装的效果。CSK 扩频技术很大程度地提高了系统的频带利用率且通过垂直阵虚拟时间反转信道均衡技术提高了通信系统的稳健性。

致谢

感谢中国科学院水声环境特性重点实验室的出海人员，以及“实验 1”调查船的全体工作人员。

参考文献

[1] GUO Zheng, YAN Shefeng, XU Lijun, QIN Ye. Frame synchronization for underwater acoustic communication based on maximum likelihood estimation. *Chinese Journal of Acoustics*, 2016; 35(4): 452 - 463.

[2] XI Junyi, YAN Shefeng, XU Lijun, TIAN Jing. Bidirectional turbo equalization for underwater acoustic communications. Chinese Journal of Acoustics, 2016; 35(4): 440 - 451.

[3] SHU Xiujun, WANG Haibin, WANG Jun, YANG Xiaoxia. A method of multichannel chaotic phase modulation spread spectrum and its application in underwater acoustic com? munication. Chinese Journal of Acoustics^ 2017; 36(1): 130 - 144.

[4] T C Yang, Wen - Bin Yang. Low probability of detection underwater acoustic communications using direct - sequence spread spectrum. J. Acoust. Soc. Am., 2008; 124(6): 3632 - 3647.

[5] van Walree P A, Sangfelt E, Leus G. Multicarrier spread spectrum for covert acoustic communications. Oceans, 2008: 1 - 8.

[6] Walree P V, Leus G. Robust underwater telemetry with adaptive turbo multiband equalization. IEEE J. Ocean. Eng., 2008; 34(4): 2 898 - 2 909.

[7] Leus G, van Walree P A. Multiband OFDM for covert acoustic communications. IEEE Journal on Selected Areas in Communications, 2008; 26(9): 1662 — 1673.

[8] Leus G, van Walree P A, Boschma J et al. Covert underwater communications with multiband OFDM. Oceans, 2008.

[9] T C Yang, Wen – Bin Yang. Performance analysis of direct – sequence spread – spectrum underwater acou 就 ic communications with low signal – to – ratio input signals. J. Acoust. Soc. Am., 2008; 123(2): 842 – 855.

[10] Ling Jun, He Hao, Li Jian et al. Covert underwater acoustic communications. J. Acoust. Soc. Am., 2008; 128(5): 2 898 – 2 909.

[11] Liu Songzuo, Qiao Gang, Ismail A. Covert underwater acoustic communication using dolphin sounds. J. Acoust. Soc. Am., 2013; 133(4): EL300 – EL306.

[12] 景连友,何成兵,黄建国等. 正交频分复用循环移位扩频水声通 信. 系统工程与电子技术,2015; 37(1): 185 – 189.

[13] Thiede T, TYeurniet W C, Bitto R et al. PEAQ – the ITU standard for objective measurement of perceived audio quality. J. Audio Eng. Soc. ,2000; 48(1): 2 – 29.

[14] Xiong Weichu, Cai Chaoshi. Modeling and analysis of FM sound sync – broadcasting based on PEAQ algorithm. CISP, 2015.

[15] Au W W L, Mobley J, Burgess W C et al. Seasonal and diurnal trends of chorusing humpback whales wintering in waters off western Maui. Marine Mammal Science ,2000; 16 (4): 530 – 544.

[16] ‖Au W W L, Green M. Acoustic interaction of humpback whales and whale – watching boats. Marine Environmental Research^ 2000; 49(2000): 469 – 481.

[17] Liu Songzuo, Ma Tianlong, Qiao Gang et al. Biologically inspired covert underwater acoustic communication by mimicking dolphin whistles. Applied Acoustics, 2017: 120 – 128.

[18] Moore B C J. Masking in the human auditory system. Collected Papers on Digital Audio Bit – Rate Reduction, 1996: 530 – 544.

[19] ITU – R BS. 1387 – 1. Method for objective measurements of perceived audio quality. International Telecommunication Union, Geneva, Switzerland, 1998.

[20] LI B, Zhou S, Stojanovic M et al. Multicarrier communication over underwater acoustic channels with non – uniform Doppler shifts. IEEE J. Ocean. Eng., 2008; 33(2): 198 – 209.

[21] Berger C R, Zhou S, Preisig J C et cd. Sparse channel estimation for multicarrier underwater acoustic communication: From subspace methods to compressed sensing. IEEE Terans. Ocean. Signal Process., 2010; 58(3): 1 708 – 1 721.

[22] Liu E, Temlyakov V N. The orthogonal super greedy algorithm and application in compressed sensing. IEEE Trans. Inf. Theory, 2012; 5&4): 2 040 – 2 047.

[23] Taubock G, Hlawatsch F, Eiwen D et al. Compressive estimation of doubly selective channels in multicarrier systems: Leakage effects and sparsity – enhancing processing. IEEE J. Sei. Topics Signal Process., 2010; 4(2): 255 – 271.

[24] 殷敬伟,慧娟,惠俊英,生雪莉,姚直象. 无源时间反转镜在水声通信中的应用. 声学学报,2007; 32(4): 362 – 368.

[25] Dowling D R. Acoustic pulse compression using passive phase - conjugate processing. J. Acoust. Soc. Am.^ 1994; 95(3): 1 450 - 1 458.

[26] Kim S, Kuperman W A, Hodgkiss W S. Rubost time reversal focusing in the ocean. J. Acoust. Soc. Am. , 2003; 114(1): 145 - 157.

[27] Rouseff D, Jackson D R, Fox W L J. Underwater acoustic communication by passive - phase conjugation: Theory and experiment mental results. IEEE J. Oceanic Eng. , 2001; 26(4): 824 - 831.

[28] LI Jilong, HUANG Minyan, CHENG Shuping, TAN Qian - lin, FENG Haihong. Spatial diversity and combination technology using amplitude and phase weighting method for phase - coherent underwater acoustic communications. Chinese Journal of Acoustics^ 201? & 37(1): 4 - 59.